国外名校名著

创新药物研究基础与关键技术译丛

Introduction to Bioorganic Chemistry and Chemical Biology

化学生物学

[美] 戴维·范·弗兰肯　格雷戈里·韦斯　著
（David Van Vranken）　（Gregory A. Weiss）

张　艳　胡海宇　陈拥军　等译

张礼和　主审

化学工业出版社

·北京·

内容简介

《化学生物学》是依据分子生物学的中心法则组织编撰的，从有机化学——原子、化学键、化学反应机理角度聚焦生物大分子的化学、结构特点以及与其他分子的相互作用关系。全书共9章，其中：第1章和第2章分别介绍了化学生物学的基本原理和生物体的化学起源；第3～8章依次讲述了人体细胞中的每一种生物分子——DNA、RNA、蛋白质、聚糖、聚酮以及萜类物质；第9章解释了细胞调控生物分子产生的机制，通过对这章内容的学习，有助于加深学生对现代生物学、生理学以及医学的理解。本书内容丰富，能提供给学生一个“化学-生物”双培养的环境，更为读者提供了一个了解生物分子合成与功能的化学蓝图。

《化学生物学》可作为普通高等教育化学生物学专业、药学专业、生物技术专业、生物制药专业等生物医药相关专业的本科生及研究生教材，也可供化学生物学研究领域的人员参考。

Introduction to Bioorganic Chemistry and Chemical Biology 1st Edition / by David Van Vranken，Gregory A. Weiss / ISBN-13: 978-0-8153-4214-4 (pbk)

图书在版编目（CIP）数据

化学生物学 /（美）戴维·范·弗兰肯（David Van Vranken），（美）格雷戈里·韦斯（Gregory A. Weiss）著；张艳等译. —北京：化学工业出版社，2021.8（2024.6 重印）
（国外名校名著. 创新药物研究基础与关键技术译丛）
书名原文：Introduction to Bioorganic Chemistry and Chemical Biology
ISBN 978-7-122-39146-9

Ⅰ.①化… Ⅱ.①戴… ②格… ③张… Ⅲ.①生物化学 Ⅳ.①Q5

中国版本图书馆 CIP 数据核字（2021）第 087314 号

责任编辑：褚红喜　宋林青　　文字编辑：药欣荣
责任校对：张雨彤　　装帧设计：关　飞

出版发行：化学工业出版社（北京市东城区青年湖南街13号　邮政编码100011）
印　　装：盛大（天津）印刷有限公司
880mm×1230mm　1/16　印张27½　字数984千字　2024年6月北京第1版第3次印刷

购书咨询：010-64518888　　售后服务：010-64518899
网　　址：http：//www.cip.com.cn
凡购买本书，如有缺损质量问题，本社销售中心负责调换。

定　　价：168.00元

《化学生物学》翻译组

译　审

张礼和　北京大学药学院，中国科学院院士

张　艳　国家自然科学基金委员会化学科学部

胡海宇　中国医学科学院&北京协和医学院药物研究所

陈拥军　国家自然科学基金委员会交叉科学部

翻 译 分 工

第1章	陈　鹏	北京大学化学与分子工程学院
第2章	雷晓光	北京大学化学与分子工程学院
第3章	周　翔	武汉大学化学与分子科学学院
	翁小成	武汉大学化学与分子科学学院
	汤新景	北京大学药学院
第4章	伊成器	北京大学生命科学学院
	程　靓	中国科学院化学研究所
第5章	王　初	北京大学化学与分子工程学院
	董甦伟	北京大学药学院
第6章	刘　磊	清华大学化学系
	刘　涛	北京大学药学院
	王　晶	北京大学药学院
第7章	陈　兴	北京大学化学与分子工程学院
	谭忠平	中国医学科学院&北京协和医学院药物研究所
第8章	胡友财	中国医学科学院&北京协和医学院药物研究所
	林　生	北京中医药大学东直门医院
第9章	尹　航	清华大学药学院
	邹　鹏	北京大学化学与分子工程学院
辅　文	张青扬	中国医学科学院&北京协和医学院药物研究所
	邢曦雯	暨南大学生命科学技术学院

译者序

在人类社会发展进步的历程中，以科学家个人兴趣和好奇驱动的科学研究产生了一大批我们今天科学技术赖以发展的基础理论和技术。不同学科成就的相互结合促进了人们进一步了解大自然和人类自己。但是科学发展早期，传统学科独立的发展模式造成不同学科成果的应用相互等待，因而也失去了不少合作研究的机会，限制了科学的快速发展。科学技术快速发展的今天，传统学科的界限已经越来越模糊，以解决科学问题为中心的多学科合作，成为了目前推动从基础研究到应用研究各个领域发展的主要动力。就以化学学科来看，化学是在分子、原子层面研究物质的组成、性质、结构与变化规律并创造新物质的科学。今天化学的研究领域已经从小分子发展到大分子（化学高分子、生物大分子）；从研究简单体系发展到研究复杂体系。化学的发展已经渗透到生物、材料、能源、环境等领域。科学的发展已不再是各个学科的科学成果被动地等待被其他领域的研究应用，而是各个学科的研究成果主动地去寻找应用，主动地在以解决重大科学问题为中心的研究中找到自己的位置。化学生物学的发展就是化学在解决生命科学重大科学问题的研究中给自己的定位。

化学生物学利用化学的理论、方法和技术研究生命科学，是对传统生物学研究的一个重要补充。化学生物学家研究生物大分子的结构和活性，从体外到体内，不仅研究小分子对生物大分子在生物体系中的相互作用，而且还发展了高灵敏和特异性的小分子探针，发展了利用化学的、物理的方法标记、跟踪生物大分子，分析基因和靶蛋白，成为了解析复杂生物体系信号通路和重要生理病理过程的重要工具。化学生物学是一个多学科交叉的科学，特别要求化学家了解和掌握更多的生物学的知识和研究进展。

目前我国已有很多高校和研究所建立了化学生物学系，开设了化学生物学课程培养本科生和研究生。美国加州大学尔湾分校（UC Irvine）David Van Vranken和Gregory A. Weiss在讲授化学生物学时编写了教材“*Introduction to Bioorganic Chemistry and Chemical Biology*”。他们以有有机化学背景而没有生物学基础的学生为对象，从化学家的视角讲述了体内生物大分子（DNA、RNA、蛋白质、糖、糖脂、聚酮和萜类）的结构、功能和相互作用，从基因调控到信号通路，每章后还给出不少问题帮助学生思考，这对学生和研究工作者都是很好的学习材料。在一次国内的药物化学学术会议上，化学工业出版社褚红喜编辑向我推荐了这本书。感谢化学工业出版社很快就引进和组织翻译了这本教材，感谢编辑的精心组织和国内活跃在化学生物学前沿的诸位学者的细致翻译，使这本书得以出版以飨读者，希望能有助于国内化学生物学的教学和研究。

张礼和

北京大学药学院

天然药物及仿生药物国家重点实验室

2021年4月

译者前言

化学生物学是研究生命过程中化学基础的学科，更是一门新兴交叉学科。它通过外源化学手段，对生命体系中的分子进行精准地识别、阐释、修饰和调控，通过充分发挥化学和生物学、医学交叉的优势，揭示生物学新规律，促进新药、新靶标和新的作用机制的发现，为人类健康研究方向提供新策略、方法与分子工具，为人类社会发展服务。

当前，国内众多高校相继成立了化学生物学系或开设了化学生物学专业，旨在通过向学生传授化学与生物学相关的知识，给学生提供一个“双培养”的环境，使学生更好地理解现代化学和复杂生物学研究的密切关系。然而国内化学生物学教材版本太少，且已出版的图书大都为科技书专著形式，内容主要涉及当代先进的化学生物研究方法与技术，但是如何从本质上有效地以化学视角揭示生物学奥秘仍是难题。

这也正是《Introduction to Bioorganic Chemistry and Chemical Biology》（David Van Vranken, Gregory A. Weiss，2013）一书的亮点之处。这本教科书为读者提供了一个全面了解生物分子合成与功能的化学蓝图。原著遵从分子生物学的中心法则，以基因水平为起点，从有机化学角度聚焦生物分子——DNA、RNA、蛋白质、聚糖、聚酮以及萜类，用有机化学思维——从原子、化学键、化学反应机理视角，阐述生物体内众多分子的化学性质、结构特点以及分子间的相互作用关系。通过本书的学习，您会慢慢发现分子生物学中心法则之外的“化学法则”是生命起源的基础。本书内容全面，深浅适宜，特色鲜明，可以作为本科生与研究生学习化学生物学基础知识的教材，也可供对化学生物学有兴趣的研究人员参考。

本书的翻译工作得以顺利开展，要衷心感谢来自北京大学、清华大学、武汉大学、中国医学科学院&北京协和医学院药物研究所、中国科学院化学研究所的20位化学生物学教学与科研一线的专家们，是他们认真严谨的工作作风和科研态度保障了本书翻译内容的准确性；感谢国家自然科学基金委员会交叉科学部和化学科学部的前瞻性支持和重要引领，得以在短短一个月内将翻译队伍组织起来，赋予各位译者以激情；感谢张礼和院士为本书作序并担任本书的主审；感谢化学工业出版社优秀教材发展基金项目的支持，以及严谨的编校工作；感谢中国医学科学院&北京协和医学院研究生教学改革项目的资助。

合抱之木，生于毫末；九层之台，起于累土。希望本书能为我国化学生物学基础教育提供新的助力。

最后，谨向广大读者朋友们致以美好的祝愿！

张艳、胡海宇、陈拥军

北京

2021年4月

原著前言

这本教科书为读者提供了一个了解生物分子合成与功能的化学蓝图。目前，化学生物学的研究领域在不断地深入和扩展，其中生物分子参与了包括细胞调控、信号转导以及生物合成在内的主要细胞功能，我们将主要从有机化学角度聚焦生物分子的研究进展。而学生们在学习此书时，要遵从分子生物学的中心法则，以基因水平为起点，再到每一种生物分子——DNA、RNA、蛋白质、聚糖、聚酮以及萜类，我们将研究它们的化学、结构特点以及与其他分子的相互作用关系。随后，我们将学习如何通过化学方式控制基因的表达。值得一提的是，虽然在过去二十年中，大多数的相关教学活动都是基于生物模型的，但是我们的教学内容将尽可能地聚焦于人体细胞。

《Introduction to Bioorganic Chemistry and Chemical Biology》适用于学习过有机化学课程的高年级本科生和研究生，如果你对生物学有一些了解，将有利于学习这本书。同样，这本书也适合医学专业高年级学生的学习。我们目前在加州大学尔湾分校开设了一系列化学生物学课程，并以此为基础，撰写了这本教科书。虽然有机化学将是我们这门课程的主要“语言”，但目前还没有哪本教科书能够从原子、化学键、化学反应机理角度对细胞活动进行详细的描述。这本书将从基础性的概念开始，逐步建立复杂的章节体系。对于本科生教学，我们可以跳过一些高阶的教学内容，全书内容可以灵活地适应不同的课时和难度。

这本教科书是依据分子生物学的中心法则组织编撰的。其中，第1章和第2章分别介绍了化学生物学的基本原理和生物体的化学起源，此后的每一章（第3～8章）依次讲述了人体细胞中的每一类生物分子——DNA、RNA、蛋白质、聚糖、聚酮以及萜类。在这本书里，我们没有讲述代谢与生物合成途径的内容，这些在生物化学相关课程中经常被介绍。第9章则引导学生跳出中心法则，去思考解释细胞调控生物分子合成的机制。而在最后一章，我们将加深学生对现代生物学、生理学以及医学的理解。由于新技术的不断涌现和迭代，在这里本书将不再讨论仪器和实验性的技术方法。由于这本教材并没有全面涵盖化学生物学领域的所有知识，因此许多众所周知的实例和技术没有包含在这本书里。我们也非常期望老师们能够从这本教材中选择并额外补充学生迫切需求的知识，传授给学生。

我们知道，丰富生动的教学内容是产生学习乐趣的关键。在这本书中，每一章我们都以多罗西·克劳福特·霍奇金（Dorothy Crowfoot Hodgkins）、菲巴斯·利文（Phoebus Levene）和赫尔曼·埃米尔·费歇尔（Hermann Emil Fischer）等著名科学家们在这一领域的最重大发现为开端。在本书中，我们将生物学的相关例子与丰富多彩的图像结合以吸引读者去理解生命的分子结构。我们对图例的颜色选择也是经过精心挑选的：一般来说，红色表示DNA，绿色表示RNA，蓝色表示蛋白质，紫色表示聚糖，棕色表示聚酮和萜类。当这些生物分子被抽象的形状表示时，形状的颜色将提供更多的生物化学信息。我们还将采用有机化学课程常用的现代有机化学结构及反应机理描述方式进行教学，展示生物大分子的二级结构并附带PDB ID，这样学生们可以使用蛋白质数据库进行方便的查询。在这本书中，提问式教学将贯穿于各章节，情景化的语言描述也将有利于学生对内容的理解。在每一章结束时，我们都会给出一定量的习题，以促使学生进行更深入的学习，并且我们已经把那些最适合自学的问题标上了星号，学生可以通过登录相关网站探寻问题的答案。此外，每一章开头都列出了学习目标，结尾列出学习重点，以帮助学生理解本书重要的内容。

戴维·范·弗兰肯　格雷戈里·韦斯

致谢

首先也是最重要的一点，我要深深地感谢我的家人 Maureen、Julia 和 Kim，没有他们坚定不移的爱和支持，这本书就不可能完成。

我们还要感谢成千上万的研究人员，正是他们的研究工作使这本书变得更充实。由于篇幅限制，我们就不再一一列举这些科学家的名字了。虽然本书中我们省略了一些研究者的重要贡献，对一些开创性的研究发现也没有提及作者，但我们非常感谢那些推动这一领域向前发展的人们。

我们感谢以下作者参与编写了这本启发灵感的教科书：Bruce Alberts、Ian Fleming、Clayton Heathcock、Alexander Johnson、Jack Kyte、Julian Lewis、Martin Raff、Keith Roberts、Richard Silverman、Wolfram Saenger、Andrew Streitwieser、Christopher Walsh 和 Peter Walter。我们也很感谢加州大学欧文分校的学生，他们耐心地接受了我们基于这本书的教学。我们也非常感谢加州大学欧文分校同事们的友谊和支持。

我们要感谢 Garland Science 团队，是他们使这项富有挑战性的项目成为现实。我们还要感谢我们的编辑 Summers Scholl，他出色的管理使我们的项目能够很顺利地推进；感谢责任编辑 John Murdzek、高级助理编辑 Kelly O'Connor，他们事无巨细地推进我们的项目步入正轨；感谢制作编辑 Emma Jeffcock 进行专业的版面设计及其他相关事项。

在本书撰写过程中，以下人员作为读者、评审员和顾问提供了他们宝贵的意见：

Peter A. Beal (University of California, Davis);

Annette Beck-Sickinger (University of Leipzig);

Danielle Dube (Bowdoin College);

Marina Gobbo (University of Padova);

David Grayson (Trinity College, Dublin);

Paul Harrison (McMaster University);

Jessica Hollenbeck（Trinity University, Texas);

Gerwald Jogl (Brown University);

Andrej Lupták (University of California, Irvine);

José Luis Mascareñas (University of Santiago);

Christian Melander (North Carolina State University);

Nicola Pohl (Indiana State University);

James Redman (Cardiff University);

Carmelo J. Rizzo (Vanderbilt University);

Erland P. Stevens (Davidson College);

Terry Smith (University of St. Andrews);

Ali Tavassoli (University of Southampton);

Doug Tobias (University of California, Irvine)。

目录

第1章 化学生物学基础
（The Fundamentals of Chemical Biology）

学习目标（Learning Objectives）

- 化学生物学的定义。
- 分子生物学的中心法则是化学生物学的组织原则。
- 了解基因、转录本、蛋白质以及相关基因组，转录组和蛋白质组的关键特征；
- 阐释进化在化学生物学实验中的重要性。
- 介绍重要的模式生物，并给出其在化学生物学实验中应用的实例。
- 简要介绍病毒和质粒。

为什么要围绕生物大分子（biooligomers）来编写一本关于化学生物学的书？

生物体必须遵循化学规则。**化学生物学**（chemical biology）则是将原子-化学键层面的**化学规则**应用于**生物系统**。化学是众多分支学科的集合，这些分支学科在其特定范围内深入研究分子的行为。而在这些分支学科中，有机化学因其提供了一种特有的定性和定量方法，而成为解释产生进化所需分子多样性的化学反应和非键相互作用的理想选择。

根据查尔斯·达尔文（Charles Darwin）的观点，**选择**（selection）有利性状是各个物种进化的关键步骤（**图1.1**）。而自然选择的基础是种群的多样化。例如，立金花（Cape cowslip lilies）具有抗旱、抗涝、耐寒和耐热等不同品种，其中至少有一个品种可以在单一气候灾难中幸存下来。但是，如果发生一系列不同的气候灾难，如第一年夏天发生干旱，第二年夏天发生洪涝，种群将如何应对呢？为了在第二种气候灾难下生存，幸存的植物必须重新繁殖以建立多样化的种群。因此，进化的驱动力不仅仅来自于“适者生存”，物种的增殖和多样性也推进了这一进程。

图1.1 查尔斯·达尔文（Charles Darwin）。六岁的查尔斯·达尔文拿着一盆立金花。在50岁发表《物种起源》时，他已经理解了生物个体层面种群多样化的重要性。但此后近百年，这种多样性的分子基础都没有被揭示。（来自J. van Wyhe制作的网站The Complete Work of Charles Darwin Online）

产生多样化的种群是进化过程中的关键要素。生命能以有限的单元产生多样化的种群，这些单元包括各种各样的分子、细胞、生物个体以及生态系统。这种模块化的组装方法可称为**组合**（combination）。通过与写作进行类比，我们可以体会到这种方法的灵活性。写作在各个层面上都是可以组合的。例如：字母可以组合成单词；单词可以组合成句子；句子可以组合成段落；

而字母、单词和段落的含义取决于顺序。通过正确的组合，字母可以表达出多种多样的含义，包括组织社会、动员军队、维系爱情，甚至是诠释我们所处的宇宙。单词、句子和段落都是“聚合物”，它们是通过一系列有限单元的非重复连接而形成的。写作的每个层面都有规则。例如：单词的拼写规则，句子的语法规则和段落的组成规则。这些规则可以使我们简洁有效地“编码”思想，将之存储、传播和复制，并进行高保真解码。

化学生物学家试图从原子和化学键层面来解释如何通过组合产生多样性。细胞中的大多数分子是由结构单元组成的**生物大分子**（biooligomers，直译为“生物聚合物”），而每个结构单元都是由原子组成的。蛋白质、DNA、RNA、糖类、脂质和萜类等生物分子占人体细胞干重的 90% 以上。近似来看，这些生物分子和水一起组成了细胞。生物分子结构非常适合多样性分子的合成，而本书的目的是阐释控制不同生物分子组装的化学规则，并以此来说明人体细胞的工作原理。由于分子生物学的中心法则控制着生物分子的组装，我们将以此作为本书编写的主线。

问题1.1

如果让一千只黑猩猩打字一千年，它们中是否有一只能完成一部莎士比亚的作品？（来自纽约动物学会）

1.1 分子生物学中心法则（The Central Dogma of Molecular Biology）

分子生物学的中心法则是化学生物学的组织原则

细胞比写作更简单易懂，因为每种生物大分子的序列最终都由其他生物大分子的序列决定。对于 DNA、RNA 和蛋白质，它们序列之间的对应关系简洁明了。这些生物大分子之间的潜在关系首先由解析 DNA 结构的先驱——弗朗西斯·克里克（Francis Crick）发现。克里克指出了从 DNA 到其他生物分子的分级信息流，并将其命名为**分子生物学的中心法则**（the central dogma of molecular biology，**图 1.2**）。在这个分级结构中，DNA 可以作为模板指导 RNA 的合成，反之亦然。RNA 可以作为指导蛋白质合成的模板，但蛋白质不能作为 RNA 合成的模板。蛋白质的结构使其难以作为模板来指导 RNA、DNA 或其他生物分子的生物合成。中心法则的信息流不是完全单向的。蛋白质确实会影响 DNA 和 RNA 的合成，但不是通过直接的编码机制。我们将在后面的章节中讨论这些间接机制。

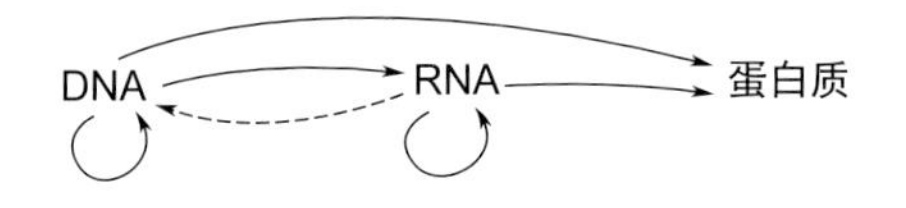

图1.2 **原始的中心法则**。图示为第一版中心法则，包括了假想的和已知的信息传递模式。简而言之，克里克的中心法则就是“遗传信息一旦被传递到蛋白质中，就无法再从蛋白质中输出。”（由伦敦威康图书馆授权）

生物大分子 DNA 为细胞和生物个体提供主要设计蓝图。按照这一蓝图（**图 1.3**），我们需要掌握三个特定的生物化学术语：**复制**（replicate），**转录**（transcribe）和**翻译**（translate）。生物学中的大多数反应都是**酶**（enzymes，主要是蛋白质）催化发生的。利用 DNA 的每条单链作为合成新链的模板，DNA 聚合酶可以复制 DNA。而利用两条 DNA 链中一条单链作为模板，RNA 聚合酶可以将 DNA 转录为 RNA。RNA 在细胞中执行多种功能，但在中心

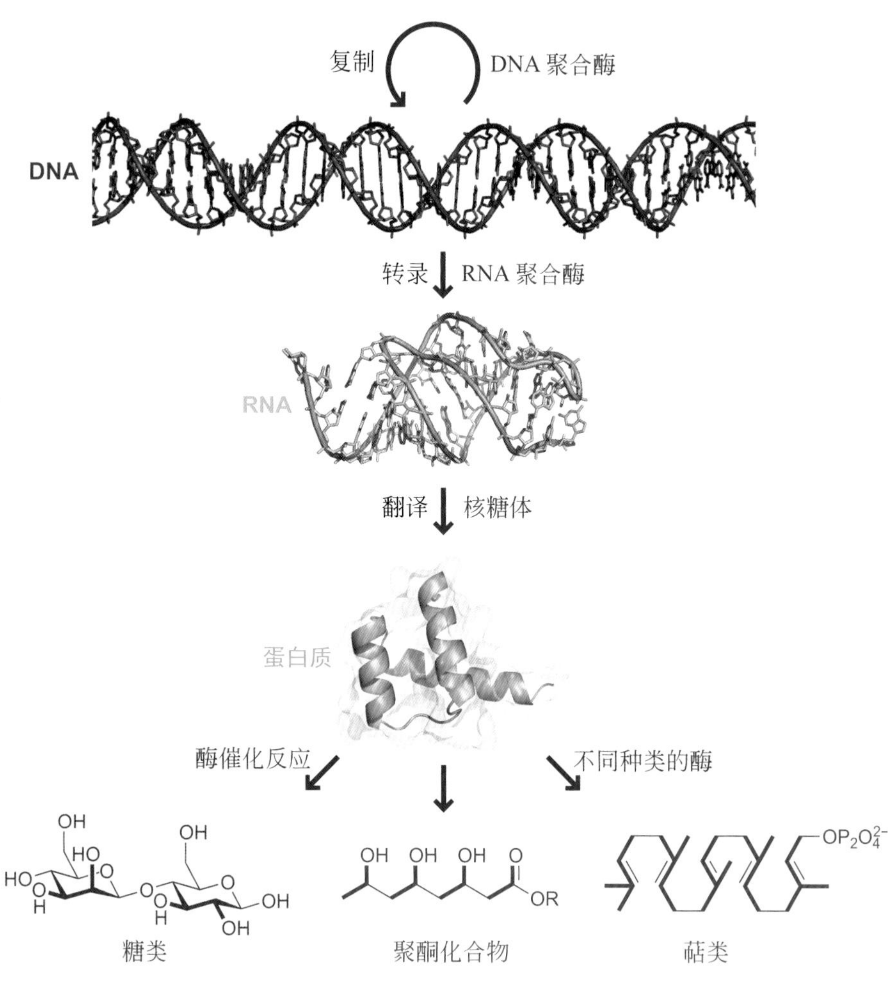

图 1.3 扩展的分子生物学中心法则。 箭头表示信息的流动：一种生物大分子充当合成其他生物分子的模板或催化剂。

法则中它的功能主要是作为蛋白质合成的模板。蛋白质由核糖体以信使 RNA（mRNA）为模板翻译而来。在生物体内，蛋白质发挥着多种作用。例如，酶可以催化像糖类、脂类和萜类等其他生物分子形成。

1.2 基因（Genes）

基因由启动子和转录序列组成

在细胞中，RNA 的转录是经过精心设计的。RNA 聚合酶不会在基因组中的随意位置以及任意基因处开始转录。在任何时间点，RNA 聚合酶仅仅转录基因组中的特定基因。一类被称为**转录因子**（transcription factors）的蛋白质会与特定的 DNA 序列结合，这段 DNA 序列称为**启动子**（promoter）。一个启动子和一段编码 RNA 的 DNA 序列构成一个**基因**（gene，**图 1.4**）。启动子及其

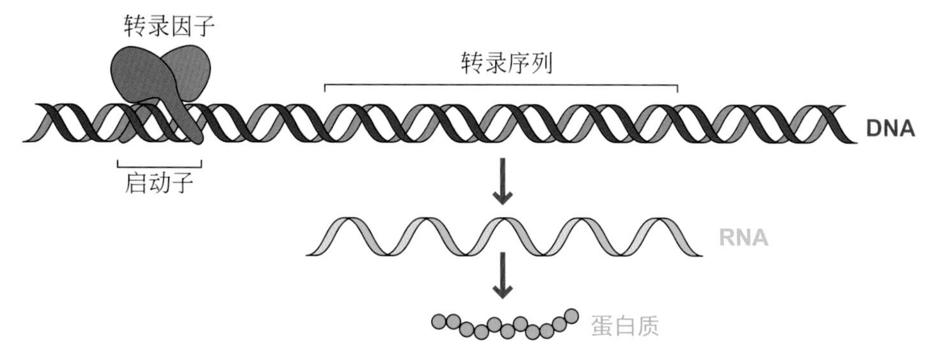

图 1.4 基因表达。 图中 DNA 以绘图形式呈现，但是从原子及化学键层面来看，每纳米 DNA 序列就包含了丰富的信息。所有基因都由启动子序列和转录序列组成。转录因子与启动子结合并“招募”RNA 聚合酶以转录生成信使 RNA。

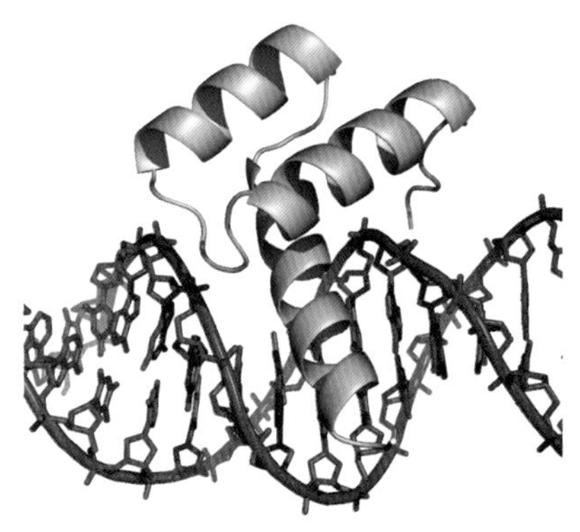

图1.5　**与DNA结合的转录因子**。转录因子蛋白（蓝色）通过结合特定DNA序列的启动子（红色）来开启和阻止基因表达。图中，蓝色丝带表示由多种氨基酸串联组成的蛋白质；而红色小棒表示DNA上的非氢原子，红色条带表示DNA的磷酸二酯键主链。本书后面的章节会提供更多DNA和蛋白质结构的相关信息。

相关的转录因子控制着基因的表达。一些转录因子会“招募”RNA聚合酶并激活转录，而另一些则会抑制转录（**图1.5**）。正如将在第3章中要看到的，DNA的结构信息高度丰富，使得转录因子可以通过分子识别来读取相应的DNA序列。

在大肠杆菌（*Escherichia coli*）中发现了已知最小的基因*mccA*，它编码合成**短肽**（peptide）小菌素A（microcin A，**图1.6**）。小菌素A仅包含七个氨基酸单元，通过核糖体翻译产生这种短肽是不常见的。小菌素A是致死性抗生素小菌素C7（microcin C7）的一部分，大肠杆菌利用它在人体肠道内部作自我保护。除*mccA*基因外，还有三个基因编码合成小菌素C7所需的其他酶。与抗生素小菌素C7的产生和分泌相关的基因被整合进一个**操纵子**（operon）或基因簇中（**图1.6**），并且整个*McC*操纵子由一组对胞内条件敏感的转录因子控制。把功能相关的基因分配到同一个操纵子中，并置于一个常见启动子的控制之下，这是所有生物都使用的一种策略。

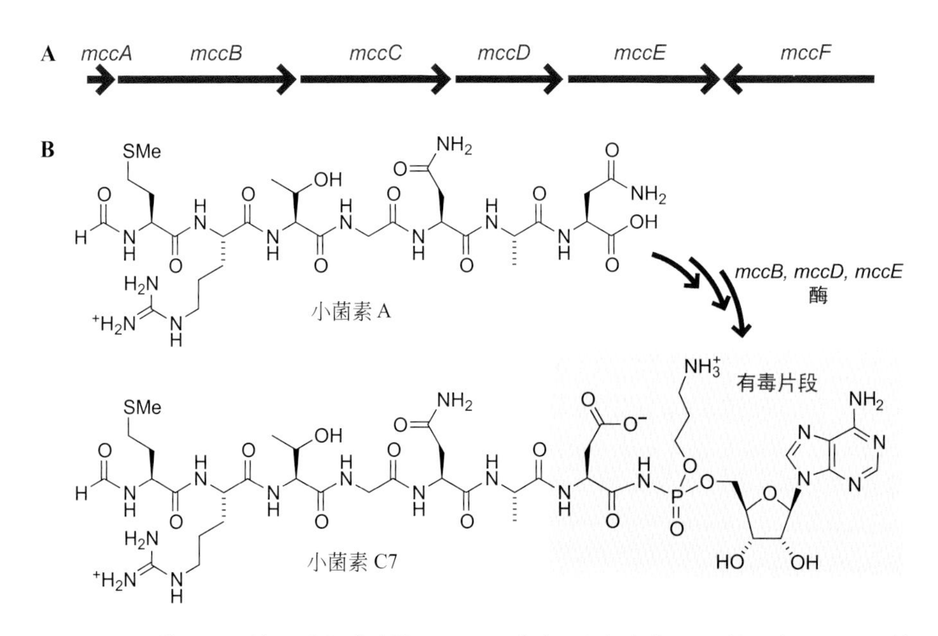

图1.6　**最小基因编码的一种化学武器**。（A）小菌素A由极小的*mccA*基因编码，*mccA*基因与相关基因同属于*McC*操纵子，这些基因由DNA组成；（B）小菌素A短肽被组装成精密的化学武器。其中Me是甲基（CH_3）的缩写。

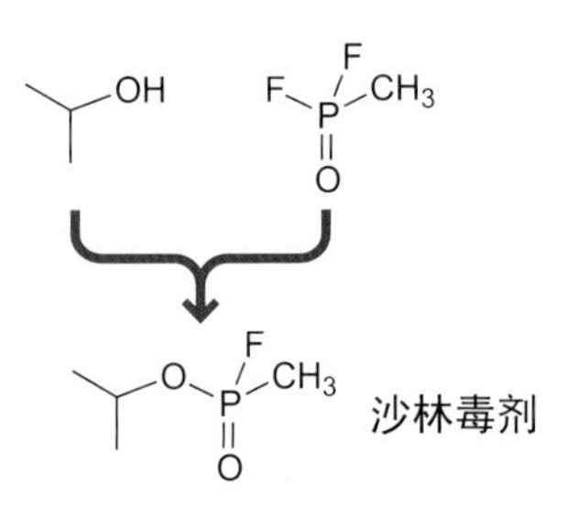

图1.7　**化学武器**。二元化学武器可以从两种非致命性前体产生神经毒剂沙林，而这种组装模式模仿了小菌素C7的生物合成。上面的图是155 mm子弹的示意图，该子弹可利用两种反应物前体生成神经毒剂沙林。（改编自美国陆军部化学系统实验室，1981年。）

*McC*操纵子还含有一个基因，该基因编码一种蛋白质转运蛋白，可从细胞内向外主动分泌小菌素C7。小菌素C7类似于人类发明的二元化学武器，但其更为复杂（**图1.7**）。抗生素小菌素C7是一个特洛伊木马式的诱杀陷阱。当倒霉的大肠杆菌菌株遇到这种“美味”的肽，并主动将其摄入后，这些细菌会试图将其降解成可用的物质，但是降解产物的其中一个片段具有毒性，它会靶向一种蛋白质合成所必需的酶，即天冬氨酰tRNA合成酶。然而产生小菌素C7的细菌对此做了充分的准备：如果这种肽在细胞内的浓度达到危险水平，与*McC*操纵子相邻的*mccF*基因会表达一种酶，用来切断小菌素C7的C—N酰胺键，从而防止有毒片段的生成。如果意外产生了有毒片段，*mccE*基因编码的酶还可以将有毒片段乙酰化，从而使其失去毒性。

1.3 基因组（Genomes）

我们已经对人类基因组和许多其他基因组进行了测序，现在该做什么？

世纪之交时，我们见证了人类历史上最伟大的科学成就之一——人类基因组计划。**基因组**（genome）是生物体中所有 DNA 的集合。人类基因组包含人类所有生物大分子合成的指导信息：DNA、RNA、蛋白质等。因为 DNA 是由四种化学结构单元组成的线性分子，所以 DNA 的结构取决于结构单元的序列。我们把DNA的结构单元称为**碱基对**（base pairs），或简称为碱基（bases），其原因将在第 3 章提到。基因组测序首先应用于微小的细菌——流感嗜血杆菌（*Haemophilus influenzae*），而在几年之后科学家们就获得了人类基因组的初步草图。对生物体全基因组的测序为我们提供了前所未有的研究手段，帮助我们区分细菌与酵母、酵母与蠕虫、蠕虫与果蝇、果蝇与小鼠、小鼠与人类以及健康人与病人之间的遗传差异。

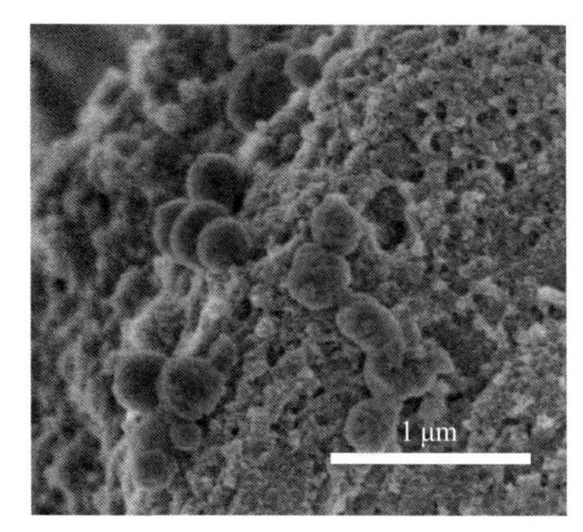

图 1.8 最小的基因组。生殖道支原体（*Mycoplasma genitalium*）的基因组在所有能独立生存的生物中是最小的。该图通过扫描电子显微镜拍摄，并进行了染色。光学显微镜的分辨率不足以表征支原体的结构特征。（来自 C. McGowin et al.，*BMC Microbiol.* 9：139，2009；已获授权。）

科学家常常通过研究较简单的生物来揭示有关人类生物学的重要原理。我们一直致力于探索生命存在的最低要求。而微生物鲁氏卡氏菌（*Carsonella ruddii*）具有已知最小的基因组，它只有大约 200 个基因。但是鲁氏卡氏菌是共生生物，并不能在其昆虫宿主的体外生存。对于能独立生存的生物而言，已知最小的基因组来自于生殖道支原体（*Mycoplasma genitalium*），它是一种能感染人呼吸道或生殖道的支原体（**图 1.8**）。生殖道支原体的基因组仅含有 582970 个碱基，521 个基因，其中 482 个基因编码蛋白质。从它的基因序列出发，我们可以预测 RNA 转录本和最终翻译得到的蛋白质的化学结构。在这些蛋白质中，只有 382 个是支原体生存所必需的。但如果同时去除所有的 100 个非必需基因，该支原体可能也无法存活。人类基因组计划的负责人之一克雷格·文特（J. Craig Venter）利用化学合成的生殖道支原体基因组创造了一个活细胞，即第一个合成生物！由此看来，我们似乎正在逐步认识最小的生物体：了解它如何生存、进化以及对不同的条件做出反应。但事实上，我们仍然所知甚少。近二十年来，科学家一直致力于研究生殖道支原体蛋白质的化学结构，但仍然无法弄清楚其大约四分之一必需蛋白质的功能。

为什么蛋白质序列和蛋白质功能之间存在着如此巨大的鸿沟？这主要有两个原因。首先，许多蛋白质的功能与其他不易研究的生物分子（如糖类、脂质、萜类和代谢产物）有关。其次，蛋白质只能在一些特定条件下发挥相关功能。这就好像一个外星人第一次拜访你的家，他可能也不太理解天花板防盗警报器的功能一样。此外，有许多蛋白质只有在动态的整体中才发挥功能。类似地，如果把 1967 年的四速 Toploader 变速器上的同步器拆下来，我们几乎不可能预测它的功能。同样，如果把变速箱固定，我们就无法在换挡时观察到同步器在做什么（**图 1.9**），所以我们也观察不到生殖道支原体内部发生了什么。但是化学生物学家具有解决此类问题的独特能力，他们可以在原子水平和化学键层面上进行思考，并且设计分子工具来探测和观察诸如细胞等复杂系统。

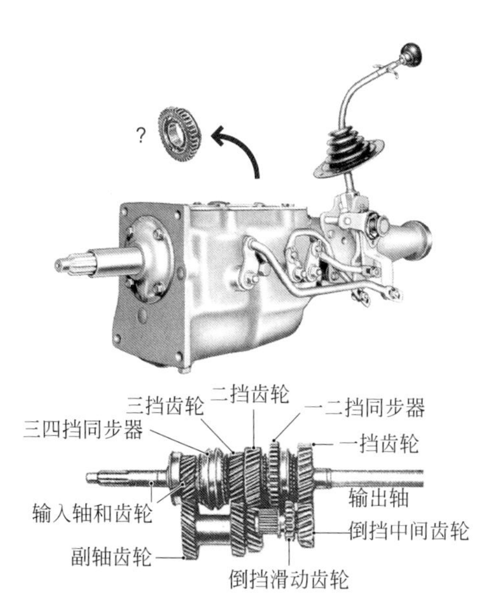

图 1.9 它有什么作用。在看不到内部情况时，我们有时很难理解汽车变速箱同步器的功能。即使拥有精确的静态图像，如果我们看不到系统的动态响应，内部组件的作用也是不清楚的。（来自 Roland Dudley 和 Mark Olson 制作的网站：Classic Tiger。）

我们还远不了解我们认为最了解的大肠杆菌

大肠杆菌是目前我们了解得最透彻的生物体，它比支原体更大、更复杂。某些大肠杆菌菌株可以在人的肠道中与人体和谐地共存，并繁衍生息。人粪

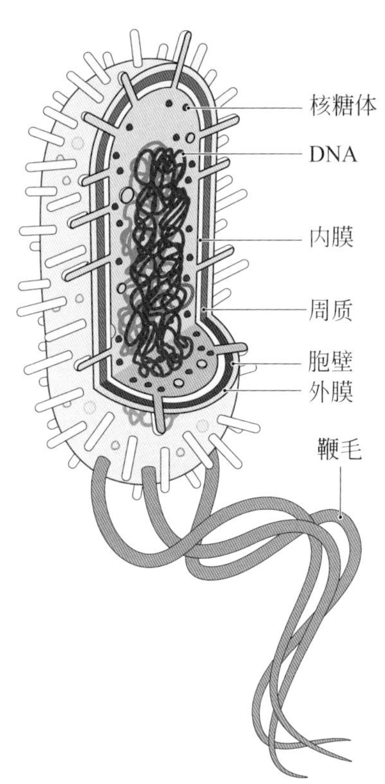

图1.10 大肠杆菌内部结构。大肠杆菌K-12示意图显示了细菌膜结构的排列以及基因组DNA和核糖体的位置。大肠杆菌K-12最初是在1922年从白喉患者的粪便样本中分离出来的。

便干重的三分之一来自大肠杆菌。由于大肠杆菌存在多种菌株，所以有时候我们对它的认识会变得很困难。实验室常见的大肠杆菌K-12菌株是无害的，但其他大肠杆菌菌株可能与某些疾病有关。例如，致病毒株CFT073有时会导致人的膀胱感染；而肠出血性菌株O157：H7有时会污染市售的牛肉。

大肠杆菌是一种微小的杆状细菌（**图1.10**），直径通常略大于1 μm。它的外壁由两层流动的脂质膜组成。两层膜间夹着周质间隙，间隙中有一层坚韧的网状结构（细胞壁）。与狭窄的周质间隙不同，大多数细菌内容物如DNA都位于内膜以内。大肠杆菌K-12可以靠自身进行运动，它具有可旋转的鞭毛，鞭毛能帮助它趋向营养物质并远离毒素。尽管大肠杆菌拥有独自活动的能力，但是它也拥有很好的“社交能力”。在营养丰富的条件下，大肠杆菌会经历二分裂，形成类似于“超级生物”的生产合作菌落。菌落内的化学信号可最大程度地利用环境资源（与侵袭性有关）并抑制种群数量过多。菌落内的每个细菌基因完全相同，也具有同等的环境适应能力。大肠杆菌依靠杂交来丰富遗传多样性并增加生存机会。其细菌荚膜上覆盖着许多比鞭毛小得多的头发状突起物，这些突起物可让大肠杆菌与其他菌株交换遗传物质。

大肠杆菌K-12的许多工程化基因突变体被用于实验室研究，如病毒转染、克隆筛选和蛋白质合成。大肠杆菌K-12的MG1655变体的基因组由4377个基因组成，这些基因由4 639 221个碱基编码。虽然大肠杆菌的细胞尺寸和基因组都比生殖道支原体大10倍，但与生殖道支原体一样，大肠杆菌K-12中超过95%的基因用于编码蛋白质。虽然我们很难通过显微镜的图像来区分各种大肠杆菌菌株，但是DNA测序技术的发展大大降低了细菌基因组测序的费用，目前已经有超过50种大肠杆菌菌株的基因组被测序（**图1.11**）。

我们距离了解任何一种大肠杆菌都还很远，而距离了解所有不同菌株更远。与生殖道支原体一样，大肠杆菌K-12中约20%基因的功能我们仍不清楚。令人惊讶的是，在所有大肠杆菌菌株中仅有约20%基因是保守的。大肠杆菌的遗传多样性会因为一些较小的环状DNA——**质粒**（plasmid）的存在而进一步增加。即使在同一种菌株中，细菌包含的质粒也可能会不同。质粒通常包含一个或多个有益的基因。细菌在进行“交配”时会交换质粒。一个细菌只有一个拷贝的基因组，但是可能会有许多个拷贝的质粒。

我们距离了解人体细胞还很遥远

人体细胞约为大肠杆菌细胞体积的1000倍，所含DNA也多约1000倍。和大肠杆菌一样，人体细胞在空间上也被两层脂质膜隔开（**图1.12**）。外层膜，也被称为**细胞膜**（plasma membrane），暴露于外环境中。核膜为双层膜，层与层之间有一个很薄的间隙，核膜内包裹了DNA。人体细胞没有类似细菌细胞壁的结构，而是通过内部蛋白质支架维持其形状。在核膜和细胞膜之间的部分叫做细胞质。不同的人体细胞，其细胞质组成不同。

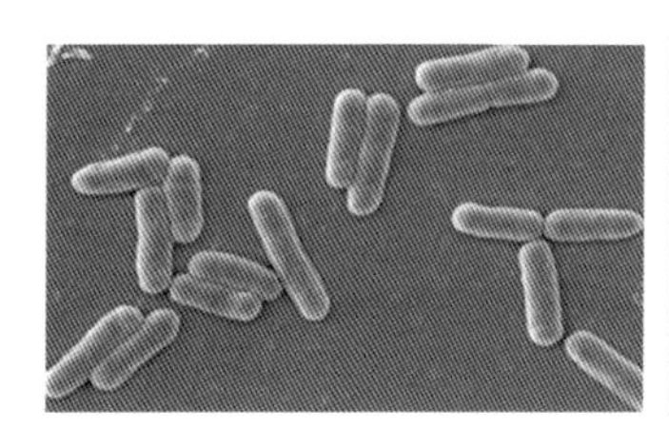
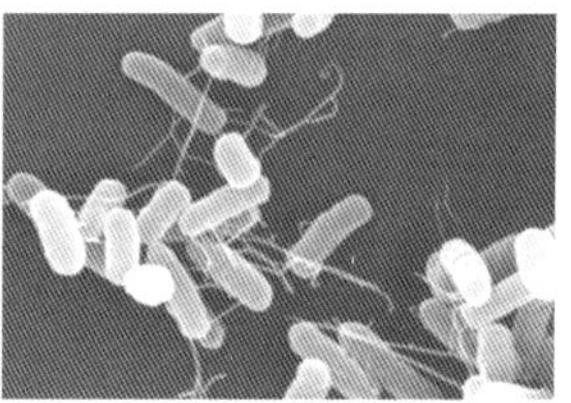
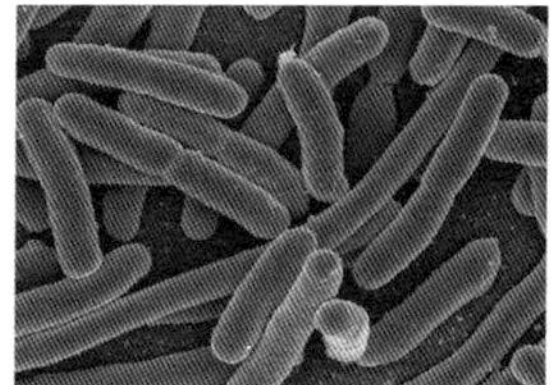

图1.11 细菌内部结构是重要的。在扫描电子显微镜下，不同大肠杆菌菌株看起来很相似，但它们只有20%的遗传信息是相同的。从左至右：大肠杆菌K-12 MG1655、O157：H7和CFT073菌株。（左图来自S. Kar et al.，*Proc. Natl. Acad. Sci. USA* 102：16397-16402，2005；中图来自S. Suwalak and S. P. Voravuthikunchai，*J. Elec. Microsc.* 58：315-320，2009；右图来自Rocky Mountain Laboratories，NIAID，NIH；均已获授权。）

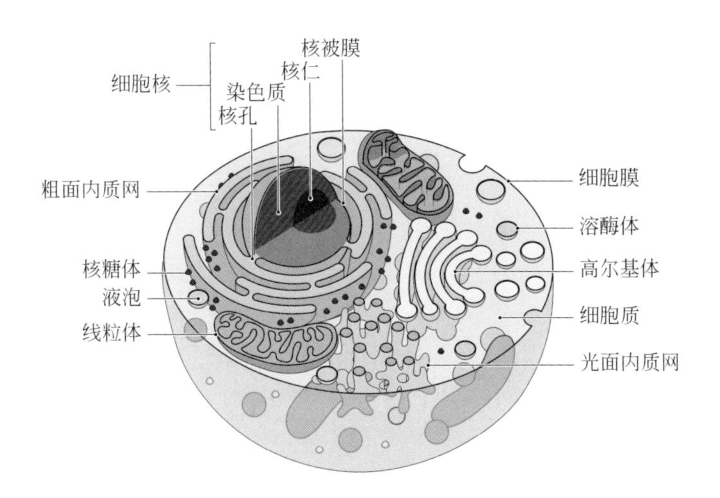

图1.12 人体细胞内部结构。人体细胞被各种膜分隔开，使得各种生化过程分开进行。

此外，细胞质中还包含膜包裹的细胞器。线粒体是最独特的细胞器，它为细胞提供所需的化学能，而且它就像是共生生物，可以独立于细胞进行复制。线粒体有两层膜，在内膜以内有线粒体自身的DNA、酶和核糖体。除线粒体外，显微镜下还能观察到气泡状囊泡（内质网和高尔基体复合物）的网络，它们可以把蛋白质和糖类分泌到细胞外。

人体细胞中有两处存在DNA：细胞核和线粒体。细胞核内的基因组DNA被分为23对同源染色体。线粒体DNA是一个较小的环状DNA，与大肠杆菌基因组十分类似。大肠杆菌中的大部分DNA编码蛋白质，而人体细胞中只有一小部分（1.5%）DNA编码蛋白质。

人体约有20000~25000个基因组，数量仅仅是大肠杆菌的5倍。令人惊讶的是，认为自己比单细胞生命复杂得多的人类，却拥有不那么长的“零件清单”。仅仅25000个基因如何产生像人类这样复杂的多细胞生物呢（**图1.13**）？要理解这种复杂性，我们需要在RNA、蛋白质以及其他方面进一步探索分子多样性的来源。

我们不能仅通过基因组来判定一个细胞

大肠杆菌不同菌株具有相似的结构，但基因组差异很大，而哺乳动物（如老鼠和人类）则相反，不同个体间99%的基因是相同的。如果大肠杆菌是遗传学家，他们很容易将我们误认为是小鼠。不论年龄、种族和出身，性别相同的人类的基因组99.9%是相同的（**图1.14**）。人类外表和疾病感染性的巨大差异只来源于人类基因组的0.1%。对不同人基因组序列的分析有可能揭示出与一些疾病相关的遗传差异，这些遗传差异是阿尔茨海默症、骨质疏松症和糖尿病等疾病发生的基础，而且这些遗传差异将成为下一代药物开发的靶标。

图1.13 数百万个零件。一架波音747-400飞机由600万个零件组成。相比之下，人类只需要大约20000个不同基因编码的100000种不同的蛋白质。（来自维基百科）

图1.14 不同种族和不同年龄的人的外表明显不同，但在基因水平上，人类99.9%的基因是相同的。（图A来自Michael Schwart，CDC；图B来自Nancy Michael，Florida Photographic Collection；图C和图D来自Amanda Mills，CDC；图E和图F来自CDC；已获授权。）

人类个体由大约220种不同类型的细胞组成，这些细胞具有令人眼花缭乱的大小、形状和功能。除少数特殊情况外，我们体内所有的体细胞在遗传上是完全相同的，如：神经细胞、肌肉细胞、白细胞、感光细胞、分泌细胞、脂肪细胞、成骨细胞、生发细胞和皮肤细胞（**图1.15**）。**发育生物学**（developmental biology）的一个主要任务是理解胚胎细胞分裂过程中不同类型细胞是如何产生的。不同类型细胞之间的差异不是因为基因组DNA序列的差异，而是因为基因表达的差异，也就是说，基因组中有些基因表达“被打开”而另外一些基因表达“被关闭”。

可观察的表型掩盖了隐藏的基因型

每个基因或基因组合，我们称之为**基因型**（genotype），都会产生一组可观察到的特征（例如红发或抗生素抗性），我们称之为**表型**（phenotype）。对抗生素红霉素的抗性是一种表型，而许多遗传变异可以赋予细菌对红霉素的抗性。带有*mef*基因的细菌（缩写为mef^{+}，读作*mef*阳性）会表达外排红霉素的蛋白质泵。$ermA^{+}$和$ermC^{+}$的细菌会产生一种酶，该酶可以对核糖体蛋

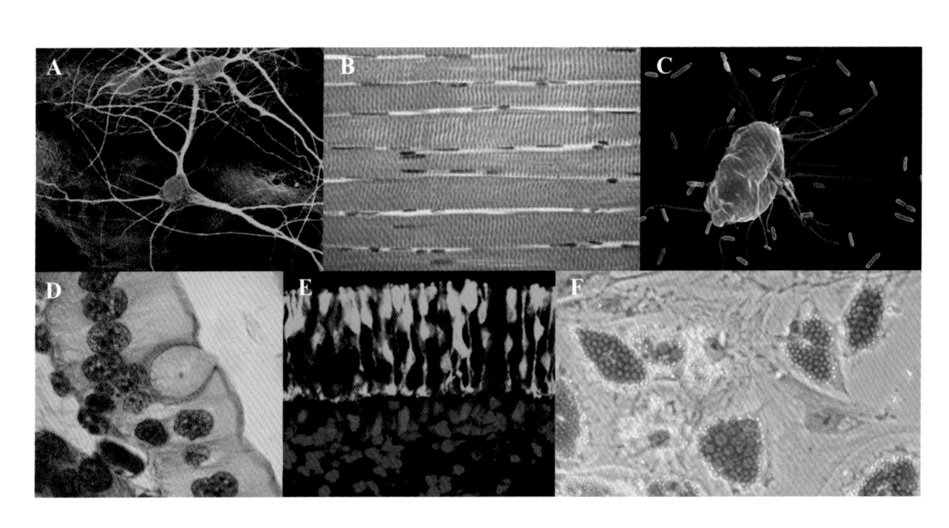

图1.15 人体细胞类型多样且高度专业化。神经细胞、肌肉细胞、巨噬细胞、杯状细胞、感光细胞和脂肪细胞表现出不同的形式和功能。在遗传DNA的序列水平上，这些细胞都是100%相同的。（图A来自Paul Cuddon，Simon Walker，Llewelyn Roderick，和Martin Bootman，Babraham Institute，Cambridge，UK；图B来自Eric Grave；图C来自Dennis Kunkel，microscopy，Inc.；图D来自David Fankhauser；图E来自Eiraku et al.，*Nature* 472：51-56，2011；图F来自Philippe Collas Lab；均已获授权。）

白进行甲基化，从而阻止红霉素与核糖体的结合（**图 1.16**）。此外，现有基因DNA 序列的**突变**（mutation）也会导致红霉素抗性。例如，编码核糖体 RNA 的基因的单碱基突变（如 A2058G 突变）和编码核糖体蛋白 L4 的基因的突变（如 K63E 突变）同样会使细菌产生红霉素抗性。

癌变是人体细胞的一种表型，它是由多基因的变异共同导致的。癌症的表型是侵入性的失控的细胞增殖。通常每种癌细胞系都表现出独特的基因型。在 20 世纪，给白血病患者开处方的大多数药物都是针对癌细胞失控增殖的表型，以期能在患者死亡之前更快地杀死癌细胞。但是这个治疗策略常常失败。因此，新型抗癌药物需要在基因型变异的水平上将癌细胞与正常细胞区分开，从而减少药物副作用。

化学生物学领域已经进入新的世纪。尽管已经获得了丰富的基因组信息，但是我们不能仅仅基于 DNA 结构就对细胞的运作做出有效的预测。基因组结构是理解细胞性质必不可少的知识，但它还不能让我们预测最简单细胞中分子的行为。为了最大程度地利用这些信息，我们需要掌握化学原理。这些化学原理构成了中心法则所有过程的基础，并且几乎被世界上每一个分子所遵循。

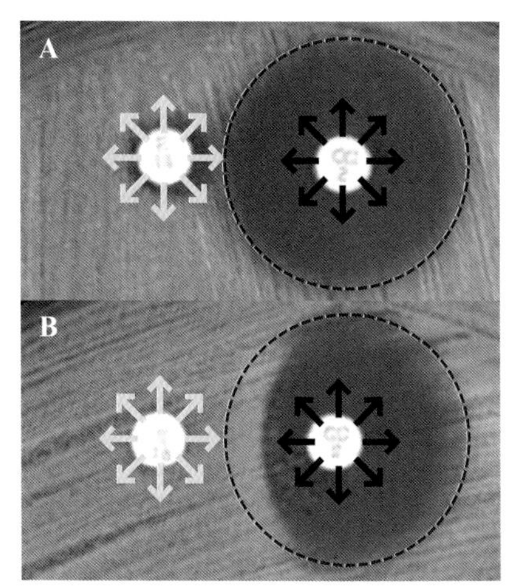

图1.16　表型可以揭示潜在的基因型。两种不同的金黄色葡萄球菌（*Staphylococcus aureus*）菌株对抗生素有不同的反应表型。抗生素从纸盘中扩散出来（如箭头所示），在皮氏培养皿上的菌苔内造成潜在的死亡区域。（A）金黄色葡萄球菌的 *ermC*$^+$ 菌株对红霉素（左盘）几乎能完全抵抗，但对克林霉素（右盘）高度敏感。（B）另一种不同的金黄色葡萄球菌菌株对红霉素（左盘）能完全抵抗，但对克林霉素（右盘）高度敏感。值得注意的是，在两个盘之间的区域中，红霉素的存在正在诱导细菌产生对克林霉素的抗性，从而导致“D形死亡”的表型。这种表型是由 *ermC* 基因的一种特殊形式产生的，*ermC* 基因可以被停滞的核糖体翻译。（来自 K. R. Fiebelkorn et al.，*J. Clin. Microbiol.* 41：4740-4744，2003；已获授权。）

1.4　基因组以外的生物多样性来源（Sources of Diversity Beyond Genomes）

转录组是一个细胞中所有转录RNA的集合

在第四章中，我们将主要介绍 RNA，其化学性质与 DNA 相似，但是功能却大不相同。中心法则（**图 1.3**）强调了 RNA 作为信使的作用，但 RNA 的结构多样性使得它能在各个层次上对基因表达进行调控。

一个细胞中所有转录 RNA 的集合称为**转录组**（transcriptome，**图 1.17**）。人体细胞的转录谱（transcriptional profile）是活跃基因的直接读出信号，因此它取决于组织类型和许多其他变量，如营养物质、胞外信号分子和温度。即使是来自同一组织的细胞，转录谱也有所差异。所以，样品的来源和制备细节对转录谱至关重要。通过对比不同细胞的转录谱，我们可以了解哪些基因正在表达，以及产生的 RNA 转录本是如何被处理的。例如，略微升高温度会显著改变细胞转录组，这是由于细胞为了适应高温，会产生应激反应，即**热休克**（heat shock）。热休克反应使细胞产生了新的特定信使 RNA 转录本；同时会改变标准信使 RNA 的转录水平，其中一些基因的转录水平会降低，但另一些对细胞稳定性至关重要的基因转录水平会升高。例如，一些蛋白质高温下（仅升高 5℃）会降解，而另一些蛋白质则可以帮助稳定或者清除降解此类蛋白质。因此，转录组中某些信使 RNA 转录本的序列和浓度决定了细胞当前的生命活动和未来的命运。

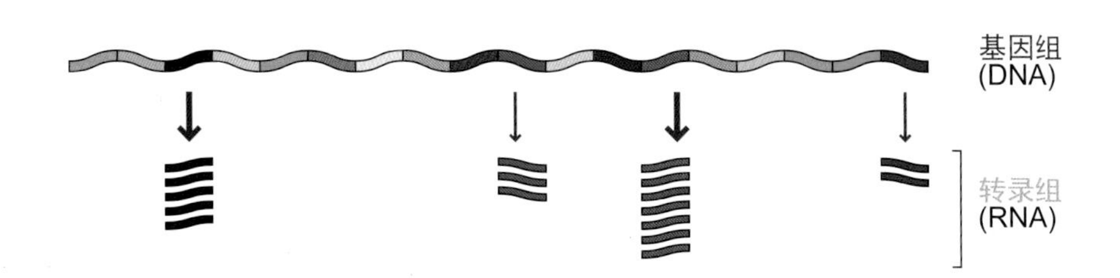

图1.17　转录组的简化图。不同基因的转录速度不同，而产生的这些RNA转录本的集合，被称为转录组。实际上转录组由上千种不同丰度的RNA转录本组成。

RNA剪接增加了转录组的多样性

细菌的信使RNA一经转录立即被核糖体捕获并被翻译成蛋白质，但人体细胞的RNA转录本需要经过大量的后处理，即**剪接**（splicing，**图1.18**），以移除内含子，并形成信使RNA。然而通过观察人类原始DNA序列，我们还不能预测哪些RNA片段会被剪接。因此，仅凭借DNA序列，我们无法预测蛋白质序列。此外，剪接还取决于环境条件，这进一步降低了我们对蛋白质序列的预测能力。例如，转录因子ATF3在含有不同生长因子的培养基中以不同的方式进行剪接。剪接的差异性使得单个人类基因可以编码一种以上的蛋白质，这大大增加了人类基因组的多样性。

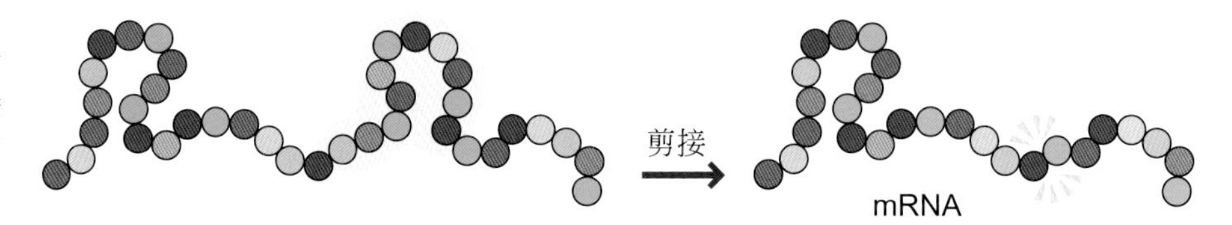

图1.18 剪接。剪接指从生物大分子中移除内部片段（黄色），RNA剪接使我们无法从原有DNA序列预测信使RNA序列。

蛋白质的翻译后修饰增加了蛋白质组的多样性

蛋白质通常由20种氨基酸组成。氨基酸比核苷酸具有更多的化学功能。正确折叠的蛋白质是生命活动的主要执行者，包括催化特定的反应和提供结构支撑。与转录组类似，**蛋白质组**（proteome）是细胞、个体或组织样本中所有蛋白质的完整集合。虽然有一些简单的方法可以分离并测序信使RNA及其所编码的蛋白质，但是预测人体细胞内所有的蛋白质仍然很困难。

类似于转录因子对基因转录的调控，信使RNA的翻译过程由多个翻译调控蛋白控节。首先，蛋白质的翻译是从信使RNA起始区域的特定序列开始的。在人体细胞中，eIF-2蛋白会帮助识别这个起始序列，然而其调控蛋白质翻译的机制非常复杂。例如，在病毒侵袭或热休克时，细胞可以通过调节eIF-2的共价修饰以减少蛋白质生成。这种经化学修饰改变蛋白质的功能是蛋白质翻译后修饰增加蛋白质组多样性的一个例子，具体内容将在下一节和第6章中详细介绍。

蛋白质被核糖体翻译后以各种方式进行修饰。这些**翻译后修饰**（post-translational modifications）包括修剪（trimming）、剪接（splicing）、磷酸化（phosphorylation）、糖基化（glycosylation）、氧化（oxidation）、添加膜锚定标签（addition of membrane anchors）、与其他蛋白融合（fusion with other protein）、烷基化（alkylation）、乙酰化（acetylation）等（**图1.19**）。因此，人体细胞中

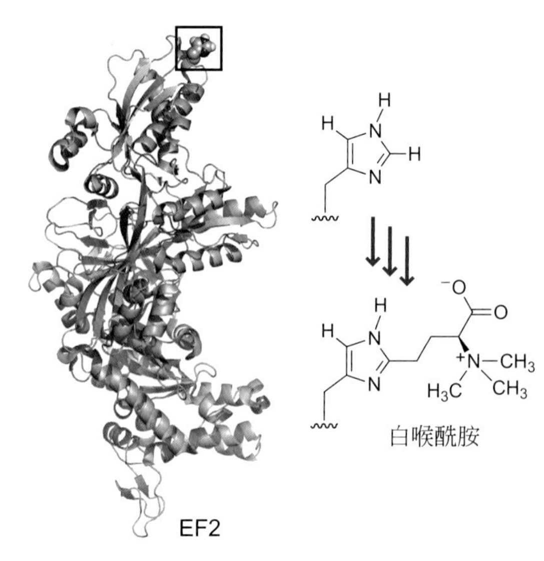

图1.19 翻译后修饰。延伸因子2（EF2）经过翻译后修饰产生新的氨基酸——白喉酰胺（diphthamide）。这一翻译后修饰对蛋白质合成至关重要。白喉杆菌（*Corynebacterium diphtheriae*）可以产生毒素蛋白，靶向EF2并化学修饰白喉酰胺残基以阻止人的蛋白质合成（PDB：3B8H）。

蛋白质的数量总是会超过正在表达的基因数量。由于剪接和翻译后修饰的存在，人类蛋白质组的多样性大大超过了基因组的多样性。而与转录组类似，来自同一个体的不同组织样本的蛋白质组也有较大差异。化学生物学试图去解释这些差异，例如，表征年轻人和老年人相似细胞的差异可以解决许多生物学基本问题。

非模板导向的生物分子的合成

酶可催化三种生物分子的合成，即聚酮、糖类和萜类化合物。与 DNA 的转录或信使 RNA 的翻译不同，这三种生物分子的合成并不以其他生物分子为模板，它们的每个结构单元都由特异性的酶进行添加。一般来说，聚酮、糖类、萜类化合物的结构单元顺序与编码其生物合成的酶的基因顺序无关，一些重要的聚酮合成酶基因是例外，我们将在第 8 章讨论它们。

许多糖类是非线性或分支状的。因此，结构单元序列不能简单地与线性 DNA 或蛋白质序列相关联。例如，一个含有 11 种化学键的支链多糖合成需要 11 种不同的酶，由 11 种不同的基因编码（**图 1.20**）。这些基因可以在基因组中任意排列，而酶总会以特定的顺序组装糖类。我们将在第 7 章更详细地讨论寡糖的结构。

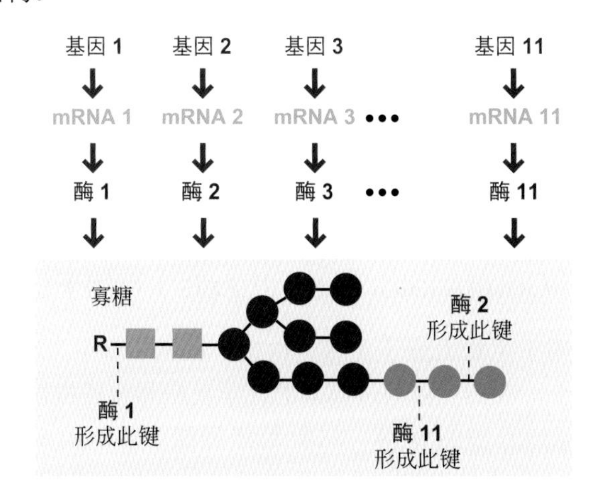

图 1.20 不依赖模板的生物分子合成。不依赖其他生物分子做模板，寡糖的合成由不同的酶催化。一种酶负责形成一种化学键，且编码酶的基因顺序和生成的寡糖结构无关。

聚酮、糖类和萜类化合物被连接之后还可通过酶对初始结构进一步修饰，如环化、氧化、还原和裂解。

1.5 组装产生的多样性（Combinatorial Assembly Generates Diversity）

线性生物大分子的组合可极大丰富多样性

进化有两个关键步骤：首先产生一个多样化的种群，然后选择适应物种。我们很容易在大肠杆菌种群中观察到这些进化步骤：当大肠杆菌细胞暴露于抗生素环丙沙星中时，细菌就会产生 SOS 反应，其遗传突变率将增长 1 万倍。而在理想生长条件下，几乎所有的突变体都不太适合生存。但是，一些突变体只需要一个突变就能抵抗抗生素。当这些有抗性的细菌开始增殖，产生菌落时，突变率就开始降低了。

所有的有机分子都可以看作基于原子的组合结构。例如，4 个碳原子、8 个氢原子、1 个氧原子可以组合成 31 个稳定的化合物。然而，这些分子却不能通过单一有效的合成路线得到。种群多样性的起源可以在一维生物分子（如DNA、RNA、蛋白质、糖类、聚酮和萜类化合物）的分子结构上找到依据，一维分子的结构使得从较少结构单元和一些简单连接反应得到大规模、多样化的分子集合成为可能（**图1.21**）。就像英语单词取决于字母的组成和顺序一样，特定长度的单词总数取决于字母表中字母的数量。用同样的方法，我们可以根据分子中的结构单元种类和数量计算出可能的分子数量[式（1.1）]。例如，根据26个英文字母，我们可以构建26^4个即456976个四字母单词。字母的顺序也很重要，比如字母“N-O-I-T-U-L-O-V-E”在英语中没有特别含义，但是反向拼写之后，它们会产生一个意义明确的单词：EVOLUTION（进化）。同样，生物分子中结构单元的顺序决定了它的功能。

图1.21　儿童玩具。用11个六种颜色的串珠可以组装成超过3亿种不同的珠链。（由Edushape提供。）

$$\text{可能的分子数量}=(\text{结构单元种类数量})^{\text{分子长度}} \tag{1.1}$$

DNA、RNA和蛋白质都符合式（1.1）。DNA和RNA的结构单元有4个，而通过人类核糖体合成的蛋白质有20个结构单元。

问题1.2

计算下列一维结构所有可能结构的数量，请将答案表示成以10为底数的指数形式（例如3.7×10^4）。

A：由10个字母组成的英语单词。

B：由1000个脱氧核苷酸组成的基因。

C：由100个核糖核苷酸组成的micro RNA转录本。

D：由100个氨基酸组成的蛋白质。

组合合成（Combinatorial synthesis）可用于DNA文库构建

组合原理可用于生物大分子文库的构建。在第3章中，我们会讲述DNA的化学合成。如今，我们可以通过高效的化学反应和合成机器，合成50 nmol含有50多个脱氧核苷酸的DNA。这听起来可能不多，但50 nmol是3×10^{16}个分子。如果每一步都用4种脱氧核苷酸的等量混合物进行连接反应，你会得到一个DNA分子组合文库，每条链的长度相同，但序列不同。一条含有50个脱氧核苷酸的DNA单链可能有4^{50}种，即10^{30}种可能的序列。如果成功合成所有可能的DNA，它们的总重量将超过2.5万吨。因此，自动化DNA合成使构建组合文库变得容易，但实际上我们通常得不到包含所有变体DNA的文库。另外，分子生物学的研究工具极大地扩展了DNA文库。如果你有一个DNA文库，你可以用RNA聚合酶来生成互补的RNA文库。同样，RNA文库也可以用作核糖体翻译生成蛋白质文库的模板。

问题1.3

有3×10^{16}种可能序列的DNA有多长（基于结构单元脱氧核苷酸的数量）？

模块化结构（Modular architecture）有助于非天然化学文库的合成

例如，一种被称为类肽的非天然生物分子可以通过有机合成得到。通过一个高效的成键反应，20种不同的结构单元依次参与组合，可以得到多达

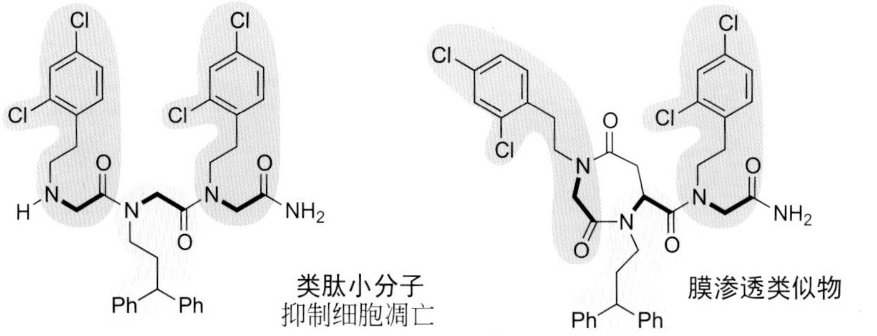

类肽小分子
抑制细胞凋亡

膜渗透类似物

图1.22 类肽小分子的合成。从5120个合成类肽文库中筛选得到细胞凋亡的抑制剂（类肽单元通过背景颜色加以强调）。这两个抑制剂可以选择性结合蛋白Apaf-1，而膜渗透类似物被发现对U937淋巴细胞有凋亡抑制活性。Ph代表苯基（C_6H_5）。

8000种不同序列的三元类肽（**图1.22**）。分子的集合常被称为文库（libraries）。当利用含有5120个三元类肽的文库筛选细胞凋亡（一种细胞自杀形式）活性分子时，得到了潜在的凋亡抑制剂（我们将在第6章和第9章更详细地讨论细胞凋亡）。筛选得到的凋亡抑制剂可以在体外选择性结合蛋白Apaf-1，但因为不能穿过细胞膜，所以不能作用于活细胞。幸运的是，研究者们发现了一种具有较少氢键可穿透膜的新型环状分子，并证明了其对活细胞的凋亡抑制作用。

组合结构（combinatorial architecture）的概念可以应用于任何类型的分子。只要这些分子是由模块子单元（modular subunits）组合而成，不管这些模块子单元是通过什么类型的化学反应进行连接的（**图1.23**）。例如，我们可以通过一系列合成方法（如酰化反应、亚胺缩合和S_N2反应）将分子模块组合成多样性的分子。只要化学反应高效且无副反应，譬如固相合成（在第3章和第5章进一步讨论）和机器人技术就可以用于完成这些反应。化学合成的优势是能直接得到具有类似药物性质（如口服生物利用度，低免疫原性，低代谢率等）的小分子。自20世纪90年代平行合成（parallel synthesis）被应用以来，合成文库的合成与筛选已成为药物发展的标准工具。

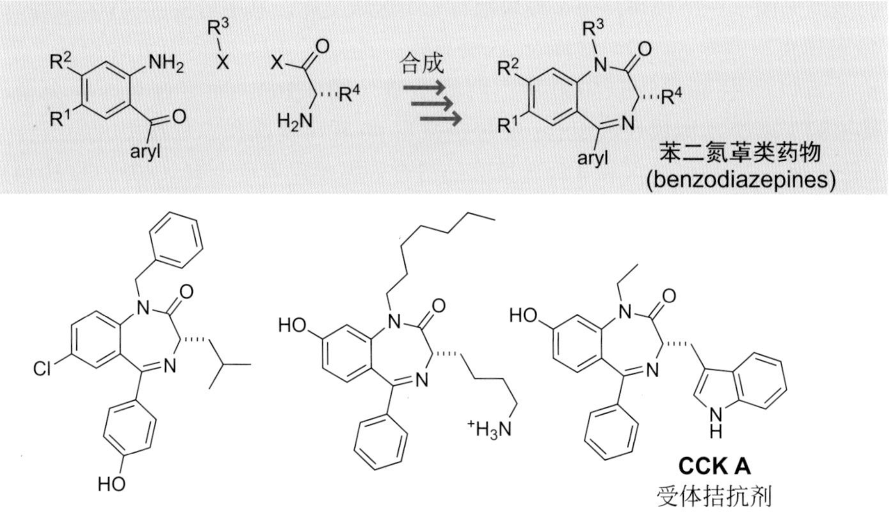

合成

苯二氮䓬类药物
(benzodiazepines)

CCK A
受体拮抗剂

图1.23 非低聚物小分子的组合合成。平行合成被用来产生1,4-苯二氮䓬类药物的多样性文库，所有小分子都有“药物”的结构特征：低分子量和膜渗透性。

人类免疫系统使用组合生物合成（combinatorial biosynthesis）策略

人类免疫系统也通过基因模块的组合，构建**抗体蛋白**（antibody，也称为免疫球蛋白；简称抗体）的组合文库，从而产生不同的B淋巴细胞库以抵御多种感染（**图1.24**）。每种抗体都可能与一种特定非人源分子（如病毒和细菌病原体上的分子）结合。当流感病毒与B淋巴细胞表面的抗体结合

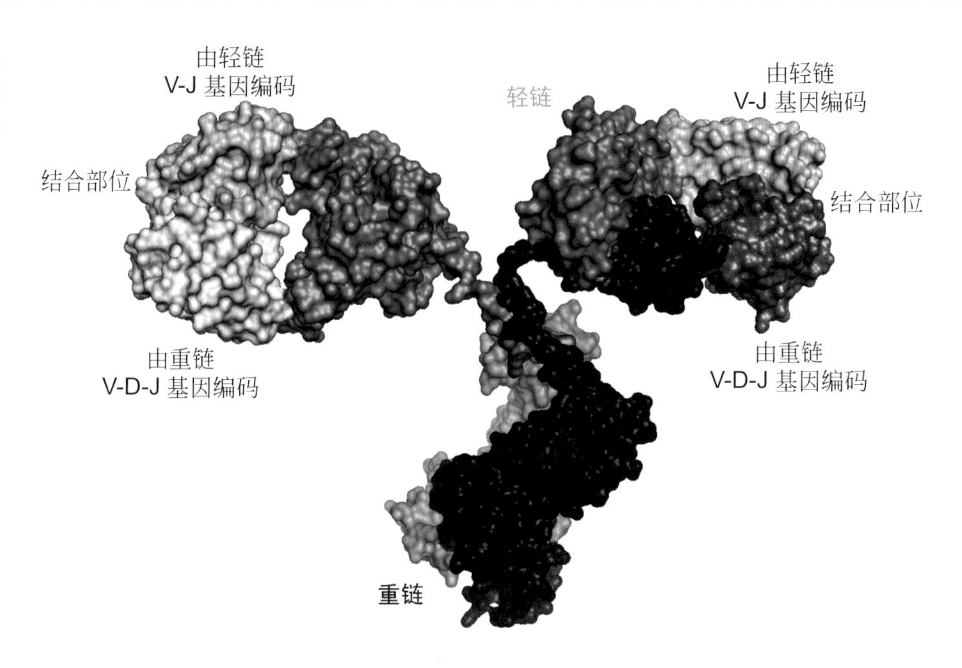

图1.24　典型的免疫球蛋白（抗体）。抗体由两条轻链（绿色）和两条重链（蓝色）组成。抗体的可变区，由V-J和V-D-J基因模块编码而成，包含识别外源蛋白的结合位点。（PDB：1IGT）

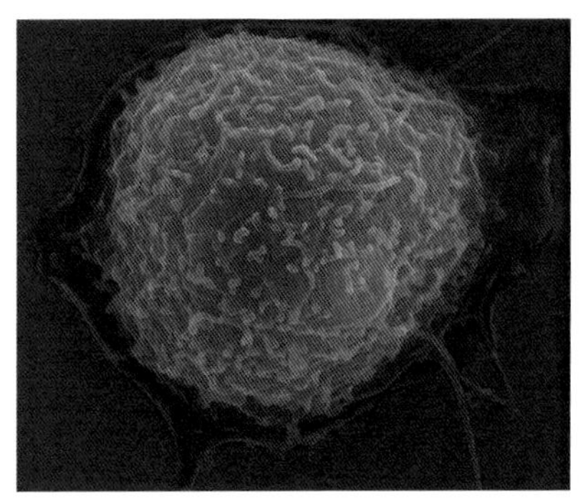

图1.25　抗体工厂。B淋巴细胞的表面布满了抗体，作为识别外源分子的受体。（由Louisa Howard，Dartmouth College提供。）

时，将会启动与细胞增殖相关基因的表达（**图 1.25**）。胞外信号转导引起转录变化是非常有趣的，我们将在第 9 章进行讨论。B 淋巴细胞增殖时，会产生抗体基因的变异，有些变异使得与病毒结合更紧密，有些则更松散。与病毒结合更紧密的细胞将会持续增殖，并最终将抗体释放到胞外培养基中。人类 B 淋巴细胞的免疫反应在很大程度上与进化模型相似，都包括多样性产生和自然选择的步骤。类似地，基因组合系统也被用于产生 T 淋巴细胞文库。每个 T 细胞表面会展示不同的受体，但是 T 细胞的受体不会被释放到周围环境中。

一个抗体由四条肽链组成：两条相同的重链和两条相同的轻链。编码重链的基因来源于三个模块，每个模块都有一个区域文库。其中可变区（V）文库有 40 种模块，差异区（D）文库有 25 种模块，连接区（J）文库有 6 种模块，理论上可以产生 40×25×6=6000 种不同的重链（**图 1.26**）。而轻链有两种类型，都来源于两个基因模块的组合。κ 轻链来自 40 种可变区和 5 种连接区的组合；λ 轻链来自 30 种可变区和 4 种连接区的组合。因此，理论上有（40×5）+(30×4)=320 种可能的轻链。总的来说，共有近 200 万种重链与轻链的组合。此外，人类免疫系统还利用另一种方式产生了让大多数化学家望尘莫及的多样性，即不以精确的方式连接基因模块，而是以不精确的方式连接。这种方式则将多样性进一步扩大了 1000 多万倍。B 淋巴细胞还采用了另一种产生多样性的方法：B 细胞响应抗体结合开始增殖时，V、D、J 区比其余基因更容易发生点突变。每个细胞分裂时，一个区域大约产生一个突变。这种“超级”突变产生了更多的原始基因组中不存在的遗传变异。

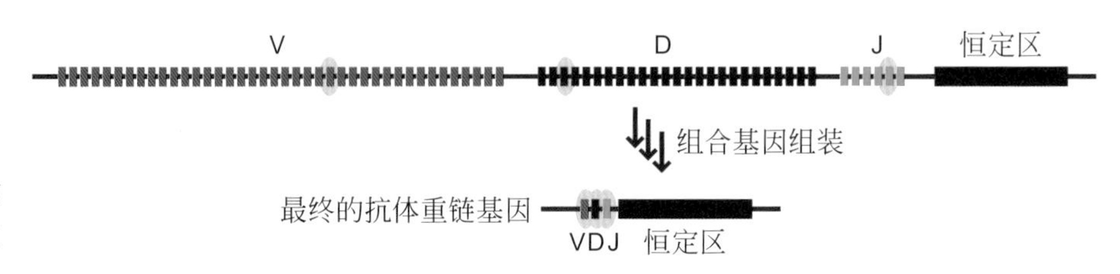

图1.26　抗体基因的组合。V、D、J 区和恒定区的组合产生最终的抗体重链基因。

1.6 一些常见的化学生物学工具（Some Common Tools of Chemical Biology）

发色团（chromophores）使“隐形”分子显现

大多数的生物分子是无色的，它们很难通过光学显微镜去定量或定位。因此，能够吸收或者发射可见光的分子对于显微检测实验具有相当重要的价值。交叉共轭是具有高消光系数的分子的共同特征，这一点在芳香性分子发生电荷分离时尤其明显。例如，对硝基苯酚负离子（*p*-nitrophenolate）通过共振离域从而稳定负电荷，而负电荷离域到硝基上时会产生一个交叉共轭的非芳香性 π 体系（**图 1.27**）。对硝基苯酚盐溶液能够强烈地吸收紫光（λ=405 nm），因此白光照射下该溶液呈现为紫色的互补色黄色（即从白光中去除紫光）。

当可见光发色团吸收光子时，它们会通过键的振动弛豫多余的能量。当荧光发色团吸收光子时，只有很少的能量会因振动消散，剩余的能量将以比所吸收光子能量更低（波长更大）的光子发射出来。因此检测这些与激发光不同波长的发射光，能够最大程度降低由反射和散射引起的背景。许多荧光发色团都具有电荷分离和芳香性的共振结构，两种结构之间的能量差决定了荧光的强度。如**图 1.28** 所示：氨基香豆素一类的荧光发色团，能够吸收紫外光（不可见光）并发射紫光（可见光）；荧光素吸收蓝光并发出绿光；四甲基罗丹明的衍生物会发出红光；BODIPY 衍生物的发射颜色十分广泛；五彩缤纷的细胞荧光显微图都应用了具有这些**荧光发色团**（fluorophores）的化学衍生物；并利用了与荧光发色团化学连接的高特异性抗体来得到这些荧光图像。

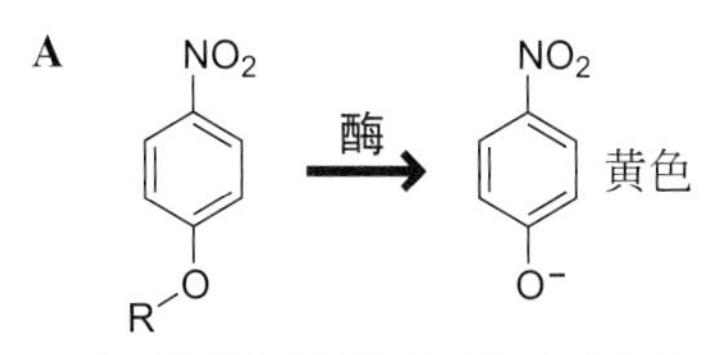

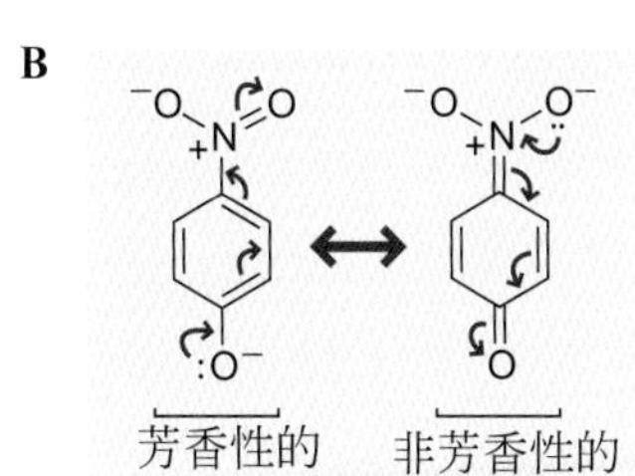

图 1.27 一个简单的颜色实验。（A）对硝基苯酚负离子呈现黄色，可作为检测 α-半乳糖苷酶存在的比色底物。（B）对硝基苯酚负离子溶液的光强度取决于电子离域结构与芳香性结构之间的能量差。（图 A 来自 S.-F. Chien et al., *J. Nanomaterials* Article ID 391497：1-9，2008。）

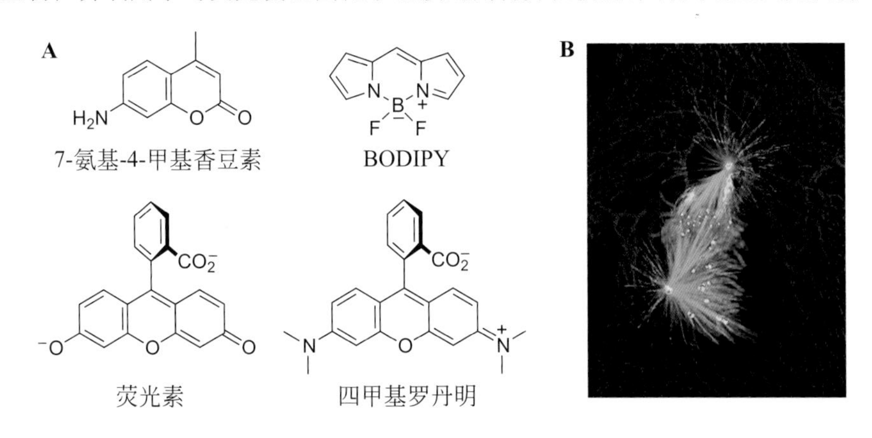

图 1.28 “机智的”分子。（A）生物实验与荧光显微检测中常用的荧光发色团。（B）一个用荧光标记的抗体染色的蝾螈肺细胞正在经历有丝分裂。（图 B 由 Alexey Khodjakov 提供。）

问题1.4

画出所有符合八隅体规则（无碳正离子）的试卤灵（resorufin）负离子的共振结构。在每个共振结构中，指出由于交叉共轭而导致的非芳香性的环。

试卤灵负离子

实验将分子与易于观察的现象相联系

化学家对分子的定性和定量研究十分着迷。通常，他们利用光谱学技术，如核磁共振（nuclear magnetic resonance，NMR）、红外光谱（infrared spectroscopy，IR）、紫外-可见光谱（UV-vis spectroscopy）或质谱（mass spectrometry）来确定纯化后分子的结构特性，还通过定量分析实验检测混合样品中目标分子的浓度（甚至一些定量分析也可基于光谱学方法）。生物分子很少具有独特的发色团，

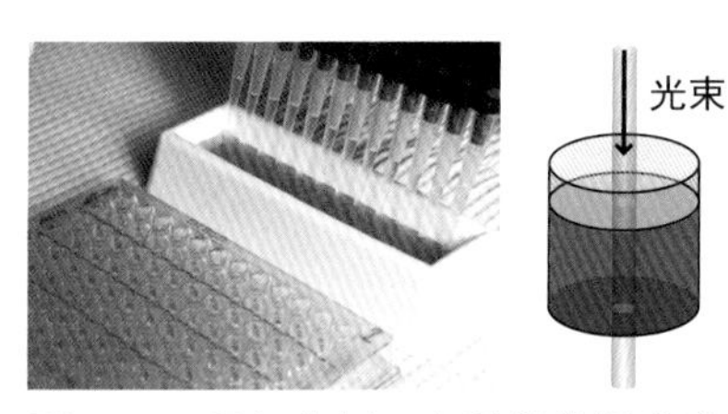

图1.29　平行分析。多通道微量移液器能够同时高精度地将液体分配到96孔板的多个孔中，每个孔既是反应容器也能充当比色皿。使用酶标仪可以在几秒钟内读取每个孔中溶液的吸光度。（左图由Linda Bartlett提供，已获the National Cancer Institute授权。）

在样品中一般丰度较低，而且混合物中化学同系物复杂，所以在生物样品中检测目标分子是十分困难的。如果将诸如基因、mRNA、酶和碳水化合物等化学实体与可观察的现象连系在一起，那么即使是在像细胞一样复杂的系统中，我们也能观测到它们是否存在。而可观察的现象包括沉淀、菌落生长以及光的吸收等。正如**图1.16**所示，琼脂平板上细菌生长的状态是抗性基因是否存在的可靠指标。

抗体是一类检测特殊生物分子的有用试剂。例如，红细胞凝集试验是基于特异性抗体交联红细胞或者阻止病毒交联红细胞的原理的。我们很容易由细胞团的沉淀检测到细胞的交联。20世纪50年代初期，匈牙利医生朱拉·塔卡提（Gyula Takátsy）通过发展一种精确分配少量血清的技术，开创了现代高通量分析方法（high-throughput assay）。为了能够更好地利用这个分配技术，他设计了具有8排12列微型孔的平板，这样就能够平行进行96个红细胞凝集试验。现如今96孔微孔板已经是化学生物学研究的标准工具。

高通量分析发展的关键源于制造平坦的、光学透明的均匀孔板，这使得我们可以使用垂直光束测量每个微孔中溶液的吸光度（**图1.29**）。96孔板的每个孔都可以作为反应容器、比色皿甚至是培养皿。酶标仪则能够在几秒钟之内测量96孔板中每个孔的吸光度。同时，具有6、24、96、384甚至1536（16 × 96）孔的孔板简便易得，它们的大小也相同（均为8.5 cm × 12.8 cm）。多通道微量移液器能够同时填充96孔板的多个孔，而商业化的机器人系统可以同时填充微孔板的所有孔。在药物研发的探索过程中，制药公司使用自动化系统来筛选成千上万的化合物（以96孔或者384孔的形式），从而测试它们在酶促反应或者活细胞中的作用。

强大的微生物筛选揭示了有趣的化学现象

尽管机器人和微型化技术极大地提高了高通量分析的能力，但它们不能视作真正的平行方法（parallel approach）。真正的平行方法要求每种待检测的化合物必须等分到单独的孔中，虽然酶标仪检测速度非常快，但大部分的酶标仪每次只能测试一个孔的吸光度。假如需要筛选大量的分子，如十亿个分子，你不能逐一检测，否则将难以把控整体流程。如果要在384孔板中检测十亿种化合物，你所需的孔板将足以覆盖四个足球场。因此，筛选高多样性的样品需要在更小的尺度上进行平行实验。由于单个细胞能够通过增殖产生大量相同的克隆细胞，足以确定其内部分子的结构，故细胞几乎是小尺度平行实验的理想选择。营养缺陷型细菌的筛选可基于缺乏生长必需基因的菌株实现。例如，将Δ*fes*大肠杆菌接种到营养琼脂培养基上，由于其缺乏一种释放铁所需的酶，它将无法产生菌落（**图1.30**）。然而，若是将表达150万个不同检测蛋白的Δ*fes*大肠杆菌文库接种在同一介质上，一些细菌得益于检测蛋白的作用会繁衍成菌落，而无法存活的细菌事实上不会占用平板空间，所以这种针对细胞生长或分裂的营养缺陷型筛选是十分节省空间的。1 mL细菌培养基能够容纳超过十亿个细菌，而在一个培养皿中容纳十亿个细菌也是很简单的。

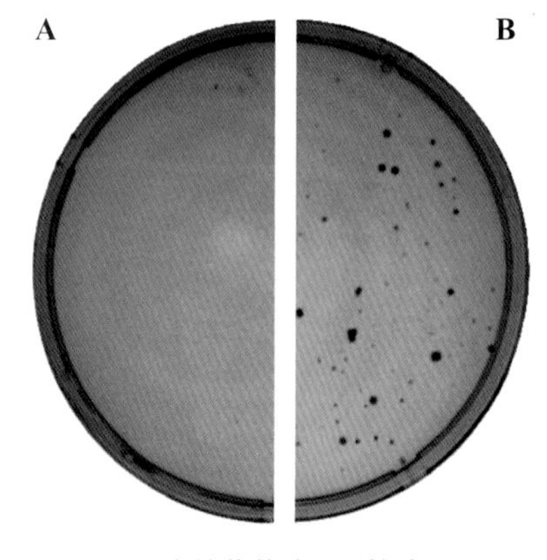

图1.30　强大的营养缺陷型筛选。（A）*fes⁻ E. coli*（*fes*基因敲除的大肠杆菌）无法形成菌落（阴影点），因为它们缺乏代谢铁的能力。（B）当每个*fes*基因敲除的细菌表达不同的检测蛋白时（150万种变体的其中一个），有些细菌会幸存并产生菌落。（来自M.A. Fisher et al.，*PLoS ONE* 6：e15364，2011。）

经典的**埃姆斯试验**（Ames test）是一种化学诱变筛选实验方法，用以测试化合物诱导鼠伤寒沙门氏菌（*Salmonella typhimurium*）基因突变的能力。埃姆斯试验中所使用的营养缺陷型T100沙门氏菌菌株，在编码组氨酸生物合成必需酶的基因上有单点突变，这个突变基因在转录和翻译后会得到有缺陷的酶。除非经历DNA回复突变得到正常的编码序列，否则将T100菌株接种到组氨酸缺乏的琼脂平板上是无法增殖的。化学诱变增加了随机突变的概率，也包括组氨酸生物合成的回复突变。埃姆斯试验结果也经常被用作合成化学品潜在致癌性的依据。然而，在对天然和合成化合物进行农作物驱虫的大规模随机实验中，埃姆斯（Ames）发现天然化合物与合成化合物一样具有潜在的致癌作用。

细菌选择的主要缺点是细菌种群具有弹性：自然突变（natural mutations）以许多意想不到的机制帮助菌株在严格的选择中生存下来。想象一下，如果你利用大肠杆菌构建了一个酶库，希望发现一个酶能够催化磷氮键的水解。当你将细菌文库涂布在含有小菌素 C7 的琼脂平板上时，可能会有少量的细菌形成菌落。然而细菌长成菌落的原因可能与 P—N 键断裂无关。也许我们需要多年的努力才能找到菌落赖以生存的机制，例如，其中一些幸存的菌落具有能够乙酰化小菌素 C7 的突变酶，而另一些产生了更多的外排泵蛋白，能将小菌素 C7 以比进入细胞更快的速度排到胞外，甚至还有一些幸存菌落会产生大量具有微弱磷酰胺键裂解活性的天然酶。

除了细菌生存之外，我们还可以通过表型特征（phenotypic traits）来筛选细菌文库。比如将产生番茄红素（lycopene，我们将在第 8 章中讨论这种红色营养素）的“生化机器”从植物细胞移植到大肠杆菌中，我们就可以筛选出提高番茄红素产量的突变酶（**图 1.31**）。与存活实验相比，表型筛选的优势在于菌落的颜色与番茄红素的产量明确相关。但缺点是非目标菌落会与你感兴趣的深红色菌落在培养皿上占据同样多的空间，这就将文库的多样性容量限制在每板约 10000 个菌落内。

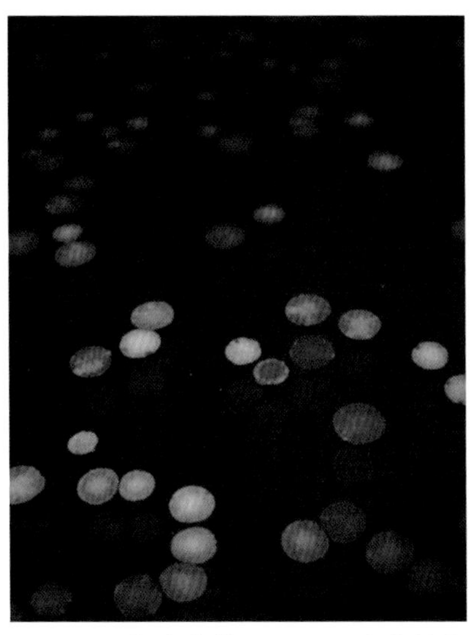

图 1.31 筛选菌落。只需观察菌落的颜色，就很容易筛选出产生番茄红素（一种存在于番茄中的有机色素）的细菌。（由 Harris Wang，Harvard University 提供，来自 M. Baker，*Nature* 473：403-408，2011。）

病毒高效地传递基因

病毒作为遗传物质的载体，能够“劫持”细胞的生物合成机器来制造额外的病毒副本。它们有些含有 DNA，有些则含有 RNA，而且通常对某一种细胞类型极具特异性。例如，人类免疫缺陷病毒只靶向人体内某种类型的 T 淋巴细胞，不针对其他细胞也不针对其他生物。众所周知，病毒是人类多种疾病发生的病原体，包括埃博拉出血热、天花、艾滋病、严重急性呼吸综合征（severe acute respiratory syndrome，SARS）、乳头状瘤、疱疹、流行性感冒和普通感冒等。病毒也会攻击农作物、牲畜和宠物，甚至还包括帮助人类消化食物的胃肠道细菌。据我们所知，病毒能感染每一种独立生存的生物。能感染计算机程序的这种病毒被叫作计算机病毒。这一命名十分贴切，因为它们除了缺乏进化能力外几乎与生物病毒一模一样。

尽管病毒臭名昭著，但病毒的几个重要属性使得它们在分子生物学中发挥着重要作用。首先，病毒能够高效地将遗传物质传递给细胞（**图 1.32**）。病毒传递基因的能力经历过进化的残酷筛选。迄今为止，所有将基因传递到细胞中的非病毒方法（如载体分子、热激、电击和基因枪技术）都具有破坏性且效率低下。其次，病毒的另一个重要性质是其编码的酶比宿主细胞的酶更易于翻译，折叠效率更高且催化效果更好。病毒所编码的酶必须比宿主细胞所编码的酶更胜一筹，这样病毒才能“接管”细胞。分子生物学家使用的一些最有效的工具酶多是从病毒中获得的。最后，病毒既精密又简单。很多人类病毒通过将自身包裹在宿主细胞的膜结构（脂质、蛋白质和糖类的复杂混合物）中而增加复杂性。但所有病毒里都只会包裹相对较小的有效基因，它们只编码少量的蛋白质。有些病毒甚至简单到我们可以精确模拟出病毒中所有原子的位置。任何一个活细胞也不会如此简单。

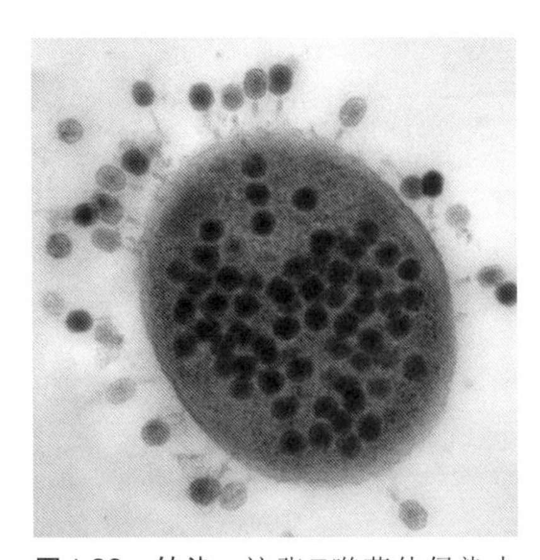

图 1.32 转染。这张 T 噬菌体侵染大肠杆菌的扫描电子显微镜照片揭示了细菌与病毒之间的相对大小。只需要一个噬菌体就能将细菌转化为病毒工厂。（由耶鲁大学 John Wertz 提供。）

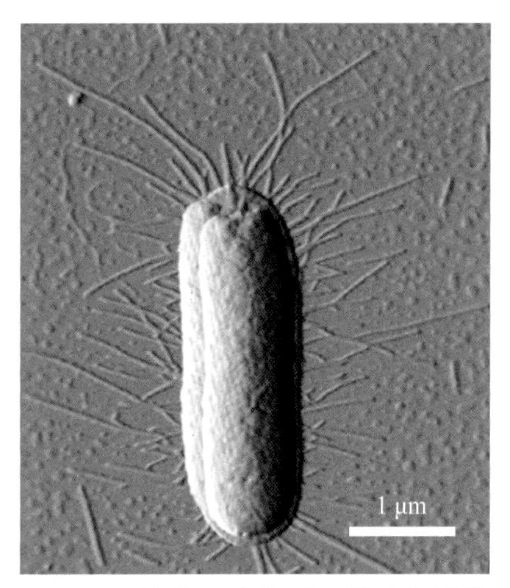

图1.33 扩增。转染后，原子力显微镜显示，许多M13丝状噬菌体从大肠杆菌中挤出。（来自M. Ploss and A. Kuhn, *Phys. Biol.* 7：045002，2010.；已获IOP Publishing授权。）

感染细菌的病毒被称为**噬菌体**（bacteriophage或phage），因为其宿主细菌廉价且易于生长，噬菌体对于包装DNA以及制造组合文库而言非常有价值。将合成的DNA文库包装进噬菌体是低效的，但一旦包装完成，每个噬菌体文库都能有效地感染一个细菌以产生许多副本（**图1.33**）。重要的是，我们通过将所需基因文库包裹进噬菌体中可以在病毒表面展示相应基因编码的蛋白质。噬菌体展示的蛋白质文库是化学生物学研究中一个强大的筛选工具。

可以使用噬菌体在体外筛选大量的蛋白质文库

与活细胞筛选相比，使用病毒进行体外筛选具有更大的多样性。例如，我们可以很方便地制备和使用每毫升含有超过100亿个感染性噬菌体的溶液。与细菌相似，单个病毒同样具有增殖产生大量相同克隆的潜力。野生型丝状噬菌体具有巧妙“设计”的蛋白质，使其能紧密且特异性结合细菌，我们可以改变病毒的基因组以便在病毒表面展示目标蛋白。利用这种噬菌体展示技术（phage display technique），我们可以方便筛选大量的病毒库以分析所展示的蛋白质对于目标蛋白的结合能力，其中每一个病毒都呈现了一种新的蛋白质。因此如果想要利用噬菌体展示文库筛选出紧密结合雌激素的蛋白质，只需要将雌激素分子化学结合到如微孔板等载体的表面（**图1.34**）。表面展示雌激素结合蛋白的噬菌体将会黏附在雌激素修饰的微孔上，而其他噬菌体根本不能与之结合，很容易被清洗掉。一旦体外筛选完成，结合在微孔上的噬菌体就可以分离出来并用于感染细菌，从而重建大量的克隆。现在许多公司出售的具有化学反应性表面的微孔板都可以用于这一类实验。

DNA和RNA的体外筛选突破了文库多样性的局限

目前已经构建并用于体外筛选的最大的文库是DNA文库。组合化学合成（combinatorial chemical synthesis）可以很方便地构建包含10^{13}个以上DNA分子的文库。一些DNA分子能够折叠成特殊的三维结构并紧密且特异地结合其他生物分子，甚至能像基于蛋白质的酶一样催化化学反应。与噬菌体文库一样，DNA文库通常可用于筛选DNA结合固载化学分子的能力。这些紧密而特异地结合目标化学分子的DNA可以通过DNA聚合酶扩增。虽然DNA和RNA文库通常比基于噬菌体的蛋白质文库大得多，但是DNA只具有有限的化学功能。DNA文库可以借助RNA聚合酶产生RNA文库，RNA文库也能按照类似于DNA的方式进行筛选和扩增（**图1.35**）。

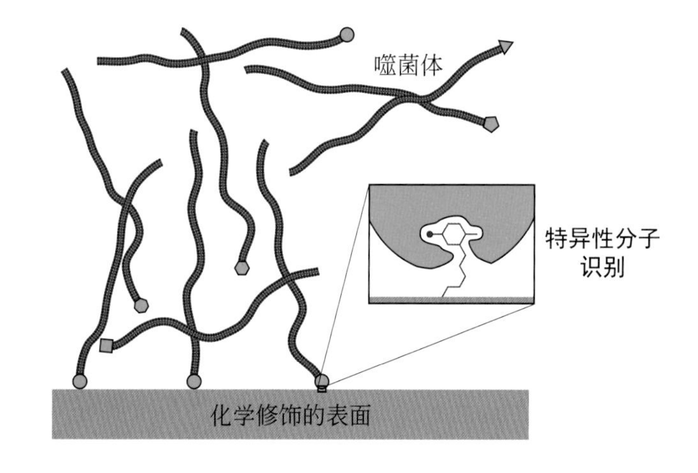

图1.34 病毒文库。噬菌体文库中每一个噬菌体末端都展示有不同的蛋白质，我们可以通过筛选来分析这些蛋白质对固定在表面上的分子的识别能力。

小分子调控

化学生物学家更喜欢使用小分子来调控细胞功能和报告细胞过程。小分子效应物（small-molecule effectors）的主要优点是它们具有膜渗透性。当一种分子能够通过保护所有活细胞的细胞膜防御系统而不被发现，并能够靶向细胞深处的高质量靶标，不论怎么评价其优势都不为过。相比之下，很少有生物大分子可以不借助一些“笨拙”方法而穿越细胞膜。但小分子效应物的缺点在于其选择性不高。小分子效应物也需要满足高效性，但并没有选择性那么重要，因为从理论上来说，只要具有选择性，我们总可以提高低效抑制剂的浓度来达到目的。实际上，溶解度限制了小分子可以达到的浓度。如果你想用小分子作为研究细胞生物学的工具，那么选择性至关重要。例如若想知道转录因子 STAT1 的磷酸化对于巨噬细胞激活是否是必需的，可以加入星形孢菌素（staurosporine，一种有效的蛋白质磷酸化抑制剂）并观察巨噬细胞是否对细菌产生免疫反应。遗憾的是，巨噬细胞中有数百种磷酸化酶且它们分别靶向数百种蛋白质，但星形孢菌素会抑制其中大多数的酶。所以，如果你使用类似星形孢菌素这样的非选择性抑制剂，即使化合物抑制了巨噬细胞激活，你也无法得出任何具体的结论。

目前已经发现小分子效应物可以抑制生物分子合成的主要步骤（**图 1.36**）。大多数小分子都是从自然界的生物体（通常利用这些小分子来抵御捕食者）中分离得到，但是合成化学（synthetic chemistry）已经开始超越自然界成为选择性抑制剂的另一个来源。例如：真菌中的天然产物阿菲迪霉素（aphidicolin）是 DNA 聚合酶 α 和 ε 的选择性抑制剂；蘑菇毒素 *α*-鹅膏蕈碱（*α*-amanitin）是 RNA 聚合酶Ⅱ的选择性抑制剂；细菌的天然产物环己酰亚胺（cycloheximide）能抑制人类核糖体蛋白的合成（而不是细菌）。与有机化学导论课上典型的分子相比，这些抑制剂结构较大而且复杂。然而，与 DNA、RNA 和蛋白质等典型的生物大分子相比，它们微不足道。萜类、聚酮、糖类等生物合成过程中涉及许多酶，其中一些能够被小分子选择性抑制。例如：骨质疏松药物阿仑膦酸盐（alendronate）是萜类合成的特异性抑制剂；细菌天然产物平板霉素（platensimycin）能抑制聚酮化合物合成；大豆的天然产物大豆皂苷Ⅰ（soyasaponin Ⅰ）则选择性抑制蛋白质的糖基化。

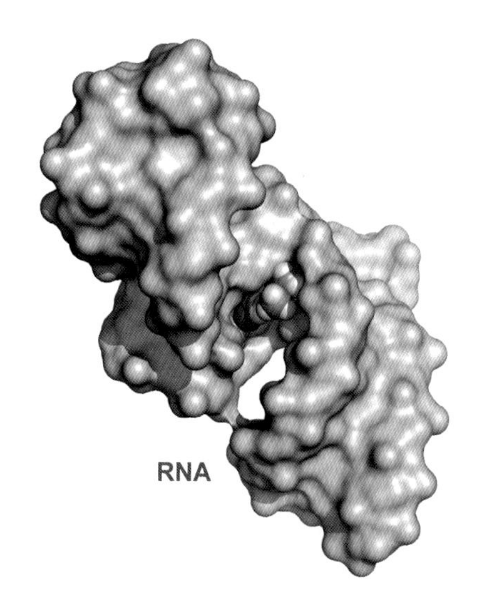

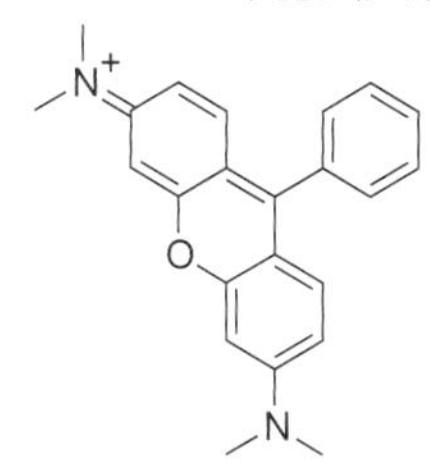

图 1.35 **大海捞针**。该RNA分子来自含有 5×10^{15} 个RNA分子的文库，它可以折叠成特殊的形状并结合荧光染料 *N, N, N', N'*-四甲基罗萨明（*N, N, N', N'*-tetramethylrosamine）。（PDB：1FIT）

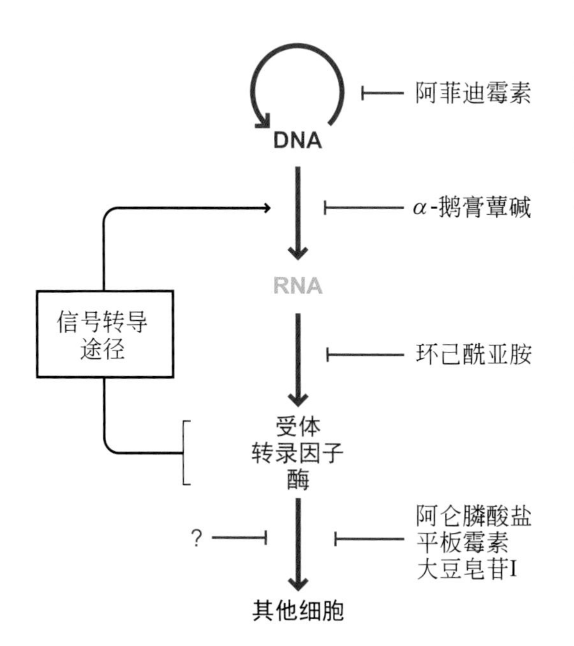

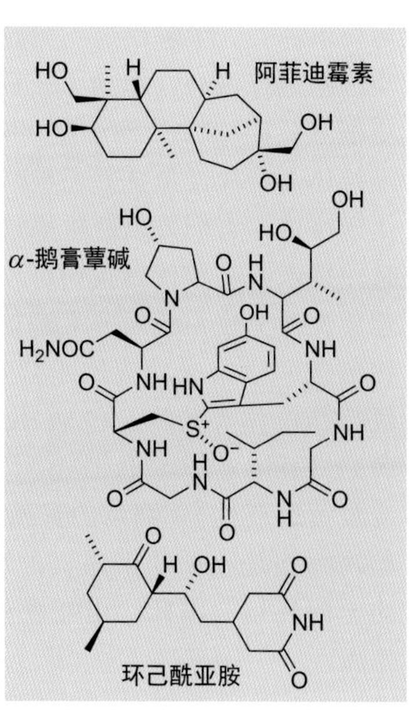

图 1.36 **有限的控制**。在中心法则的许多步骤中，我们都有相应的小分子抑制剂，但目前还难以选择性地靶向控制转录的信号转导通路。末尾带有竖杠的线表示抑制。

生物大分子合成调控中最有趣的步骤是调节那些专门控制基因转录的部分，即细胞外信号转导为基因表达变化的过程。这些信号转导通路决定了各种细胞类型之间以及健康细胞与病变细胞之间的差异。数十年的复杂实验大致阐述了七个主要信号转导通路的细节，我们将在第9章详细讨论它们。但是在合成调控中仍有许多步骤我们知之甚少。信号转导通路的选择性抑制剂能够使生物学家更好地验证他们的假设，并为药物化学家提供理想的药物设计指导。

短链RNA分子沉默基因表达

长度约20个碱基的短链RNA分子能够在细胞内引发破坏性反应，从而诱导目标信使RNA（mRNA）降解。这种阻止目标信使RNA翻译的技术，称为**RNA干扰**（RNA interference）。我们将会在第4章中更多地讨论RNA干扰部分，但由于RNA干扰技术有可能取代小分子在化学生物学中的地位，我们在这里简单地讨论一下。短链RNA分子能够穿过细胞膜进入细胞内，这种跨膜能力曾经被认为仅限于小分子。另外，短链RNA分子很容易被设计和合成，不需要开发新的合成策略，而这恰恰是类药小分子（small drug-like molecules）所面临的问题。

RNA干扰会取代小分子作为一种新的药物开发策略和生物学研究工具吗？目前，RNA干扰的广泛应用主要受到三个方面的制约：首先，人们对RNA进入细胞的过程知之甚少，而且机制并不完全通用。将干扰RNA直接注入眼睛可有效抵抗病毒或血管过度形成，但相同的注射方法在其他人体器官却难以成功。其次，因为RNA干扰直接切割序列相同或者相似的序列，所以必须仔细检查RNA转录组以避免附带损害。最后，RNA干扰无法抑制已经成熟的蛋白质，它只能阻止新生蛋白质的合成。在解决这些问题之前，小分子可能仍然是现代化学生物学研究中的核心工具。

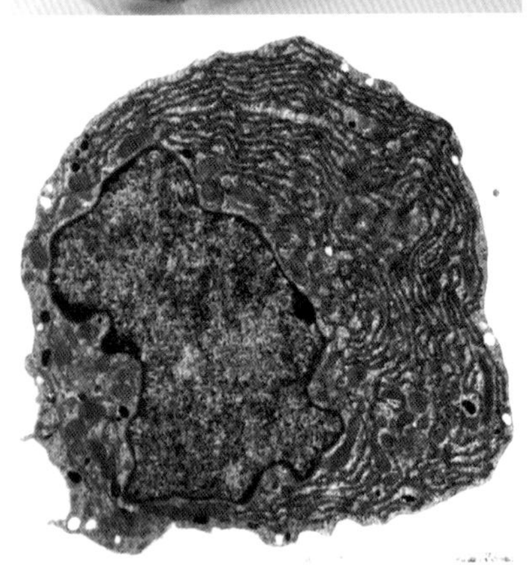

图1.37 哺乳动物细胞培养。哺乳动物细胞系可以在特定条件下进行实验室培养（顶部）。培养时通常需要通入固定含量的二氧化碳气体，用于维持培养基中二氧化碳/碳酸氢盐缓冲系统。这一缓冲体系，常用无害的酚红作为pH指示剂。杂交瘤细胞系结合了癌细胞的永生能力和B细胞的抗体合成能力（底部）。这张杂交瘤的彩色图片中，可以清楚地看到蓝色的细胞核，以及大量对抗体转运有重要作用的囊泡网络。（来自A. Karpas et al., *Proc. Natl. Acad. Sci. USA* 98：1799-1804，2001；已获the National Academy of Sciences授权。）

单克隆抗体特异性结合

人类免疫系统可以快速进化出高度特异性的抗体，用于结合外源小分子。其他哺乳动物（包括实验室的小鼠品系）也是如此。当小鼠的免疫系统感受到外源蛋白质或者由外源小分子衍生的蛋白质时，小鼠体内的B淋巴细胞会合成特异性抗体。然而，这类B细胞增殖能力极低，无法在实验室进行体外培养。为了解决这一问题，科学家们将合成抗体的B细胞与小鼠的骨髓瘤细胞进行融合，得到了一种能够无限增殖、可体外培养并能合成抗体的杂交细胞系——杂交瘤细胞（hybridomas）（**图1.37**）。许多重要蛋白质的单克隆抗体（特异性单抗）已被广泛用于实验室研究，通过对这类抗体进行多种化学修饰，它们可以产生高选择性化学试剂应用于化学生物学实验。与此同时，技术的进步使得我们可以生产靶向疾病蛋白质的人源化单克隆抗体，以避免人体免疫系统对非人源抗体产生剧烈的免疫反应，这些单克隆抗体（简称单抗）已经成功应用于药物开发。目前，临床使用的蛋白质类药物大多数都是抗体类药物，包括Herceptin™（乳腺癌）、Humira™（自身免疫性疾病）、Erbitux™（结直肠癌）、Rituxan™（非霍奇金淋巴瘤）和Avastin™（视网膜黄斑变性）。细菌的繁殖是比较简单的。相比之下，在实验室培养哺乳动物细胞是一项非常昂贵的研究工具，它需要特殊的营养物质和严格控制的无菌环境。因此，由哺乳动物细胞培养获得的单克隆抗体的价格也相对偏高。

永生癌细胞系（immortal cancer cell line）可用于模拟人体器官

哺乳动物细胞在实验室里需要特定可控的培养条件，如无菌条件、特殊的二氧化碳培养箱以及复杂的培养基。目前，已有各种各样的永生哺乳动物细胞系被用于实验室研究（见**表 1.1**）。

表 1.1 几种常见的无限增殖的哺乳动物细胞系

细胞系	组织来源
Jurkat 细胞	人 T 细胞淋巴瘤
HeLa	人宫颈癌
MCF-7	人乳腺癌
HepG2	人肝癌
NIH 3T3	老鼠胚胎成纤维细胞
MDCK	Madin-Darby 犬肾组织
CHO	中国仓鼠卵巢组织

正因如此，我们对哺乳动物细胞功能的大部分理解都来自对癌细胞系（如 HeLa 细胞、MCF-7 细胞和 Jurkat 细胞）进行的实验室研究。这些癌细胞的内部运作方式与健康组织细胞的运作方式不一定完全相同，但它们通常是用于研究和测试的最佳系统。当然，也有一些常见的衍生自非癌组织的细胞系，如衍生自瑞士小鼠胚胎成纤维细胞的 NIH 3T3 细胞系，以及衍生自中国仓鼠卵巢细胞的 CHO 细胞系。其中，CHO 细胞系被广泛用于需要哺乳动物表达系统的蛋白质药物的生物合成。

A

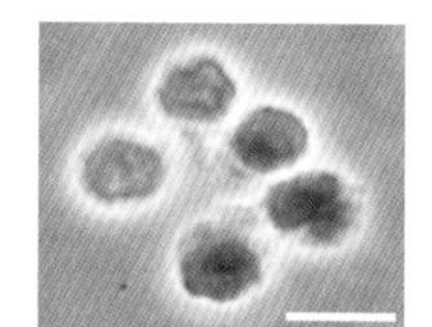

分裂和分化

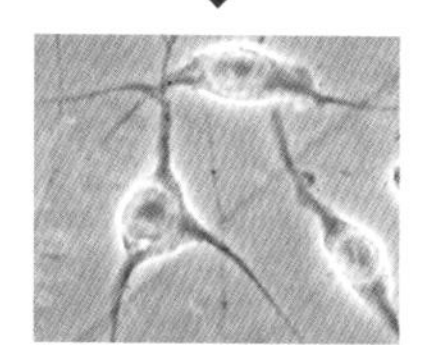

B

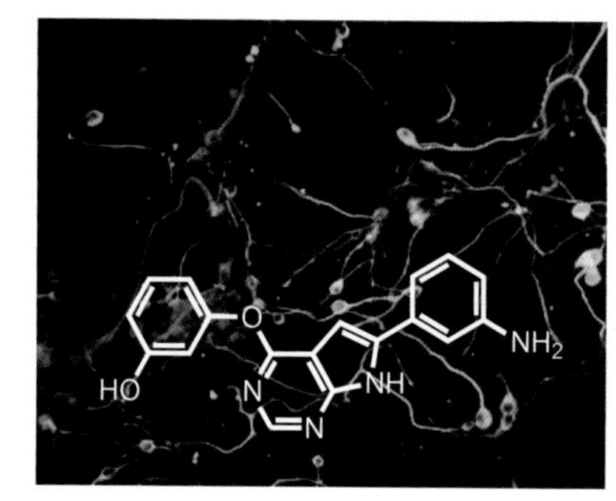

图 1.38 可控分化。（A）小分子可以调控细胞分化；（B）GSK-3β的小分子抑制剂（TWS119）诱导小鼠胚胎细胞系分化为神经细胞。（图A来自K. Miyake and K. Nagai，*Neurochem.Int.* 50：264-270，2007；图B来自S. Ding et al.，*Proc. Natl. Acad. Sci.* USA 100：7632，2003；均已获the National Academy of Sciences授权。）

人类干细胞是生物学和医学研究的重要工具

在人类胚胎的发育过程中，部分细胞保持了再生能力，能够分化为大多数甚至所有组织类型的细胞，我们称之为**干细胞**（stem cells）。这些干细胞有望替换受伤或患病的器官，如脊髓、心脏、肾脏、眼睛和皮肤。化学生物学家的梦想是使用小分子调控干细胞的分化（**图 1.38**）。能够分化为所有组织类型的最强大的干细胞，必须在胚胎发育早期进行获取，但这样做会破坏胚胎。这种胚胎干细胞的使用存在着极大的伦理争议，因此，科学家们在开发不影响胚胎和胎儿的干细胞获取方法上投入了巨大的精力。

在人一生的造血过程中，骨髓的各种细胞一直处于分化状态。我们将会在第 9 章中讨论调控分化的信号转导途径。多能造血干细胞能分裂并分化形成所需的红细胞、T 淋巴细胞、B 淋巴细胞、巨噬细胞、血小板、嗜中性粒细胞和嗜酸性粒细胞。这些不同的分化与增殖途径受到各种蛋白质激素的调节。大多数情况下，人体细胞分化过程中，基因的表达会发生变化，但基因型保持不变。然而，在抵抗病毒感染时，产生抗体的 B 淋巴细胞在遗传水平和细胞水平上都经历了巨大的变化。因此，通过这种特殊的分化，成熟的 B 淋巴细胞的基因型会永久改变。

生物模型（model organisms）教给我们关于人类的知识

对于人类生理学、细胞生物学和发育学的研究不仅受好奇心的驱动，也受改善自身状况的愿望驱动。但是，正如在实验室中培养人体细胞比培养细菌更加困难一样，生物个体研究也存在着一系列逻辑和伦理约束。因此，大多数科学研究集中在较简单的生物模型上，从单细胞生物（例如细菌和酵母）

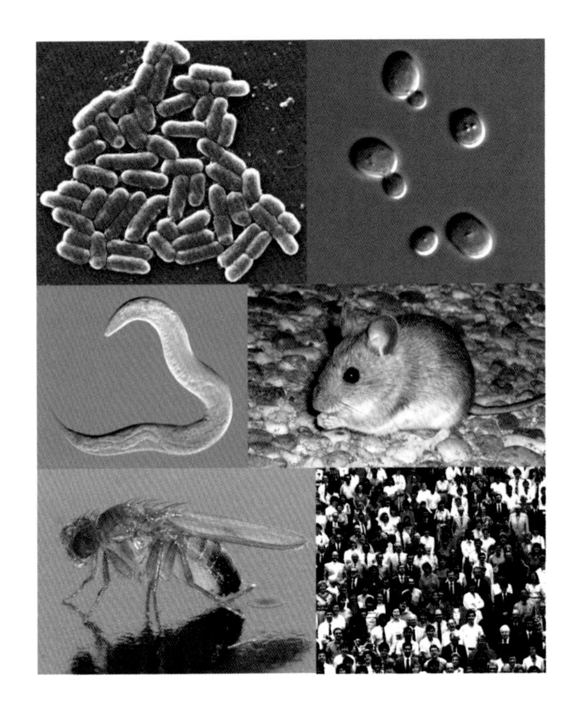

图1.39 生物模型。生物模型可以帮助我们了解人类。左上方顺时针方向分别为：大肠杆菌、酵母、小鼠、人类、果蝇和秀丽隐杆线虫。（大肠杆菌图片来自Janice Haney Carr；酵母图片来自Masur，Wikimedia Commons；小鼠图片来自Florean Fortescue，Wikimedia Commons；人类图片来自National Heart，Lung，and Blood Institute，1987；果蝇图片来自André Karwath，Wikipedia；秀丽隐杆线虫图片来自Bob Goldstein，UNC Chapel Hill。）

到哺乳动物（例如小鼠）（**表1.2**和**图1.39**）。作为实验室常用于合成DNA和蛋白质的生物模型，细菌合成DNA、RNA和蛋白质的相关组分与人体细胞非常相似。但是，细菌过于简单，无法作为人体细胞的良好生物模型。在细胞结构和遗传水平上，酵母细胞的工作方式与人体细胞更为相似。从烘烤面包和酿造啤酒开始，人类利用酵母的历史长达数千年。但是，有些酵母会引起有害感染，特别是针对免疫力低下的患者。

表1.2 常用的生物模型

生物	通用名	繁殖时间	主要应用
大肠杆菌（*Escherichia coli*）	细菌（Bacterium）	20分钟	DNA和蛋白质的获取
酿酒酵母（*Saccharomyces cerevisiae*）	酵母（Yeast）	2小时	遗传学研究，复杂人类蛋白质获取
秀丽隐杆线虫（*Caenorhabditis elegans*）	蛔虫（Roundworm）	36小时	细胞发育/分化的遗传模型
黑腹果蝇（*Drosophila melanogaster*）	果蝇（Fruit fly）	10天	生物发育/分化的遗传模型
小鼠（*Mus musculus*）	老鼠（Mouse）	3个月	人类生理学模型
人类（Homo sapiens）	人（Human）	1年	新药开发的目标生物

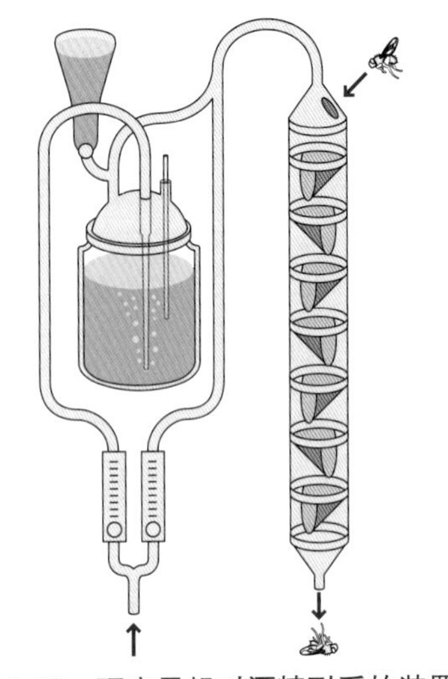

图1.40 研究果蝇对酒精耐受的装置。含有酒精的空气通过一个由多个网状漏斗堆积而成的装置。当某种突变的果蝇对酒精敏感时，它们会昏昏欲睡，从一个网孔掉到下面的网孔，最终聚集到底部，而正常果蝇则能够在其中飞行而不掉落。通过收集掉落速度不同的果蝇，就能够鉴定与酒精耐受有关的基因。（改编自U. Heberlein et al., *Integr. Comp. Biol.* 44：269-274，2004；已获Oxford University Press授权。）

微型土壤蠕虫和果蝇似乎是无意义的研究目标，因为它们不是致病性的，那么为什么要研究它们呢？蠕虫和果蝇是用于人类生物学、生理学和行为学研究的廉价模型。它们生长更快，培养更容易，而且比人体更合乎伦理。一般而言，生物模型的繁殖时间与生物的复杂度成反比。“简单的”生物并不是那么简单：果蝇和秀丽隐杆线虫具有可观的基因数量，分别约为14000和20000。从进化的角度来看，蠕虫、苍蝇和人类共享相似的基因、相似的蛋白质和相似的生化机制。

秀丽隐杆线虫是透明的，我们可以直接看到线虫内部的细胞和器官。从单个细胞开始，发育生物学家已经追踪了线虫发育过程中所有的959种细胞。与之不同的是，果蝇并不像线虫一样透明，但其胚胎发展的阶段更接近人类。利用辐射诱导果蝇表型突变，加速了我们对基因和生理发育之间关系的理解。

如果没有果蝇，我们或许不会在分子水平上了解人类如何从胚胎发育出身体所需的四肢。生物模型也促进了我们对基因与行为之间关系的研究。果蝇摄入酒精后会经历一个与人类类似的过程，最初过度活跃，然后协调能力下降，最终昏昏欲睡。曾有科学家设计了一个装置来筛选不同酒精耐受的果蝇，以挑选出那些使其更易醉酒的突变（**图 1.40**）。利用这一装置，研究人员证明 *cheapdate* 基因的突变会使果蝇对酒精更加敏感。究其原因是这一基因的突变会导致果蝇神经细胞中环状单磷酸腺苷（cyclic adenosine monophosphate，cAMP）含量的变化，从而使果蝇对酒精更敏感。

除此之外，家鼠已成为研究哺乳动物生理、代谢、免疫、认知和行为必不可少的生物模型。在药物开发过程中，小鼠也是最先用于测试的动物模型。可以说，在科学研究广泛利用的众多哺乳动物中，小鼠有着不可替代的地位。我们已经在小鼠身上治愈了癌症、肥胖症、心脏病、细菌感染等各种疾病。目前，许多不同用途的小鼠品系已经可以在实验室繁殖。例如，特定基因敲除的小鼠可用于研究特定蛋白质的功能；免疫系统缺陷的小鼠可作为病变或正常组织生长的宿主（**图 1.41**）。

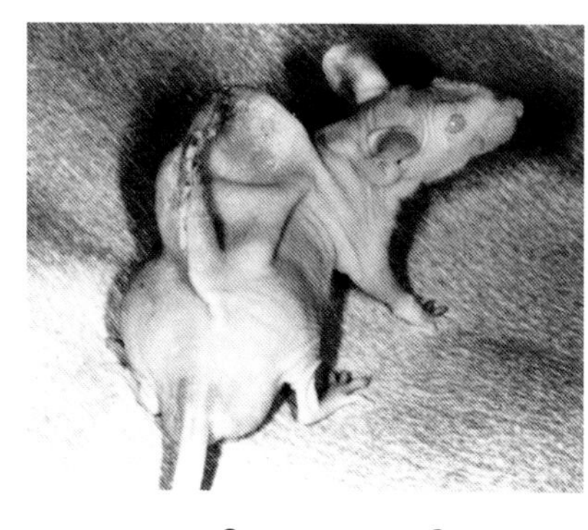

可生物降解聚合物

图1.41 组织工程。在免疫缺陷小鼠的背上注入牛软骨细胞，并使其在可生物降解聚合物做成的耳形模具中生长。同样的方法，健康的小鼠则会具有免疫排斥反应。（来自 Charles A. Vacanti。）

1.7 总结（Summary）

有限的集合通过不同形式的组合能够构建出具有无限多样性的集合，而多样性的产生对于生物进化至关重要。生命或许恰恰能够为我们展示这一组合的魅力。人体所有的生物分子都是由有限的原子构成的——主要是氢、氧、碳、氮、磷和硫。组成细胞的生物分子 DNA、RNA、蛋白质、寡糖、聚酮和萜类，各自的结构单元十分有限，总共约 40 个。在此基础上，细胞进一步组装更为复杂的个体、种群以及生态系统。

作为化学生物学家，我们主要关注原子和分子，而在本书中，我们则集中于有机分子。中心法则为组成人体细胞的生物分子提供了组装的基本规则。每个蛋白质的结构由 RNA 分子编码，本质上则取决于构成基因组的 DNA 片段，而其他生物分子的合成则更为复杂。聚糖、脂质、脂肪和类固醇分别需要独特的催化蛋白模块来帮助它们进行生物合成。

学习重点（Learning Outcomes）

- 一维生物大分子（如DNA、RNA和蛋白质）与多维分子（如有机分子）构建效率的比较。
- 中心法则中每种生物分子的类型和化学信息流动。
- 基因的构成元件，以及如何调控基因表达。
- 比较人类和大肠杆菌基因组的大小和结构。
- 理解转录组和蛋白质组多样性的非基因组来源。
- DNA、RNA和蛋白质模板化的生物合成，以及糖类、聚酮和萜类非模板化的生物合成，并将两者进行比较。
- 计算给定长度的生物分子的多样性。
- 理解抗体的组合性遗传架构。
- 了解常见荧光发色团的化学结构。
- 掌握噬菌体文库用于筛选和扩增的流程。
- 比较有机小分子与生物大分子（例如抗体）在药学和化学生物学工具中的优势。
- 比较永生哺乳动物细胞系与细菌，并理解正常人体细胞。
- 了解常见生物模型（例如大肠杆菌、酿酒酵母、秀丽隐杆线虫、果蝇和小鼠）的主要应用。

习题（Problems）

教学资源网站上提供了所有问题的文本以及加星号（*）的习题的答案，网址为：www.garlandscience.com/bioorganic-chembio 。

1.5 在本书中，我们所提到的大分子结构都可以通过蛋白质数据库（Protein Data Bank，PDB）网站获得。该网站具有许多内置应用程序可以查看和提供 DNA、RNA 和蛋白质。请使用蛋白质数据库网站（PDB）回答以下问题：

A 十二个碱基对的 DNA（PDB：1BNA）中有多少个磷原子？

B 乙肝病毒壳蛋白晶体结构（PDB：2IXY）中存在多少个单体 RNA 元件？

C 乌头酸酶（PDB：1ACO）中存在多少个铁原子？

***1.6** 请回答以下问题。

A 大肠杆菌 DNA 与细胞外环境之间有多少层膜？

B 人体细胞核中的 DNA 与细胞外环境之间有多少层膜？

C 人体细胞线粒体中的 DNA 与细胞外环境之间有多少层膜？

1.7 利用互联网查一查成熟的人类红细胞（红血球）缺少的主要细胞器。

***1.8** 选择合适的起始原料（左边）和合成步骤（按正确的顺序）合成下面相应的酯（右边）。利用同样的合成路线，推测利用下列所示起始原料能合成多少种不同的酯？ Me、Et、*n*-Bu 和 Ph 分别为甲基、乙基、正丁基和苯基取代基的缩写。

合成步骤 ⟶ 酯

1.9 某一个 DNA 文库，库中含有所有可能合成的 DNA 分子，其中每个 DNA 分子由 20 个结构单元构成，请问这个 DNA 文库库的分子量是多少？已知 DNA 结构单元的平均分子量为 165 g/mol。

1.10 利用互联网来确定以下实验室常用肿瘤细胞系的生物来源以及组织来源：

A COS7

B LNCaP

C LA-4

D Sf21

1.11 生物学家经常使用拉丁语中动物相关的形容词（如人类或猫科动物）来描述组织、细胞和分子的来源。请写出下列每种病毒所感染物种的常用名。

禽流感（Avian influenza）

牛呼吸道合胞病毒（Bovine respiratory syncytial virus）

犬细小病毒（Canine parvovirus）

山羊关节炎-脑炎病毒（Caprine arthritis-encephalitis virus）

马传染性贫血（Equine infectious anemia）

猫泛白细胞减少症（Feline panleukopenia）

阿伯森鼠白血病病毒（Abelson murine leukemia virus）

绵羊肺癌（Ovine pulmonary carcinoma）

猪分枝杆菌病（Piscine mycobacteriosis）

猪圆环病毒病（Porcine circovirus disease）

猿猴免疫缺陷病毒（Simian immunodeficiency virus）

第2章　生物体的化学起源
（The Chemical Origins of Biology）

学习目标（Learning Objectives）

- 用电子转移（箭推法）阐述化学反应机理。
- 找到参与键生成和断裂的前线轨道。
- 学会描述氢键的化学理论基础、氢键强弱、几何构型以及质子转移。
- 学会建立化学公式预测非共价相互作用。
- 定量讨论化学生物学中重要的非共价相互作用。
- 理解熵值对于系统内原子排列的影响。

物理学家埃尔温·薛定谔（Erwin Schrödinger）（**图 2.1**）在其著作《*What is life*》中阐述了所有生物体系都遵循着与我们日常生活中所遇到的相同的物理学定律，例如热力学定律以及牛顿运动定律。他的书自 1940 年出版后影响了一代又一代物理学家去研究生命体的物理规律以及分子机制。在那个年代，由于光谱学以及晶体学并不完善，负责生命核心功能的分子是看不到的。至今为止，没有发现任何违背薛定谔定律的例子。我们生活中充满了惊喜、多样性和复杂性，它们看起来都源于这些化学或物理规律。

图2.1　埃尔温·薛定谔（Erwin Schrödinger）。量子力学家埃尔温·薛定谔支持“复杂生命体遵守基本的科学原理”这一观点。（已获Photo Researchers，Inc授权。）

多样性（diversity）是达尔文进化理论最基本的要求。在分子层面，低聚反应为产生多样的、结构相关的分子提供了简单的机理。这些反应可以从最简单的电子转移来理解，而电子转移理论又是基于量子力学原理的。通过电子转移机理，我们将展示这些简单的反应，并将它们组合应用，用以阐述所有主要类型的生物分子的形成过程以及生命起源的分子多样性。除了**共价键**（covalent bonds），这些细胞内的复杂大分子也通过非共价键相互作用。为了研究并理解这种相互作用的驱动力，我们需要很精准地描绘原子距离、溶剂以及其他环境影响之间微妙的相互作用。

2.1　电子转移机理是分子轨道理论的一种表达形式（Mechanistic Arrow-Pushing is an Expression of Molecular Orbital Theory）

三大性质控制化学反应性

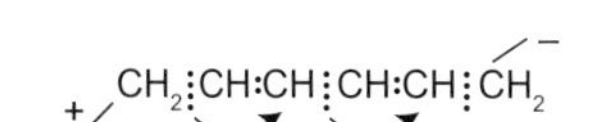

图2.2　**电子转移的来源**。首例应用弯曲箭头代表共轭分子的共振现象。在用短直线代表化学键广为接受之前，弯曲箭头已被用来解释量子有机化学。（来自W. O. Kermack and R. Robinson，*J. Chem. Soc. Trans*. 121：427-440，1922；已获the Royal Society of Chemisty授权。）

电子转移❶是将生物现象与化学反应性联系在一起的最强大的工具。电子转移理论最早是由罗伯特·罗宾逊（Robert Robinson）和阿瑟·拉普沃斯

❶　原文为Arrow-Pushing，此处直译为箭头推动，本章意译为国内熟知的“电子转移”。后文中的Arrow-pushing mechanisms可译为电子转移机理、箭推机理或箭推法。

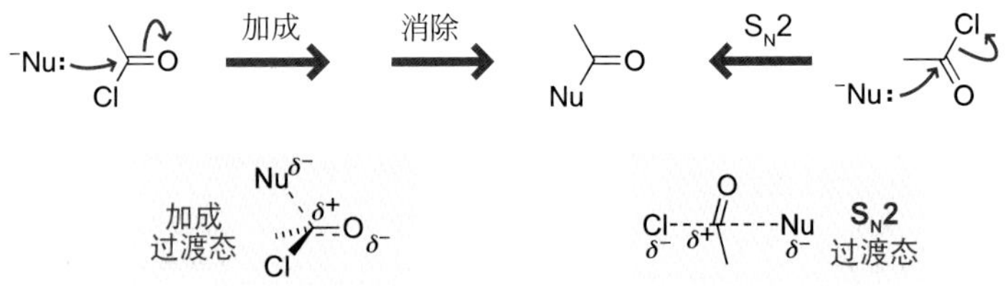

图2.3 为什么用转移箭头? 电子转移箭头帮助我们预测可能的酰氯亲核取代的过渡态。

（Arthur Lapworth）于1922年提出，在那时他们可能还不了解量子力学理论（**图2.2**）。为了了解电子转移理论并将其广泛应用于更多的体系，我们需要充分认识和理解分子轨道理论。每次我们选择一组弯箭头所示机理而不是另一组时，则表示该机理过程中过渡态的能量较低。比如，众所周知酰氯不经过协同 S_N2 历程发生取代反应（**图2.3**）。相反，酰氯的取代反应经历一个两步的先加成后消除的机理。加成反应的速率小于消除反应的速率，但加成-消除两步反应的整体反应速率快于 S_N2 取代反应机理。

那么我们如何定量过渡态的能量呢？生物学中所有的重要反应的能量都可由式（2.1）来粗略估算，其由三部分组成：电荷之间的相互作用、排斥相互作用以及吸引相互作用。化学生物学家会根据研究体系不同（例如研究共价作用或非共价作用）对该式进行不同形式的衍生改造。

$$\text{能量} \propto \text{电荷相互作用} + \text{排斥相互作用} - \text{吸引相互作用} \qquad (2.1)$$

微扰分子轨道理论（perturbational molecular orbital theory）将电子转移与量子力学联系在一起

对化学反应感兴趣的化学家们会倾向于使用微扰分子轨道模型［式(2.2)的一种形式］用于研究两个轨道之间的量子力学。如果我们能用数学公式来描述亲核试剂和酰氯的分子轨道，那么就可以精确计算出所有可能的过渡态能量。运用微扰分子轨道理论可以将量子力学与化学反应性直接联系起来。但遗憾的是，除了一些非常简单的分子，大部分的分子用数学表达非常复杂。

有机化学家倾向于用电子转移箭头替代数学公式。电子转移与轨道相互作用的联系被伊恩·弗莱明（Ian Fleming）在他的经典著作《前线轨道与有机化学反应》(Frontier Orbitals and Organic Chemical）中推广开来。根据式(2.1)，弗莱明提醒我们可以通过定性表达微扰分子轨道理论公式中的三项［式(2. 2)］来比较任意两个过渡态：(1）电荷间相互作用遵守**库仑定律**（coulomb's law)；(2）**空间效应**（sterics)；(3）**填充轨道与未填充轨道的最优重叠**（the favorable overlap)。在了解了这三项后，我们就可以不仅仅用空间效应或电子效应来解释化学现象；式(2. 2）中为三项，而不是两项。在式(2. 2）中前两项较易理解，因为它们与宏观世界的现象相关并且在有机化学课程中被广泛普及。式（2. 2）中的第三项大家可能不太熟悉。

$$\text{反应能量} \propto \text{库仑定律} + \text{空间效应} - \text{填充轨道与未填充轨道重叠} \qquad (2.2)$$

式(2.2）中的电子效应可以是相互排斥或相互吸引的。我们经常称这些电荷相互作用为“异性相吸”或“同性相斥”。有意思的是，我们生活的社会如同一面镜子，反映原子世界的基本规律：带正电与带负电的电荷互相吸引，而带相同电性的电荷相互排斥。使用过锤子的人会认可第二项空间效应。而空间效应是由填充轨道与填充轨道之间的相互作用产生的。这种相互作用永

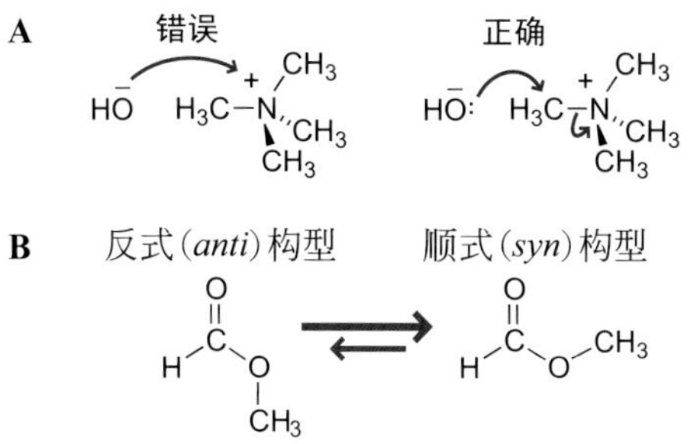

图2.4 我们为什么不能简单地将所有现象都归结于电子效应和空间效应？（A）电荷在有机化学中是很重要的，但用形式电荷来做电子转移箭头经常有误导性。（B）空间效应不能解释为什么顺式构型的甲酸甲酯更稳定。

远是排斥的，而这种排斥作用也解释了为何 S_N2 反应在叔碳中心反应得很慢以及甲基为何更倾向于处于环己烷的平伏位。

虽然电子效应和空间效应很重要，但在本科有机化学教材中这两个效应被过分强调了。而且，路易斯结构画出的形式电荷经常有歧义［**图 2.4（A）**］。比如，氢氧根负离子和四甲基铵阳离子的反应，氢氧根负离子进攻带正电荷的氮看起来是符合定义和规律的。但是，从各个层面讲图 2.4（A）所示的电荷相互作用都是不可能实现的。最大的问题在于这样成键会导致氮上有五个键，违背了**八隅体**（octet rule）理论。氢氧根负离子不可能进攻氮而更有可能进攻碳原子或氢原子。如果想要真正研究氢氧根负离子和四甲基铵离子的反应，我们需要考虑式（2.2）的第三项，因为它是电子转移机理的基础。同样，空间效应不能解释为何顺式的甲酸甲酯比反式的更加稳定［**图 2.4（B）**］。然而通过轨道相互作用能更好解释甲酸甲酯的顺式稳定性。为了更好地理解为何填充轨道与未填充轨道相互作用，我们需要了解有机化学家们常用的各类轨道从而了解分子结构和化学反应性。

六大标准分子轨道用来预测化学反应性

我们已知有三种重要的轨道类型：**原子轨道**（例如 s、p、d、f）；**杂化轨道**（例如 sp^3、sp^2、sp），是由同原子的原子轨道组合建立的；最后是**分子轨道**（例如 σ、π、ψ_n），是由一个分子中不同原子的原子轨道组合而建立的。

2s 轨道上的电子比 2p 轨道上的电子更靠近原子核，这种邻近性使得 2s 轨道上的电子更加稳定，反应活性更弱（**图 2.5**）。因此，相比其他轨道，s 轨道具有稳定性。相反，p 轨道具有亲核性和碱性。

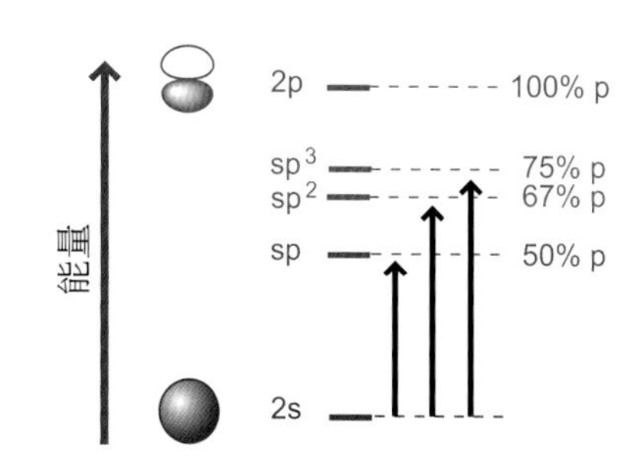

图2.5 一定要标注杂化情况。电子在含更多p成分的轨道上比较少p成分的轨道上更加活泼。

杂化原子轨道或分子轨道中 p 成分的细微差别转换为反应活性的显著差别（表 2.1）。例如，在比较碳负离子的碱性时，负离子 $R_3C—CH_2:^-$ 的碱性是负离子 $RC≡C:^-$ 的 10^{26} 倍，主要原因在于两对孤对电子所在轨道 p 成分的差异。p 成分的不同也有助于预测溶液的酸性，这与溶液的碱性相反：$RC≡NH^+$（pK_a=−10）>$R_2C=NH_2^+$（pK_a=5～7）>$R_3C—NH_3^+$（pK_a=10）。

路易斯结构只画出了价电子。为了计算方便，我们忽略了硼、碳、氮、氧的 1s 轨道的电子，而只关注 2s 和 2p 轨道的电子。类似地，我们也不去考虑所有的分子轨道，因为那会很复杂。我们只考虑那些最活泼的轨道，即**前线分子轨道**（frontier molecular orbitals）。一般来讲，一个分子的前线分子轨道是指已占有电子的能量最高的分子轨道（HOMO）以及未占有电子的能量最低的分子轨道（LUMO）。我们可以通过六种类型的前线分子轨道解释几乎所有生物体内的重要反应：σ 成键轨道，π 成键轨道，非成键孤对电子（n），p 空轨道，π* 反键轨道，σ* 反键轨道（**图 2.6**）。我们可以通过分析这些前线轨道中 s 和 p 轨道的成分（占比）来理解这些前线轨道的相对能量，但从现在起我们应该理解并记住这些轨道的相对能量高低。

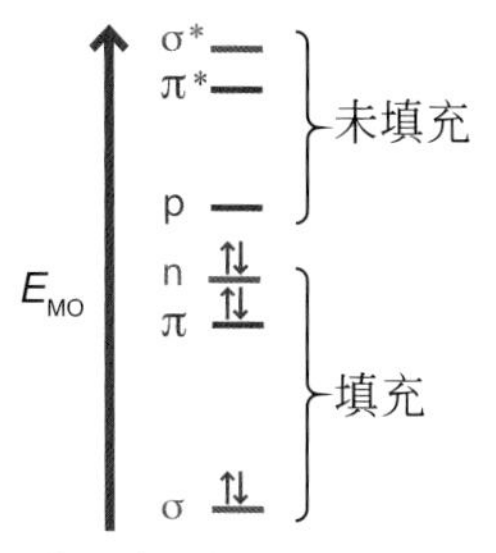

图2.6 前线轨道。这里有六种类型的经典前线轨道：3个是填充的，3个是未填充的。

表 2.1　p成分和碱性

pK_a'	孤对电子	p成分/%
50	sp^3	75
41	sp^2	67
24	sp	50

孤对电子的反应活性

问题2.1

对于下列每对化合物，请预测其孤对电子的杂化情况，注明其中的s和p成分，并将化合物按照碱性降低的顺序排列。

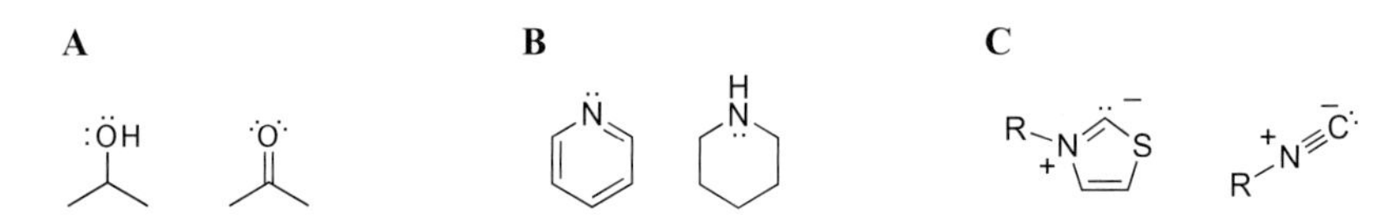

我们应该很熟悉填充的分子轨道n、σ、π，因为它们对应路易斯结构中的点和线。这些填充轨道的能量很重要，这是因为填充在高能级的电子反应活性更强。因此，最基本的反应活性顺序为：孤对电子>π键>σ键（**图2.7**）。

而对于未填充的分子轨道：p空轨道、π*反键轨道、σ*反键轨道，我们似乎对它们不是很熟悉，因为它们往往不在传统的路易斯结构中标出。幸运的是，我们可以根据一种简单的关系将这种无形的反键轨道变得可视化：每个π键都有一个对应的π*反键轨道，每个σ键都有一个对应的σ*反键轨道，第三种未填充轨道是p空轨道。对于元素周期表中第二行的原子，p空轨道相对容易精确描述，只需要注意三价硼以及碳正离子。这些未填充轨道的能量与填充轨道的能量同样重要，因为低能量的未填充轨道对亲核试剂的反应活性更强。如果你是一对电子，难道你不愿意找到更稳定的轨道吗？能量最低的轨道是最稳定的。

固有亲核性：n > π > σ

能量高=反应活性强

能量低=反应活性弱

图2.7　占据的前线轨道。这三种经典的占据轨道的相对能量可以用来预测占据这些轨道的电子的亲核性。

因此，根据式（2.2），如果空间效应和电荷效应相等，那么亲核试剂会按照以下顺序加入到空轨道上：p空轨道>π*反键轨道>σ*反键轨道（**图2.8**）。也就是说亲核试剂首先加到碳正离子上，其次加到C=X双键上。只有当这些可能性都被排除后，我们才会考虑在C—X键上发生S_N2反应，其需要进攻σ*反键轨道。但是由于我们的本科基础化学教材上首先介绍了碳的S_N2反应，这使得大家把S_N2反应放在了本不该那么重要的位置。

固有亲电性：p > π* > σ*

能量高=反应活性弱

能量低=反应活性强

图2.8　未占据前线轨道。三种经典的未占据前线轨道的相对能量可以用来预测亲电性。

问题2.2

对于下列化合物，请指出最易被亲核试剂进攻的原子并且找出其中的未占据前线轨道（如 p、π*、σ*）。

A B C D E

电负性影响了前线轨道和库仑相互作用

电负性影响前线轨道之间的相互作用，也就是式(2.2)的第三项。当用一个电负性更强的原子如氮或氧将碳原子取代，所有轨道的能量，包括前线轨道，都会降低。比如，H_3N 上的孤对电子比 H_2O 上的孤对电子的能量更高，亲核性更强，这是因为 O 的电负性比 N 强（**图 2.9**）。同样的，CH_3—F 比 CH_3—CH_3 更易发生 S_N2 反应，因为 σ^*_{C-F} 反键轨道比 σ^*_{C-C} 反键轨道的能量低。

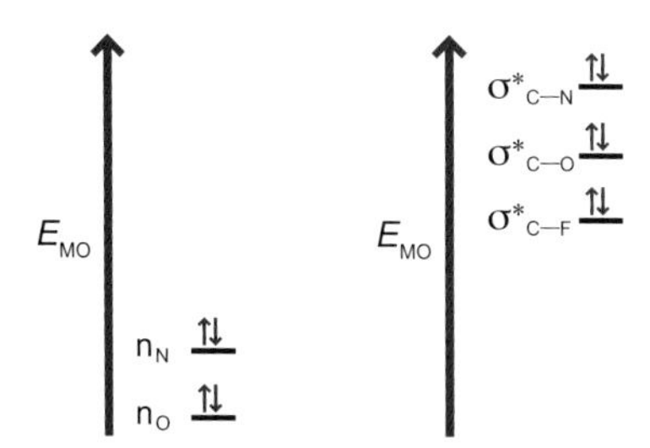

图2.9 当有电负性原子存在时前线轨道能量会降低。原子的电负性越强，该轨道能量越低。

电负性也影响库仑相互作用，也就是式(2.2)中的第一项，电负性原子（如 F、O、N、Cl）往往带有部分负电荷，当它们作为亲核试剂时，能产生库仑效应。电负性也能用于预测部分电荷，即使 Lewis 结构中的形式电荷具有误导性。例如，在水合氢离子（H_3O^+）中，承担大部分正电荷的是质子，而不是氧原子。形式电荷仍然是有用的，尤其是与带负电荷的原子结合时；BH_4^- 阴离子中的 B—H 键（σ_{H-B^-}）比 BH_3 中 B—H 键（σ_{H-B}）的亲核性更强。

我们如何衡量电负性在反应活性上的这两个相反的效应，也就是降低的前线轨道能量和增强的库仑相互作用力。两个普适的结论可以涵盖本书几乎所有的反应机理。对于那些亲核试剂进攻碳原子的反应，我们应当认识到当有电负性的原子时前线轨道能量更低。对于亲核试剂进攻质子或正离子的反应，我们应该重点关注电负性的原子带有更多的负电荷这一事实。

问题2.3

对于以下化合物，请指出其中反应活性最高的电子对（化学键或孤对电子），并指出对应哪种前线轨道（n、π、σ）。

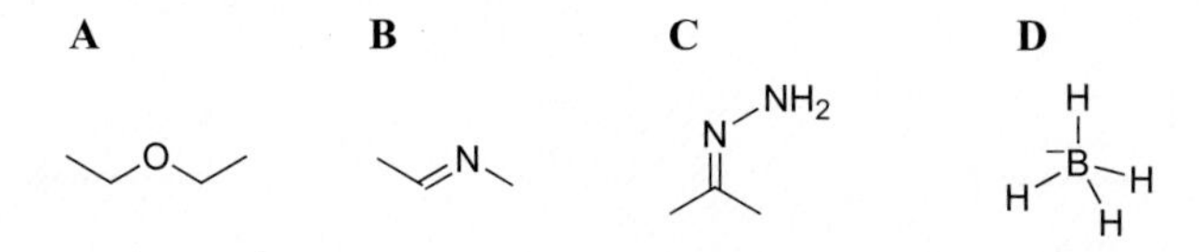

弯曲的反应机理箭头描绘填充轨道与未填充轨道的相互作用

为什么一个有机化学家所画的电子转移机理和另一个有机化学家所画的很少一致？虽然有可能两个都是正确的。其实很简单，化学家们很难接受一个统一的规则。如果没有这个标准，那电子转移机理——这种我们最强大的预测手段，更像是一门艺术而不是科学。

式(2.2)告诉我们化学反应的相对速率是由轨道相互作用以及库仑相互作用决定的，但是电子转移机理并不能也不可能预测这两种相互作用。正如 Fleming 所说，“弯曲箭头，当被用来描述分子成键时，它们能发挥作用也是因为它们描绘了前线轨道的电子分布，而对于反应动力学，前线轨道最重要。”我们不应该将 Fleming 的结论视为偶然观察的结果，而应该将它作为电子转移理论的中心法则：电子转移箭头描述的是填充轨道和未填充轨道的相互作用。

电子转移机理的三大基本规则

为了遵循 Fleming 的建议，我们必须遵守电子转移机理三大基本规则：

1. 箭头从来不代表原子的运动。
2. 箭头从来不是源自或结束于某个电荷；电荷不成键而电子成键。
3. 箭头起始于孤对电子、π 键、σ 键，终止于未填充轨道。

为了简要地演示这些原理的应用并展示前线轨道理论的预测能力，我们来回顾**图 2.10**（**A**）的取代反应。如果我们简单遵循上面三条电子转移箭头规则，那我们可能更倾向于选择**图 2.10**（**B**）所画的简单的 S_N2 反应。但是，我们应当依据对于前线轨道反应活性的理解和认识来判断和选择。我们曾经讲过 σ 键是最差的亲核试剂，而孤对电子是最好的亲核试剂；因此氮上的孤对电子而不是 N—H 键会进攻羰基 *β* 位的碳。前线轨道理论有助于我们理解亲核试剂的行为。我们曾经讲过加成到 π* 反键轨道优于加成到 σ* 反键轨道。在没有相反的实验数据下，我们不会考虑 σ_{N-H} 到 σ^*_{C-Cl} 的一步 S_N2 机理，而更倾向于一个三步的加成 - 消除机理，其中第一步是氮上的非成键孤对电子 n_N 加成到烯酮的 π* 反键轨道上。

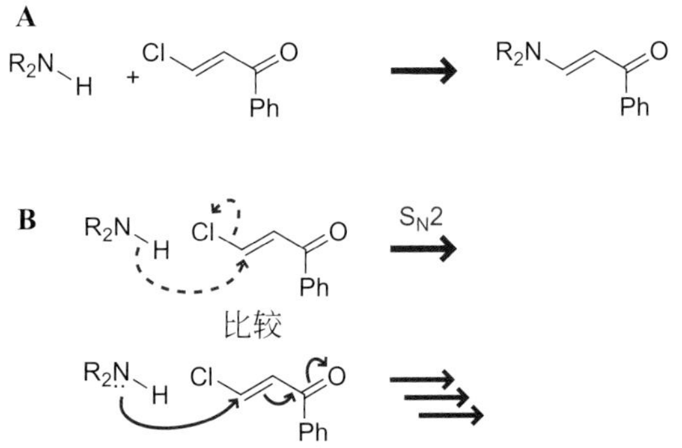

图2.10　利用弯曲箭头来判断反应机理。（A）取代反应。（B）一步 S_N2 反应是不可能的，而三步加成 - 消除反应是合理的。

问题2.4

对于下列转化反应，请画出可能的电子转移机理。

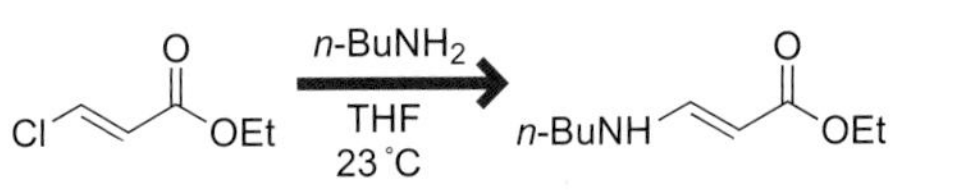

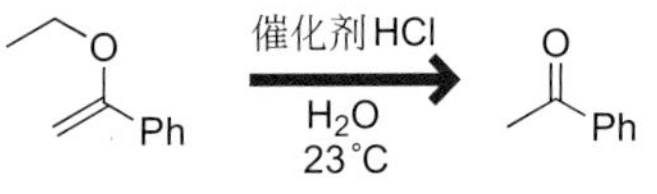

2.2　氢键和质子转移（Hydrogen Bonds and Proton Transfers）

氢键涉及三个原子

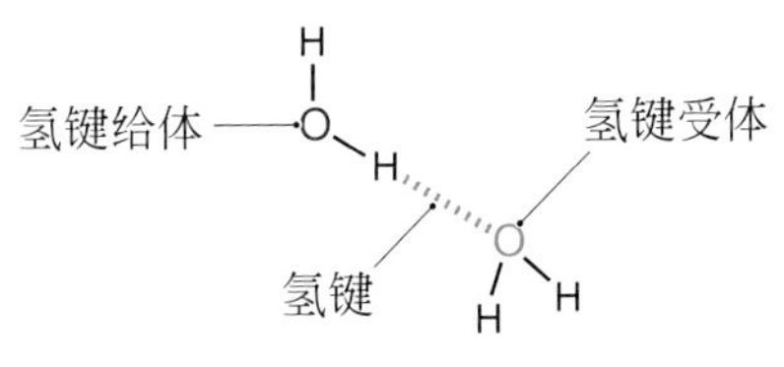

图2.11　氢键的理想几何构型。共享的氢将氢键给体和氢键受体连在一起，氢键给体和受体之间的角度是由孤对电子占据 sp^3 杂化轨道所造成的。

我们知道生命体如果没有氢键将无法想象。氢键使水分子在地球表面保持稳定。氢键是 DNA 双链的“黏合剂”，也因此提供了基因遗传性的基础。氢键使蛋白质保持特定构型。

氢键可以被看成是三个原子之间一种特别的相互作用：一个给体原子，一个受体原子，一个氢原子（**图 2.11**）。这种相互作用主要是静电作用，因此，对于氢键相互作用，式（2.1）中的库仑相互作用一项影响相对较大。当氢键中含强电负性给体和受体原子，如氧和氮时，氢键是最强的。这种情况下，电负性原子带有部分负电荷而质子带有部分正电荷，因此产生了可能最强的氢键。关于路易斯结构中部分电荷和形式电荷的区别将在下面进行讨论。因此，碳原子不会形成很强的氢键，因为它们本身电负性不是很强。

因为氢键主要是库仑相互作用，因此它们的强弱对环境的介电常数或极性非常敏感。氢键在高介电常数环境下（如水）的强度很弱，而在低介电常数环境下（如脂膜或者蛋白质内部）很强。理想的氢键长度是略小于2Å，约是O—H键或N—H键键长的两倍。当氢键呈线型时，氢键最短、最强，且在大多数晶体结构中给体-氢-受体的键角一般是180°。此外，氢键受体的价态对氢键的强弱影响很大，即氢键受体的电子密度越大，与给体质子的相互作用越强。例如，羧酸在生理pH为7、带电情况下，可以形成很强的氢键。

问题2.5

找出下列分子的氢键给体和氢键受体。

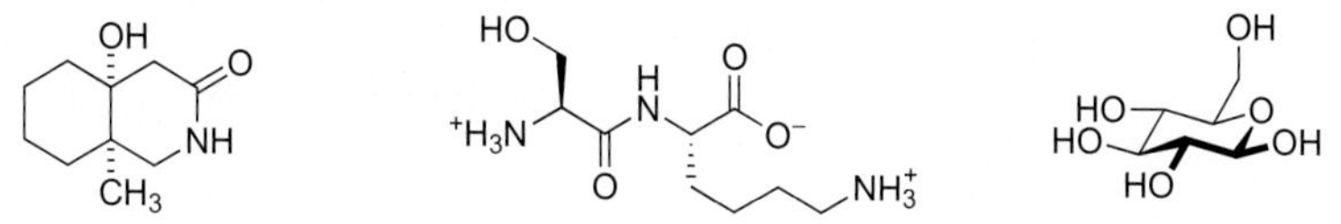

A **B** **C**

问题2.6

请画出共聚物 Kevlar™（用于防弹衣）的结构，并画出共聚物片段之间的氢键。

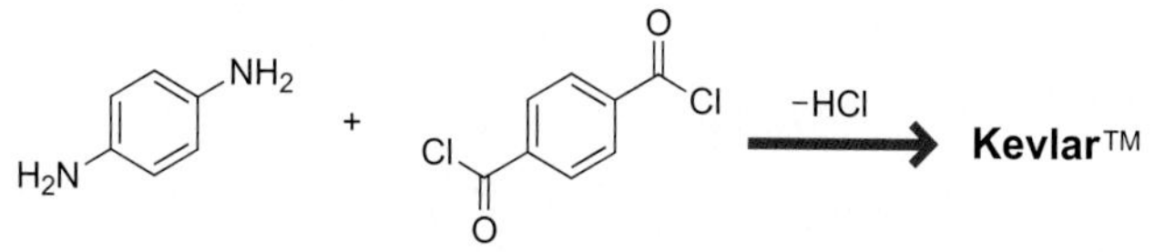

−HCl → **Kevlar**™

氢键用散列线或虚线表示，它不遵循绘制化学结构的路易斯规则，这就意味着我们不能用弯曲箭头来代表氢键的生成或断裂（**图2.12**）。例如，如果我们用孤对电子来进攻氮上的一个质子，我们把电子放到σ^*_{H-N}反键轨道上的同时该键必须断开。这也就是为什么它被称作反键轨道。相反，如果用弯曲箭头代表氢键的断裂，必须将负电荷转移到受体原子，并将正电荷传递到给体原子上。

氢键在酶学机制中发挥了很重要的机理性功能，它促进了亲核试剂对羰基的进攻以及在取代反应中离去基团的离去。这些都是两步反应，其中一步包括氢键的断裂。我们要么忽略质子转移中的电子转移，要么忽略氢键的形成（**图2.13**）。

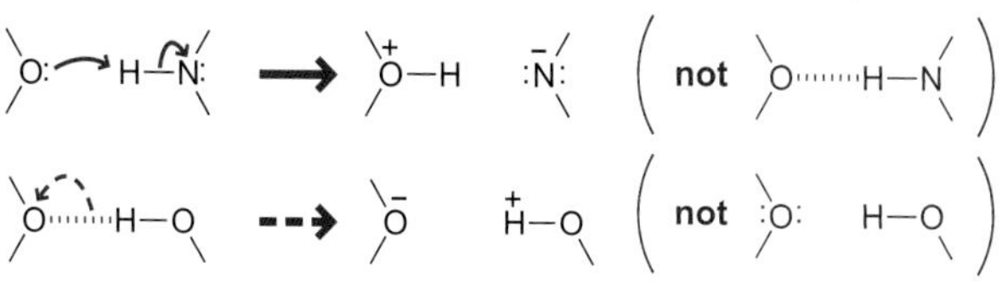

键必须断裂　　不正确

图2.12　不能用弯曲箭头来表示氢键的生成或断裂。利用弯曲箭头表示氢键的生成会带来不想要的结果。

图2.13 描绘氢键参与的机理。有两种方式来表示氢键参与的质子转移机理：忽略电子转移或忽略氢键。

忽略质子转移中的电子转移

忽略氢键

质子转移

杂原子上的质子转移非常快

氧、氮、硫上的质子转移是非常快的。对于一些强有利的质子转移，如当酸的 pK_a 比碱的 pK_a' 高至少 3 个数量级时，质子转移是由扩散控制的。在扩散控制过程中，几乎每次撞击都会引发一次成功的反应。扩散速率决定了双分子反应的最高反应速率。事实上，除水以外，分子在25℃水溶液中的扩散速率约为 10^9 L/(mol·s)。水相中质子转移足以证明（**图 2.14** 和**表 2.2**），C—H 键参与的质子转移通常不受扩散控制，而且一般比同样有利的仅有杂原子参与的质子转移反应更慢。氢键是质子转移过程中重要的一部分，而 C—H 键不参与氢键形成。

$$H_2O + H{-}A \underset{k_{-1}}{\overset{k_1}{\rightleftharpoons}} H_2\overset{+}{O}{-}H + A^-$$

图2.14 酸的水溶液。根据定义，溶液 pK_a 是由质子从水中的转入和转出的差异来决定的。水合质子 H_3O^+ 的 pK_a 是 -1.7。

表 2.2 质子向水转移的速率常数

HA	pK_a	k_1/[L/(mol·s)]	k_{-1}/[L/(mol·s)]
HF	3.2	10^8	10^{11}
AcOH	4.7	10^6	10^{11}
H_2S	7.2	10^4	10^{11}
$MeCOCH_2CO_2Et$	9.0	10^{-3}	6×10^7
NH_4^+	9.3	25	$\sim 10^{11}$
CH_3NO_2	10.2	10^{-8}	6×10^2

问题2.7

对于下列质子转移反应，请估算正反应平衡常数，以及正、逆反应的速率常数。提示：注意与表 2.2 所给速率常数的相对一致性。这样的一致性是否可以提出一个简单的假设？

A

$$\underset{pK_a=10}{PhOH} + H_2O \underset{k_{-1}}{\overset{k_1}{\rightleftharpoons}} PhO^- + \underset{pK_a=-1.7}{H_3O^+}$$

B

$$\underset{pK_a=38}{H_3N} + H_2O \underset{k_{-1}}{\overset{k_1}{\rightleftharpoons}} H_2N^- + \underset{pK_a=-1.7}{H_3O^+}$$

高年级的学生可能会记得当反应达到平衡后，反应的平衡常数等于正向和逆向速率常数的比值（**图 2.15**）。因此，我们可以通过 pK_a 值计算出酸碱反应的速率常数。因为向有利方向的质子转移通常由扩散控制，由此可以计算出不利方向的质子转移的速率常数。需要注意的是，因为其中一个反应物（作为碱）是水，表 2.2 中的由扩散控制的速率常数是正常扩散速率［10^9 L/(mol·s)］的 1000 倍。这种可以通过热力学常数（在这里是 pK_a 值）来预测绝对反应速率常数是一种很特殊的情况。

$$k_{eq} = \frac{k_{正}}{k_{逆}}$$

图2.15 反应的平衡常数是正反应速率常数与逆反应速率常数的比值。

线性几何构型是质子转移的最优构型

在本书中，我们描述质子转移是一步完成的协同反应。虽然超快动力学实验证明，氢键快速形成然后发生质子转移。鉴于氢键在质子转移中发挥着重要的作用，这使得我们很容易理解为何当分子为线性时质子交换最快；而分子构型为弯曲时质子交换变慢。动力学同位素效应也证实了这一现象：当分子轨道为线性时，氘的转移比相应的质子转移更慢。

为避免通过 90° 角的正方形过渡态进行质子转移，我们需要花一些篇幅来阐述电子转移机理。例如，亚胺的形成机理，它是最重要最基本的化学生物学反应之一（**图 2.16**）。因为反应物之一是胺，所以可能令人意想不到的是这个反应在微酸性条件下最快。在 pH 为 5～6 的条件下，胺可直接加成到羰基上。之后，一个酸性物质（用 H—A 表示）贡献一个质子给烷氧基负离子，之后 A^- 从铵正离子夺去一个质子。这种两步完成的质子转移比一步完成的从铵盐到烷氧基负离子的速度更快。即使该反应在碱性条件下进行，溶液中仍会有一些物质能够将烷氧负离子质子化。亚胺形成的速率控制步骤是羟基的质子化，之后作为水离去，形成亚胺正离子。亚胺正离子去质子化形成亚胺。亚胺正离子是非常活泼的，它将会在这本书的各种机理中出现很多次。

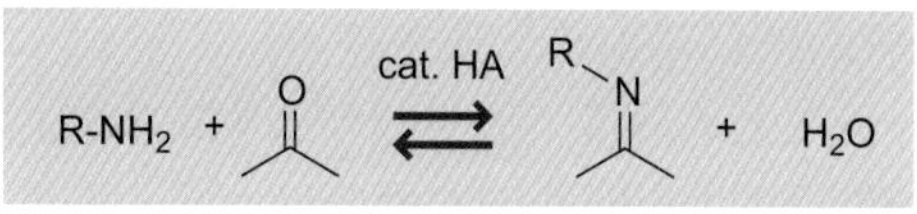

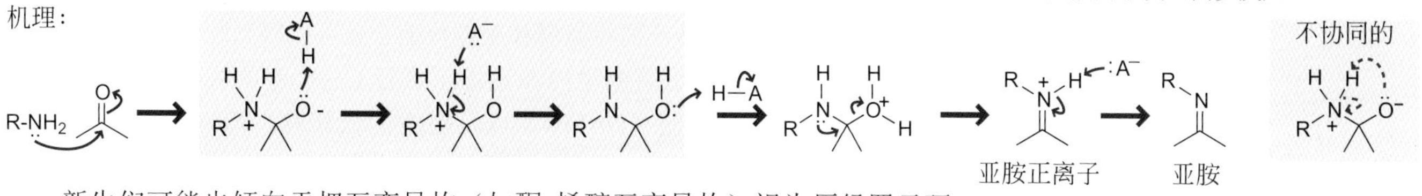

图2.16 亚胺的形成机理涉及四面体中间体上的两步质子转移。相比于需通过一个四原子过渡态的一步质子转移，更倾向于发生两步反应。

机理：

亚胺正离子　亚胺　不协同的

新生们可能也倾向于把互变异构（如酮-烯醇互变异构）视为历经四元环过渡态的一步反应过程（**图 2.17**）。然而，这些一步反应过程的描述是完全不可信的，原因远不止不利的反应路线。如下所示，涉及 π 键和四元环过渡态的一步互变异构被归为 1,3-σ 迁移。在化学生物学家看来，由于 π 和 σ 轨道的对称性不匹配，质子的 1,3-σ 迁移不是协同反应。幸亏质子的 1,3-σ 迁移不容易发生，如果可以发生 1,3-σ 迁移的话，双键就会在简单烯烃中不停地迁移。

在这里我们必须非常不情愿地放弃对轨道对称性的更深一步的讨论——这是一个获得过诺贝尔奖的概念。从现在起，我们需要知晓两步完成的质子转移比一步需要经过四元环过渡态的质子转移具有更高的可能性。

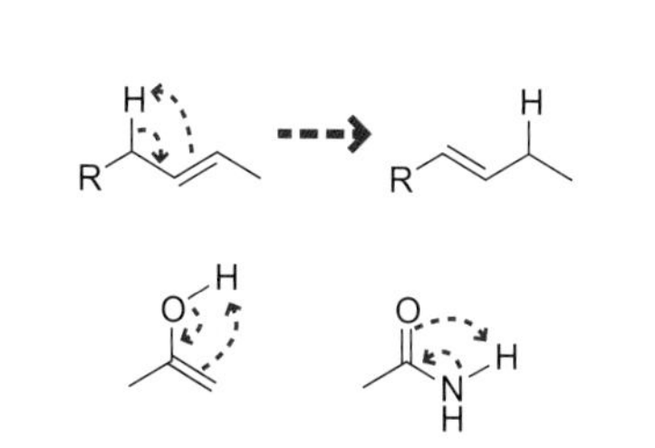

图2.17 1,3-σ迁移重排是不可能发生的。当发生互变异构时，反应通常为酸性或碱性催化。

一些学生们可能会发现一些已发表的文章里所描述的机理并没有遵循这些简单的规则：将电子转移箭头与前线轨道联系起来。我们的学生们不应该认为一个在文章里出现的机理就是对的、可接受的机理。电子转移理论是简单且强大的。最好的有机化学家会从直觉上遵循这些规则，而我们建议刚刚入门的学生也要遵循这些规则。那么现在我们有了一种共同的化学语言，它是建立在原子和分子的量子力学描述之上的，因此我们现在就有能力去解决一个基本的问题：地球上的生命是如何产生的？

问题2.8

请画出下面的互变异构过程的可能的电子转移机理。

A　cat. HA

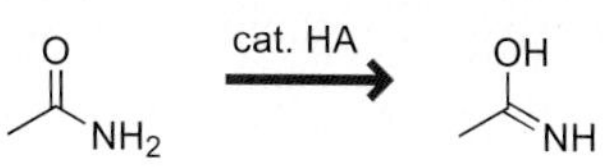

B　cat. B

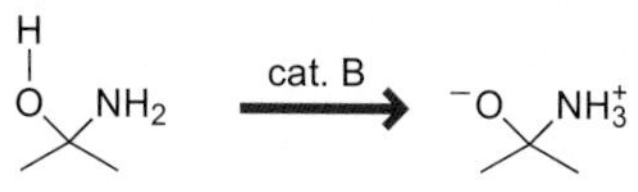

2.3 前生命化学(Prebiotic Chemistry)

图2.18 **天体的基本组成单元**。很多前生命体基本的组成部分都可以在土星(Saturn)最大的卫星——土卫六(Titan)上发现。这张土卫六的伪彩色图像是基于紫外线与红外线的波长所得到。(图片由CICLOPS和卡西尼照相团队提供,经美国国家航空航天局授权)

HCN和CH_2O是原始汤的主要成分

我们人类是地球生命里相对较新的成员,由10万年前的尼安德特人(*Homo Sapiens neanderthalensis*)进化而来。然而生命本身就很古老,是从没有生命的物质演化出来的。最古老的化石来自蓝细菌,大约有36亿年的历史,而地球上最古老的岩石只能追溯到40亿年,这是一个令人肃然起敬的年龄。到底是什么让生命进化得这么快?是否存在一种不可抗力去促进生命从简单的化学原料演化而来?我们将试图去解释和重塑生命起源的研究领域称为**前生命化学**(prebiotic chemistry)。

虽然现在不能精确知道当时生命演化的化学原材料,但是通过对化学的基础认知,我们可以提出合理的猜测。这些猜测可以通过现存宇宙中物质的光谱研究去引导,现在被广泛接受的理论是在原始时期的地球表面聚集了简单的分子,包括水、氨气、氰化氢、乙腈、丙烯腈、氰(NC—CN)、丙炔腈等。这些小分子现在皆能从土星的卫星土卫六表面观察到(**图2.18**),但是氧气却不一定存在于行星的大气层里,因此推测地球早期也没有氧气,直到能够进行光合作用的细菌在27亿年前进化出来。

那么这些简单的分子在无氧环境下能生成什么呢?核酸!核酸是核糖核酸(RNA)和脱氧核糖核酸(DNA)生物合成的原料。其中核糖和腺嘌呤分别是甲醛和氢氰酸的五聚体,而将核糖和腺嘌呤缩合就可以得到腺苷(**图2.19**)。

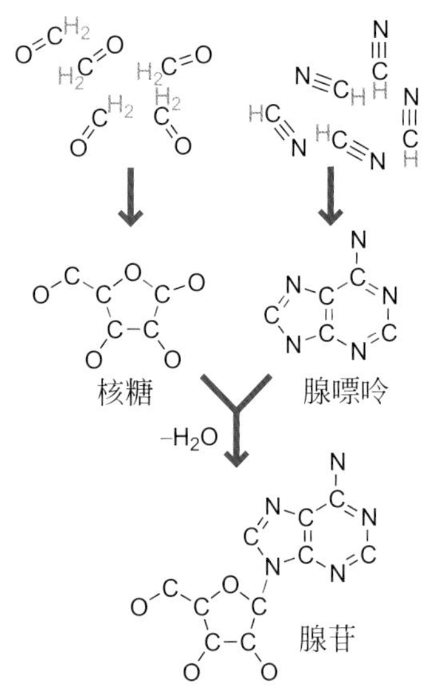

图2.19 **小分子寡聚形成DNA**。DNA的亚基腺苷是HCN和CH_2O的低聚物。

另外,氢氰酸在水溶液里能在室温下进行C—C键的成键反应,最后得到四聚体二氨基马来腈(DAMN)以及更大的低聚物。而低聚物自身水解,能够分离出0.03%~0.04%产率的腺嘌呤。现在已确定了多种由原始分子形成DNA亚基的不同方法,这使人们相信DNA亚基的形成可能是原始分子固有反应活性的必然结果。

氢氰酸(HCN)溶液在pH=9.2下存在着亲核体和亲电体

根据已知的机理学数据,**图2.20**展示了一个可能的DAMN形成机理。在pH=9.2时反应最快。该pH也是HCN的pK_a值,氢氰酸和氰根阴离子以1∶1的比例存在。氰根阴离子可以进攻HCN,生成新的C—C键。亚胺质子化会产生一个很强的亲电亚胺离子,使得它被另一分子氰根阴离子进攻。第三次氰根阴离子加成可以完成这个四碳片段的构建,之后可以异构化生成DAMN并通过共振效应使其稳定。在理想条件下,按照以下机理DAMN的产率可以达到30%(见图2.20)。

图2.20 **前生命体C—C键形成**。在碱性条件下,CN^-既可作为亲核试剂又可作为亲电试剂,最终生成DNA的基本组成单元,如DAMN。

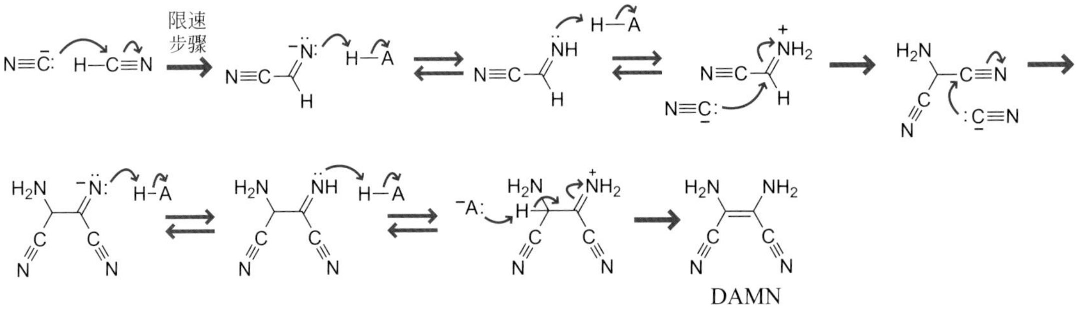

限速步骤

DAMN

严格的电子转移机理的一个重要特征是:每组弯曲箭头对应一个具有一个过渡态的基元反应。弯曲箭头表示过渡态中填充轨道与未填充轨道之间的相互作用。确保不犯错误的一个最简单的方法就是遵循**三箭头规则**（three-arrow rule）。如果在某一步反应中，画出三个以上的弯曲箭头，那么很有可能就不止对应一个过渡态。当水平反应箭头上标有反应试剂或反应条件，而没有画出弯曲箭头时，水平箭头只代表一种转化，而与反应机理中的步骤数无关。

Henderson-Hasselbalch 方程是一个强大的工具，即使没有计算器：log（[HA]/[A^-]）=pK_a-pH。一旦已知 pH（酸和共轭碱以 1∶1 的比例存在时），就可以很容易估算出酸和共轭碱在生理 pH 下的比值。正如我们看到的那样，HCN 和 CN^- 在 pH=9.2 时一定以 1∶1 比例存在。因此，在 pH=8.2 时 HCN 和 CN^- 一定以 10∶1 的比例存在，其反应体系的酸性一定是其在 pH=9.2 时的 10 倍。类似地，在 pH=7.2 时 HCN 和 CN^- 一定是以 100∶1 比例存在，并且随着 pH 降低，HCN 的量也会增加。因此，如果我们知道任意化合物的 pK_a，就可以估算出在生理条件下质子化和去质子化物质的比值（或百分比）。比值比平衡常数更直观。

问题2.9

对于下列分子，请估算质子化酸和去质子化共轭碱在 pH=7.2 时的比值。

A HCN (pK_a=9.2)　**B** NH_4^+ (pK_a=9.2)　**C** $PhCO_2H$ (pK_a=4.2)

HCN在前生命化学条件下生成嘌呤和嘧啶

回顾前生命体合成 DNA 的机制，我们应该注意太阳过去是、现在仍然是丰富的能量来源。如果没有臭氧层的保护，原始地球毫无疑问地会暴露在高能量的紫外线辐射下。对于理解前生命体合成 DNA 亚基的关键是发现紫外辐射可以将 DAMN 转化成咪唑衍生物氨基咪唑腈（AICN，**图 2.21**）。当在无氧条件下进行光化学转化时，可以大量产生 AICN。AICN 可以进一步与 HCN 反应生成 DNA 碱基腺嘌呤，或者与尿素反应生成 DNA 碱基鸟嘌呤。具体转化生成机理留给读者研究。

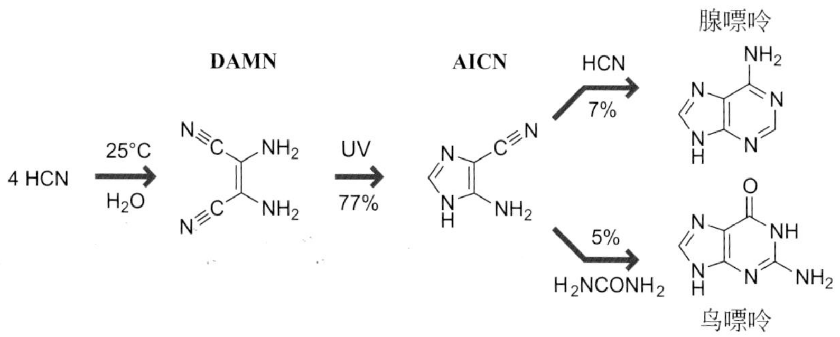

图2.21 DAMN是在前生命体条件下生成腺嘌呤和鸟嘌呤的关键中间体。

尿嘧啶可以以低产率通过 HCN 低聚物的水解获得。如**图 2.22** 所示，胞嘧啶是由丙炔腈与水反应后再与胍反应得到。胞嘧啶水解将会得到 RNA 碱基尿嘧啶。我们将在下一章详细讨论这些 DNA 亚基。

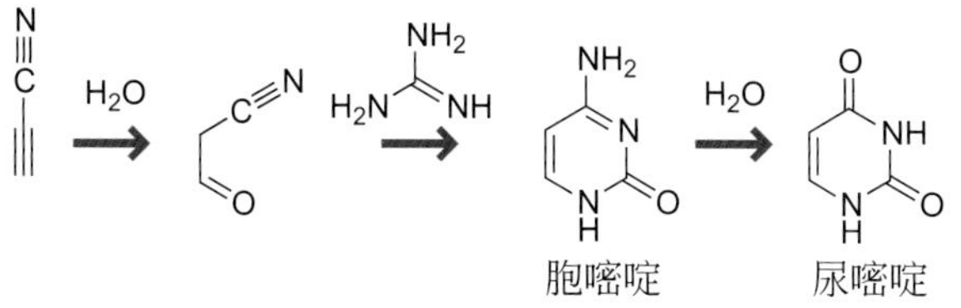

图2.22 丙炔腈是重要的生成嘧啶的前体。

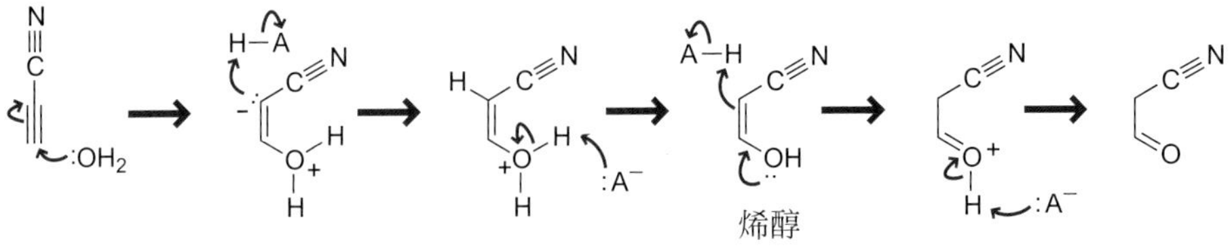

图2.23 水共轭加成到丙炔腈上生成氰基乙醛。

N C :OH_2 → H—A C≡N O H H + → H C≡N +O H H :A^- → A—H C≡N OH → C≡N O+ H :A^- → C≡N O

烯醇

丙炔腈生成氰基乙醛的机理包括丙炔腈共轭加成水分子形成烯醇，烯醇通过酸催化的互变异构得到酮（**图2.23**）。

丙炔腈与胍的缩合反应机理比较长（共17步），主要由质子转移组成。关键的转化步骤如**图2.24**所示。注意通过堆叠基元反应箭头省略掉一些较为显而易见的步骤是完全可行的（**图2.25**），但如果省去一些中间体结构，就必须省略掉弯曲箭头。本书中，我们会简化大于三步的基元反应并用三个并排的箭头表示。氰基乙醛与胍缩合可生成亚胺离子。胍基与氰基环化生成一个杂环。亚胺互变异构体水解生成DNA碱基胞嘧啶。

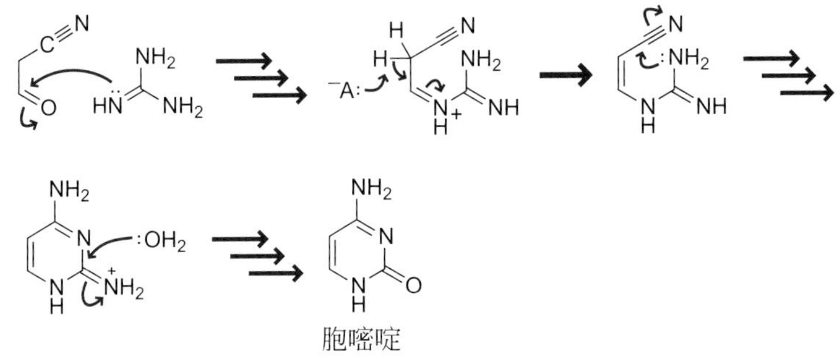

C≡N O HN NH_2 NH_2 → ^-A: H H C≡N NH_2 N+ H NH → N :NH_2 N H NH →

NH_2 N :OH_2 N H NH_2 + → NH_2 N N H O

胞嘧啶

图2.24 胞嘧啶生成的简化机理。为了节省空间，我们只画出了机理的第一步。

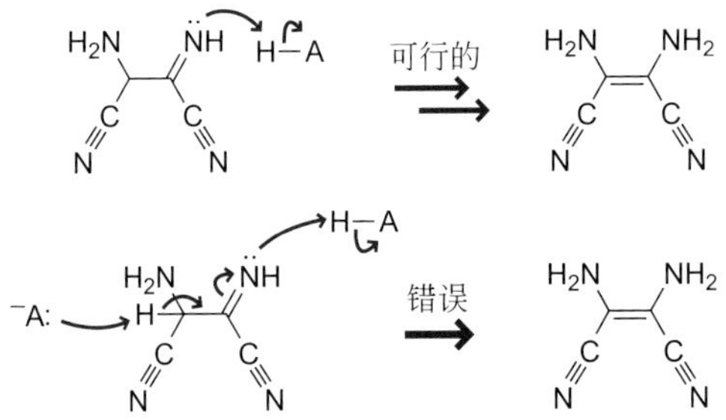

H_2N NH H—A C N C N 可行的 → H_2N NH_2 C N C N

^-A: H H_2N NH H—A C N C N 错误 → H_2N NH_2 C N C N

图2.25 专家们提供的捷径。只要有水平反应箭头，那么省略机理中显而易见的基元反应步骤是可以接受的。但是，不能把多步过渡态合并成一步。

与甲醛的羟醛缩合反应（Aldol reactions）可生成碳水化合物

甲醛与糖醛的甲醛聚糖反应于1861年被首次发现，可生成各种可能的碳水化合物的混合物，包括可在DNA和RNA中找到的D-核糖（**图2.26**）。甲醛聚糖反应在氢氧化钙水溶液中以糖醛与甲醛3∶1的比例反应最佳。

甲醛聚糖反应生成碳水化合物是通过一系列羟醛缩合反应完成的。最佳反应条件中需要钙离子，其在矿物质中含量很高。**图2.27**展示了生成核糖的最关键的一步羟醛缩合反应机理。大部分羟醛缩合反应经历一个金属离子参与的椅式构象。甲醛聚糖反应中的钙离子可作为过渡态的一部分，也是羟醛缩合产物的一部分。在甲醛聚糖反应条件下，羟醛缩合反应是可逆的。因此，

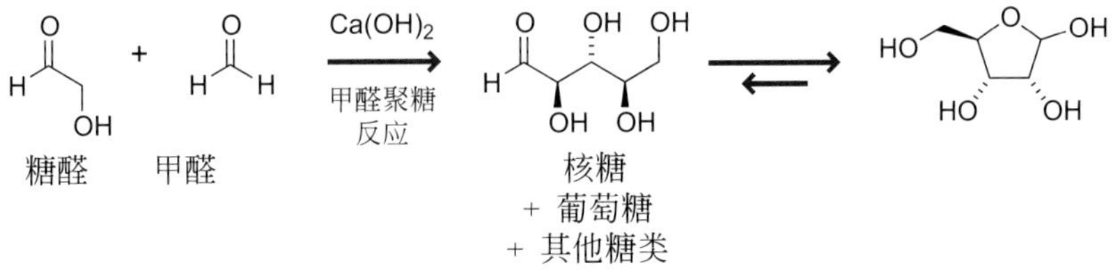

O H OH + O H H $Ca(OH)_2$ 甲醛聚糖反应 → O H OH OH OH OH ⇌ HO O OH HO OH

糖醛 甲醛

核糖
+ 葡萄糖
+ 其他糖类

图2.26 碳水化合物的前生命合成。在前生命条件下，甲醛聚糖反应生成碳水化合物，例如核糖和果糖。

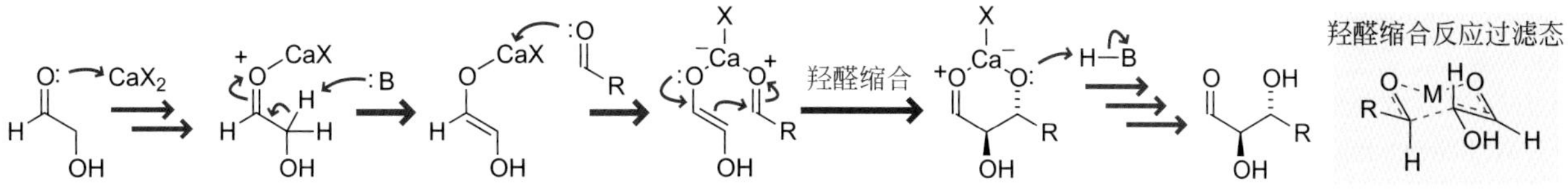

羟醛缩合 羟醛缩合反应过滤态

图2.27 甲醛聚糖反应通过羟醛缩合反应来构建C—C键。

甲醛聚糖反应的产物分布是由产物的稳定性决定的，而不是反应速率。当甲醛聚糖反应在碱性条件下，碳水化合物会发生脱水反应分解。但是，在硼酸盐的存在下碳水化合物产物是稳定的存在，这是因为其与邻近的羟基可形成环状的硼酸酯。

问题2.10

对于下列甲醛聚糖反应条件（即氢氧化钙溶液中）下发生的逆羟醛缩合反应，请给出一个可能的电子转移机理。

氰化物催化安息香反应（Benzion reaction）

糖醛不是宇宙中发现的前生命体的基本单元之一。为了了解糖醛在生物起源前的来源，我们应该熟悉了解经典的苯甲醛与氰基阴离子的安息香反应（**图 2.28**）。了解安息香反应机理的关键是记住 CN^- 可以作为亲核试剂，也可作为离去基团，也可以作为碱。安息香反应始于氰醇的形成；事实上，在安息香反应的碱性条件下，起始的加成反应是可逆的。因为氰基能稳定碳负离子，所以氰基的 α 位质子可以去质子化，生成的碳负离子进攻另一分子的醛基。由此产生的氰醇易于裂解生成 α-羟基酮。

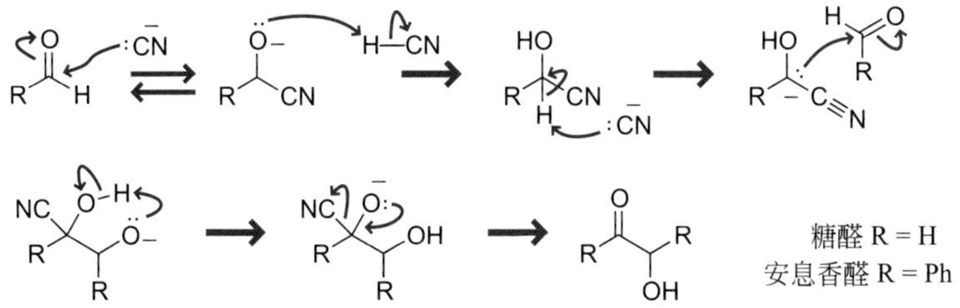

糖醛 R = H
安息香醛 R = Ph

图2.28 安息香反应。安息香反应机理涉及一个由氰基稳定的碳负离子。

核苷腺苷的形成过程非常简单：五分子甲醛，五分子 HCN，还有一些光照。但是，DNA 和 RNA 是磷酸酯的低聚物。通过联想到无机磷酸盐（矿石中大量存在）可作为化学反应的参与者，由此我们就对地球上生命的基本分子 DNA 的化学起源有了更全面的认识。

我们是否起源于原始的RNA世界

不巧的是，我们上述关于前生命体组成单元的讨论较好地解释了 RNA 的形成，而不是 DNA。虽然 RNA 和 DNA 的结构只有细微差异，但是那些差异对于之后我们要讨论的反应活性有着非常深远的影响。现在，我们面临一个难题：DNA 是一种典型的遗传物质，所有生物体通过 DNA 生成 RNA，但是前生命化学能够很好地解释 RNA 的形成却不能解释 DNA 的生成。两个关键发现证实了 RNA 是原始世界中有重大起源意义的生物分子。第一个关键发现是 1971 年病毒逆转录酶的发现。逆转录酶可催化由 RNA 模板形成 DNA。

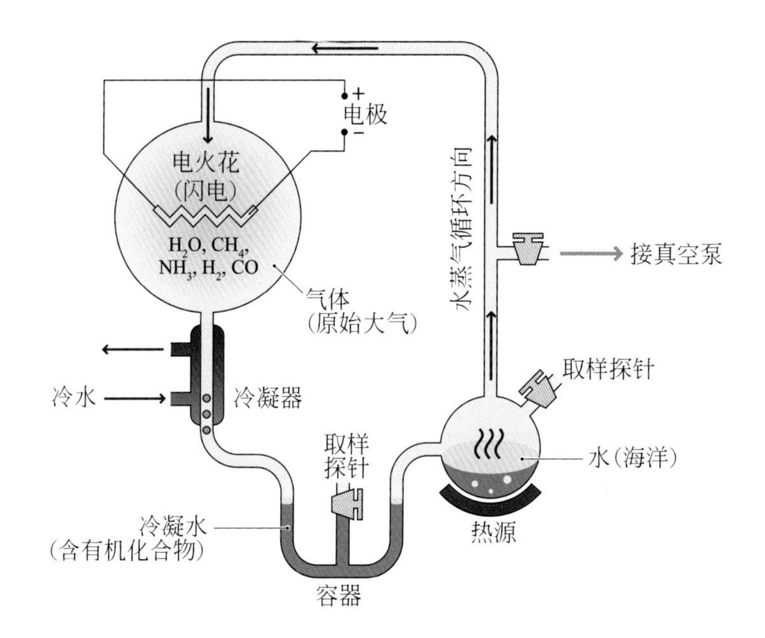

图2.29 Miller-Urey实验。在经典的Miller-Urey实验中，前生命体的材料和环境条件可以生成氨基酸基本单元。（摘自W. Schwemmler的《细胞进化的重构：周期系统》，波长拉顿，CRC出版社，1984）

第二个关键发现是RNA本身可以催化特定的化学反应，包括将RNA结合在一起的键的形成和断裂。我们可以轻松地预见到一个由RNA主宰的前生物世界。但是我们很快就会看到，RNA对于长期信息存储来说是一个糟糕的选择。

氨基酸在前生命体条件下自发生成

前生命体化学领域可以追溯到1950年著名的米勒-尤里（Miller-Urey）实验（**图2.29**）。这个实验的目的是模拟闪电对原始大气组成部分的影响：甲烷、氨、氢和水蒸气，但代替闪电的是简单的放电。放电产生的活性中间体可在模拟的“海洋”中反应。令人惊讶的是，有几种天然存在的氨基酸就是在这样的条件下产生的：甘氨酸、丙氨酸、天冬氨酸和谷氨酸（**图2.30**）。我们将在第5章中更详细地讨论这些氨基酸。在米勒-尤里实验中氨基酸的形成可能与经典的两步Strecker合成氨基酸有关。Strecker法中第一步是氨、HCN以及醛的缩合反应生成α-氨基腈（**图2.31**）。氨基腈在强酸条件下可以被水解生成α-氨基酸。

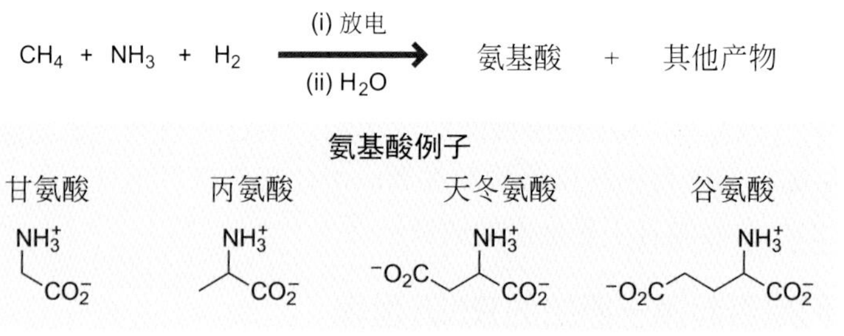

$$CH_4 + NH_3 + H_2 \xrightarrow[\text{(ii) } H_2O]{\text{(i) 放电}} \text{氨基酸} + \text{其他产物}$$

氨基酸例子

甘氨酸　丙氨酸　天冬氨酸　谷氨酸

NH_3^+　CO_2^-　^-O_2C

图2.30 Miller-Urey实验证明氨基酸可以在前生命体条件下产生。

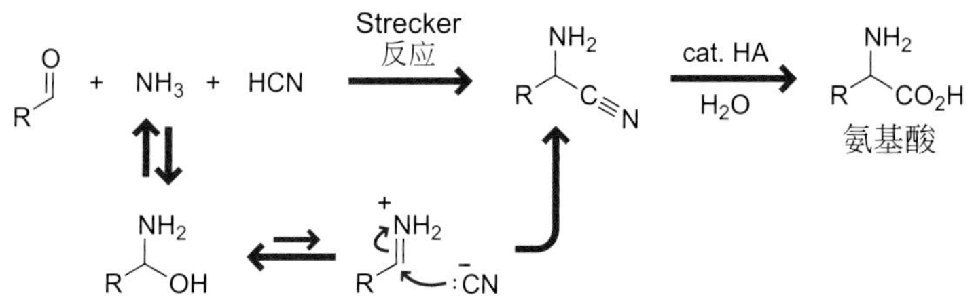

Strecker 反应　NH_3　HCN　NH_2　R　N　cat. HA　H_2O　CO_2H　氨基酸　OH　$\overset{+}{N}H_2$　$:\overset{-}{C}N$

图2.31 Strecker反应。在前生命体条件下氨基酸的生成机理涉及氰根负离子加成到高活性的亚胺离子上。

问题2.11

请画出从乙醛到 α- 氨基丙腈的电子转移机理。

$$H_3C{-}CHO \xrightarrow[H_2O,\ pH=6]{NH_4^+CN^-} H_3C{-}CH(NH_2){-}CN$$

α-氨基丙腈

2.4 非键相互作用 (Nonbonding Interactions)

本质上，细胞中发生的一切都涉及非键相互作用

非键力介导生物体内一切活动。细胞中每个分子通过非键相互作用会至少与一个其他分子发生相互作用。例如：蛋白质与蛋白质相互作用；受体与配体相互作用；酶与底物相互作用；离子与水分子相互作用；以及水分子之间的相互作用。在水环境中，无论是在动力学还是热力学上，这些非键相互作用的相互作用都很弱。大多数调节生物分子相互作用的非键相互作用的热力学值小于 10 kcal/mol。当然，连接生物寡聚体子单元的共价键的键能，相较于水解也更弱。甚至，在某些情况下，它们是热力学不利的。例如，DNA（−5.3 kcal/mol），RNA（估计值为 −5.3 kcal/mol），蛋白质（+0.4 kcal/mol），以及寡糖（+5.5 kcal/mol）。然而，如果你在水中拉伸某一折叠蛋白质的末端，非键相互作用总是会在共价键断裂之前被破坏。最重要的是，这种动力学稳定性，而不是热力学稳定性，可以将共价键与主导生物学效应的非键相互作用区分开。我们将在本书后面讨论共价键和非键相互作用的不稳定性（或易变性；lability）。目前，我们有必要对动力学不稳定的非键相互作用进行排序，并确定那些高度依赖局部介电常数的相互作用。一旦我们了解了介导这些相互作用的潜在作用力，我们就可以用它们来讨论诸如配体结合、酶催化和蛋白质折叠等复杂现象。

非键相互作用的弱的能量很难用微扰分子轨道理论计算

当我们考虑形成化学键的化学反应时，分子轨道理论的微扰处理与有机化学家所使用的机理描述非常吻合。请回顾一下式(2.2）的三个分量。通常，库仑效应或轨道效应主导成键过程。当带正电的原子与带负电的原子相互作用时，如 K—Cl，库仑效应主导式(2.2)，我们将产生的键描述为**离子键**（ionic bonds）。当成键的原子具有类似的电负性时，如 H_3C—H 或 H_3C—CH_3，轨道效应主导式(2.2)，我们将得到的键描述为**共价键**（covalent bonds）。介于这两个极端之间的键通常被称为**极性共价键**（polar covalent bonds），如 RO—Li。

但是如果我们试图用微扰理论分析两个甲烷分子的相互作用会发生什么（**图 2.32**）？碳和氢都没有显著的电荷，所以库仑效应很小。这种相互作用的共价成分也几乎可以忽略不计。理论上，每个甲烷分子都有可以和其他甲烷分子的空轨道相互作用的填充轨道，但是 CH_4 中的填充轨道能量都不是很高，而空轨道能量都不是很低。如果在非常近的距离下，我们可能会看到一些成键的相互作用，但是，在如此近的距离，空间斥力会抵消成键的相互作用。最终，两个甲烷分子之间存在可能微弱的相互作用力，但不会形成或破坏共

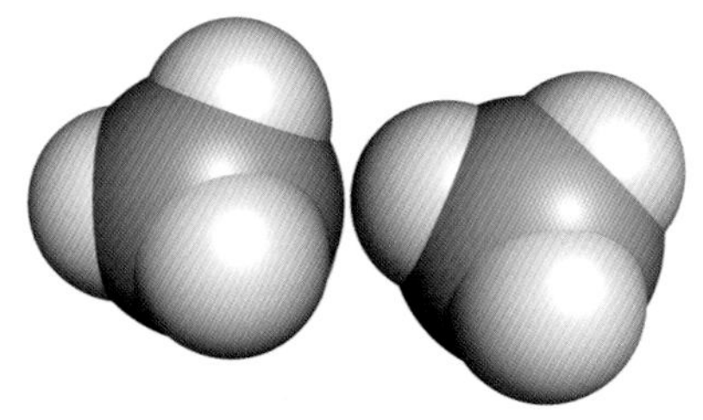

图2.32 **范德华相互作用**。我们用于解决成键相互作用的微扰分子轨道理论很难量化两个甲烷分子之间的弱吸引力［式(2.2)］。

价键。化学家把这种非键合的相互作用称为**范德华相互作用**（van der waals interactions）。这种相互作用对于生物学中的所有生命活动都至关重要，包括配体结合、蛋白质-蛋白质相互作用、细胞膜运输、化学反应和蛋白质折叠。由于这些非键相互作用的普遍存在，式（2.1）这样一个简化版本比我们在化学反应中使用的微扰分子轨道理论更易使用。

对于非键相互作用，能量可以转换成一个简化的方程

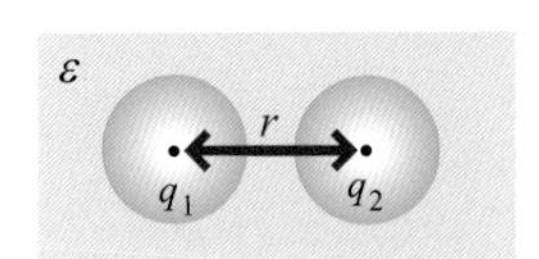

图2.33　非键相互作用中的三个重要影响因素。非键相互作用可以用一个包含静电相互作用以及吸引与排斥的范德华相互作用的方程来量化。

如果去测量非键相互作用产生的势能与距离之间的关系，你可以粗略地把能量转换成一个有三项的数学方程［式(2.3)；**图 2.33**］。式（2.3）类似于微扰分子轨道理论方程［式（2.2）］，其各项分别对应电荷 - 电荷相互作用项、空间排斥相互作用项和吸引相互作用项。

$$\text{非键相互作用能量} \propto \underbrace{\frac{4\pi\, q_1 \times q_2}{\varepsilon r}}_{\text{库仑定律}} + \underbrace{\underbrace{\frac{x}{r^{12}}}_{\text{排斥相互作用}} - \underbrace{\frac{y}{r^{6}}}_{\text{吸引相互作用}}}_{\text{范德华}} \qquad (2.3)$$

该方程为非共价相互作用的相互作用能量提供了一个近似值，而这种非共价相互作用包括静电相互作用和类似甲烷-甲烷之间弱相互作用的非键相互作用。负的相互作用势能表示有利的相互作用，而正的势能表示不利的相互作用。电荷（q_1 和 q_2）项和范德华项中的分子（x 和 y）是基于两个原子的范德华半径的常数。介电常数 ε 描述了环境对两种电荷的屏蔽效应。原子核之间的距离 r 是由原子的位置决定的。人类善于查找常量并将它们代入简单的公式中，如式(2.3)；计算机在这方面甚至做得更好，计算模型可以提供深入了解蛋白质折叠、受体-配体相互作用和其他化学生物学过程的手段。

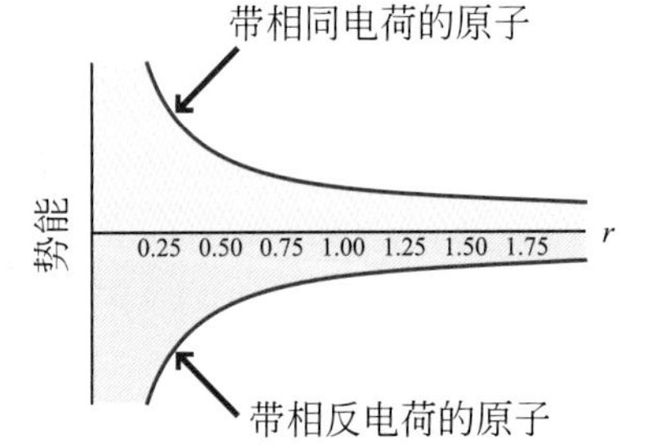

图2.34　库仑势能图。当原子间的距离（范德华半径r）增加时，相互作用的势能趋近于零。

库仑效应与之前在式(2.2）中所考虑的库仑效应相同，只是在式(2.3）中我们揭示了方程的完整形式（**图 2.33**）。两个相互作用原子上的电荷 q_1 和 q_2 总是由电负性决定的部分电荷。如果相互作用的原子或官能团具有相同电荷，库仑势会产生一个大于 0 的值，该值描述了两个原子的预计斥力。然而，两个带相反电荷的原子的相互作用的势能为负值，这就是预计的吸引力。因此，根据两个原子的电荷，势能图有两条线（**图 2.34**）。

官能团或分子中单个原子上的部分电荷常常与路易斯结构中所画的形式电荷相反。例如，NH_4^+ 中的氮带部分负电荷，为 −0.98；这四个质子中每个都带部分正电荷，为 +0.5（**图 2.35**）。带负电荷的氯离子会被质子上的部分正电荷吸引，而被带负电荷的氮原子排斥。路易斯结构正确预测部分负电荷在氧原子上，但他们未揭示出 α 碳原子上有和氧原子几乎相同的部分负电荷。幸运的是，这些基于部分原子电荷的库仑相互作用的净效应，通常是我们根据路易斯结构所能预测到的形式电荷。

介电常数 ε 的值高度依赖具体环境，它会依据周围环境发生极大改变。这种变化反过来又会极大地改变静电相互作用的强度。极性越大，介电常数

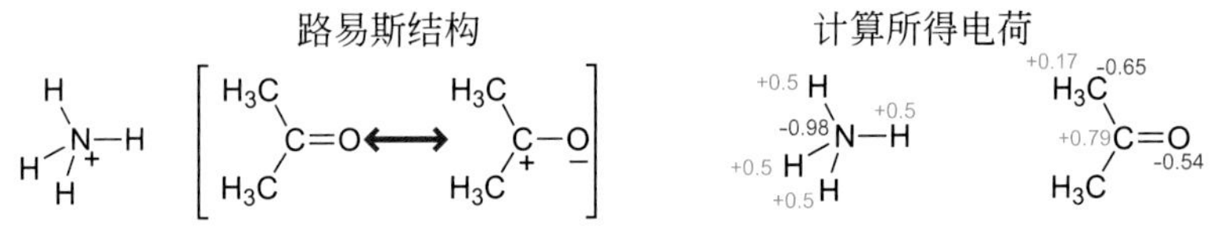

路易斯结构　　计算所得电荷

NH_4^+：−0.98（N），+0.5（H）；丙酮：+0.17，−0.65，+0.79，−0.54

图2.35　电荷在哪里？路易斯结构中的形式电荷对原子上的部分电荷有误导作用。

越大，这就削弱了两个带相反电荷原子之间的吸引力。例如，极性溶剂水在室温下的介电常数较高，ε 约为 78。在水里，带相同电荷的原子间的相互排斥远不如预期的那样强烈，水有时被描述为具有电荷屏蔽效应。此外，在水中带相反电荷的原子相互吸引的强度远远小于在真空中。

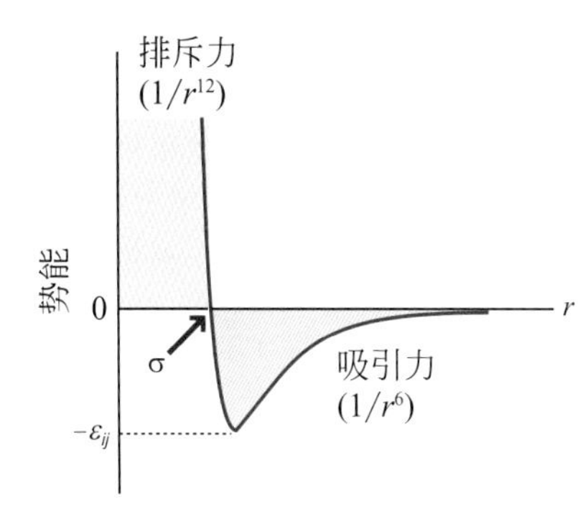

图2.36 伦纳德-琼斯势。当原子之间的距离r增加时，两个原子之间的吸引力（蓝色）接近于零。当两个原子太接近时，会产生强烈的斥力（黄色）

范德华相互作用可以用伦纳德-琼斯势（Lennard-Jones potential）来描述

式(2.3）中的第二项由约翰·伦纳德-琼斯（John Lennard-Jones）于 1924 年根据经验推导出来。范德华项体现了原子与原子之间非常紧密的相互作用，最初具有吸引力，然后具有很强的排斥性（**图 2.36**）。当两个原子相互靠近时，它们会受到一种吸引力，有时被称为**色散力**（dispersion force），如式(2.3）的能量近似式中的 $-1/r^6$ 项所示。逆六次幂的关系表明范德华引力对距离的微小差异具有极高的敏感性；零点几埃（Å）可以导致这个值产生巨大差异。如果我们把受体-配体相互作用中甲基相互作用的距离增加一倍，吸引力就会减少至原来的 1/64。蛋白质倾向于折叠并与配体相互作用，以避免留下空白空间，因为空白空间意味着失去了分散吸引力的机会。

伦纳德-琼斯势的 $+1/r^{12}$ 项近似于两个原子被推得太近而产生的空间斥力。12 次幂与距离成反比，强烈地限制了非成键原子的接近。每次我们将两个原子的距离减半，排斥力就会增加 4000 倍以上。在距离为 σ 时，作用力从吸引力变为排斥力，这与两个原子间的范德华半径成正比。当看到分子的空间填充模型时，原子通常被描绘成基于范德华半径的球体；因此，这样的描述提供了在经历伦纳德-琼斯等式所体现的巨大的排斥力之前，另一个分子可以接近的距离。

问题2.12

A 两个带负电荷的官能团的空间距离为2 Å（1 Å=10^{-10} m）。如果将这两个原子的距离变为3Å，它们之间的排斥性相互作用变为原来的多少？

B 将两个中性原子间的距离从2 Å移动到3 Å，它们之间的吸引力相互作用变为原来的多少？

区分可逆与不可逆的相互作用是非常有益的

化学生物学家通常将形成高度共价键相互作用（如 C—C、C—O、O—P 和 C—S）与不形成共价键的相互作用区分开来。更重要的是，我们倾向于根据动力学而不是热力学来对这些相互作用进行分类。在生理条件下，碳磷键往往是动力学稳定的且不可逆的。相反，色散相互作用、库仑相互作用、偶极-偶极相互作用和氢键是动力学不稳定的和可逆的。这种容易可逆的相互作用在受体-配体结合、蛋白质折叠和其他化学生物学活动中是非常重要的。

相对于气相中的离解，**图 2.37** 中易可逆的相互作用都小于 10 kcal/mol。原子或官能团之间的色散相互作用是最弱的，通常小于 1 kcal/mol。然而，像这样的独立的相互作用可以叠加，一个典型的例子就是芳环之间的 π-堆叠相互作用，它需要原子间的多重联系。

芳环的相互作用主要有两种几何构型。芳环可以以平行或 T 形结构相互作用，其相互作用强度大致相当。对于 π-堆叠的芳环的平行相互作用，芳烃倾向于以偏移或离域的形式朝向芳环上缺电子的中心。芳香环也可与阳离子、C—H 键和氧上孤对电子相互作用。阳离子-π 相互作用广泛存在于蛋白质结

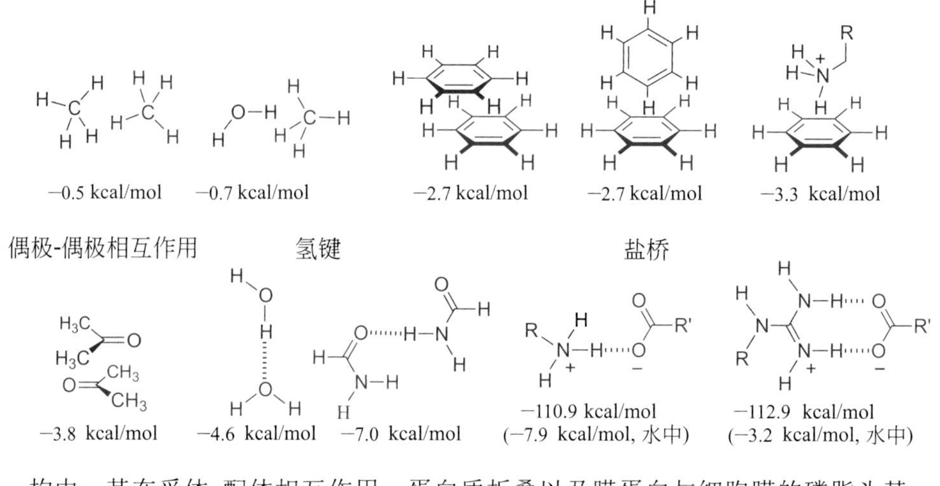

图2.37 除了盐桥，分子与官能团间可逆的相互作用在气象中仅略微有利。偶极-偶极相互作用、氢键和盐桥在高介电常数（如水）的环境中较弱，因为它屏蔽了电荷。因此，盐桥在水环境中要弱得多。

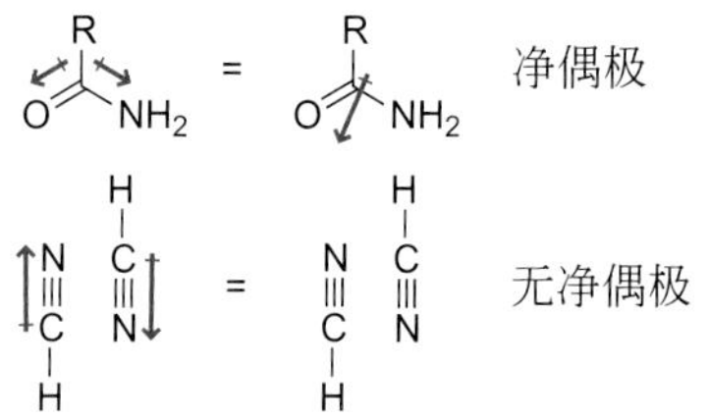

净偶极

无净偶极

图2.38 极性共价键具有显著的瞬间偶极矩，用偶极矢量符号表示。瞬间偶极矩是可增可减的叠加向量。因为瞬间偶极矩对应于电荷分离，所以在非极性环境中，相互抵消的偶极是非常有利的。

构中，其在受体-配体相互作用、蛋白质折叠以及膜蛋白与细胞膜的磷脂头基的相互作用中都占据着非常重要的地位。

偶极-偶极相互作用也具有库仑作用性质，其比色散相互作用更稳定。例如丙酮-丙酮相互作用，归功于羰基偶极子的相互作用（**图 2.37**）。偶极子倾向于反向排列，即偶极子的负端与另一偶极子的正端对齐。因此，这种最低能量的构型排列使单个偶极子相互抵消（**图 2.38**）。

盐桥是带相反电荷的蛋白质侧链之间的相互作用，在气相中非常有利，因为气相需要大量能量——超过 100 kcal/mol——才能将带相反电荷的基团拉开。然而，水可以以两种方式破坏盐桥的稳定性。其中最关键的是，水的高介电常数（ε=78）屏蔽了电荷，减少了两个数量级的库仑相互作用。此外，水可以与大多数阳离子和阴离子竞争，形成稳定的氢键。因此，尽管离子间的相互作用具有较大的排斥力和吸引力，但在水环境中很少能达到最大。

问题2.13

请确定下列分子中可以进行非共价（氢键和非键）相互作用的官能团，并描述相互作用的类型。

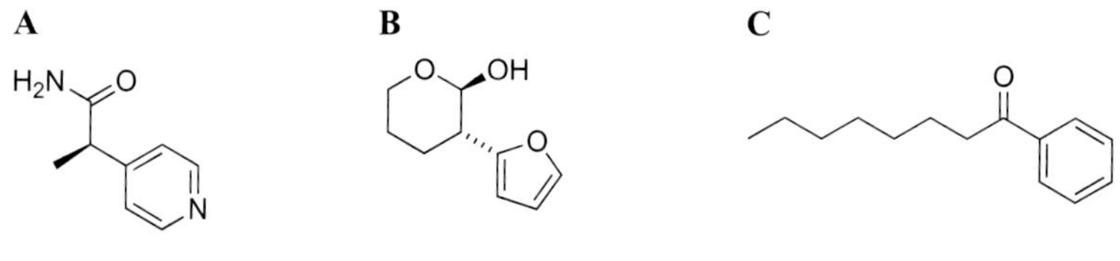

A **B** **C**

如上所述，生物分子之间的相互作用通常是由大量的弱非共价力驱动的。总的来说，这些弱小的力加起来就是相互作用的净势能。因此，任何非共价相互作用的作用能是每个电荷-电荷、芳烃、偶极-偶极和色散相互作用以及两个分子间界面的氢键所产生的作用能的总和。

如果我们仔细检查溶菌酶和与之紧密结合的配体的结构（**图 2.39**），这个总和的复杂性是显而易见的。在这个例子中，配体实际上是作为蛋白聚糖的底物，可被溶菌酶水解。配体上布满了潜在的氢键给体和受体以及其他各种官能团，可以很容易地获得大量可能的溶菌酶和其他分子（如水）的结合模型。

要理解这种相互作用的高度亲和性，我们必须问一个更深层次的问题：由于蛋白质和配体都可以与水分子进行许多有利的相互作用，为什么它们更倾向于相互结合呢？要回答这个问题，需要我们仔细考虑它们与水相互作用的利和弊。

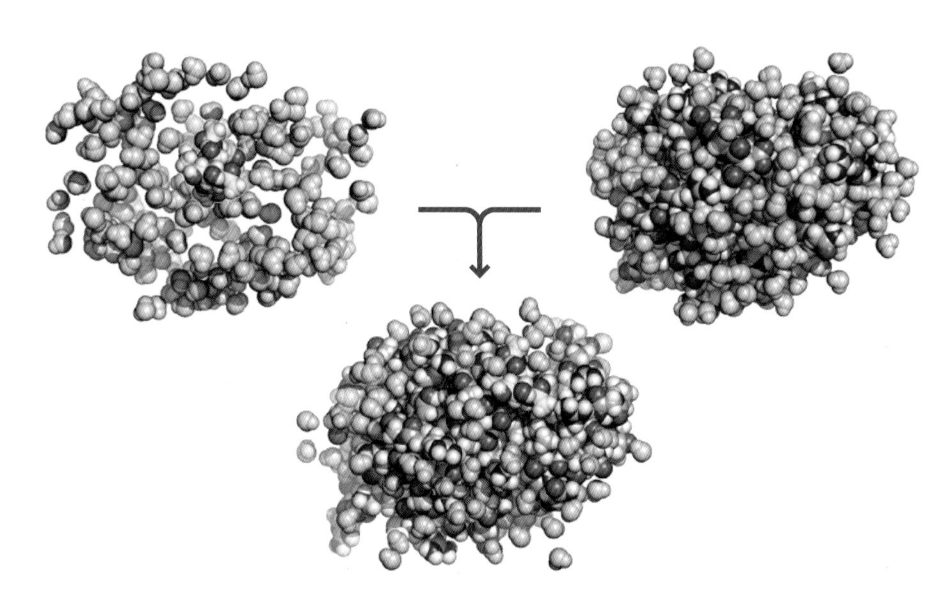

图2.39 配体（黄色）和蛋白质（灰色）都必须放弃与水的相互作用，才能形成蛋白-配体复合物。（PDB：1HEW和1I05.）

熵使我们很难在看似无穷无尽的可能性中确定有利的状态

我们必须注意如何应用图 2.39 所示的能量。我们从未展示过与之相对的另一种状态——两个分子在真空中以无限距离相隔。为了说明误用这些数字的危险，让我们研究一下通过氢键结合的水二聚体（**图 2.40**）。理想的通过氢键形成的水二聚体比两个距离无限远的水分子更稳定；其能量差是 4.6 kcal/mol。然而，还存在着很多构型都优于无限远离的两分子的构型。如果将这种理想的氢键结合的构型与多种不同的构型进行比较，我们会发现，在室温下，16 对水分子中只有 1 对以这种理想的氢键结合构型存在；其他 15 对将采用其他构型。这种多种构型的可能性是熵增效应的影响，正是这种影响使我们无法通过将一系列小能量叠加起来，从而准确预测受体-配体相互作用的能量。换句话说，这是仅仅关注了一些理想化的相互作用的焓（ΔH），而忽略了相互作用的自由能中的熵项（$T\Delta S$）（Gibbs-Helmholtz 公式：$\Delta G = \Delta H - T\Delta S$）

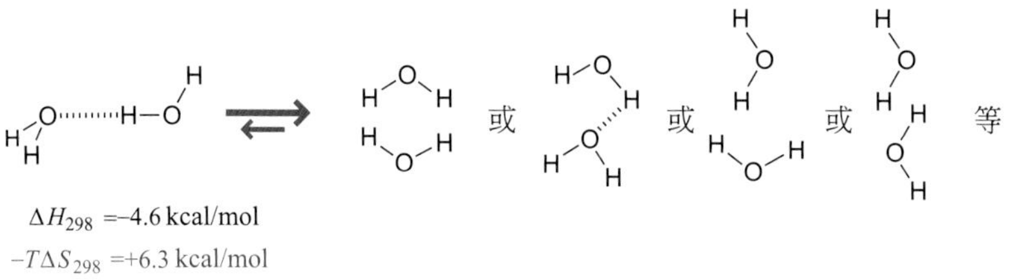

或 或 或 等

ΔH_{298} =−4.6 kcal/mol

$-T\Delta S_{298}$ =+6.3 kcal/mol

图2.40 熵使氢键结合复杂化。相对于众多的其他可能性，一个理想的氢键在水分子之间是热力学不利的。

非键力是非常重要的。那么我们如何利用非键力来思考生物问题呢？我们应该经常尝试去比较处于相似构象或构型下的状态，这样熵（$-T\Delta S$）会尽可能小。本书中，通过非键相互作用的弱能量可以帮助我们对比具有相似构型的体系。例如，S_N2 反应的过渡态和 E2 反应的过渡态的对比，带有配体的受体结合位点和没有配体的相同受体结合位点的对比，以及野生型受体和突变型受体与配体相互作用的对比（**图 2.41**）。这些比较侧重于在保持大部分熵贡献不变时使相互作用的熵变最小化的微小差异上。

疏水效应是由吸引力和熵之间的平衡引起的

水分子之间的氢键是定向的，因此产生了很高的熵减。当水分子形成能量更有利的氢键时，大部分的熵减就会得到弥补。水和烷烃之间的色散相互作用非常弱，以至于不能补偿相互作用中造成的熵减。因此，水倾向于最大

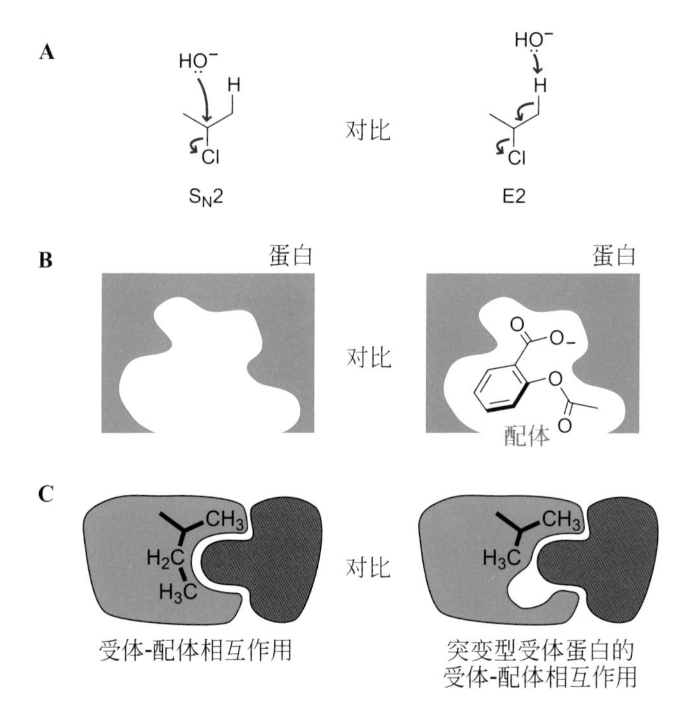

图2.41 最好使用较小的非键能来分析具有相似构型的体系。比较具有相似构型的体系可以最大限度地减少熵变的差异：（A）比较S_N2取代反应和竞争性的E2消除反应；（B）比较无配体和有配体的酶活性；（C）配体与野生型受体蛋白和突变型受体蛋白的相互作用。

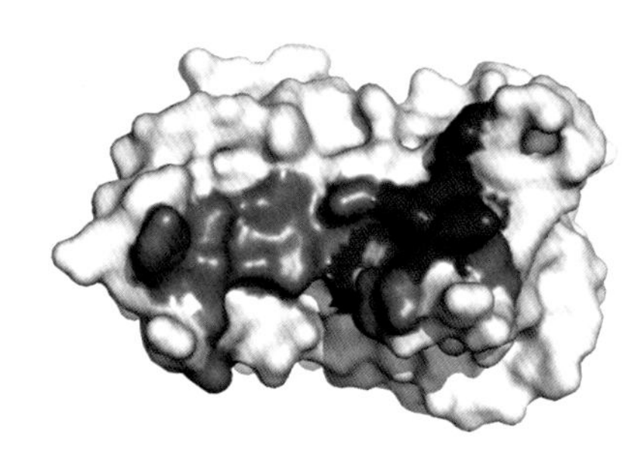

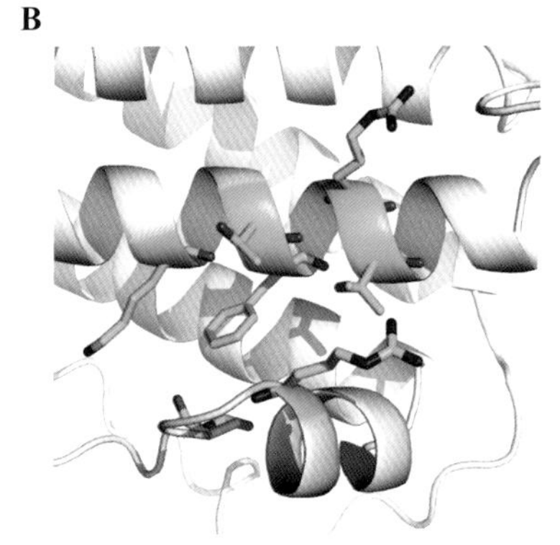

图2.42 蛋白质-蛋白质的相互作用通常发生在由疏水表面组成的界面。（A）当人生长激素蛋白（hGH）与其受体hGH结合蛋白结合时，红色和蓝色的表面被掩盖；（B）红色部分的特写显示了一小块被亲水官能团包围的疏水官能团，红色斑块贡献了大部分的相互作用潜在位点。（PDB：3HHR。）

化与自身的相互作用，最小化与疏水性溶质的相互作用；而疏水性溶质通过温和的色散相互作用与自身结合。我们称这种倾向为**疏水效应**（hydrophobic effect）。疏水效应促使蛋白质在水中呈球状。

与氢键不同，色散相互作用不表现出强烈的定向取向，所以几个小的色散相互作用可以叠加成一个大的吸引相互作用，而不会造成很大的熵减。疏水效应适用于水溶液中蛋白质的疏水表面或配体结合口袋。因此，在亲水蛋白质表面的一小块疏水区域可以成为蛋白质-蛋白质相互作用位点的标志（**图 2.42**）。

2.5 模块化设计的魅力（The Power of Modular Design）

由上面描述的简单化学物质，可以构建生物分子的复杂前体。这些前体——氨基酸、核苷酸和寡糖——被进一步串成聚合链，形成具有特殊功能的更复杂的结构。模块化设计减少了合成细胞中所需物质的组成分子的数量，从而简化了细胞形成其结构所需的能源密集型操作。例如，在细胞中的任何一个活动中，蛋白质都是不可或缺的，而蛋白质是由20个氨基酸组成的。

模块化设计是五种基本类型的生物分子的基础

本书中，我们将讨论五种基本类型的生物分子：寡核苷酸、寡肽、寡糖、聚酮类和萜烯（**图 2.43**）。这五种生物分子的官能团分别具有特殊的形状和特殊的化学反应性。现在，我们应该学会识别这些官能团；在后面章节中，我们将更多地学习它们的结构、反应和功能。

连接寡核苷酸、寡肽和寡糖的键最终分别通过脱水形成或加水断裂。这对于断键来说是一个特殊的优势，因为水是一种含量丰富的试剂。基于羧酸酯基的生物分子显然不在我们的名单中。虽然有些微生物产生聚羟基烷酸酯，

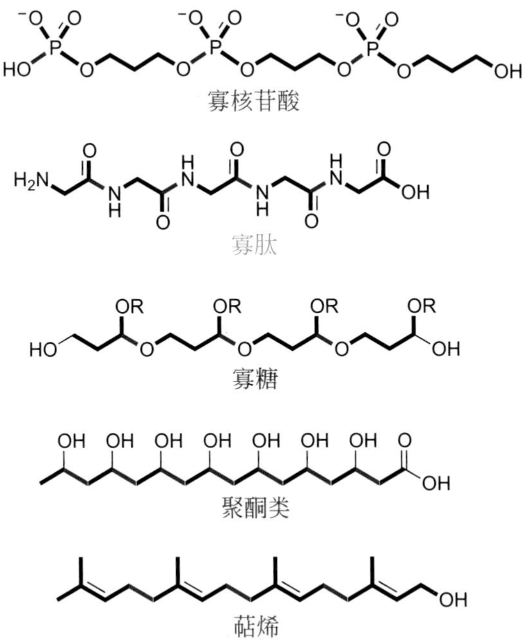

寡核苷酸

寡肽

寡糖

聚酮类

萜烯

图2.43 模块化设计。图中所示的生物分子可以由简单构件通过重复的成键步骤来构建。

但这些酯的低聚物在信号传导、催化或信息存储方面没有确切的作用。然而，它们已被用作生物可降解塑料。在第 8 章中，我们探讨了非低聚酯在脂类中的重要性。现在，我们将考虑为什么进化没有选择不稳定的羧酸酯来存储信息。

不稳定性与信息寿命成反比

细胞是由寿命短和寿命长的分子组成的动态系统，并且它们以不同的数量存在。中心法则中的每个生物合成步骤都伴随着一个扩增：每个 DNA 序列都可以转录成多个 mRNA 分子；每个 mRNA 分子可以翻译成几种相同的酶；每种酶都能催化大量产物分子的形成（**图 2.44**）。DNA 分子是稀有且珍贵的，而（小分子）酶产物往往很多且是一次性的。

各种生物分子官能团的不稳定性见**表 2.3**。令人满意的是，羧酸酯键是脆弱的，而重要的遗传物质 DNA，是由稳定的磷酸二酯基组成的。然而，磷酸酯的反应活性取决于相邻的官能团。mRNA 的瞬时特性更适合于更不稳定的核糖磷酸二酯骨架。酰胺键的动力学稳定性处于磷酸酯和羧酸酯之间。由于这些可水解的官能团在化学生物学中起着关键作用，因此，我们将讨论生物分子结构与反应活性之间的相互作用。

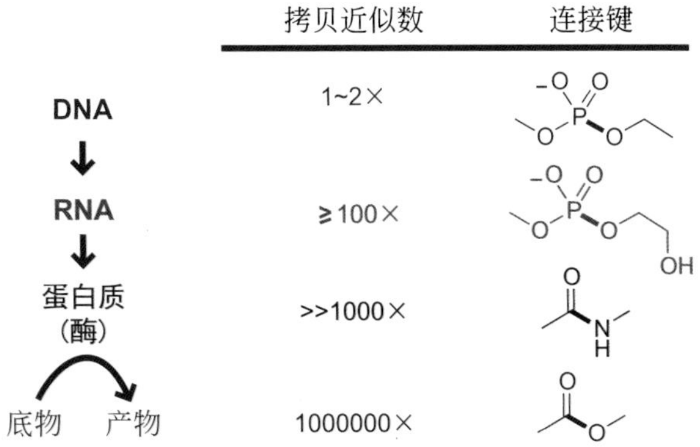

	拷贝近似数	连接键
DNA	1~2×	
RNA	≥100×	
蛋白质（酶）	>>1000×	
底物 产物	1000000×	

图2.44 生物合成过程中的数值放大

表 2.3 各官能团在中性水中水解的半衰期

功能基	相关物质	pH=7 条件下的半衰期 / 年
羧酸酯	脂类	<1
酰胺	肽	300
核糖磷酸二酯	RNA	2200
磷酸二酯	DNA	220000
β- 呋喃葡糖苷	RNA/DNA	22000000

为什么酯的反应活性比酰胺强?

为了理解酯类和酰胺类的相对水解活性，我们首先应该认识到，羰基上亲核加成是酯类和酰胺类水解的决速步骤（**图 2.45**）。当亲核原子（如氧和氮）与羰基相连时，它们的孤对电子通过共振作用贡献到羰基上，使其不易受到外部亲核试剂（如氢氧根离子）的进攻（**图 2.46**）。因为氮的孤对单子比氧的孤对电子亲核性更强，所以酰胺对外界亲核试剂的反应速率比酯要慢。而醛具有高活性是因为与羰基相连的氢原子不能贡献电子到羰基的 π^* 轨道上。

图2.45 羰基化合物的相对反应活性是由邻近原子对于羰基的π轨道的贡献决定的。

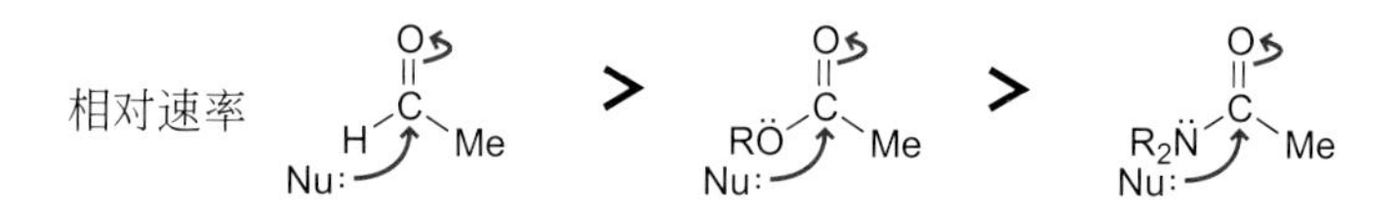

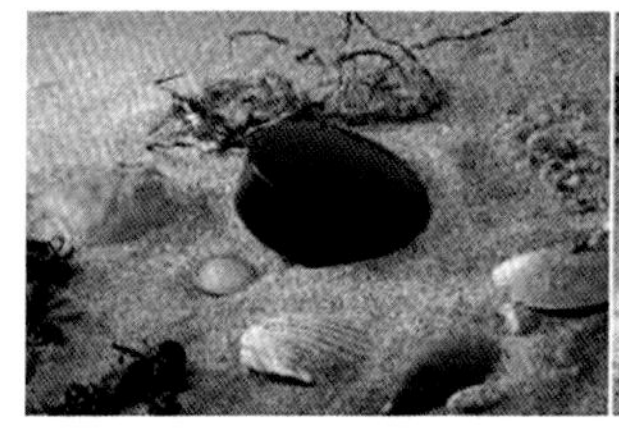
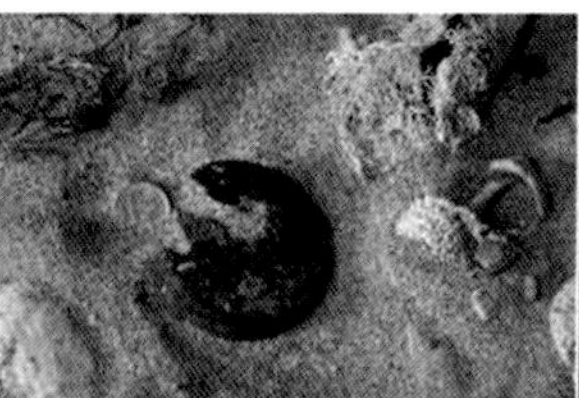
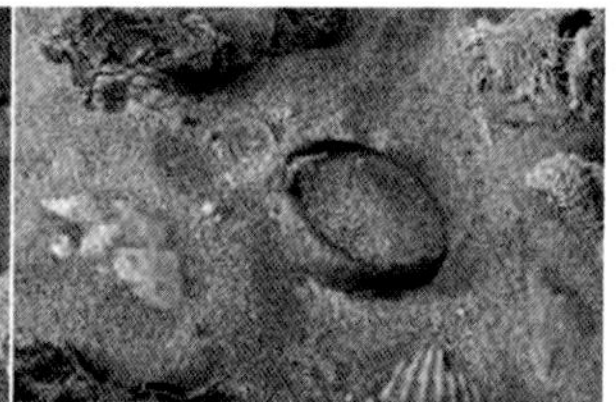
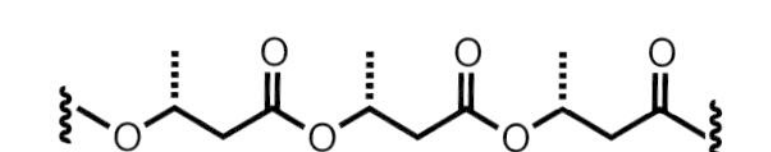

图2.46 酯的不稳定性。细菌产生的聚酯被用来制造生物塑料膜，它足够稳定，可以加工成有用的成分，如上图所示的黑色部分。这种材料在包括海洋在内的多种环境条件下都是完全可生物降解的，因为右边聚合物中的酯键很容易被环境中存在的生物酶水解。（由 Metabolix 提供。）

回想一下孤对电子的反应活性与 p 轨道成分多少是相关的，然而如果不考虑重要的共振效应，传统的 Lewis 结构往往会导致错误的预测。例如，**图 2.47** 中脒的典型 Lewis 结构描述表明，左侧氮原子上存在 sp^3 孤对电子，右侧氮原子上存在 sp^2 孤对电子。然而，电荷分离的共振结构显示左侧氮上没有孤对电子，右侧带负电的氮上有两对 sp^3 孤对电子。事实上，真实结构介于这两个极端之间。最活泼的电子，也就是那些在最高占有轨道上的电子，大部分位于右侧的氮原子上，形成一个看起来很像 sp^2 孤对电子的非成键分子轨道。第二活泼的电子对在具有对称性的 π 轨道上，几乎均匀分布在左右氮原子上。

图2.47 在分析杂化轨道时应考虑共振结构。为了确定上面脒基中哪个氮原子的亲核性更强，我们必须同时考虑中性共振结构和电荷分离共振结构，从而得到准确的杂化图。

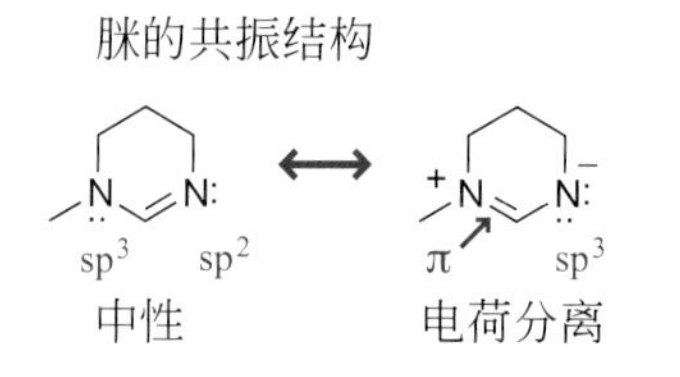

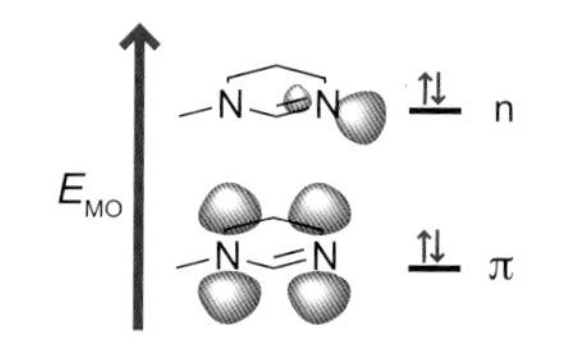

图2.48 共振效应。箭头所示的原子是质子化的首选位点。在这些中性共振结构中，反应活性和杂化之间的联系并不明显。

电荷分离共振结构可以准确预测脒、咪唑和胍的反应活性（**图 2.48**）。共振结构也预测了为什么酰胺上羰基的质子化要比酰胺上氮的质子化活性高 10 亿倍（见图 2.48）。在酯上这种倾向更大：羰基氧的质子化比羧基氧的质子化活性高 10^{13} 倍。只有在特殊情况下才会观察到酰胺上氮的质子化（**图 2.49**）。正如我们将在接下来的章节中多次看到，超精确的功能设置可使不利的化学反应发生。

为什么磷酸酯的反应活性不如羧酸酯?

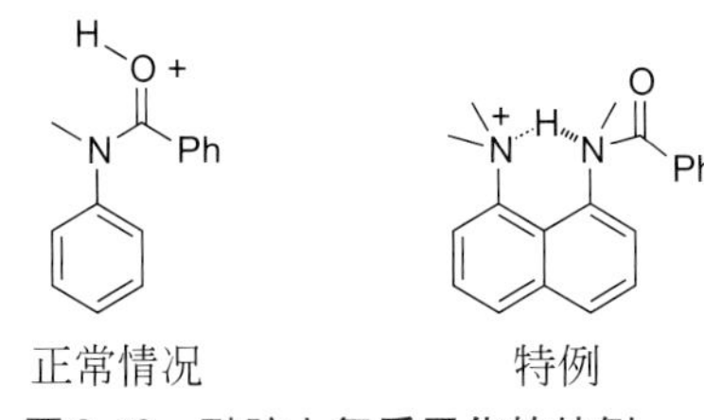

图2.49 酰胺上氮质子化的特例。

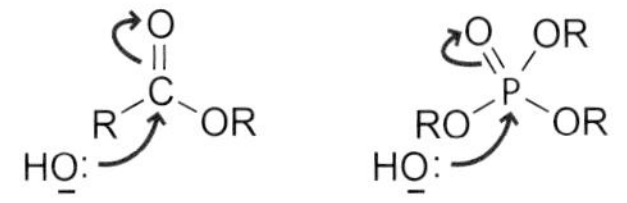

共振结构并不能解释为什么亲核进攻磷酸酯的反应相对于羧酸酯较慢（**图 2.50**）。在我们深入研究磷酸二酯反应活性细节之前，我们应该分析 P═O 中 π 键的重要性。第二周期原子如 C、N、O 和 F 能形成稳定的 π 键，因为原子与原子的距离很短，2p 轨道的大小正好可以重叠。这解释了为什么最优的共振结构通常有最多的键。但是，更高能级的 p 轨道（3p、4p、5p 等）不能有效重叠以形成稳定的 π 键——无论是和 2p 轨道还是和他们彼此之间。因此，用电荷分离的方法表示磷酸酯，P^+-O^-，和用双键表示（P═O）一样好，甚至更好。有机化学家们可能太喜欢把双键和磷连在一起，所以不会放弃这种做法。同样的，我们将继续用双键形式去画磷酯和硫酯，但我们永远不能忘记这种键中的低程度的 π 轨道性质。

图2.50 **酯的取代反应**。亲核进攻羧酸酯比进攻磷酸酯快得多。

磷酸酯的水解和酯交换是一个两步反应。第一步是羟基进攻磷形成五价磷中间体。五价磷类似于羧酸衍生物取代过程中形成的四面体中间体（**图 2.51**）。

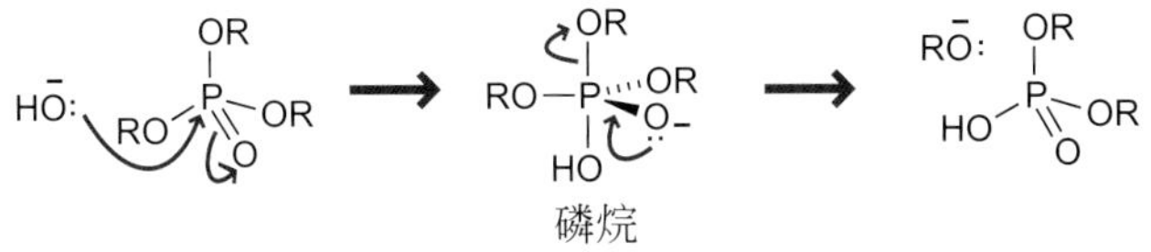

磷烷

图2.51 五价磷酸酯的反应涉及一个形成五根键的磷的三方双锥磷烷中间体。

由于磷酸酯重新杂化需要很高的能量，因此磷酸酯不会发生亲核进攻（图 2.53）。为了理解这种重新杂化的能垒，我们要研究类似的锥体翻转的过程。正如计算得到的翻转能垒（**图 2.52** 所示），元素周期表上第二周期的原子，例如碳、氮、氧在室温下可进行快速的锥体翻转。相比之下，第三周期的原子，像硅、磷和硫即使在温度升高时也不进行锥体翻转。

:XH_3 翻转能垒/(kcal/mol)

C^-	N	O^+
13.0	16.5	1.7
Si^-	P	S^+
34.7	37.8	32.4

图2.52 **第三周期与第二周期原子的对比**。第三周期原子比第二周期原子四面体三方双锥翻转更慢。

锥体翻转的平面过渡态反映了加成到四面体原子的过渡态（**图 2.53**）。为了适应这种平面构型，翻转的原子从轴向孤对电子那里获取 s 成分，并将其应用于平伏键。这个增强的 s 成分使得翻转的原子更能吸引电子，本质上具有更强的电负性。如果平伏键原子也同样具有电负性，那么翻转是被抑制的（**图 2.54**）。这种效果解释了为什么当碳原子连有电负性取代基时 S_N2 反应变慢。这种效应也会减慢 S_N1 反应，但 S_N1 反应涉及碳正离子。这种反应主要是受库仑作用（电荷 - 电荷）的影响以至于对重新杂化的影响不显著。类似地，亲核试剂加成到磷上也会因为连有含氧取代基而变慢。

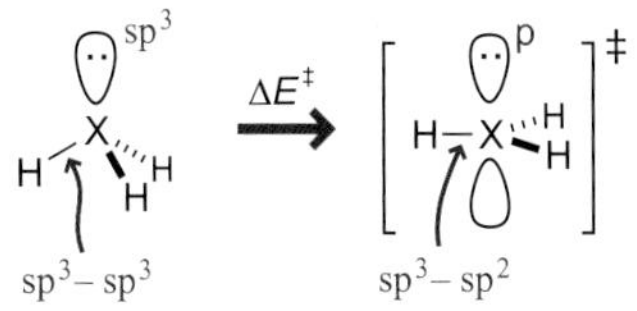

图2.53 **三方双锥结构**。从四面体到三方锥体的转变与杂化相关。

看起来每个因素都不利于亲核加成到磷酸根上。特别是，重新杂化所需的高能量，电负性烷氧基取代基的存在，以及磷酸酯亲核排斥的电负性都减缓了这个反应。事实上，亲核试剂都会进攻磷酸盐的 C—O 键，导致在进攻磷的同时发生 S_N2 断裂。同样情况在磺酸酯中也存在。回想一下在有机合成化学课上我们学到的甲苯磺酸和甲磺酸都是很好的离去基团，正是由于比起硫原子重新杂化，亲核试剂更容易进攻 σ^*_{C-O}（**图 2.55**）。

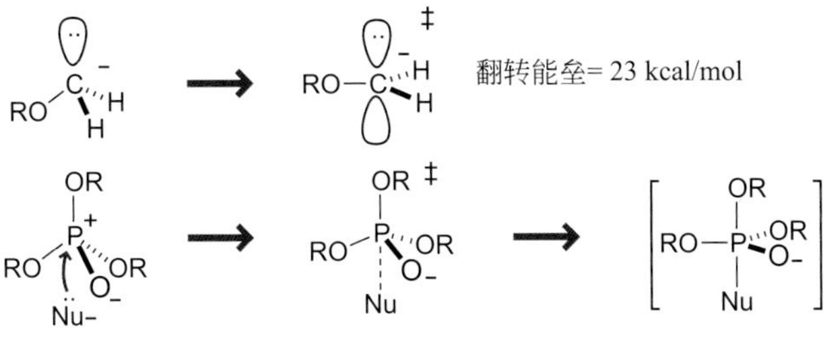

翻转能垒= 23 kcal/mol

图2.54 **慢进攻磷酸酯**。平伏位的取代基可以减慢从四面体到三方双锥体构型过渡。

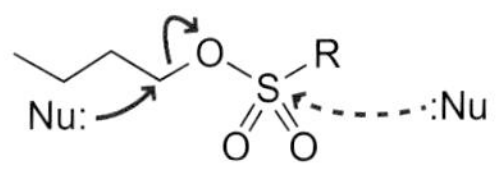

图2.55 慢进攻磺酸酯。亲核试剂倾向于进攻σ^*_{C-O}轨道，使得甲磺酸和甲苯磺酸成为好的离去基团而不是亲电试剂。

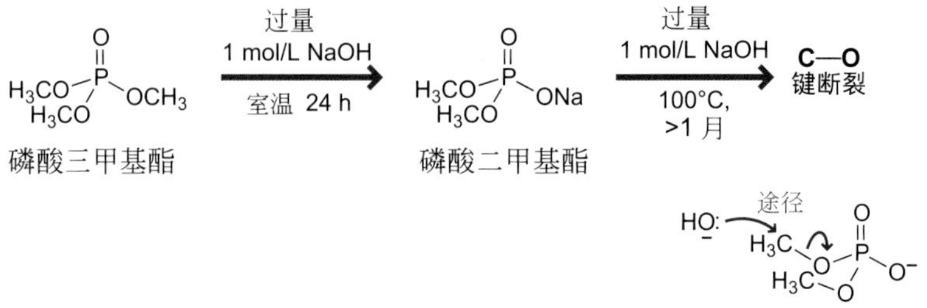

图2.56 磷酸酯的恢复力。当在室温下与氢氧化钠反应时，磷酸酯水解不彻底。但是升高温度和延长反应时间可以通过亲核进攻甲基从而水解磷酸酯。

电荷在磷酸酯反应中起着重要作用。磷酸盐上带电负性的氧倾向于排斥同带负电的亲核试剂，如氢氧根。例如，磷酸三甲基酯与氢氧根反应比磷酸二甲基酯负离子快200000倍（**图2.56**）。一种降低氢氧根进攻带负电荷的磷酸二酯时的排斥作用的方法是通过磷酸盐上的氧与金属配位。这也是催化磷酸二酯水解的酶总是与镁离子作用的原因。

磷酸三甲基酯 —过量 1 mol/L NaOH，室温 24 h→ 磷酸二甲基酯 —过量 1 mol/L NaOH，100°C，>1 月→ C—O键断裂

途径

2.6 总结（Summary）

化学生物学家是从原子以及成键的层面理解分子。我们建立了两种不同的方式研究分子间的相互作用。这两种方式都包括库仑相互作用、空间排斥作用以及吸引相互作用。对于具有化学活性的分子，吸引相互作用导致成键，我们用电子转移机理来描述。当使用正确时，电子转移机理可以与分子轨道理论有直接相互关联。反应活性高的亲核试剂有类似孤对电子的高能级前线轨道。反应活性高的亲电试剂有类似空p轨道或π*轨道的低能量前线轨道。

氢键在化学生物学中起着重要作用，一旦有极性键与氢原子相连就会形成氢键。因为水分子对于地球上的生物来说是首选溶剂，氢键无处不在。我们可以用分子轨道描述氢键但它们主要是库仑相互作用；因此其能量是由介质的介电常数所决定的。

非键作用力无处不在。它们包括各种相互作用：分子间成键以及非成键作用。非键作用是可逆的，且能量弱。但当把众多的弱相互作用加在一起就可以用于解释分子在水中的溶解性，反应选择性，以及小分子配体与蛋白质的结合、底物与酶的结合、膜的自组装、蛋白质折叠以及突变对蛋白质稳定性的影响。

人类不会自然地使用对数或指数。我们会换算成数值比率1∶1、10∶1、1000∶1，吉布斯自由能就是通过比率换算的，因为每-1.4 kcal/mol自由能是速率或者平衡常数的10倍。遗憾的是，熵是自由能的“眼中钉、肉中刺”。因为一旦原子有多种排列的可能，就像大分子或像水一样相互作用的溶剂，我们不可能比较所有的可能性。但是，只要我们小心地进行比较，我们可以用一系列强大的工具，比如电子转移箭头、氢键、库仑相互作用，以及范德华相互作用来解读地球上的生命。

学习重点（Learning Outcomes）

- 了解杂化对碱性和亲核性的影响。
- 利用前线轨道来比较化学反应性。
- 使用弯箭头表示填充轨道与未填充轨道的相互作用，推断可能的电子转移机理。
- 画出下列反应的机理：

（1）HCN低聚化形成DNA碱基

（2）安息香反应

（3）羟醛缩合反应

（4）Strecker合成反应

- 预测不同官能团的相对水解速率（在OH^-存在下）。

- 描述、比较和对比在自然界和实验室中产生化学多样性的机制。
- 列出对化学生物学很重要的各种非共价相互作用。
- 比较并解释非共价相互作用的相对强度。
- 使用方程式来估计原子-原子相互作用的亲和力。
- 估计所涉及的官能团非共价相互作用的强度。
- 解释非共价相互作用的亲和力和特异性的机理。

习题（Problems）

2.14 所有的电子转移必须基于正确的路易斯结构。画出下列化合物合理的路易斯结构，包括所有非键孤对电子。

A 乙酸（CH_3CO_2H）
B 乙醛（CH_3CHO）
C 丙烯醛（$H_2C{=}CHCHO$）
D 过氧化氢（H_2O_2）
E 一氧化碳（CO）
F 甲酸甲酯（CH_3O_2CH）
G 苯甲醛（PhCHO）
H 乙腈（CH_3NC）

2.15 磷在化学生物学中具有重要作用，我们应当熟悉含磷化合物的结构。

A 画出磷酸（H_3PO_4）的路易斯结构，包括所有的非键孤对电子。
B 画出三溴化磷（PBr_3）的路易斯结构，包括所有的非键孤对电子。

***2.16** 对于以下结构，标出最活泼的孤对电子或化学键，并指出其代表的前线轨道种类（n、π、σ）。

A
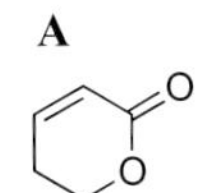

B
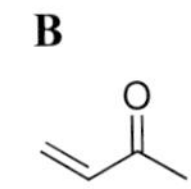

C
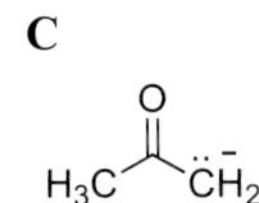

D
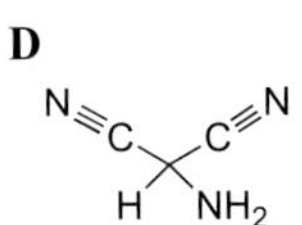

***2.17** 对于下列化合物，请画出第二个共振结构。按顺序满足以下条件：1）八电子规则；2）芳香性规则；3）电荷分离。

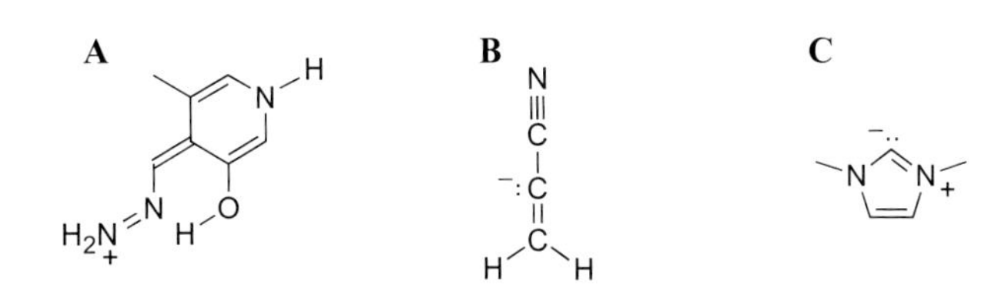

***2.18** 当画质子转移的电子转移机理时，经常很难追踪酸和碱。一般情况下，当我们画电子转移机理时，在酸性条件下，对于酸和共轭碱我们以 H—A 和 A:⁻ 表示。相反，在碱性条件下，碱和共轭酸以 B: 和 B—H⁺ 表示。在中性条件下，我们可以选择 H—A/A:⁻ 或 B:/B—H⁺。

A 请给出合理的电子转移机理，用 H—A 作为酸，A:⁻ 作为共轭碱。

Ph(C=O)OCH₃ —(1 mol/L HCl; H₂O, 100 ℃)→ Ph(C=O)OH

B 请给出合理的电子转移机理，用 B: 作为碱，+B—H 作为共轭酸。

(四氢吡喃醇，OH) —(0.1 mol/L NaOH; H₂O, 25 ℃)→ (四氢吡喃醇，OH)

2.19 对于下列质子转移，请估算正向的平衡常数，以及正向和逆向的速率常数，用表 1 的 pK_a 表示。

表1

1. 电负性

结构	pK_a
$H_3C{-}CH_3$	50
$H_3C{-}NH_2$	~36
$H_3C{-}OH$	16

2. 杂化

结构	pK_a
$H_3C{-}NH_3^+$	10
$H_2C{=}NH_2^+$	~5
$HC{\equiv}NH^+$	−10

3. 共振

结构	pK_a	结构	pK_a
烯烃–CH₃	41	羰基–CH₃	~20
烯烃–NH₂	~28	羰基–NH₂	~17
烯烃–OH	10	羰基–OH	5

4. 电荷

结构	pK_a
HO—H	16
$H_2\overset{+}{O}{-}H$	−2
$H_3C\overset{+}{O}H{-}H$	−4
乙酸（O, OH）	5
质子化乙酸（OH⁺, OH）	−6
苯胺 NH_3^+	5

5. 周期

结构	pK_a
$H_3CO{-}H$	16
$H_3CS{-}H$	9
F—H	3
Cl—H	−8
Br—H	−9
$^-O(^-O)P(=O)O{-}H$	12
$HO(^-O)P(=O)O{-}H$	7

*A

$NH_4^+ + AcO^- \rightleftharpoons NH_3 + AcOH$

NH_4^+ pK_a =9.3；AcOH pK_a =4.7

B

$H_2N\text{–}C(=NH_2^+)\text{–}NH_2 + NH_3 \rightleftharpoons H_2N\text{–}C(=NH)\text{–}NH_2 + NH_4^+$

pK_a =13.6；pK_a =9.3

C

$CH_3COCH_3 + HO^- \rightleftharpoons CH_2{=}C(O^-)CH_3 + H_2O$

pK_a =20；pK_a =15.7

***2.20** 请指出下列吗啡类似物在 pH 为 2、7、12 时可电离的官能团（质子化或去质子化）。将每个条件下的官能团的正确的电离形式画出来。

***2.21** 使用问题 2.19 中的表 1 回答以下问题。

A 标出下列结构中酸性最强官能团的 pK_a。

B 标出碱性最强的官能团的 pK'_a。pK'_a 是其质子化形式也就是共轭酸的 pK_a。

C 重新画出在 pH=7.2 时每个结构最优的离子形式（质子化或去质子化的官能团）。

Pinnaic acid
(磷脂酶A2抑制剂)

Nipecotic acid 衍生物
(抗惊厥)

喹宁
(抗疟药)

***2.22** 自由能的经验规则是在 25℃时每 −1.4 kcal/mol 自由能相当于平衡常数的 10 倍。

A 在 ΔG 为 −9.8 kcal/mol 时，请估算出受体与配体之间的平衡常数。

B 以上经验规则是否对于室温和生理条件 37℃下都同时适用？

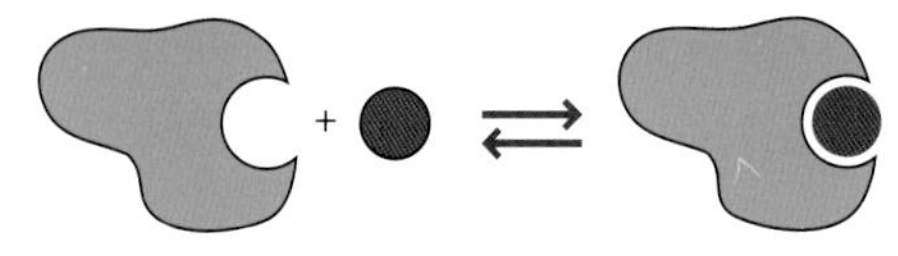

ΔG = −9.8 kcal/mol (在25℃)

2.23 当两个原子相互靠近距离为 0.1 Å 时，Lennard-Jones 的吸引与排斥项的变化百分比是多少？当两个原子之间距离远于 0.1 Å，Lennard-Jones 的吸引与排斥项的变化百分比是多少？假设这两个原子最初相距 1.5 Å。

***2.24** 疏水效应对于大的、疏水基团效果最明显。指出下列分子中对疏水效应贡献最大的基团。

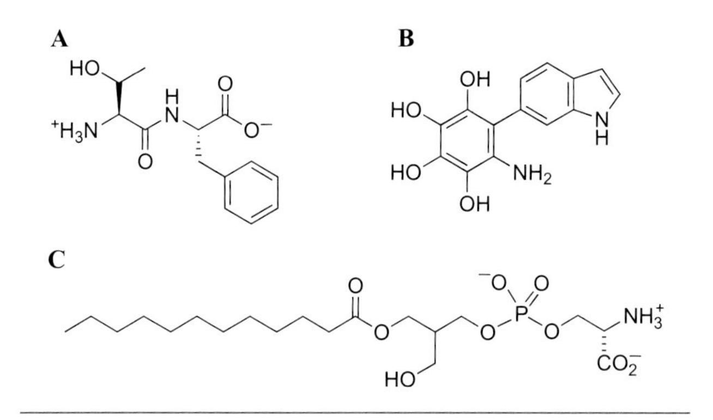

2.25 下列哪些分子可以通过氢键发生二聚化？

A *O*- 硝基甲苯

B 甲醇

C 丙酮

D 氯仿

E 乙酸

2.26 下列肽段理论上可以生成两种不同类型的分子内氢键。请画出这两种氢键的构型，并指出哪种更加稳定。

2.27 请指出从 AICN 和 HCN 生成腺嘌呤一个可能的电子转移机理。

***2.28** 在水溶液中，核糖的开环形式与环状的半缩醛形式（呋喃核糖）处于平衡状态。注意呋喃存在一对非对映异构体。请指出生成这对非对映异构体的电子转移机理。

核糖 ⇌(pH=6) 呋喃核糖（端基碳）

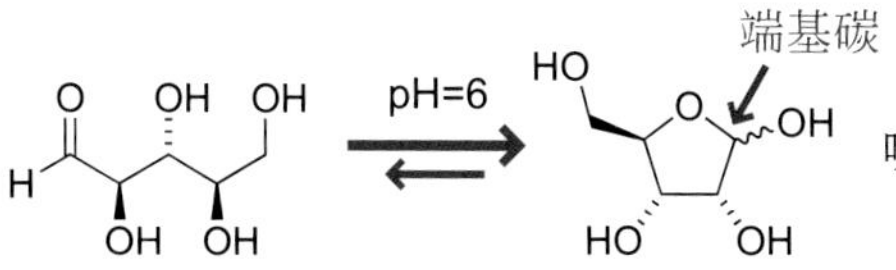

2.29 核糖可以以一种六元环的形式存在（称作吡喃糖）。请画出吡喃糖的一对非对映异构体，并指出从开环形式环化生成吡喃糖的过程。

α-D-吡喃糖　　β-D-吡喃糖

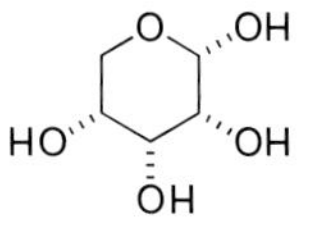

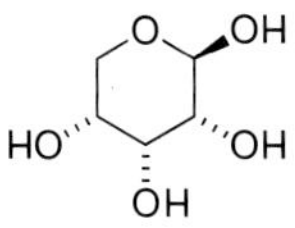

2.30 甲醛聚糖反应不是立体选择性的，所有可能的立体异构体都可能生成。

A 一共有多少个立体异构体开环形式的核糖？

B 请画出开环形式的对映异构体。

2.31 请画出以下由氰生成氰胺（氨基腈）的电子转移机理。

$$N{\equiv}C{-}C{\equiv}N \xrightarrow{NH_3} H_2N{-}C{\equiv}N + HCN$$

氰　　氰胺

2.32 碳化二亚胺是氰胺的互变异构体。碳化二亚胺是生成肽键的有效试剂。请画出碳化二亚胺的结构，并画出酸催化的互变异构的两步反应机理。

***2.33** 氰胺可与氨反应生成胍。请指出合理的电子转移机理。

$$H_2N{-}C{\equiv}N \xrightarrow{NH_3} H_2N{-}C({=}NH){-}NH_2$$

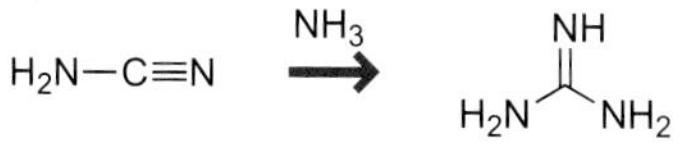

胍

2.34 氰胺可以与水生成尿素。请指出可能的电子转移机理。

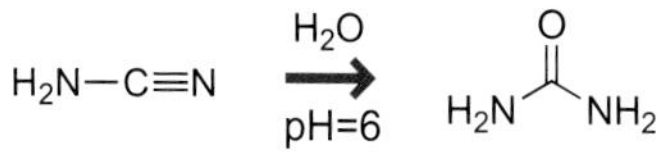

$$H_2N{-}C{\equiv}N \xrightarrow[pH=6]{H_2O} H_2N{-}C({=}O){-}NH_2$$

尿素

2.35 尿素与 AICN 缩合以 5%～10% 的产率生成鸟嘌呤。鸟嘌呤是四个已发现的 DNA 碱基中的一个。请画出合理的电子转移机理。

2.36 请画出下述 Strecker 反应的产物。

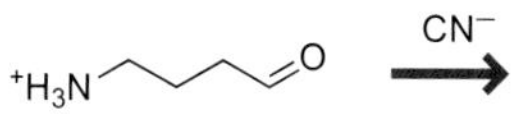

$$^{+}H_3N{-}CH_2CH_2CH_2{-}CHO \xrightarrow{CN^-}$$

第3章 DNA

学习目标（Learning Objectives）

- 熟悉核苷酸命名和原子编号。
- 识别典型DNA双螺旋的化学结构。
- 根据序列预测DNA折叠和杂交方式。
- 掌握DNA化学合成的电子转移机理。
- 比较DNA的生物合成和化学合成。
- 使用基本的分子生物学工具设计实验。
- 学习DNA 的化学损伤。
- 提出化学小分子与DNA的反应及机理。

我们面对的最重要的问题也往往是最简单的问题，比如我们由什么组成？我们为什么在这里？人类的未来是什么？从“简化”的观点来看，地球上所有生命仅仅是“自私的”基因用来繁殖的机器而已。因此，我们面对的关于生命和人类最重要的问题也是分子层次上的问题。

20 世纪 40 年代开始，人们就已经清楚脱氧核糖核酸（deoxyribonucleic acid，DNA）是从亲本到子代传递遗传特征的本质。尽管人们意识到 DNA 在遗传过程中可以复制自己，但是对 DNA 复制的结构基础却十分困惑。为了解答这一天然物质中最重要的结构问题，科学家们展开了激烈的竞争，在科研史上留下了浓厚的一笔。

直到 1953 年，基于罗莎琳德·富兰克林（Rosalind Franklin）的高精度 X 射线衍射数据，詹姆斯·沃森（James D. Watson）和费朗西斯·克里克（Francis Crick）解析了正确的 DNA 结构：通过氢键维持的互补双螺旋结构（**图 3.1**）。他们在简短的论文结尾写到：“很容易注意到我们提出的碱基互补配对原理立即揭示了 DNA 作为遗传物质可能的复制机理。”确实，沃森和克里克提出的 DNA 双螺旋模型提供了遗传信息储存、复制和突变（进化的关键因素）的化学基础（**图 3.2**）。所有已知的进化过程，无论是来自自然界还是实验室，都基于沃森 - 克里克提出的 DNA 结构模型。而且，DNA 的重要性不仅仅在于忠实储存着遗传信息，它作为细胞内生物分子合成的源头，控制了活细胞中的所有化学反应。本章不仅仅关注 DNA 在分子生物学水平的作用，还将从原子和化学键的角度更深层次地介绍 DNA。

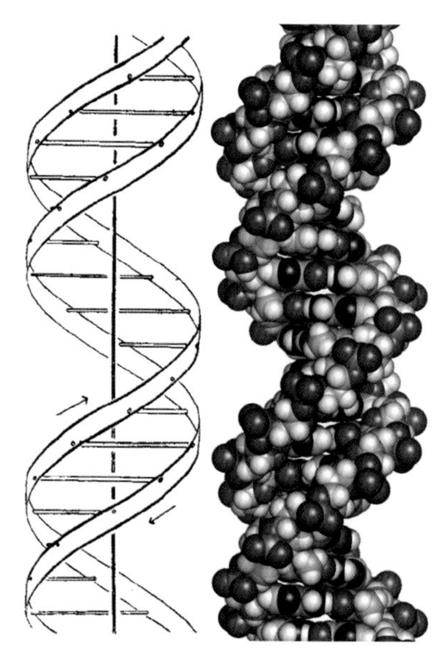

图3.1 沃森–克里克DNA双螺旋模型。 双螺旋模型由两条互补的链而不是相同的链组成，这是分子生物学的一个标志性模型。左边的黑白图来自沃森和克里克首次报道DNA双螺旋结构的论文。（来自 J. D. Watson and F. H. C. Crick，*Nature* 171：737-738，1953；获得Macmillan Publishers Ltd.授权。）

3.1 DNA的结构形式（Forms of DNA）

经典双螺旋结构是几种DNA结构中的一种

双链核酸通常存在三种螺旋构型，分别为**A型**、**B型**或**Z型**。其中，A型核酸的螺旋比较宽而短，在RNA/RNA或DNA/RNA双链中最为常见。B型核酸即为沃森和克里克提出的经典螺旋结构，也是我们通常提及的双链DNA结构。A型和B型都是右手螺旋结构，但在酒精或者高浓度的盐溶液等特殊条件下，DNA也能形成左手螺旋的Z型结构。

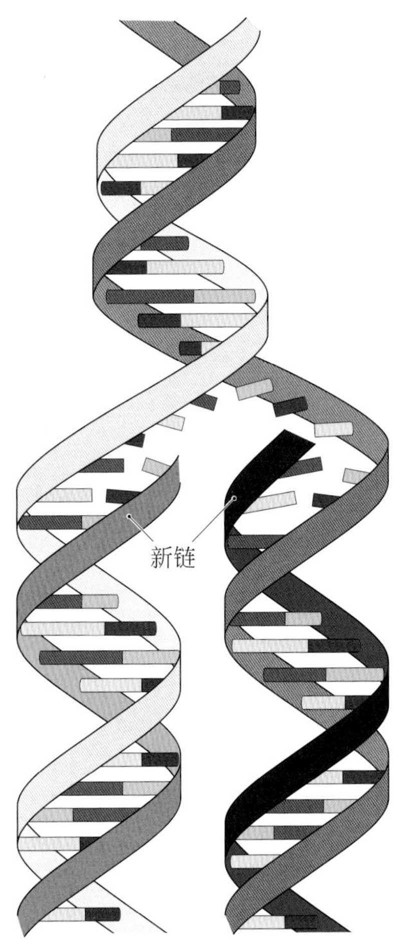

图3.2 互补链（complementary strands）。互补链从分子层面上揭示了DNA复制的机理。（改编自National Institute of General Medical Sciences。）

B型DNA双螺旋结构通过配对碱基之间的氢键而非共价键形成，配对核酸碱基如“梯子”中的“阶梯”一样平行分布，每层“阶梯”相距约为3.4 Å，与一个芳香环的厚度相当。DNA双螺旋由两条反向平行的链相互缠绕组成。由于双螺旋结构具有一定的C_2对称性，当垂直于主轴观察时，旋转180°后会与原结构看起来相同。双螺旋结构还有两条不同的**沟区**（grooves）：一条较宽的大沟区和一条较窄的小沟区（**图3.3**）。小分子和蛋白质通过与沟区的形状互补和相互作用来特异性识别和结合DNA。

生理条件下，在小沟区底部排列着不稳定的钠离子，这些钠离子顶端覆盖有一层与磷酸骨架形成氢键的水分子。通过DNA X射线晶体结构可以明显观察到水分子的存在，但钠离子却不容易看到。有几个原因导致了这种现象：第一，钠离子没有特定的配位构型；第二，水分子既是氢键给体又是氢键受体，因此在DNA晶体结构中占据固定位置，而钠离子只能充当路易斯酸，位置并不固定；第三，钠离子和水分子含有相同数目的电子，在低分辨率的晶体结构中很难区分开来。

不同物种的基因组DNA的组成形式

在所有细胞组织中，用于储存遗传信息的DNA都是双螺旋结构。第一章提到的如大肠杆菌（*Escherichia coli*）等细菌中，所有的生物成分都在细胞质中混合在一起，如遗传物质（DNA）、蛋白质合成“机器”、蛋白质修饰“工厂”和细胞的“发电厂”线粒体等（**图3.4**）。大肠杆菌的基因组是一个环状DNA分子，其双螺旋两端被连接在一起生成一个环。类似的，细菌有时候包含着一种远小于基因组的环状**质粒**（plasmid）DNA分子。质粒中含有的特殊短序列可以借助宿主细胞来完成自身复制。而与双链基因组不同的是，有些结构紧凑的病毒采用一种单链DNA基因组在宿主间进行传递。

人体细胞要比细菌复杂得多，细胞内的组分被膜有序分离在各种细胞器中。人类DNA存在于线粒体（mitochondria）和细胞核（nucleus）两种细胞器中。人线粒体DNA的16569个碱基对以环状分子形式存在，这与大肠杆菌基因组类似，暗示着其来源于某种独立的微生物。在细胞核内，人类基因组的30亿个碱基对分布在23条染色体上。在细胞核中，基因组DNA发出生成或摄入各种生物分子的指令组成细胞，最后形成多样化的生命。

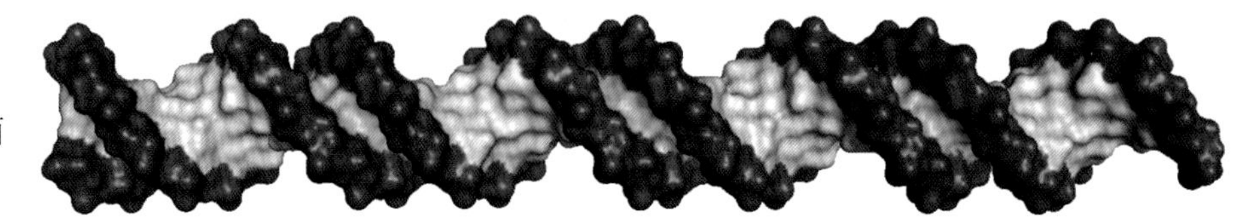

图3.3 DNA的沟区。B型DNA的表面的大沟区（蓝色）和小沟区（绿色）。

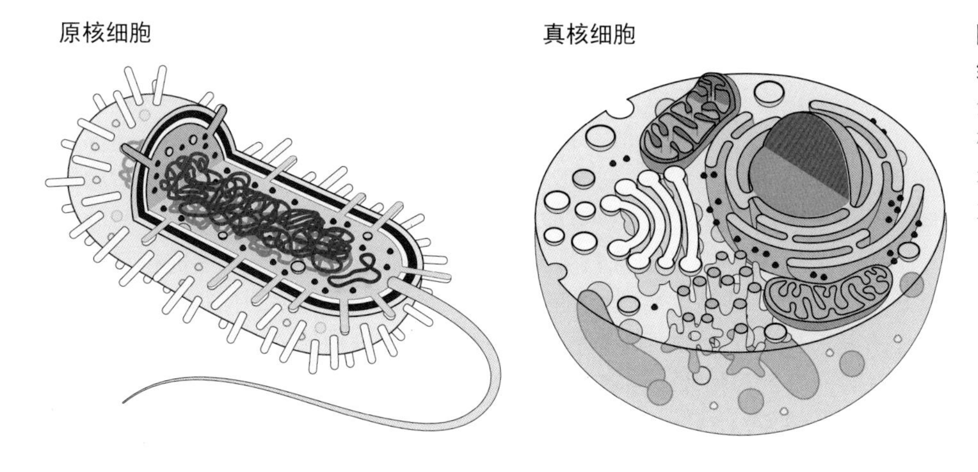

图3.4 DNA在细胞中的分隔。人体细胞的DNA和其他组分在空间上被膜分离在各细胞器中，而细菌和其他原核生物缺少这种隔室。注：图中细胞未按真实尺寸绘制，人红细胞体积约为大肠杆菌的50～100倍。

3.2 DNA的核糖核酸亚基（The Ribonucleotide Subunits of DNA）

核苷酸是磷酸酯

记住组成DNA的核糖核酸亚基名称以及这些核糖核酸亚基中各原子的编号非常重要，这将帮助我们理解DNA的单字母的序列表示方法，以及无需绘制复杂的分子结构准确描述DNA分子上的化学反应。在原子和化学键的水平上，从化学角度去认识生物分子是化学生物学和生物有机化学研究的关键。

DNA的单个结构单元称为核苷酸（nucleotide），它是含有两个重要官能团的五元环糖：磷酰基和氮杂环。DNA中的四种核苷酸的区别在于氮杂环不同，分别是**腺嘌呤**（adenine）、**胞嘧啶**（cytosine）、**鸟嘌呤**（guanine）和**胸腺嘧啶**（thymine）（**图3.5**）。胞嘧啶和胸腺嘧啶属于一类称为嘧啶类（pyrimidines）的六元杂环，而腺嘌呤和鸟嘌呤属于一类称为嘌呤类（purines）的双杂环。DNA亚基的惯例缩写为dA、dC、dG和dT（“d”代表2′-脱氧），但是当明确指明是DNA时，缩写为A、C、G和T更为常见。按照惯例，杂环碱基中的原子编号为1～9，而核糖中的碳原子编号为1′～5′。虽然核苷酸是磷酸单酯，它们也很少被当作一种酸，而是归类于阴离子盐。在有机化学中，带负电荷的分子英文名称会加上“-ate”后缀。例如，用sodium acetate（乙酸钠）代替acetic acid（乙酸），ascorbate（抗坏血酸盐）代替ascorbic acid（抗坏血酸），以及用2′-deoxythymidylate（2′-脱氧胸苷酸盐）代替2′-deoxythymidylic acid（2′-脱氧胸苷酸）（**图3.6**）。

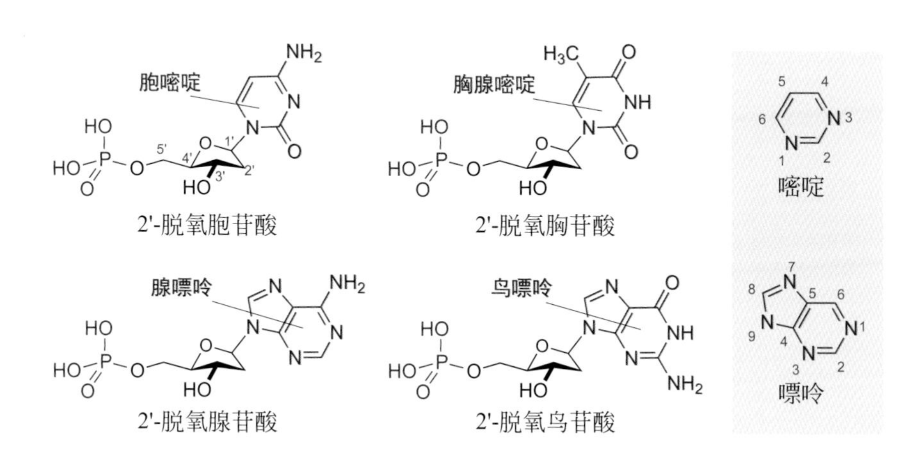

图3.5 核苷酸示意图。核苷酸是核糖磷酸单酯，并含有特定的杂环碱基。

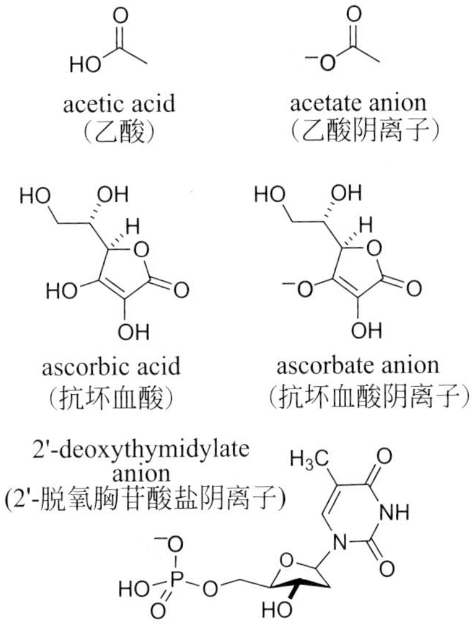

acetic acid
（乙酸）

acetate anion
（乙酸阴离子）

ascorbic acid
（抗坏血酸）

ascorbate anion
（抗坏血酸阴离子）

2'-deoxythymidylate anion
(2'-脱氧胸苷酸盐阴离子)

图3.6 在生理pH下，羧酸和磷酸以去质子化的阴离子形式存在。英文名称中，阴离子形式以“-ate”后缀来区分。

图3.7 命名DNA链。按照惯例从5′末端到3′末端读取寡核苷酸序列，并用字母p表示磷酸基团。

DNA和RNA是核苷酸聚合物

由于寡聚核苷酸的结构很复杂，我们把杂环碱基的第一个字母（A、C、G、T）对应为该核苷酸，通常将核酸链缩写为一串字母。核糖核酸（RNA）的缩写也采用同样的方式。在RNA中，尿嘧啶（U）的碱基结构相当于胸腺嘧啶缺少了5位甲基。当寡核苷酸序列字母中有T时，表明该寡核苷酸分子是DNA。按照惯例，所有寡核苷酸的命名方向均从5′游离末端的核苷酸开始，读向具有3′游离末端的核苷酸（**图3.7**）。序列的命名方向很重要，因为ACGT既不是TGCA的对映异构体也不是非对映异构体，它们仅仅是具有相同分子式的结构异构体。在寡核苷酸的5′端或3′端存在的磷酸酯基用小写字母p表示（**图3.7**）。

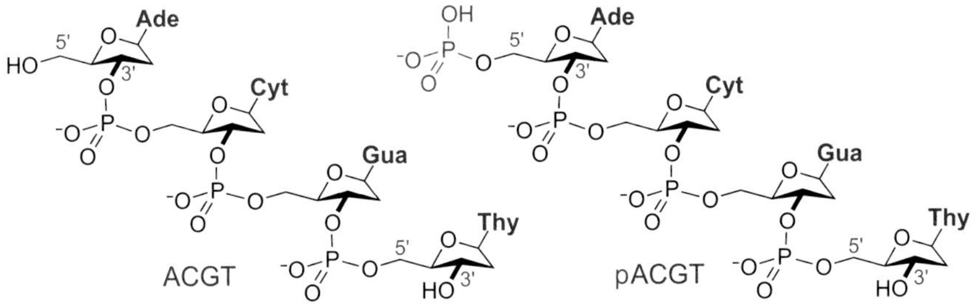

ACGT　　pACGT

问题3.1

画出寡核苷酸pTGCAp的完整化学结构，使用粗实线/楔形符号表示立体构型。

DNA碱基上的杂环有芳香性吗?

DNA碱基和相关的杂环具有芳香性，但芳香性弱于苯环。在许多杂环中，芳香性强弱需要考虑电荷分离所需要的能量消耗。为了更充分地了解芳香性，我们需要先回顾一下共振的基本要求。碳碳双键可以连接共振给体和共振受体，但是共振与否主要取决于给体和受体在双键上的排列位置。当给体和受体连接到C=C的不同碳原子上（**图3.8**中的C-1和C-2）时，该体系称为**线性共轭**（linearly conjugation）。但是，如果给体和受体连接到C=C双键的同一碳上（**图3.8**中的C-1），则该体系称为**交叉共轭**（cross conjugation）。当给体和受体通过C=C线性共轭时，C=C传递共振。当给体和受体通过C=C交叉共轭时，C=C会阻碍共振。

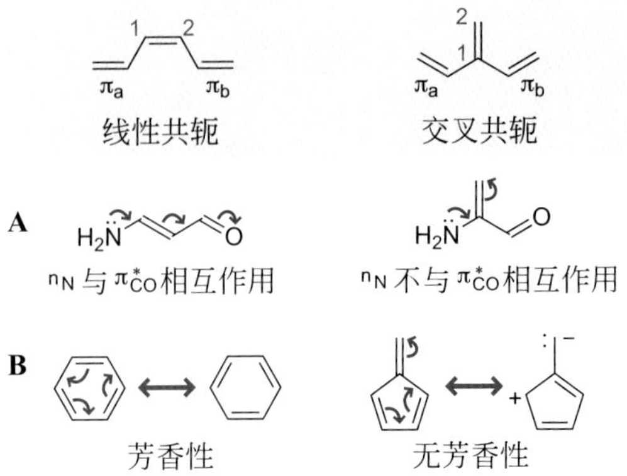

线性共轭　　交叉共轭

A　n_N与π^*_{CO}相互作用　　n_N不与π^*_{CO}相互作用

B　芳香性　　无芳香性

图3.8 箭推法揭示线性共轭与交叉共轭的区别。（A）当线性共轭时，C=C传递氨基上的未成键孤对电子（n_N）与羰基之间的共振；当交叉共轭时，C=C阻碍共振。（B）苯有芳香性，而它的交叉共轭异构体富烯（fulvene）无芳香性。

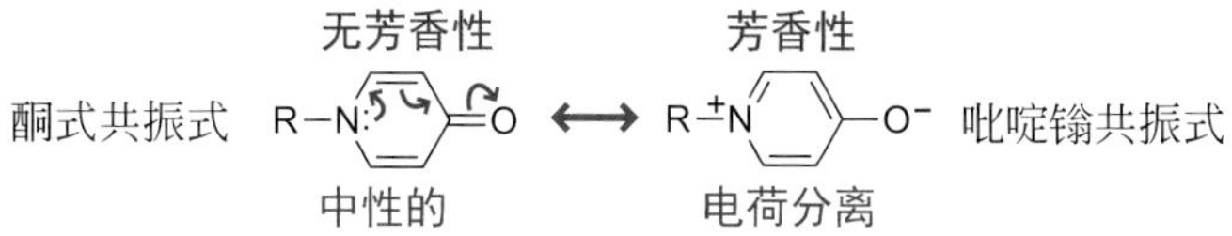

无芳香性 芳香性

酮式共振式 ⟷ 吡啶鎓共振式

中性的 电荷分离

图3.9 芳香性的大小？在4-吡啶酮衍生物的杂环中，共振共轭效应（芳香性）的稳定作用与因电荷分离引起的不稳定作用达到平衡。

芳香性所带来的能量优势常常伴随着杂环碱基中电荷分离所需的能量消耗。例如，我们可以画出4-吡啶酮衍生物的两种常见共振形式，但哪种表示"更好"（**图3.9**）？最简单的键强度分析可能会让你选择含有C═O π键的酮式共振式，因为该键比C═N的π键稳定15 kcal/mol以上。但是，酮式共振结构是非芳香性的（因为它是交叉共轭的），而吡啶鎓共振结构具有芳香性。芳香性所带来的能量优势大约为36 kcal/mol。但是，吡啶鎓的共振式将导致电荷分离，在环氮原子上带有正电荷，而在距离4.0 Å的环外氧上带有负电荷。回顾第二章中的公式(2.2)可知，电荷分离会消耗一定能量。因为电荷的分离状态与介质的介电常数有关，所以我们应该想到具有芳香性的电荷分离碱基共振形式在极性环境（例如水）中具有更大的优势。

问题3.2

电荷分离的所需能量很大程度上取决于介电常数。利用库仑定律[能量=(k_e×q_1×q_2)/(ε×距离)]的积分形式，计算气相中(ε=1.0)和水中(ε=78)4-吡啶酮(4.0 Å)中电荷分离所需的能量，k_e=9.0×10^9J·m/C^2，电子上的电荷为1.6×10^{-19}C。对于简单苯环来说，电荷分离所消耗的能量是大于还是小于芳香性的稳定化能？

核酸不是酸性的，DNA碱基也不是碱性的

DNA的碱基和核酸这两个术语其实掩盖了它们在生理条件缓冲溶液中真实的反应活性。磷酸二酯的pK_a通常在1和2之间。在pH为7时，DNA链上每10万个磷酸基中只有不到1个可以贡献一个质子。因此，在生理条件下，核酸算不上是一种酸。大多数DNA磷酸键以磷酸阴离子形式存在。同样，把DNA中的嘌呤和嘧啶杂环作为碱基会夸大它们的反应活性。腺嘌呤、鸟嘌呤和胞嘧啶的sp^2杂化氮原子至多是弱碱性的（**图3.10**）。事实上，胸腺嘧啶只有在强酸性条件下才会被大量质子化。

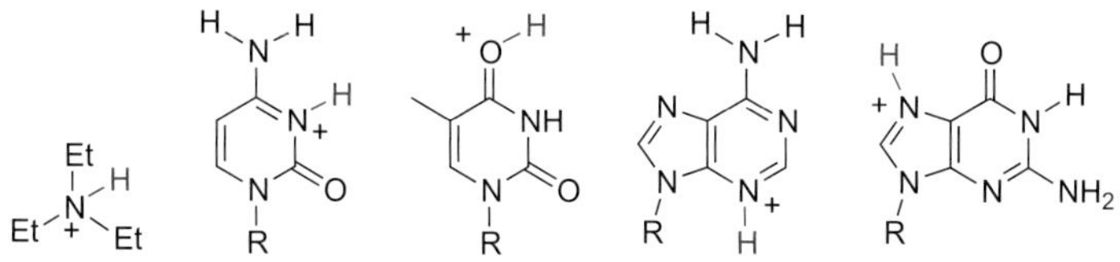

	普通氨基	胞嘧啶	胸腺嘧啶	腺嘌呤	鸟嘌呤
pK_a	10.8	4.2	0.5	4.2	3.3
碱基相对碱性	4000000	1	0.0002	1	0.1

图3.10 DNA"碱基"这一术语具有误导性。氮杂环的碱性比有机化学中传统的氨基要弱得多。请注意，对数pK_a值的较小差异转化成平衡常数后差异会大大增加（以10为基数）。

问题3.3

由于在大多数有机反应中电荷发挥着重要作用，所以认识普通官能团中电荷的分布是很重要的。酰胺基和脒基是DNA和RNA中最重要的活性官能团。画出每个官能团最重要的可能共振结构，并根据电荷的分布位置，预测结构中碱性最强也就是亲核性最强的原子。

酰胺 脒

DNA中缺失的2′-羟基提高其磷酸二酯键的稳定性

DNA和RNA的本质区别在于DNA核苷酸中核糖上2′-羟基的缺失，由此得名脱氧核糖核酸。正如在前面章节中所提到的，这个羟基的缺失使得DNA的磷酸酯键比RNA的磷酸酯键更能抵抗碱促水解。然而，2′-脱氧核糖衍生物通过酸催化S_N1反应失去杂环碱基的速度比相应的RNA核糖核苷酸快1000倍（**图3.11**）。虽然更稳定的产物并不总是形成得更快，但是碳正离子的形成确是如此。RNA中碱基通过S_N1离子化形成一个碳正离子，这个碳正离子被2号位的氧原子的电负性破坏了稳定性。这种不稳定性通常被称为**诱导效应**（inductive effect）或**极性效应**（polar effect）。诱导（极性）效应应与共振效应的影响区分开来。因此，RNA中2′-羟基的存在使磷酸二酯键不稳定性增加约100倍，而DNA中由于缺乏2′-羟基使杂环碱基不稳定性增加约1000倍。

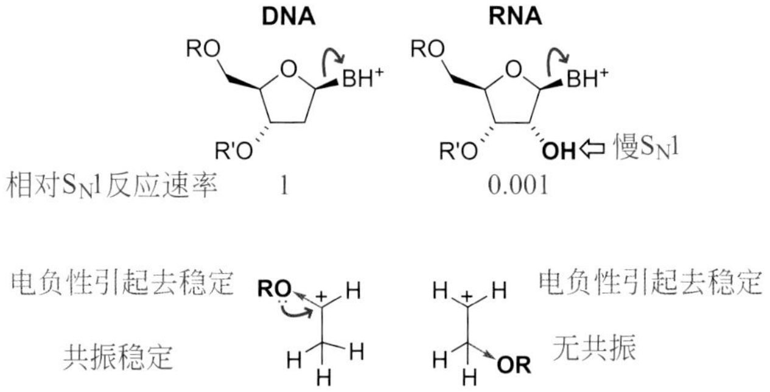

DNA　RNA
RO　BH⁺　RO　BH⁺
R′O　R′O　OH⇐慢S_N1
相对S_N1反应速率　1　0.001

电负性引起去稳定　RO　H　H　H　电负性引起去稳定
共振稳定　H　H　H　H　OR　无共振

图3.11　邻近基团影响核酸碱基的S_N1离子化。2′-羟基不能通过共振稳定碳正离子，但仍能通过诱导作用产生微弱的去稳定性。

问题3.4

用箭推法画出酸性条件下水解2′-脱氧腺苷的机理。

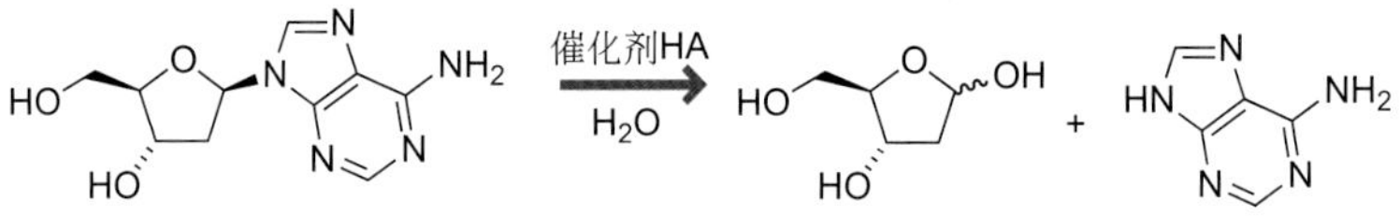

HO　HO　N　NH₂　N　N　催化剂HA　H_2O　HO　HO　OH　+　HN　N　NH₂　N　N

DNA碱基的修饰与DNA的核苷酸序列一样重要

在分子生物学研究早期，人们已经发现通过一株大肠杆菌传播的病毒DNA并不总能有效地感染其他大肠杆菌。这种传染限制有两个原因。首先，细菌拥有的DNA限制性内切酶靶向切割非内源性的DNA序列；这些限制性内切酶已成为分子生物学中广泛使用的工具。其次，细菌中的酶能使新合成DNA中的腺嘌呤和胞嘧啶碱基发生甲基化，使其抵抗限制性内切酶的切割。在大肠杆菌中，DNA腺嘌呤甲基转移酶特异性地将GATC序列中腺嘌呤的第6位氨基甲基化。DNA胞嘧啶甲基转移酶则将CCGG序列中第二个胞嘧啶碱基的第5位碳原子甲基化。不过目前用于克隆实验的大肠杆菌菌株敲除了这些DNA甲基化酶的基因。此外，在少数细菌中还发现能修饰胞嘧啶第4位氨基的甲基转移酶。

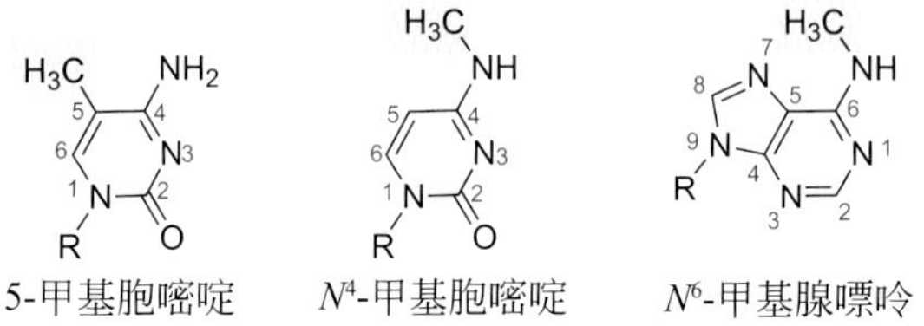

H_3C　NH_2　H_3C　NH　H_3C　NH
5-甲基胞嘧啶　N^4-甲基胞嘧啶　N^6-甲基腺嘌呤

图3.12　DNA的碱基修饰。DNA复制后碱基发生甲基化，生成四种常见碱基之外的杂环碱基。

DNA 碱基的甲基化（**图 3.12**）影响了核酸内切酶和转录因子等蛋白质对序列的识别。因此，DNA 的甲基化状态与核酸序列一样重要，决定着基因的表达。人类有三种胞嘧啶甲基转移酶基因，它们可以影响基因的转录水平。我们将在第 3.4 节中提到，人类 DNA 紧紧地缠绕在含有各种化学修饰的特殊蛋白质上，这些蛋白质修饰可以控制相关 DNA 序列的转录。而且这些修饰也可以赋予遗传特性，因为修饰后的 DNA 和 DNA 相关蛋白在有丝分裂后最终进入了子细胞。**表观遗传学**（epigenetics）正是研究这些影响基因转录但不受核酸序列决定的遗传因素。例如，胞嘧啶的甲基化是重要的表观遗传修饰，长期以来一直未被研究。利用其无法被亚硫酸氢盐（HSO_3^-）加成的特性，用于检测人类 DNA 中 5-甲基胞嘧啶的方法被开发出来。单链 DNA 中的胞嘧啶经亚硫酸氢盐处理后发生共轭加成反应，而 5-甲基胞嘧啶则不会发生。胞嘧啶的亚硫酸氢盐加成产物的第 4 位氨基基团极易发生自发水解，最终转变成尿嘧啶，与腺嘌呤配对。在碱性条件下，亚硫酸氢盐可以通过单分子共轭碱消除反应（E1cB）机理去除（**图 3.13**）。目前检测 A、C、G 和 T 的常规 DNA 高通量测序方法已经比较成熟和经济，然而还没有一种高通量的 DNA 测序方法能直接区分甲基化碱基和非甲基化碱基。

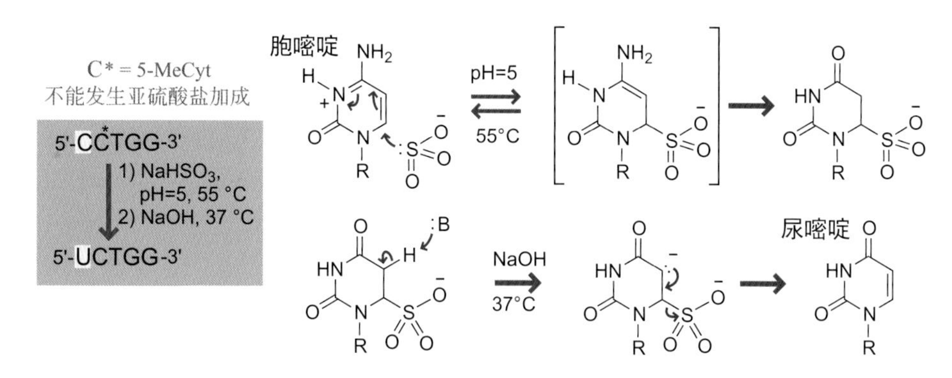

图3.13 胞嘧啶与亚硫酸氢盐加成并水解的两步反应示意图。5-甲基胞嘧啶不能发生上述反应。

3.3 DNA中的基本作用力（Elementary Forces in DNA）

碱基互补配对促进DNA双螺旋结构

在过去很长的一段时间里，DNA 双螺旋结构一直都是分子生物学的著名标志。但是，想要进一步了解 DNA 双螺旋结构，我们还需要关注在 1953 年沃森和克里克发表里程碑式论文之前的几十年中研究者们的认知状态。那时，人们普遍认为四种碱基都以相等的量存在，也并不知道 DNA 碱基的互变异构形式。最后，即使获得了 X 射线衍射数据，人们也不清楚 DNA 的正常结构是包含两条、三条还是四条链（**图 3.14**）。DNA 作为能够自我复制的寡聚物，最显而易见的模型就是必须包含相同的链，在当时这样的观点是可以理解的。

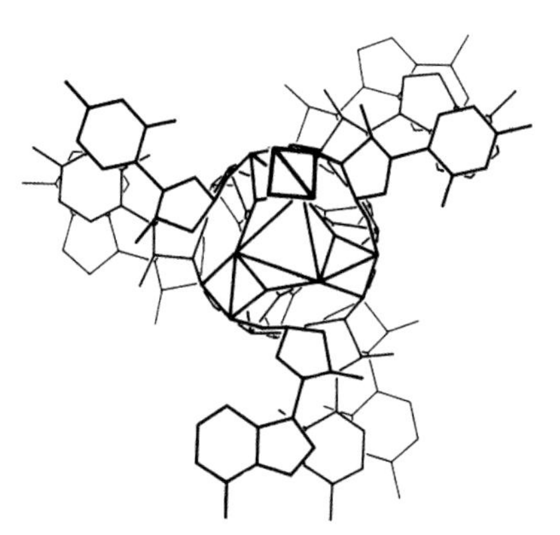

图3.14 碱基互补配对原则并不是一种显而易见的概念。莱纳斯·鲍林（Linus Pauling）和罗伯特·科里（Robert Corey）在1953年提出一个不正确的DNA三螺旋结构，由三条相同的链组成且没有碱基互补配对。在这种错误的结构假设中，每条链的磷酸二酯键出现在结构中心而碱基分布在边缘。（来自 L. Pauling and R. B. Corey, *Proc. Natl. Acad. Sci.* USA 39：84-97, 1953；获得Oregon State University Libraries Special Collections授权。）

DNA 真实结构的关键线索来源于生物化学家埃尔文·查戈夫（Erwin·Chargaff）的细致测量，他使用了从胸腺和其他器官中提取出来的 DNA，结果显示 DNA 中虽然 A 和 G 以及 C 和 T 的比例不同，但是 A 和 T 以及 G 和 C 的比例却始终几乎保持一致（**图 3.15**）。例如，在人类 DNA 中，A、T、G、C 的百分比分别为 30.9%、29.4%、19.9%、19.8%。沃森（Watson）和克里克（Crick）取得的巨大突破是提出了一种基于两条互补链的模型。这种互补原理的分子基础在于四种碱基的正确互变异构形式之间的氢键作用 。

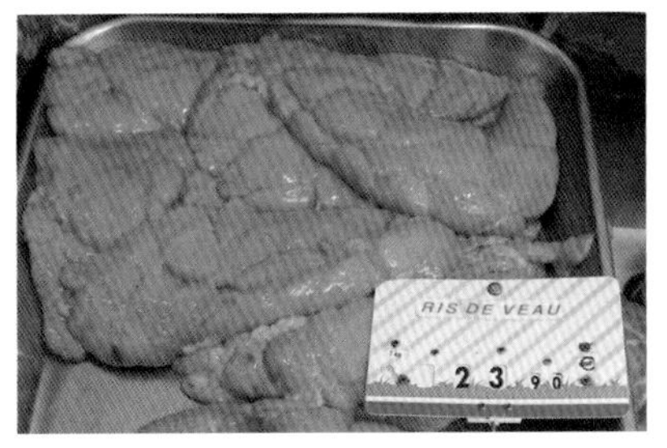

图3.15 **胸腺的DNA含量是所有哺乳动物器官中最高的，超过组织干重的10%**。在烹饪界，小牛胸腺被称为“甜面包”。（由Jennifer McLagan提供。）

对于每个碱基，这些互变异构偏好导致了氢键给体和氢键受体的独特配对模式（**图 3.16**）。那就是腺嘌呤只能与胸腺嘧啶配对，而鸟嘌呤只能与胞嘧啶配对，即 A·T 和 G·C 配对。RNA 分子使用腺嘌呤-尿嘧啶（A·U）碱基对代替了 A·T 碱基对。沃森-克里克碱基对的结构对于理解 DNA 识别和多种形式的 DNA 反应性至关重要，是必须要牢记的。形成 DNA 双螺旋的两个反平行的磷酸核糖骨架之间相对于螺旋轴的角度约为 130°（**图 3.16**），这也是 B 型 DNA 中大沟区和小沟区尺寸差异的成因。

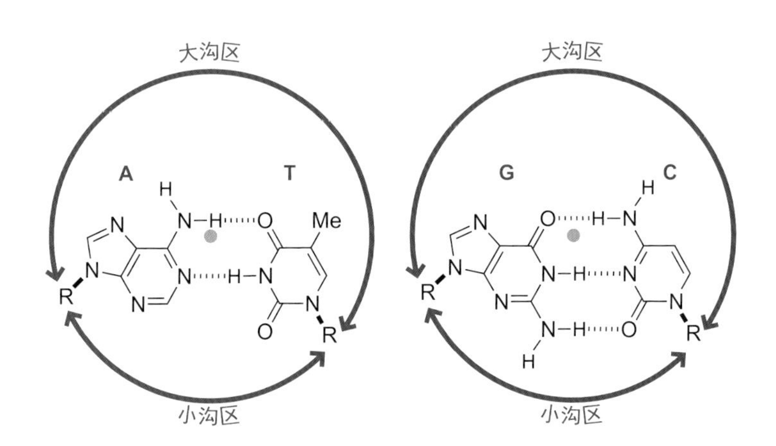

图3.16 **沃森-克里克碱基对中的氢键是地球生命的基础**。灰点代表螺旋轴。核糖基相对于螺旋轴并非180°对称排列，这种不对称产生了大沟区和小沟区。

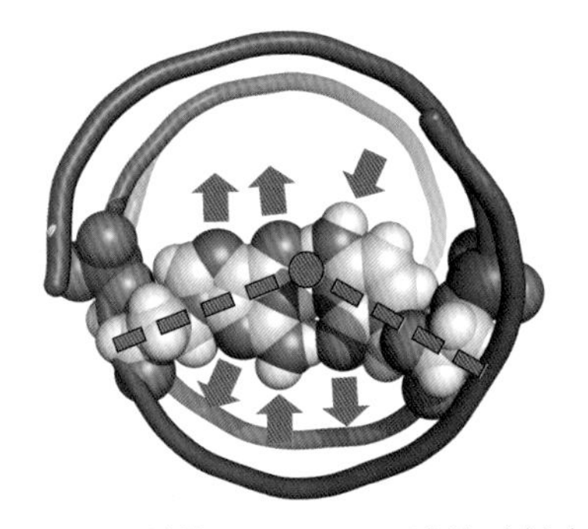

图3.17 **读取DNA**。G·C碱基对每个边缘均表现出独特的氢键给体（箭头指向远离碱基）和受体信息（箭头指向碱基），可与其他三种碱基对C·G、A·T和T·A的边缘区分开来。

四种可能的碱基对组合（A·T、T·A、G·C 和 C·G）边缘均显示出氢键给体和氢键受体独特的排列方式（**图 3.17**）。因此，A·T 碱基对边缘与 T·A 碱基对边缘是不能重叠的镜像关系，通常需要像“翻煎饼”一样将其翻转。这些包含丰富信息的碱基对边缘在大沟区中最容易被接近。结合到 DNA 大沟区上的蛋白质或小分子可以轻松区分 A·T 碱基对中的官能团与 G·C 碱基对中的官能团信息。转录因子（图 1.5）通常利用自身的螺旋结构来读取大沟区内氢键基团的“盲文”编码来读取特定的 DNA 序列（**图 3.18**）。小分子同样也可以特异性地与 DNA 序列结合，如抗生素色霉素（chromomycin）选择性结合在 DNA 的小沟区。

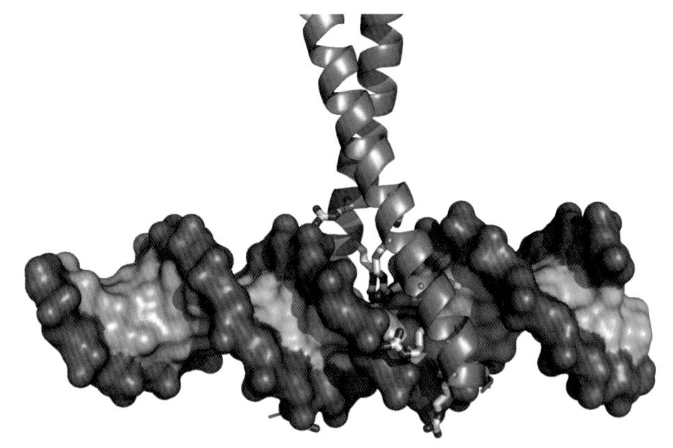

图3.18 **序列特异性DNA的结合**。转录因子Fos（后面的天蓝色）和Jun（前面的紫蓝色）通过探测DNA大沟区信息识别序列TGAGTCA。（PDB：1FOS）

问题3.5

在腺嘌呤和 5 位有一个 R 基团的胸腺嘧啶之间绘制沃森-克里克碱基对。R 基团位于 DNA 的大沟区还是小沟区？

如果化学家早些知道互变异构的以下两个基本规则，沃森和克里克的工作将会变得更加轻松：2-羟基吡啶倾向于酮式互变异构体，而 2-氨基吡啶倾

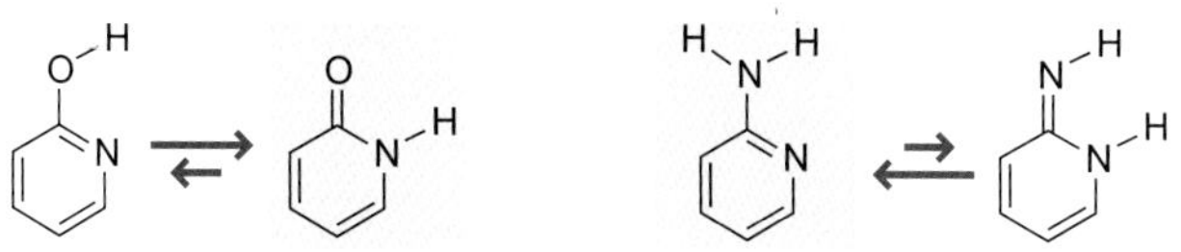

图3.19 吡啶（和嘧啶）衍生物的互变异构偏向性。

向于烯胺互变异构体。C═O的π键稳定性有利于酮式互变异构体，而酰胺C—N键的π键特性仍使酮式互变异构体具有一定的芳香稳定性（以电荷分离为代价）（**图3.19**）。相反，键强度分析显示2-氨基吡啶的亚氨基互变异构体没有优势，因此倾向于氨基互变异构体。

胸腺嘧啶和尿嘧啶非常易于形成酮式互变异构体，而对于5-溴尿嘧啶（BrU）而言，异常的烯醇互变异构体所占比例明显更高（高达1%）。这种细微的变化使5-溴尿嘧啶具有高致突变性。由于溴原子的大小和甲基相近，5-溴尿嘧啶会取代胸腺嘧啶被细胞掺入到DNA合成中。当DNA聚合酶在DNA链延伸过程中加入互补的核苷酸时，与5-溴尿嘧啶互补的位置会错误掺入G而不是A。这些突变可能会使正常的修复系统不堪重负，从而在分子水平及更高层面产生影响。例如，暴露于溴脱氧尿苷的细胞的染色体在组装中出现明显的缺陷（**图3.20**和**图3.21**）。当给怀孕的小鼠注射溴脱氧尿苷时，大多数后代都表现出多指（趾）畸形（出现多余的手指或脚趾）。

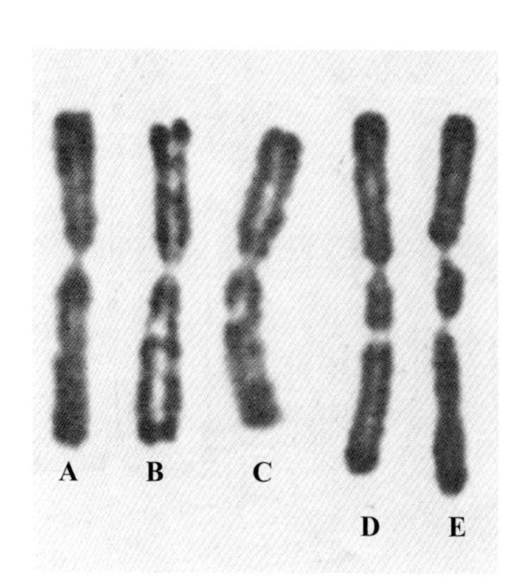

图3.20 暴露于溴脱氧尿苷的仓鼠细胞的1号染色体。（A）正常染色体。（B～E）异常染色体。（来自T. C. Hsu and C. E. Somers，*Proc. Natl. Acad. Sci.* USA 47：396-403，1961；获得MD Anderson Cancer Center授权。）

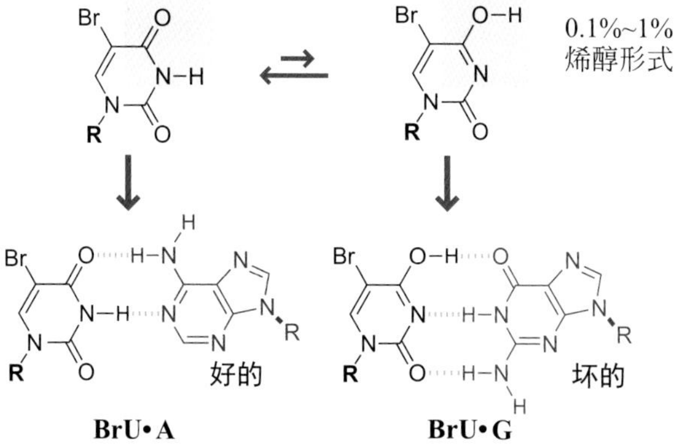

0.1%~1%
烯醇形式

好的 BrU•A

坏的 BrU•G

图3.21 互变异构平衡的变化。溴尿苷的烯醇形式比胸苷的烯醇形式导致更多错配。

问题3.6

预测以下杂环的优势互变异构体。

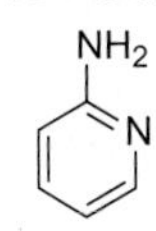

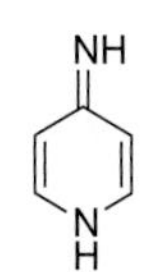

一些非天然的碱基同分异构体能形成有效的碱基对

在生命起源前的环境中，已存在四种通过氢氰酸、氨以及水合成的嘧啶结构。自然界仅仅选取了两个嘧啶用作特殊的碱基配对：胸腺嘧啶和胞嘧啶（**图3.22**）。为什么不存在基于2,4-二氨基嘧啶（DAP）或者异胞嘧啶（iso-C）的第三或第四种独特的碱基配对呢？很遗憾，DAP能很容易形成与鸟嘌呤碱基配对的一种互变异构体。

碱基互补的iso-C和iso-G核苷（nucleoside）已经被合成并加入到DNA和RNA链中。普遍认为，iso-C和iso-G形成的特殊碱基对与它们的天然对映体C和G或者A和T十分相似。事实上，含有iso-C和iso-G的RNA分子能够被天然的核糖体蛋白质合成机制所接受。很遗憾，iso-C和iso-G还是存在一些

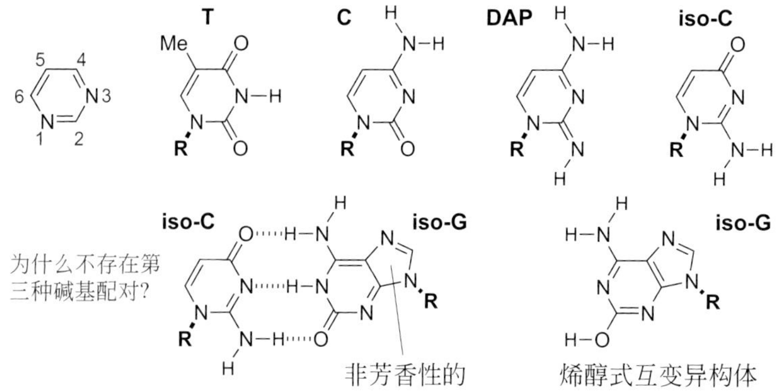

图3.22 嘧啶同分异构体及异构体碱基对的示例。 iso-C能够与异鸟嘌呤（iso-G）形成一种独特的碱基配对。遗憾的是，iso-G会大量存在烯醇式互变异构体。

问题。首先，iso-G 酮式异构体中的交叉共轭阻碍了五元咪唑环保持芳香性，进而导致了 iso-G 的烯醇式异构体含量远远大于 G 的烯醇式异构体含量（**图 3.22**）。iso-G 的烯醇式异构体与 T 互补，而不是 C。其次，不那么显著的问题是，iso-C 的 2 位氨基相比 C 的 4 位氨基更容易水解。因此，任何尝试用 iso-C 和 iso-G 形成第三种碱基配对的原始生命体都不能产生具有足够保真性的 DNA 互补链用于遗传信息的保存。

其他核苷酸能够通过碳碳键将嘧啶环连接到核糖体上被合成，但是在生命起源前，这样的核苷酸并不能通过杂环碱基与核糖缩合而产生。自然界看起来已经在理想碱基对的选择过程中对互补性、稳定性、合成简便性以及信息存储方面进行了优化。

氢键并非是碱基互补配对中绝对必需的条件

毫无疑问，氢键确保了 DNA 双螺旋的稳定性，但是我们也应该思考氢键在每个碱基互补配对中是否必不可少？这个问题已经通过在寡聚核酸链合成过程中加入缺乏形成氢键能力的特殊碱基得到解答（**图 3.23**）。出乎意料的是，负责 DNA 复制的 DNA 聚合酶（后文将详细介绍）能基于立体结构而非氢键，选择性地识别这些核苷酸。例如，用芘基取代杂环碱基的核苷酸（P）能够选择性地与一个缺乏碱基的核苷酸结合（ϕ）。其他碱基同系物，如巯基吡啶酮 SNICS，能优先和另一个 SNICS 互补配对。这类相同碱基的配对与自然界采用的基于氢键的互补配对方式截然不同。

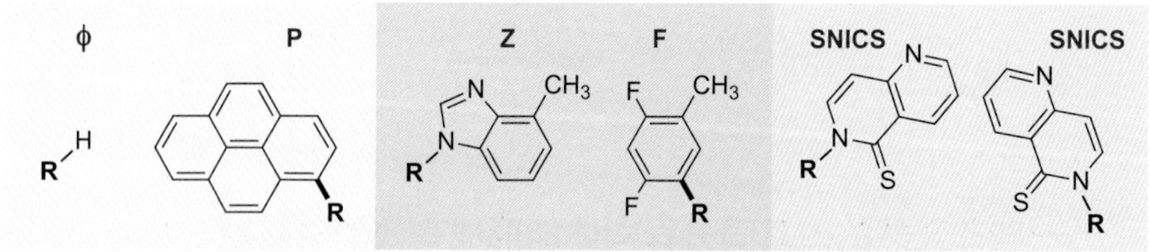

图3.23 无氢键的碱基配对。 无氢键基团的核苷取代物能形成互补“碱基对”。

三链DNA中存在Hoogsteen碱基配对

1963 年，Karst Hoogsteen 证明了 1-甲基胸腺嘧啶和 9-乙基腺嘌呤能够形成 1∶1 复合物结晶，这与沃森-克里克（Watson-Crick）模型不同。胞嘧啶 3 号位的 N 发生质子化（pK_a=4.2）；一旦质子化后，它与鸟嘌呤之间容易形成一种 Hoogsteen 型的碱基对（**图 3.24** 和**图 3.25**）。Hoogsteen 相互作用在 DNA 中通常不重要，但它们却存在于 RNA 中。然而，DNA 的大沟区还有足够空间，可以容纳另一条链与沃森-克里克碱基对中嘌呤碱基的开放边缘形成氢键。不过，这种对质子化的要求使得基于 Hoogsteen 碱基配对的 DNA 杂交需要酸性环境。

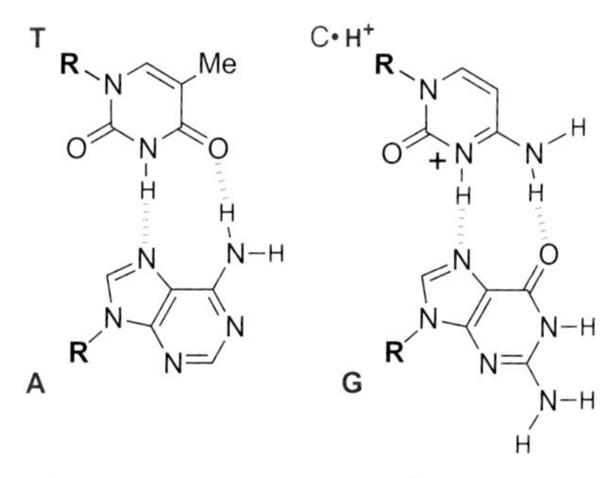

图3.24 Hoogsteen碱基对。 Hoogsteen碱基对采用了一种与Watson-Crick碱基对不同的嘌呤配对方式。

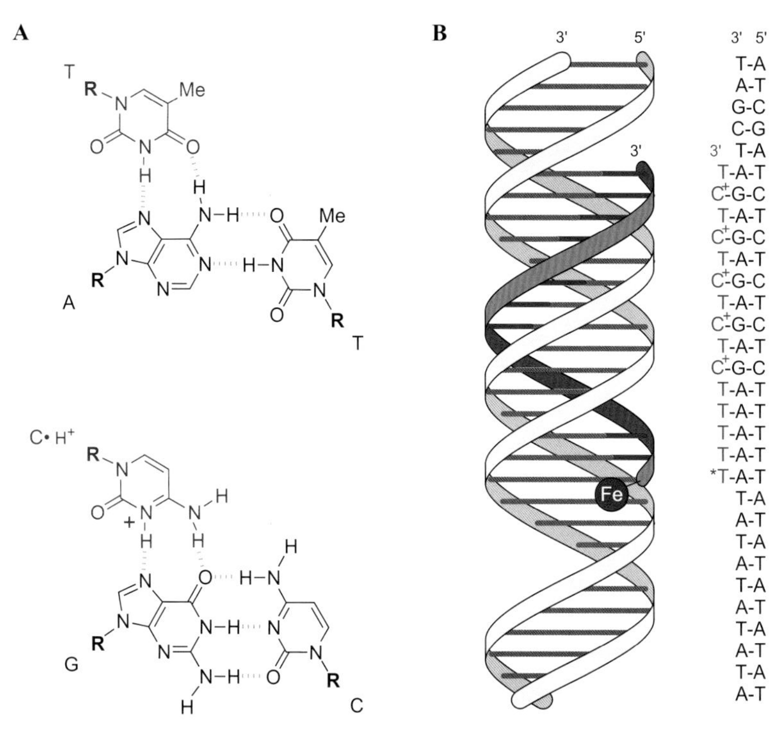

图3.25 三链DNA。（A）互补DNA碱基三联体TAT和C^+GC同时包含了Hoogsteen和Watson-Crick碱基配对。（B）通过Hoogsteen碱基配对可以设计单链寡聚核苷酸与DNA序列的大沟区选择性结合。（图B来自H. E. Moser and P. B. Dervan，*Science* 238：645-650，1987；已获得AAAS授权。）

Hoogsteen的工作强调了一个事实，那就是嘌呤碱基存在两个边缘：一边形成Watson-Crick碱基配对，另一边形成Hoogsteen碱基配对。因为大沟区为额外的链留有空间，所以我们可以设计寡核苷酸，通过形成DNA三链特异性地识别多嘌呤序列（A和G），当第三条链同与其形成Hoogsteen碱基对的多嘌呤链平行时，两者结合最好。三链的识别已经被用来将活性小分子输送到DNA的特定序列位点。例如，Dervan组第一个证明三联体构型能够实现铁介导的DNA特定位点的剪切［见图3.25（B）］。

芳香性π-π堆积稳定DNA双螺旋

DNA双螺旋同样可以被DNA碱基对之间的π-π堆积作用稳定。回忆第2章内容，在疏水作用很重要的水相环境中，芳香环易于形成π-π堆积。芳香环之间紧密的相互作用使原子相互接近，实现较弱的范德华力最大化。π-π堆积作用的能量优势取决于碱基类型：较大的嘌呤（鸟嘌呤）比较小的嘌呤（腺嘌呤）更有利于π-π堆积作用。

DNA双螺旋是一个动态结构，碱基并不是牢固地被Watson-Crick碱基对氢键所固定。堆积相互作用并不需要碱基对之间完全共平面。B型DNA的晶体结构显示，相对理想的共平面碱基对，它们是明显扭曲的（**图3.26**）。

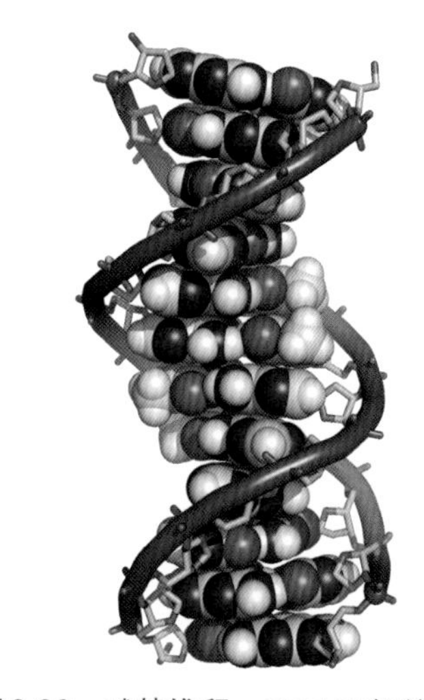

图3.26 碱基堆积。DNA双螺旋通过DNA碱基对之间的π-π堆积作用所稳定，此处DNA碱基对以球状填充模型呈现。（PDB：1BNA）

通过π-π堆积作用插入到DNA碱基间的嵌入剂

DNA的核糖-磷酸骨架能够稍稍解开，允许平面的芳香性分子π-π堆积相互作用“嵌入”（intercalate）碱基对之间（**图3.27**）。许多抗肿瘤天然产物就是通过嵌入到DNA碱基对之间来靶向DNA，例如被用来治疗癌症的柔红霉素（daunomycin）和阿霉素（adriamycin）（**图3.28**）。最好的嵌入剂往往是带正电的多环芳香性化合物。药物地特氯铵（ditercalinium chloride）与DNA双链紧密结合，并设计有一个足够长的连接基团跨越两个碱基对。当嵌入剂的浓度升高时，DNA中不断插入嵌入剂分子从而导致长度和刚性增加。然而，DNA并不能无限制地被嵌入，每两个碱基对之间最多插入一个嵌入剂。

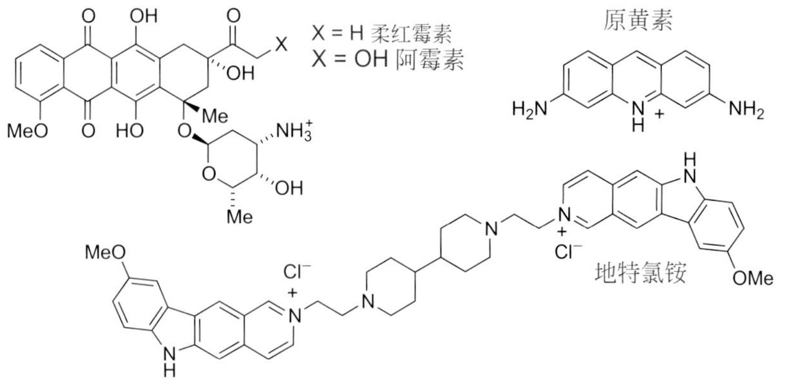

图3.27 DNA嵌入剂。嵌入DNA碱基对中的小分子通常具有平面多环芳香性结构及阳离子官能团。

X = H 柔红霉素
X = OH 阿霉素
原黄素
地特氯铵

图3.28 平面芳香性分子如柔红霉素嵌入DNA碱基对中。嵌入剂包裹在碱基对中形成三明治结构，该DNA六聚体的晶体结构嵌入了两个柔红霉素。（PDB：1D11）

双链DNA可逆的变性与复性

鸟嘌呤（G）和胞嘧啶（C）[或腺嘌呤（A）和胸腺嘧啶（T）] 总会不可避免地形成碱基配对。在生理条件下，DNA链与其互补链之间的结合是一个自发、快速的过程，这个过程称为**杂交**（hybridization）。所形成的双链DNA的稳定性通常用解链温度（melting temperature，T_m）来表示。在双链DNA的T_m条件下，其中50% DNA以由π-π堆积和沃森-克里克碱基互补配对（Watson-Crick base pairs）维持的双链形式存在，另外50%则以单链形式存在。DNA解链时，在260 nm波长下的紫外吸收会有一定升高[**图3.29**(**A**)]。通过紫外-可见分光光度计测定不同温度下DNA双链在260 nm处的吸光度，我们可以很容易得到该DNA双链的T_m。在这个实验中，只需简单加热双链DNA溶液并监测其在260 nm处的吸光度，最大吸光度值和最小吸光度值的中点所对应的温度T_m [**图3.29**(**B**)]。一些染料与双链DNA结合时荧光会显著增强（**图3.30**），与单链DNA结合则没有这一现象。SYBR Green I染料就是其中的一种，它常被用于双链DNA的高灵敏定量分析。

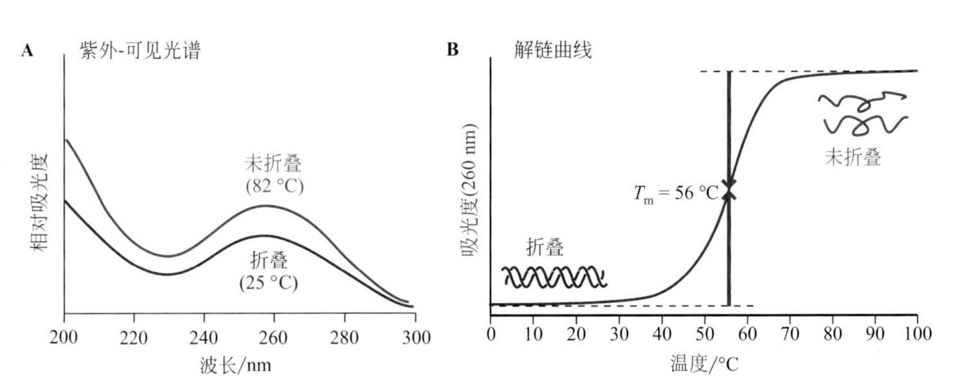

图3.29 DNA解链。（A）折叠和未折叠（变性）的DNA的紫外-可见吸收光谱在260 nm处的吸光度有显著差异。（B）随着温度逐渐升高，DNA双链的解链曲线在解链温度（T_m）处会出现一个拐点。

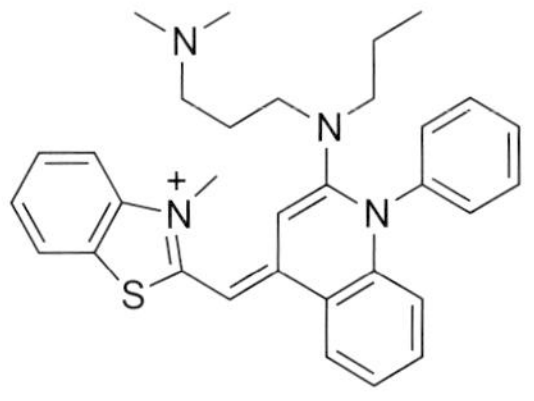

SYBR Green I

图3.30 SYBR Green I结构。这种染料与双链DNA结合时荧光会显著增强。

一般来说，高（C+G）含量的双链DNA比高（A+T）含量的双链DNA更稳定，这是因为G·C碱基对有更多的氢键和更稳定的π-π堆积作用。令人惊讶的是，DNA折叠的复杂现象可以用一个简单的方程式预测。因此，只要知道A·T碱基对和G·C碱基对的数目，就可以使用**华莱士规则**（Wallace rule）对序列的T_m进行简单估算（**图3.31**）。华莱士规则对所有需要用到DNA的实验都是非常有用的，因此需要牢记此公式。对于短的寡聚核苷酸（14～20 bp）与长DNA片段的杂交，华莱士规则是最准确的。而更精确的华莱士规则需要考虑离子浓度和溶剂等变量的影响。

$$华莱士规则：\quad T_m = 2 \times (A{\cdot}T碱基对数) + 4 \times (G{\cdot}C碱基对数)\ ^{\circ}C \qquad (3.1)$$

```
               5'-CTTTTCTCCCTTGGTGCCATCA-3' (探针)
                  ||||||||||||||||||||||
3'-TGCATGGACCAAGGGGGAAAAGAGGGAACCACGGTAGTGCGGGTAGAAACGGAC-5' (MBL2)
```

图3.31　**华莱士规则**。华莱士规则可以用来估算短链DNA探针和长链DNA形成的双链DNA的解链温度。

通常将与特定长链 DNA 互补结合的人工设计合成的寡核苷酸短链称为探针（probe）。例如，**图 3.31** 中短的寡核苷酸探针能够与含有互补序列的 *MBL2* 链结合，用华莱士规则计算其 T_m 为（2 × 11 + 4 × 11）℃ = 66℃。上述序列是编码蛋白甘露糖结合凝集素 2（mannose-binding lectin 2，MBL2）的基因的一部分，而甘露糖结合凝集素 2 是先天性免疫的重要组成部分。注意：基因名称需要斜体，而蛋白名称不需要。用绿色标出的 G 碱基处的单核苷酸突变会使儿童易受感染，因为在这个位置错误的碱基对会使得原来的 G·C 碱基对之间的三个氢键缺失，标记处的突变会引起探针与突变基因之间的 T_m 降低。通过检测 T_m 的变化，可以诊断突变的发生和由此引起的疾病。

问题3.7

RFXANK 基因 5′ 末端下划线标记的 14 个碱基的缺失与裸淋巴细胞综合征Ⅱ型（bare lymphocyte syndrome type Ⅱ）的发生相关。请设计一条 18 个碱基的探针序列，该探针应与下划线标记的 14 个碱基序列互补，并具有最高的 T_m 值。请计算所设计的探针与该基因所形成的杂交链的 T_m 值。

```
5'-CCGGACGCCGCACGGCTCCTGTTCCGGTGTCAGAGGGCCCGCCCTCCCCG
   CTCCTCAGTCTTTGCGGACAAGAAAGGGGCTGTGTGAGACGCAGGGAAGG
   AGGCACACCCGGGGGTGGCGCAGTGAGGAGGGGGCGCGACGGCCAGG...-3'
```

问题3.8

计算 15～20 个碱基长度的 DNA 寡聚链可能存在多少条序列，当 DNA 长度为多少时这个序列数会超过人类基因组总长（30 亿碱基对）的 20 倍。

即使有少数的非沃森-克里克碱基互补配对的错配存在，寡核苷酸仍然能形成双链结构，但是每个错配碱基都会降低双链的稳定性。单个碱基错配引起的不稳定也经常发生在基因组中。即使人类的 DNA 同源性高达 99.9%，但人类在外貌和对疾病的敏感程度上却千差万别。大多数个体之间的遗传学差异是由**单核苷酸多态性**（single nucleotide polymorphisms，SNPs）导致的，这种单核苷酸多态性即单个碱基对的差异，遍布个体的整个基因组。许多用来识别 SNPs 的诊断工具都是利用完全互补的 DNA 探针和单个位点错配的探针之间的稳定性差异来实现的，因为错配通常会使 T_m 降低几摄氏度。例如，儿茶酚-*O*-甲基转移酶（catechol-*O*-methyltransferase，*COMT*）基因中的一个 110bp 长的基因片段上，1947 位的 G 突变为 A（G1947A SNP）时，T_m 降低了 3.8℃。*COMT* 基因影响着神经递质多巴胺的生物合成。当其中一条链额外多出一个核苷酸时，DNA 仍然可以杂交，但正如预期的那样，双链的稳定性会受到影响。多余的核苷酸亚基导致凸起（bulge）结构的形成（**图 3.32**），凸起结构会显著降低 DNA 双链的稳定性。

```
Tm  68 °C    52 °C    59 °C
    5' 3'    5' 3'    5' 3'
    G C      G C      G C
    C G      C G      C G
    G C      G C      G C
    T A      T A      T A
    A T      A T      A T
    C G      C G      C G
            G           T
    C G      C G      C G
    A T      A T      A T
    T A      T A      T A
    G C      G C      G C
    C G      C G      C G
    G C      G C      G C
    3' 5'    3' 5'    3' 5'
```

图3.32　**凸起结构会降低DNA双链的稳定性，导致 T_m 值降低。**

互补配对引发的DNA自组装

DNA 双链其中一条链比另一条链长时就形成了**黏性末端**（sticky end），当两条 DNA 双链具有互补的黏性末端时，会自发组装成一个长的双链 DNA

(**图 3.33**)。但是,形成的双链结构会有一个**切口**(nick),这个切口处邻近的核苷酸之间没有共价键连接。只有当黏性末端足够长时形成的双链才会相对稳定。**DNA 连接酶**(DNA ligases)能够将一条链 3′ 末端的羟基和另一条链 5′ 末端的磷酸连接起来形成磷酸二酯键来修补这种切口(**图 3.34**)。在这个连接反应中,需要一条互补链作为夹板使两个反应官能团相互靠近。

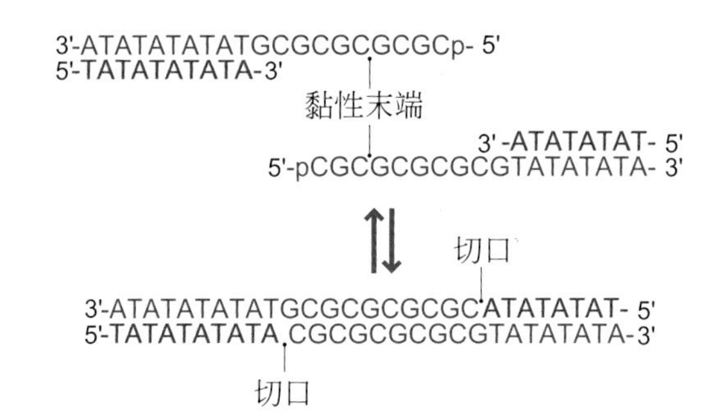

图3.33 黏性状态。两个具有互补黏性末端的双链DNA自发组装在一起。

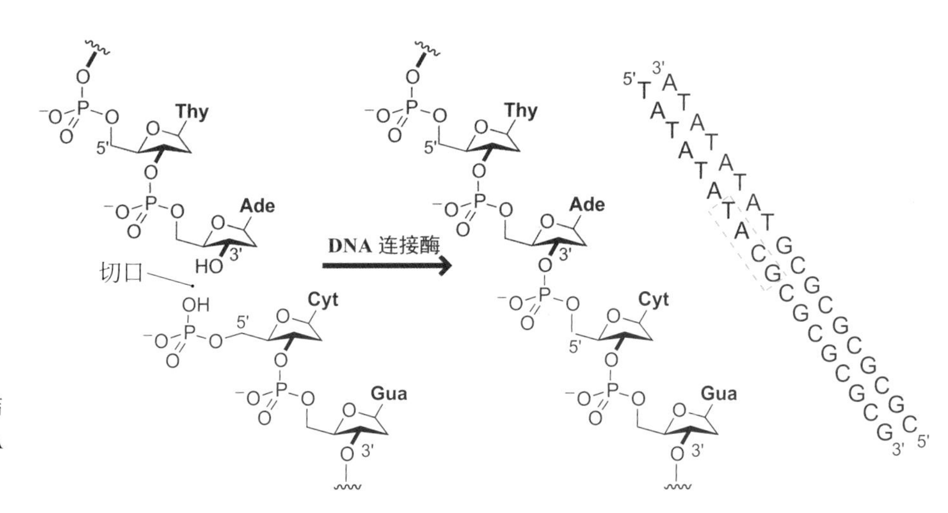

图3.34 DNA连接反应。黏性末端结合而产生的DNA切口可以通过DNA连接酶重新连接。

含有互补黏性末端的 DNA 双链具有自组装的能力,这是一种有效的工程工具。分子生物学家可以借此将不同的 DNA 片段拼接在一起。DNA 自组装过程在纳米工程中有非常大的应用潜力。寡核苷酸可被设计成三股、四股甚至更多股链相互杂交,形成二维晶格、立方体和三维网络结构(**图 3.35**)。

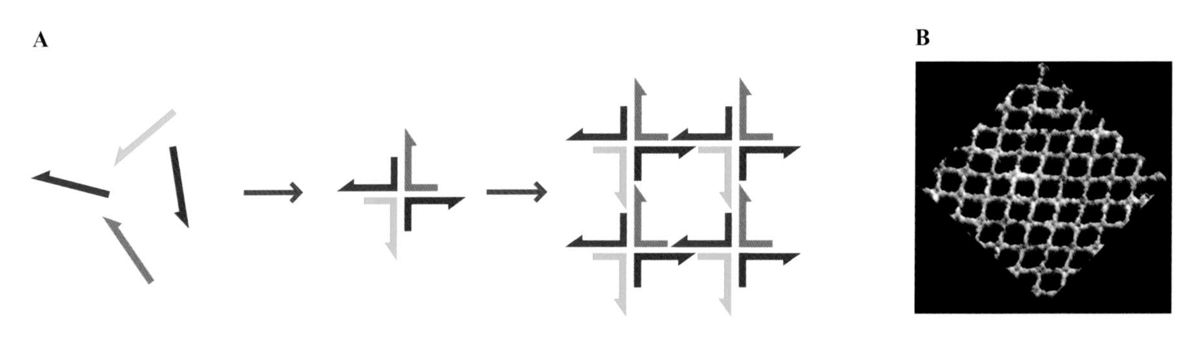

图3.35 DNA材料。(A)可以设计寡核苷酸的序列使其与其他链按一定取向自组装形成多维材料。(B)由寡核苷酸自组装而成的DNA纳米网格。(图B经AAAS授权:H.Yan et al., *Science* 301:1882-1884,2003。)

短链DNA可以折叠成发夹结构

含有互补序列的短链 DNA 可以自身折叠成**发夹**(hairpin)结构,并且折叠后的 DNA 不能与探针进行杂交。例如,一些 DNA 可以自我折叠成特定的构象,被称为**二级结构**(secondary structure)(参照 DNA 的一级结构来命名,一级结构即 DNA 碱基序列)。由此产生的双链 DNA 短链可以阻止其他的寡

A

B

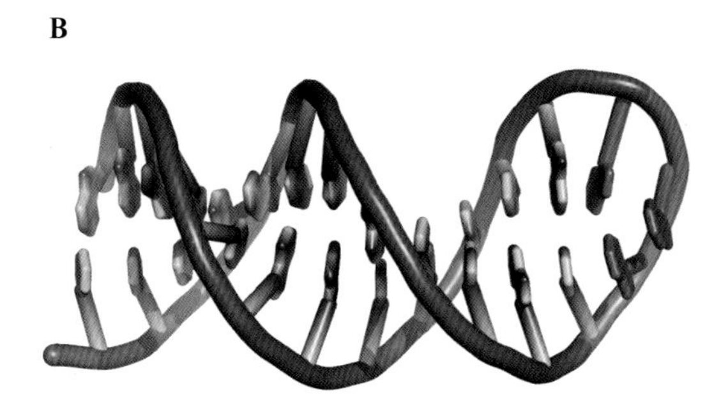

C

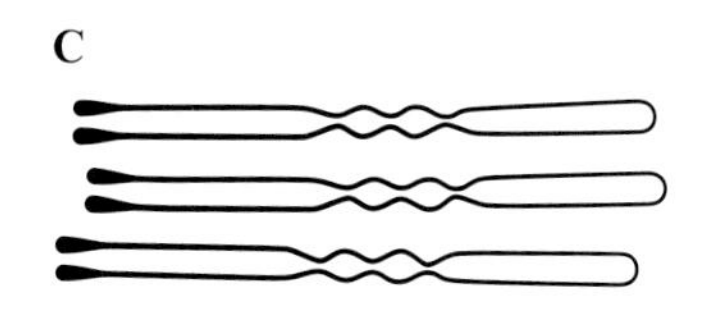

图3.36 **DNA发夹**。（A）富含A、T的寡核苷酸链通过分子内碱基配对形成稳定的发夹结构。（B）紫色的三个核苷酸残基没有形成沃森-克里克碱基对（PDB：1JVE）。（C）DNA发夹结构图与实际的发夹类似。

核苷酸与其进行杂交（**图3.36**）。

一些神经退行性疾病与重复序列相关，这些重复序列会导致错误复制，从而产生额外的重复。亨廷顿病（Huntington′s disease）与基因组中数千个重复的三联CTG序列有关，这些序列位于基因组中不编码任何蛋白质的基因片段上。一组五个连续的CTG序列足以形成一个发夹结构，导致无法与互补链形成双链（**图3.37**）。

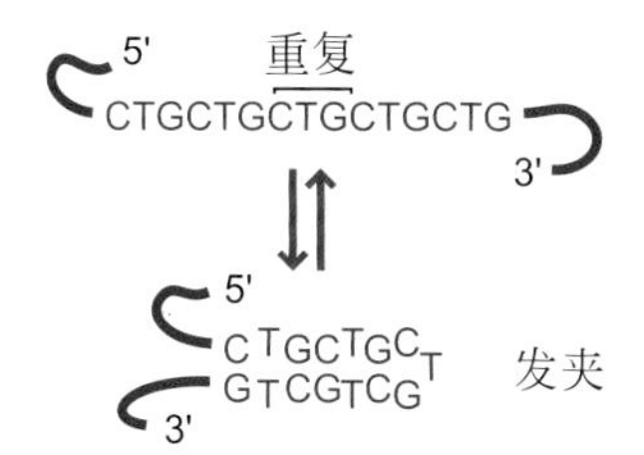

图3.37 **三联重复序列的危害**。在亨廷顿病中，CTG重复序列形成发夹影响互补双链的形成。

问题3.9

画出下列寡核苷酸能够形成的含有最多沃森-克里克碱基对的发夹结构。
CGACCAACGTGTCGCCTGGTCG

基因组中大多数有害的DNA序列会在自然进化过程中被剔除。而分子生物学家设计的短链DNA探针缺乏这一优势，有时会因为错误折叠或者与非完全互补的链杂交而出现动力学问题。最快形成的产物（动力学产物）并不总是最稳定的产物（热力学产物）。为了克服动力学杂交的问题，DNA可以被加热到一个较高的温度（高于错误折叠结构的T_m），然后慢慢冷却，这种方法称为**退火**（annealing），它提供足够的能量使系统达到热力学平衡。

3.4 DNA超结构（DNA Superstructure）

双链DNA形成超螺旋

如果没有精确的管理，细胞中的DNA将会乱成一团。基因组DNA总是很长，如果延展开来，单个人体细胞中的DNA大约有2m长。内在扭曲的线状物体非常容易形成**超螺旋**（supercoil），这种拓扑概念类似于我们平时使用电话时，电话线总是容易烦人地缠绕在一起。DNA和电话线都有内在的扭曲力，其中DNA的扭曲是由手性磷酸核糖骨架造成的，而电话线的扭曲则由模制塑料施加的。如果将电话听筒翻转几次，则会在盘绕的电话线中引入足够的扭转张力形成超螺旋（**图3.38**）。反复使用后，超螺旋的缠结和扭曲会变得非常明显，以至于很难将电话线拉出。超螺旋可以是正的也可以是负的，它不会影响DNA中原子间的键合关系，仅仅改变拓扑结构。

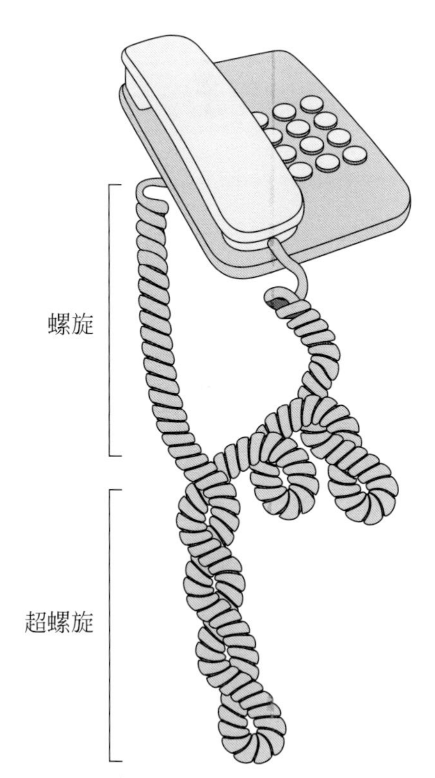

图3.38 **超螺旋**。DNA中的超螺旋拓扑现象与电话线的扭曲模型相似。（改编自D. L. Nelson and M. M. Cox，Lehninger Principles of Biochemistry，5th ed. W. H. Freeman，2008。）

DNA的超螺旋可以阻止**转录复合物**（transcriptional machinery）分开DNA单链来合成RNA（**图3.39**）。因此需要一些方法使DNA松弛来去除超螺旋。仅通过扭转两个末端中的任何一个即可轻松去除DNA链上的超螺旋，但环状DNA没有末端。缠绕的电话线也存在相似的问题。当听筒放在电话机架上时，不可能从电话线上去除超螺旋，但是一旦拿起听筒，就可以通过转动听筒（及其所连接的电话线的末端）来去除超螺旋。当然如果这个电话线长66732 km，我们会发现很难去除电话线中间的任何超螺旋，同样，想要通

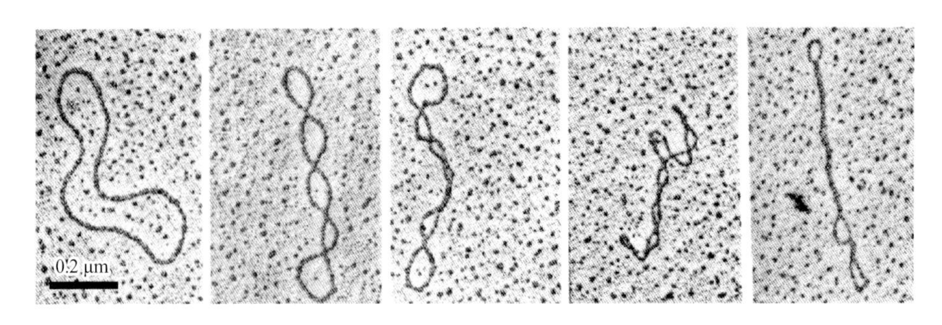

图3.39 **超螺旋质粒**。DNA质粒拥有相同的化学结构，却有不同的程度的超螺旋，超螺旋结构从左至右依次升高。（由Laurien Polder提供。）

过扭转末端来消除人染色体中间的超螺旋结构也是不切实际的。

拓扑异构酶解决了DNA的拓扑问题

细胞不是通过旋转末端来解决DNA超螺旋的问题，而是使用两种**拓扑异构酶**（topoisomerase）通过瞬时断裂DNA来进行调节（**图3.40**）。Ⅰ型拓扑异构酶可以切割单链，使得另一条链可以通过键的旋转来松弛超螺旋，最后酶重新连接切开的DNA链。DNA的某些拓扑问题不能只通过扭转来解决。在真核细胞中，线粒体DNA存在大量的多拷贝环状基因组，称为**动基体**（kinetoplast）。研究者们发现，动基体DNA像多联环的项链一样存在于一种寄生虫锥虫体内。这些DNA项链的分离需要Ⅱ型DNA拓扑异构酶。Ⅱ型DNA拓扑异构酶可以切割DNA的两条链，同时不稳定地结合在切割产生的末端。它允许双链DNA的另一部分可以穿过这个切口，然后类似于DNA连接酶的机理在ATP的帮助下将两条链重新“缝合”在一起。本章后面会继续讨论这一过程。通过偶联水解ATP中高能磷酸酯键的热力学有利的反应，可以驱动许多热力学上不利的酶促转化反应。如Ⅱ型拓扑异构酶每催化一次需要消耗两分子的ATP。

当拓扑异构酶重新连接DNA的过程受到抑制时，将会导致细胞死亡。因此分裂速度快的细胞，如癌细胞和细菌都对拓扑异构酶抑制剂非常敏感（参见**图3.40**）。不论是天然的还是人工合成的拓扑异构酶抑制剂都对它们有极强的毒性。

细菌质粒是环状DNA

细菌细胞通常含有小的环状DNA质粒。质粒不属于细菌的基因组，但是它们通常携带至少一个赋予宿主细菌特殊选择性优势的基因。质粒通常存在多个副本，以增加它们在细胞分裂时传递给子代的概率。通过裂解细胞膜并将质粒DNA吸附在硅胶上，可以很容易地从细菌中分离出纯净的质粒。将新

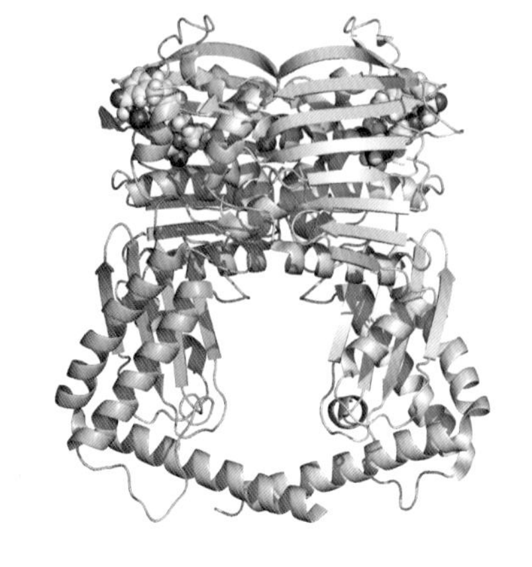

新细菌素

环丙沙星

图3.40 **细菌DNA回旋酶是一种Ⅱ型拓扑异构酶，其B区有一个明显的洞，DNA可以穿洞而入**。天然产物新细菌素（novobicin，黄色）和合成抗生素环丙沙星（ciprofloxacin）都选择性地抑制细菌DNA回旋酶，但不抑制人类拓扑异构酶。（PDB：1KIJ）

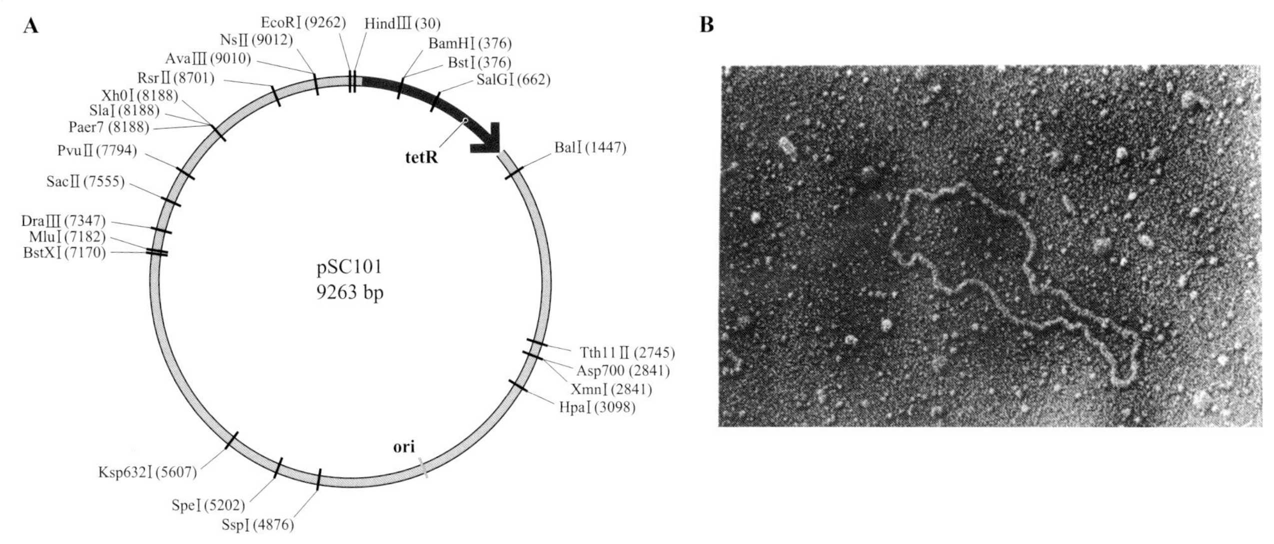

图3.41　质粒。（A）质粒图pSC101质粒含有9263个碱基对。限制性位点（图中线指示位点）标记了对应限制性内切酶名称，红箭头表示质粒中抗四环素基因的位置。（B）pSC101质粒在电子显微镜下的照片。（图B由S. N. Cohen和A. C. Chang提供，来自*Proc. Natl. Acad. Sci.* USA70：1293-1297，1973。）

基因通过剪切等方法插入到质粒中，质粒就可以重新导入细菌中并表达蛋白质。这种不在生命体内发生，通过在质粒上进行化学反应的方法，开拓了分子生物学的一个新领域。

所有质粒，甚至基因组DNA，都拥有一个必不可少的序列，称为**复制起点**（origin of replication，ORI或ori）（**图3.41**）。它作为复制起点指导细胞内的酶开始质粒复制。一些染色体含有多个复制起点，以提供多个位点开始DNA复制，从而加速染色体复制。一些质粒的复制起点可以导致DNA的快速合成，并因此产生更多的副本，而一些复制起点则相反。

由于带有合成蛋白质和DNA的指令，质粒通常被转染进大肠杆菌，把这些细菌变成微小但高效的制备工厂。但是为什么大肠杆菌会安心复制质粒或在它的指导下工作，即使这些外源DNA掠取了细菌自身的资源？因为这种质粒往往带有对四环素（Tet）或氨苄西林（Amp）等抗生素具有抗性的基因。因此，如果细菌生长的培养基中加入四环素，则只有带四环素抗性基因（Tet^+）质粒的细菌才能在此培养基上生长。

问题3.10

病毒Fd的环状单链基因组具有复制起点。一旦该病毒的DNA进入细菌后，细菌RNA聚合酶开始转录与其互补的RNA链，但由于Fd DNA中存在折叠结构而终止。请使用碱基配对原理为Fd ORI的折叠区域绘制一个合理的结构。

折叠

5'-GGGTGATGGTTCACGTAGTGGGCCATCGCCCTGATAGACGGTTTTTCGCCCTT-3' **Fd DNA**

3'-ACUAUCUGCCAAAAAGCGGGAA-5' 新 **RNA**

← *E. coli* RNA聚合酶

质粒含有赋予有利性状的基因

抗生素通过靶向作用于各种生命过程而发挥作用。最有用的抗生素可以选择性地杀死细菌或者人类癌细胞，但是按医学的定义来说，抗生素通常仅限于靶向细菌小分子。有些抗生素会抑制拓扑异构酶，有的阻碍蛋白质合成，

图3.42 **β-内酰胺类抗生素具有独特的四元环酰胺，称为内酰胺。**氨苄西林和羧苄西林是青霉素G（一种早期的β-内酰胺类抗生素药物）的类似物。通过结合质粒赋予β-内酰胺抗性的羧苄青霉素在实验室研究中有广泛的应用。

有的会导致细胞壁破损。青霉素和其他β-内酰胺类抗生素会破坏细菌的半钢性外膜——细胞壁的合成。因为人体细胞不具有细胞壁，所以破坏细胞壁完整性的化合物对于治疗细菌感染来说极具优势。早期关于抗生素耐药性的研究表明，耐药性细菌的质粒带有能编码特异性酶的基因（如*Amp*），该酶可以裂解β-内酰胺抗生素的张力内环（**图3.42**）。目前具有*Amp*基因的质粒已广泛用于分子生物学研究中（**图3.43**）。

β-内酰胺类化合物容易发生水解，尤其在碱性和高压灭菌过程中的高温环境下更不稳定。所以，在需要较长生长时间的细菌发酵过程中，有时需要额外添加其他抗生素。羧苄西林可以代替氨苄西林，因为前者相对后者不容易水解开环，更加稳定。

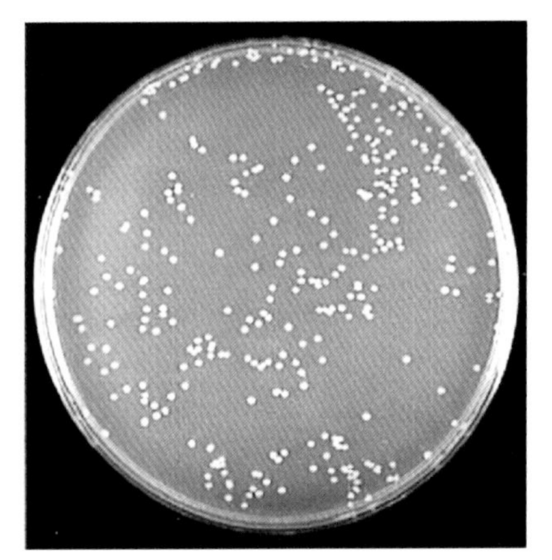

图3.43 **基因选择标记的应用。**只有带有Amp^+质粒的细菌可以在添加羧苄青霉素的琼脂培养基上生长。（来自G. Karimova et al.，*Proc. Natl. Acad. Sci. USA* 95：5752-5756，1998；获得the National Academy of Sciences授权。）

问题3.11

人类蛋白质的氨基与β-内酰胺结构缓慢反应产生抗原表位，即免疫系统识别结构。即使只有少量发生，这些外来抗原也会激起免疫系统剧烈的过敏反应。试用箭推法表示青霉素G与蛋白质侧链反应可能的电子转移机理。

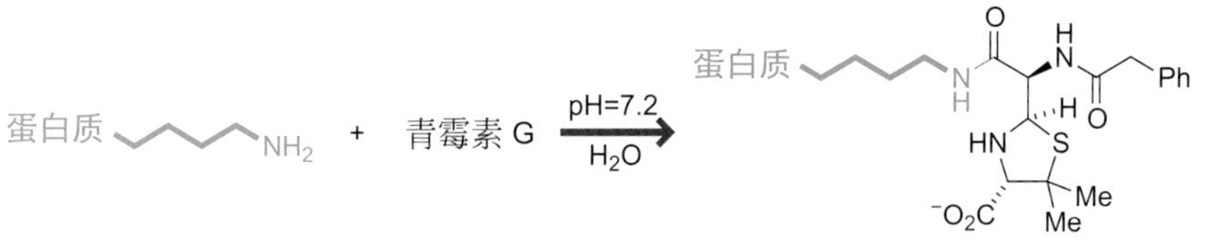

真核生物的DNA缠绕在组蛋白上

人类基因组（即二倍体基因组的所有60亿个碱基对）为了节约空间非常精巧紧密的塞在人体细胞中。想象一下，如何将9km长的线装进一个足球，同时保持其有序不打结，并且每微米的线都可以完全接触到，这种疯狂的场景在人体细胞中只是一种常态。人类基因组并非一长串DNA链，而是以二倍体形式存在（每个基因有两个副本）。基因组分布在23对染色体中，每对染色体即为一对同源DNA分子（**图3.44**）。正常情况下，染色体DNA以紧密包装着的染色质形式存在（蛋白质和DNA的混合物）。然而在基因转录过程中需要解开染色质的特定区域，而细胞分裂过程则需要解开所有染色质。染色质的组成单位是核小体，即约150 bp的DNA整齐地缠绕在8种组蛋白复合物周围。

组蛋白通过特定的赖氨酸和精氨酸侧链与带负电荷的DNA骨架相互作用，因为这些碱性氨基酸侧链在生理pH下会被质子化并带正电荷（**图3.45**）。细胞分裂期间，酶会催化组蛋白赖氨酸的ε-氨基发生乙酰化。乙酰化的氨基不能被质子化带正电荷，组蛋白与DNA就不能紧密结合。一旦DNA从组蛋白核心中游离出来，其结构会变得松散并可以被转录。组蛋白乙酰化和去乙酰化是细胞分裂的关键步骤，分别通过**组蛋白乙酰转移酶**（histone acetyltransferases，HATs）和**组蛋白去乙酰化酶**（histone deacetylases，HDACs）来进行。因此细胞只需通过组蛋白修饰这一强大的工具来调控核小体结构，简单调控DNA的结合状态来控制转录。例如，组蛋白H3的Lys4和Lys79甲基化与基因表达

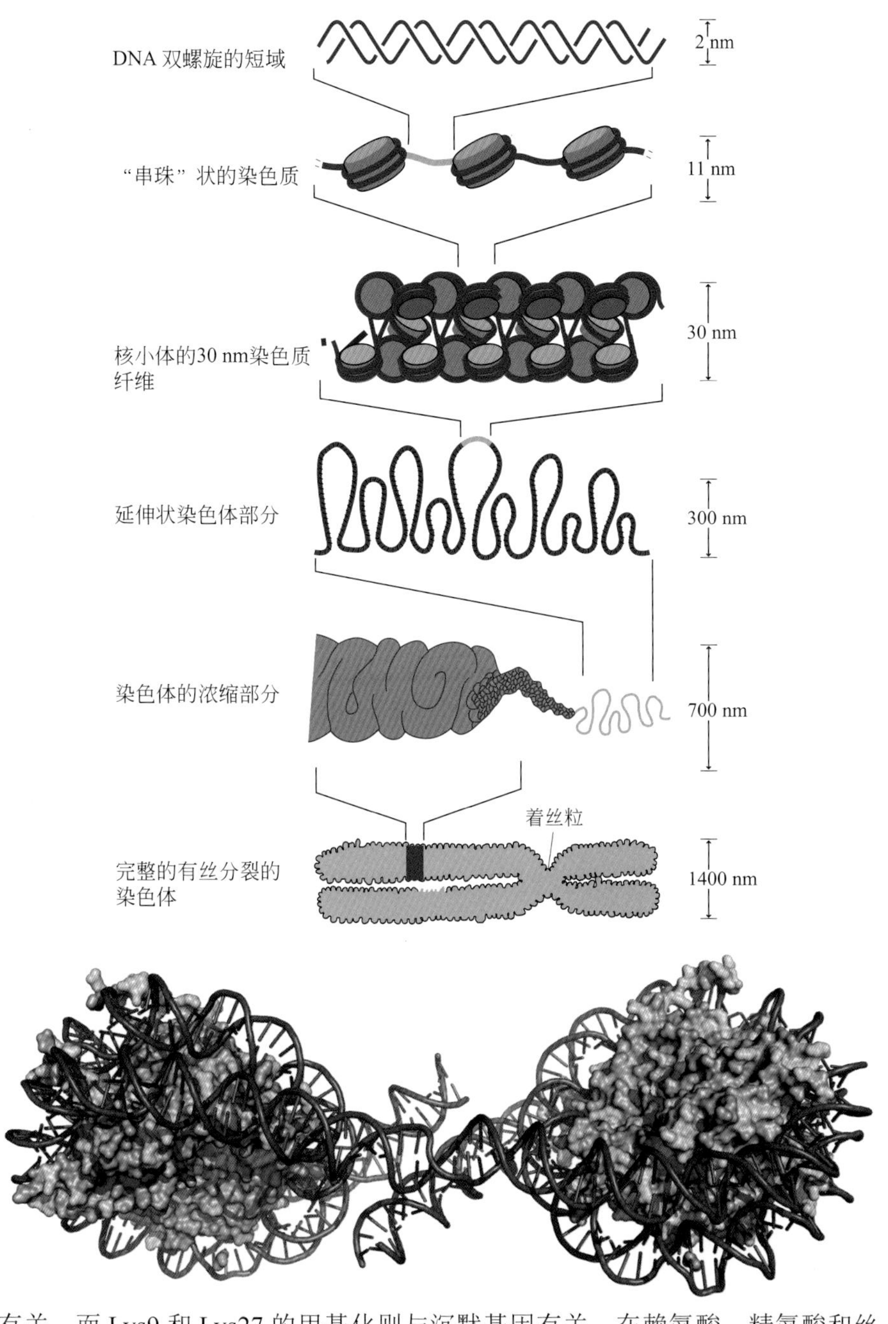

图3.44 人类染色体中DNA的组装方式。（改编自B. Alberts et al., Essential Cell Biology, 3rd ed. New York：Garland Science, 2009。）

图3.45 静电钩（electrostatic hooks）。带正电荷的赖氨酸和精氨酸侧链（呈绿色）使带负电荷的DNA束缚在组蛋白周围，同时它们还有助于核小体紧密结合在一起。

有关，而Lys9和Lys27的甲基化则与沉默基因有关。在赖氨酸、精氨酸和丝氨酸侧链上已发现大量的组蛋白修饰类型，如甲基化、乙酰化、磷酸化、瓜氨酸化、ADP核糖基化以及与蛋白质泛素化和类泛素化（SUMO）（**图3.46**）。由于组蛋白在细胞分裂过程中会传递给子代细胞，因此组蛋白修饰是表观遗

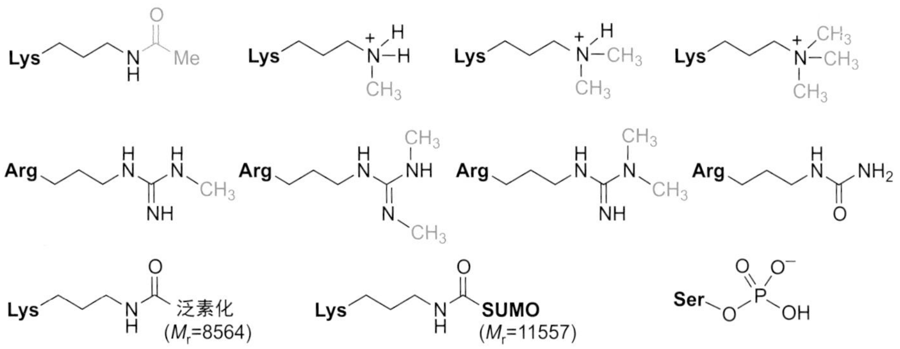

Lys 泛素化 (M_r=8564)　Lys SUMO (M_r=11557)　Ser

图3.46 组蛋白与DNA相互作用的修饰调控。各种酶通过修饰赖氨酸（Lys）、精氨酸（Arg）和丝氨酸（Ser）侧链来调控组蛋白与DNA的相互作用。其中M_r为分子量。

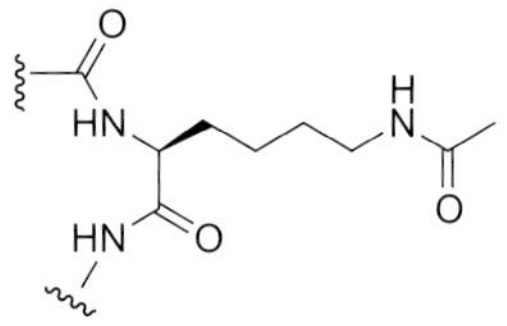

N-乙酰赖氨酸

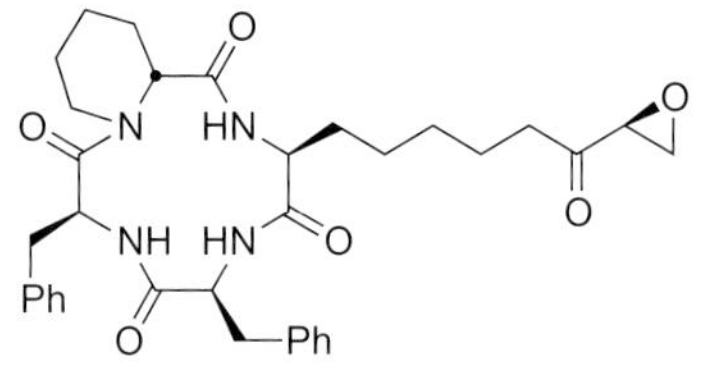

trapoxin A

图3.47 **化学诱饵**。trapoxin A是HDAC-1的共价抑制剂，trapoxin A环氧酮官能团类似组蛋白侧链的*N*-乙酰赖氨酸。

传修饰的一种，这意味着它们在转录上的作用是可遗传的，与核苷酸序列一样重要。

因为从组蛋白上解离DNA对于复制和细胞分裂是十分必要的，所以组蛋白可以作为细胞毒性天然产物甚至抗癌药物的作用靶标。例如，trapoxin A（**图3.47**），一种从*Helicoma ambiens*中分离出来的环状四肽，可使癌细胞从癌表型“还原”为正常细胞形状。通过研究trapoxin A的生物学机制，吉田及其同事发现它通过抑制细胞中组蛋白去乙酰化酶的活性来发挥作用。随后Schreiber及其同事将trapoxin A用作化学诱饵，发现它通过共价结合HDAC-1来直接抑制其活性。

问题3.12

肽基精氨酸脱亚氨酶4（peptidyl arginine deiminase 4，PADI4）可将精氨酸侧链转换为瓜氨酸侧链。这种转化对与这些残基结合的基因的转录将产生什么影响?

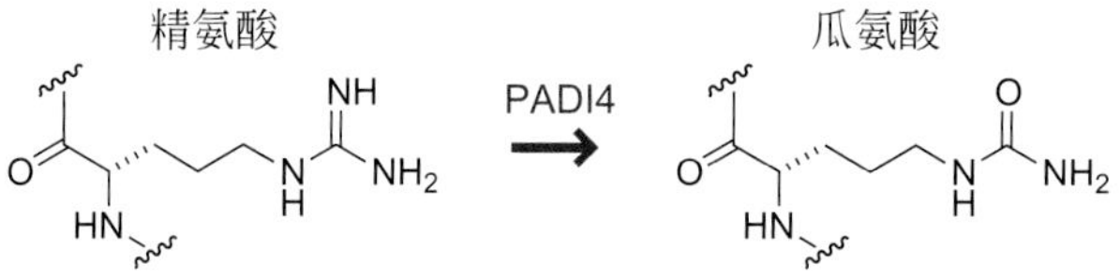

精氨酸 —PADI4→ 瓜氨酸

3.5 聚合酶介导的DNA生物合成（The Biological Synthesis of DNA by Polymerase Enzymes）

DNA聚合酶延伸DNA链

聚合酶是DNA复制过程中最为关键的酶，它们可以催化已有的DNA链延伸，但不能启动新链的合成。DNA聚合酶可以在引物链的3′端加上与模板链互补配对的脱氧核苷酸，以达到延伸的效果（**图3.48**）。人体细胞中存在着不同种类的DNA聚合酶，有的负责填补DNA链的空隙进行修复，有的负责全基因组的复制。在细胞分裂前，由多个蛋白质亚基构成的DNA聚合酶复合物Pol δ和Pol ε是参与基因组复制的主要聚合酶。

聚合酶所催化的反应单体是镁离子和2′-脱氧核苷酸-5′-三磷酸盐（dNTPs）的复合物。这些三磷酸盐按碱基不同缩写分别为：dATP、dCTP、dGTP和dTTP。在体外聚合酶反应中，除了这四种dNTPs的混合物总是需要额外添加$MgCl_2$。在每次加入脱氧核苷酸单体的连续延伸过程中，延伸链的3′端羟基发生去质

模板链 3'-TTTTTTAAAAGTTACTTATTTTACGACGTAAGATATCCAATAGTTAAA…
引物链 5'-AAAAAATTTTCAATG-3'

DNA聚合酶 ↓ 核苷酸单体

模板链 3'-TTTTTTAAAAGTTACTTATTTTACGACGTAAGATATCCAATAGTTAAA…
延伸链 5'-AAAAAATTTTCAATGAATAAAATGCTGCATTCTATAGGTTATCAATTT…

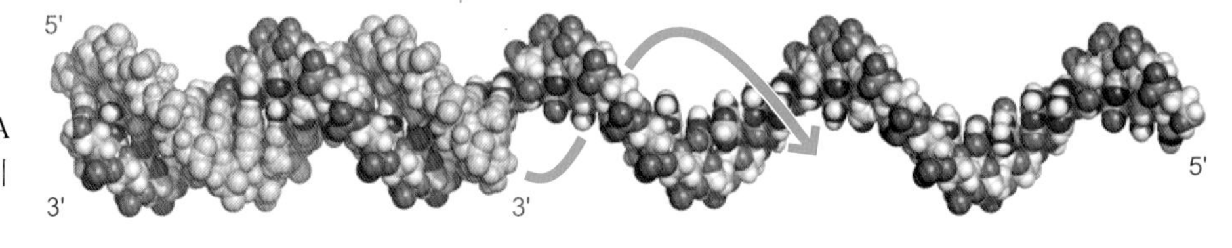

图3.48 DNA聚合反应。所有的DNA聚合酶都以另一条链为模板来延长引物链（绿色）。

图3.49 镁离子的作用。人DNA聚合酶η（DNA Pol）的催化机理需要两个镁离子参与。

子化形成烃氧基镁，并进攻三磷酸盐的磷酸酯键，随后焦磷酸镁作为离去基团脱去（**图 3.49**）。从反应活性的角度来看，DNA 聚合酶的作用很简单，即将两种反应物固定在适当的位置，其羧基侧链同时固定两个镁离子。使蛋白质羟基磷酸化的酶也是基于类似的作用原理。

DNA聚合酶的复制过程具有高保真度

DNA 聚合酶的真正魅力在于能够基于模板链以高保真度选择互补的核苷酸形成新的 DNA 链。DNA 聚合酶以一种类似于半张开右手的结构，将正在延伸的双链固定在适当的位置（**图 3.50**），单链 DNA 模板通过引物延伸得到的双链 DNA 穿过“拇指”和“食指”之间的弯曲处。当新的碱基进入链中时，处于上方的“食指”会推压所得的双链结构来测试是否形成了正确的沃森 - 克里克碱基对。错误碱基配对的 dNTPs 会被推出反应位点。在找到正确的碱基配对 dNTPs 后，“食指”靠近结合“拇指”区域，双链 DNA 和新引入的 dNTP 被关闭在酶活性位点中从而引发链的延伸。DNA 聚合酶的第二个结构域**核酸外切酶**（exonuclease）在新添加的核苷酸从活性位点移出之前进行延伸质量的校对。如果新添加的核苷酸不能形成完美的沃森 - 克里克碱基对，核酸外切酶会切割异常核苷酸以保证聚合酶引入正确的核苷酸单体。这种校对过程将复制的错误率大大降低，大概合成 10^8 个碱基才会发生一次错误。而且，作为一种“挑剔”的酶，DNA 聚合酶仍以每分钟平均 1000 个核苷酸的速度延伸 DNA，这个速度是十分惊人的。

逆转录酶以RNA为模板延伸DNA链

人类基因组信息以双链 DNA 模板的形式储存，但一些被称为**逆转录病毒**（retroviruses）的病毒基因组是由单链 RNA 组成的，比如 HIV 病毒（人类免疫缺陷病毒）。一旦进入人类 T 细胞，HIV 病毒的 RNA 需要转化为 DNA，从而最大程度地利用宿主的生物合成系统。每个 HIV 病毒体都带有一种**逆转**

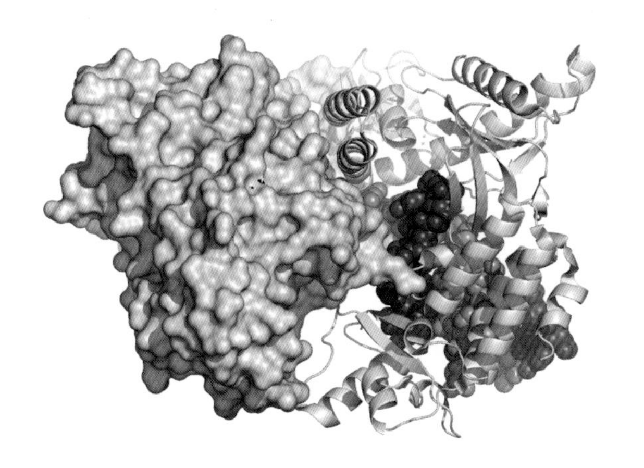
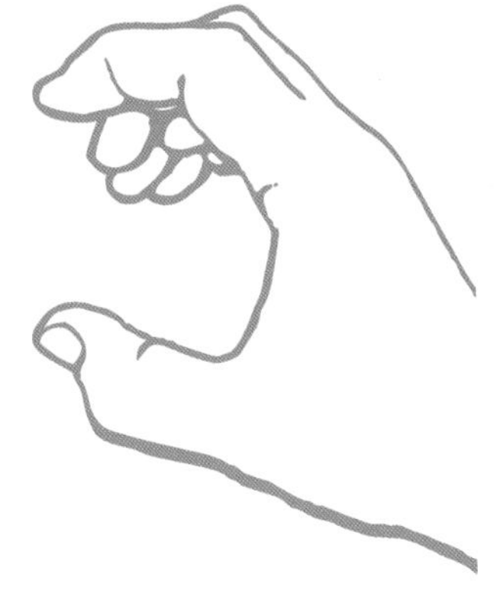

图3.50 所有已知的DNA聚合酶中保守的右手模型结构（青色）。酵母的DNA聚合酶δ（PDB：3IAY）还含有一个核酸外切酶结构域，图中用绿色画出。图中橙色部分为模板链，正在延伸的DNA链用红色表示。

3'-···CAGGGACAAGCCCGCGGUGACGAUCUCUAAAAGGUGUGACUGAUUU···
5'-···GUCCCUGUUCGGGCGCCACTGCTAGT
G
T
T
etc.
逆转录酶

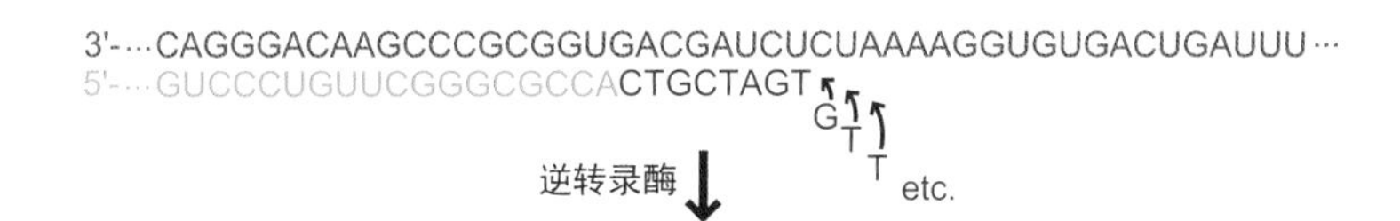

图3.51 逆转录酶是一种DNA聚合酶。HIV逆转录酶以人的转运RNA（tRNA）作为引物，合成稳定的HIV RNA基因组的cDNA拷贝。

录酶（reverse transcriptase），可以立即合成一条与病毒RNA基因组互补的DNA拷贝（简写为cDNA）。因此，人类DNA聚合酶能以DNA为模板合成互补的DNA链，而逆转录酶则以RNA为模板合成对应的DNA链，后者与人体基因的转录过程是相反的。我们将在下一章讨论，在人体细胞中HIV逆转录酶借用一种转运RNA分子（简写为tRNA）作为延伸的引物（**图3.51**）。其实无论是DNA还是RNA链，均可以作为逆转录酶延伸的引物。

逆转录酶已经成为了分子生物学研究中不可缺少的工具。它具有一些DNA聚合酶所不具备的特征，逆转录酶除了可以合成一条与基因组RNA互补的cDNA链外，还可以破坏RNA模板，甚至能够以第一条cDNA链作为模板合成第二条cDNA链。逆转录酶的一个亚基RNase H，可以催化RNA模板的降解。这种单酶的多功能化通常是小型基因组病毒的特点，因为病毒基因组的小型化意味着更容易被复制，从而可以提高病毒的进化适应性。因此，HIV基因组中包含逆转录酶在内的每个部分都必须执行多种功能。

DNA聚合酶可适应修饰过的胸苷酸残基

前面虽然提到DNA聚合酶具有高保真度，但出乎意料的是，许多DNA聚合酶会接受含有修饰碱基的核苷酸。有些DNA聚合酶比其他酶的耐受性更强，但关键是该修饰碱基必须具有形成沃森-克里克碱基对的能力。以常见的5-碘尿苷为底物进行钯催化交叉偶联反应，可以轻易合成5号位修饰了炔基或烯基的胸苷衍生物（**图3.52**）。

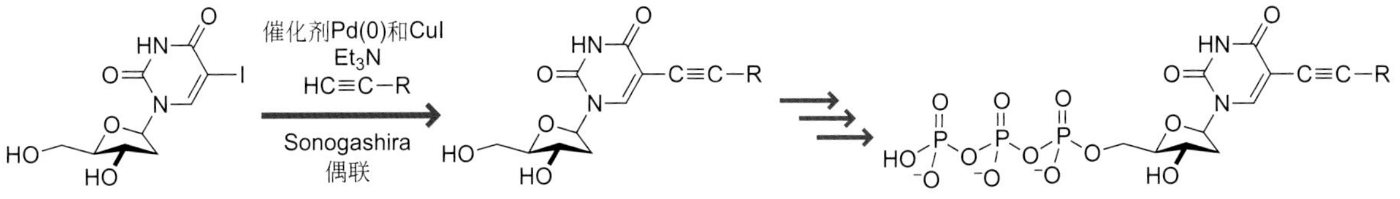

催化剂Pd(0)和CuI
Et3N
HC≡C−R
Sonogashira
偶联

图3.52 在DNA碱基上添加化学官能团。通过钯催化的交叉偶联反应可以很容易合成dTTP类似物。

5-炔基dTTP类似物dXTP可代替dTTP用于DNA聚合酶催化的DNA合成（**图3.53**）。即使模板链中已经存在修饰碱基，也可以容纳已修饰的核苷酸，从而得到两条链都有修饰碱基的DNA双链。基于DNA聚合酶具有容纳修饰碱基的灵活特性，通过在每个DNA碱基上设计特定的染料标记，是成功实现DNA测序的基础。

聚合酶链反应可以连续加倍扩增DNA

DNA聚合酶在化学生物学领域有许多应用，我们这里要介绍的**聚合酶链反应**（polymerase chain reaction，PCR）是个典型的例子。DNA聚合酶的其他应用包括DNA测序（本章3.7节）和诱导突变，本章后面也会提到。基于勒

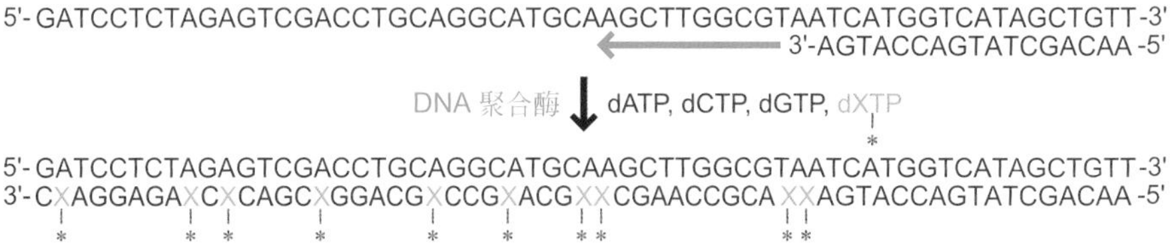

5'-GATCCTCTAGAGTCGACCTGCAGGCATGCAAGCTTGGCGTAATCATGGTCATAGCTGTT-3'
3'-AGTACCAGTATCGACAA-5'
DNA聚合酶
dATP, dCTP, dGTP, dXTP
5'-GATCCTCTAGAGTCGACCTGCAGGCATGCAAGCTTGGCGTAATCATGGTCATAGCTGTT-3'
3'-CXAGGAGAXCXCAGCXGGACGXCCGXACGXXCGAACCGCAXXAGTACCAGTATCGACAA-5'

图3.53 在DNA中加入新的化学官能团。5位取代的dTTP类似物（dX*TP）可以通过DNA聚合酶整合到延伸的DNA新链中。

夏特列原理（Le Chatelier′s Principle，也即化学平衡移动原理），通过过量的原料来驱动聚合反应的热动力学平衡，PCR 可以用来扩增任何基本的 DNA 序列。

PCR 主要包括两个阶段：（1）加入两种过量的 5′ 端引物与 DNA 双链达到平衡状态；（2）DNA 聚合酶进行延伸反应（**图 3.54**）。实际操作时，平衡阶段包括两个 1 min 的步骤。由于这个阶段的温度接近 100℃，而高温会导致大多数来自细菌或人类的酶失活，因此需要使用来自嗜热细菌的具有热稳定性的 DNA 聚合酶。其中，热稳定性的 DNA 聚合酶 *Taq* 聚合酶的理想工作温度为 72℃左右，温度过高或过低都会使酶活性受到影响。PCR 过程中的每个循环都会使 DNA 链的数量增加一倍，通常使用 25 个或更多循环数进行扩增得到大量 DNA。PCR 的每个循环包括三个 1 min 左右的步骤，初始的反应混合物包括 DNA 聚合酶、dNTPs、$MgCl_2$、目标 DNA 和两种相同于目标 DNA 两端序列的 5′ 端引物。随后除了需要改变反应温度之外，PCR 过程中不需要额外添加任何试剂。PCR 反应体系一般装在专门的薄壁 Eppendorf 管中进行，而反应是在一个由电脑控制的加热板块中进行的，该仪器叫作热循环仪（thermal cycler）。

PCR 第一步，反应混合物被加热到 95℃，以促进长的双链 DNA 解旋，并和过量的短链引物达到平衡状态。第二步，溶液温度降低到 55℃，以允许引物与目标 DNA 双链序列的 3′ 端特异性杂交。这两个 PCR 引物的序列与目标双链的 5′ 端序列完全相同。第三步，反应体系被加热到 *Taq* 聚合酶的最佳反应温度 72℃。不断循环重复 PCR 的这三步流程：加热解离、冷却退火、加热聚合，每次循环后大量 DNA 链被成倍扩增出来。理论上来说，即使只有单个目标DNA 序列分子，PCR 也能完成高效扩增。由于退火过程依赖于引物的 T_m 值，因此该技术可用于检测复杂序列中的单碱基差异。这种能从基因组中扩增特定基因片段且灵敏到可以放大单分子的方法给生物学、法医学、人类学和许多其他领域带来革命性的改变，在大多数化学生物实验室中也被广泛使用。

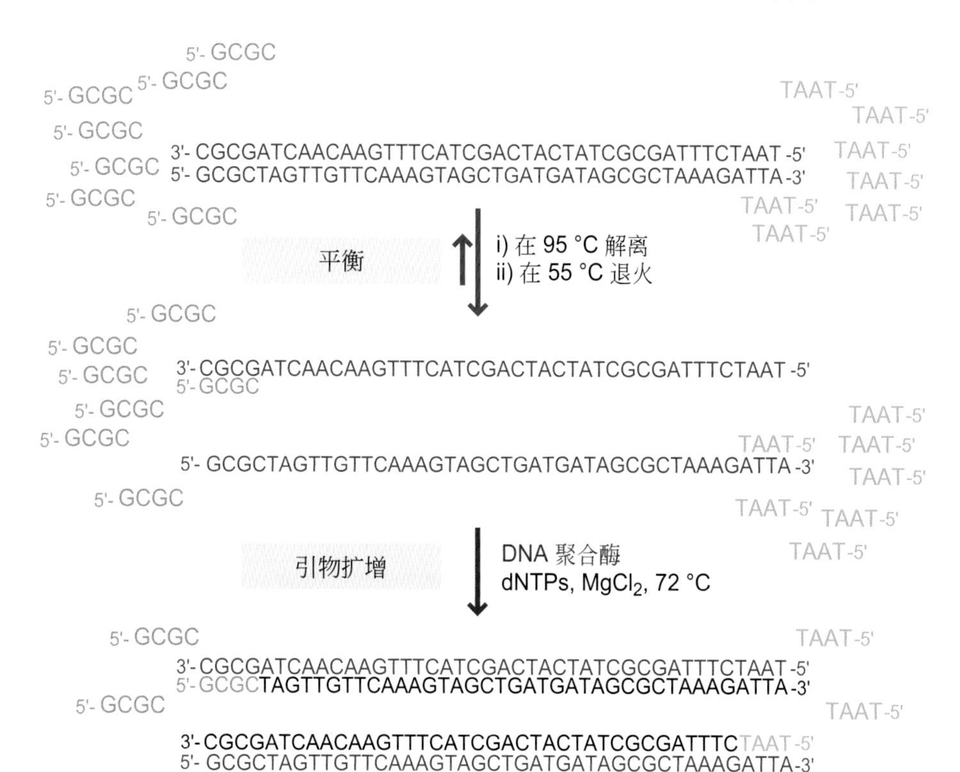

图3.54 PCR每个循环包括两步平衡过程和一步聚合过程。为了简单起见，我们用四个碱基对的引物作为例子来展示，但实际中通常使用更长的引物来确保扩增的高特异性。

问题3.13

请设计一对21个碱基长度的引物来扩增下面的基因序列。

5'-CCATGCCTATGTTCATCGTGAACACCAATGTTCCCCGCGCCTCCGTGCCAGAG
GGGTTTCTGTCGGAGCTCACCCAGCAGCTGGCGCAGGCCACCGGCAAGCCCGCAC
AGTACATCGCAGTGCACGTGGTCCCGGACCAGCTCATGACTTTTAGCGGCACGAA
CGATCCCTGCGCCCTCTGCAGCCTGCACAGCATCGGCAAGATCGGTGGTGCCCAG
AACCGCAACTACAGTAAGCTGCTGTGTGGCCTGCTGTCCGATCGCCTGCACATCA
GCCCGGACCGGGTCTACATCAACTATTACGACATGAACGCTGCCAACGTGGGCTG
GAACGGTTCCACCTTCGCTTGAGTCCTGGCCCCACTTACCTGCACCGCTGTTC-3'

3.6 DNA的化学合成（The Chemical Synthesis of DNA）

破解遗传密码推动了DNA合成的发展

1950年，埃德曼发明了一种蛋白质测序的方法。虽然蛋白质的组成结构比DNA要复杂得多，但是1977年以前，一直没有可靠的测序方法对DNA序列进行测定。1977年以前，能从DNA样品中获得的唯一信息就是A、T、C、G四种碱基的组成比例。沃森和克里克在1953年的发现揭示了遗传的奥秘，并为一个基因对应一种酶的假说提供了支撑。基因与酶的对应关系需要核酸序列与蛋白质序列之间相互关联，我们现在称为**遗传密码**（genetic code）。但没有方法检测DNA序列，遗传密码也仍旧是个谜。

显然，来源于字母表中20个字母的蛋白质序列需要和源自字母表中仅仅4个字母的DNA序列对应起来，构建蛋白质与核酸之间对应关系“词典”的研究竞争十分激烈（**图3.55**）。因为来源于天然样品中的DNA序列无法得知，这就需要合成具有确定序列的寡核苷酸链。

通过酶法合成RNA聚合物，马歇尔·尼伦伯格（Marshall Nirenberg）迈出了合成寡核苷酸的首要的关键一步。因为RNA和DNA均使用Watson-Crick碱基配对模式，蛋白质序列与RNA序列的对应关系可以直接映射到DNA序列上。尼伦伯格使用一种RNA水解酶来处理RNA，反而意外发现了新的生物学反应得到了RNA聚合物。使用大量过量的三磷酸核苷单体，尼伦伯格可以随机合成各种RNA聚合物，例如只有A、只有C或含有A和C的混合序列。在含有核糖体和其他蛋白质合成必需成分的细胞提取液中，这些随机的RNA聚合物被翻译成了蛋白质（**图3.56**）。尼伦伯格使用RNA随机聚合物在核糖

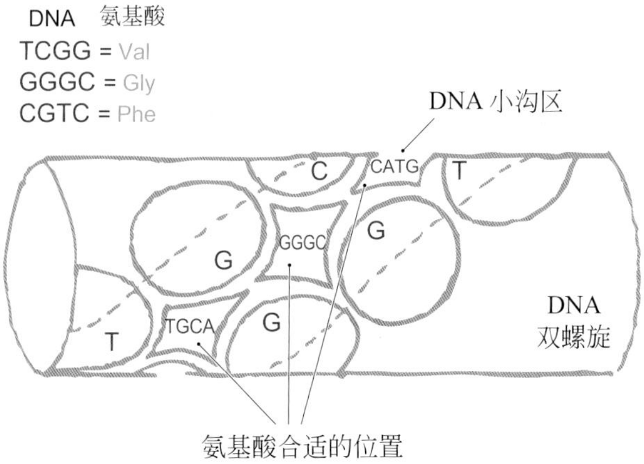

DNA 氨基酸
TCGG = Val
GGGC = Gly
CGTC = Phe
DNA小沟区
DNA双螺旋
氨基酸合适的位置

图3.55 钻石密码假说（the diamond code hypothesis）。1954年物理学家乔治·伽莫夫（George Gamow）提出，四碱基DNA序列的小沟区存在与氨基酸侧链互补的口袋。在当时这个错误的基于四碱基编码的钻石密码假说很难被辨别真伪。

体中的翻译揭示了氨基酸对应三个核苷酸编码，并进一步鉴定出了 50 种编码氨基酸的**三联体**（triplet）密码子（64 种随机组合中的 50 个）。但是，为了确定这些三联体密码子的核苷酸排列顺序，并完成缺失的氨基酸编码，就需要精确测定寡核苷酸的序列。

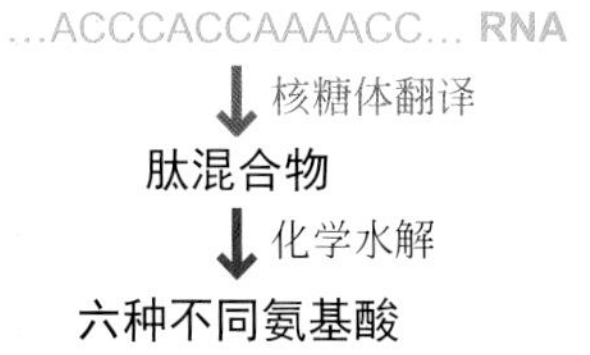

最终，破解遗传密码子的目标推动了早期 DNA 合成的发展。现代寡核苷酸合成技术是有机合成方法的成功应用。为满足生物学家对短中型寡核苷酸（最多 100 bp）的需求，化学家开发了高效且稳定的化学方法，其中每步产率通常超过 99%。

…ACCCACCAAAACC… RNA
↓ 核糖体翻译
肽混合物
↓ 化学水解
六种不同氨基酸

图3.56 破解遗传密码。为了研究遗传密码，随机的RNA聚合物被合成并翻译成蛋白质。

基于磷酸盐偶联化学的科兰纳DNA合成法

化学家科兰纳（H. Ghobind Khorana）的开创性合成工作使遗传密码破解工作得以顺利完成，他开发了一种实用的方法来合成可以在蛋白质合成中用作模板的寡核苷酸。最初科兰纳通过活化的磷酸基团直接进攻 3′- 羟基的方法直接合成磷酸二酯键（**图 3.57**）。多肽合成中也使用了与其类似的活化方法（第 5 章）。除了每个核苷酸单体的 3′- 羟基需要被保护形成乙酸酯，此磷酸酯键的生成方法与聚合酶催化的酶促反应是十分类似的。每一步偶联反应后，使用氢氧化钠将保护基团乙酸酯脱去并水解形成磷酸二酯键。该方法的主要缺陷在于使用了有位阻的仲羟基作为亲核试剂，每步偶联产率不超过 80%，这大大增加了纯化的难度。比如当第 10 个核苷酸单体反应上去后，反应产物将很难与九聚体分离。

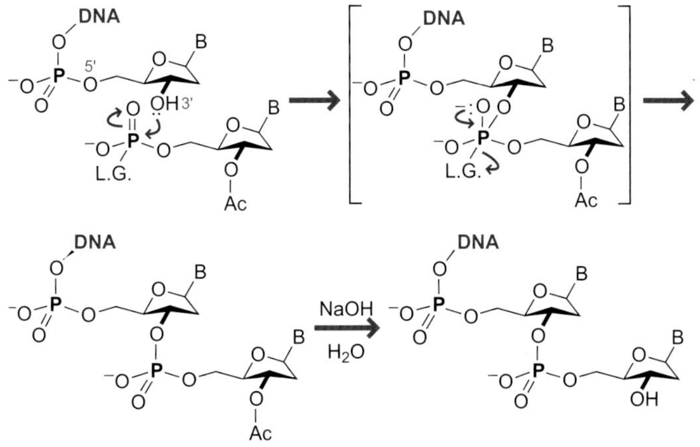

图3.57 早期DNA合成方法。科兰纳最初使用活化磷酸酯法合成DNA。

莱辛格（Letsinger）开发了高效的亚磷偶联方法

相对于磷酸酯，亚磷酸酯更易形成，这一认识推动了寡核苷酸合成的重大进步。由于磷酸酯上有氧孤对电子，导致了磷酸酯和亚磷酸酯反应速率的差异性（**图 3.58**）。氧孤对电子进入磷原子的空轨道，并与亲核试剂产生排斥作用。因为质子化的亚磷酸酯比质子化的磷酸酯具有更少的氧取代基，所以质子化的亚磷酸酯具有更强的亲电性。因此，亚磷酸酯形成机理中的关键步骤是质子化磷鎓中间体的形成（**图 3.59**）。在酸性条件下，亚磷酸酯的水解速率比磷酸酯快 10^{12} 倍。回想一下，在酸性条件下 C—O 键断裂与 O—P 键断裂的竞争。

	磷酸酯	亚磷酸酯
k_{rel} (碱)	1	1000
k_{rel} (酸)	1	1 000 000 000 000

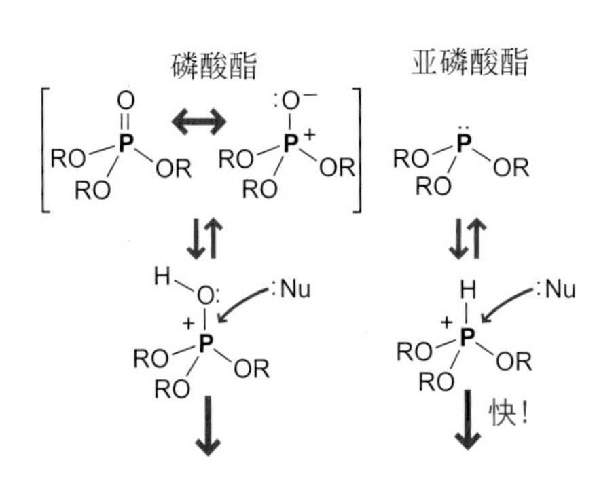

图3.58 亚磷酸酯与磷酸酯。在酸性条件下亚磷酸酯反应活性远高于磷酸酯。

卡拉瑟斯（Caruthers）基于亚磷酰胺开发DNA固相合成法

马文·卡拉瑟斯（Marvin Caruthers）在寡核苷酸的合成上做出了两个重

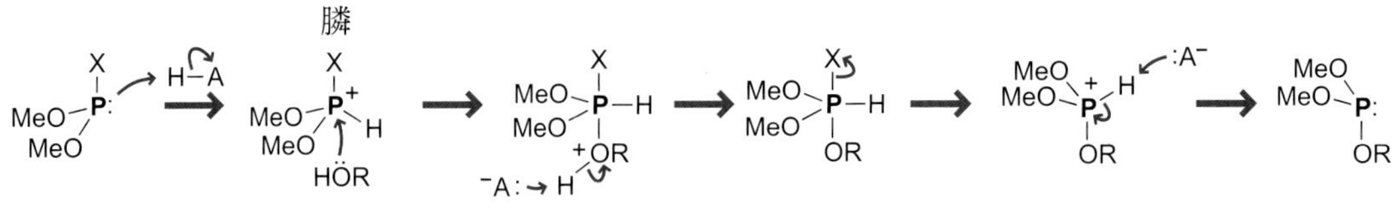

图3.59 为什么需要酸催化？在酸性条件下，亚磷酸酯通过质子化的磷鎓中间体完成反应。

膦

X MeO P: MeO H—A ⟶ X MeO P+ H MeO HÖR ⟶ X MeO P—H MeO +OR ⁻A: H ⟶ X MeO P—H MeO OR ⟶ MeO MeO P+ H :A⁻ OR ⟶ MeO MeO P: OR

要的贡献。第一，他将莱辛格的亚磷酸酯化学扩展到固相载体上，从而可以通过冲洗掉未反应的试剂来纯化。第二个关键进展是开发了稳定的亚磷酰胺（phosphoramidite）砌块的方法。固相合成和亚磷酰胺砌块的组合是现代寡核苷酸合成技术的基础。现代的亚磷酰胺砌块具有两个基本特征：5′氧上的酸敏感的二甲氧基三苯甲基（DMT）保护基以及相对稳定的氰乙基亚磷酰胺（**图3.60**）。亚磷酰胺偶联的机理涉及用弱酸质子化亚磷酰胺以生成活化的鏻盐（**图3.61**）。生成的亚磷酸盐对水极为敏感，但氧化成相应的磷酸盐是比较稳定的。

四种核苷酸碱基中有三种因为具有亲核性氨基需要保护，分别是胞嘧啶、腺嘌呤和鸟嘌呤。保护基可以在高温下用浓氨水（15 mol/L）（**图3.71**）或氨水和甲胺水溶液的混合物脱去。相对氢氧化钠去保护来说，氨水溶液具有三个优势：氨和甲胺是易挥发的（而氢氧化钠不行），游离胺是亲核的，并且铵离子的存在有助于酸催化的反应过程。当鸟苷被 N^2- 苯甲酰基保护时，很容易在脱保护条件下去质子化，因此二甲基甲缩醛（dmf）常被用于鸟嘌呤的 N^2- 氨基的保护基。

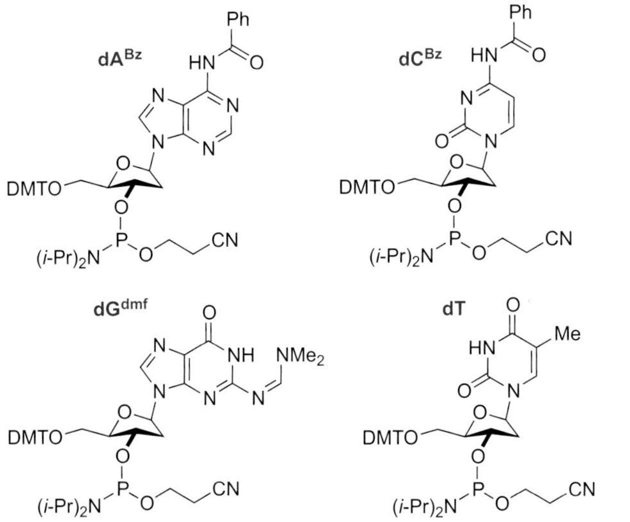

dA^{Bz} Ph HN O N N N N DMTO O O P (i-Pr)₂N O CN

dC^{Bz} Ph HN O N O N DMTO O O P (i-Pr)₂N O CN

dG^{dmf} O N NH N N N NMe₂ DMTO O O P (i-Pr)₂N O CN

dT O HN Me O N DMTO O O P (i-Pr)₂N O CN

图3.60 DNA合成砌块的保护基。DNA合成单体需要在碱基和5′氧原子上进行保护。DMT代表4,4′-二甲氧基三苯甲基。

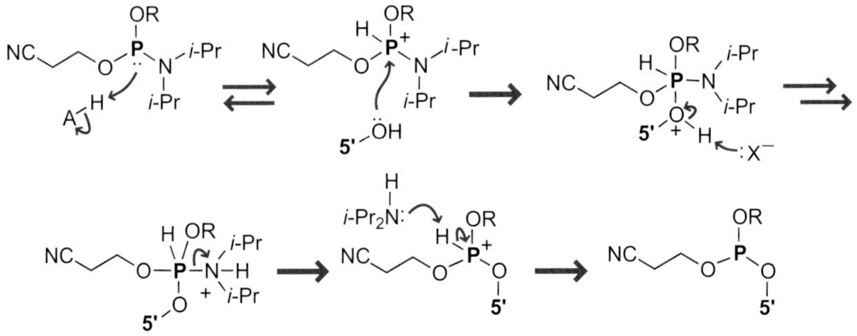

NC O P OR N i-Pr i-Pr A H ⇌ NC O H P+ OR N i-Pr i-Pr 5′ ÖH ⟶ NC O H P OR N i-Pr i-Pr 5′ O+ H :X⁻ ⇌

NC O H OR P N—H i-Pr i-Pr + 5′ O ⟶ H i-Pr₂N: NC O H P+ OR O 5′ ⟶ NC O P OR O 5′

图3.61 为什么使用亚磷酰胺？二异丙基氨基的质子化使其变成一个很好的离去基团。进攻的5′-羟基缩写为5′-OH。

问题3.14

N_4-苯甲酰基脱氧胞苷用甲胺和氨的水溶液脱保护会导致以10%的产率形成N-甲基化副产物，请用一种可能的电子转移机理来解释副产物的产生。

NHBz (R) —— 8.5 mol/L NH_3, 6.5 mol/L $MeNH_2$, H_2O, 65°C, 5 min ——→ 90% NH_2 (R) + 10% $NHCH_3$ (R)

在玻璃颗粒载体上进行自动寡核苷酸合成

较长的生物多聚物如核酸、蛋白质的迭代合成最好是在固体载体上进行。为了实现更快的偶联速率，通常使用过量的反应试剂（速率 = k[ROH][试剂]）。然而，很难从所需产物中除净大大过量的反应试剂。通过将底物附着到固体载体上，副产物和试剂可以像洗车一样从产物上冲洗掉。这一重要概念最初由罗伯特·梅里费尔德（Robert Merrifeld）率先提出，并应用于多肽的合成，从而使寡核苷酸、寡肽和寡糖的自动合成成为可能。

微小的聚苯乙烯球是大多数固相化学合成方法的最通用载体，但可控多孔玻璃（controlled-pore glass，CPG）也常作为固相载体用于合成50个碱基以下的寡核苷酸。我们将在第5章中介绍肽合成的时候讨论聚苯乙烯载体。CPG是一种具有高比表面积的多孔硼硅酸盐玻璃，它的颗粒大小约为3 μm～3 mm，其孔径通常为500～1000 Å。首先，通过与3-氨基丙基三乙氧基硅烷缩合并加热除去乙醇溶液，将CPG表面修饰上氨基丙基硅烷，然后再将第一个核苷连在CPG载体上。类似的硅氧烷化反应可用于衍生化显微镜载玻片或半导体芯片上的二氧化硅。硅原子上不能发生S_N2反应，涉及硅的取代反应总是通过生成五配位硅酸盐中间体的加成-消除反应进行。一旦玻璃表面被修饰上氨基，它们可以与硝基苯酯发生酰基化反应以连接上第一个核苷（**图3.62**）。最后通过氨水脱保护步骤使3′-酯键断裂得到最终产物。CPG-核苷结合产物被封装在与自动合成仪相连的流通柱中（**图3.63**）。因为寡核苷酸的3′末端可以是四种碱基的任何一种，所以四种不同的柱子可以直接购买，其中每种碱基都分别连接在固体载体上。

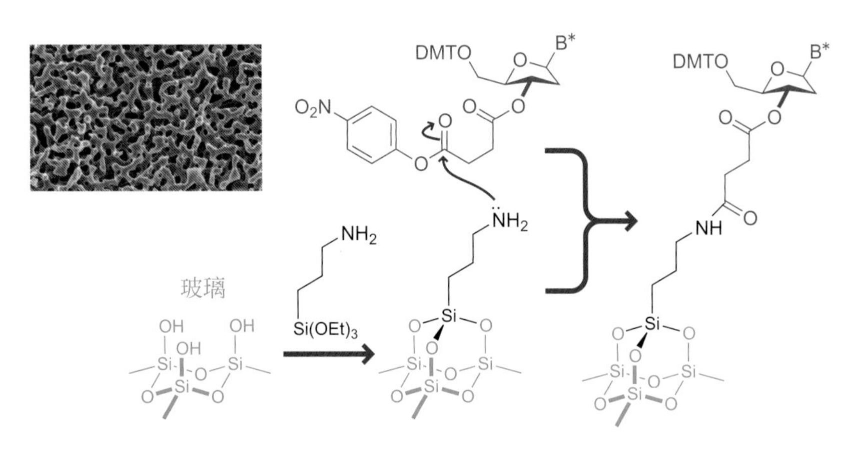

图3.62 通过硅氧烷缩合反应将第一个核苷连接到CPG表面。左：CPG的电子显微照片，可以看到其内部的高比表面积。（图片来自V. Beschieru and B. Rathke，*Microporous Mesoporous Mat.* 125：63-69，2009；获得Elsevier授权。）

图3.63 用于DNA自动合成仪的CPG预装柱。这些塑料盒装有已预修饰了四种DNA核苷酸之一的CPG颗粒。（来自Applied Biosystems Product Bulletin，2011；获得Life Technologies Corporation授权。）

现代的自动化DNA合成包括重复的四步循环

大多数实验室通过商业购买定制合成的寡核苷酸。这些寡核苷酸是在DNA自动合成仪上合成的（**图3.64**）。DNA自动合成过程的每个循环涉及四

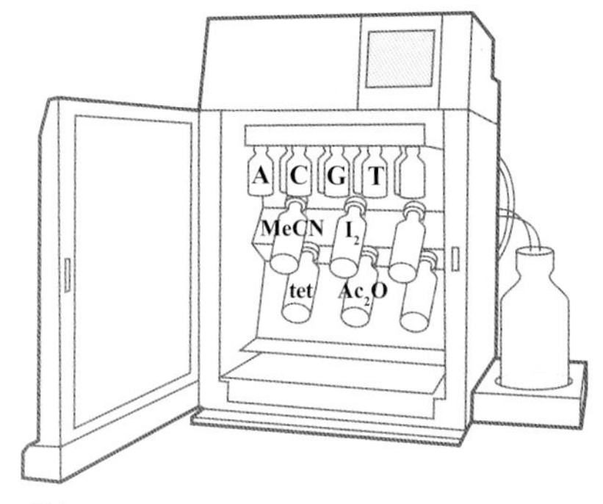

图3.64 PE Applied Biosystems Expedite® DNA 合成仪。（来自Applied Biosystems Product Bulletin，2011；获得Life Technologies Corporation授权。）

个步骤，不断地重复这些步骤进行链的延长（**图 3.65**）。这四个步骤包括：5′- 脱保护，亚磷酰胺偶联，未反应的 5′- 羟基封端，以及将亚磷酸酯氧化为磷酸酯。

4,4′-二甲氧基三苯甲基通过S_N1反应脱保护

三苯甲基（trityl）基团通常用于 DNA 和肽合成中羟基的保护。在酸性条件下，DMT 基团比三苯甲基更容易脱去，因为甲氧基可以稳定产生的三苯甲基阳离子。使用未稀释的三氯乙酸（pK_a=0.5），其酸性大约是乙酸的 100000 倍（**图 3.66**），DMT 基团的脱去通过 S_N1 反应机理进行。

脱保护后，洗脱废液中含有的二甲氧基三苯甲基阳离子呈现深橘红色，检测 498 nm 处的吸光度可用于估算合成的总产率。例如，如果三氯乙酸洗脱液的 A_{498} 在第 1 个循环为 1.2，但在 20 个循环后仅为 0.8，则总产率约为 67%，或每轮平均 98% 的产率。

四氮唑在亚磷酰胺偶联反应中用作酸催化剂

作为和乙酸具有相同酸性的一种特殊酸，1*H*- 四氮唑（tetrazole）被用于活化乙腈体系的亚磷酰胺偶联反应。在亚磷酰胺单体与糖环 5′- 羟基反应之前，如果将其与四氮唑预先混合，它们就会首先形成四氮唑基膦（P-tetrazoyl）来作为活化的中间体进行偶联反应（**图 3.67**）。

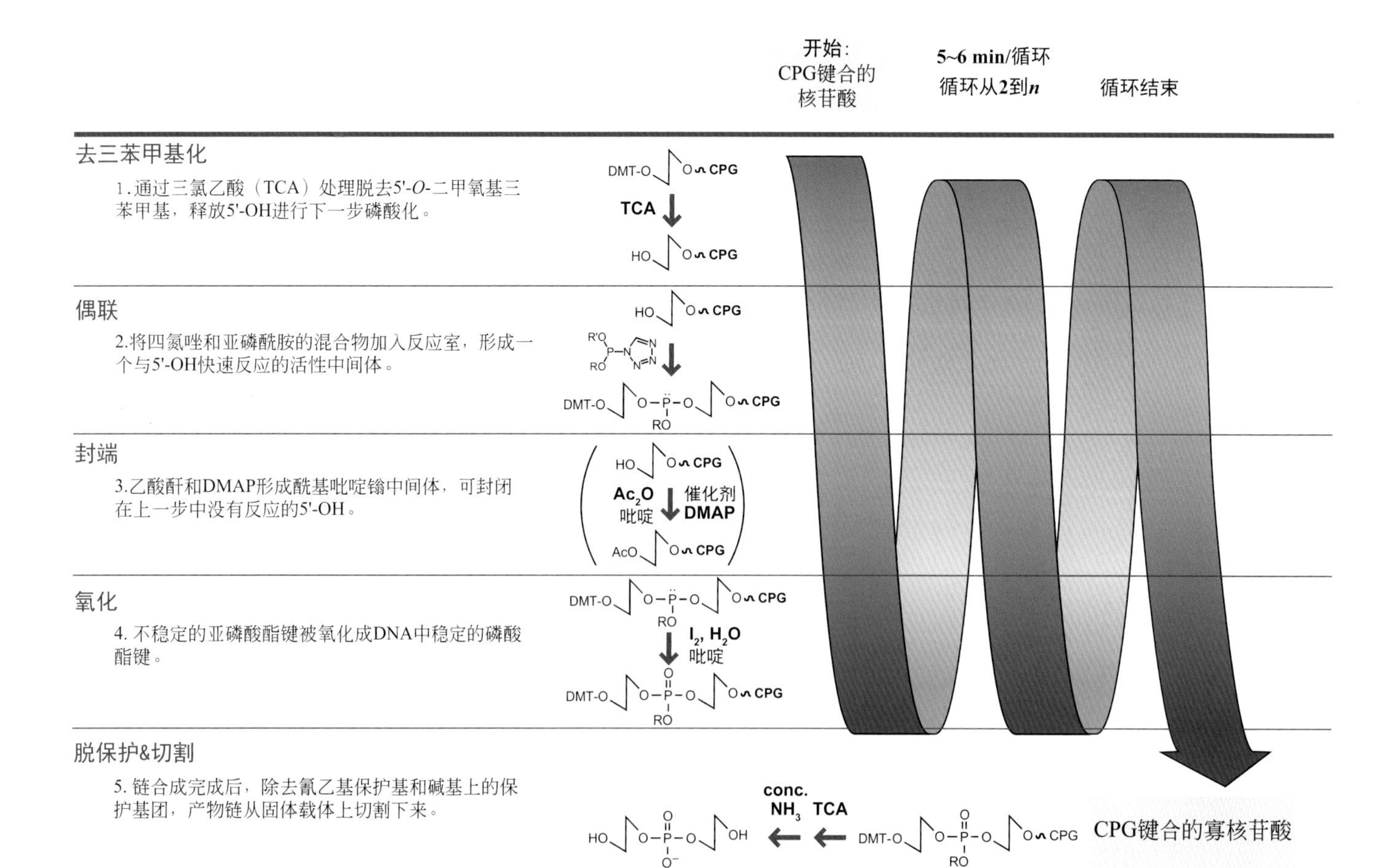

图3.65 DNA自动合成的各步化学反应。（改编自Applied Biosystems Product Manual，2011。获得Life Technologies Corporation授权。）

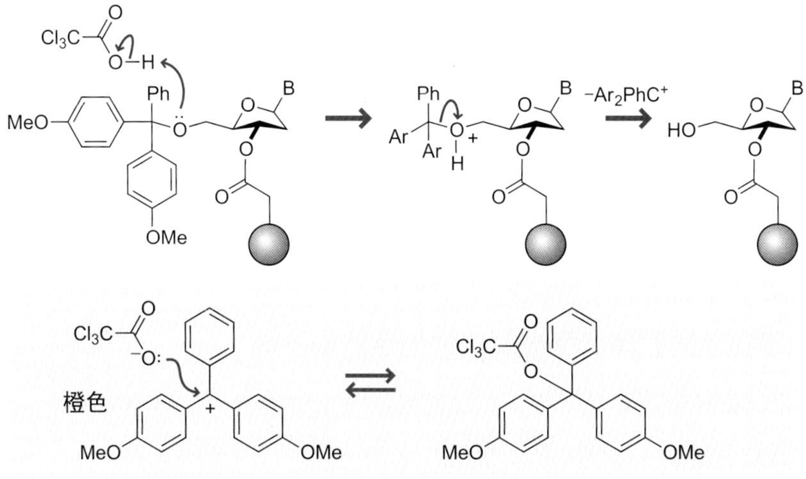

图3.66 “健康的”橙色。 因为共振稳定的三芳基甲基阳离子的生成，5′-DMT基团正常脱保护后溶液会变成橙色。

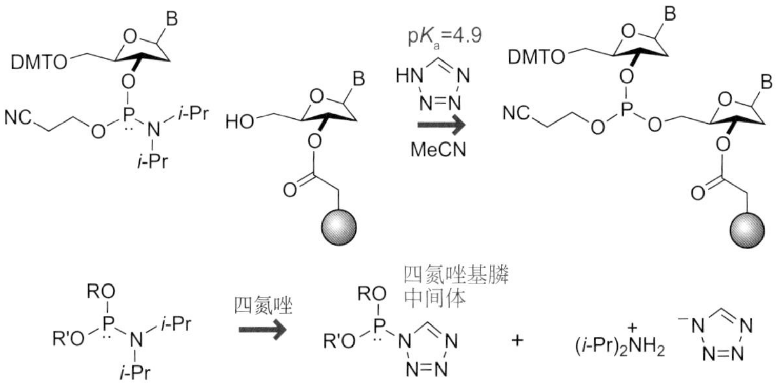

图3.67 “秘密配方”。 用特殊酸（四氮唑）形成四氮唑基膦中间体活化亚磷酰胺偶联反应。

问题3.15

用箭推法表示从亚磷酰胺形成四氮唑基膦中间体的电子转移反应机理。

表3.1 50-mer合成中单次偶联效率对总产率的影响

每步产率 /%	总产率 /%
95	8
98	36
99	61
99.5	78

对未反应的5′-羟基基团进行封端以阻止错误序列的延伸

在化学和生物学研究中，纯化产物都是至关重要的步骤，特别是对于包含数百个连续步骤的合成反应。大多数寡核苷酸应用时需要的量很低，但纯度要求非常高。对于一个链长50个碱基的寡核苷酸（通常被写作50-mer），如果单次循环的反应产率是95%，就只能得到总产率为8%的目标链（**表3.1**）。在标准条件下，即使单次偶联产率达到99%，50-mer的最终产率也只有61%。因此，封端的重要性在于它可以改变杂质链的性质从而利于目标链的纯化。

假设合成含5个碱基的寡核苷酸链AGCTA时，单次偶联效率为90%，但不进行封端反应（**图3.68**）。在每次偶联反应后，有10%的链都会短一个碱基。不幸的是，随着循环数增加，这样的短链会持续变多。最终，反应会得到总产率为59%的五核苷酸链，其中包含各种各样的四核苷酸链杂质。这种混合物很难用色谱法很好地分离。但是，如果我们每一循环中都对5′-羟基进行封端，总产率虽然仍是59%，但是大多数被封端的分子在链长上就能和产物五核苷酸明显区分开来。

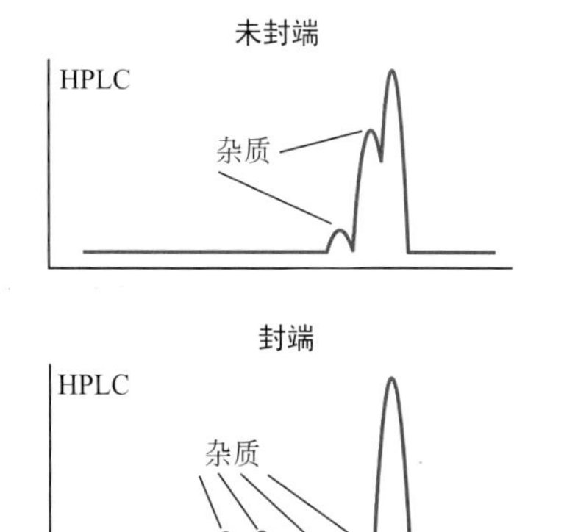

图3.68 高效液相色谱（HPLC）用于检测DNA合成后的纯度。 对每次偶联反应后的5′-羟基封端会使得缩短的低聚链相对目标链而言更短小，因此更容易被分离。

每次偶联反应后，未反应的5′-羟基基团通常而言都少于1%，在吡啶催化下很容易与乙酸酐进行乙酰化反应而被封端（**图3.69**）。这个反应由4-二甲基氨基吡啶（一种高效的酰基转移催化剂）催化，首先得到一种酰基活化

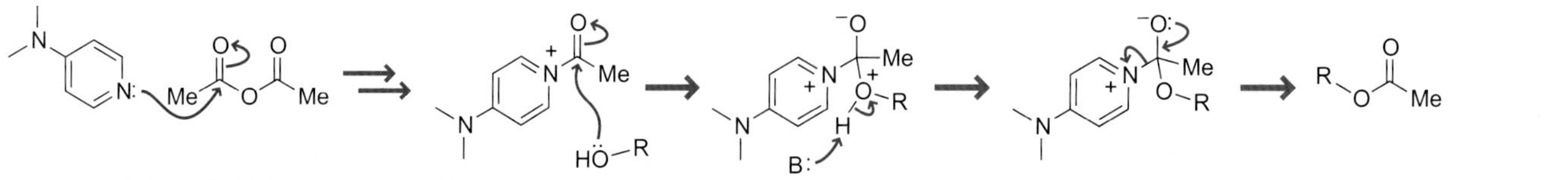

图3.69 亲核催化作用。4-二甲基氨基吡啶通过亲核催化作用加速5′-羟基基团的乙酰化反应，这一策略常见于许多酶的催化机制。

的 *N*- 酰基吡啶中间体。这种乙酰化反应比亚磷酸酯生成更快速高效。当与 1 mol/L 的碱（如三乙胺）结合使用时，10%（摩尔分数）的 4- 二甲基氨基吡啶使乙酰化反应速率提升了 4 个数量级。

不稳定的亚磷酸酯被氧化为稳定的磷酸酯

每次循环反应最后一步，是在四氢呋喃水溶液条件下用碘将不稳定的亚磷酸酯氧化为稳定的磷酸酯（**图 3.70**）。这个混合反应还需要用 2,6- 二甲基吡啶（2,6-dimethylpyridine，2,6-lutidine）中和产生的氢碘酸。即使这种反应条件相对温和，亚磷酸酯很容易被氧化，这个反应能 30s 内迅速并反应完全。

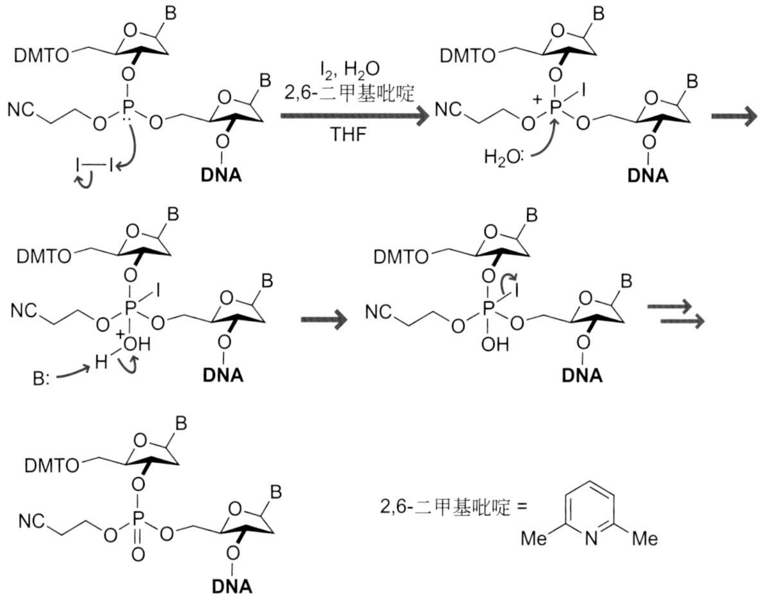

图3.70 亚磷酸酯容易被各种试剂氧化。不稳定的亚磷酸酯通过五价磷烷中间体被碘氧化。

氨水用于从固相载体中切除合成的DNA并脱保护

当合成结束之后，将含有固相载体的塑料盒密封浸泡到含有浓氨水（17 mol/L）的样品管中。经过两小时加热后，亲核裂解反应将高效脱去 DNA 碱基的保护基，消除氰乙基基团，并氨解连接固相载体的酯基。氢氧化铵通过共轭碱单分子消除反应机理（E1cB）脱去氰乙基（**图 3.71**），即通过形成氰基稳定的碳负离子，进而消除离去基团磷酸根离子。

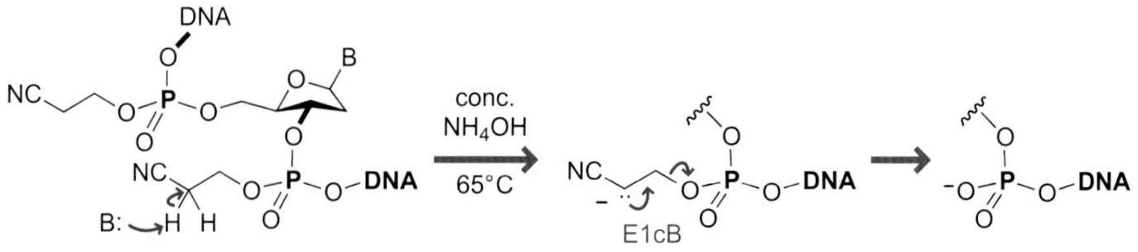

图3.71 基于E1cB消除机理的氰乙基酯脱保护。

DNA微阵列技术协助筛选

DNA 微阵列技术（DNA microarrays）已经成为基因分析的前沿技术。DNA 微阵列将数千种不同的寡核苷酸探针固定在一个小芯片的已知位置，通过数字成像检测结合的带有荧光标记 DNA 分子。DNA 微阵列体现了化学生物学领域思维的创新性和广度。最简单和最便宜的微阵列可以由智能微量点样仪纯化的寡核苷酸进行点样产生。然而，喷墨技术正被用于创建具有超高分辨率的 DNA 分子阵列。目前最先进的 DNA 微阵列生产方法利用半导体工业的先进技术直接在玻璃芯片上合成 DNA 分子。

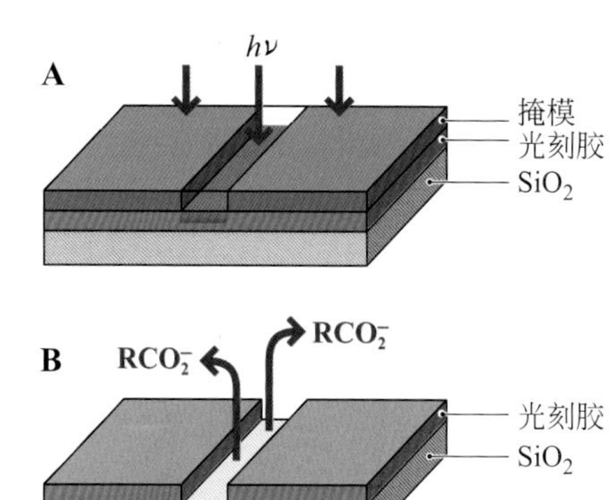

图3.72 光刻法的基本步骤。（A）透过掩模的辐射降解暴露的光刻胶；（B）光刻胶被冲洗掉以暴露基质。

集成电路可以利用光刻机技术来生产。硅基集成电路的基本思想是：掺杂硅为导体，而二氧化硅是绝缘体，因此对二氧化硅上的掺杂硅进行图形化处理可以生产耦合电子器件。光刻蚀刻技术主要有四个步骤：首先，把称为光刻胶的光反应性物质在 SiO_2- 水表面铺展成一个均匀薄层。接下来，在其表面放置一个玻璃掩模，并用紫外线照射被掩盖的晶片（**图 3.72**）。最早的一种光刻胶含有重氮萘醌。这种光刻胶暴露在紫外线下会发生 Wolff 重排光化学反应，生成高反应活性的乙烯酮，接着在氢氧根离子的作用下进一步生成水溶性羧酸盐（**图 3.73**）。当用碱性水溶液冲洗表面时，曝光区域会被冲洗掉，而未曝光区域则不受溶液的影响。最后，用氢氟酸刻蚀暴露出的 SiO_2 表面产生最终图案。

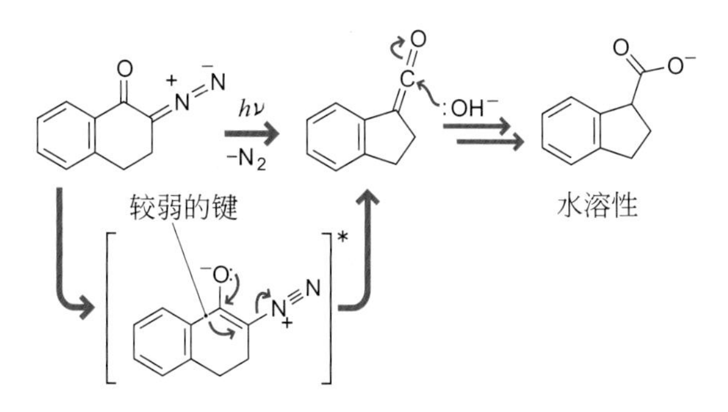

图3.73 涉及Wolff重排的简单光刻胶的化学过程。在激发态下，氧的孤对电子提供给σ^*_{C-C}，削弱了邻近C—C键，进一步促进N_2的离去。

利用类似于生产集成电路的掩模和辐射技术可以在玻璃表面的特定位置合成寡核苷酸（**图 3.74**）。一种对光不稳定的 5′- 邻硝基苄基碳酸酯保护基团被用于代替对酸不稳定的 5′-DMT 基团，利用 CPG 修饰方法中的连接基团将该分子连接在玻璃表面。合成过程通常涉及迭代的脱保护、亚磷酰胺偶联和亚磷酸酯氧化（**图 3.75**）。开始时，利用一个专门设计的掩模，对表面的特定区域选择性脱保护并和脱氧腺苷酸的亚磷酰胺分子偶联。随后，利用另一个专门设计的掩模，对另一区域选择性脱保护并和脱氧胞苷酸的亚磷酰胺分子偶联。通过不断增加掩模的复杂性来重复这个过程，可以在 5 μm 宽的斑点上生成数十万个 DNA 分子阵列（图 3.75）。当荧光标记的 DNA 分子样品从芯片上流过时，可以利用高灵敏度的电荷耦合器件（CCD）检测器（如同灵敏的显微镜或者望远镜似的检测器）来检测杂交过程，并利用计算机对数据进行数字化、存储并分析。

A

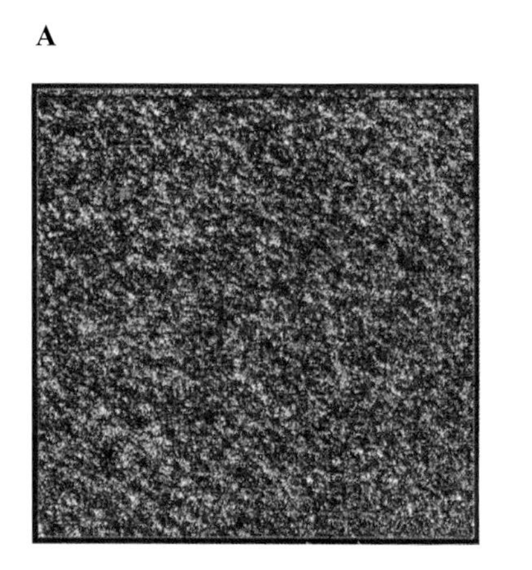

B

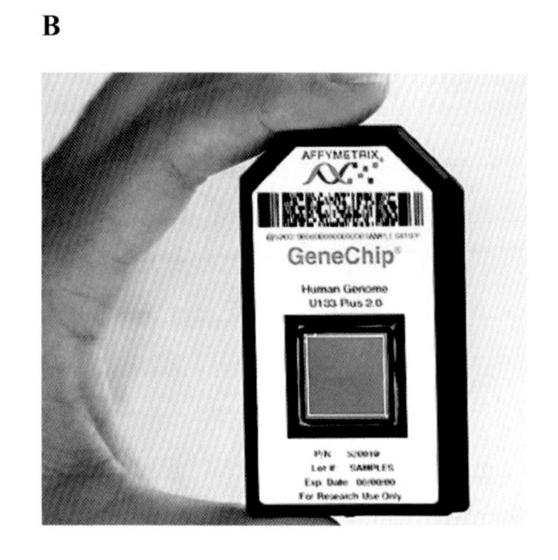

图3.74 Affymetrix基因芯片DNA微阵列包含成千上万个明确位置的孔，每个孔含有一种特定的寡核苷酸。它是通过借鉴半导体工业技术生产的。（图A和B由Affymetrix提供。）

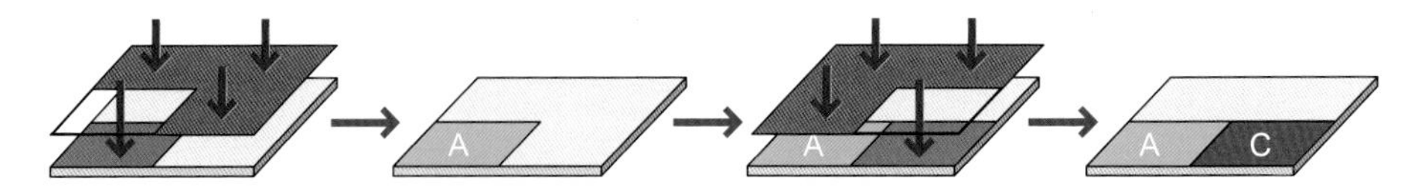

图3.75　掩模。在掩模图案所确定的特定位置，通过迭代的光脱保护和偶联化学反应添加新的核苷酸。

利用光刻胶技术合成寡核苷酸阵列的关键取决于光敏保护基团的应用，该保护基首先由有机合成化学家罗伯特·伯恩斯·伍德沃德（Robert B. Woodward）使用。光化学反应机理表明硝基芳烃在辐射下产生三重激发态（**图 3.76**），三重态含有高反应活性的自旋未配对电子，必须进一步发生自由基反应。然后，通过氢原子转移生成醌型中间体，并进一步环化形成具有完全芳香性的缩醛。之后，缩醛通过半缩醛中间体自发水解裂解。DNA 合成中使用的硝基苄基衍生物有很多替代品，但都是通过如**图 3.76** 所示的机理发生反应。在化学生物学中，光敏保护基广泛用于保护生物活性分子，进入细胞后，光照可以瞬间释放其反应活性。

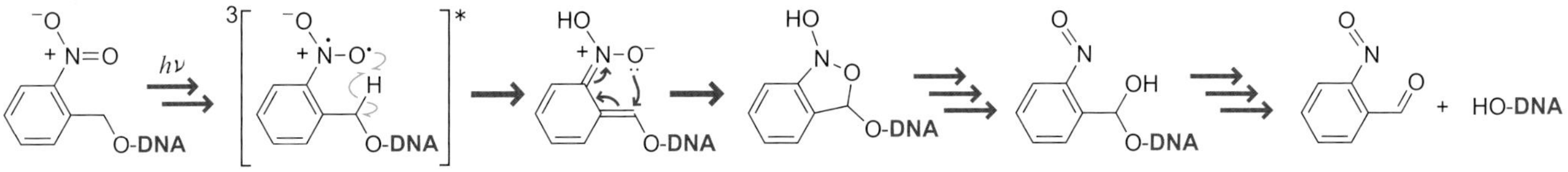

图3.76　光脱保护。硝基苄基衍生物被光激发产生三重激发态中间体，进一步重排生成不稳定的半缩醛。

为什么DNA和RNA由五元环糖组成?

回顾第 2 章，在生命起源以前的原始环境下，甲醛通过甲醛聚糖反应生成 D-核糖。但是，甲糖聚糖反应不仅仅形成核糖，还形成其他五碳糖（如来苏糖、木糖和阿拉伯糖）。此外，除了形成五元环呋喃糖结构，还形成六元环吡喃糖结构（**图 3.77**）。那么，为什么大自然会选择五元环呋喃核糖作为 DNA 和 RNA 的糖骨架呢？人们很容易推测是因为呋喃核糖骨架特别适合 Watson-Crick 碱基配对，但这种推测是错误的。

呋喃糖环　吡喃糖环

图3.77　呋喃糖环和吡喃糖环

目前，已经合成了多种六元糖环的核苷类似物，并通过亚磷酰胺化学方法将其组装成八聚核苷酸。出乎意料的是，大多数基于六元环糖的八聚核苷酸可以形成双螺旋结构；基于六元环糖的脱氧寡聚核苷酸同样如此。然而，基于六碳糖的寡核苷酸仅形成较弱的双链结构，而基于吡喃葡萄糖的寡核苷酸完全不形成双链结构。更令人惊奇的是，吡喃戊糖（pentopyranose）骨架的寡核苷酸可以形成比天然双链更稳定的双链结构（**图 3.78**）。

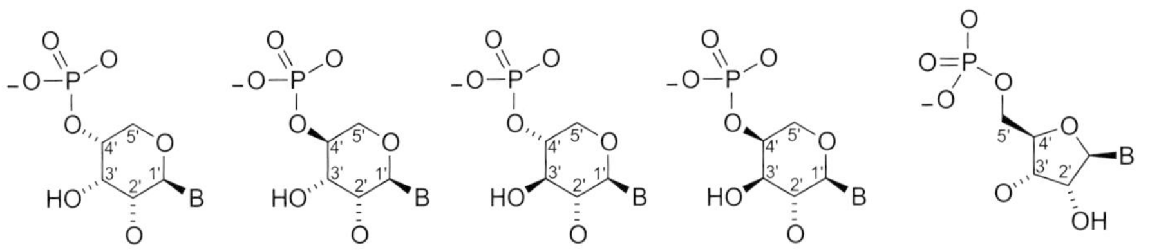

吡喃核糖 (ribopyranose)　来苏吡喃糖 (lyxopyranose)　吡喃木糖 (xylopyranose)　阿拉伯吡喃糖 (arabinopyranose)　呋喃核糖 (ribofuranose)

4'-AAAAAAAA-2' 2'-TTTTTTTT-4'	T_m/℃
吡喃核糖	46.0
来苏吡喃糖	51.0
吡喃木糖	47.3
阿拉伯吡喃糖	79.7
RNA (ribofuranose)	16.3

图3.78　不同糖环结构的寡核苷酸的稳定性比较。通过亚磷酰胺化学方法合成的不同结构（基于单糖而不是呋喃核糖）的双链寡核苷酸比正常的5'-3' RNA 更加稳定。

显然，自然界对呋喃核糖的选择并非仅基于 RNA 或 DNA 双链的稳定性，因为基于其他多元醇类的寡核苷酸可以形成更稳定的双链结构。不同于呋喃糖基 RNA 双链结构，吡喃糖基 RNA 双链仅具有轻微的螺旋扭曲，约为 DNA 双链螺距的三分之一（**图 3.79**）。从根本上来说，D-呋喃核糖 DNA 的优越适应性可能归因于不稳定性，使其能够解开以进行复制或转录，以及供其他分子（如转录因子）结合的较深的沟区。

3.7 DNA分子的电泳分离 (Separation of DNA Molecules by Electrophoresis)

科学家对于生物大分子和有机小分子的纯度标准并不相同

在学习和合成分子的过程中，最重要的是确定样品的“身份”即化学结构。对于小分子来说，利用多种光谱分析方法相结合可以明确表征其结构，如核磁共振氢谱（^{1}H NMR）、碳谱（^{13}C NMR）、红外光谱和紫外-可见光谱，此外也可以与色谱技术联用。但是，这类光谱方法很难用于分析各种生物分子，如寡核苷酸、蛋白质和低聚糖。在分析这类分子时，光谱法不仅耗时长，得到的有效信息也十分有限。因此科学家发展了一系列间接的或者破坏性的方法（后面会继续讨论到）来确定生物分子的特征。在气相介质中悬浮大分子的温和方法，使得质谱技术革命性地可以应用于生物大分子的鉴定。尽管质谱技术本质上具有破坏性，但是现代质谱设备仅需要极微量样品就可以完成测试。

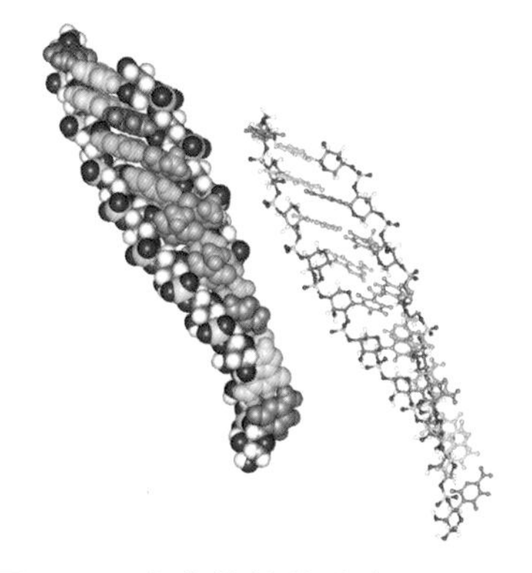

图3.79　呋喃核糖的特点是什么? 吡喃糖基RNA 4′-CGAATTCG-2′双链模型的两个不同视角，表现出轻微的扭曲和较浅的沟区。（由 Romain M . Wolf提供。）

许多化学家和生物化学家花在纯化样品上的时间远大于合成分子的时间。诺贝尔奖得主阿瑟·科恩伯格（Arthur Kornberg）提出的酶学研究的主要注意事项中有两条与纯化相关：一是不要浪费时间去研究不纯的酶；二是不要把纯化的酶浪费在不纯的底物上（第一点反过来也是正确的）。化学家经常利用质量分数来定义**纯度**（purity）这个术语。一个样品纯度是 99%，意味着 99% 的样品质量来自同一个化合物。相反，生物学家经常利用**均一性**（homogeneity）来定义纯度这个术语。一个包涵体蛋白样品只要不包含其他蛋白，即使在无机盐和缓冲溶液存在的情况下也被认定为纯的。然而，DNA 聚合酶样品即使有一半质量包含其他蛋白，只要这些蛋白是惰性，这种情况也可以被认作纯的。

DNA 样品的均一性通常用**电泳技术**（electrophoresis）进行评估，与已知标准品进行对比就可以得到待测 DNA 样品的大小信息。常用的用于评估均一性的两种电泳技术包括**凝胶电泳**（gel electrophoresis）和**毛细管电泳**（capillary electrophoresis）。电泳的原理很简单：带负电的阴离子向带正电的阳极移动。凝胶基质作为分子运动的物理屏障，生物分子在凝胶中迁移的速率通常取决于分子的大小，但也跟形状和电荷数有关。通常有三种最基本的凝胶电泳类型，具体包括：用于分离大片段 DNA 分子的琼脂糖凝胶电泳，用于分离短片段 DNA 分子的聚丙烯酰胺测序凝胶，以及用于分离蛋白质的十二烷基硫酸钠聚丙烯酰胺凝胶电泳（SDS-PAGE）。用于 DNA 测序的聚丙烯酰胺凝胶电泳在很大程度上已经被毛细管电泳所取代。

琼脂糖凝胶用作电泳分离长片段DNA分子

琼脂糖是从石花菜（*Gelidium*）属的红藻中提取出来的（**图 3.80**），是由 D-半乳糖和3,6-脱水-L-半乳糖组成的重复二糖结构。琼脂糖链通常形成双螺旋，当加热后的琼脂糖稀溶液冷却到室温时，琼脂糖双链进一步聚集形成多孔三维网状结构（**图 3.81**）。DNA 分子在从凝胶的一端迁移到另一端时需要蜿蜒通过这种复杂的网状结构。

图3.80　用沸水从一种干海藻——石花菜中提取的胶状物。它可以被挤压成可食用的日本料理面条，也可以通过纯化得到实验室级别纯度的琼脂和琼脂糖。（上图由M. D. Guiry，Algae Base提供；下图由Studio Eye，Corbis Images提供。）

琼脂糖凝胶的制备是将一定质量的琼脂糖干粉和缓冲溶液混合（**表 3.2**），在微波炉中加热直至溶解，再将溶液倒进制胶模具中待其冷却。将溴乙锭提前加入凝胶中，在荧光灯下可以很容易地观察到 DNA 条带。随着凝胶冷却，

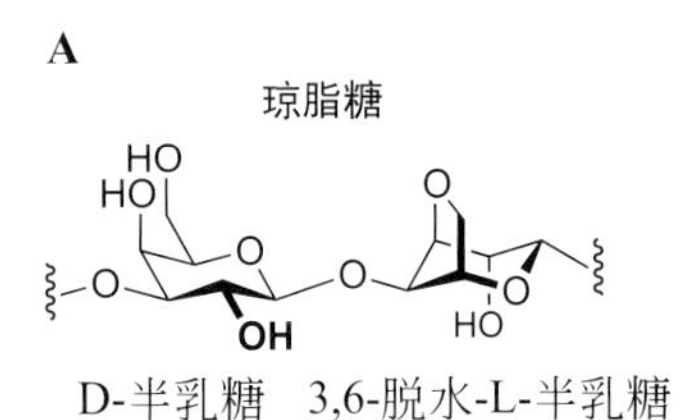

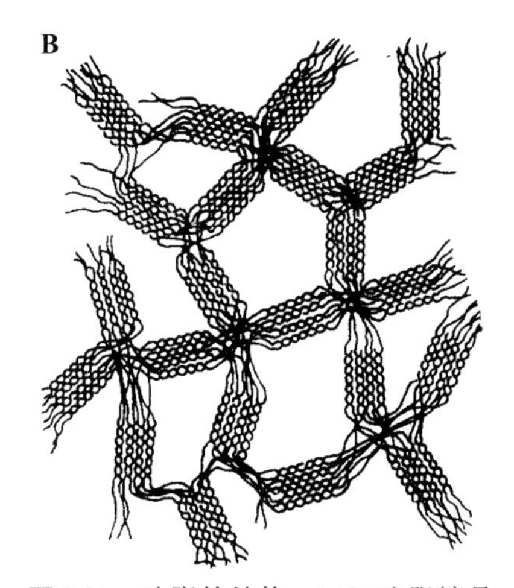

图3.81 **琼脂的结构。**（A）琼脂糖是由重复二糖为单元组成的高分子聚合物。（B）琼脂糖网状结构示意图（图B来自S. Arnott et al., *J. Mol. Biol.* 90：269-284，1974；获得Elsevier授权。）

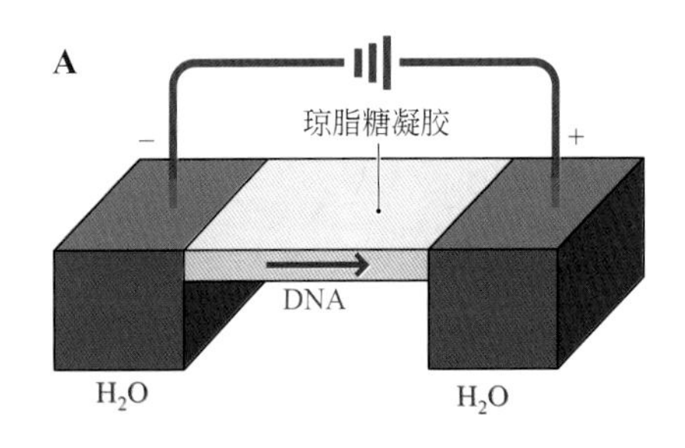

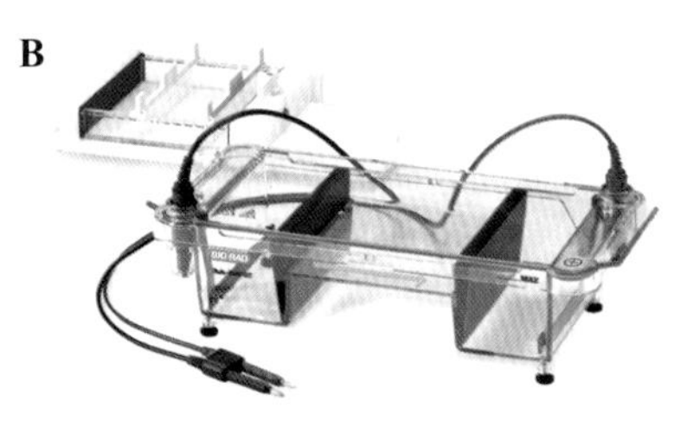

图3.82 **水平凝胶装置。**琼脂糖凝胶置于两个缓冲池中间，一个位于负电位，另一个位于正电位。带负电荷的分子如DNA穿过凝胶向正电位缓冲池移动。（图B来自Bio-Rad Laboratories, Inc.，2012。）

利用一个可拆卸的塑料“梳子”在凝胶中制备出一排均匀的矩形孔用于加样。两端的缓冲溶液使得凝胶与电源正负极均匀接触（**图3.82**）。在电场作用下，带负电荷的DNA分子向保持正电势的缓冲池迁移。

表3.2 用于分离不同长度DNA的琼脂糖含量

琼脂糖含量 /%	DNA 大小 /bp
0.3	60000～5000
0.6	20000～1000
0.7	10000～800
0.9	7000～500
1.2	6000～400
1.5	4000～200
2.0	3000～100

问题3.16

江蓠（*Gracilaria*）属海藻比石花菜（*Gelidium*）属海藻更容易种植，但是残留在琼脂糖高分子中的1,4-L-半乳糖-6-磺酸盐离子使得琼脂质量较差。用碱处理已被证明可以提高从江蓠属海藻中提取的琼脂糖质量。请用箭推法解释下面反应的电子转移机理。

1.5 mol/L NaOH，H_2O，80°C, 2 h → 琼脂糖

DNA分子在凝胶中迁移的距离取决于所施加的电压和持续时间，因此每块凝胶必须有一条“标志”泳道，通常是已知大小的DNA分子混合物（**图3.83**）。凝胶的解读方向是迁移较快的条带靠近凝胶底部，而迁移较慢的条带靠近顶部。

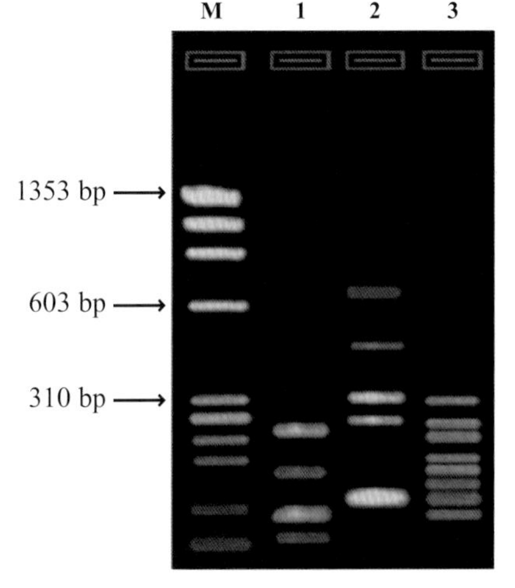

图3.83 **短片段DNA迁移更快。**短片段的DNA分子在琼脂糖凝胶中迁移更快。M泳道包含了不同大小DNA的“标尺”，分别为72、118、194、234、271、281、310、603、872、1078和1353 bp。泳道1～3展示的是不同结核杆菌（*Mycobacterium tuberculosis*）临床样本的PCR扩增产物。DNA样品被加到“孔”里，即每个泳道最上面的矩形框中。（来自A. M. Kearns et al., *J. Clin. Pathol.* 53：122-124，2000；经BMJ Publishing Group Ltd. 授权。）

DNA分子的形状和刚性也会影响其在琼脂糖凝胶中的迁移。紧密的超螺旋质粒比一条单链被切开（缺口）的质粒迁移快，因为切口质粒与处于拓扑异构酶Ⅰ-DNA复合物中的松弛模式类似。双链被切开使得质粒线性化，也导致了迁移速率降低，但是线性化的质粒依旧比松弛型质粒迁移得快（**图3.84**）。

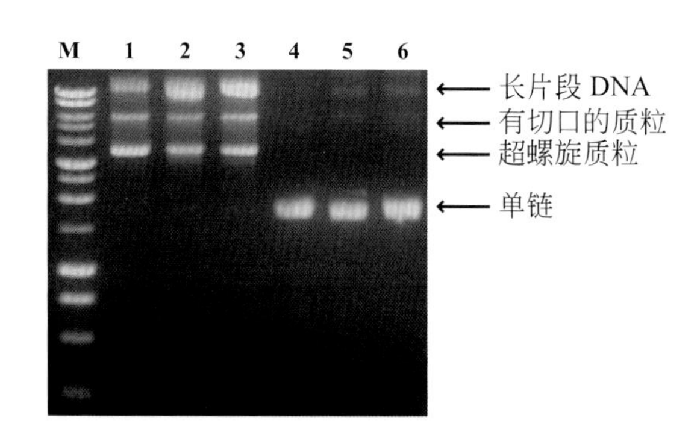

图3.84 DNA大小与形状均会影响DNA的迁移。相同长度的单链质粒比双链质粒移动得快。双链质粒的迁移速度取决于它的拓扑结构和形状。有缺口的松弛型质粒比超螺旋质粒迁移得慢，原因是后者结构更紧凑（泳道1～3）。M泳道为DNA大小标尺。其他泳道DNA大约是6200碱基（单链DNA）或碱基对（双链DNA）。（图来自Gregory Weiss and Phillip Y. Tam。）

问题3.17

用 DNA 拓扑异构酶 I 处理六份相同的质粒 DNA，使得超螺旋质粒结构变松散。每份样品用不同浓度的拓扑异构酶抑制剂处理。哪个条带对应的是超螺旋质粒？哪个条带对应的是完全松弛的质粒？哪个样品抑制剂最少？哪个样品抑制剂最多？

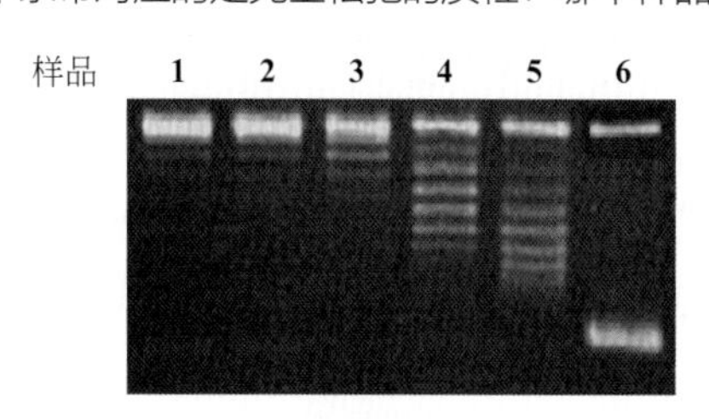

（改编自 I. Larosche et al.，*J. Pharmacol. Exp. Ther*. 321：526-535，2007；获得American Society for Pharmacology and Experimental Therapeutics 授权。）

DNA 条带只有在紫外灯照射掺有溴乙锭的凝胶下才能看到。溴乙锭在荧光灯下被激发，但是水分子在其发射可见光子前会将激发态猝灭。然而，当溴乙锭插入 DNA 碱基对之间时，水溶液的猝灭作用被抑制，DNA-溴乙锭的复合物呈现明亮的橙红色荧光（**图 3.85**）。

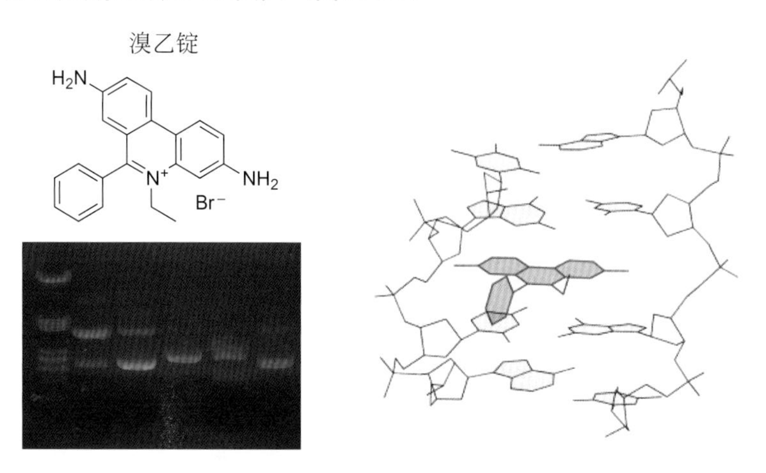

图3.85 溴乙锭。溴乙锭是一种DNA荧光嵌入剂，用于琼脂糖凝胶中对DNA染色。溴乙锭也是一种诱变剂，但可以以胡米溴铵（homidium）为商品名进行售卖，用于治疗牛的锥虫感染。（凝胶图来自Markus Nolf；右侧示意图改编自K. V. Miroshnychenko and A.V. Shestopalova，*Int. J. Quantum Chem.* 110：161-176，2010；经John Wiley and Sons授权。）

毛细管电泳用于分析分离短片段DNA分子

第一种 DNA 测序方法是用夹在两块玻璃板之间的垂直方向的聚丙烯酰胺凝胶薄片。聚丙烯酰胺凝胶可以在多达几百个碱基的 DNA 分子中分辨出一个碱基的差异。但是，这种 DNA 测序凝胶的制备十分困难。人类基因组项目推动了毛细管电泳的发展，实现了自动化高通量的 DNA 分离。在毛细管电泳中，DNA 在一个充满离子缓冲液的纤细且可弯曲的玻璃毛细管（内径小于 0.1 mm）中被分离。这种导致 DNA 分子在毛细管电泳中分离的现象被称作**电渗流**（electro-osmotic flow）。电渗流是由带正电的阳离子向带负电的阴极移动引起的，在这个过程中 DNA 随之迁移（**图 3.86**）。

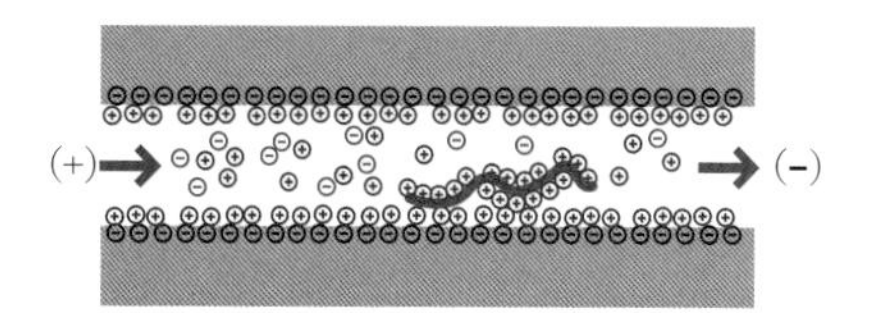

图3.86 电渗流。薄玻璃毛细管柱中的缓冲离子和DNA分子（红色）向带负电的阴极迁移。

电渗流也受到缓冲液与毛细管内壁表面带负电的硅酸盐基团（Si–O⁻）之间相互作用的影响（图 3.86）。毛细管涂层和聚合物添加剂提高了毛细管电泳的分辨率。短的单链 DNA 分子（长度小于 500 个核苷酸）的大小和电荷对其在玻璃微毛细管中电泳运动的影响是极其灵敏的。即使是数百个核苷酸长度的核酸链，也可以轻易地分辨出单个碱基的差异（**图 3.87**）。

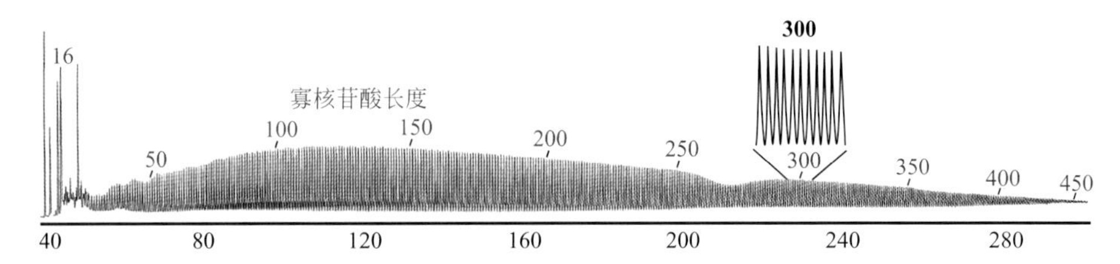

图3.87 高分辨率。一系列长度在16～500个核苷酸长度的荧光标记寡核苷酸链（dT)*n*在毛细管电泳中展现出具有良好分辨率的峰。（改编自T. Manabe et al.，*Anal. Chem.* 66：4243-4252，1994；获得American Chemical Society授权。）

由于毛细管电泳使用的是非常纤细的毛细管，因此所需的样品量必然很少。为了检测这些极少量的样品，分析物必须具有很强的荧光性质。精确瞄准的激光检测器可以在荧光分子从毛细管末端“逃离”之前被检测到（**图 3.88**）。如下所述，大多数用于高灵敏度检测 DNA 的技术都涉及在聚合过程中掺入荧光标记的 DNA。

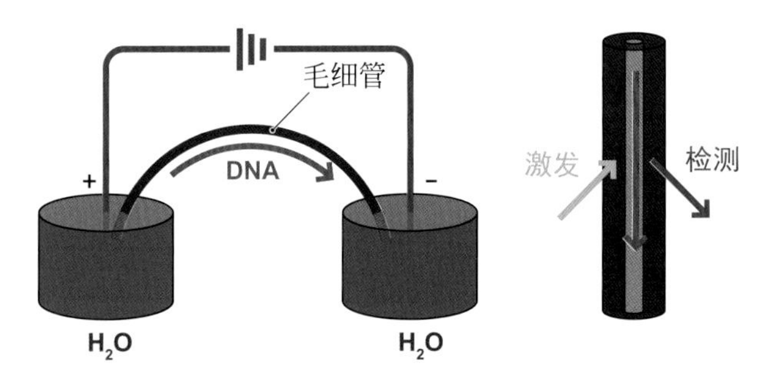

图3.88 毛细管电泳。荧光标记的DNA分子被拖动通过柔性毛细管，并被激光器检测到。

DNA双脱氧测序技术利用了DNA聚合酶的耐受性

复制人类基因组的 DNA 聚合酶非常讲究，在增加每个核苷酸单元前后均要进行检查。相反，病毒聚合酶（如 HIV 逆转录酶）在它们“匆忙”侵占宿主生命细胞的过程中并没有那么谨慎。HIV 逆转录酶能接受其他碱基的核苷酸，例如带有 2- 酮基、缺失 3′- 羟基，甚至是含有其他奇怪的取代基如 3′- 叠氮基的核苷酸（**图 3.89**）。如果聚合酶掺入了缺少 3′- 羟基的核苷酸，则会导致链延伸终止，因为 3′- 羟基作为亲核试剂是形成每个稳定磷酸二酯键的必要成分。人类基因组测序完成的关键在于利用 2′,3′- 双脱氧核苷酸终止聚合酶的链延伸的能力。

1977 年第一代 DNA 测序技术的两种方法相继问世，分别名为马克萨姆 - 吉尔伯特（Maxam-Gilbert）化学测序法和桑格（Sanger）双脱氧测序。双脱氧测序法利用特殊的 DNA 聚合酶进行 DNA 合成，并加入荧光标记的 2′,3′- 双脱氧核苷三磷酸（缩写为 ddN*，分别为 ddA*、ddC*、ddG* 和 ddT*，其中 * 代表荧光标记）终止链延伸（**图 3.90** 和图 **3.91**）。重要的是，每个双脱氧核苷酸上修饰的荧光基团发射的荧光波长各不相同。结合**荧光共振能量转**

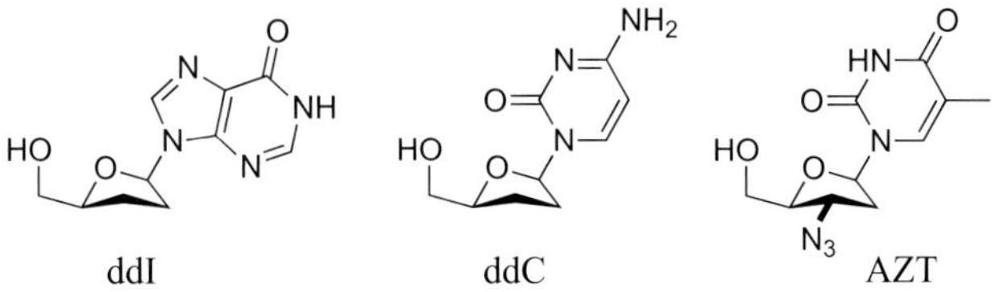

ddI　　ddC　　AZT

图3.89 双脱氧核苷类（dideoxynucleosides）药物。这些缺失3′-羟基的核苷酸被人体内的酶转化为三磷酸腺苷。三磷酸腺苷不被人类DNA聚合酶选择，但可以被HIV逆转录酶结合，从而导致链延伸的终止，它们是抗逆转录病毒药物治疗的基础。

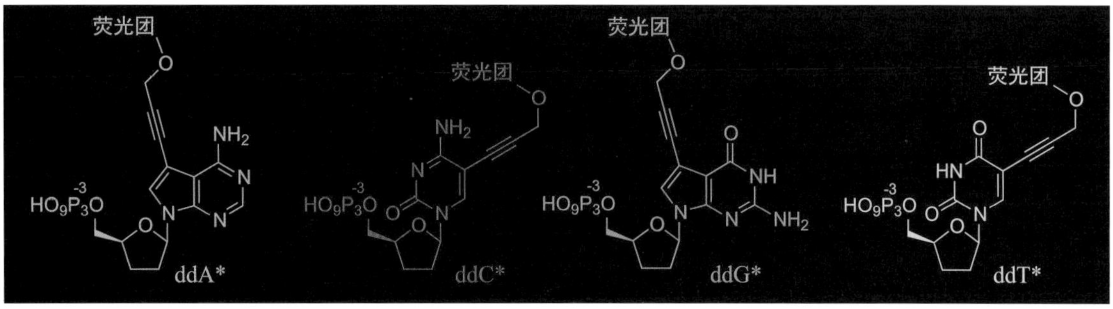

图3.90 用于DNA测序的荧光终止剂。荧光共振能量转移（FRET）所用的荧光团连接在BigDye™双脱氧终止剂的碱基上。

移效应（fluorescence resonance energy transfer，FRET）的优点，更先进的荧光双脱氧终止剂被开发出来。四种双脱氧核苷酸三磷酸都含有一个羧基荧光素染料作为荧光受体，并由氩激光激发。在每种双脱氧终止剂中，荧光素都附着在具有不同发射波长的荧光团受体上，不同碱基对应的发射波长约为 542 nm（ddG），568 nm（ddA），596 nm（ddT）和 622 nm（ddC）。当第一个荧光团（羧基荧光素）的最大发射波长与第二个荧光团（罗丹明类似物）的最大激发波长匹配时，FRET 最有效。另外，FRET 效应还需要荧光团之间相互接近。对于 BigDye™ 系列的双脱氧终止剂，通过优化连接基团，羧基荧光素将其能量转移到另一个荧光团上，而不在 517 nm 处发光。整个 FRET 过程可以确保低背景信号。

在双脱氧测序反应中，首先将模板链、短互补引物与常规 dNTP 单体和氯化镁混合。在加入聚合酶之前，混合物中加入少量（小于 1%）相应的 2, 3- 双脱氧核苷酸三磷酸（**图 3.92**）。由于每个核苷酸单体都会掺入延伸链中，因此掺入引发链终止双脱氧核苷酸概率很低。结果得到了一系列不同长度的片段，每个片段末端以一个独特的荧光核苷酸结尾并根据荧光读出该序列中的最后一个碱基。通过毛细管电泳分析混合物，可直接从电泳痕迹中读取 DNA 序列。

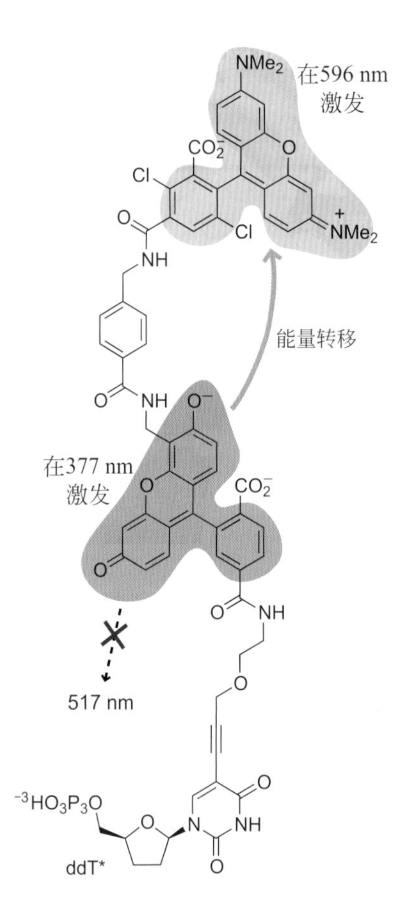

图3.91 FRET效应的必要条件。当一种荧光团的发射波长与另一种荧光团的激发波长相匹配，并且两个荧光团在空间上接近时，FRET效果最佳。

无需电泳的大规模高通量测序方法

为个体基因组定制药物等精准医疗的愿望推动了更多技术的发展，并用于实现低成本高效率的全基因组测序。DNA 测序的每项创新都扩大了检测通量，相应地，这又将 DNA 测序扩展到了新的技术领域。目前有多种无需毛细管电泳的超高通量测序方法，其中有一种被称为**焦磷酸测序**（pyrosequencing），

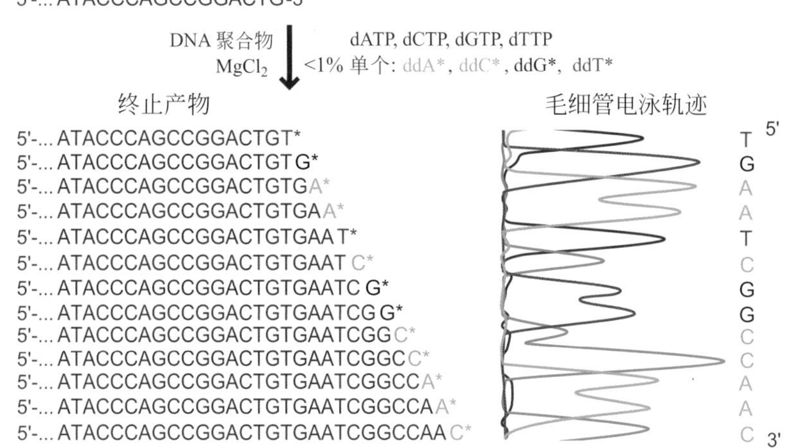

图3.92 双脱氧测序。在BigDye™双脱氧终止剂存在下进行DNA聚合反应后，寡核苷酸能够通过毛细管电泳分离，并根据电泳轨迹直接读取序列。

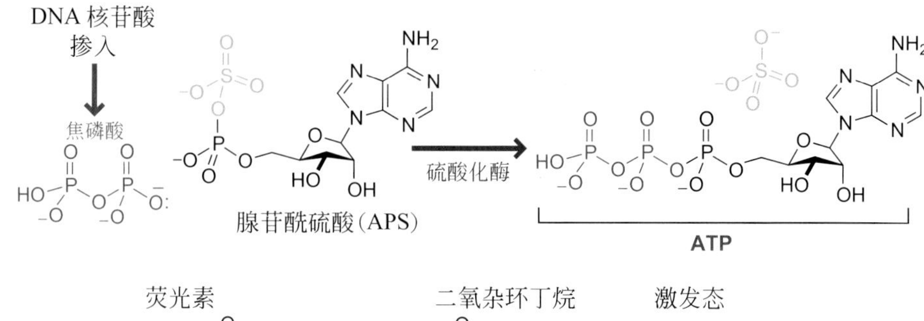

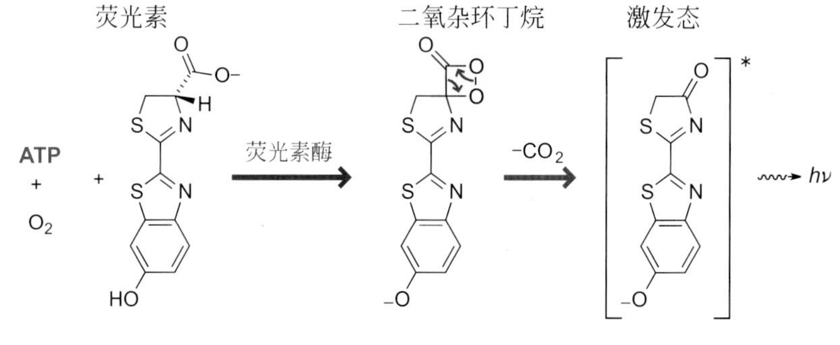

图3.93 焦磷酸测序通过酶促级联反应实现对焦磷酸非常灵敏的检测。焦磷酸通过硫酸化酶转化为ATP；ATP作为荧光素酶的底物从而产生光信号。

该方法基于对焦磷酸的灵敏检测而实现的。焦磷酸是聚合酶将核苷酸单元添加到DNA时形成的副产物。在焦磷酸测序中，除DNA聚合酶聚合所需的dNTP外，DNA与测定所需的其他试剂都被固定在一个小孔（皮升体积）中，每次加入四种dNTP中的其中一种，直到检测到焦磷酸盐为止。

焦磷酸测序利用了两步酶促级联反应催化焦磷酸，最终导致光的产生（**图3.93**）。第一步反应催化焦磷酸和磷酸腺苷生成ATP。在ATP和氧气存在下，荧光素酶催化荧光素转化为有张力的二氧杂环丁烷，此过程是［2 + 2］逆向加成反应过程，但这是轨道对称规则所禁止的，除非产生一个激发态。然后，产物的激发态通过发射光子弛豫到基态产生光信号（**图3.94**）。通过使用非常灵敏的镜头可以观察到成功掺入特定DNA碱基的闪光。一台CCD摄像机可以一次对成千上万的小孔进行成像，从而实现了大规模高通量的DNA测序。

图3.94 荧光素酶最初是从常见的东方萤火虫（*Photinus pyralis*）中分离出来的。基于荧光素酶的低背景和高灵敏度，它经常与其他分析方法偶联使用。（图由Gail Shumway提供；获得Getty Images授权。）

3.8 DNA重组技术（Recombinant DNA Technology）

分子生物学架起了DNA分子与生物学表型的桥梁

新工具可以重新定义甚至彻底改变一个科学领域。以生物学为例，通过利用合成工具进行直接假设检验，其经历了从纯粹的观察性学科到科学领域的转变，生物学家们不再需要等上几代生物体才能找到一个具有特殊属性的突变体。相反，生物合成为实验员提供了在生物内部进行修补的工具——改变分子结构并观察会发生什么。也许并不令人意外，大多数生物大分子类似物都始于DNA的定制制造。当你改变DNA时，你也改变了相应的mRNA，最终导致蛋白质的改变。相应地，这种蛋白质类似物可能具有不同的功能，因而导致明显不同的新生物表型（**图3.95**）。

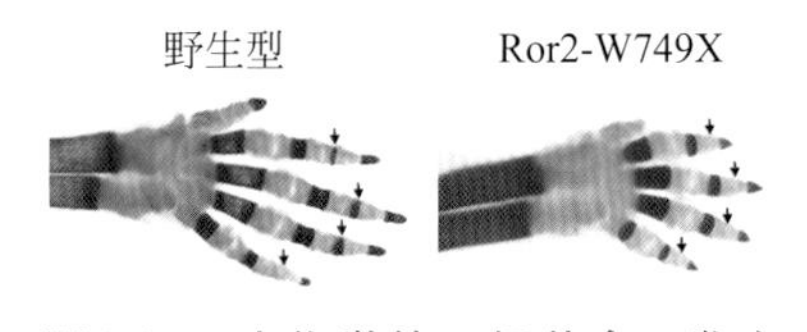

图3.95 生物学的一场革命。发育生物学的合成方法作用于由*ROR2*基因编码的受体蛋白。小鼠*ROR2*基因的截短导致合成一种截短体蛋白，最终导致手指缩短的发生（箭头表示缺骨段）。（图由Sigmar Strick提供。）

通过使用化学合成和酶的组合，DNA很容易用于构建基因、诊断方法和纳米材料。1972年，通过从一种细菌病毒中切下一个基因并将其与一种哺乳动物病毒重组，首次展示了DNA操作工具。DNA重组技术的能力和潜在的危险是如此令人震惊，以至于在1974年引发了自伽利略时代以来整个科学领域的第一次重大暂停。

DNA 重组技术爆发式应用的关键是这一工具同时具有通用性和特异性。大多数长度和拓扑结构相似的 DNA 分子具有相同的溶解度和相同的化学反应活性。这些相似性使得对 DNA 进行通用的化学合成和酶处理成为可能。与此同时，DNA 的杂交和酶切也具有高度的特异性。这种通用技术和序列特异性技术的结合，使得将特定基因克隆（cloning）到质粒中成为可能。

限制性核酸内切酶在特定位点切割DNA并有利于重新连接

大多数**限制性核酸内切酶**（restriction endonucleases）是由两个相同的亚基组成的同型二聚体（**图 3.96**）。由于亚基具有相同的活性位点，限制性内切酶作用于 DNA 的**回文序列**（palindromic sequences）。所谓回文即向前和向后读都是相同的意思（如“Able was I ere I saw Elba”或“I prefer Pi”）; DNA 回文序列由两条 5′-3′ 方向上序列相同的互补链组成（**图 3.97**）。限制性核酸内切酶对长度可达八个碱基的特定序列具有选择性。其中最著名的一个是来自大肠杆菌的限制性核酸内切酶 I（简称 EcoRI），它能在 GAATTC 的回文序列上切割 DNA，在大沟区的最短距离上进行交错切割。其他常见的限制性核酸内切酶也会做出类似的交错切割。交错切割可以形成自身互补的“黏性末端”。黏性末端彼此以较弱的相互作用杂交，使得它们可以被 DNA 连接酶重新连接。

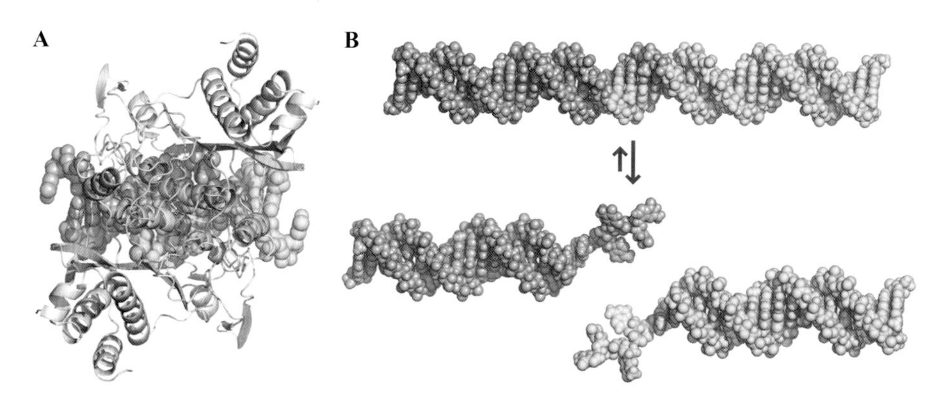

图3.96 交错切割产生黏性末端。（A）EcoRI在两个被镁离子占据的位置进行交错切割（图中绿色部分）。（B）在大沟区上交错切割会在悬垂的5′末端留下带有磷酸基团的自互补黏性末端。

重要的是，如果用 NotI 酶对青蛙的一段 DNA 片段进行剪切，其形成的 3′-CCGG-5′ 悬伸片段可以与被 NotI 酶剪切的人类 DNA 进行互补配对。这些黏性末端使得从一个基因组剪切下来的 DNA 很容易和从其他任意基因组剪切的 DNA 进行连接。如果要将一个新合成的基因插入双链质粒，限制性内切位点可以为片段插入提供一个特定位点。幸运的是，大量的质粒已经可以经商业购入，并提供标记有普通限制性核酸内切酶切割位点的序列图谱。

如果在质粒的正确位置有一个 EcoRI 位点，就可以很容易地插入新的 DNA 片段（**图 3.98**）。首先，将两端均含有 EcoRI 切割位点的外来 DNA 基因片段用 EcoRI 酶进行剪切，然后将质粒也用 EcoRI 酶进行酶切，产生互补的黏性末端。当切割后的外源基因和质粒混合在一起时，黏性末端通过碱基互补配对进行结合。最后可以添加 DNA 连接酶来填补 DNA 磷酸二酯骨架的缺口，形成在 EcoRI 限制性内切位点处添加了新的 DNA 片段的完整质粒。需要注意的是，这个方法在质粒上增加了一个额外的 EcoRI 位点。因此新的 DNA 片段两侧均有 EcoRI 限制性酶切位点。用 EcoRI 再次酶切这一新质粒，质粒的黏性末端重新杂交（在利用纯化方法将酶切后的质粒与插入的 DNA 片段分离之后），再进行重新连接可以去除插入的 DNA 片段。

限制酶	目标序列
EcoRI	3′-NNN CTTAAG NNN-5′ 5′-NNN GAATTC NNN-3′
HindIII	3′-NNN TTCGAA NNN-5′ 5′-NNN AAGCTT NNN-3′
BamHI	3′-NNNCCTAGGNNN-5′ 5′-NNNGGATCCNNN-3′
NotI	3′-NNCGCCGGCGNN-5′ 5′-NNGCGGCCGCNN-3′
BglI	3′-NCGGNNNNNCCGN-5′ 5′-NGCCNNNNNGGCN-3′
SmaI	3′-NNCCCGGGNN-5′ 5′-NNGGGCCCNN-3′

图3.97 常见的限制性核酸内切酶进行交错切割，图中用黑线表示切割位点。大多数限制性核酸内切酶产生黏性末端，但有一些酶如SmaI，不产生黏性末端。

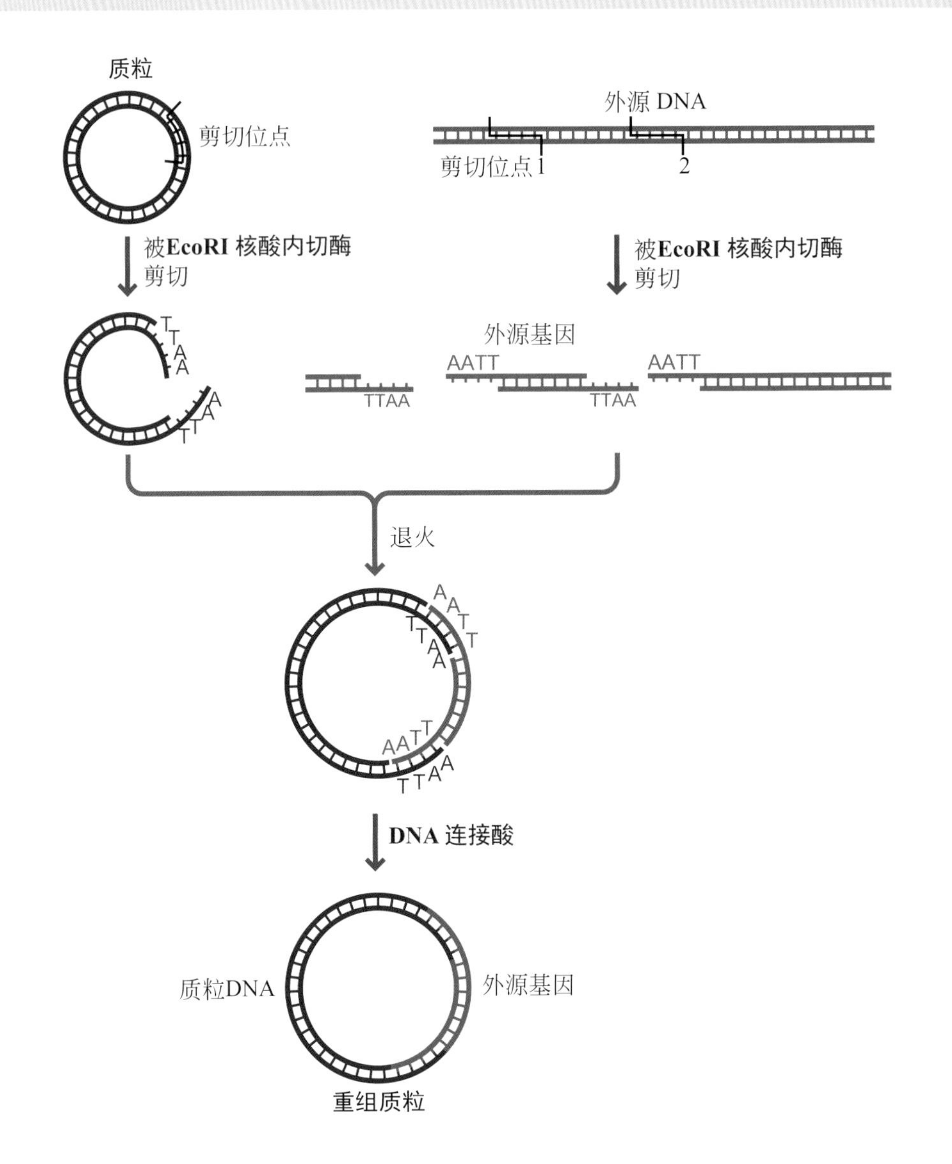

图3.98 DNA重组技术（recombinant DNA technology）。限制性核酸内切酶和DNA连接酶组合可将DNA克隆进入质粒载体中。很多基于人类蛋白的蛋白质药物名称都有“重组”的字样，以表明它们是在非人体细胞中利用重组DNA技术生产的。例如，rhGH代表重组人生长激素。

之前讲过 DNA 连接酶（**图 3.34**）可以缝合 DNA 骨架上的切口。最常用的 DNA 连接酶是一种来自细菌病毒 T4 的极具入侵性的变体。之前还介绍到 DNA 聚合酶在将 DNA 的 3′端与 dNTP 结合时利用焦磷酸作为离去基团。为了使断开的 DNA 再次结合，T4 DNA 连接酶需要在 5′-磷酸基团上添加一个离去基团。它通过在 5′末端添加一个腺苷单磷酸基团，形成一个不稳定的双磷酸键来实现这一目的（**图 3.99**）。连接酶的一个氨基侧链首先进攻 Mg·ATP 产生一个不稳定的氨基磷酸酯，后被切口处的 5′-磷酸根进攻。切口另一边的 3′-羟基随后进攻双磷酸基团，在片段之间进行无缝结合。连接反应通常在 16℃进行，这一温度既可以使短的黏性末端进行杂交，同时也可以保证有效的反应速率。

合成的寡核苷酸通常没有 5′-磷酸基团，因此无法作为 DNA 连接酶的反应底物。但是多聚核苷酸激酶可以转移 ATP 上的一个磷酸基团到 DNA 或 RNA 链 5′端的羟基上。因此，合成的寡核苷酸短链被多聚核苷酸激酶磷酸化后，可以通过 DNA 连接酶拼接到质粒上。例如，如果想在质粒上插入一段转录因子的 DNA 结合位点，就可以合成两条互补的寡核苷酸链，并且它们的杂交链末端有符合 EcoRI 切割位点的悬伸片段。多聚核苷酸激酶可被用于在 5′悬伸链处添加磷酸基团。DNA 连接酶则可被用于将短双链产物拼接到质粒，或其他任意已被 EcoRI 酶切割的 DNA 上（**图 3.100**）。

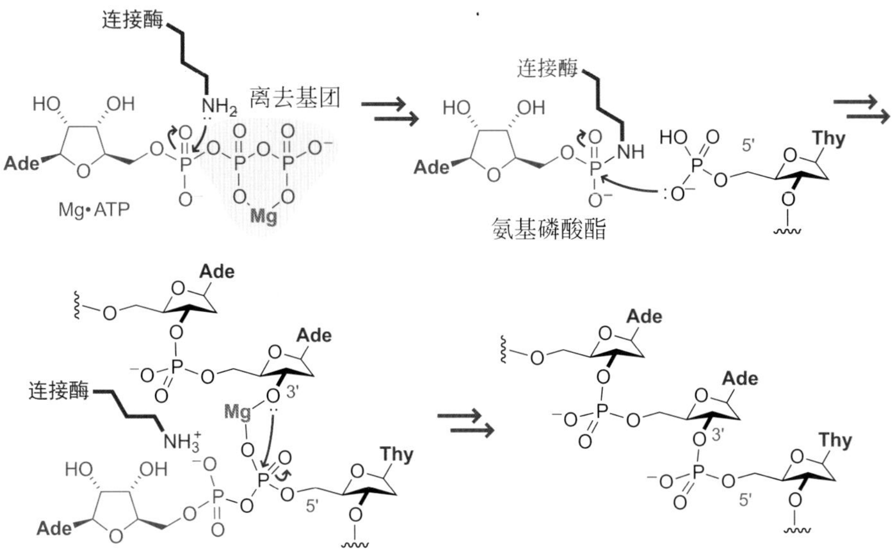

图3.99 T4 DNA连接酶的部分作用机制。连接酶形成一个具有不稳定磷氮键的共价氨基磷酸酯中间体。该机制需要第二个镁离子参与，图中为清晰起见将其省略。

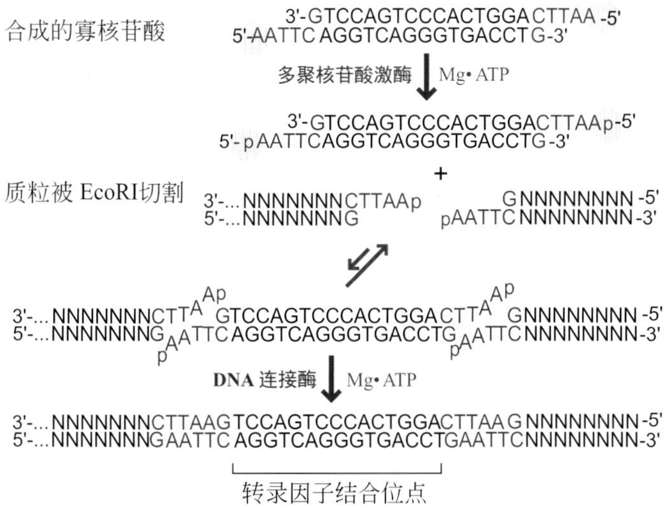

合成的寡核苷酸 3'-GTCCAGTCCCACTGGACTTAA-5'
5'-AATTCAGGTCAGGGTGACCTG-3'

多聚核苷酸激酶 Mg• ATP

3'-GTCCAGTCCCACTGGACTTAAp-5'
5'-pAATTCAGGTCAGGGTGACCTG-3'

+

质粒被 EcoRI切割 3'-...NNNNNNNCTTAAp GNNNNNNNN-5'
5'-...NNNNNNNG pAATTCNNNNNNNN-3'

3'-...NNNNNNNCTTAAp GTCCAGTCCCACTGGACTTAAp GNNNNNNNN-5'
5'-...NNNNNNNGpAATTCAGGTCAGGGTGACCTGpAATTCNNNNNNNN-3'

DNA 连接酶 Mg• ATP

3'-...NNNNNNNCTTAAGTCCAGTCCCACTGGACTTAAGNNNNNNNN-5'
5'-...NNNNNNNGAATTCAGGTCAGGGTGACCTGAATTCNNNNNNNN-3'

转录因子结合位点

图3.100 合成DNA的连接。合成5′末端为羟基的寡核苷酸比合成5′末端为磷酸的寡核苷酸更便宜。多聚核苷酸激酶通过在5′末端添加磷酸基团使合成的寡核苷酸可以进行连接反应。

问题3.18

有多种不同的限制性内切酶可供选择，每种酶都有其特定的序列偏好。例如，序列 G↓GATCC 由 BamHI 在箭头所指的位置对核酸骨架进行切割。

A 将序列 AACTGAATTTCAGGGGGATCCGCATGGCGT 改写为双链 DNA 序列，圈出构成 BamHI 酶切位点的核苷酸，并标出链裂位点。

B 如果双链寡核苷酸 GCATGGGTTTCAAATC 是质粒载体的一部分，请描述将其拼接到问题（A）中序列的 BamHI 位点所需的步骤。

C 用 BamHI 酶切后，序列 GCATCCTTAAGTGGTGGGATCCCCATTCGGATCC 发生了什么变化？用 BamHI 酶切后，用 DNA 连接酶连接，结果如何？

DNA突变导致表达蛋白的改变

强大的合成寡核苷酸的化学工具和灵活地对 DNA 进行切割和连接的生物工具，使得将 DNA 上的变化转化为蛋白质结构的变化，并最终改变生物功能变得相对简单了。DNA 突变可以是随机的（用 A、G、C 或 T 代替 A）或有特异性的（如用 G 代替 A）。同样，突变也可以在随机位点或者特定位点产生。

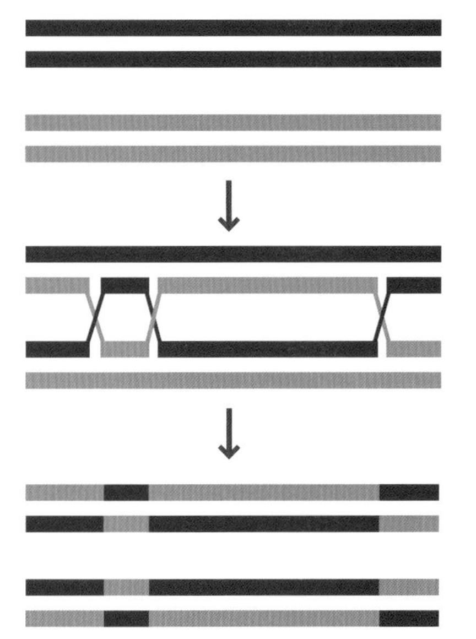

图3.101 **同源重组的原理是基因的同源区域容易杂交，因此有利于基因重组**。具体的生化机制更为复杂，这里不做讨论。

化学诱变剂不具有序列选择性。如5-溴尿苷可以导致活细胞中从T·A到G·C的少量转变，但没有序列选择性。错配PCR是对一个特定基因进行突变的最有效的方法之一。如果向PCR反应混合物中加入变性剂如二甲亚砜［DMSO，$(CH_3)_2S{=}O$］，那么扩增反应将会以易错配方式进行，并产生大量的错配碱基。DMSO在DNA合成过程中破坏氢键，并干扰高保真碱基互补配对。用过渡金属离子Mn^{2+}代替Mg^{2+}同样也会降低DNA聚合酶的保真性。易错配的PCR反应只能在目标基因中引入较低的突变率——最多2%。为了实现高达5%的突变率，质粒通常在大肠杆菌的一个特殊菌株中扩增，该菌株具有一种低保真性的DNA聚合酶。之后，目标基因再通过PCR进行扩增。

随机突变通常导致蛋白质的错误折叠和功能缺失，是一种提高生物体适应性的高风险策略。有性生物通过重组同源基因可获得更高的成功率。来自任何人类男性的*engrailed*基因可以与任何人类女性的*engrailed*基因杂交，因为序列具有高度同源性。重要的是，来自人类精子的*engrailed*基因的任何区域都可以与来自人类卵子的*engrailed*基因的相应区域杂交。由此产生的遗传修饰基因很可能产生正确折叠的蛋白，因为其前体蛋白折叠正确且非常相似。**DNA改组**（DNA shuffling）技术模仿了同源重组，它混合来自不同人的任意数量的同源基因——甚至不同的物种，如人类、猴子、狐猴，然后随机分割它们。这些片段的混合物作为引物，经过PCR反应产生了大量新的基因组合（**图3.101**）。DNA改组可获得高比例的功能蛋白，因为它们只包含每个原始基因中出现的成功突变。

位点特异性的诱导突变使化学生物学家有能力阐明和检验关于蛋白质结构的特定假说。为什么一个特定的亮氨酸用苯丙氨酸取代会加速酶的活性？为什么远离活性位点的突变会导致蛋白质功能的丧失？这些问题用随机突变的方法无法轻易回答，因此促进了在蛋白质的特定位置进行突变技术的诞生，例如在抗体的柔性环状结构中的残基，与DNA结合的转录因子的残基，或酶活性位点上的亲核性残基的突变。

定点突变需要不稳定的质粒模板

最常见的**定点突变**（site-directed mutagenesis）方法是基于DNA聚合酶在寡核苷酸引物与质粒模板存在错配时依旧能进行延伸的能力。寡核苷酸定点突变需要合成的具有突变DNA序列的寡核苷酸引物和含有需要进行突变的基因的模板质粒。寡核苷酸定点突变产生两个相似的质粒——原质粒和突变质粒，两者不容易通过电泳或其他技术进行分离。现代**寡核苷酸定点突变**（oligonucleotide-directed mutagenesis）技术则利用了细菌选择性降解DNA的能力（**图3.102**）。

引物 GTCAATCTC^{GAT}GGCCGCGGAGTAp →
3'-...GTCATAGCTGTTCAGTTAGAGTCCCCGGCGCCTCATCATGCAAGCTTGGCGTAATC ...-5'
模板
DNA 聚合酶 ↓ dNTPs, $MgCl_2$

...CAGTATCGACAAGTCAATCTC^{GAT}GGCCGCGGAGTAGTACGTTCGAACCGCATTAG ...
3'-...GTCATAGCTGTTCAGTTAGAGTCCCCGGCGCCTCATCATGCAAGCTTGGCGTAATC ...-5'

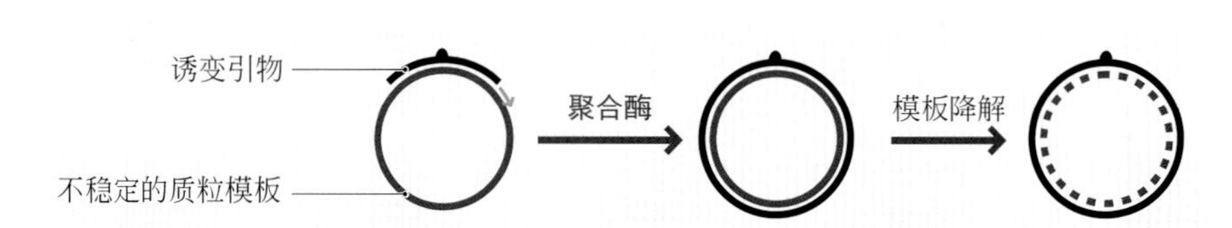

图3.102 **寡核苷酸定点突变**。合成的带有诱变密码子的寡核苷酸引物沿着不稳定质粒模板进行延伸。不稳定模板降解后，只剩下突变后的质粒。

如前文所述，细菌通过使用限制性核酸内切酶来破坏非自身的 DNA，并利用 DNA 甲基转移酶来保护自身 DNA 不受限制性核酸内切酶的破坏。在 1985 年，Thomas Kunkel 报道了一种创造不稳定质粒的方法，该方法利用一种特殊的大肠杆菌菌株来培养特殊的单链质粒，该菌株中存在少量尿嘧啶代替了胸腺嘧啶的错配。在体外对诱变引物进行扩增后，不稳定模板链和全长突变链的混合物作为双链质粒，在可降解含有少量含尿苷酸 DNA 的大肠杆菌菌株中扩增出只有突变的双链质粒。

Kunkel 法的最新变种 Quikchange™ 诱变技术利用一种特殊的 DNA 聚合酶，通过 PCR 几乎可以扩增所有实验室大肠杆菌菌株的双链质粒 DNA。它避免了 Kunkel 法对特殊单链质粒和特殊大肠杆菌菌株的要求，并且可以得到比一开始所用质粒更多的质粒 DNA。大多数实验用大肠杆菌菌株会产生甲基化的质粒 DNA（例如 N^6- 甲基腺苷），而用 dNTPs 进行 PCR 则不会产生带有修饰碱基的 DNA。因此，在质粒上进行诱变 PCR 后，可以用一种特殊的限制性核酸内切酶来处理混合物，这种酶只针对甲基化模板 DNA，而对 PCR 扩增出的新 DNA 无效，故该核酸内切酶会将原质粒模板去除。

3.9 核酸光化学（Nucleic Acid Photochemistry）

紫外线辐射促进胸腺嘧啶或尿嘧啶的［2 + 2］光二聚反应

嘧啶碱基间 π-π 堆积的排列使它们易发生光化学交联。紫外线辐射可以促进 5′-TT-3′ 序列中胸腺嘧啶碱基间的［2+2］光环化加成反应，特别是在波长低于 320 nm 的 UV-B 和 UV-C 辐射下生成环丁烷结构的链内交联。

光化学反应中的激发步骤促使电子从成键轨道转移到反键轨道，然而现在无法使用传统的路易斯结构来表示部分占据的成键轨道和反键轨道的结构。单独占据轨道中的电子可以以具有相反自旋的单线态或具有相似自旋的三线态存在，这使得情况变得更加复杂。嘧啶间的光二聚化在单重激发态基础上进行，与协同的周环反应特征一致。但多数溶液相的烯酮在发生光化学反应时涉及三线态及自由基中间体。激发态的一种表示方法是将其结构写在括号内，并在括号左上角标明多重度，右上角用星号（*）表示激发态（如**图 3.103** 所示）。这种标示方法虽然不能表示出被激发电子所占据反键轨道的类型，但用上角标指示单线态则提供了更多的结构信息。

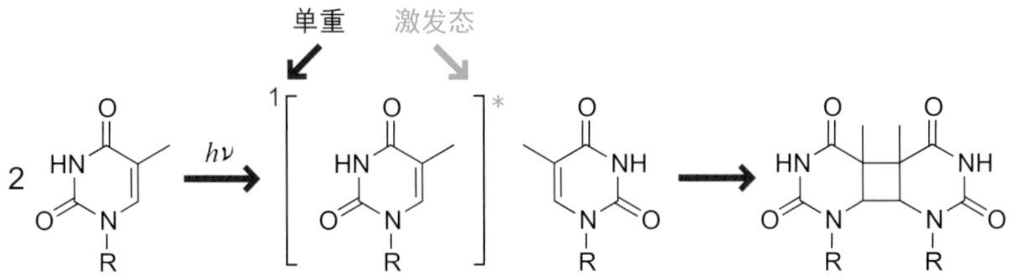

图 3.103 胸腺嘧啶光二聚体。紫外线辐射促进胸腺嘧啶碱基间经单重激发态发生［2 + 2］环化加成反应。

幸运的是，B 型 DNA 中胸腺嘧啶碱基在空间结构上的排列并不利于环化加成产物生成，而 A 型 DNA 中胸腺嘧啶碱基能很好地排列并且形成上述加合物（如**图 3.104** 所示）。因此，在任何时刻，有些特有的基因组的一些碱基对将以有利于发生嘧啶光二聚化反应的构象存在。

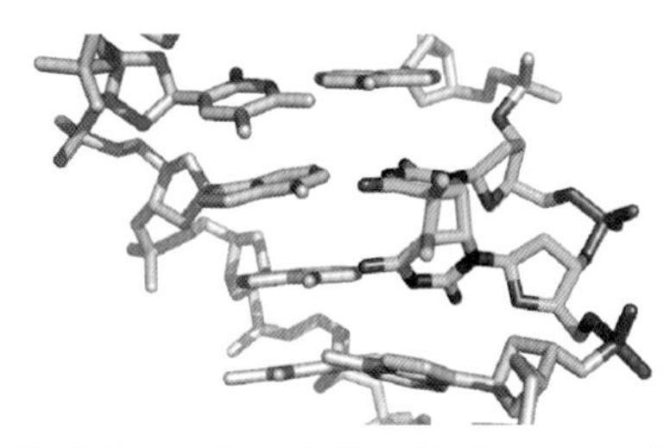

图 3.104 链内交联。胸腺嘧啶二聚体由一条 DNA 链中邻近的两个胸腺嘧啶碱基间形成。（PDB：1N4E）

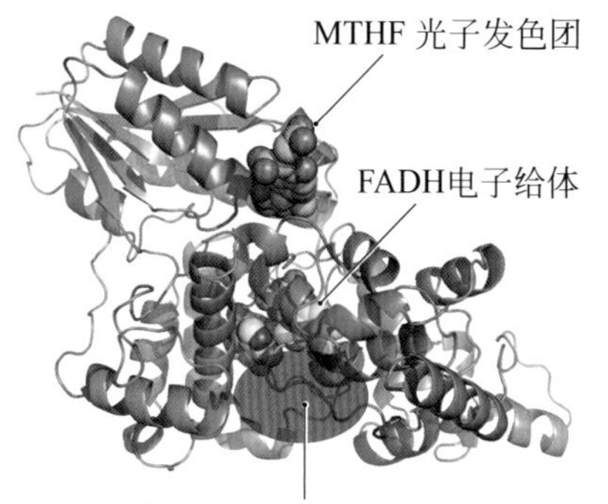

图3.105 光驱动DNA修复。大肠杆菌DNA光修复酶募集两个额外的分子来切割胸腺嘧啶二聚体：一个是强大的发色团来吸收光（亚甲基四氢叶酸，MTHF）和一个氧化还原活性分子来供给和接受电子。杀菌紫外灯发出的254 nm的光为胸腺嘧啶二聚化的理想条件，但不适宜DNA光修复酶对二聚体的修复。

DNA中胸腺嘧啶二聚体的修复

目前有两类从DNA中去除胸腺嘧啶二聚体的修复机制：简单的光依赖修复过程和复杂的多酶修复过程。在低等生物中存在一种光依赖性酶（DNA光修复酶），它能够找到胸腺嘧啶二聚体，并使其翻转出双螺旋外，从而直接与蛋白质辅因子还原型黄素腺嘌呤二核苷酸（FADH）相互作用（如**图3.105**所示）。光激化后，FADH传递一个电子到胸腺嘧啶二聚体上，产生自由基阴离子（如**图3.106**所示）。而胸腺嘧啶二聚体自由基阴离子逐步裂解，然后将电子返回到FADH。

现阶段我们无需在意FADH的结构，但需要关注FADH本身并不能很好地利用波长在315～400 nm之间的长波紫外线。大肠杆菌DNA光修复酶利用另一个光子捕捉分子亚甲基四氢叶酸（MTHF）来吸收该紫外光谱区域的光子，然后被激发的MTHF将激发态转移到FADH。有趣的是，MTHF发色团的一个亚基结构为对氨基苯甲酸（PABA），其被广泛用于吸收紫外线的防晒霜中（**图3.107**）。

图3.106 DNA光修复酶机制。DNA光修复酶切割胸腺嘧啶二聚体机制涉及电子转移。

人体细胞不表达DNA光修复酶，而是依赖一组复杂的酶来进行“核苷酸切除修复”，即参与切除修复的酶识别损伤位置后切除大部分受损链，并用新核苷酸重新填充。切除修复系统的优点是不需要光且能修复多种DNA损伤。切除修复系统中酶的突变与遗传性疾病着色性干皮病有关。着色性干皮病患者必须避免阳光直射，且患皮肤癌的风险比正常人约高1000～2000倍。

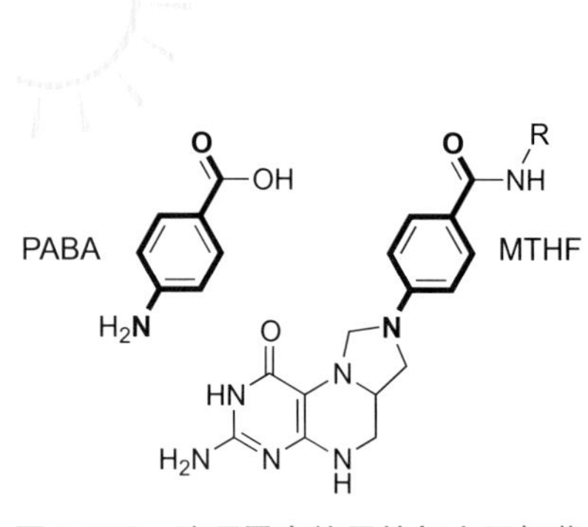

图3.107 防晒霜中使用的与大肠杆菌DNA光修复酶相同的发色团。（其中PABA为对氨基苯甲酸；MTHF为亚甲基四氢叶酸。）

补骨脂素可插入DNA碱基对和互补链之间发生光交联

补骨脂素（psoralens）是一类天然产物，能够在紫外线辐射下引起双链DNA互补链间发生共价交联。补骨脂素可以插入DNA碱基对之间。当插入5′-TA-3′序列中，补骨脂素的呋喃环位于一个胸腺嘧啶碱基下，而吡喃酮环位于互补链的另一个胸腺嘧啶碱基上。具有高度共轭的聚芳香性呋喃香豆素环系统，是一种很好的发色团，能够有效吸收UV-A辐射，最终诱导发生两个连续的［2＋2］交联反应（如**图3.108**所示）。

酸橙油中富含大量补骨脂素，许多光毒性皮炎病例常见于从事酸橙相关工作的人并随后直接暴露在阳光下。最大的光毒性皮炎暴发案例之一是在美

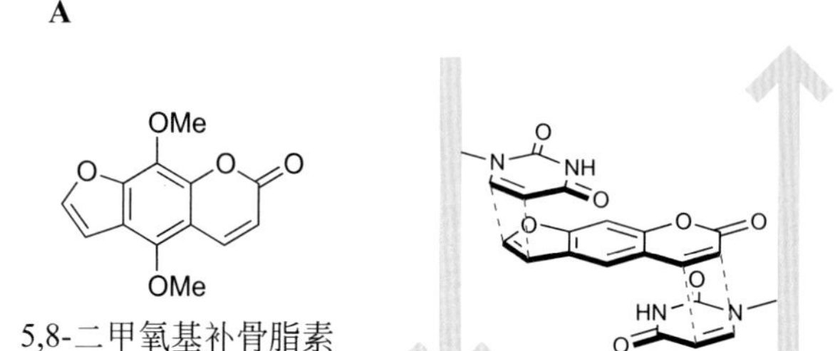

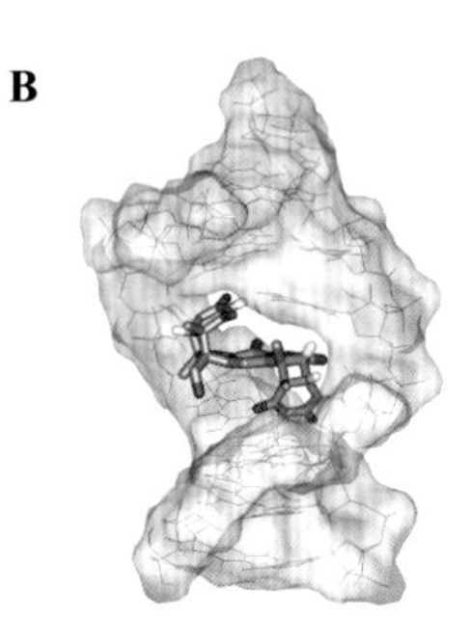

图3.108 补骨脂素交联的DNA链（A）波斯酸橙皮中的油脂含有丰富的补骨脂素，如5,8-二甲氧基补骨脂素，补骨脂素能插入DNA碱基对之间。（B）补骨脂素的每个光敏双键都可以与双链DNA中的嘧啶进行［2+2］光环化加成反应。

国马里兰州奥因斯米尔斯市参加一日野营的 622 名儿童中。大约有六分之一儿童出现皮肤溃烂、深色水泡斑和红疹症状（**图 3.109**）。最终发现病因是孩子们在制作波斯酸橙香薰球后参加了户外活动。波斯酸橙皮中富含 5,8- 二甲氧基补骨脂素。有些蛋白质可以阻止其对 DNA 的嵌入和后续交联反应的发生。而补骨脂素诱导的蛋白 -DNA 复合物的光交联可以在蛋白结合位点处形成“化学印迹”。

补骨脂素光交联反应最终导致皮肤色素沉着。早在公元前 1400 年就曾记录使用含补骨脂素的植物提取物治疗白癜风（皮肤色素沉着丧失）。在 20 世纪 50 年代，作家约翰·霍华德·格里芬（John Howard Griffin）利用补骨脂素的光化学作用来使他的皮肤变暗，以便于他亲身经历在对黑人有偏见的美国南部作为一个黑人意味着什么。补骨脂素光治疗现在被列为已知的人类致癌因素。

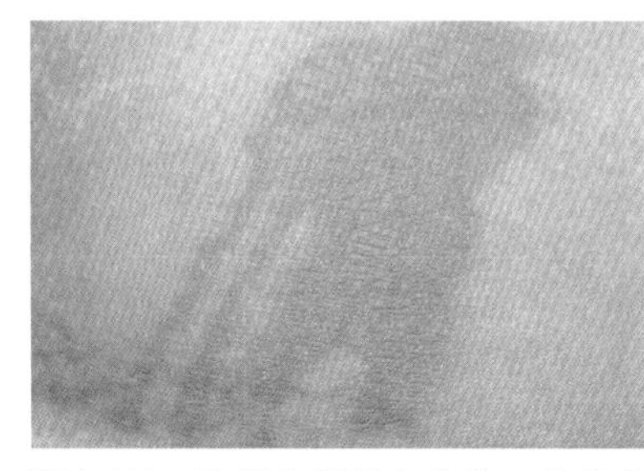

图3.109 腹部有异常条纹状、线状水疱红斑，并伴有色素沉着。由日光浴时身上的酸橙汁引发。（经授权，转载自 J. C. Cather et al.，*Proc. Bayl. Univ. Med.Cent.*13：405-406，2000。）

3.10 DNA作为细胞毒性药物的靶标（DNA as a Target for Cytotoxic Drugs）

正常人细胞中的细胞分裂受到高度调控

细胞分裂过程在简单和复杂的生物体中都受到高度调控。例如，大肠杆菌只有在营养充足且不拥挤的环境中才进行分裂。只要满足上述条件，细菌就会进行无限的分裂繁殖。而大多数人体细胞即使在营养丰富的环境中也不会频繁进行有丝分裂。例如在成人的大多数类型细胞（如骨骼肌细胞、肾细胞和神经元）中，有丝分裂是非常少见的。少数类型的人体细胞，如上皮细胞（存在于胃肠道、皮肤、毛发和指甲）与造血细胞（与血液有关）则进行着缓慢而稳定的细胞分裂，但在高度有限条件下可急速发生有丝分裂增殖：如白细胞在感染后增殖；受伤后的皮肤细胞增殖；怀孕期间乳腺和子宫细胞增殖；性腺细胞在青春期增殖。然而，这些细胞易于引发各种各样的癌症，如白血病、肺癌、皮肤癌、乳腺癌、卵巢癌、睾丸癌和前列腺癌。

人体细胞分裂的检查点：通过或死亡

参与细胞有丝分裂的决定对人体细胞具有非常重要的影响。它需要投入大量的资源生成两个子细胞所需要的成分，如核糖体、脂质、组蛋白等，同时也需要构建复杂的系统来分配子细胞成分和协调有丝分裂。在分裂过程中，细胞持续处于不稳定状态，同时时刻准备在出现分裂失误时实施自杀式凋亡。

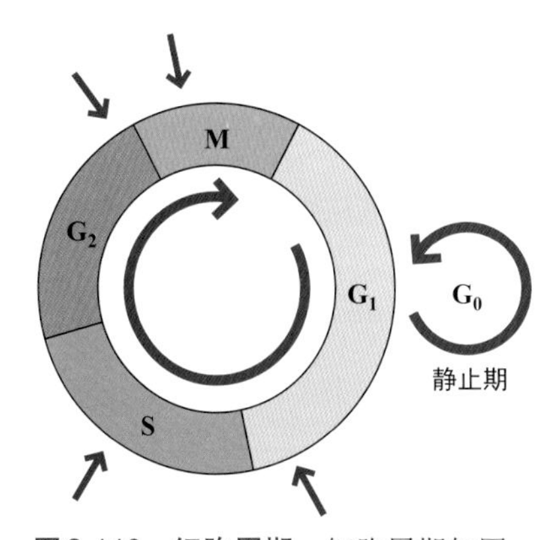

图3.110 细胞周期。细胞周期如同一个细胞分裂过程明确划分各阶段的时钟，红色箭头代表关键检查点。（图由 Eishi Noguchi 提供。）

当细胞接收到适合的有丝分裂信号时，会分为四个阶段进行细胞分裂（即胞质分裂）。有丝分裂四个阶段通常用代表**细胞周期**（cell cycle）的矢量圆图来描述（**图 3.110**）。细胞周期有两个主要阶段：DNA 合成和有丝分裂。这两个过程都需要有个被称为**间期**（gap phase）的静止期来进行大量生物合成活动。当细胞足够大并接收到正确的化学信号时，细胞就可以不可逆地离开静止状态进入到第一个间期，G_1 期。在这个阶段，细胞必须合成能够解旋、修复和复制基因组的酶。在 S 期（DNA 合成期），这些酶必须精确无误地复制 30 亿碱基对。而后进入到下一个间期，G_2 期，细胞合成蛋白架构用于分选及平分 23 对染色体，并将它们拖到细胞两侧。处在 G_1 期、S 期及 G_2 期的细胞在显微镜下不易区分，但是在细胞最后一个阶段，即分裂期（M 期），能够在光学显微镜下观察到细胞的显著变化（如**图 3.111** 所示）。在分裂期，细胞核膜溶解，染色体排列于赤道板，然后被拉到细胞两侧。

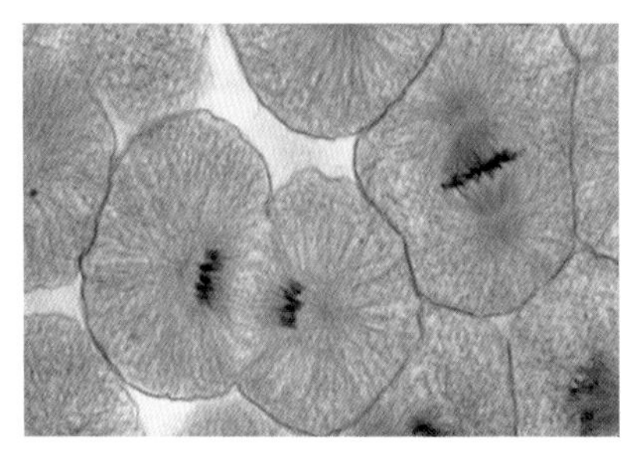

图3.111 处于有丝分裂各阶段的白鲑囊胚细胞。图左下方的细胞处于有丝分裂中期。（图由 Alexander Cheroske 提供。）

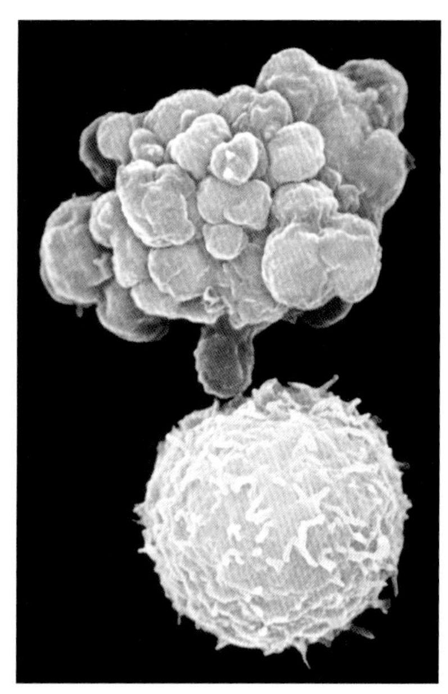

图3.112 正常白细胞（上）和凋亡白细胞（下）。凋亡细胞在死亡最后的挣扎阶段呈现特征性的“质膜出泡”。（图由Photo Reasearchers提供。）

细胞周期每个阶段存在大量分子水平上的变化，因此一旦进入细胞分裂周期，细胞就不能直接重新回到静止期，而必须正确完成有丝分裂的四个阶段产生两个子细胞。如果检测到无法修复的问题，那么细胞就会执行称为“细胞凋亡”（apoptosis，源于希腊语，意为“陨落”）的程序性细胞死亡过程（**图3.112**）。是否继续进行有丝分裂、修复或凋亡的命令由细胞周期检查点（checkpoints）调控：G_1检查点，G_2/M检查点和M期检查点。在这些不同检查点，细胞判断决定分裂环境是否适宜、细胞是否足够大、DNA是否被准确复制或染色体是否排成一行。如果在任一检查点检测到DNA损伤就会引发细胞凋亡。

通过用天然含羞草碱（mimosine）处理，培养的细胞可以实现S期同步化（如**图3.113**所示）。含羞草碱抑制DNA复制的启动，使细胞停在G_1晚期。如果培养的细胞全部用含羞草碱处理，则所有细胞最终同步于细胞周期的同一阶段，类似田径比赛前所有选手处在同一起跑线。特别需要注意的是，含羞草碱短暂处理不会诱导细胞凋亡。一旦用无含羞草碱的培养基替换有含羞草碱的培养基，所有细胞重新同步开始S期。类似的，诺考达唑（nocodazole，有丝分裂抑制剂）抑制细胞有丝分裂，使细胞处在到达中期检查点之前。

含羞草碱

诺考达唑

图3.113 细胞周期同步化合物。含羞草碱与诺考达唑能够使细胞停止在细胞周期具体检查点而不引起细胞凋亡。

传统化学疗法靶向快速分裂细胞中的DNA，无论其是否癌变

大多数临床使用的化学治疗剂都靶向DNA。因此，人们也就很容易陷入“破坏DNA就能杀死细胞”的误区。DNA损伤对大多数细胞并不致死，只是对处于细胞周期中的细胞是致命的。考虑到人体中多数细胞，如肌肉细胞、神经元等，既不进行细胞周期，也不经历检查点，因此不会因生物分子损伤而执行细胞凋亡。反过来说，快速增长的肿瘤如果发现早的话，能够更容易用在细胞周期检查点触发细胞凋亡的药物来治疗（**表3.3**）。

表3.3 生长率与传统化疗的可治愈性

癌症名称	癌细胞倍增时间/天	治愈可能性
伯基特淋巴瘤（Burkitt's lymphoma）	1	+
绒毛膜癌（Choriocarcinoma）	2	+
急性淋巴细胞白血病（Acute lymphocytic leukemia）	3	+
霍奇金淋巴瘤（Hodgkin's lymphoma）	4	+
睾丸胚胎癌（Testicular embryonic carcinoma）	5	+
结肠癌（Colon cancer）	80	−
肺癌（Lung cancer）	90	−
乳腺癌（Breast cancer）	100	−/+

20世纪大部分时期，癌症化疗主要以DNA为靶标。这种化疗方法是很残酷的，因为它同样靶向处在持续细胞分裂状态的健康组织，如免疫系统、指甲和胃肠道等。化疗后，患者通常被隔离以防止感染；患者会脱发，指甲也停止生长；由于胃肠道内的细胞死亡而出现严重的恶心反胃（**图3.114**）。而特异性靶向癌细胞信号通路的药物干预新方法，可避免出现常规化疗相关的常见副作用。

接下来，我们将介绍靶向DNA导致人体细胞凋亡的三种主要方式：（1）抑制胸腺嘧啶生物合成；（2）抑制DNA复制；（3）抑制有丝分裂。

图3.114 化疗副作用。（A）几轮化疗后出现白甲症（指甲参差不齐）；（B）化疗一个月后完全脱发；（C）治疗六个月后头发再生。（图A由Kelly Joppa提供，图B、C由Jenny Mealing提供。）

抑制胸腺嘧啶生物合成触发处于S期的细胞凋亡

在细胞周期的S期，基因组的合成需要大量的脱氧核苷三磷酸。因此，抑制这些亚基的生物合成将导致细胞停滞在S期，并最终导致无法通过S期检查点而引发细胞凋亡。不幸的是，抑制这些核苷酸的生物合成同样影响非分裂细胞，因为核苷酸也是合成mRNA所必需的。但是，用于合成RNA的核苷酸和用于合成DNA的核苷酸之间存在两个关键差异：首先，用于合成RNA的核苷酸是核糖的衍生物，而用于合成DNA的核苷酸是2′-脱氧核糖的衍生物；其次，DNA中与腺嘌呤（A）互补的杂环碱基是胸腺嘧啶（T），而在RNA中与腺嘌呤（A）互补的杂环碱基是尿嘧啶（U），其比胸腺嘧啶的杂环5位缺少一个甲基。因此，抑制2′-脱氧核苷或胸腺嘧啶的合成应当能选择性的对人体细胞生成DNA以及通过细胞周期检查点产生影响。

2′-脱氧胸苷酸（TMP）由尿苷二磷酸（UDP）通过以下几步合成（**图3.115**）：首先，核糖核苷酸还原酶移去2′-羟基，然后，5′-二磷酸盐转化为5′-一磷酸盐，最后，胸苷酸合酶的核苷上引入甲基。第一步和最后一步都是化疗药物的靶标。

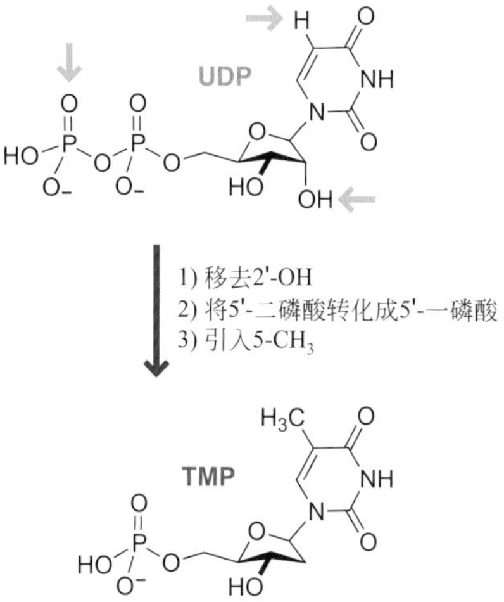

UDP

1) 移去2'-OH
2) 将5'-二磷酸转化成5'-一磷酸
3) 引入5-CH_3

TMP

图3.115 胸苷酸生物合成的第一步和第三步是化疗的主要靶标。

核糖核苷酸还原酶是一种铁依赖性酶，其催化核苷二磷酸的脱氧化生成相应的2′-脱氧核苷二磷酸，例如催化ADP产生dADP。然后这些2′-脱氧核苷二磷酸转化为其三磷酸结构用于DNA合成。核糖核苷酸还原酶机制中的关键步骤是形成富电子的羰基阴离子自由基，促进相邻位点离去水分子（**图3.116**）。羰基自由基对邻近离去基团的影响可以理解为将不成对电子置于氧上和阴离子孤对电子置于碳上的共振式是不利的。通常用推电子弯箭头表示电子转移是有利于共振结构产生的，但不能用于羰基自由基共振结构间或相邻孤对电子稳定的自由基间的相互转换（**图3.117**）。

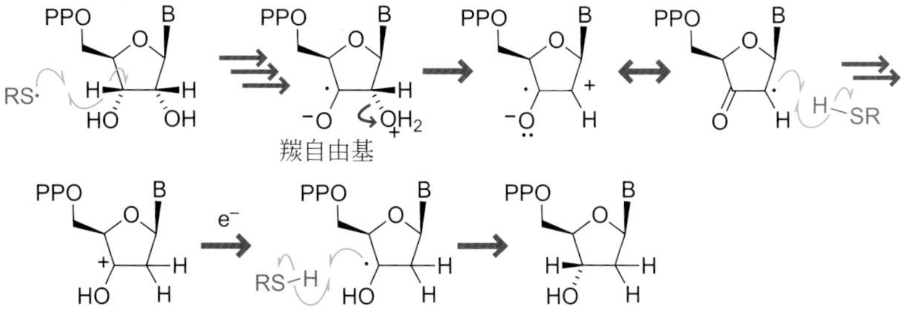

羰自由基

图3.116 酶促脱氧化过程。核糖核苷酸还原酶通过去除核苷-5′-二磷酸的2′-OH，生成DNA亚基。

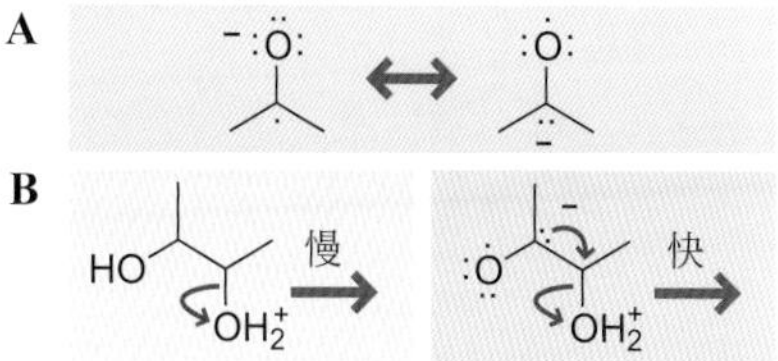

图3.117 羰基自由基。（A）推电子弯箭头不能用于表示羰基自由基共振结构间的相互转换；（B）羰基基团上碳原子具有亲核特性，有利于相邻基团离去。

临床上使用的药物吉西他滨（Gemcitabine）是核糖核苷酸还原酶的抑制剂，具有两个可以抵抗自由基原子攫取的氟原子。吉西他滨是一种前药，能够在体内磷酸化产生具有高亲和力的二磷酸盐活性形式（**图3.118**）。

图3.119　叶酸被转化为快速分裂细胞的必需代谢物（亚甲基四氢叶酸）。因为胎儿发育涉及大量DNA合成，在怀孕期间建议补充叶酸。图中美国出生缺陷基金会的“叶酸为更好的怀孕”活动宣传标识，目前已经无需相关宣传活动。（图由March of Dimes Foundation提供。）

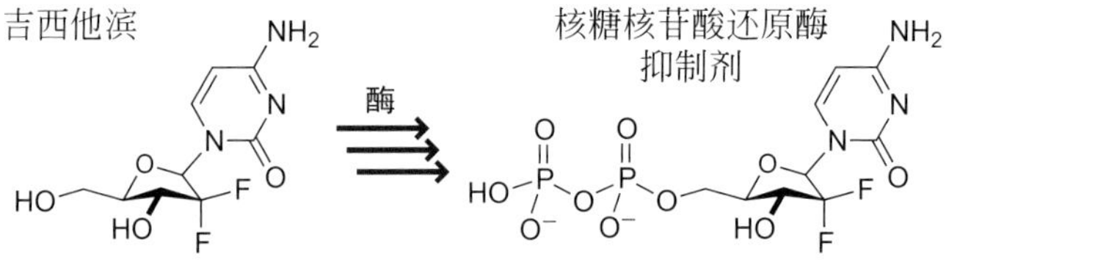

图3.118　前药激活过程。与大多数前药一样，吉西他滨通过代谢转化为活性形式的二磷酸盐，从而抑制核糖核苷酸还原酶。

甲基加成到胸腺嘧啶是DNA合成的关键

核苷胸腺嘧啶单磷酸是由2′-脱氧尿苷单磷酸和亚甲基四氢叶酸在胸苷酸合酶作用下合成的。其中，亚甲基四氢叶酸是叶酸的衍生物，作为一种辅酶因子，它将亚胺离子官能团中的单个碳原子提供给DNA每个胸腺嘧啶碱基（**图3.119**）。之前提到过亚甲基四氢叶酸也是DNA光修复酶常使用的发色团。叶酸在DNA生物合成和细胞增殖中起着关键作用，孕妇在怀孕前和怀孕期间食用富含叶酸的食物，以确保胎儿细胞增殖叶酸供应充足。

胸苷酸合酶的机制始于活性的硫醇盐阴离子偶联到尿嘧啶环上，然后将烯醇化合物中间体加成到亚甲基四氢叶酸的亚胺上。叶酸基团通过单分子共轭碱消除反应（E1cB）完成一碳单元的转移。反应最后阶段涉及从四氢叶酸盐到烯酮显著的负氢迁移，重新生成一种能消除硫醇酶的烯酮（**图3.120**）。由于X射线晶体学难以解析沿反应路径中间体（特别是不稳定中间体）的质子位置，因此中间体的质子状态仍亟待完全阐明。该反应同时生成的副产物亚甲基二氢叶酸，可以再通过二氢叶酸还原酶还原回亚甲基四氢叶酸。二氢叶酸还原酶与胸苷酸合酶一样对于DNA合成十分重要，也是化疗药物的靶标。

图3.120　胸苷酸合酶机制。胸苷酸合酶从亚甲基四氢叶酸转移一碳单元到尿苷的5位。

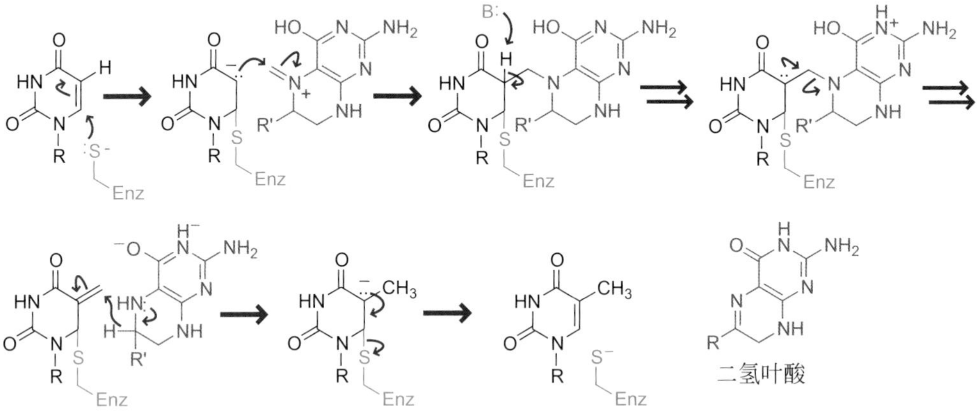

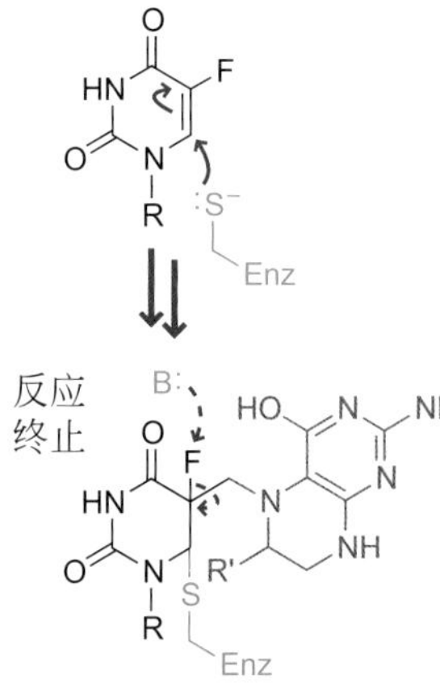

5-氟尿嘧啶是一种非常高效的胸苷酸合酶抑制剂，其可以被转化成5-氟脱氧尿苷一磷酸的衍生物。一旦5-氟尿苷酸进入胸苷酸合酶的活性位点后，遵循与脱氧尿苷一磷酸相同的反应途径。但是氟原子取代氢原子导致后续的E1cB消除反应不能进行，因此底物仍与酶共价结合（**图3.121**）。基于此机制的抑制剂，如可以和酶反应的5-氟尿嘧啶，有时被称为**自杀型抑制剂**（suicide inhibitors）。

图3.121　自杀型抑制剂。5-氟尿苷酸与胸苷酸合酶形成共价中间体，不能进行E1cB消除反应。

问题3.19

用箭推法提出一个合理的机理，用以阐明自杀型抑制剂 5-三氟甲基尿苷酸和胸苷酸合酶之间形成共价加合物的机理，其中涉及活性位点的硫醇。

DNA是亲核试剂

DNA 损伤剂为癌症治疗提供了理论上最简单的手段。DNA 作为亲核试剂，可与亲电性药物反应，而某些类型的烷化剂具有特殊的细胞毒性。DNA 上主要的亲核热点是杂环碱基上的氮原子（可回顾一下本章 3.5 节中介绍的嘧啶与嘌呤碱基原子编号），当双链 DNA 与甲磺酸甲酯反应时，其相对亲核性为 **G**(N7)>**A**(N3)≫**A**(N1)>**C**(N3)(**图 3.122** 和**图 3.123**)。这种排序反映了孤对电子作为亲核试剂的亲核能力以及对应的参与氢键形成或芳香性的能力。而对于单链 DNA，由于不受碱基配对的保护，腺嘌呤的 N1 比 N3 更具亲核性。

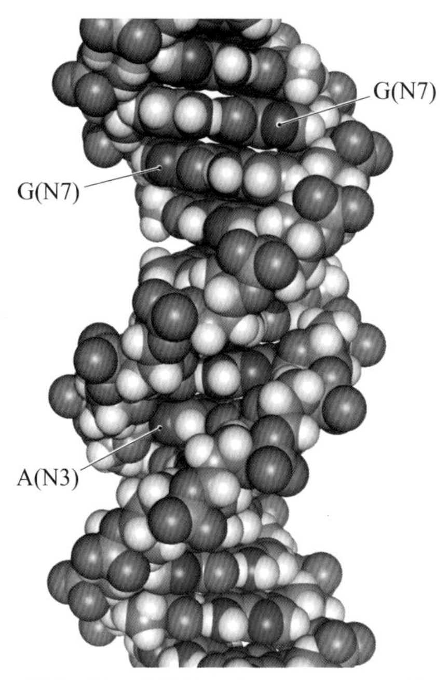

图3.122 亲核热点（hotspots）。双链DNA的大沟与小沟中能够清楚观察到亲核性氮原子。

人体细胞具有几种不同的 DNA 修复系统。以下所述的切除修复系统是通过大片段 DNA 取代来修复的。而其他一些修复系统通过对损伤的 DNA 碱基进行手术式精确操控修复。如果细胞 DNA 修复系统失效，分裂的细胞将被诱导进入细胞凋亡进程。

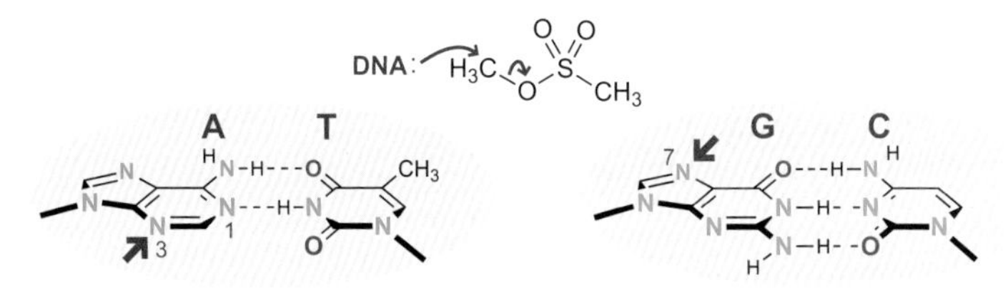

图3.123 Watson-Crick DNA碱基对图显示主要亲核热点。DNA中鸟嘌呤（G）的N7位是生理条件下亲核性最大的位点。

简单烷化剂具有高度致突变性

DNA 碱基烷基化使 DNA 在 S 期无法准确复制。人体细胞具有非常复杂的修复机制来修复损伤的碱基，但是再好的修复机制也无法识别所有基因突变。因为只有约 1% 的人类基因组表达为蛋白质，所以大多数基因突变是沉默的。在其他情况下，子细胞将无法存活。而在极少数情况下的突变会严重破坏防止细胞不受控分裂的调控系统。这种突变的积累可能导致癌症。DNA 不是人体细胞中亲核性最强或容易接近的分子，因此需要特殊方法使得亲电试剂避免细胞质中的大量的巯基、胺基等亲核性基团进攻 DNA。

利用 *N*- 亚硝胺可以在细胞内产生高活性烷化剂。托马斯・吉伦（Tomas Guillen）撰写的《*Toxic Love*》书中记录了 1978 年史蒂文・罗伊・哈珀（Steven Roy Harper）将致癌物 *N*- 亚硝基二甲胺（*N*-nitrosodimethylamine）加入前女友家冰箱的饮料中，试图使其及家人患癌的化学中毒事件（**图 3.124**）。尽管几名家庭成员死于急性中毒，但是受此影响的人没有立即患上癌症。这一令人困扰的事件表明细胞具有许多调控系统来防止正常细胞转变成癌细胞，而癌症是许多低概率突变的结果。

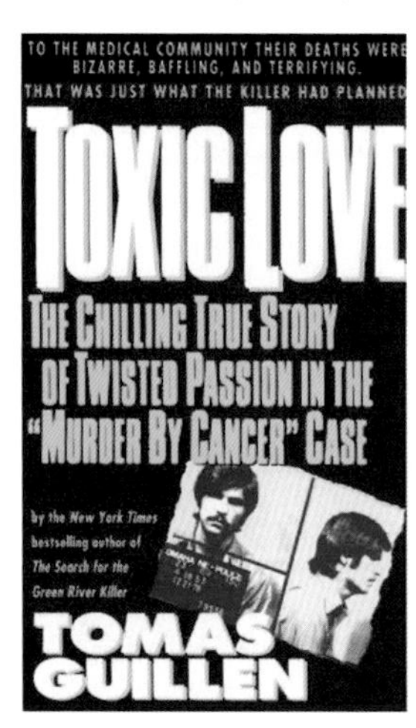

图3.124 被肿瘤谋杀？《*Toxic Love*》报道了一个由致癌物引起的可怕案件。（来自 T. Guillen，Toxic Love. Bantam Books，1995；经Random House，Inc.授权。）

在哺乳动物中，*N*- 亚硝基二甲胺被铁依赖性的细胞色素 P450 酶（缩写

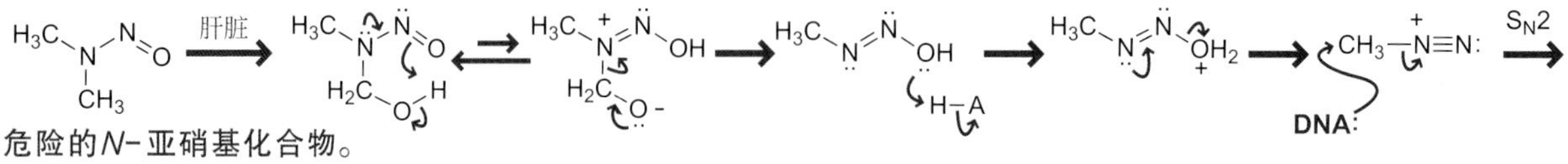

图3.125　**危险的*N*-亚硝基化合物。** *N*-亚硝基二甲胺代谢生成甲基重氮离子，它是一种潜在的烷化剂。

为CYP酶）氧化。人类肝脏中存在大量的CYP酶，是负责降解和去除外来物质的主要脏器。通过CYP酶对外来分子进行，氧化通常能够起到解毒功效，但很多时候氧化产物比其前体毒性更大。因此肝脏是多种毒素损伤的主要部位。*N*-亚硝基二甲胺的氧化导致其去甲基化，最终产生高活性的烷化剂（甲基重氮离子），并与DNA反应（**图3.125**）。已知许多烷化剂能使实验动物患癌，因此被怀疑是人类致癌物。然而只有相对较少的烷化剂是经过充分研究而被划分为人类致癌物。

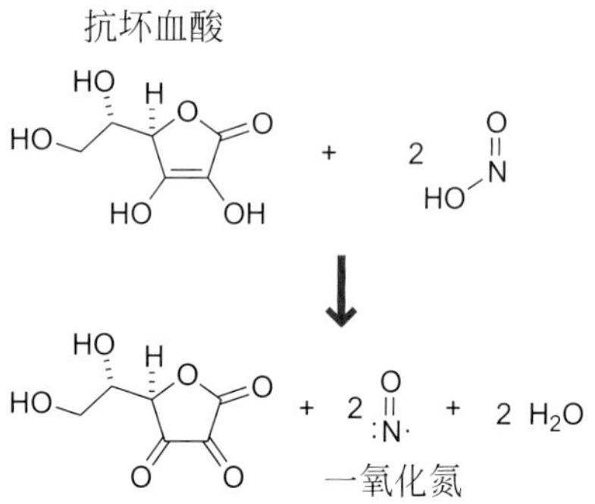

N-亚硝胺的生成需要亚硝酸钠与酸反应产生亚硝酸（HO—N=O）。而亚硝酸钠是熏制肉类中的防腐剂，可防止致命的肉毒梭菌（*clostridium botulinum*）生长。也许我们想知道熏制培根用到的亚硝酸钠进入胃的酸性环境时会发生什么。幸运的是，亚硝酸盐在肉类中反应很快，很少进入胃部。理论上，亚硝酸盐有可能通过与培根中的胺反应产生危险的*N*-亚硝胺。很多很受欢迎的品牌熏制肉类将抗坏血酸钠（维生素C）或非对映体异抗坏血酸钠与亚硝酸钠同时使用。抗坏血酸盐和异抗坏血酸盐与亚硝酸的反应速率比胺还快，从而抑制了熏制肉类中*N*-亚硝胺的积累（**图3.126**）。

抗坏血酸

一氧化氮

图3.126　**培根的保存。** 相比胺，抗坏血酸与亚硝酸反应更快，亚硝酸转化为一氧化氮而非*N*-亚硝基化合物。

问题3.20

除了产生*N*-亚硝基化合物外，亚硝酸还可以直接与DNA发生反应。提出一种可能形成2-重氮鸟嘌呤中间体的机制，且能随后实现鸟嘌呤-鸟嘌呤交联。

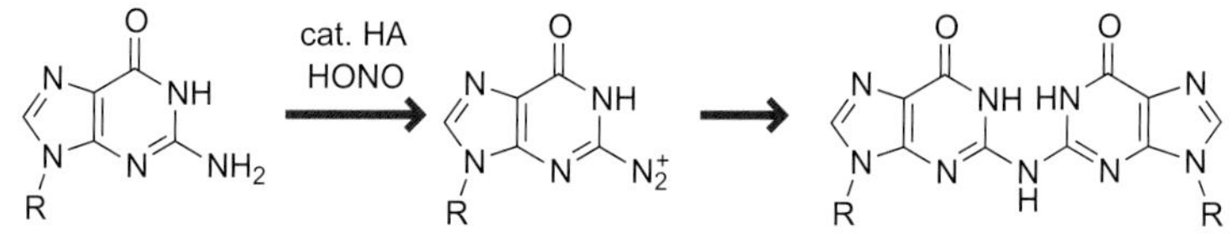

cat. HA
HONO

交联DNA的双功能烷化剂具有高细胞毒性

双功能烷化剂对分裂中细胞具有非常高的细胞毒性，广泛用于癌症的治疗。临床上使用的一种双功能烷化剂是白消安（busulfan），与致突变烷基化试剂甲磺酸甲酯非常相似（**图3.127**）。双功能烷化剂对快速生长的癌细胞具有高细胞毒性，但非常不幸的是，它们同时增加了未来患癌的风险。

人体细胞有几种不同机制来修复DNA损伤，核苷酸切除修复是最强大的，因为它很容易去除受损的DNA。与胸腺嘧啶光二聚体类似，被双功能烷化剂（如白消安）交联的DNA碱基，只要处于同一条核酸链上，就很容易被除去。如果交联碱基处于互补两条链间，这种DNA损伤是不可修复的，因为被切除的链仍保持着与模板链的共价结合（**图3.128**）。在G_1/S检查点或G_2/M检查点期间，DNA链间交联可诱导细胞凋亡。双功能烷化剂的细胞周期依赖性赋予其对有丝分裂细胞的选择性细胞毒性。但是，双功能烷化剂存在的一个问题是第二步烷基化反应效率不高。因此，大多数烷基化事件仅影响其中一条链，其结果是被修复或被忽略，或者也有可能诱导细胞系中的可遗传突变。

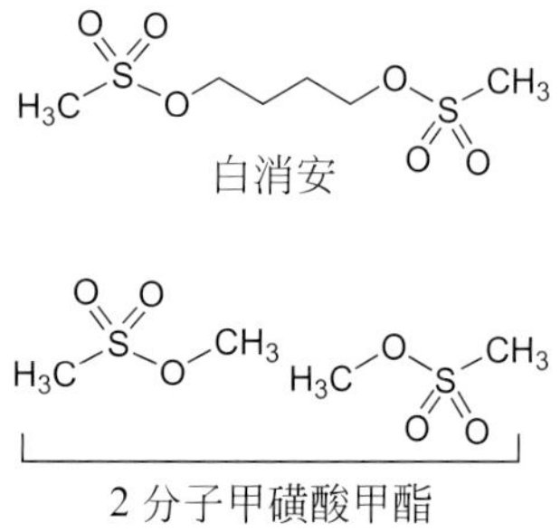

白消安

2分子甲磺酸甲酯

图3.127　**细胞毒性与致突变性。** 含有简单的双甲磺酸基白消安（busulfan）比两分子的甲磺酸甲酯（methyl mesylate）更具细胞毒性，因为它可以交联DNA链。

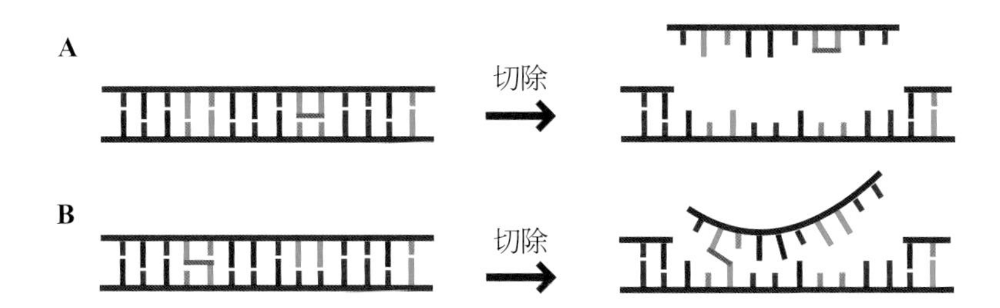

图3.128 无法修复的受损DNA（同链上的交联可以修复，互补链上的交联无法修复）。

氯乙基亚硝基脲（chloroethyl nitrosoureas，CNUs）是一般用于治疗脑肿瘤的一类双功能烷化剂。与 *N*- 亚硝基二甲胺一样，重氮化学在 CNUs 的机理中起重要作用，通过碱催化产生关键的重氮离子（**图 3.129**）。CNUs 能够使 DNA 几个位点发生烷基化，细胞毒性交联涉及鸟嘌呤的 N1 位与配对胞嘧啶的 N3 位之间的连接。这种致毒性交联起始于鸟嘌呤 O6 羰基的初始烷基化，随后发生分子内缓慢环化，最后配对胞嘧啶的 N3 可以经过 S_N2 反应开环。

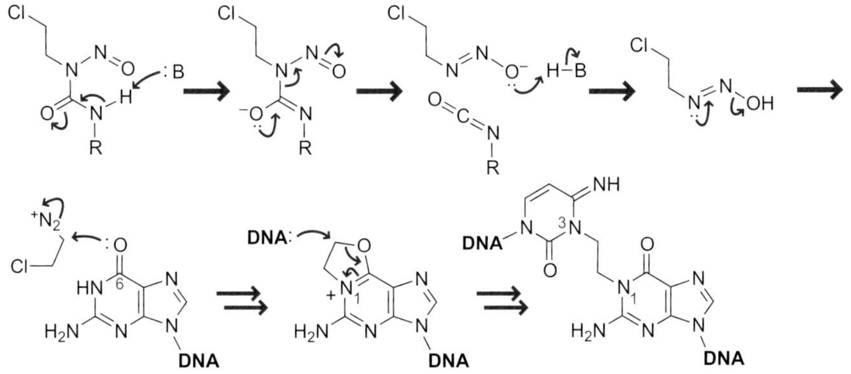

图3.129 CNU化合物引发的交联。氯乙基亚硝基脲在GC碱基间引发链间交联。

张力环是与DNA反应的高反应性官能团

三元张力环对人类癌细胞细胞核中的 DNA 具有非常高的反应活性。三元环如环丙烷、环氧乙烷（环氧化物）和氮丙啶等具有两个重要性质：（1）具有显著的环张力，相对于类似的非张力环合物约有 27 kcal/mol 的环张力（**图 3.130**）；（2）张力环内的三个键比非张力键具有更高的亲核性。通过观察键角和杂交之间的直接相关性，很容易发现三元环中化学键有相当大的亲核性。p 轨道成分更大的杂化轨道具有更小的键角。例如，形成 180°C—C—C 键角的碳原子基本上是 sp 杂化的；形成 109.5°C—C—C 键角的四面体碳原子是 sp^3 杂化的。随着键角减小，对应的分子轨道包含更多的 p 轨道成分（**图 3.131**）。环丙烷中的每个碳碳键基本上由 sp 杂化的轨道组成。上一章中提到 p 轨道的小幅增加可使其亲核性大幅增加。环丙烷环的亲核性缘于可生成并稳定碳正离子，例如，一个环丙烷的环比三个苯环的共振效应能更好地稳定碳正离子。

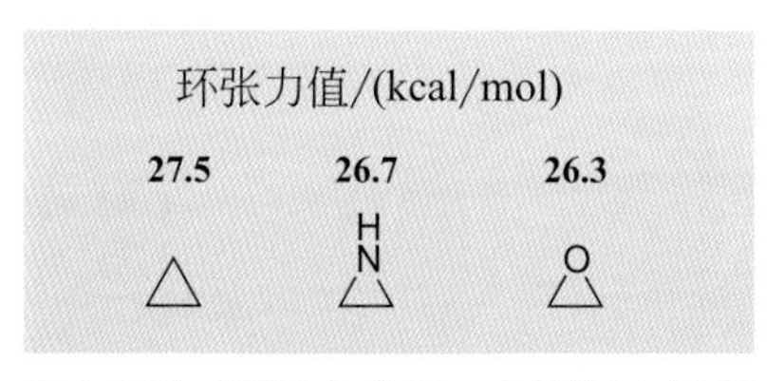

图3.130 环张力关系。由不同中间原子组成的三元环具有相当的环张力。

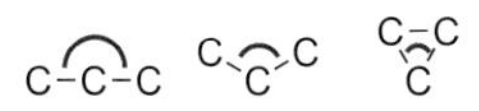

	C-C-C	C-C-C	C-C-C
键角	180°	109.5°	60°
杂化类型	sp	sp^3	"sp^5"
p轨道成分/%	**50**	**75**	**84**

图3.131 分子构型弯曲度。角张力源于p轨道成分并最终影响键的亲核性。在环丙烷环中的三个键比无张力碳碳键更具亲核性。

DNA的环氧化烷化剂具有高度基因诱变性

1775 年，一位名叫珀西瓦尔·波特（Percival Pott）的伦敦外科医生，注意到“烟尘疣”高发于烟囱清扫工。现在已知这些阴囊肿瘤是由暴露于一类多个苯环并联的**多环芳烃类分子**（polycyclic aromatic hydrocarbons，PAHs）引起的。多环芳烃通过煤、石油、食品和其他有机物质的不完全燃烧形成。PAHs 具有特征性被称为“湾区”的裂口，可以被哺乳动物代谢酶氧化成为致癌物质（如**图 3.132** 所示）。例如，已知两种特定的细胞色素 P450 酶 CYP1A1 和 CYP1A2 可将苯

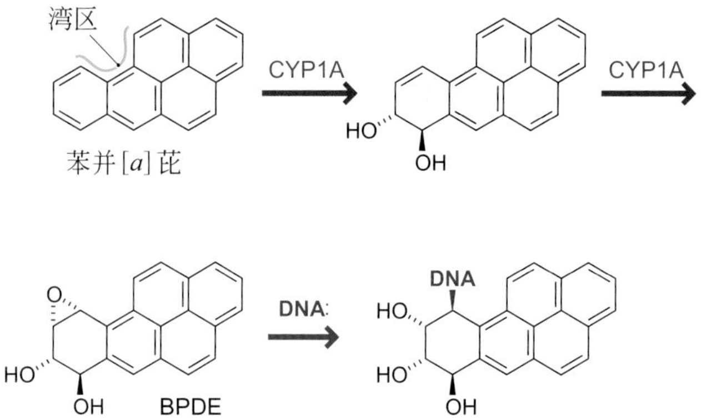

图3.132 代谢产生致癌物质。CYP1A酶将苯并[*a*]芘氧化成苯并[*α*]芘二醇环氧化物（BPDE）。

并[*a*]芘（图3.132）氧化成苯并[*a*]芘二醇环氧化物（BPDE）。BPDE选择性结合核酸双链的小沟区，并将鸟嘌呤2-氨基烷基化（如果不结合小沟区，BPDE将使鸟嘌呤中反应活性更强的N7烷基化）。这种烷基化使DNA链错误复制，导致G替换为T。早在1996年，BPDE已经被证实可导致DNA损伤修复的关键凋亡基因——*p53*基因可遗传突变。*p53*基因的突变将使DNA损伤不再受控，从而致癌（**图3.133**）。几十年来，烟草公司一直否认有任何科学性证据表明香烟会导致癌症，但是通常一支香烟的烟雾中含有20～40ng的苯并[*a*]芘，香烟具有致癌性的证据是不可否定的。

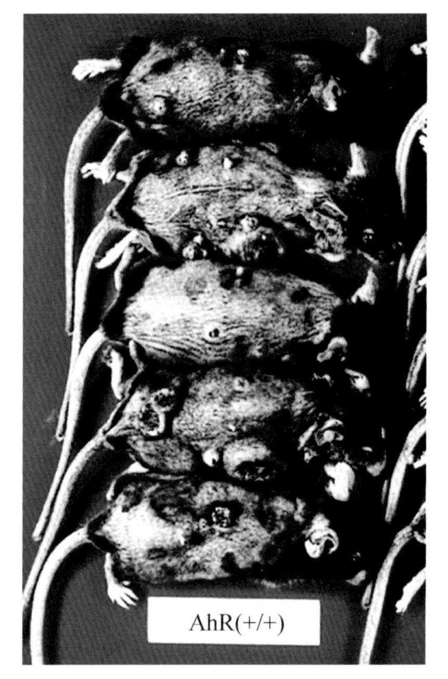

图3.133 致瘤性。重复应用苯并[*a*]芘导致小鼠爆发性皮肤肿瘤。（图获得the National Academy of Sciences授权，来源Y. Shimizu et al.，*Proc. Natl. Acad. Sci.* USA, 97: 779-782, 2000。）

大自然产生的致癌物质与苯并[*a*]芘一样危险。黄曲霉毒素B1（aflatoxin B1）是感染花生的真菌黄曲霉（*Aspergillus flavus*）产生的天然产物（**图3.134**）。黄曲霉毒素B1具有高度致癌性，可在浓度低于十亿分之一情况下诱发肿瘤。与苯并[*a*]芘一样，黄曲霉毒素也是CYP1A酶的底物，可被转化为高度诱变的环氧化物。导致相应的肿瘤倾向于发生在含有最多CYP酶的肝脏中。高活性的黄曲霉毒素环氧化物一旦形成就会就近发生反应。在细胞核中，它嵌入DNA碱基对之间，然后选择性地与鸟嘌呤残基的N7原子反应（**图3.135**）。与DNA的反应是立体特异性的，非对映体环氧化物（环氧处于上面，而不是下面）不会烷基化DNA。

图3.134 纯天然致癌物。黄曲霉菌能够产生黄曲霉毒素，感染花生、玉米等食物。（图来自The State of Queensland，Department of Agriculture，Fisheries and Forestry，Australia，2010。）

氮丙啶环是DNA相对选择性烷化剂

我们所知道的环氧化物与DNA反应的事实源自CYP酶产生的致癌环氧化物。相反，我们所知道的抗癌药氮丙啶（aziridines）与DNA反应的事实源自合成化合物。氮丙啶类化疗药物的开发有个非常不好的开端。在第一次世界大战期间，二氯乙基硫化物（也称为“芥子气”）被用作化学战剂（**图3.136**）。芥子气通过**邻位基团参与**（neighboring group participation）发生亲核取代反应。由于在眼睛、呼吸道和黏膜等潮湿环境中，芥子气首先水解产生盐酸，所以眼睛、呼吸道和黏膜立即受到芥子气的剧烈伤害。此外，芥子气还通过与蛋白质和DNA反应对细胞造成长期损害。

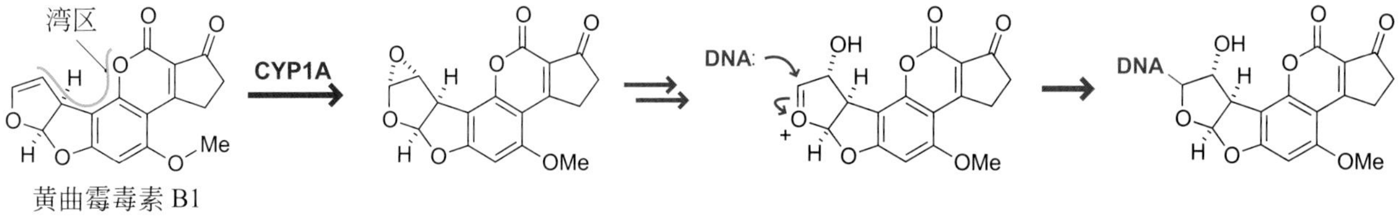

图3.135 黄曲霉毒素B1的代谢活化。黄曲霉毒素B1的代谢环氧化产生高活性的环氧化物。

芥子气的取代反应涉及邻位基团参与，硫对氯离去基团的分子内 S_N2 取代反应速率非常快，比其他分子间的 S_N2 反应快得多，如**图 3.137** 所示。由此产生的表硫鎓离子（episulfoniumion）具有高度活性，甚至是与像水一样的温和亲核试剂也可与之发生快速反应。第二次世界大战芥子气释放事件后，人们发现芥子气能够抑制受害者白细胞增殖，表明其可以用于白血病治疗。这些观察结果直到战争结束才予以公布。相比于硫芥（sulfur mustards）环化，氮芥环化形成氮丙啶鎓离子要慢几乎 10 倍以上，也更易通过皮肤吸收。因此，氮芥作为抗癌药物被开发（**图 3.138**）。氮丙啶类烷化剂包括氮芥（mechlorethamine）、环磷酰胺（cyclophosphamine）、苯丁酸氮芥（chlorambucil）和美法仑（melphalan）等。

图 3.136 化学武器芥子气。澳大利亚皇家炮兵观察员在测试一个未爆炸的芥子气弹壳。（图来自 the Collection Database of the Australian War Memorial，1943。）

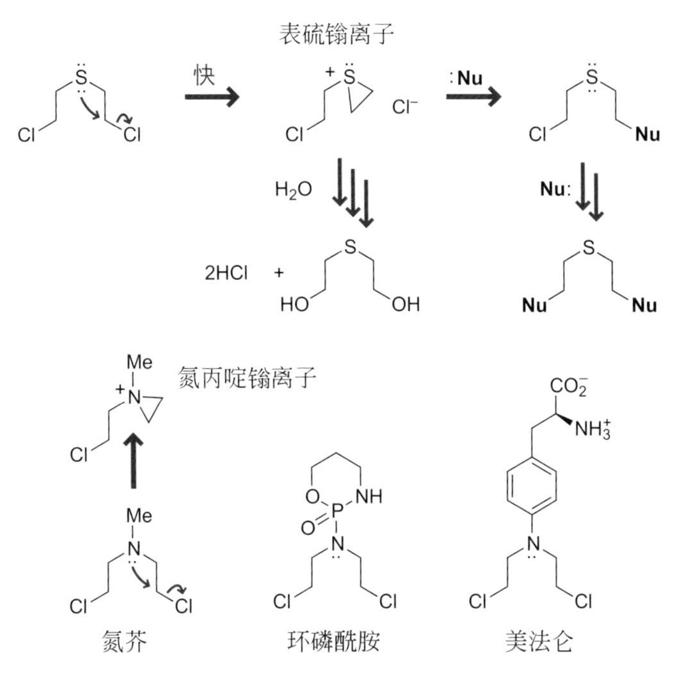

图 3.137 硫芥。硫芥通过具有张力的表硫鎓离子发生反应。表硫鎓离子迅速与水反应产生盐酸，也可以与蛋白质和DNA反应。

图 3.138 氮芥类。氮芥通过产生具有张力的氮丙啶鎓离子，用于癌症治疗。

N- 乙基氮丙啶（*N*-ethylaziridine）是一种选择性亲电试剂，与双链 DNA 反应的速率比单链 DNA 反应快 7 倍，比核苷 2- 脱氧鸟苷反应快 50 倍（**图 3.139**）。由于 *N*- 乙基氮丙啶在 pH=7 时主要以质子化形式存在，因此很容易认为其选择性一部分来源于 DNA 的聚阴离子骨架和带正电荷氮丙啶鎓离子之间的静电引力。然而 *N*- 乙基氮丙啶对双链 DNA 较单链 DNA 的反应性增强则更难以解释。

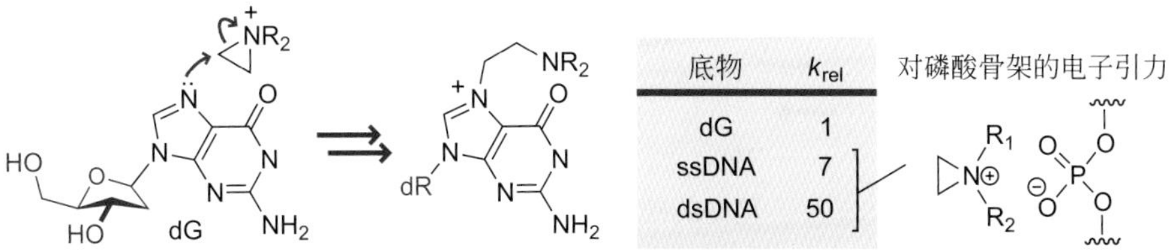

底物	k_{rel}
dG	1
ssDNA	7
dsDNA	50

对磷酸骨架的电子引力

图 3.139 高反应活性的DNA。氮丙啶鎓离子因试剂的静电定位作用，与核酸反应比与游离核苷更快。

问题3.21

用箭推法表示下述海洋天然产物 fascicularin 形成 DNA 加合物的合理机理。

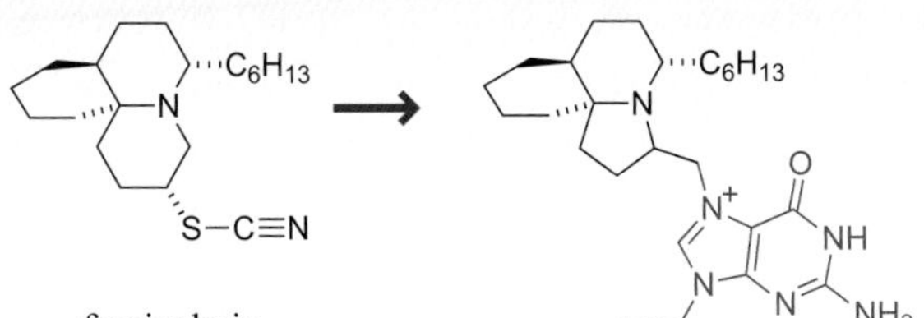

fascicularin

A

B

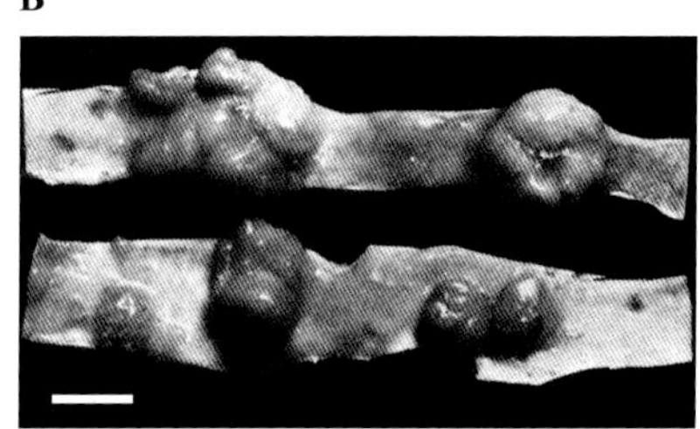

图3.140 更多天然致癌物。(A) 蕨菜；(B) 食用蕨菜的动物胃肠道内肿瘤的发展。(图A来自T. Moore：The Ferns of Great Britain and Ireland，J. Lindley (ed.). Bradbury and Evans，1857；图B来自I.A. Evans and J. Mason，*Nature* 208：913-914，1965；获得Macmillan Publishers Ltd.授权。)

环丙烷环可作开源亲电试剂

环氧化物和氮丙啶鎓离子很容易被亲核试剂打开，而环丙烷不会直接受到亲核进攻（除非与其他结构结合）。进攻 DNA 的三种重要的环丙烷天然产物是蕨苷（ptaquiloside）、CC-1065 和倍癌霉素（duocarmycin）。

食草牛摄入大量蕨菜（*Pteridium aquilinum*）会导致其患胃肠道肿瘤而致死（**图 3.140**）。蕨类植物致瘤是因为其含有的天然产物蕨苷。除蕨苷之外，还分离出结构相关的芳香性化合物蕨素 B（pterosin B）。随后的研究表明蕨素 B 是由蕨苷在弱碱性水溶液中形成的。环丙烷是蕨苷作用机制的关键结构（**图 3.141**）。相对于不含张力的碳碳键，环丙烷环中碳碳键是高度亲核性的，且该亲核性促进相邻碳正离子的形成，被称为**环丙基卡宾正离子**（cyclopropylcarbinyl cations）。

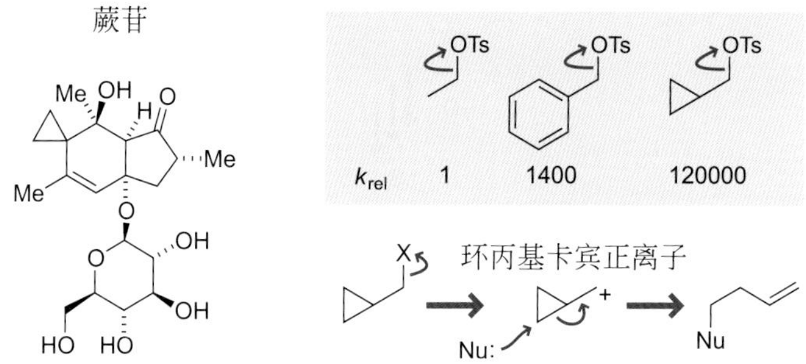

蕨苷

Me OH H O ···Me Me O OH OH HO HO

OTs OTs OTs

k_{rel} 1 1400 120000

X 环丙基卡宾正离子 + Nu: Nu

图3.141 环丙基甲基衍生物的独特反应性。环丙基甲基基团易于形成碳正离子，亲核试剂可以使其开环形成环丙基卡宾正离子，同时释放环张力。而天然产物蕨苷能形成环丙基卡宾正离子。

蕨苷上的环丙烷环是其反应活性的关键，而其生物活化需要先经过 E1cB 反应通过碱催化消除 *β*- 葡萄糖苷（**图 3.142**）。此时，叔醇处于完全可被离子化的状态，因为产生的正离子可以被来自环丙烷的高亲核性键、二烯的邻近 π 键和甲基的相邻 C—H 键来稳定。

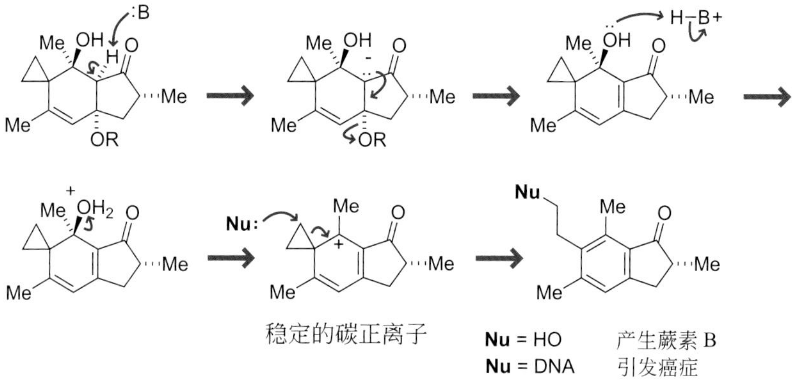

:B Me OH H O ···Me Me OR → Me OH O ···Me Me OR → Me OH H–B+ O ···Me Me →

Me OH_2^+ O ···Me Me → Nu: Me O + ···Me Me → Nu Me O ···Me Me

稳定的碳正离子

Nu = HO 产生蕨素 B

Nu = DNA 引发癌症

图3.142 蕨苷激活机制。E1cB消除和S_N1电离导致环丙基卡宾正离子对DNA烷基化，整体反应是由张力释放和芳香性增强的热力学因素驱动。

CC-1065 最初是由 Upjohn 公司在筛选抗癌化合物时发现的，其与 DNA 的狭窄小沟结合。其他与小沟结合的分子（合成分子或天然分子）还有喷他脒（pentamidine，抗菌药物）、纺锤霉素（netropsin）和偏端霉素（distamycin，抗生素）以及荧光 DNA 染料 Hoechst 33258（**图 3.143**）。最好的小沟结合物通常是扁平分子的低聚物，其具有可旋转的铰链结构将五元环连接，同时，这些分子采用可适合 DNA 双螺旋结构的曲度（**图 3.144**）。

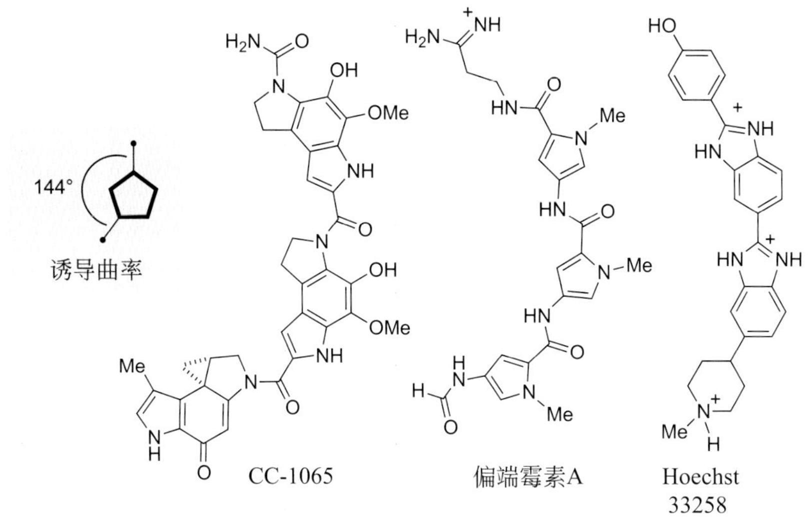

144°
诱导曲率
CC-1065
偏端霉素A
Hoechst 33258

图3.144 **DNA小沟结合物的共同点**。许多小沟结合物包含五元环与可旋转化学键，能够产生平面弯曲结构。

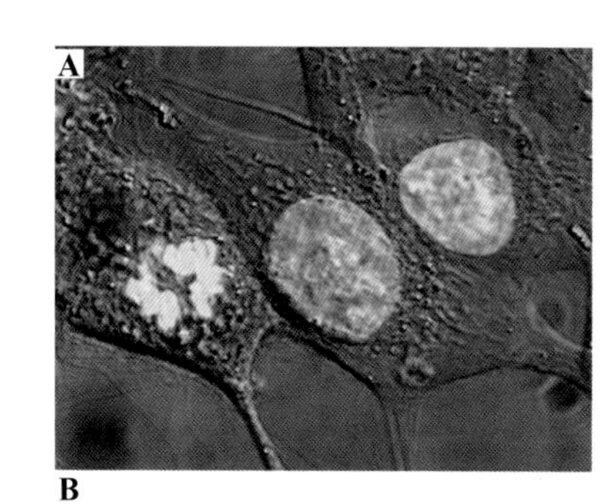

B

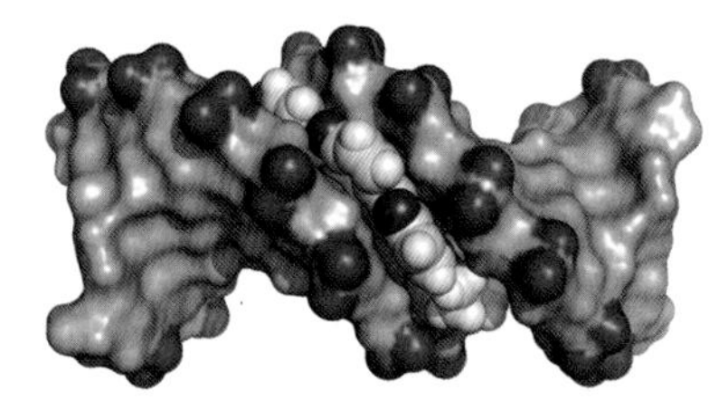

图3.143 **细胞核染色**。（A）Hoechst 33258通常用于哺乳动物细胞核染色；（B）Hoechst 33258是一种能结合DNA小沟的荧光染料。（来自维基百科。）

一旦紧密结合DNA的小沟，CC-1065就会与腺嘌呤的N3位置发生反应（**图3.145**）。当腺嘌呤进攻环丙烷时，它可以缓解环张力并产生芳香性环。然而，这些优势必须取决于稳定的C═O π键断开的能量损失和高共振稳定性之间的平衡。即使CC-1065与DNA紧密结合，加合物在动力学上仍然是可逆的。

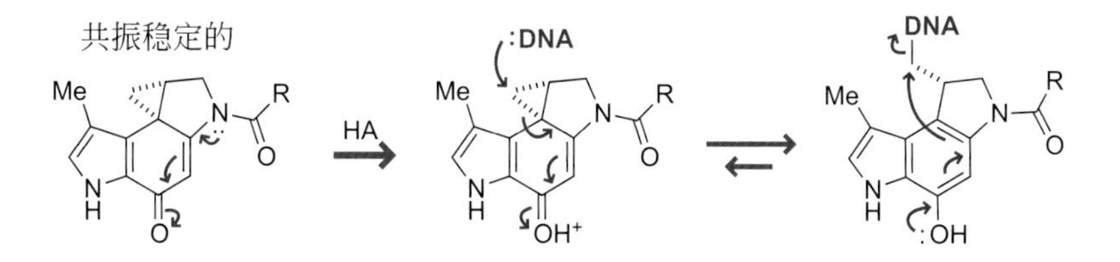

图3.145 **可逆的DNA烷基化**。CC-1065与DNA小沟形成紧密且可逆的共价加合物。

自由基和氧气共同裂解DNA糖环

含张力环的烷化剂是十分有效的“武器”，但所有亲电试剂的共同问题是容易受到细胞核内硫醇、胺、羟基和其他竞争性亲核试剂的进攻。大自然中有其他可损害DNA的反应。因为任何能够进攻核糖骨架的活性试剂几乎一定能与水反应（除非该试剂是活性自由基），所以目前对2′-脱氧核糖骨架是否易受攻击尚不明确。杂原子稳定了以碳为中心的自由基，使得核糖部分的C1′、C3′、C4′和C5′成为不稳定自由基氢抽取反应的靶标（**图3.146**）。通过对自由基反应仔细分析，认为核糖骨架与DNA碱基一样易于成为靶标。

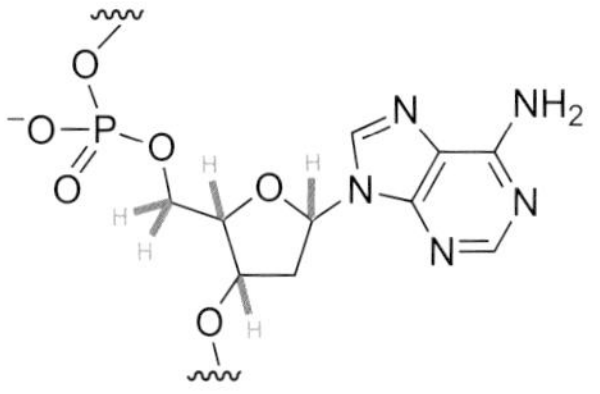

相对弱的C—H键
≤93 kcal/mol

图3.146 **弱键**。键的强弱判断仅应用于自由基反应，DNA核糖骨架中C—H键的氢原子易于被攫取。

不幸的是，我们讨论自由基反应时，需要摒弃用箭推法表示的反应机理。对于自由基反应，我们使用半箭头（“鱼钩”）作为标识来跟踪电子。这些鱼钩箭头并不表示填充轨道与未填充轨道的相互作用。为了帮助预测反应性，我们引入**键裂解能**（bond dissociation energies，BDEs）（键强度，bond strength）概念，严格区分酸碱之间的质子转移和自由基之间的氢原子转移。术语“键强度”只与均裂产生自由基相关，不适用于如酸碱质子转移反应的双电子转移过程，从而避免认为强酸的质子键是“弱的”这种常识性错误。

键裂解能（BDEs）可用于预测哪些氢原子转移在热力学上是有利的（**图3.147**）。氢原子转移通常倾向于生成更强的化学键。O—H键和苯环—H键都很强（**表3.4**），因此没有试剂能在生理条件下从水或苯环中攫取氢原子。相反，羟基自由基和苯基自由基能积极地从敏感的C—H键中攫取氢原子，如

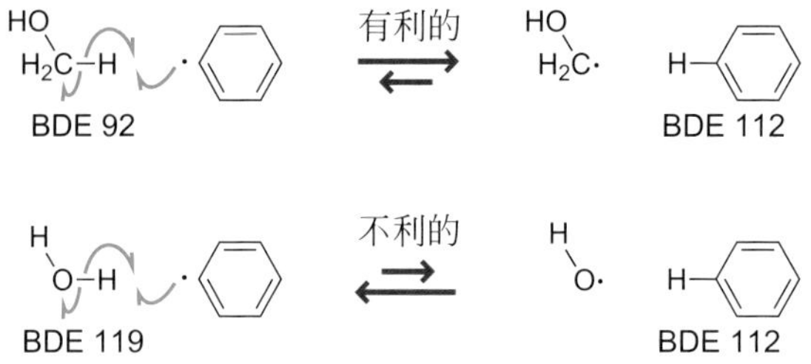

图3.147 氢原子转移倾向于生成更强的化学键［具有更高的键裂解能（BDEs）］。理论上，即使在生理条件下不存在游离氢原子，C—H键的均裂也会产生H·。

表3.4 X—H键裂解能

键	键裂解能/（kcal/mol）
HO—H	119
Ph—H	112
H_3CO—H	104
R_2CH—H	98
$HOCH_2$—H	92
$PhCH_2$—H	90
RS—H	88

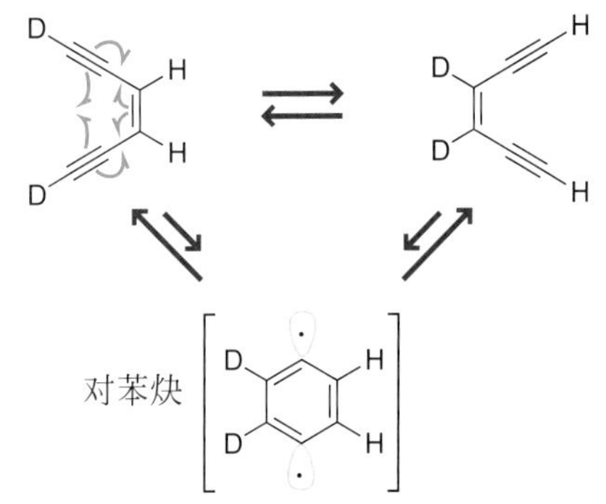

图3.148 Bergman-Masamune重排。这种电环化反应简称为Bergman重排，涉及具有双自由基特性的对苯炔中间体。

DNA骨架上的C—H键。在双分子碰撞时，这类氢攫取反应速率非常快，如果活性自由基处在弱C—H键附近时，反应速率会更快。但这两个碳自由基与其他自由基重新复合时，碳原子采用一个填满的八隅体结构，结果可以预见自由基会快速重新复合。

烯二炔类抗肿瘤抗生素通过对苯炔双自由基切割两条DNA双链

1971年，Bergman根据Masamune首次报道的烯二炔的电环化重排反应，提出此反应经历对苯炔双自由基中间体。在没有其他试剂的情况下，对苯基重新开环（**图3.148**）。在活性C—H键存在时，它们很容易攫取其中氢原子。直到20世纪80年代后期，几种具有潜在抗癌能力的烯二炔类天然产物（**图3.149**）的发现，Bergman-Masamune重排反应才广为人知。这些天然产物中，Bergman-Masamune重排产生可切割DNA两条链的双自由基，且这种DNA双链的断裂无法修复。

烯二炔类天然产物像一个复杂的分子机器，具有导航装置、触发器和弹头。天然产物达内霉素（dynemicin）的环氧基团阻止了其烯二炔基团发生Bergman-Masamune重排。然而一旦环氧环开环，相应化学键略微旋转使两炔烃的末端相互接近，就会发生Bergman-Masamune重排（**图3.150**和**图3.151**）。Hal Moore首次提出许多药物在与生物靶标发生化学反应前需要进行生物还原活化（bioreductive activation）。醌类化合物（如达内霉素）在人体细胞中容易被还原。醌和二氢醌之间建立了良好的氧化还原平衡，其中强C=O π键有利于醌，而芳香性有利于二氢醌（**图3.152**）。醌的还原很容易受到硫醇或具有

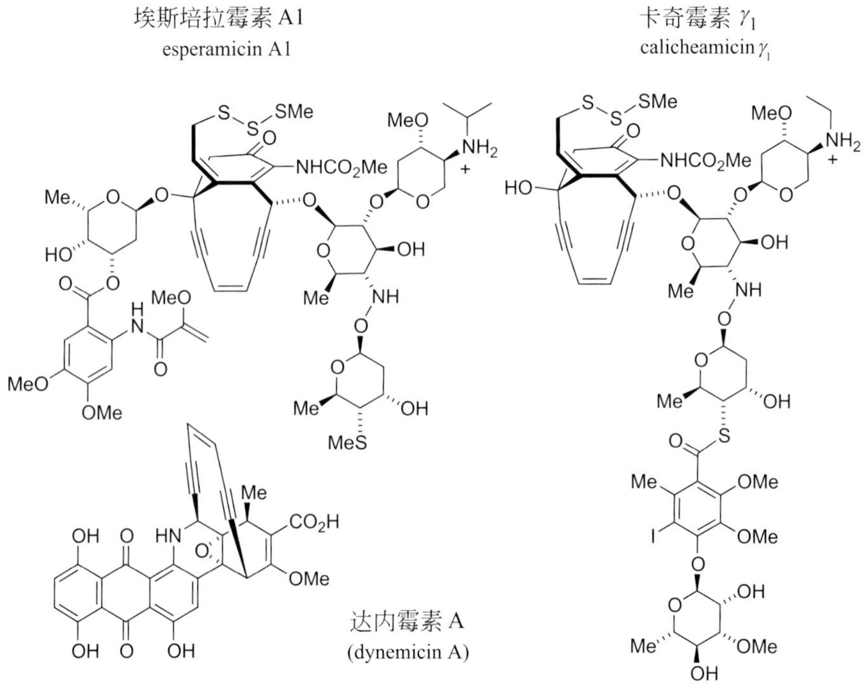

埃斯培拉霉素A1 esperamicin A1

卡奇霉素γ_1 calicheamicin γ_1

达内霉素A (dynemicin A)

图3.149 烯二炔类天然产物。天然产物中存在特征性的烯二炔官能团，表明其可能发生Bergman重排。

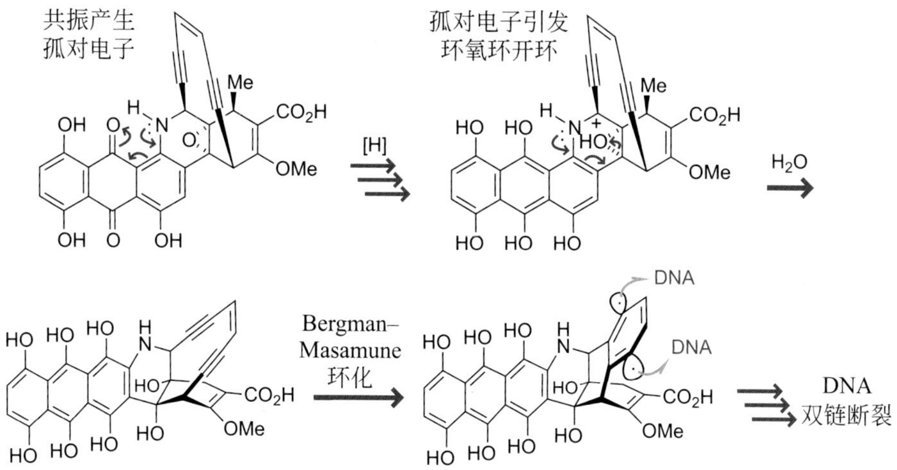

图3.150 **生物还原活化反应**。还原达内霉素的中心醌环引发环氧化物开环，导致烯二炔结构发生Bergman-Masamune环化。

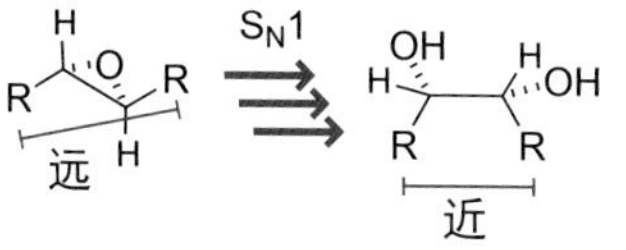

图3.151 **烯二炔电环化的触发反应**。达内霉素环氧化物的S_N1机理开环使烯二炔的活性末端基团发生反应。

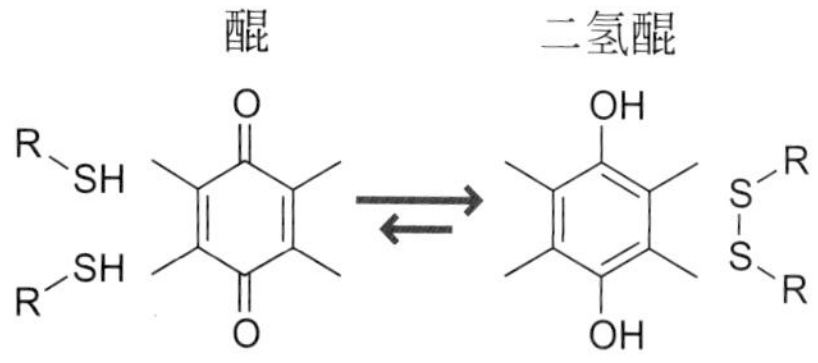

图3.152 **醌还原是生物还原活化的常见触发因素**。硫醇和其他还原剂很容易还原醌。

氧化还原活性蛋白质的单电子转移的影响。一旦达内霉素被还原，其芳环嵌入碱基对之间，将烯二炔基团定位在DNA小沟区中。在还原步骤中，缺电子的蒽醌环被转化为富含电子的二氢醌，从而触发环氧化物的S_N1开环。环氧化物开环使分子构象刚性降低，并允许Bergman环化形成对苯炔双自由基。这个双自由基可以从DNA骨架的对应双链中攫取氢原子，最终导致DNA两条链断裂。

问题3.22

研究活性双自由基反应时常用1,4-环己二烯代替DNA，用鱼钩箭头表示下列苯形成的反应机理。

1,4-环己二烯

问题3.23

抗生素uncialamycin发生生物还原反应导致DNA双链断裂，预测uncialamycin引起DNA损伤后生成的副产物的结构（不考虑立体化学）。

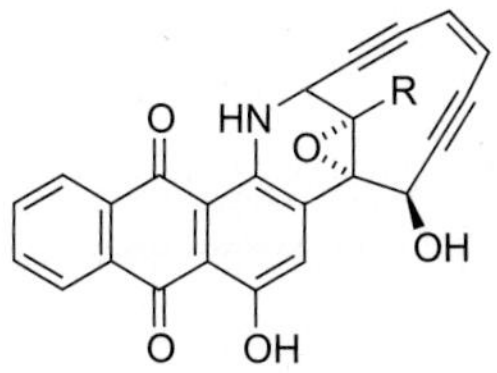

uncialamycin
R = CH(OH)CH$_3$

为了更好地理解氢原子被攫取导致DNA裂解的机制，需要认真思考我们正在呼吸的氧气所担当的角色。通常，忽略电子自旋的事实对我们很有帮助。但**洪特定则**（Hund's rule）告诉我们，占据相同轨道的电子必须成对自旋（一个向上，一个向下）。我们简单假定用点表示的电子总是成对自旋且能处于相同的成键轨道（**图3.153**）。成对自旋的假定是基于以下观念的：无论是单电子或双电子过程，分子处于最稳定的共振结构（包含第二周期原子）总是拥有最多的化学键。然而，成对自旋的假设对分子氧是不成立的。氧分子中的两个能量最高的电子具有相同的自旋并且不能用于形成键。因此，氧是一种

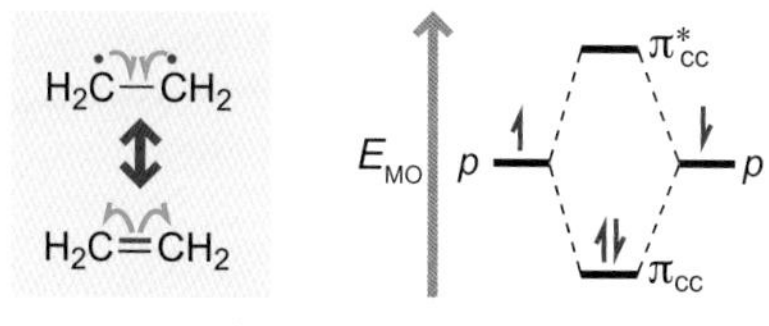

图3.153 **自旋体系**。相邻自由基只有当它们具有一个向上和一个向下的成对自旋的电子时才可以形成化学键。

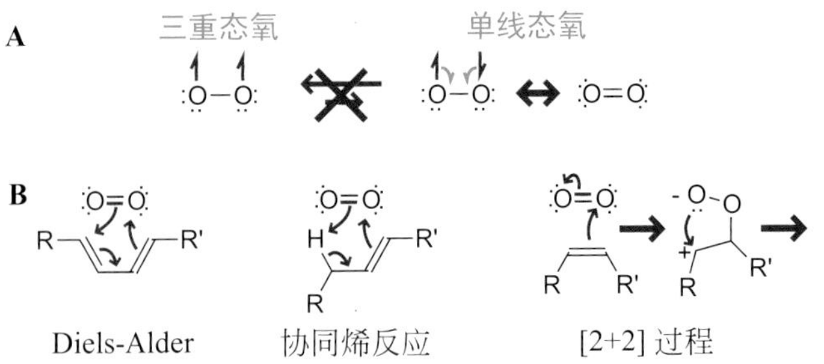

图3.154 O_2中电子自旋的重要性。（A）氧气的三线态比单线态更稳定；（B）单线态氧参与多种反应。

双自由基。同时，还存在一种具有 O═O 双键的氧，但其能量高于 20 kcal/mol。化学家使用**自旋量子数**（spin quantum number）来区分氧的这两种状态（**图3.154**）：人呼吸的比较稳定的氧气形式称为三线态（triplet）氧；具有弱 O═O π 键的较不稳定的氧气形式称为单线（singlet）态氧。三线态氧和单线态氧不是从共振角度来描述的。人们应该避免在分子氧的两个氧原子间画一个 π 键，并且庆幸地球大气中的氧不是单线态氧。弱 O═O π 键和低能量的 π^*_{O-O} 轨道使其参与无数反应，例如协同的 Diels-Alder 反应、协同烯（ene）反应和分步［2+2］环加成反应。如果生活在单线态氧的大气中，你很可能会突然燃烧起来。

鉴于单线态氧的不稳定性和特殊反应性，我们仅对氧的三线态进一步讨论。你的每一次呼吸都是一团双自由基氧，而且你还需要它。好氧生物利用双自由基氧的反应性为其生化体系提供动力。然而，三线态氧的不成对电子迫切需要配对电子（不是彼此之间）。碳自由基总是高速率复合，因为其允许形成稳定的化学键，并且满足八隅体规则。氧自由基却不容易重组，因为会产生不稳定的 O—O 键。想象一下碳自由基与分子氧的反应：如果在 DNA 骨架上产生碳自由基，无论其多么稳定，与分子氧的每次碰撞都会生成一个稳定的碳氧键。同时生成的以氧为中心的过氧自由基被相邻氧上的孤对电子所稳定，且会迅速从其他官能团（如硫醇和酚等）中攫取氢原子（**图 3.155**）。

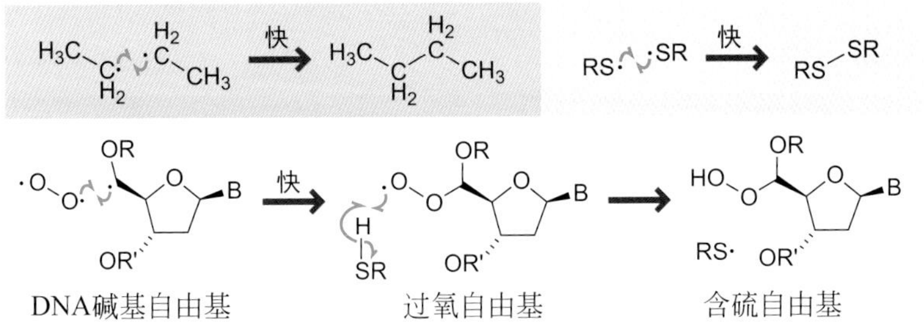

图3.155 **如果自由基能形成稳定的C—C、S—S或C—O键，则它们很快相互结合。**因此，DNA碱基自由基与氧气快速重组成过氧自由基，过氧自由基可以从硫醇中攫取氢原子生成含硫自由基，从而形成二硫化物。

对苯炔双自由基总是从与氧相邻的碳中攫取氢原子。当这些碳自由基与 O_2 反应时，生成过氧缩醛官能团。缩醛是不稳定的，特别是当其中一个氧是一个良好的离去基团的一部分（如磷酸盐）时更加不稳定。因此，当活性自由基从 DNA 的 5′ 碳中攫取氢原子后会直接导致 DNA 链断裂（**图 3.156**）。从 4′ 碳、3′

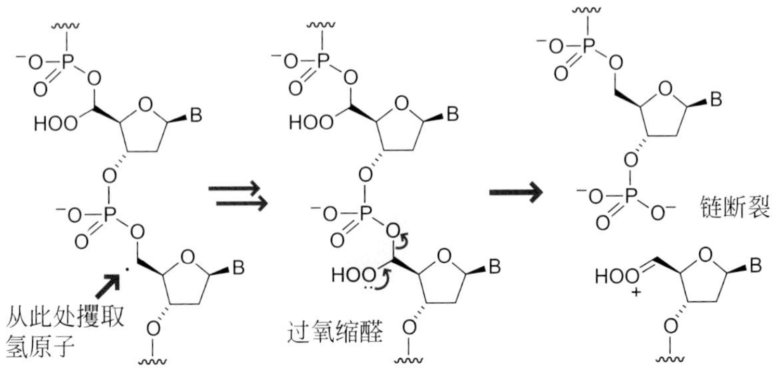

图3.156 **碳自由基与O_2结合。**DNA骨架上碳自由基与氧气结合生成过氧缩醛等不稳定官能团。

碳和1′碳攫取氢原子也导致经由过氧缩醛的DNA链裂解，但机理更为复杂。

卡奇霉素（calicheamicin）和埃斯培拉霉素（esperamicin）上的寡糖基团可选择性结合到双链DNA小沟区中（**图3.157**）。卡奇霉素的寡糖与DNA结合固定烯二炔基团，使其所产生的双自由基高效地从互补链中攫取氢原子。卡奇霉素和埃斯培拉霉素与达内霉素的触发反应方式不同，其含有的刚性双环结构可防止卡奇霉素和埃斯培拉霉素的烯二炔基团环化。十元环中单个碳原子呈金字塔状分布使其构象满足烯二炔环化的要求（**图3.158**）。卡奇霉素的触发机制涉及三硫化物的还原性裂解生成的硫醇对环己烯酮的共轭加成。由此产生的构象变化和Bergman-Masamune重排生成对苯炔双自由基。卡奇霉素毒性太大无法用于我们自身，但是与抗体化学偶联的卡奇霉素衍生物以商品名“Mylotarg”销售，用于治疗白血病。

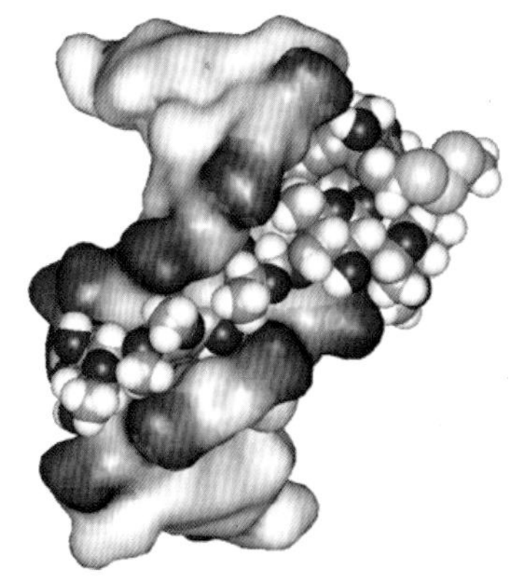

图3.157　**紧密结合**。卡奇霉素的寡糖部分与DNA的小沟结合。卡奇霉素的三硫化物触发基团（黄色部分）易被谷胱甘肽等其他硫醇化合物进攻。

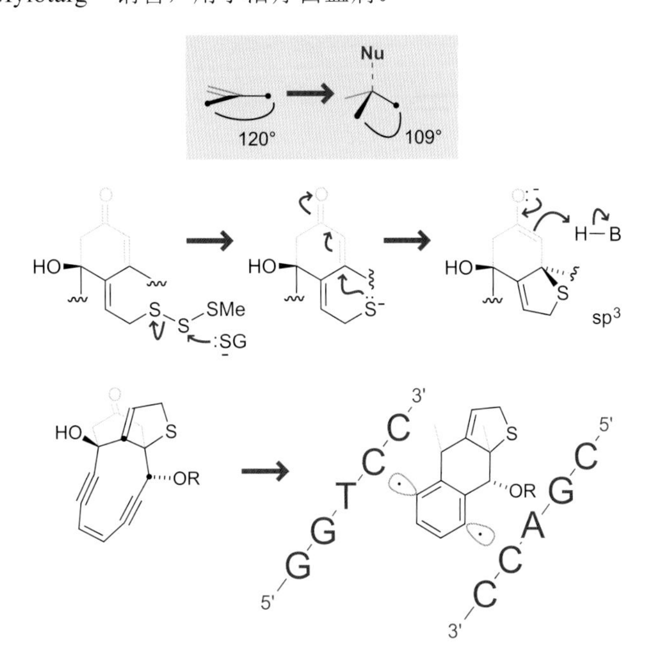

图3.158　**卡奇霉素的触发机制涉及金字塔状构象**。卡奇霉素选择性结合双链DNA的5′-CCTCC-3′序列。

一些高活性烯二炔天然产物受蛋白递送载体的保护

联烯炔（enyne allenes）也能经历与Bergman-Masamun重排相关的电环化反应。这个类似的过程被称为**迈尔斯重排**（Myers rearrangement），可产生一种不同类型的双自由基，其中一个自由基中心是共振稳定的苄基自由基（**图3.159**）。通过迈尔斯重排靶向DNA的天然产物非常敏感，需要用一些保护性蛋白质才能将天然产物递送到细胞中，例如C-1027、新制癌菌素（neocarzinostatin）、卡达菌素（kedarcidin）、maduropeptin、放线黄质素（actinoxanthin）和巴龙霉素（auromomycin）（**图3.160**和**图3.161**）。

图3.159　**迈尔斯重排**。以Andy Myers命名的联烯炔电环化反应，产生具有两种类型自由基的活性物质，即共振稳定化的苄基自由基和不稳定的苯基自由基。

卡达菌素发色团

新制癌菌素发色团

图3.160　**裸露的烯二炔结构**。高度敏感的烯二炔通常与保护性蛋白质形成复合物。

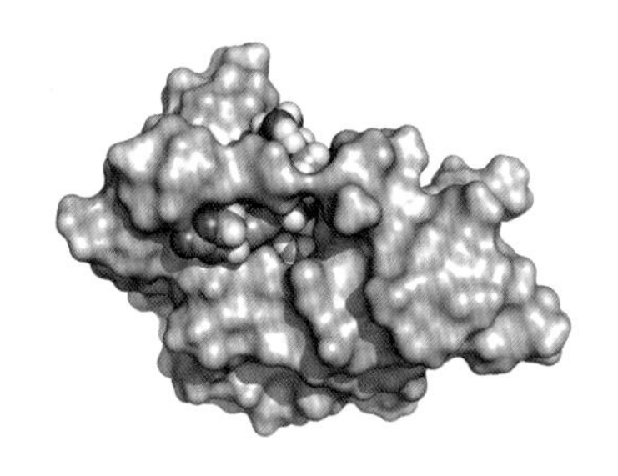

图3.161 **特洛伊木马**。新制癌菌素的小分子发色团依赖蛋白质递送，就像维吉尔的诗《埃涅阿斯纪》中描述的那样，希腊武士藏在一匹木马里，然后被毫无戒心的特洛伊人抬进被围困的特洛伊城（图片来自R. Robbins，The World Displayed in it's History and Geography，上图PDB：1NCO）。

新制癌菌素的联烯炔配体与蛋白质特异性紧密结合，其解离常数为10^{-10} mol/L。蛋白质载体作为传说中的特洛伊木马，递送致命的物质至靶细胞（**图 3.161**）。这些复合物中小的有机配体因为具有与蛋白质差别巨大的显著的紫外吸收，通常被称为发色团。脱辅基蛋白（apoproteins）（即没有配体的蛋白质）没有活性。

烯二炔相关化合物作用机制涉及谷胱甘肽的初始活化（谷胱甘肽是细胞内一种丰富的硫醇，将在第 5 章中深入介绍），然后经迈尔斯环化产生高活性的双自由基。两个自由基都是 sp^2 杂化，并与苯大 π 键系正交，防止共振稳定化（**图 3.162**）。新制癌菌素的萘环精确地嵌入 DNA 碱基对间，将高活性的双自由基放置在可从互补链上攫取氢原子的位置。

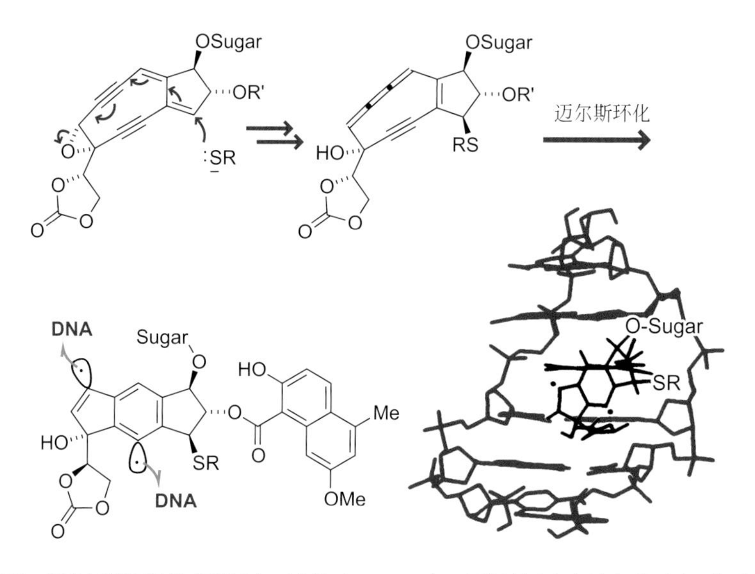

图3.162 **新制癌菌素作用机制**。当结合DNA时，环氧化环开环和硫醇加成引发新制癌菌素发色团迈尔斯重排，产生的双自由基从DNA双链的互补链上攫取氢原子（模型来自A. Galat 和I. H. Goldberg，*Nucleic Acids Res*. 18：2093-2099，1990；获得Oxford University Press授权。）

问题3.24

以新制癌菌素为模型分子用鱼钩箭头写出下列物质在 -60℃左右反应的合理的反应机理。

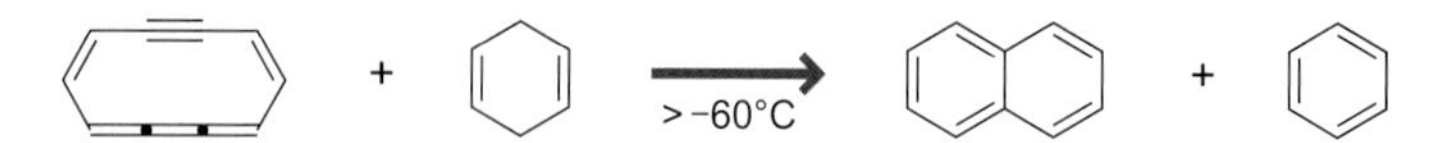

博来霉素催化活性氧形成

大自然具有更精巧的机制来攫取DNA骨架中的氢原子。博来霉素（bleomycins）是从分枝杆菌属（*Mycobacterium*）的轮枝链霉菌（*Streptomyces verticillus*）中分离的一系列天然产物（**图 3.163**）。它们进入细胞，在靶向 DNA 小沟途中攫取铁原子，所形成的铁复合物能够很好地嵌合在DNA小沟中。然后博来霉素·Fe（Ⅱ）复合物催化氧气还原产生活性氧，例如高反应活性的 HO·可攫取 DNA 骨架的氢原子。然而也有证据表明氧代铁（Fe═O）基团是导致氧原子插入 C—H 键的关键中间体。在这方面，Fe（Ⅱ）·博来霉素的作用机制类似于 CYP 酶，其利用 Fe（Ⅱ）·卟啉复合物来环氧化多环芳烃。

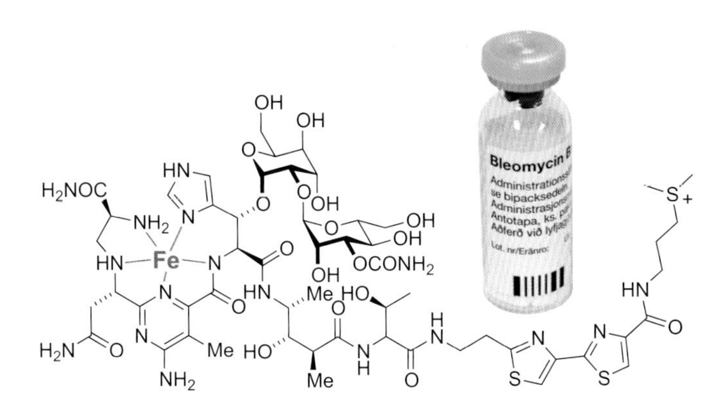

图3.163 紧密结合。图中给出的博来霉素A_2活性复合物的结构中，氮原子紧密结合催化活性中心的铁原子，使其与DNA骨架接近。博来霉素在临床上用于治疗癌症。（由Haukeland University Hospital提供。）

3.11 总结（Summary）

DNA是细胞中最重要的分子，为细胞中所有的生物合成提供了蓝图，也是遗传的分子基础。DNA通过π-π堆积和Watson-Crick碱基对构建双螺旋结构。Watson-Crick碱基对自身具有的不对称性导致双螺旋中存在两个凹槽：宽而信息丰富的大沟和深而窄的小沟。大多数转录因子和限制性核酸内切酶通过与大沟中的官能团形成氢键来识别特定序列。有机小分子倾向于通过嵌入碱基对之间或紧密结合小沟与DNA相互作用。Watson-Crick碱基对使得DNA自组装形成的双螺旋结构具有高度可预测性。A与T和G与C的配对被大家熟知，这使大多数涉及DNA的实验无需知道其化学结构。然而，对DNA的当前认知已超出了核苷酸序列。人类DNA可被DNA甲基化酶和组蛋白修饰酶等重新修饰。这些修饰的可遗传性正在推动表观遗传学的不断发展。

多种化学与生物工具的融合为化学生物学家提供了强有力的研究手段。DNA聚合酶是最重要的酶，可实现寡核苷酸扩增。DNA聚合酶的机制在物种间只有很小的差异。所有DNA聚合酶都以Mg·NTPs作为底物，在生长链的3′端添加新的核苷酸单体，并且需要一条用于延伸的引物链和一条模板链。限制性核酸内切酶和DNA连接酶使得我们可以容易地从一个基因组切割目标基因并将它们插入另一个基因组中，或插入细菌质粒中以快速经济地进行蛋白质表达。亚磷酰胺化学被成功优化使得寡核苷酸很容易通过仪器合成。合成的寡核苷酸可用作PCR扩增的引物、杂交实验的探针、诱变工具以及纳米工程的组织砌块。科学家最近使用合成的寡核苷酸作为起始材料创造了第一种合成生物。

电泳是基于DNA分子大小来分离DNA的。琼脂糖凝胶电泳适用于长链DNA，而聚丙烯酰胺凝胶电泳适用于短链DNA，如Sanger双脱氧测序中产生的那些DNA链。对于高通量测序，二维凝胶电泳已被毛细管柱取代。然而，基因组学的发展推动了测序方法的发展，从而取代了传统电泳。

细胞周期检查点使DNA成为癌症的致命弱点。细胞具有强大的修复系统，可以修复单链损伤，但交联或切割两条链的反应通常会导致细胞凋亡。而使活性物质接近DNA需要特殊技巧。最成功的DNA损伤药物是使用张力环来烷基化DNA碱基或产生能从核糖骨架中攫取氢原子的自由基。不幸的是，DNA损伤是随机的，不会基于分子机制来区别癌细胞系为异常的。为了理解这些差异，我们需要深入研究人体细胞从DNA到转录以及最终控制转录的各种通路的工作原理。

学习重点（Learning Outcomes）

- 熟悉核苷酸的命名和编号。
- 掌握核酸碱基字母序列和化学结构间的转换。
- 明确大沟、小沟及其包含的功能基团。
- 能够将华莱士规则应用于估算寡核苷酸的DNA解链温度。
- 能够在DNA测序的基础上预测折叠和杂交。
- 能够设计涉及DNA聚合酶的反应，包括PCR和双脱氧测序反应。
- 能够用箭推法画出DNA化学合成的反应机理。
- 能够利用分子生物学的基本工具（DNA聚合酶、限制性核酸内切酶和DNA连接酶）设计实验。
- 熟悉DNA分子中容易受到化学损伤的结构部分。
- 识别能够损伤DNA的分子：张力环与自由基前体。

习题（Problems）

3.25 判断下列杂环化合物的共振结构是否属于芳香环体系。

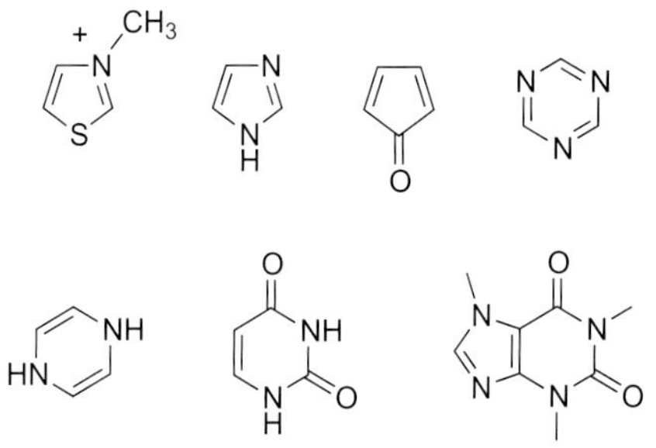

***3.26** 画出下列寡核苷酸的结构，注意DNA与RNA的区别，杂环碱基结构可缩写为Ade、Cyt、Gua、Thy、Ura。

A d(GACA)

***B** pTATA

C GUCU

3.27 下图所设计的核苷可与DNA四个碱基中的一个形成Watson-Crick碱基配对，绘制Watson-Crick配对的碱基并标出相应的氢键。

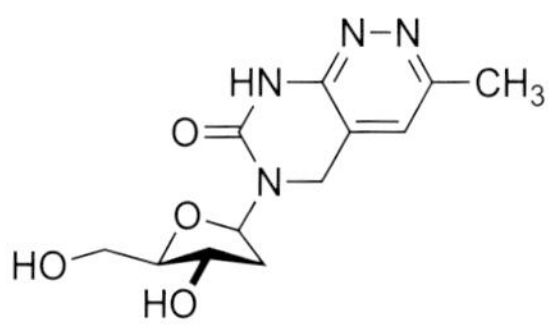

3.28 下面两个DNA双链片段间最准确的关系是什么？（无关/构造异构体/非对映异构体/对映异构体）

5'-CGCGCG-3'
3'-GCGCGC-5'
与
5'-GCGCGC-3'
3'-CGCGCG-5'

3.29 写出与下列单链DNA序列互补的DNA序列。

A 5′-TATAATCGTTACTGAATGTCTT-3′（Prinbow框序列）

***B** 5′-TATAAAAGTCTTTGTAACCTTG-3′（Hogness/TATA框序）列

C 5′-GGCCAATCTTGTGCTTCTAGAT-3′（CAAT框序列）

***3.30** 抗癌药顺铂（$H_3N)_2PtCl_2$，紧密结合双链DNA。参考蛋白数据库网站的d(CCTCTGGTCTCC)·顺铂复合物（PDB：1AIO）晶体结构，考察铂与DNA的相互作用。

A 碱基中的哪个原子与铂原子交联；

B 铂原子占据B-DNA的哪个沟？

C 铂原子作用产生的是链内交联（与单链）还是链间交联（相对的链间）？

3.31 写出与下列单链DNA序列配对的mRNA序列（从5′到3′方向）。

***A** 3′-CATAGCTGTCCTCCT-5′（SD序列）

B 3′-CATGGTGGT-5′（Kozak序列）

3.32 写出与下列RNA分子互补配对的DNA序列。

***A** 5′-UCGAAUGCAUUAUUCGU-3′

B 5′-GCUUUACGUUGUCAAUG-3′

***3.33** 当下列DNA寡聚体置于一种特殊的镍氧化剂体系中时，只有带下划线的鸟嘌呤可被氧化。（当两种寡核苷酸共存时，未检测到第二种寡核苷酸的氧化。）

A 针对下列i～v的5个寡核苷酸底物，预测哪些链能够形成稳定的发夹结构或形成稳定的双螺旋结构。

B 提出一个某些碱基对易氧化而其他碱基对不易氧化的合理理由。

i. 5′-CATGCGTTCCCGTG-3′

ii. 5′-CATGCGTTCCCGTG-3′+5′-CACGGGAACGCATG-3′

iii. 5′-AGTCTAGTAGACT-3′

iv. 5′-ACGTCAGGTGGCAT-3′ + 3′-TGCAGTCACCG TGA-5′

v. 5′-AGTCTATGGGTTAGACT-3′

3.34 Chiron 公司专利保护了下面这条可以选择性与丙型肝炎病毒 DNA 杂交的 DNA 序列。请问与一个更长的序列杂交形成复合物的解链温度是多少？

5′-CCTGGTTGCTCTTTCTCTATCT-3′

3.35 **A** 预测在下列单链 DNA 模板和引物以及 DNA 聚合酶、dNTPs 和 $MgCl_2$ 混合物存在下，DNA 聚合酶反应形成的产物序列。

B 如果 dATP 被 2′,3′- 脱氧腺嘌呤三磷酸（ddATP）取代，预期得到的产物是什么？

C 如果四分之一的 dATP 被 2′,3′- 脱氧腺嘌呤三磷酸（ddATP）取代，列出四种主要产物的序列和产率。

ssDNA：3′-ACTGGCCGTCGTTTTACAACGTACGTACGTACGTACGTACGTACGTACGT-5′

引物：5′-TGACCGGCAGCAAAATGT-3′

Mg•ddATP

3.36 肽核酸（PNA）是具有酰胺键骨架的寡核苷酸化学类似物。它们能与 DNA 或 RNA 杂交且表现出比 DNA 或 RNA 更好的膜渗透性，PNA 的柔性比 DNA 更加强，请确定 DNA 和 PNA 的每个结构单元中可自由旋转的键。

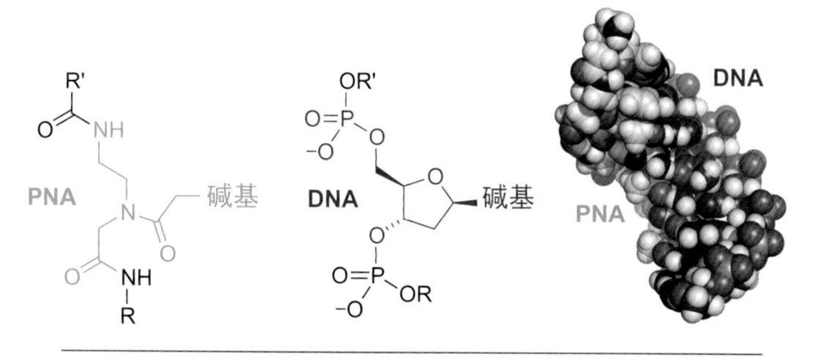

***3.37** 光敏感保护基团可用于触发生物活性分子在细胞内的瞬时释放。预测下列笼状钙离子的光脱保护过程中所产生的两个有机片段。

***3.38** *N*- 亚硝基二甲胺的化学反应表明，*N*- 亚硝基化合物通过形成重氮离子中间体导致 DNA 甲基化。重氮离子中间体在 DNA 化学中可能有其他作用。

A 重氮盐一般用亚硝酸钠的酸性水溶液原位生成亚硝酸（HO—N═O）而制成 。请给出水溶液中形成氯化重氮苯的机理。可以参考本科生教科书重新了解此反应

B 脱氧胞苷残基以非常慢的速率水解成脱氧尿苷。这种化学变化可能导致从 C·G 碱基对突变到 A·T 碱基对，但大多数细胞修复系统都能定位 dsDNA 的 dU 残基并替换为 dC。亚硝酸将脱氧胞苷残基快速氧化成脱氧尿苷残基，以至于正常的 DNA 修复系统不能找到并修正所有变化。请写出此化学反应的机理。

C 还有其他哪些核苷酸碱基易发生这种反应，写出其与亚硝酸反应的产物。

3.39 当 DNA 用白消安（商品名 Myleran®）处理后，形成 1,4- 双(7- 胍基)丁烷交联产物。使用箭推法提出一种与鸟嘌呤间形成交联产物的合理机理。

白消安

3.40 Leonard 及其合作者制备了 A·T 碱基对共价结合的类似物。当一个核苷酸加入到 DNA 一侧时，该分子可以与反平行 B 型 DNA 双链体形成 π-π 堆叠片段。对于以下两个结构类似物，指出哪个结构类似物可形成 π-π 堆叠的 DNA 片段，哪个不可以。

A•T 类似物

A•T 类似物

***3.41** **A** 重氮甲烷与羧酸瞬时反应，以定量产率生成相应的甲酯。箭推法写出这种酯化反应的机理。

重氮甲烷

$H_2C{=}N_2$ + H–O–C(=O)–R ⟶ H_3C–O–C(=O)–R

B 重氮甲烷通常由化合物 *N*- 甲基 -*N*- 亚硝基胍在低于室温的氢氧化钠水溶液中生成。利用箭推法写出相应反应的机理。

pK_a=7.7　碱性催化剂

N-甲基-*N*-亚硝基胍

***3.42** 一个含有 54 个核苷酸的 2×10^{11} 的 DNA 文库的合成可通过在中间位置 30 个核苷酸中随机插入 ATCG 四个碱基亚磷酰胺的混合物。寡核苷酸两端含有固定的序列用于 PCR 扩增。

5'-GGGAGAATTCCCAGACC NNNNNNNNNNNNNNNNNNNNNNNNNNNNNNCTGAGGGAAATTCTCCC-3'

30个核苷酸

A 理论上这个 DNA 文库的丰度是多少？也就是说这个库可能有多少个寡核苷酸序列？

B 能够用于扩增这个 DNA 文库中任意寡核苷酸的两个 PCR 引物序列是什么？

C 通过一种筛选（无需知道如何筛选）确定能够和精氨酸选择性结合的 DNA 分子。下列 DNA 序列发现可以通过分子内的 Watson-Crick 碱基配对折叠成发夹结构。画出这个发夹结构，并清楚地标出其中参与碱基配对的核苷酸

结合精氨酸的DNA序列

5'- GGGATCGAAACGTAGCGCCTTCGATCCC -3'

D 通过 NMR 确定上述 DNA 发夹的三维结构，表明 DNA 上有一个可与精氨酸侧链结合的深口袋。精氨酸侧链与一个不参与碱基配对的胞苷残基间形成强的相互作用。画出胞嘧啶碱基和精氨酸侧链之间相互作用的合理结构。

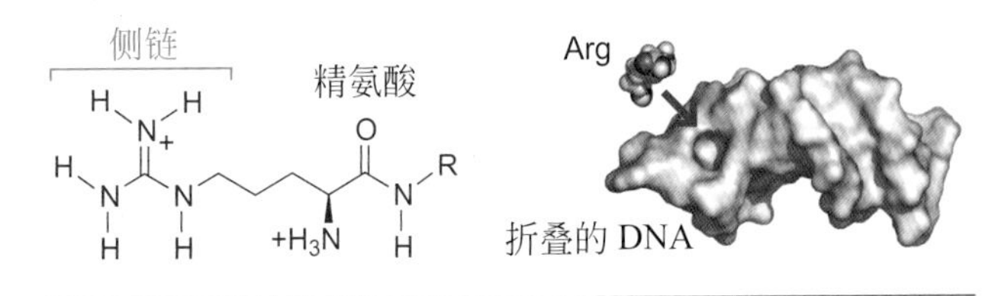

3.43 环磷酰胺（cyclophosphamide）是癌症治疗中最常用的 DNA 烷化剂。像苯并[*a*]芘一样，环磷酰胺被 CYP 酶代谢活化。磷酰胺氮芥可以交联双链 GAC 序列中的 dG-dG。用箭推法画出从水解环磷酰胺中间体开始的交联产物形成的机理（不考虑丙烯醛副产物）。

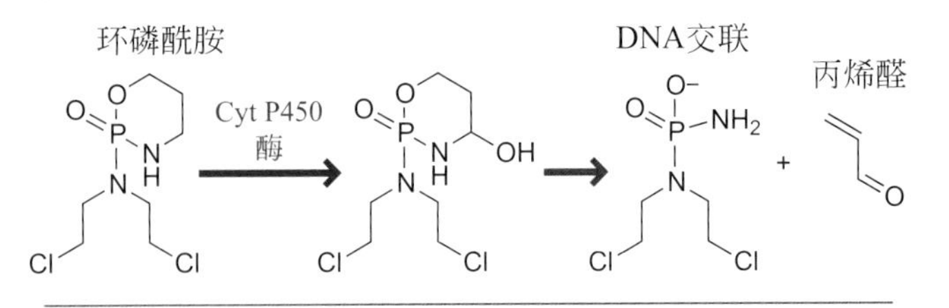

***3.44** 隐杯伞素（illudin S）是来源于南瓜灯笼蘑菇中的一种 DNA 烷化剂。用箭推法画出隐杯伞素 S 中巯基的活化和后续 DNA 烷基化的合理机理。

RSH　pH=7

隐杯伞素

3.45 替莫唑胺（temozolomide）和米托唑胺（mitozolomide）在人体内形成相同的活性中间体 MITC。用箭推法画出经由 MITC 中间体烷基化 DNA 的合理机理。

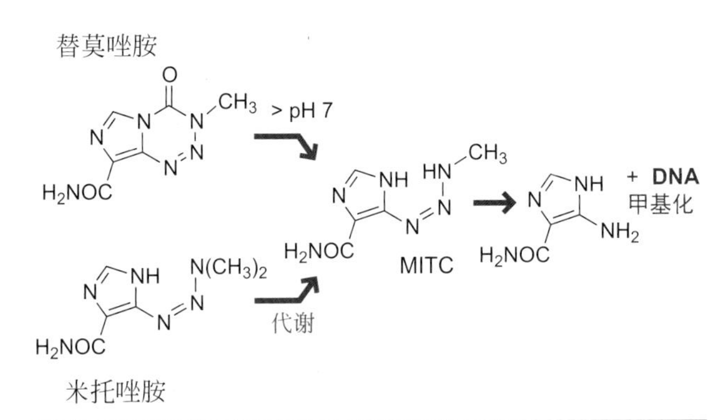

3.46 环氧乙烷（C_2H_4O）是职业安全和健康管理中的第Ⅲ类致癌物，但它常被用于特殊设备和食品香料的灭菌。环氧乙烷能与多种蛋白质官能团和 DNA 发生反应。对 DNA 的主要进攻位点是鸟嘌呤碱基的 N7 位。画出环氧乙烷与鸟苷加合物的结构。

3.47 柄曲菌素（sterigmatocystin）是由杂色曲霉（*Aspergillus versicolor*）产生的致癌霉菌毒素。杂色曲霉是可以感染食物谷物和绿咖啡豆的真菌。像黄曲霉毒素一样，柄曲菌素可被氧化为靶向 DNA 的活性物质。画出柄曲菌素氧化形式的合理结构并用箭推法画出酸催化的代谢物与 DNA 反应的机理。（图由 Dennis Kunkel Microscopy, Inc 提供。）

***3.48** 阿多来新（adozelesin）倾向于选择性烷基化 DNA 双链中 AAA、TAA、TTA 和 ATA 的三核苷酸序列的 3′ 末端。画出由腺嘌呤 / 阿多来新烷基化反应生成的加合物的化学结构。

阿多来新

3.49 抗肿瘤药比折来新（bizelesin）可在 *p53* 基因的双链序列 G<u>T</u>ACTA<u>A</u>GT 内下划线核苷酸位置形成链间交联，用箭推法画出形成 DNA 交联的合理机理，以及最终交联腺嘌呤碱基的结构。

比折来新

3.50 用箭推法画写下面 Bergman 反应的机理。

A + CH_3OH —加热→

B + CH_3OH —180°C 封管→

***3.51** 用箭推法画出 1,4- 环己二烯作为供氢体的 Myers 反应机理。

+ —苯 80°C→ +

3.52 在极性溶剂中，Myers 重排产生两种类型的产物 A 和 B。产物 A 可用双自由基中间体解释，而产物 B 不能。请提供一种替代的反应路径，通过反应活性中间体的共振结构来解释产物 B 的形成。

+ CH_3OH —CH_3OH 80°C→ **A** + **B**

3.53 以新制癌菌素在 −60℃以上反应为模型，画出下列反应的合理的反应机理。

+ —> −60°C→ +

***3.54** 最近从海鞘（*Didemnum proliferum*）中分离的海洋天然产物 shishijimicin C，在结构上与已知的烯二炔类天然产物 namenamicin 和卡奇霉素有关。

A shishijimicin C 的活性与 10 倍浓度的 namenamicin 的活性相当，阐明 shishijimicin C 比 namenamicin 活性强的具体原因。

B 如果其切割双链 DNA 的机制与卡奇霉素类似，请画出由 shishijimicin C 形成的芳香性产物结构。

namenamicin　　shishijimicin C

3.55 以下烯酮的重排被称为 Moore 重排，用箭推法画出第二部分反应的合理机理（不考虑 Wolff 重排机理）。

未知起始材料 —Wolff 重排 120 °C→ [ ] —Moore 重排→ +

3.56 某烯二炔在 50℃加热时，通过 Bergman 环化与 1,4- 环己二烯反应。预测该烯二炔与环己二烯反应的产物。

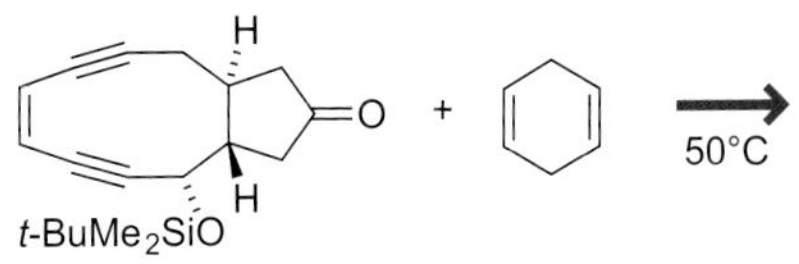

***3.57** 卡奇霉素$\gamma_{1'}$的寡糖部分选择性地结合dsDNA的5′-TCCT-3′序列。通过使用跨越任何两个核苷酸（NN）的特殊连接链（-$OCH_2CH_2OCH_2CH_2O$-）二聚化卡奇霉素$\gamma_{1'}$，你认为该二聚物所靶向结合的10个碱基长度dsDNA序列是怎样的？

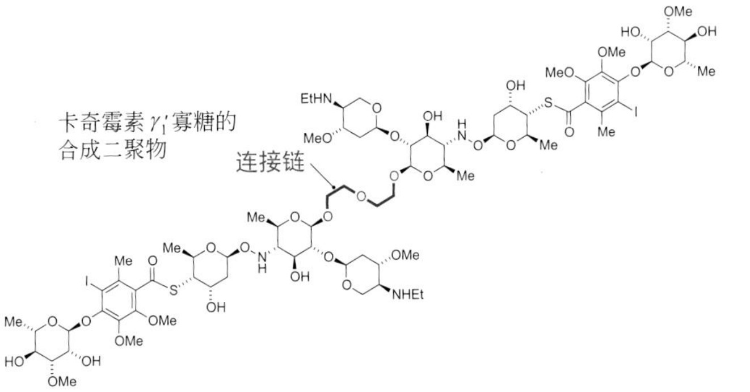

卡奇霉素γ_1'寡糖的合成二聚物

连接链

***3.58** cyanosporasides A和B是从海洋生物的培养液中分离得到。据推测，cyanosporasides源自烯二炔前体的Bergman环化，并通过离子反应而非自由基反应生成。画出可能反应得到cyanosporasides的烯二炔前体结构。

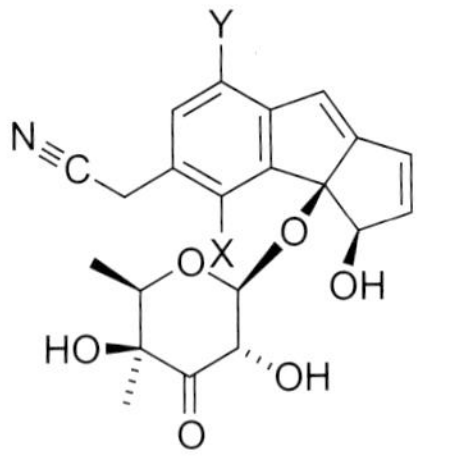

cyanosporaside A X=Cl,Y=H
cyanosporaside B X=H,Y=Cl

3.59 他莫司汀（tallimustine）是合成的抗肿瘤化合物，倾向于与双链DNA中5′-ATTTTGAT-3′序列发生交联。

A 预测他莫司汀与双链DNA特异性相互作用的构象。

B 用箭推法推测合理的交联反应机理。

C 预测DNA上的哪些位点是活性最高的。

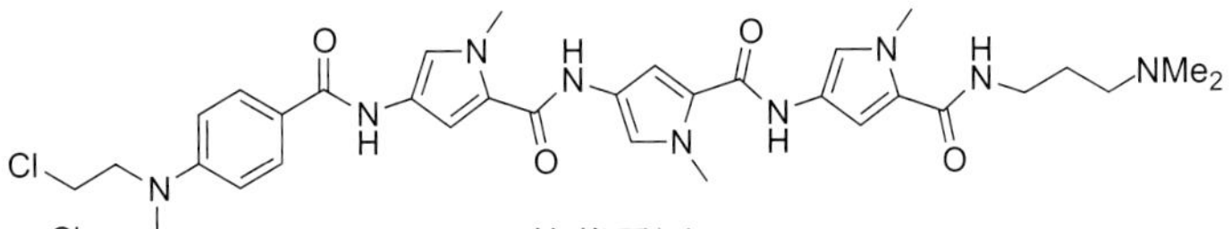

他莫司汀

第4章 RNA

学习目标（Learning Objectives）

- 理解DNA与RNA在化学性质和结构上的区别。
- 描述DNA基因序列的特征，知道哪些序列决定基因何时表达以及基因的哪些部分被转录。
- 绘制真核细胞内RNA的合成、加工以及翻译过程的示意图。
- 解释在细胞内是如何利用RNA干扰调控基因表达的。
- 描述mRNA的序列特征，知道哪些序列调控核糖体的结合以及mRNA的哪些部分被翻译。
- 解释在翻译过程中tRNA和延伸因子的作用。
- 描述蛋白库产生的步骤。

菲巴斯·利文（Phoebus Aaron Teodore Levene）（**图 4.1**）是最早研究 DNA 和 RNA 的科学家，对这两种生物大分子的结构的解析做出了重要贡献。当 Levene 在洛克菲勒医学研究所从事科研工作时，沉淀技术已经被用来分离两种不同类型的核酸：一个来源于酵母（yeast），另一个来源于小牛胸腺（calf thymus）。1909 年，Levene 发现从酵母里分离出的核酸中的碳水化合物是戊糖核糖，并正确地鉴定到从酵母分离出的核酸是 RNA。20 年之后，Levene 又鉴定出从小牛胸腺分离出的同样的碳水化合物是脱氧核糖。此外，Levene 推理出核酸的关键结构单元；例如他用术语“核苷”来描述一种通过糖苷键连接核酸碱基的碳水化合物。通过巧妙的实验，他还发现核酸碳水化合物的 3′和 5′碳原子是通过磷酸二酯键连接的。因此，Levene 通过对 DNA 和 RNA 化学结构解析的关键研究，在化学生物学的“万神殿”上赢得一席之地。

当弗朗西斯·克里克（Francis Crick）在 1956 年首次提出“中心法则（central dogma）”时，RNA 被认为是一个次要的参与者，仅仅只是被用来传递信息。生物化学家的注意力锁定在 DNA 和蛋白质上。但是在过去的 25 年里，RNA 多种多样的功能陆续被发现。在细胞内，RNA 分子承担了不同的功能，包括信使、工匠、翻译员以及哨兵。考虑到 DNA 与 RNA 的化学相似性，这似乎看起来很奇怪：DNA 被分配了一个主要的功能，而 RNA 却被指派了多种多样的任务。相对于细胞内的 DNA，细胞内的 RNA 更加灵活，主要原因是：RNA 是单链的，并且任何单链的寡核苷酸倾向自己折叠形成三维结构。而细胞内 DNA 通常是双链的，从而导致单调的一维形式。

图4.1　RNA先驱者。菲巴斯·利文（Phoebus Levene，1869—1940）定义了寡核苷酸、脱氧核糖、DNA、RNA 的基础结构是核糖的磷酸酯。（图由 Rockefeller Archive Center提供。）

人们猜测生命起源于 RNA 分子，而不是 DNA 或者蛋白质。这一观点是具有说服力的，因为这样能够解释 RNA 是由生命起源前的 HCN 和甲醛等小分子形成的。此外，RNA 还展现出重要的功能，包括信息储存和催化能力。蛋白质没有细胞信息储存能力。类似地，DNA 在生命过程中没有化学催化能力。RNA 是一个“万事通”但是却杂而不精。一个原始的 RNA 世界需要进化出更适合信息存储、结构组织和化学催化的生物分子——即像 DNA 和蛋白质这样的生物大分子。目前仍不清楚，哺乳动物 RNA 多种多样的功能是 RNA 世界残留下来的还是通过精英进化（meritocracy of evolution）获得的？这个问题的答案可能要在 40 亿年后才能揭晓。为了帮助思考这些问题，本章将介绍 RNA 的结构、合成、功能及其在从转录到翻译的中心法则中的多种作用。

4.1 RNA的结构（RNA Structure）

RNA的核苷酸与DNA核苷酸有细微差别

RNA 由类似于 DNA 中核苷酸的四种核苷酸组成。这些相似性使 RNA 链能够通过 Watson-Crick 碱基配对与互补 DNA 链杂交。RNA 的核苷酸和 DNA 的核苷酸之间有两处结构上的差异，赋予了 RNA 独特的功能。首先，RNA 的核苷酸是完整的核糖核苷酸，其 2′ 位是一个羟基（**图 4.2**）。而 DNA 的核苷酸是 2′- 脱氧核糖核苷酸，缺少这个 2′ 位羟基。其次，与腺嘌呤配对的杂环替代物是尿嘧啶，而不是胸腺嘧啶。尿嘧啶和胸腺嘧啶唯一的区别是尿嘧啶缺少胸腺嘧啶的 5 位甲基基团。

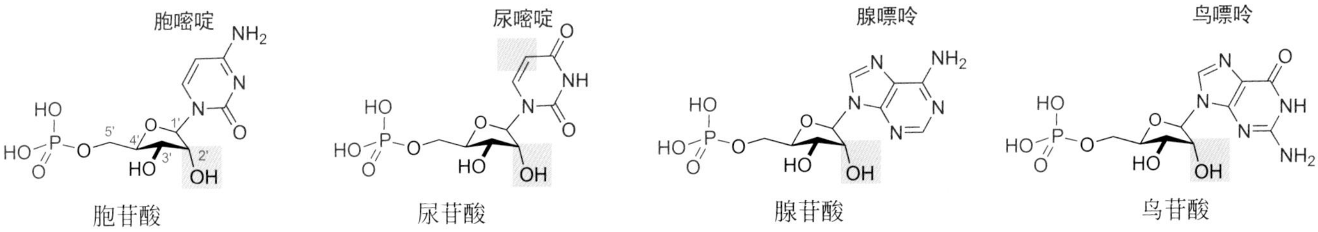

胞嘧啶 尿嘧啶 腺嘌呤 鸟嘌呤

胞苷酸 尿苷酸 腺苷酸 鸟苷酸

图 4.2 RNA 与 DNA 的区别。RNA 是由四种核糖核苷酸组成的。RNA 与 DNA 结构上的区别在图中以绿色高亮标出。

RNA的2′-羟基具有较高的化学反应活性

RNA 中 2′- 羟基的存在使磷酸二酯键对碱促水解的敏感性提高了 100 倍。为了阐明这个基团具有不稳定性的原因，有必要回顾一下在第 2 章中强调的亲核试剂对磷酸二酯阴离子的进攻难度。:OH⁻ 对磷酸二甲酯中磷原子的直接进攻是非常缓慢的，实际上一半的水解产物是通过 :OH⁻ 对一个不受阻碍的甲基基团的 S_N2 进攻而产生的，从而导致 C—O 键断裂（**图 4.3**）。相反，即使在室温下，2- 羟乙基取代基也能使磷酸二酯对碱高度不稳定。

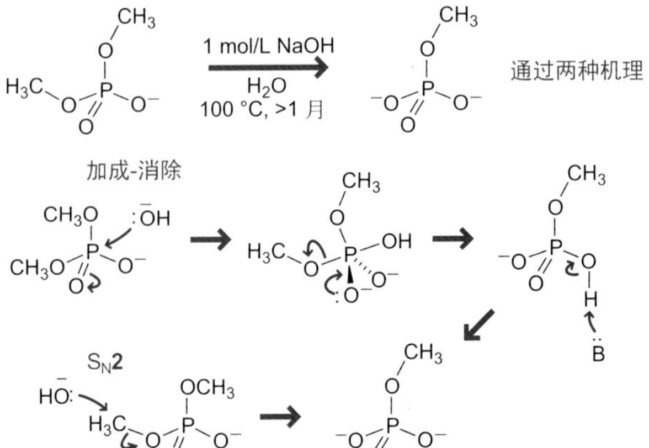

1 mol/L NaOH, H_2O, 100 °C, >1 月 通过两种机理

加成-消除

S_N2

图 4.3 磷酸二酯键裂解。大多数简单的磷酸二酯，如 DNA 中的磷酸二酯，能抵抗亲核试剂对磷原子的分子间进攻。

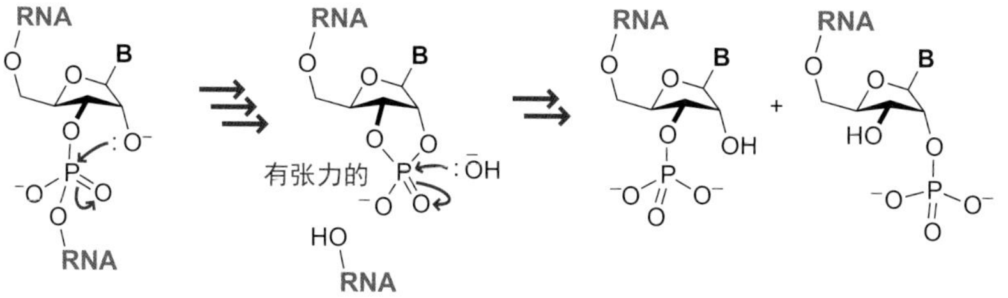

图4.4 2′-羟基的“协助”作用。RNA的2′-羟基通过形成环状磷酸酯促进RNA在氢氧化钠水溶液中的化学裂解。

RNA核苷酸的2′-羟基比典型的醇羟基的酸性高约1000倍。一旦去质子化，2′-羟基就会进攻磷酸基，生成一个五元环磷酸二酯（**图4.4**）。虽然环状磷酸酯能迅速形成，但是它实际上是具有环张力的；因此，亲核试剂对这种环酯的进攻比对简单的非环磷酸二酯的进攻快100万倍，最终导致生成2′-和3′-磷酸盐的混合物。

问题4.1

下列哪一种磷酸二酯在氢氧化钠水溶液中会更快地水解？提示：画出环己烷环的椅式构象。

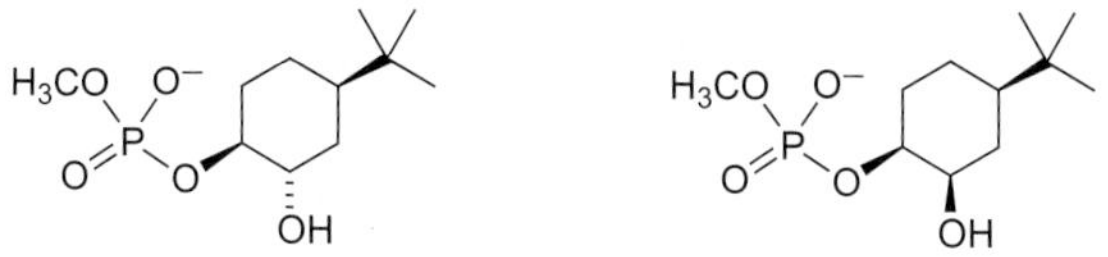

无处不在的核糖核酸酶会快速降解RNA

人类至少有七种不同的细胞外核糖核酸酶，可能是抵抗潜在逆转录病毒的天然免疫系统的一部分。因为人类的皮肤上充满了核糖核酸酶，它们无处不在。因此，当处理RNA样品或任何与RNA样品接触的实验室设备时，必须格外小心。RNA水解酶，如核糖核酸酶A（RNase A）通过2′-羟基来实现RNA分子的快速裂解。RNase A是最早也是机制被研究得最透彻的酶之一。20世纪40年代，Armour Inc.分离并纯化了超过1 kg的胰腺RNase A，这使研究人员很容易获得每批次10 mg的剂量（**图4.5**）。

图4.5 1948年Armour法兰克福香肠广告。这个广告在1948年9月出现在美国之家。在重组DNA技术发展之前，屠宰场是牛和猪的酶（包括核糖核酸酶）最丰富的来源地。（来自Armour及公司。）

一些关键氨基酸残基能将底物固定在活性部位。阳离子型赖氨酸侧链以外科手术般的精度定位磷酸根阴离子。在RNase A的活性位点上，两个具有催化活性的咪唑基（组氨酸侧链）被精确定位，发挥酸和碱的作用（**图4.6**）。底物和咪唑基匹配如此完美，以至于详细的研究未能证实五配位磷烷中间体

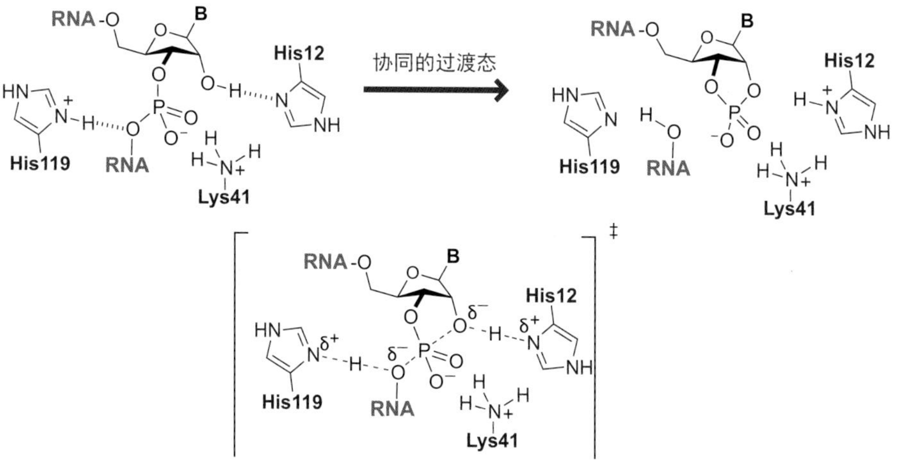

图4.6 RNase A活性位点组氨酸残基的作用。底物和两个组氨酸侧链完美匹配，亲核试剂的加入和离去基团的离去是协同的。

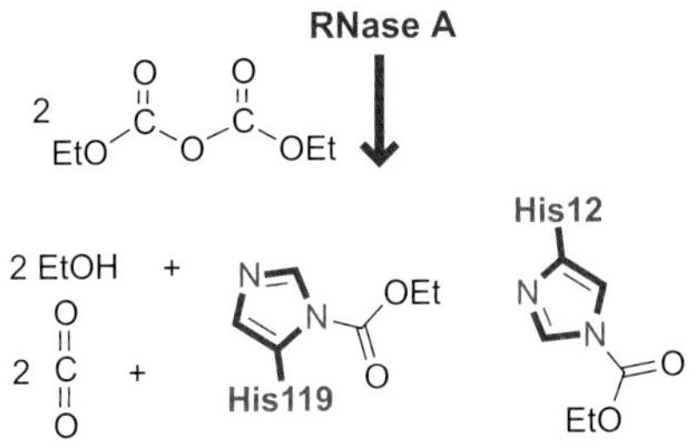
RNase A
2 EtOH +
His12
His119

图4.7 **核糖核酸酶的失活**。焦碳酸二乙酯（DEPC）酰化核糖核酸酶的活性位点组氨酸，从而使该酶失活。

的存在，这意味着核糖核酸酶通过一种协同的类S_N2磷酰基转移机理降解RNA。咪唑类化合物的pK_a接近7，是生理pH下酸碱催化剂的理想选择。这意味着在pH=7时咪唑基可以同时存在共轭碱和共轭酸的形式。12号位的组氨酸残基（His12）作为第一个咪唑基，从2′-羟基基团中攫取一个质子，从而促进了2′位氧进攻磷原子，与离去基团呈反式（*anti*）。同时，五价磷烷中间体中的离去基团氧随后被来自119号位的组氨酸残基（His119）的第二个咪唑基质子化，从而促进了相邻的3′-羟基的解离。然后这些具有催化活性的咪唑用于催化水分子对环状磷酸酯的水解。

过量的焦碳酸二乙酯（diethyl pyrocarbonate，DEPC）处理可有效地使RNase A失活，它将蛋白质中四个组氨酸侧链中的三个（包括活性位点中的两个关键组氨酸残基）酰基化（**图4.7**）。酰化的组氨酸不再能参与有效的质子转移反应，核糖核酸酶将失去活性。通常将DEPC试剂添加到RNA实验所用的所有水溶液（体积分数0.1%，1 h，37 ℃）中。剩余的DEPC可以通过高压灭菌水解掉。如果不将普遍存在的RNase A失活，涉及RNA的实验将难以进行。

胸腺嘧啶的5-甲基基团是化学ID的一种形式

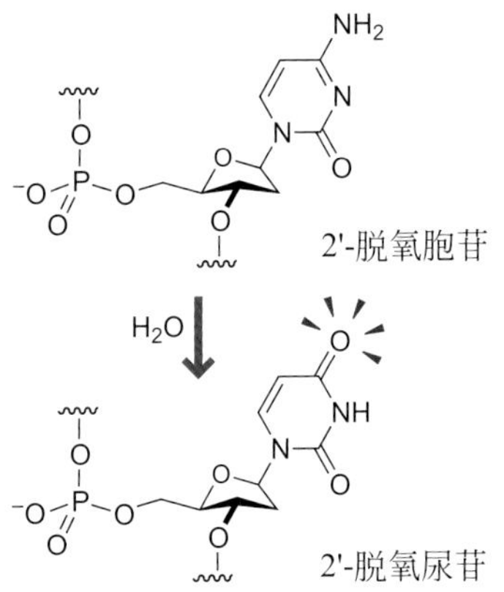
2'-脱氧胞苷
H_2O
2'-脱氧尿苷

图4.8 **水解是寡核苷酸突变的来源**。DNA中2′-脱氧胞苷的水解产生异常的核苷酸。而酶促监测系统会用胞嘧啶取代DNA中的尿嘧啶碱基。

胞苷的胞嘧啶碱基以缓慢但明显的速率水解为尿嘧啶（**图4.8**）。当胞嘧啶转化为尿嘧啶时，碱基配对的互补性从C·G变为U·A。在信使RNA（mRNA）水平，这种点突变可能导致核糖体掺入错误的氨基酸，并最终导致蛋白质的功能失调。幸运的是，mRNA和蛋白质在大多数细胞中的半衰期都相对较短，因此从C突变为U的影响是短暂的。此外，可以从正确的基因组DNA模板中按需要制作新的正确的mRNA拷贝。

相反，如果胞嘧啶水解发生在DNA中，其后果可能是灾难性的。如果2′-脱氧胞苷的胞嘧啶碱基被水解为尿嘧啶，则碱基配对的互补性将从dC·dG变为dU·dA。在单倍体生物中，这种从dG到dA的突变将在DNA复制过程中传播给后代。

幸运的是，由于DNA是双链的，因此dU·dG错配的存在会提醒细胞去除其中一个错配碱基，但是去除哪一个呢？在这一点上，胸腺嘧啶5-甲基的重要性变得很明显，它能区分出DNA中的dT·dA碱基配对和不存在的dU·dG错配。修复酶不断地寻找这些错误，用dC来取代错配的dU。例如，在大肠杆菌中，尿嘧啶*N*-去糖苷酶可特异性水解dU·dG中的尿嘧啶碱基。

dU·dA碱基对不会自发产生突变，因为这两个碱基都会产生正确的互补序列。然而，dT的校对功能非常重要：细菌里的酶（dUTPase）积极寻找游离的2′-脱氧尿苷-5′-三磷酸并将它水解，从而使其无法掺入DNA。RNA前体尿苷-5′-三磷酸对这种酶有抗性。大肠杆菌CJ236菌株缺少这两个质量控制系统的基因。该菌株经常将dU掺入新合成的DNA链中，然后将其留在那里。这种带有dU·dA碱基对的DNA被用于通过Kunkel诱变（第3章）在特定位点引入突变。

问题4.2

即使在苛刻的化学条件下，胞嘧啶水解脱氨的速率也很缓慢。为以下脱氨基反应提出一个合理的反应机理。

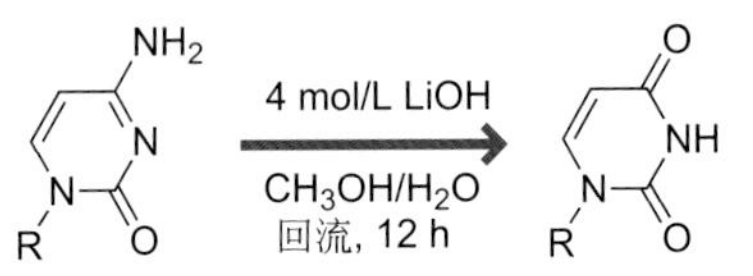
4 mol/L LiOH
CH_3OH/H_2O
回流，12 h

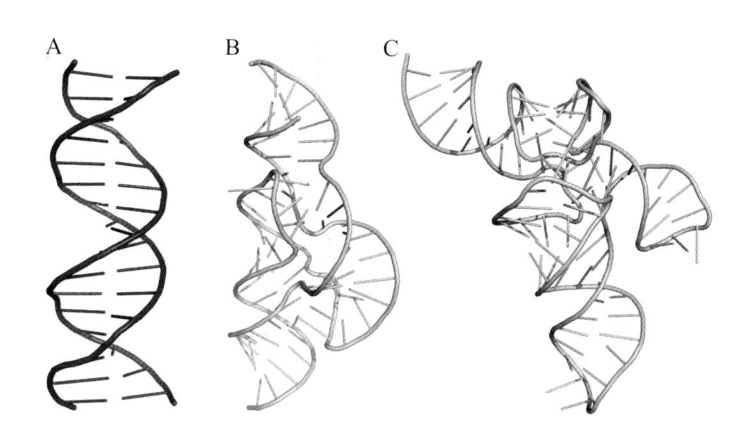

图4.9 DNA结构与RNA结构比较。（A）双链DNA（PDB：3BSE）、单链的（B）锤头状核酶RNA（PDB：2GOZ）和（C）转运RNA（PDB：3RG5）的结构比较。

单链的RNA采用球状结构

与DNA主要的延伸杆状结构相比，RNA通常会折叠成复杂的球状结构（**图4.9**）。杆状DNA和球状RNA之间的区别源于这样一个事实，即DNA基本上总是双链的，而RNA通常是单链的。单链RNA的碱基拼命寻找碱基配对的伴侣，从而导致RNA自身折叠并形成致密结构。除了DNA中的Watson-Crick碱基配对外，RNA结构还经常使用Hoogsteen碱基配对，这在第3章中已有介绍。

通过碱基配对产生的RNA二级结构通常很容易用计算机程序进行预测，这些程序可对各种折叠模式出现的概率进行排序。RNA结构是由被环固定的双螺旋组成的。**发夹**（hairpins），有时被称为**茎环**（stem loops），是最简单的结构。四个核苷酸序列UNCG是一个稳定发夹结构的很好的环（**图4.10**）。由于分子内碱基配对的优越性，用于估算DNA探针解链温度（T_m）的Wallace公式［式(3.1)］不适用于RNA发夹结构的形成。类似于GAAA的四聚环也很常见，它允许未配对的腺苷酸与RNA分子的其他部分相互作用。事实上，涉及腺苷酸的三级相互作用在RNA结构中是最常见的。

5'-GGAC UUCG GUCC-3'

5'-GGAC UU
3'-CCUG GC　T_m=71 °C

图4.10 小RNA发夹结构。RNA序列UNCG有利于稳定发夹结构，其中N表示四个RNA碱基中的任何一个。注意为形成茎环结构，环的两侧需要回文序列。

所有逆转录病毒精确地将两个拷贝的RNA基因组包裹进衣壳中，从而使它们能够修改二倍体宿主基因组的两个拷贝。二聚体HIV-1基因组（9150个核苷酸）含有茎环结构（**图4.11**）。在最初转录HIV基因组时，低浓度的转录物（又称转录本）不利于分子间二聚化。二聚体起始位点的一个裸茎环寻找其他碱基，与之形成碱基配对（**图4.12**）。这些茎环通过形成“亲吻复合物（kissing complex）”而参与碱基配对。这种复杂的RNA结构，超出了简单的

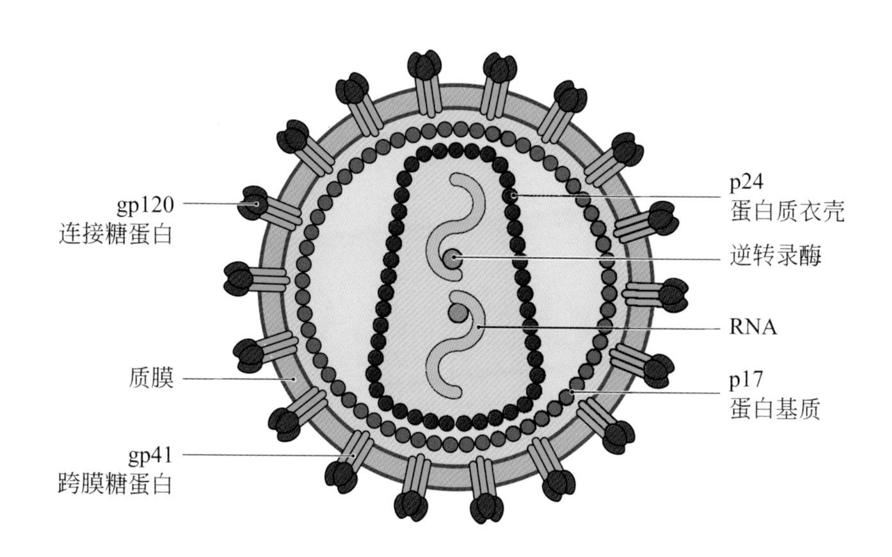

图4.11 RNA基因组。HIV的RNA基因组是以二聚体形式被包装的。

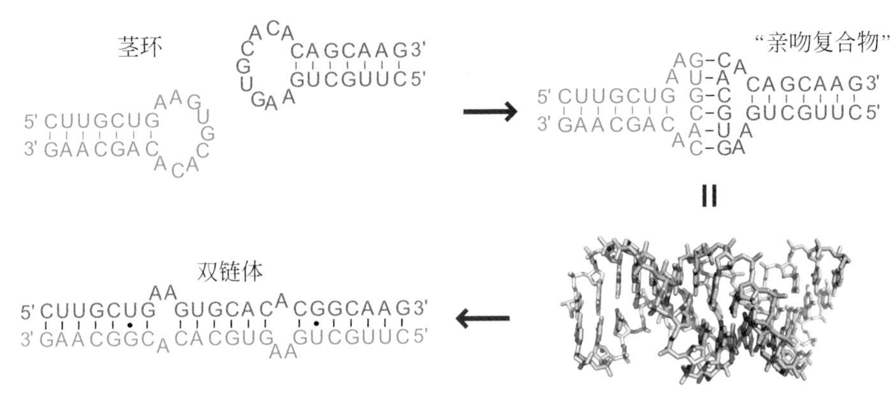

图4.12 **"亲吻我"机制**。HIV-1二聚化起始位点中的茎环最初形成一个"亲吻复合物"，该复合物重排成更稳定的RNA双链体。（PDB：2D19）

螺旋，被称为**三级结构**（tertiary structure）。这种"亲吻复合物"不如简单的双链结构稳定。随后经过重排，"亲吻复合物"形成更稳定的双链结构，该过程被认为发生在包裹进蛋白质衣壳之后。正如我们在本章稍后讨论的那样，茎环的碱基配对倾向是蛋白质翻译的基础。

问题4.3

提出由以下两个RNA序列形成的茎环亲吻复合物中的碱基配对模式：5′-GAGCCCUGGGAGGCUC-3′和5′-GCUGUUCCCAGACAGC-3′

碱基配对模式的二维结构有助于观察折叠RNA分子中的环状结构。例如，转运RNA（tRNA）的二维结构显示多个环状结构和3′末端的未配对区域（**图4.13**）。不进行碱基配对的片段往往更灵活，可作为折叠的铰链或与其他核苷酸相互作用的位点。tRNA的二维和三维结构的对比可以突显茎环之间的相互作用。在二维结构中，tRNA看起来像一个三叶草，但是RNA的二维结构描述通常掩盖了RNA分子紧凑的三维形状。在三维结构中，tRNA的二维三叶草形结构的茎环之间的氢键能将tRNA折叠成更紧凑的L形。

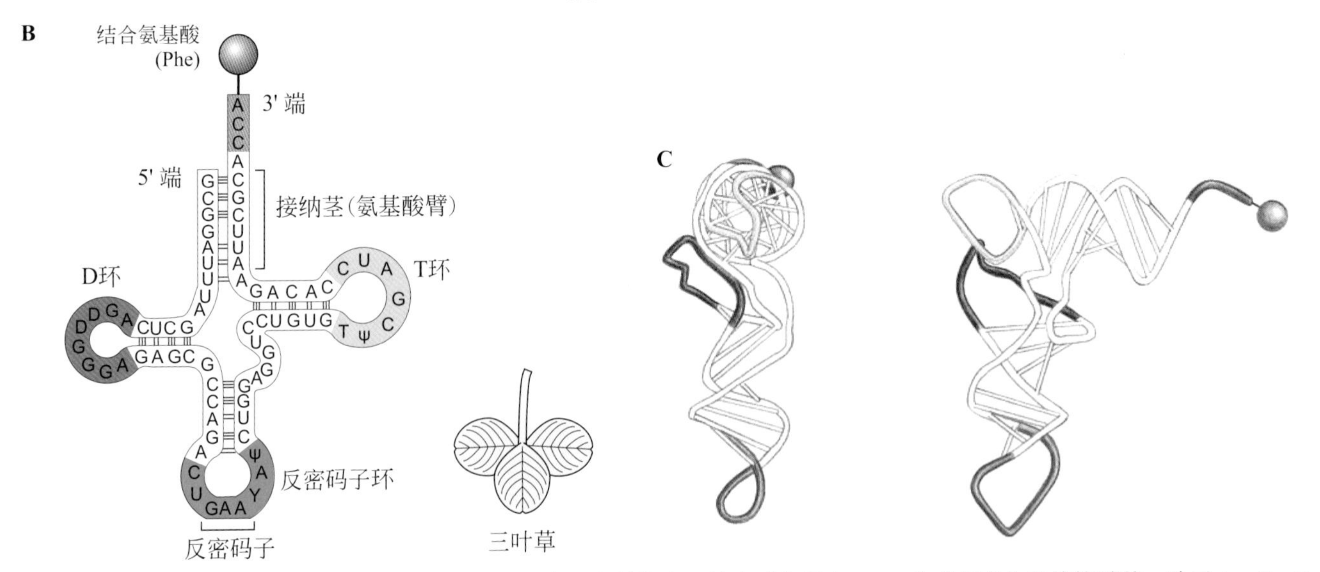

图4.13 **tRNA分子的一级、二级和三级结构**。（A）在一级结构中，该序列包括由tRNA合成后产生的修饰碱基。除了A、C、G或U以外的符号是指经酶修饰的核苷。（B）二级结构类似于三叶草；高亮显示的是环状结构和未配对区域，这些结构和区域与mRNA和蛋白质的结合密切相关。（C）三级结构揭示了二级结构元件之间的相互作用，如D环和T环之间的相互作用。（改编自B. Alberts et al.，Molecular Biology of the Cell，5th ed. New York：Garland Science，2008。）

在较大的 RNA 结构中，Watson-Crick 碱基配对可能被破坏或扭曲。其他二级结构元件可以推动螺旋，破坏它们的氢键。另外，内部的环是由 Watson-Crick 碱基互补配对组成的，这些碱基配对会被缺少碱基对的环所干扰。在这些环中，非 Watson-Crick 碱基配对也可以促进必要的氢键相互作用。许多不同的 RNA 三级结构已经被报道，包括钩转（hook-turn）、扭结（kink-turn）、四环受体（tetraloop receptor）和孤对三环（lone-pair triloop）相互作用。在镁离子生理浓度为 0.5～1 mmol/L 时，几乎所有 RNA 结构都与镁离子特异性结合。

虽然碱基配对的破坏会引起结构变得复杂以及三级结构具有巨大潜在多样性，但在碱基配对的水平上认识 RNA 结构还是相对比较容易的。此外，通过使用网站上免费的预测软件，短的 RNA 序列的折叠模式是可以预测的。为了更精确地预测结构，可通过对潜在的碱基对、环和其他结构建模来计算折叠从而预测结构。根据有利的相互作用（如来自碱基配对的氢键）和不利的相互作用（如空间位阻）的总和，可以计算出每个结构模型预期的自由能。具有最低自由能的模型被认为是最可能的 RNA 折叠结构。

问题4.4

使用网站上免费的 RNA 结构预测软件（例如 RNAfold）来推测嗜热菌（*Thermus thermophilus*）的 $tRNA^{Phe}$ 的结构：5′-GCCGAGGUAGCUCAGUUGGUAGAGCAUGCGACUGAAAAUCGCAGUGUCGGCGGUUCGAUUCCGCUCCUCGGCACCA-3′。

序列比对（sequence alignment）非常适合在数据库中查找高度保守的 DNA 和 RNA 序列，但是在寻找保守的 RNA 折叠模型时是具有挑战性的。例如，序列 5′-GGACUUCGGUCC-3′ 容易折叠成发夹，因为带下划线的序列是互补的，但是在 RNA 数据库中搜索该序列会漏掉其他 255 个序列（如 5′-GAGGUUCGCCUC-3′），这些序列也可以形成由四个碱基对固定在一起的发夹结构。要了解 RNA 结构预测的优点和局限性，我们需要面对找出这些能够形成发夹结构的短 RNA 序列的挑战。具有这种结构的序列可在一类称为 microRNA 的 RNA 中找到，稍后在本章进行详细描述。将搜索集中在形成 microRNA 结构所需的互补碱基上，可以改进搜索结果，并识别大量茎环结构（至少 30000 个）（**图 4.14**）。更好的方式是使用结构预测技术和利用生物信息学进行分析，例如跨相关物种的保守性序列。

图4.14 通过搜索保守的RNA序列进行RNA结构预测。在此RNA茎环中，一些残基（绿色标出）是决定结构的关键残基。然后，基因组数据库搜索出有着这些保守残基的序列，其保守残基的间隔由碱基N定义，该碱基对用连字符表示。

问题4.5

有多少个不同的 RNA 序列可以形成以下碱基对结构？

5′ NNNN A NNN U A
3′ NNNN G NNN G C

最终，RNA 结构和同源性的预测需要实验验证。X 射线晶体学为确定 RNA 序列的结构提供了金标准，尽管 RNA 结构仅占蛋白质数据库（protein data bank，PDB）中所有生物分子结构的一小部分。正如在蛋白质晶体学早期一样，RNA 结晶化是一项困难的、特殊的技术。化学衍生法也有助于深入了解 RNA 结构。例如，SHAPE 技术使用了一种反应性亲电试剂，该亲电试剂优先修饰 RNA 上更灵活和更容易接近的 2′- 羟基（**图 4.15**）。反应产物——在 2′ 位上生成的酯——会使逆转录酶停止逆转录；然后通过 DNA 测序鉴定

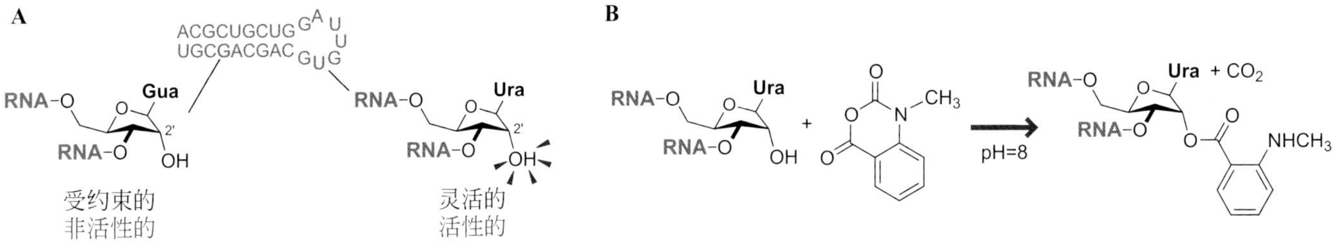

图4.15 SHAPE技术分析RNA结构。（A）RNA结构中不太灵活的或者被约束的区域会阻止2′-羟基与亲电试剂的反应。（B）RNA结构中更灵活的区域更容易接近亲电试剂，并使2′-羟基与添加的酸酐反应。

被阻断的DNA合成的位点。该技术对非常大的RNA结构极其有用（如HIV的RNA核）。这种分析强调了HIV RNA的非结构化区域，这些区域是RNA剪接和高变异所需的；结构化区域包括编码HIV蛋白结构域之间的环的序列。综合考虑这些因素，SHAPE技术对RNA结构的分析表明了另一个水平的基因组调控，即RNA的结构已经进化到可以调节蛋白质翻译和序列变异的水平。

问题4.6

提出RNA SHAPE分析中的碱催化的酰化作用的合理机理［图4.15（B）］。

4.2 RNA的合成（RNA Synthesis）

RNA聚合酶产生新的RNA链

人类基因组编码了几种RNA聚合酶，这些RNA聚合酶可将DNA转录为功能性RNA分子。其中RNA聚合酶Ⅰ转录核糖体RNA（rRNA）；RNA聚合酶Ⅲ转录转运RNA（tRNA）。这两种聚合酶转录了细胞中大多数的RNA；生长中的哺乳动物细胞中80%的RNA是rRNA，15%是tRNA。RNA聚合酶Ⅱ转录了人体细胞中剩余5%的RNA，这些RNA与条件基因表达相关，包括mRNA、microRNA和核小RNA（small nuclear RNA）。RNA聚合酶Ⅱ介导条件基因表达，这是区分一个基因与其他基因，甚至是将人类的一个细胞与其他细胞区分开的主要特征。RNA聚合酶Ⅱ的转录活性取决于聚合酶、磷酸化酶和许多转录因子蛋白之间精心设计的相互作用。没有这些伴随的转录因子，RNA聚合酶Ⅱ处于静止状态。以双链DNA为模板的RNA聚合依赖于许多独立的亚基。多亚基必须协同工作，才能识别基因的起点，打开DNA双链，催化RNA互补链的形成，分离RNA-DNA双螺旋并重新合上DNA链。由此产生的RNA链类似于其中一条DNA链，这条DNA链被称为**有义链**（sense strand）；而与RNA链互补的DNA模板链被称为**反义链**（antisense strand）。

RNA聚合酶Ⅰ和Ⅱ是巨大的蛋白质复合物，这些复合物由十几个亚基组成，总分子质量超过500 kDa。这两种RNA聚合酶及其细菌种间同源物采用下颌状（jaw-like）结构，DNA模板夹在下颌的两半之间（**图4.16**）。当RNA聚合酶沿着双链DNA模板移动时，DNA双链打开，一个桥螺旋（bridge helix）以棘轮运动迫使DNA模板通过活性位点。一个带正电的漏斗引导的带负电的核苷酸三磷酸（NTPs）进入活动位点。当正确的NTPs与DNA模板形成碱基对时，桥螺旋下方的短环关闭螺旋，从而确保了新的磷酸二酯键的形成。值得注意的是，尽管RNA聚合酶与DNA聚合酶形状不同（见**图3.50**），但地球上所有的核苷酸聚合酶都是通过相同的化学机理起作用的，均涉及两个镁离子，这已在3.5节中进行了讨论。

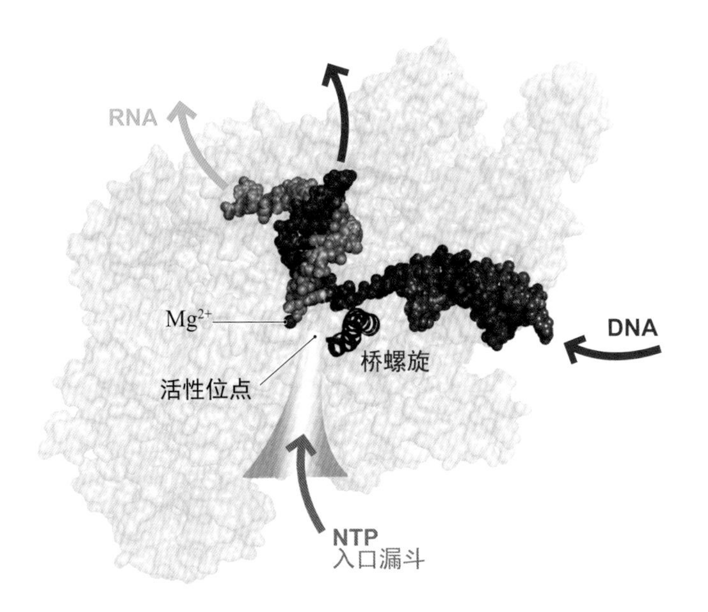

图4.16 RNA聚合酶Ⅱ的内部。双链DNA导入聚合酶（透明蓝色）。桥螺旋结构有助于将两条DNA链分开，从而使新的RNA亚基可以与反义链（红色）形成Watson-Crick碱基配对。新的核苷酸被添加到mRNA链的5′端，并从活性位点蜿蜒而出。关键的活性位点镁离子显示为紫色。（PDB：2O5I）

抑制RNA聚合酶的活性可能是致命的。例如，死帽菇（deathcap mushroom）会产生两种环肽天然产物，分别称为鬼笔环肽（phalloidin）和*α*-鹅膏蕈碱（*α*-amanitin）。鬼笔环肽特异性结合肌动蛋白丝，而*α*-鹅膏蕈碱结合并抑制RNA聚合酶Ⅱ（**图4.17**）。因为转录是细胞维持、生长和分裂所必需的，一旦转录被抑制，细胞很快就会死亡。

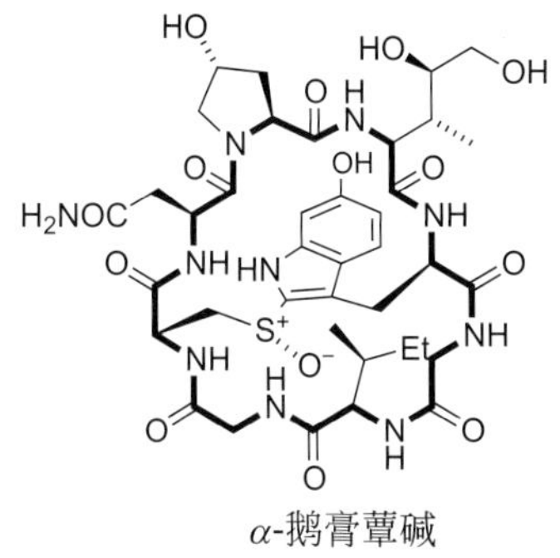

α-鹅膏蕈碱

图4.17 蘑菇毒素。来源于死帽菇（*Amanita phalloides*）的*α*-鹅膏蕈碱是哺乳动物RNA聚合酶Ⅱ的有效抑制剂，在肝脏中发挥最致命的作用。在结构上，α-鹅膏蕈碱是具有不寻常的跨环类氨基羧乙基硫色氨酸（tryptathionine）交联的环状肽。（顶图由George Chernilevsky提供。）

问题4.7

根据RNA聚合酶与DNA聚合酶活性位点的相似性，描绘RNA聚合酶活性位点。你描绘的活性位点应该包括NTPs、两个镁离子和GATC模板链。用箭推法为RNA聚合酶催化反应中关键的O—P键形成步骤提出一个合理的反应机理。

DNA引物酶是另一种RNA聚合酶

RNA聚合酶可以从头合成新的RNA链，但DNA聚合酶不能从头合成新的DNA链——它只能延长现有的链，这种现有的链被称为**引物链**（primer strand）。为了满足对寡核苷酸引物的需求，某些病毒会募集在细胞内部发现的随机RNA片段作为引物，甚至使用蛋白质作为引物。在人体细胞中，DNA链合成涉及由RNA聚合酶起始产生的短RNA引物，然后该引物被DNA聚合酶延长。短的RNA引物随后被去除，切口被DNA填充。

在DNA复制叉处的经典DNA复制模型中，使用**前导链**（leading strand）模板可以很好地合成新的DNA链，因为互补链可以沿着5′→3′方向延长。但是，由于尚未有聚合酶能在3′→5′方向上延伸，因此使用**后随链**（lagging strand）模板的DNA合成存在问题。解决这一挑战的生物学方法是利用一种称为DNA引物酶（DNA primase）的RNA聚合酶（**图4.18**），该酶在后随链模板上产生短的RNA引物。这些引物可被DNA聚合酶延长，从而产生在5′末端带有RNA引物的DNA片段。这些片段最终被连接在一起，RNA被去除并被DNA取代。作为一种RNA聚合酶，DNA引物酶明显比其他核苷酸聚合酶更容易出错。像所有此类聚合酶一样，DNA引物酶使用相同的保守机制，并具有一个形状类似于右手的活性位点。

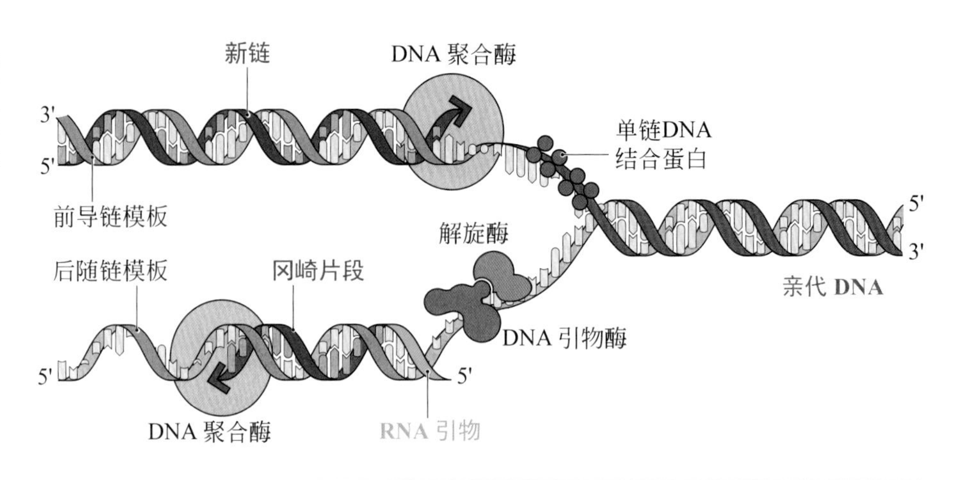

图4.18 DNA复制叉处的RNA引物。 DNA引物酶是一种RNA聚合酶，可产生被DNA聚合酶延长的短RNA引物。该引物使后随链在5′→3′方向上延长。

问题4.8

在自然界中，所有 RNA 分子都是由酶沿着 5′→3′ 方向合成的。但是，如果 RNA 分子能沿着 3′→5′ 方向聚合，则所需的 NTPs 起始原料将不稳定。画出一种可用于 3′→5′ 方向合成 RNA 的 NTP 的结构，并解释它们不稳定的原因。

4.3 转录调控（Transcriptional Control）

DNA序列决定RNA聚合酶的起始位点和终止位点

将 DNA 转录为 RNA 需要使用类似标点符号的表述信息：缩进、大写和句号标识“句子”的开头和结尾，从而使信息更易读。类似地，RNA 聚合酶需要 DNA 序列中的线索来提示 RNA 转录的起始位点和终止位点。句子的标点符号还可以调节句子的语气。例如，感叹号会有明显的强调语气。同样，某些 RNA 转录起始位点比其他位点更强。

RNA 转录的起始位点和终止位点分别称为**启动子**（promoter）和**终止子**（terminator）。正如预期的那样，启动子出现在基因的起始或 5′ 末端附近，而终止子出现在 3′ 末端。启动子由易于识别富含 T 和 A 的 DNA 序列。在细菌基因中，启动子序列 TATAAT 的变异（称为“Pribnow box”）被发现位于转录起始位点上游（朝向 DNA 5′ 端）约 10 个碱基对处。在人体细胞中，通常在 RNA 聚合酶开始转录的上游约 25 个碱基对处发现启动子序列 5′-TATAAAA-3′ 的变异（称为“TATA box”）。

原核生物的 RNA 聚合酶通过蛋白质转录因子和 RNA 聚合酶之间的直接相互作用来识别转录起始位点。同样，在人体细胞中，一种称为 TATA 结合蛋白（TBP）的蛋白质会与 TATA box 结合，并将 DNA 急剧弯曲成大约 100° 的角度（**图 4.19**）。在 TATA box 中发现的 A·T 碱基对的弱 π-π 堆积使得其能形成这种弯曲。TBP 使用 DNA 柔韧度作为快速识别 TATA box 序列的标准之一。此外，位于 DNA 大沟中的 β 链可以识别 TATA box 的特定序列。TBP 和 DNA 之间的结合为募集转录因子和 RNA 聚合酶的复合物启动转录提供了关键位点。

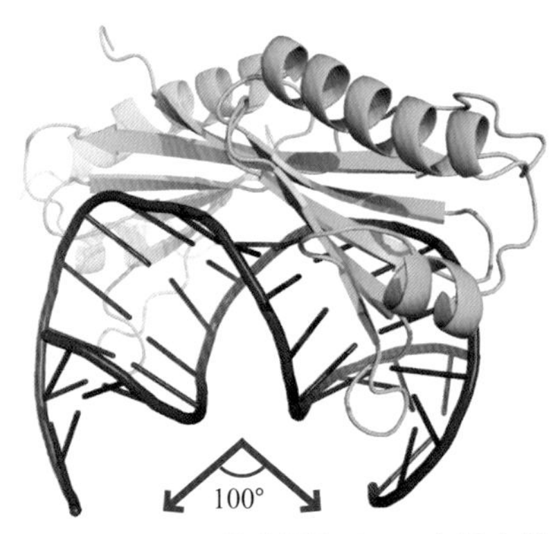

图4.19 TATA结合蛋白（TBP）结合并弯曲TATA box。 TBP（蓝色）被描述为骑在DNA（红色）上的马鞍，它带有两个β转角，可提供马镫以迫使DNA弯曲成大约100°。（PDB：1CDW）

DNA 序列还指明了转录终止位点。一些细菌和噬菌体终止子具有富含 G·C 的自我互补序列，后面接着一连串 A。在 G·C 碱基对的强力驱动下，最终的转录产物形成 RNA 发夹结构，从而将相对较弱的 A·U 碱基对从 DNA-RNA 杂合链中分离出来；RNA 发夹还能与 RNA 聚合酶结合，从而减慢其向前的趋势，最终停止转录。其他形式的转录终止使用一种称为“Rho”的 ATP 水解蛋白。在 Rho 依赖性终止中，Rho 与新的 RNA 转录本结合并破坏 DNA-

RNA 杂合链的稳定性，从而将 RNA 从 RNA 聚合酶活性位点中分离出来。

真核生物三种不同的 RNA 聚合酶具有不同的转录终止机制。RNA 聚合酶Ⅰ催化大多数 rRNA 的合成，并在到达重复八次的 18 个碱基对 DNA 序列时停止。与细菌中 Rho/RNA 依赖的转录终止不同，人蛋白质 TTF-1 直接与 DNA 结合并阻断 RNA 聚合酶Ⅰ。mRNA（定义为能被翻译成蛋白质的 RNA）的转录是通过 RNA 聚合酶Ⅱ进行的；RNA 聚合酶Ⅱ也可以转录一些小的调节性 RNA。编码 mRNA 基因的 3′末端通常包含用于加入 poly（A）尾巴的信号。RNA 聚合酶Ⅱ停止 RNA 合成并允许多腺苷酸化的确切机制仍不清楚。RNA 聚合酶Ⅲ催化较短的 RNA 的合成，包括 microRNA（简称 miRNA）、tRNA 和某些 rRNA。此类 RNA 是细胞维持正常功能所必需的，并且它们还必须被储备用于细胞分裂。一小段短的 poly（T）序列可终止 RNA 聚合酶Ⅲ的转录。

诸如噬菌体之类的病毒已经进化出非常有效的启动子和 RNA 聚合酶，以确保病毒基因组在转录过程中获得最高优先级。例如，来自噬菌体 T7 的 RNA 聚合酶使用模板链中以下 23 个碱基对的 T7 启动子序列转录任何双链 DNA：3′-**ATTATGCTGAGTGATAT**CCCTCT ...- 5′。该序列的最后六个核苷酸被转录；然后 RNA 将以序列 5′-GGGAGA ...- 3′开始。无序列特异性的特征使 T7 RNA 聚合酶成为 RNA 合成中广泛使用的实验工具。此外，T7 启动子通常用于大肠杆菌中的蛋白质过表达。

转录因子与DNA结合具有精细的序列特异性

高度调控的 RNA 合成主要是通过蛋白质 -DNA 相互作用来控制的，这种相互作用以转录因子结合特定 DNA 序列为特征。与 DNA 这样的高电荷分子的非特异性结合很容易，仅需要积累足够的带正电荷的功能基团即可黏附在 DNA 的阴离子磷酸二酯骨架上。组蛋白就是使用此策略提供卷轴，用于缠绕染色体中的超螺旋 DNA。但是，如果过度依赖这种库仑相互作用（coulombic interaction）会阻止序列特异性结合，而这种特异性结合对于转录因子至关重要。因此，与 DNA 特异性相互作用的蛋白质需具有适宜的电荷平衡：太多的正电荷不利于特异性，而太少的正电荷会无法结合。

转录因子以类似于读取盲文的方式读取序列。首要的问题是确定盲文的书写位置，就像蛋白质需要首先找到 DNA 一样。互补的电荷-电荷相互作用为将转录因子引向 DNA 提供了长距离的吸引力。然后，蛋白质会感觉到 DNA 大沟的凸起、氢键和范德华相互作用，从而试图读取序列（**图 4.20**）。如果 DNA 序列提供了与蛋白质表面互补的相互作用，转录因子就会结合。如果没有，该蛋白质或者沿着 DNA 进一步滑动（正如体外观察到的一样），或者漂走以寻找另一条合适的 DNA 序列。后者更可能发生在细胞密集的内部，DNA 更有可能以折叠和超螺旋状态存在。夹在转录因子和 DNA 之间的定向水分子在分子识别中发挥至关重要的作用。从 DNA 中置换水分子会消耗转录因子结合所需要的能量。相反，转录因子通常利用这些结合的水分子与 DNA 交换信息。

如乐队演奏音乐一样，转录过程非常复杂。蛋白质跃迁到调控 RNA 聚合酶的大型复合物上，稍后马上离开。仔细观察 DNA 与细菌转录因子之间的相互作用，可以发现这些相互作用是错综复杂的（**图 4.21**）。在下一节中，我们将解释大肠杆菌中 *lac* 阻遏物（repressor）如何调控一些基因转录的。这种调控从 DNA 结合的水平开始。*lac* 阻遏物在多种构象中摆动，在 DNA 上着落并蠕动进入大沟。带正电的氨基酸残基抓住磷酸二酯骨架的轨道，将蛋白

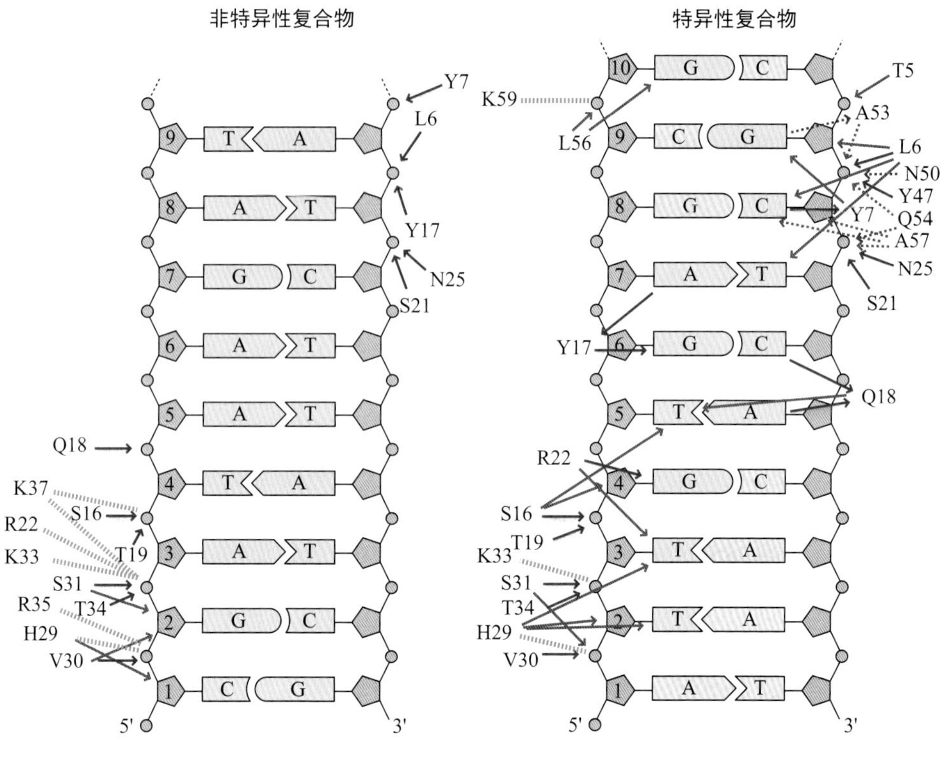

图4.20 *lac*阻遏物结合偏好的（特异性的）和非最佳的（非特异性的）DNA序列。大量的接触，包括氢键和范德华相互作用（分别为绿色和红色箭头），将*lac*阻遏物固定在特异性复合物中，但电荷-电荷相互作用（蓝色虚线）主导非特异性复合物的形成。与阻遏物蛋白发生序列特异性相互作用的碱基为黄色。蛋白质残基用一个字母的氨基酸代码表示，后跟蛋白序列号。一字母氨基酸代码将在第5章中介绍。（改编自C. G. Kalodimos et al., *Science* 305：388-389，2004；已获得AAAS授权。）

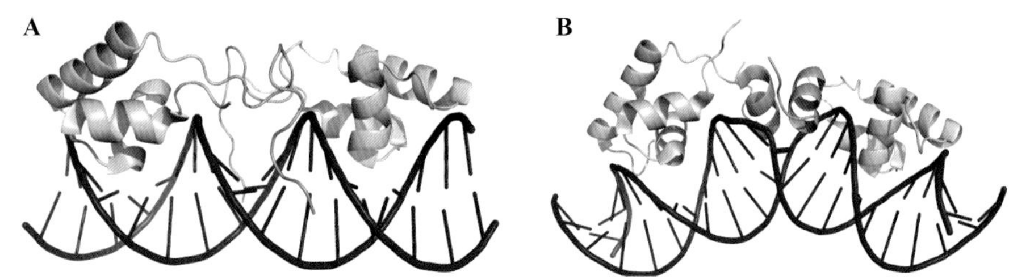

图4.21 *lac*阻遏物的序列特异性结合。（A）*lac*阻遏物的DNA结合域的关键区域在与非最佳DNA序列结合的复合物中保持非结构化（PDB：1OSL）。（B）在与偏好的DNA序列结合后，关键区域形成α螺旋（绿色），并使DNA弯曲（PDB：1JWL）。

质引导至正确的位置，这些残基对确定特异性识别的DNA至关重要。当需要与转录因子无法识别的DNA序列结合时，由于该蛋白质紧贴磷酸二酯骨架，因此无法与大沟中的碱基有效接触。但是，通过氨基酸侧链与DNA碱基接触，蛋白质与正确的DNA序列结合，或与在大沟中匹配的水结合，会导致*lac*阻遏物的结构和方向发生重大变化。蛋白质结构和相互作用的这种总体变化伴随着结合亲和力的显著提高。正确的DNA序列相比错误的序列形成蛋白质-DNA复合物的可能性高约1亿倍。通常，与转录因子结合后，DNA也会发生结构上的剧烈变化，如弯曲。DNA对此类操作的耐受性为DNA序列提供了额外的、细微的、间接的读取信息。牢固的π-π堆积的DNA序列本身是不容易弯曲的。这种对DNA序列的钳制也可用于在烷基化DNA切除修复之前识别DNA损伤，如第3章所述。

转录可由小分子调控

RNA有着如此多样化的功能，如果不同的RNA随机合成将会对细胞造成灾难性影响。因此，RNA聚合酶的转录受到严格调控，它依赖于许多蛋白质和DNA序列的和谐调度。转录调节源于两个主要驱动力：（1）吸收营养、代谢营养和排泄废物的驱动力；（2）生长、发育和繁殖的驱动力。这些细胞功能在所有细胞和所有生物中都受到严格的控制。避免错误警报和提供信号专一性涉及一系列复杂的蛋白质-蛋白质相互作用。转录因子与DNA的结合也可以由小分子配体直接调节。精确控制转录仍然是许多研究实验室研究的重要目标。

为了了解小分子如何有效控制转录，我们仔细研究大肠杆菌是如何在乳糖半乳糖（milk sugar galactose）存在下控制基因表达。当饲喂以碳水化合物为主的饮食时，大肠杆菌细胞很容易繁殖，除非碳水化合物只有乳糖。要代谢乳糖，细菌需要两个关键蛋白质：允许乳糖进入细胞的渗透酶（permease）；以及被称为β-半乳糖苷酶（β-galactosidase）的水解酶，它能将二糖乳糖裂解为可消化的单糖。

lac 阻遏物抑制β-半乳糖苷酶的表达，而 *lac* 阻遏物是组成性表达的（也就是说，它在细胞中以恒定的速率合成）。*lac* 阻遏物以四聚体的形式与DNA结合，其中每个单体通过一个类似于锯齿状的结构域与DNA结合（**图 4.22**）。*lac* 阻遏物四聚体在序列5′-AATTGTGAGCGGATAACATT-3′处与启动子紧密结合，并在更下游进一步与相关序列5′-AAATGTTGAGCGAGTAACAACC-3′结合。结合转录因子的DNA区域称为**操纵基因**（operator）。启动子总是在RNA编码区的上游（5′方向）。通过这种方式抓住DNA，*lac* 阻遏物可以阻止TATA结合蛋白和RNA聚合酶接近启动子。

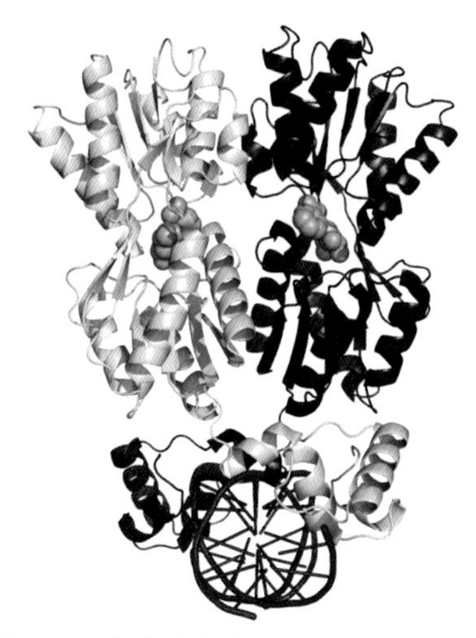

图4.22 结合在启动子上。在*lac*阻遏物二聚体的晶体结构（PDB：1JWL）中，一种岩藻糖基糖衍生物（fucosyl sugar derivative）位于别乳糖（allolactose）位点（绿色），但不阻碍DNA结合。

当不存在乳糖时，合成**操纵子**（operon）所编码的蛋白质花费很少的精力和能量（**图 4.23**）。在存在乳糖时，由 *lac* 操纵子调控的蛋白质表达增加了1000倍。在最理想情况下，β-半乳糖苷酶水平可以达到细胞中所有蛋白质的3%。β-半乳糖苷酶是一种庞大的四聚体酶，可使乳糖产生两种不同类型的产物（**图 4.24**）。当乳糖和β-半乳糖苷酶的浓度较低时，该酶的二聚体形式会将乳糖异构化为别乳糖；这种情况最初会发生在因编码基因的转录“失误”而产生很少量β-半乳糖苷酶时。别乳糖与 *lac* 阻遏物紧密结合，从而使阻遏物从DNA上释放出来。一旦暴露了启动子序列，RNA聚合酶就会转录 *lacZ* 基因，该基因编码β-半乳糖苷酶。在高浓度的β-半乳糖苷酶下，该酶形成四聚体，可有效地将二糖乳糖水解为半乳糖和葡萄糖。

乳糖的非天然衍生物也可以诱导 *lac* 阻遏物的释放，从而提供对转录的小分子控制模式。例如，合成的半乳糖衍生物异丙基β-D-硫代半乳糖苷（IPTG）有效地将 *lac* 阻遏物与其操纵基因序列解离。作为β-半乳糖苷酶的不良底物，IPTG不会迅速降解（**图 4.24**）。其他基因可以插入到 *lac* 操纵子中代替β-半乳糖苷酶。细菌繁殖后，可以添加IPTG来打开插入的开放阅读框的过表达

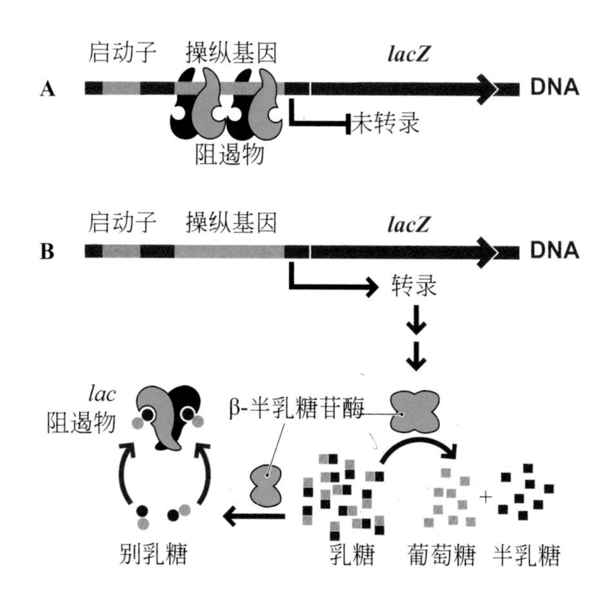

图4.23 *lac*阻遏物被抑制。（A）*lac*阻遏物与*lac*操纵基因结合，抑制转录。（B）在低浓度下，β-半乳糖苷酶催化乳糖产生别乳糖，将*lac*阻遏物从启动子上移除，从而表达*lacZ*。β-半乳糖苷酶在更高浓度下的表达导致四聚体的形成，该四聚体有效地将乳糖水解为葡萄糖和半乳糖。

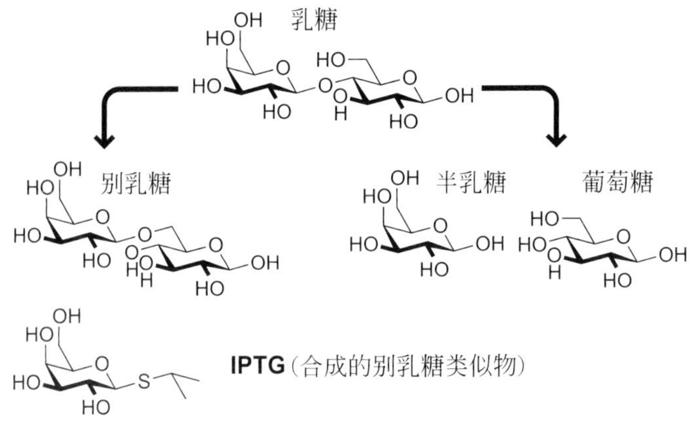

图4.24 两种类型的产物。β-半乳糖苷酶可将乳糖异构化为别乳糖，或将乳糖水解为半乳糖和葡萄糖。别乳糖通过与*lac*阻遏物结合从而增强*lacZ*的转录；合成的别乳糖类似物IPTG具有相同的效果。

乳糖

别乳糖 半乳糖 葡萄糖

IPTG（合成的别乳糖类似物）

（或高水平生产）。因为大肠杆菌细胞仅在半乳糖衍生物（如别乳糖）存在下激活*lac*操纵子的转录，所以在蔗糖条件下细菌的生长将有效阻断插入的开放阅读框（open reading frame）的转录。该系统通常在大多数化学生物学实验室中被用于细菌合成蛋白质。

人体细胞中mRNA的转录涉及许多蛋白质和DNA区域

细菌*lac*操纵子仅提供调控基因表达的多种调控机制中的一种。真核生物的转录则增加了几层复杂性。首先，如前所述，真核生物将其DNA储存在核内的染色体中。其次，启动真核生物的转录通常需要许多蛋白质与DNA结合（**图4.25**）。通过RNA聚合酶Ⅱ启动mRNA转录的转录起始复合物涉及约60种不同的蛋白质。这些蛋白质名称其实并不重要。重要的是，转录起始复合物必须在许多地方抓住DNA链才能启动mRNA合成。另一层复杂性来自转录蛋白的共价修饰。例如，RNA聚合酶的磷酸化会使蛋白质构象显著改变，从而为RNA聚合打开了活性位点。

转录因子可以激活或抑制转录，分别称为**激活因子**（activator）和**抑制因子**（repressor）。这些转录因子通常与DNA的调控序列结合，这些调控序列远离DNA上的RNA编码区域，被称为**增强子**（enhancer）或**沉默子**（silencer）。一些转录因子既可以充当一些操纵子的抑制因子，又可充当另

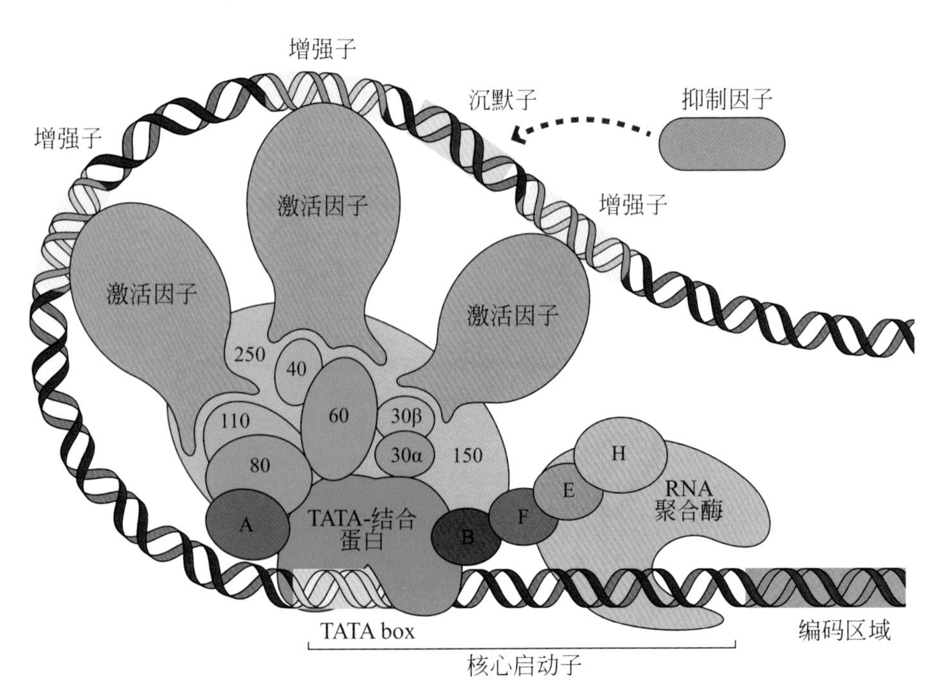

图4.25 转录起始复合物。启动人类基因转录的多蛋白复合物涉及几十种蛋白质，该复合物在许多不同位置捕获DNA。（改编自P. H. Raven et al., Biology, 6th ed. New York：McGraw-hill，2002；获得McGraw-Hill Companies, Inc授权。）

一些操纵子的激活因子。这些关键蛋白的突变通常会导致癌症。例如，Myc转录因子家族与DNA的弱的结合，可作为许多不同基因的抑制因子和激活因子。Myc蛋白被称为癌蛋白（oncoprotein），因为该基因家族的突变与癌症有关。

转录因子是类药物小分子的潜在靶标。在典型的化学基因组学实验中，于载玻片上合成的6504种化合物的文库被用来筛选能与酵母转录因子Hap3p结合的化合物。转录因子Hap3p是与DNA序列CCAAT结合的哺乳动物转录因子的同源物。Hap3p蛋白与常见的稳定折叠的谷胱甘肽-*S*-转移酶（GST）融合，并应用于化合物文库的筛选（**图4.26**）。用能结合GST的荧光染料染色载玻片后，发现有两个斑点发荧光。一种化合物被发现仅与GST结合，被排除进一步研究。而另一种化合物haptamide A，被发现可与Hap3p结合。可溶的haptamide A可抑制Hap转录复合物的转录。作为haptamide A的同分异构形式，haptamide B甚至与Hap3p结合更紧密，并在更低的浓度下抑制转录。

图4.26 化合物文库的筛选。将由Hap3p和谷胱甘肽-*S*-转移酶（GST）组成的蛋白质杂合体在点有合成化合物的载玻片上洗涤。通过能结合GST的荧光团染色来鉴定与Hap3p紧密结合的化合物。

酵母双杂交系统提供了一种基于转录的工具来识别蛋白质-蛋白质相互作用

蛋白质-蛋白质相互作用对于真核生物的转录至关重要。分子生物学家利用真核转录作为蛋白质-蛋白质相互作用的敏感读取器，设计了**酵母双杂交系统**（yeast two-hybrid system）以检测两种蛋白质是否可以在细胞内彼此特异性结合。该技术的关键是酵母衍生的转录因子GAL4。当GAL4与上游激活因子序列5′-CGGNNNNNNNNNNNCCG-3′结合时，它会将TATA结合蛋白（TBP）和转录机制的其他元件募集到下游DNA编码序列（DNA-coding sequence）[**图4.27(A)**]。DNA编码序列这一术语被用于描述编码蛋白的DNA序列。当GAL4驱动β-半乳糖苷酶表达时，所产生的酶的活性很容易被检测到。

GAL4蛋白具有两个功能结构域：DNA结合域和转录激活域[**图4.27(B)**]。令人惊讶的是，GAL4中这两个结构域不一定要通过共价连接来促进转录。任何高亲和力的相互作用均可将DNA结合域和转录激活域靠在一起，从而发挥功能。酵母GAL4系统已被用作蛋白质间相互作用的灵敏检测方法。顾名思义，酵母双杂交检测需要两种杂交蛋白，其中一种与“诱饵”相连，另一种与“猎物”相连。例如，如果GAL4 DNA结合域连接人蛋白axin，而GAL4转录激活域连接人蛋白β-catenin，那么axin和β-catenin之间的相互作用将导致功能性GAL4的组装。因此，axin和β-catenin之间的相互作用将导致β-半乳糖苷酶的表达（**图4.28**）。

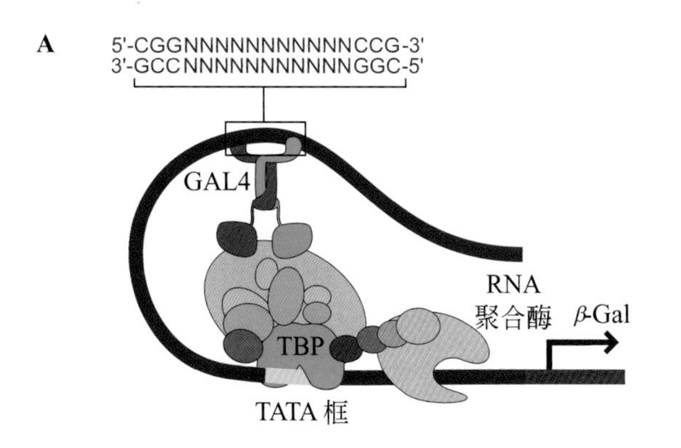

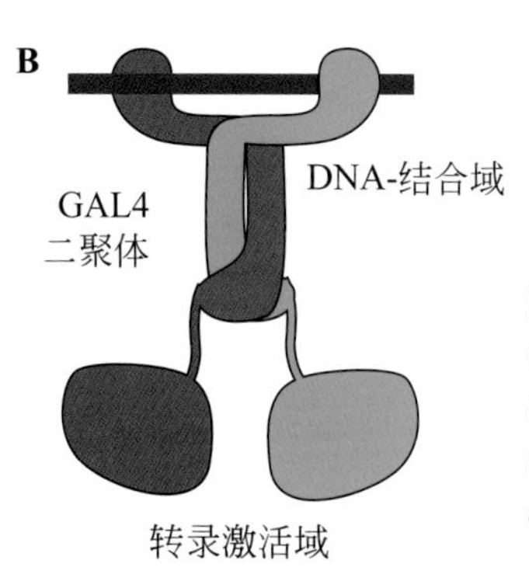

图4.27 酵母转录控制中的GAL4。（A）当GAL4结合上游激活因子序列时，GAL4募集TATA结合蛋白（TBP）和其他转录因子起始转录。（B）GAL4二聚体的每个（相同的）单体由DNA结合域和转录激活域组成。

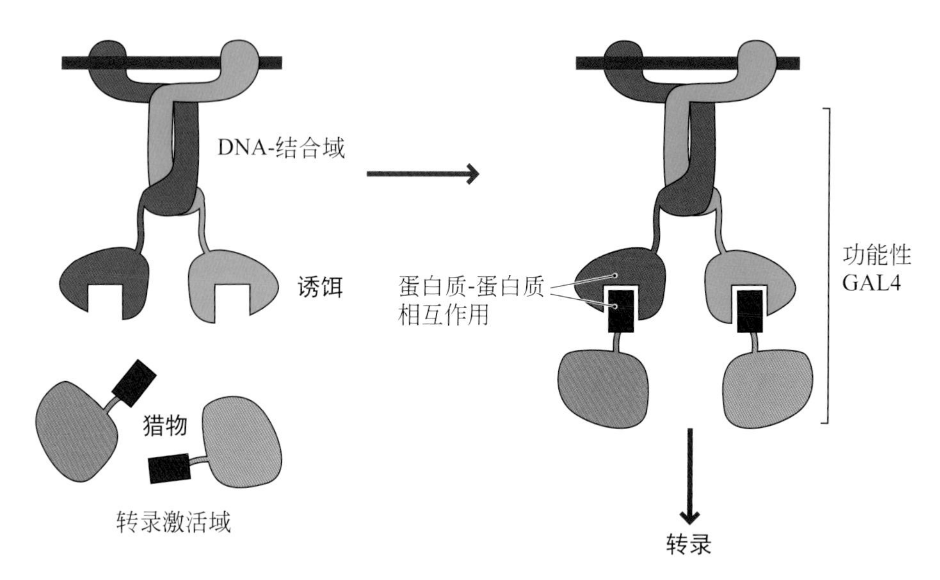

图4.28 酵母双杂交实验。 酵母双杂交实验涉及两种不同的杂交蛋白。一种杂交蛋白是与诱饵蛋白融合的含GAL4 DNA结合域的蛋白；另一种杂交蛋白是与猎物蛋白结合的含GAL4转录激活域的蛋白。“猎物”抓住“诱饵”将导致下游报告基因转录。

如果组装正确，GAL4会促进转录产生一种称为β-半乳糖苷酶的酶，该酶先前已描述，它是大肠杆菌 *lac* 操纵子的一部分。β-半乳糖苷酶可以将无色化合物（X-Gal）转化为靛蓝（深蓝色）染料。因此，测试两种蛋白质是否在酵母细胞内有相互作用，仅需要构建两个酵母的质粒，即GAL4两个独立的结构域分别与两个潜在结合伴侣融合的质粒。这种酵母双杂交实验可以很容易地应用于筛选大量蛋白质与某个目标蛋白结合的能力。一个具有未知结合伴侣的蛋白质（称为“诱饵”，bait）与GAL4 DNA结合域连接。接下来，将称为“猎物”（prey）的突变蛋白文库与GAL4转录激活域融合。在转染编码“诱饵”融合结合域和“猎物”融合激活域的质粒之后，每个酵母细胞（以及最终产生的菌落）将具有“猎物”文库中不同的基因。“诱饵”与“猎物”之间的结合将使GAL4 DNA结合域和激活域靠在一起，从而使酵母菌落呈现蓝色（**图4.29**）。基于此方案的许多变体可用于检测结合能力。例如，为了检测一个小分子是否可以将两个蛋白质伴侣连接在一起，已经开发了酵母三杂交系统（两个蛋白质 + 一个小分子 = 三个杂交）。

A

干净菌落=无结合

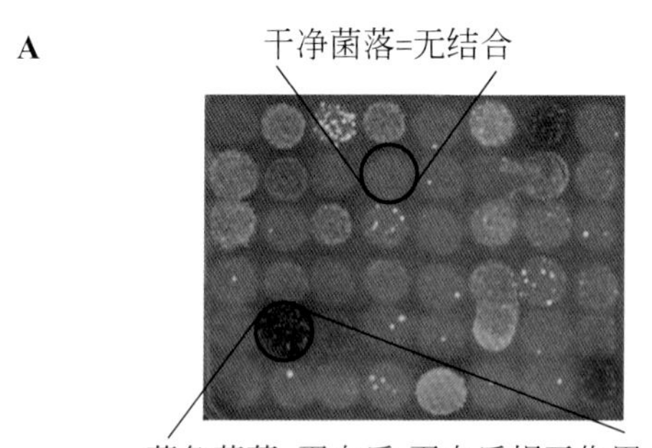

蓝色菌落=蛋白质-蛋白质相互作用

B

图4.29 酵母双杂交筛选。（A）来自酵母双杂交筛选的实际数据。蓝色菌落表明“诱饵”和“猎物”之间成功结合。（B）当“猎物”与“诱饵”结合时，会使β-半乳糖苷酶表达，从而将琼脂中的X-Gal转化为深蓝色的靛蓝染料。（A来自J. Zhong et al.，*Genome Res*. 13：2691-2699，2003；获得Cold Spring Harbor Laboratory Press授权。）

问题4.9

使用示意图表示，设计用于筛选同时结合 MS2 病毒衣壳蛋白和铁调节蛋白的 RNA 分子的 GAL4 杂交系统。

MS2 病毒衣壳蛋白
RNA
RNA
铁调节蛋白

问题4.10

当不稳定物质吲哚酚暴露于空气时，会自发形成靛蓝染料。对此反应提出合理的反应机理。

·OH
吲哚酚
靛蓝

4.4 真核生物的mRNA加工（mRNA Processing in Eukaryotes）

mRNA合成后，真核生物广泛修饰其mRNA

遵循中心法则（**图 4.30**），大肠杆菌由基因表达到蛋白质合成相对简单：DNA 通过 RNA 聚合酶转录为 mRNA，而 mRNA 通过核糖体翻译为蛋白质。

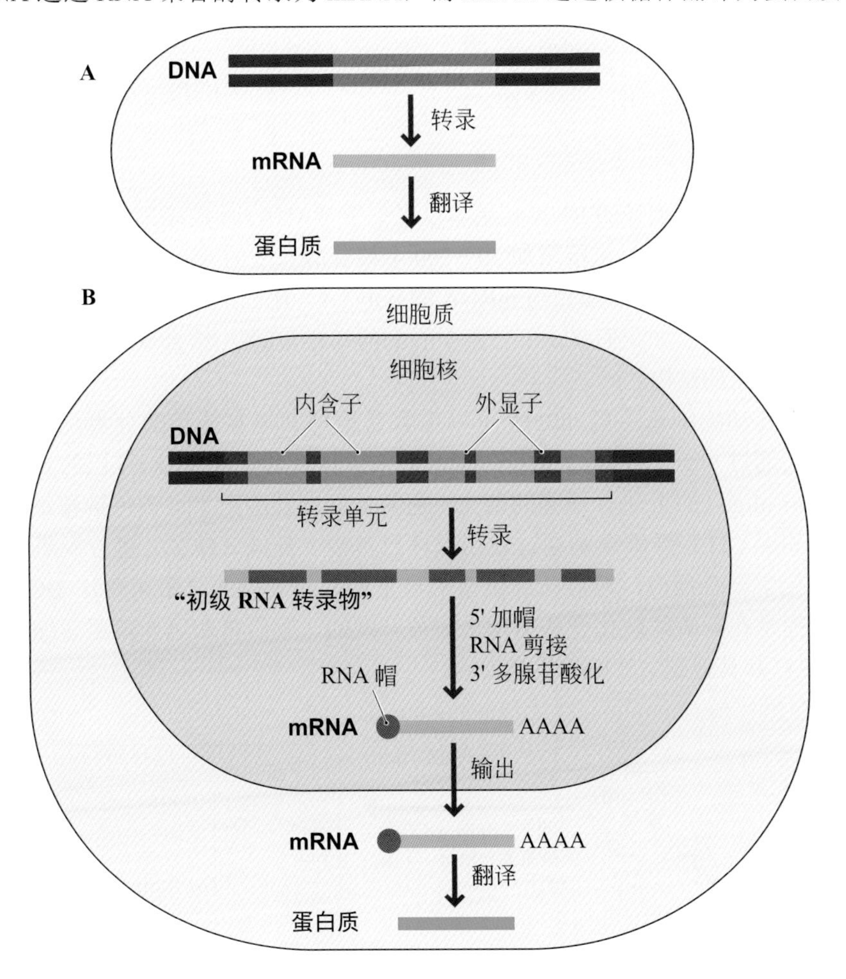

图 4.30 真核生物中的mRNA加工增加了基因表达的复杂性。（A）细菌基因表达与（B）人类基因表达的比较。（改编自 B. Alberts et al.，Molecular Biology of the Cell，5th ed. New York：Garland Science，2008。）

人体细胞具有几种不同的RNA聚合酶。RNA聚合酶Ⅱ转录编码蛋白质的基因。由其他RNA聚合酶产生的RNA转录本也将在细胞中发挥其他作用。

由RNA聚合酶Ⅱ产生的新生RNA转录本经历了一系列复杂的加工步骤，这些步骤始于转录过程。RNA转录本的5′端和3′端均被修饰，中间部分被去除。这些经过充分加工的转录本，被称为mRNA，可以从细胞核中输出。

mRNA末端加帽和多腺苷酸化

真核生物中RNA转录本的第一个修饰是通过几种酶的作用在RNA转录本的5′末端加上一个明显的GTP帽子。磷酸酶从5′端去除末端γ-磷酸，生成的二磷酸与GMP结合形成不寻常的5′-5′三磷酸键（**图4.31**）。甲基转移酶通过称为*S*-腺苷甲硫氨酸（或缩写为SAM）的硫鎓盐催化鸟嘌呤N7位的S_N2甲基化（**图4.32**）。与用于由尿苷生成胸苷的亚甲基四氢叶酸（methylene tetrahydrofolate）相比，SAM是一种更为常见的生物合成甲基化试剂。第二种甲基转移酶催化倒数第二个核苷的2′-羟基甲基化。GTP帽子是mRNA的重要特征，因为它能与真核生物起始因子4E相互作用，该蛋白有助于将mRNA加载到核糖体上。

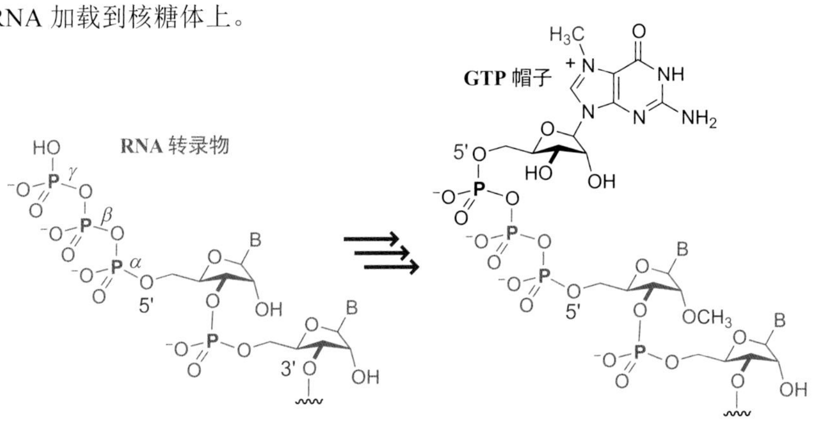

图4.31 真核细胞中mRNA加帽过程。人类mRNA链的5′末端会经历实质性的修饰。

用于核糖体翻译的RNA转录本以类似于AAUAAA的序列结束，这使它可以作为底物，在3′末端增加50～200个核苷酸长度的poly(A)尾巴（多腺苷酸）。Poly(A)结合蛋白与mRNA的poly(A)尾巴结合并将其引导至核糖体进行翻译。正如我们将在下一章中看到的那样，RNA结合域是人类蛋白质组中最常见的结构之一。

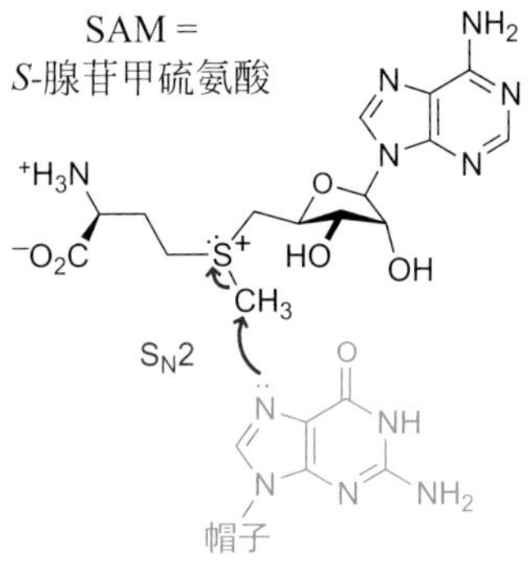

图4.32 S_N2甲基化反应。由SAM催化的GTP帽子的甲基化反应机理是涉及硫鎓盐离子中间体的S_N2反应。

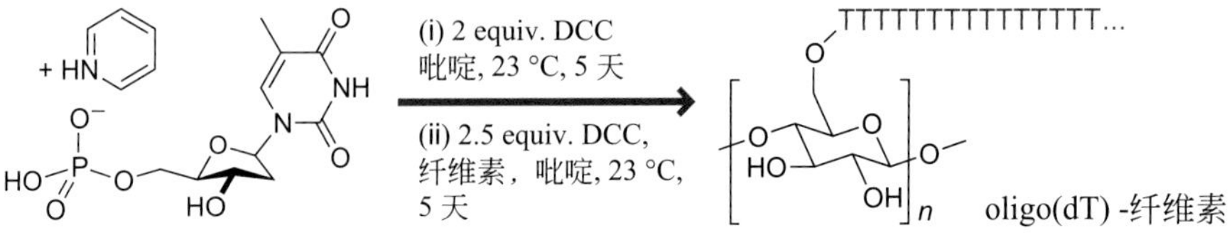

哺乳动物细胞中的mRNA可以很容易地与其他寡核苷酸分离。将这些mRNA通过oligo(dT)衍生的纤维素基质色谱柱，具有poly(A)尾巴的mRNA就可与oligo(dT)进行很强的杂交，而其他寡核苷酸则穿过该色谱柱不会结合。oligo(dT)-纤维素是通过使用二环己基碳二亚胺（DCC）进行脱氧胸苷酸的化学聚合反应，然后与纤维素的羟基偶联而制得的（**图4.33**）。DCC聚合过程是在亚磷酰胺化学法出现之前被开发的。我们将在第5章更详细地讨论DCC和其他碳二亚胺的化学反应。

图4.33 捕获多腺苷酸化的mRNA。Oligo(dT)-纤维素是脱氧胸苷酸聚合后与聚合物纤维素偶联而制得的。

问题4.11

由L-甲硫氨酸和ATP经酶促反应制备的*S*-腺苷甲硫氨酸（SAM）是甲基转移酶的有效底物（如mRNA：鸟嘌呤-N7帽子甲基转移酶）。即使阴离子被交换，用碘甲烷经*S*-甲基化制备的SAM的活性也只有从细胞中分离出来的SAM活性的一半。请为这种差异提出合理的解释。

ATP

L-甲硫氨酸

L-甲硫氨酸腺苷转移酶

酶促 S_N2 反应

SAM = *S*-腺苷甲硫氨酸

S-腺苷-高半胱氨酸

H_3C-I

化学 S_N2 反应

大多数真核生物基因需要mRNA剪接

回顾第1章，RNA剪接（splicing）通常会在核糖体翻译之前去除RNA转录本的部分片段。这种“定制化”mRNA的复杂机制是真核细胞所独有的。RNA转录本中可以表达为蛋白质序列的部分被称为**外显子**（exon），从转录本中去除的未表达部分被称为**内含子**（intron，为“插入”一词的变化）。人类基因组包含大约140000个内含子，分布在大约24000个基因中。剪接所产生的组合变体增加了人类转录组的多样性，使其超出了人类基因组的大小。一个具有n个内含子的mRNA转录本可以有2^n种不同的剪接方式。每个“剪接型”将被翻译成一种独特的蛋白质。估计有60%的人类基因以可变剪接形式表达。这种剪接需要非常精确。如果切割有一个核苷酸的差异，则产生的移码将导致这个mRNA被翻译成乱码。

在人体细胞中，内含子的去除涉及一种被称为**剪接体**（spliceosome）的多蛋白-RNA复合体。剪接体由长度约150个核苷酸的RNA链组成，并与多达10个其他**核小核糖核蛋白**（small nuclear ribonucleoproteins，snRNPs）紧密折叠在一起。核小RNA（snRNA）链具有靶向性，从而与pre-mRNA链中的互补序列杂交。其他snRNPs堆积以生成功能性剪接体（**图4.34**）。其中一

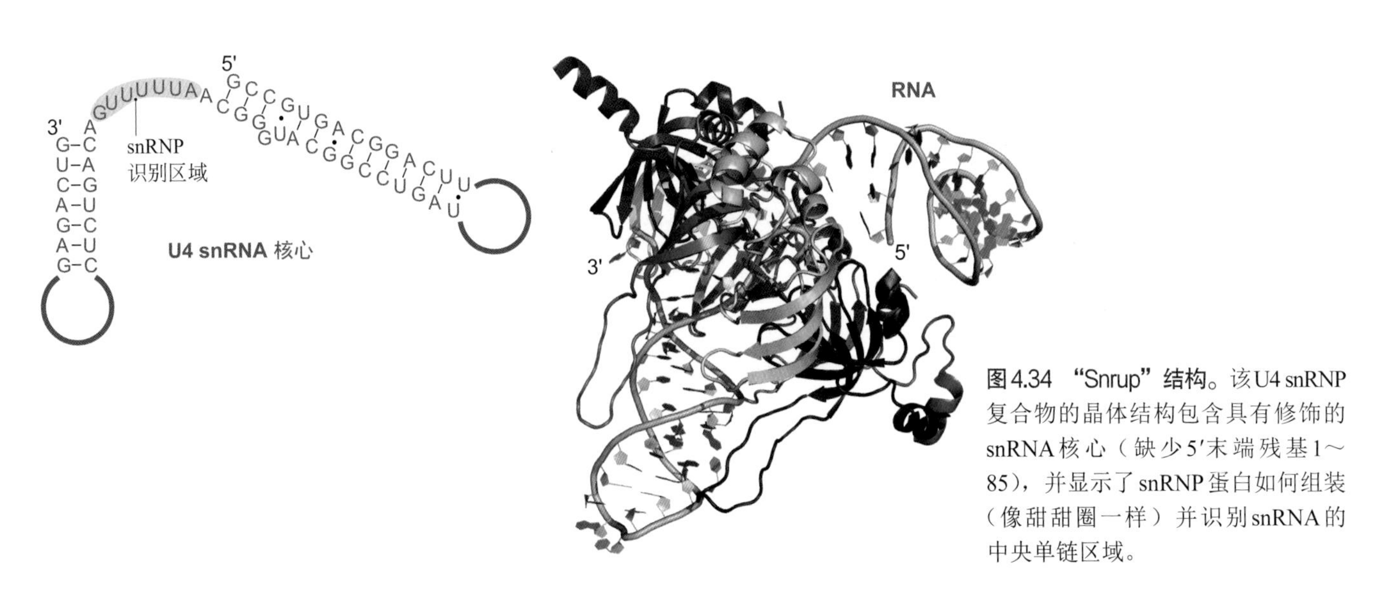

图4.34 “Snrup”结构。该U4 snRNP复合物的晶体结构包含具有修饰的snRNA核心（缺少5′末端残基1～85），并显示了snRNP蛋白如何组装（像甜甜圈一样）并识别snRNA的中央单链区域。

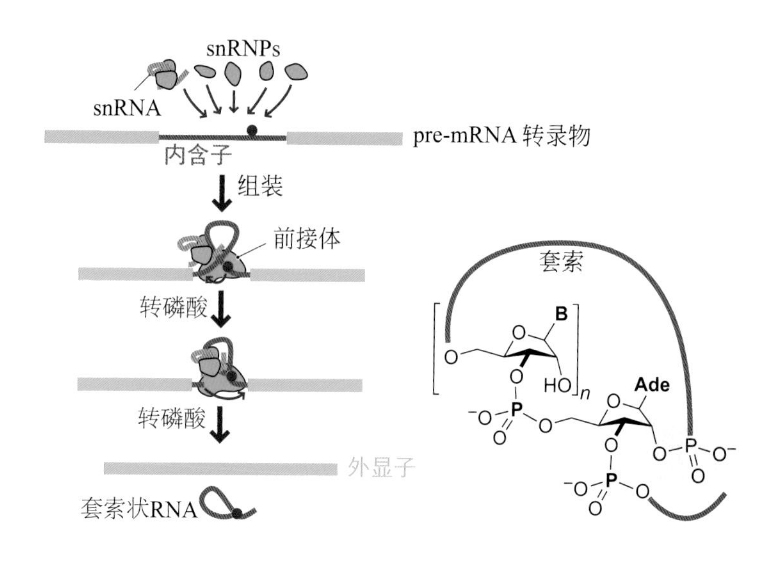

图4.35 **剪接体的组装**。snRNA链协助剪接体直接围绕内含子序列组装。剪接体催化两个转磷酸反应。第一个转磷酸反应涉及腺苷酸残基的2′-羟基，并产生套索状内含子环。第二个转磷酸反应无缝地重新连接外显子。

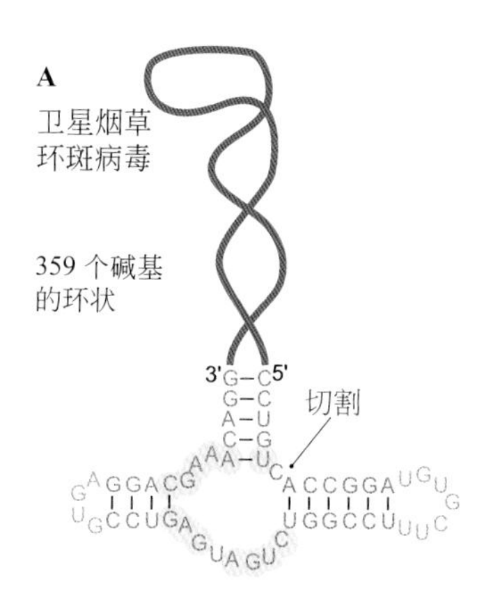

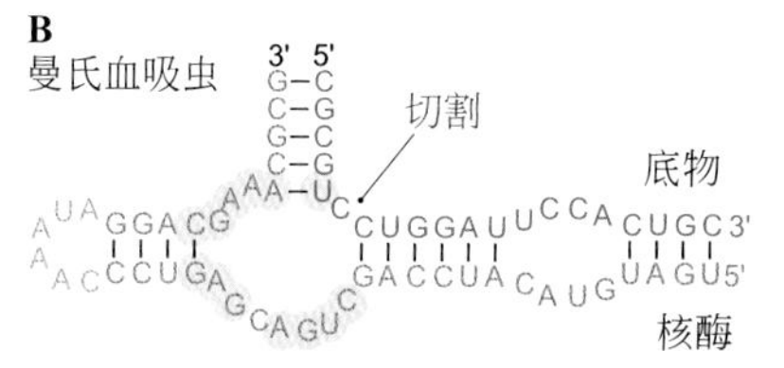

图4.36 **锤头状核酶——从自切割到催化**。锤头状核酶模体通过碱基配对相互作用为黄色突出显示的残基创建结构支架，从而形成酶样活性位点。（A）卫星烟草环斑病毒中的锤头状序列切割环状RNA链。（B）在寄生虫曼氏血吸虫（*Schistosoma mansoni*）中发现的相关锤头状模体已用于产生能够催化转换的核酶。

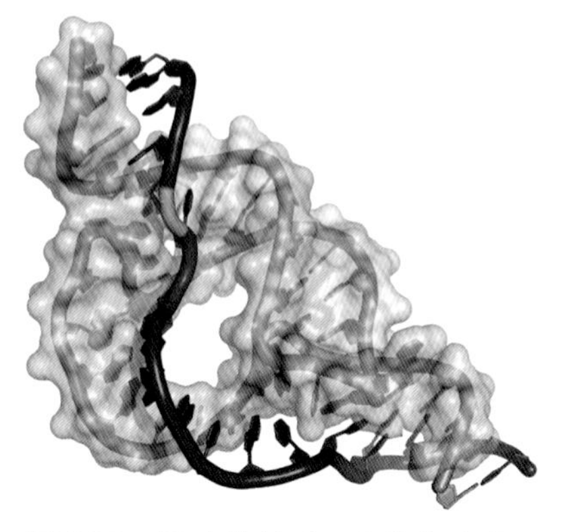

图4.37 **锤头状核酶-底物复合物**。曼氏血吸虫锤头状核酶的晶体结构揭示了核酶（绿色）和底物（棕色）的复杂结合。保守的锤头状残基以黄色突出显示，容易发生键裂解的两个残基用红色标出。（PDB：2GOZ）

个 snRNP 识别内含子 5′端的 GU 序列，而另一个 snRNP 识别内含子 3′端的 AG 序列。

完全组装的剪接体催化两个连续的转磷酸反应（**图 4.35**）。在第一个反应中，特定腺嘌呤上的 2′- 羟基切割内含子的 5′末端。在第二个反应中，新释放的外显子的 3′- 羟基进攻内含子的 3′末端，从而释放出内含子 RNA，形成套索状 RNA。被单个腺苷酸残基打结的套索状 RNA 内含子被释放然后降解。

问题4.12

套索状内含子的核心腺苷酸具有三个磷酸键。该腺苷酸的哪个 P—O 键最容易被 NaOH 水溶液水解？

一些RNA内含子在没有剪接体的情况下进行自剪接

低等生物中的某些 RNA 转录本在没有剪接体复合物的情况下，可以**自剪接**（self-splicing）。在这些转录本中，某确定的序列在镁离子存在的情况下进行有效的自切割。在发现自剪接 RNA 之前，人们普遍认为只有蛋白质才能表现出酶促行为。事实上，被称为**核酶**（ribozyme）的 RNA 序列可以催化生物反应，这被认为是支持 RNA 作为地球生命分子祖先的证据。通常，核酶的作用机制与基于蛋白质酶的作用机制类似，但由于核酶的结构和功能所限，它们催化反应的效率低于蛋白酶。尽管如此，核酶在生物学中仍具有重要而独特的作用。

自剪接 RNA 序列由两个大家族组成，包括 Ⅰ 型和 Ⅱ 型。Ⅰ 型核酶的大小约 200 至数千个核苷酸不等。它们可以非常快速（在数十毫秒内）折叠形成紧密的结构，并以镁离子作为辅助因子催化转酯反应。Ⅰ 型核酶也可以鸟苷作为辅助因子。Ⅱ 型自剪接内含子类似真核剪接体，在一条链中含有剪接体的所有催化元件。Ⅱ 型核酶还需要镁离子用于折叠和催化。在几种病毒的转录本中，例如在烟草环斑病毒（tobacco ringspot virus）的卫星 RNA 中，已经鉴定出一种称为锤头状核酶的自剪接 RNA 模体（motif），该模体在滚环复制（rolling-circle replication）中被用于将单链 RNA 加工成单位长度的基因组（**图 4.36**）。

锤头模体已用于设计可催化其他 RNA 链裂解的 RNA 分子（**图 4.37**）。此外，在包括哺乳动物在内的多种生物中发现了多种类型的自切割核酶。这些核酶显示出结合和催化转换能力，就像蛋白质酶一样，只不过核酶使用

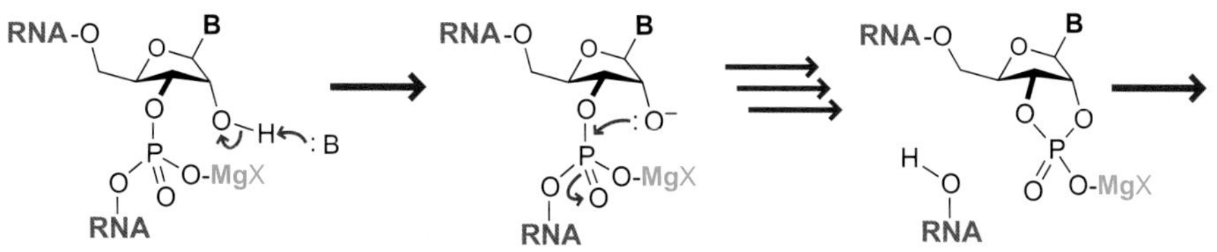

图4.38 核酶裂解RNA的机制。MgX^+表示带有一个卤素阴离子的镁离子。通常，RNA碱基和镁离子对过渡态和离去基团有额外的稳定作用。

Watson-Crick 碱基配对与底物结合。核酶催化的机制被认为与 2′-羟基进攻相邻的 3′-磷酸基团有关。对二价阳离子的需求被认为涉及磷酸盐离去基团中负电荷的稳定（**图 4.38**）。

4.5 RNA的受控降解（Controlled Degradation of RNA）

核糖核酸酶H降解RNA·DNA二聚体

在 DNA 复制过程中，DNA 引物酶会生成短的 RNA 引物，这些引物会通过 DNA 聚合酶延伸（**图 4.18**），那么所有这些嵌入 DNA 链中的短 RNA 引物会发生什么呢？这些 RNA 引物会被核糖核酸酶 H（RNase H）去除，RNase H 识别并切割 RNA·DNA 二聚体中的 RNA 链，然后通过 DNA 聚合酶填补切口。

RNase H 对 RNA·DNA 二聚体的切割非常普遍：人工合成的单链 DNA 寡核苷酸可以诱导 RNase H 切割与之互补的 mRNA，由于这些寡核苷酸的序列与编码基因的反义链一致，因此反义脱氧寡核苷酸提供了一种潜在的使基因沉默的通用方法。该方法被称为**反义 DNA**（antisense DNA），或更普遍地称之为**反义**。为使其发挥作用，反义脱氧寡核苷酸必须与靶向 mRNA 有效杂交，才能使其被 RNase H 切割降解（**图 4.39**）。由于 DNA 链不受影响，所以 RNase H 起催化剂作用。反义技术的巨大优势在于它极大地简化了药物的设计，对于已知序列的 mRNA，任何人都可以设计与之互补的 DNA 序列。相比之下，设计和合成相应蛋白质的小分子抑制剂的难度则要大得多。然而，在实际操作中需要对反义寡核苷酸的序列进行精心设计，以最大限度地减少与靶标序列相似的 mRNA 分子的脱靶杂交，并确保反义 DNA 和靶标 mRNA 都不会自发形成发夹结构而阻碍两者结合。

寡核苷酸的膜通透性差并且易代谢降解，为克服这些缺点科学家们发展了多种化学修饰。1998 年，美国 FDA 批准了第一种反义寡核苷酸药物福米韦生（Vitravene™），用于治疗巨细胞病毒（CMV）性视网膜炎。在艾滋病患者中，这是一种常见的会导致失明的眼部机会性感染。福米韦生是一种硫

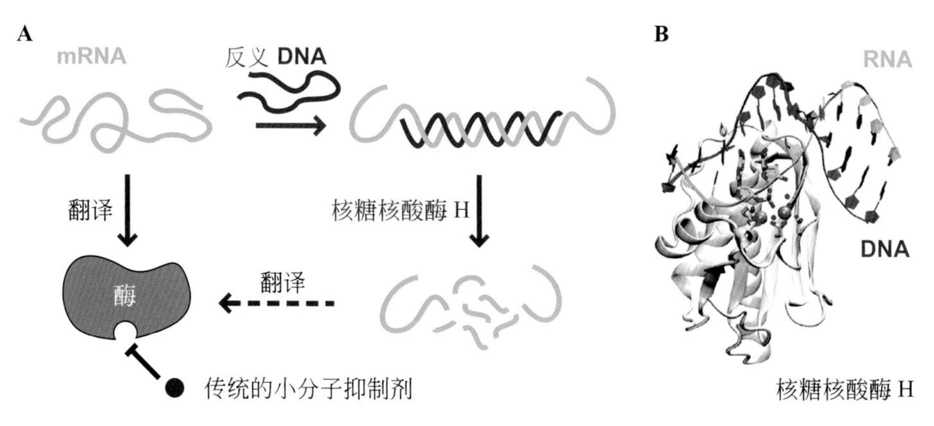

图4.39 反义策略与传统小分子抑制酶活性策略的比较。（A）在传统方法中，小分子抑制剂破坏了蛋白质功能。（B）反义单链DNA链（红色）与mRNA链（绿色）杂交后，RNase H降解靶标mRNA。（摘录自M. DeVivo et al., *J. Am. Chem. Soc.* 130：10955-10962，2008；已获得Journal of the American Chemical Society授权。）

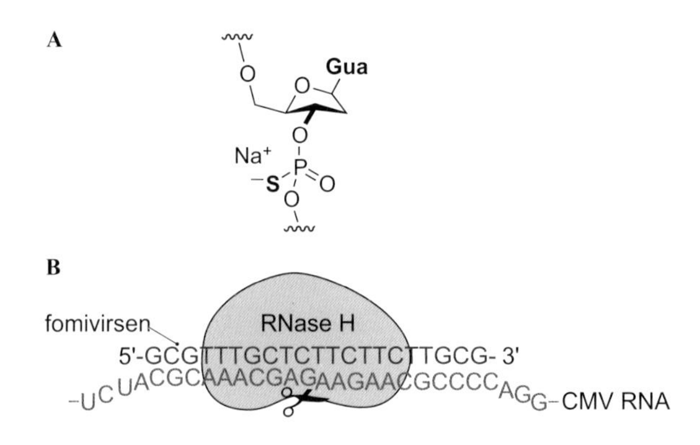

图4.40 反义药物。（A）福米韦生是人工合成的由硫代磷酸酯连接的寡核苷酸，每个硫代磷酸酯都包含一个立体中心，所以这种药物实际上是若干非对映异构体的混合物。（B）福米韦生可使病毒mRNA被核糖核酸酶H切割。（CMV：巨细胞病毒）

代脱氧寡核苷酸，与调节病毒基因表达的mRNA互补（**图4.40**），其具有硫代磷酸酯结构，不被核酸酶切割，但很容易被细胞吸收。

RNA诱导的沉默复合物靶向特异性的mRNA序列

在人体细胞中，一些短RNA通过剔除mRNA库来微调控蛋白质合成。这些短RNA与mRNA形成瞬时RNA·RNA双链，这些双链可以被不依赖于RNase H的系统切割降解。这些小于35个核苷酸的短双链RNA，也叫小干扰RNA（siRNA），能促使多蛋白RNA诱导的沉默复合物（RNA-induced silencing complex，RISC）组装。RISC可以降解mRNA转录本，从而有效地“沉默”基因表达。RISC和剪接体都是使用单链RNA识别靶标RNA的多蛋白复合物，然而其功能迥异。剪接体剪接mRNA分子，而RISC降解RNA分子。引发RISC调控系统的小干扰RNA通常有四个来源：由细胞转录的microRNA（miRNA）；被剪接体剪接下来的内含子；来自逆转录病毒的病毒RNA；或由实验引入的合成寡核苷酸。

20世纪90年代初，科学家们在秀丽线虫（*Caenorhabditis elegans*）中首次发现了miRNA，此后在许多不同的动物、植物和病毒中也都发现了miRNA的存在。据估计，超过60%的人类基因都被miRNA沉默。类似于要被翻译的mRNA分子，miRNA基因被转录和修饰，形成miRNA前体（pre-miRNA），该miRNA前体具有5′端帽子和3′端poly（A）尾巴。这些miRNA前体可以折叠成发夹结构，然后输出细胞核进一步被加工（**图4.41**）。在细胞质中，pre-

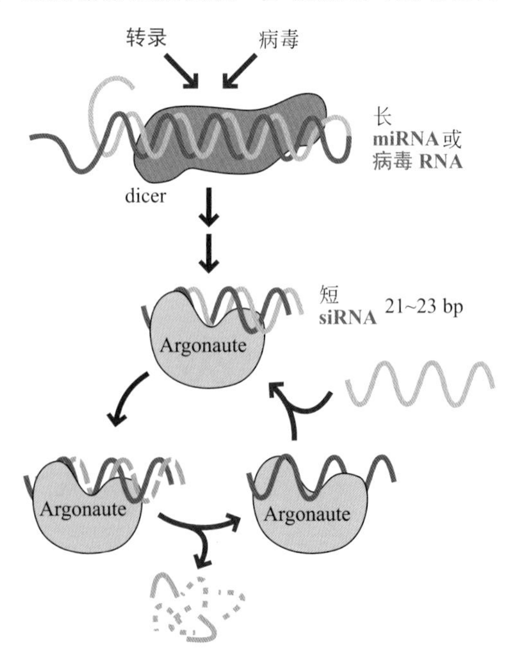

图4.41 RISC的形成和功能。在Dicer酶作用下，生成一定长度的siRNA，这些siRNA被Argonaute酶捕获，剔除一条链，保留另外一条链用作模板靶向互补RNA链。

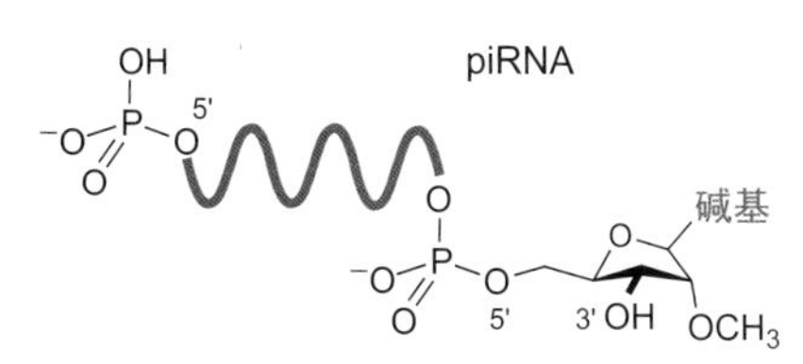

图4.42 piRNA。piRNA的修饰包括5′端磷酸化和3′末端的2′-OH-甲基化。

miRNA 在 dicer 酶的切割作用下，生成含有 21～23 个碱基对的双链 siRNA。随后，siRNA 被 Argonaute 酶捕获，形成 RISC 复合体蛋白。Argonaute 酶是一种核糖核酸酶，它会剔除双链 siRNA 中的一条互补链，而将剩余的一条链作为可重复使用的靶向序列，识别和降解互补的 RNA。RISC 可以保护人体细胞免受大多数 RNA 病毒的侵袭。而 siRNA 的行为就像古希腊神话中的众神之王 Kronos 一样，阉割了他的父亲，并在他的孩子出生时吞噬了他们。

piRNA（PIWI interacting RNA）与 siRNA 类似，但长度更长，一般为 24～32 个碱基对。piRNA 与含有独特 piwi 结构域的 Argonaute 蛋白结合，形成 RISC。生殖系睾丸细胞中含有成千上万个 piRNA。piRNA 的产生机制尚不清楚，但并非由发夹结构的双链 RNA 通过 dicer 酶切割产生。所有 piRNA 的 3′末端残基的 2′- 羟基被甲基化，这种甲基化可以阻止导致 RNA 降解的酶促多聚尿苷化反应（**图 4.42**）。一些 siRNAs 也存在 3′ 端核苷酸的 *O*- 甲基化修饰。piRNA 被证实靶向反转录转座子（retrotransposons）进行降解。反转录转座子是一种可移动的 DNA 元件，通常编码逆转录酶，它们以 RNA 为中间体进行自我复制。超过 40% 的人类基因似乎是由退化的反转录转座子组成，绝大部分由于突变或发生表观遗传修饰而处于沉默状态。

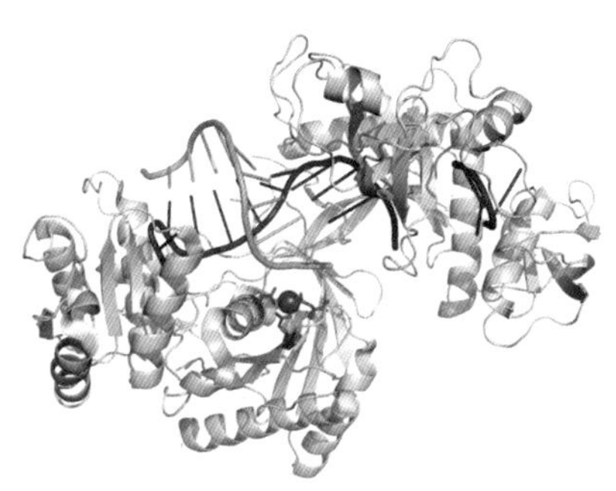

图4.43 嗜热菌Argonaute蛋白的结构。该蛋白（蓝色）具有与RNase H类似的活性位点，镁离子与含羧基的侧链（紫色）进行螯合，siRNA（红色）与目标mRNA（绿色）进行碱基配对。（PDB：3F73）

Argonaute 蛋白具有切割 RNA 的功能，在结构上与 RNase H 类似（**图 4.43**）。负责切割 RNA 的家族成员具有水解 RNA 所需的全部活性位点（两个天冬氨酸和一个谷氨酸），而这些活性位点的残基需要与二价金属离子结合。siRNA 与目标 mRNA 在距活性位点较远处进行 Watson-Crick 碱基配对结合，从配对碱基开始大约 10 或 11 个碱基长度的核苷酸所处的位置是磷酸二酯键的水解位点。该蛋白最重要的特征是能够结合许多不同的 siRNA 序列，从而指导该蛋白切割不同的 mRNA 靶标。一些 Argonaute 蛋白质也可以通过简单地去除 mRNA 5′ 末端的 7- 甲基鸟嘌呤帽子而抑制蛋白质翻译。

RNA干扰是一种有用的实验室工具

RNA 干扰（RNA interference，RNAi）是一种简单的同样可以达到调控基因表达的技术，只需要知道 mRNA 序列即可实现。通过传统的基因敲除方法敲除基因不仅费力，而且往往导致发育中的个体死亡。小干扰 RNA 可以是双链或短发夹结构，可以在实验室制备并注射到细胞中，或者用质粒转染进细胞（**图 4.44**）。针对许多基因的短发夹 siRNA 的质粒是可以购买到的。在实际操作中，一些序列相比于其他序列具有更有效的 RNA 干扰作用。

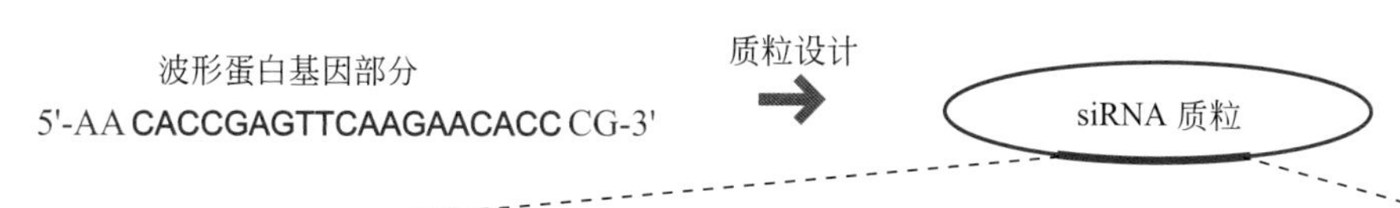

5'-ATCTAAAAA GCAGAAGAATGGTACAAATT CTCTTGA AATTTGTACCATTCTTCTGC GGTGTTTCGTCCTTTCCACAAGA-3'

转录

GUUUCU-5'
UGGAAAGGACGAAACACC GCAGAAGAAUGGUACAAAUU UCA
有义链
3'-UAGAUUUUU CGUCUUCUUACCAUGUUUAA GAG A
反义链

dicer

5'- GCAGAAGAAUGGUACAAA UU-3'
3'-UU CGUCUUCUUACCAUGUUU-5'

图4.44 用质粒表达siRNA。用siRNA质粒处理甲状腺乳头状癌（papillary thyroid carcinoma）细胞，然后用针对波形蛋白（vimentin）的荧光抗体和荧光DNA染色剂4,6-二脒基-2-苯基吲哚（DAPI）进行染色。在无靶向siRNA处理的细胞中，核DNA和细胞骨架的波形蛋白都可见；在针对波形蛋白的siRNA处理后的细胞中，只有细胞核可见。（摘录自 V. Vasko et al., *Proc. Natl. Acad. Sci.* USA 104：2803-2808，2007；已获得the National Academy of Sciences授权。）

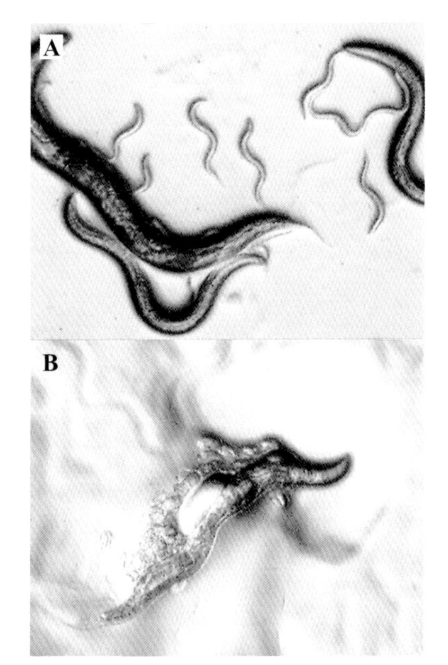

图4.45 使用RNAi进行基因敲除。RNAi被用于证明使酪氨酸残基交联的酶的重要性。(A)野生型线虫。(B)将体外制备的基于*Duox*基因的双链RNA注射到线虫的性腺中，会导致后代出现畸变表型。(摘录自W. A. Edens et al., *J. Cell Biol.* 154：879-891，2001；已获得Rockefeller University Press授权。)

图4.46 RNAi用于Flatr Savr®番茄。第一种转基因食品番茄CGN-89564-2通过引入基因，表达出能与多聚半乳糖醛酸酶mRNA进行杂交的RNA。(照片由Anthony Freeman提供；已获得照片研究人员授权。)

其中理想的siRNA序列往往以AA开头，以TT结尾，如AA(N_{19})TT，且序列中GC含量小于50%。较低的GC含量有助于减少非特异性杂交和由此产生的脱靶效应。此外，设计序列时还需剔除核苷酸重复，最重要的一点是需要在数据库中与人类转录组进行序列相似性比对（例如使用NCBI网站的BLAST），这一步可以确保候选siRNA序列只选择性沉默靶蛋白基因，而不会干扰RNA转录组。为了确保得到可靠的基因干扰结果，大多数研究人员会同时引入三个以上的siRNA。目前，如何将siRNA高效地转入体内仍是基因治疗的瓶颈。在某些情形下，双链RNA可以简单地与细胞或组织混合（**图4.45**）。

第一种转基因食品Flatr Savr®番茄就是利用RNA干扰进行基因沉默的。成熟后收获的番茄在往超市运输的过程中很容易损坏，因此，传统方法是在番茄绿色并且坚硬的时候就将其收获，然后用乙烯处理诱导成熟。随着番茄成熟，多聚半乳糖醛酸酶降解细胞壁低聚糖组分使其表皮软化。为了降低这种软化的速度，分子生物学家在番茄中引入一种新的基因，这种基因能表达与多聚半乳糖醛酸酶mRNA杂交的反义RNA链，从而导致RNA干扰。结果表明：这些转基因番茄只产生正常值10%的多聚半乳糖醛酸酶，因此，Flavr Savr®番茄可以在藤蔓上成熟后采摘，从而避免收获和运输过程中的损坏。遗憾的是，Flatr Savr®番茄在商业上并不是很成功，由于公众对转基因食品的质疑，该产品在上市仅两年后即于1997年停产（**图4.46**）。

问题4.13

在图4.44的基础上，根据视紫红质mRNA序列设计一个DNA序列，该序列可以被导入质粒中，产生发夹状siRNA：5′-AACUACAUCCUGCUCAACCUA-3′。

4.6 mRNA被核糖体翻译成蛋白质 (Ribosomal Translation of mRNA into Protein)

核糖体催化*α*-氨基酯寡聚化

核糖体是将mRNA翻译成蛋白质的分子机器。从本质上来说，核糖体催化的是一种看似平淡无奇的化学反应——酯通过氨解生成酰胺。简单的烷基酯（如乙酸乙酯）的化学氨解是由弱碱催化的，它能从两性离子中间体$\mathbf{T}^{\pm}$中攫取一个质子（**图4.47**）。在生理pH条件下，从四面体型阴离子中间体$\mathbf{T}^{-}$中脱去醇氧负离子是反应的限速步骤，但很难判断醇氧基的质子化是在离去前还是在离去后才发生的。

核糖体使用的酯，称为氨酰-tRNAs，比乙酸乙酯复杂得多，但化学转化却是相同的。不同于乙氧基，每个氨基酸是通过2′-OH或3′-OH连接到tRNA上的（**图4.48**）。这两种异构体在25℃下转化速度很快，每秒钟能够达到5000次，但只有3′端酯参与了氨解形成肽键。核糖体催化氨酰-tRNAs形成肽酰胺键的速率比背景速率高10^7倍以上。但以大多数酶的标准来看，这还只是一个中等的催化速率。核糖体的非凡成就在于它可以控制新形成的肽链序列。

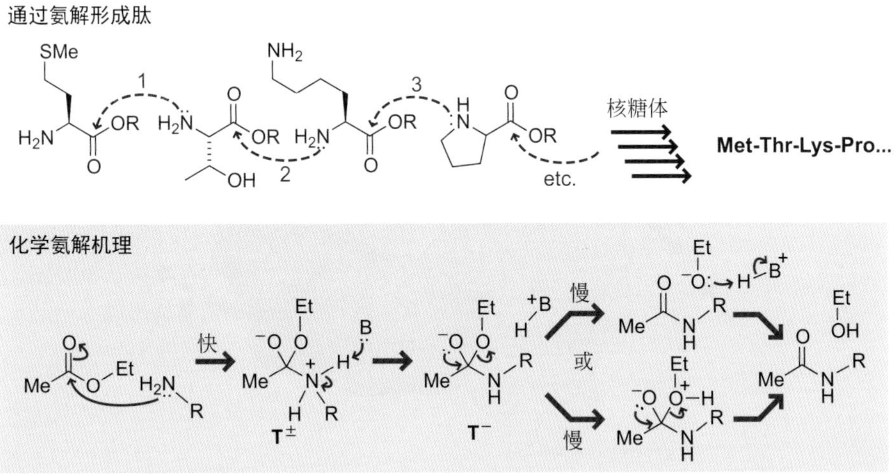

通过氨解形成肽

SMe NH2 1 2 3 H2N OR H2N OR H2N OR H N OR OH etc. 核糖体

Met-Thr-Lys-Pro...

化学氨解机理

Me O Et H2N R 快 Et O N H R B H T± Et O N H R +B H T⁻ 慢 或 慢 Et O H B+ Me N H R Et OH Me N H R

图4.47 核糖体催化氨解。核糖体通过连续的氨解反应生成肽。碱可以通过去质子和释放质子催化简单烷基酯的氨解。在碱催化条件下，限速步骤为四面体中间体T^-的分解。

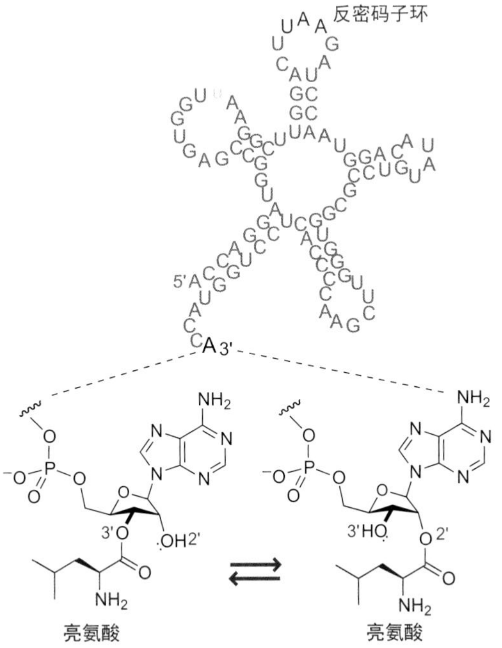

反密码子环

5′ A3′

NH2 N N N N O P O O OH2′ 3′O NH2 亮氨酸 3′HO O2′ 亮氨酸

图4.48 人体亮氨酰-tRNA的化学结构。tRNA分子长度约为80个核苷酸。氨基酸通过与核苷酸3′末端的2′-OH或3′-OH连接形成羧酸酯。这两种酯通过酰基转移反应迅速达到平衡。

核糖体是一个巨大的分子机器，一半是蛋白质，一半是RNA

普通人体细胞含有大约400万个核糖体，约占细胞总RNA的80%和总蛋白的5%～10%。细胞器线粒体表达其特有的核糖体，它们比细胞质中的核糖体小，但比大肠杆菌中的核糖体大。在结构上，线粒体核糖体比细胞质核糖体更容易理解。核糖体是一个组装体——一半是RNA，一半是蛋白质。普通人类核糖体由4条RNA链和大约80个蛋白质组成。人体细胞质核糖体在细胞核内进行组装，包含两个大小不同的核糖体亚基。大的核糖体亚基由3条RNA链和49个蛋白质组成，小亚基由1条RNA链和33个蛋白质组成。一旦输出到细胞质，这两个亚基就会与mRNA结合，通过氨酰-tRNA的连续氨解酰化反应进行蛋白质翻译（**图4.49**）。翻译过程需要起始因子和延伸因子，这将在下面进一步描述。

核糖体是中心法则的核心，但直到2000年以前，核糖体的尺寸和复杂性（2.6～4.2 MDa）极大地限制了人们在原子和化学键水平对核糖体结构的解析。

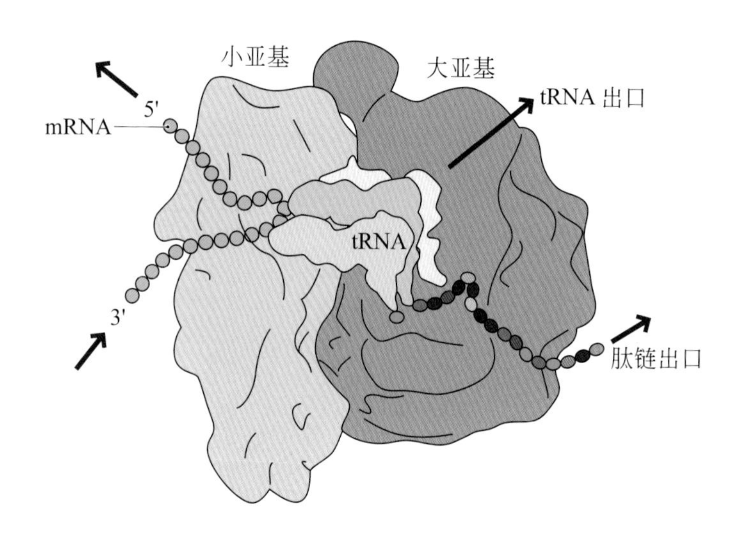

图4.49 正在工作的核糖体。该结构突出了肽链合成过程中核糖体的关键区域（白色表面）和其他分子。（摘录自 D. L. J. Lafontaine and D. Tollervey，*Nat. Rev. Mol. Cell Biol.* 2：514-520，2001；获得Macmillan Publishers Ltd授权。）

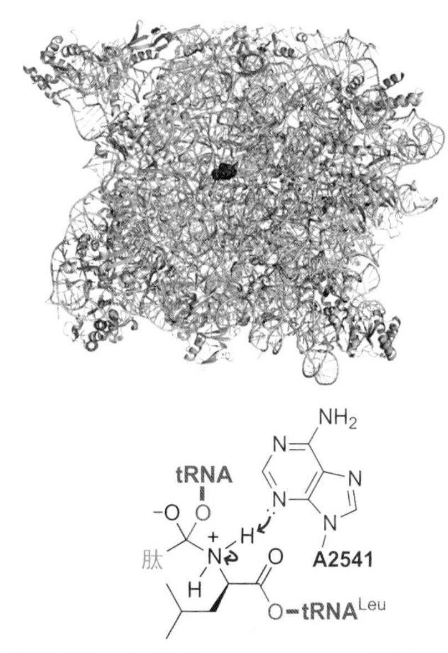

图4.50 古菌（archaebacteria）核糖体的结构。核糖体活性部位（紫色）主要由RNA（绿色）组成，蛋白质（蓝色）在肽键形成反应中起次要作用。紫色的范德华球体指代具有催化活性的腺苷酸碱基中的原子。（PDB：1S72）

然而在 2000 年发表的一项杰出的研究工作中，结构生物学家在足够高的分辨率（2.4Å）上解析了细菌核糖体的 X 射线晶体结构，从此得以观察催化过程中的原子细节（**图 4.50**）。

所有的核糖体，包括线粒体的、细胞质的或原核生物的，都是通过相同的化学机制，也就是由具有催化活性的碱催化酰胺键的形成，来进行蛋白质的翻译。在所有核糖体的活性部位深处，腺嘌呤上氮原子的孤对电子可以进行关键的去质子化，从而降低酰胺键形成的能量壁垒。细菌核糖体的催化位点 A2541 位腺嘌呤 N3 的 pK_a' 约为 7.6，其碱性约为游离腺苷中 N3 的 10000 倍，在生理 pH 下正好适合作为碱催化。核糖体的结构特征表明它其实是一种核酶，蛋白质只是骨架而已。蛋白质曾被认为是酶催化领域中的单一物种，但中心法则也表明 RNA 也具有相应的酶功能。有确凿的证据表明，蛋白质合成是由 RNA 催化的，因此所有生命都是从 RNA 分子开始的这一观点获得了广泛的关注。

问题4.14

细菌核糖体中 A2450 上的磷酸基团被认为可以增加 A2451 位腺嘌呤 N3 孤对电子的碱性。请画出带有氢键的 A2451/G2447/A2450 三联体的互变异构体，以证明这一假设是正确的。

A2451　G2447　A2450

tRNA分子经过深度加工，采用固定的形状

地球上的所有生物都可以利用通用的 20 种氨基酸库翻译所需的蛋白质，这些氨基酸连同其缩写将在本书第 5 章进行介绍。每种氨基酸由一种或多种 tRNA 分子携带。细胞中共有 64 种 tRNA 分子，每种 tRNA 分子含有一个三核苷酸序列，即反密码子，通过与核糖体上三核苷酸序列的相应的密码子配对翻译成氨基酸，因此 mRNA 序列 5′-UUC-GUA-CAC-3′ 只能编码“苯丙氨酸 - 缬氨酸 - 组氨酸”序列。

每个 tRNA 分子长约 80 个核苷酸，但序列各不相同。所有 tRNA 分子都紧密折叠成类似支架的形状，使之与核糖体活性位点相匹配（**图 4.51**）。tRNA 分子通过 Watson-Crick 碱基配对（包括错配、Hoogsteen 碱基配对，甚至某些三链相互作用）结合在一起。大多数生物的 tRNA 分子在 3′ 末端都有一个保守的 CCA 三核苷酸序列。当因缺少这个序列而不被基因识别时，tRNA 核苷酸转移酶会在 3′ 末端依次加上这三个核苷酸。氨基酸便连接在 tRNA 3′ 端的最后一个核苷酸上，反密码子位于支架另一端的环上。

tRNA 分子在初始转录本的基础上进行了大量修饰。一些转录本被剪接，另一些转录本被酶修饰。目前大约有 100 种不同类型的 RNA 碱基共价修饰（**图 4.52**）。一般的修饰碱基与天然的核苷酸碱基非常类似，如 7- 甲基鸟嘌呤和 4,5- 二氢尿嘧啶。当然也有一些变化较为显著的修饰，如碱基假尿苷（pseudouridine）修饰使得碱基通过碳碳键连接到核糖上（**图 4.53**）。这些修饰后的碱基在翻译保真度方面起到重要作用。当修饰碱基被其他碱基取代时，tRNA 要么失去对正确氨基酸的特异性，要么与 RNA 序列错误杂交，导致移码（frame shift），从而产生错误的蛋白质。在对病毒感染的先天性免疫反应中会产生“移位 tRNAs”，当逆转录病毒入侵人类宿主时，tRNA 修饰酶的水平会降低，以确保翻译正确的蛋白质。

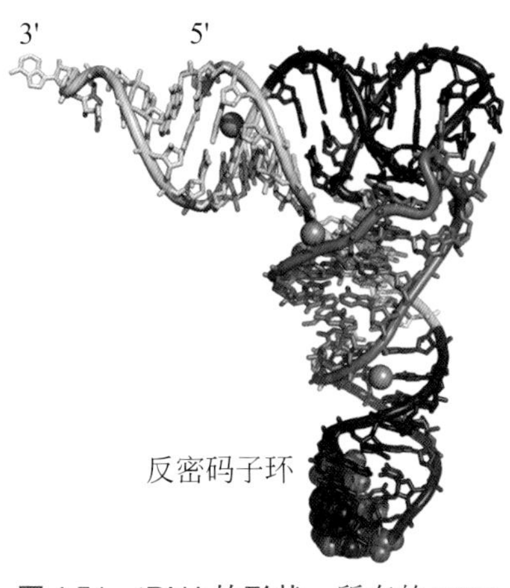

图4.51 tRNA的形状。所有的tRNA分子都折叠成支架形状，如酵母的$tRNA^{Phe}$。反密码子环的三个核苷酸以球形展现。氨基酸（图中未显示）通常连接在3′腺苷酸残基上。灰色球体是镁离子。（PDB：1EHZ）

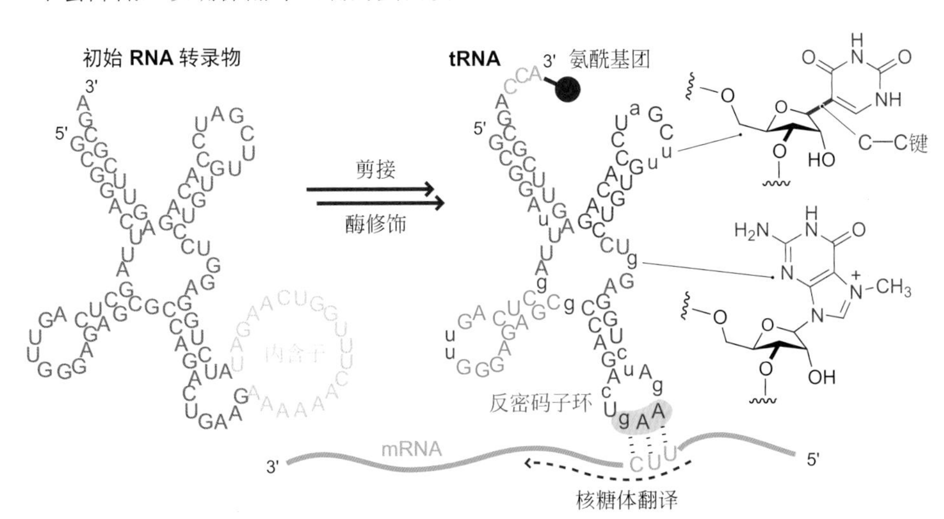

图4.52 tRNA的转录后修饰。酵母4号染色体的$tRNA^{Phe}$初始转录本通过剪接或用不常见的碱基（以小写红色字母表示）经酶催化取代RNA碱基而被大量修饰。

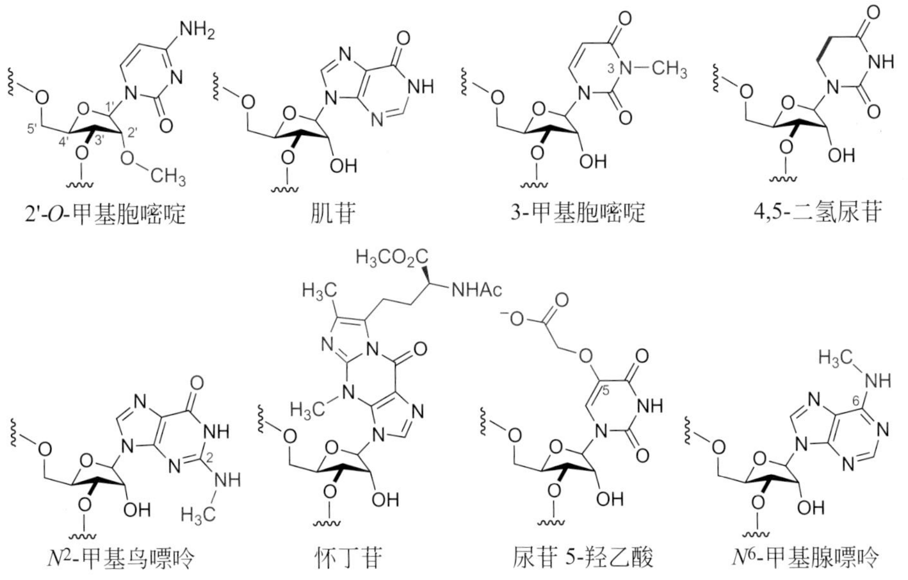

2'-*O*-甲基胞嘧啶　肌苷　3-甲基胞嘧啶　4,5-二氢尿苷

*N*2-甲基鸟嘌呤　怀丁苷　尿苷 5-羟乙酸　*N*6-甲基腺嘌呤

图4.53 酵母$tRNA^{Phe}$中的修饰核苷酸。一些变体来自核苷羟基的修饰；另一些变体涉及碱基的切除和替换。

问题4.15

tRNA^{Asp}的反密码子环包含序列5′-Q（Man）UC-3′中的高度修饰碱基β-甘露糖基辫苷（β-mannosylqueuosine）。由于β-甘露糖基辫苷破坏了辫苷和胞嘧啶之间稳定的Watson-Crick碱基配对，tRNA^{Asp}可以同时识别5′-GAC-3′和5′-GAU-3′两种密码子。辫苷能够利用两个氢键与尿苷形成另一种“wobble”碱基对。请画出β-甘露糖基辫苷和尿苷之间的这种“wobble”碱基对的合理结构。

β-甘露糖基辫苷
Q(man)

核糖体有两个主要的tRNA分子结合位点，分别称为P位点和A位点（**图4.54**）。在形成肽键的氨解反应中，延长的肽链从P位点的tRNA转移到A位点的氨酰-tRNA上。随后P位点上的tRNA分子离开核糖体。A位点的tRNA以酯的形式携带肽链移位到P位点，A位点空出，这样新的氨酰-tRNA就可以结合在A位点上，为下一轮的肽链延伸做好准备。

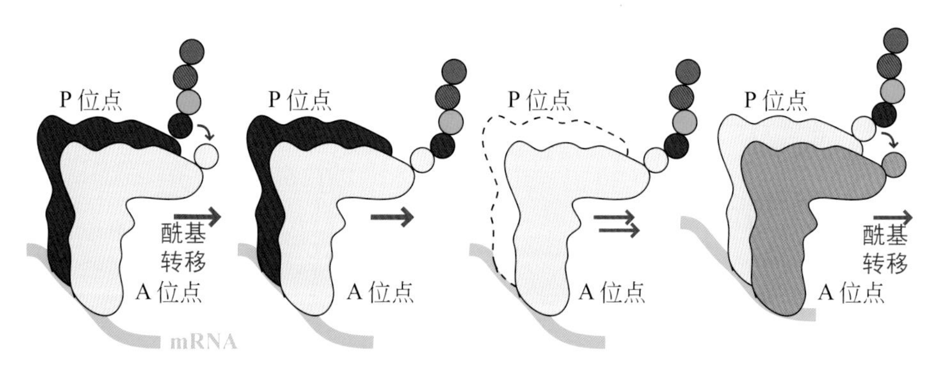

图4.54 翻译过程中肽链的转移。氨解反应使得延伸的肽链从一个tRNA转移到另一个tRNA。

将mRNA序列中的遗传密码翻译为蛋白质

RNA有四种不同的碱基，组成了64种三联密码子，可以编码20种通用氨基酸，还包含3个使核糖体停止翻译的终止密码子。三联密码子按照**遗传密码**（genetic code）被翻译为特定的氨基酸，其中一些常见的氨基酸可以被多个密码子进行编码（**图4.55**）。地球上的生物虽然使用同一套遗传密码，但对于不同的物种，它们在特定氨基酸三联密码子的使用上往往表现出一定的偏好性。例如，大肠杆菌K12偏好使用GCG密码子编码丙氨酸，而对于人类，这是编码丙氨酸的最不常见的密码子；类似地，人类偏好使用AGA编码精氨酸，而对于大肠杆菌K12，它是编码精氨酸的最不常见的密码子。由于这种密码子偏好性的不同，转染人类基因的大肠杆菌细胞有时并不能有效地表达人类蛋白。因此，用细菌偏好的密码子取代不常见的密码子可以解决人类基因合成的问题。

在核糖体中mRNA沿着5′→3′方向进行翻译（**图4.56**）。每个氨酰-tRNA在延伸肽链的C末端增加一个新的氨基酸，换句话说，蛋白质沿着N端到C端方向合成。例如，序列为5′-AGUUAC-3′的mRNA编码的二肽序列为Ser-

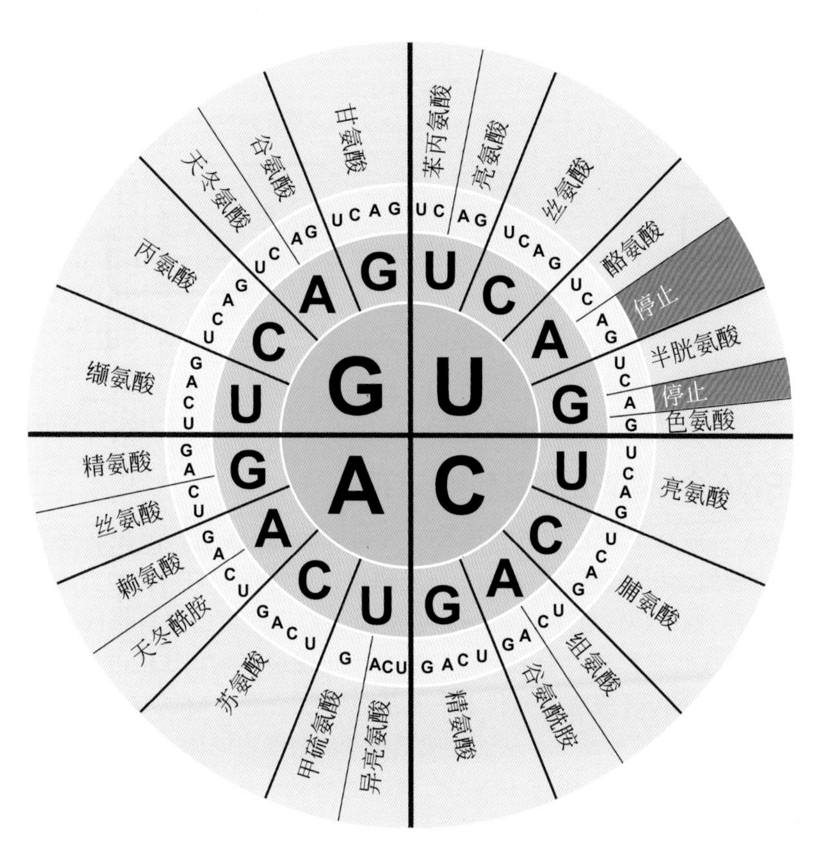

图4.55 遗传密码表。根据遗传密码轮，按从内到外、从大到小的顺序可将mRNA序列翻译成对应的蛋白质。例如，在该图的4点钟方向，CUG可以编码亮氨酸。

Tyr（从N端到C端）。任何开放阅读框的终止密码子都来源于以下三个终止密码子：UAG、UAA、UGA。在大肠杆菌中UAG很少使用。根据蛋白质序列追溯并预测相应的基因序列是很困难的，这不仅是因为同一个氨基酸通常被多个密码子编码，更重要的是，真核生物mRNA中的外显子可能会缺失。许多网站程序可以将DNA编码序列或mRNA序列转换为蛋白质序列，但我们还是需要手动练习将DNA或者RNA序列翻译成蛋白。

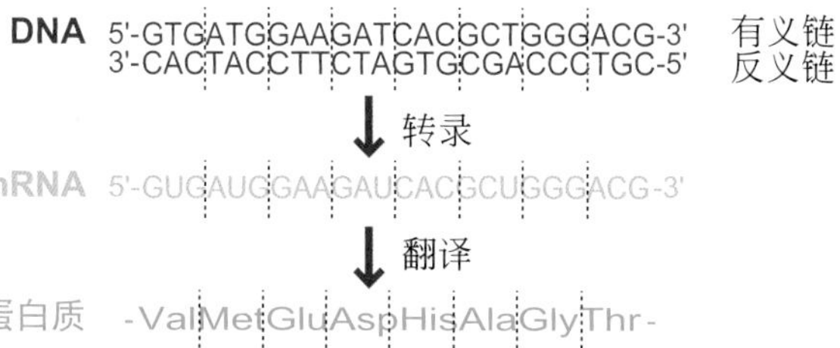

DNA 5'-GTGATGGAAGATCACGCTGGGACG-3' 有义链
3'-CACTACCTTCTAGTGCGACCCTGC-5' 反义链

↓ 转录

mRNA 5'-GUGAUGGAAGAUCACGCUGGGACG-3'

↓ 翻译

蛋白质 -ValMetGluAspHisAlaGlyThr-

图4.56 解码。将编码链（顶部）DNA序列中的T替换为U即得到转录的mRNA链。利用遗传密码，从5′→3′方向读取mRNA序列可以预测其翻译蛋白质的序列。

问题4.16

将下面来自人核糖体蛋白L10的DNA序列转录为mRNA序列，并将其翻译为氨基酸序列。

5′-ATGGGCCGCCGCCCCGCCCGTTGTTACCGGTATTGTAAGAAC-3′

问题4.17

在DNA库中，如果特定位置的合成使用了等量的亚磷酰胺混合物，那么经过核糖体表达，每个位置会编码出什么样的氨基酸混合物？这样的寡核苷酸混合物中可能有多少种六肽序列？

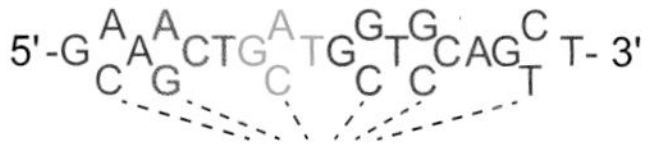

5'-G(A/C)(A/G)CTG(A/C)TG(G/C)T(G/C)CAG(C/T)T-3'

堆叠的字母表示等量的核苷酸混合物

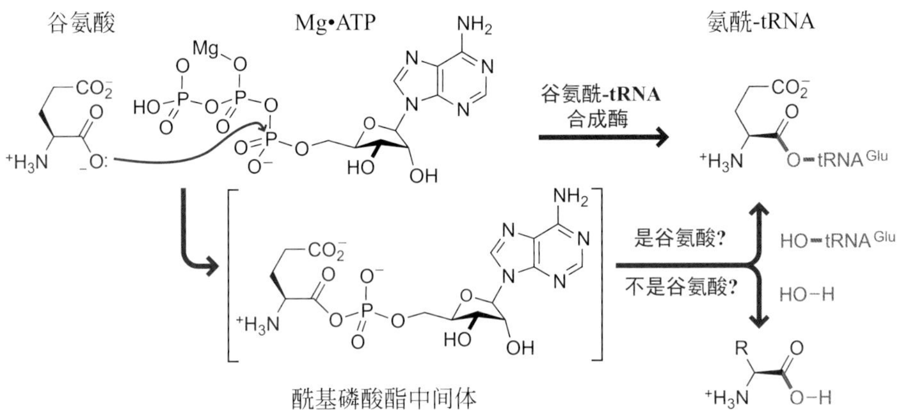

谷氨酸 Mg•ATP 氨酰-tRNA

谷氨酰-tRNA 合成酶

是谷氨酸？ 不是谷氨酸？

酰基磷酸酯中间体

图4.57 校对。谷氨酰-tRNA合成酶产生一种活性很高的酰基磷酸酯（acyl phosphate）中间体，随后进行校对。如果氨酰基（aminoacyl）基团是谷氨酸，那么$tRNA^{Glu}$与之反应成酯。如果氨酰基基团是其他氨基酸，发生水解反应以消除错误。

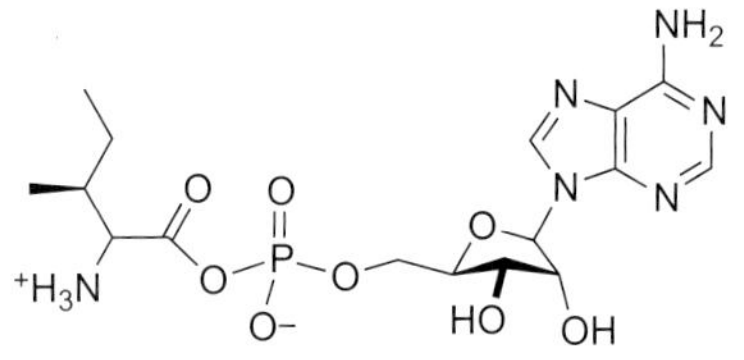

氨酰基磷酸酯中间体

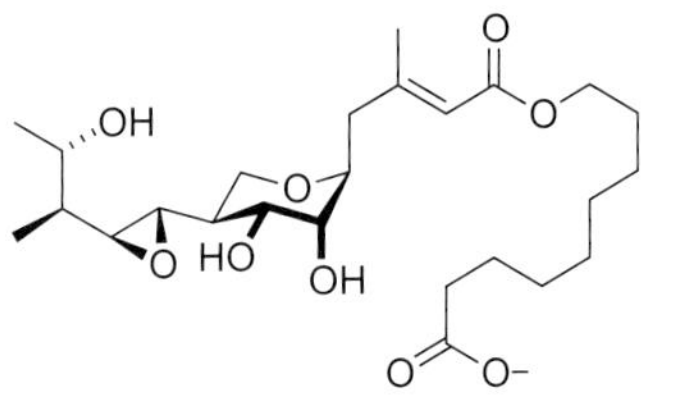

假单胞酸 A

图4.58 化学模拟。假单胞酸A是Bactroba™等抗菌软膏的成分之一，该天然产物是氨酰基磷酸酯中间体类似物，通过与异亮氨酰-tRNA合成酶的活性位点进行竞争性结合以达到抑制细菌蛋白质合成的作用。

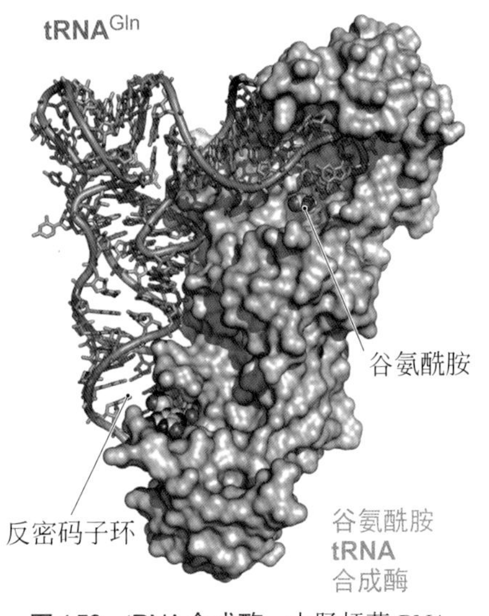

图4.59 tRNA合成酶。大肠杆菌tRNA合成酶与$tRNA^{Gln}$（绿色）的两端结合，识别大部分tRNA，包括反密码环中的核苷酸CUG（球形部位）。谷氨酰胺位于活性位点的深处，靠近tRNA的3′末端。（PDB：1ZJW）

tRNA合成酶识别氨基酸和核苷酸

tRNA合成酶负责将氨基酸连接到其对应的tRNA上，因此高保真度非常重要。例如，如果甘氨酰-tRNA合成酶错误地将较大的精氨酸当成较小的甘氨酸连接到$tRNA^{Gly}$上时，得到的突变蛋白则会发生错误折叠或者功能缺失。因此，在将它们连接起来之前，酶必须正确地识别相应的tRNA和氨基酸。在氨酰-tRNA合成酶的催化下，氨基酸的羧基进攻Mg·ATP复合物，形成可离去的AMP磷酸酯键，从而生成氨酰基磷酸酯中间体，完成氨基酸的活化过程（**图4.57**和**图4.58**）。tRNA合成酶随后对连接到AMP上的氨基酸进行校对。如果发生错误，合成酶将通过其他编辑域将该酰基磷酸酯迅速水解；如果没有错误，该酶便允许其结合的tRNA进攻氨酰-AMP，生成氨酰-tRNA。精准的活化和校对相结合确保了高度专一性。例如，虽然缬氨酸和异亮氨酸只有一个亚甲基不同，但异亮氨酸-tRNA合成酶的出错率很低，平均每10000～100000个tRNA合成中才会出一次错。

谷氨酰-tRNA合成酶如何正确区分$tRNA^{Gln}$和$tRNA^{Glu}$等其他tRNA分子呢？氨酰-tRNA合成酶不能根据形状区分，因为所有携带氨基酸的tRNA都有相同的紧密折叠的支架形状。此外，tRNA的紧密堆积结构也排除了典型的与B型DNA进行识别的螺旋-大沟相互作用。一些氨酰-tRNA合成酶能与反密码子结合，但并非全部都可以。事实上，所有氨酰-tRNA合成酶与tRNA表面大部分结合，从而保证了识别正确的tRNA分子。tRNA合成酶依赖于诱导契合以实现分子识别：在负载tRNA的过程中调整tRNA和蛋白质的构象（**图4.59**）。每个氨基酸都有一个tRNA合成酶，可以识别所有含有与该氨基酸相关的反密码子的tRNA。虽然亮氨酰-tRNA的反密码子环可能包含六种不同的密码子（UAG、GAG、CAG、AAG、UAA和CAA），但它们都是由同一个合成酶加载的。

控制翻译开始和结束的是什么？

mRNA分子的结构特征告诉核糖体翻译从哪里开始、到哪里结束。**核糖体结合位点**（ribosomal binding site，RBS）位于编码序列上游，是一段短核苷酸序列，该序列与核糖体上的互补链杂交（**图4.60**）。在大肠杆菌mRNA中，RBS序列通常为AGGAGGU；在人类mRNA中，RBS序列通常为ACCACC或GCCACC。人类的mRNA分子比细菌更为复杂，5′端加帽，在3′端有poly(A)尾巴，并且mRNA的编码序列都是以编码甲硫氨酸的密码子AUG开始的。在大肠杆菌mRNA中，RBS序列和AUG起始密码子之间有一个间隔区，长度约为8个碱基。而在人类mRNA中，AUG起始密码子与RBS序列相邻。大多数mRNA编码序列还含有三种终止密码子之一，终止密码子通常以矿物

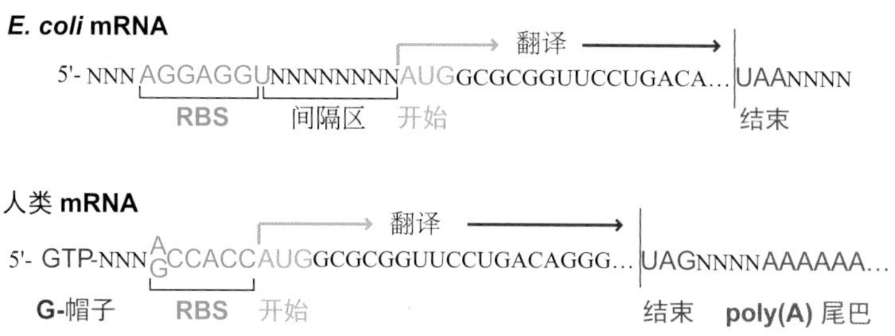

E. coli mRNA

翻译

5'- NNN AGGAGGU NNNNNNNN AUG GCGCGGUUCCUGACA… UAANNNN

RBS 间隔区 开始 结束

人类 mRNA

翻译

5'- GTP-NNN A/G CCACC AUG GCGCGGUUCCUGACAGGG… UAGNNNNAAAAAA…

G-帽子 RBS 开始 结束 poly(A) 尾巴

图 4.60 原核生物和真核生物mRNA序列特征。细菌mRNA在RBS和蛋白质编码序列之间有一个间隔区，但在其他方面的特征比真核mRNA少。

宝石命名：琥珀（amber）密码子（UAG）、赭石（ochre）密码子（UAA）、蛋白石（opal）密码子（UGA）。与这些密码子结合的 tRNA 称为抑制 tRNA（Suppressor tRNAs），它们不携带氨基酸，最终肽酰基与 tRNA 之间的酯键发生水解，释放蛋白质。

在大肠杆菌（*E. coli*）等原核生物中，起始 tRNA 携带特殊氨基酸 *N*- 甲酰甲硫氨酸引发蛋白质的合成（**图 4.61**）；在真核细胞中，起始 tRNA 携带的则是普通的甲硫氨酸氨酰基。肽脱甲酰基酶（peptide deformylase）可以通过切除甲酰基（在细菌蛋白中）或甲硫氨酸残基（在人类蛋白中）来改变蛋白质的末端。而另一类被称为氨肽酶（amino peptidases）的酶，可以从蛋白质起始端（也就是通常所说的 N 端）选择性地切除氨基酸残基（**图 4.62**）。这种 N 端氨基酸的去除拓展了除核糖体翻译外蛋白质序列的调控范围。切除一些酶 N 末端的 *N*- 甲酰基、甲硫氨酸和其他氨基酸通常是关键步骤，它可用于证实末端氨基的独特活性或者是否是对于催化性能起关键作用的氨基酸。不幸的是，当非细菌性外源基因在大肠杆菌中过表达时，氨肽酶通常会产生相差一到两个氨基酸的蛋白质混合物，从而无法将其与全长蛋白质分开。

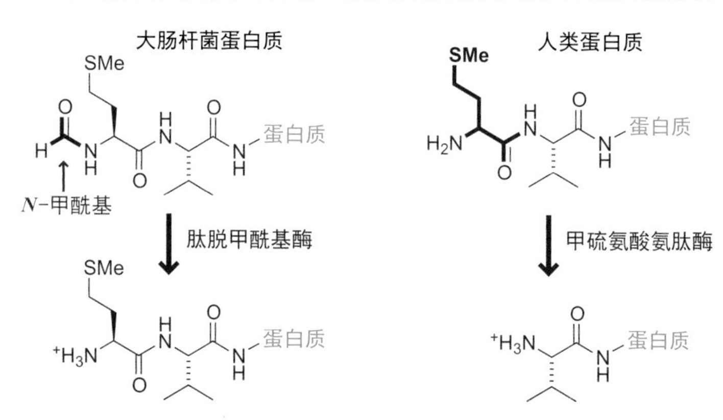

图 4.61 对起始若干氨基酸的修饰。在原核和真核细胞中，蛋白质的N末端被酶切以显示除甲硫氨酸以外的氨基酸。

人体细胞中，G-帽子引导核糖体到 RBS 处，从 AUG 开始翻译。少数情况下，**内部核糖体进入序列**（internal ribosomal sequence，IRES）可以绕过 RBS 和起始密码子 AUG 启动翻译。因此，即使细胞通过抑制蛋白质的传统启动方式停止翻译进程，许多真核生物的病毒和一些人类蛋白质也可以被翻译。

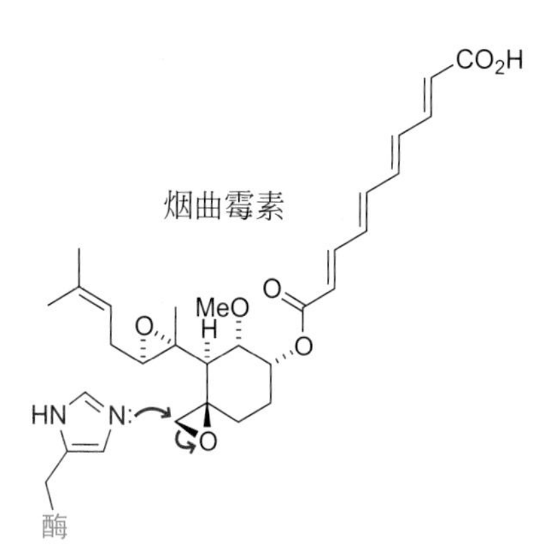

图 4.62 烟曲霉素（Fumagillin）。从烟曲霉（*Aspergillus fumigatus*）中分离得到的天然产物烟曲霉素是真核细胞中甲硫氨酸氨肽酶-2的抑制剂。它可以和人细胞中甲硫氨酸氨肽酶-2活性位点的咪唑基形成共价加成物，从而特异性地抑制血管内皮细胞的生长和增殖。

问题4.18

天然抗生素肌动蛋白与肽脱甲酰基酶活性部位的锌离子紧密结合。根据以下的肌动蛋白－酶复合物的结构，绘制与活性部位结合的天然底物的结构并解释锌离子在催化中的作用。

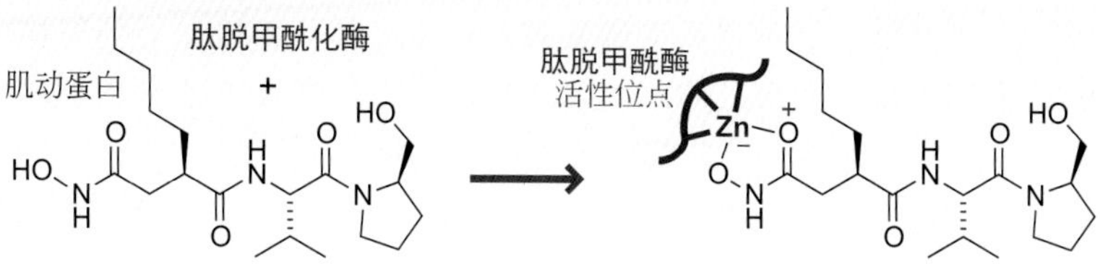

肌动蛋白 + 肽脱甲酰化酶 → 肽脱甲酰酶活性位点

翻译起始是控制蛋白质合成的关键点

翻译起始是 mRNA 翻译合成蛋白质的限速阶段。细胞通过控制翻译起始严格控制蛋白质的合成。例如，许多蛋白质在高温下会错误折叠，这对细胞来说是灾难性的。大肠杆菌结构性地转录**热激蛋白**（heat-response proteins）的 mRNA，但是该 mRNA 只有在高温下才能翻译，因为在高温下该 mRNA 更不易折叠并暴露出 RBS 序列［**图 4.63**（**A**）］。这种精妙的温度传感器系统针对高温提供了一种即时、不依赖转录的响应，并且产生的蛋白质可以使错误折叠的蛋白质降解或重新折叠。当温度恢复正常时，热激蛋白不再被翻译。蛋白质可以通过与 mRNA 结合来促进或抑制翻译，例如调节蛋白可以通过结合掩蔽 RBS 的 mRNA 片段来促进翻译［**图 4.63**（**B**）］，或者更常见的是，可以通过结合 RBS 来抑制翻译。小的调控 RNA（small regulatory RNA）和调节蛋白可以通过与mRNA的非翻译区域进行结合以掩蔽或显示RBS［**图 4.63**（**B**）、（**C**）、（**D**）］。例如，在大肠杆菌中，苏氨酰-tRNA 合成酶可以与编码自身的 mRNA 结合，从而抑制其他副本的合成。这个反馈机制可以防止过量酶的合成。由于这种结合通常发生在 mRNA 5′ 末端的特定序列上，因此这种复合物可以暴露 RBS 以触发翻译，或者掩蔽 RBS 以阻止翻译。

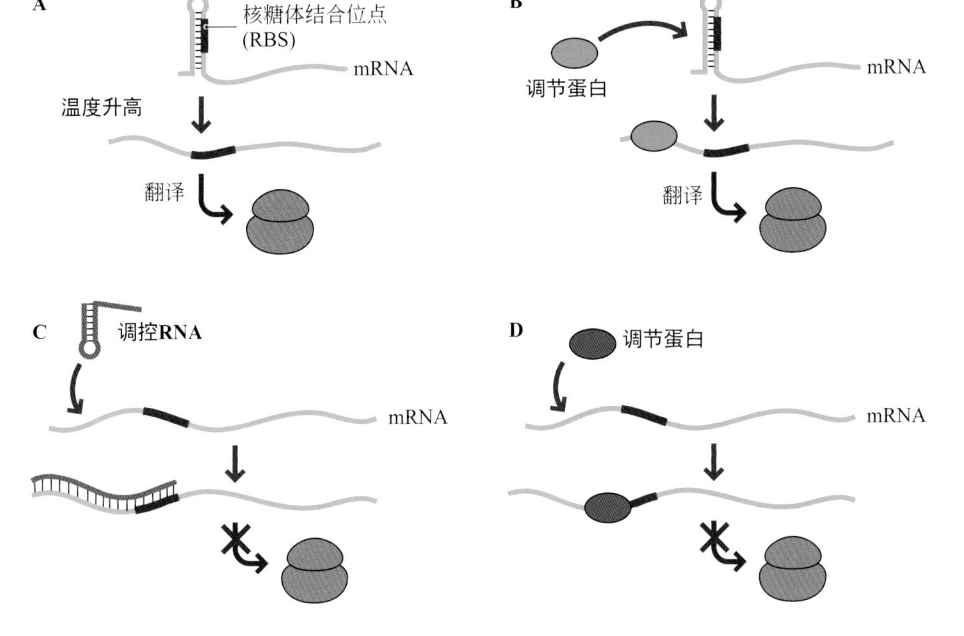

图4.63 调控翻译启动的机制。mRNA上的核糖体结合位点（RBS）是控制翻译起始的关键点。（A）高温下，mRNA不易折叠从而暴露出RBS。（B）调节蛋白可与mRNA结合以暴露RBS。（C）调控RNA可与mRNA杂交从而掩蔽RBS。（D）调节蛋白可以与mRNA结合并掩蔽RBS。（摘录自P. Romby and M. Springer，*Trends Genet*. 19：155–161，2003；获得Elsevier授权。）

蛋白质将氨酰-tRNA传递到核糖体上进行保真度测试

氨酰-tRNA 不会自行与核糖体结合，而是由一种名为**延伸因子-1α**（elongation factor-1α，EF-1α）的校正蛋白传递到核糖体上，在大肠杆菌中该蛋白也被称为 EF-Tu（**图 4.64**）。该蛋白质占大肠杆菌总蛋白量的 5%，因此可见传递功能非常关键。在人体细胞中，EF-1α 利用结合的 GTP 参与双态调控机制。三元 EF-1α-GTP-氨酰 tRNA 复合物与核糖体可逆结合，如果氨酰-tRNA 的反密码子环与 mRNA 密码子匹配，EF-1α 将 GTP 水解为 GDP，并释放氨酰-tRNA，使其能够运送氨基酸。这种将高能磷酸键的化学能转化为机械能使得构象变化的机制在生物界是较为常见的。例如，驱动蛋白利用 ATP 水解所释放的能量发生了类似的构象重排，使其能够伸展并像蠕虫一般移动。

EF-1α 一旦释放 GDP 副产物，便可以与另一个 GTP 和另一个氨酰-tRNA

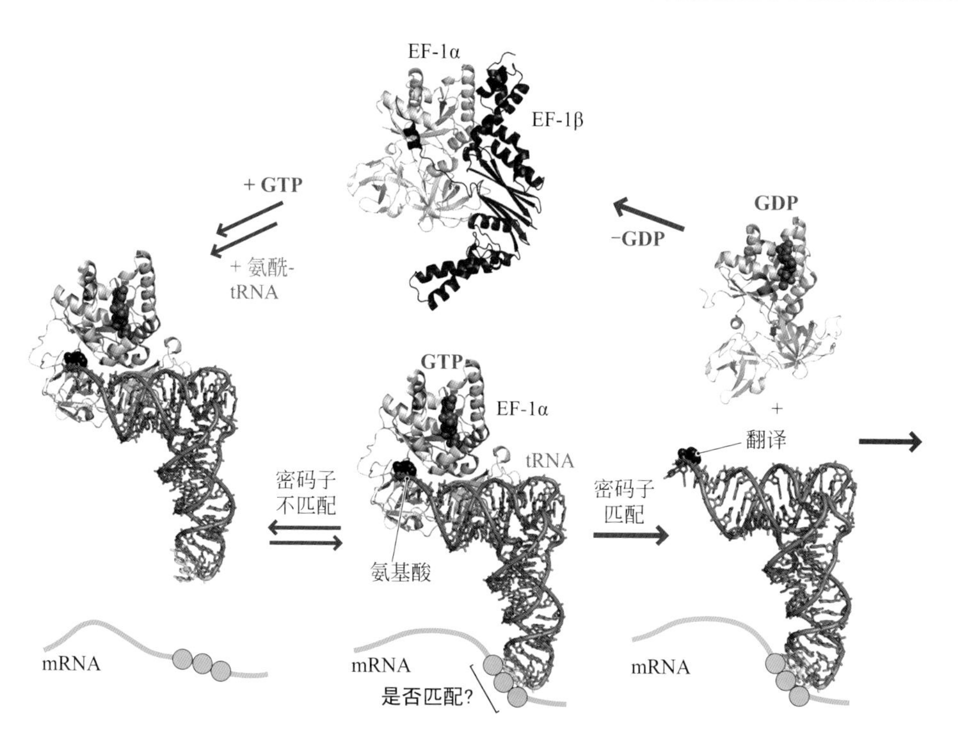

图4.64 细菌中的EF-1α型循环。EF-1α、GTP和氨酰-tRNA形成的三元复合物与核糖体上的mRNA结合。如果tRNA与密码子不匹配，三元复合物就会从核糖体中解离。如果密码子匹配，GTP被水解成GDP，EF-1α释放tRNA，以便结合新的氨基酸。EF-1β催化了GDP解离，从而可以结合新的氨酰-tRNA。（PDB：1OB2、1D8T和1EFU）

结合。EF-1α 释放 GDP 的速度很慢，不能满足蛋白质合成的需求，因此需要**鸟苷酸交换因子**（guanine nucleotide exchange factor）EF-1β（在大肠杆菌中为 EF-Ts）以催化 GDP 的释放。EF-1α 一旦与另一个 GTP 分子结合，便马上与另一个氨酰-tRNA 结合。最终，延伸因子大大减少了核糖体翻译的错误。这种鸟苷酸结合蛋白又被称为 **G 蛋白**（G protein），它具有双态系统，即 ON 状态（GTP 结合）和 OFF 状态（GDP 结合）。我们将在第 9 章讨论这类在人体细胞信号转导过程中广泛存在的蛋白。

是什么让核糖体装配线保持运转？酯（起始物质）键和酰胺（产物）键的稳定性非常相似，所以核糖体催化的转酰化反应并不能产生足够的自由能来驱动 tRNAs 从一个位点转移到另一个位点。此时一种名为**延伸因子 G**（elongation factor-G，EF-G）的蛋白质提供了帮助，它像扳手一样将 tRNA 移出核糖体的活性位点，推动新生蛋白与 mRNA 共同穿过核糖体（**图 4.65**）。GTP 水解为 GDPEF-G 转位酶的活性提供了动力。EF-G 必须与核糖体上 tRNA 和 EF-Tu 的复合物结合在同一位置。因此，该蛋白质进化出与蛋白质 -RNA 复合物相似的形状，可以将新氨基酸加载到新生多肽上。

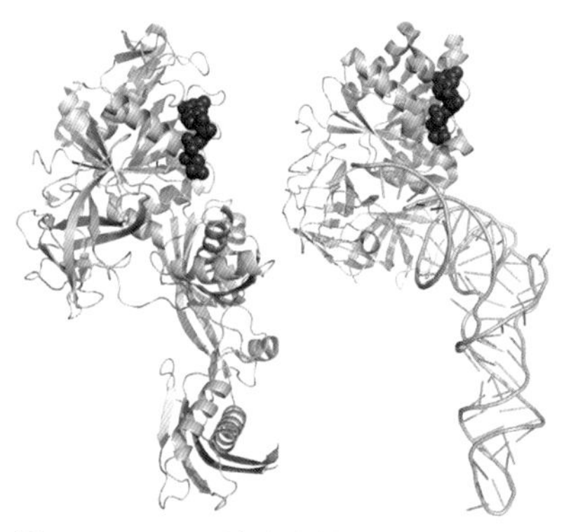

图4.65 EF-G的结构模拟。蛋白质EF-G（左）在生化合成过程中推动新生蛋白质通过核糖体。右图所示结构为EF-G模拟EF-Tu与氨酰-tRNA结合的结构。这两种结构在核糖体上的结合位点是一样的，且都与GTP结合（红色范德华球体）。（PDB：2J7K和1OB2）

蓖麻产生的蓖麻毒蛋白（ricin）是地球上毒性最强的分子之一，它是 A 链和 B 链两条多肽链组成的复合物。其中 B 链是递送载体，通过与细胞表面的糖残基结合确保毒素有效进入哺乳动物细胞。A 链是高选择性酶，选择性地对核糖体 4324 位的腺苷酸进行脱嘌呤。A4324 是核糖体环的一部分，可与延伸因子 EF-1 和 EF-2 结合。脱去腺嘌呤以后，整个核糖体就会变成一堆分子垃圾。事实上，单个蓖麻毒蛋白 A 链每分钟可使约 1500 个核糖体失活。

问题4.19

A EF-2 是 EF-G 的真核同源物，其中被修饰的氨基酸称为白喉酰胺（如下所示）。白喉毒素是百日咳的病原体，可以催化 NAD^+ 转移到 EF-2 的白喉酰胺残基上，使其无效。请为 ADP 核糖基化反应提出合理的反应机理。

NAD⁺

白喉酰胺

EF-2

白喉毒素或外毒素A

B 如晶体结构（PDB：2ZIT）所示，铜绿假单胞菌中的外毒素 A（紫色）可以催化 EF-2（蓝色）的 ADP 核糖基化（NADH：红色）。从机理上看，酶可能降低哪些熵和焓？

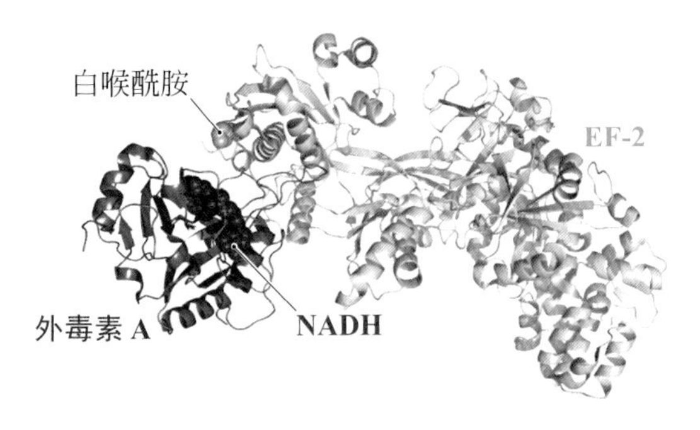

遗传密码扩充引入非天然氨基酸

地球上几乎所有生物都经由核糖体翻译 20 种氨基酸，然而遗传密码中的许多密码子都是冗余的，从而限制了核糖体的翻译。为什么 64 个三联体密码子只编码 20 个氨基酸呢？亮氨酸真的需要六个密码子吗？一个细胞可不可以只用两个不同的终止密码子？

包括人类和大肠杆菌在内的许多物种都可以吸收第 21 种氨基酸——硒代半胱氨酸（简称 Sec）。所有哺乳动物都表达含有硒代半胱氨酸的酶，但只有大约 20% 的细菌才这样做。人类蛋白质组学只编码 25 种含有硒代半胱氨酸的蛋白质。硒与硫、氧同族，是第四周期元素。在生理 pH 条件下，90% 以上的硒醇发生去质子化，生成的体积巨大的硒负离子而表现出惊人的亲核性。携带硒代半胱氨酸的 tRNA 与终止密码子 UGA 结合。在半胱氨酸存在下，$tRNA^{Sec}$ 与丝氨酸发生氨基酰化反应，之后发生酶促反应变为硒代半胱氨酸-tRNA（**图 4.66**）。mRNA 中终止密码子 UGA 通常会导致翻译终止，但是

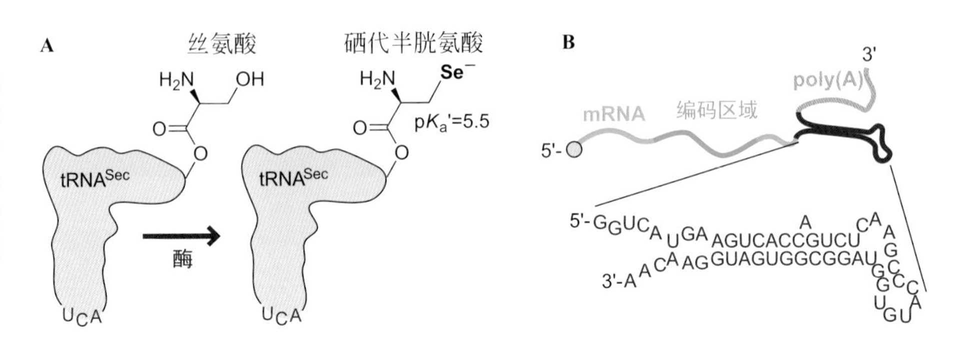

图4.66　硒代半胱氨酸的结合。硒代半胱氨酸与核糖体结合需要两个关键成分。（A）一种将丝氨酸-$tRNA^{Sec}$转化为硒代半胱氨酰-$tRNA^{Sec}$的酶。（B）在人体mRNA中，如编码硫氧还蛋白的mRNA，硒代半胱氨酸插入序列（棕色）诱导核糖体与$tRNA^{Sec}$结合。

一种特殊的 mRNA 结构元件——硒代半胱氨酸插入序列，会使核糖体接受硒代半胱氨酰 -tRNA^{Sec}。

早在发现核糖体能够掺入硒代半胱氨酸之前，化学生物学家就设想重组活细胞的遗传密码，使其翻译多于 20 种氨基酸组成的蛋白质。最早将非天然氨基酸定点掺入的尝试是，在正常条件下培养细胞，然后分离蛋白质合成“机器”（如核糖体、tRNA、延伸因子等）用于体外蛋白质生产。接下来，将合成的氨基酸化学连接到琥珀突变抑制型 tRNA 上，该 tRNA 识别最不常用的终止密码子 UAG。当使用人工合成的氨酰-tRNA 进行体外翻译时，非天然氨基酸便被掺入到终止密码子 UAG 编码的位置。目前利用这项技术已经成功地掺入了 100 多种含有不同官能团的非天然氨基酸，官能团包括荧光团、叠氮化物、炔烃、单糖、硼酸、二苯甲酮、氟、溴和碘等，甚至还可以使用 α-羟基酸制造蛋白质骨架中的酯键（**图 4.67**）。事实上，核糖体翻译非常敏感，可能得到的是所需的全长突变蛋白以及在终止密码子位置被切断的蛋白的混合物。

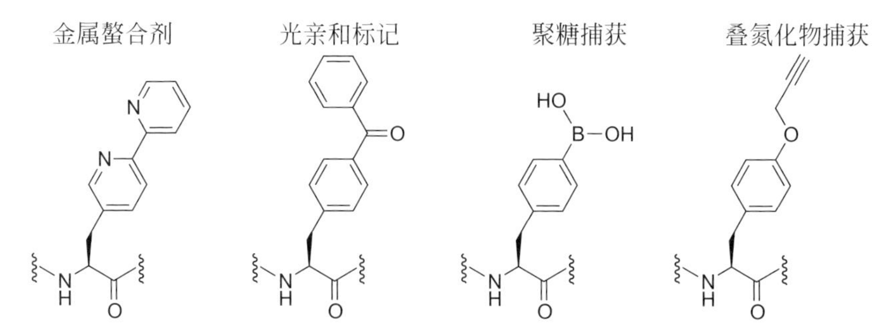

图4.67 新的功能蛋白质。多功能氨基酸已通过核糖体掺入到蛋白质中。

在活细胞的蛋白质中掺入非天然氨基酸要比在体外过表达实验复杂得多，因为细胞必须避免将非天然氨基酸错误地掺入自己的蛋白质中。尽管存在这些障碍，彼得·舒尔茨（Peter Schultz）还是完成了这一壮举。他修改了古菌甲烷球菌（*M. jannaschii*）的 tRNA 和氨酰合成酶，并将其导入大肠杆菌。古菌 tRNA^{Tyr} 的反密码子从 AUA 变为终止反密码子 CUA（**图 4.68**）。然后，古菌的酪氨酰-tRNA 合成酶被重新设计，以接受新的 $tRNA_{CUA}^{Tyr}$，并且只接受酪氨酸的氨基酸类似物对氨基苯丙氨酸，而不接受酪氨酸本身。当这些基因导入大肠杆菌后，最终会在琥珀终止密码子 UAG 指定的位置引入酪氨酸类似物。

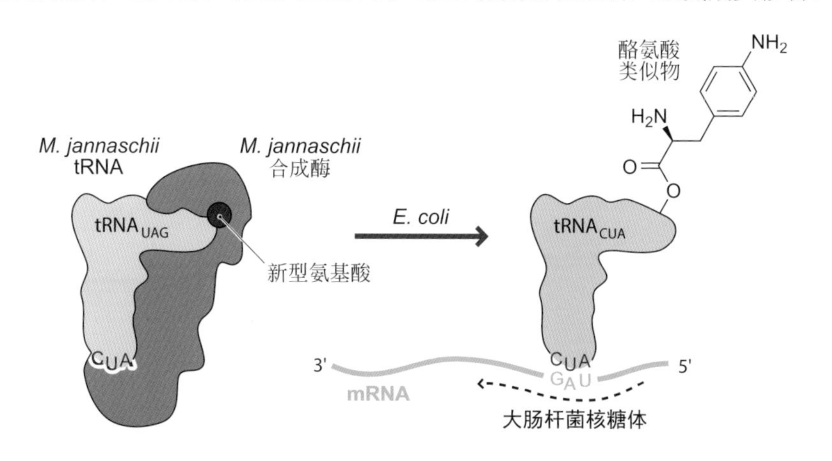

图4.68 用于掺杂非天然氨基酸的正交tRNA-合成酶组合。甲烷球菌的tRNA及合成酶修饰后只接受对氨基苯丙氨酸，将重新设计的含终止反密码子CUA的tRNA导入大肠杆菌之后，翻译并没有停留在UAG，而是会掺入对氨基苯丙氨酸。

配体依赖的核糖开关调控蛋白质表达

通过配体 - 受体相互作用可以完全地调控基因表达是我们目前理解细胞生物学的基础，这一点将在第 9 章进行阐述。“受体”一词一直被认为是基于蛋

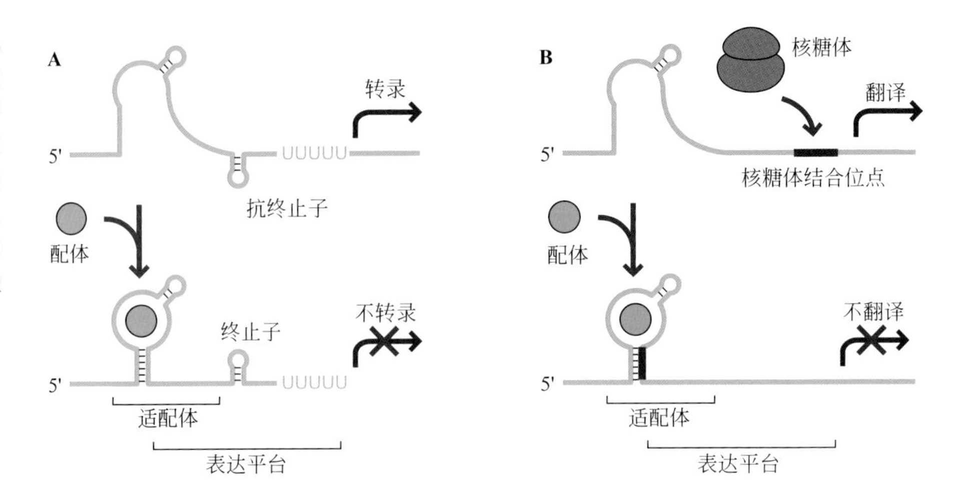

图4.69 核糖开关对基因表达的调控。这种小分子可以稳定折叠的RNA结构，使其掩蔽或暴露功能性的RNA序列。（A）配体与核糖开关结合以掩盖转录的抗终止子区域，并暴露转录的终止子。（B）配体与核糖开关结合以掩盖核糖体结合位点，阻止mRNA与核糖体结合。（摘录自J. N. Kim and R. R. Breaker，*Biol. Cell* 100：1-11，2008；获得Portland Press Ltd授权。）

白质的受体。近来，人们发现 RNA 分子也可作为小分子受体调控基因表达的各个阶段。一些小分子代谢物可以与 RNA 的结构域结合，从而影响转录、剪接或翻译等，这些 RNA 被称为**核糖开关**（riboswitch）。例如，*thiM* 核糖开关可以控制 RNA 的转录（**图 4.69**）。一些真菌和植物的核糖开关直接对 mRNA 进行选择性剪接，最终影响蛋白质序列。*GlmS* 核糖开关与葡糖胺-6-磷酸结合，然后作为核酶辅助因子进行自剪切。葡糖胺-6-磷酸的氨基在水解过程中作为 Brønsted 酸使解离基团质子化。第 6 章将讨论的硫胺素焦磷酸（TPP）辅因子可与两种不同的 RNA 核糖开关结合。当 RNA 转录本上存在 *thiM* 序列时，会形成一个传感器，与 TPP 结合后诱导转录提前终止。当 mRNA 的适当位点存在 *thiC* 基因时，会形成一个 TPP 传感器，它可以掩盖或激活对核糖体结合和翻译至关重要的 Shine-Dalgarno 序列（AGGAGGU）。

第 6 章中，我们将探讨维生素作为辅酶因子的作用。所有的维生素辅助因子似乎都含有没有明显催化功能的官能团。但是维生素结构中核苷酸的存在不容忽视，仔细分析每个辅因子，不难发现它们都是通过碱基配对、π-π 堆积、金属 / 磷酸盐间的静电结合以及其他方式来促进与核酸的相互作用（**图 4.70**）。与核糖开关结合的代谢物包括硫胺素焦磷酸、黄素单核苷酸、钴胺素、*S*-腺苷甲硫氨酸（SAM）、嘌呤、葡糖胺-6-磷酸、赖氨酸和甘氨酸等。

众所周知，每种维生素辅助因子都可以与 RNA 核糖开关结合。核糖开关可以对 DNA 碱基等关键代谢物的生物合成提供即时的反馈调控。嘌呤可以结合 mRNA 上的特定核糖开关，触发其编码嘌呤合成和转运所需的酶。RNA

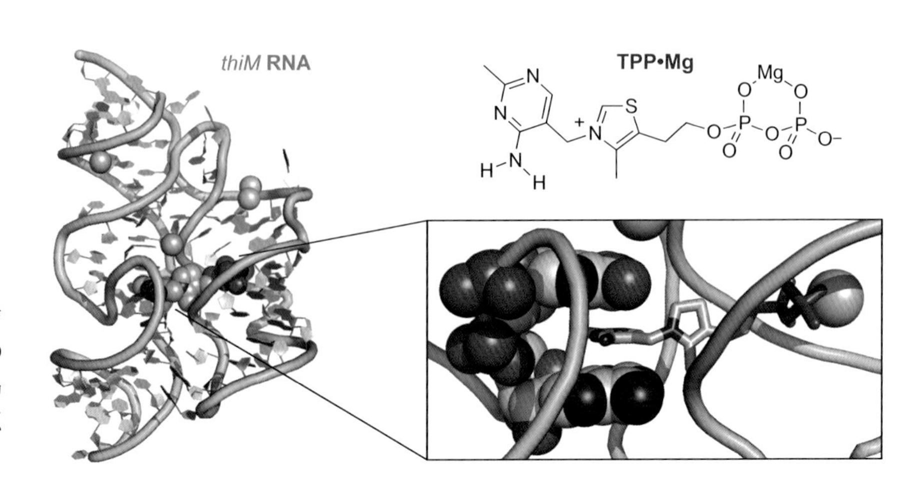

图4.70 与配体结合的核糖开关。结合焦磷酸硫胺素·Mg^{2+}（PDB：2CKY）的*thiM*核糖开关结构；详细视图揭示了硫胺素的嘧啶取代基的π-π堆积作用与镁离子的配位。

转录本中同时存在多个核糖开关时，它们可以实现对基因表达逻辑的复杂控制。

核糖开关也成为了药物开发的潜在靶标，它们与小分子配体的特异性结合表明抗生素也可以高特异性地与核糖开关结合。如果这类核糖开关只存在于细菌和真菌中，那么它们就可以作为抗生素的新颖靶标。因此，核糖开关的特异性和其抑制蛋白质翻译的强大机制，将继续引发药物化学家的兴趣和挑战。

靶向细菌蛋白质合成的多种抗生素

不同微生物之间为了争夺有限的资源长期进行的化学战争，演变进化出各种针对攻击、防御和反击的巧妙策略。正如轰炸工厂是大规模人类战争中使用的一种策略一样，抑制蛋白质的生物合成也是消除竞争的一种方法。核糖体为此类化学干预提供了一个有利的靶标。首先，核糖体是生物合成蛋白质所必需的。其次，核糖体的关键特征（如核糖体2451位的腺嘌呤）基本上在所有生物体中都是保守的，这使得针对特定真菌的抑制剂也能干预类似的细菌。这种抑制核糖体的不同策略说明在分子识别中解决同一个问题的方案多样性。虽然这些分子都与核糖体结合，有些甚至结合位点也相同，但每个分子的化学结构都各不相同。抑制核糖体的多种策略演示了蛋白质合成机制的跨物种保守性是如何促进广谱抗生素发展的（**图4.71**）。

蛋白质生物合成的抑制剂是特别致命的，因为微生物通常无法合成可以中和有毒物质的蛋白质（通常是一种酶或外排泵）。例如，四环素可以阻止tRNA与核糖体结合，从而抑制蛋白质的生物合成。四环素在现代生活中应用广泛，例如在牲畜饲料中添加低剂量的四环素可以促进牲畜生长，因此毫不意外的是已经出现了几种不同的四环素耐药机制。在四环素最为常见的耐药机制中，一种被称为外排泵（efflux pump）的蛋白质利用ATP水解所释放的能量将四环素从细胞内泵出，从而阻止药物杀伤细胞。由于外排泵蛋白基因可以在质粒上进行编码，因此在化学生物学实验室中常将四环素作为大肠杆菌的选择性标记。

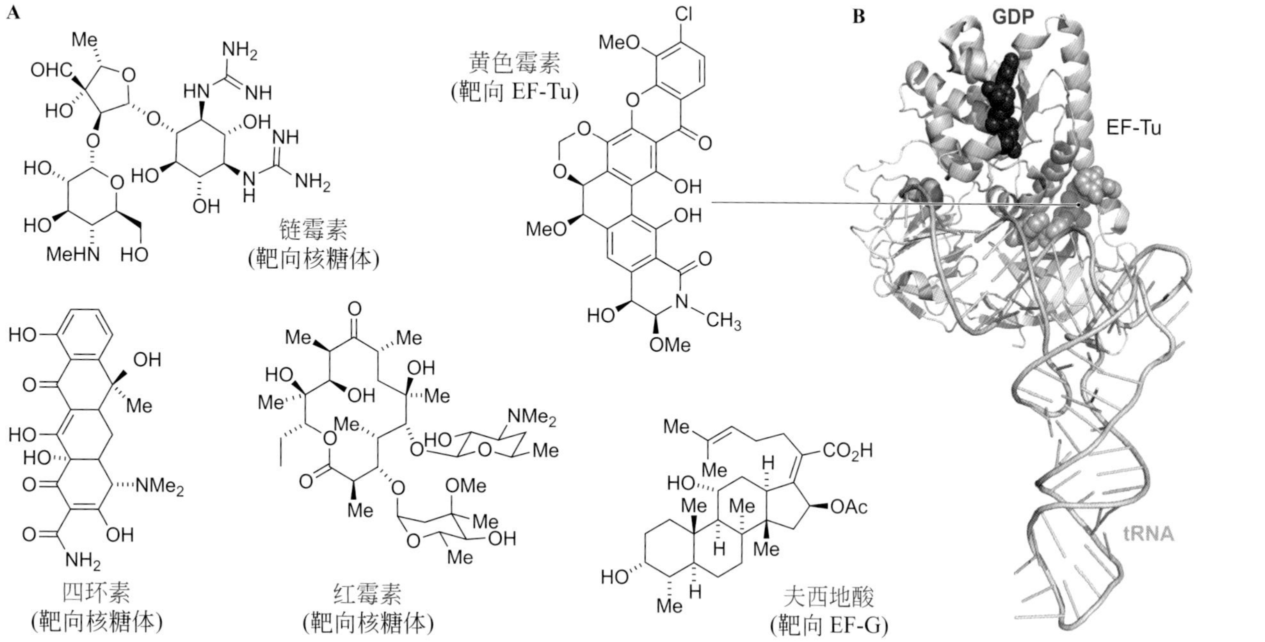

图4.71 蛋白质合成的抗生素抑制剂。（A）聚酮类和寡糖（链霉素）通过与细胞中合成蛋白质所需的保守组分结合而杀死细胞。（B）黄色霉素（灰色）与EF-Tu结合，将蛋白质固定在类似于GTP和tRNA结合的构象状态，生成的复合物在细胞中形成纤维，使得关键蛋白质EF-Tu无法用于蛋白质合成。

A

链霉素（靶向核糖体）

黄色霉素（靶向EF-Tu）

四环素（靶向核糖体）

红霉素（靶向核糖体）

夫西地酸（靶向EF-G）

B

GDP

EF-Tu

tRNA

问题4.20

将细菌感受态细胞与含有氯霉素抗性基因的质粒在 42℃热激，一小部分的细菌细胞会摄取质粒。最初，没有细胞对氯霉素有抗性，但生长约一个小时后，用氯霉素处理，此时携带质粒的细胞存活下来。为什么携带质粒的细胞不能立即产生抗药性呢?

4.7 从寡核苷酸库到蛋白质库
(From Oligonucleotide Libraries to Protein Libraries)

寡核苷酸的自动合成促进了DNA和RNA寡核苷酸库的产生

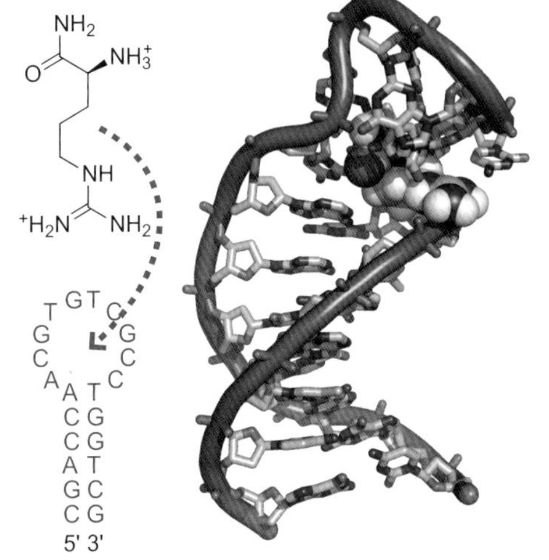

图4.72 结合精氨酸的DNA适配体。通过筛选1000多亿个单链DNA分子得到了一个结合精氨酸的DNA单元。精氨酸的酰胺衍生物可与10碱基环结合。(PDB：1DB6)

DNA 自动合成仪只需要在每个偶联步骤中使用四种不同的亚磷酰胺（A、C、G 和 T）就可以简单构建一系列 DNA 寡核苷酸组合文库。1 μmol DNA（经典合成规模）包含 100 个 25 mer 的 DNA，但随着序列长度的增加，可能的多样性会迅速增加。30 mer 的 DNA 片段有超过 10^{18} 种序列组合，而 1 μmol DNA 仅仅包含一半的可能序列。

在设计用于筛选实验的寡核苷酸文库时，通常在寡核苷酸的 5′ 端和 3′ 端插入固定序列以便于 PCR 扩增（产生双链 DNA）、转录到 RNA 或克隆到带有限制性核酸内切酶的质粒中。组合 DNA 文库的自动合成是获得 DNA、RNA 或蛋白质文库的有效方式。在单链 DNA 文库中，人们可以筛选在 Watson-Crick 碱基配对驱动下折叠成特定形状后与其他分子特异性结合的 DNA 分子（**图 4.72**），这种类型的功能性寡核苷酸有时被称为**核酸适配体**（aptamer）。

折叠成功能性的单链 DNA 适配体与生物学没有太大联系，因为 DNA 在细胞内通常是双链的；但是 RNA 是单链的，从人造 RNA 文库中筛选的适配体有时可以模拟其天然对应物（如核糖开关）的亲和力和特异性。DNA 文库可以通过 RNA 聚合酶转录成 RNA 文库（**图 4.73**）。通常，在可变区的 5′ 端包含了 T7 RNA 聚合酶（一种保守的、可靠的酶）的启动子。在文库 DNA 片段的两端，常存在长度约为 20 个核苷酸的固定 PCR 引物序列（**图 4.73**）。通常合成的寡核苷酸文库要经过 PCR 产生双链 DNA 文库，通过限制性酶切和连接，拼接入 DNA 质粒后导入细菌细胞中，从而表达随机蛋白序列。

T7 启动子序列　　随机 DNA 序列

TAATACGACTCACTATANNNNNNNNNNNNNNNNNNNNNNNNNNN...

NTPs, $MgCl_2$ ↓ **T7 RNA 聚合酶**

MMMMMMMMMMMMMMMMMMMMMMMMMMMMM...

随机 RNA 序列

图4.73 通过T7 RNA聚合酶转录合成RNA文库。如图所示，必须知道转录的开始，否则RNA不能扩增；通过扩增产生的随机RNA序列两端是引物结合位点。

问题4.21

计算长为 50 个核苷酸（50 mer）的可能 RNA 序列的数目。如果在 DNA 合成仪上合成 500 μg 长度为 50 mer 的 DNA 文库，它包含多少个单独的 DNA 分子?如果每个 DNA 分子编码一个随机的 50 mer 序列，那么文库中可能的 50 mer 序列的比例是多少?（DNA 核苷酸的平均分子量为 305.6 g/mol。）

在治疗黄斑变性的药物哌加他尼（pegaptanib）的开发过程中利用了寡核苷酸文库的合成和筛选（**图 4.74**）。该寡核苷酸文库由 T7 RNA 聚合酶启动子序列（以允许 RNA 的聚合）和中间可变区组成：5′-TAATACGACTCACTATAGGGAGGACGATGCGG**NNNNNNNNNNNNNNNNNNNNNNNNNNNNNNNNN**CAGACGACTCGCCCGA-3′，其中 N 表示四种 DNA 碱基中的任何一种。接下来，在 T7 RNA 聚合酶的作用下，DNA 序列文库将转录成 RNA 文库。为了提高 RNA 抗水解的能力，采用了 NTPs 的 2′- 氟类似物进行合成，所得到的 RNA 文库与蛋白血管内皮生长因子（VEGF）混合，从而引发血管生长。该蛋白质与文库中紧密结合的 RNA 分子一起在硝酸纤维素膜上进行分离，然后用逆转录酶将与 VEGF 结合的 RNA 分子反转录成 DNA，经过 PCR 扩增后，再将 DNA 分子插入质粒并转染进大肠杆菌，以便于生长、克隆和繁殖。DNA 测序显示出一个保守的结合序列：CGGAAUCAGUGAAUGCUUAUACAUCCA，这是药物 Macugen®（哌加他尼钠盐）开发的基础。当把一个光敏的碘代尿苷掺入哌加他尼环时，在 308 nm 辐射下可以与 VEGF 137 位的半胱氨酸的巯基发生交联（**图 4.74** 和**图 4.75**）。

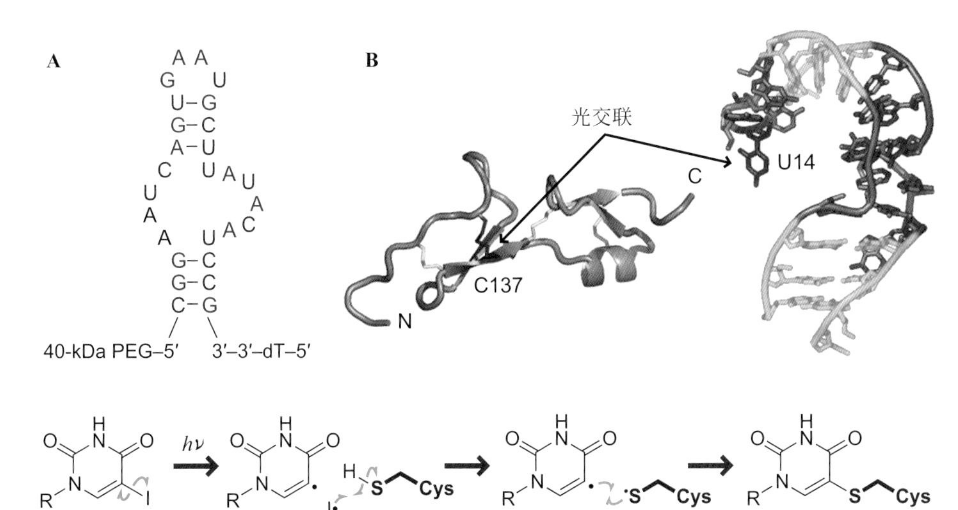

图4.74 哌加他尼的结构与结合。（A）哌加他尼的二级结构突出了其发夹结构中的环。（B）正如光交联实验所确定的那样，哌加他尼与 VEGF 结合的结构模型显示了这两个分子是如何相互作用的。（B 图摘录自 E. M. W. Ng et al.，*Nat. Rev. Drug Discovery* 5：123-132，2006；获得 Macmillan Publishers Ltd 授权。）

图4.75 碳碘键很弱，可以被紫外线分解产生活性自由基。蛋白质-DNA 相互作用有时可以通过用碘代尿苷代替胸腺嘧啶核苷和辐射蛋白质-DNA 复合物来证实。

RNA 文库已经被用来筛选用于各种反应的 RNA 催化剂，如水解、连接、Diels-Alder 反应和阻转异构化（单键旋转受阻碍的位点异构化）等。从分子库中进行选择总是需要一些合理的技巧来选择具有所需特性的靶分子。此外，筛选还取决于通过逆转录酶将 RNA 转化为 DNA 这一过程。然后 DNA 可以通过 PCR 扩增，并通过 RNA 聚合酶转化为 RNA。这个流程可以扩增筛选到的少量 RNA 分子。扩增后的 DNA 既可以用于测序，也可以用于下一轮筛选。

RNA文库可用于核酶筛选

从 RNA 文库中可以筛选得到具有催化活性的 RNA 分子，例如能够催化尿嘧啶和 1- 焦磷酸核糖的 S_N1 立体选择性糖基化反应生成尿苷的 RNA 分子（**图 4.76**）。这些催化剂可能在生命起源初期就已经发挥了作用。科学家通过对合成 DNA 文库的转录构建了一个包含 1.5×10^{15} 个不同 RNA 的文库。文库中每个 RNA 都由 76 个核苷酸随机组成，因此其潜在的多样性高达 6×10^{45}。通过酶促反应在每个 RNA 分子的 3′ 端连接上核糖 -1′- 二磷酸，然后让此 RNA 文库与 4- 硫尿嘧啶（一种对汞有高度亲和力的尿嘧啶类似物）进行反应。这个糖基化反应首先是焦磷酸去磷酸化，然后是硫尿嘧啶进攻氧鎓正离子。少量的 RNA 分子能够催化这个反应，用苯基氯化汞衍生的聚丙烯酰胺凝胶电泳分离这些分子。该凝胶与含硫官能团可以紧密结合，形成的共价键减

图4.76 催化剂的筛选。为了筛选可催化核糖核苷组装的RNA序列，将4-硫尿嘧啶与在3′端带有核糖-1′-二磷酸的RNA文库进行反应。与4-硫尿嘧啶反应迅速的RNA分子迁移速率较慢，可通过亲硫汞基团衍生的聚丙烯酰胺凝胶进行分离。

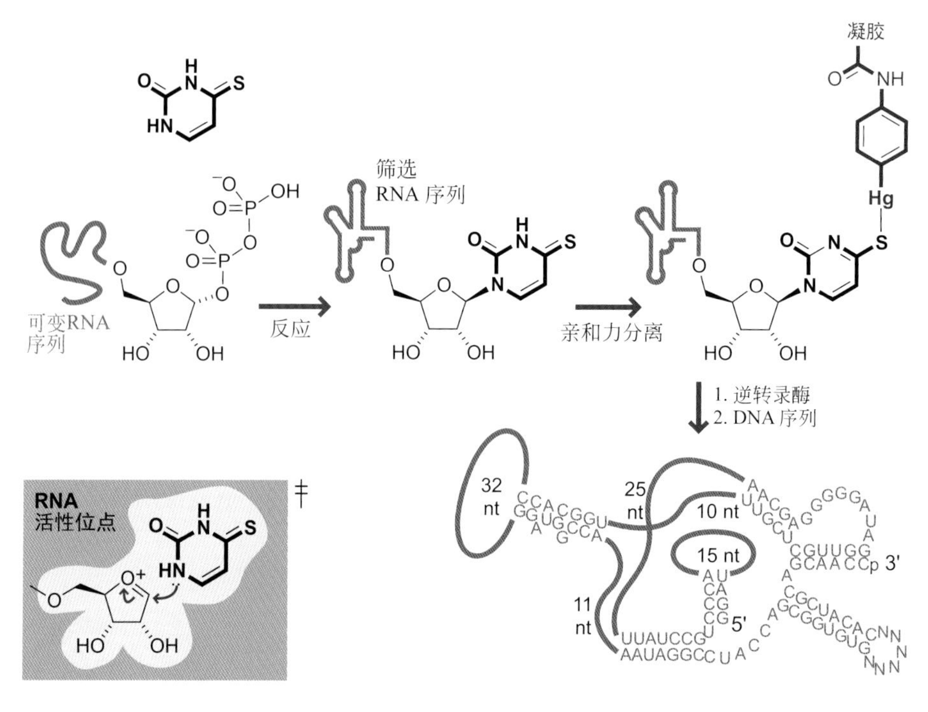

慢了发生反应的RNA分子在凝胶中的迁移速率，使得从众多非活性RNA序列文库中筛选出具有催化活性的序列成为可能。

组合文库在筛选实验之后有一个扩增步骤，然后是第二轮的筛选和扩增。每轮筛选都会增加找到成功序列的机率。因此，筛选通常具有多轮，包括增加苛刻或严格的条件，以区分好的和一般的结合能力。例如，更短的结合时间可用于识别结合速率更快的序列。在凝胶电泳过程中分离迁移更慢的RNA序列，反转录后得到DNA，经过PCR扩增后的产物被转录成RNA序列，进行下一轮的筛选和扩增。按照这种筛选步骤，从该文库中鉴定出的最佳RNA催化剂可以把反应速率加速到非常显著的1000万倍。

mRNA文库用于蛋白质文库的表达

虽然蛋白质的功能比寡核苷酸更广泛，但是蛋白质测序并不如寡核苷酸灵敏。所以筛选大量蛋白质分子文库的理想方法是找到编码该蛋白质库的mRNA。RNA可以逆转录成DNA，通过PCR扩增，然后测序，揭示蛋白质的序列。

将mRNA文库转化为蛋白质文库的一种方法是将其展示在停滞的核糖体上，这是一种类似于噬菌体展示的技术（**图4.77**），也就是通过添加抗生素氯霉素（chloramphenicol）阻止核糖体翻译，使部分翻译的mRNA和部分合成的蛋白质悬在核糖体上。通过降低翻译温度和添加高浓度的镁离子也可以达到同样的效果。通过暂停翻译，具有特定化学或生物学特性的蛋白质都会

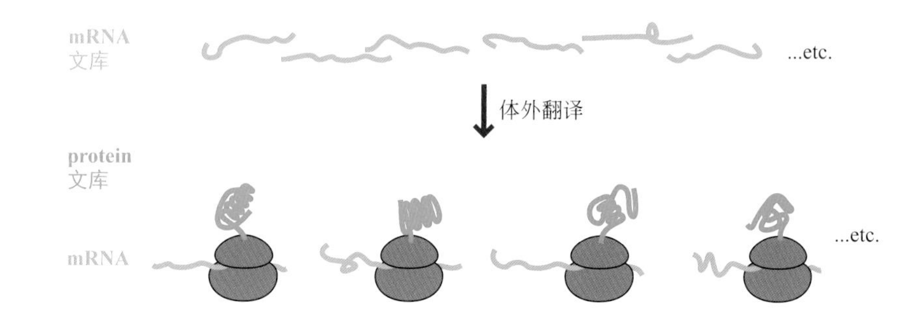

图4.77 停滞核糖体上的蛋白质展示。当mRNA文库被部分翻译时，每个蛋白质通过核糖体（灰色）与其编码的RNA链相连。通过对mRNA进行逆转录和DNA测序，可以解码mRNA和所附蛋白的序列。

携带一个 RNA 转录本，该 RNA 转录本可以很容易地逆转录成 DNA，通过 PCR 扩增并测序。一个由 10^{13} 个 RNA 分子组成的文库可以用来产生大量的肽和蛋白质文库。

另外一种将可测序的 RNA 分子与其编码的蛋白质相连的方法是利用嘌呤霉素（puromycin）。核糖体翻译通常涉及延伸肽链的氨基对氨酰-tRNA 的 C 末端进攻（**图 4.47**），抗生素嘌呤霉素可以模拟这种 C 末端酯，并将其连接到延伸肽链中。与正常的氨酰-tRNA 不同，嘌呤霉素中的氨基酸通过酰胺键与核苷相连，可以抵御亲核试剂的进攻（**图 4.78**）。即使将嘌呤霉素连接到需要翻译的 mRNA 分子的 3′ 端，嘌呤霉素仍然可以绕回并与核糖体活性位点结合，然后与延伸肽链共价连接（**图 4.79**）。最终，蛋白质与编码它的 mRNA 共价融合。

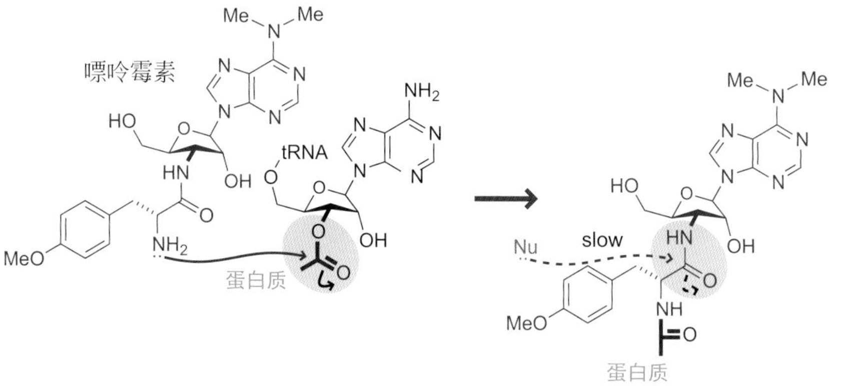

图 4.78　嘌呤霉素阻止蛋白质合成。 嘌呤霉素的氨基酸是通过一个惰性的酰胺键与核苷连接，除此以外，它的结构与氨酰-tRNA 3′端的核苷酸非常类似。一旦核糖体将嘌呤霉素转移到延伸肽链上，延伸立即停止。

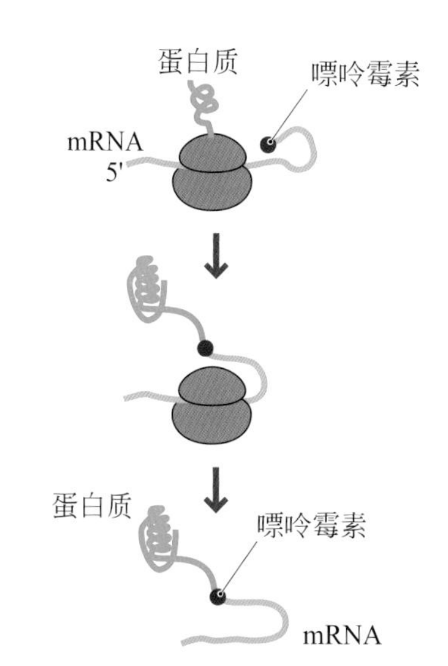

图 4.79　嘌呤霉素-mRNA-蛋白质复合物展示。 当嘌呤霉素附着在mRNA的3′端时，蛋白链最终与目标mRNA共价连接，然后就可以进行测序。

4.8　总结（Summary）

修补匠、裁缝、士兵、间谍……催化剂、调节器、信使，RNA 在细胞中扮演了大量不同的角色。在中心法则中，RNA 的信使功能极为重要，它使得 DNA 能够被翻译为蛋白质，但 RNA 的功能不仅限于此。在逆转录病毒如 HIV 中，RNA 是唯一的遗传物质。在活细胞中，RNA 是蛋白质生产机器的主要组成部分，包括核糖体（本质上是核酶）和各种氨酰 -tRNA。此外，许多曾经被认为只由蛋白质介导的调节作用，现在被认为包含 RNA 的部分调控。RNA 作为小分子受体，可以调控转录和翻译。最后，RNA 作为 RNA 介导沉默复合物（RISC）的自动追踪装置，引导 RISC 降解胞内的靶 RNA。

从结构上讲，RNA 与 DNA 不同。RNA 一般是单链，所以可经由一系列氢键和 π-π 堆积组装成不同结构，而不仅仅是单一的 Watson-Crick 碱基配对。从化学上讲，RNA 与 DNA 也是不同的，RNA 的糖环上含有 2′-OH，导致了其磷酸二酯键是不稳定的。所以 RNA 并非一个理想的长期的信息存储工具。

科学家们在利用和扩展 RNA 的功能方面已经取得了长足的进步。蛋白质合成的核心步骤：tRNAs 的氨酰化与核糖体翻译，已经被拓展至合成多于 20 种编码蛋白质的通用氨基酸。RNA 分子正成为生物学和医学的有用工具：小干扰发夹 RNA 引导 RNA 干扰系统切割互补的 mRNA 并沉默基因表达。DNA 库的合成使得制备互补 RNA 文库成为可能。这些文库可以筛选由非天然核苷酸和天然核苷酸组成的功能性 RNA 分子。通过这些努力已经鉴定出核酶、适配体和 RNA 药物。大量的 RNA 文库可以用于蛋白质文库的表达和筛选。

回到我们在本章开头提出的问题：生命是从 RNA 分子开始的吗？就像计算机出现在硬盘和机器人之前一样，现在很容易想象生命始于 RNA，随后是

DNA 和蛋白质。几十年来，DNA 引起了人们的极大关注，但生命起源前的化学与 RNA 而非 DNA 的产生最为一致。此外，RNA 可以储存信息、传递信息、催化反应、感知代谢物、调控转录、自剪接、降解 RNA、催化蛋白质合成以及调控翻译等。为了理解为什么这些功能在很大程度上被蛋白质所取代，我们需要进一步在第 5 章和第 6 章进行讨论。在接下来这两章中，蛋白质的结构控制和功能优化将会得到全面的阐述。

学习重点（Learning Outcomes）

- 比较RNA和DNA的结构和化学反应性。
- 区分DNA聚合酶延伸寡核苷酸引物和RNA聚合酶产生新的寡核苷酸链。
- 描述人类DNA启动子的特征，并将其与细菌启动子的特征进行对比。
- 比较抑制因子和激活因子对转录的影响。
- 列举涉及蛋白质转录因子和RNA微开关的小分子控制转录的例子。
- 利用酵母双杂交系统设计一个识别蛋白质结合物的实验。
- 描述人类mRNA翻译前对RNA转录本的修饰。
- 根据DNA编码序列设计发夹siRNA。
- 解释高温、蛋白质和小分子如何影响核糖体结合位点（RBS）的可及性。
- 用RNA和蛋白质描述人类核糖体的组成。
- 将RNA编码序列翻译成蛋白质序列。
- 简述延伸因子的作用。
- 列出在特定部位掺入非天然氨基酸所需的非天然组分。
- 描述一些抗生素抑制蛋白质翻译的机制。
- 设计可从RNA库中筛选新功能RNA分子的方法。

习题（Problems）

***4.22** 写出与下列单链 DNA 序列互补的 mRNA 序列。

A 3′-CATAGCTGTCCTCCT-5′（Shine-Dalgarno 序列）

B 3′-CATGGTGGT-5′（Kozak 序列）

4.23 绘制以下 RNA 序列的折叠模式。可以使用预测 RNA 折叠的网络程序，如 MFOLD 或 RNAFOLD。

***A** 来自 HIV 的多腺苷酸化信号：

5′-CACUGCUUAAGCCUCAAUAAAGCUUGCCUUGAGUGCUUCAAGUAGUG-3′

B 脾坏死病毒的逆转录 RNA 有效衣壳化所需的折叠结构：

5′-GGAGGAUCGGAGUGGCGUGACGCUGCCGCUCCACCUCCGCUCAGCAGGGGACGCCCUGGUCUGAGC-3′

4.24 预测以下非酶水解反应的产物。

***A**

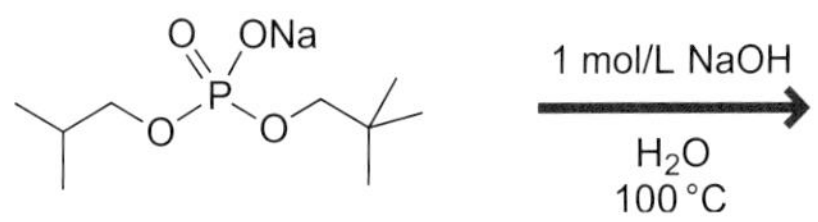
O
ONa
P
O
O
1 mol/L NaOH
H_2O
100 °C

***B**

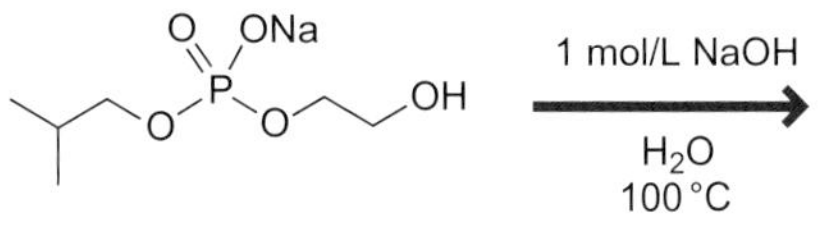
O
ONa
P
O
O
OH
1 mol/L NaOH
H_2O
100 °C

C

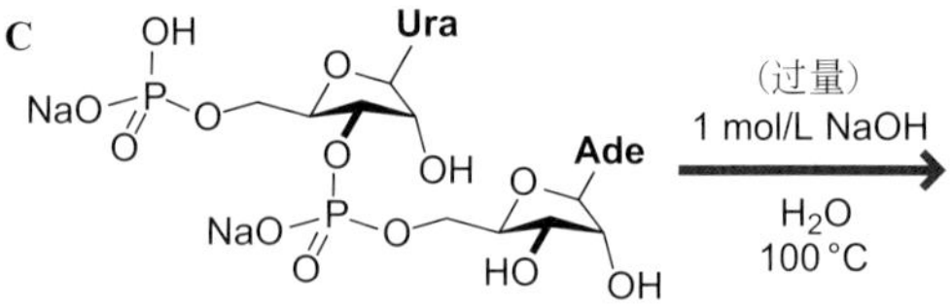
OH
NaO
P
O
Ura
O
OH
Ade
NaO
HO
OH
（过量）
1 mol/L NaOH
H_2O
100 °C

***4.25** 下面的 RNA 分子能够折叠成三维形状，水解较短的 RNA 分子。

核酶 5'-GGCGACCCUGAUGAGGCCGAAAGGCCGAAACCGU-3'

水解位置
↓
底物 5'-ACGGUCGGUCGCC-3'

A 小的 RNA 分子是如何以最大程度碱基配对的方式与催化 RNA 结合的？

B 哪些核酶序列能有效地催化以下底物的水解：5′-GCCGUCGCUGCGC-3′？

4.26 携带氯霉素抗性基因的质粒，转染进细菌

之后，细菌需要一段生长诱导期，才可以添加抗生素。在添加抗生素之前，下列哪种抗生素还需要质粒转染后的生长诱导期？

抗生素	靶点	普通抗性蛋白
氨苄西林（Ampicillin）	细胞壁合成	β- 内酰胺酶
四环素（Tetracycline）	核糖体	四环素外排泵蛋白
卡那霉素（Kanamycin）	核糖体	卡那霉素：磷酸转移酶
磷霉素（Fosfomycin）	细胞壁生物合成	磷霉素环氧化物水解酶
莫匹罗星（Mupirocin）	亮氨酰 -tRNA 合成酶	抗亮氨酰 -tRNA 合成酶

4.27 速激肽前体蛋白的 mRNA 序列如下所示，翻译区域为大写：

gcgccgcaaggcacugagcaggcgaaagagcgcgcucggaccuccuucccggcggcagcuaccga
gagugcggagcgaccagcgugcgcucggaggaaccagagaaacucagcaccccgcgggacugucc
gucgcaaaauccaacAUGAAAAUCCUCGUGGCCUUGGCAGUCUUUUUU
CUUGUCUCCACUCAGCUGUUUGCAGAAGAAAUAGGAGCCAAUG
AUGAUCUGAAUUACUGGUCCGACUGGUACGACAGCGACCAGAU
CAAGGAGGAACUGCCGGAGCCCUUUGAGCAUCUUCUGCAGAGA
AUCGCCCGGAGACCCAAGCCUCAGCAGUUCUUUGGAUUAAUGG
GCAAACGGGAUGCUGAUUCCUCAAUUGAAAAACAAGUGGCCCU
GUUAAAGGCUCUUUAUGGACAUGGCCAGAUCUCUCACAAAAUG
GCUUAUGAAAGGAGUGCAAUGCAGAAUUAUGAAAGAAGACGU
UAAUAAacuaccuaacauuauuuauucagcuucauuugugucaaugggcaaugacagguaa
auuaagacaugcacuaugaggaauaauuauuuauuuaauaacaauuguuuggguugaaaauuc
aaaaaguguuuauuuuucauauugugccaauauguauuguaaacauguguuuuaauuccaauau
gaugacucccuuaaaauagaaauaagugguuauuucucaacaaagcacaguguuaaaugaaauug
uaaaaccugucaaugauacagucccuaaagaaaaaaaaucauugcuuugaagcaguugugucagc
uacugcggaaaaggaaggaaacuccugacagucuugugcuuuuccuauuuguuuucauggugaa
aauguacugagauuuugguauuacacuguauuuguaucucugaagcauguuucauguuuugug
acuauauagagauguuuuuaaaaguuucaaugugauucuaaugucuucauuucauuguaugau
guguugugauagcuaacauuuuaaauaaaagaaaaaauaucuug

A 标记起始密码子和终止密码子。

B 在核糖体结合位点下划线。

C 标记 G- 帽子的连接点。

D 标记 poly(A)尾巴的连接位点。

E 列出由核糖体翻译的前五个氨基酸的序列。

***4.28** *ENOD40*（早期结瘤蛋白 40）基因在豌豆、大豆、紫花苜蓿和烟草植物的早期发育过程中表达，能产生两种可以与蔗糖合酶结合的多肽，即多肽 A（12 个氨基酸）和多肽 B（24 个氨基酸）。多肽 A 的开放阅读框（绿色大写字母）和多肽 B 是重叠的。

1 gaauuccgcu aaaccaaucu aucaaguccu gauuaaucug gugagcAUGG AGCUUUGUUG
61 GCUCACAACC AUCCAUGGUU CUUGAagaag cuuggagaga aaggggugug agaggagagg
121 gugcucacuc cucacacucc cucacuuaaa acaguuuguu uuggcuuagc uuuggcuucu
181 cugaucaaca agggaugugu ucuaacauuc uuucuugagu ggcggaagca gauacacauu
241 cuccgacgga ggagaggcuu ggcuacagcc uggcaaaccg gcaagucaca aaaaaggcaa
301 uggacuccau uggggucucu auggcuaugu agugcucaug uaguucuucu ugcuguagaa
361 uguaauaaua aacaaaguug gucuuccuuu ugagaaguua ccagcuuuug cuguccaaaa
421 uuacucaauu ugcagcugac uagaauuccu uucucucuuc aguuucugca gaugaguagg
481 uaggcaauuu gugaucacuc ccuucccuuu ucaugucuuc uguguucccu uuuccaugcu
541 uguuuguguu guuaguuaug accuuaugag gaaauaaaag aauaguacaa uucuaguccc
601 ucaguuuagg auuguauucu auugaacuuu auuagaaaag uuuccagagu ccuuucuaaa
661 aaaaaaaaaa aaaaaaaaa

A 将多肽 A 的开放阅读框的 mRNA 序列翻译成多肽序列。

B 识别多肽 B 的开放阅读框并将其翻译成 24 个氨基酸序列。提示：寻找起始密码子。

4.29 一种 T7 RNA 聚合酶的变体可以识别 2′-*O*- 甲基核苷酸三磷酸。比较 2′-*O*- 甲基 RNA 和野生型 RNA 用 NaOH 水溶液进行化学水解和用 RNase A 进行酶促水解的反应性。

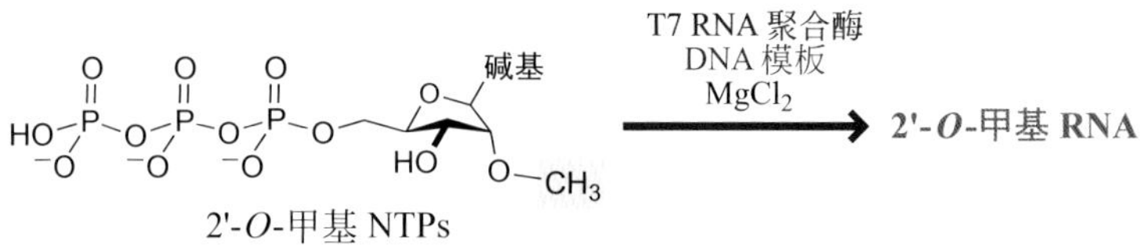

碱基

T7 RNA 聚合酶
DNA 模板
$MgCl_2$

2'-*O*-甲基 RNA

2'-*O*-甲基 NTPs

4.30 双链 RNA 激活蛋白激酶由至少 33 bp 长的双链 RNA 激活，或由在单链一侧带有 5′- 三磷酸的短茎环激活。写出以下双链 RNA 激活蛋白激酶激活剂的碱基配对结构，要考虑 G·U 间可能存在 wobble 碱基对。

5'-ppp GAGGUCACUGACUAAGUUGGUGAAAUCUUGAUUUAUCAGUGACAAG-3'
激酶激活 RNA

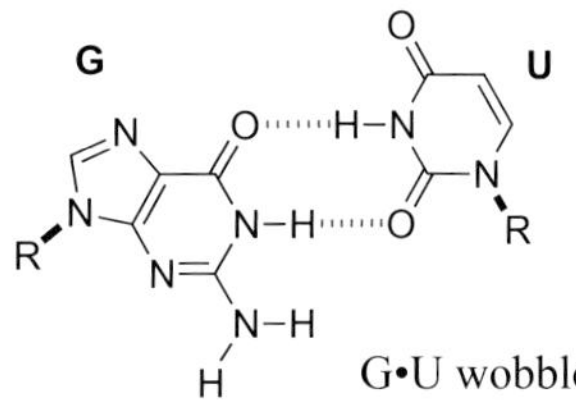

G U

G•U wobble 碱基对

***4.31** DEPC 不能有效地使溶解在 Tris 缓冲液中的核糖核酸酶失活。请利用网络资源查找 Tris 的结构，然后提出 Tris 干扰核糖核酸酶失活的合理解释。

第5章　多肽和蛋白质的结构 (Peptide and Protein Structure)

学习目标 (Learning Objectives)

- 熟练掌握蛋白质结构的基本词汇：常见的核糖体氨基酸和它们的单字母缩写。
- 认识疏水作用是蛋白质折叠与结合的主要因素。
- 学习多肽化学合成中所基于的化学反应机理。
- 理解控制蛋白质构象的基本化学作用力。
- 区分螺旋、折叠和转角中不同的氢键模式。
- 将氨基酸与其倾向于形成的典型二级结构联系起来。
- 认识蛋白质折叠中各级结构的特点。

“蛋白质”(Protein)这一名称源于希腊语“πρωτειοσ”，意为“最重要的”，反映了其在生物学中的中心地位。1838年，荷兰化学家格里特(Gerrit Jan Mulder)以该命名来帮助人们认识蛋白质在动物饮食中的必要性，之后贝采尼乌斯(Berzelius)发现这类重要物质都具有相似的经验式。从结构单元来说，蛋白质是由氨基酸通过酰胺键连接构成的多聚物，与仅含四种核苷酸的DNA或RNA相比，它通过20种氨基酸能够展示出更多不同的官能团和结构。从结构解析的过程来看，DNA的结构早于序列被测定；蛋白质却正好相反：早在第一个结构被确定之前，蛋白质中氨基酸残基的序列就可以运用**埃德曼降解**(Edman degradation)的方法进行测定。

蛋白质的聚酰胺骨架提供了比其他任何聚合物骨架都更为强大的形成氢键的能力。为满足这些氢键以及疏水相互作用，蛋白质通过折叠形成各种各样能被明确定义的形状。然而正是这样以折叠成特定形状来发挥一系列化学功能的能力，使得蛋白质具有远比寡核苷酸更多的用途。事实上，蛋白质确实可以作为催化剂、力传导机器、细胞门卫、结构材料和环境传感器，并且在细胞内还具有众多其他的重要功能。

不同于DNA单调的双螺旋结构，蛋白质折叠后的构象高度依赖其序列。大多数蛋白质在几乎无限多种的可能中仅采取一种独特的构象。因此，要真正解析蛋白质和酶的构象，还需要能够揭示蛋白质折叠结构的方法。随着结晶在20世纪初成为纯化蛋白质的一种有效方法，蛋白质的结构表征也得以迅速发展。一开始几乎没有人相信蛋白质能够通过X射线衍射测定其结构所必需的有序堆积，而1934年多罗西·克劳福特·霍奇金(Dorothy Crowfoot Hodgkin)和贝尔纳(J. D. Bernal)却证明了胃蛋白酶的晶体能够衍射X射线。

图5.1 观察蛋白质。约翰·肯德鲁（John Kendrew，左）和马克斯·佩鲁茨（Max Perutz）因首次确证蛋白质的三维结构获得1962年诺贝尔化学奖。在结构生物学开创时期，科学家们手工制作了蛋白质的分子模型。（由MRC分子生物学实验室提供。）

在整个19世纪30年代和40年代，霍奇金都在通过X射线晶体学来解析含数十个原子的生物分子结构，但对于由数千个原子组成的蛋白质大分子似乎无能为力。尽管如此，马克斯·佩鲁茨（Max Perutz）和约翰·肯德鲁（John Kendrew）仍然凭借过人的胆识去尝试用X射线晶体学技术来解析血红蛋白和肌红蛋白这两个相关金属蛋白的结构，并且在1959年成功阐明了第一个折叠球状蛋白质的三维原子模型（**图5.1**）。现在，X射线晶体学已经被成功应用于成千上万个蛋白质的结构解析。

5.1 氨基酸和多肽（Amino Acids and Peptides）

标准的核糖体氨基酸功能广泛

在所有生命体中，核糖体通常将20种氨基酸组装成蛋白质。如**图5.2**所示，这些氨基酸可以根据酸性、碱性、芳香性、疏水性、极性、含硫与否和柔韧性进行分类。除了甘氨酸，其他19种氨基酸都具有手性，并且根据Cahn-Ingold-Prelog规则，除半胱氨酸外的手性氨基酸都含有*S*构型的α手性中心。半胱氨酸是*R*构型，因为硫原子使其所在侧链具有比羧酸更高的优先级。苏氨酸和异亮氨酸由于具有第二个手性中心而较为特殊：苏氨酸的β-碳是*R*构型，而异亮氨酸的β-碳是*S*构型。

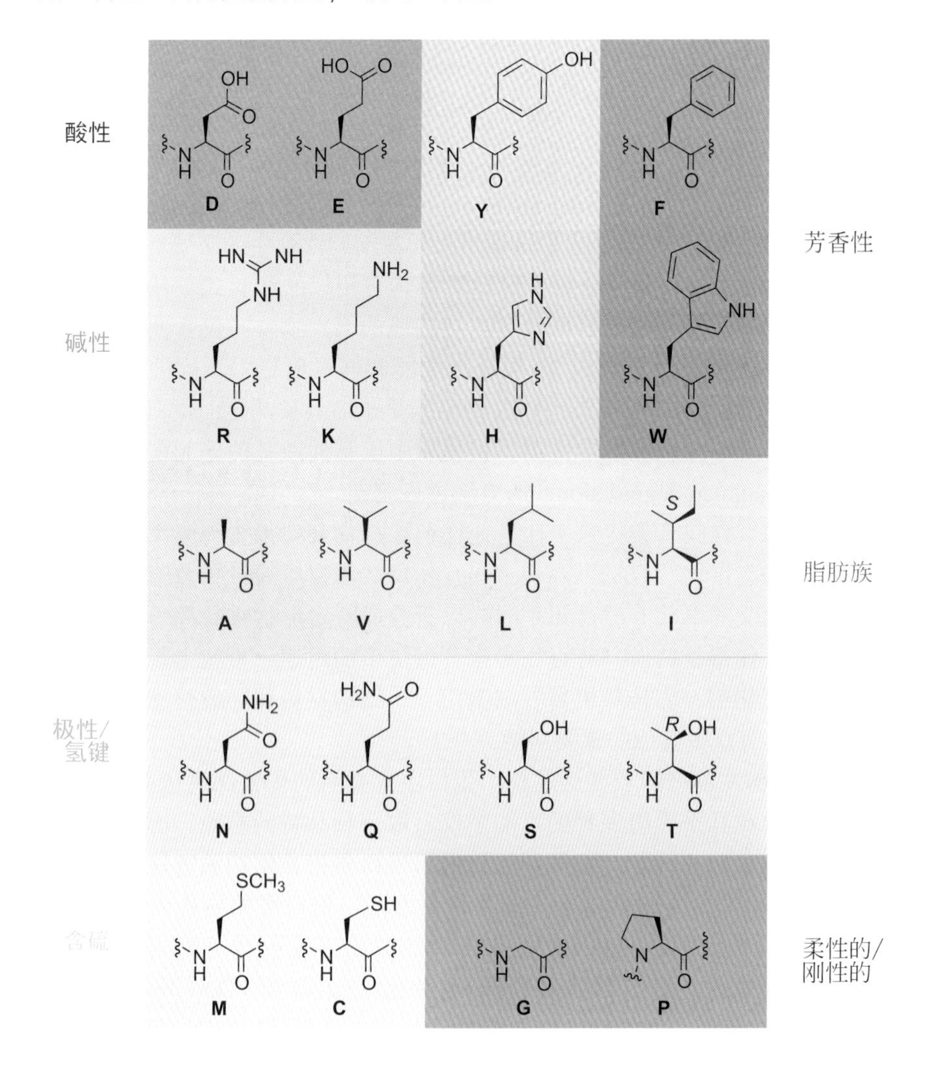

图5.2 核糖体利用的20种氨基酸。地球上所有的核糖体都是利用这些氨基酸进行蛋白质合成的，它们可以根据相应的固有特性进行分类。

人体细胞能够生物合成这20种氨基酸中的11种，但余下的9种氨基酸是营养必需品。这些“必需氨基酸”包括组氨酸、赖氨酸、甲硫氨酸（或半胱氨酸）、苯丙氨酸（或酪氨酸）、苏氨酸、色氨酸和缬氨酸。在营养缺乏的情况下，半胱氨酸能够通过生化过程转换为甲硫氨酸，酪氨酸能够转化为苯丙氨酸。赖氨酸和色氨酸这两种必需氨基酸在大多数植物蛋白中含量很低，因此，严格的素食主义者应该特别注意饮食平衡，确保摄入足够量的这两种氨基酸。

氨基酸聚合形成多肽和蛋白质

多肽的分子量通常小于5 kDa，大小约为40个氨基酸残基。尽管存在着许多刚性结构的例子，但多肽通常并不具有确定的高级结构，而是在大量不同的构象之间转换。线性多肽的骨架具有两个末端：带有氨基的一端称为**N末端**（N terminus），而带有羧基的一端称为**C末端**（C terminus）。按照惯例，多肽可以用氨基酸单字母或三字母代码（**表5.1**）按照从N端到C端的顺序来表示。三字母的缩写通常对应氨基酸名称的前三个字母（Asn、Gln和Trp除外）。简洁的单字母代码可能更难记，但是更为常用。蛋白质中的氨基酸残基通常以单字母代码加序列编号进行标识。例如，组氨酸171可缩写为H171，天冬氨酸167可标记为D167（**图5.3**）。应当记住表5.1中所列出的三字母及单字母缩写，就像碱基的缩写A、G、C、T和U一样，这些代码是生物有机化学和化学生物学基础知识的一部分。

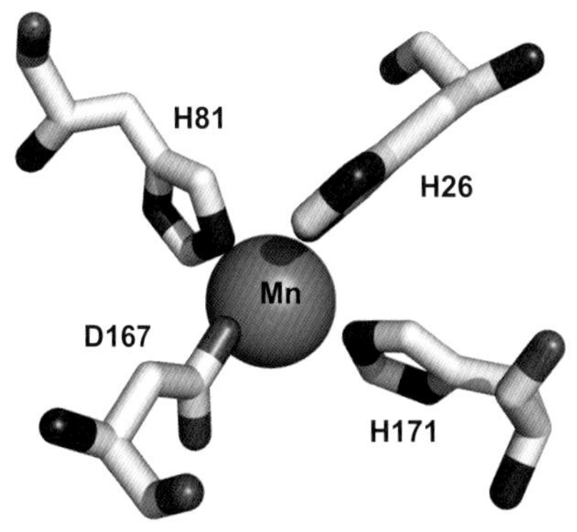

图5.3 简写。单字母缩写加序列编号用于标记蛋白质残基。（PDB：1IXB）

表5.1 人类蛋白质中20种最常见的氨基酸

名称	三字母代码	单字母代码	侧链 pK_a	使用频率[a]	去溶剂化能/（kcal/mol）[b]
亮氨酸（Leucine）	Leu	L	—	10.02	–2.3
丝氨酸（Serine）	Ser	S	13.0	8.11	+5.1
丙氨酸（Alanine）	Ala	A	—	6.94	–1.9
谷氨酸（Glutamic acid）	Glu	E	5.3	6.86	+9.4
甘氨酸（Glycine）	Gly	G	—	6.59	—
脯氨酸（Proline）	Pro	P	—	6.12	—
缬氨酸（Valine）	Val	V	—	6.07	–2.0
精氨酸（Arginine）	Arg	R	12.5	5.67	+19.9
赖氨酸（Lysine）	Lys	K	10.8	5.63	+9.5
苏氨酸（Threonine）	Thr	T	13.0	5.32	+4.9
天冬氨酸（Aspartic acid）	Asp	D	3.9	4.69	+11.0
谷氨酰胺（Glutamine）	Gln	Q	—	4.66	+10.2
异亮氨酸（Isoleucine）	Ile	I	—	4.43	–2.2
苯丙氨酸（Phenylalanine）	Phe	F	—	3.79	–0.8
天冬酰胺（Asparagine）	Asn	N	—	3.61	+9.7
酪氨酸（Tyrosine）	Tyr	Y	10.1	2.75	+6.1
组氨酸（Histidine）	His	H	6.0	2.60	+10.3
半胱氨酸（Cysteine）	Cys	C	8.3	2.32	+1.2
甲硫氨酸（Methionine）	Met	M	—	2.20	+1.5
色氨酸（Tryptophan）	Trp	W	—	1.32	+5.9

a 基于人cDNA（约2008个）中密码子使用频率计算得到的百分比。

b 去溶剂化能指将中性侧链从水相移动到气相的自由能。带电荷侧链由于去溶剂化能量消耗过高而无法直接测量。（此表格来自Creighton，Proteins：Structures and Molecular Properties，2nd ed. New York：W.H. Freeman，1993.）

用单字母代码描述最常见的蛋白质突变（取代或缺失）相对容易。这些发生了改变的蛋白质一般被称为**变体**（variants），这样命名就可以把“突变”（mutant）一词用来特指在 DNA 水平发生的变化。例如，一个超氧化物歧化酶的 167 位天冬氨酸（D167）被谷氨酸（E）替代的变体可描述为“超氧化物歧化酶的 D167E 变体”。此外，发生氨基酸残基缺失的蛋白质变体用希腊字母中大写德尔塔（Δ）来表示。例如，导致囊性纤维化的转运蛋白 ΔF508 表示“变体缺少原蛋白质在 508 位的苯丙氨酸”。

问题5.1

使用计算机呈现程序查看 PDB 编号 3ZNF 的晶体结构。与锌原子接触的四个氨基酸是什么（用单字母代码加残基编号表示）？

与寡核苷酸一样，如果非回文结构序列中氨基酸残基的排列顺序发生颠倒，则将得到一条完全不同的多肽。例如，抗生素 microcin C7 的多肽成分 MRTGNAD 既不是反向序列 DANGTRM 的对映异构体，也不是其非对映异构体（**图 5.4**）。二者最恰当的可定义关系是分子式均为 $C_{28}H_{49}N_{11}O_{12}S$ 的同分异构体。由于化学结构上的差异，这两条多肽不太可能具有相同的生物活性。

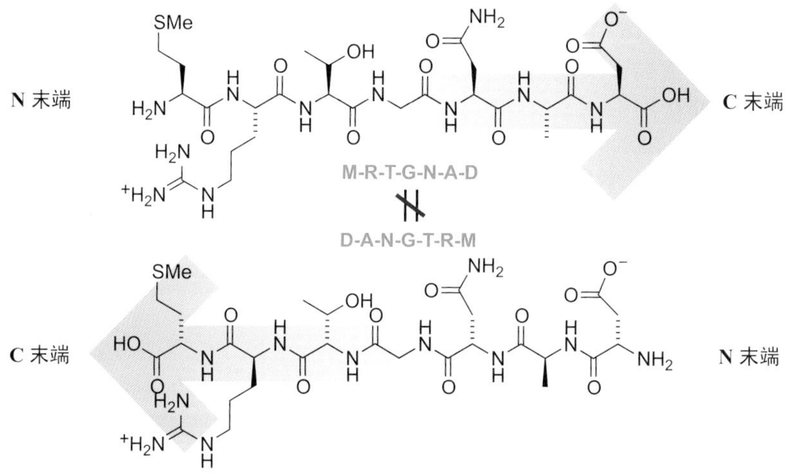

图5.4 多肽具有方向性。按照惯例，多肽按图中蓝色箭头所示从N端到C端进行描述。单字母代码不能传递立体异构关系的信息。两条七肽MRTGNAD（上）和DANGTRM（下）仅是同分异构体，而非镜像关系。

问题5.2

六肽序列 IRGERA 是口蹄疫病毒的主要抗原位点。源自口蹄疫病毒主要抗原决定簇的短肽已被用于在小鼠体内诱导抗体。

A 画出六肽 IRGERA 的扩展结构。

B 画出 IRGERA 对映体（*ent*-IRGERA）的扩展结构。

C 画出反向序列多肽 AREGRI 的扩展结构。

D 画出反向序列对映体多肽（*ent*-AREGRI）的扩展结构。

E 在 IRGERA 的三种非天然类似物中，哪种能够与针对天然肽的抗体形成最佳结合？

氨基酸侧链具有可预测的质子化状态

在探索氨基酸侧链的质子化状态之前，首先要考虑细胞内部的 pH。一般来说，pH=7.2 是对细胞质 pH 的一个合理估计，而细胞质里有各种羧酸盐和无机磷酸盐进行缓冲。pH 在 7.2 和 7.4 之间通常被称为生理 pH。根据 Henderson-Hasselbalch 方程，对于任何官能团来说，其质子化形式与去质子化形式之比为 $10^{(pK_a-pH)}$。在 pH=7.2 的生理条件下，pK_a 大于 7.2 的任何官能团都倾向于质

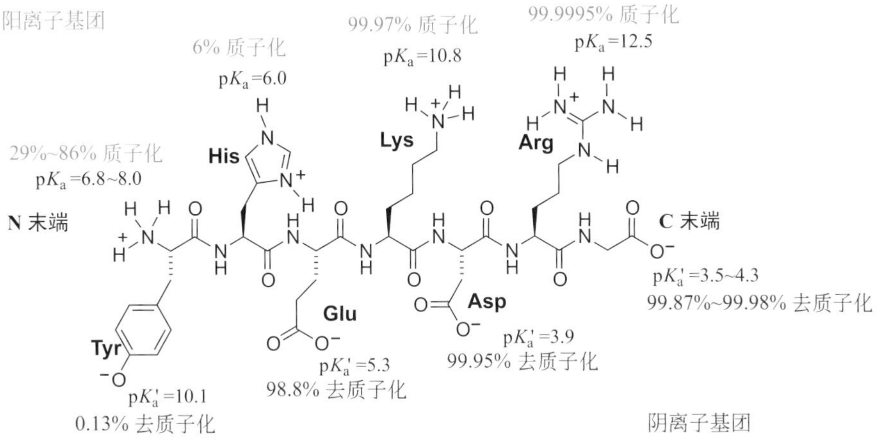

图5.5 蛋白质侧链的pK_a决定了质子化形式与去质子化形式的比例。图中为pH=7.2时各官能团质子化或去质子化比例的计算值。

子化，而 pK_a 小于 7.2 的官能团则倾向于去质子化（**图 5.5**）。除组氨酸外，酸性和碱性氨基酸通常在生理 pH 下都带有电荷，这有助于多肽和蛋白质在水中溶解。超过 7% 的半胱氨酸硫醇在 pH=7.2 时是去质子化的，而半胱氨酸较强的亲核性就部分源于这种阴离子形式。蛋白质的 C 端和 N 端由于骨架酰胺的诱导效应而呈现异常的酸性。骨架上的羰基对 N 末端具有很强的极化效应，使得 N 端氨基的酸性比赖氨酸侧链 ε-氨基强 1000～10000 倍；而骨架上的氮对 C 末端的羧酸基团影响较小，使其酸性与谷氨酸侧链羧基相比增强了不到 10 倍。

使用“酸性”和“碱性”来描述侧链容易令人迷惑。在生理 pH 下，暴露在溶剂中的“酸性”残基 Asp 和 Glu 的侧链是去质子化的，并不能给出质子。类似地，在生理 pH 条件下，“碱性”残基 Lys 和 Arg 的侧链是质子化的，不能作为碱接受质子。蛋白质内部的情况则有所不同，对其进行模拟时经常使用的有效介电常数在 4～20 之间（作为对比，水相的有效介电常数为 78，气相为 1）。在这种内部环境中，蛋白质侧链倾向于不带电的形式。而蛋白质表面因氨基酸侧链通常是溶于水的而倾向于带电的状态。

问题5.3

下表列出了来源于较大蛋白质的三种多肽。每个片段都会导致血小板聚集，这也是血液凝固的关键步骤。

A 包括末端在内，以下三种多肽在 pH=7.3 时的净电荷是多少？

蛋白质	功能	序列
ARL6IP5	谷氨酸转运	NKDVLRRMKK
PVRL3	细胞黏附	RFRGDYFAK
CLCN7	氯离子通道	KGNIDKFTE K

B 第一条多肽在 pH=7.3 时能够更好地结合到带正电荷的表面还是带负电荷的表面？为什么？

氨基酸侧链介导蛋白-蛋白相互作用

蛋白质侧链之间的相互作用使其能形成某种独特的有利折叠构象。除稳定折叠蛋白质之外，这种侧链-侧链相互作用还可以介导蛋白-蛋白相互作用、受体-配体相互作用以及酶-底物相互作用。为了对氨基酸化学进行深入认识，我们将考察蛋白质内部以及蛋白质之间最重要的“侧链-侧链”相互作用。

我们希望读者对比表 5.1 最后一栏中的侧链去溶剂化能与图 5.2 中氨基酸侧链的化学结构。这一必要的练习揭示出对于精氨酸、谷氨酸、天冬氨酸、

表5.2 蛋白质内代表性的侧链-侧链相互作用

侧链	侧链	实测值 / 预期值
Phe	Phe	4.30
Ile	Ile	3.76
Met	Met	3.73
Leu	Leu	3.57
Ile	Leu	3.28
Leu	Trp	3.04
Tyr	Tyr	2.64
Val	Leu	2.62
Val	Val	2.45
Leu	Tyr	2.35
Met	Cys	1.65
Arg	Asp	1.60
Tyr	Pro	1.60
Lys	Glu	1.27
Ala	Leu	1.26
Asp	His	1.13
Leu	Thr	1.03
Thr	Thr	0.89
Gln	Asn	0.86
Thr	Ser	0.61
Leu	Gly	0.59

谷氨酰胺、天冬酰胺以及组氨酸等极性氨基酸而言，即使是以中性形式存在，其侧链上的水也很难除去。实际上，带正电或带负电的侧链的去溶剂化能太大，以至于难以测量。因此即使天冬氨酸羧酸负离子与赖氨酸铵正离子发生相互作用是极为有利的，也需要各自克服与水分子的强相互作用。类似地，虽然丝氨酸和苏氨酸侧链之间形成氢键是非常有利的，但这是以牺牲它们与水之间极为有利的氢键相互作用为代价的。而疏水性侧链的去溶剂化较为容易。事实上，亮氨酸、异亮氨酸、缬氨酸和丙氨酸的脂肪性侧链发生去溶剂化在热力学上是有利的，因为这类侧链本身就有疏水倾向。

如果只列举出400种可能出现的侧链-侧链相互作用的能量范围并没有太大意义，因为这些所涉及的能量都比较小，并且高度依赖侧链的方向和局部的介电常数。尽管如此，对蛋白质结构中的侧链-侧链相互作用进行统计学分析，也能够发现一些有意义的规律。

如**表5.1**所示，氨基酸在蛋白质中的出现频率并不相同，而这些频率可以用于分析侧链-侧链相互作用。在人源蛋白质中，亮氨酸的含量是色氨酸的7.6倍，因此我们可以预期与亮氨酸相关的相互作用理论上应当是与色氨酸相关相互作用的7.6倍。如果实际发现与亮氨酸相关的相互作用高于与色氨酸相关相互作用的7.6倍，这就值得我们留意。表5.2显示了在蛋白质内部氨基酸侧链之间相互作用的实测值与预期值的比值。非极性侧链之间的相互作用（如苯丙氨酸-苯丙氨酸、异亮氨酸-异亮氨酸以及异亮氨酸-亮氨酸）比预期的出现频率高得多（**图5.6**）。尽管表5.2中没有相应的数据，阳离子-π相互作用也比预期的更常见。在蛋白质内部，离子盐桥（如天冬氨酸-精氨酸、谷氨酸-赖氨酸）的出现频率仅略高于预期。而蛋白质侧链之间的氢键相互作用（如丝氨酸-苏氨酸、天冬酰胺-谷氨酰胺）则比预期的出现频率要低。显然，对于极性侧链而言，去溶剂化所需的能量太大，不利于相关的侧链相互作用。

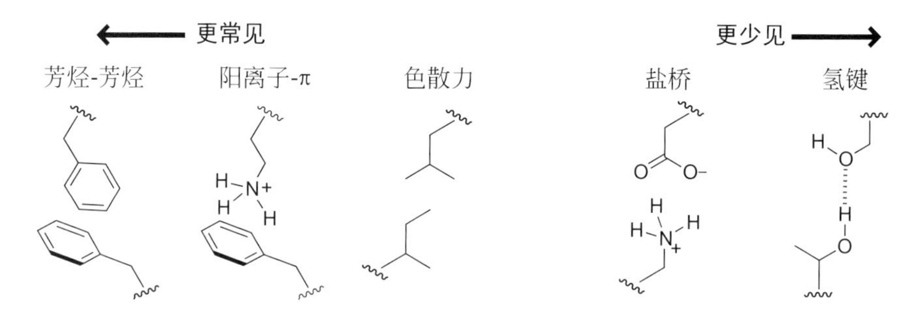

图5.6 深入内部。在蛋白质内部或蛋白-蛋白作用界面，疏水基团之间的相互作用往往比极性基团的相互作用更常见。

以上规律也适用于蛋白质之间甚至蛋白质与小分子配体之间的高亲和力相互作用。在蛋白-蛋白相互作用的界面上，包埋最深的侧链-侧链相互作用通常涉及亮氨酸、异亮氨酸、缬氨酸、丙氨酸、苯丙氨酸和甲硫氨酸（**图5.7**），而极性氨基酸往往更趋向于接近溶剂。

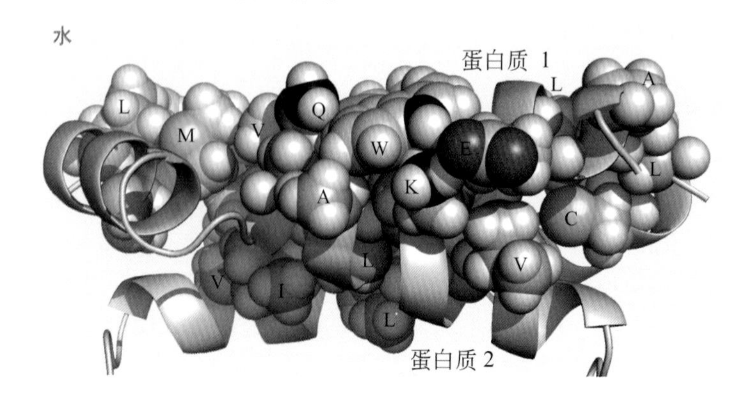

图5.7 位于蛋白-蛋白界面的疏水相互作用。氨基酸侧链（球体形式）使得蛋白质1（褐色）的α螺旋和蛋白质2（青色；仅显示出该蛋白质的顶部）的沟区之间紧密地结合。极性原子（蓝色和红色）倾向于暴露在溶剂中。（PDB：3IM4）

在膜蛋白中，芳香性氨基酸（如酪氨酸）发挥着重要作用。这些大且疏水的侧链促使膜蛋白离开水相而进入环境截然不同的细胞膜油性区域。不仅如此，这些残基也可以驱动蛋白质的折叠以及膜蛋白之间的相互作用。与预期相反，像氢键这样涉及亲水侧链的相互作用，对膜蛋白的稳定和相互作用影响不大。

问题5.4

分析蛋白质 MDM2 和一个多肽抑制剂的复合物晶体结构（PDB：3JZR）。找出蛋白质和多肽中最为明显参与侧链 - 侧链相互作用的疏水氨基酸（用单字母代码和残基编号表示，例如 K42）。

5.2 固相多肽合成（Solid-Phase Peptide Synthesis）

多肽可用作药物

绝大多数调控细胞功能的相互作用发生在蛋白质之间。从逻辑上推论，来源于蛋白-蛋白界面的短肽应该能够抑制相应完整蛋白质间的相互作用。理论上我们也应该能够相应地创造出可以抑制细胞通路的多肽药物。遗憾的是，大多数处方药均采用口服的方式，而多肽的酰胺键会被胃蛋白酶迅速水解，难以在胃肠道里被吸收。即使直接注射到血液中，多肽也面对着大量能够破坏肽键的蛋白酶。这些蛋白酶的存在使得大多数多肽在血浆中的半衰期都不超过 1 小时。一些多肽的半衰期甚至短于 1 分钟，例如亮氨酸脑啡肽（YGGFL，一种内啡肽）。尽管如此，在多肽骨架上进行细微的改造就可能显著延长其半衰期。这样的改变包括氨基酸立体构型的翻转、骨架酰胺氮原子上的烷基化、在 C 端以中性的酰胺替换带电的羧基，以及在 N 端采用不带电的焦谷氨酰残基等（**图 5.8**）。

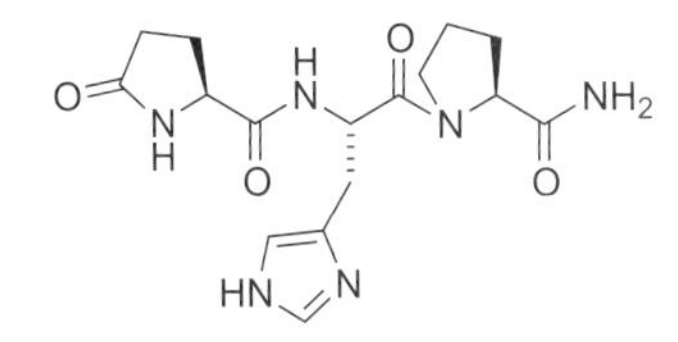

图5.8 一个天然多肽药物。促甲状腺素释放激素（thyrotropin releasing hormone）具有作为处方药所需的较长的血清半衰期。

要开发作用于细胞内靶标的多肽药物，细胞膜的渗透性则是一个终极挑战。随着能较强结合水分子的氢键数目的增多，膜渗透性会降低，这使得多肽大多难以通过细胞膜。一个例外是含有大量精氨酸的多肽，比如来源于 HIV Tat 蛋白的短肽序列 RKKRRQRRR，它不仅自身可以穿过细胞膜，还能够连接到更大的分子上增强其透膜性。Tat 多肽能够穿越细胞膜的能力被认为是一个有趣的例子，但与生物活性无关。另一个重要的例外是环孢菌素 A（cyclosporin A），它被用于抑制引起器官移植排异的 T 细胞反应。环孢菌素 A 可以口服，穿过生物膜，并且具有足够长的血清半衰期。这些不同于一般多肽的特点被认为主要得益于其骨架上的多个酰胺的 *N*- 甲基化修饰（**图 5.9**）。

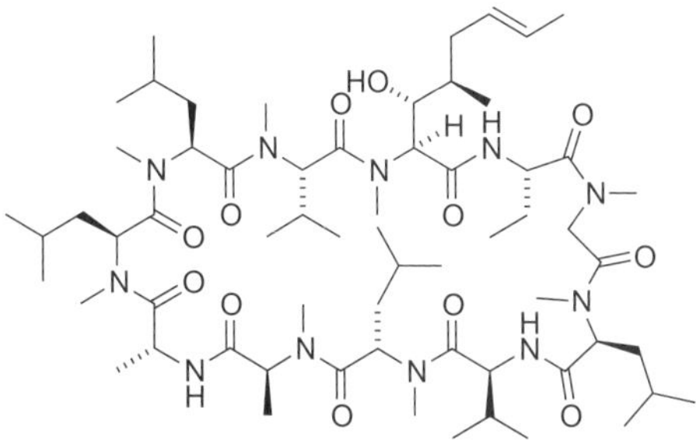

图5.9 环孢菌素A。这个在临床上用于免疫抑制的天然环肽在结构上不同于在核糖体组装的普通多肽。环孢菌素A既具有膜穿透性，又能抵抗蛋白酶降解。

尽管存在潜在的不稳定性和膜的不可渗透性问题，多种多肽药物已经获得了美国食品药品监督管理局（FDA）的批准（**表 5.3**）。这些多肽药物大多是将天然多肽激素进行修饰而来，它们主要与细胞表面的受体结合而无需进入细胞。

多肽类先导化合物经常被用于开发可生物利用的多肽或者非多肽药物。卡托普利（captopril）就是一个例子。最初，替普罗肽（teprotide）是从一种矛头蝮蛇（*Bothrops jararaca*）的抗凝血毒液中提取出来的多肽，由于其在体内能保持较长时间的活性而被选为先导化合物（**图 5.10**）。构效关系研究揭示了 Phe-Pro-Ala 序列是与目标蛋白——血管紧张素转化酶的一个可能底物结合

表5.3 多肽药物

多肽 / 药物名称	序列[a]	多肽长度（残基）
促肾上腺皮质激素释放因子（Xerecept®）	SEEPPISLDLTFHLLREVLEMARAEQLAQQAHSNRKLMEII-NH$_2$	41
降钙素（Miacalcin®）	CSNLSTCVLGKLSQELHKLQTYPRTNTGSGTP-NH$_2$	32
生长激素释放因子（1-29）（Sermorelin®）	YADAIFTNSYRKVLGQLSARKLLQDIMSR-NH$_2$	29
胸腺肽α1（Zadaxin®）	Ac-SDAAVDTSSEITTKDLKEKKEVVEEAEN	28
促肾上腺皮质激素（1-24）（Acthar®）	SYSMGHFRWGKPVGKKRRPVKVYP	24
比卢伐定（Angiomax®）	FPRPGGGGNGDFEEIPEEYL	20
生长激素抑制素	AGCKNFFWKTFTSC	14
达托霉素（Cubicin®）	WNDTGKDADGSIJ	13
特利加压素（Glypressin®）	GGGCYFQNCPKG-NH$_2$	12
曲普瑞林（Trelstar®）	pEHWSYWLRPG-NH$_2$	10
催产素（Pitocin®）	CYIQNCPLG-NH$_2$	9
亮丙瑞林（Leuprolide®）	pEHWSYLLRP-NHEt	9
奥曲肽（Sandostatin®）	FCFWKTCT*ol*	8
依替巴肽（Integrilin®）	CRGDWPC-NH$_2$	7
促甲状腺激素释放激素（Relefact®）	pEHP-NH$_2$	3

a 连线表示氨基酸残基之间的交联，例如胱氨酸残基中的二硫键。

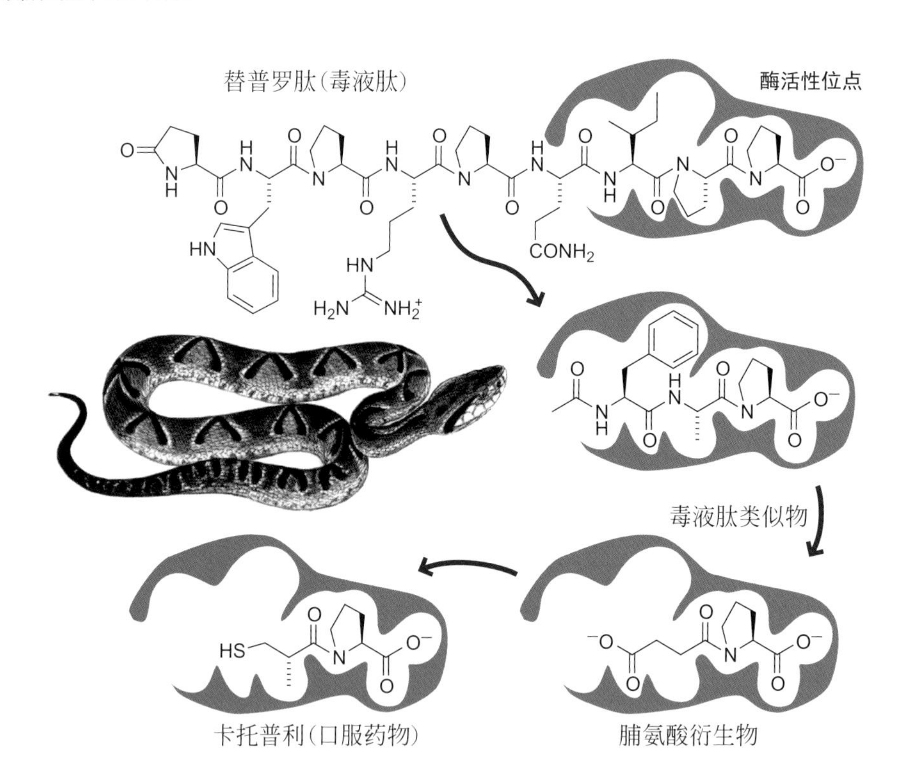

图5.10 从多肽到口服药物。来源于矛头蝮蛇（*Bothrops jararaca*）的替普罗肽可以抑制凝血。一系列设计把毒液肽改造成为可口服的小分子药物。

位点相匹配的最小药效团。最终，人们通过增加一个巯基修饰增强了它与酶活性位点锌离子的相互作用。由此得到的药物卡托普利在20世纪90年代中期的年销售额已经超过10亿美元，而同样基于替普罗肽的一个相关药物——依那普利（enalapril）在2010年的全球销售额也达到了约5亿美元。

问题5.5

基于血管紧张素转化酶的晶体结构（PDB：1UZF），哪些氨基酸与活性位点的关键锌原子相结合？

使用过量试剂并优化反应实现高通量多肽合成

固相多肽合成（solid-phase peptide synthesis，SPPS）是现代合成有机化学中最为复杂和高度优化的领域。在实际应用中，SPPS 可以被用来构建约 50 个氨基酸残基的多肽，而比这个尺寸大得多的肽（也就是蛋白质）最好使用细菌过表达来制备。常用的术语“自动多肽合成”是具有误导性的，因为其暗示仪器可以设计并执行多肽的合成。事实上，在非专业人士手中，从多肽合成仪得到的可能是一个化合物库，而不是单一产物。

与核苷酸相比，多肽的官能团更加多样化，这增大了其化学合成的复杂程度。回想一下本书前面的内容，核糖体能够熟练地以完美的化学选择性形成多肽的酰胺结构，然而多肽化学合成可能需要对多达九种不同的官能团进行保护：对 N 末端和 C 末端的保护以避免高聚化，以及对其侧链的保护来避免分支化和其他不希望发生的副反应（**图 5.11**）。成功的多肽合成需要通过对结构、反应活性和机理的深入理解来预估可能出现的问题并有针对性地设计合成条件。N 与 C 两个末端的保护基团必须足够活泼以保证在不影响侧链保护基团的条件下被脱除，同时侧链的保护基团又必须足够稳定以耐受合成中一轮又一轮的酸性或碱性反应条件。

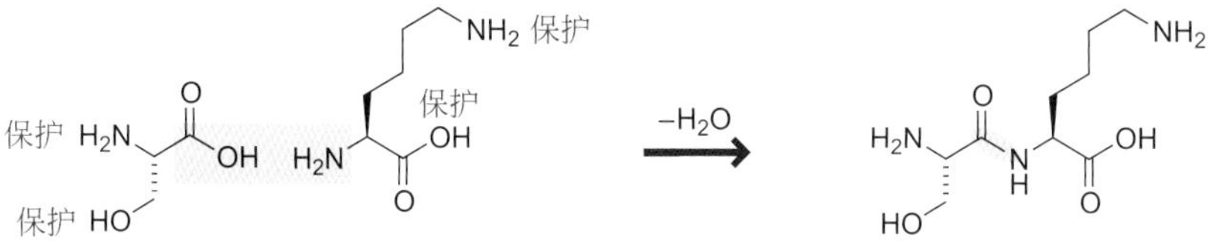

保护 H_2N OH H_2N OH 保护 NH_2 保护 保护 HO $-H_2O$ → H_2N N H OH HO NH_2

图5.11 多肽合成中的选择性保护。 图中标注的官能团需要进行保护以避免酰胺键形成过程中的副反应。

多肽化学合成需要向N末端不断重复引入羧基被活化的氨基酸

理论上经适当保护的多肽链可以在N或C末端进行氨基酸偶联（**图 5.12**）。然而遗憾的是，多肽的 C 末端与氨基进行缩合时存在竞争性的环化反应，随之发生的氨基酸差向异构化破坏了天然肽键的延伸。因此，要从 N 端到 C 端进行多肽合成，整条多肽都会受到差向异构化的影响。相比之下，如果从 C 端到 N 端进行合成，只有待连接的单氨基酸试剂可能发生差向异构化，那么在每轮缩合反应时，由于有过量的氨基酸试剂，以损失其 5% 来避免毁掉 5% 的多肽链是更为有利的。

在现代多肽合成中，氨基酸试剂的环化反应可以通过将 α-氨基（图 5.12）保护为氨基甲酸酯来进行抑制。实验表明，氨基甲酸酯保护的氨基酸发生环化副反应的比例与酰胺保护相比要更低。当酰胺键形成后，氨基甲酸酯保护基可以在不影响侧链和 C 末端保护基的情况下选择性脱除。

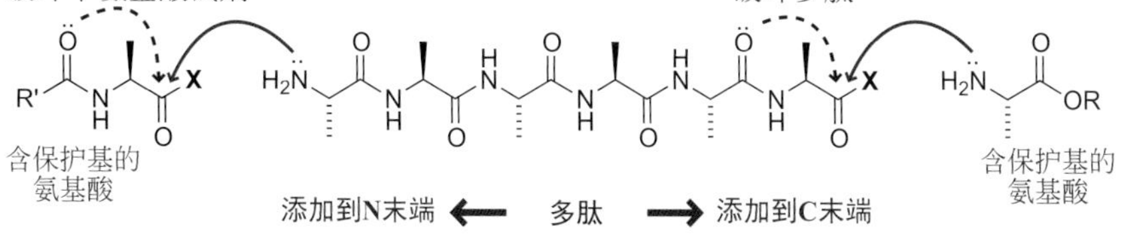

破坏单氨基酸试剂 破坏多肽
R' N H X H_2N N H N H N H N H X H_2N OR
含保护基的氨基酸 含保护基的氨基酸
添加到N末端 ← 多肽 → 添加到C末端

图5.12 多肽能够通过在C或N末端加上一个含保护基的氨基酸得以延长。 一旦羧酸被活化，邻近的羰基会参与一个不希望发生的环化反应（图中虚线箭头所示）。根据策略的不同，环化副反应可能破坏单氨基酸试剂，或者破坏不断增长的肽链。考虑整个多肽的合成，牺牲部分试剂比毁掉整个肽链更有利。

去除过量化学试剂和副产物的需求推动了固相多肽合成的发展

要合成较长寡肽，足够快的反应速率至关重要。在缩合反应中，酰胺键的形成会受到其他消耗一个或多个反应试剂的竞争性副反应的影响。反应试剂的不足会导致多肽产量降低，而副反应的增多会导致较多杂质产生。杂质的分离在最终纯化过程中耗时耗力。如果杂质无法除去，那么整个合成都需要重新进行。因此，每次缩合都是酰胺键形成与其他副反应之间的一次竞争。而赢得竞争的一种方法就是使用更高浓度的反应试剂。事实上，在每一步反应中使用过量试剂对于实现快速的缩合反应至关重要，而较高的缩合反应速率有助于抑制副产物的生成。

遗憾的是，为保证高效缩合及脱保护而使用的过量试剂并不容易与产物分离。针对这个问题罗伯特·梅里菲尔德（R. Bruce Merrifield）提出了革命性的解决方案，独立设计并实现了固相多肽合成。Merrifield将多肽连接于不溶性高聚物上，使过量的试剂可以在不损失产物的情况下被洗去。这个策略与洗车过程中用水冲洗掉肥皂和污渍（相当于过量试剂和副产物）类似。

对酸或碱敏感的氨基甲酸酯可用于α-氨基的临时保护

叔丁氧羰基（*t*-butoxycarbonyl，*t*-Boc），通常缩写为Boc，被广泛应用于胺的保护。在最早的固相多肽合成中，Boc基团被用来保护α-氨基。直到现在，它仍被用在碱敏感基团保护α-氨基情况下赖氨酸侧链氨基的掩蔽。Boc保护基在较温和的酸性条件下，如1∶1的三氟乙酸（TFA）/二氯甲烷，即可被快速脱除。在这些脱保护条件下，氨基质子化形成铵盐，因此需要单独的步骤来中和铵盐将其转化为游离碱。脱保护属于S_N1类型机理的反应，其中叔丁基阳离子被三氟乙酸阴离子所捕获（**图5.13**）。在这个过程中，E1消除反应会与S_N1亲核取代反应竞争，但是经消除反应生成的烯烃产物——异丁烯很容易被重新质子化（**图5.14**），这可以从“异丁烯＋三氟乙酸＝三氟乙酸叔丁酯”这一反应的平衡常数能达到600 L/mol推测出来。

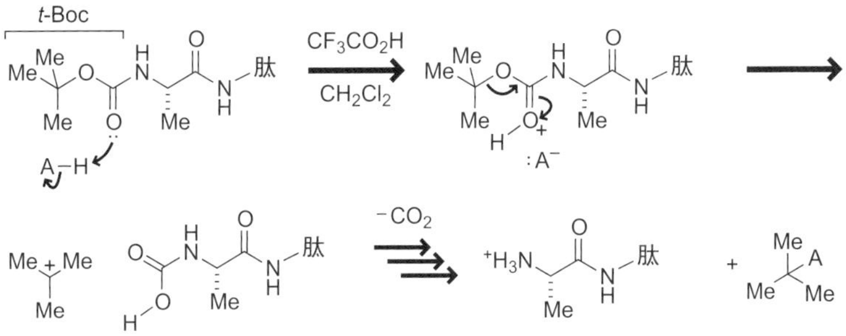

图5.13　*t*-Boc的脱除反应为S_N1机理。氨基甲酸（图左下）能够迅速脱羧。

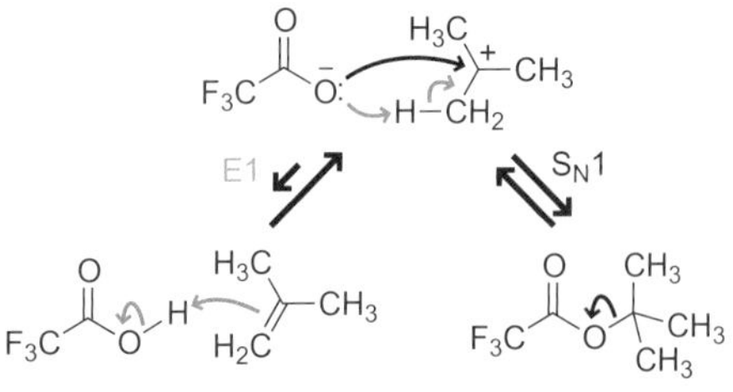

图5.14　S_N1反应与E1反应。使用三氟乙酸脱除Boc保护基时，叔丁基碳正离子发生可逆的E1消除反应和S_N1亲核取代反应。该平衡更倾向于后者生成的产物三氟乙酸叔丁酯。

芴甲氧羰基（Fmoc）保护基能够在1∶4（*V*/*V*，体积比）哌啶/*N*,*N*-二甲基甲酰胺（DMF）这样的温和碱性条件下被快速脱除。该脱除反应涉及E1cB机理：芴基去质子化生成芳香负离子，并进一步发生β-消除反应（**图5.15**）。过量的哌啶会加成到富烯中间体上。一般来说，氨基甲酸在强碱性条件下不会脱羧，但体系中的哌啶铵正离子能够提供足够的酸性诱导消除二氧化碳。与基于Boc的策略不同，脱除Fmoc保护基后能直接得到游离氨基（碱），可直接与下一个氨基酸进行缩合反应。

碳二亚胺驱动酰胺缩合形成肽键

胺和羧酸的缩合需要脱水试剂来驱动。通常这一过程的热力学驱动力是形成稳定的碳氧双键（C═O）或磷氧双键（P═O）。碳二亚胺是一类典型的偶联试剂，反应后会产生尿素类副产物。尽管碳二亚胺在现代多肽合成中很少使用，但仍广泛应用于化学生物学研究中形成酰胺键的反应中。根据所产生尿素副产物的溶解性，有几种常用的碳二亚胺可供选择。在多肽合成中，

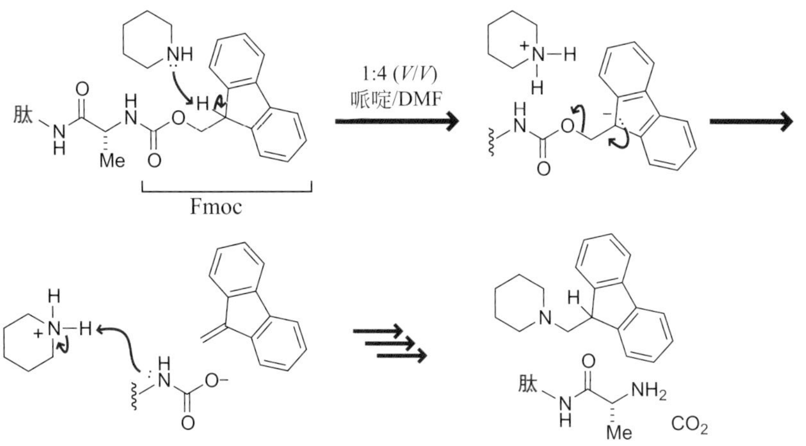

图5.15 Fmoc的脱除反应经历E1cB的机理。强碱性条件一般不利于氨基甲酸脱羧，但是哌啶铵正离子可以使氨基甲酸质子化，从而促进脱羧反应的发生（图下部）。

最常见的碳二亚胺是DIC（*N,N'*-二异丙基碳二亚胺）和DCC（*N,N'*-二环己基碳二亚胺）。人在实验室暴露于大量碳二亚胺（如DCC）中可能导致对该试剂的严重过敏反应。

碳二亚胺偶联的机理（**图5.16**）首先涉及羧酸和胺之间的酸碱平衡。碳二亚胺的质子化促进了体系中高浓度羧酸负离子的进攻。由于大多数胺是质子化形式，它们在亲核反应中不会与羧酸负离子竞争。在强碱性条件下质子化的碳二亚胺浓度较低，偶联反应也相应较慢。羧酸负离子对质子化碳二亚胺的进攻产生强亲电性的*O*-酰基异脲（*O*-acylisourea），这一中间体的羰基受到氨基进攻，置换出尿素副产物。在不存在胺的情况下，羧酸根可以进攻酰基异脲中间体生成对称的酸酐。实际上，碳二亚胺常用于酸酐的合成。

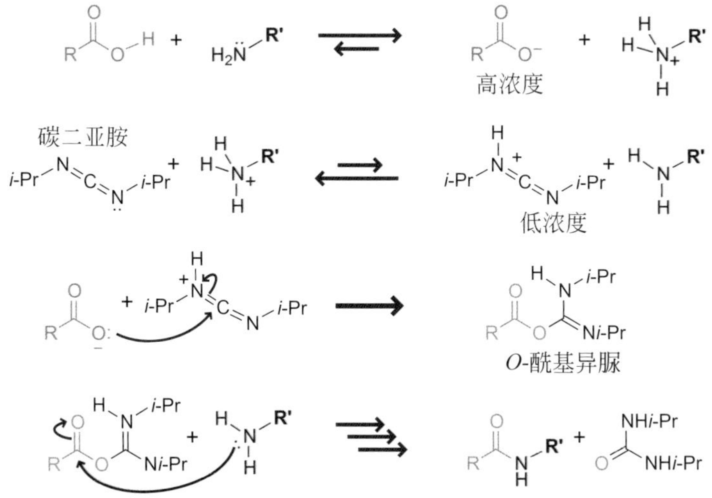

图5.16 碳二亚胺偶联。该机理展示了成功实现偶联反应所必需的质子化和去质子化中间体，以及二者之间的微妙平衡。

副反应与多肽偶联反应的竞争

O-酰基异脲一旦形成，氨基必须快速进攻；否则，两种不利的分子内副反应将可能发生：酰基的迁移或氮杂环内酯的形成。氨基的进攻取决于位阻、胺的亲核性和胺的浓度，而酰基迁移和氮杂环内酯的形成则较少依赖这些影响因素。因此，当胺的溶解性较差、位阻较大或亲核性较弱时，副反应将占据主导地位。当羧基的位阻较大时，也可能会发生副反应，例如有β-支链的苏氨酸、异亮氨酸和缬氨酸等。为了确保氨基有机会进攻*O*-酰基异脲中间体，最后向反应容器中添加碳二亚胺试剂尤其重要。

酰基迁移会形成无反应活性的*N*-酰基脲。出人意料的是，动力学研究支

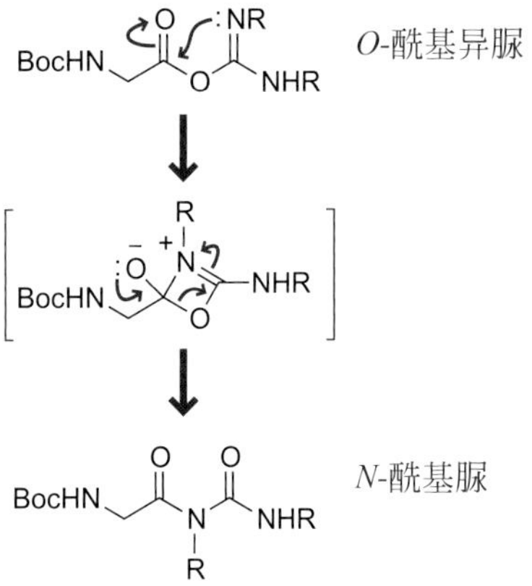

图5.17　***O*到*N*的酰基迁移**。该副反应破坏了碳二亚胺偶联反应中的羧酸底物。

持一种涉及张力较大四元环中间体的机制（**图 5.17**）。使用过量的氨基酸和偶联试剂可确保胺的酰化反应（与其他副反应相较）产率更高。在液相合成中，由于副产物 *N*- 酰基脲不容易除去，酰基迁移会带来更大的问题。

O- 酰基异脲可能发生的第二大类副反应是形成氮杂环内酯（经常拼写为 azlactone，也被称为吖内酯；**图 5.18**）。氮杂环内酯仍然可以和氨基反应，但是 *α* 手性中心的差向异构化通常会与其竞争。多肽手性中心的差向异构化一般不会发生，因为酰胺官能团 *α* 位质子的动力学酸性较弱。相比之下，由于去质子化后形成的烯醇负离子具有芳香性，氮杂环内酯的酸性就很强。这一副反应的发生还有很强的隐蔽性，因为差向异构化产物几乎不可能从目标产物中分离出来。当 *α*- 氨酰基为酰胺（如多肽链）时，氮杂环内酯的生成速度较快；而当 *α*- 氨酰基为氨基甲酸酯（如 *t*-Boc 或 Fmoc）时，其生成速度较慢。这就是多肽合成一般不直接在肽链的 C 端进行氨基酸缩合（即从 N 末端到 C 末端的方向进行合成）的原因。

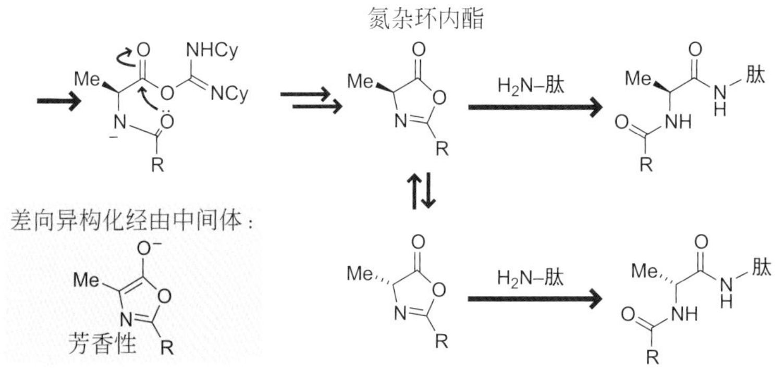

图5.18　**副反应**。氮杂内酯化反应会导致骨架上*α*-碳的差向异构化。

HOBt能减少碳二亚胺偶联中的副反应

减缓酰基迁移和氮杂环内酯形成的一种方法是将 *O*- 酰基异脲原位转化成反应途径相对简单的酰化试剂。实验证实，1- 羟基苯并三氮唑（1-hydroxybenzotriazole，HOBt）有较高的转化速率，并且所形成的 HOBt 酯不会生成氮杂环内酯。一般会加入相对于羧酸和偶联剂等物质的量的 HOBt。即使在氨基偶联比较慢的情况下，*O*- 酰基异脲也可以定量转化为能相对稳定存在的苯并三唑酯，直到被氨基进攻生成所需要的肽键（**图 5.19**）。

BOP 是一种苯并三唑膦盐，也是第一种综合了 HOBt 和脱水剂功能的常用试剂，其发生缩合的驱动力是形成一个较强的磷氧双键（P═O）。美中不足的是，BOP 反应的副产物 HMPA 是一种致癌物。Py-BOP 是比 BOP 更昂贵的一种替代物，其反应副产物中所含的是吡咯烷基，而不是二甲基氨基，因此

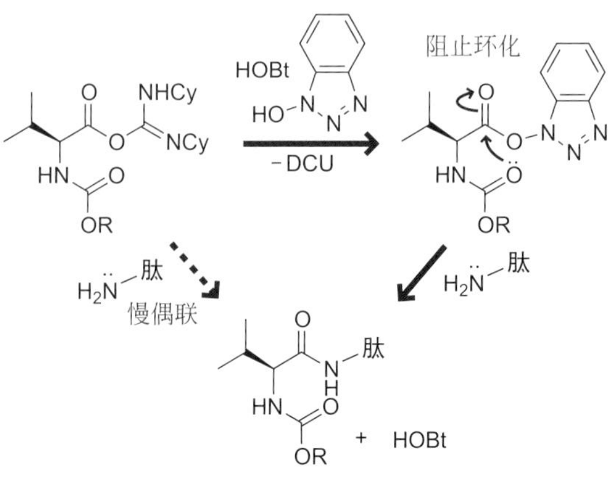

图5.19　**活化酯的形成**。抑制氮杂环内酯的形成可以减少*α*-碳的差向异构化。而苯并三唑酯很容易与多肽的N端反应形成所需的酰胺键。

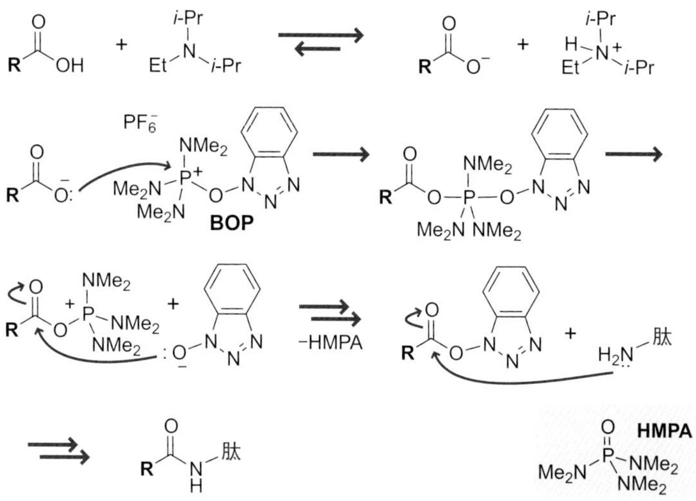

图5.20 BOP偶联机理。试剂BOP兼具脱水剂和酰基转移催化剂的双重作用。

可避免HMPA的产生。使用BOP时需要加入等物质的量的碱，通常是大位阻碱，如二异丙基乙胺（i-Pr_2NEt，Hünig碱）（**图5.20**）。

脲阳离子（uronium）偶联剂能更快形成酰胺键

苯并三氮唑脲阳离子盐（如HBTU）是与BOP相关的新型偶联试剂。和BOP一样，HBTU（**图5.21**）也将脱水试剂和HOBt的功能结合在一起，并且也需要加入等物质的量的碱来防止氨基被羧酸质子化。但与BOP不同的是，HBTU将脲阳离子基团连接到HOBt的氮原子上，在偶联反应完成后生成副产物*N,N,N',N'*-四甲基尿素。HATU是目前使用的最先进的偶联试剂之一（**图5.22**）。它是HBTU的氮杂类似物，具有更快的偶联速率，这有可能是因为吡啶环上的氮原子能与进攻的氨基形成氢键，从而降低了四面体过渡态的能量。在容易发生消旋的情况下，可以使用试剂DEPBT，它可以非常有效地抑制由于碱催化活性酯中间体发生氮杂内酯化而导致的消旋。

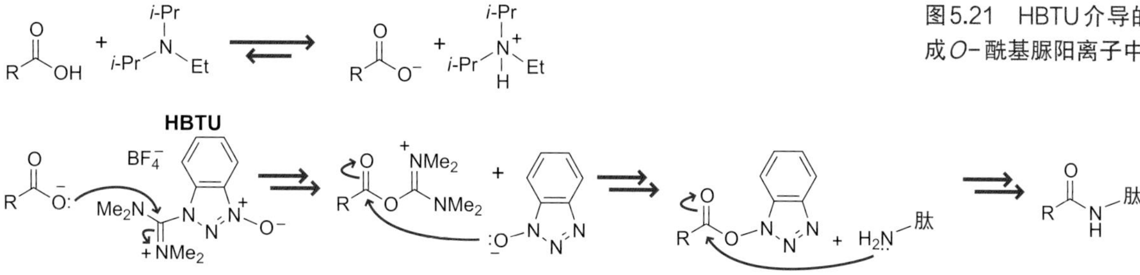

图5.21 HBTU介导的偶联过程会形成*O*-酰基脲阳离子中间体。

用于固相多肽合成的树脂由“塑料”制成

固相多肽合成使用的传统树脂是聚苯乙烯。聚苯乙烯是一种坚硬、无色的塑料，也就是用来做光盘盒的那种材料。发泡聚苯乙烯，也称为聚苯乙烯泡沫塑料，被用作隔热材料及包装材料。用于固相多肽合成的聚苯乙烯珠粒（即树脂颗粒）是通过在苯乙烯的自由基聚合反应中加入交联剂1-二乙烯基苯制备得到的。传统树脂颗粒的大小约为0.1～0.2 mm，比海滩上的沙粒还小。每个珠粒可承载约50～100 pmol的多肽，因此1 g树脂能够承载约0.5 mmol多肽。

聚苯乙烯用甲醛和氯化锌进行官能团化，可以得到氯甲基化聚苯乙烯，也

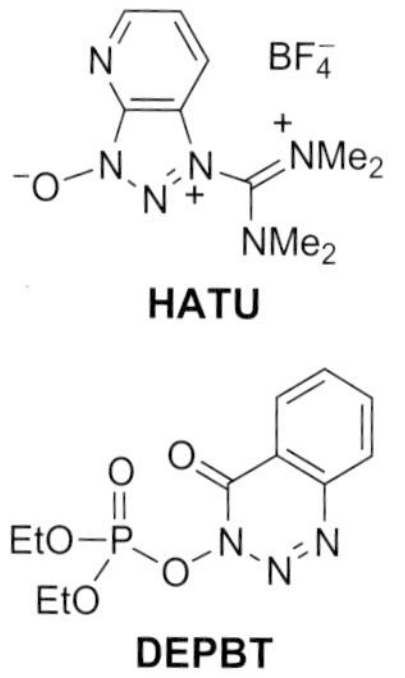

图5.22 高效偶联试剂。HATU和DEPBT是比HBTU更先进高效的多肽偶联试剂。

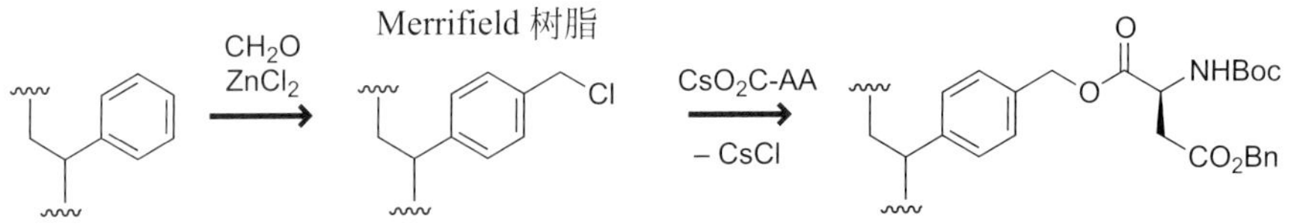

图5.23 聚苯乙烯的官能团化。与树脂的连接，既为高效合成提供了固相载体，又保护了C末端的羧酸。

CH_2O $ZnCl_2$ → Merrifield 树脂 Cl → CsO_2C-AA / – CsCl → NHBoc CO_2Bn

被称为Merrifield树脂（**图5.23**和**图5.24**）。第一个氨基酸可以通过S_N2反应形成酯键连接到树脂上，这样树脂本身也就充当了这个氨基酸的C端保护基。一般来说直接购买连有首个氨基酸的树脂要比自己完成氨基酸负载的花费要少。

“固相”一词具有一定的误导性，因为它暗含“固定不动”的意思。实际上，我们可以将固相合成使用的珠粒视为液体球，而不是静止不动的固体。一旦树脂珠粒被溶剂所溶胀，多肽和聚苯乙烯链将具有很强的流动性，从而允许试剂扩散进出。这种流动性使得固相树脂上连接的这些多肽在相互作用时并没有显著的壁垒，所以多肽可能会在合成过程中聚集，氨基酸偶联的效率也会随之降低。

对于某些非肽类反应或者基于珠粒的检测，带有羟基的溶剂理论上可能是比较理想的选择。遗憾的是，聚苯乙烯并不能很好地被水或醇类溶剂化，因此珠粒内部的肽链无法接触到试剂。如果将聚苯乙烯用聚乙二醇（PEG）官能团化，树脂颗粒就能够在包括醇和水在内的多种溶剂中被更好的溶剂化。此外，用长的亲水性PEG链修饰的蛋白药物（**图5.25**）在人体中通常有较长的半衰期，这意味着药物注射的频率能够得以降低。

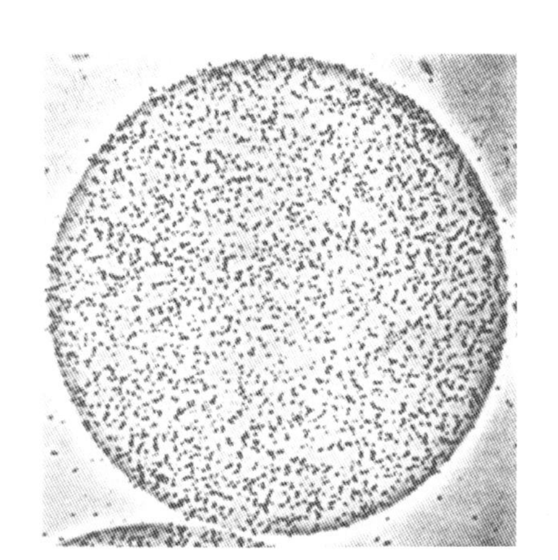

图5.24 从里到外。1%二乙烯基苯/聚苯乙烯被放射性标记的多肽修饰后制得的超薄切片，揭示了整个珠粒中多肽链的分布较为均匀。（摘自R.B. Merrifeld, *Intra-Sci Chem. Rept.* 5：184-198，1971。）

NH_2 n= 70~90 Tentagel™

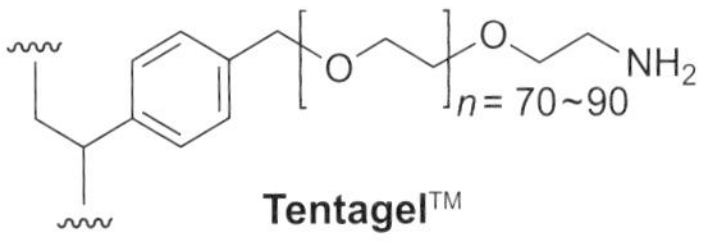

图5.25 Tentagel™是一种经改造的聚乙二醇/聚苯乙烯树脂。PEG连接子增强了树脂在含羟基溶剂（例如水）中的溶解度和性能。

可断裂连接子为合成多肽与固相载体提供了稳定且可逆的结合

在进行固相多肽合成时，多肽与树脂之间的连接子必须在所有的肽链延伸步骤中保持稳定，但又需要在合成结束后较容易被切断。这个概念被称为**正交保护**（orthogonal protection）。连接子则是根据合成需求，在多肽和固相载体间提供一个更稳固或更易断裂的连接官能团。

对于使用Boc保护氨基酸的SPPS来说，必须保证多肽-树脂连接子在一轮又一轮的TFA处理中保持稳定。当使用Merrifeld树脂时，每轮Boc脱保护都会造成约0.65%的多肽从树脂上脱落。为了减少这种副反应，可以通过苯乙酰氨基甲基（PAM）连接子将多肽固定到树脂上。由于酰胺（$pK_a' = 0.0$）的碱性比酯（$pK_a' = -6.5$）强100万倍以上，PAM连接子会优先于酯发生质子化，从而使苄酯键的稳定性和抗离子化能力提高了约100倍（**图5.26**）。

多肽从Merrifield或PAM树脂上裂解需要强酸性条件。S_N2裂解的最佳条件要使用无水氟化氢（HF），它需要从气态经特殊装置冷凝得到，但大多数实验室不具备这样的条件。HF会溶解玻璃和人体骨骼，而且它的弱酸性能使其渗透到组织深处，是一种极其危险的化学品。因此，有时可以使用三氟甲磺酸（TFMAS）替代氟化氢，例如三氟甲磺酸/苯甲硫醚/1,2-乙二硫醇（EDT）（2∶1∶1）、25℃、1 h。裂解和脱保护条件的选择很大程度上取决于多肽链的组成，通常会使用亲核性的清除剂与裂解过程中产生的苄基及叔丁基阳离子进行反应。“由低到高”（温度）的条件［三氟甲磺酸/三氟乙酸/二

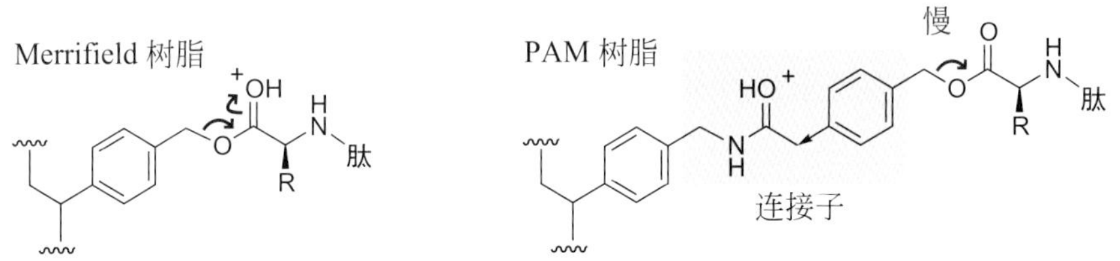

图5.26 过早裂解。使用Merrifield树脂时，多肽链在多次循环使用三氟乙酸脱除Boc保护基过程中发生S_N1机理的溶剂解反应，导致产率降低。而采用PAM树脂时，PAM连接子的质子化能够抑制这一溶剂解过程。

Merrifield 树脂 ^+OH H N 肽 R

PAM 树脂 HO^+ N H 慢 O H N 肽 R 连接子

甲硫醚/间甲基苯酚（1∶5∶3∶1）、0℃、3 h；三氟甲磺酸/三氟乙酸/苯甲硫醚/1,2-乙二硫醇（1∶10∶3∶1）、25℃、30 min］可防止酪氨酸的烷基化以及谷氨酰胺侧链发生酰化反应。

人们在大多数情况下希望合成得到的多肽在C末端是酰胺而不是羧酸。例如在合成较大蛋白质的一个多肽片段时，酰胺与羧基相比能够避免在其C末端引入负电荷。但在侧链保护基被脱除、多肽也从树脂上裂解下来后，就不可能在其C末端选择性地发生化学反应。实际上多肽链从固相切下和侧链的脱保护常常是在同一步骤中完成的。为得到C末端是酰胺的多肽，二苯甲胺树脂［如甲基二苯甲胺树脂（MBHA）］被开发出来，它具备碳氮键较容易发生S_N1断裂反应的特点（**图 5.27**）。其中第二个芳基的引入为无水HF或TFMSA条件下酰胺的有效离子化提供了充分的活化作用。

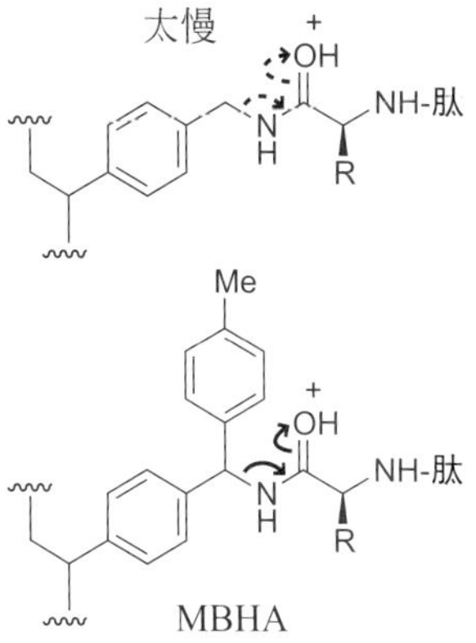

在固相多肽合成时，如果使用对碱不稳定的经Fmoc保护的氨基酸，多肽会循环反复地经历偶联和碱性条件的脱保护；肽链在延伸过程中的任意时间点都不会接触到酸。与使用N_α-Boc保护的氨基酸进行多肽合成相比，这使得那些在酸性条件下高度不稳定的连接子得以应用，并在更为温和的条件下实现最终的脱保护和裂解。例如，通常情况下能使用更安全的三氟乙酸（TFA）代替剧毒的无水氟化氢。代表性的条件如TFA/i-Pr_3SiH/H_2O（95∶2.5∶2.5）、25℃、1～10 h等。在基于Fmoc的多肽合成中，经常用到的两种树脂是氯代三苯甲基树脂和Rink酰胺树脂（**图 5.28**）。前者能够裂解产生稳定的三苯基甲基阳离子，其中的氯原子可以略微降低S_N1解离的速率。后者则通过裂解得到C末端为酰胺的多肽。Rink酰胺连接子在设计上以生成高度稳定的碳正离子弥补了碳氮键S_N1解离较慢的不足。

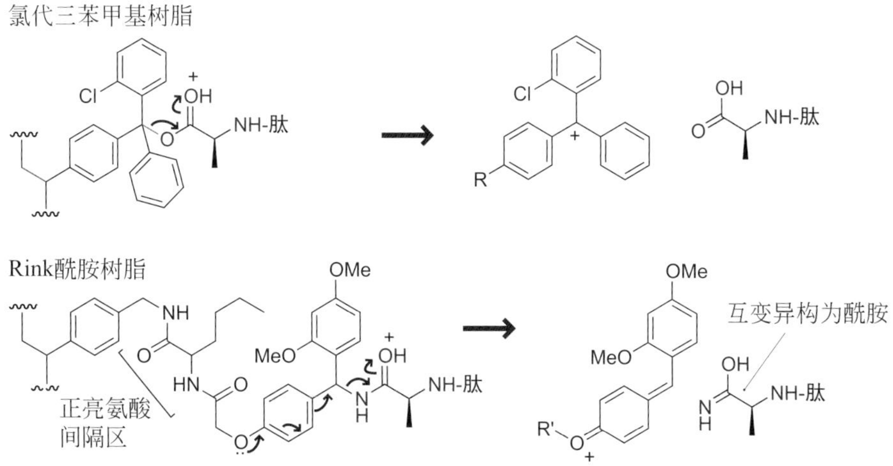

图5.27 制备C末端为酰胺的多肽。在Boc-SPPS中，MBHA树脂能耐受反复的TFA处理，但能够被HF或TFMSA裂解，从而得到末端是酰胺的肽链。

图5.28 Fmoc多肽合成常用的树脂。氯代三苯甲基树脂和Rink酰胺树脂的设计是通过形成高度稳定的碳正离子来促使快速的S_N1解离。

在酸性条件下脱除侧链保护基

侧链保护基团的设计和选择要求它们能够在多肽树脂浸泡于酸性混合液裂解多肽时脱落下来。相应的氨基酸起始原料需要根据合成策略来进行选择（**图 5.29**）。当用N_α-Boc保护的氨基酸合成多肽时，侧链保护基团必须能在TFA的反复浸泡下稳定存在。当形成所有肽键后，再用无水氟化氢或三氟甲磺酸这样的强酸性条件同时完成多肽从树脂上的裂解和侧链脱保护。这样的合成策略通常使用苄基进行侧链保护，但部分苄基保护基的反应性需要通过卤素取代进行调节。Arg(Mts)是使用在酸性条件下脱除的磺酰基保护。His(DNP)和Trp(CHO)比较特殊，二者含有能够被硫醇脱除的氮保护基团，需要进行额外的亲核脱保护步骤。

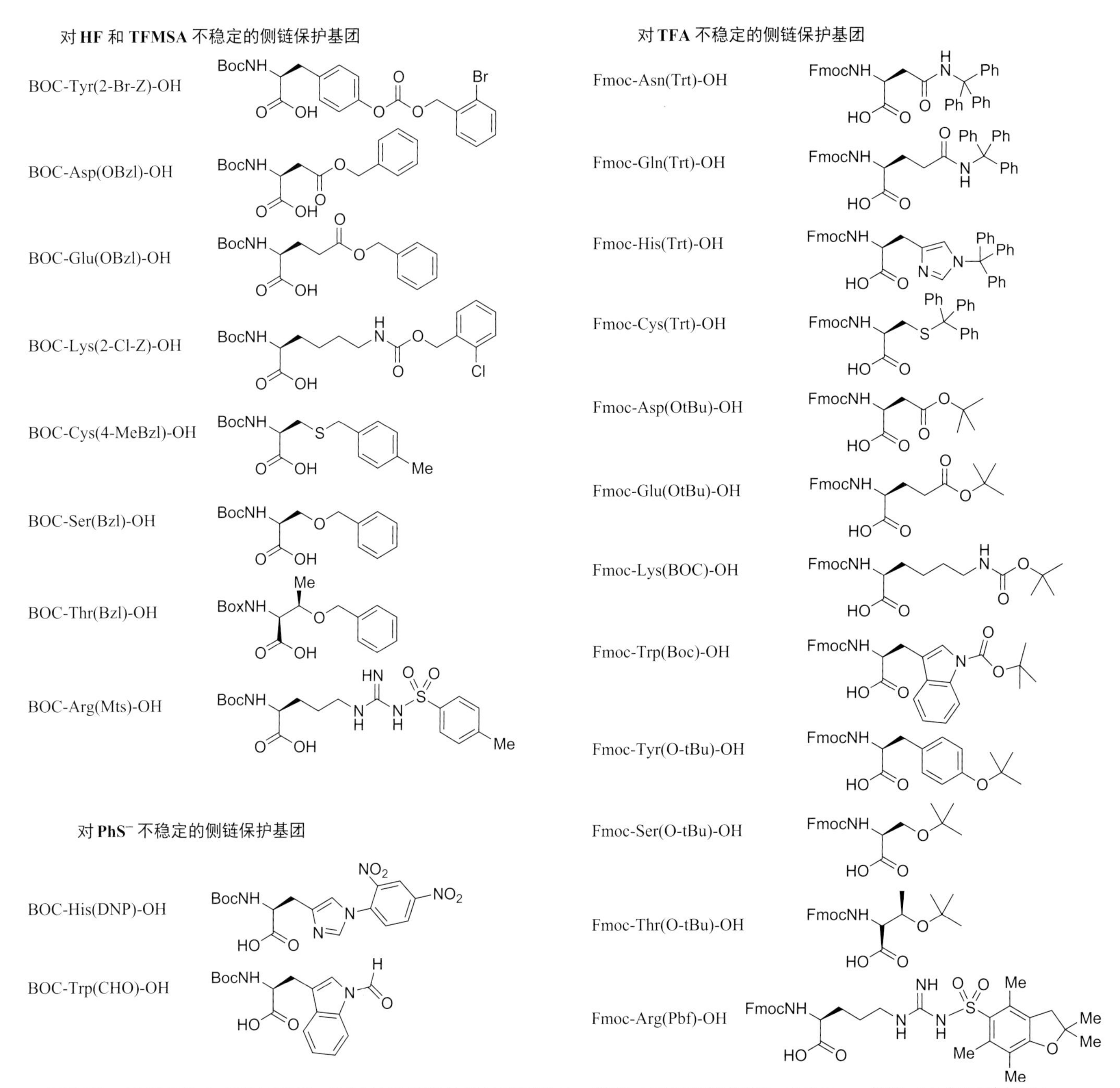

图5.29 用于多肽合成的氨基酸。不同的氨基酸被设计应用于Boc策略（反复弱酸处理）或者Fmoc策略（反复弱碱处理）。

当用 N_α-Fmoc 保护的氨基酸合成多肽时，它们会反复暴露在碱性脱保护条件下。直到合成结束，整条多肽才会接触酸性条件。除精氨酸外，所有 N_α-Fmoc 保护的氨基酸的侧链均使用三苯甲基（trityl）或叔丁基作为保护基，它们比用于保护 Boc-氨基酸的苄基保护基更不稳定，用三氟乙酸进行处理即可脱除。

问题5.6

在最终多肽裂解和脱保护过程中会产生碳正离子，酪氨酸极易与其发生 Friedel-Crafts 烷基化反应。用箭头转移的形式画出该过程中酪氨酸侧链烷基化可能的反应机理。

Asp + HO–Tyr $\xrightarrow{CF_3CO_2H}$ Asp + Tyr

肽核酸缺少磷酸酯和呋喃核糖环

短 DNA 探针和短干扰 RNA 可以用来干扰细胞功能，但它们的膜通透性较差且容易被酶降解。为了解决这些问题，科学家们付出了巨大的努力，希望开发出能与 DNA 和 RNA 杂交而又不采用多聚核糖磷酸骨架的分子。

人们在早期尝试了较易合成的基于酰胺骨架的寡核苷酸，但发现其并不能与 DNA 进行杂交。随后，通过在合适的位置引入柔性化学键，一种易于合成的 DNA 类似物被设计合成出来，并且可以依据沃森-克里克碱基配对与 DNA 杂交（**图 5.30** 和**图 5.31**）。这些被称为**肽核酸**（peptide nucleic acid，PNA）的新型 DNA 类似物，对细胞内能够破坏磷酸二酯和裂解酰胺键的酶都具有抗性。由于缺乏 DNA 磷酸二酯骨架的负电荷，PNA 不受双链 DNA 杂交时固有的电荷 - 电荷排斥作用影响。因此，PNA 与互补 DNA 序列的结合力很强，以至于它们可以插入一条长 DNA 双链分子将其中一条原有 DNA 单链置换下来。此外，PNA 还可以与细胞中的基因组 DNA 紧密结合，因而已经被用于抑制基因转录。美中不足的是，与寡核苷酸一样，PNA 具有溶解度不足和膜通透性差的问题。尽管人们可以利用各种方式在培养皿中促进细胞对 PNA 的摄取，但将其应用于人体内调控基因表达的前景似乎很渺茫。显然，我们需要开发新的方法来有效携带生物活性分子穿过生物膜。

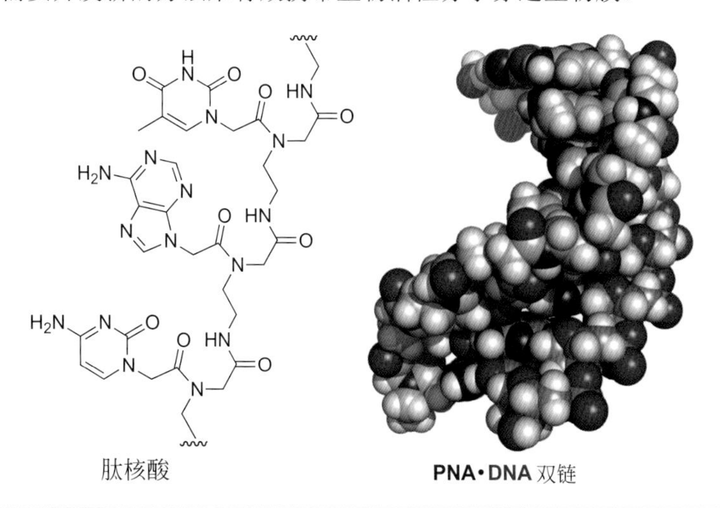

图 5.30　肽核酸能够与 DNA 杂交。 PNA·DNA 双链的一个螺旋转角由 18 个碱基对组成。（PDB：1PDT）

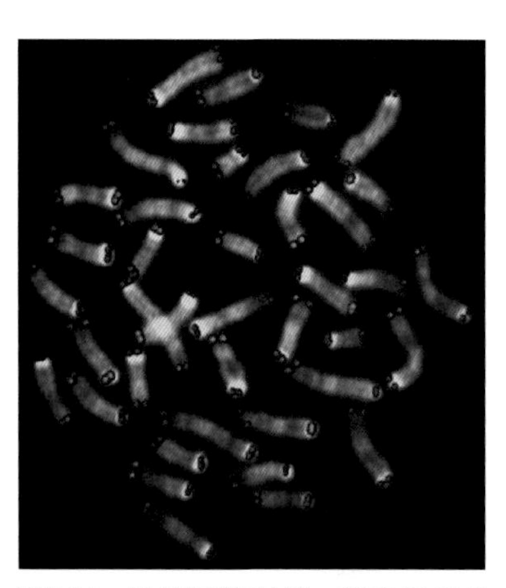

图 5.31　肽核酸的利用。 荧光标记的肽核酸 $(CCCTAA)_3$ 特异性结合染色体末端的端粒 DNA 序列。（摘自 J. M. Zijlman et al., *Proc. Natl. Acad. Sci. USA* 94：7423-7428，1997；已获得 the National Academy of Sciences 授权。）

问题5.7

画出可用于 Fmoc 策略合成肽核酸的一种胸苷酸单体类似物结构。

自然化学连接经由硫酯的氨解反应生成半胱氨酸酰胺

由于蛋白质完整序列过长，通常无法在多肽合成仪上进行循环合成。从策略上来说，较长的多肽最好能够通过组装较短的多肽片段来进行合成，但是全保护的多肽在有机溶剂和水中的溶解度都比较低。**自然化学连接**（native chemical ligation，**图 5.32**）是为了在水溶液中连接无保护多肽片段而开发出来的一种有效方法。该方法要求一个多肽片段的 N 末端残基为半胱氨酸，而另一片段必须具有非天然的 C 末端硫酯。

快　　新键

图 5.32　自然化学连接。 硫酯在生理条件下容易进行交换，通过可逆平衡产生的半胱氨酸衍生硫酯能够经 S 到 N 的酰基迁移生成新的肽键。

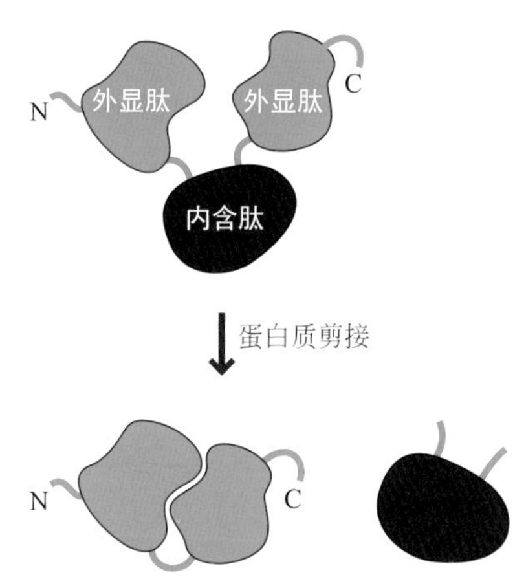

图5.33　自剪接蛋白。内含肽从翻译得到的蛋白链中间被移除。

自然化学连接充分利用了硫酯的独特反应性和半胱氨酸硫醇较低的 pK_a（约为9.0）。与传统的羧酸酯类似，硫酯在pH=7的水解条件下相对稳定。但与羧酸酯有所不同的是，硫酯在生理pH和过量硫醇存在的条件下能够进行迅速的硫酯交换。当N末端半胱氨酸残基形成硫酯时，容易经历一个五元环四面体中间体发生S到N的酰基迁移。这一过程所生成的酰胺键与由核糖体合成的相比没有任何区别。

在实验室开发自然化学连接策略后不久，人们又发现在一组特殊的蛋白质中存在相关的化学过程，能够使这些蛋白质发生类似于mRNA剪接的自剪接。与RNA内含子进行类比，自剪接蛋白中被切除的部分称为**内含肽**（intein）。而蛋白质自剪接过程经历的硫酯中间体与自然化学连接的相关机制非常类似（**图5.33**），但是所得蛋白质的序列与mRNA序列或基因序列不能完全对应。如机理所示（**图5.34**），该反应利用了硫酯易于交换的性质，并且内含肽残基的侧链也参与了这一过程。

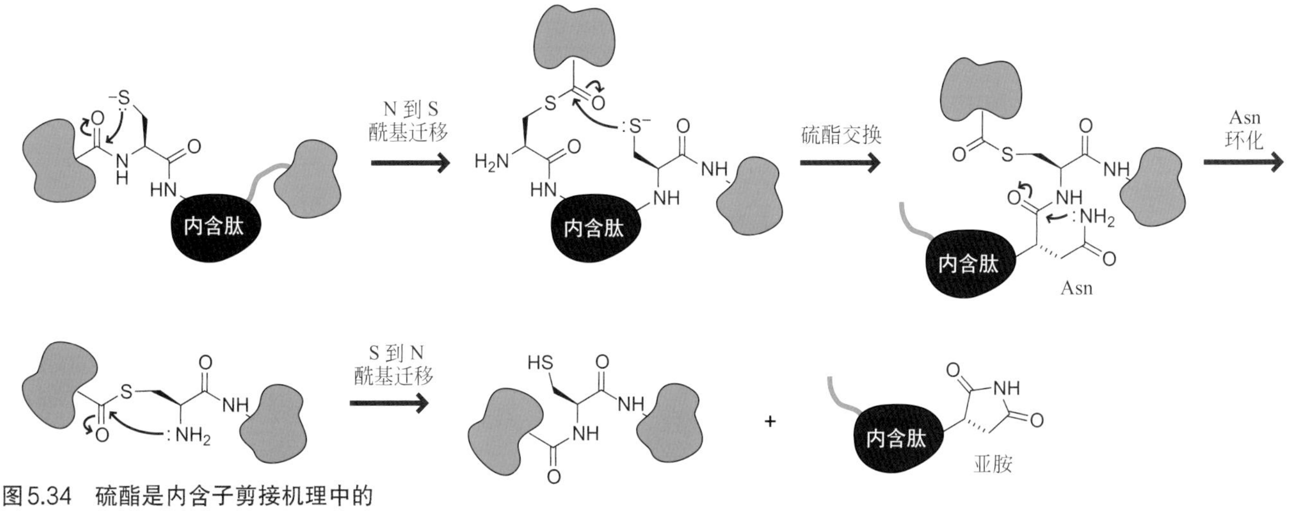

图5.34　硫酯是内含子剪接机理中的关键中间体。天冬酰胺侧链进攻主链骨架上的酰胺键，切割内含肽并释放出游离的α-氨基，进而发生最终的S到N酰基迁移。

一种称为**表达蛋白连接**（expressed protein ligation）的方法进一步打破了获取含非天然组分的较大蛋白质的壁垒（**图5.35**）。这一方法利用大肠杆菌表达来制备目标蛋白的绝大部分，但所得蛋白质是以与内含肽融合或共价连接的形式表达。内含肽上通常还需融合壳聚糖结合域（chitin-binding domain，CBD）以简化重组蛋白的纯化。连有壳聚糖的微珠更倾向于捕获重组蛋白，

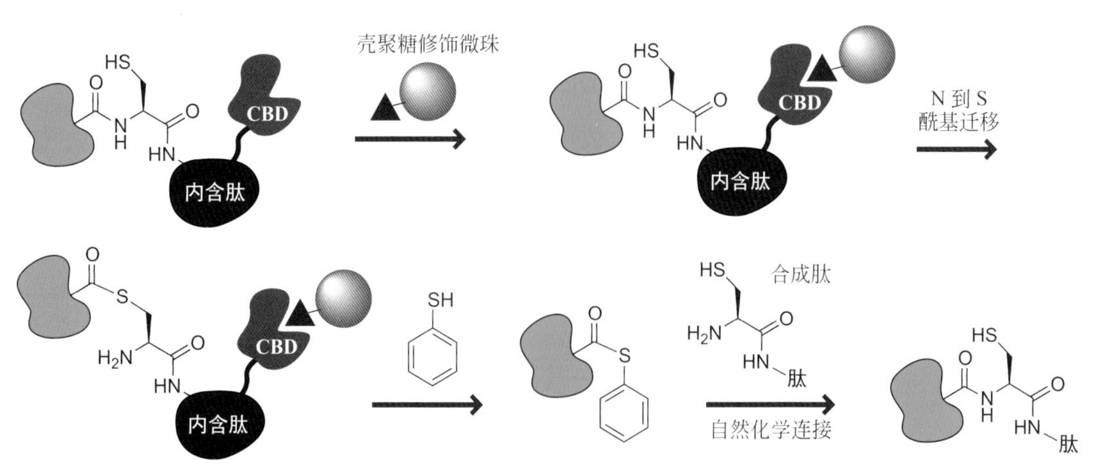

图5.35　用于半合成较大蛋白的表达蛋白连接。按照步骤，包含非天然氨基酸或其他修饰的合成多肽片段被连接到所表达蛋白质的C末端。CBD表示壳聚糖结合域（chitin-binding domain）。

而大肠杆菌产生的其他蛋白质则被洗脱。内含肽驱动附着于微珠的蛋白质发生N到S的酰基迁移，再添加硫酚即可使蛋白质以苯基硫酯的形式从微珠上释放。这种硫酯修饰的蛋白质非常适合与N末端含半胱氨酸残基的合成多肽进行自然化学连接。这一连接策略也使得在蛋白质C末端引入化学合成多肽来生产较大的蛋白质成为可能。

5.3 决定蛋白质二级结构的基本作用力（Fundamental Forces that Control Protein Secondary Structure）

酰胺骨架间氢键的不同模式决定了蛋白质二级结构

蛋白质的**一级结构**（primary structure），也就是它的氨基酸序列，很大程度上决定了蛋白质的三维结构和功能。而**二级结构**（secondary structure）指的是蛋白质结构中典型的、常见的折叠，通常包括α螺旋、β折叠及转角。在水溶液中，蛋白质主链通过熵效应主导的分子内相互作用和疏水作用更倾向于预先形成分子内氢键。主链上每个酰胺键都通过一个碳原子彼此连接，因此蛋白质通过限制主链构象降低了熵值，从而促进分子内氢键的形成。与此相反，由自由水分子和蛋白质主链上酰胺键形成的分子间氢键会付出更高的熵成本。除此之外，如同油在水中会形成油滴一样，疏水作用倾向于让蛋白质在水溶液中的体积保持最小化。通过这种压缩效应，疏水作用将蛋白质主链酰胺基团聚集在一起，进一步促进分子内氢键的形成。疏水作用被普遍认为是蛋白质结构折叠的主要驱动力，但是仅仅通过疏水作用很难直接准确预测蛋白质的三维结构，这是因为疏水作用同时也会导致蛋白质的错误折叠。

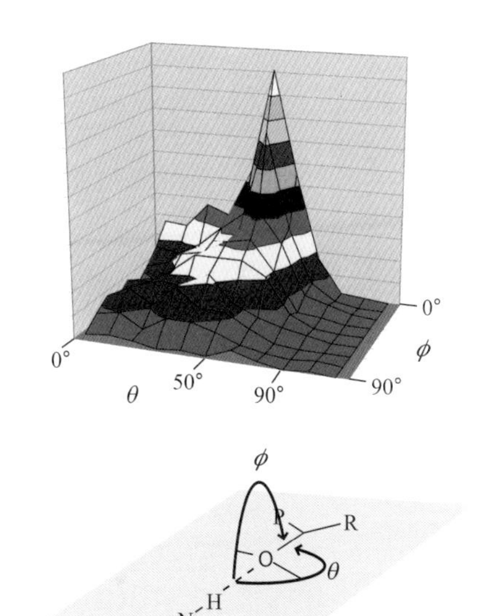

图5.36 分子晶体结构中的氢键角度的分布图。通过对分子晶体结构的分析，发现主链分子内N–H与C=O之间更易形成氢键。

氢键的强度与几何构象相关性很高。在讨论蛋白质分子内氢键之前，首先需考虑两个酰胺基团间形成理想氢键的情况。理想的氢键倾向于直线型的N—H···O键角（180°）以及约1.93 Å的键长。对有机小分子晶体结构分子间氢键的统计分析表明，酰胺形成的C=O···HN氢键倾向于处在羰基基团平面内，并且C=O···HN的键角很少会小于110°（**图5.36**）。通过分析集中在酰胺的羰基氧上的负电荷分布，也可以得到相似的结论（**图5.37**）。通过对已有分子结构的经验统计和对静电势的理论计算所得出的结论，都与羰基氧原子上的sp^2孤电子对的经典描述很好地吻合。

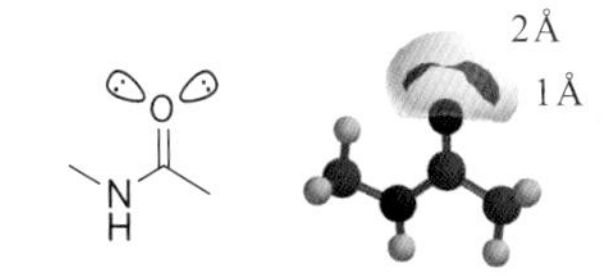

图5.37 静电电势图有助于解释酰胺基团间氢键的几何构型。传统的用价层电子对互斥理论描述的羰基上兔耳状孤电子对（左图）与共价键成键距离（1 Å）的静电电势分布（右图）吻合，而与氢键成键距离（2 Å）不吻合。

非对称的两个甲酰胺分子的气相模拟计算结果与基于晶体结构观察的结果相符：酰胺基团间理想的氢键倾向于直线型的N–H···O键角（180°），处于羰基平面内，C=O···H键角为112°（**图5.36**）。当非直线型N–H···O键角介于160°和180°之间时，氢键的稳定性与直线型的氢键类似，然而当该键角低于150°时，氢键的稳定性锐减。酰胺间氢键的稳定性对是否偏离羰基平面也非常敏感。即使在其他几何参数处于最优状态时，N–C=O···H扭转二面角为90°的氢键也要比平面型氢键的稳定化能低2 kcal/mol。一个C=O···HN键角为112°的氢键比该键角为180°的氢键稳定1.8 kcal/mol以上，所以形成锐角的氢键会付出很高的能量代价。尽管酰胺间的氢键倾向于与羰基氧的孤对电子对齐，但几何构型还会受到空间位阻的限制；由于研究的模型是甲酰胺分子而不是真正的多肽，该模型无法充分评估实际空间位阻在蛋白质主链氢键形成中的影响（**图5.38**）。

图5.38 蛋白质主链酰胺间的氢键。 高精度的刀豆蛋白A（PDB：1XQN）中子衍射结构揭示了蛋白质主链氢键几何构型的典型变化。

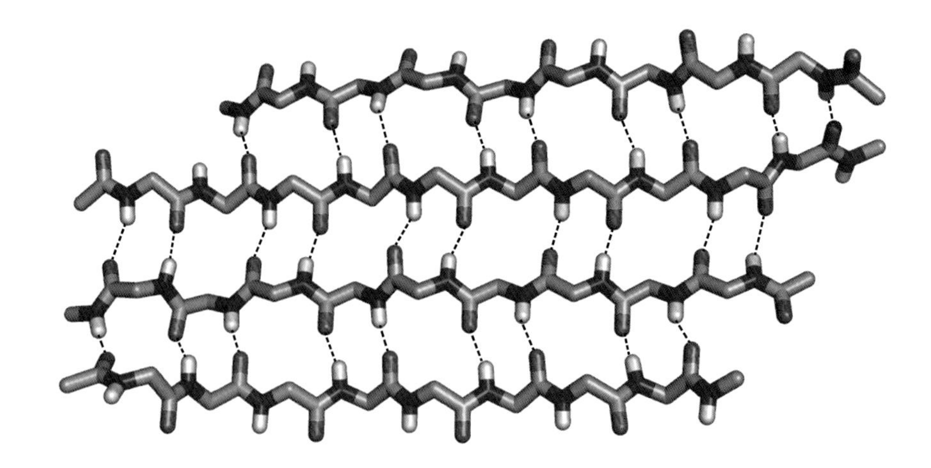

α螺旋使一级序列邻近的主链酰胺间N—H与C═O形成有效的氢键

理论上，蛋白质中每个氨基酸残基（第 *i* 残基）主链的 C═O 都可以与自身主链的 N—H 形成一个氢键（**图 5.39**）。然而因为它的 N—H…O 键角严重偏离直线型，这种氢键的几何构型扭曲，而且氢键相互作用很弱。模拟计算结果表明，每个这样的扭曲氢键相互作用比相应 β 折叠中的氢键相互作用弱 4.7 kcal/mol，因此这种完全伸展的结构在溶液中观察不到。此外，由于肽键的存在，第 *i* 残基的 C═O 不可能和 *i*+1 残基的 N—H 之间形成氢键。第 *i* 残基的 C═O 有可能和第 *i*+2 残基的 N—H 之间形成氢键，从而导致主链产生迂回折转的构象。这种构象为一类被称为 **γ 转角**（γ-turn）的独立结构单元所特有，但并不能出现在那些具有重复性的二级结构单元中。

通过把多肽扭成右手螺旋，可以在第 *i* 残基的 C═O 和第 *i*+3 残基的 N—H 间形成氢键。这种扭曲形成的结构被称为 3_{10} 螺旋（下角标 10 表示通过氢键形成的环中原子的个数）。鉴于结构中的扭曲，由四或五个残基组成超过一个螺旋环的 3_{10} 螺旋很少见。通过第 *i* 残基和 *i*+4 残基之间的氢键可以形成一个更稳定、更常见的螺旋，称为 **α 螺旋**（α-helix）。α 螺旋每转动两圈，多肽主

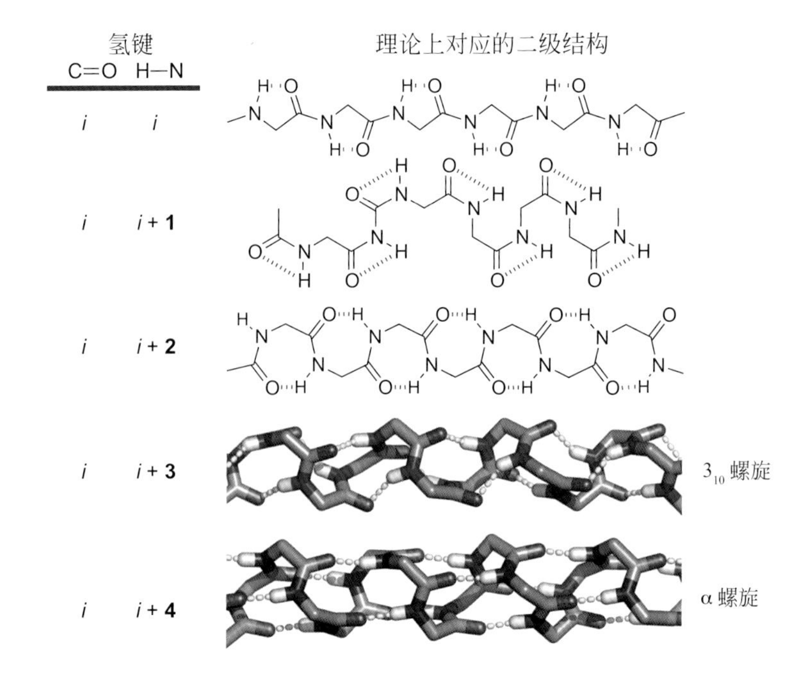

图5.39 氢键的重复模式。 在α螺旋中，第*i*个残基的C═O与第*i*+4个残基的N—H之间形成氢键。

链的酰胺键会重新对齐，因此α螺旋的重复性结构单元是两圈螺旋中的七个残基。例如，在常见的跨膜蛋白结构中，跨过磷脂双层膜需要七圈螺旋（约21个氨基酸残基）。在α螺旋的二级结构中，氨基酸侧链像“倒刺”一样朝向主链的N端方向，而主链的羰基则指向C端方向。

某些氨基酸不符合形成α螺旋的空间要求。例如，脯氨酸的特殊结构迫使蛋白质主链产生转角，而且其主链的氮原子由于与侧链成环不能再形成氢键，因此可以直接破坏α螺旋的延伸。有趣的是，尽管不能出现在α螺旋中间，脯氨酸却经常出现在α螺旋的第一圈内（从N末端算起）。此外，侧链带有β支链的氨基酸（如缬氨酸、异亮氨酸、苏氨酸）的β-烷基有可能与α螺旋的主链发生碰撞，这也减少了它们出现在α螺旋中的概率。

α螺旋是高度极化的，因为来自每个氨基酸的主链羰基都指向同一方向（**图5.40**）。羰基偶极子的叠加效应使α螺旋的两个末端处于强度约为半个电荷的不平衡的电场作用中。根据偶极子的指向，α螺旋的N端略带正电，C端略带负电。因此，酶和其他功能蛋白有时将α螺旋的N末端指向活性位点，从而有助于稳定带负电的过渡态（**图5.41**）。

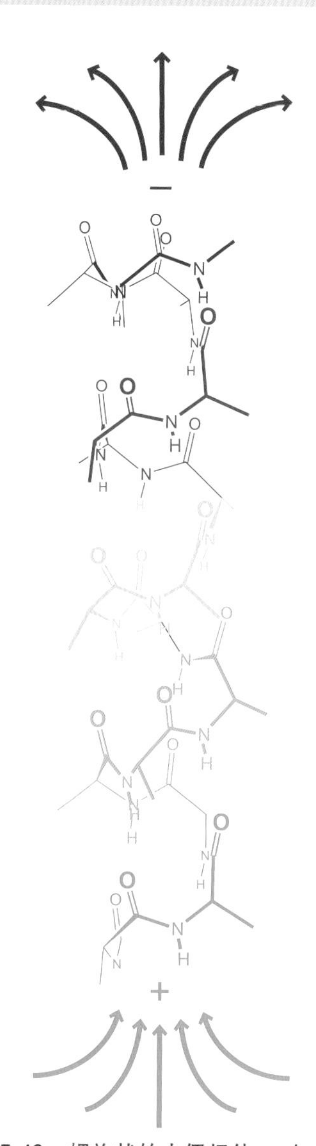

图5.40 螺旋状的大偶极体。 在α螺旋中，每个氨基酸主链的羰基基团产生的单个偶极子叠加在一起产生更大的静电场。

β折叠通过不同主链的酰胺基团形成氢键

在β折叠结构中，延伸的肽链（折叠片的“边”）以平行或反平行方式形成主链间的氢键（**图5.42**）。反平行β折叠中形成的氢键更稳定、结构更接近于直线型，因此它们比平行β折叠更常见。与α螺旋相反，具有β支链的氨基酸（如缬氨酸、异亮氨酸和苏氨酸）更倾向于出现在β折叠结构中。而与α螺旋类似，脯氨酸同样可以破坏β折叠的形成。

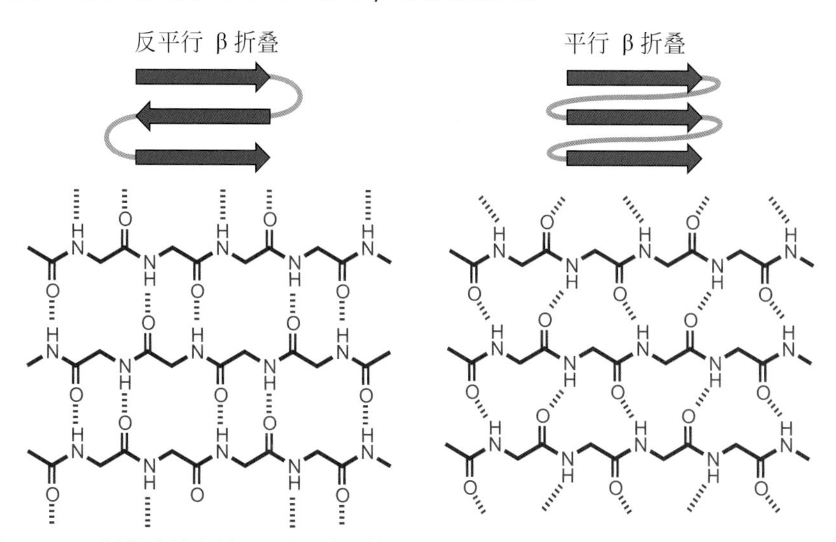

图5.42 β折叠中的氢键。平行β折叠与反平行β折叠内部的氢键排列截然不同。

β折叠的表面不是平整的，它们通常有一个弯曲的弧度，可以像面包包裹热狗一样紧贴在α螺旋上。β桶状结构（β barrel）是蛋白质结构中的一种常见模体，其名字的来源是因为β折叠中的每一片层像木桶中的木棍一样整齐地排列在一起（**图5.43**）。β折叠暴露出较大的表面从而可促进蛋白质聚集，而错误折叠成β折叠的蛋白质由于折叠中边与边、面对面的相互作用很容易发生聚集沉淀。例如，与阿尔茨海默症相关的蛋白质Aβ，会通过这样的作用形成显微镜下可见的不溶性聚集体。

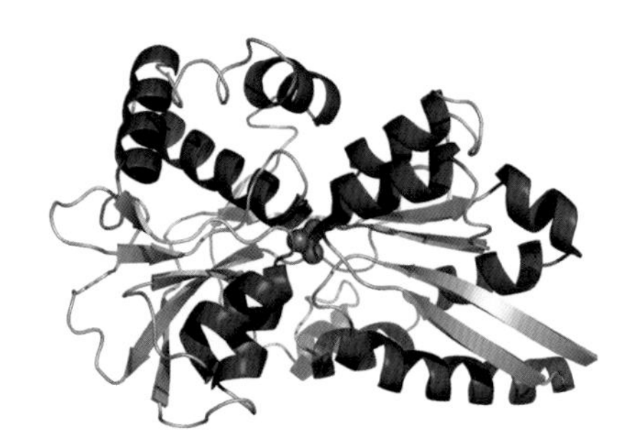

图5.41 蛋白质利用α螺旋偶极效应结合小分子。硫酸根结合蛋白（PDB：1SBP）通过三个α螺旋大偶极体N端的正电场效应与SO_4^{2-}结合，而非通过带正电荷的基团。

图5.43 膜孔蛋白是一个巨大的 β 桶状结构。它允许蔗糖选择性穿过细菌膜。（PDB：1A0S）

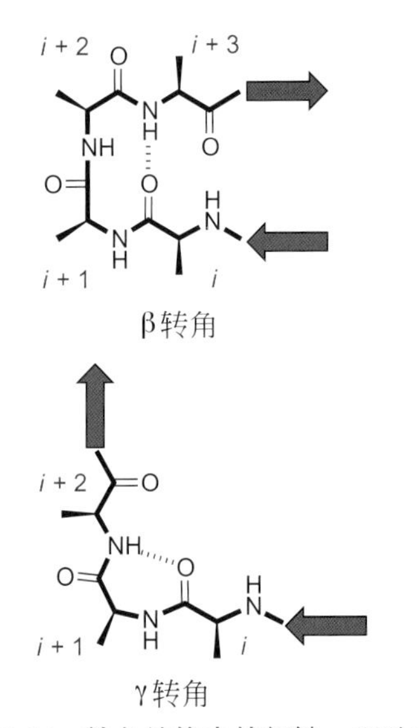

图5.44 转角结构中的氢键。两种不同转角结构中多肽主链的方向发生改变。

转角结构中主链酰胺之间具有最少的氢键

为了使蛋白质可以形成球状的紧凑构象，多肽链必须改变方向。蛋白质主链方向发生变化的部位称为**转角结构**（turn structure）（**图 5.44**）。这些转角结构经常出现在蛋白质表面，且不是所有主链的酰胺基团都形成氢键。这样富余出来的主链酰胺基团可以与其他分子形成氢键，而这一特点使得转角结构经常出现在蛋白质与其他分子结合的相互作用位点中。转角幅度最大的结构是 β 转角，有时也被称为 β 发夹（β hairpin）。在该结构中，第 i 残基的羰基和 i+3 残基的 N—H 之间形成氢键。在 β 发夹结构中，第 i+1 残基的侧链通常由于空间位阻从而破坏转角结构的稳定性。因此，在该位置上，α 碳上具有非天然 R 基构型的 D 型氨基酸反而容易形成更稳定的 β 发夹。例如，序列 D-Pro-Gly 特别适合 β 发夹结构的生成。另外一种 γ 转角结构，通过第 i 残基的 C═O 和第 i+2 残基的 N—H 之间形成氢键，使肽链的走向发生一个直角的弯曲。

通过分析大量蛋白质 X 射线晶体结构，P. Y. Chou 和 G. D. Fasman 统计计算了每种氨基酸出现在螺旋、折叠和转角结构中的概率。他们起初只是基于几十种蛋白质结构分析了氨基酸残基在不同二级结构中的偏好，后来将分析对象进一步扩展到数千种蛋白质中。在分析中，他们使用“无规卷曲”（“coil”）这种分类来描述那些既不在 α 螺旋也不在 β 折叠二级结构中的氨基酸残基（**表 5.4**）。统计结果可以被用来大致判定不同氨基酸对不同二级结构的偏好性，表格中数字越大（红色）通常说明某种氨基酸在该二级结构中出现的概率越高。例如，赖氨酸看起来更喜欢 α 螺旋；通过观察实际结构发现，赖氨酸其实更常见于 α 螺旋末端的 C 端（因为赖氨酸侧链的氨基可以通过 α 螺旋 C 末端大偶极子的负电荷获得额外的稳定性），因此它也被视为“螺旋终结者”。

问题5.8

蛋白质序列 cyclo［Tyr-^{D}Pro-Gly-Val-Ile-Tyr-^{D}Pro-Gly-Val-Ile-］可以形成一个类似反平行的 β 折叠。根据你对 Chou 和 Fasman 统计结果的理解，画出这种折叠片的结构，包括氢键。

科学家们做了大量努力，试图在天然氨基酸组成的多肽序列中找到那些可以通过 β 发夹从而形成稳定的反平行 β 折叠结构的短肽。这其中最成功的例子之一是含有成簇的疏水性氨基酸的多肽。例如，一种被称为“色氨酸拉链”的多肽，由于其含有成簇的色氨酸疏水性侧链，即使在水溶液中也能形成稳定的发夹结构。

通过带有取代基的乙烷、丁烷和戊烷分子模型中的单键旋转探究决定蛋白质折叠的基本作用力

为了更好地理解控制蛋白质中各个二面角扭转的作用力，首先可以通过简单的模型体系进行模拟。阻碍乙烷分子中 C—C 键旋转的能垒约为 3 kcal/mol，这通常被认为是高能量的重叠式构象导致的，然而经典的空间位阻效应并不能完全解释这种能量差异，因为在这个模型中氢原子太小且相距太远，所以无法在重叠式（eclipsed）的乙烷分子构象中发生空间碰撞。轨道相互作用理论提供了一种解释：将填充的 σ_{C-H} 轨道提供给未填充的 σ^{*}_{C-H} 轨道会

增加稳定性，而在乙烷分子中有可能出现六种这样的作用，把它们加到一起，这六种通过填充轨道到未填充轨道的贡献可以使交错式的分子构象得到大约2.6 kcal/mol 的稳定化能。我们将这种立体化学中特定电子轨道空间排布、交互填充所产生的效应称为**立体电子效应**（stereoelectronic effect）。由于立体电子效应的作用，乙烷分子的重叠式构象中空间电子轨道的排布迫使填充的 σ_{C-H} 轨道与填充的 σ_{C-H} 轨道相互作用，因此该构象能量上很不稳定。

不可否认，C—H 键是一个很弱的亲核基团，而 C—H 的 σ* 轨道也是一个很弱的亲核受体。然而，如果我们用 C—O 键取代其中的两个 C—H 键，将乙烷变成乙二醇，立体电子效应会发生令人惊讶的变化。尽管偶极排斥的作用倾向于使乙二醇处于反交叉式（*anti*）构象，但在极性环境中立体电子效应（两个 σ_{C-H} 轨道贡献给两个 σ^*_{C-O} 轨道）会变得更为明显，大大有利于邻交叉式（*gauche*）构象的形成。因此，通常用于提高蛋白质药物的血清半衰期和诱导哺乳动物细胞融合的聚合物聚乙二醇分子（PEG），更容易形成螺旋构象（**图 5.45**）。

驱动聚乙二醇分子扭曲成螺旋结构的立体电子效应同样也可以驱动乙酰胆碱（一种必需的神经递质）采用邻交叉式构象（**图 5.46**）。那么正电荷会对轨道能量有什么影响呢？原子带有正电荷后会导致其轨道能量更低。因此，$\sigma^*_{C-N^+}$ 轨道是比 σ^*_{C-N} 轨道更好的亲核受体。在乙酰胆碱中，两个 σ_{C-H} 轨道对 $\sigma^*_{C-N^+}$ 和 σ^*_{C-O} 轨道的影响使乙酰胆碱分子倾向于邻交叉式构象。因为 $\pi^*_{C=OH+}$ 的能量比 $\pi^*_{C=O}$ 低得多，这一效应也解释了为什么质子化的羰基比正常的羰基有更高的反应活性。立体电子效应对碳水化合物的结构和反应活性有重要的影响，我们将在第 7 章继续讲解这些概念。

在简单烷烃中，反交叉式构象是首选构象，但邻交叉构象和反交叉式构象之间的能量差异很大程度上由空间位阻决定。丁烷的反交叉式构象比邻交叉式构象要稳定 0.9 kcal/mol。这个重要的数字可以用来帮助判断各种多环碳氢化合物分子间能量的差异。重叠式构象比交叉式构象的稳定性低 4 kcal/mol 以上。这种构象的偏好决定了是否可以形成碳碳键，例如丁烷发生反应时，必须克服 5.5 kcal/mol 的能垒才能形成具有重叠式构象的过渡态（**图 5.47**）。

反交叉式（*anti*） 邻交叉式（*gauche*） 重叠式（eclipsed）

E_{rel} +0 kcal/mol 0.9 kcal/mol 5.5 kcal/mol

图 5.47 丁烷（带有取代基的乙烷）的分子构象。

酰胺和酯的立体电子效应与带有取代基的乙烯完全不同

围绕碳碳双键发生旋转的能垒非常大（65 kcal/mol），因此能够阻止 *E* 和 *Z* 异构体之间的相互转化。键内原子的共振使酰胺中的酰基碳氮单键和酯中的酰基碳氧单键呈现部分双键的特性。酰胺键具有近 40% 的 π 键特征，在生理温度下可以缓慢发生顺反异构体之间的相互转化，半衰期约为 1h。酯键的双键特征要远远弱于酰胺键，因此酯在 *E* 和 *Z* 异构体之间会发生相对快速的转化（**图 5.48**）。

表 5.4 氨基酸残基在二级结构中的构象偏好

残基	α 螺旋	β 折叠	圈数
Ala	1.39	0.75	0.80
Glu	1.35	0.72	0.86
Leu	1.32	1.10	0.68
Gln	1.29	0.76	0.89
Met	1.21	0.99	0.83
Arg	1.17	0.91	0.91
Lys	1.11	0.83	1.00
His	0.92	0.99	1.07
Asp	0.89	0.55	1.33
Ser	0.82	0.85	1.24
Asn	0.77	0.62	1.39
Pro	0.50	0.44	1.72
Gly	0.47	0.65	1.62
Thr	0.76	1.23	1.07
Trp	1.06	1.30	0.79
Cys	0.74	1.31	1.05
Phe	1.01	1.43	0.76
Tyr	0.95	1.50	0.78
Ile	1.04	1.71	0.59
Val	0.89	1.86	0.64

（数据来自 S. Costantini et al.，*Biochem. Biophys. Res. Commun.* 342：441-451，2006。）

反交叉式 +0.67 kcal/mol

邻交叉式 0.00 kcal/mol

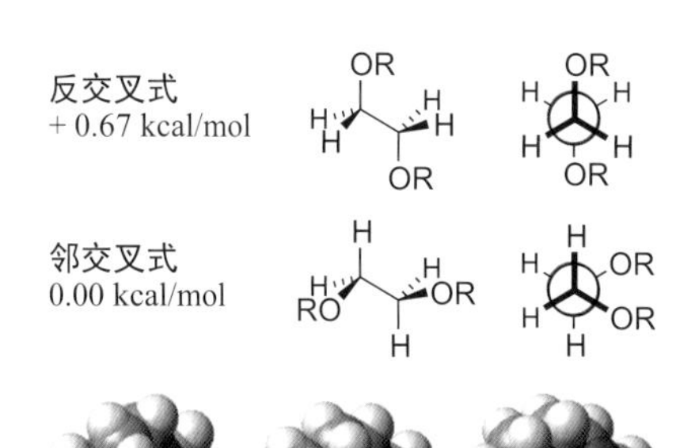

图 5.45 乙二醇容易形成邻交叉式（*gauche*）构象而非反交叉式（*anti*）构象。理论计算（左）显示O—C—C—O扭转角更偏好60°而非180°。因此，聚乙二醇（PEG）更倾向于形成螺旋构象。

乙酰胆碱 *gauche*

图 5.46 乙酰胆碱分子倾向于邻交叉式（*gauche*）构象。

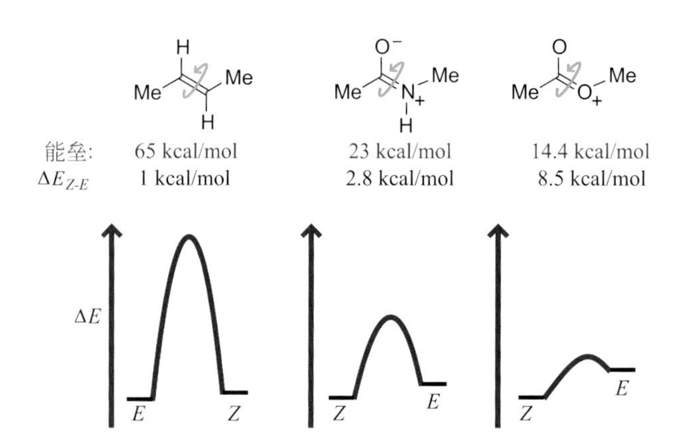

图5.48 烯烃、酰胺和酯中π键和离域π键的旋转能垒。根据Cahn-Ingold-Prelog顺序规则，在酰胺和酯中，含O取代基具有比甲基更高的优先级，因此“反式（*trans*）”异构体实际上具有*Z*构型。

理论上上述分子的顺反（*cis-trans*）异构体之间的能量应该相差很大，但实际上并不都是如此。在**图 5.49** 所示的三种分子结构中，甲基都倾向于处在反式（*trans*）位置。那么为什么酯类的顺反异构体之间的能量差别要比其他两个分子大得多呢？立体电子效应可以帮助解释这种差异。与烯烃双键相连的键既不是好的电子受体，也不是好的电子给体，因此烯烃中顺反异构体能量差异很大程度上是由空间位阻决定的。

$\Delta H^{\ominus}_{cis\text{-}trans}$ 0.9 kcal/mol 2.3 kcal/mol 12 kcal/mol

$\sigma_{C-H}\rightarrow\sigma^*_{C-C}$ $\sigma_{N-H}\rightarrow\sigma^*_{C-C}$ $n_O\rightarrow\sigma^*_{C-C}$

$\sigma_{C-H}\rightarrow\sigma^*_{C-H}$ $\sigma_{N-H}\rightarrow\sigma^*_{C-O^-}$ $n_O\rightarrow\sigma^*_{C-O^-}$

图5.49 为什么酰胺和酯比烯烃更容易处于反式（*trans*）构象？在酰胺和酯中，亲核性电子填充轨道对未填充轨道的贡献会使反式（*trans*）构象比顺式（*cis*）构象更稳定。

相反，酯和酰胺的 σ^*_{C-O} 轨道是一个相对较好的电子受体。因为和 N—H 的 σ 键相比，氧原子的孤对电子是更好的电子给体，所以这对孤对电子倾向于处于羰基 C—O 的反键轨道上（**图 5.49**）。

烯丙位取代基（allylic）与烯烃位取代基（alkene）的相互作用限制了取代丙烯分子的构象

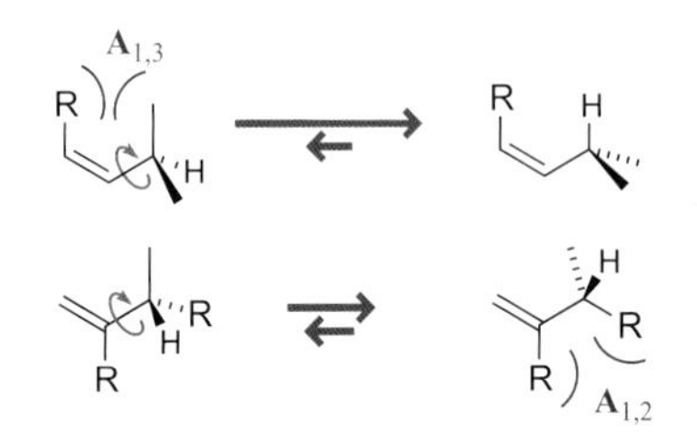

图5.50 两种由烯丙基双取代基和烯烃取代基相互作用产生的扭曲张力：$A_{1,2}$和$A_{1,3}$。$A_{1,3}$张力作用更加显著。

烯丙位取代基通过施加两种不同类型的张力影响取代丙烯分子的构象，这两种张力分别被称做 $A_{1,2}$ 张力和 $A_{1,3}$ 张力（**图 5.50**）。$A_{1,2}$ 张力抑制烯丙位碳原子（1）和烯烃位（2）的第一个碳原子上 R 官能团共处一个平面。$A_{1,3}$ 张力对分子构象的影响比 $A_{1,2}$ 张力更显著。当烯丙位碳原子上的一个甲基取代基（C—Me）和烯烃位碳原子上氢原子（C=CHMe）处于重叠式构象时，需克服的扭转张力能垒仅为 0.9 kcal/mol（**图 5.51**）。这一数值显著低于在丁烷分子中两端的甲基处于重叠式构象时所需克服的能垒（5.5 kcal/mol），其主要是由于烯烃相对于烷烃具有更宽的键角（120° vs 109.5°）。然而烯烃位碳原子上顺式取代基（**图 5.51** 中的 Me）存在时，$A_{1,3}$ 张力则能够极大地影响烯丙位上各种取代基的构象。任何将烯丙位取代基与烯烃位顺式取代基置于同一平面的构象在能量上都是非常不利的。

$A_{1,3}$ 张力对生物分子构象的影响更为普遍。在取代丙烯分子中观察到的烯

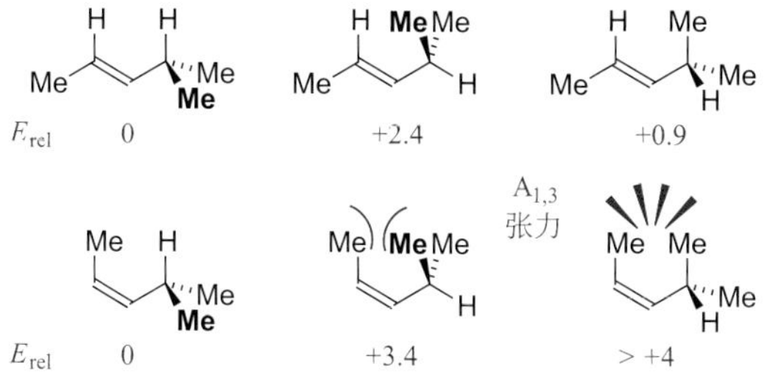

图5.51 当烯丙位的碳原子存在取代基时，取代丙烯分子的某些构象需要克服较大的$A_{1,3}$张力能垒。当烯烃位的取代基与烯丙位取代基为顺式构象时，$A_{1,3}$张力的影响最为显著。相对能量的单位是kcal/mol。

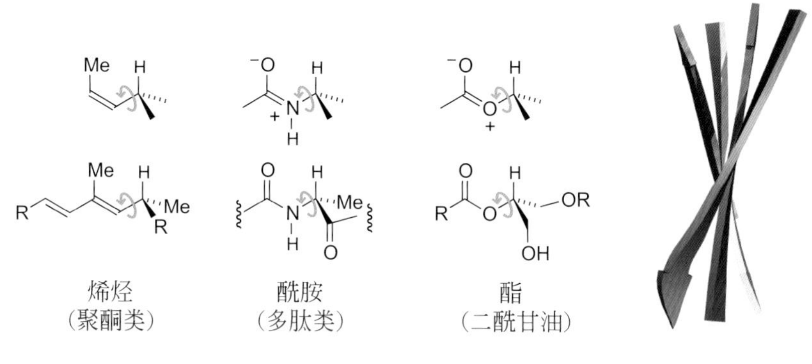

图5.52 烯丙位张力决定不同类型生物分子的构象，其中包括有部分双键性质的酰胺和酯分子。蛋白质β折叠的特征弯曲度是由烯丙位$A_{1,3}$张力引起的。（PDB：2F73）

丙位取代基构象偏好同样也出现在酯和酰胺分子中（**图5.52**）。许多天然产物、蛋白质和膜脂分子的构象都是由$A_{1,3}$张力控制的。例如，$A_{1,3}$张力导致肽键二面角（ϕ角）稍微偏离平面，而这一微小改变让β折叠平面出现弯曲度（见图5.52）。

烯丙位张力决定了两种蛋白质二级结构的偏好

肽链中每个氨基酸残基有三个键参与构成多肽的主链骨架，它们不能自由地旋转。如上所述，酰胺键由于部分的双键特性总是处于平面构象，而且绝大多数情况下具有反式（Z）构型。因此，主链骨架中每个氨基酸残基的构象只能用两个单键（N—C_α，C_α—C）扭转的二面角来描述，这两个二面角被分别命名为phi（ϕ）和psi（ψ）。当N—C_α和C_α—C分别处于反叠（antiperiplanar）构象时，ϕ和ψ为180°，这时候多肽主链处在一个完全伸展的构象中（**图5.53**）。同理，每个残基侧链中的扭转二面角被称为Chi（χ_n）角，侧链中的单键倾向处于伸展的构象。

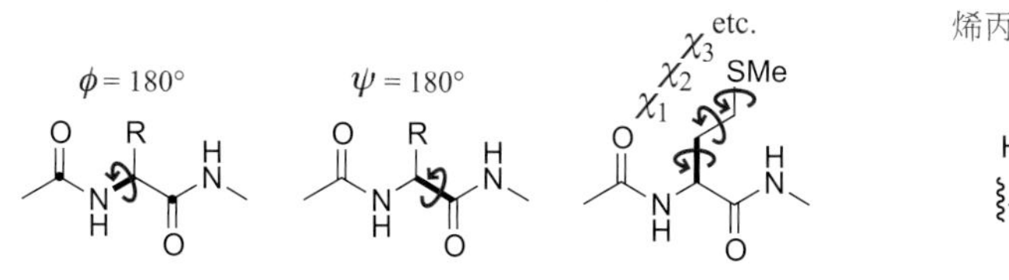

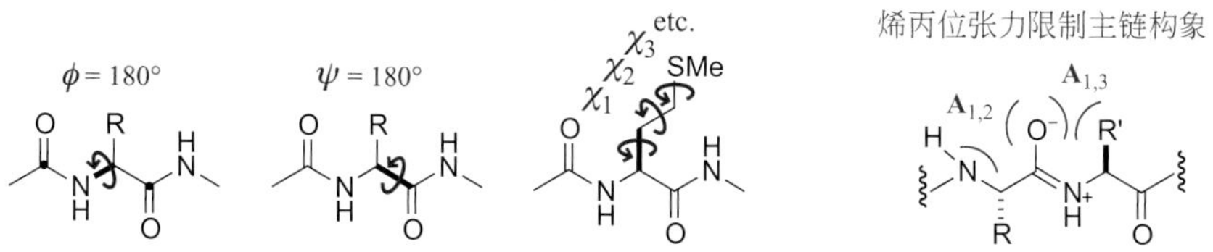

图5.53 蛋白质中用于描述主链和侧链扭转二面角的变量。

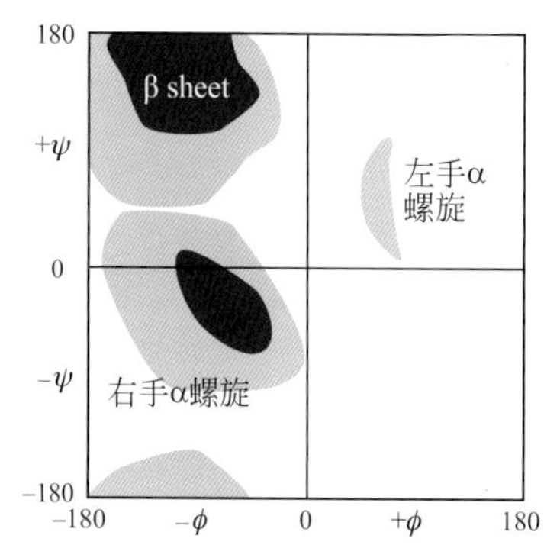

图5.54 标记有二级结构特征区域的拉氏图。蓝色区域对应的ϕ和ψ角在蛋白质结构中出现的频率较高，而蓝色越深说明出现频率越高。

如果把众多不同类型蛋白质主链的ϕ和ψ角分布画在一个二维图上（Ramachandran plot，也称为“拉氏图”），可以观察到该分布是很不均匀的，在某些区域里ϕ和ψ角分布很集中，而在其他区域里出现的概率很低（**图5.54**）。这是因为$A_{1,2}$和$A_{1,3}$两种烯丙位张力共同发挥作用从而限制了蛋白质主链可能的构象。在拉氏图中，ϕ和ψ角分布最为集中的两个区域对应于α螺旋和β折叠。

问题5.9

A 哪种类型的烯丙位张力对 ϕ 角的影响最大？哪种类型的烯丙位张力对 ψ 角的影响最大？

B 根据拉氏图中统计，ϕ=0°的主链构象在蛋白质中几乎不存在。画一段 ϕ=0°时多肽主链的构象，并在其中标出不利于这一构象的空间位阻。

C 根据拉式构象图中统计，ϕ=160°的主链构象在蛋白质中几乎不存在。画一段当 ϕ=160°时的多肽主链的构象，并在其中标出不利于这一构象的空间位阻。

5.4 二硫键交联的化学（The Chemistry of Disulfide Crosslinks）

半胱氨酸在氧化条件下易于形成二硫键

蛋白质中两个半胱氨酸侧链的硫醇基团之间容易形成二硫键。形成二硫键形式的半胱氨酸（cysteine）被称为胱氨酸（cystine）。所有以杂原子-杂原子单键（如O—O键和N—O键）为轴旋转的扭转二面角都倾向于90°，胱氨酸中的S—S键也不例外。与该优势构象相比，二硫键的重叠式（*eclipsed*）和反式（*anti*）构象相对不稳定，需要克服扭转张力的能量分别为14 kcal/mol和7 kcal/mol。同时二硫键也具有手性，扭转二面角既可以采用+90°也可以采用−90°，这两种手性构象在蛋白质中都很常见（**图5.55**）。

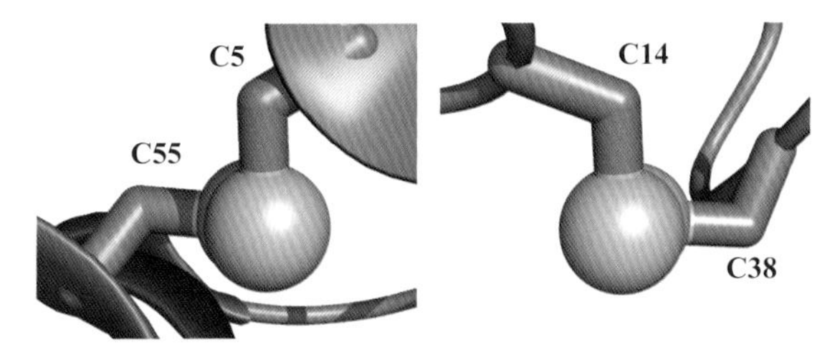

图5.55 二硫键中的扭转二面角是直角。 二硫键中围绕S—S键的扭转二面角倾向于−90°或+90°。牛胰蛋白酶抑制剂（PDB：1BPI）中的C5-C55二硫键采用−90°左旋扭转角构象，而C14-C38二硫键采用+90°右旋扭转角构象。

所有硫醇在氧化条件下都容易形成二硫键（**图5.56**）。无论是人源还是细菌的细胞，其细胞质都是一个还原性环境，不利于蛋白质二硫键的形成。而在细胞外的氧化环境则利于二硫键的形成。在分泌蛋白（如抗体）或膜结合蛋白的胞外结构域中很少见到处于还原状态的半胱氨酸巯基侧链。含有半胱氨酸的多肽如果在室温下过夜，在空气的氧化作用下也会形成二硫键，特别是在碱性条件下，这种氧化过程发生得更快。

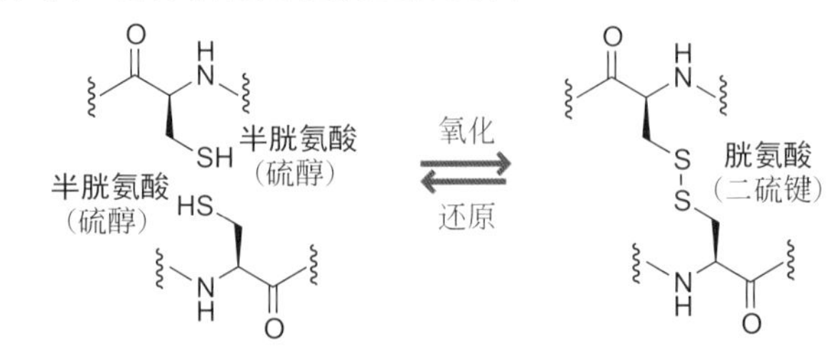

图5.56 半胱氨酸容易氧化二聚形成二硫键交联的胱氨酸。 在还原条件下，胱氨酸则可以很容易地转化为带有游离巯基侧链的半胱氨酸。

问题5.10

在含半胱氨酸的肽中引入二硫键的一种简便方法是在20%（*V/V*，体积比）二甲基亚砜中搅拌过夜。请画出这其中酸催化反应的具体机理（请用箭头表示电子转移）。

$$2\,RSH + H_3C{-}\overset{+}{S}(O^-){-}CH_3 \xrightarrow[H_2O,\ 23\ ^\circ C]{pH=6\ NH_4OAc\ 缓冲液} RS{-}SR + H_3C{-}S{-}CH_3$$

谷胱甘肽是一种细胞内的硫醇缓冲剂

二硫键在生理 pH 下可以与游离的硫醇发生快速交换。细胞利用硫醇作为亲核试剂以缓冲氧化物质带来的影响。然而，硫化氢（H_2S）结构太小，作为气体小分子不适合与酶结合。谷胱甘肽作为一种替代的硫醇化合物，具有特殊的分子结构，更适合被细胞用来缓冲氧化物质（**图 5.57**）。谷胱甘肽的分子结构对于它作为辅因子与酶结合很重要，但对其催化反应的能力并不重要。还原型谷胱甘肽通常简写为 GSH，形成二硫键的氧化型谷胱甘肽简写为 GSSG。

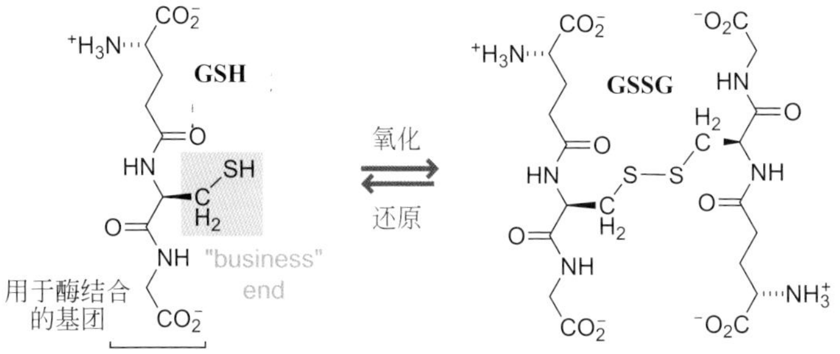

图 5.57 谷胱甘肽的氧化还原平衡。 谷胱甘肽在细胞里是一种广谱的还原剂分子。

二硫键的快速交换是处在元素周期表第三周期的硫原子同时作为强亲核试剂和强亲电试剂反应的结果。在该交换反应的机理中，硫醇阴离子（RS^-）通过 S_N2 反应进攻二硫键（**图 5.58**）。谷胱甘肽和半胱氨酸侧链硫醇基团的 pK_a 约为 8.8。在生理条件下，约 5% 的硫醇以高反应性和高亲核性的硫醇阴离子形式存在。烷氧基阴离子（RO^-）由于与水的氢键作用导致其亲核性大大减弱，然而硫醇阴离子的反应性则受水环境影响较小。此外，在二价硫原子上的 S_N2 亲核取代反应非常快，如次磺酸（RS—OH）很容易发生亲核置换反应，因此无法被稳定地分离出来。

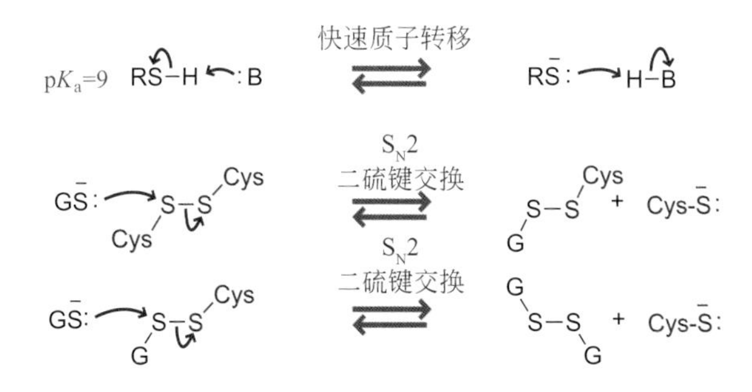

图 5.58 二硫键交换反应机理。 与碳原子不同，在二价硫原子上发生 S_N2 亲核取代反应非常容易。

蛋白质中的胱氨酸二硫键与谷胱甘肽二硫键处于平衡状态

天然的胱氨酸交联在热力学上并不总是最稳定的。例如，一旦人胰岛素蛋白中的三个天然二硫键被还原打开后，它们很难高选择性地恢复到原始状态从而让胰岛素继续保持生物活性。二硫键的稳定性除了受严格的空间几何约束外，熵也起着同样不可忽视的重要作用。例如，在二硫苏糖醇（DTT）小分子还原 GSSG 的反应中（**图 5.59**），由于熵的作用才能将整体反应平衡向前推动。二硫苏糖醇也被称为 Cleland 试剂，价格低廉，是一种常用外消旋还原剂。三羧乙基膦（TCEP）是一种更高效的水溶性还原剂。在水溶液里，氧化膦的生成驱动了 TCEP 将二硫键不可逆地还原为硫醇。与基于硫醇的还原剂（如 DTT）不同，TCEP 在反应体系中不需额外添加亲核性硫醇基团，因此当还原打开二硫键后还需要利用生成的半胱氨酸巯基进行后续反应时，TCEP 是首选还原剂。

DTT
HO OH
HS SH
+
RS—SR
K_{eq} = 210
HO OH
S–S
+
2 RSH
TCEP
^-O_2C
P
CO_2^-
CO_2^-
+
RS—SR
H_2O
^-O_2C
O
P
CO_2^-
CO_2^-
+
2 RSH

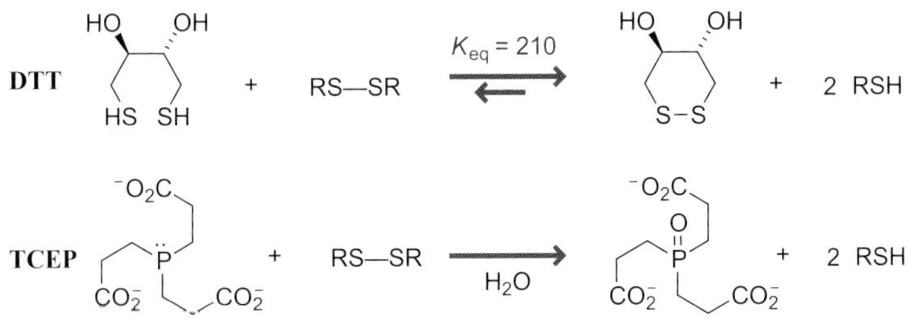

图5.59　二硫键的化学还原。在实验室，二硫键的还原可以通过熵驱动（如与DTT形成环状二硫化物），也可以通过焓驱动（如与TCEP反应形成稳定的P═O键的氧化膦产物）。

问题5.11

假设质子转移通过碱催化发生，推断在水中膦化合物还原二硫键的机制（用电子转移机理表示）。

R_3P
+
Cys
S–S
Cys
H_2O
R_3P=O
+
2 Cys-SH

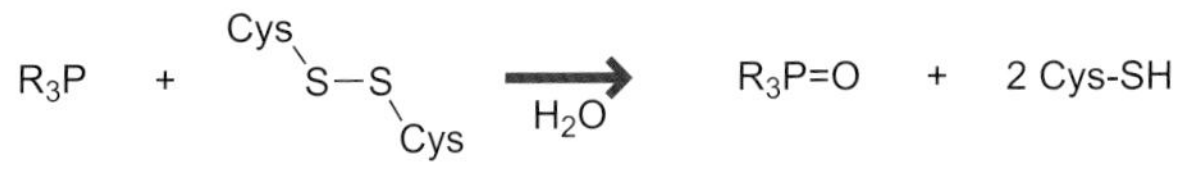

$$K_{ox} = \frac{[PSSP][GSH]^2}{[PSH][GSSG]}$$

图5.60　蛋白质（P）分子内二硫键的形成与GSSG交换反应的平衡常数K_{ox}。其中PSSP和GSSG分别为含有二硫键的蛋白质和谷胱甘肽，而PSH和GSH则是硫醇处于还原状态的蛋白质和谷胱甘肽。当K_{ox}较大时，蛋白质二硫键在谷胱甘肽存在时也能稳定存在。

表5.5　（不同）蛋白质中不同二硫键的稳定性

蛋白质	K_{ox}/M
DsbA（还原剂）	0.000008
DsbC（二硫键异构酶）	0.00002
硫氧还蛋白	10
枯草杆菌蛋白酶 C22-C87	120
核糖核酸酶 A C2-C10	1000
BPTI C14-C38	1500
BPTI C5-C55	11000000

分子内二硫键（如在蛋白质中）与GSSG之间的交换反应平衡可以通过平衡常数K_{ox}表示。K_{ox}低意味着构成二硫键的两个半胱氨酸更多处于还原的游离硫醇形式，而K_{ox}高则意味着它们更容易形成胱氨酸二硫键（**图5.60**）。蛋白质中二硫键的稳定性差别很大。如**表5.5**所示，一些蛋白质（如DsbA）的二硫键比GSSG还不稳定，而另一些蛋白质（如BPTI）的二硫键则在所有正常氧化还原条件下都可以稳定存在。

通过突变引入非天然的胱氨酸二硫键通常很难直接提高蛋白质的稳定性，这是因为：①形成的二硫键容易发生快速交换；②形成二硫键的扭转角几何约束比较苛刻；③形成二硫键需要克服将两个半胱氨酸侧链交联所导致的熵减。因此，在蛋白质中找到可以有效稳定蛋白质结构的二硫键交联位点是困难且难以预测的。对于每一个期望能通过引入二硫键稳定蛋白质的实例，似乎都有一个令人失望的失败结果。

多种二硫键的组合交联和蛋白质错误折叠会使含二硫键蛋白质的制备复杂化

随着蛋白质在核糖体上被翻译，那些最快形成的二硫键不一定就是在天然活性蛋白质中存在的二硫键（**图5.61**）。且随着天然蛋白质中二硫键数目的增加，产生错配二硫键的数目也呈几何数量级增长。一旦二硫键发生错配，蛋白质几乎不可能折叠成正确的天然构象。例如，大肠杆菌中表达的组织型纤溶酶原激活物会形成一种被称为“包涵体”的聚集体，将变性的蛋白质复性后重新折叠成天然构象时，需要保证在35个半胱氨酸中正确选择34个以形成17个天然的交联二硫键。计算下来，这种形成正确二硫键的概率只有6.3×10^{18}分之一。只要环境中有足够高浓度的谷胱甘肽支持二硫键的快速交换，蛋白质就可以在短时间内形成大量不同的构象；但是如果谷胱甘肽的浓

错误折叠
正确折叠
S
S
S
S
S
S
S
S

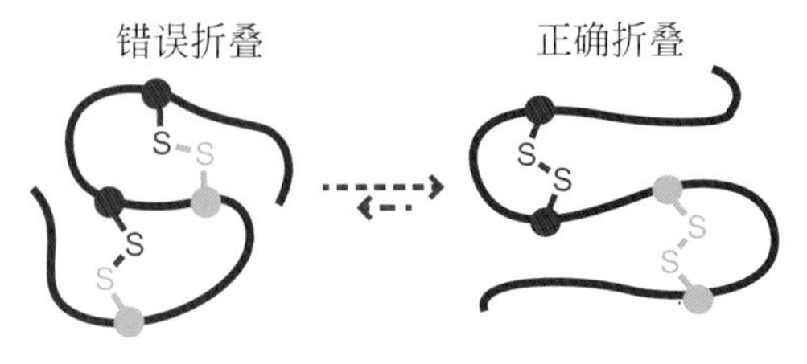

$$交联组合的潜在数量 = \frac{(2N)!}{2^N \cdot N!}$$

图5.61　如果二硫键交换反应缓慢进行，蛋白质可能因为生成二硫键错配而产生错误的折叠构象。对于一个含有两个二硫键（N=2）的蛋白质，一共有三种可能的二硫键交联组合。

度过高，蛋白质中的二硫键就会变得不稳定。在自然界中有一类被称为“蛋白质二硫键异构酶”的蛋白，它们可以帮助催化二硫键交换反应，从而帮助蛋白质在发生聚集之前形成正确折叠的天然构象。

异源表达（例如在细菌中表达人源蛋白）含有二硫键的蛋白质常常导致蛋白质错误折叠。在过表达的情况下，这个问题变得更加严重，因为在这种情况下，蛋白质分子间二硫键的交联会促进蛋白发生聚集（**图 5.62**）。在一些情况下，错误折叠的蛋白质可以在体外重新复性折叠，但是复性使用的硫醇浓度需随经验摸索而定，不同蛋白质复性时所需硫醇浓度差别很大（**表 5.6**）。通常来说，细胞外的真核蛋白在谷胱甘肽浓度约为 1～5 mmol/L 且［GSH］/［GSSG］值约为 1～3 的时候折叠复性效果最好。

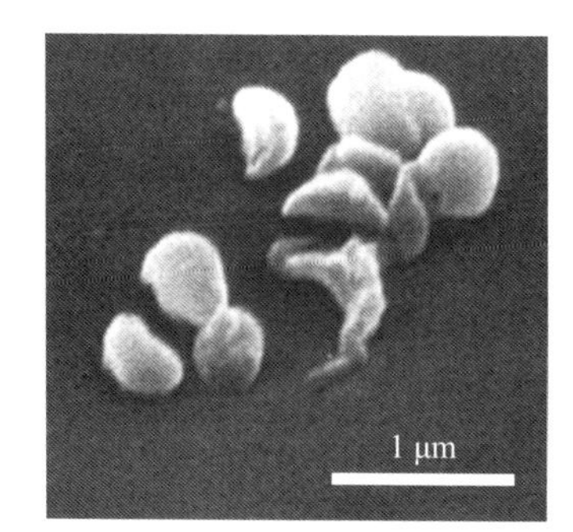

图5.62　蛋白质异源重组表达的问题。 在细菌中大量异源表达真核蛋白会产生大量被称为“包涵体”的不溶性蛋白聚集体。（图来自E. De Bernardez-Clark and G. Georgiou，*Protein refolding*，*ACS Symposium Series* 470，1991；已获得American Chemical Society授权。）

表5.6　通过经验摸索获取的一些在蛋白质折叠复性中所使用的谷胱甘肽浓度和氧化还原型配比

蛋白质	[GSH]/（mmol/L）	[GSSG]/（mmol/L）
牛胰蛋白酶抑制剂	10	0.1
牛胰核糖核酸酶	1	0.2
核糖核酸酶 A	2	1
大肠杆菌碱性磷酸酶	<0.4	4～8
细菌 TEM β-内酰胺酶	<0.4	4～8

细胞内不同位置的谷胱甘肽浓度有所不同

大多数细胞中的谷胱甘肽的总浓度（即还原型与氧化型之和）约为5 mmol/L，但还原型 GSH 与氧化型 GSSG 的比例在 1∶1 到 300∶1 区间有显著变化（**表 5.7**）。谷胱甘肽的缓冲能力使细胞能够控制新生蛋白质中二硫键的形成程度。然而，细胞内不同位置的谷胱甘肽浓度有所不同。例如，与细胞质相比，内质网更偏氧化环境，因为这里生成的蛋白质大多最终要分泌到细胞外。此外，大肠杆菌细胞的细胞质比哺乳动物细胞的细胞质还原性更强，这导致在哺乳动物细胞蛋白质中可以稳定存在的二硫键在大肠杆菌中会变得不稳定，从而导致某些哺乳动物蛋白在大肠杆菌中难以表达。

表 5.7　不同组织、细胞或亚细胞器中谷胱甘肽的浓度和氧化还原型配比

细胞	[GSH]/（mmol/L）	[GSSG]/（mmol/L）	[GSH]/[GSSG]
鼠肝	11	0.04	300
内质网	2	1	1～3
哺乳动物细胞质	2	0.05	30～100
大肠杆菌细胞质	5	0.05	50～200

5.5　蛋白质结构域的结构和功能（Protein Domains Have Structural and Functional Roles）

蛋白质生物复合体表现为多级结构

蛋白质结构可以根据其结构复杂性分为不同的层级（**图 5.63**）。描述蛋白质结构最简单的方式是它的一级结构，即该蛋白质的氨基酸序列。二级结构是指蛋白质中的 α 螺旋、β 折叠和转角的数量和位置。在本章前面部分，我们讨论了氨基酸的基本结构和由寡聚氨基酸短肽链形成的各种二级结构单元。这些二级结构单元通过蛋白质折叠在空间中相互作用，形成新的层级复杂度，

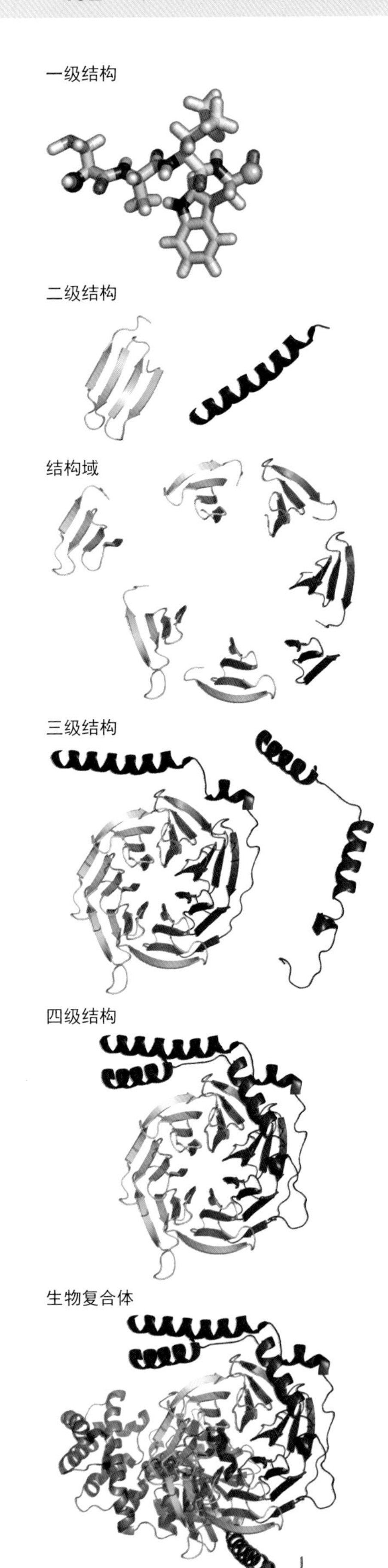

图5.63 蛋白质结构的层级单元。 最低级的蛋白质结构（一级结构）由其氨基酸序列决定。这些氨基酸片段折叠产生二级结构单元（如α螺旋和β折叠），进而相互作用形成结构域。多个结构域可以相互作用产生独立折叠的蛋白质三级结构。由多条折叠的蛋白链的空间相互作用形成蛋白质的四级结构。这些功能完善的四级结构与其他生物大分子结构相互作用形成具有完整功能的生物复合体，例如G蛋白偶联受体和G蛋白异三聚体形成的蛋白质复合物（PDB：1GOT）。

称为蛋白质的**三级结构**（tertiary structure）。在本书中，我们用“肽”(peptide）这个词来描述不具有特定折叠结构的多肽；我们用“蛋白质”这个词来表示至少包含两个相互作用的二级结构单元的折叠多肽。这些α螺旋和/或β折叠之间的相互作用构成蛋白质**结构域**（domain）。结构域通常由少于100个氨基酸残基的多肽链构成，当它们从更大的蛋白质结构中被分离出来时还能够独立地折叠成特定结构。其中有个例外就是由少于50个氨基酸残基的序列构成的结构域，因为它们只有通过相互叠加构成一个多结构域单元才能稳定存在。一个折叠蛋白的三级结构可以由一个或多个结构域组成。

庞大的蛋白质分子机器通常由多个独立折叠的多肽链组成。蛋白质三级结构或结构域彼此之间的相互作用可以形成复杂的结构组合体和纳米尺度的分子机器，这种复杂程度更高的结构被称为蛋白质的**四级结构**（quaternary structure）。蛋白质的四级结构彼此直接或间接地相互作用，最终形成了在细胞、组织和器官中发挥机体功能所必需的生物复合体。

蛋白质的三级结构和四级结构中包含许多不同的经典蛋白质折叠构象

这里我们对蛋白质结构的讨论将主要集中在结构域上。结构域是蛋白质结构中的模块化单元，每个结构域都由α螺旋、β折叠、转角和回环结构（loop）等不同的二级结构单元按独特的顺序排列组成。有些从蛋白质中分离出来的结构域也可以折叠成稳定的蛋白质结构。例如，抗炎药依那西普（etanercept）的设计思路就是将免疫球蛋白Fc结构域（抗体的恒定区）和肿瘤坏死因子受体的胞外结构域这两个独立的结构域连接起来的。依那西普中的每个结构域都能独立折叠，折叠后整个蛋白质通过免疫球蛋白结构域的二聚生成活性药物。与结构域相对应的基因可以发生同源重组，这在蛋白质进化中起着非常重要的作用。不同功能的蛋白质结构域往往被重复使用。例如，进化至今，很多蛋白质仍然采用高度保守的核苷酸结合域来结合ATP从而水解产生能量，这些结构域在基因组水平对应的片段被称为**沃克盒子**（Walker box）。同时，在膜转运蛋白、微丝组装蛋白质和核糖体蛋白合成纠错蛋白中也能发现类似的核苷酸结合域。

一些最常见的蛋白质结构域主要发挥结构支撑作用，例如胶原蛋白结构域或者含有β三明治的结构域。还有一些常见的蛋白质结构域是有特定功能的，如七次跨膜结构域和激酶催化结构域。时至今日，已经有上千个不同的蛋白质结构域被解析。由于我们无法对所有的结构域都进行逐一介绍，所以这里我们将重点关注人类蛋白质组中最常见的蛋白质结构域。**表5.8**列出了来自2011年的Pfam数据库中4400个不同的蛋白质结构域中的前10名。

不同物种中最常见的结构域有所不同，甚至在同一类细菌的不同菌株之间也是如此。因为细菌蛋白质比人源蛋白质更容易表达和结晶，所以在20世纪末我们对蛋白质结构域的研究更偏重于对细菌蛋白质结构的分析。时至今

表 5.8 人类蛋白质组中常见结构域

结构域	出现次数[a]	描述
锌指结构域，C2H2 型	9398	α 螺旋 + 回环 + Zn^{2+}
免疫球蛋白功能域	3563	反平行 β 三明治
WD40 结构域	2084	扭转的楔形 β 折叠
纤维连接蛋白Ⅲ型结构域	1605	反平行 β 三明治
钙黏着蛋白结构域	1012	反平行 β 三明治 + Ca^{2+}
七次跨膜结构域	980	7 个 α 螺旋
蛋白激酶结构域	812	具有 β 折叠片的 α 螺旋
寿司（Sushi）结构域	773	含二硫键的 β 三明治
胶原蛋白三螺旋结构域	751	三螺旋
RNA 识别域	687	2 个 α 螺旋 + 4 串 β 折叠

a 来自 Pfam 数据库，统计数据获取时间为 2011 年 7 月 14 日。

日，结构生物学研究更多地转向哺乳动物细胞中的蛋白质，但对于难以结晶的膜蛋白来说，现有的蛋白质结构依然非常有限。随着结构生物学家将来不断地解析出更多的人源蛋白质结构，人类蛋白质组中常见结构域的排名也可能会发生变化。尽管如此，鉴于结构域是蛋白质中结构和功能的基本模块单元，基于现有的蛋白质结构对结构域进行分析，依然能给我们提供十分丰富和有效的信息。

锌指结构域识别DNA序列

人类蛋白质组中最常见的结构域是经典的**锌指结构域**（Zinc-finger domain），其长度约为 25 个氨基酸残基，由一个 α 螺旋和一个回环结构组成。这类被称为 C2H2 的锌指结构域在结构上异常稳定，因为回环结构上的两个半胱氨酸残基（C）和 α 螺旋上的两个组氨酸残基（H）可以通过配位作用与锌离子紧密结合［**图 5.64（A）**］。在第 4 章中，我们介绍的一类重要的转录因子就含有锌指结构域。C2H2 锌指结构域是参与 DNA 序列识别的重要功能结构域之一。人体细胞中这类 DNA 识别结构域的广泛存在表明了转录调控的重要性。

每个锌指转录因子都具有多个 C2H2 锌指结构域。例如，转录因子 Zif268 中有三个锌指结构域，每个都能识别一个三碱基 DNA 序列［**图 5.64（B）**］。一条长度为 18 个碱基的 DNA 序列在人类基因组中是独特的，而识别它只需要六个锌指结构域。由于 α 螺旋的直径正好与双螺旋 DNA 的大沟宽度相吻合，因此锌指结构域通过 α 螺旋和 DNA 碱基之间的相互作用从而实现对 DNA 序列的识别。通过蛋白质工程改造，不同的锌指结构域可以根据需要被

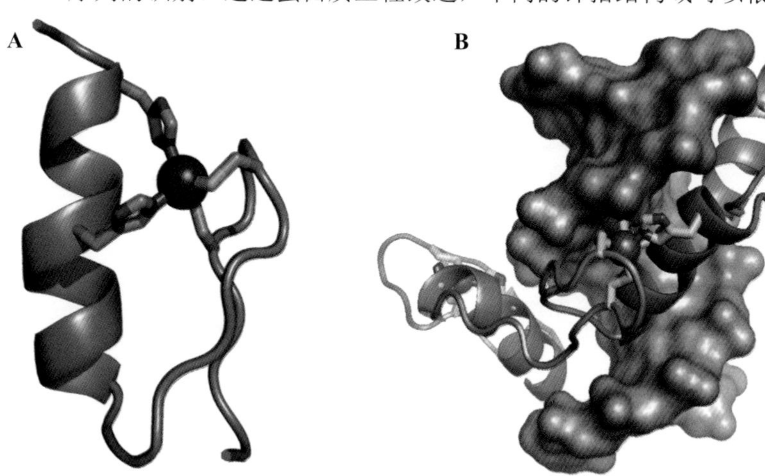

图 5.64 锌指结构域。（A）在 C2H2 锌指结构域中，两个半胱氨酸残基和两个组氨酸残基共同与一个锌离子配位，形成稳定的结构。（B）一个转录因子中通常有多个锌指结构域连接在一起。（PDB：1AAY）

串连起来从而获得能够靶向特定 DNA 序列的转录因子和核酸内切酶。除了与 DNA 结合外，锌指结构域还可以与其他蛋白质发生相互作用，这种相互作用有时是不需要依赖 DNA 而存在的。

一些常见的结构域都基于β三明治构型

很多常见的人源蛋白质结构域都含有 β 三明治（β-sheet sandwiches）构型，例如免疫球蛋白结构域、纤维连接蛋白Ⅲ型结构域、钙黏蛋白结构域和补体调控蛋白分子结构域，它们在 β 折叠链的数量以及 β 折叠链之间连接的顺序和拓扑结构上都有所不同。在这种结构域中，两个反平行的 β 折叠片像三明治的两片面包一样叠加在一起，因此也被形象地称为 β 三明治。β 三明治结构域（β sandwiches domain）也经常重复出现，就像一个个串珠被串在一起一样。

免疫球蛋白结构域是最常见的 β 三明治结构域。顾名思义，它们是抗体结构的核心（**图 5.65**），但也存在于其他类型的蛋白质中。鉴于抗体与抗原结合的特异性高、结构容易被工程化改造以及具有良好的类药性（毒性低和血清半衰期长），抗体在当今生物制药市场上占据优势地位。正如第 1 章所介绍的，高亲和力 G 型免疫球蛋白由两条通过二硫键相连的重链和两条轻链组成（**图 1.24**）。每条抗体链都由数目不等的免疫球蛋白结构域串接组成，且每个免疫球蛋白结构域的拓扑构型也略有不同。免疫球蛋白结构域由两个面对面的反向平行 β 折叠片组成，通常每个折叠片由三到四个 β 折叠链组成。尽管在空间上形成两个片层，但是两个 β 折叠片在序列走向上是相互交织在一起的，例如，如果在免疫球蛋白 CH2 结构域中从 N 末端开始将 7 个 β 折叠链依次标记为 1～7，那么底部的折叠片层则是由链 1、2、5 和 4 组成，而顶部折叠片由链 3、6 和 7 组成（**图 5.65**）。因此，我们可以根据组成每个结构域的单 β 折叠链的拓扑连通性对免疫球蛋白结构域进行更细致的分型。

基于电镜和 X 射线晶体学的结构生物学实验表明，连接免疫球蛋白“双臂”的铰链区具有非常大的灵活性，可以大范围地调节“双臂”之间的距离和相对位置。在铰链区中的蛋白链由于缺少限制构象的主链氢键，因此没有特定的二级结构。这种灵活性特别适用于免疫球蛋白用“双臂”近距离地结合抗原（例如在细菌细胞表面）。小鼠通常是制备单克隆抗体（即具有单一蛋白质序列的抗体）的模型动物，但是由于人类免疫系统对鼠源抗体会产生强烈的免疫反应使其难以成药，因此催生了许多“人源化”小鼠抗体的技术，

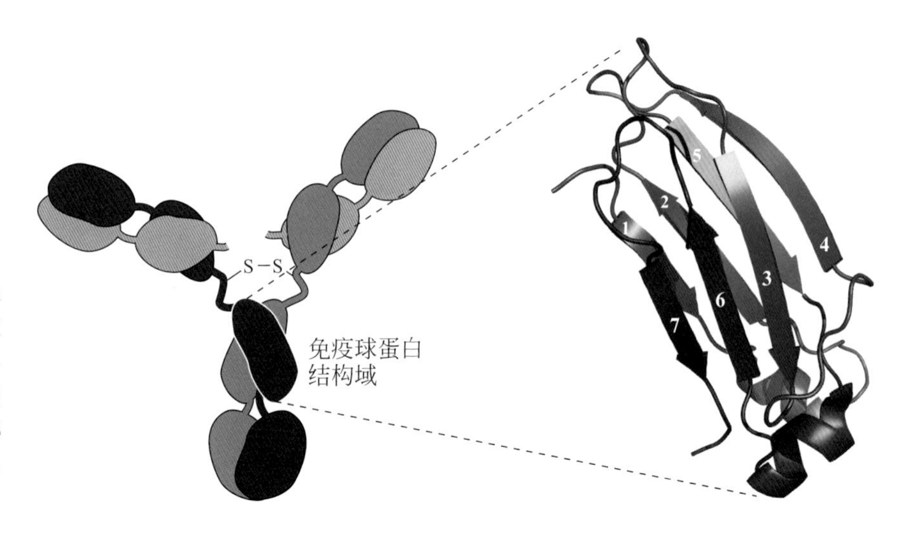

图5.65　免疫球蛋白结构域。G型免疫球蛋白的四条链中，每条链都由数目不等的免疫球蛋白结构域组成。尽管每个结构域总体来说都具有β三明治构型，但是每个结构域中的7条β折叠链的拓扑连接方式都有所不同。（PDB：1HZH）

也就是将小鼠抗体中负责识别抗原表位的互补性决定区（CDR）嫁接到人源抗体结构上。

免疫球蛋白结构域作为常见的结构单元也广泛存在于其他蛋白质中。当多个免疫球蛋白结构域连接在一起时，蛋白质可以精确地控制长度伸展至合适的距离。这些结构域在蛋白质处于拉伸状态时还可以起到重要的缓冲作用，让整体蛋白结构保持足够的韧性。例如，肌巨蛋白（又称肌联蛋白，titin）中的每个结构域都可以解折叠，以保证蛋白质骨架被拉伸时不会崩塌（**图 5.66**）。正是因为含有多个这样的长度可伸展的内置结构单元，肌联蛋白具有极佳的韧性。

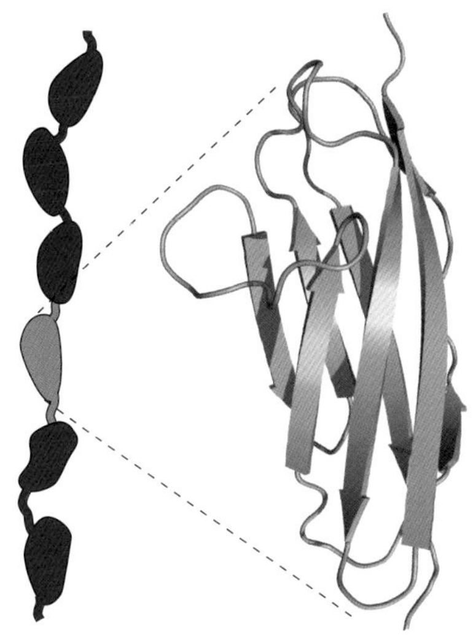

图5.66 肌联蛋白。多达95个免疫球蛋白结构域的串联使肌联蛋白在低负荷拉伸下具有很好的韧性。(PDB：3B43)

纤维连接蛋白Ⅲ型（FN Ⅲ）结构域是另一种反向平行的β三明治结构域，在该结构域中β折叠链的拓扑连接方式与抗体免疫球蛋白结构域中不同。这个结构域最早是在纤维连接蛋白中被发现的。纤维连接蛋白是一个位于细胞外的超大蛋白，包括16个FN Ⅲ结构域。后来在其他可溶性的胞外蛋白和膜结合蛋白的胞外区域（例如受体）也可以经常发现这种类型的结构域（**图 5.67**）。

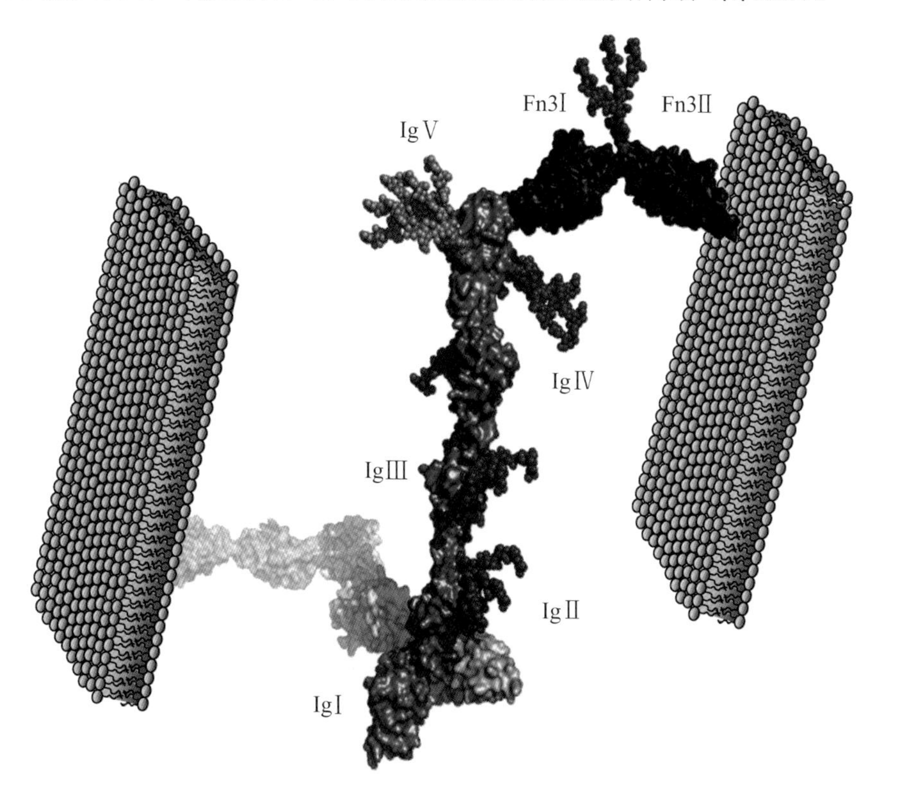

图5.67 免疫球蛋白和纤维连接蛋白结构域。嗅觉细胞黏附分子（OCAMs，绿色和蓝色部分）的蛇形胞外区通过免疫球蛋白结构域相互结合，使细胞黏附。蓝色OCAM分子的结构域被标记为：免疫球蛋白结构域（IgⅠ-IgⅤ）、纤维连接蛋白Ⅲ型结构域（Fn3Ⅰ和Fn3Ⅱ）；红色和橙色的树状结构是寡糖。（改编自N. Kulahin et al., *Structure* 19：203-211，2011；已获Elsevier授权。）

寿司（Sushi）结构域是另一种β三明治结构域，也被称为短共有重复序列结构域（基于序列同源性命名）或补体调控蛋白结构域（基于其功能背景命名），因其形状像一盒米饭上盖有一片鱼片的日式手握寿司而得名。每个短共有重复序列（short consensus repeats，SCR）结构域约有60个残基，可以折叠成一个β三明治结构。其中，两个β折叠链处于另外三个β折叠链的上方，另有两对二硫键帮助稳定整个SCR结构域。这类特定类型的结构解释了为什么所有SCR结构域中的半胱氨酸残基都是高度保守的。SCR结构域存在于许多调节补体免疫反应的蛋白质中，一些补体蛋白质包含多达30个SCR结构域。通常情况下，蛋白-蛋白的相互作用只需要2～4个SCR结构域，因此，补体蛋白质中的多个SCR结构域的串接，使其具有募集大量其他蛋白质形成寡聚蛋白质复合物的能力。

钙离子促进钙黏着蛋白结构域之间的相互作用

钙黏着蛋白结构域是人类蛋白质组中另一种常见的β三明治结构域。它通过锚定在每个细胞内部骨架上的蛋白质复合物控制细胞与细胞之间的黏附。钙黏着蛋白这个名字反映了它的主要结构特征（包含钙离子）和功能（细胞黏附）。C型钙黏着蛋白的胞外区包含五个钙黏着蛋白结构域，这些折叠的结构域通过一段穿膜的单链α螺旋与胞内区相连；胞内区是另一种类型的结构域，它与肌动蛋白构成的细胞骨架共同调控细胞的整体结构。在C型钙黏着蛋白中，离细胞表面最远端的钙黏着蛋白结构域可以与另外一个细胞上同位置的钙黏着蛋白结构域相互作用发生二聚化（**图5.68**），此时，其中一个钙黏着蛋白结构域中保守的色氨酸残基会嵌入其互补结构域的疏水口袋中，导致分别来自两个结构域中的β折叠链在相互作用界面形成新的互补，这一过程也被称为"β折叠链交换"。癌细胞表面钙黏着蛋白的丢失被认为与肿瘤的侵染性相关。钙黏着蛋白结构域需要结合Ca^{2+}作为结构支撑；钙黏着蛋白执行黏附功能时需要细胞外Ca^{2+}达到毫摩尔浓度，因此该蛋白质与钙离子的结合能力并不是很强。在钙黏着蛋白中，钙离子主要通过天冬氨酸和谷氨酸侧链的羧酸基团与蛋白质结合（**图5.69**）。

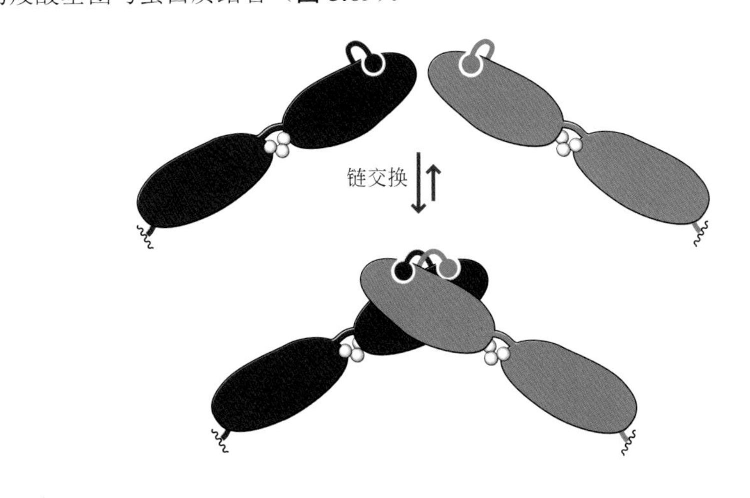

图5.68 β折叠链交换促进钙黏着蛋白结构域之间的相互作用。

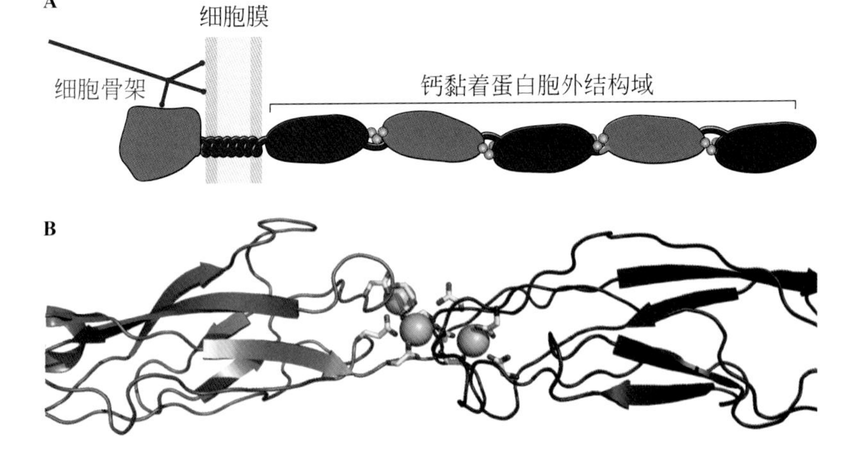

图5.69 钙黏着蛋白结构域。（A）钙黏着蛋白结构域之间的区域在钙离子（绿色）存在下变得具有刚性。刚性蛋白通过细胞膜传递给细胞内的肌动蛋白骨架。（B）钙黏着蛋白结构域界面上的三个Ca^{2+}（绿色）与八个羧酸和两个酰胺基团螯合。（PDB：1L3W）

WD结构域像蛋糕的三角切块一样组合在一起

WD结构域是正交扭曲的β折叠结构，具有楔形轮廓（**图5.70**）。一个含有4个β折叠链的WD结构域大约有40个氨基酸残基，因此该类结构域也被称为WD40结构域，它们可以像涡旋叶片一样装配在一起形成一个完整稳定的结构（**图 5.70**）。转导蛋白（transducin）是异三聚体 G 蛋白家族中的一个成员，它主要由 WD40 结构域组成，关于该蛋白家族的具体细节将在第 9 章中详细讨论。WD 结构域的名称来源于在该结构域中 C 端频繁出现的 Trp-Asp（WD）序列。WD 结构域在转录调控、细胞命运抉择、跨膜信号传递、RNA 修饰、囊泡转运和细胞凋亡等多种信号转导过程中发挥着重要作用。WD 结构域在原核生物中的存在形式相对单一，但在多细胞的高等生物中可以组合构成执行各种复杂功能的蛋白质，这也暗示该结构域在生命体从单细胞到多细胞的进化过程中发挥了关键的作用。

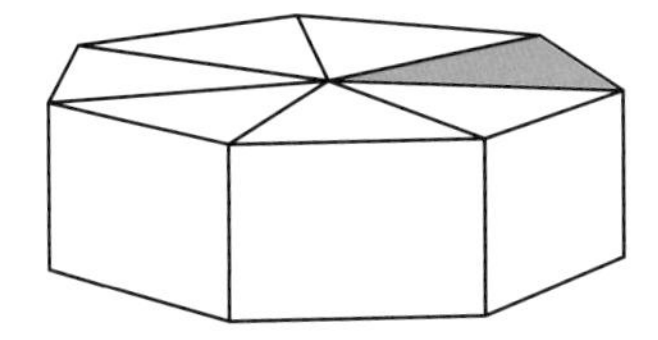

图 5.70 **WD40 结构域。** β折叠的扭转使 WD40 结构域具有楔形轮廓。楔子像蛋糕的切块一样组合在一起。

问题5.12

转录因子 Groucho/TLE 的四级结构中有多少 WD 结构域？（PDB：1GXR）

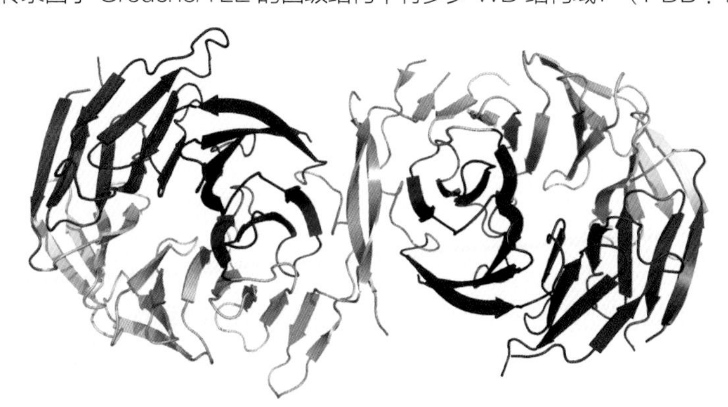

胶原蛋白由三股α螺旋链组成

胶原蛋白主要存在于细胞外基质中，是结缔组织的主要组成部分，发挥着连接细胞、组织和器官的重要功能。胶原蛋白是人体中最丰富的蛋白质，约占人体蛋白质总质量的四分之一。高水平的胶原蛋白可以为包括人类在内的大型脊椎动物提供关键的结构支撑作用。例如，骨骼的强度依赖于胶原蛋白；鼻子和耳廓中的软骨组织也主要由胶原蛋白组成。胶原蛋白是烹饪用明胶的主要成分，它可通过炖煮软骨、骨骼、韧带等组织获取。“胶原蛋白”（collagen）一词来源于希腊语，其中“colla”为“kolla”，意为“胶水”，因为古希腊人利用炖煮的牛羊动物颈部组织制作黏合剂，而这种蛋白质本身在生物体内也起连接的作用。

胶原蛋白包含成百上千个 Gly-Xaa-Yaa 的氨基酸重复序列，其中 Xaa 和 Yaa 可以表示任何氨基酸，但通常是脯氨酸或羟脯氨酸。这些肽链自发地交织在一起形成一个三股的左手螺旋（**图 5.71**）。每股链中的 Gly-Pro-Pro 片段都通过氢键与另外两股链中对应片段发生相互作用（**图 5.72**）。甘氨酸上的 N—H 与第二股链上的脯氨酸羰基（C=O）形成氢键，而第二股链上的脯氨酸羰基（C=O）与第三股链上甘氨酸的 N—H 形成氢键。胶原蛋白这种特殊三螺旋构象的结构基础是甘氨酸允许蛋白质主链构象发生角度急转，同时丰富的脯氨

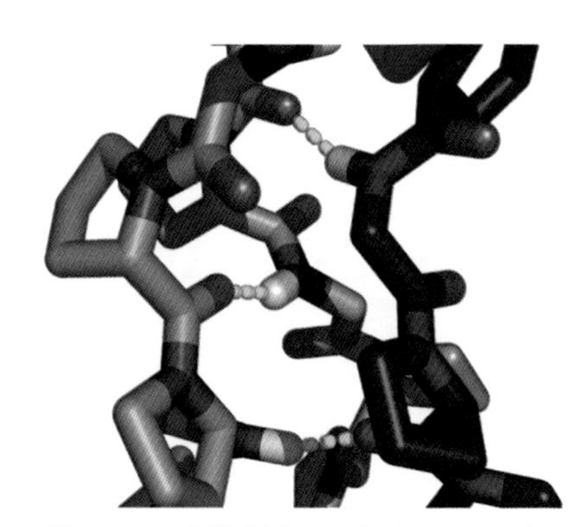

图 5.71 **胶原蛋白。** 在胶原蛋白中，三条蛋白质链交织形成三股螺旋结构。

图 5.72 **链间的氢键使胶原蛋白的三股螺旋链紧密地交织在一起。**（PDB：1K6F）

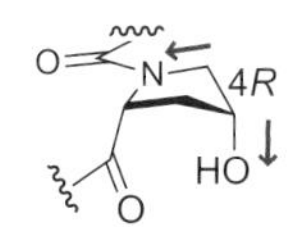

邻交叉式构象　　反式构象

图5.73 胶原蛋白中的立体电子效应。 (*R*)-4-羟基脯氨酸中的电负性原子处于能量更稳定的邻交叉式构象，因此该修饰可以稳定胶原蛋白的三螺旋结构。反之，(*S*)-4-羟脯氨酸中电负性原子处于能量不稳定的反式构象，从而破坏了蛋白质的稳定性。

酸残基可以使蛋白质主链处于一种刚性状态。我们此前讲解过一个标准的蛋白质 α 螺旋仅由单链组成。尽管两个或多个 α 螺旋之间也可以形成螺旋束结构，但是在那些螺旋束中，螺旋之间不存在蛋白质主链之间的氢键作用。与上述传统的螺旋束结构不同，在胶原蛋白的三螺旋结构中，所有氢键都来自不同的螺旋主链基团之间。

胶原蛋白中的脯氨酸经酶催化后会被翻译后修饰形成（*R*)-4-羟基脯氨酸，该修饰可以稳定胶原蛋白的三螺旋结构。通过对 4-氟脯氨酸类似物的研究证实，该修饰带来的稳定性不是由所引入的羟基的氢键引起的，而是由立体电子效应引起的。脯氨酸侧链的五元杂环缺少足够的结构刚性因而无法形成环己烷椅式结构，但在（*R*)-4-羟基脯氨酸中，额外的羟基相对于环中的氮原子处于能量更稳定的邻交叉式（*gauche*）构象（**图 5.73**），从而稳定了三螺旋的整体结构。相反，(*S*)-4- 羟脯氨酸会导致羟基和环中的氮原子处于不稳定的反式构象，因此具有该构象的修饰在胶原蛋白中从未被发现。

催化胶原蛋白脯氨酸羟基化的酶需要维生素 C 作为辅因子。因此，饮食中缺乏维生素 C 会导致胶原蛋白三螺旋结构的稳定性减弱，在实际生活中会诱发坏血病（又称水手病）、牙龈出血、牙齿松动和暴躁易怒等症状。据统计，在 18 世纪的英国海军中，坏血病造成的死亡人数比与敌人作战死亡人数还多。

蛋白激酶结构域和七次跨膜结构域在信号转导中起关键作用

蛋白激酶结构域（protein kinase domain）和**七次跨膜结构域**（seven transmembrane domain 或 7TM domain）是人体细胞中调控转录的信号转导途径的重要组成元件，在细胞内普遍存在。蛋白激酶是人类蛋白质组中最常见的酶家族之一，我们将在第 6 章对其结构和机制进行讨论。含有七次跨膜结构域的膜结合受体蛋白（seven-transmembrane domain receptor）的主要特征是在细胞膜内有七个 α 螺旋二级结构单元。对于这类重要的膜结合受体来说，“七个螺旋”是对其特征结构域的一个更为恰当的描述，因为本书中我们并没有把单一的 α 螺旋定义为一个蛋白质中独立的结构域。7TM 受体的七个螺旋组装构成一个篮子的形状，非常适合与神经递质和激素等小分子发生可逆结合，并将小分子配体的结合转化为受体蛋白细胞质内的构象变化。在 G 蛋白偶联受体视紫红质蛋白中，小分子配体视黄醛总是以亚胺的形式与受体蛋白中的赖氨酸侧链结合（**图 5.74**）。光照可以将视黄醛中的烯烃从反式构型异构化为顺式构型，由此产生的构象变化被传输到受体蛋白末端，从而启动细胞内的信号转导通路。这类 7TM 受体蛋白质会与由 WD 结构域构成的异三聚体 G 蛋白相互作用，形成一个具有完整信号传递功能的生物复合体（**图 5.63**）。我们将在第 9 章对 7TM 受体蛋白进行详细讨论，介绍它们在调节和控制哺乳动物细胞中转录和信号转导途径中发挥的重要作用。

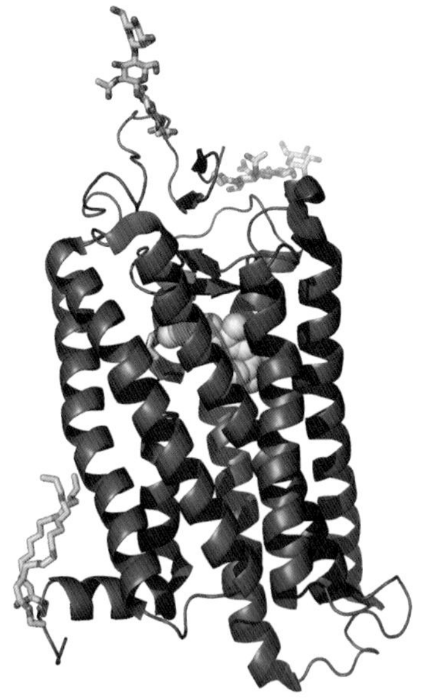

图5.74 视紫红质蛋白（Rhodopsin）。 视紫红质是一种7TM受体蛋白，与一种叫作视黄醛（黄色）的光敏类胡萝卜素配体共价结合。视紫红质蛋白上存在两种翻译后修饰：胞外环区有两个糖基化修饰；胞内区C末端的两个半胱氨酸残基发生含有硫酯结构的棕榈酰化修饰。（PDB：1GZM）

由 α 螺旋束组成的蛋白质结构域在所有生物体中都很常见。这些束状结构域的每个 α 螺旋往往都具有一个贯穿螺旋全长的疏水面，这疏水氨基酸之间的相互作用能够驱动蛋白质在亲水环境中折叠成正确的结构。理论上对于形成束状结构的 α 螺旋的数量没有内在限制，但含有四个 α 螺旋的螺旋束结构域相对比较常见。由两个 α 螺旋构成的螺旋束被称为卷曲螺旋（coiled coil），这种卷曲螺旋通常长度较长，以保证蛋白能独立折叠成正确构象。例如，转录因子 c-Fos 和 c-Jun 的 DNA 结合域中的两个 α 螺旋就是以卷曲螺旋的方式发生相互作用（**图 3.18** 和**图 5.75**）。

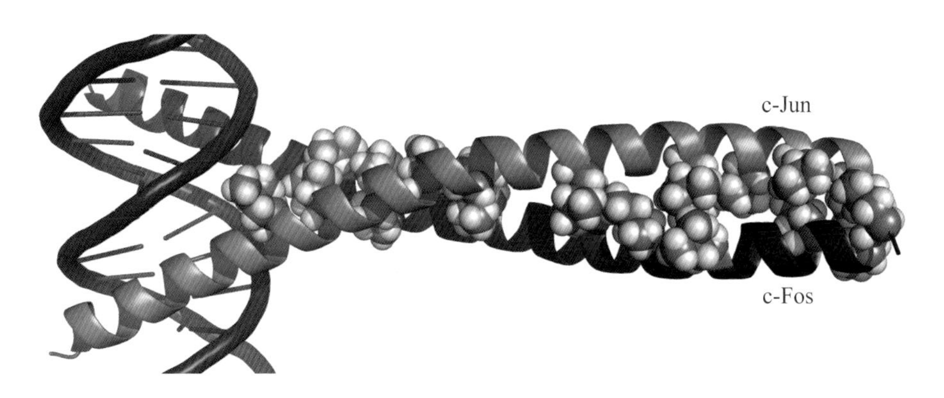

图5.75 亮氨酸拉链（leucine zipper）。 在c-Fos和c-Jun二聚化结构域的氨基酸序列中，大约每七个残基处就有一个亮氨酸，亮氨酸的疏水侧链间的相互作用驱动两个蛋白质以卷曲螺旋的形式结合，这一特殊的结合构象形象地称为“亮氨酸拉链”。（PDB：1FOS）

RNA识别模体结构域结合单链RNA

很多蛋白质结构域专门用于结合特定类型的分子，如多肽、核苷酸或糖类。蛋白质-RNA复合物在维持核糖体结构、RNA剪接和RNA干扰中都发挥着重要作用。许多RNA和蛋白质的相互作用是由**RNA识别模体**（RNA recognition motif，RRM）结构域介导的，该结构域由四条反向平行的β折叠链和两条α螺旋链组成（**图5.76**）。该结构域可以和一条伸展的单链RNA结合。四条β折叠链构成一个β折叠片，折叠片的一侧与两个α螺旋相互作用，而另一侧有多个芳香族氨基酸，这些残基通过π-π堆积与RNA上的碱基发生相互作用；除此之外，RRM结构域中的其他残基可以与RNA中的各个碱基发生特异性的相互作用，因此每个RRM结构域都可以与一段特定的RNA序列结合。在相互作用的界面，带正电的氨基酸残基（精氨酸和赖氨酸）还可以与RNA的磷酸骨架形成盐桥，进一步稳定蛋白质和RNA复合物的结构。

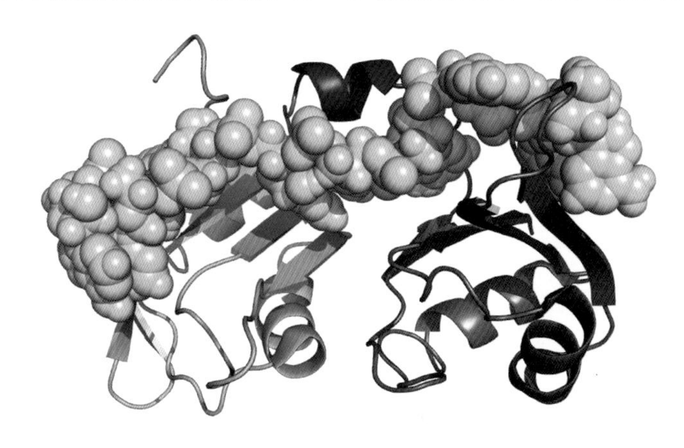

图5.76 RNA识别模体结构域。 一条寡聚腺苷酸RNA链（绿色）与寡聚腺苷酸RNA结合蛋白的两个RRM结构域结合（蓝色和紫色）。（PDB：1CVJ）

短肽结合结构域可以让蛋白质功能模块化

特定短肽与对应蛋白质结构域的选择性结合是蛋白质之间完成信号传递的一种经典模式。例如，SH2（Src homology 2）结构域对酪氨酸磷酸化的识别是人体细胞内信号转导的一个关键步骤（**图5.77**）。这个结构域中间是一个反向平行的β折叠片，该折叠片上下各有一个α螺旋。与许多短肽结合结构域一样，SH2结构域通常会与其他类型的结构域连在一起，构成更大的蛋白质。当含有SH2结构域的蛋白质发生酪氨酸磷酸化时，经常会诱发蛋白质的同源二聚，具体而言就是一个单体蛋白上的磷酸酪氨酸和另一个单体蛋白上的SH2结构域结合，反之亦然，这样的结合方式就像两个分子在握手一样。

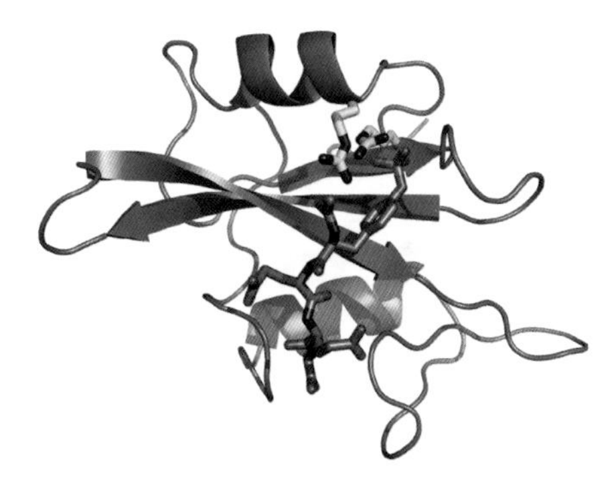

图5.77 SH2结构域。 p56 Lck激酶中的SH2结构域（青色）与一个带有磷酸化酪氨酸残基的短肽（蓝色）结合。磷酸根的两个负电荷分别与两个带正电荷的精氨酸残基侧链（黄色）发生静电相互作用。（PDB：1LKL）

SH3结构域是另一种可以实现蛋白质相互作用的模块化单元，整体构型是一个β桶状结构（β barrel）。它可以特异性识别并结合蛋白质中特定的短肽序列（**图5.78**）。这个结构域的首选靶标是具有“聚脯氨酸螺旋”构象的短肽。

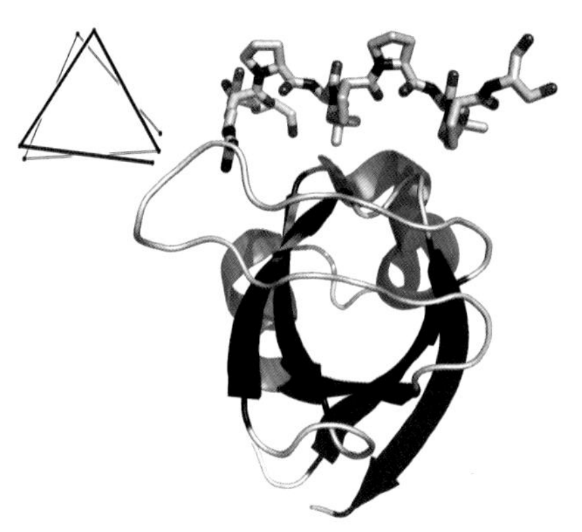

图5.78 SH3结构域。磷脂酰肌醇3-激酶（蓝色）的SH3结构域是一个β桶状结构，可以与具有聚脯氨酸螺旋构象的肽段结合。聚脯氨酸螺旋的螺距为三个氨基酸（如图中左上角所示）。（PDB：3I5R）

顾名思义，该类短肽富含脯氨酸残基，在形成的特征螺旋构象中，螺距为三个氨基酸残基，这比标准α螺旋缠绕得更紧密一些（标准α螺旋中螺距为四个残基）。人源信号转导蛋白GRB2包含两个SH3结构域，中间还夹着一个SH2结构域。该蛋白通过SH2结构域与表皮生长因子受体蛋白上的磷酸酪氨酸残基结合，同时还可以利用SH3结构域募集其他自带有聚脯氨酸序列的蛋白质。

5.6 更高层级的蛋白质结构（Higher Levels of Protein Structure）

蛋白质三级结构具有一个或多个结构域

单条蛋白链的折叠定义了该蛋白质的三级结构。这种结构可以由单一的结构域构成，但是更多情况下，它是由多个结构域组成的。很多时候蛋白质采用多个结构域只是为了巩固一个庞大且高度稳定的折叠构象，在另外一些情况下则是为了赋予蛋白质模块化功能。

酪氨酸激酶Src就是一个典型的例子。该蛋白虽然只由一条单链构成，但是必须通过其包含的多个功能结构域协同工作才能调控蛋白质的活性。劳斯（Rous）肉瘤病毒可以编码一种类似Src的基因，该基因编码的Src同源蛋白会在被感染的鸡细胞中对其蛋白质组进行广泛磷酸化，导致细胞的无限生长以及肿瘤的发生，这一结果说明了不受调控的酶活功能会给细胞和机体带来巨大的风险。在20世纪70年代末期，研究人员发现正常的鸡细胞中含有一种相关的c-Src激酶（cellular Src）。与病毒版的Src不同，c-Src包含两个用来严格控制激酶催化活性的短肽结合结构域。这两个结构域分别是SH2结构域和SH3结构域，它们共同作用限制c-Src的激酶活性（**图5.79**）。

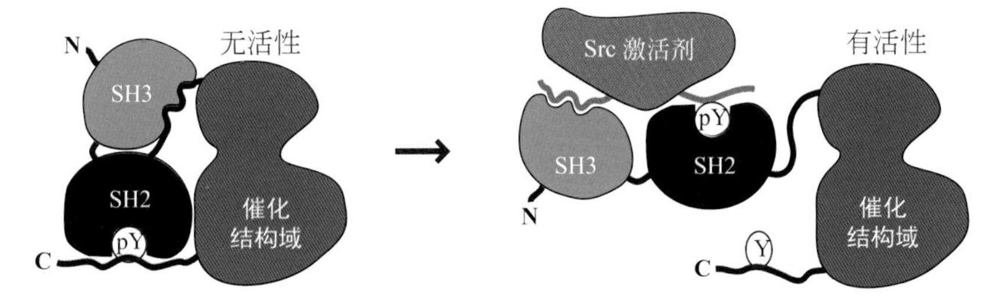

图5.79 c-Src催化结构域的活性被其内部的SH2和SH3结构域抑制。催化结构域通过去磷酸化作用或通过Src激活剂与SH2和SH3结构域的竞争性结合，从而实现激酶功能的释放。

c-Src激酶中的SH2结构域与其C末端第527位的磷酸化酪氨酸结合，使c-Src激酶结构域保持在一个失活状态。而SH3结构域则与一段连接SH2结构域和激酶结构域的短肽片段结合，从而进一步稳定激酶结构域这种失活状态。当第527位酪氨酸发生去磷酸化时，c-Src激酶可以被激活。c-Src激酶恢复活性的另外一种方式是通过Src激活蛋白来实现，该激活蛋白含有一个聚脯氨酸SH3结构域识别配体和一个磷酸酪氨酸SH2结构域识别配体，可以通过竞争性地结合c-Src中的SH2和SH3结构域从而释放激酶结构域，激活c-Src的激酶活性。

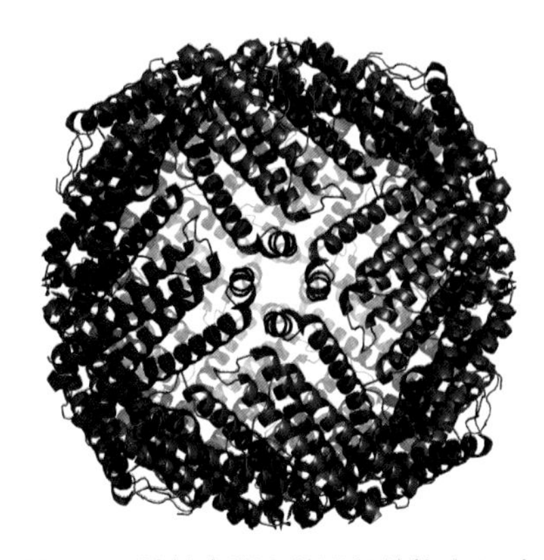

图5.80 铁储存蛋白的四级结构由24个相同的四螺旋束组成。每个铁蛋白复合物（以紫色显示的一条链）可以在其中心区域存储约4500个Fe^{3+}。（PDB：1FHA）

四级结构由独立折叠蛋白质高度组装而成

协同效应在蛋白质四级结构中非常重要，通俗的比喻是“一加一大于二”。四级结构对应的是由多个蛋白质通过非共价相互作用组装成的大型复合物。例如，铁储存蛋白是一种由24个独立折叠的蛋白质分子组成的蛋白质复合物。它在各个物种中广泛存在，执行铁存储功能（**图5.80**）。其形成的四级结构将铁离子半晶团簇包裹住，从而避免铁离子参与氧化还原反应，对细胞造成伤害。我们之前也展示过许多其他具有独特四级结构的蛋白质，例如免疫球蛋白、胶原蛋白、DNA 旋转酶、组蛋白、DNA 聚合酶和核糖体等。

在某些情况下，四级结构、三级结构和结构域这三个概念很难被区分。例如，胶原蛋白的结构域由三条独立的蛋白链折叠组成。根据之前的定义，这应该属于四级结构的一种形式。但胶原蛋白又很长，每条单链上有数百个 Gly-Pro-Pro 重复序列。从三条单链交织形成多束胶原蛋白进而又捆绑形成胶原纤维的过程，需要结构域相互作用、三级结构折叠和四级结构组装的协调运作（**图 5.81**）。当翻译完成后，胶原蛋白的单肽链被运输到内质网，其 C 端结构域折叠成球状结构，发生三聚化。C 端结构域形成三聚体可以产生“种子效应”诱发三条单链交织形成三股精密匹配的螺旋结构。在该过程中，脯氨酸酰胺键的顺反异构化是三螺旋形成的限速步骤，而脯氨酰顺反异构酶能够催化顺反异构化反应，加速胶原蛋白通过内质网运输时形成三螺旋结构。当胶原蛋白三螺旋到达高尔基体时，它们进一步纵向罗列形成聚集体，然后从细胞中分泌出来。细胞外的蛋白酶将 N 端和 C 端的球状结构域从胶原蛋白上切割下来，这样胶原蛋白中间的三螺旋区域彼此沿纤维轴错开约四分之一的长度后，相互搭在一起，组装成不可逆的弹性纤维。通过进一步对赖氨酸侧链的酶促氧化，胶原蛋白间可以产生共价交联，就像引入焊点一样把整个胶原纤维焊接在一起，继续加固胶原蛋白的结构、提高胶原纤维的强度。

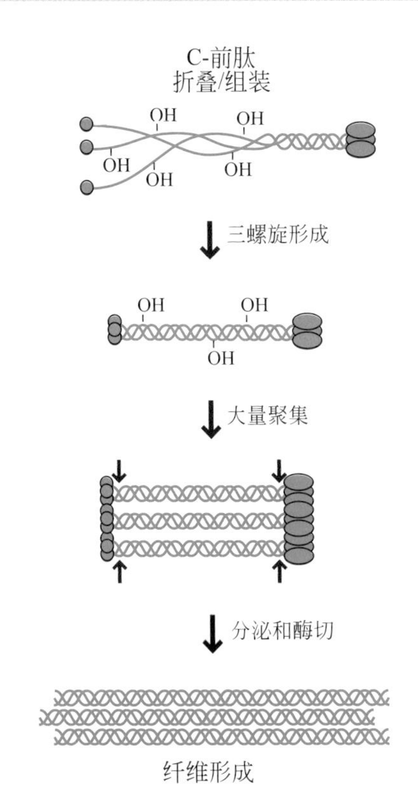

图 5.81 四级结构的可控形成。 胶原纤维的分步组装依赖于胶原蛋白的三级结构和四级结构。

问题5.13

赖氨酸氧化酶催化赖氨酸侧链的氧化，生成亚胺中间体。

A 提出一种合理的酸催化反应机制，解释由胺和亚胺官能团形成亚胺交联。

B 提出一种合理的酸催化反应机制，解释由两个亚胺官能团通过羟醛反应形成的交联。

赖氨酸氧化酶

R–(CH₂)₄–NH₂ + HN=CH–(CH₂)₃–R → 亚胺交联

R–(CH₂)₃–CH=NH + HN=CH–(CH₂)₃–R → 羟醛交联

5.7 总结（Summary）

如果可以做一个形象的比喻，蛋白质就像一个高级的交响乐团，其中每个氨基酸都是一个乐团成员，而蛋白质主链就是这个乐团的指挥。氨基酸的侧链就像乐团成员手中的乐器，不同的化学性质对应不同的音质。例如，疏水性氨基酸像是弦乐乐器，芳香性氨基酸像是铜管乐器，极性氨基酸像是木管乐器，而侧链带电荷的氨基酸则像是打击乐器。如同乐团中每位成员需要齐心协力在音乐会上成功地演奏出长短不一、难度各异的音乐作品一样，这些通过肽键连接在一起的氨基酸，也能协同发挥作用，共同折叠成大小不等、形态各异的蛋白质结构。与之类比，RNA 分子就像是一个爵士乐四重奏组合，其中每种核糖核酸亚基对应一位乐手，由于没有互补链的约束，它们可以自由发挥自己的特色，让 RNA 折叠成不同形态的结构。作为遗传信息重要载体的双链 DNA 也是由四种脱氧核糖核酸组成，但它的构象相对单一，所以更像是一个经典的弦乐四重奏组合，成员彼此间默契配合，完美地演绎出一部部脍炙人口的佳作。当你第一次听到交响乐团演奏时，你会倾向于直接享受其音乐整体饱满度带来的震撼。但如果你集中精力仔细品味，你会在音乐演奏过程中的每个小节都听到占主导地位的领奏乐器。通过这种方式欣赏，你将对不同乐器的音质有更真实的体会，同时也会加深对整个乐章的理解。同理，刚开始读这本书时，你可能会沉浸在简单浏览彩图中各种复杂的蛋白质宏观结构，但是这里给你的建议是多花时间仔细查看每个结构，把注意力聚焦在更微观的原子和成键等细节，因为这些是化学生物学家最擅长的。

尽管蛋白质合成领域仍然存在着巨大的战略挑战，化学家们现在已经开发出各种功能强大的多肽合成策略。当前寡核苷酸合成所采用的固相合成策略，最早是为多肽合成应用所设计的。在多肽固相合成中，化学家将活化的氨基酸酯逐一添加到肽链的N端，让肽链不断延伸，这就像在蛋白质生物合成过程中，新生成的肽段N端从核糖体里慢慢延伸出来一样。不同之处在于，核糖体以氨酰-tRNA作为肽键生成反应的活化中间体，而化学家则将氨基酸的氨基保护后，使用偶联试剂来活化羧酸基团进行肽键的合成。同时，化学家们设计了不同的氨基酸侧链保护基团，在进行S_N1反应将多肽从固相树脂上切下来的同时，可以将这些侧链的保护基团也一并脱去。

蛋白质通过主链的分子内氢键，驱动形成α螺旋、β折叠和转角等二级结构。扭转张力、烯丙位张力和立体电子效应等基本作用力在原子层面直接决定了这些二级结构的几何属性。α螺旋、β折叠和转角等二级结构组合在一起构成模块化的蛋白质结构域，进而组合形成单条蛋白链的三级结构。更高层次蛋白结构（如四级结构）的复杂性构成了生物蛋白质复合体执行功能的基础。在下一章中，我们将从化学的视角对蛋白质的功能进行更深入的讨论。

学习重点（Learning Outcomes）

- 学习二十种参与合成蛋白质的天然氨基酸的结构以及每个氨基酸侧链的独特化学性质。
- 熟悉掌握每个氨基酸对应的单字母编码。
- 设计使用Fmoc保护氨基酸合成多肽的固相合成方法。
- 画出多肽合成和脱保护中常见的副反应机理。
- 掌握二面角扭转张力和烯丙位张力与多肽ϕ、ψ以及χ角的构象偏好之间的关联。
- 了解每个氨基酸在二级结构中出现的偏好性。
- 区分蛋白质二级结构、三级结构和四级结构的概念。
- 从蛋白质数据库中下载蛋白质结构文件（*.pdb），用软件展示其二级结构和单个氨基酸。
- 熟悉最常见的蛋白质结构域的结构特征。
- 确定在蛋白质一级、二级、三级和四级结构中起决定作用的关键因素。

习题（Problems）

5.14 画出以下肽段在pH=7时主要存在的离子形式所对应的结构。

A SV40 NLS序列：PKKKRKV

B 脑啡肽降解酶抑制剂（spinorphin）：LVVYPWT

C 催产素：CYIQNCPLG

D 降钙素13：cyclo-[FGPTLWP]

E 畸形素A：cyclo-[^{D}C^{D}CV^{D}LI]

***5.15** 用单字母编码表示下列肽段的序列。

A 物质 P

B 抗菌肽

C 整联蛋白的合成拮抗剂

5.16 科罗酰胺（kororamide）和微环酰胺（microcyclamide）被认为是环肽的衍生物。识别两个结构中存在的潜在氨基酸前体。

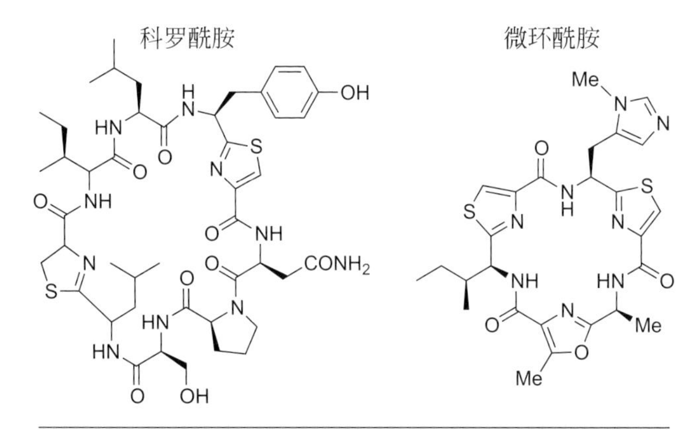

***5.17** 计算下列肽段在 pH=7.3 时的净电荷数。

A 绵羊肺表面活性肽 GADDDDD

B HIV Tat 肽 GRKKRRQRRRPP QC-NH_2

5.18 **A** 在中性至碱性条件下，阿斯巴甜（aspartame）可以环化形成名为二酮哌嗪的六元环。画出阿斯巴甜衍生物二酮哌嗪的合理结构。

B 纽甜（neotame）是一种不会形成二酮哌嗪的阿斯巴甜衍生物。纽甜于 2002 年获准使用，甜度比阿斯巴甜高 30～60 倍，比糖高 6000～10000 倍。比较阿斯巴甜和纽甜的结构，并解释为什么纽甜环化的速度非常缓慢。

aspartame
阿斯巴甜

纽甜

***5.19** 音猬因子（sonic hedgehog）是一种参与胚胎 / 胎儿发育的蛋白质。刺猬蛋白（hedgehog）通过自催化切割，与胆固醇以酯键的形式连接生成活性蛋白。提出一种碱催化生成刺猬蛋白-胆固醇偶联物的可行机理（类似于内含子剪接的机理）。

Cys258
hedgehog
胆固醇
hedgehog
Cys258

5.20 醋酸格拉地拉明（glatiramer acetate，商品名 Copaxone™）是一种治疗多发性硬化的多肽混合物，由四种不同的 *N*-羧基酸酐衍生物随机聚合产生。提出一种通过二乙胺与 *N*-羧基酸酐反应制备含游离N端氨基酸衍生物合理的机理。

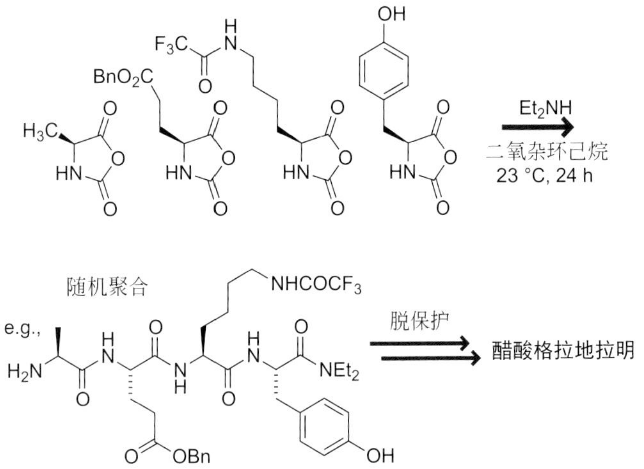

H_3C，BnO_2C，F_3C，H，N，O，OH，HN；Et_2NH，二氧杂环己烷，23 °C, 24 h

随机聚合

e.g.，H_2N，$NHCOCF_3$，NEt_2，OBn，OH；脱保护 → 醋酸格拉地拉明

5.21 硫化羰（O=C=S）是一种在火山气体中的含量高达0.09%（摩尔分数）的化合物，被认为是一种在生命早期进化阶段参与催化多肽偶联反应的试剂。请提出一种合理的催化机理。

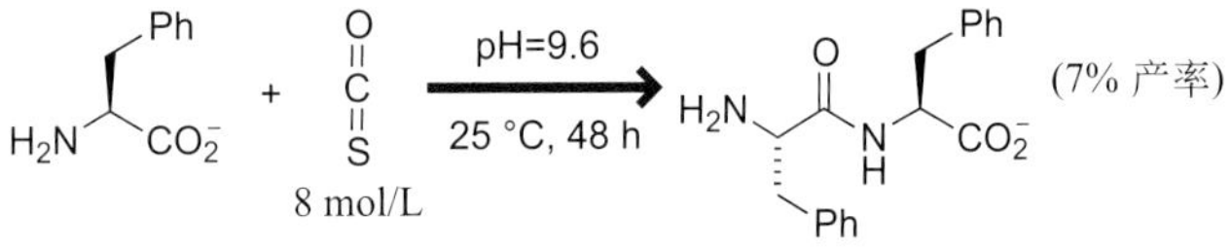

Ph，H_2N，CO_2^- + O=C=S（8 mol/L）；pH=9.6，25 °C, 48 h → H_2N，Ph，CO_2^-（7% 产率）

5.22 三乙胺常用于脱除肽段在酸性条件下 N_α-Boc 基团脱保护后形成的N末端质子化。在碱处理步骤中，两种副反应会降低总产量。首先，在二肽阶段，含甘氨酸和脯氨酸的肽极易发生自切割反应，生成二酮哌嗪。其次，所有长度的肽都会发生加倍副反应。例如，如果在最终碱处理后，将二肽 $^+H_3N\text{-}Gly_2\text{-}CO_2H$ 从树脂中切割下来，则在产物混合物中会有高达1%的四肽 $^+H_3N\text{-}Gly_4\text{-}CO_2H$。提出每个副反应合理的机理。

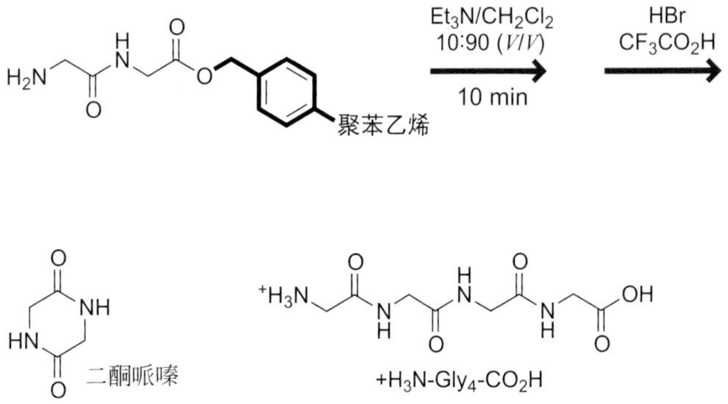

H_2N，聚苯乙烯；Et_3N/CH_2Cl_2 10:90 (*V/V*) 10 min；HBr CF_3CO_2H

二酮哌嗪（HN，NH）；^+H_3N，OH；$+H_3N\text{-}Gly_4\text{-}CO_2H$

***5.23** 提出合理的Glu（*t*-Bu）和Asp（*t*-Bu）侧链脱保护反应的机理。

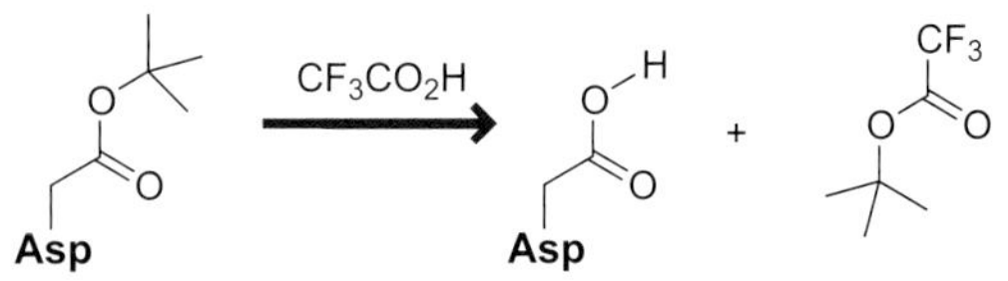

Asp；CF_3CO_2H → Asp + CF_3

***5.24** 提出在肽段裂解/脱保护条件下色氨酸侧链发生修饰反应的合理的机理。

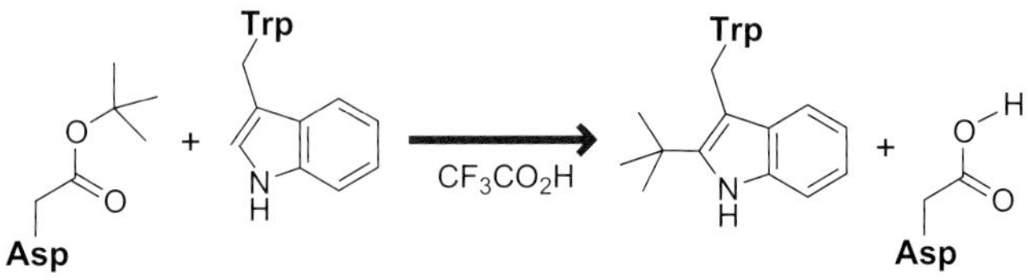

Asp + Trp；CF_3CO_2H → Trp + Asp

5.25 在肽段脱保护/裂解过程中，叔丁基碳正离子会发生 Friedel-Crafts（和其他）副反应。这些碳正离子可以被一些肽段脱保护混合物中的水和三异丙基硅烷清除。硅酸盐-氢化物键（R_3XSiH^-）具有亲核性，而硅烷中的硅氢键（R_3SiH）没有亲核性。氢化硅酸盐具有高选择性，只进攻碳正离子。

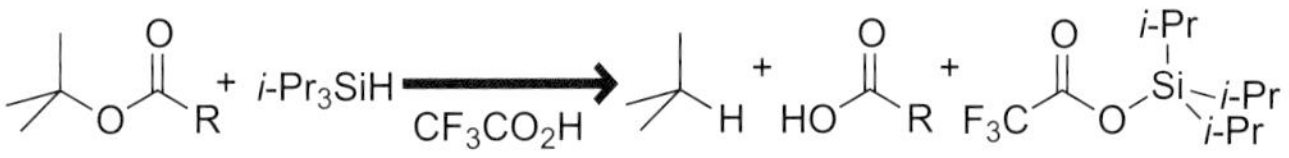

R + *i*-Pr_3SiH；CF_3CO_2H → H + HO R + F_3C O Si *i*-Pr *i*-Pr *i*-Pr

A 提出一个合理的叔丁基碳正离子清除反应机理。

B 在利用 Fmoc 化学切割肽段的过程中，三异丙基硅烷还需要还原哪些主要的碳正离子？

***5.26** 提出利用标准脱保护试剂 95∶2.5∶2.5（按体积计）$CF_3CO_2H/(i\text{-}Pr)_3SiH/H_2$ 脱除下列氨基酸侧链保护基团的合理的机理。

A Gln，Ph Ph Ph；$(i\text{-}Pr)_3SiH$，H_2O，CF_3CO_2H → Gln，NH_2

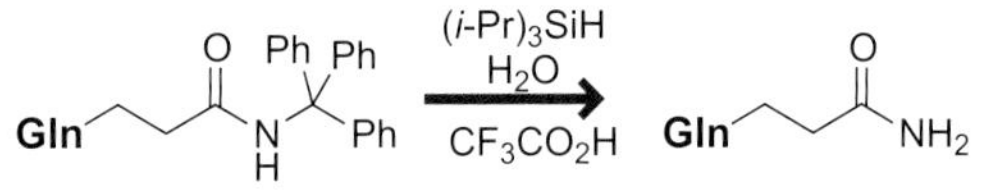

B His，Ph Ph Ph，N；$(i\text{-}Pr)_3SiH$，H_2O，CF_3CO_2H → His，NH，N，H，+

C Thr；$(i\text{-}Pr)_3SiH$，H_2O，CF_3CO_2H → Thr，OH

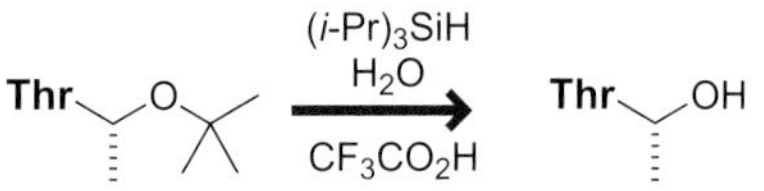

D Lys；$(i\text{-}Pr)_3SiH$，H_2O，CF_3CO_2H → Lys，NH_3^+

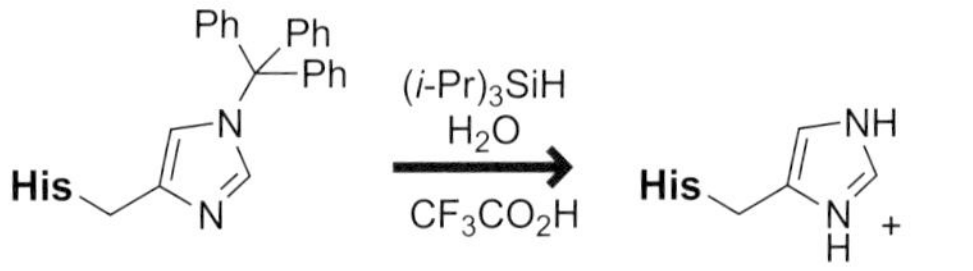

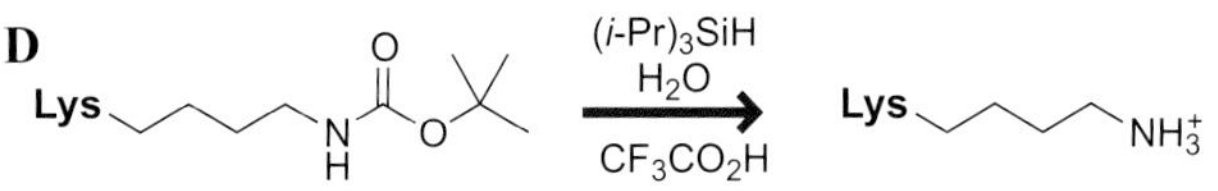

E

Cys–S–C(Ph)₃ $\xrightarrow[\text{CF}_3\text{CO}_2\text{H}]{(i\text{-Pr})_3\text{SiH},\ \text{H}_2\text{O}}$ Cys–SH

5.27 提出利用 95 : 2.5 : 2.5（按体积计）CF_3CO_2H/$(i\text{-Pr})_3SiH/H_2$ 将图中三肽从 Rink AM 树脂上切断所发生反应的合理的机理。

（树脂–Rink AM 连接的三肽结构，含 OMe、MeO、NH₂ 基团）$\xrightarrow[\text{CF}_3\text{CO}_2\text{H}]{(i\text{-Pr})_3\text{SiH},\ \text{H}_2\text{O}}$ Val-Phe-Leu

5.28 从下面一组肽段中选择正确的肽段回答以下问题。

Ac-CAAAKAAAAKAAAAKA-$CONH_2$
Ac-NLEDKAEELLSKNYHLENEVARL$CONH_2$
Ac-AAAAEAAAKAAAAYR-$CONH_2$
Ac-YMSEDELKAAEAAFKRHNPT-$CONH_2$
Ac-AAQAAAAQAAAAQAAY-$CONH_2$
Ac-AEAAAKEAAAKEAAAKA$CONH_2$
Ac-KIVFKNNAGFPH-$CONH_2$
Ac-KVKVKVKVKVKVK-$CONH_2$
Ac-GPPGPPGPPGPPGPPGPPGPP-$CONH_2$

A 哪个序列最容易形成 β 折叠？
B 哪个序列最不容易形成 β 折叠？
C 哪个序列最容易二聚化形成卷曲螺旋？
D 哪个序列最容易形成三重螺旋？
E 哪个序列最不容易形成 α 螺旋？

5.29 即使在平衡状态下 $\Delta H^{\ominus}$接近零，下列的二硫键交换平衡也倾向于以混合的二硫键形式存在，对这些二硫键稳定性的差异提出一种合理解释。

$$\text{EtS–SEt} + t\text{-BuS–St-Bu} \underset{}{\overset{K_{eq}=25}{\rightleftharpoons}} t\text{-BuS–SEt} + t\text{-BuS–SEt}$$

5.30 哪个氨基酸最倾向于形成 160°左右的 ϕ 角？

***5.31** EF 手型结构域是一种常见的蛋白质结构域。这种结构在 Ca^{2+} 存在的情况下会折叠成螺旋-回环-螺旋的模体。在许多钙敏感蛋白中，EF 手型结构域在结合 Ca^{2+} 后发生二聚，从而导致三级结构发生明显变化。EF 手型模体中十二个氨基酸组成的钙结合环与钙离子结合共同形成中性六配位复合物。

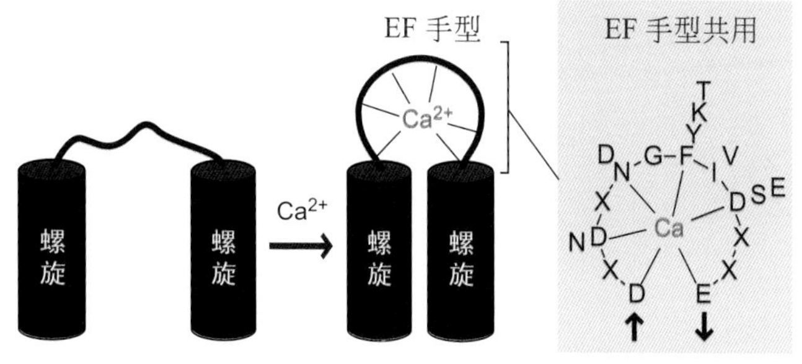

A 钙信号蛋白钙调蛋白中含有四个 EF 手型结构域。根据 EF 手型结构域中钙结合环的共有氨基酸序列，识别人钙调蛋白的蛋白质序列中每个潜在的钙结合环。

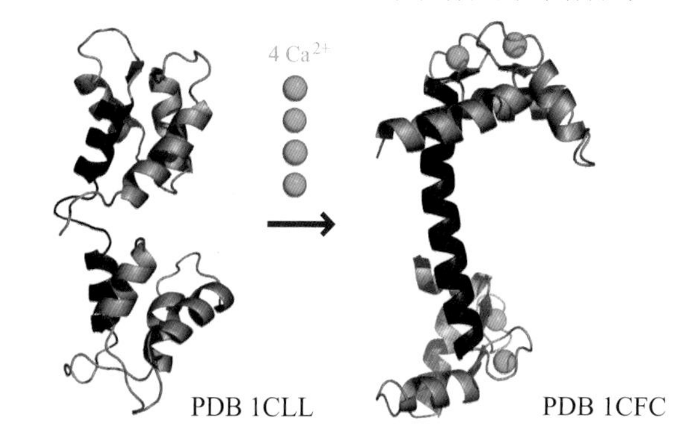

MADQLTEEQIAEFKEAFSLFDKDGDGTITTKEL
GTVMRSLGQNPT EAELQDMINEVDADGNGTID
FPEFLTMMARKMKDTDSEEEIR EAFRVFDKDG
NGYISAAELRHVMTNLGEKLTDEEVDEMIREAD
IDGDGQVNYEEFVQMMTAK

B 根据所示的与钙配位的特征氨基酸序列（上图），绘制一个配位图表明人钙调蛋白的第一个 EF 手型结构域中的哪些原子与 Ca^{2+} 配位。清楚地指出哪些原子作为阴离子配体结合（使用实线），哪些原子作为中性配体结合（使用虚线）。

C EF 手型模体中的两个保守位置没有与 Ca^{2+} 配位。这些保守残基的哪些特殊性质对环的结构起重要作用？

5.32 一些蛋白质含有小的结构域或是螺旋，可以在蛋白质不解折叠的情况下将其除去。例如，枯草杆菌蛋白酶可以选择性地从核糖核酸酶 A 中水解一个柔性的回环结构（第 15～22 位残基），导致一个螺旋结构的解离（残基 1 位～14 位，称为 S 肽）。截短的蛋白质仍处于折叠状态，但催化活性消失。

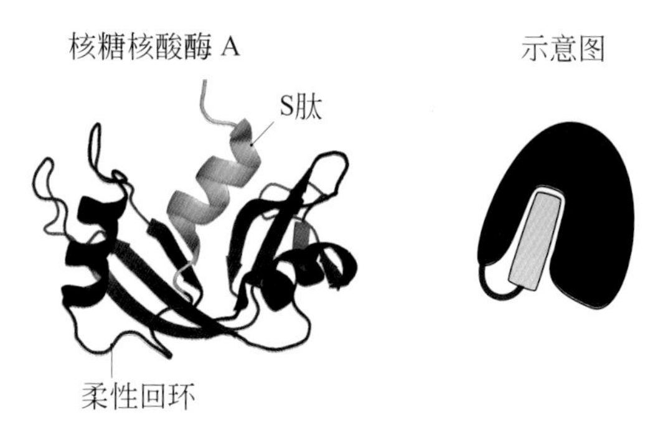

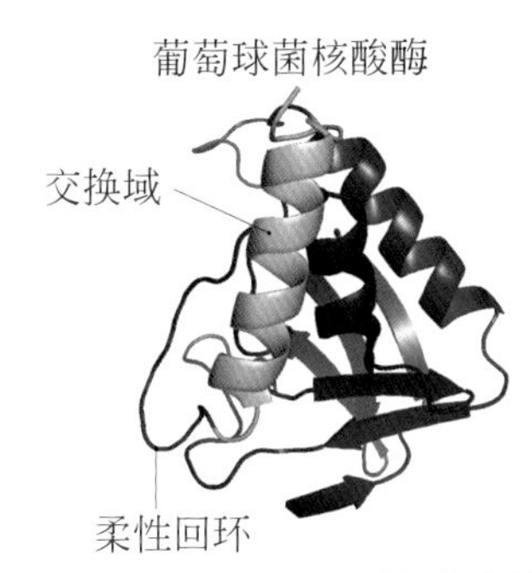

A 当将核糖核酸酶从40%的醋酸体系中冻干，蛋白质会通过核糖核酸酶分子之间S肽的结构域交换形成具有催化活性的二聚体（和更高阶的寡聚体）。绘制核糖核酸酶的结构域交换二聚体的示意图（包含S肽结构域）。

B 与核糖核酸酶A一样，葡萄球菌核酸酶也有一个由长柔性回环（第114位～119位残基）连接的可交换的螺旋结构域（第120位～141位残基）。如何通过突变、删除或添加序列来重新工程化改造葡萄球菌核酸酶，使蛋白质利于通过结构域交换形成二聚体？请用示意图来解释。

5.33 由Tularik Pharmaceuticals合成的抗肿瘤化合物T138067，可以与β-微管蛋白的Cys239形成共价连接。画出共价加合物结构，并对发生的共价反应提出合理的机理。

T138067

5.34 下列哪些肽段最有可能形成α螺旋结构？

肽段1 Lys-Cys-Ile-Leu-Cys-Arg-Leu-Leu-Gln-NH_2（S—S）

肽段2 Lys-^{D}Cys-Ile-Leu-Cys-Arg-Leu-Leu-Gln-NH_2（S—S）

肽段3 Lys-Cys-Ile-Leu-^{D}Cys-Arg-Leu-Leu-Gln-NH_2（S—S）

5.35 假设硬化素的共轭π系统是平面的，且采用$A_{1,3}$张力最小的构象。乙基会与乙酰氧基在同一面上还是在相反面上？

乙基

***5.36** 抗有丝分裂的天然产物discodermolide中，哪个键的构象会由于$A_{1,3}$张力受到限制？

discodermolide

5.37 天然产物二氮唑胺A（diazonamide A）的生物合成被认为来源于单个线性肽的修饰。

A 识别构成二氮唑胺A所对应线性肽的氨基酸。

B 二氮唑胺A的结构最初被错误地解析。如果想要正确解析其结构，必须使用以下哪些光谱技术：^{1}H-NMR、^{13}C-NMR、质谱、红外光谱、X射线晶体学？

diazonamide A

错配结构

***5.38** 天然产物心菊内酯（helenalin）通过与转录因子NF-κB的p65亚基中的Cys38发生共价连接从而产生活性抑制作用。

心菊内酯

A 根据晶体结构（PDB：1RAM），提出Cys38对于NF-κB行使功能非常重要的原因。

B 心菊内酯可以共价交联Cys38和邻近的半胱氨酸残基。识别参与反应的那个邻近的半胱氨酸残基位点。

C 画出一个合理的心菊内酯与NF-κB加合物的结构。

5.39 预测蛋白质在105℃、4mol/L NaOH中水解10 h的条件下，哪5种常见的氨基酸不能被分离出来。

5.40 ottelione A可以与微管蛋白的Cys239的硫醇形成共价键，画出合理的共价加合物结构。

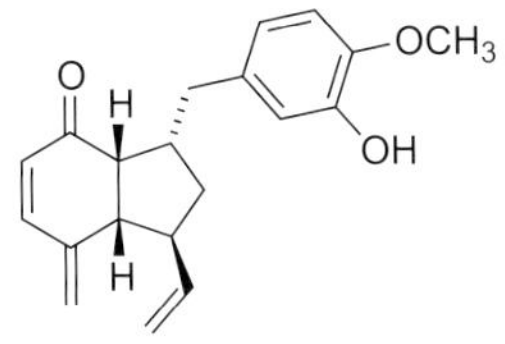

ottelione A

***5.41** 已知酪氨酸残基在自由基存在的条件下会产生二酪氨酸交联。为下面二聚化反应提出合理的机制。

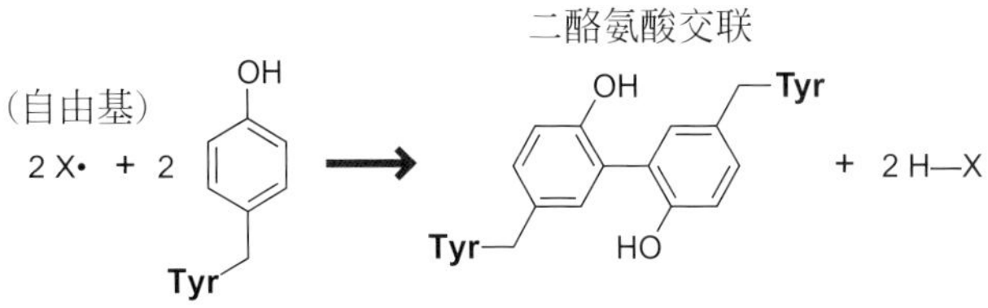

二酪氨酸交联

（自由基）

$2X\cdot + 2$ Tyr-酚 $\longrightarrow$ 二酪氨酸 $+ 2H—X$

第6章 蛋白质功能 (Protein Function)

学习目标（Learning Objectives）

- 使用剂量-反应曲线预测化合物的毒性或临床药学价值。
- 从热力学和动力学两方面理解结合相互作用。
- 了解通过K_m测量底物结合的重要性，以及通过k_{cat}测量催化周转率的重要性。
- 对比几种不同的调控蛋白激酶活性的机制。
- 区分丝氨酸/半胱氨酸蛋白酶、金属蛋白酶和天冬氨酸蛋白酶的化学机制。
- 比较几种不同的蛋白酶活性的调节机制。
- 熟悉蛋白质诱变技术和筛选的动力。

蛋白质在人体中具有广泛的功能，但一直以来最吸引化学家关注的功能是催化，即加速化学反应。即使古希腊人也对酶的作用速度惊叹不已。正如《伊利亚特》中所提及的，用无花果枝搅拌热牛奶会导致牛奶快速凝结，这个过程涉及无花果蛋白酶（ficain）的催化作用（**图6.1**）。化学家曾经羡慕酶介导的催化反应，但现在他们可以轻易设计出具有同样惊人加速效能的过渡金属催化剂。实际上，许多**过渡金属催化反应**（transition-metal-catalyzed reactions），如氢化、烯烃复分解反应和烯烃聚合反应等，其速率和效率都无法与任何一种酶匹敌。

图6.1 无花果枝中的乳胶含有无花果蛋白酶（ficain）能够迅速切割酪蛋白的酰胺键，引发错误折叠和聚集。这个过程是荷马《伊利亚特》中的一个小插曲，“As the juice of the fig-tree curdles milk，and thickens it in a moment though it is liquid，even so instantly did Paeon cure fierce Mars.”（由Ellen Friedman提供。）

对化学家而言，仍然难以捉摸的是酶催化的特异性。化学家们渴望了解在许多酶家族中发现的众多特异性。例如，消化蛋白酶（如胃蛋白酶）的特异性是混杂的，但破伤风毒素却具备异常严格的选择性，它只切割某一种蛋白质底物（substrate）的某一个化学键。这种特异性在酶和受体中很常见，尤其在膜结合受体中。这些膜结合受体用以接收来自细胞外环境的特定化学信息。

生物合成是酶的一个明显功能，用以产生构建细胞的分子。2000年以来，人们的更多兴趣被集中于细胞信号传导过程中酶扮演的角色。无论它们担任什么角色，绝大多数酶都需要依靠定位、切割或非底物小分子活化等过程被激活。最后，调控酶活性的机制及酶发挥功能的生物环境与酶催化的化学转化一样令人感兴趣。

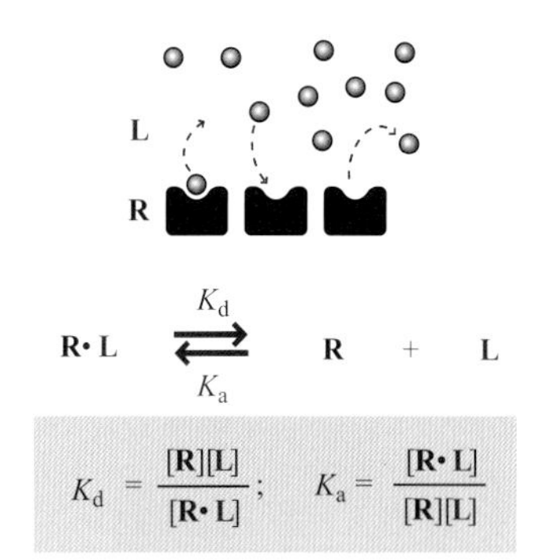

图6.2 平衡浓度。解离常数（K_d）可以根据浓度定义。它描述了受体-配体的不稳定性，通常以mol/L为单位来衡量。较小的K_d值对应配体-配体更紧密地结合。

6.1 受体-配体相互作用（Receptor-Ligand Interactions）

受体-配体相互作用的热力学和动力学支配着生物学中的所有过程

特异性非共价结合作用对化学生物学中的所有过程几乎都必不可少：信号蛋白的结合、酶对底物的结合、受体对配体的结合。受体-配体相互作用有助于我们思考如何量化结合现象。在化学中，结合的“紧密性”通常通过平衡结合常数（association constant）K_a来量化。在生物学中，更常用的是**解离常数**（dissociation constant）K_d。它被用于量化不稳定性，而不是稳定性（**图6.2**）。较低的K_d值对应更紧密地结合。大多数化学生物学家会将K_d<1 nmol/L描述为紧密结合，而将K_d>1 mmol/L的受体-配体相互作用描述为弱结合。

对K_d和配体浓度的了解，可以为我们了解结合和未结合受体的比例提供直观的参考。如果我们将配体浓度设定为等于解离常数（[L]=K_d），结合受体的浓度将等同于未结合受体的浓度。从数学上讲，[R·L]/[R]将是1∶1。而当配体浓度为K_d的10倍时，[R·L]/[R]将为10∶1，那么超过90%的受体将被结合。相反，如果配体浓度是K_d的1/10，则[R·L]/[R]为1∶10，那么小于10%（一小部分）的受体将被结合。这些关系很重要，因为配体浓度是能够被生物学家轻易控制的变量之一。显而易见的是，K_d是一个可用于了解任何相互作用的重要变量。K_d也同样是有用的，因为它可以让我们判断理想条件下（所有组分浓度为1mol/L）的结合自由能：$\Delta G^{\ominus}=-RT\ln K_{eq}$。

等温滴定量热法（isothermal titration calorimetry，ITC）可被用于直接测量当配体溶液加入蛋白质溶液中时所释放的热量。焓、熵的变化以及最终的自由能可通过实验数据的曲线拟合（由计算机辅助）得到。ITC也是一种相当灵敏的技术，帮助研究者更节约地使用珍贵的蛋白质样品。

问题6.1

使用等温滴定量热法（ITC）测得的参数，计算下列蛋白质-蛋白质相互作用的K_d。

蛋白质	蛋白质	ΔH/（kcal/mol）	ΔS/[cal/（K·mol）]
TCR β链8.2突变体	金黄色葡萄球菌肠毒素C3	−15.8	−21（25 ℃）
$p67^{phox}$	Rac·GTP复合物	−7.3	52（18℃）
Iso-1-细胞色素c	Iso-1-cc过氧化酶	−2.6	18.5（25℃）

绝大多数初级化学课程强调根据浓度来定义平衡。但是，为了理解生物学相互作用，我们需要重新认识反应速率。我们使用**速率常数**（rate constant）来表征化学反应的速率。当将速率常数应用到**基元化学反应**（elementary chemical reaction）时（即只涉及单一过渡态的反应），它们是最为有效的。在地球上，与液相相关的基元化学反应只有两种类型：涉及一种反应物的单分子反应和双分子反应（两种反应物必须碰撞才能引发化学事件）（**图6.3**）。三分子和多级反应是不现实的，这是因为几种反应物很少能够同时采取精确的朝向和具备足够的能量碰撞形成化学键或复合物。

有意义的单分子基元反应的速率常数变化约20个数量级：$10^{13}s^{-1}>k_1>$

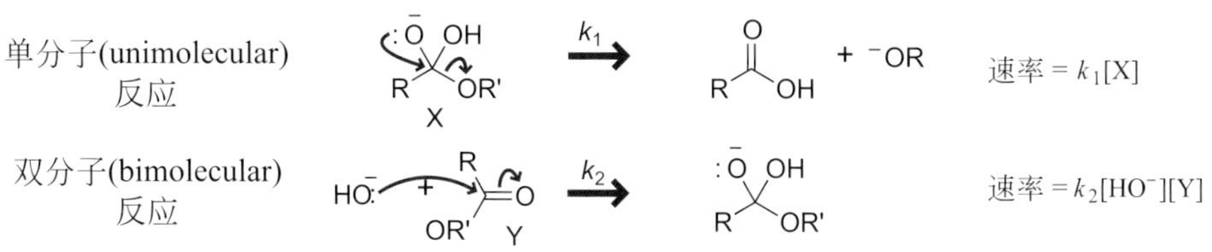

单分子(unimolecular)反应 速率 = k_1[X]

双分子(bimolecular)反应 速率 = k_2[HO^-][Y]

图6.3 速率法则包括速率常数和浓度。基元反应步骤的速率法则包括速率常数k和参与反应的限速步骤的反应物浓度。

$10^{-7}s^{-1}$。受体-配体复合物的解离通常被描述为近似单分子的过程。最快单分子反应的速率上限由原子振动的最快速率决定，对应约10^{13}次/秒的速率常数。速率下限则取决于实际反应条件。速率常数低于$10^{-7}s^{-1}$的单分子反应将以年为单位衡量半衰期。很少有细胞反应能够消耗这么长时间。有意义的双分子反应的速率常数则跨越一个更小的范围：10^9 L/(mol·s)>k_2>10^{-7} L/(mol·s)。受体与配体结合形成复合物通常被描述为双分子过程。最快的双分子反应的速率上限由扩散速率决定。扩散速率决定了分子随机相互碰撞的频率。对于水中的小分子，扩散控制上限约为10^9 L/(mol·s)。下限同样由实际反应条件决定。如果两种反应物的浓度均为1 mol/L，那么速率常数低于10^{-7} L/（mol·s）的双分子反应将以年为单位衡量半衰期。当然，酶和底物的浓度通常分别在μmol/L和mmol/L范围内。在这样的浓度下，速率常数为10^{-7} L/（mol·s）的双分子反应需要花费数十亿年。与在细胞中不同，在化学实验室中通常会冷却半衰期为微秒的反应，以防止过热。同样，通常也会加热长半衰期的反应，这样就不必花费数周或数年等待反应发生。

热力学平衡基于正向和逆向反应速率的平衡。对于受体-配体相互作用，结合反应速率称为结合速率（on-rate），它等于k_{on}[R][L]；解离反应速率称为解离速率（off-rate），它等于k_{off}[R·L]。K_d也可以被定义为解离速率常数与结合速率常数之比（**图6.4**）。对于高亲和力的相互作用，解离速率总是远远慢于结合速率。美国科学家政治家本杰明·富兰克林（Benjamin Franklin）为社交场合提了这种建议："选择朋友要慢，改变朋友要更慢"。

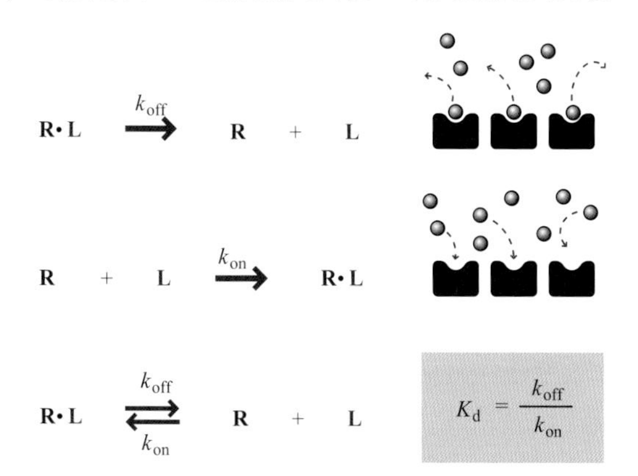

图6.4 基于速率常数的平衡。平衡解离常数K_d可以用速率常数而不是平衡浓度来定义。

在弗斯塔（Alan Fersht）的经典著作《酶的结构和作用机制》中，他列出了涉及蛋白质的各种特定相互作用的结合和解离速率常数（**表6.1**）。他的关于酶催化的著作被推荐给那些想要更深入了解酶动力学的学生。与大分子配体相反，选择小分子配体是一个有价值的趋势。小分子倾向于以快速的结合速率结合特定蛋白质。小分子在水中扩散的理论最大速率约为5×10^8 L/(mol·s)。如果配体以速率常数k_{on}=5×10^8 L/（mol·s）与受体结合，则意味着每次碰撞都会发生一次成功的结合事件；如果k_{on}=5×10^6 L/（mol·s），则100次碰撞中只有1次能够形成受体-配体复合物。

表6.1 结合动力学

蛋白质	小分子配体	k_{on}/[L/(mol·s)]	k_{off}/s^{-1}
胰凝乳蛋白酶	Proflavin	10^8	8300
肌酸激酶	ADP	0.2×10^8	18000
3-磷酸葡萄糖脱氢酶	NAD^+	0.2×10^8	1000
乳酸脱氢酶	NADH	$\sim10\times10^8$	~10000
乙醇脱氢酶	NADH	0.3×10^8	9
溶菌酶	$(N\text{-Ac-Glu})_2$	0.4×10^8	100000
核糖核酸酶	3′-UMP	0.8×10^8	11000
蛋白质	**大分子配体**	**k_{on}/[L/(mol·s)]**	**k_{off}/s^{-1}**
$tRNA^{Ser}$合成酶	$tRNA^{Ser}$	2×10^8	11
胰蛋白酶	蛋白质抑制剂	0.0007×10^8	0.0002
胰岛素	胰岛素	10^8	20000
β-乳球蛋白	β-乳球蛋白	0.00005×10^8	2
α-胰凝乳蛋白酶	α-胰凝乳蛋白酶	0.000004×10^8	0.7

小配体能够快速与蛋白质受体结合，尤其当涉及静电相互作用时。这是一个重要而有力的共识。因此，解离常数（K_d）的大部分变化来自配体与受体的解离速率。相较于涉及小分子的相互作用，两个大分子之间的结合较慢，并表现出更大的多变性。大分子的扩散速率比小分子慢；对于典型的蛋白质-蛋白质相互作用或固定在介质表面的小分子，本底扩散的结合速率约为 10^6 L/(mol·s)。蛋白质-蛋白质结合速率的巨大变化使得我们难以预测低亲和力是由慢结合速率还是快解离速率造成。

问题6.2

使用表6.1中的数据计算每个复合物的 K_d。

问题6.3

当NADH为（A）3 μmol/L、（B）3 nmol/L时，被结合的乙醇脱氢酶的百分比是多少？

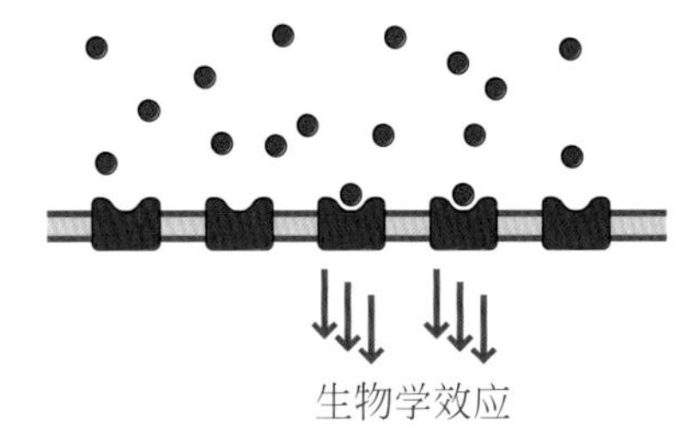

图6.5 受体占有模型（receptor occupancy model）。药物的生物学效能与受体-药物浓度成正比，而不是总药物浓度。

剂量-反应曲线测量蛋白质功能及相关的亲和力

根据药理学受体理论，药物的生物学效能与结合配体的受体浓度成正比，而与未结合的配体浓度无关（**图6.5**）。对受体·配体复合物浓度的关注促使我们使用 K_d 去估计药物的最低治疗浓度。对于能够发挥作用的药物，药物的浓度应该远高于受体-药物相互作用的 K_d（至少高10倍）。大多数药物在用于开处方时都遵循一种给药准则，即确保超过90%的生物靶标始终被药物结合。

药理学受体理论的深刻含义是：通过考察复杂的细胞现象（如细胞死亡或细菌游动），甚至复杂的生理现象（如咳嗽频率），估计可逆结合受体的百分比（最终得到 K_d）。如果生物学效能是由特定的相互作用引起的，那么引发50%反应所需的剂量（IC_{50}）应该对应于受体-药物相互作用的 K_d 值。结合与生物效能之间的关系经常被绘制成**剂量-反应曲线**（dose-response curve），即生物反应相对于药物浓度的对数值作图（**图6.6**）。如果多个受体有助于生物反应，而每个受体具有不同的 K_d，则剂量-反应曲线将代表这些相互作用的综合作用，可能不会形成尖锐的S形。

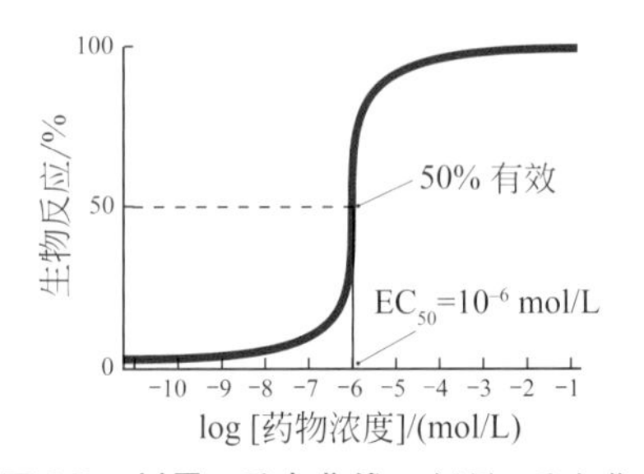

图6.6 剂量-反应曲线。剂量-反应曲线解释了为什么药物浓度加倍通常不会使药效加倍。它解释了为什么许多有毒化学物质对人体是无毒的，以及为什么许多“天然”疗法无法治愈疾病。

剂量-反应曲线可能是化学生物学中最重要的概念。对剂量-反应关系的理解有助于化学生物学家在有效配体、底物或药物浓度下开展实验。它也有助于医生和患者将药物剂量维持在治疗疾病的水平，同时避免对传染病产生抗性。对剂量-反应曲线的误解导致对化学品的非理性恐惧（即使它们处于无害的浓度）。毒理学之父帕拉赛苏斯（Paracelsus）以一种简单的方式正确地总结了剂量-反应曲线，即剂量产生了毒物（**图 6.7**）。忽视剂量-反应关系可能是危险的；每年它都会导致患者花费数十亿美元购买“天然”疗法，这些疗法中含有的活性成分太少，无法提供超出安慰剂效果的任何益处。

图6.7 剂量决定物质为毒药或解药。据Paracelsus所言，“一切物质都是有毒的，无一例外；只有剂量才能决定一种物质是不是毒药。[Alle Ding' sind Gift und nichts ohn' Gift；allein die Dosis macht，das ein Ding kein Gift ist.]”——Theophrastus Philippus Aureolus Bombastus von hohenheim，a.k.a. Paracelsus，1493—1541.（Paracelsus肖像为Quentin Massys所创作，1528年。）

问题6.4

香料姜黄的药效特性归因于天然产物姜黄素（curcumin），姜黄素对慢性淋巴细胞性白血病细胞有活性（EC_{50}=5.5 μmol/L）。假设姜黄素的细胞毒性遵循经典的药理学受体理论，请填写下表，估算当使用以下浓度的姜黄素治疗后存活的癌细胞百分比。杀死 99.9% 的细胞需要怎样浓度的姜黄素?

姜黄素

[姜黄素] (μmol/L)	癌细胞 死亡 / 存活	存活癌细胞百分比
5.5	1 : 1	50
11	: 1	
55	: 1	

由于在实验室中可以轻易获得与任何分子特异性结合的免疫球蛋白（抗体），所以通常使用抗体作为检测其他分子存在的试剂，并使用剂量-反应曲线绘制检测结果。通常将特殊的酶分子经化学方法连接到抗体上，因此该方法既能够定量又高度灵敏。当添加高浓度的无色底物时，酶催化产生的有色产物的量与酶的浓度成比例关系，因此与抗体的浓度成比例关系。与抗体相关的两种最常见的酶是辣根过氧化物酶（horseradish peroxidase）和碱性磷酸酶（alkaline phosphatase）。过氧化物酶催化 H_2O_2 的分解；然而，这一高度特异的还原分解反应可以与其他相对缺乏选择性的氧化分子相关，如氧化还原蛋白、二氢醌或烟酰胺（下文讨论）。

酶联免疫吸附测定实验（enzyme-linked immunosorbent assay，ELISA）为化学生物学和诊断学实验室提供了一种能够对结合水平进行定量且技术难度低的方法。在这项通用技术的一种变体实验中，靶标被附着在微量滴定板表面；通常而言，靶标的疏水区域能够非特异性但非常强的吸附到微量滴定板的聚苯乙烯表面。通过添加廉价蛋白质的高浓度溶液（如来自乳制品的酪蛋白）来封闭平板上剩余的疏水区域；该封闭步骤能够防止其他物质与靶标或滴定板非特异性结合从而改变测定结果。接下来，加入与上述酶之一（如辣根过氧化物酶）偶联的抗体，用缓冲液中的去污剂彻底洗涤平板以除去任何非特异性结合。

过氧化物酶的活性与上述实例中的抗体结合水平或靶标水平相关，通常通过添加合成的底物监测有色产物。邻苯二胺是染发剂的常见组分，当暴露于空气中时生成一系列产物。辣根过氧化物酶将邻苯二胺转化为橙黄色发色团 2,3-二氨基吩嗪；进一步氧化则产生棕色沉淀。碱性磷酸酶可以水解对硝基苯磷酸盐，生成对硝基苯酚阴离子，呈现出显著的黄色（**图 6.8**）。ELISA 的定量性质使得它在化学生物学中得到了广泛应用（**图 6.9**）。

过氧化物酶　H_2O_2

磷酸酶　HO^-

图6.8 用于ELISA的比色反应。用于酶联免疫吸附测定实验的酶能够产生有色产物。

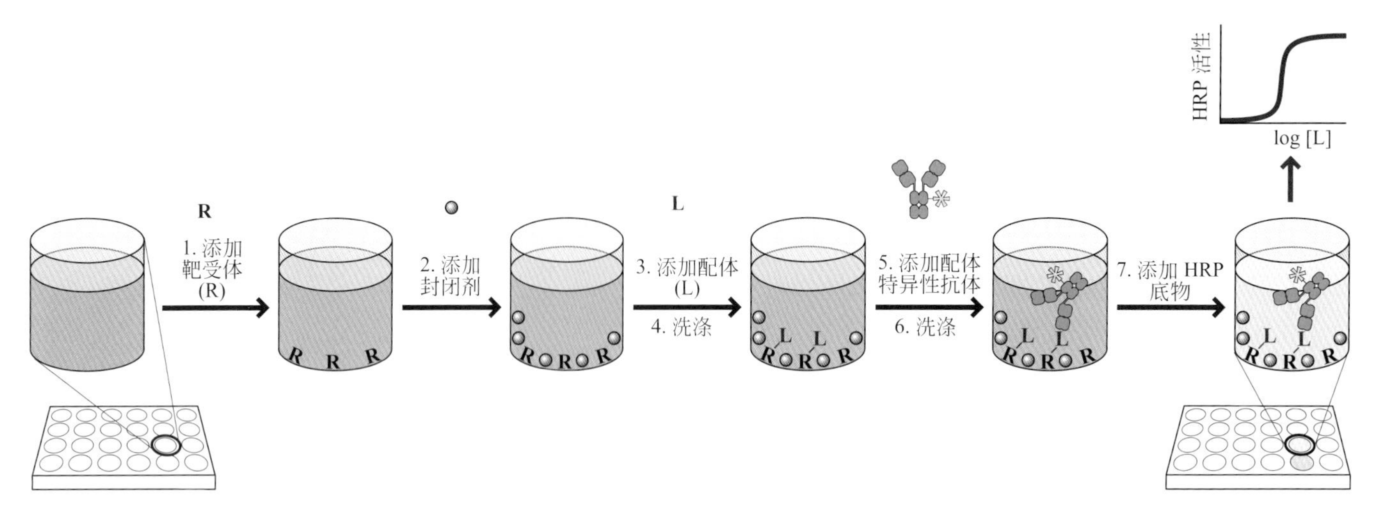

图6.9 ELISA流程。酶联免疫吸附测定实验在微量滴定板（左上）的多孔槽中进行。在步骤1中，靶受体（R）被非特异性结合到聚苯乙烯表面孔中。步骤2中的封闭剂防止配体或抗体与黏性聚苯乙烯表面发生非特异性相互作用。步骤3和4，加入配体（L）后洗涤，形成受体-配体相互作用。在步骤5和6中洗去非特异性结合之前，加入偶联有辣根过氧化物酶（HRP）的配体特异性抗体。在加入HRP底物后，形成抗体-HRP与R-L复合物相互作用的夹层结构的孔将会变黄。这种黄色的强度（HRP活性）可以通过测量适当波长光下的吸光度来量化，并绘制相对于配体浓度的图表。

高特异性的蛋白质－小分子相互作用具有使用价值

小分子-蛋白质的相互作用因其特异性和结合紧密性而变得非常重要。例如，施莱伯（Schreiber）及其同事证明，免疫抑制剂雷帕霉素（rapamycin）和相关天然产物FK-506都与FK-506结合蛋白（FK-506 binding protein，FKBP）结合。FK-506-FKBP复合物继而抑制调控T细胞信号传导的蛋白质mTOR（**图6.10**和**图6.11**）。这些天然产物具有共同的结构特征。FK-506结合FKBP的解离常数为0.4 nmol/L；雷帕霉素结合FKBP的解离常数为0.2 nmol/L。由于它们的高亲和力和结合特异性，这两种小分子已被广泛用于化学生物学研究，用以关闭与细胞生长和蛋白质合成相关的细胞信号传导途径。

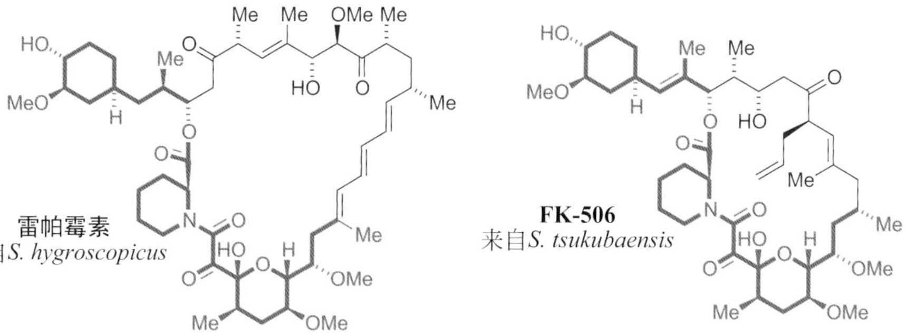

雷帕霉素
来自*S. hygroscopicus*

FK-506
来自*S. tsukubaensis*

图6.10 化学类似物。来自遥远的太平洋岛雷帕努伊（*Streptomyces hygroscopicus*）和日本（*Streptomyces tukubaensis*）的土壤微生物产生的天然产物具有几乎相同的结构特征（绿色）。

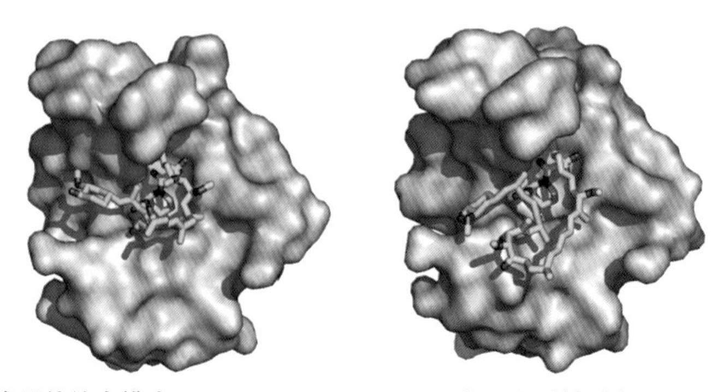

图6.11 类似的结合模式。FK-506（PDB：1FKF，左）和雷帕霉素（PDB：1FKl，右）都结合在蛋白质FKBP相同口袋中。两个小分子的构象略有不同，因为FKBP-FK-506复合物以二聚体的方式结晶，而FK-506处于表面上。

小分子生物素（biotin）与抗生物素蛋白（avidin）的结合是已知最强的蛋白质-配体相互作用之一（pH=7 时 $K_d=10^{-15}$mol/L）。在连续几个月的时间内吃生蛋清的动物（包括人类）会由于高浓度抗生物素蛋白的摄入而患生物素缺乏症。抗生物素蛋白结合并过滤掉生物素（也被称为维生素 B7），阻止生物素在胃肠道中被吸收。抗生物素蛋白是一种糖蛋白，不能在细菌中表达。然而，链霉菌能够产生一种称为链霉抗生物素蛋白（streptavidin）的抗生物素蛋白，它没有经过翻译后修饰（**图 6.12**）。

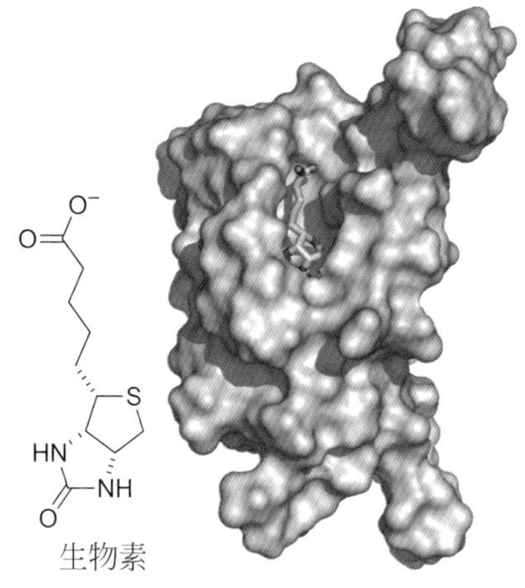

图6.12 高亲和力的来源。生物素紧密结合在链霉抗生物素蛋白的深层结合口袋中。当链霉抗生物素蛋白形成单体的四聚体时，生物素的双环核心被完全包埋。（PDB：1STP）

链霉抗生物素蛋白易于在细菌中表达，并且具有比抗生物素蛋白略高的特异性；因此，链霉抗生物素蛋白在生物技术中得到了更广泛的应用。生物素与抗生物素蛋白的结合速率不显著：$k_{on}=7\times10^7$ L/（mol·s）（pH=5）。与 50×10^7 L/（mol·s）的扩散控制上限相比，该结合常数表明，50 次碰撞中约有 7 次能够导致抗生物素蛋白-生物素复合物的形成。这种相互作用具有极其缓慢的解离速率（k_{off} = 0.00000004 s^{-1}，pH=5 时）。任何 1∶1 型复合物的解离是单分子反应，可根据方程 $t_{1/2}=(\ln2)/k_{off}$ 轻易计算得到半衰期。在 pH=7 时，抗生物素蛋白-生物素复合物的半衰期为 200 天！紧密结合的性质使其在生物学中变得不是那么有用。共价键比抗生物素蛋白-生物素相互作用强得多（约 10^{50} 倍）。抗生物素蛋白-生物素相互作用在生物技术中的价值在于其非同寻常的特异性。如果将生物素与任何分子偶联，这种缀合物（连接生物素的分子）可以被链霉抗生物素蛋白亲和介质从复杂的混合物中捕获。这种方法非常普遍，现在已有公司销售预装有链霉抗生物素蛋白-琼脂糖（agarose 或 Sepharose）的流动纯化柱（**图 6.13**）。

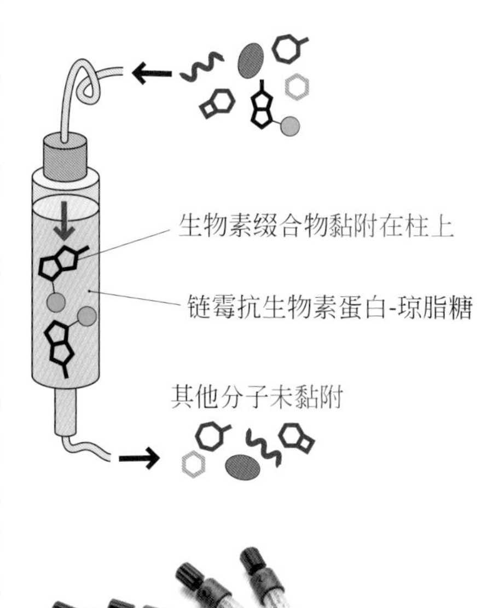

图6.13 已商业生产的链霉抗生物素蛋白柱。预装的链霉抗生物素蛋白-琼脂糖柱可以从复杂的细胞混合物中分离生物素缀合物。（底部图，GE Healthcare 公司提供。）

这种寻找小分子靶标的策略需要合成缀合有生物素的小分子。链霉抗生物素蛋白结合位点将生物素包埋在深深的狭长口袋中，然后通过类似活动门的结构域进一步覆盖。因此，药物与生物素之间需要一些空间，以避免药物分子与受体的结合阻止活动门结构域的关闭。生物素和小分子之间的连接体应至少包含六个原子（如 6-氨基己酸），借此确保链霉抗生物素蛋白与生物素间相互作用的发生（**图 6.14**）。合成并纯化生物素化的药物后，将其加入已知对药物有反应的细胞中。药物缀合物可以寻找并结合其蛋白质靶标。然后将细胞液倾倒在凝胶状固体载体上（偶联有链霉抗生物素蛋白），药物受体被固定。理想状态下，当用缓冲液连续洗涤除去其他分子时，药物受体依然附着在载体上。亲和纯化的受体可以通过质谱鉴定。

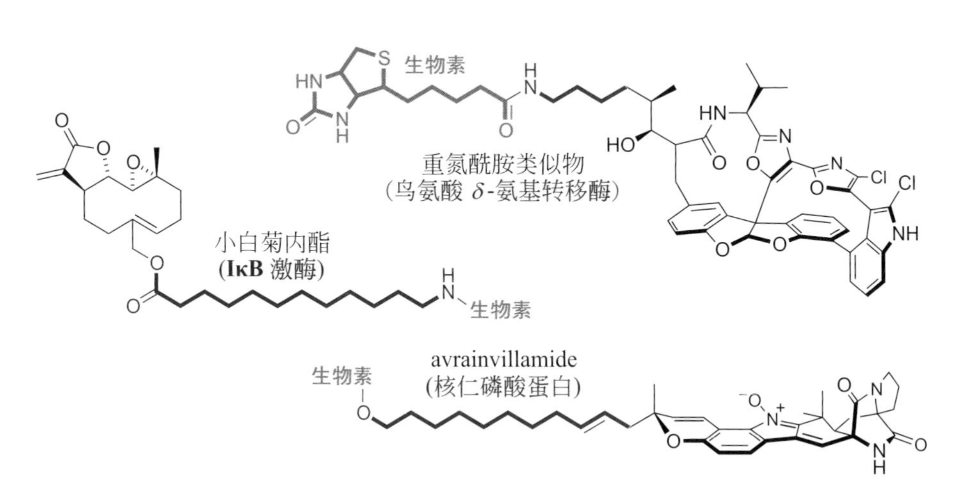

图6.14

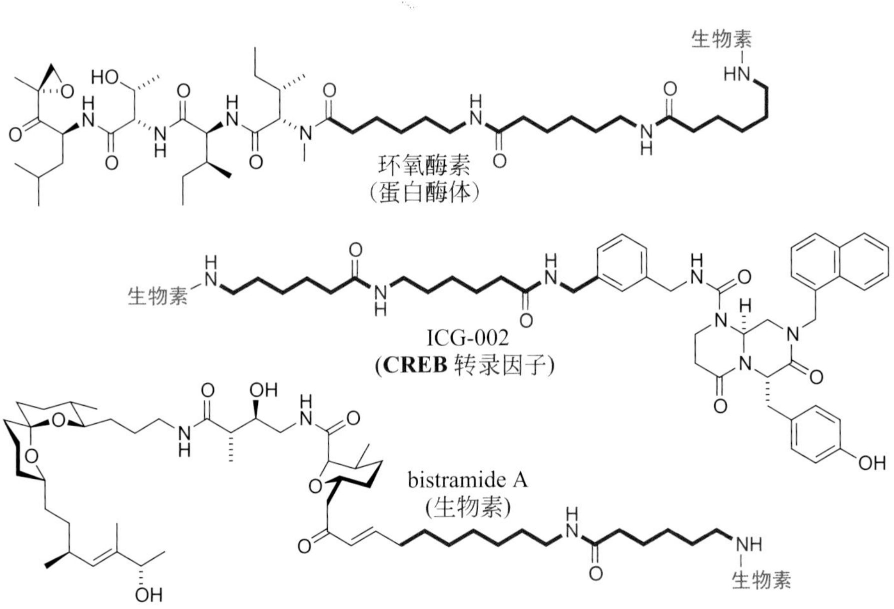

图6.14 生物素化的小分子。用于鉴定细胞中蛋白质靶标（括号中）的生物素化探针实例。注意，通常需要柔性的连接体（红色）以允许蛋白质靶标和链霉抗生物素蛋白同时结合。

环氧酶素（蛋白酶体）

ICG-002（**CREB** 转录因子）

bistramide A（生物素）

6.2 从定量角度认识酶功能（A Quantitative View of Enzyme Function）

酶是催化受体

在理解了受体-配体相互作用动力学之后，我们现在开始学习酶。在《药物设计和药物作用的有机化学》这本著作里，理查德·西尔弗曼（Richard B. Silverman）提出了酶是催化受体的观点。将酶视为受体，人们可以利用对动力学的认识去理解受体-配体的相互作用。回想一下，受体-配体相互作用的解离常数很容易通过速率方程描述，因为受体-配体复合物只有一种选择，那就是解离。然而，酶-底物复合物（E·S）有两种选择（**图6.15**）：以 k_{off} 的速率常数解离或以 k_{cat} 的速率常数转化为酶-产物复合物。

图6.15 酶是催化受体。结合速率、解离速率对于受体-配体相互作用和酶-底物相互作用都很重要。此外，酶-底物复合物（E·S）必须在催化（k_{cat}）和解离（k_{off}）之间进行选择。

受体-配体相互作用 $\mathrm{R} + \mathrm{L} \underset{k_{off}}{\overset{k_{on}}{\rightleftharpoons}} \mathrm{R{\cdot}L}$

酶-底物相互作用 $\mathrm{E} + \mathrm{S} \underset{k_{off}}{\overset{k_{on}}{\rightleftharpoons}} \mathrm{E{\cdot}S} \xrightarrow{k_{cat}} \mathrm{E{\cdot}P} \rightleftharpoons \mathrm{E} + \mathrm{P}$

我们可以通过自由能重现这一过程，并利用反应-坐标-能量图比较未催化的反应和酶催化的反应（**图6.16**）。在该图中，将非催化反应中的酶作为参照，仅仅用以平衡方程式。大多数反应坐标图使用标准状态下的自由能（$\Delta G^{\ominus}$），其中每个样品浓度为1 mol/L。对于化学生物学家而言，考虑样品处于生理浓

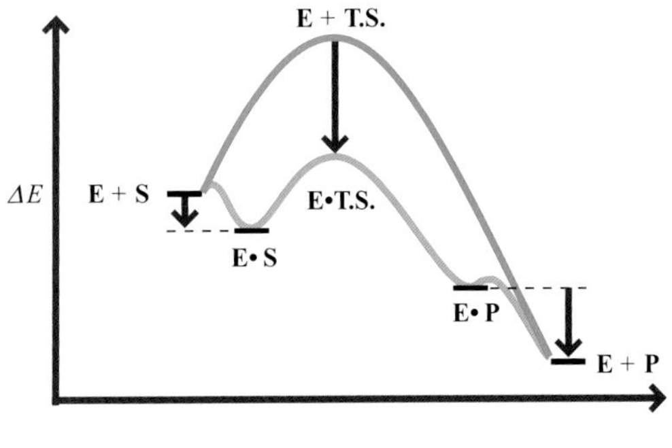

ΔE
E + T.S.
E + S
E•T.S.
E•S
E•P
E + P

图6.16 酶改变了自由能。人们可以通过反应-坐标-能量图比较非催化路径（酶未与底物结合，蓝色）、过渡态（T.S.）或催化路径中的产物（酶与底物、过渡态和产物结合）。

度时的条件更有意义。这些浓度将随着酶和底物的不同而变化，但一个有用的近似值是酶通常处于或低于 1 μmol/L。

让我们考虑一种假设的酶催化反应（酶为 1 μmol/L，底物为 1 mmol/L），关注反应-坐标-能量图中自由能的变化（**图 6.16**）。为了确保**催化周转**（catalytic turnover），这一反应过程在能量上有利于酶与底物结合，但不利于酶与产物结合。更重要的是，在能量上非常有利于酶与过渡态的结合。由于酶的目标是催化反应，因此与结合底物相比，酶应该更强烈地结合（和稳定）过渡态。因此，酶可以被认为是过渡态的受体。

在涉及单个基元反应机理步骤的反应中，酶是一种过渡态受体的这一概念，是最容易被设想到的。例如，分支酸变位酶（chorismate mutase）通过周环［3,3］σ 重排反应（也称为克莱森重排反应）催化分支酸（chorismate）转化为预苯酸（prephenate）（**图 6.17**）。该酶结合处于某一种构象的底物，而这一构象类似于克莱森重排反应偏好的椅式过渡态构象。绝大多数的酶催化具有多个步骤和多个过渡态的化学反应。然而，只要催化反应仅涉及一种高能过渡态，那么酶是一种催化受体的概念就成立。

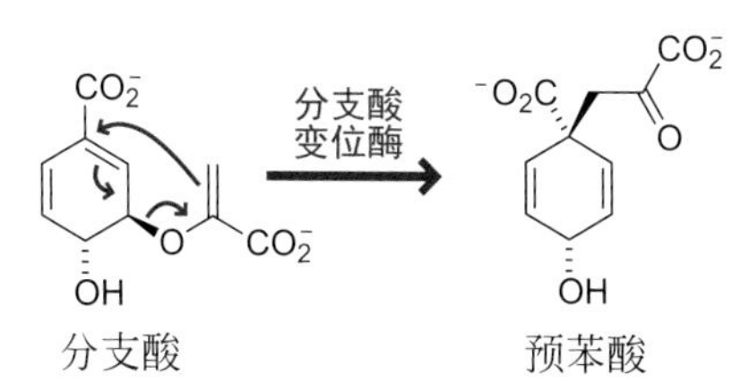

图6.17 周环反应涉及单一的过渡态。将分支酸转化为预苯酸涉及克莱森重排，这一反应可由分支酸变位酶催化发生。

过渡态稳定的概念提供了一种直观的抑制策略。如果我们知道酶催化反应的过渡态结构，那么模拟过渡态的稳定分子应该能够很好地结合并抑制酶活性。针对分支酸变位酶，巴特利特（Bartlett）和同事设计了一种稳定的双环过渡态的类似物，发现它是一种有效的酶抑制剂（**图 6.18**）。合成过渡态的稳定模拟物（称为过渡态类似物）用于抑制靶酶的策略非常有效。然而，酶除了必须结合所有中间体外，还可以与起始原料结合。因此，酶抑制剂也可以模拟起始原料或产物的结构。此外，酶活性位点中的口袋、致密的功能化表面为高亲和力结合的化合物的发现提供了许多机会（即使这些化合物与酶通常结合的配体几乎没有结构相关性）。

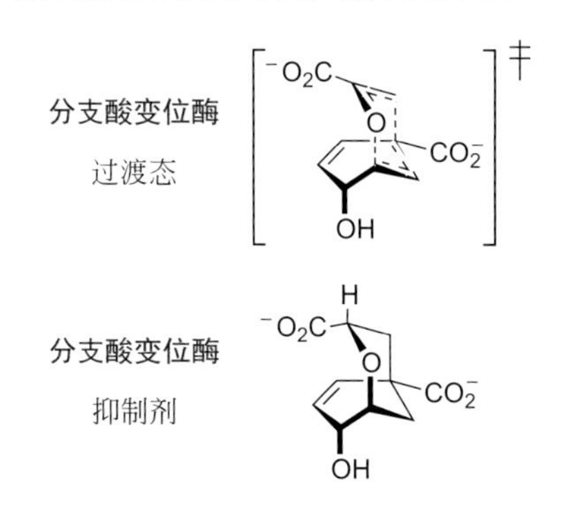

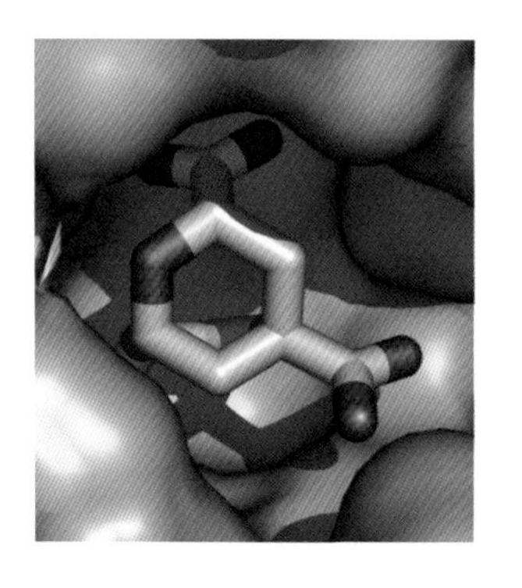

图6.18 由过渡态类似物产生的酶抑制作用。双环化合物为分支酸变位酶（PDB：2CHT）催化的反应提供了稳定的过渡态类似物。因为酶可以稳定过渡态，所以过渡态类似物可以与酶结合得非常好，并有效抑制酶活性。

酶效率的测量必须考虑底物结合和催化

由于酶-底物复合物 E·S 有两种选择（转化为产物或底物解离），我们不能再使用 K_d 来描述酶与底物的结合。而且，解离常数 K_d 是在热力学平衡的系统下定义的，而大多数酶催化反应涉及浓度的动态变化。当不能使用 K_d 描述酶-底物相互作用时，我们使用一个非常相似的变量，称为**米氏常数**（Michaelis constant），以 K_m 表示（**图 6.19**）。对于催化效率适中的酶，K_m 可以被认为是酶和底物的解离常数；K_m 可用于表示酶与底物结合的紧密程度。酶效率通常用比率 k_{cat}/K_m 来描述。

$$\mathrm{E} + \mathrm{S} \underset{k_{off}}{\overset{k_{on}}{\rightleftarrows}} \mathrm{E{\cdot}S} \xrightarrow{k_{cat}} \mathrm{E} + \mathrm{P} \qquad K_m = \frac{k_{off} + k_{cat}}{k_{on}}$$

图6.19 米氏常数。K_m 类似于形成 E·S 和由此产生催化作用的平衡常数。对于底物，K_m 类似于 K_d，特别是当 k_{off} 比 k_{cat} 快得多时（即那些难以结合底物的酶；这也是催化困难反应的原因）。

表 6.2 给出了一些典型的酶底物以及 K_m 值。正如我们已经在 K_d 值中看到的情况一样，较低 K_m 值代表更紧密的结合。注意前致癌物苯并[*a*]芘对氧化细胞色素 P450 酶具有非同寻常的结合力。底物-酶相互作用的特征在于其独特的 K_m 值，因为每种底物（通常）以不同的亲和力结合。例如，从表 6.2 中的两个条目可以看到，肽 GGYAELRMGG 与基质金属蛋白酶-11（MMP-11）的结合是 GGAANLVRGG 的 3 倍。

表 6.2　经典酶-底物相互作用的 K_m 值。

酶	底物	K_m/（μmol/L）
顺乌头酸酶	柠檬酸盐 HO CO$_2^-$ HO$_2$C CO$_2$H	2900
MMP-11（蛋白酶）	GlyGlyAlaAlaAsnLeuValArgGlyGly GlyGlyTyrAlaGluLeuArgMetGlyGly	750 210
岩藻糖基转移酶	GDP-岩藻糖	100
蛋白激酶 A	Mg_2•ATP LeuArgArgAlaSerLeuGly	20 7
dUTPase	dUTP	4
细胞色素 P450	苯并[*a*]芘	0.006

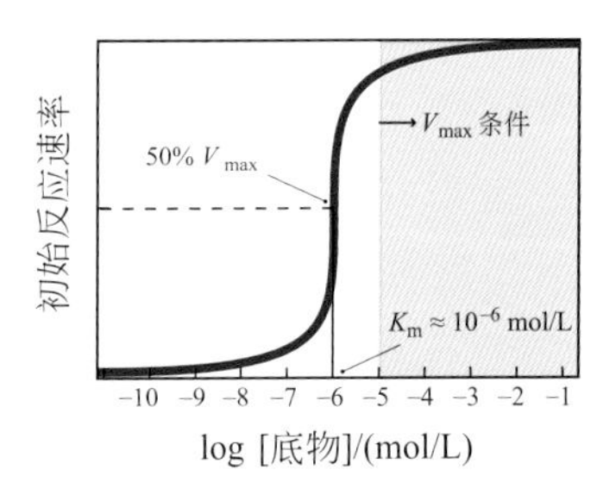

图6.20　通过剂量-反应曲线可视化观测酶催化过程。剂量-反应曲线描述了酶-底物相互作用。拐点（最大速率的50%）被称为 K_m 而不是 EC_{50}。我们将超过10倍 K_m 的底物浓度称为"V_{max} 条件"，因为反应速率接近最大速率。

我们可以使用剂量-反应曲线研究受体-配体相互作用，通过简单地分别重命名 *y* 轴和 *x* 轴为"初始反应速率"和"log[底物]"来描述经典的酶-底物行为（**图 6.20**）。在大多数情况下，拐点接近于底物的 K_m。如果底物浓度低于 10 倍的 K_m，则催化周转率可忽略不计。因此，如果 K_m 在生理条件下是已知的，则它能够为我们提供一些底物最低浓度的预测值，而这些底物最低浓度是人们可以在细胞中发现的。相反，当底物浓度至少为 K_m 的 10 倍时，酶的大部分活性位点将被底物结合，等待催化转化。在这种具有饱和底物浓度条件下进行的测定，称为最大速率或 V_{max} 条件。在 V_{max} 条件下，催化反应的速率与酶的浓度成正比。ELISA 筛选或其他涉及酶的高通量实验均在 V_{max} 条件下进行。V_{max} 条件也用于确定未知样品中的酶量。

由于底物与酶结合，酶的催化是分子内反应。在人体细胞内发生的大多数酶催化步骤相对于结合速率和解离速率是缓慢的，这是因为它们涉及键的形成和断裂。**表 6.3** 提供了人类常见酶的一些典型 k_{cat} 值。

表 6.3　常见酶家族的典型 k_{cat} 值。

底物	酶	产物	k_{cat}/（s^{-1}）
H_2O + R–C(=O)–NH–R	蛋白酶 →	R–C(=O)–O$^-$ + H_3N^+–R	1
蛋白质–OH + HO–P(=O)(O$^-$)–O-ADP	激酶 →	蛋白质–O–P(=O)(O$^-$)–OH + HO-ADP	10
H_2O + CH$_3$O–P(=O)(O$^-$)–OCH$_3$	核糖核酸酶 →	CH$_3$O–P(=O)(O$^-$)–OH + HO–CH$_3$	100
HO–C(=O)–OH	碳酸酐酶 →	O=C=O + H_2O	1000000
HO−OH + HO−OH	过氧化氢酶 →	O_2 + 2 H_2O	100000000

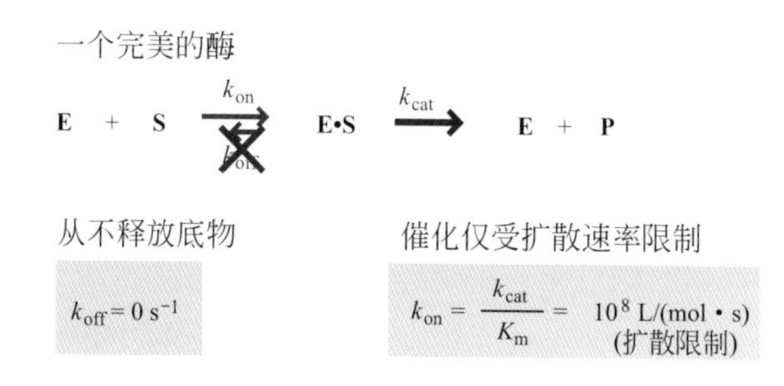

图6.21 “完美”酶的动力学特性。没有底物解离（k_{off} =0/s ¹），酶将每个结合的底物快速转化为产物。

对于一个完美的酶，k_{cat}/K_m 等于扩散控制速率，处于 10^8～10^9 L/（mol·s）之间（**图 6.21**）。对于这种完美的酶，底物和酶之间的每次碰撞都会产生复合物，并且底物从未被释放。当情况相反时，则底物转化为产物并被释放的速度比另一个底物分子结合酶的速度更快。一些酶，如超氧化物歧化酶和磷酸丙糖异构酶，接近这些性能参数从而具备无与伦比的催化能力。然而我们的许多概念使我们无法找到完美的酶，尤其是 K_m 不是底物 K_d 的良好近似值。幸运的是，完美的酶在人类酶中并不常见。人们很容易将 k_{cat} 和 K_m 视为酶的特征，因为大多数酶已经进化成只作用于单一底物。然而，每种可能的酶 - 底物相互作用具有独特的 k_{cat} 和 K_m 值。

问题6.5

在制作干酪的细菌乳酸乳球菌中，半乳糖变旋酶催化半乳糖的半缩醛部分差向异构化。

A 以下三种底物中的哪一种结合更紧密?

B 总体而言，哪种底物被酶最有效地异构化?

C 在哪种葡萄糖浓度下，超过 90% 的酶会被葡萄糖占据?

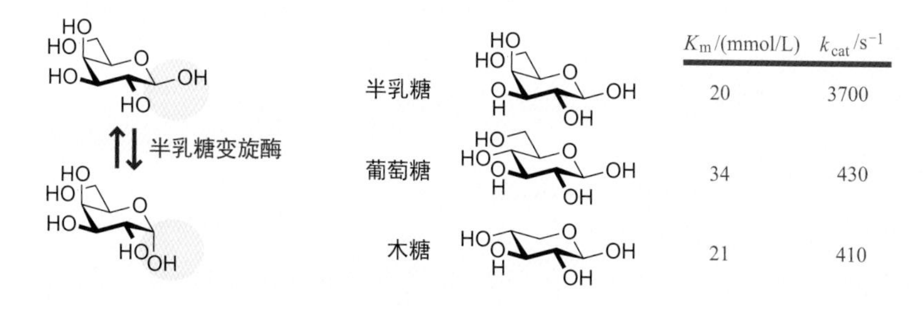

	K_m/(mmol/L)	k_{cat}/s^{-1}
半乳糖	20	3700
葡萄糖	34	430
木糖	21	410

6.3 多步反应酶催化机制（A Mechanistic View of Enzymes that Catalyze Multistep Reactions）

蛋白激酶和蛋白酶通过多步机制催化反应

国际生物化学和分子生物学联合会（The International Union of Biochemistry and Molecular Biology）指定了六种广泛的功能性酶类：EC 1，氧化还原酶（oxidoreductases），用以催化氧化和还原反应；EC 2，转移酶（transferases），用以催化功能团的转移，如磷酰基、核苷酸或糖；EC 3，水解酶（hydrolases），用以催化官能团（如酰胺）的水解；EC 4，裂解酶（lyases），通过除水解或氧化还原反应以外的机制裂解化学键；EC 5，异构酶（isomerases），在不改变化学组成（分子式）的前提下催化物质的异构化；EC 6，连接酶（ligases），催化两个独立分子间的连接。仅基于分级命名 EC 3.2.1.142 的支链淀粉酶可被认为是水解 *O*- 糖苷键的水解酶。

表 6.4 编码酶的人类基因数目

酶功能	基因数目	代表性例子
水解酶	1753	蛋白酶、核酸酶、糖基化酶、脂肪酶
转移酶	1675	蛋白激酶、糖基转移酶
氧化还原酶	603	细胞色素 P450、乙醇脱氢酶
连接酶	473	泛素连接酶、DNA 连接酶
异构酶	357	解旋酶、拓扑异构酶、差向异构酶
合成酶	213	氨酰 -tRNA 合成酶、胸苷酸合成酶
裂解酶	157	醛缩酶、脱羧酶

有些酶不能完全归入这六个类别。特别是通过复杂机制合成生物分子的酶被归类为合酶（synthases）或合成酶（synthetases）；其中合成酶通常被用于由高能分子（如 ATP）驱动的酶。截至编写本书的时间，在大约 22000 个编码蛋白质的人类基因中有 5000 多个编码已知功能的酶（**表 6.4**），但许多基因的功能仍有待明确。

利用研究酶催化的催化受体模型能够易于理解分支酸变位酶的机制，因为它催化具有单一过渡态的化学反应。然而，与分支酸变位酶不同，大多数酶催化的反应涉及多个基元反应步骤（因此有多个过渡态）。本书作为介绍性书籍，没有足够的篇幅描述所有人类酶的多种复杂机制。因此，我们只关注人类最常见的酶。

在表 6.4 中列出的七大类人类酶中，蛋白激酶和蛋白酶因其丰富性而备受关注。人类基因组编码 518 种蛋白激酶和超过 460 种具有催化活性的蛋白酶。这两种酶类的数量和重要性值得仔细研究。蛋白激酶和蛋白酶通过多步机制催化反应。这些酶催化反应中的许多步骤涉及相对快速的质子转移。这些质子转移过程不需要酶的任何特殊功能，只需要提供精确定位的酸性或碱性官能团。然而，由蛋白激酶和蛋白酶催化的反应机制确实涉及多种高能过渡态，一种用于添加亲核试剂，一种用于消除离去基团。正如我们将要看到的，自然选择的催化路径包含多个高能过渡态，这些过渡态在几何形状和电荷方面几乎相同。因此，蛋白激酶和蛋白酶甚至也可以被认为是多种相似过渡态的受体。

蛋白激酶具有共同的模体

蛋白激酶催化 $2Mg^{2+}$·ATP 的 γ-磷酸基团转移到蛋白质的官能团上，通常是丝氨酸、苏氨酸或酪氨酸的羟基。基于序列同源性，人类蛋白激酶可大致分为五类；然而，这些广泛的同源性与激酶在人体细胞中的作用无关。所有人类蛋白激酶都具有易于识别的共同结构和催化核心（**图 6.22**）。

Mg^{2+} 有助于中和三磷酸盐的电荷和在过渡态中产生的电荷。许多机制假设都是基于蛋白激酶与 $2Mg^{2+}$·ATP 复合物的晶体结构。尚不完全清楚这种结构与破译 Mg^{2+} 的作用具有怎样的相关性。作为 ATP 的不可水解类似物，ANP（**图 6.23**）也被用于结构研究。对于磷酸从 $2Mg^{2+}$·ATP 转移到丝氨酸羟基的机制，最合理的猜测来自对 cAMP 依赖的蛋白激酶（也称为蛋白激酶 A，PKA）的分析。我们已经获得了 $2Mg^{2+}$·ATP 配体被水解前后的共晶结构（**图 6.24**）。

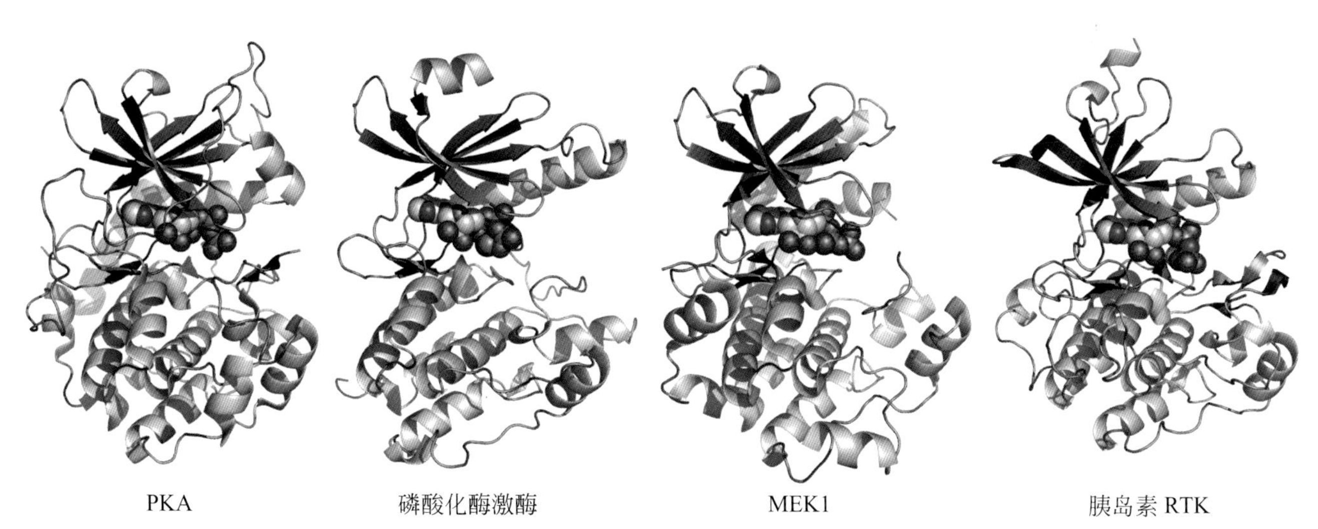

图6.22 蛋白激酶结构高度保守。比较活性位点结合ATP的四种蛋白激酶，揭示了相似性：PKAα（PDB：1RDQ）；磷酸化酶激酶（PDB：1Q16）；MAP激酶/ERK激酶1（PDB：1S9J）和胰岛素受体酪氨酸激酶（PDB：1IR3）。

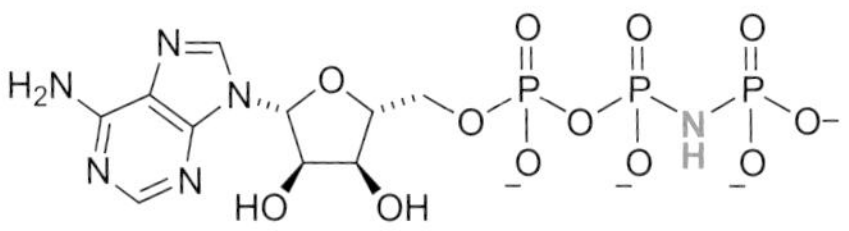

图6.23 ATP的稳定类似物。蛋白激酶的晶体结构通常由ANP获得。ANP是ATP的氮杂类似物。当与激酶活性位点结合时，ANP不易被水解。

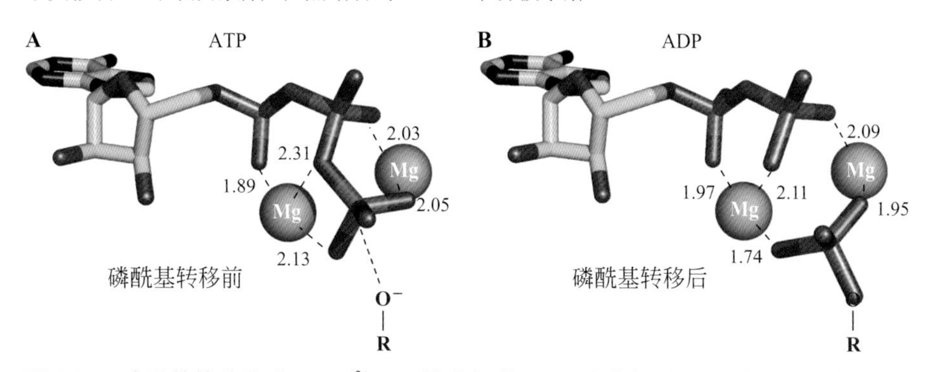

图6.24 磷酰基转移前后。$2Mg^{2+}$•ATP被水解前（A）和水解后（B）的晶体结构提供了蛋白激酶（PDB：1RDQ）的机制模型；Mg-O之间距离的单位为Å。

蛋白激酶在活性位点具有保守的赖氨酸和天冬氨酸残基。天冬氨酸残基有助于丝氨酸羟基受体去质子化。然后丝氨酸醇氧负离子进攻磷酸，形成稳定的五价正膦中间体，最后去除离去基团ADP的β-磷酸。在整个反应过程中，Mg^{2+}似乎始终保持配位状态（**图6.25**）。三角双锥体的中间体看起来非常类似于S_N2过渡态，这使得许多学生倾向于认为激酶催化的磷酰基转移是一个协同过程。但是，激酶遵循与非酶反应相同的化学规则，即磷酸的磷原子上没有S_N2反应。

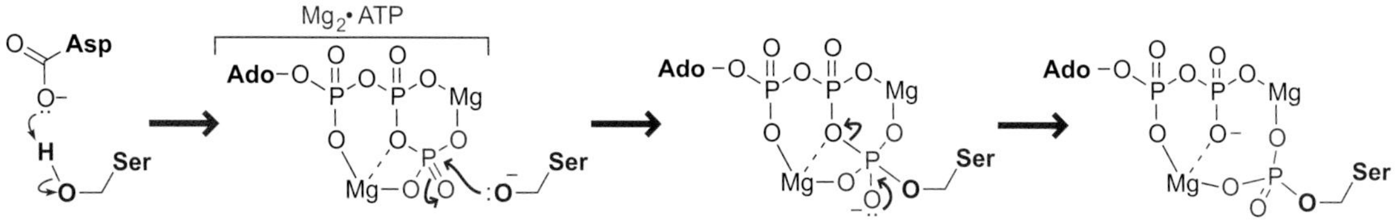

图6.25 蛋白激酶的反应机制。蛋白激酶（Ado=5′-腺苷）介导的磷酰基转移机制涉及三角双锥体中间体。路易斯酸Mg^{2+}可以配位并稳定转移的磷酸基团。

问题6.6

当以下肽被 cAMP 依赖性蛋白激酶通过 ATP 磷酸化时，测量得到以下动力学参数。

A 哪种肽底物与激酶最紧密结合?

B 一旦结合了底物，哪个磷酸化最快?

C 最佳底物和最差底物之间的磷酸化速率之比是多少?

底物	K_m/(μmol/L)	k_{cat}/s^{-1}
LRAASLG	12200	8. 7
LHRASLG	804	19.8
LRRASLG	31	33.1

对酶机制和结构的了解使化学生物学家能够设计出具有特殊性质的新试剂。例如，Shokat 课题组设计了一种 ATP 类似物，能够使蛋白激酶与底物突变体交联（该底物突变体的半胱氨酸取代了丝氨酸）。该试剂是腺苷和邻苯二甲醛（荧光氨基酸检测试剂）的杂化物。它能够结合在激酶的 ATP 位点，然后邻苯二甲醛与激酶活性位点的保守赖氨酸和靶蛋白突变体的半胱氨酸缩合，以此得到便于荧光检测的异吲哚交联产物（**图 6.26**）。

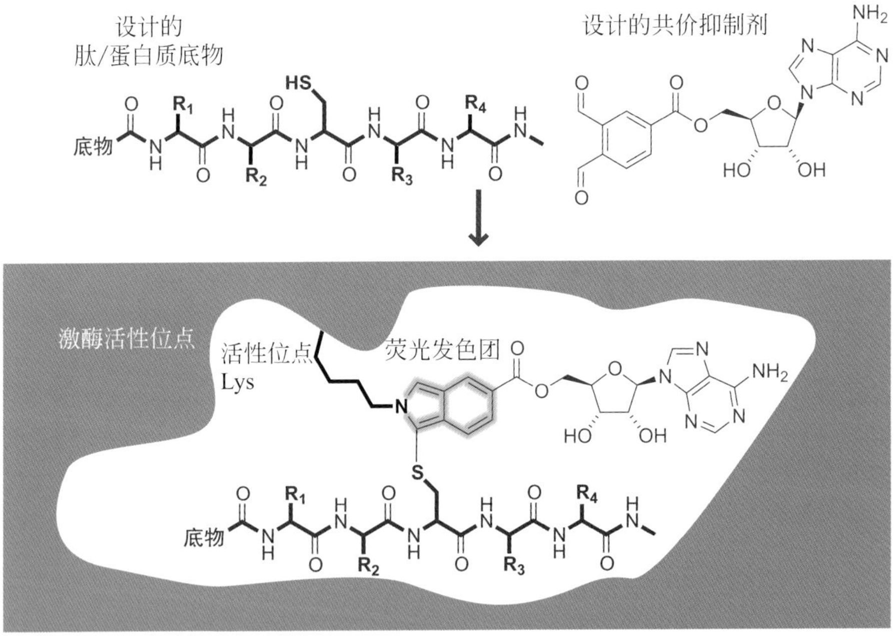

图6.26 基于机制的用于捕获突变激酶底物的试剂。设计的肽底物（蓝色）中半胱氨酸取代磷酰基受体丝氨酸。

问题6.7

对于以下用于衍生氨基酸的方法，提出一种可行的箭推(arrow-pushing)机理。

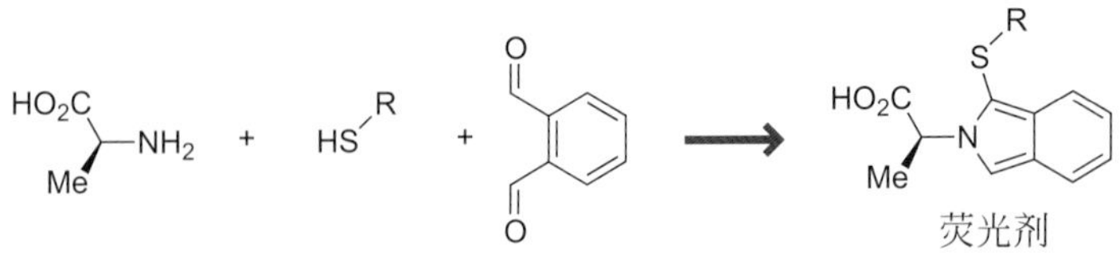

蛋白激酶活性的调节需要变构结合

所有通信网络都需要能够在打开和关闭状态之间切换。例如，在早期的电话网络中，操作员手动连接呼叫者。随后，机电开关在很大程度上取代了操作员。在现代光纤网络中，光子切换器控制光信号的传输。真实传递化学信号对于人体细胞的功能和协作至关重要。在信号转导过程中，蛋白激酶充当信息的开关和渠道。蛋白激酶的活性可以通过多种机制来控制，最常见的是定位、配体结合和磷酸化。

许多常见蛋白激酶的活性受结合的小信使分子控制。例如，cAMP 依赖性蛋白激酶（PKA）通常作为无活性的四聚体复合物存在，其中包含两个激酶和两个调节蛋白。当两个 3′,5′- 环腺苷一磷酸（cAMP）分子与每个调节亚基结合时，激酶被释放并磷酸化多种蛋白质，最终导致细胞增殖（**图 6.27**）。

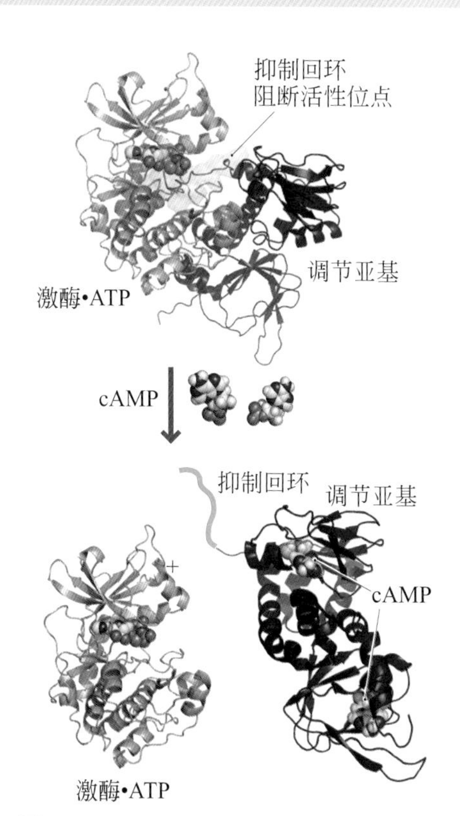

图6.27 cAMP依赖性蛋白激酶（PKA）的隔离和释放。通常，调节亚基通过阻碍激酶活性位点的回环（浅蓝色）抑制PKA（PDB：2QC）的活性。cAMP与PKA调节亚基（PDB：1NE6）的结合释放活性激酶。

人类基因组具有三种不同形式的 PKA（cAMP 依赖性蛋白激酶）和四种不同形式的调节亚基的基因。PKA 的调节亚基将延伸的肽置入活性位点，封闭入口（**图 6.28**）。当两个 cAMP 分子与调节亚基结合时，调节亚基经历剧烈的构象变化，从而促进激酶的释放，使目标蛋白发生磷酸化。

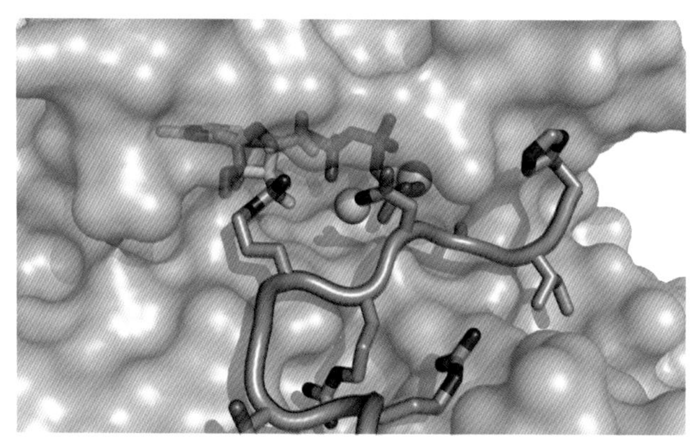

图6.28 肽与激酶的相互作用。肽与PKA结合的结构基础。PKI-tide的残基RRQAIH遮蔽活性位点。（PDB：3FJQ）

与 PKA 活性位点相互作用的抑制回环（inhibitory loop）倾向具有共同的序列模体：RRXSϕ，其中 X 是任何一种氨基酸，ϕ 是疏水性氨基酸。在调节抑制剂 α_2 中，延伸的肽实际上是磷酸化的。但与真正的底物不同，它不与激酶分离。在一些细胞中，PKA 被不结合 cAMP 的小调节蛋白强烈抑制。以这些抑制蛋白其中之一为基础，研究者设计的一种被称为 PKI-tide 的短肽被广泛用作 PKA 抑制剂。同样，一种名为 Kemptide 的七肽（根据其设计师 Bruce Kemp 的名字命名）是 PKA 的高效选择性底物（**表 6.5**）。

表 6.5 PKA 的抑制剂与 Kemptide 底物之间的序列同源性

序列	来源
…KGRRRRGAISA…	人调节抑制剂 α_1
…SRFNRRVSVCA…	人调节抑制剂 α_2
…GRTGRRNAIHD…	PKA 抑制剂
IAAGRTGRRQAIHDILVAA	PKI-tide
LRRASLG	Kemptide 底物（K_m=33 μmol/L）

蛋白激酶 C 是由传统的催化结构域和调节结构域组成的模块激酶。它在细胞增殖和分化中起关键作用。与 Gq 蛋白偶联的 7TM 受体结合后，磷脂酶 C 被激活，后者进一步激活蛋白激酶 C。磷脂酶 C 水解磷脂酰肌醇 -4,5- 二磷酸（PIP_2）后产生两种信号分子：肌醇 -1,3,4- 三磷酸（IP_3）和 1,2- 二酰基 -*sn*- 甘油（DAG）。注意，PIP_2 和二酰基甘油上的脂质链可以具有多种长度。二酰基甘油直接激活蛋白激酶 C；而 IP_3 间接激活它。IP_3 打开质膜和囊泡（用于储存 Ca^{2+}）上的 Ca^{2+}

通道，这些 Ca^{2+} 继而作用于细胞质中的蛋白激酶 C（**图 6.29**）。天然产物星形孢菌素（staurosporine）是能够结合到蛋白激酶 ATP 位点的非选择性抑制剂。各种亚型的蛋白激酶 C 分布在整个身体的细胞中。例如，PKCβ1 和 PKCβ2 能够磷酸化控制细胞生长的蛋白质，它们在许多类型的癌症中具有活性。合成的类似物 ruboxistaurin 对哺乳动物蛋白激酶 C 的 β 亚型具有高度选择性（**图 6.30**）。

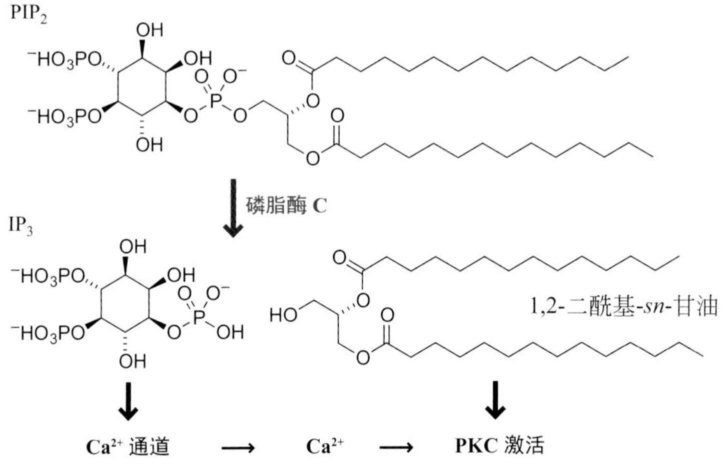

图6.29 PKC的激活途径。PIP_2裂解释放两个信号分子最终促进蛋白激酶C（PKC）的激活。

staurosporine　　ruboxistaurin

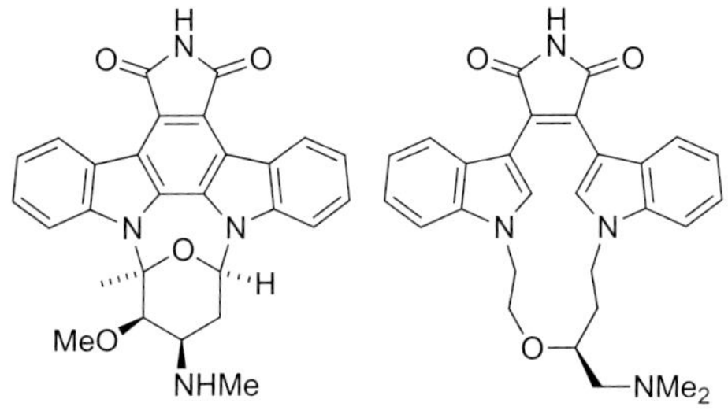

图6.30 蛋白激酶的ATP类似物抑制剂。天然产物星形孢菌素是许多激酶的非选择性抑制剂。相比之下，staurosporine的合成类似物ruboxistaurin能够高选择性地靶向PKCβ亚型。

与 PKA 一样，蛋白激酶 C 是多结构域蛋白，包含用于封闭活性位点的假底物抑制回环。当细胞质中 Ca^{2+} 和细胞膜中二酰基甘油的浓度高时，蛋白激酶 C 被激活。Ca^{2+} 对磷酸阴离子基团具有天然的亲和力。Ca^{2+} 将 C2 结构域募集到细胞膜上（**图 6.31**）。当 C1 结构域与二酰基甘油结合时，抑制回环从激酶活性位点被拉出，允许蛋白激酶 C 磷酸化细胞膜上的其他蛋白质，打开与细胞生长相关的信号传导通路。天然产物 12-*O*- 十四烷基佛波醇 -13- 乙酸

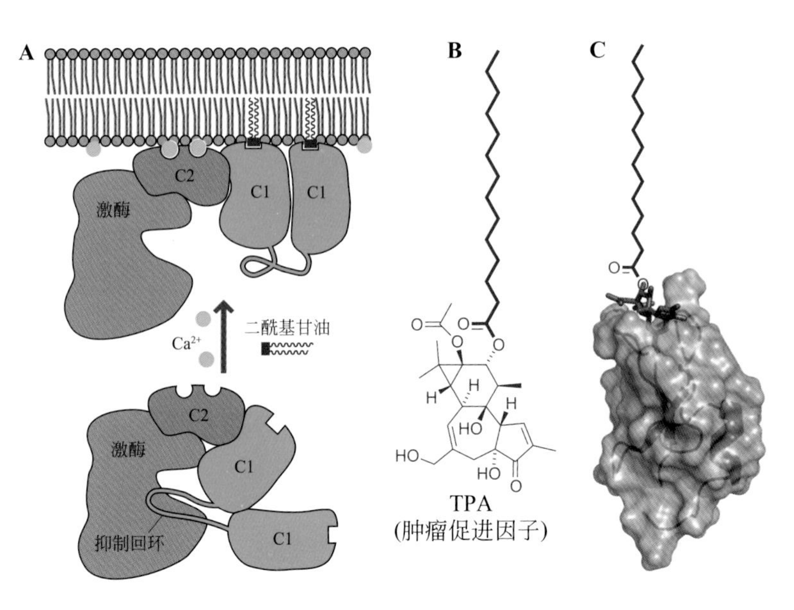

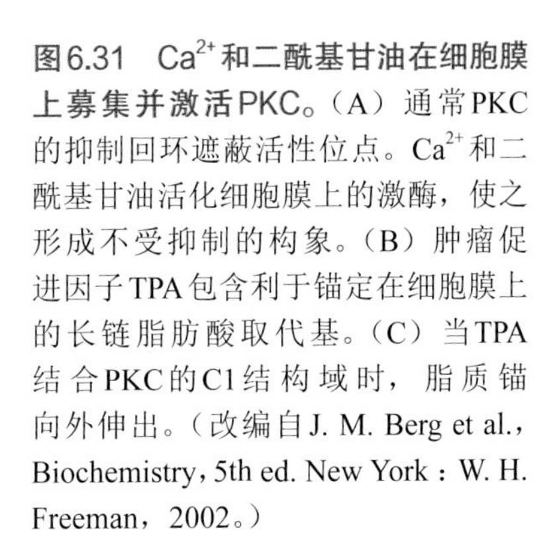

图6.31 Ca^{2+}和二酰基甘油在细胞膜上募集并激活PKC。（A）通常PKC的抑制回环遮蔽活性位点。Ca^{2+}和二酰基甘油活化细胞膜上的激酶，使之形成不受抑制的构象。（B）肿瘤促进因子TPA包含利于锚定在细胞膜上的长链脂肪酸取代基。（C）当TPA结合PKC的C1结构域时，脂质锚向外伸出。（改编自J. M. Berg et al., Biochemistry, 5th ed. New York：W. H. Freeman，2002。）

酯（TPA）与 C1 结构域紧密结合，类似于二酰基甘油。$A_{1,3}$- 变体诱导 C14 酯直接从结合口袋中伸出。与二酰基甘油不同，TPA 不被代谢，由 TPA 引起的蛋白激酶 C 的持续活化促进细胞不受控的生长。

磷酸化也可以激活激酶

许多蛋白激酶通过活性位点附近关键残基的磷酸化使其在非活性状态和活性状态之间切换。例如，三种常见的促丝裂原活化蛋白（MAP）激酶通路［细胞外信号调节激酶（ERK），c-Jun N 端激酶（JNK）和 p38 通路］的激活都是通过在活性位点附近回环中两个残基的磷酸化来实现的（**图 6.32**）。磷酸化的茎环倾向于具有以下模体：MAP 激酶，ThrXxxTyr；MAP 激酶激酶，SerXxxXxxXxxSer/Thr；MAP 激酶激酶激酶，ThrXxxXxxSer/Thr（**图 6.33**）。如果没有这些带负电荷的磷酸基团，激酶就不能磷酸化其下游靶点。

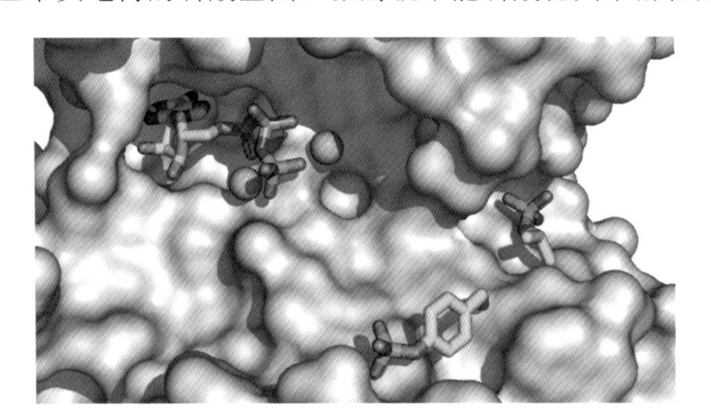

图6.32 磷酸化激活激酶。 p38 γ MAP 激酶的磷酸酪氨酸和磷酸苏氨酸残基位于活性位点附近（PDB：1CM8）。注意活性位点中不可水解的ATP类似物ANP的结构（左上方）。

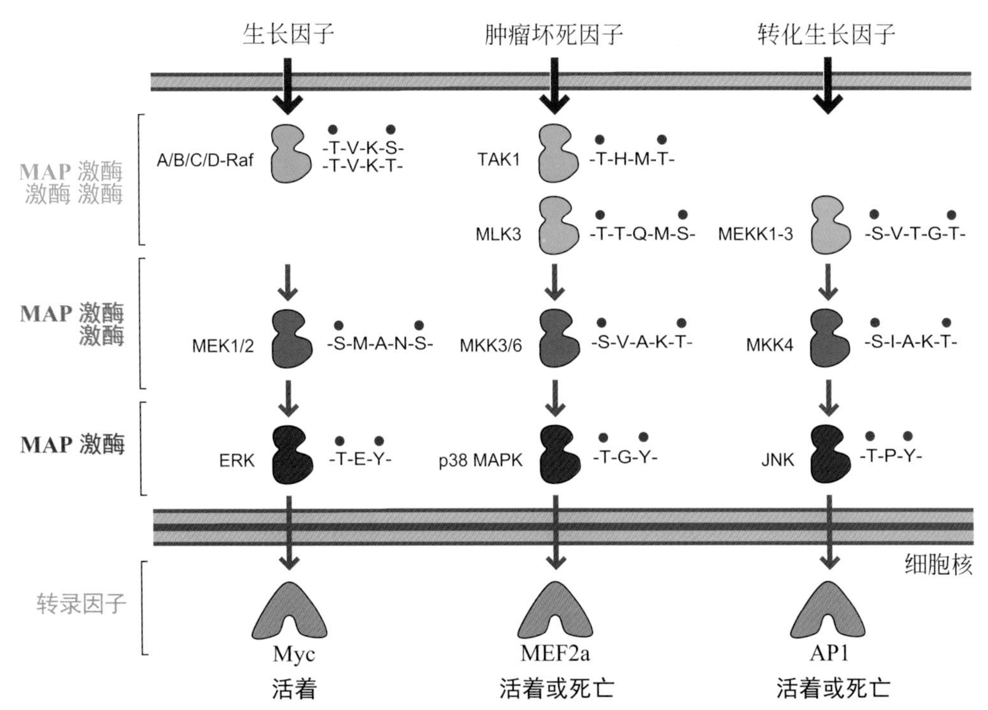

图6.33 MAP激酶通过双重磷酸化被激活。 短环的双重磷酸化导致MAP激酶通路中的激酶激活。同源MAP激酶（如MAP激酶激酶）在激活的环中具有相似的模体序列。红点表示磷酸化位点。

我们可以通过将可磷酸化的丝氨酸或苏氨酸残基突变为谷氨酸来产生 MAP 激酶激酶和 MAP 激酶激酶激酶的组成型活性变体。但由于没有典型的氨基酸可以模拟酪氨酸磷酸化，因此 MAP 激酶的组成型活性变体不能通过简单突变来获得。

蛋白酶在蛋白质降解和蛋白质信号传导中发挥的作用

蛋白酶是一类水解蛋白质和多肽的酶。切割DNA的核酸内切酶的序列特异性通常很高。然而，许多蛋白酶靶向的结构特征尚不清楚，如带正电荷的赖氨酸和精氨酸或者在C末端的氨基酸残基。诸如胰蛋白酶、胰凝乳蛋白酶、弹性蛋白酶和羧肽酶等蛋白酶，在人体消化道中发挥作用，将蛋白质分解为肽和氨基酸。胶原酶、弹性蛋白酶和组织蛋白酶K通过水解细胞外聚合蛋白，从而在组织重塑中发挥重要作用。大多数组织蛋白酶在溶酶体中通过降解内吞摄取的蛋白质发挥作用。在胞内蛋白酶中，相对较大的多亚基蛋白酶体在正进行的分子补救行为中发挥关键作用。它可以将蛋白质降解成组成它们的氨基酸，从而确保氨基酸结构砌块易于获得，并且确保受损的蛋白质不会持续存在。

序列选择性蛋白酶在细胞间和细胞内的损伤与信号通路中都是必不可少的。例如，结缔组织的重塑取决于一系列序列选择性蛋白酶：组织型纤溶酶原激活物、纤溶酶、溶基质蛋白酶、胶原酶和明胶酶。血栓形成（凝血）是细胞外信号通路的另一个很好的例子，它涉及一系列序列选择性蛋白酶。其中许多蛋白酶保留着神秘的名字，比如凝血因子Ⅶ～Ⅻ。

通过共价修饰激活的酶称为**酶原**（zymogen）。许多激酶都属于这一类，但是“酶原”通常是指蛋白酶前体，也被称为**前蛋白酶**（pro-protease）。例如，引发凝血蛋白酶级联反应的主要机制是受损内皮细胞表面的前激肽释放酶（prekallikerin）在蛋白酶因子Ⅻ上的暴露。Ⅻ因子将前激肽释放酶切割为活化形式激肽释放酶；激肽释放酶将因子Ⅻ同样切割为活化形式的Ⅻa因子（字母“a”表示“活化”）。Ⅻa因子裂解并激活Ⅺ因子；Ⅺa因子裂解并激活Ⅸ因子；Ⅸa因子裂解并激活因子Ⅹ；Ⅹa因子裂解凝血酶原（因子Ⅱ）生成凝血酶（因子Ⅱa）。最后，活性凝血酶通过蛋白水解将纤维蛋白原激活为纤维蛋白。纤维蛋白低聚成原纤维，从而在血小板之间形成非共价交联（**图6.34**）。纤维蛋白单体之间由转谷氨酰胺酶连接在一起，该转谷氨酰胺酶在纤维蛋白单体的赖氨酸和谷氨酰胺侧链之间形成交联。

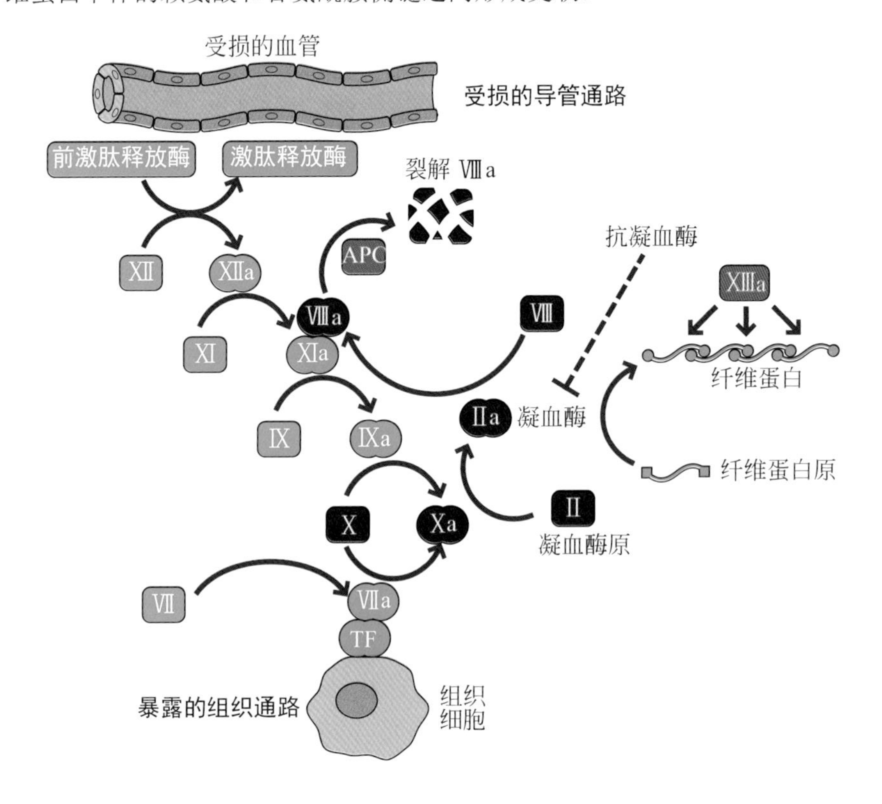

图6.34　细胞外蛋白酶级联反应控制血块的形成。这种复杂的信号通路会放大信号开始产生血块，级联反应中的每种酶催化大量蛋白酶的蛋白水解，然后蛋白酶可以传播级联反应中的信号。APC，活化蛋白C；TF，组织因子。

通路中的每个步骤都会放大级联反应中的信号。例如，XIIa因子的每个分子可以作用于1000个或更多的XI因子分子。因此，这种基于酶的信号通路不应被视为一排多米诺骨牌，而应被看作一个字母链。抗凝血酶对于控制该通路至关重要，其作用就像收到将字母链扔进垃圾桶的信号的人一样。抗凝血酶通过限制信号传播，防止信号失控，冻结使整个血液系统的纤维蛋白供应。

凝血过程是自催化的，因为XIa因子必须与另一种由凝血酶产生的蛋白酶VIIIa聚合。暴露的组织也会引发凝血。不属于血管内皮的细胞会表达膜结合蛋白，这种蛋白被隐秘地称为组织因子（tissue factor，TF）。组织因子募集VII因子，该因子可以被多种蛋白酶凝结因子激活。随后，活化的VIIa因子裂解并活化X因子，并通过多种机制来控制凝血级联反应。其中一类重要的机制是通过活化蛋白C（APC，不要与抗原呈递细胞相混淆）对VIIIa因子进行蛋白水解（proteolytic）降解。如上所述，抗凝血酶还通过与凝血酶紧密结合并阻断活性位点来保持凝血。大多数吸人血的动物，例如水蛭和蜱，都会产生与凝血酶结合并抑制凝血酶的蛋白质。而抗凝药物可以通过抑制级联反应中的蛋白酶起作用（**图6.35**）。

利伐沙班

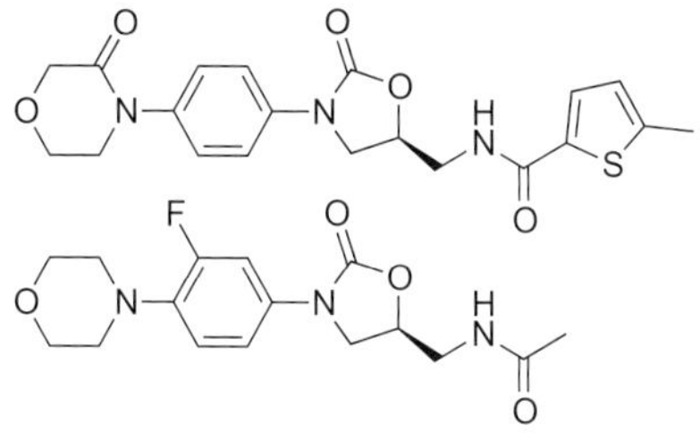

利奈唑胺

图6.35 类似的结构，不同的靶标。Xa强效抑制剂利伐沙班（IC_{50}=0.7 nmol/L）的结构与抗生素利奈唑胺相似，后者是革兰氏阳性细菌中核糖体蛋白合成的抑制剂。然而令人惊讶的是，利伐沙班没有表现出明显的抗生素活性。

凝血蛋白酶途径中的酶缺陷可导致血友病：一种受伤后无法形成有效血栓的疾病。血友病最常见的形式是A型血友病，是由VIII因子基因突变引起的。血友病第二种最常见的形式是由IX因子基因突变引起的（例如，在俄罗斯王室中；**图6.36**）。这些凝血因子的基因位于X染色体上。女性很少患血友病A或B，因为她们的两条X染色体中至少有一条带有功能性凝血因子基因。血友病A和B几乎只在男性中观察到，因为他们只有一条X染色体。因此，雄性在其X染色体上没有缺陷基因的备份系统。尽管血液无法凝结是有问题的，但是血液凝结太多同样也不是我们希望看到的。其原因是向心脏供氧的血管中血液的不受控制的凝结会导致心脏病发作。此外，向大脑供氧的血管中血液的不受控制的凝结会导致中风。目前，心脏病和中风是两个导致人死亡的主要原因。

图6.36 血友病。沙皇尼古拉斯二世的妻子亚历山德拉（Alexandra）将血友病基因传给了儿子亚历克西斯（Alexis）。（由H hulton Archive提供；获得Getty Images授权。）

凝血级联反应是一个细胞外过程。然而，蛋白酶在细胞内信号转导通路中也有多种作用。例如，当具有细胞毒性的T淋巴细胞靶向感染病毒或细菌寄生虫的细胞时，就会触发凋亡途径。当具有细胞毒性的T淋巴细胞表面的三聚体Fas蛋白与靶细胞上的Fas蛋白受体结合后，会导致靶细胞凋亡。Fas配体（FasL）与Fas受体结合如**图6.37**所示。细胞内蛋白Fas相关凋亡结构域（FADD）与procaspase-8的几个分子结合，它们相互之间通过蛋白水解激活，从而产生活性caspase-8。caspase-8可以直接激活caspase-3，但也可以通过线粒体激活caspase-3。caspase-8可以通过剪切Bid蛋白，使其与线粒体膜结合，并通过尚未确定的机制诱导线粒体氧化还原蛋白细胞色素c的释放。当细胞色素c从线粒体释放时，它与凋亡蛋白酶激活因子1（Apaf-1）和dATP结合，形成一种被称为凋亡小体（apotaosome）的复合物。凋亡小体将procaspase-9转换为caspase-9。而caspase-9蛋白通过水解激活procaspase-3。

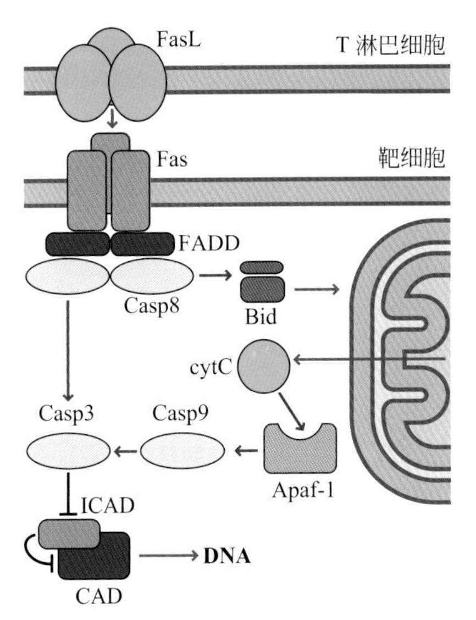

图6.37　信号转导中的细胞内蛋白酶。细胞凋亡途径涉及称为caspase的几种不同序列选择性的蛋白酶。

然后，caspase-3 剪切 ICAD（caspase 激活的 DNase 抑制剂）。一旦抑制剂失活，DNA 酶会剪切 DNA。Fas-FADD 复合物可激活其他 caspase。caspase-10 剪切并激活 caspase-7。caspase-7 剪切并激活 JNK 通路最上游的 MAP 激酶激酶激酶 MEKK1，最终导致细胞死亡。

蛋白酶令人印象深刻的原因是酰胺键对亲核进攻具有强大的抵抗力。促进酰胺水解的两种方法是增加酰胺与路易斯酸的反应活性或通过去质子化增加亲核试剂的反应活性。实际上，这两种方法都用于蛋白质的化学水解：用 6 mol/L HCl 进行酸催化的水解或用 4 mol/L NaOH 进行碱促进的水解。然而，这两种化学方法都需要高温。由于酶同时具有酸性和碱性官能团，因此可以在低温下快速剪切酰胺键。

在蛋白酶的设计上，大自然比蛋白质激酶显示出更多的机械创造力。人类蛋白酶通过三种通用机制发挥作用：亲核催化、金属离子活化和酸催化。人类蛋白质组编码超过 500 种蛋白酶，其中包括以下类别：丝氨酸蛋白酶（176），苏氨酸蛋白酶（27），半胱氨酸蛋白酶（143），金属蛋白酶（186），天冬氨酸蛋白酶（21）。

问题6.8

预测蛋白质中的哪五种氨基酸在 4 mol/L NaOH 中 105℃水解 10 h 后不会被解离。

半胱氨酸蛋白酶通过亲核性半胱氨酸硫醇催化酰胺水解

半胱氨酸巯基是蛋白质中最常见的亲核官能团。因此，许多蛋白酶使用半胱氨酸作为亲核试剂进攻肽键的羰基，是非常常见的（**图 6.38**）。例如，caspase-1 通过使用半胱氨酸硫醇酸酯切割掉序列 -YVHD↓APVR- 的前 116 个残基，将前白介素 1β 转化为活性细胞因子白介素 1β，其中符号↓表示酰胺键的切割位点。在切割位点的天冬氨酸残基对于结合至关重要，因为它与蛋白酶的精氨酸侧链形成了关键的盐桥。caspase-1 也可以被炎症小体（一种酶复合物）通过蛋白水解切割而激活。

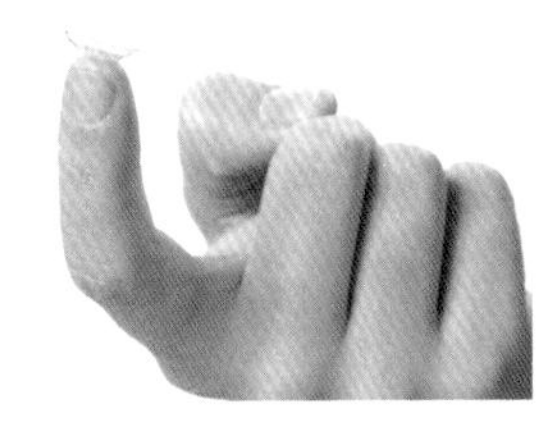

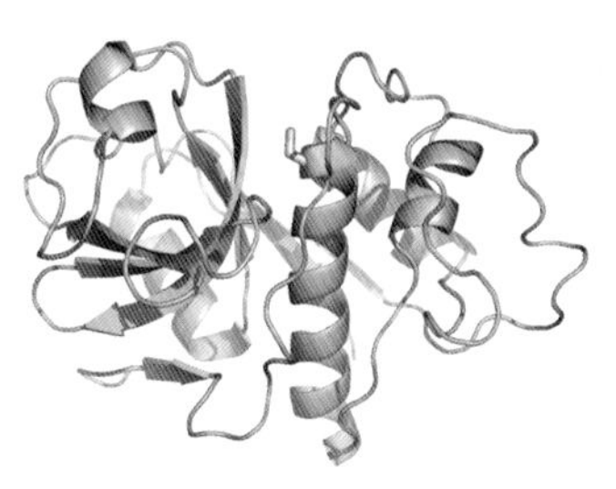

图6.38　木瓜蛋白酶。木瓜中的半胱氨酸蛋白酶木瓜蛋白酶是隐形眼镜清洗液中的常见成分，可分解积聚在此类眼镜上的蛋白质沉积物。（顶部，由CDC的Amanda Mills提供；中间，由Wikimedia Commons提供。）

在开始绘制蛋白酶作用机制之前，我们必须思考生物有机化学中的一个普遍问题：如何根据晶体结构来提出一种合理的酶催化机制？X 射线晶体结构是静态的，通常不解析氢原子的位置。让我们从分析半胱氨酸蛋白酶的常见机制开始（**图 6.39**）。

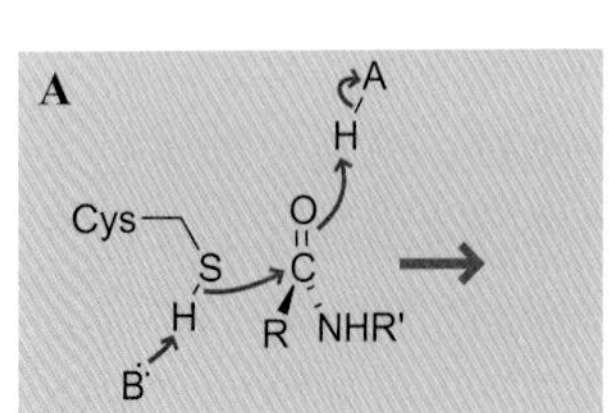

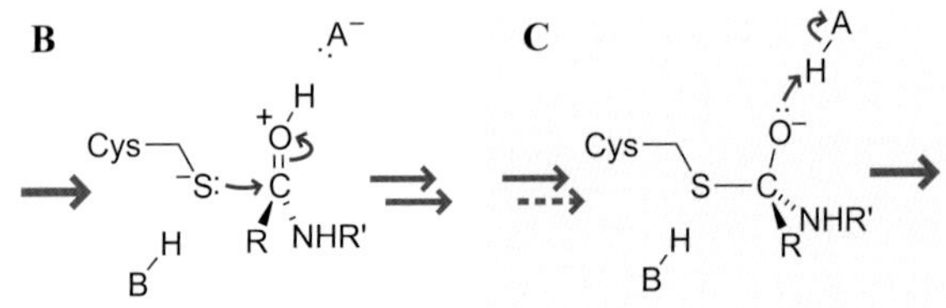

图6.39　哪种机理正确？通常，可以为假设的酶催化机制绘制几个合理的步骤。（A）当硫原子进攻羰基时，酶使巯基去质子化并使羰基质子化？（B）在硫醇进攻之前，酶使羰基质子化？（C）在硫醇进攻之后，酶使羰基质子化？

图 6.39（A）中四面体中间体的形成机制看起来很合理，但同时也存在一些令人困扰的问题。首先，S—H 的 σ 键真的会进攻羰基吗？可能并不会。硫的孤对电子比 S—H 的 σ 键更具有亲核性，所以酶很难改变这种反应顺序。类似地，酸不太可能将羰基的 π 键质子化，因为羰基氧上的孤对电子比 π 键上

的碱性要强得多。

图 6.39（A）中描述的机制提出的第三个令人困扰的问题：在所描述的机制中是否每个步骤都是协同的？如果每步都是协同过程，那么当硫进攻羰基且氧被质子化时，碱必须要脱除一个质子。更准确地说，随着 A—H 的距离增加，B—H 的距离必须缩短。这当然是可能的，但是质子转移速率通常比硫醇对酰胺羰基的进攻快 1000 倍以上。因此，平均来说，我们预计碱在硫原子进攻羰基之前先将硫醇质子脱除并替换了 1000 次。如果我们确信质子转移先于对羰基的进攻，那么我们可以选择仅画箭头以表示亲核攻击，并假设读者熟悉 Brønsted 碱和酸的作用［图 6.39（B）］。但是，如果我们不确定怎样发生亲核进攻呢？使用虚线反应箭头时表示我们不确定要涉及多少个机理步骤：一步或两步［图 6.39（C）］。这样的画法将会更可靠，也不会更麻烦。

除非走捷径，否则质子转移是箭推（arrow-pushing）机理中的一个困难。具有传奇色彩的化学家曼弗雷德·艾根（Manfred Eigen）因测量快速化学反应的速率（尤其是质子转移速率）而获得 1967 年诺贝尔化学奖（请参阅第 2.2 节）。令人惊讶的是，艾根证实快速质子转移与 S_N2 反应不同，因为它们涉及三个机理步骤：①结合形成氢键；②键振动；③解离以破坏氢键作用（**图 6.40**）。我们可以从这些费力的氢键结合步骤的箭推机理中获得很多乐趣，但是忽略这些氢键结合步骤会使人对某些酶催化步骤感到困惑。例如，如果与咪唑离子形成氢键，则醇盐离去基团具有更强吸引力。同样，如果水分子与氨基氢键结合，它看起来将更具有亲核性。即使我们不描述它，理解氢键在化学机理中的作用也是生物有机化学家和化学生物学家的责任。

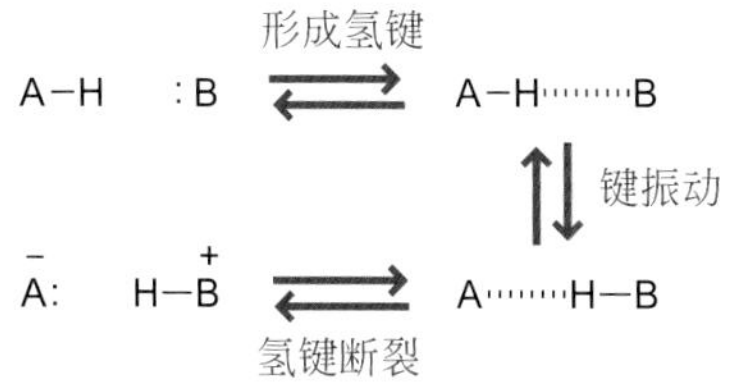

图6.40　质子转移涉及三个步骤。

酶通过不同类型以及数量最少的过渡态机理发挥作用

caspase-1 的作用机制涉及两个关键残基：一个亲核巯基和一个碱性组氨酸咪唑基团（**图 6.41**）。目前尚不清楚羰基是否被酶质子化。咪唑侧链使半胱氨酸硫醇去质子化，然后所得的硫醇负离子进攻酰胺（步骤 *a*）。然后，咪唑鎓侧链使胺离去基团质子化（步骤 *b*），导致四面体中间体分解，并以中性胺的形式离去（步骤 *c*）。接下来，水分子代替胺结合（步骤 *d*），然后进攻硫酯（步骤 *e*），咪唑基团使 OH_2^+ 基团去质子化，生成阴离子四面体中间体（步骤 *f*）。阴离子四面体中间体分解释放出羧酸，并再次生成亲核硫醇负离子（步骤 *g*）。

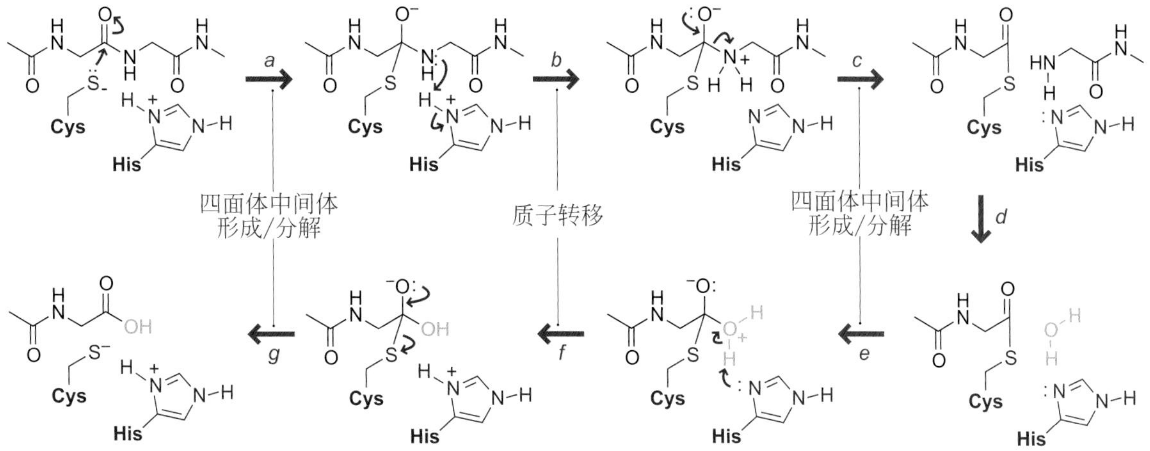

图6.41　酶催化机制通常涉及许多相似的过渡态。当应用于半胱氨酸蛋白酶白介素-1β 转化酶时，最小过渡态的原理表明，所示步骤的过渡态将非常相似。

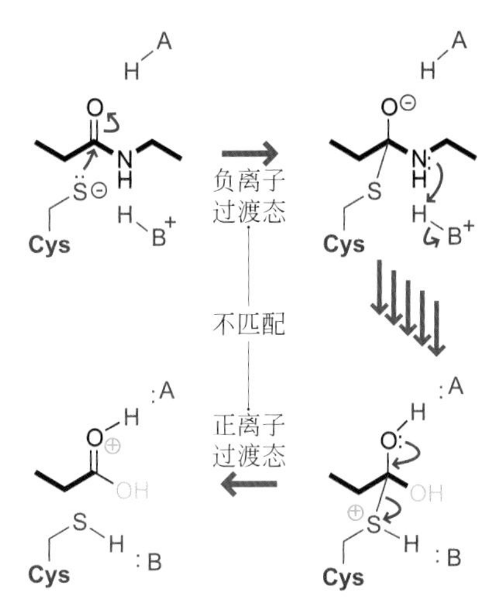

图6.42 **避免过渡态不匹配。**如果在第一步中提出负离子过渡态机理，请尽量在该机理后面不要出现正离子过渡态。

尽管 caspase-1 的机制涉及许多步骤和多种过渡态，但能量上具有挑战性的步骤是相似的，包括通过向羰基中添加亲核试剂形成四面体中间体，或通过解离离去基团来分解四面体中间体。因此，调节稳定阴离子四面体中间体的单个活性位点可以催化反应中的多个步骤。一般来说，当假设酶催化反应的机制时，最合理的机制将涉及最少类型的高能过渡态。这为学生在没有实验数据的情况下提出箭推机理（电子转移机理）提供了重要的指导：尽量减少需要酶来稳定的不同类型过渡态的数量（**图 6.42**）。

图 6.41 中步骤 *a*、*c*、*e* 和 *g* 的氧负离子过渡态具有相似的四面体几何形状。如果硫醇负离子在步骤 *a* 中作为负离子进攻，那么它必须在步骤 *g* 中以相同的方式作为负离子离开。但是，如果酶还可以稳定硫酯中间体的氨解反应的过渡态（步骤 *c*、*d* 和 *e*），则应该运用类似的逻辑。如果我们建议在步骤 *c* 中剪切的胺以中性胺的形式离开，则不得不考虑在步骤 *e* 中通过相同的方式进攻中性水分子。氢氧根负离子是 pH=7 时硫酯非催化水解中的亲核试剂，但很难解释一种酶如何能在同一空间内适应铵正离子然后轻松容纳氢氧根负离子这种亲核试剂。遗憾的是，很难明确确定酶催化机制中的每个基本步骤。如果想理解这里的原因，读者可以思考氢结合到咪唑环形成的铵正离子和氢结合到咪唑离子上形成的胺，或者与咪唑离子通过氢键合的氢氧根负离子和与咪唑通过氢键合的水分子之间的相似性。

问题6.9

ELISA 中常用的碱性磷酸酶利用活性位点的一个关键丝氨酸残基生成一个磷酸丝氨酸中间体。请提出一种合理的通过关键磷酸丝氨酸中间体进行磷酸酯水解的四步箭推机理。

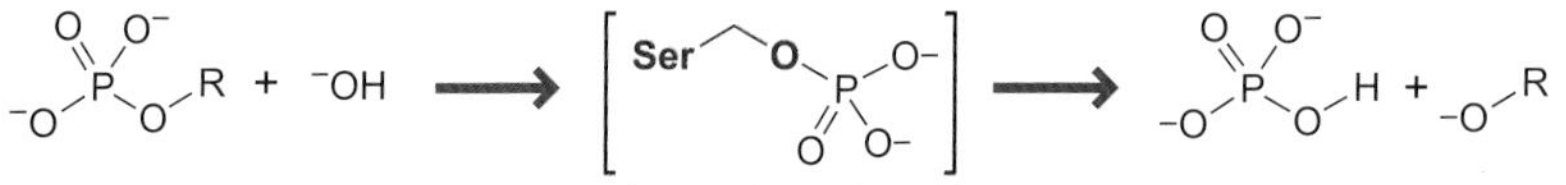

磷酸丝氨酸中间体

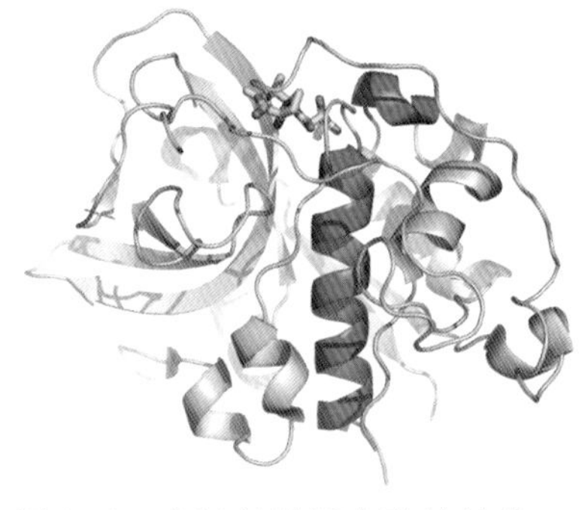

图6.43 **半胱氨酸蛋白酶的结构。**α 螺旋聚集在半胱氨酸蛋白酶组织蛋白酶B的活性位点。（PDB：1QDQ）

回想一下，只有几圈的 α 螺旋会产生一个静电场，大约相当于正电荷的一半。N 末端 α 螺旋通常在蛋白酶的活性位点聚集，以稳定积累的与各种中间体形成相关的负电荷。在组织蛋白酶 B 的晶体结构中很容易看到这样的 α 螺旋，在活性位点共价键合了环氧抑制剂（**图 6.43**）。

丝氨酸蛋白酶通过醇氧负离子亲核试剂断裂酰胺键

亲核蛋白酶使用三组催化残基来实现催化作用：天冬氨酸、组氨酸和丝氨酸、苏氨酸或半胱氨酸。催化机理的第一步是从丝氨酸羟基转移到组氨酸咪唑侧链的协同质子转移，再转移到天冬氨酸羧基上。然后丝氨酸醇氧负离子亲核进攻酰胺键产生四面体中间体，发生第二次协同质子转移。当咪唑侧链去质子化天冬氨酸时，胺类基团从咪唑侧链中攫取质子。四面体中间体分解，驱除离去基团胺。然后，水可以与胺离去基团空出的位置结合，并且在活性位点使用同样具有良好定位的官能团，该机制可逆向进行。咪唑环使水分子去质子化，由此产生的氢氧根离子水解丝氨酸酯中间体（**图 6.44**）。

遗憾的是，描绘这种质子转移的箭推机理（**图 6.45A**）看起来确实笨拙。最糟糕的是，它忽略了三个残基之间氢键的重要性。如果我们描述氢键并跳过电子转移机理（**图 6.45B**），我们可以更清楚地认识到质子转移涉及一对协同的键振动，就像快速旋转的 V8 发动机中活塞的运动一样。

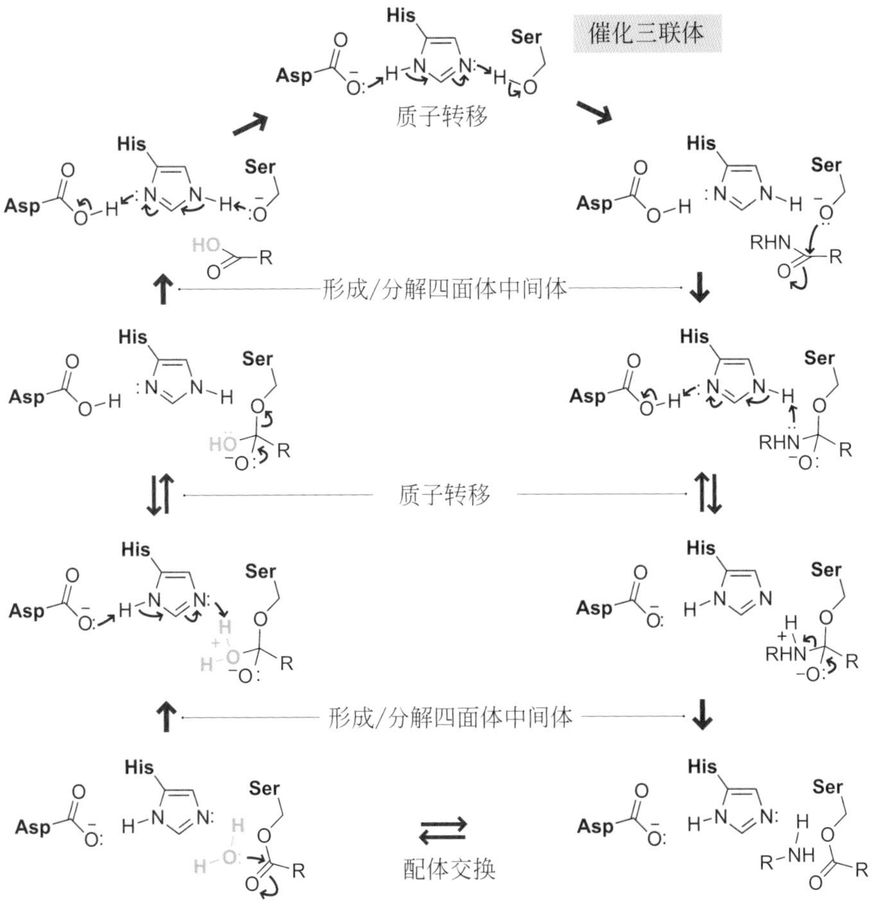

图6.44 催化三联体。丝氨酸蛋白酶中的三个残基共同作用以生成醇氧负离子亲核试剂。酶稳定了四种相似的两性离子四面体过渡态。

活化亲核性羟基的残基存在一些变化。例如已知具有 Asp-Asp-Ser、His-His-Ser 甚至 Lys-Ser 的蛋白酶。**蛋白酶体**（proteasome）是一种大型的多亚基蛋白质复合物，在蛋白质的转化、降解过程中起着关键作用，使它们能重新合成。蛋白酶体的催化基团与大多数丝氨酸/苏氨酸蛋白酶中的催化基团略有不同。亲核性苏氨酸位于 N 末端，正是游离的 N 末端氨基使亲核性羟基基团去质子化。

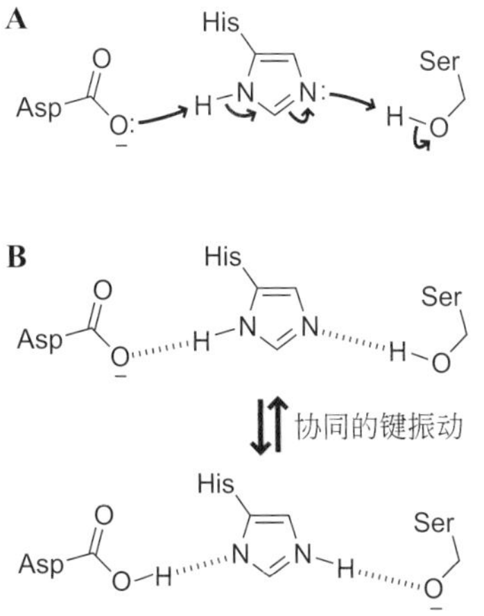

图6.45 选择性描述。不能用箭推法来描述氢键，所以化学生物学家必须做出痛苦的选择，要么用箭推法（即电子转移机理，A）来描绘填充轨道与未填充轨道的相互作用，要么用氢键（B）描绘。

金属蛋白酶使用 Zn^{2+} 激活亲核试剂水并稳定四面体中间体

人体中数百种酶都依赖 Zn^{2+} 来维持结构或直接参与催化作用。对于后者，Zn^{2+} 是理想的路易斯酸；Zn^{2+} 没有氧化还原活性，也没有配位场。缺乏配位场意味着 Zn^{2+} 可以在任何适宜的几何形状中接受任意数量的配体。因此，Zn^{2+} 没有严格约束于与特定的几何形状配位，如形成四面体或八面体配合物。金属蛋白酶的 Zn^{2+} 通常被蛋白酶活性位点中的三个侧链以纳摩尔级亲和力占据（**图 6.46**）。在人金属蛋白酶中，Zn^{2+} 配体通常是组氨酸的咪唑侧链或者是天冬氨酸或谷氨酸的羧酸根侧链。当水分子结合时，配位几何形状大致为四面体。Zn^{2+} 是迄今为止人金属蛋白酶中最常见的金属，尽管有些涉及其他金属，如 Mn^{2+}（如甲硫氨酸氨肽酶 2）。

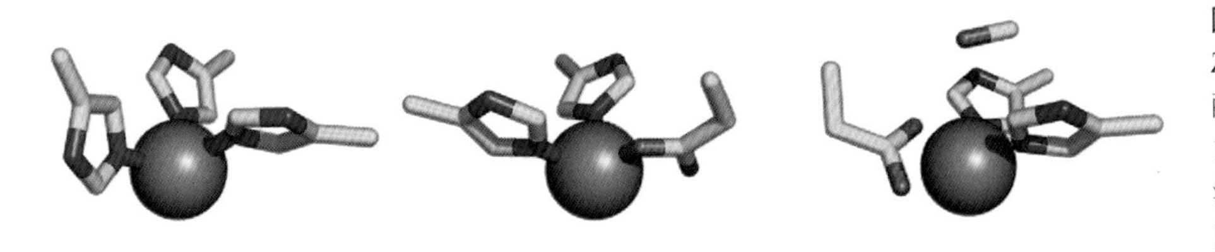

图6.46 金属蛋白酶吸附金属离子。Zn^{2+} 在（从左至右）基质金属蛋白酶-1（PDB：2J0T）、中性溶酶（PDB：1R1J）和神经溶素（PDB：1L1L）的活性位点中。水分子配位到 Zn^{2+} 的第四个位置。

锌金属蛋白酶的作用机理可能和水与 Zn^{2+} 的配位有关。酰胺中的羰基也可能与 Zn^{2+} 配位。水分子被碱性羧酸根离子去质子化生成氢氧化锌，氢氧化锌可精确进攻酰胺羰基，从而形成四面体中间体。然后，羧酸可以将质子转移到氨基上，以促进四面体中间体的分解（**图 6.47**）。

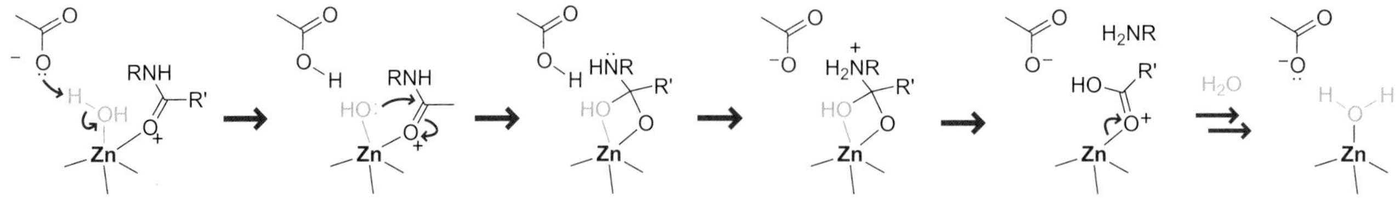

图6.47 金属蛋白酶机制。在这种针对羧肽酶的可能的电子转移机理中，Zn^{2+} 充当该反应的辅因子，激活了亲核性的氢氧根并增强了羰基的亲电性。

激活状态可以控制蛋白酶活性

序列选择性蛋白酶在血栓形成和细胞内信号通路中很重要。蛋白酶功能是通过多种机制被调控的。例如，蛋白酶可以表达为需要经蛋白水解活化的非活性酶原。在某些情况下，这种前蛋白酶的蛋白水解激活引起构象变化。在其他情况下，蛋白水解激活会导致抑制片段的丢失，从而阻止与活性位点的作用。或者，蛋白酶可以被以高亲和力结合的内源蛋白抑制剂所抑制。另外，蛋白酶可以被隔离在远离同源底物的地方。所有这些抑制机制均被用于控制凋亡途径中的 caspase，这仅是将细胞自杀限制在危急情况的必要条件（**图 6.37**）。

抑制前蛋白酶的可剪切片段范围从短肽到大蛋白亚基不等。例如，通过非特异性蛋白酶二肽蛋白酶 I 去除 N 端二肽 $^{+}H_3N$-Gly-Glu- 来激活糜蛋白酶原以产生活性糜蛋白酶。通常，可剪切的片段要长于几个氨基酸组成的短肽。依赖 Zn^{2+} 的基质金属蛋白酶溶菌素-1（也称为 MMP-3）被表达为 477 个氨基酸长度的肽链。前 17 个 N 末端残基是一个信号序列，在酶原从细胞中输出之前被剪切。活性溶基质蛋白酶-1 由前溶基质蛋白酶-1 通过诸如弹性蛋白酶等在 His82 处剪切产生（**图 6.48**）。一次性抑制片段形成一个折叠结构，在正常底物反方向（N 到 C）的活性部位放置延伸链。在一次性片段中，Cys75 也与活性位点 Zn^{2+} 配位，从而确保酶不会剪切前肽以激活自身。

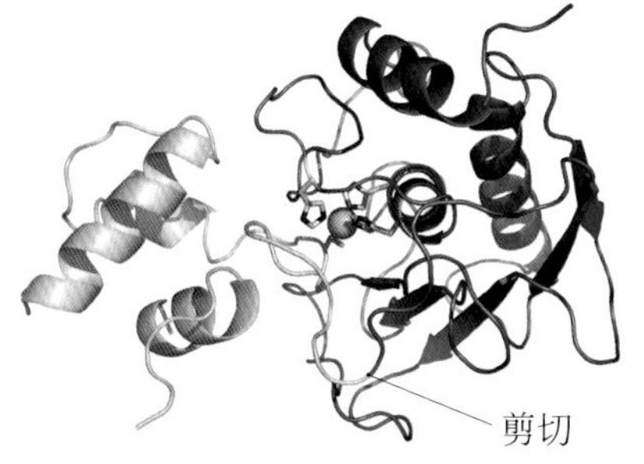

图6.48 蛋白酶激活。前溶基质蛋白酶-1 通过在所示位点切割黄色残基而被激活。（PDB：1SLM）

问题6.10

用 4- 氨基苯汞乙酸酯处理前溶基质蛋白酶，会在 Glu74-Val75 处发生蛋白自水解，从而形成一种具有活性的溶基质蛋白酶。提出一个可行的电子转移机理来解释 $ArHg^{+}$ 如何诱导前溶基质蛋白酶 -1 的剪切。

有三种主要的生物药物抑制肿瘤坏死因子 α（TNFα）与其细胞表面受体结合的相互作用。Remicade® 和 Humira® 是与 TNFα 结合从而阻止其作用于受体的抗体。Enbrel® 是一种嵌合蛋白，通过用可溶性形式的 TNFα 受体代替抗体中两个抗原结合臂而产生。与 Remicade® 和 Humira® 一样，它可与 TNFα 结合。由于抗 TNFα 疗法已被证明对类风湿性关节炎等免疫疾病非常有效，因此许多公司试图通过靶向 TNFα 转化酶（从其前体蛋白中产生 TNFα 的蛋白酶）来防止 TNFα 的形成。TNFα 转化酶是一种膜结合的金属蛋白酶，可按 Leu-Ala-Gln-Ala↓Val-Arg-Ser-Ser 序列剪切 TNFα 前体（向下箭头表示剪切位点），从而生成具有活性的 17 kDa 蛋白质（**图 6.49**）。

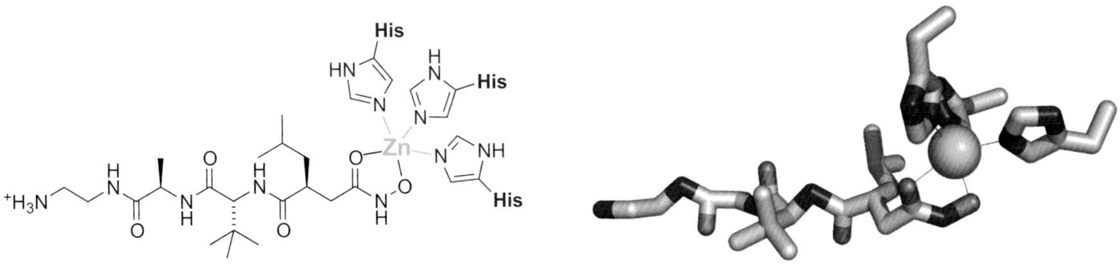

图6.49 异羟肟酸抑制锌蛋白酶。络合活性Zn^{2+}的异羟肟酸抑制剂与TNFα转化酶活性位点结合的两个视图。（PDB：1BKC）

caspases 识别以天冬氨酸结尾的四肽序列 XXXD。例如，caspase-8 和 caspase-9 在 -GIETD↓SGVDD- 处剪切 procaspase-3 的二聚体。剪切后，caspase-3 发生自我剪切，产生活性的 caspase-3（**图 6.50**）。剪切位点位于蛋白质 - 蛋白质界面的长肽环上。剪切的链一端折叠起来形成活性位点。

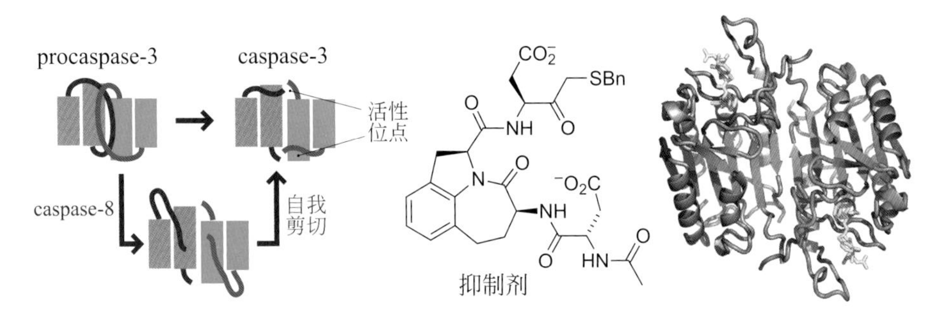

图6.50 caspase激活。procaspase-3二聚体的蛋白水解激活产生激活的caspase-3同源二聚体。拟肽抑制剂（黄色）结合caspase-3的复合物晶体结构揭示了活性位点。（PDB：1RH U）

可逆酶抑制剂包括具有高亲和力的过渡态类似物

所有蛋白酶均能稳定四面体中间体过渡态。由于 P—O 键比 C—O 键长，且电荷在膦酸盐的两个氧原子上离域（**图 6.51**），因此膦酸盐是此类过渡态的极好类似物。例如，细菌锌金属蛋白酶嗜热菌蛋白酶可有效剪切短肽，如 Boc-Phe-Leu-Ala-CO_2H [k_{cat}/K_m=6.7×10^5L/(mol·s)]。图 6.51 中所示的膦酰胺类似物是一种精细的抑制剂，其抑制常数（inhibitory constant）K_i 为 0.068 nmol/L。在该抑制剂的晶体结构中，膦酰胺的一个氧在活性位点与 Zn^{2+} 原子键合，就像假定的氢氧化物亲核试剂一样。相应的膦酸酯的抑制效果几乎降低了三个数量级。在本章前面的另一个例子中，过渡态类似物是分支酸变位酶非常有效的抑制剂。

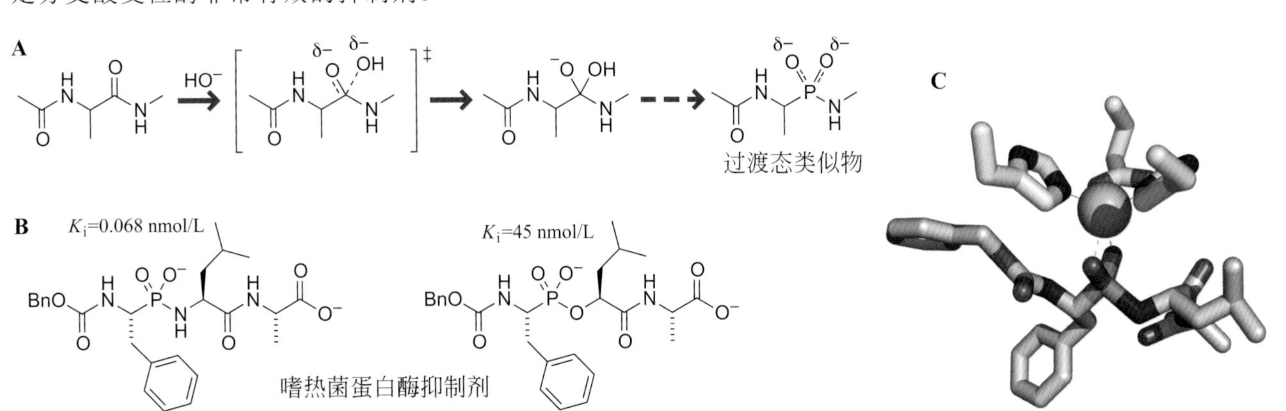

图6.51 蛋白酶的膦酰胺盐抑制剂。（A）蛋白酶的过渡态类似物（B）膦酰胺（左）和抑制效果较差的膦酸酯（锌金属蛋白酶嗜热菌蛋白酶抑制剂）。（C）嗜热菌蛋白酶活性位点（PDB：4TMN）上的Zn^{2+}与亚磷酰胺结合复合物的晶体结构。

在20世纪60年代，威廉·P. 詹克斯（William P. Jencks）指出：“如果活性位点和过渡态之间的互补性显著促进了酶催化，那么通过构建这样的活性位点来合成酶应该是可行的。一种方法是制备一种类似于给定反应过渡态的半抗原基团的抗体。”由于膦酸盐是酯水解的良好过渡态类似物，因此由膦酸盐激发的抗体应能够催化相应酯的水解。把这一预言变为事实花了二十年的时间，因为捕获到了水解反应的模拟过渡态即膦酸酯的抗体（**图6.52**和**图6.53**）。随后，研究表明，针对多种过渡态类似物诱导的抗体可催化相应的反应，例如酰胺形成、氢化物还原、Diels-Alder反应和转氨反应。开发此类人工酶的关键问题包括失活前催化的反应数量和催化效率，这两者都是与天然酶进行比较的严格基准。

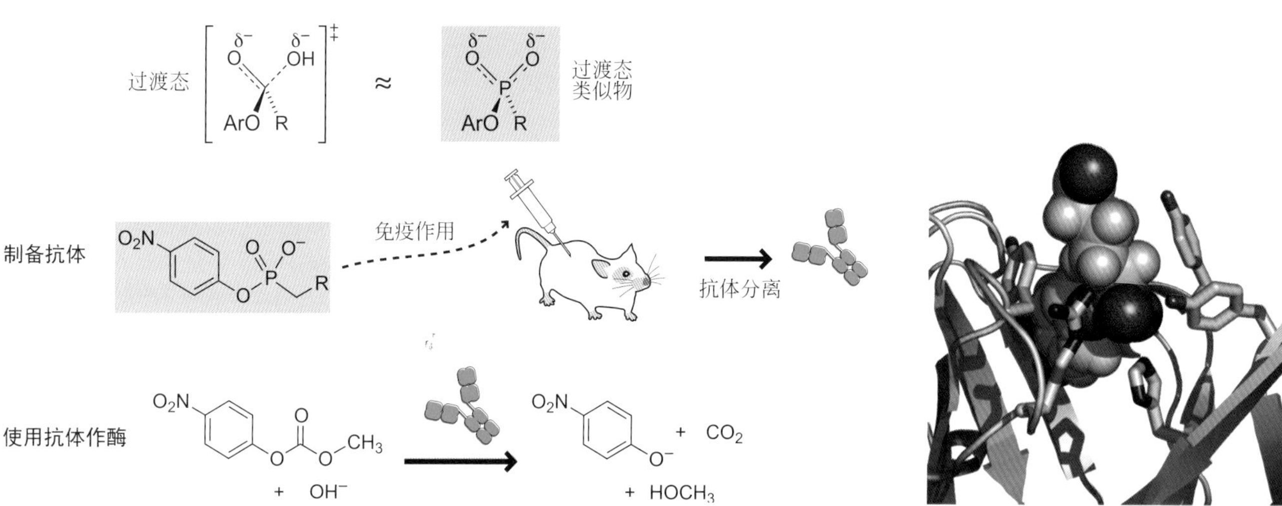

图6.52 催化抗体（Catalytic antibodies）。膦酸盐是酯和碳酸盐水解的良好过渡态类似物。用膦酸盐免疫小鼠后，它们会产生与膦酸盐紧密结合的抗体，并催化相应的化学反应。

图6.53 催化抗体的结构。与催化抗体活性位点结合的硝基苯基膦酸配体的晶体结构。（PDB：1GAF）

天然产物pepstatin是丝氨酸蛋白酶胃蛋白酶的抑制剂。pepstatin含有一种称作他汀（statine）的β-羟基-γ-氨基酸，它可与蛋白酶的活性位点结合。他汀结构单元可以嵌入其他肽中以产生高效抑制剂（**图6.54**）。

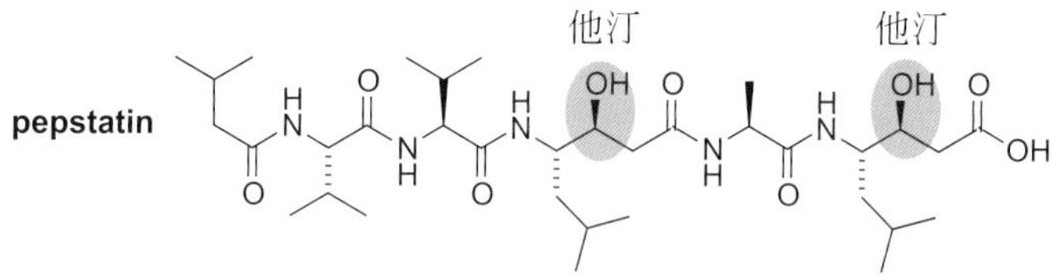

pepstatin 他汀 他汀

图6.54 含他汀的肽。pepstatin的两个他汀类结构单元允许其抑制多种蛋白酶。他汀结构单元是具有甲醇中心（蓝色）的二肽生物电子等排体（isosteres），该中心模拟酰胺水解的四面体过渡态。

肽抑制剂硼替佐米（bortezomib）与蛋白酶体的活性位点苏氨酸形成共价键。尽管共价加合物看起来很稳定，但硼替佐米仍是一个可逆抑制剂（**图6.55**）。因此，一种易于发生可逆反应的共价加合物将是一个可逆的抑制剂。硼替佐米已被证明对一些骨髓瘤有效。据研究，蛋白酶体可降解骨髓瘤中的凋亡前因子，从而赋予其永生。

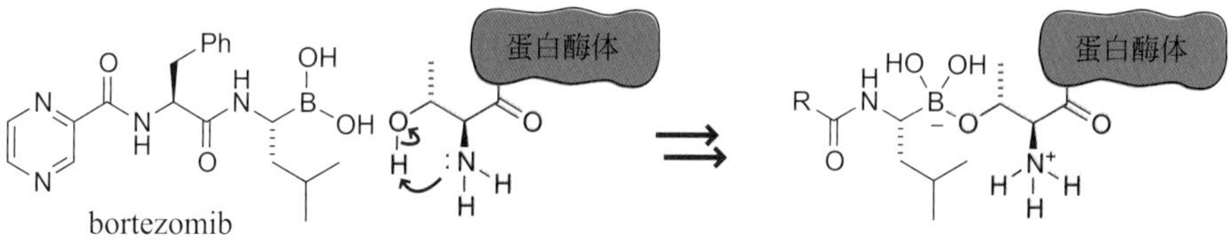

蛋白酶体 bortezomib 硼替佐米 ⇌ 蛋白酶体

图6.55 硼替佐米对蛋白酶体的抑制作用。硼酸是亲电试剂，倾向形成八隅体。硼替佐米与蛋白酶体可逆地形成共价键。

蛋白酶的全长蛋白抑制剂（full-length protein inhibitor）是常见的，它们既可以由产生蛋白酶的有机体产生，也可以由不产生蛋白酶的有机体产生。例如，哺乳动物的胰蛋白酶被一种小的折叠蛋白胰蛋白酶抑制剂所抑制。牛胰蛋白酶抑制剂（Bovine pancreatic trypsin inhibitor，BPTI，**图 6.56**）是研究最深入的蛋白质之一，因为它是一种小的（58 个氨基酸）稳定折叠的蛋白质。水蛭、蜱和吸血蝙蝠在凝血级联反应中可产生有效的蛋白酶抑制剂。药用水蛭（*Hirudo medicinalis*）可以产生一种强大的抗凝剂，当它们从宿主那里进食时，可以防止血液凝结。水蛭素（hirudin）是丝氨酸蛋白酶凝血酶的抑制剂（**图 6.57**）。它以惊人的亲和力（K_d=20～200 fmol/L）结合并展开结合在凝血酶深沟中的延伸肽。水蛭在现代医学中仍有用途，因为它们能产生一种有效的化合物混合物来改善血液流动。在显微外科手术后，水蛭可用于改善受影响区域的血流量，最大限度地促进血液流动和使坏死最小化。

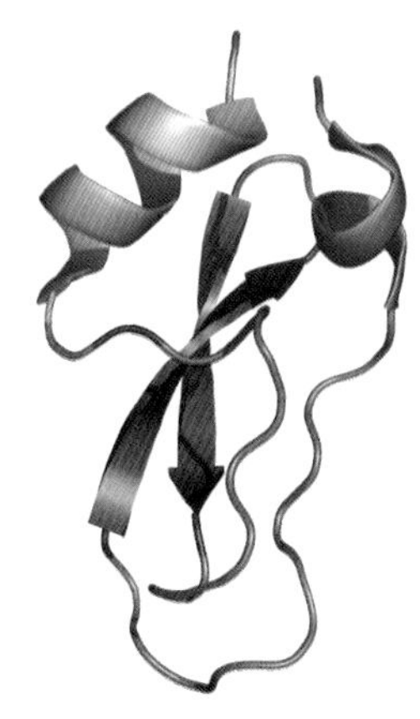

图6.56 蛋白质折叠模型。牛胰蛋白酶抑制剂（BPTI）是一种可以可逆折叠和展开的小巧、坚固、折叠良好的蛋白质。它已成为研究蛋白质折叠的一种广泛采用的模型。（PDB：9PTI）

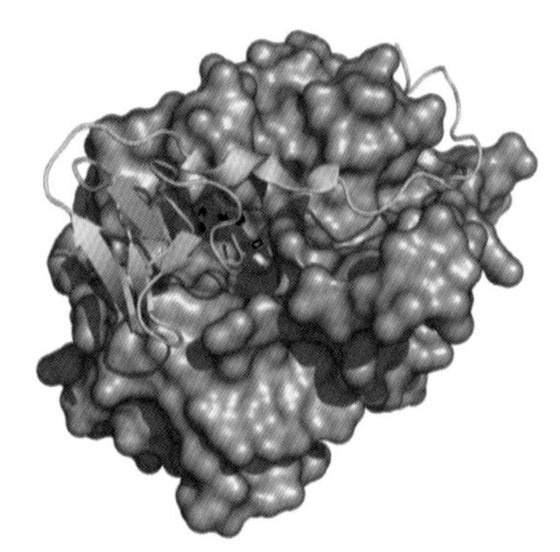

图6.57 水蛭蛋白。凝血酶（蓝色）和水蛭素（黄色）复合物的结构。水蛭素的前三个残基被推入催化口袋深处，与催化三联体的丝氨酸接触。（PDB：4HTC）

基于机制的酶抑制剂与活性位点上的残基反应

α-卤代烷上的 S_N2 反应通常比其他卤代烷烃上的 S_N2 反应快，因为相邻的羰基降低了 C—X σ^* 轨道的能量。*α*-卤代甲基酮（*α*-halomethylketones）是丝氨酸蛋白酶（如消化酶胰蛋白酶和胰凝乳蛋白酶）的有效抑制剂。活性位点组氨酸和活性位点丝氨酸都最终与抑制剂共价结合（**图 6.58**）。

图6.58 共价蛋白酶抑制剂。*α*-氯甲基酮烷基化活性位点上的咪唑，并与羰基形成半缩酮。

许多蛋白酶都以酶原的形式表达，在特定的细胞系中，很难分辨哪种蛋白酶在任何时间点都是具有活性的。在病变细胞如癌细胞中特异性上调的蛋白酶可能是药物开发的靶点。以活性为基础的蛋白质谱分析使人们能够鉴定出在癌细胞中特异性上调的蛋白酶。化学机理的知识使人们可以设计与特定种类的酶形成共价键的分子。例如，当 *α*-卤代酮、*α*-酰氧基酮或 *α*,*β*-不饱和酯与肽连接时，它们与半胱氨酸蛋白酶（如 caspase）选择性反应。如果这些肽也用生物素标签或成像标签标记，就有可能分离酶或使其可见。

例如，**图 6.59** 中的亲电性探针被设计为可以与白介素-1β 转化酶（一种丝氨酸蛋白酶，可切割目标序列 YVHDTMAPVR）发生特异性地反应。毫无疑问，*α*-酰氧基酮在 S_N2 反应中并不是良好的亲电试剂，因为 C=O π^* 的加入无疑比 C—O σ^* S_N2 的加入更快。然而，将硫醇盐加到酮上是易可逆的，而

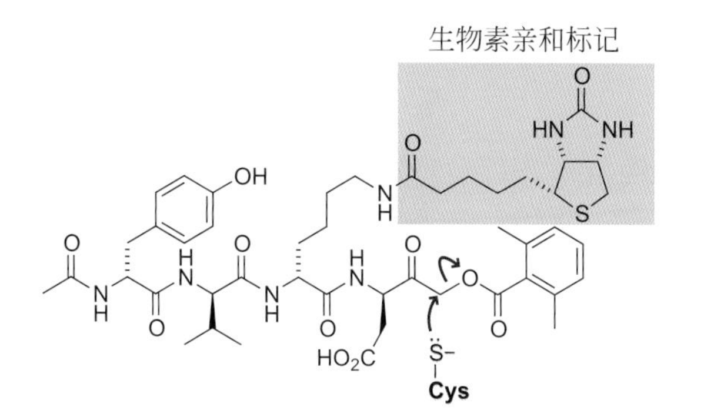

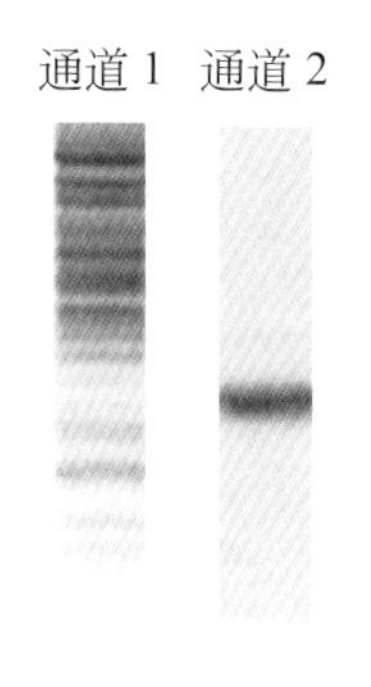

图6.59 高选择性蛋白酶捕捉器。用生物素亲和标记鉴定活性的IL-1β转化酶（ICE）的蛋白质组学探针。用亲和标记处理的细胞裂解物显示可发生共价反应的蛋白酶。通道1：非选择性的银染标记表明ICE不是主要的蛋白质。通道2：当用放射性链霉亲和素进行观察时，只有ICE能产生可检测的条带。（右图，改编自 N. A. Thornberry et al.，Biochemistry 3：3934-3940，1994；获得American Chemical Society授权。）

酰氧基的 S_N2 取代反应是不可逆的。实验测定了 *α*-酰氧基酮与丝氨酸蛋白酶的易反应性。当用探针处理单核细胞白血病细胞系的裂解物，再进行 SDS-聚丙烯酰胺凝胶电泳，并用放射性标记的**链霉亲和素**(streptavidin)显示时，发现只有目标酶被标记。

人类免疫系统通过**补体途径**(complement pathway)靶向致病菌进行破坏。该途径以 19 世纪末保罗·艾尔利希(Paul Erhlich)发现的一种现象命名。补体途径涉及一连串的细胞外蛋白酶，最终在细菌膜上形成巨大的孔，从而使细菌内含物泄漏出细胞。位于补体级联顶部的一种蛋白酶称为 D 因子，是一种带有 Asp-His-Ser 催化三联体的丝氨酸蛋白酶。**二异丙基氟磷酸**(diisopropylfluorophosphate)共价结合 D 因子从而使其失活，形成稳定的磷酸三酯(**图 6.60**)。

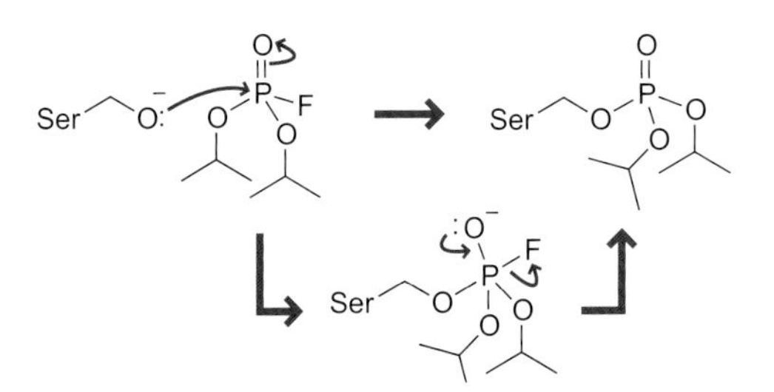

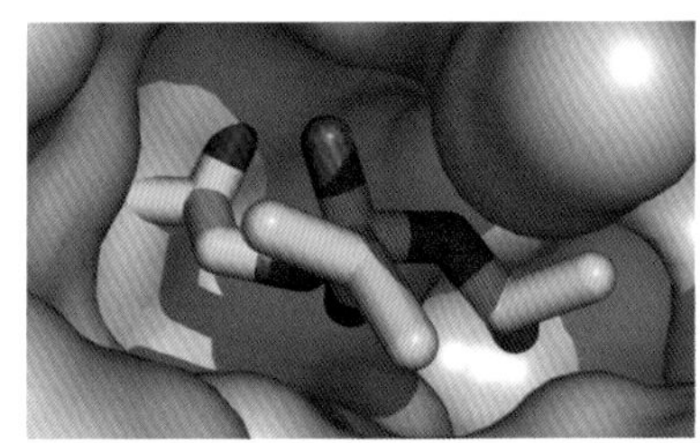

图6.60 氟磷酸酯抑制剂。二异丙基磷酰基共价结合到蛋白酶“D因子”中活性位点丝氨酸残基上。(PDB：1DFP)

亲电性磷酸酯衍生物是各种丝氨酸前体和酯酶的有效抑制剂，它们通过类似的机制起作用。毒性最强的磷化合物是那些使胆碱酯酶失活的化合物。胆碱酯酶水解神经递质乙酰胆碱(ACh)的酯基。乙酰胆碱是人体必不可少的，因为它在神经细胞之间和神经肌肉连接处传递信号。当胆碱酯酶被抑制时，乙酰胆碱会在神经细胞之间的连接处积聚，从而有效地阻止信号的传递。神经毒剂[沙林(sarin)、塔崩(tabun)和 VX]都是胆碱酯酶的有效抑制剂(**图 6.61**)。

底物 ACh

sarin　tabun　VX

图6.61 胆碱酯酶的有效抑制剂。强大的神经毒素，这些分子通过阻断神经信号传导而导致麻痹和死亡。

环氧抑制剂可与半胱氨酸蛋白酶形成共价键(**图 6.62**)。环氧琥珀酸衍生物是一种常见的模体，围绕它可以设计蛋白酶抑制剂。**氮杂环丙烷**(aziridine)蛋白酶抑制剂并不常见，但天然产物 miraziridine A 是丝氨酸蛋白酶、半胱氨酸蛋白酶和天冬氨酸蛋白酶的抑制剂。含有 *α*,*β*-不饱和 *γ*-氨基酯的肽也容易受到半胱氨酸蛋白酶的进攻。因此，miraziridine A 可以通过多种机制共价抑制亲核蛋白酶(**图 6.63**)。

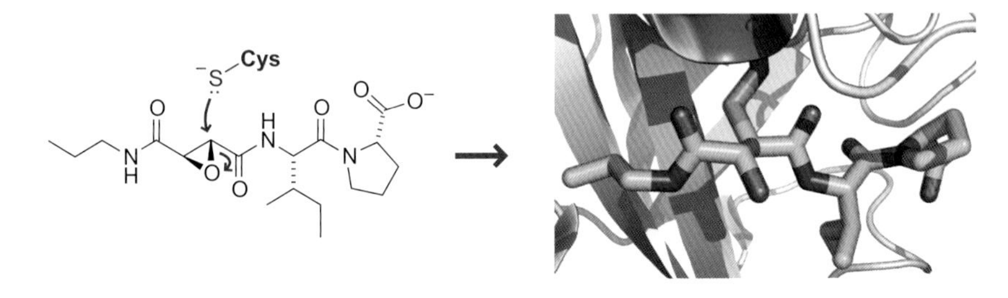

图6.62 亲核性蛋白酶的共价抑制。环氧抑制剂易于被亲核性蛋白酶(如 cathepsin B)开环。(PDB：1QDQ)

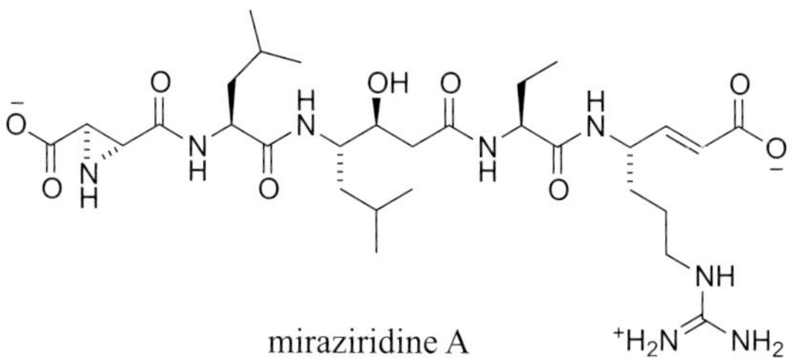

miraziridine A

图6.63 **捕获所有蛋白酶抑制剂。** miraziridine A 包含几个蛋白酶抑制剂官能团：巯基蛋白酶的烯酮Michael受体，模拟四面体过渡态的他汀结构单元以及潜在的亲电性氮杂环丙烷。

大多数锌金属蛋白酶抑制剂均含有异羟肟酸官能团，该官能团与锌原子紧密结合（**图 6.64**）。galardin 是锌依赖性金属蛋白酶 MMP-1 和 MMP-3 的抑制剂；matlystatin A 是 MMP-2 和 MMP-9 的抑制剂。异羟肟酸是弱酸（$pK_a = 9.3$），异羟肟酸阴离子通过双齿相互作用与 Zn^{2+} 紧密螯合（**图 6.64**）。然而，其他螯合官能团也能与锌结合，如 bestatin 的 *β*-氨基-*α*-羟基酰胺部分，它在一些氨基肽酶中结合两个金属离子。如果抑制剂与蛋白酶有足够的特异性接触，那么只需要一个巯基或羧基与锌就可以进行配位。

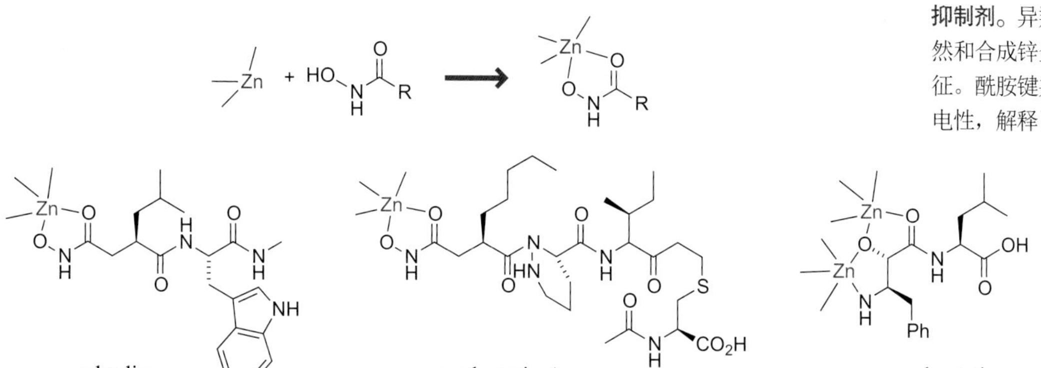

galardin　　matlystatin A　　bestatin

图6.64 **异羟肟酸作为锌金属蛋白酶抑制剂。** 异羟肟酸与锌有效结合，是天然和合成锌金属蛋白酶抑制剂的共同特征。酰胺键共振结构揭示了羰基氧的负电性，解释了它与 Zn^{2+} 原子的亲和力。

问题6.11

trapoxin A 通过 S_N2 反应使锌依赖性酰胺酶组蛋白去乙酰化酶（HDAC）失活，而曲古菌素 A 通过结合锌抑制 HDAC。设计一种与锌结合而不是通过 S_N2 机理反应的 trapoxin A 的混合类似物。

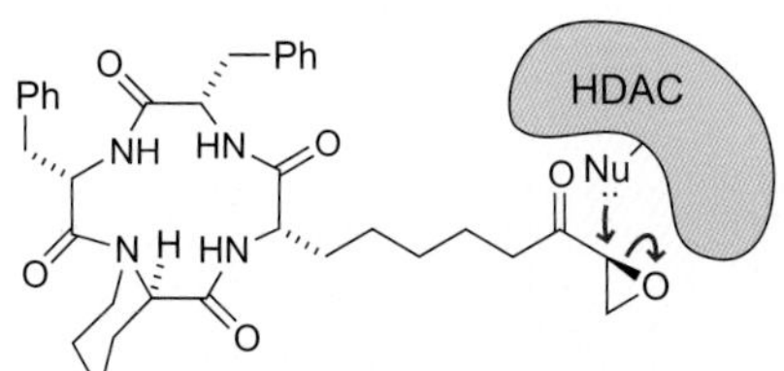

trapoxin A 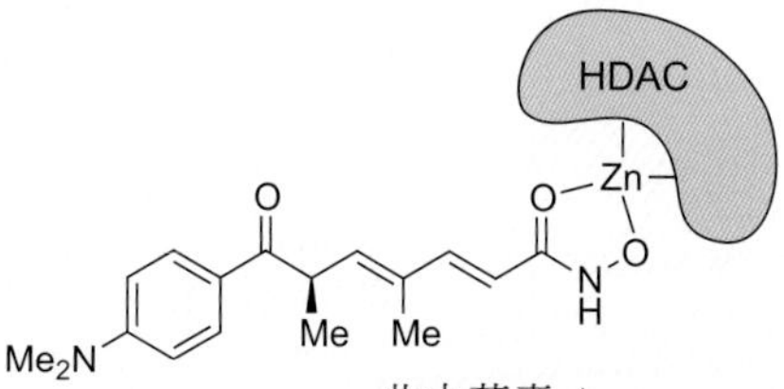　　曲古菌素 A

协同结合需要关注官能团位置

异羟肟酸基团与活性位点 Zn^{2+} 的相互作用较弱，但在不同的锌依赖性蛋白酶中，底物样肽与异羟肟酸的结合既具有高亲和力又具有高选择性。当两个配体与一个共价连接子连接在一起时，连接子的结构对于确定**结合自由能**（free energy of binding）高于或低于每个配体的自由能之和是至关重要的。例如，在锌依赖性蛋白酶 stromelysin 的抑制剂设计中，发现乙酰异羟肟酸以 −2.3 kcal/mol 的自由能与活性位点 Zn^{2+} 结合（**表 6.6**）。一个简单的联苯基以 −4.0 kcal/mol 的自由能结合在底物缝隙内。但是，异羟肟酸基团的存在促进了联苯基与蛋白质的结合。当乙酰异羟肟酸的浓度足够高以确保蛋白质活性位点被完全占据时，联苯基的结合亲和力更强，为 -5.4 kcal/mol，这可能是蛋白酶构象诱导变化的结果。如果乙酰异羟肟酸以 -2.3 kcal/mol 的自由能与 stromelysin 结合，而联苯基以 -5.4 kcal/mol 的自由能（当存在乙酰异羟肟酸时）与 stromelysin 结合，那么当两个配体共价连接时，其与 stromelysin 的结合自由能是多少？净效应可以大于或小于两种相互作用的总和，即 -7.7 kcal/mol。例如，三碳连接子显然太长，其结合自由能仅为 -6.6 kcal/mol（比溶液中混合的两个配体的自由能低 1.1 kcal/mol）。+1.1 kcal/mol 的能量损失可能来自应变、位阻或从活性位点去除结合水以填充疏水性连接子所需的能量。相反，如果连接子具有适宜的长度，则结合自由能得到增强。例如，单碳连接子将结合自由能提高至 -10.0 kcal/mol。这种 -2.3 kcal/mol 的增强可能是由于熵变（即两种物质预先组装成一种结合构象），或者来自它们进入活性位点之前从配体中除去结合水分子所需能量。

表 6.6 结合中的协同作用：配体与锌依赖性蛋白酶 stromelysin 相互作用的自由能

配体	ΔG（303K）
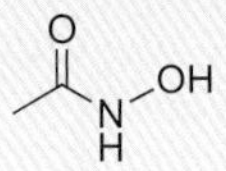 O, N, H, OH	-2.3
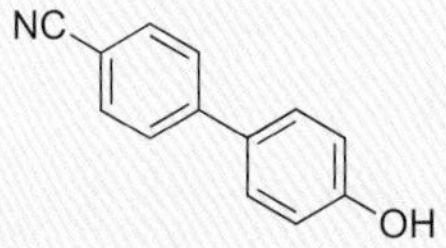 NC, OH	-4.0
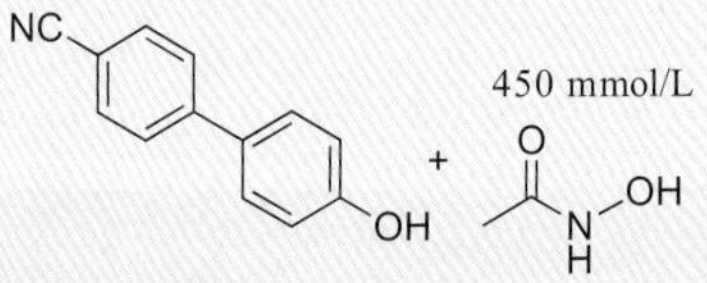 NC, OH + 450 mmol/L O, N, H, OH	-5.4
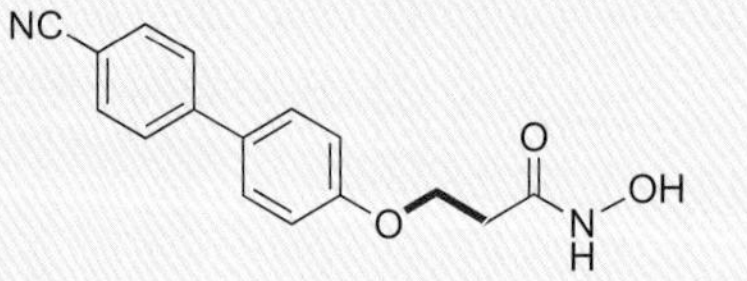 NC, O, O, N, H, OH	-10.0
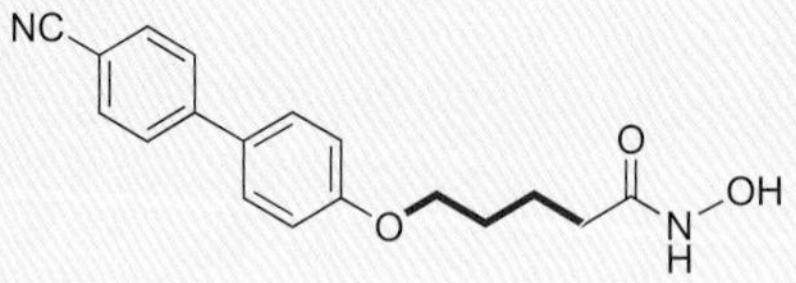 NC, O, O, N, H, OH	-6.6

配对会付出熵的代价。例如，与在舞厅随机组合的舞者相比，舞厅配对舞者的熵成本更高。完美的预组装的熵优势是巨大的。在对 Diels-Alder 环加成中双分子缔合成本的经典分析中，在键形成之前，简单地将 1 mol 二烯与 1 mol 亲双烯体配对的熵成本预计可能超过 14 kcal！

当然，Diels-Alder 环加成反应比大多数形成单键的反应（如质子转移或羰基加成反应）对熵的要求更高。在 Diels-Alder 环加成反应中键形成和解离之前，两种反应物必须具有正确的距离和取向。这种预组装与在 stromelysin 的活性位点结合两个配体所需要的预组装类似。显然，单碳连接子不能提供 14 kcal/mol 的协同优势。虽然它确实使联苯基与羟肟酸紧密结合，但它几乎没有限制扭转角或官能团的相对取向。

问题6.12

两个配体结合在受体的活性位点附近，每个配体的解离常数为 1 μmol/L。如果将两个化合物用一个完全协同的连接子结合在一起，那么解离常数是多少呢?

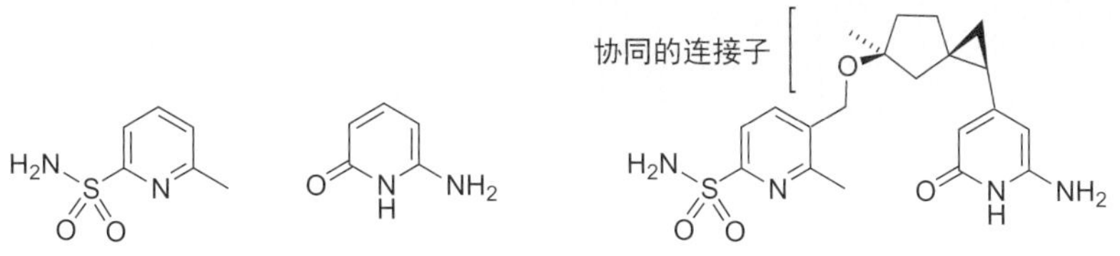

协同的连接子

$K_d = 10^{-6}$ mol/L　　$K_d = 10^{-6}$ mol/L　　K_d = ?

磷酸丙糖异构酶是一种近乎完美的酶

为了更好地理解酶的催化能力，我们把注意力从激酶和蛋白酶转移到一个人体中常见的在糖酵解途径中利用葡萄糖产生 ATP 的酶。磷酸丙糖异构酶（triosephosphate isomerase，TIM）是一种近乎完美的酶，它的 k_{cat}/K_m 比值超过 10^8 L/(mol · s)。在底物磷酸二羟丙酮（dihydroxyacetone phosphate，DHAP）的生理浓度下，TIM 几乎每次碰撞都会结合底物，催化异构化，并在碰到下一个底物前释放产物（*R*)-甘油醛-3-磷酸（**图 6.65**）。

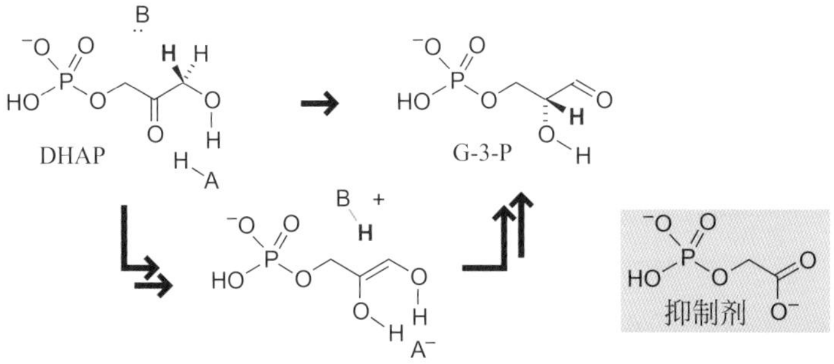

DHAP　G-3-P　抑制剂

图6.65　磷酸丙糖异构酶催化反应。磷酸二羟丙酮（DHAP）通过一个烯醇中间体异构为甘油醛-3-磷酸（G-3-P）。

磷酸丙糖异构酶（TIM）具有经典 β 桶状结构（有时称作 TIM 桶）。桶内部由平行 β 折叠组成，而外部由 α 螺旋组成。TIM 与**磷酸乙醇酸抑制剂**（phosphoglycolate inhibitor）在活性位点结合的晶体结构（**图 6.66**）有效地帮助人们揭示酶高效催化的诀窍。TIM 通过一个柔性肽段（图中标黄）捕获具有高反应活性的**烯醇**（enolate）中间体，固定其构象从而阻止副反应的发生。非催化反应中的决速步骤是一个 *α* 质子去质子化形成烯醇中间体。

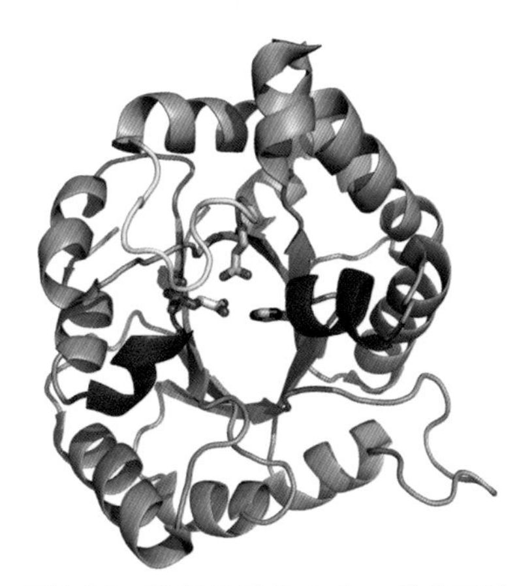

图6.66　酶催化活性中心。磷酸丙糖异构酶与磷酸乙醇酸抑制剂的晶体结构揭示了一系列高精度的折叠与催化基团。（PDB：2YPI）

为了达到极快的反应速率，TIM 通过与底物结合，固定其构象使 DHAP 的不稳定的 C—H 键与羰基 *π** 轨道并列。一个谷氨酸残基的侧链羧基位于底物上面以吸引质子，而组氨酸残基侧链上的咪唑鎓盐使羰基质子化，促进烯醇的形成。TIM 有两个并列的 α 螺旋，一个螺旋负责稳定与带负电的磷酸基团的结合，另一个螺旋使质子化的组氨酸侧链不稳定，使之酸性更强（**图 6.66**）。在谷氨酸的羧基吸引一个质子后，羧酸基团只需要旋转一根单键就可以把酸性的 O—H 键放在碱性的 C2 原子上（**图 6.67**）。简单的缓冲液如咪唑也可以催化这个反应，但是 TIM 比咪唑高效 100 亿倍。

与咪唑等碱性催化剂不同，TIM 把易离去的磷酸基团与烯醇放在同一平面。这种构象阻止了键旋转导致的富电子烯醇 π 轨道与磷酸离去基团 σ^*_{C-O} 键的共轭（**图 6.68**）。这种对磷酸基团的控制阻止了磷酸的消除，减少了这种不想要的副反应。

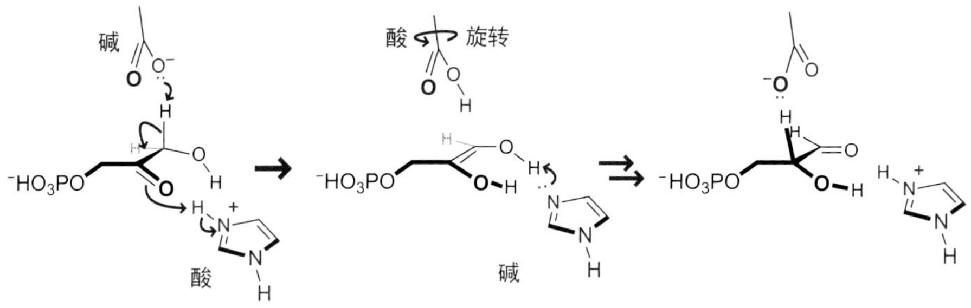

图 6.67 涉及键旋转的快速催化。 通过一个简单的键旋转，谷氨酸侧链可以实现底物的质子化和去质子化。

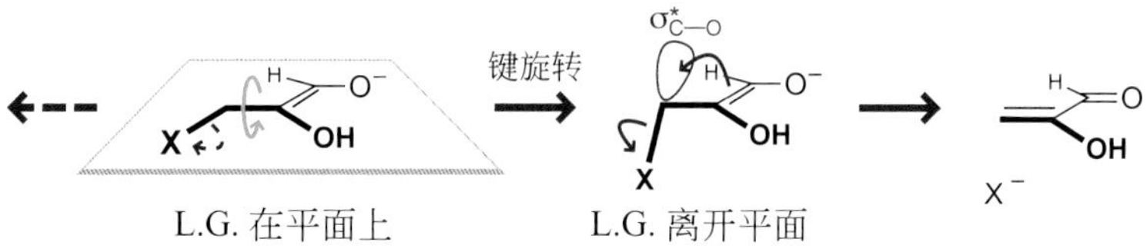

图 6.68 消除副反应。 TIM 蛋白通过固定活性烯醇构象来阻止磷酸基团离去。

6.4 有机辅酶因子（Enzymes that Use Organic Cofactors）

辅因子可以拓展酶的功能

由于核糖体合成的蛋白质只包含 20 种氨基酸，因此新表达的酶所包含的官能团数量非常有限。许多酶会通过募集其他分子来增加功能和催化活性，这类分子被称作**辅因子**（cofactor）（**图 6.69**）。酶常见的辅因子包括各种对酶

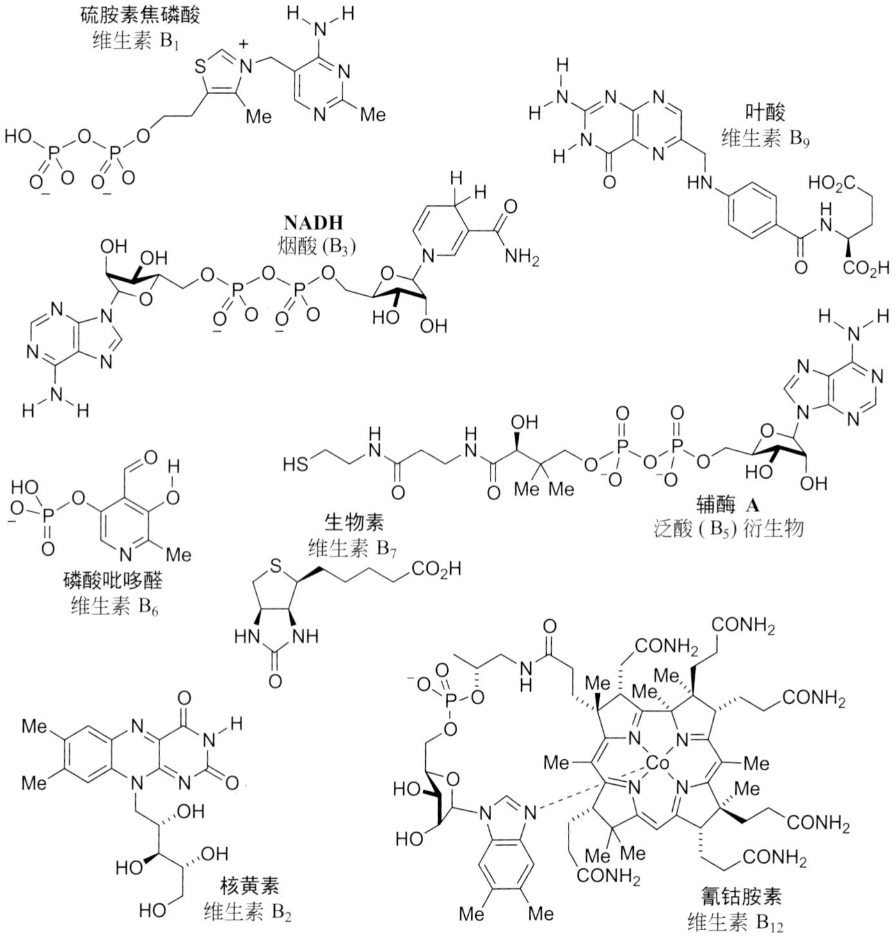

图 6.69 酶的辅基。 B 族维生素极大地丰富了酶催化的化学性质。

催化能力十分必要的金属和化合物。B族维生素是最常见的辅因子，包括：硫胺素（B_1）、核黄素（B_2）、烟酸（B_3）、泛酸（B_5）、吡哆醇（B_6）、生物素（B_7）、叶酸（B_9）和氰钴胺素（B_{12}）（**图6.70**）。

在以前，牛奶中的基本营养成分被分为脂溶性的A族维生素（如视黄醇）和水溶性的B族维生素等。然而这样的分类方法使一些B族营养成分，如维生素B_9，无法被分类归属。此外一些其他B族维生素，如B_4，则在后来被发现是多种化合物的一种混合物。很遗憾这种陈旧的字母数字命名体系还是被沿用了下来。

营养成分

服用量: 1片

每片含量/%DV		每片含量/%DV	
维生素A 2500 I.U, 60% 为β-胡萝卜素	50%	生物素 30 mcg	10%
		泛酸 10 mg	100%
维生素C 180 mg	300%	钙 162 mg	16%
维生素031000 I,U,	250%	铁 18 mg	100%
维生素E 50 I,U,	167%	碘 150 mcg	100%
维生素K 80 mcg	100%	镁 100 mg	25%
硫胺素 1.5mg	100%	锌 15 mg	100%
核黄素 1.7 mg	100%	硒 70 mcg	100%
烟酸 20 mg	100%	铜 2 mg	100%
维生素B6 2 mg	100%	锰 4 mg	200%
叶酸 400 mcg	100%	铬 120 mcg	100%
维生素B12 6 mcg	100%	钼 75 mcg	100%

DV,daily value, 每日量。

图6.70　维生素作为辅因子。作为营养补充剂服用的绝大多数B族维生素都是酶的辅因子。（由Pharmavite提供。）

硫胺素焦磷酸提供一个稳定的叶立德（ylide）

酶辅因子硫胺素焦磷酸（维生素B_1）含有关键的*N*-烷基噻唑鎓官能团。噻唑鎓活性适中，比噁唑鎓活泼100倍，同时比咪唑鎓稳定1000倍（**图6.71**）。跟氰负离子相比，硫胺素焦磷酸所具有的特异结构保证了酶对它的识别和利用。

pK_a=18

相对反应活性：

1　　100　　100,000

图6.71　噻唑鎓及其类似物活性比较。噻唑鎓有适中的亲核性和稳定性。

噻唑鎓的功能与较为原始的催化剂氢氰酸非常类似：作为一种有机酸，它的共轭碱具有亲核性，可以进攻π*轨道（如羰基）。一旦与碳原子相连，它可以稳定负电荷。去质子后的噻唑鎓产生一个亲核性的**叶立德**（ylide）。类似氰负离子，噻唑鎓可以催化安息香反应（**图6.72**）。然而有些酶类比如丙酮酸脱羧酶募集硫胺素是为了催化其他反应。现在已经发现，噻唑鎓离子及与之相关的分子，参与催化了广泛的合成转化反应。

丙酮酸脱羧酶

图6.72　噻唑鎓催化机理。作为丙酮酸脱羧酶的辅因子，噻唑鎓提供了一个稳定的叶立德。

问题6.13

推测下列噻唑鎓催化反应的合理机理（用箭头表示电子转移）。其中DMF为二甲基甲酰胺。

cat.　Et_3N　DMF, 25 °C　86%

烟酸（维生素B_3）的二氢吡啶基团提供活泼氢

酶利用含二氢吡啶基团的还原型**烟酰胺腺嘌呤二核苷酸**（nicotinamide adenine dinucleotide，NADH）作为氢供体，生成吡啶鎓类似物NAD^+。人体通过利用该反应的逆反应把乙醇氧化为乙醛。由于吡啶鎓环具有芳香性，这使得NADH可以作为活泼氢的供体。在NADH的1,4-二氢吡啶结构尚未被正确解析之前，韦斯特海默（Westheimer）及其同事设计了一个巧妙的实验，通过氘标记的底物揭示了活泼氢的转移是立体专一性的（**图6.73**）。

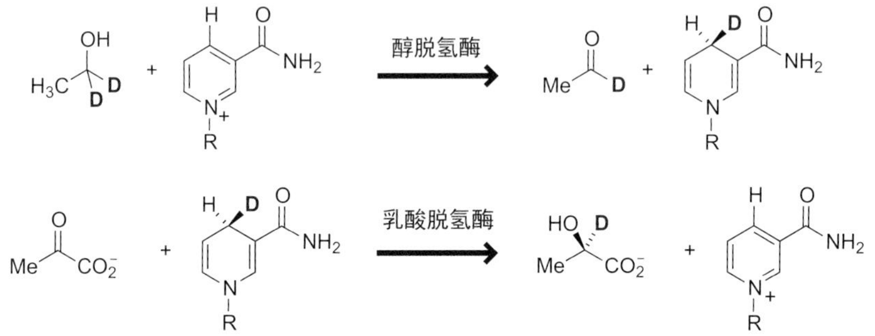

图6.73 巧妙的实验事实。 Westheimer的实验确定了负氢迁移的立体专一性。第一步反应生成单一对映异构体的氘代NADH（上图），然后只有氘负离子被转移，用于还原丙酮酸（下图）。综上，该实验阐明了在酶的活性位点上氢的转移遵循严格的立体专一性。

研究表明NADH的二氢吡啶环弯曲成**船式构象**（boat conformation），氮的孤对电子与前*R*氢（pro-*R* hydride）处于直立键位置（**图6.74**）。由于氮的孤对电子倾向与相邻的双键π*轨道共轭，减弱了轴向的前*R*氢的C—H键，使之具有更强的亲核性。

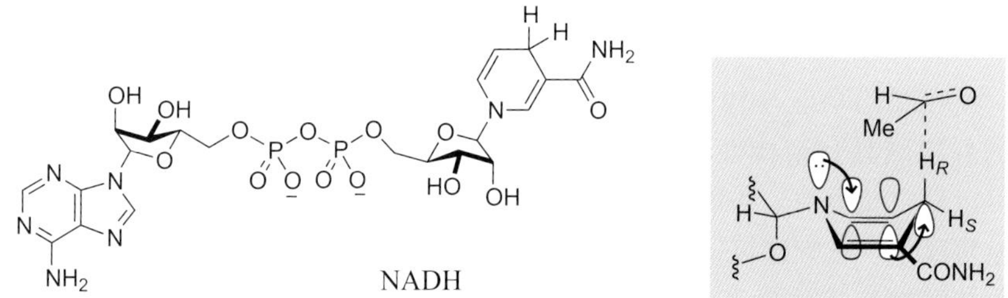

图6.74 NADH介导氢转移的立体专一性的结构基础。 酶的活性位点使NADH处于只允许前*R*手性氢还原羰基的位置。二氢吡啶环上氮的孤对电子起到活化前*R*手性氢的作用。

乙醇脱氢酶1B（alcohol dehydrogenase 1B，ADH1B）主要在肝脏中表达，是人体代谢酒精的关键酶。ADH1B的活性位点含有锌原子和NAD^+两个辅因子（**图6.75**）。锌原子是强路易斯酸，倾向结合乙氧负离子。乙氧负离子的孤对电子与相邻的σ^*_{C-H}轨道共轭，从而减弱了C—H键，使之具有更强的亲核性（**图6.75**）。

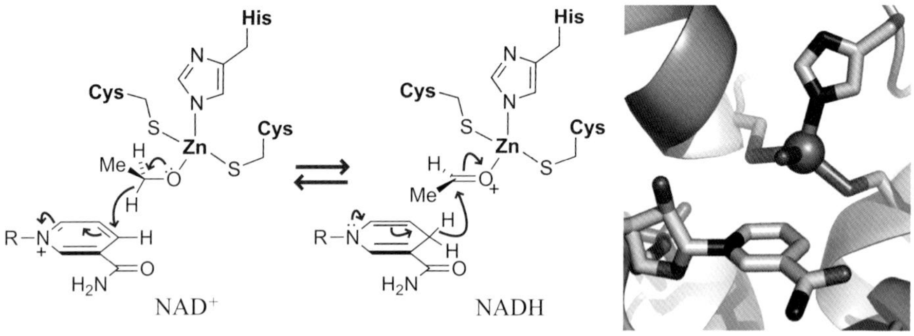

图6.75 路易斯酸的活化。 在乙醇脱氢酶的活性位点的锌活化乙醇。在人乙醇脱氢酶1B的晶体结构中，一分子水取代一分子乙醇结合到活性位点的锌原子上。（PDB：1HSZ）

吡哆醛辅因子可作为电子穴

质子化的**磷酸吡哆醛**（pyridoxal phosphate，PLP；维生素B_6）的吡啶环可以作为多种催化和非催化反应的**电子穴**（electron sink）（**图6.76**）。所有PLP的反应都会与伯胺形成**亚胺**（imine）。与氨基上的氮相邻的键活化的关键在于这个键必须与平面的亚胺吡啶鎓环系的π*轨道共轭。

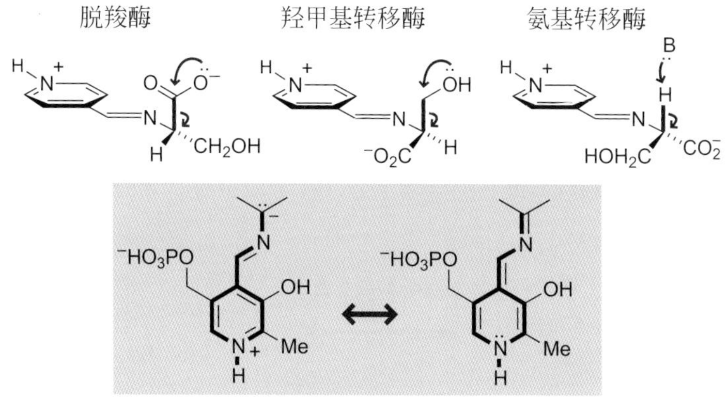

图6.76 键活化。当PLP与氨基酸形成亚胺之后，α碳上三个键均可以被其活化。

芳香氨基酸脱羧酶以PLP为辅因子催化氨基酸脱羧反应。关键的神经递质如多巴胺、5-羟色胺和组胺都是通过这种类型的反应生成的。反应的第一步就是氨基酸与PLP形成亚胺。在质子化的状态下，带正电的吡啶鎓环作为电子穴可以稳定负电荷；例如共振结构可以把带负电荷的孤对电子转移到吡啶环的氮上。脱羧反应在亚胺形成后很容易进行，因为脱羧后剩下的负电荷易被吡啶环稳定。质子化和亚胺的水解再生PLP辅因子（**图6.77**）。

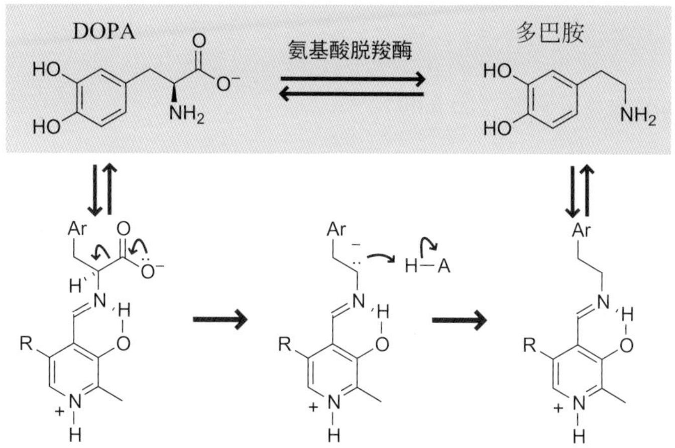

图6.77 氨基酸脱羧酶的催化机理。脱羧产生了共轭的碳负离子。多巴（DOPA）为L-3,4-二羟基苯丙氨酸。

对脱羧反应机理的理解有助于我们解决了内分泌学的一个重要问题。激素3,5,3′-三碘甲状腺原氨酸（甲状腺素）是一种核受体的配体，可以显著地影响代谢。类似其他核受体的配体，许多甲状腺素的作用需要数天甚至数周才能显现出来。然而，众所周知，甲状腺素也可以迅速地影响心脏功能。斯坎伦（Scanlan）和其同事们认为也许甲状腺素脱羧后形成苯乙胺，而它在结构上类似于多巴胺、5-羟色胺和组胺，可以通过快速G蛋白偶联受体途径影响细胞。事实上，研究者们猜测那种突然的（有时候是不良的）对心脏功能的影响可能是由一种尚未解析出来的碘甲状腺素的脱羧产物介导的（**图6.78**）。随后研究者发现3-碘类甲腺质（T_1AM）是一种内源性信号分子。显然，T_1AM和甲状腺素是由共同的前体生成。

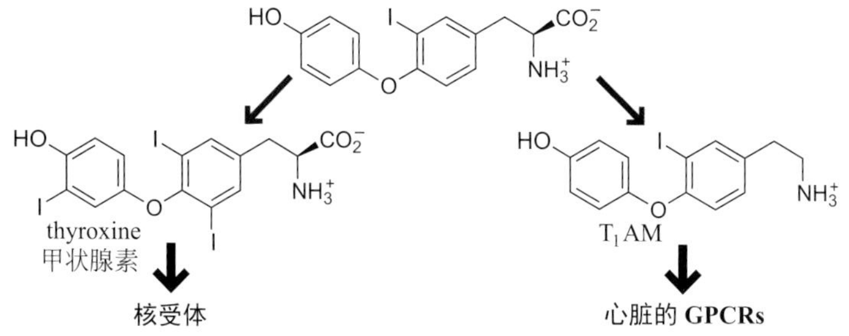

图6.78 老荷尔蒙的新生。3-碘类甲腺质（T_1AM）通过PLP介导的脱羧反应产生。GPCRs为G蛋白偶联受体。

逆羟醛缩合反应（retro-aldol reaction）是另一种由PLP依赖的酶催化的氨基酸的反应，例如丝氨酸羟甲基转移酶。丝氨酸侧链羟基去质子化后促进了随后的反醇醛缩合反应，生成一个烯醇中间体（**图6.79**）。生成的游离甲醛并没有被酶释放出来，而是与一分子四氢叶酸（K_m=0.05 mmol/L）进行反应。该四氢叶酸被定位于丝氨酸-PLP加合物上方，在生成甲醛时立即与甲醛反应。

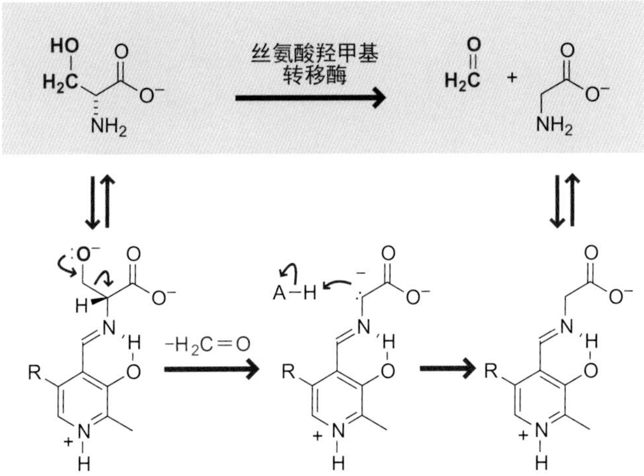

图6.79 PLP催化的逆羟醛缩合反应。PLP依赖的酶可以催化与甘氨酸发生对映选择性的羟醛缩合反应。

回顾一下，亚甲基四氢叶酸会被胸苷酸合成酶催化由RNA脱氧尿苷单磷酸合成DNA胸苷单磷酸（**图6.80**）。

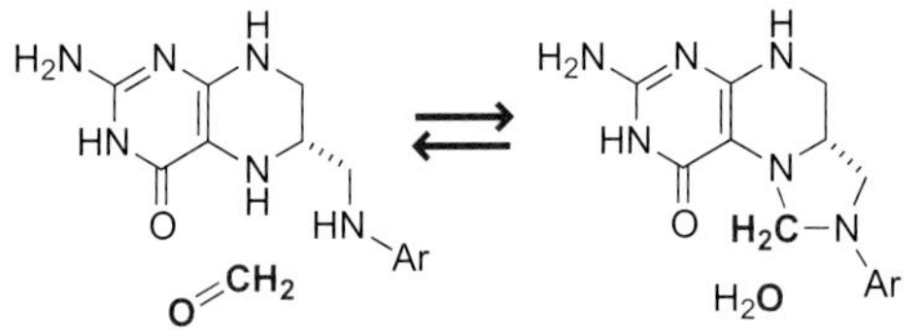

图6.80 甲醛载体。四氢叶酸与甲醛缩合产生亚甲基四氢叶酸。

人体内的酪氨酸主要由饮食中的苯丙氨酸在苯丙氨酸羟化酶的作用下合成的（**图6.81**）。突变失活的苯丙氨酸羟化酶无法将饮食中的苯丙氨酸转化为酪氨酸。体内过量的苯丙氨酸引起幼儿智力发育迟滞。这种症状可以通过尿液中高浓度的苯丙酮酸确诊，即苯丙酮尿症。通过控制低摄入苯丙氨酸，患有苯丙酮尿症的儿童可以发育正常。含有甜味剂阿斯巴甜的食品包装上会向苯丙酮尿症者发出警示，因为阿斯巴甜是由苯丙氨酸和天冬氨酸形成的二肽。

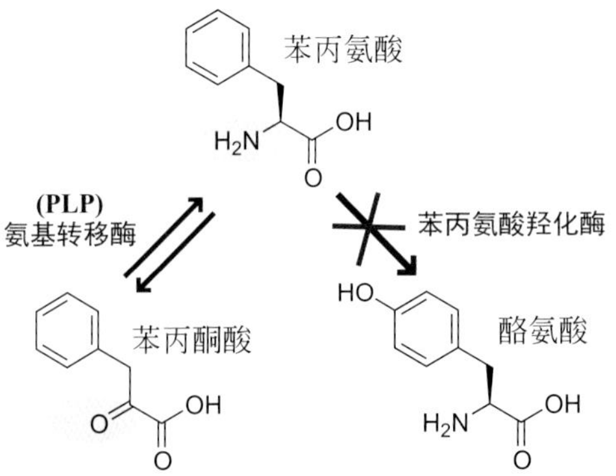

图6.81 苯丙氨酸羟化酶失活可以通过苯丙酮酸的积累来确诊。PLP为磷酸吡哆醛。

苯丙酮酸和苯丙氨酸之间的平衡与磷酸吡哆醛和吡哆胺之间的平衡保持一致。这种由一类氨基酸转氨酶催化的转氨基作用对所有氨基酸的生物合成都至关重要。该反应机理包含了氨基酸与PLP形成亚胺，随后发生立体选择性的互变异构（**图6.82**）。

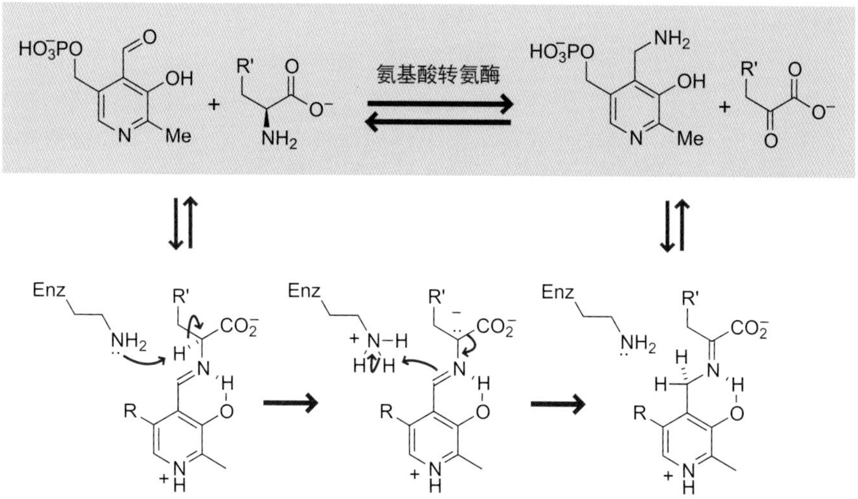

图6.82 氨基转移酶催化机理。氨基酸转氨酶催化烷基胺转化为酮、吡哆醛转化为吡哆胺的互变异构反应。

问题6.14

乙烯基甘氨酸是丙氨酸转氨酶的不可逆抑制剂，它可在酶与 PLP 之间形成共价交联。推理形成交联的可能机理（用箭头表示电子转移）。

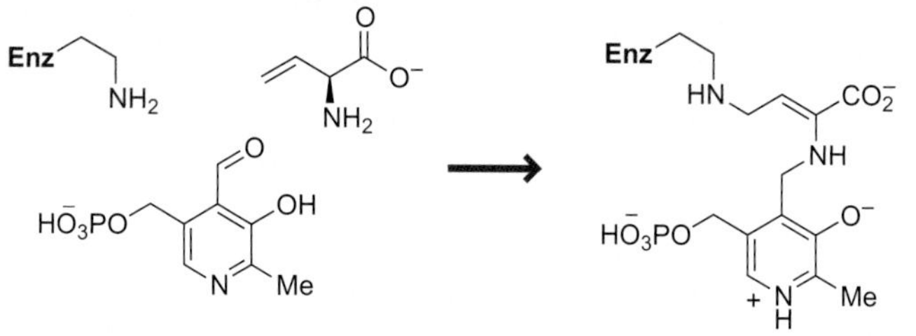

6.5 蛋白质工程改造（Engineering Improved Protein Function）

蛋白质工程为蛋白质功能解析和超功能分子构建提供了有力的工具

考虑到天然蛋白质已经具备了强大的功能，人们可能会质疑是否有必要赋予它们新的功能。毕竟，作为亿万年进化的产物，每一种酶都能够精准、高效地催化一种特定的化学反应。此外，抗体和杂交瘤技术可以为几乎所有靶标找到高亲和力受体。然而，天然存在的蛋白质并不能满足化学生物学家的全部需求。例如，鼠源抗体会在人体内引起免疫反应，也没有人愿意为了在某一物种（例如红松鼠）的蛋白质组中发现一种理想的酶而经历漫长的等待。探索蛋白质序列的微小变动对其功能的影响，让我们得以窥见蛋白质发挥功能背后的机制。大量的不同的计算方法也为蛋白质功能的编译提供了支持。这些实验依然走在蛋白质工程的前沿，不过本书暂不进行讨论，因为其飞速发展会使当前最基本的探讨也很快变得陈旧过时。

不幸的是，“蛋白质工程”所需要的技术精度超出了现有的科技水平。没有哪个土木工程师会计划用蛋白质这种不可预测的材料来建造桥梁或者摩天大楼，它们基本上依赖变化莫测的分子识别来结合并发挥作用。蛋白质序列上的每一个变化都可能对蛋白质折叠过程产生不可预测的影响，最终改变蛋白质的构象和功能。蛋白质就像一个巨大而复杂的机器，在哪里引入突变可以获得所需要的新活性并没有显而易见的答案。

由于对氨基酸侧链的性质及其改变的影响知之甚少，以及一些错误的猜想，大量出色的蛋白质工程项目都宣告失败了。尽管有这些问题，这一领域还是通过拓展这些不确定性取得了很多进展。换言之，如果你不能提前知晓某一突变对于结构会造成怎样具体的影响，那就做大量的突变吧。然后，从这个突变集或突变文库中筛选某种特定功能的蛋白质，并准备好，或者说，祈祷着惊喜的出现。在这一节中，我们会看到，尽管“名不副实”，蛋白质工程还是为施展蛋白质功能的“变形术”提供了强有力的工具。

通过丙氨酸扫描(alanine scanning)确定侧链和模体的功能

在**逆向工程**(reverse engineering)中，人们会把一个复杂的机器拆解成一个个小零件，来研究它们是如何装配和发挥功能的。这一技术常应用于计算机芯片和汽车产业中，用来发掘竞争对手产品的秘密。典型的实验流程是这样的：首先，由“嗯……我想知道这个零件是如何工作的”的想法开始；然后，去掉这一零件，你就可以试验出缺少这一零件对机器运转的影响。逆向工程可以指导我们对产品或工艺流程进行直接拷贝和改进版本的开发。构建改进版本是创新链中格外重要的一部分，因为它使我们通过仔细考察机器零部件来验证对功能的猜测。

很多蛋白质工程实验应用了这种逆向工程方法。例如，逆向工程和蛋白质工程都起始于一个拥有特定功能的未知结构的蛋白质。此时已知的信息可能只有蛋白质的一级结构，或者说蛋白质的氨基酸序列。紧接着，改变某一氨基酸侧链，可以通过改变了的侧链功能推断其对蛋白质功能的贡献。在这些实验中，自然存在的蛋白质往往被称为“**野生型**(wild-type)蛋白质”，而通过基因突变被加长、截短或改变氨基酸种类的蛋白质被称为“**蛋白质变体**(variant)”或“**突变型**(mutant-type)蛋白质”。

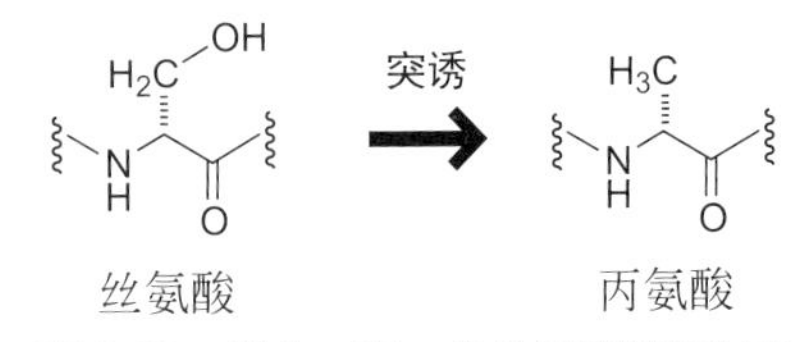

图6.83 逆向工程。将丝氨酸突变为丙氨酸，可以揭示丝氨酸羟基的重要性。

把某一位点的氨基酸替换成丙氨酸，是一种常见的突变方法，这样可以把 β 碳原子上的侧链去掉，进而研究这一位点原来侧链在蛋白质功能中起到的作用(**图6.83**)。例如，将丝氨酸突变为丙氨酸，就可以研究出丝氨酸羟基的功能。丙氨酸替代是一种非常实用的替代方法——突变“削去”了侧链的功能，同时避免了不必要的蛋白质骨架柔性的增加(这是甘氨酸替代会造成的结果)。

一些最早期的多肽合成实验应用了这种逆向工程方法来研究蛋白质功能。梅里菲尔德(Merrifield)和其同事们在发明了固相多肽合成技术后，完成了很多种多肽类激素和蛋白质的化学合成，其中就包括124个氨基酸构成的核糖核酸酶A(RNase A)。在1969年，这一重大成果使研究固相合成的科学家们大为振奋。梅里菲尔德采用固相合成方法合成RNase A(如第5章所描述)，击破了坚持液相合成原则的人们的质疑。合成的产物可以通过空气氧化形成四对二硫键而产生，不正确二硫键的形成则会导致寡聚蛋白质和错误折叠蛋白质的产生。通过凝胶电泳分离单体，以及通过胰蛋白酶消化错误折叠的单体，最终得到的酶具有预期酶78%的活性。在多肽合成的早期，梅里菲尔德也通过设计特定突变合成了多种RNase A的突变体，以研究酶促催化所需的官能团。

在这些早期的突变研究中，梅里菲尔德并不需要化学合成完整的RNase A来引入每一个突变。RNase A蛋白的独特之处在于它可以分为两部分，使合成的目标更易达成。较大的一部分可以由具有高度专一性的枯草杆菌蛋白酶(subtilisin)消化RNase A得到。枯草杆菌蛋白酶将RNase A的N端20个氨基酸残基（被称为S肽）切除，使得RNase A失活。将缺少S肽的RNase A与化学合成的S肽混合，则可以使酶恢复大部分活性（大于50%）（**图6.84**）。因此，Merrifield可以合成含有突变的短肽，并探究每个突变对完整酶活性的影响。用这种方法合成的蛋白质突变体可以去除羟基作为氢键供体的功能。例如，用甲氧基替代丝氨酸上的羟基，可以使原来的氢键供体变为氢键受体（如**图6.85**）。类似的实验构成了蛋白质工程学的基础，不断探寻着蛋白质结构和功能的奥秘。

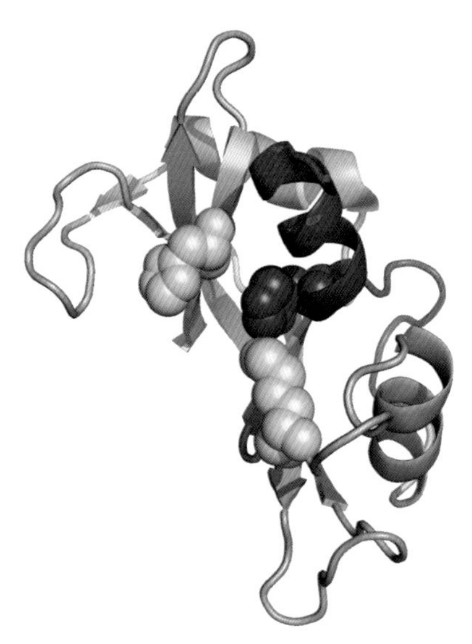

图6.84 核糖核酸酶A的活性位点。紫色为S肽的N端20个氨基酸残基。活性位点包括His12（紫色范德华球体）、Lys41和His119（黄色）。

通过丙氨酸扫描实现蛋白质功能逆向工程改造

上面提到，丙氨酸突变是一种很强大的实验方法，它可以帮助我们研究氨基酸β碳上的原子对蛋白质功能的贡献。对蛋白质序列中的氨基酸进行大规模、系统性的突变，被称为**丙氨酸扫描**（alanine scanning），这一技术帮助人们对大量蛋白质的结构与功能进行了解析。受体-配体相互作用的结合能（ΔG）通常由下列方程式所得的平衡常数K_d来衡量：

$$\Delta G=-RT\ln K_d$$

进行蛋白质相互作用界面的丙氨酸扫描时，丙氨酸替代变体的结合能（ΔG_{Ala}）与野生型的结合能（ΔG_{wt}）可以通过下列方程来衡量和比较，即计算野生型蛋白质与丙氨酸替代变体蛋白质的结合能的差值：

$$\Delta\Delta G_{Ala\text{-}wt}=\Delta G_{Ala}-\Delta G_{wt}$$

$\Delta\Delta G_{Ala\text{-}wt}$以kcal/mol为单位，它为$\beta$碳侧链原子对蛋白质相互作用结合能的贡献进行了准确定量。较大的$\Delta\Delta G_{Ala\text{-}wt}$值（大于1.4 kcal/mol）意味着对结合能贡献较大（在K_d上表现为大于10倍的效果）。较低的$\Delta\Delta G_{Ala\text{-}wt}$值（小于0.5 kcal/mol）则常被认为处于测量误差范围内，其对蛋白质结合的影响可以忽略不计。

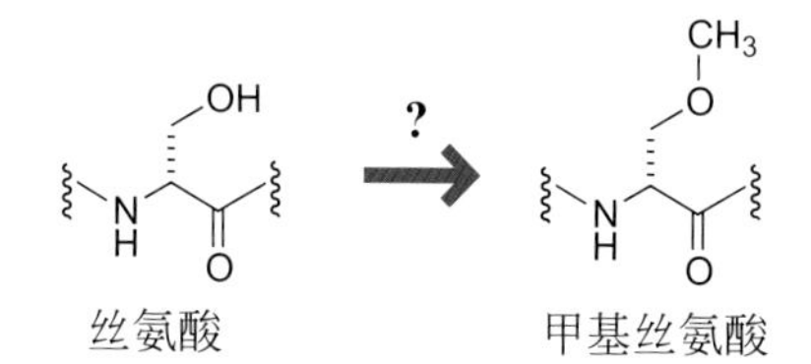

图6.85 用甲氧基替代丝氨酸上的羟基。这一氢键供体至氢键受体的转变，需要通过化学合成实现，或者借助其他技术在蛋白质中插入甲氧基丝氨酸这一非天然氨基酸。

例如，人们通过丙氨酸扫描已经深入研究了人生长激素（hGH）是如何与两个hGH受体结合，并通过JAK-STAT通路实现细胞信号转导（**图6.86**）的。第一个hGH受体与hGH表面有大面积接触，其中与19个氨基酸侧链有直接接触。由此，人们可能会产生这样的推测：每个侧链都会对整体相互作用的结合能产生一点儿同等的贡献（就像魔术贴上的无数刺毛一起钩住了另一边的圆毛，用弱相互作用累积成强大的粘力）。然而，丙氨酸扫描的结果表明，事实并非如此。某几个相互作用的残基各自产生了大于1.5 kcal/mol的结合能，而很多残基几乎没有为hGH与受体的稳定结合提供任何能量。

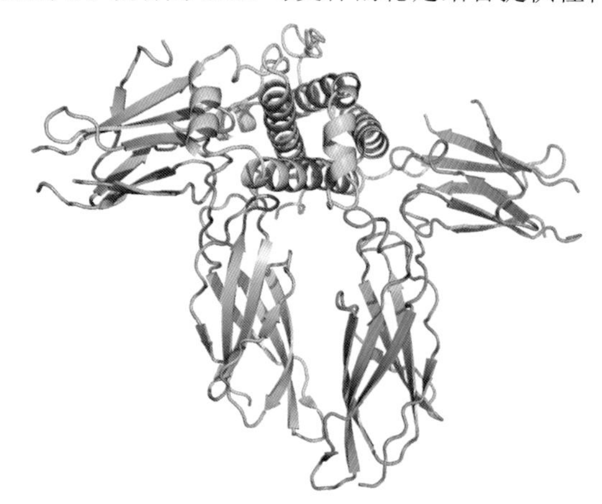

图6.86 配体介导的人生长激素受体二聚化。人生长激素受体将生长信号从细胞外传导至细胞内。两个相同的受体分子（蓝色）结合在激素分子（绿色）的不同位点。每个受体分子底部还有一个跨膜结构域（图中未展示），跨越细胞膜进入细胞质。（PDB：3HHR）

hGH与其受体的结合能大部分来自19个残基中小而紧密聚集的6个残基。这一结合能热点（hotspot of binding energy）就像蛋白质的核心，热点区的外层具有亲水性，包围着疏水的核心（**图6.87**）。丙氨酸扫描让我们了解到，很多蛋白质（但不是全部）都通过相似的热点策略实现与靶标的结合。

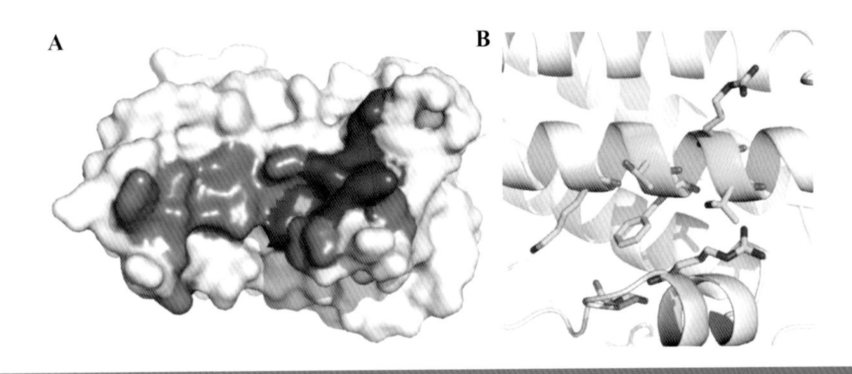

图6.87 hGH表面的一个结合能热点。（A）与第一个受体结合后，hGH的19个侧链埋藏进受体内部（红色和蓝色所示表面）。然而，只有6个紧密聚集的侧链（红色）对结合能产生显著影响，其余侧链（蓝色）则不会对结合能产生明显影响，但它们可能在区分相似蛋白质激素时提供必要的结构特异性。（B）近距离观察hGH热点区，可以看到氨基酸侧链中疏水芳基和烷基碳（绿色）形成了靶心样结构，周围是富含氧原子（红色）和氮原子（蓝色）的亲水性官能团。

问题6.15

鸟枪丙氨酸扫描（shotgun alanine scanning）是一项组合技术，应用于对蛋白质表面大量残基进行丙氨酸扫描。首先，引入野生型与丙氨酸突变型为1：1比例的突变，随后，通过筛选（通常是噬菌体展示）鉴别突变文库中可以与受体结合的成分，再通过测序确定会受丙氨酸替换影响的位点。构建鸟枪丙氨酸扫描文库中的突变，需要用简并寡核苷酸来编码野生型/丙氨酸。请为以下序列设计用于鸟枪丙氨酸扫描的简并寡核苷酸（用{碱基1/碱基2}的形式表示两个1：1比例的DNA碱基）。对于某些氨基酸，由于基因密码子简并性的存在，可以最多设计两种碱基序列（如例A）。

A 六聚组氨酸亲和标签：H_6

B 甘露聚糖结合凝集素相关丝氨酸蛋白酶2的前5个残基：MRLLT

C 来自人白细胞抗原的序列：HPVSD

图6.88 热稳定蛋白酶。很多洗涤剂中含有经过工程改造的热稳定蛋白酶，它们可以降解蛋白质类污渍（图片由Proctor & Gamble提供）。

蛋白质工程可以增强蛋白质的功能

前面的章节中（3.8节），我们介绍了多种应用化学合成DNA实现定点突变、在目标蛋白中引入特定氨基酸残基的方法。定点突变可以让我们验证对特定位点功能的猜测。用于定点突变的寡核苷酸可以编码单一点突变，也可以包含一连串不同的突变。定点突变需要合成寡核苷酸。目前寡核苷酸合成的极限长度约是115个碱基对。因此，一条寡核苷酸最多可以编码25个氨基酸突变。理论上说，用单个寡核苷酸诱导突变，即使是一个位点编码多个突变的寡核苷酸，也可以验证该位点对功能的影响：因此突变蛋白的设计需要周密的考虑，而且有时候是很困难的。

作为蛋白质工程早期的主要关注对象，蛋白酶是一种兼具理论研究意义和实际应用价值的酶。例如，人们对枯草杆菌蛋白酶做了广泛修饰，来改变并探究其底物特异性和稳定性。热稳定性增强的枯草杆菌蛋白酶已经被长期应用于洗衣剂和去污剂中（**图6.88**）。此外，枯草杆菌蛋白酶可以通过发酵大量表达——通常1 L细菌可生产大于1 g的蛋白酶（占菌体分泌蛋白质量的30%或更多）。这种优质的属性促使蛋白质工程师们致力于修改枯草杆菌蛋白酶活性的各个方面，包括催化速率、热稳定性、最适温度、pH以及底物特异性。新的功能通常由合理的设计引入，并深入揭示了蛋白酶和其他酶等蛋白质是如何工作的。

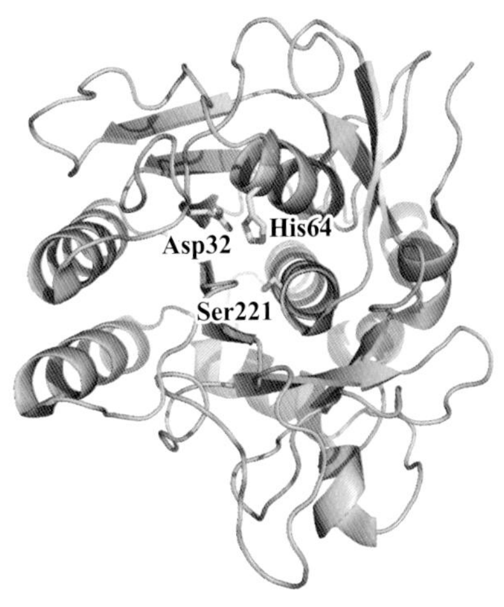

图6.89 枯草杆菌蛋白酶。催化三联体（以棒状模型标记）通过本章前述的丝氨酸蛋白酶机制催化肽键水解。（PDB：2ST1）

考虑到这一领域的不确定性，蛋白质工程项目的首要任务是通过突变验证关键残基在蛋白质作用机制中的贡献。细菌中的丝氨酸蛋白酶枯草杆菌蛋白酶，可以催化蛋白质酰胺键的水解，它可使这一反应的速率增加到未催化状态的约10^9倍（**图6.89**）。用丙氨酸替代催化三联体（Ser221、His64、Asp32）中任意一个残基都会使k_{cat}降低为原来的10^{-6}～10^{-4}，导致酶几乎失活。

令人惊讶的是，三残基组均被丙氨酸替代后，酶仍会保留一点残存的催化活性，其催化酰胺键水解的反应速率为自发反应的1000倍。尽管三突变蛋白的催化活性是野生型10^{-6}，但是残留的催化活性表明，枯草杆菌蛋白酶的催化活性还依赖于催化三联体以外的机理。的确，进一步突变研究显示，其他残基的氢键也对枯草杆菌蛋白酶的催化活性有一定贡献。

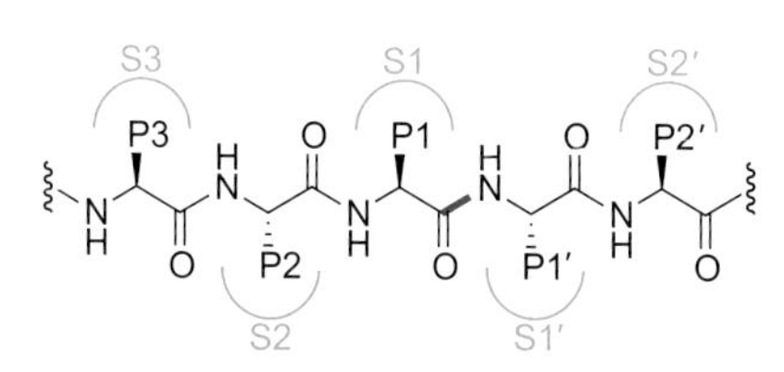

图6.90 蛋白酶底物特异性。被水解的肽键（红色）会被任一侧（P1、P1′等）的氨基酸侧链锚定在蛋白酶活性位点，这些氨基酸会嵌入蛋白酶提供的形状和官能团互补口袋（S1、S1′等）。

所有酶对底物都有选择性，这是酶有极高转化率（k_{cat}）和结合效率（K_m）的原因。对蛋白酶而言，最优底物是可以最好地嵌入活性位点的多肽。决定这一特异性的是酶进化出了适应底物特定氨基酸的形状和官能团，来把底物侧链更好地安置入催化口袋。断开的酰胺键的N端氨基酸用P1、P2、P3、…P*n*表示；C端氨基酸用P1′，P2′，P3′，…P*n*′表示（**图6.90**）。

枯草杆菌蛋白酶可以催化几乎任何蛋白质的分解，显示出广泛的底物特异性。然而，对组成底物特异性识别口袋的一系列残基进行精准突变，就可以将蛋白酶的特异性限制在特定的多肽序列上。例如，如果要使蛋白酶只催化RAKR序列后的肽键水解，只需在P4、P2和P1结合口袋部位插入带负电荷的残基，来与底物上带正电荷的精氨酸和赖氨酸残基互补。如此得到的蛋白酶突变体可以不再催化某些多肽序列，而这些序列原本可以被野生型蛋白酶催化水解。对酶的特异性进行这样大的改变，常常需要在调节性序列或其他与底物活性位点变动有关的序列上做额外突变。

蛋白质工程可以改变蛋白质的功能

除了对蛋白酶的特异性和活性进行修饰，类似的技术还可以将非水解酶改造成功能性蛋白酶。**亲环素**（cyclophilin）催化脯氨酸的顺反异构化反应，这是蛋白质折叠中的一个重要步骤，然而亲环素完全没有蛋白酶活性（**图6.91**）。为实现脯氨酸异构化，亲环素进化出针对含脯氨酸多肽的精准特异性。这种结合能力正是高特异性蛋白酶最需要的，由此，凯梅纳尔（Quéméneur）与其同事试着把亲环素从脯氨酸顺反异构酶改造成脯氨酸特异性蛋白酶。首先，他们将亲环素靠近脯氨酸酰胺键的残基突变为丝氨酸，作为丝氨酸蛋白酶发挥活性的亲核基团。Ala91突变为丝氨酸（A91S）使亲环素具有一定蛋白酶活性，这一活性是野生型亲环素活性最低检测限的10^5倍以上（**表6.7**）。通过更多的突变，他们为丝氨酸蛋白酶催化三联体（F104H-N106D）中天冬氨酸（Asp）和组氨酸（His）也选择出了合适的位点。令人惊喜的是，最终得到的三突变蛋白质是一个高效的Xaa-Pro肽酶（其中Xaa代表任意氨基酸）。尽管这一改造十分精彩，但天然存在的脯氨酸特异性蛋白酶的催化效率仍然远远高于经改造而得的酶（**表6.7**中的脯氨酰寡肽酶）。

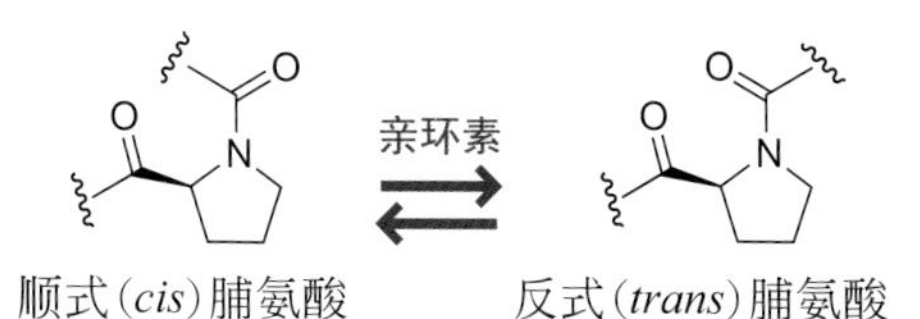

图6.91 亲环素。这个酶催化脯氨酸的酰胺键旋转。像所有酶一样，亲环素同时催化正向和逆向反应。

表6.7 蛋白质工程改造亲环素增加蛋白酶功能

酶	效率（k_{cat}/K_m）/[L/(mol·s)]	K_m/(10^{-3}mol/L)	k_{cat}/s^{-1}	速率增加倍数（k_{cat}/k_{uncat}）
亲环素	$<10^{-3}$	ND		
亲环素（A91S）	73.1	0.6	0.044	9×10^6
亲环素（A91S-F104H-N106D）	1675	2.4	4.0	8.33×10^8
脯氨酰寡肽酶	1,000,000	0.06	60.5	1.26×10^{10}（est.）

注：ND，未测定；est.，估算。

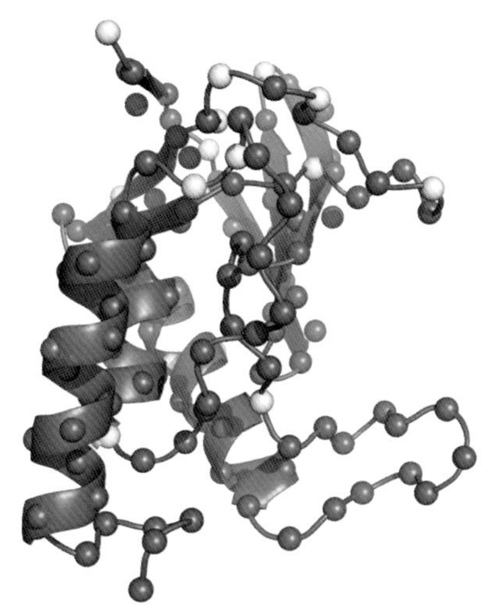

图6.92 **突变耐受位点**。利用易错PCR在葡萄球菌核酸酶上制造的随机突变位点中,只有少数位点耐受突变(黄色),大部分位点(蓝色)对蛋白质是很关键的。这些位点能够稳定蛋白质的二级结构,或者被包裹在蛋白质内部,或者在关键的转角处。这些位点不能耐受随机突变。(PDB:1STN)

大部分随机突变会减弱而非增强蛋白质功能

利用**易错 PCR**(error-prone PCR)可以很直接地将随机突变引入 DNA 序列中。很多易错 PCR 方法是基于所加入的物质对 DNA 聚合酶校对机制的干扰建立的。比如,在 PCR 缓冲液中加入二甲基亚砜能够干扰碱基之间的氢键,由此提高错误碱基插入的概率。当 Mn^{2+} 被加入 PCR 混合物中时,Mn^{2+} 会取代 DNA 聚合酶活性位点中的 Mg^{2+},并通过一种还未被完全研究清楚的机制增加错误率。因为 G·C 碱基对比 A·T 碱基对亲和力更强,改变 dNTPs 的比率经常被用于减少偏差和引入一些少见的突变。通常碱基突变率在百分之几是很常见的。

一些具有高度稳定性的小蛋白,比如蛋白溶菌酶,能够耐受大范围的随机突变。但通常情况下,突变会导致酶失活,从而使酶不能折叠或不能产生催化作用。例如,在编码葡萄球菌核酸酶的质粒上引入随机突变之后,只有 3% 的蛋白质保持了酶活性(**图 6.92**)。在蛋白质中心紧密堆积的侧链对突变尤为敏感。如果要将一个丙氨酸突变成亮氨酸,需要为了新增加的异丙基取代基腾出空间,将另一个氨基酸残基(在空间上靠近突变位点,但在肽链上的位置很远)突变成更小的氨基酸。这种情况并不是那么容易出现。即使理论上可行,但在一个随机突变的情况下同时出现这样补偿性突变的可能性是很低的。

重组形成了已有突变体的新组合

活生物体利用冗余性减轻有害点突变的影响。一个葡萄球菌的菌落在单个细菌经历了致死点突变以后依旧能够存活。人体细胞为二倍体,每个基因都拥有两个同源拷贝,因此细胞能够容忍基因上产生点突变导致蛋白质失去功能,只要该基因的另一拷贝能够编码正常发挥功能的蛋白。大部分生物体,从细菌到人类,利用基因重组增强遗传多样性,以此避免随机突变带来的伤害。对于那些已经存在于原始链中的突变,同源基因的配对重组能够保留这些突变形成新的突变组合。

一种人为的重组方式,被称作 DNA 混编(DNA shuffling,也称为 DNA 改组),可以通过形成嵌合序列产生具有极大多样性的同源突变体的组合库(**图 6.93**)。如果想要构建一个具有热稳定性的枯草杆菌蛋白酶,使得它在热水中依旧稳定,或是在高 pH 下依旧具有活性。由于枯草杆菌蛋白酶由枯草芽孢杆菌产生,需要从其他芽孢杆菌中收集并扩增同一个蛋白酶的基因序列。然后用脱氧核糖核酸酶 I(DNase I)对这些基因拷贝的混合物进行处理,产生有限的、随机的切割。在这些基因片段进行随机杂交之后,利用 PCR 将片段之间的空隙填满,由此产生数量惊人的全新的自然突变组合。通过自然重组,两条 DNA 链重新组合产生两条新的重组链。因为 DNA 混编使用了多种原始链的拷贝,它能够产生数量庞大的新组合;这些基因编码出来的蛋白质中有一些比原始蛋白更适合使用,有些则更不适合。这群数量庞大的基因文库能够被转化进细菌中用于筛选和扩增。

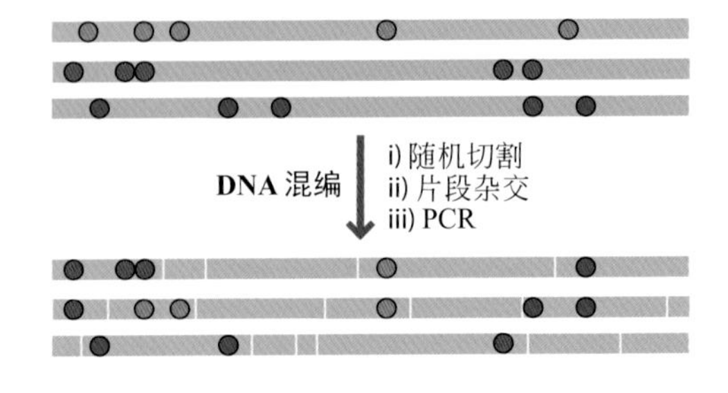

图6.93 DNA混编。DNA混编使同源基因分裂并重组,每次均产生一套不同的突变。每个产生的嵌合体都包括一种独特的在原始序列库中存在的突变的组合。

筛查（Screen）对数量适中的蛋白变异体来说效果很好，但是对于特别大的库需要进行筛选（Selection）

DNA 混编用于改进绿色荧光蛋白（GFP）的截短形式，该形式可用于互补实验（complementation assay）。截短形式的 GFP 只有在 C 端 β12 链以可溶形式存在时才能产生荧光（**图 6.94**）。这种 β12 链补足 GFP1-11 的系统叫 split-GFP 体系，可用于各种测定。例如用 split-GFP 体系开发的一种测试方法可以用来区分可溶蛋白和非可溶蛋白。在这个方法中，当把一个蛋白文库偶联在 GFP β12 链上，并在大肠杆菌中进行表达时，那些表达可溶性蛋白的菌落能够简单地通过荧光辨认出来，只要将平板放至紫外线下即可（**图 6.95**）。这种方法能够快速地筛查一个数量很大的蛋白库，以获得折叠更好的变异体。

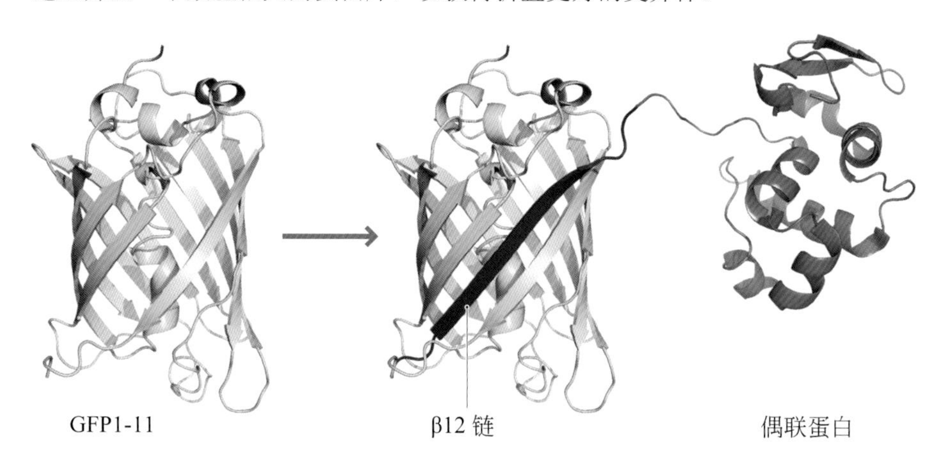

图6.94　用于互补实验的split-GFP。GFP1-11（残基1～214，绿色）只有在第12个β链（GFP12，残基216～230，蓝黑色）进行互补的时候才能发出荧光。β12链与其他蛋白偶联的时候也能对GFP1-11进行互补。（PDB：1GFL）

对于最多数百万种蛋白变异体的库来说，筛查效果很好。然而组合蛋白库的多样性在理论上甚至有可能会超过宇宙中已有的粒子数。尽管化学生物学家目前还无法获得哪怕是接近如此庞大数量级的多样性库，但是十亿到万亿数量级的蛋白质文库其实并不少见。想要检测这样巨大文库中的所有成员，筛查必须只与符合要求的目标蛋白（hits）进行扩增的筛选相结合。很多筛选是通过把细菌营养缺陷型与蛋白质的特性关联，比如将催化活性与细菌生存和生长关联起来。此外，一些筛选技术如噬菌体展示的蛋白文库筛选，可以将分离出来的目标蛋白（称为 hits 或者 selectants）基因转化进大肠杆菌中，从而产生显著的扩增。而筛选体外基因文库，筛选出的目标蛋白基因能够很容易地通过 PCR 进行扩增。

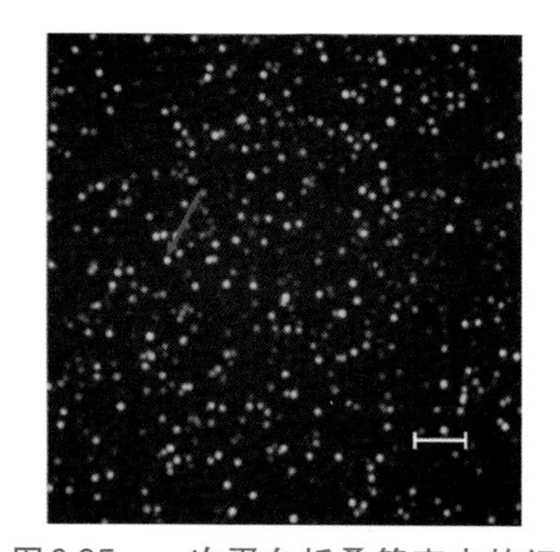

图6.95　一次蛋白折叠筛查中的细菌菌落。含有与GFP β12链融合表达的蛋白质菌落根据蛋白的可溶性展现出了不同等级的荧光（比例尺：1 cm）。正确折叠的可溶蛋白会产生高强度的荧光。红色箭头指向的菌落被挑出来用于后续实验。（结果来自S. Cabantous and G. S. Waldo，*Nat. Meth.*3：845–854，2006；获得Macmillan Publishers Ltd.授权。）

6.6　总结（Summary）

人体内的每次化学反应都始于分子间非共价作用力介导的接触。相比其他生物大分子，蛋白质能够以高亲和性和特异性结合到范围更广泛的分子上。因此，蛋白质能够在生物体中扮演各式各样的角色。剂量-反应曲线在帮助我们理解配体、底物和药物浓度对结合的影响中起到了关键性作用。在浓度足够低的时候，急性毒素并没有毒性，药物也无法起治愈作用；但是，在足够高的剂量下，任何东西都可能变得有毒，包括像糖和盐一样原本无害的物质。

一般来说，想要直接测量结合常数是很困难的。化学生物学家依赖 IC_{50} 值、EC_{50} 值以及 K_m 值等，通过间接衡量复合物解离来描述蛋白质结合的相互作用。这也是为什么这些数值听起来很奇怪，因为较低的值会对应更紧密的结合。

我们用两种不同的方式去理解酶：抽象的动力学参数和催化反应机理。动力学参数 K_m 和 k_{cat} 分别阐述了酶与底物结合的紧密程度以及酶将底物转变为产物的速率。如果底物的浓度（不论是在细胞中还是微量滴定板中）没有达到 K_m 值，大部分酶其实都是不工作的。速率常数 k_{cat} 与组成催化反应机理（箭推法表示）的各个步骤有关。我们仔细分析了人体中激酶和蛋白酶两种典型酶的作用机制，发现酶能够与过渡态结合并且稳定过渡态。即使是单酶催化反应也涉及多种过渡态，反应通路中的高能过渡态趋于相似，通过画出反应机理去反映这些相似性。很多酶利用金属离子、阳离子侧链和螺旋偶极子的组合以稳定过渡态中形成的负电荷。酶辅因子拓展了酶的功能，通常涉及共价作用下的催化反应。氢键在催化中扮演着重要的角色，能够固定底物，使得具有催化活性的残基能够以外科手术般的精度发挥作用。氢键形成先于质子转移的事实模糊了协同和分步反应机理之间的界限。如果不确定，可以在画清楚机理步骤（箭堆法）的同时，把所有的质子转移也画出来。

就在我们努力去理解蛋白质如何折叠，如何组装，如何识别靶标，如何切割、转接和创造的时候，我们获得了改造它们的能力。定点突变让我们得以了解单个氨基酸残基在酶中的作用，也帮助我们对酶进行重新设计，使酶具有更强的功能。基于 DNA 技术，如易错 PCR 和 DNA 混编，能用于构建巨大的蛋白突变体文库，在这样的文库中，我们能够筛选出功能强化的蛋白质，比如具有高热稳定性的酶，或是在血清中具有长半衰期的蛋白质药物。既然现在我们对结合和催化有了更清晰的认识，那么可以进一步探讨剩下三种通过酶组装形成的生物分子：寡糖、聚酮和萜烯。

学习重点（Learning Outcomes）

- 掌握结合平衡的等式。
- 利用酶结合速率和解离速率的等式将动力学与解离常数联系起来。
- 利用剂量-反应曲线得出IC_{50}值和EC_{50}值。
- 根据EC_{50}值和LD_{50}值，判断一种化合物在何种浓度下没有显著的生物效应。
- 利用动力学变量K_m和k_{cat}去描述结合、催化周转率和催化效率。
- 画出丝氨酸/半胱氨酰蛋白酶、金属蛋白酶以及天冬氨酰蛋白酶催化机理（用箭头表示电子转移）。
- 提供酶活性位点中各种官能团的酸和碱催化机制。
- 认识最常见的酶辅因子，并画出PLP、NADH以及噻唑鎓的催化机理（用箭头表示电子转移）。
- 用图表展示Zn^{2+}在酶结构和活性中的双重作用。
- 解释调节蛋白酶和激酶活性的机理基础。
- 将平衡常数与受体-配体相互作用的热力学能关联起来。
- 画出在蛋白质中设计和引入替代氨基酸的步骤。
- 设计通过荧光或其他易于识别的表型进行蛋白质筛选的实验。

习题（Problems）

***6.16** 来自大肠杆菌的分支酸变位酶能够催化分支酸和 *O*-甲基衍生物 **1** 的克莱森重排反应，动力学常数如下。

A 哪个底物结合得最紧密？

B 哪个跟酶结合的底物重排更快？

C 总的来说，哪个底物在酶的作用下重排更快？

		K_m/(mmol/L)	k_{cat}/s^{-1}
分支酸	R = H	0.14	29
衍生物 **1**	R = CH_3	1.9	0.56

***6.17** 在真核细胞中，细胞内蛋白质的更新主要通过泛素-蛋白酶体降解途径（一种非溶酶体蛋白水解途径）介导。其中，26S 蛋白酶体是一种存在于所有真核细胞细胞核和细胞质基质中分子量为 2.5 MDa 的蛋白复合体；其核心的 20S 亚基是一种苏氨酸蛋白酶。

A 天然产物乳胞素（lactacystin）能够形成一种活性中间体，通过酰化位于 20S 蛋白酶体活性位点的 N 端苏氨酸残基来抑制蛋白酶体的活性。画出可能的活性中间体结构以及酰化苏氨酸蛋白酶的机理。

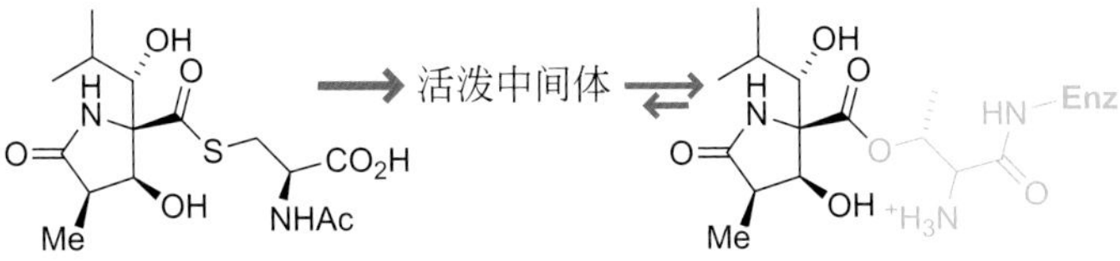

活泼中间体

B 乳胞素酰化蛋白酶体的反应是可逆的。推测产生活性中间体和游离酶的催化机理（用箭头表示电子转移）。

C 天然产物盐孢酰胺 A 能与 20S 蛋白酶体形成可逆的共价复合物。推测可能的催化机理（用箭头表示电子转移）。

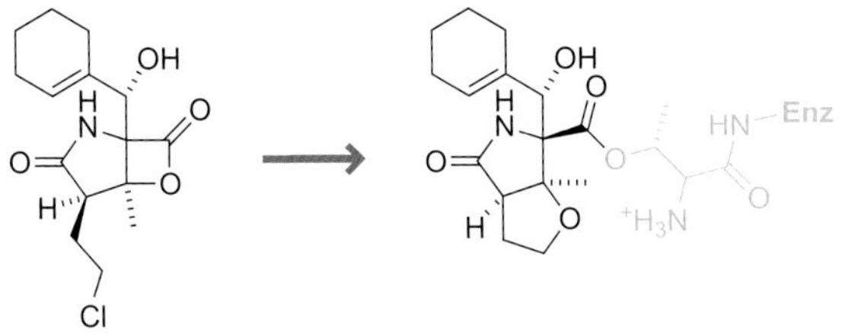

盐孢酰胺 A

D 下面的具有荧光生成能力的底物被用于检测蛋白酶体的活性。利用共振结构式，推测为什么非肽产物具有荧光而底物不具有荧光。

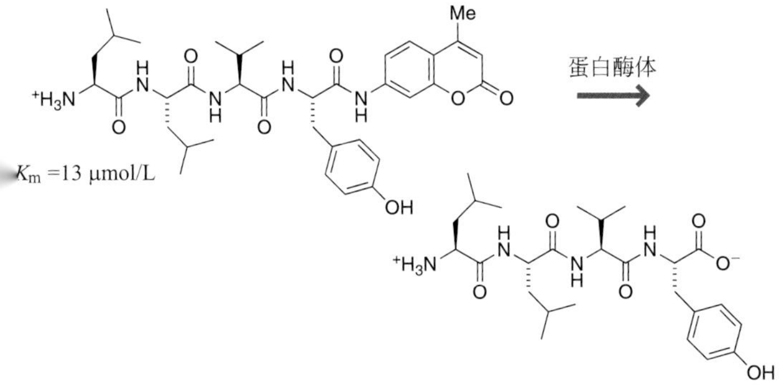

蛋白酶体

K_m =13 μmol/L

6.18 **A** 推导多肽 AAPFGF 被枯草杆菌蛋白酶（一种丝氨酸蛋白酶）裂解成 AAPF 和 GF 的反应机理（用箭头表示电子转移）。

B 将枯草杆菌蛋白酶催化三联体中的关键丝氨酸突变为半胱氨酸，会形成一种能催化酯的氨解的酶突变体。画出下面底物被枯草杆菌蛋白酶 S221C 突变体催化酰胺键形成的反应产物。

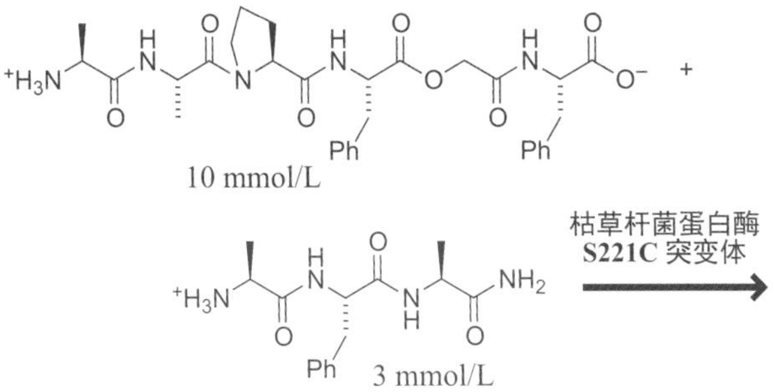

10 mmol/L

枯草杆菌蛋白酶 S221C 突变体

3 mmol/L

6.19 色氨酸合成酶在活性位点有一个具有催化活性的碱性胺以催化下述反应。推测其催化机理（用箭头表示电子转移）。

色氨酸合成酶

$-H_2O$

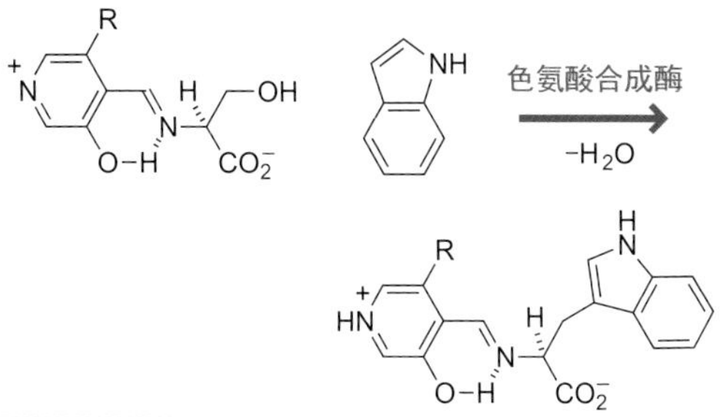

***6.20** 胱天蛋白酶 3（caspase-3）是种半胱氨酸蛋白酶，识别序列 DEVD。推导下面三个共价抑制剂抑制 caspase-3 的机理。

A

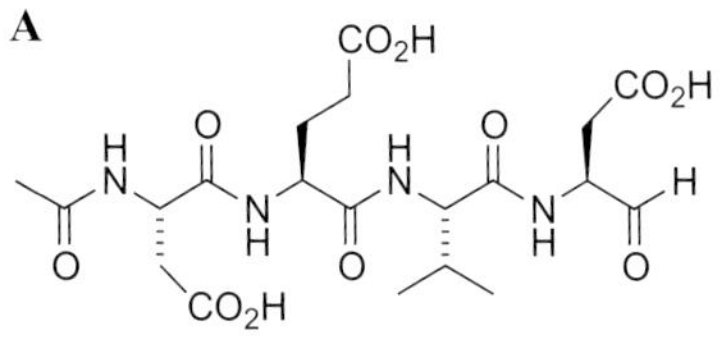

B

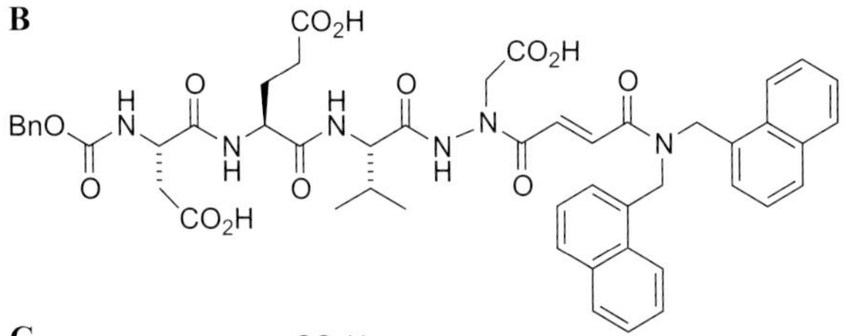

C

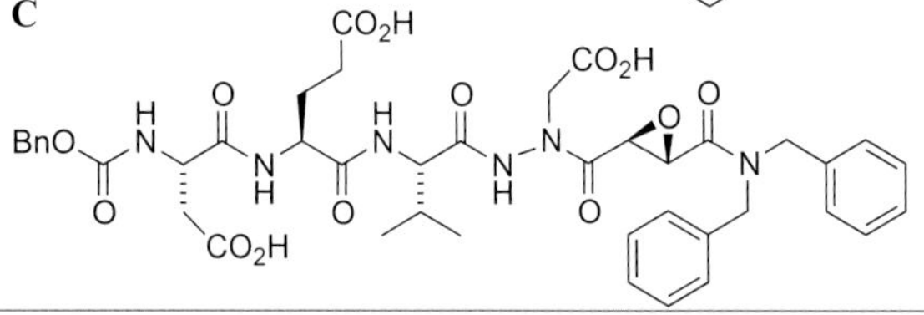

6.21 牛蛋白酪氨酸磷酸酶的活性位点有三个关键残基：一个精氨酸、一个半胱氨酸以及一个天冬氨酸。推测其利用这三个关键残基催化酪氨酸单磷酸酯水解的机理（用箭头表示电子转移，该机理至少涉及 7 步）。

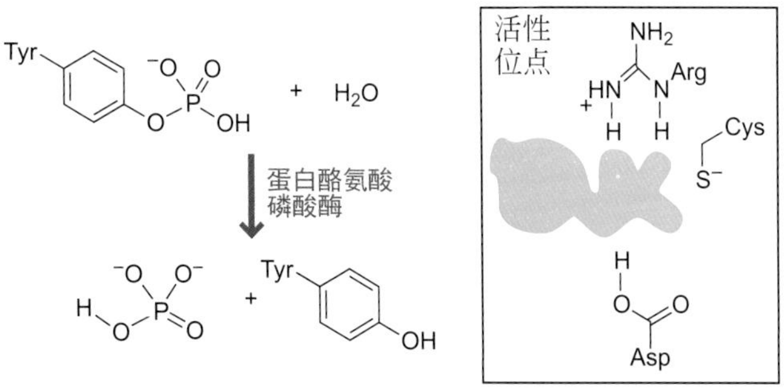

蛋白酪氨酸磷酸酶

活性位点

***6.22** Benzoxazinones 会与丝氨酸蛋白酶形成共价加合物。画出该共价加合物的结构以及反应机理（用箭头表示电子转移）。

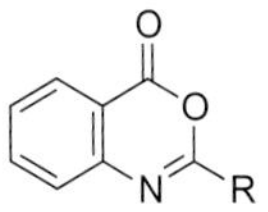

6.23 设计一种稳定过渡态类似物，可以抑制催化如下反应的 astacin 酶。

astacin

6.24　1995年，某宗教的信徒在拥挤的东京地铁中释放沙林神经毒气。前面学过，氟膦酸酯类化合物沙林（sarin）是乙酰胆碱酯酶（acetycholinesterase）的有效抑制剂。解磷定（pralidoxime）可作为解毒剂治疗被沙林感染的患者。推测使乙酰胆碱酯酶-沙林共价加合物脱磷酸的反应机理（用箭头表示电子转移）。

乙酰胆碱	沙林	**pralidoxime**
神经递质	神经毒气	解毒剂

***6.25**　替换天冬氨酸转氨酶上一个氨基酸使其底物特异性从天冬氨酸变成精氨酸。根据下表判断，天冬氨酸转氨酶催化天冬氨酸的转氨反应比精氨酸快几倍？

K258　R292　D223　R386

野生型酶

底物	$\frac{k_{cat}}{K_m}$/[L/(mol·s)]
天冬氨酸	34500
精氨酸	0.0695

6.26　在所有真核细胞中，蛋白延长因子2对于核糖体翻译都是必要的。它拥有一个独特的残基叫白喉酰胺（diphthamide）。请问白喉酰胺来源于哪两个氨基酸？

白喉酰胺

***6.27**　从链霉素JS360菌中分离得到的cinnabaramide A和G是人类蛋白酶体的潜在抑制剂。cinnabaramide G可以生成cinnabaramide A，而cinnabaramide A在1812 cm^{-1}处具有不同寻常的红外吸收峰。画出cinnabaramide A的结构式以及其共价抑制蛋白酶体（一种苏氨酸蛋白酶）的反应机理。

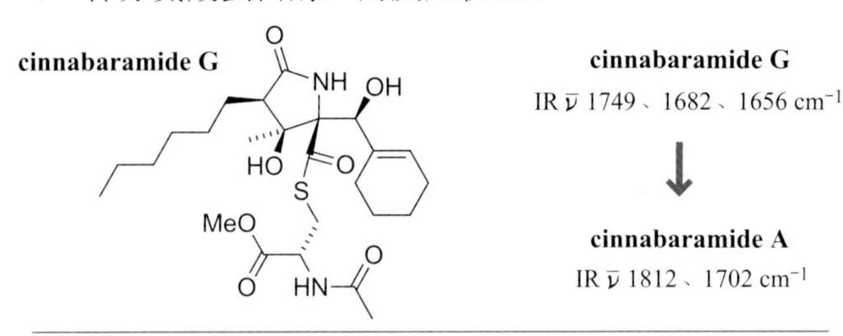

***6.28**　8-oxo-7,8-dihydroGTP是通过鸟苷的氧化损伤产生的。不幸的是，8-oxoG与胞嘧啶和腺嘌呤的碱基互补配对能力几乎相同。*mutT*基因能编码一种水解8-oxo-7,8-dihydroGTP的磷酸酶，从而阻止8-oxo-7,8-dihydroGTP插入DNA。有些细菌缺少这种功能性的*mutT*基因，会错误地将8-oxoG插入正在复制的DNA链中，导致C到A的突变。这种细胞系对于蛋白质的（半）随机突变很有用。

A 画出8-oxo-7,8-dihydroGTP分别与胞嘧啶或者腺嘌呤的碱基配对图。

B 哪种氨基酸在*mutT*基因缺陷型的菌株中不易发生突变？忽略在单一密码子中两个或者两个以上A变成C的可能。

6.29　细胞白介素8（IL-8）以二聚体形式与一对白介素8受体分子结合。通过丙氨酸扫描突变产生了21个突变体，其生物活性测试结果如下表所示。

A 基于溶液中IL-8的NMR结构（PDB：2IL8），找出对于IL-8二聚体激活受体来说，哪个区域最重要？

B Phe17相对Phe21来说具有更高的活性，是因为其与受体接触吗？

表　IL-8突变体的生物活性

变体	EC_{50}/（nmol/L）	变体	EC_{50}/（nmol/L）
野生型	5	P32A	11
E4A	>500	N36A	14
L5A	165	T37A	18
R6A	>1000	I39A	10
I10A	83	I40A	50
P16A	7	V41A	3
F17A	198	L43A	14
F21A	33	S44A	2
I22A	73	L49A	8
I28A	6	L51A	9
S30A	3	P53A	6

***6.30**　找出丝氨酸蛋白酶neuropsin（PDB：1NPM）上组成催化三联体的三种氨基酸残基。

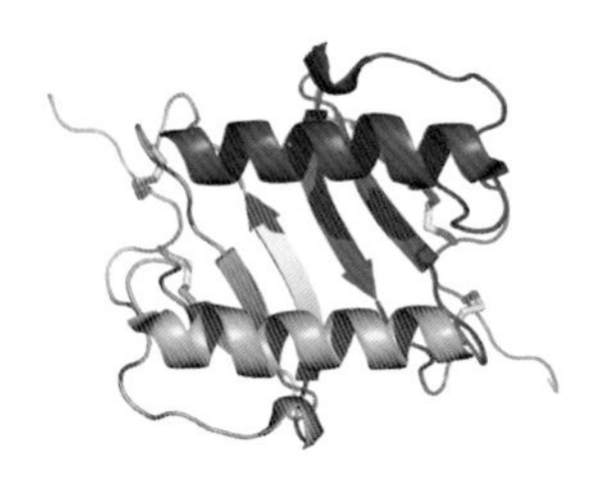

第 7 章　糖生物学 (Glycobiology)

学习目标（Learning Objectives）

- 掌握人类糖生物学的基本术语，包括缩写和端基立体化学。
- 理解和糖相关的缩醛的结构和反应活性。
- 理解参与断裂和构建糖苷键的酶催化的基本原理。
- 区分*O*-连接和*N*-连接的糖蛋白的生物合成。
- 对比人类聚糖的非均一性和基于模板的生物分子的均一性，如核糖核酸、脱氧核糖核酸和蛋白质。
- 对人类和病原微生物来源的聚糖进行区分。
- 了解细胞表面聚糖在细胞信号转导中的作用。
- 理解高血糖症和非酶糖化之间的关系。

糖生物学（glycobiology）和有机化学起源之间的联系，要追溯到赫尔曼·埃米尔·费歇尔（Hermann Emil Fischer）极为杰出的研究工作（**图 7.1**）。在那个马匹和火车还是常用交通方式的年代，费歇尔解决了所有常见单糖的相对立体化学结构，并完成了**葡萄糖**（glucose）、**果糖**（fructose）和**甘露糖**（mannose）的全合成，这三种单糖都有丰富的立体化学结构。考虑到在那个年代，范霍夫（van't Hoff）和勒贝尔（Le Bel）在十年前才刚刚提出碳原子的四面体结构，费歇尔在这十年的时间里（1884～1894）所取得的成就是非常令人瞩目的。

尽管起始非常快速，但糖生物学领域走向成熟的历程却很漫长，并落后于核酸和蛋白质的化学生物学研究。到本书撰写的时候，甚至没有一种简单的方法能对寡糖的序列进行分析，没有一种普适性的方法来表达结构均一的寡糖，也没有一种简单的方法对数量不多的寡糖进行放大。天然存在的寡糖数量上非常珍贵，样品的复杂程度称得上眼花缭乱，结构的非均一性则让人恼火，这些固有的缺陷使得研究者对糖生物学的研究望而生畏。尽管面对如此多的挑战，经过过去五十年的不断努力，人体中很多碳水化合物的功能已经被揭示，尤其是在细胞和细胞之间的交流和协作上的功能。这些努力使得化学糖生物学家得以从宽泛的视野审视人类糖生物学：位于细胞表面的寡糖也许比负责从内部提供能量的葡萄糖更加有吸引力。

图 7.1　1900 年左右赫尔曼·埃米尔·费歇尔（Hermann Emil Fischer）在他的实验室中。（照片由 Archiv der Max-Planck-Gesellschaft，Berlin-Dahlem 提供。）

7.1　结构（Structure）

在人类聚糖链上共有十种常见的单糖砌块

组成碳水化合物的单个糖砌块，被称为**单糖**（monosaccharide）。它们比

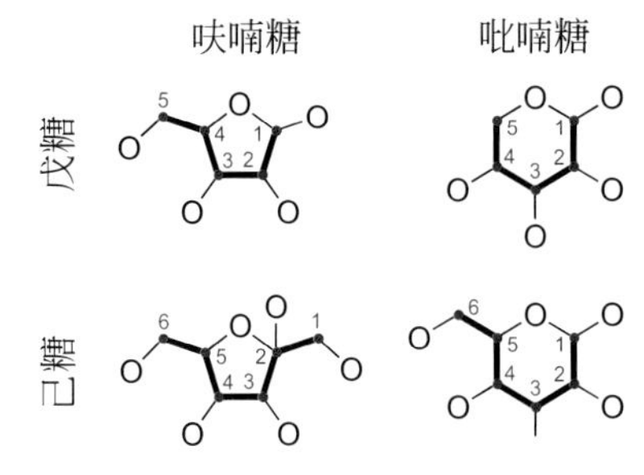

图7.2 单糖的编号和描述符号。单糖描述符号表示单糖中碳原子的数目和环的大小。

脱氧核糖核酸、核糖核酸和蛋白质的砌块复杂得多，因此，在这一章，我们从介绍人类寡糖（oligosaccharide）中常见的十种单糖砌块开始。常用的词汇“碳水化合物（carbohydrate）”来源于某些单糖的实验式，例如核糖（$C_5H_{10}O_5$）和葡萄糖（$C_6H_{12}O_6$）。更一般的结构式［$C(H_2O)$］$_n$则表示“碳的水合物”，术语“碳水化合物”通常指的是由一个或一个以上的单糖构成的分子或者片段。所有含有碳水化合物官能团的分子的集合，包括糖脂（glycolipid）、糖蛋白（glycoprotein）和多糖（polysaccharide），这些通称为**聚糖**（glycans）。

单糖的半缩醛碳，被称为**异头中心**（anomeric center），是糖化学反应活性的焦点。碳水化合物环依据糖链离异头中心最近的末端为1号碳的原则进行编号（**图7.2**）。只有九种单糖通过糖基转移酶（glycosyltransferase）整合进入人类聚糖中（**图7.3**），它们的结构和命名应尽量记住。没有这些常见词汇，我们很难对糖生物学继续进行有意义的讨论。人类糖组（glycome）的实际多样性会被糖基化后修饰极大地放大。例如，葡萄糖醛酸有时会在5号碳的位置进行差向异构化得到艾杜糖醛酸。类似地，脱乙酰酶（deacetylases）和磺基转移酶（sulfotransferase）能彻底地改变各种糖的离子化状态。在后面，我们会将单糖名称和位置编号结合起来对极其复杂的寡糖结构进行简称。

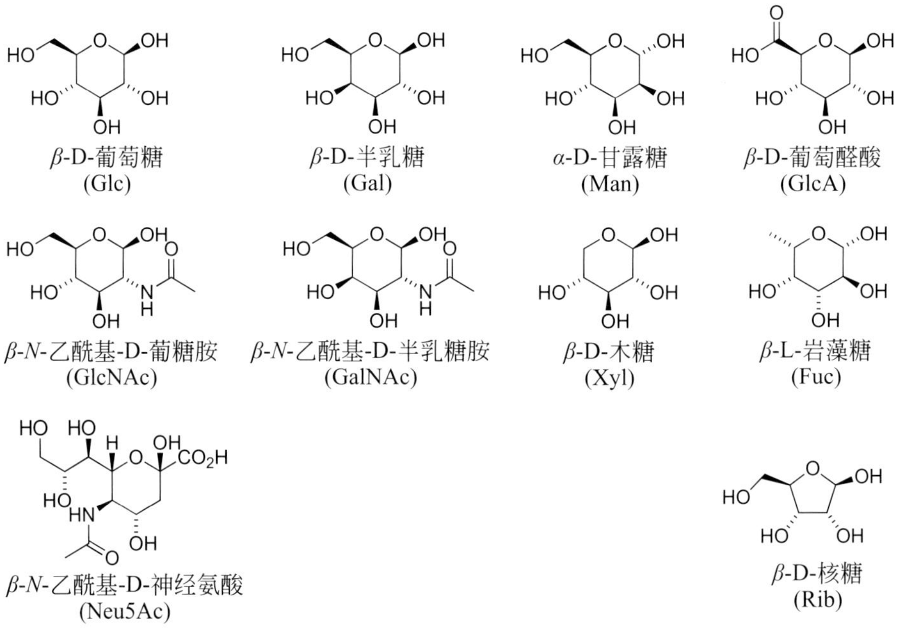

β-D-葡萄糖 (Glc)　*β*-D-半乳糖 (Gal)　*α*-D-甘露糖 (Man)　*β*-D-葡萄醛酸 (GlcA)

β-*N*-乙酰基-D-葡糖胺 (GlcNAc)　*β*-*N*-乙酰基-D-半乳糖胺 (GalNAc)　*β*-D-木糖 (Xyl)　*β*-L-岩藻糖 (Fuc)

β-*N*-乙酰基-D-神经氨酸 (Neu5Ac)　*β*-D-核糖 (Rib)

图7.3 人类寡糖中重要的关键碳水化合物砌块。核糖是在核酸中被发现的，不存在于人类寡糖中。

问题7.1

画出下面各种酶产生的带电荷官能团的Lewis结构，假设在生理pH（7.4）下。

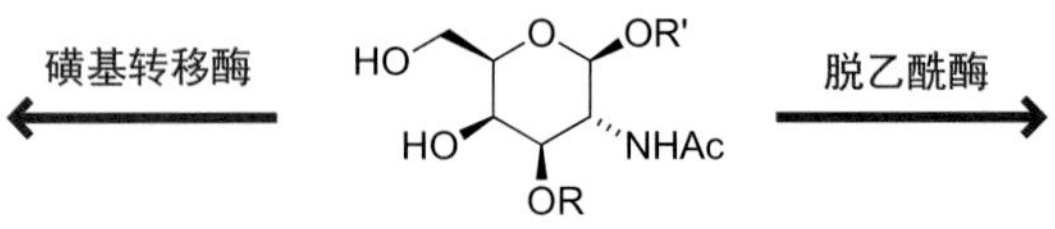

磺基转移酶 ← HO, OR', HO, NHAc, OR → 脱乙酰酶

核糖和它的核苷衍生物在第3章和第4章详细地讨论过。但是，五元环的单糖（呋喃糖）还没有在人类的寡糖链中被鉴定出。如果考虑到自然界中的所有物种，已知的寡糖取代物的多样性会变得更加丰富。例如在微生物聚糖中，发现了含有五元环、六元环以及五、六、七、八或者九个碳原子的结构单元。

利用人体细胞寡糖和致病物种寡糖之间的差异，有望开发新的疫苗和药物。

问题7.2

画出下列糖的优势椅式（chair）构象。

A β-D-木糖

B β-D-半乳糖

C α-D-甘露糖

D α-L-岩藻糖

糖生物学使用紧凑的命名形式

国际纯粹和应用化学联合会（IUPAC）对葡萄糖和半乳糖的环状形式进行如下区分：（3*R*,4*S*,5*S*,6*R*）-四氢-6-羟甲基-2*H*-吡喃-2,3,4,5-四醇和（3*R*,4*S*,5*R*,6*R*）-四氢-6-羟甲基-2*H*-吡喃-2,3,4,5-四醇。很显然，基于立体中心 Cahn-Ingold-Prelog（*R*/*S*）归属的 IUPAC 系统化学命名，对糖生物学是不适合的。因此，糖生物学家保留了 1800 年引入的古老的命名系统。在该传统命名系统中，单糖立体中心的相对构型由前缀体现。例如：葡萄糖型、半乳糖型、甘露糖型和木糖型。而单糖的绝对构型则是由 D/L 命名系统进行指定（**图 7.4**）。通常情况下，在一个物种中每种糖只存在单一的一种对映异构体形式（一般是 D 型异构体），习惯上，经常省去 D 或者 L 符号。像 D 或者 L 这种归属是通过检查离半缩醛或者半缩酮最远的那个立体中心碳原子进行确定的。如果该立体中心是 *R* 构型，整个糖就被确定为 D 型糖；如果立体中心是 *S* 构型，整个糖就是 L 型糖。为了和母体化合物保持类似性，糖醛酸类化合物如葡萄糖醛酸和艾杜糖醛酸在立体化学上不按照羧酸衍生物进行归属，而是像它们母体化合物葡萄糖和艾杜糖那样进行立体化学的 D 或 L 构型归属（**图 7.5**）。

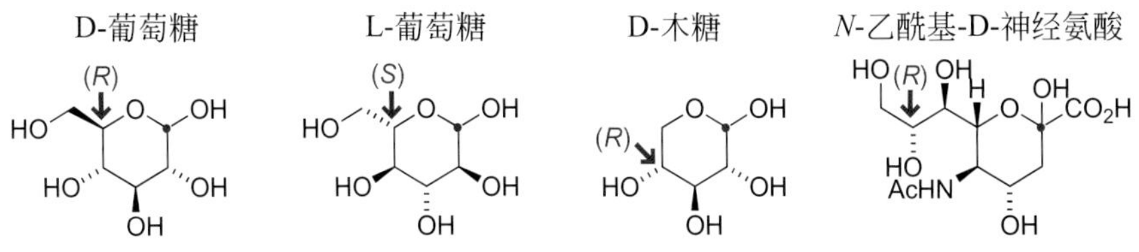

图7.4 D和L构型。对于常见的糖砌块，D/L构型的归属可以通过离半缩醛或者半缩酮最远（粉红色点表示）的立体中心（*R*或者*S*）进行确定。

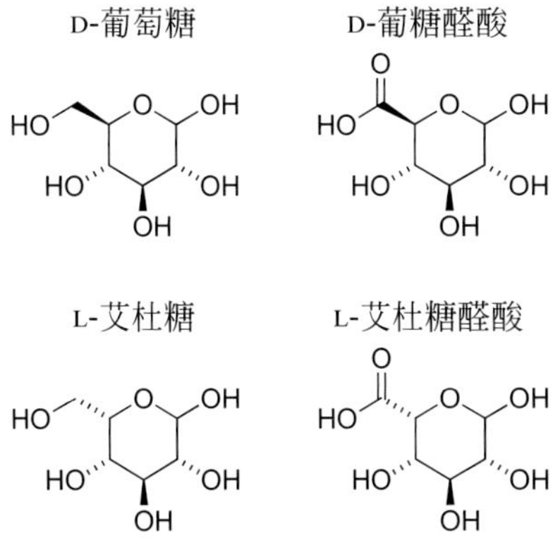

D-葡萄糖　D-葡糖醛酸　L-艾杜糖　L-艾杜糖醛酸

图7.5 糖醛酸。糖醛酸的名称和D/L构型的归属来自其母体化合物。

问题7.3

对下面天然存在的非人类单糖的绝对构型（D或者L）进行归属。

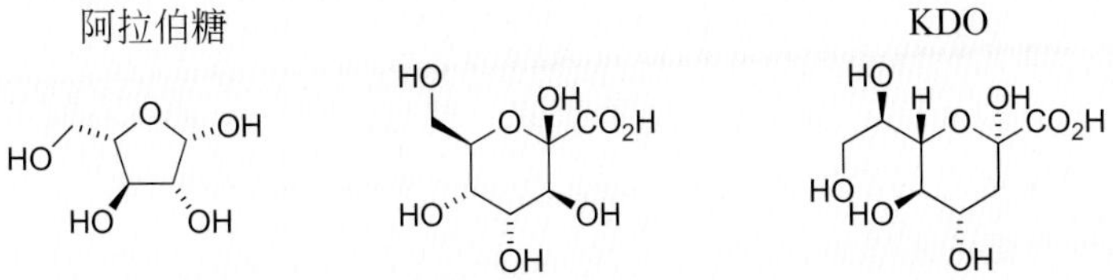

阿拉伯糖　KDO

在所有的天然存在的糖复合物中，半缩醛或者半缩酮碳都是立体中心。这意味着它可以以两种构型存在，它们被称作**端基差向异构体**[1]（anomers）（**图 7.6**）。依据 IUPAC 规定，这两种差向异构体，依据 D/L 参考碳原子（离半缩

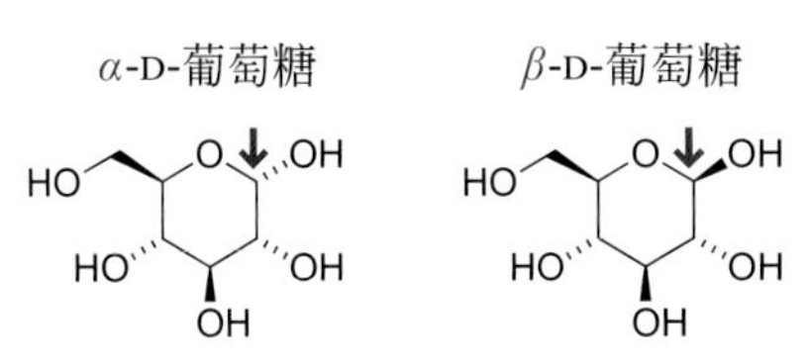

图7.6 葡萄糖的端基差向异构体。异头中心用箭头标记出来。

[1] 端基差向异构体（anomers），也称为端基异构体。

醛或者半缩酮最远）和费歇尔投影式表示异头碳原子的相对方向，被称作 α 和 β（**图 7.3** 和**图 7.7**）。当异头中心的取代基和 D/L 参考中心在碳骨架的同一边，该异构体称为 α 差向异构体；如果异头中心的取代基和 D/L 参考中心在碳骨架的另一边，该异构体称为 β 差向异构体。本书不使用费歇尔投影式，因为它们不能传达有意义的空间或者构型信息。因此，最好能记住**图 7.3** 中常见人体糖类的 α 和 β 差向异构体的结构。幸运的是，这些糖大部分是 D 型六碳吡喃糖，比如 D-葡萄糖。

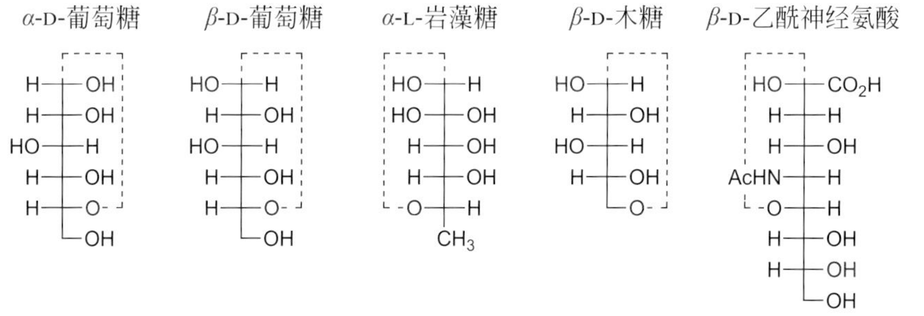

α-D-葡萄糖　β-D-葡萄糖　α-L-岩藻糖　β-D-木糖　β-D-乙酰神经氨酸

图 7.7　**α 和 β 构型是基于费歇尔投影式的。**端基的 α 和 β 构型是由端羟基和离异头中心最远的立体中心取代基团的相对位置决定的。因为费歇尔投影式在现代有机化学中不再使用，更简单地识别差向异构的方法是记住图 7.3 中每个单糖的 α 和 β 构型。

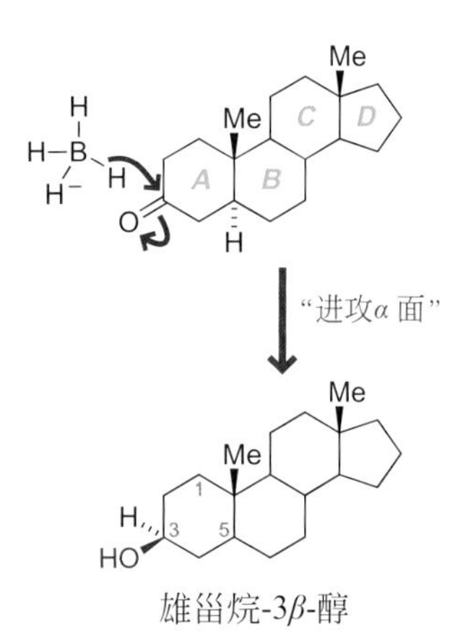

图 7.8　**α 和 β 面。**α 和 β 在有机化学中用于区分画在平面上的分子的不同面。

化学家也使用 α 和 β 命名系统来区分画在二维平面中分子的不同面，就像一张纸、一个画板或者电脑屏幕。分子的 α 面指的是纸的下面，分子的 β 面指的是纸的上面。一个有用的记忆策略是鱼在水底游（α 代表鱼），蜜蜂在空中飞（β 代表字母 B）。任何时候当分子被画在黑板上时，α 和 β 描述符号都是非常有效的，但是，如果分子没有画出来，这种描述符号是会引起歧义的。这种 α 和 β 面指定也被用作甾体化合物结构明确的描述符号，因为按照惯例，化学家都是从左到右画出甾体化合物的 A、B、C、D 四个环（**图 7.8**）。

极性效应和立体电子效应决定了 α 和 β 差向异构体的相对稳定性

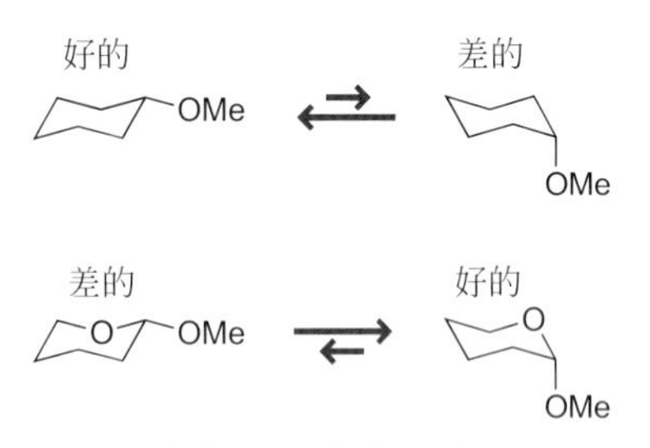

图 7.9　**立体电子效应。**对于环己烷环和吡喃糖环，烷氧基的平伏和直立偏好性是不一样的。

在单取代的环己烷环中，直立取代从来都不是优势的。一些带有长键的取代基，如乙酰氧基汞（AcOHg），没有表现出直立取代或平伏取代的偏好性，但是，环己烷环上的大部分取代基倾向位于平伏的位置。在某些例子中，这种取代基的直立和平伏偏好性很小；但在另外一些例子中，这种偏好性很大。平伏位置和直立位置相比，烷氧基表现出中等的偏好性。在甲氧基环己烷中，平伏取代的异构体和直立取代的异构体相比只有 0.6 kcal/mol 的优势。但是，对甲氧基四氢吡喃而言，平伏取代的异构体和直立取代的异构体相比有 1.0 kcal/mol 的优势（**图 7.9**）。类似地，葡萄糖吡喃糖苷，例如甲基-D-葡萄糖苷中，直立取代的差向异构体有微弱的优势。直立取代的差向异构体比平伏取代的异构体稳定主要是两方面因素：更低的偶极矩和更有利的全填充轨道向未填充轨道的给电子效应。通过更加全面地理解这些效应，我们能更好地处理糖苷键的那些酶。

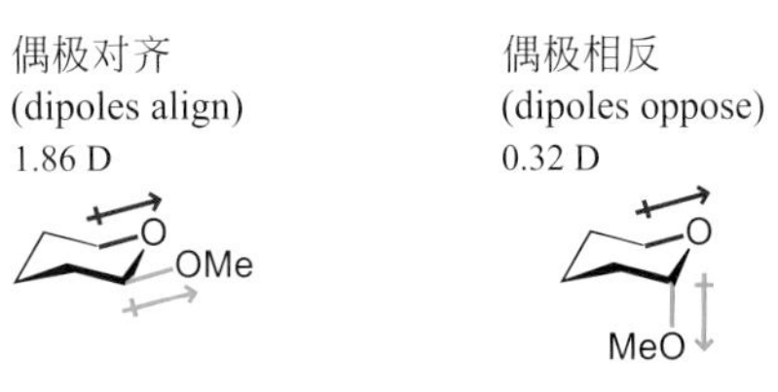

图 7.10　**极性效应。**直立取代异构体有更低的偶极矩。

甲氧基环己烷的直立和平伏取代异构体具有相近的偶极矩，在 1.2～1.3 D 之间。但是，2-甲氧基吡喃糖（IUPAC 编号）的直立和平伏取代差向异构体的偶极矩有很大相同。在平伏取代的异构体中，偶极对齐（align）形成了约 1.86 D 的总偶极矩（**图 7.10**）。在直立异构体中，偶极几乎是在相反（oppose）的方向，导致偶极矩更低，只有 0.32 D。更大的偶极矩意味着更多的电荷分离，库仑公式表明，在介电常数很低的环境中，电荷分离需要更高的能量消耗。因此，在非极性溶剂中，相对于弱极性的直立异构体，较强的极性平伏异构体是不稳定的。在极性溶剂中，因为偶极抵消引起极性降低，总的直立异构体的偏好性是降低的。例如，在甲苯中 2-甲氧基四氢吡喃的直立异构体相对于平伏异构体是优势构象，直立构象和平伏构象的比例是 5∶1；但是在甲醇和乙腈等极性溶剂中，直立构象和平伏构象的比例是 2∶1。

异头效应（anomeric effect，也称端基效应）也有立体电子成分，这在第 5 章讨论过。在直立异头物中，直立吡喃糖的孤对电子和极性的异头键是反平行的。因此，孤对电子和异头碳氧键的反键轨道完美对齐，而且因为这种对齐，电子可从吡喃氧填充的非键轨道到异头取代的空 σ* 轨道有明显的迁移（**图 7.11**）。在直立取代异构体中，吡喃氧的孤对电子和碳氧键也不对齐。需要注意的是只有吡喃环 1 号位的羟基（或者烷氧基）才会有这种效应，吡喃环上的其他位置羟基还是倾向于传统的平伏构象。

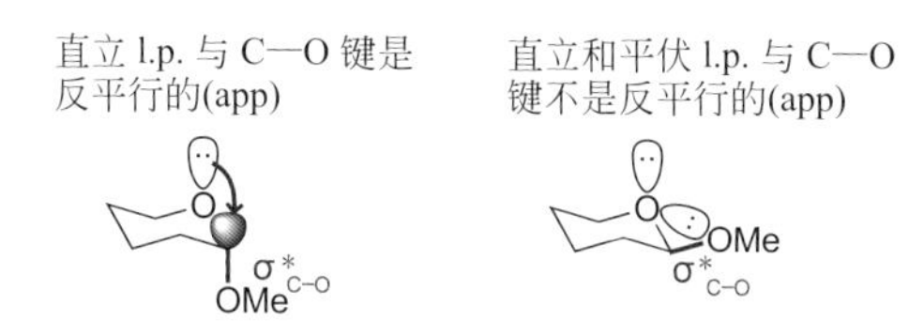

图7.11 异头电子效应的起源。直立异构体的孤对电子能与 σ^*_{C-O} 轨道更好地对齐，有利于电子向异头取代基 σ* 轨道迁移。图中 app 表示反平行；l.p. 表示孤对电子。

在晶体结构中，异头碳效应更加明显，相对于平伏异构体，直立异构体中孤对电子迁移到反键轨道会增强异头碳氧键。该电子迁移能增强键的强度，有助于在 S_N1 溶剂化反应中将异头位置的离去基团推走。甲基-*α*-D-葡萄糖苷的水解速率是 *β* 型的 2 倍。键长的微小的差异伴随着反应活性的显著差异（**图 7.12**）。键长每增加 0.01 Å 对应异头离去基团离子化活化能增加 3 cal/mol。

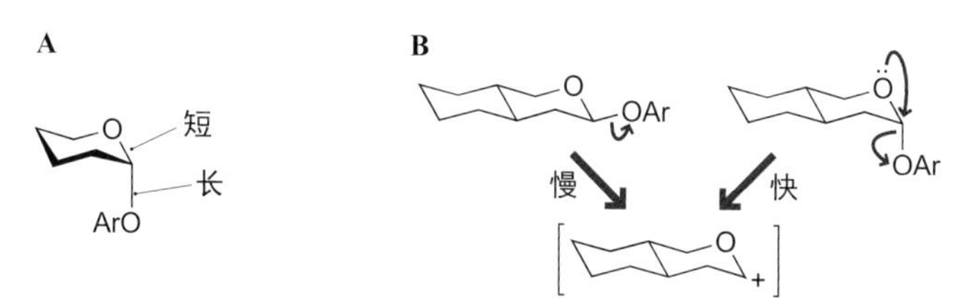

图7.12 结构和反应性中的异头效应（anomeric eflect）。（A）由异头效应引起的结构上的变化可以在晶体结构中观察到。（B）异头效应改变了异头碳的反应活性。

孤对电子向低能量轨道的迁移比向高能量轨道的迁移更加有效。回顾前述所讲，碳原子和杂原子的反键轨道能量是受到电负性影响的。举个例子，CH_3-NH_2 受 S_N2 的进攻比 CH_3-F 受 S_N2 的进攻慢得多。因为相同的原因，吡喃氟苷的异头效应是最明显的，因为氟原子是电负性最强的原子（**图 7.13**）。类似地，烷氧取代基被质子化时，烷氧取代基的异头效应会更强。

$CHCl_3$中	CH_2CH_3	$NHCH_3$	OCH_3	F
平伏/直立	>99∶1	92∶8	22∶78	1∶99

图7.13 异头效应和电负性相关。异头取代基的平伏/直立偏好性随着电负性的增加而增加。

问题7.4

对每一系列的化合物，将每个化合物从最强的 OR 基团直立取代偏好性到最低的直立取代偏好性进行排序。

A

OR　　NH OR　　O OR

B

$^+$N(H)H OR　　N(H) OR　　N—H OR　　N^- OR

7.2 糖苷键的化学和酶学（The Chemistry and Enzymology of the Glycosidic Bond）

单糖羰基形成半缩醛

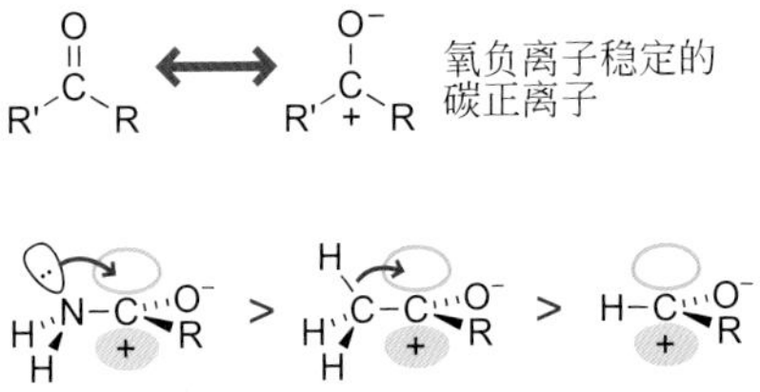

所有碳水化合物都有潜在的羰基。因此，在我们开始讨论碳水化合物结构之前，考虑羰基与羟基亲核试剂的反应性是很有必要的。大多数醛类和酮类化合物都有些许与水分子形成四面体水合物的倾向。要了解有助于水合物形成的因素，最好将羰基视为氧负离子稳定的碳正离子[1]（carbenium ion），其碳正离子通过填充轨道与空p轨道的重叠得到稳定（**图7.14**）。回想一下，碳正离子上的氢原子取代基没有可与空p轨道重叠的孤对电子或键。这就是H_3C^+比$(CH_3)_3C^+$更不稳定但反应性更高的原因。同样，$H_2C{=}O$相比于$(CH_3)_2C{=}O$更不稳定，反应性更高。因此，水合物的稳定性与羰基起始原料的稳定性成反比：酮<醛<甲醛（**图7.15**）。另外，酰基和吸电子基团如三氟甲基提高了水合速率和程度。在某些情况下，水合物产物特有的特征可能有助于稳定。例如，丙酮酸发生水合作用的可能性更大，这可能是由于羧基比酮具有更易形成氢键的能力。

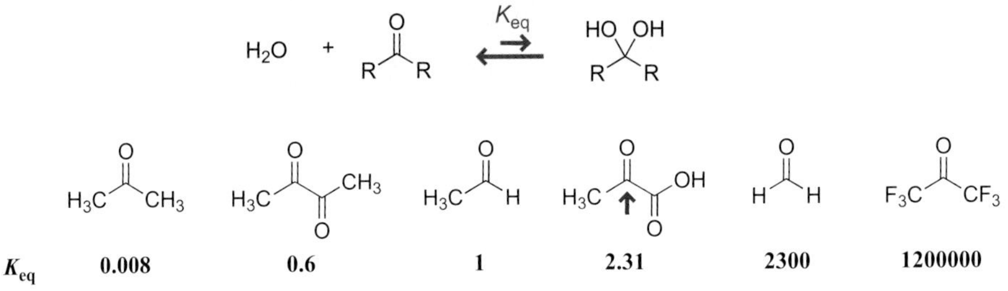

氧负离子稳定的碳正离子

图7.14 电子“共享”。碳正离子通过将填充轨道电子“共享”给空p轨道得以稳定。

K_{eq}: 0.008, 0.6, 1, 2.31, 2300, 1200000

图7.15 酮反应活性的显著差异。当酮（或醛）缺乏电子时，反应生成的四面体加合物更稳定。用箭头表示的丙酮酸的酮羰基比丙酮酸的酯反应性更强。

六元环和五元环半缩醛是普遍存在的

当酮和醛分别与醇形成加合物时，加合物分别称为半缩酮（hemiketal）和半缩醛（hemiacetal）。为了简化我们的讨论，我们将使用**缩醛**（acetal）一词来统称缩醛（acetal）和缩酮（ketal）。类似地，我们将使用术语**半缩醛**（hemiacetal）来指半缩醛或半缩酮。与醇形成的缩醛和半缩醛的稳定性趋势和与水形成水合物的稳定性趋势一致，如图7.15所示。

环状半缩醛开环的机理取决于溶剂的pH（**图7.16**）。在酸性条件下，环上氧的质子化促进开环；在碱性条件下，异头羟基的去质子化有助于开环。

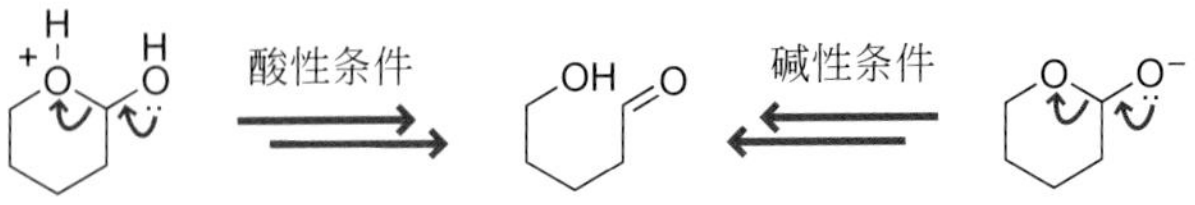

酸性条件 碱性条件

图7.16 环状半缩醛的开环。有两种不同的pH依赖机理来打开半缩醛环：酸催化和碱催化。

非环缩醛和半缩醛在水中是热力学不稳定的，但是通过分子内反应形成的环状缩醛和半缩醛可以具有相当的稳定性（**图7.17**）。从空间位阻方面来考虑，相对于开链醛来说，葡萄糖的平伏位羟基从根本上赋予了其环状形式的稳定性。在水溶液中，葡萄糖几乎仅以环状形式存在（99.9%）。然而，尽管开链醛的浓度通常很小，但是醛的反应性羰基常常是许多碳水化合物反应中的关键官能团。

[1] carbenium ion 译为碳鎓离子，也即碳正离子。

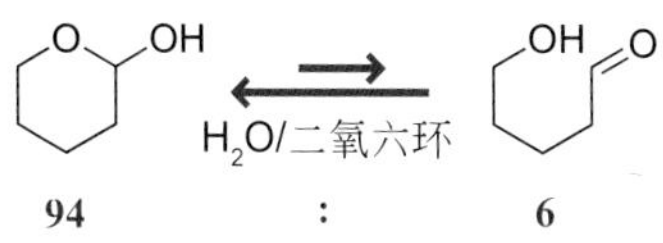

H_2O/二氧六环

94 : 6

环的大小	闭环的百分比/%
4	<1
5	89
6	94
>6	≤20

图7.17 呋喃糖和吡喃糖是特殊的。 相比于非环羟基醛，环状半缩醛更倾向于形成五元环和六元环。

大多数天然存在的碳水化合物都具有许多羟基，理论上可以形成不止一种大小的环。然而，在这些可能的环状结构中，总会有一个是优先的。例如，理论上 D-葡萄糖可以有五元环呋喃糖形式、六元环吡喃糖形式或七元环形式（**图 7.18**）。实际上，在水溶液条件下仅观察到吡喃葡萄糖形式。在寡糖中仅发现两种类型的环状缩醛：六元环吡喃糖和五元环呋喃糖。人类所有的寡糖均由六元环单糖组成。来自其他植物和微生物的寡糖还包括五元环单糖，尚未发现天然存在的单糖优先形成七元环的。

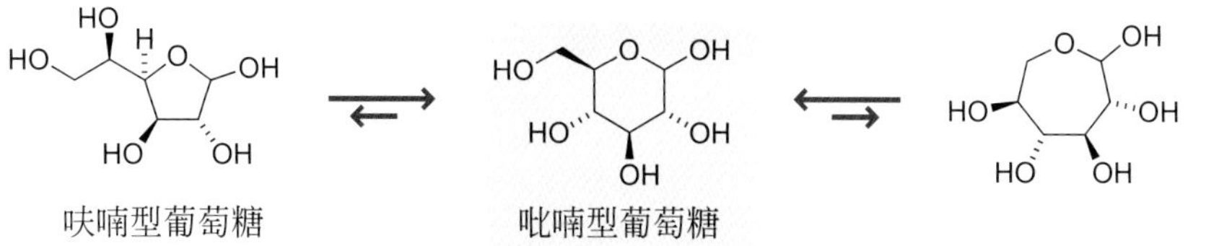

呋喃型葡萄糖　　吡喃型葡萄糖

图7.18 D-葡萄糖的吡喃糖形式优于其他大小的环形式。 由于形成七元环所需的熵成本高，故不易形成七元环。

问题7.5

药物鲁比前列酮（lubiprostone）具有一个精巧定位的二氟甲基（X=F）。相对于母体化合物（X=H），这些取代基对开链酮和环状半缩酮之间的平衡有什么影响?

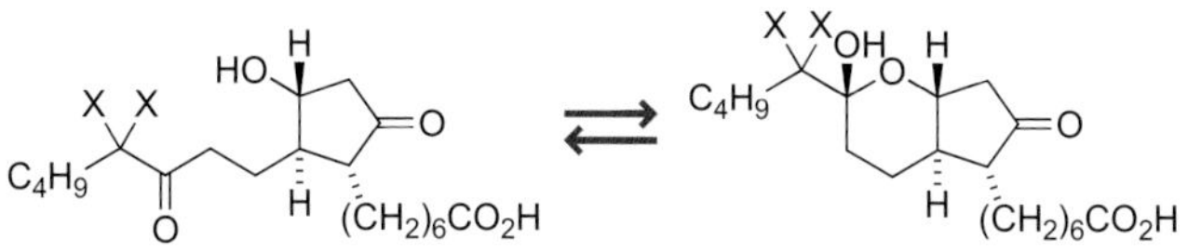

人巨噬细胞将病原体吞噬成吞噬小泡，称为**吞噬体**（phagosome）。当这些吞噬体与富含蛋白酶的溶酶体融合时，就会形成攻击病原体的致命环境。但是，分枝杆菌可以抑制“吞噬体牢笼”与溶酶体融合，从而使分枝杆菌得以生存并在其可能的宿主体内复制。结核分枝杆菌（*Mycobacterium tuberculosis*）的潜伏性在很大程度上与其光滑的保护外衣有关。脂阿拉伯甘露聚糖（lipoarabinomannan）是结核分枝杆菌膜的一种成分，有助于躲避人免疫系统的监查（**图 7.19**）。分枝杆菌的脂阿拉伯甘露聚糖的寡糖部分由称为甘露聚糖的甘露糖低聚物和称为阿拉伯聚糖的高度支化的阿拉伯呋喃糖（Araf）

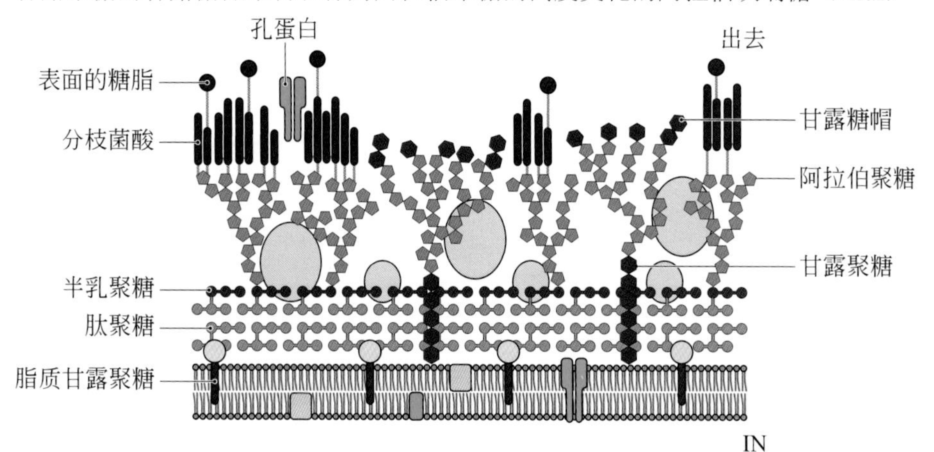

图7.19 分枝杆菌寡糖中的呋喃糖环。 五元环阿拉伯糖（五角形）存在于两种高度支化的聚糖中，这两种聚糖构成了结核分枝杆菌的细胞壁，即脂阿拉伯甘露聚糖和阿拉伯半乳聚糖。疏水性长链菌酸附着在阿拉伯半乳聚糖的外枝上，形成光滑的外壁。（改编自 D. Chatterjee and K. H. Khoo，Glycobiology 8：113-120，1998；获得 Oxford University Press 授权。）

低聚物组成。由五元环呋喃糖组成的多糖是分枝杆菌所特有的（**图7.20**）。在低等生物的寡糖中经常发现呋喃糖，但在人类寡糖中却没有。很显然，呋喃糖确实发挥着其他方面的细胞功能。回想一下，DNA和RNA的主链就是由五元环核糖组成的。

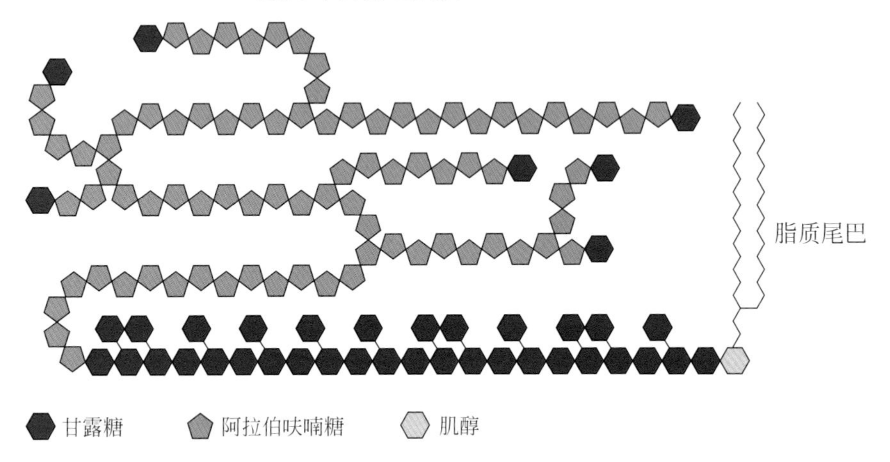

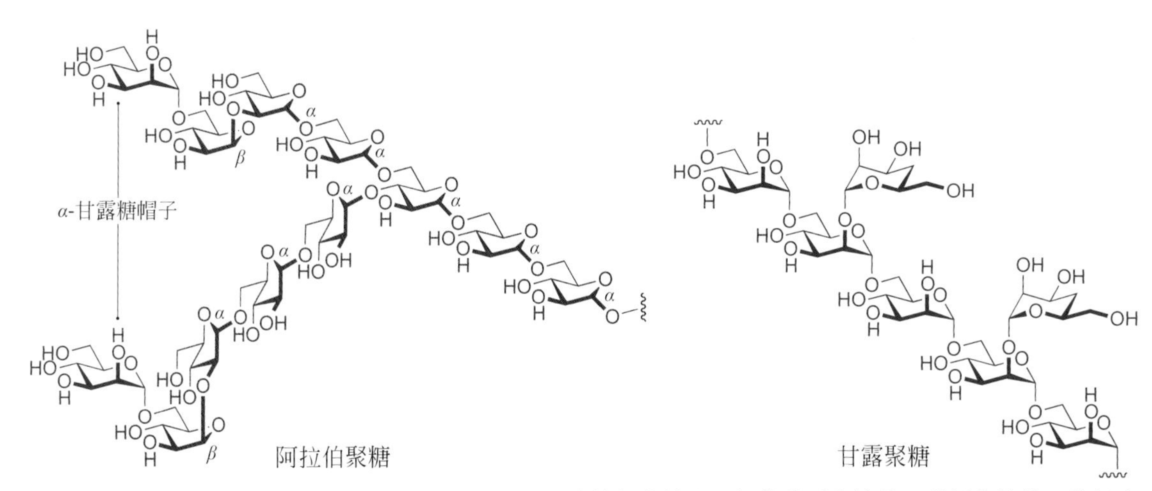

图7.20 脂阿拉伯甘露聚糖。分枝杆菌的脂阿拉伯甘露聚糖是一种树状结构，其根为脂质，树干为甘露聚糖，分枝为阿拉伯聚糖，叶为α-甘露糖。人体细胞不会利用五元环糖形成寡糖。

糖苷键的化学水解涉及S_N1反应

在实验室中，糖苷键（glycosidic bond）的化学裂解是在酸催化条件下进行的，通常涉及离去基团的电离以产生碳正离子中间体。可以将机理描述为形成碳正离子的无辅助溶剂解或形成氧鎓离子（oxonium ion）的辅助溶剂解（**图 7.21**）。因为碳正离子和氧鎓离子是共振结构，所以用箭推法所描述的两种机理是等效的。碳正离子（carbocation）有两种类型：三价碳正离子（carbenium ion，如R_3C^+）和五价碳正离子（carbonium ion，如R_5C^+）。五价碳正离子是质子化的烷烃，非常少见，以至于化学生物学家对碳正离子和三价碳正离子这两个术语不做区分。氧碳正离子（oxocarbenium ion）一词非常准确，它表示带有氧取代基的碳正离子。尽管氧碳正离子的共振结构和氧鎓离子的共振结构对于箭推法而言都是可以接受的，但它们并不是等同的。首次学习碳正离子的稳定性、构象和键合的学生可能会发现，氧鎓离子这一描述比氧碳正离子更常用。但氧鎓离子共振结构中的形式电荷极具有误导性（**图 7.22**）。电子结构计算表明，正电荷分布在氢原子和碳正碳原子上，而氧

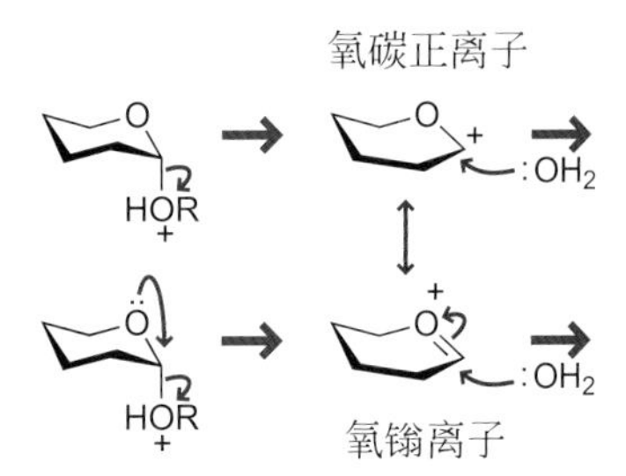

图7.21 等效的机理描述。上述两种箭推法表述的机理是等价的，图中展示了不同共振结构的起始物和中间体。

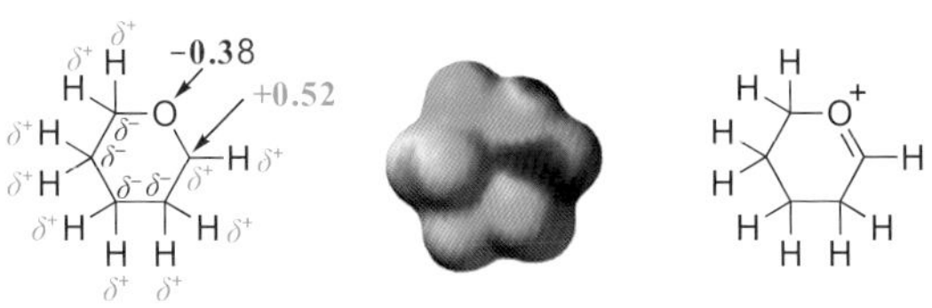

原子电荷　　静电势图　　形式电荷

图7.22 电荷在哪里？氧鎓离子表示形式电荷与计算出的原子电荷不一致。静电势图显示正电荷（蓝色）集中在碳原子上。

原子和其他所有 sp^3 杂化碳原子均带有部分负电荷。在大多数情况下，学生对化学反应活性和机理推导感兴趣，此时，氧碳正离子比氧鎓离子的共振结构更有用，因为氧碳正离子准确强调了带正电的碳正离子是亲核进攻的部位。遗憾的是，所有有机化学教科书都坚持使用氧鎓离子表示法，即使它使许多学生误以为带正电的氧原子是亲核进攻的中心。

糖的羟基取代基大大降低了酸催化的水解速率。没有羟基取代基的四氢吡喃糖苷的水解比酸催化的葡萄糖苷水解快 1000 万倍。由于四氢吡喃基团在这种温和的酸性条件下就可被除去，因此常被用作有机合成中醇的保护基。羟基取代基的诱导作用对于 2 位靠近异头中心的羟基最为显著。糖苷键往往是很稳定的，意外的是，糖基水解酶（glycosylhydrolase）可以非常容易地水解糖苷键。例如，在中性条件下，酶催化的水解速率比背景水解速率快 10^{17} 倍。在所有已知的糖基水解酶和糖基转移酶中，亲核基团往往处于离去基团的对面。在这样的条件下，反应物似乎倾向于进行协同的 S_N2 反应，但是也有可能通过 S_N1 反应形成非常稳定的碳正离子。因此，糖基水解酶和糖基转移酶究竟是通过协同取代，或者通过形成氧碳正离子中间体，还是通过某种混合机理起作用，这个问题并不容易回答。

问题7.6

区分以下 *α* 和 *β* 差向异构体。基于立体电子效应，预测在 S_N1 溶剂解反应中，哪种异构体的电离速率更快。

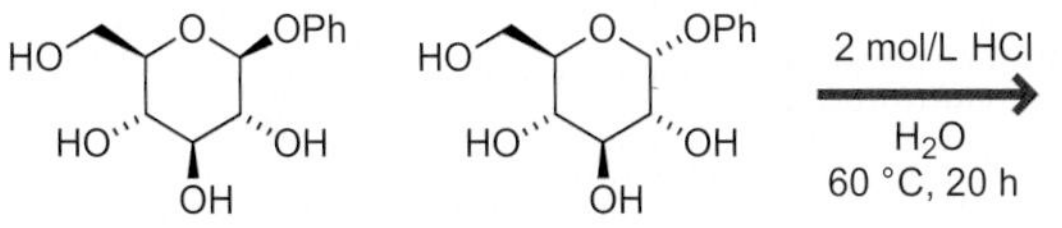

2 mol/L HCl, H_2O, 60 °C, 20 h

当用于标记基元反应步骤时，被广泛使用的 S_N1 和 S_N2 机理可能会带来误导。例如，2- 乙酰氨基 -2- 脱氧糖苷的溶剂解涉及 S_N1 反应（**图 7.23**）。但是，S_N1 这一术语并不一定意味着该机制涉及生成碳正离子中间体。如果在分子内 S_N2 反应中，相邻基团推出离去基团以生成高反应活性底物从而实现更快的分子间 S_N2 反应，则该反应还将服从一级动力学，仍然被称为 S_N1 反应。实际上，*β*-GlcNAc 和 *β*-GalNAc 衍生物的水解通过这种邻近基团参与机理进行。而水解和生成 *β*-GlcNAc 和 *β*-GalNAc 衍生物的酶也支持这种类型的邻近基团取代机理。

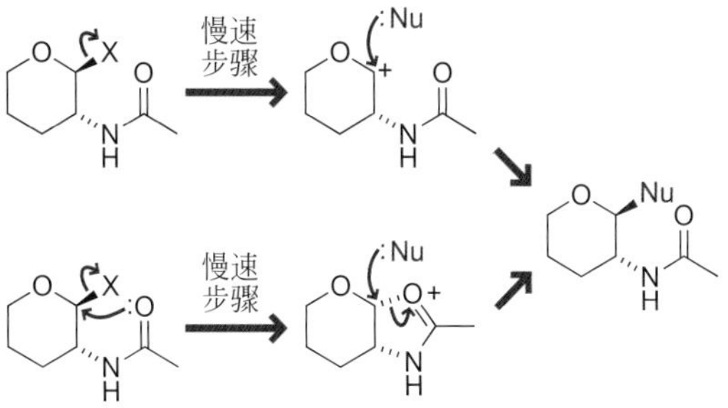

慢速步骤　　慢速步骤

图7.23 S_N1 或 S_N2？这两个反应路径都将遵循一级速率定律进行：速率 ∝ [R–X]。因此，这两种机理都对应于 S_N1 反应。

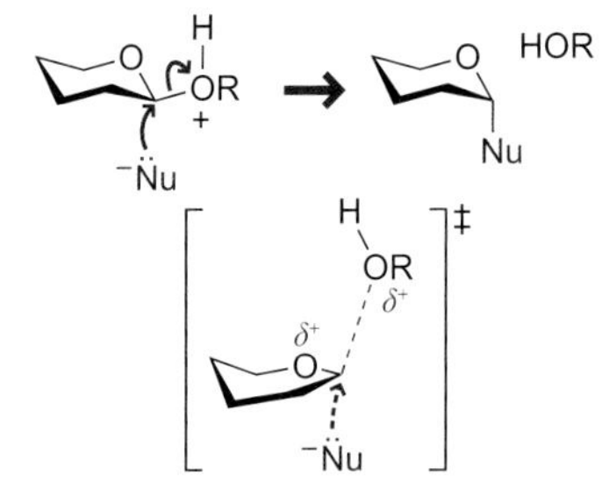

图7.24 糖基水解酶的作用机理。糖基水解酶中基团的空间排列有利于以S_N1反应为特征的S_N2取代。

糖苷键水解酶涉及类似S_N1的S_N2反应

要了解糖基水解酶如何以惊人的速率加速糖苷键的水解，就必须了解吡喃糖的环上氧如何影响S_N1反应中的离子化和S_N2反应中的协同取代。环上氧对S_N1电离的影响已经在异头碳作用的相关内容下进行了讨论，因此现在将讨论更具挑战性的协同S_N2取代。烷氧基取代基对S_N2反应中的三角双锥体过渡态有两个相反的影响。回顾第2章，电负性的平伏取代基使S_N2三角双锥体过渡态不稳定；但是，同时氧可以提供孤对电子到过渡态的空p轨道，从而稳定S_N2过渡态。因此，吡喃糖氧可以通过S_N2机理显著加速异头取代基的S_N2反应，其原因与它可以加速S_N1电离类似。电子结构计算表明，糖基水解酶通过协同的S_N2机理发挥作用（**图7.24**）。然而，亲核试剂并没有真正让离去基团解离：亲核试剂（通常是水、羟基或羧酸侧链）与反应底物成键时，离去基团才几乎完全解离。因此，一种更为合理的说法是亲核试剂在成键时填入了氧碳正离子形成的空轨道。

所有类型的糖基水解酶的活性位点都有两种羧酸

从机理上讲，糖基水解酶分为**构型翻转**（inverting）型和**构型保持**（retaining）型两大类，与起始糖苷键类型相比，它们反映了产物的立体化学性质（**图7.25**）。这两种糖基水解酶都涉及两个羧酸官能团的精细协调。一个羧酸官能团质子化离去基团，另外一个羧酸根的作用取决于糖基水解酶的类型。就构型翻转型酶而言，第二个羧酸根使水分子去质子化，从而使它通过S_N2反应取代离去基团（**图7.24**）。而在构型保持型酶中，第二个羧酸根发挥亲核作用，取代质子化的离去基团。然后，共价结合的羧酸根被进攻的水分子取代。构型保持型酶可通过两次翻转实现糖苷键构型的保持。

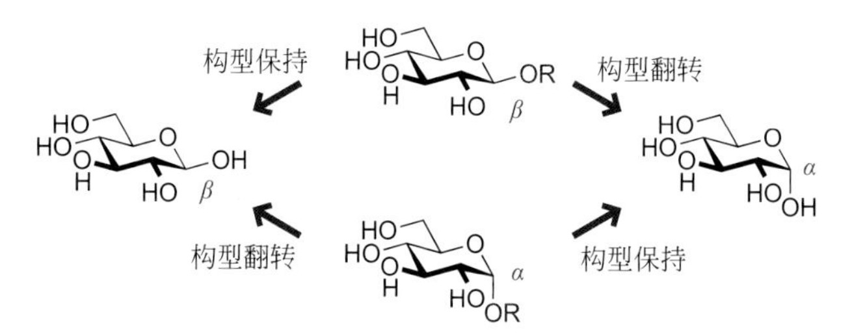

图7.25 糖基水解酶的两种类型。根据反应的立体化学结果，糖基水解酶划分为“构型保持型”和“构型翻转型”两种类型。

糖基水解酶的作用机理还有几个不确定顺序的步骤。正如我们所讨论的，X射线晶体结构通常不显示质子的位置。因此很难知道亲核水分子是在进攻前、进攻时还是进攻后去质子化的。如果有学生想通过单一正确的箭推法机理来进行解释酶催化反应，那他可能会感到沮丧，但如果质子已经参与氢键（在酶-底物复合物中是常见的），质子转移的顺序就会变得毫无意义。正如我们所讨论的，质子转移实际上只是氢键的超快振动；连续超快步骤的精确次序不如缓慢且决定反应速率的步骤次序重要。

问题7.7

用箭推法表示构型用于保持型和翻转型β-D-糖基水解酶的催化机理，每种β-D-糖基水解酶在活性位点均具有两个酸性残基。不必担心吡喃糖构象的变化。

构型翻转型糖基水解酶 ← → 构型保持型糖基水解酶

底物构型变化对糖基水解酶来说很重要

糖基水解酶加速水解的根源在哪里？从机理上来说，构型翻转型 *α*-糖基水解酶是最容易理解的，因为异头键以立体电子激活的 *α* 构型开始。例如，来源于酵母的 *α*-葡糖苷酶 I 是一种构型翻转 *α*-糖基水解酶，该酶可以水解新生蛋白上的外加寡糖 $Glc_3Man_9GlcNAc_2$ 中的葡萄糖残基。去除这些外部的葡萄糖残基至关重要，因为这些碳水化合物可作为糖蛋白在内质网继续折叠还是降解的信号。I 类 *α*1-2 甘露糖苷酶（PDB：1FO2）也是一种构型翻转酶，并在内质网中错误折叠的糖蛋白降解中起作用。该酶以扭船式（skew-boat）构象的形式与 Ca^{2+} 形成复合物结合在其底物上（**图 7.26**）。钙离子还与亲核水分子配位（**图 7.27**），此外两个谷氨酸残基驱动了关键的质子转移。

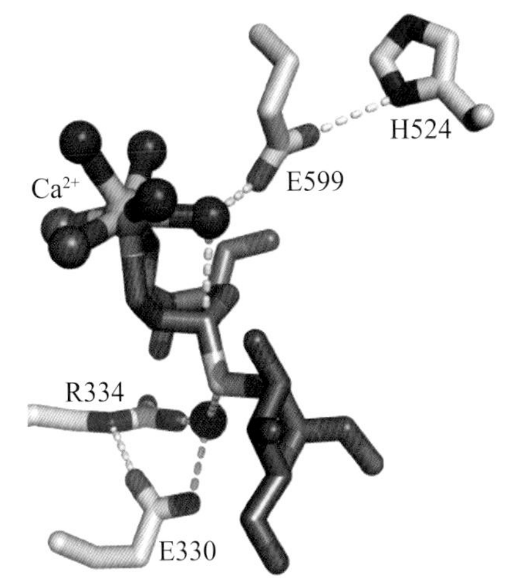

图7.27 瞬时催化结构框架。I类*α*1-2甘露糖苷酶（PDB：1X9D）与不可水解的硫二糖底物的共晶复合物揭示了官能团在活性位点中的精确位置。硫原子是黄色的；水分子呈红色球形；Ca^{2+} 呈绿色球体。

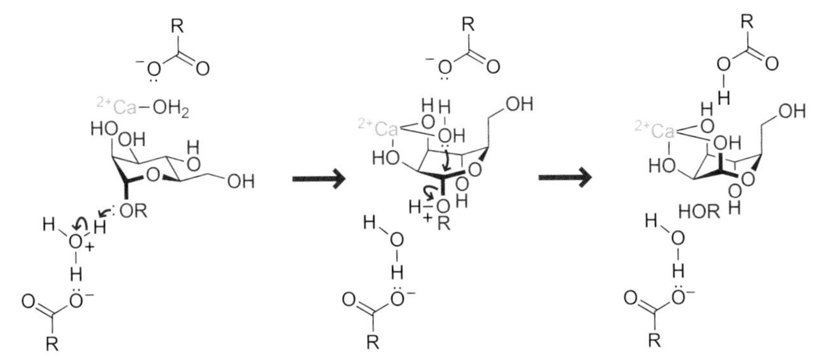

图7.26 独特的电子传递。在I类*α*1-2甘露糖苷酶中，Ca^{2+} 形成扭曲的底物复合物，与一个亲核水分子（红色）配位，该水分子最终被传递到异头碳上。

β- 糖基水解酶的机理不太明显，因为平伏位异头取代基未排列成有益于吡喃糖氧的立体电子效应。但是，如果环翻转为船式（boat）构象，则可以实现吡喃糖氧孤对电子与异头取代基反键轨道的有利排列（**图 7.28**）。然而由于船式构象通常不如椅式构象稳定，这给酶带来了更高的能量消耗。异头位取代基的质子化使异头效应明显增强。在简单的吡喃糖环中，异头羟基的质子化将有助于异头取代基形成轴向构象，以利于水解。重要的是，无论反应是通过 S_N1 还是 S_N2 途径进行，直立离去基团的立体电子效应都会实现。

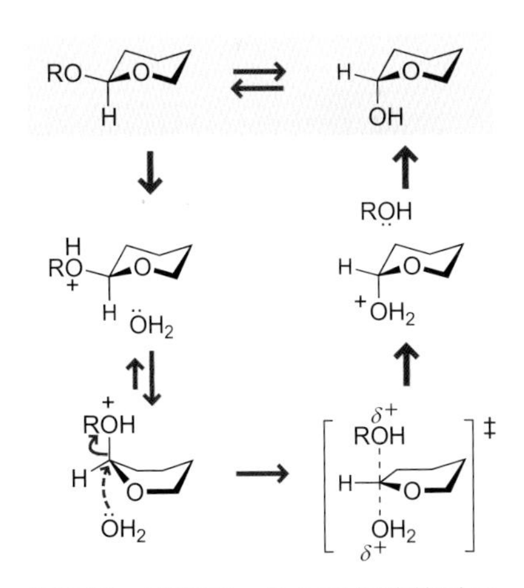

图7.28 酸催化。异位取代基的质子化可以引起构象变化，从而促进取代。

通过对糖基水解酶的研究可以得出，糖基水解酶将 *β*- 糖苷扭曲到一种构象，迫使异头碳上离去基团变成假直立取向。糖基水解酶的晶体结构很少能与真正的反应中间体结合，但可以从酶与底物类似物结合的结构中推断出一种可能的机理。一种真菌 *β*-葡聚糖酶的晶体结构与一种不可水解的硫代糖苷底物显示，抑制剂被扭曲成吡喃糖氧上孤对电子与离去基团对齐，削弱了 S_N2 反应中所要断裂的键（**图 7.29**）。其他 *β*-糖基水解酶也有类似的结果。

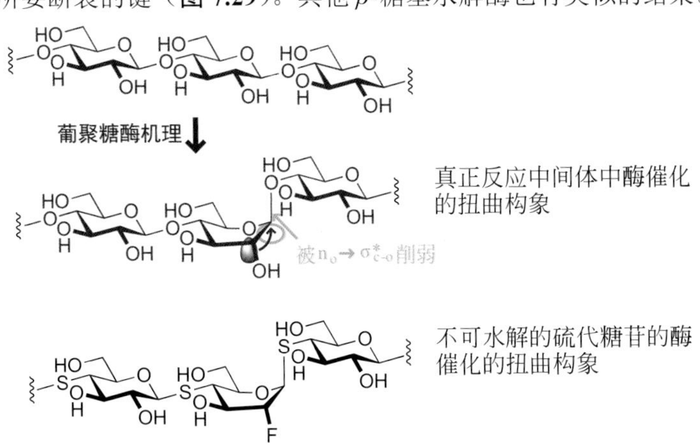

图7.29 过渡态类似物抑制剂。对来自尖孢镰刀菌（*Fusarium oxysporum*）*β*-葡聚糖酶I的合成类似物的结构研究表明，底物扭曲构象会定向并削弱异头键，从而促进离去基团的 S_N2 取代。

溶菌酶是一种构型保留型β-糖基水解酶，可以选择性水解在细菌细胞壁中发现的多糖，而在人体中没有这种多糖。鸡蛋和人眼泪中溶菌酶的大量存在有助于使这些营养丰富的环境避免细菌滋生。溶菌酶是第一个获得晶体结构的酶，其历史可以追溯到1965年。然而，花了36年的时间才获得令人信服的证据证明该机制涉及两次翻转和共价中间体。该酶将酸性谷氨酸残基定位在理想位置以质子化含氧离去基团（**图7.30**）。一旦质子化，一个天冬氨酸就将离去基团从直立方向推出。然后，一个水分子与GlcNAc离去基团空出的位点结合，碱性谷氨酸残基通过去质子作用增强水分子的亲核性。当谷氨酸作为协同机理的一部分进行进攻时，可能会使水失去质子；然而，如果我们觉得断键和成键是完全同步的，那么最好把水的进攻和去质子化看作独立的过程。

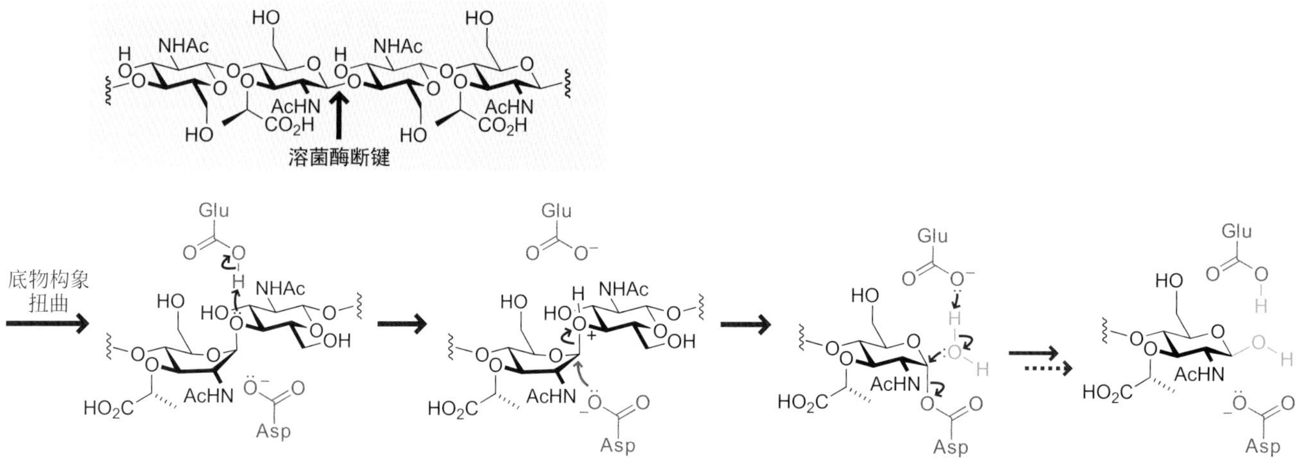

图7.30　构型保持型水解酶催化机理。溶菌酶中构型保持型糖基水解酶的机理涉及两次翻转。

抑制糖基水解酶来抵抗流感

抑制致病性糖苷酶是治疗包括病毒感染在内的感染性疾病的一个广阔的领域。例如，新组装的人类流感病毒粒子在病毒外壳上展示出两种独特的蛋白质：一种是涉及病毒与靶细胞融合的血凝素，一种是影响病毒从宿主细胞释放的神经氨酸酶。*N*-乙酰神经氨酸（Neu5Ac）是广泛存在的九碳单糖（唾液酸）中最重要的成员，但*N*-乙酰神经氨酸是我们将讨论的唯一一种唾液酸。新型流感病毒通过病毒粒子外壳上的*N*-乙酰神经氨酸结合蛋白与哺乳动物细胞上的*N*-乙酰神经氨酸残基相互作用从而与宿主细胞结合（**图7.31**）。病毒的神经氨酸酶裂解这些*N*-乙酰神经氨酸残基，从而释放出感染性病毒体。

流感病毒的α-神经氨酸酶是一种构型保持型糖苷酶，其中酪氨酸羟基被认为与Neu5Ac形成β-糖苷。与其他糖苷酶相比，已经提出该机理涉及碳正离子。由于神经氨酸是人类糖组学中唯一通过酮而非缩醛连接的成分，因此该机理可能涉及不连续的碳正离子，而不是协同的S_N2取代（已在上一节中进行了描述）。两种神经氨酸酶抑制剂可用于预防流感和进行早期治疗：扎那米韦（zanamivir）和奥司他韦（oseltamivir）。这两种神经氨酸酶抑制剂都是独立开发的，在异头碳中心都包含一个sp^2杂化原子（**图7.32**）。扎那米韦是*N*-乙酰神经氨酸的相对接近的结构类似物，并作为类似物来抑制水解酶。但是，该极性离子化合物无法口服，必须通过雾化吸入的方式摄取。奥司他韦

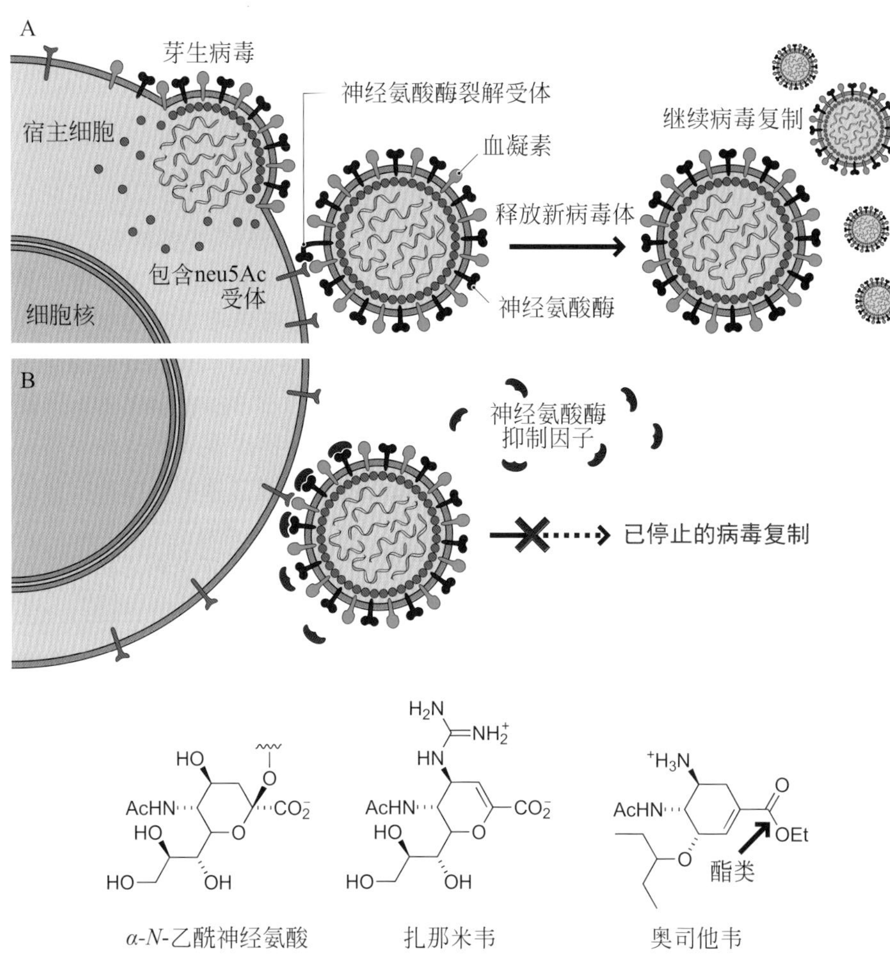

图7.31 干扰病毒粒子的释放。（A）神经氨酸酶通过切断唾液酸（Neu5Ac）连接影响流感病毒粒子的释放。（B）抑制神经氨酸酶阻止病毒释放。（改编自A. Moscona，*N. Eng. J. Med.* 353：1363-1373，2005。）

图7.32 抗流感药物。流感病毒的神经氨酸酶底物和抑制剂的化学结构。

是一种口服酯前药（prodrug），可被人的酯酶水解释放得到羧酸基团，最终与神经氨酸酶结合（**图7.33**）。

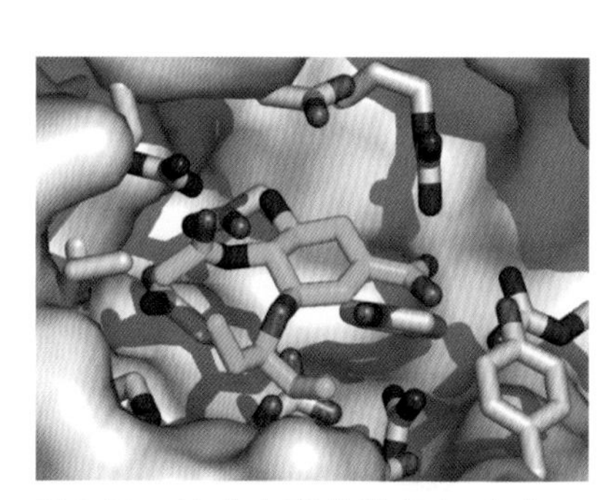

图7.33 流感病毒的神经氨酸酶N1活性位点。在该晶体结构中，奥司他韦羧酸与神经氨酸酶底物神经氨酸（PDB：2HU0）结合在同一个位置。扎那米韦的共结晶结构详见PDB 1NNC或2HTQ。

糖基转移酶利用磷酸糖基供体转移单糖

在人类中，糖苷键是由糖基转移酶产生的，该酶使用在异头碳上具有磷酸酯离去基团的糖基供体。大多数糖基转移酶，无论是将糖基转移至氨基酸侧链、脂质或者是其他受体糖，都使用具有核苷磷酸酯离去基团的糖基供体。尿苷二磷酸（UDP）是最常见的离去基团，存在于供体UDP-*α*-D-葡萄糖、UDP-*α*-D-GlcNAc（乙酰氨基葡萄糖）、UDP-*α*-D-GalNAc（乙酰氨基半乳糖）、UDP-*α*-D-木糖和UDP-*α*-D-葡萄糖醛酸。甘露糖基转移酶和岩藻糖基转移酶分别使用GDP-*α*-D-甘露糖和GDP-*β*-L-岩藻糖作为底物。例如，岩藻糖基转移酶2将*α*-岩藻糖基残基特异性转移至某些Gal-*β*1-3 GalNAc*β*基团的2位羟基上（**图7.34**）。这种修饰与唾液、胃肠道黏液和肺液分泌的蛋白质上存在血型抗原有关。唾液酸转移酶利用*N*-乙酰神经氨酸

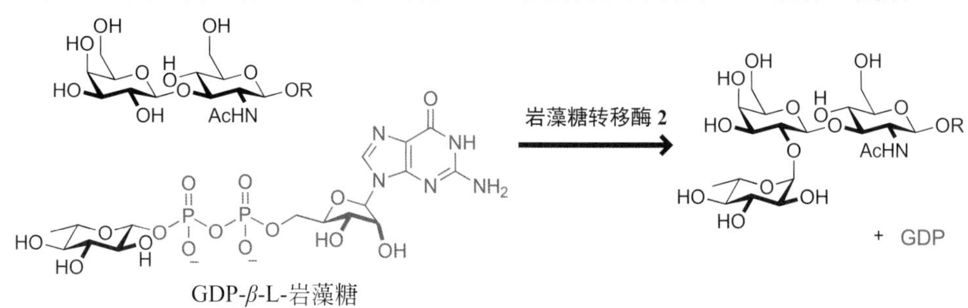

图7.34 酶促糖基化反应。岩藻糖基转移酶2从GDP-*β*-L-岩藻糖中转移一个*α*-岩藻糖基。

Neu5Ac Gal GlcNAc

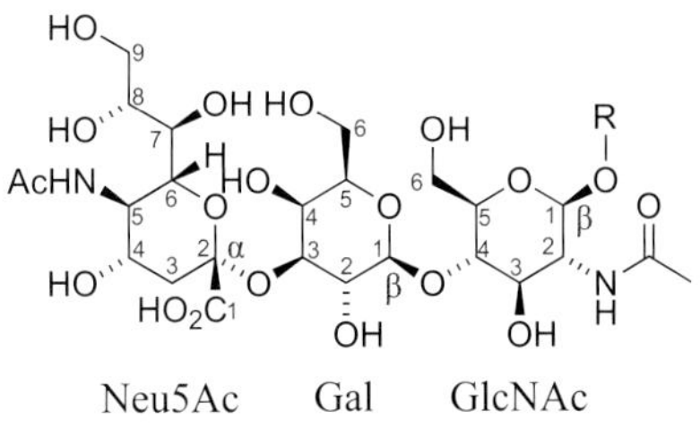

图7.35 寡糖的简写法。采用一个紧凑的命名法描述直链寡糖，该命名法使用每个单糖单元的缩写，然后是异头碳的立体构型，再然后是连接位点（基于单糖骨架的编号）。图中所示的三糖部分是Neu5Acα2-3Galβ1-4 GlcNAcβ；也可以使用箭头或其他符号来指定连接Neu5Acα2→3Gal β1→4GlcNAcβ。

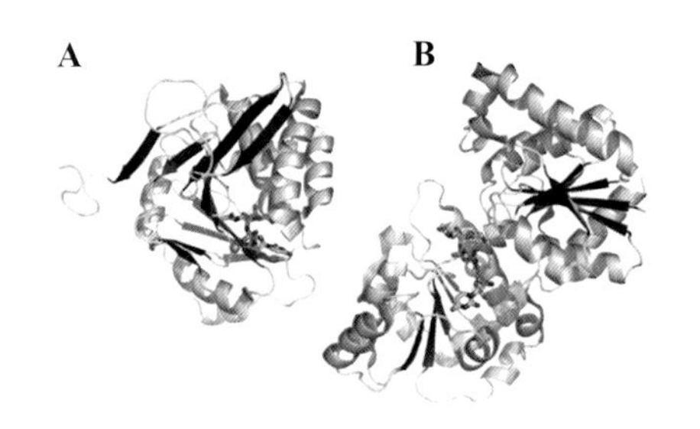

图7.36 糖基转移酶的两个典型结构。（A）与UDP-GalNAc复合的鼠源的α-1,4- *N*-乙酰己糖氨基转移酶具有GT-A折叠（PDB：1OMZ）。（B）与UDP-GlcNAc复合的大肠杆菌源的MurG具有GT-B折叠（PDB：1NLM）。

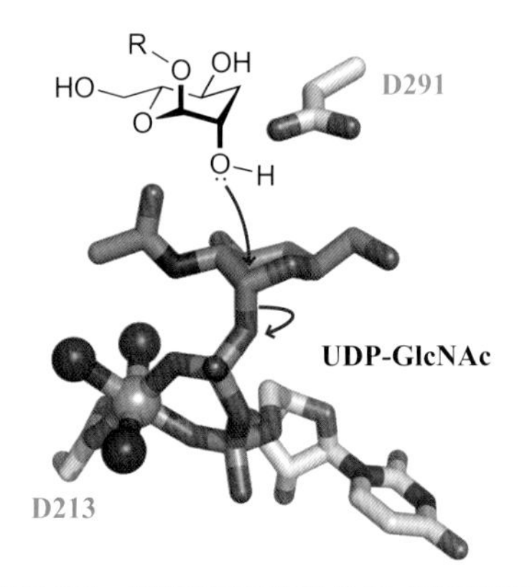

图7.37 糖基转移酶活性位点周围官能团。作为构型翻转型*N*-乙酰氨基葡萄糖氨基转移酶I的天冬氨酸侧链（D291）可以使甘露糖受体的2位羟基去质子化。Mn^{2+}（灰色）与二磷酸根配位，使其成为更好的离去基团。（PDB：1FOA）

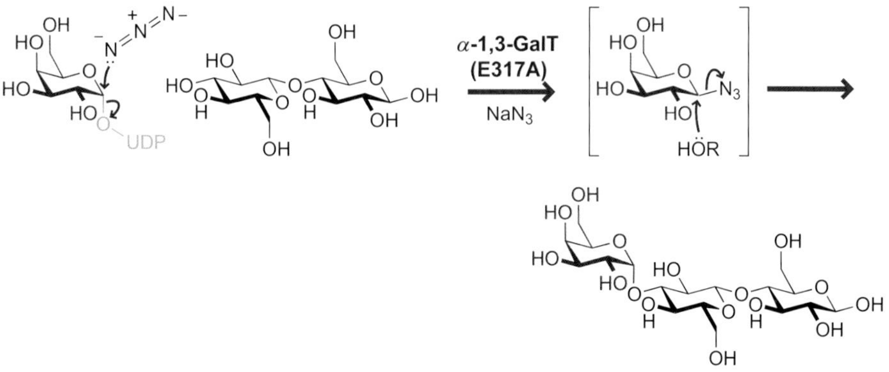

（CMP-Neu5Ac）的胞苷-磷酸衍生物作为糖基供体。在少数情况下，例如在蛋白质甘露糖基转移酶的情况下，单糖是从膜结合的磷酸多萜醇衍生物中转移过来的。

糖基转移酶从磷酸盐中转移糖基

糖基转移酶的机理涉及 S_N2 取代反应机理，也让我们联想到糖基水解酶。从糖基化产物的立体构型来看，糖基转移酶也可分为构型翻转型或构型保持型。构型翻转型酶β-1,4-半乳糖基转移酶将β-半乳糖基残基添加到GlcNAc的4位羟基上，生成Galβ1-4GlcNAc。然后，构型翻转型酶α2-3唾液酸转移酶将α-唾液酸添加到半乳糖的3位羟基基团上，生成Neu5Acα2-3Galβ1-4GlcNAc（**图7.35**）。构型翻转型和构型保持型半乳糖基转移酶都使用相同的UDP-Gal底物。

糖基水解酶的结构是多种多样的，但是使用核苷酸二磷酸供体的糖基转移酶的结构仅限于两种基本折叠，即GT-A和GT-B（**图7.36**）。然而，蛋白质的折叠类型与糖基化反应的立体构型结果之间没有相关性。例如，构型保持型糖基转移酶α-1,3-*N*-乙酰半乳糖氨基转移酶和构型翻转型糖基转移酶β-1,4-半乳糖基转移酶都具有GT-A折叠。

糖基转移酶具有催化基团，通常是羧酸根残基，可以在反应过程中的某个时刻将质子从亲核性羟基中移除。在活性位点，磷酸酯基离去基团通常与二价离子（如Mg^{2+}或Mn^{2+}）配位（**图7.37**）。二价Mg^{2+}没有配体场，可以接受具有任何几何形状的配体。相反，二价Mn^{2+}倾向于采用八面体几何形状。在一些情况下，氨基酸侧链作为Brønsted酸促进异头磷酸根的离去。

构型保持型糖基转移酶，如UDP-GalNAc多肽转移酶1（ppGalNAcT 1），催化糖基化（glycosylation）并保持其立体构型。通常认为保持型酶是通过共价糖基和酶中间体进行的，但是即使具有几个良好的晶体结构，目前仍不清楚保留糖基转移酶是通过两次翻转机理还是通过保持异头构型的离散氧碳正离子的进攻而进行。已有实例可以支持糖基转移酶产生的中间体：当保持型糖基转移酶α-1,3-半乳糖基转移酶的137位谷氨酸突变为丙氨酸时，该酶基本上是无活性的。但是，当叠氮负离子在反应溶液中的浓度高于100 mmol/L时，可以通过形成临时的β-叠氮中间体来挽救酶的催化活性（**图7.38**）。

α-1,3-GalT (E317A), NaN_3

图7.38 化学辅助。亲核进攻的谷氨酸突变后，葡萄糖基转移酶的催化活性被叠氮负离子挽救回来。

问题7.8

请提出一种可行的 S_N2 箭推机理来解释α-UDP-GlcNAc转移至半乳糖3位羟基的过程。在过渡态的GlcNAc吡喃糖环的优势构象是什么？

7.3 多糖（Polysaccharides）

葡萄糖聚合物的非对映异构体具有不同的性质

从人类糖生物学的角度来讲，单糖的低聚物要比重复的聚合物多糖（polysaccharides）有趣得多。即使对非科研人员而言，淀粉（starch）、纤维素（cellulose）、几丁质（chitin）也是为人们所熟知的多糖（也称为多聚糖）（**图7.39**）。淀粉常见于土豆、面包及主要营养成分为碳水化合物的食品中。纤维素是植物细胞壁的组成成分，常见于纸张、木材、棉花中。几丁质是昆虫外骨骼及贝类外壳的重要组成成分。人体中重要的多糖有糖原和多聚唾液酸［-Neu5Ac*α*2-8］，前者是由葡萄糖组成的低聚物，后者存在于发育的胚胎组织中。糖原在结构上与食物中的淀粉十分类似。

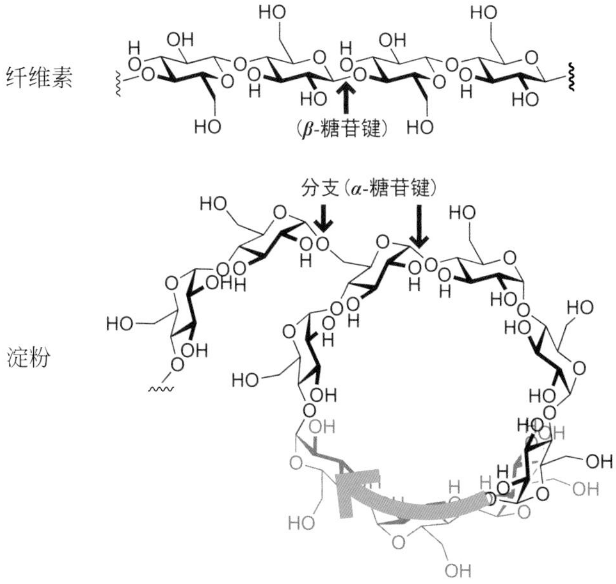

图7.39　聚合物。淀粉和纤维素的结构。

纤维素和淀粉均是由D型葡萄糖通过4位羟基相连形成的聚合物。它们在结构上的主要区别是：纤维素由*β*-糖苷键连接组成，而淀粉（亦称*α*-淀粉糖）则由*α*-糖苷键连接组成。纤维素的结构常简写为［-Glc*β*1-4］$_n$，淀粉的结构可简写为［-Glc*α*1-4］$_n$（**图7.40**）。淀粉通常具有分支结构，这种结构的淀粉被称为支链淀粉（amylopectin）。淀粉*α*-1,4-的连接方式使聚合物更倾向于成为螺旋状结构。自从1814年，淀粉被发现可以与碘反应形成深蓝色的复合物。这些复合物是由线形的I_3^-结合在环直链淀粉螺旋结构的中心而形成的。在氧化还原滴定中，淀粉常与碘一同添加来确保得到准确的滴定终点。

长时间咀嚼面包，你便会尝到甜味。这是因为人唾液中含有*α*-淀粉酶（*α*-amylase），它可以将淀粉水解为具有甜味的葡萄糖。*α*-淀粉酶也是环糊精糖基转移酶（cyclodextrin glycosyltransferase）的底物。环糊精糖基转移酶可以将部分水解的淀粉转化成由6～8个葡萄糖组成的环状结构。这些环状的分子则被称为*α*-、*β*-、*γ*-环糊精（cyclodextrin）（**图7.41**）。中世纪链甲上的单个环就是通过类似的方法将螺旋金属丝切割成小的金属环而制成的。环糊精的疏水中心可以结合疏水性分子。环糊精易与直径约7 Å的苯环结合，如4′-溴苯丙酮可以K_d为1.3 mmol/L的结合能力与α-环糊精结合。β-环糊精与芳香化合物有更高的结合能力。宝洁公司已经利用环糊精包裹芳香化合物的性质开发了两种商业化产品：Bounce® 干纸，利用环糊精包裹香水，在烘干机加热下而缓慢释放；Febreze® 除臭剂，可将臭味分子包裹在环糊精内。

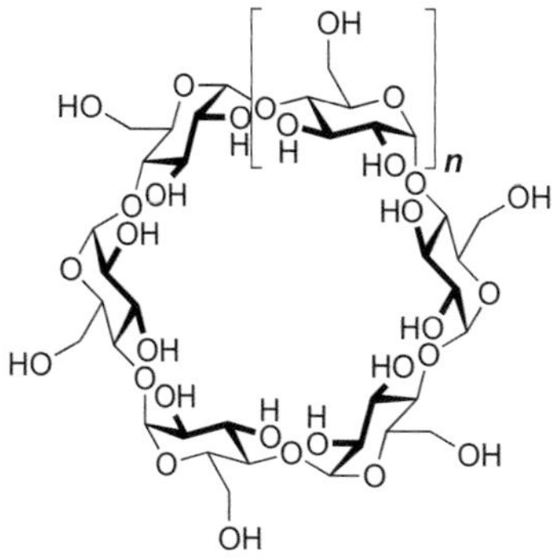

图7.40　环糊精（cyclodextrins）。葡萄糖的环状低聚物，［Glc*α*1-4］$_n$，被称作环糊精。

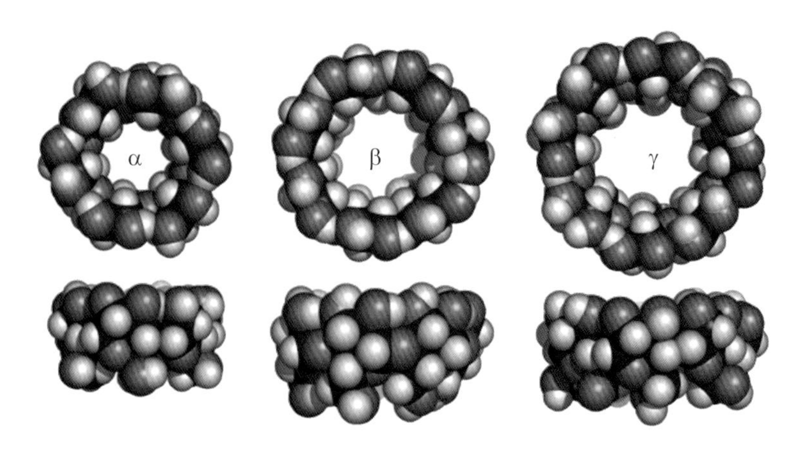

图7.41 α-、β-、γ-环糊精的晶体结构。

问题7.9

画出下列分子的楔形式。无需考虑构象，明确标出手性中心即可。

A Fucα1-2Galβ1-3GlcNAcβ1-3Galβ-OR

B Galβ1-4GlcNAcβ1-2Manα-Ser

几丁质是昆虫外壳中具有弹性的聚合物

几丁质（chitin）是 *N*-乙酰-D-葡萄糖胺由 *β*-1,4-糖苷键连接组成的聚合物（**图 7.42**）。几丁质是节肢动物（如昆虫、蟹类、虾类）外骨骼的主要成分。几丁质的乙酰基被化学水解后形成的聚合物是壳聚糖，它被广泛应用于材料业。例如，壳聚糖由于具有很强的凝血功效，而被广泛用于制作战场敷料。

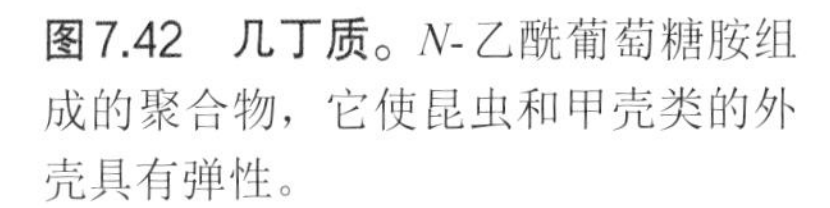

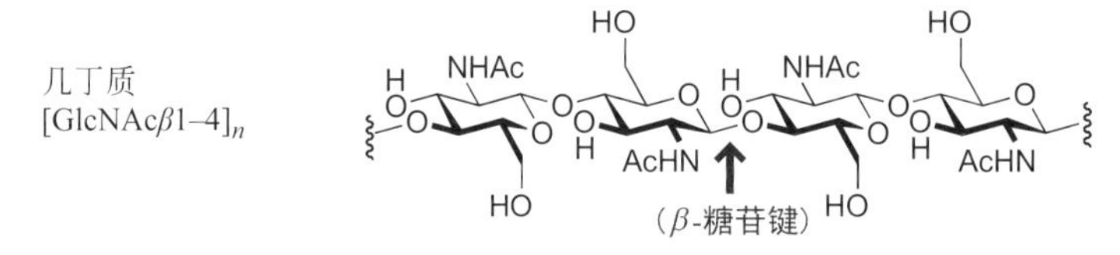

图7.42 几丁质。*N*-乙酰葡萄糖胺组成的聚合物，它使昆虫和甲壳类的外壳具有弹性。

从人类营养学角度来看，哺乳动物似乎错过了丰富的潜在食物源。所有的哺乳动物都具有水解淀粉 *α*-1,4-糖苷键的能力，却没有可以水解纤维素或几丁质中 *β*-1,4-糖苷键的酶。幸运的是，食草动物与微生物建立了良好的共生关系，这些微生物可以帮助食草动物将纤维素水解成可被消化的片段。

多糖透明质酸是某些组织的缓冲液

组成人体软骨的软骨细胞中含有两种十分重要的糖胺聚糖：透明质酸（hyaluronan）和硫酸软骨素（chondroitin）。这些糖胺聚糖形成一层可以减少关节摩擦、缓冲关节冲击的凝胶状薄膜（**图 7.43**）。透明质酸由［GlcAβ1-3GlcNAcβ1-4］重复单元组成，是一种常以游离聚糖形式存在的糖胺聚糖（**图 7.44**）。典型的透明质酸由几千个二糖重复单元组成。透明质酸与糖胺聚糖主要有两点不同：第一，透明质酸聚糖不是连在蛋白质上，而是直接出现在细胞外基质中；第二，透明质酸合成酶是一种具有两个活性位点的聚合酶，分别识别 UDP-GlcA 和 UDP-GlcNAc。延长的糖链的还原端有一个 UDP 离去基团，被每个新加入的单糖结构单元所取代。在糖链延伸的过程中，它会不断地从一个活性位点跳跃到另一个活性位点。

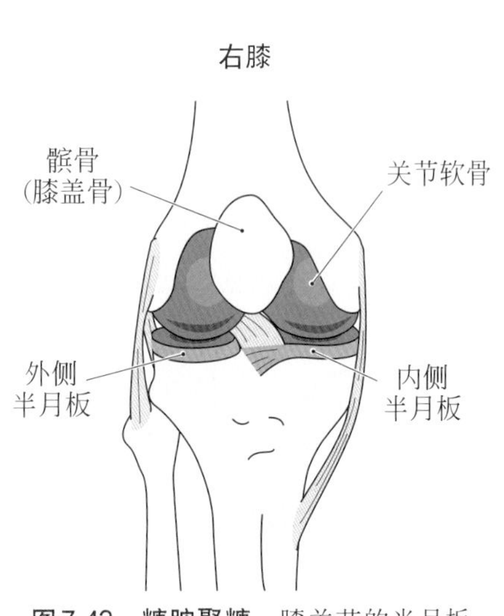

图7.43 糖胺聚糖。膝关节的半月板和关节软骨由糖胺聚糖组成。

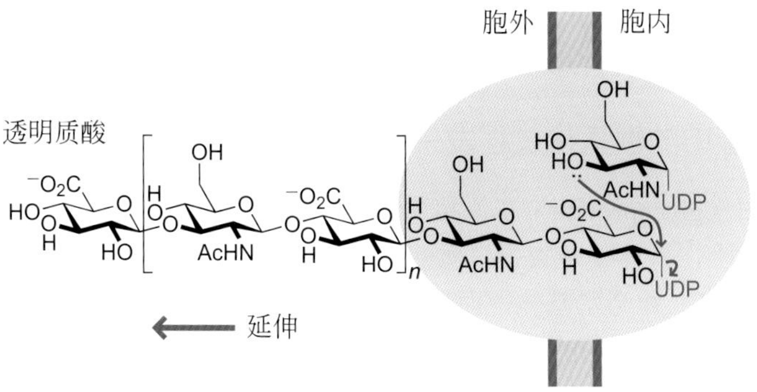

胞外 胞内

透明质酸

延伸

图7.44 挤出聚合（extrusion polymerization）。透明质酸合成酶是一种将交替共聚物透明质酸挤出到细胞外基质中的聚合酶。

骨关节炎通常会软骨损失，最终影响膝关节。尽管软骨由硫酸软骨素和透明质酸（二者均由葡萄糖胺构成）组成，但不能简单地认为软骨损失只是由于营养匮乏。2007 年，软骨素和葡萄糖胺在美国的销量远超五亿美元，然而近期临床试验证明，口服硫酸软骨素和葡萄糖胺相比于安慰剂并不能更好地减轻关节炎患者的疼痛和损伤。

脑膜炎球菌表面被类似于在神经元中发现的多聚唾液酸所包裹

脑膜炎是脑膜（包裹中枢神经系统的膜状结构）发生炎症而导致的疾病。脑膜炎球菌是可导致脑膜炎的多种病原菌之一。脑膜炎在儿童群体中具有较高的发病率，有多种不同的症状，常表现为迅速蔓延的坏死性病变。脑膜炎球菌（*Neisseria meningitidis*）的表面被由 *N*- 乙酰神经氨酸（也称“唾液酸”）形成的重复聚合物或共聚物所包裹；不同种类的脑膜炎球菌具有不同种类的聚合物。例如，血清群 B 被［Neu5Acα2-8］$_n$ 包裹；血清群 C 被［Neu5Acα2-9］$_n$ 包裹；血清群 Y 被［Glcα1-4Neu5Acα2-6］$_n$ 包裹；血清群 W135 被［Galα1-4Neu5Acα2-6］$_n$ 包裹（**图 7.45**）。人体中的多糖链末端常常是唾液酸，因此脑炎球菌表面的多聚唾液酸常被认为可以躲避机体的免疫系统（**图 7.46**）。事实上，人体中的多聚唾液酸仅出现在神经细胞黏附因子 NCAM 上，并未在其他蛋白质上发现。血清群 C 的多聚唾液酸［Neu5Acα2-9］$_n$ 是多种抗脑膜炎球菌疫苗的组成成分（Meningitec®，Menjugate®，NeisVac-C®）。

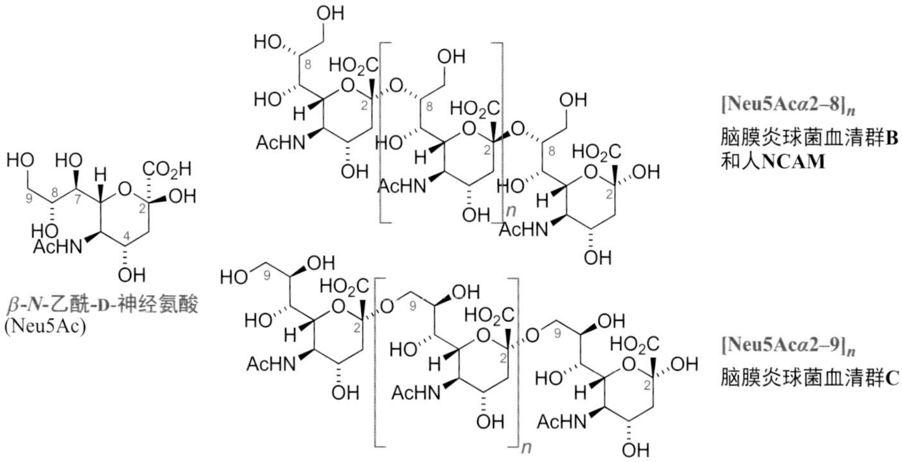

β-*N*-乙酰-D-神经氨酸 (Neu5Ac)

[Neu5Acα2–8]$_n$
脑膜炎球菌血清群**B**和人**NCAM**

[Neu5Acα2–9]$_n$
脑膜炎球菌血清群**C**

图7.45 **多聚唾液酸**。脑膜炎球菌的囊膜中发现的两种不同类型的唾液酸（Neu5Ac）聚合物。

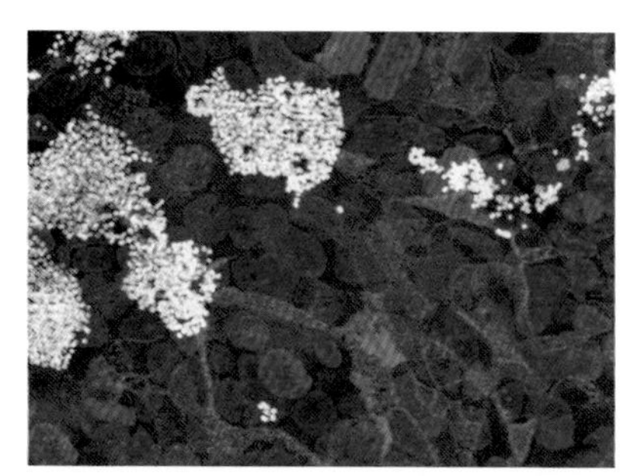

图7.46 **蛰伏细胞**。脑膜炎球菌生活在5%～10%的人的咽鼻部位。当脑膜炎球菌穿过血脑屏障或血-脑脊液屏障后即会诱发感染。上面的荧光成像图显示了脑膜炎球菌（黄色）与常作为血-脑脊液屏障模型的人脉络丛乳头状瘤细胞之间的黏附。（图片来源于C. Schwerk et al., *PLoS One* 7（1）：e30069，2012。）

7.4 糖蛋白（Glycoproteins）

人类蛋白的糖基化过程发生在分泌途径中的囊泡内

糖蛋白（glycoprotein）在原核生物中较为稀少，但在真核生物中却十分常见。实际上，人体中各类蛋白质的糖基化修饰都发生在分泌途径的囊泡中，如内质网（ER）和高尔基体，而原核细胞中并不具备这些细胞器（**图 7.47**）。内质网是一类具有动态的网状结构的细胞器，其内容物通过膜结构与细胞质基质分隔开。在粗面内质网表面存在着附着在膜上的核糖体，这些核糖体在翻译过程中会将合成的蛋白质"挤"进内质网。内质网会以出芽的方式形成不带有核糖体的动态的片层结构，这些片层堆积而成的细胞器称为高尔基体。有趣的是这一过程可以被天然产物布雷菲德菌素 A（brefeldin A）所抑制。高尔基体囊泡会向细胞膜迁移并最终与细胞膜融合，在这一过程中可溶性蛋白经分泌囊泡排出细胞，而膜蛋白的胞质侧仍会保留在胞质中。这是由于蛋白质的糖基化过程都是发生在内质网和高尔基体腔内，这些寡糖通过囊泡融合的拓扑过程最终只出现在细胞表面。蛋白质和脂质上修饰的复杂的多糖将用于细胞间的而非细胞内的信号转导。

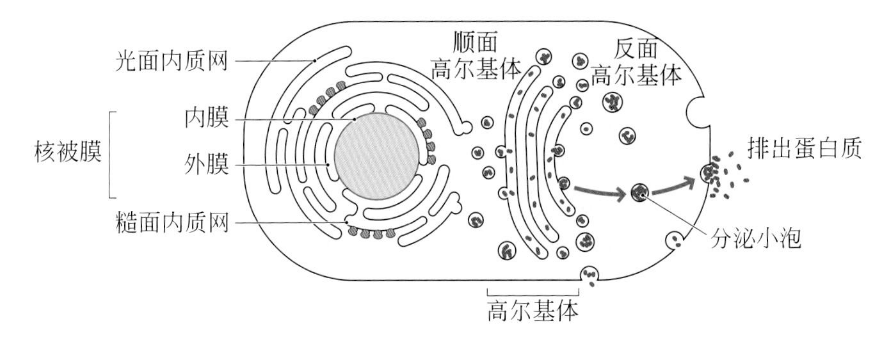

图7.47 蛋白质的*N*-糖基化过程发生在内质网中。这些多糖将被高尔基体中的酶进一步修饰。（图改编自 B. Alberts et al.，Molecular Biology of the Cell，5th ed. New York：Garland Science，2008。）

糖蛋白可以被划分为 *N*- 连接和 *O*- 连接两个基本类别。其中 *N*- 连接糖蛋白是寡糖与天冬酰胺的侧链相连，通常是高度支化的复杂结构。*N*- 连接多聚糖是在蛋白质翻译并转移到内质网的过程中被添加到蛋白质上的。而 *O*- 连接糖蛋白是寡糖与丝氨酸或苏氨酸侧链相连，通常是线性的重复结构。蛋白质在高尔基体网络的囊泡运输过程中被添加了这类修饰。从概念上讲 *O*- 连接糖蛋白的生物合成较 *N*- 连接糖蛋白而言更为简单，所以我们首先讨论 *O*- 连接糖蛋白。

O-连接糖蛋白的合成始于木糖或*N*-乙酰半乳糖的添加

O- 连接糖基化修饰发生于高尔基体中，第一步是通过糖基转移酶将木糖（xylose）或 ***N***- 乙酰半乳糖（*N*-acetylgalactose）连接至丝氨酸或苏氨酸的羟基上。进一步的糖基化过程会生成聚合的或分支化的糖，这些我们将在后文简要讨论。蛋白聚糖（proteoglycan，PG）的生物合成是起始于 UDP-D-木糖（由蛋白*β*-D-木糖转移酶[1]介导）。人体内存在两种催化蛋白聚糖合成的酶，在不同种类的细胞中有着不同的表达水平。对于黏蛋白以及其他很多 *O*- 连接糖蛋白而言，它们的生物合成起始于 UDP-*N*-乙酰-D-半乳糖胺（由多肽：*N*-乙酰半乳糖胺转移酶介导）。在人体中已经发现了 14 种 *N*-乙酰半乳糖胺转

[1] 此酶的英文系统命名为UDP-D-xylose:protein *β*-D-xylosyltransferase。其命名规则为：将两个底物的名称以冒号（：）分开，并均置于酶的名称之前。此处为意译，以方便理解。

移酶（ppGalNAc T1-T14），还有一些其他基因可以编码其同工型。各类*N*-乙酰半乳糖胺转移酶的表达水平受细胞类型及其他因素的影响。例如黏蛋白MUC1的第一步糖基化就是由常见的*N*-乙酰半乳糖胺转移酶ppGalNAc T1和T2介导的。在成纤维细胞中，位于细胞外基质的纤连蛋白是被ppGalNAc T3修饰的。而在神经细胞中，多配体蛋白聚糖则是由糖基转移酶ppGalNAc T13起始的。在健康细胞中，GalNAcβ1-Ser基团会被进一步糖基化。未被进一步修饰的GalNAcα1-Ser基团常存在于癌细胞和白细胞表面，称为Tn抗原。

目前还没有发现可以用来确定蛋白质上的*O*-连接糖基化修饰位点的多肽序列，但是可以借助计算机通过复杂的算法对位点进行预测。当然，糖基化底物以及糖基转移酶的空间定位也很重要（**图7.48**）。例如，人体内的β-1,4-半乳糖基转移酶3会将半乳糖转移至位于末端的GlcNAc残基上，而不区分是*O*-连接糖蛋白、*N*-连接糖蛋白还是糖脂（**图7.49**）。

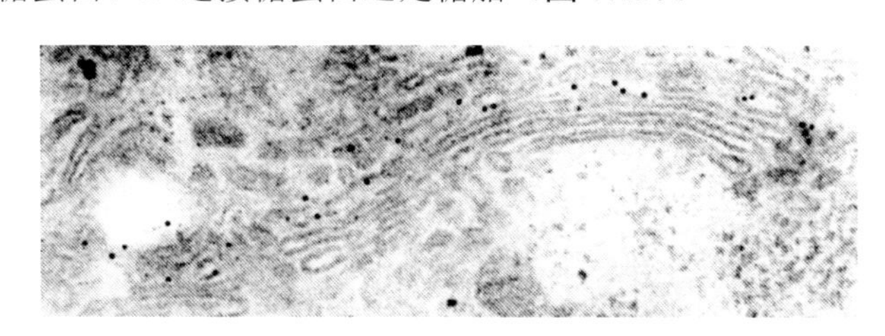

图7.48 糖基转移酶位于高尔基体中的证据。图为使用兔源半乳糖转移酶抗体染色的HeLa细胞的透射电镜成像结果。实验过程使用偶联了10 nm粒径金纳米颗粒（图像上的黑点）的小鼠源二抗展示了兔抗的位置。（图来自T. Nilsson et al., *J. Cell Biol.* 120：5-13，1993；获得Rockefeller University Press授权。）

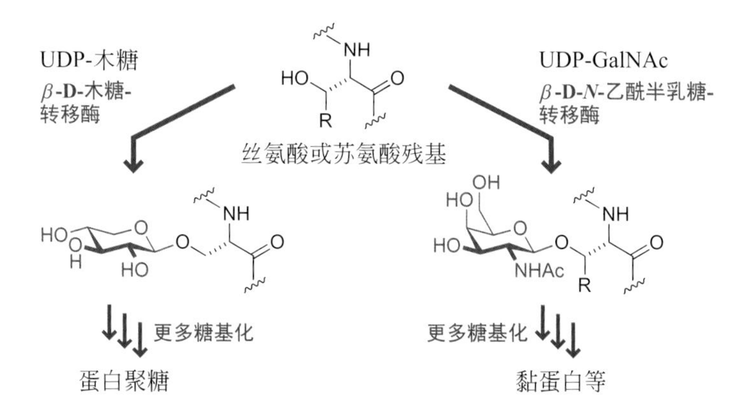

图7.49 *O*-连接糖苷键的生成。含有长链寡糖的*O*-连接糖蛋白的生物合成起始于将β-D-木糖或β-D-*N*-乙酰半乳糖转移到丝氨酸或苏氨酸侧链上。

人体的细胞外蛋白被其他单糖进行*O*-连接糖基化是一种较为少见的情况。其中肌营养不良蛋白糖蛋白复合物的α-抗肌萎缩相关糖蛋白组分会被*O*-甘露糖基转移酶修饰，该酶会将α-甘露糖残基从磷酸多萜醇β-D-甘露糖转移到蛋白质的丝氨酸和苏氨酸残基上。在哺乳动物中，这一修饰被进一步衍生为一种通用的三糖核心：Galβ1-4GlcNAcβ1-2Manα-Ser/Thr。此外，对于Notch这类带有EGF结构域的细胞外蛋白而言，多肽岩藻糖转移酶可以利用GDP-L-岩藻糖将α-岩藻糖转移到它们的丝氨酸或苏氨酸残基上。

O-连接蛋白聚糖是阴离子多聚物

蛋白聚糖（proteoglycan）是指带有长的*O*-连接糖胺聚糖链的蛋白质。这样的蛋白质包括硫酸软骨素、肝素/硫酸肝素、硫酸角质素。生成蛋白聚糖的第一步是将β-木糖转移至丝氨酸上，再进一步衍生为三糖核心：Galβ1-3Galβ1-4Xylβ-*O*-Ser（**图7.50**）。这个三糖核心之后衍生为各种更长的寡糖结构。

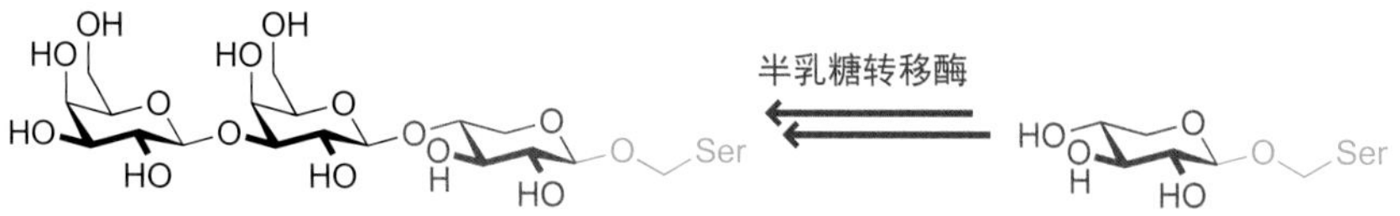

图7.50 三糖核心的形成。蛋白聚糖上的三糖核心是由单糖依次组装形成的，而三糖核心的进一步延伸则是不受控的聚合。

问题7.10

画出下述某蛋白聚糖中五糖片段的椅式构象：GlcNAcβ1-4GlcAβ1-3Galβ1-3Galβ1-4Xylβ-OSer。

糖胺聚糖（glycosaminoglycan）是一类由重复性二糖单元构成的吸湿性蛋白聚糖，构成二糖单元的成分是糖醛酸（如D-葡萄糖醛酸、L-艾杜糖醛酸）以及乙酰氨基糖（如*N*-乙酰葡萄糖胺、*N*-乙酰半乳糖胺）。糖胺聚糖存在于几乎所有种类的细胞表面且决定着组织的理化性质（**图7.51**）。由于硫酸化水平的不同，糖胺聚糖常是异质混合物。异质性是许多弹性材料的一般性质，其避免了晶体结构固有的脆性。

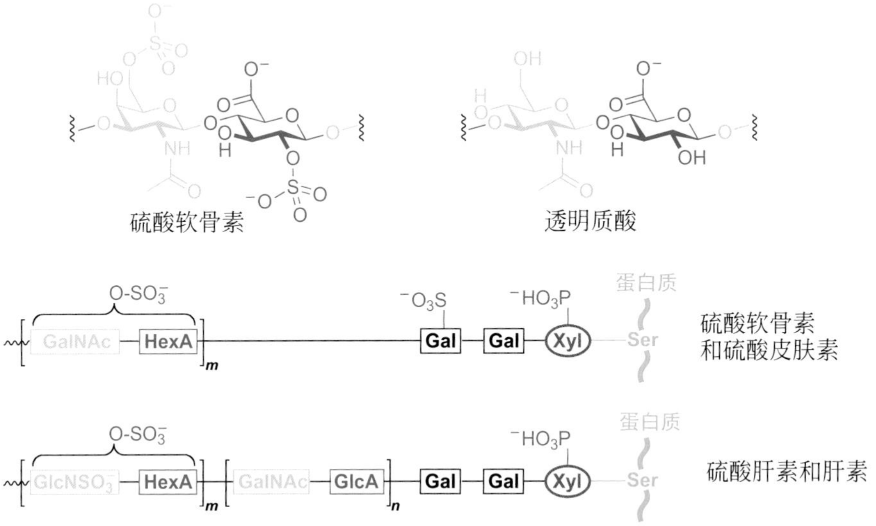

图7.51 糖胺聚糖。人软骨中的糖胺聚糖是由重复的二糖单元构成的（HexA=GlcA或IdoA）。

软骨细胞会生成两种糖胺聚糖：游离多糖透明质酸和蛋白聚糖硫酸软骨素。硫酸软骨素是由与透明质酸相似的重复二糖单元［GalNAcβ1-4GlcAβ1-3］组成的糖蛋白，但软骨素在葡萄糖醛酸的2位以及*N*-乙酰葡萄糖胺的4位和6位具有不同的硫酸化水平。主要存在于皮肤中的硫酸皮肤素也与硫酸软骨素相似，但其重复的二糖单元为［GalNAcβ1-4IdoAβ1-3］。艾杜糖醛酸是葡萄糖醛酸5位的差向异构体，因此它是L型糖，是由葡糖糖醛酸经过糖基化后的差向异构化生成的。

硫酸肝素是由艾杜糖醛酸或葡萄糖醛酸和硫酸化*N*-葡萄糖胺构成的重复单元组成的糖胺聚糖，在糖醛酸的2位以及葡萄糖胺的3位和6位都具有很高的硫酸化水平。肝素可以结合并激活凝血酶抑制剂抗凝血酶Ⅲ。随后，抗凝血酶Ⅲ在凝血级联反应中与各类丝氨酸蛋白酶形成共价复合物（第6.3节）。对于这些蛋白酶而言，抗凝血酶Ⅲ是一种非常差的底物，因为其降解过程非常缓慢。肝素上特定的五糖序列（**图7.52**）可以显著激活抗凝血酶Ⅲ。在临床上，当面对高不良凝血风险手术时，可以注射从猪肠黏膜中分离出的低分子量肝素作为抗凝剂。2008年，一家大型制药公司召回了一批被类似糖胺聚糖污染的肝素。据称，这是由于原始供应商在肝素中掺入了过硫酸化的硫酸

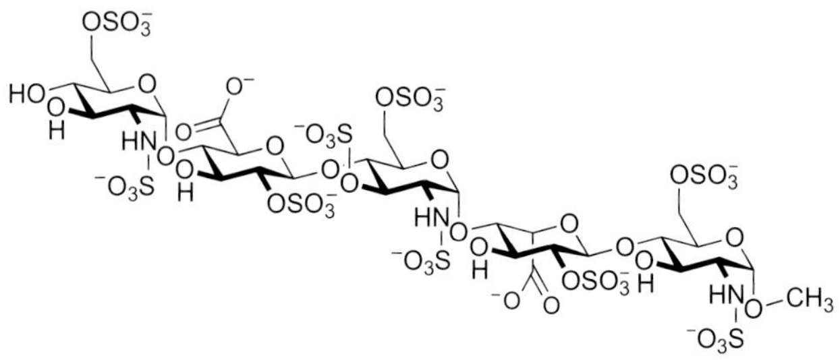

图7.52 一种拟肝素类药物。磺达肝素的结构是基于肝素中抗凝血酶Ⅲ结合序列而设计的。

软骨素，而它的价格仅为肝素的十分之一。最近已经开始使用人工合成的五糖磺达肝素（fondaparinux）来替代从猪中分离出的肝素。

鼻涕等黏液分泌物的润滑及亲水性是聚阴离子黏蛋白型糖蛋白的主要特征。黏蛋白是一类常通过二硫键结合在一起的高度糖基化的寡聚蛋白。例如具有 292 个 *O*-连接寡糖的人唾液黏蛋白 MG1 会与更大的 MUC5B 相连，其中 MUC5B 含有超过 3500 个氨基酸。黏蛋白的结构被形象地描述为带有寡糖刷毛的刷子。MG1 的聚糖部分由典型的 1 型重复单元［Galβ1-3GalNAcβ1-3］$_n$ 或 2 型重复单元［Galβ1-4GalNAcβ1-3］$_n$ 构成，在半乳糖上还存在着水平各异的硫酸化修饰。在 MG1 上接近半数的 *O*-连接寡糖的非还原末端都存在 *N*-乙酰神经氨酸。

蜗牛和蛞蝓产生的黏液富含黏蛋白（**图 7.53**）。在分泌囊泡中聚阴离子黏蛋白通过与 Ca^{2+} 相互作用来维持紧密的结构。当把 Ca^{2+} 移去后，黏蛋白通过水合作用迅速膨胀并从细胞中释放出去。这展示了聚阴离子黏蛋白的一般性质，因为聚合物的亲水性与阴离子电荷密度有关。例如，一次性尿不湿中具有超强吸收性能的聚合物就是聚丙烯酸酯［$CH_2CH(CO_2Na)$］$_n$。其吸水量可达自身重量的 500 倍。

图 7.53　黏液。蜗牛分泌的黏液中富含聚阴离子黏蛋白型糖蛋白。

盲鳗是最臭名昭著的含有黏蛋白黏液的来源之一（**图 7.54**）。当受到刺激时，盲鳗会分泌大量浓稠的黏液，这些黏液中含有 99.996% 的海水、0.0015% 的黏蛋白以及 0.002% 的蛋白丝。其中蛋白质提供了弹性，而黏蛋白提供了黏性。据推测，这些黏液可以用来堵塞那些潜在捕食者的鳃。

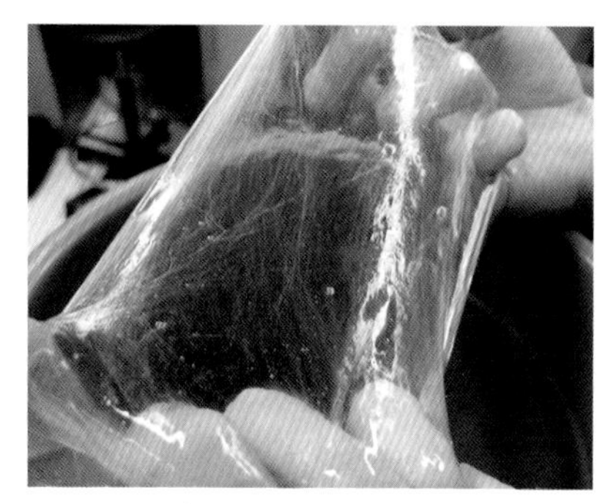

图 7.54　盲鳗分泌的黏液。这些黏液中含有聚阴离子黏蛋白，干燥后的黏液可以在海水中恢复原来的状态。（由 Jamie Miller，University of Guelph 提供。）

N-连接糖蛋白的糖基化起始于寡糖的添加

蛋白质的 *N*-糖基化在蛋白质翻译并转至内质网时发生在 Asn-Xxx-Ser/Thr 序列的天冬酰胺残基上（**图 7.55**）。首先，寡糖转移酶（**图 7.56**）将分支化的十四糖 $Glc_3Man_9GlcNAc_2$ 从其膜结合前体中转移出来。富含甘露糖的起始寡糖在真核生物中各不相同，但 $Man_3GlcNAc_2$ 的核心结构却是它们共用的。

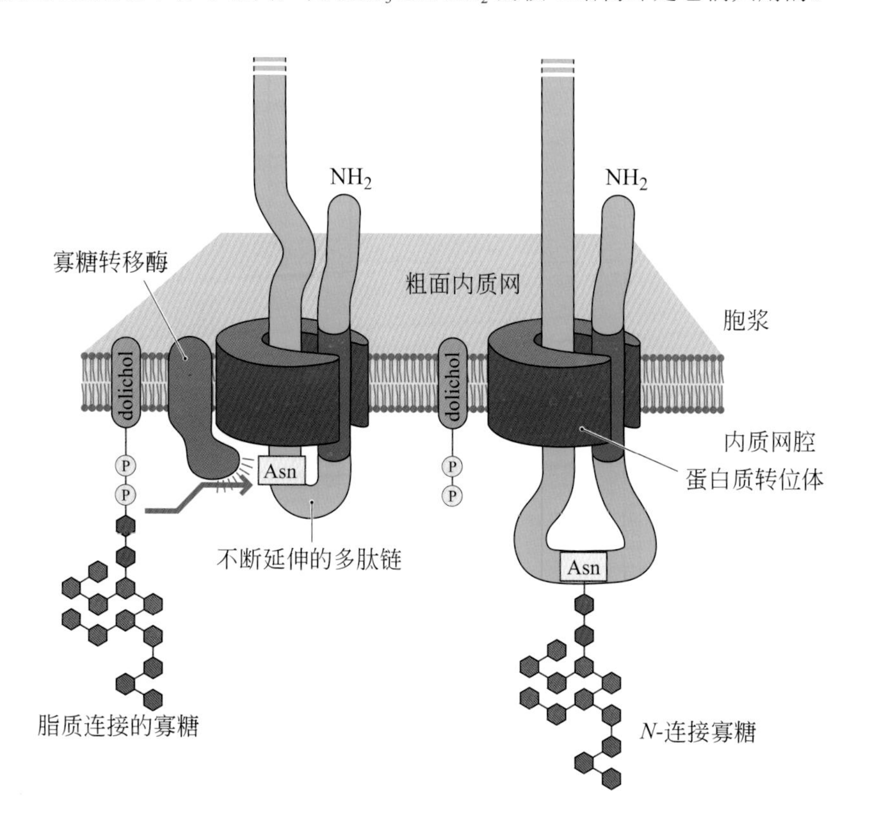

图 7.55　OST 介导的寡糖转移。寡糖转移酶在蛋白质从核糖体中翻译并进入内质网时将复杂的寡糖转移到 Asn-Xxx-Ser/Thr 中的天冬酰胺残基上。（图片改自 B. Alberts et al.，Molecular Biology of the Cell，5th ed. New York：Garland Science，2008。）

图7.56 **起始的*N*-聚糖核心**。被转移到人体内蛋白质的天冬酰胺侧链上的寡糖是由14个单糖组成的。

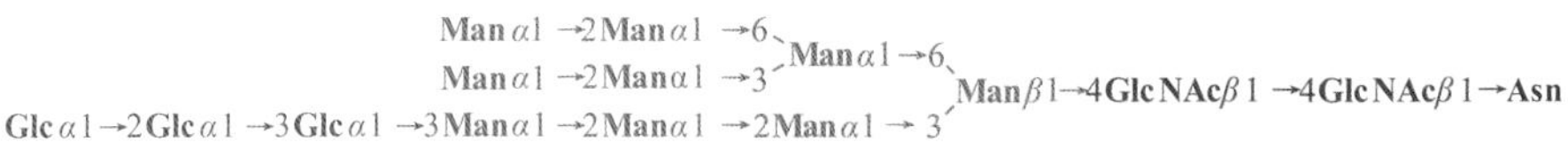

N-连接糖蛋白在内质网和高尔基体的囊泡中转运时会被各类糖苷水解酶修饰，同时也会被各类糖基转移酶添加单糖。最终*N*-连接糖蛋白可以被分为三类：寡甘露糖（高甘露糖型）、杂合型和复合型（**图7.57**）。寡甘露糖存在于包括酵母在内的所有真核生物中，而杂合型及复合型的*N*-连接糖蛋白是多细胞生物的特征。

图7.57 ***N*-聚糖分类**。在经过分泌途径中囊泡转运后，根据甘露糖核心可将*N*-聚糖划分为三类：高甘露糖型（Man_8）、复合型（Man_3）、杂合型（$Man_{3\sim8}$）。

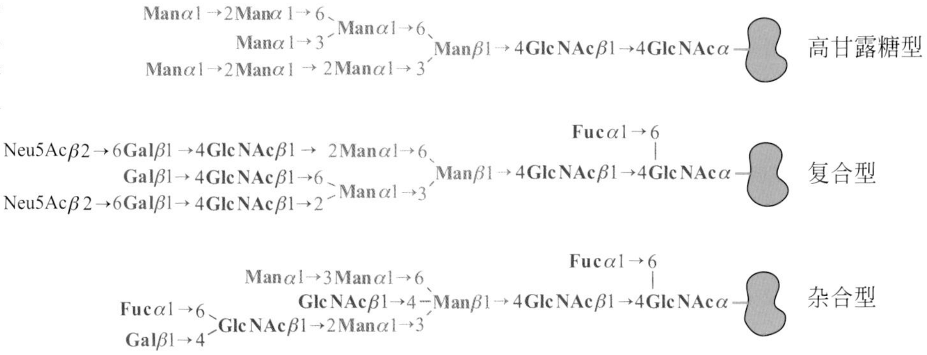

寡糖转移酶所利用的寡糖底物的合成始于UDP-乙酰葡萄糖胺和磷酸多萜醇。多萜醇是一类简单的萜烯醇，最多可拥有85个碳，其长度远大于脂质双层的厚度。位于膜上的GlcNAc-PP-dolichol会被一系列糖基转移酶延伸为更复杂的寡糖。富甘露糖型寡糖会在脱除二磷酸多萜醇后被转移到天冬酰胺侧链上（**图7.58**）。衣霉素（tunicamycin）可以抑制UDP-乙酰葡萄糖胺和磷酸多萜醇的偶联，因此可作为*N*-糖基化的抑制剂被广泛应用于糖生物学研究中。衣霉素A、B、C和D是一组带有不同长度亲脂酰基链的同源天然产物。

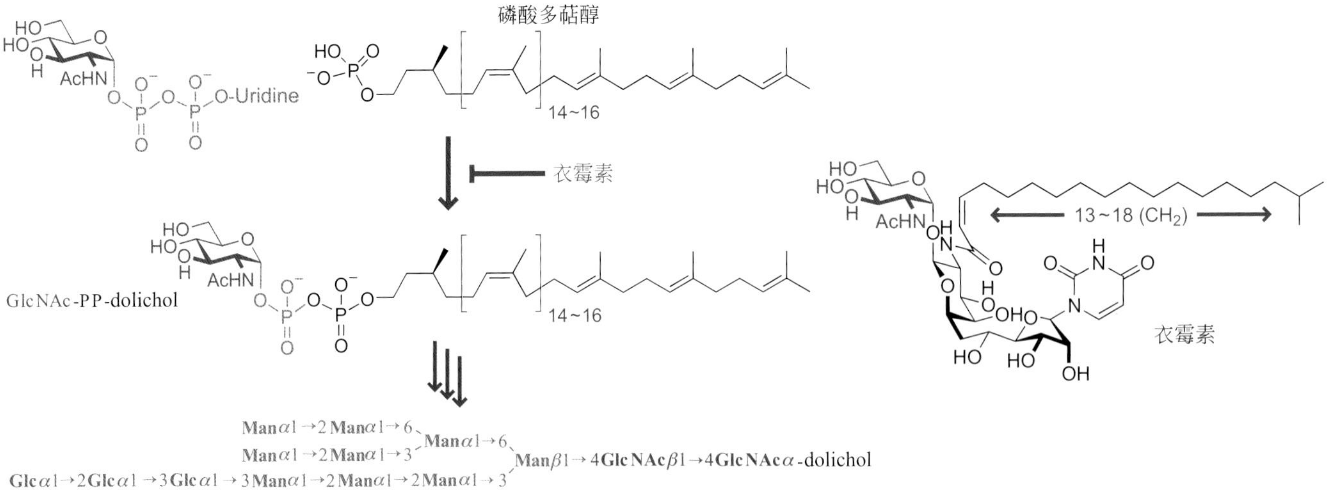

图7.58 **阻碍*N*-聚糖的合成**。衣霉素通过阻碍UDP-乙酰葡萄糖胺和磷酸多萜醇起始连接从而实现对蛋白质*N*-糖基化的抑制。

在蛋白质*N*-糖基化过程中Asn-Xxx-Ser序列会呈现反应构象

天冬酰胺侧链上不存在亲核性的孤对电子，这是由于H_2N的孤对电子通过共振进入了C═O的π*轨道。Imperiali及其同事指出在反应构象下，

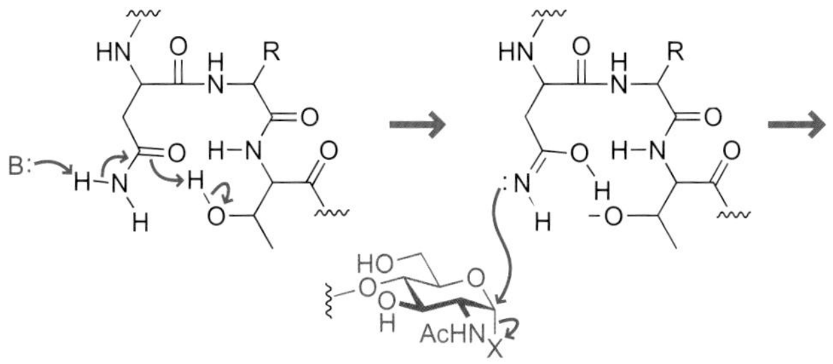

图7.59 *N*-聚糖连接的机理。酰胺基生成其互变异构体，这对寡糖转移酶介导的天冬酰胺上氮的糖基化过程而言是必要的。

Asn-Xxx-Ser 会让侧链上的羟基以及骨架上的酰胺基团靠近天冬酰胺侧链上的羰基。酰胺基团以及丝氨酸或苏氨酸上的羟基有助于侧链上的天冬酰胺形成其互变异构体，进而在碱性氮上产生可用于糖基化的孤对电子（**图 7.59**）。这个底物辅助催化（substrate-assisted catalysis）的例子向我们阐释了修饰酶的选择性以及底物在靶位点侧链附近的官能团在翻译后修饰过程中的序列特异性。

在囊泡转运过程中聚糖的加工过程

N- 连接寡糖的加工起始于内质网内对寡糖分支的修剪。先通过内质网，再经过高尔基体最终到细胞表面，聚糖上会被进一步脱除和添加单糖（见**图 7.47**）。聚糖绝不会暴露在细胞质中，并且绝大多数的修剪都是由膜上糖苷基水解酶所介导的，这些酶的活性区域也都朝向囊泡腔内。想要理解为何 *N*-连接聚糖具有如此的异质性和复杂性，可以想象这样一条自动汽车装配线，只有在缺少正确的组件时工人才会进行操作。如果加速组装过程，工人们就会因为没有足够的时间而来不及修整每一辆车。

修剪起始于粗面内质网（附着核糖体）中，在核糖体翻译蛋白质的同时，*α*-葡萄糖苷酶 I 就移除了最末端的 *α*-1,2-连接的葡萄糖（**图 7.60**）。接下来两个 *α*-1,3-连接的葡萄糖将被位于光面内质网以及高尔基体前囊泡膜上的 *α*-葡萄糖苷酶 II 切除。*α*-葡萄糖苷酶 I 和 *α*-葡萄糖苷酶 II 的活性可以分别被天然产物 1- 脱氧野尻霉素（1-deoxynojirimycin）和栗精胺（castanospermine）所抑制（**图 7.61**）。

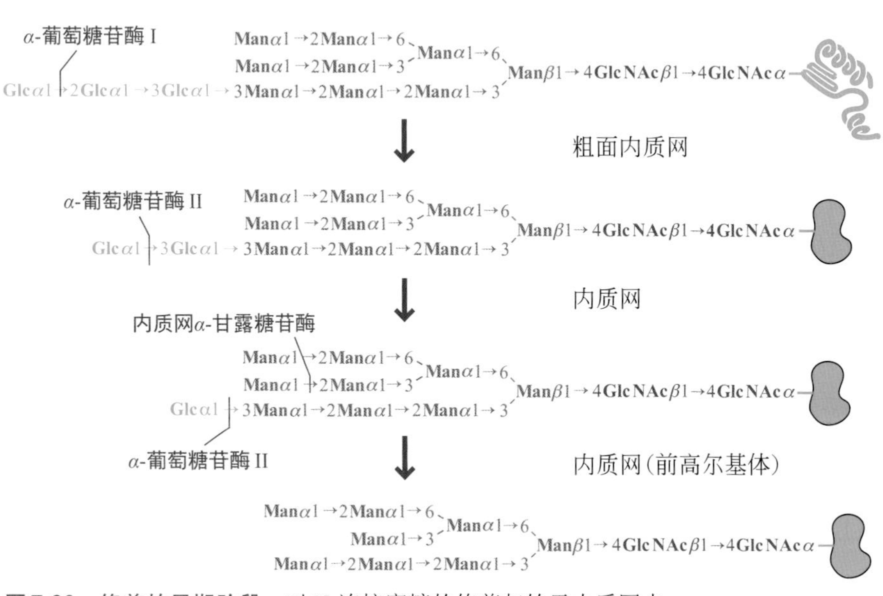

图7.60 修剪的早期阶段。对*N*-连接寡糖的修剪起始于内质网中。

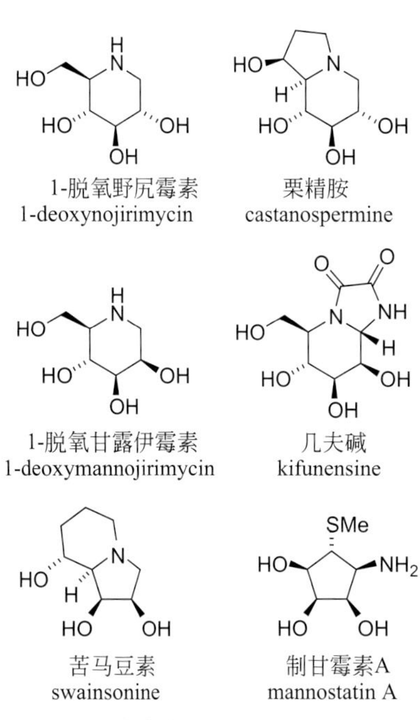

图7.61 来自自然界的工具。存在大量的天然产物可以对各类糖苷酶进行选择性抑制，这些天然产物是研究人体细胞中的*N*-聚糖加工过程的有效工具。

α-葡萄糖苷酶Ⅱ水解第二个α-1,3-连接葡萄糖的速率比水解第一个的速率慢。如果葡糖糖残基的去除过于缓慢，甘露糖内切酶则会将二糖 Glcα1-3Man 一起切除，这一过程发生在糖蛋白进入高尔基体时（**图 7.62**）。即使使用1-脱氧野尻霉素和栗精胺将两种葡萄糖苷酶的活性全部抑制住，甘露糖内切酶仍可以将四糖 Glc_3Man 全部切除。甘露糖内切酶是哺乳动物中仅有的可以切割内部糖苷键的修剪酶。

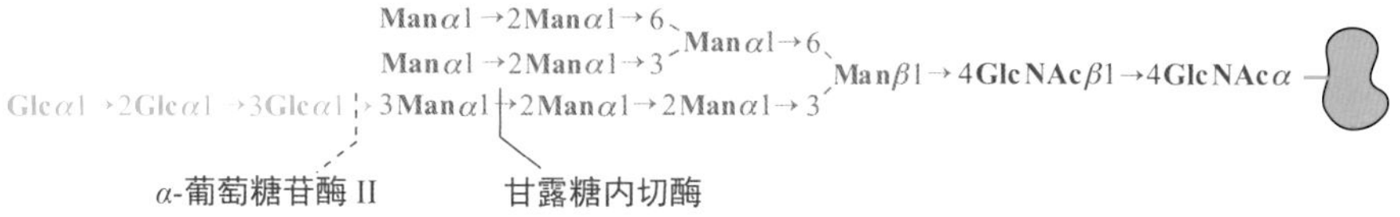

图7.62　替代性早期修剪。无论修整末端的葡萄糖苷酶是否留下葡萄糖残基，甘露糖内切酶都会通过对内部的甘露糖进行切割来完成修剪。

Manα1→2Manα1→6
Manα1→6
Manα1→2Manα1→3
Manβ1→4GlcNAcβ1→4GlcNAcα
Glcα1→2Glcα1→3Glcα1→3Manα1→2Manα1→2Manα1→3
α-葡萄糖苷酶 II
甘露糖内切酶

在前高尔基体囊泡与高尔基体网络融合后，*N*-聚糖将进一步被α-1,2-甘露糖苷酶 IA、IB 或 IC 修整（**图 7.63**）。高尔基体网络中最靠近细胞核的一侧称为顺式（*cis*），而最靠近细胞膜的一侧称为反式（*trans*）。由于高尔基体通过缓慢的囊泡转运将内容物送往细胞表面，因此在顺式高尔基体中的糖苷酶可以先于反式高尔基体中的糖苷酶发挥作用。α-1,2-甘露糖苷酶 IA、IB 及 IC 功能基本相同，都可以切割三个α-1,2-连接的甘露糖残基，但这三种酶的表达水平具有组织特异性。α-甘露糖苷酶可以被天然产物1-脱氧野尻霉素和席夫碱所抑制。聚糖在一系列酶的修剪下形成 $Man_5GlcNAc_2$ 的核心结构，再进一步被糖基转移酶延伸。高甘露糖型的*N*-聚糖就是那些在顺式高尔基体中未完全被α-1,2-甘露糖苷酶修剪，也没有经过进一步修饰而转移到细胞膜上的*N*-聚糖。

图7.63　加法或减法。*N*-聚糖进入顺式高尔基体后会被保留为高甘露糖型聚糖或者被进一步修剪。小分子（如图7.61所示）可以抑制这些*N*-聚糖修饰酶。

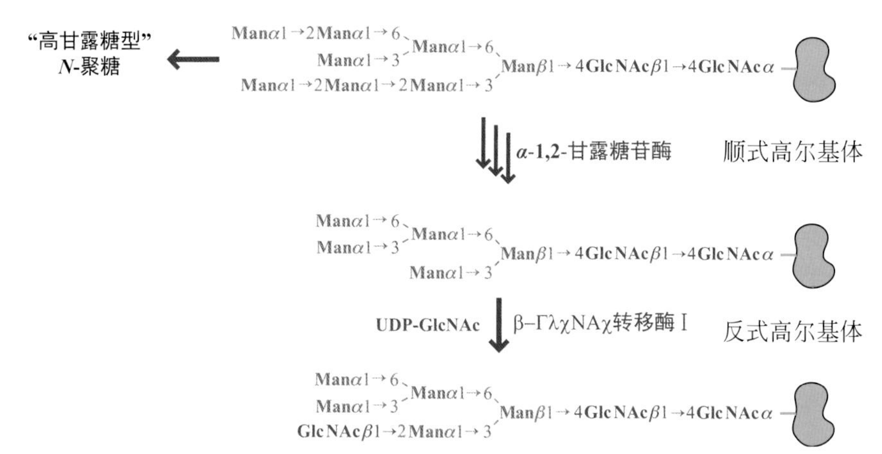

在顺式高尔基体中，先前带有葡萄糖残基的 $Man_5GlcNAc_2$ 分支将会被β-*N*-乙酰葡萄糖胺转移酶Ⅰ修饰，这将成为其被α-甘露糖苷酶Ⅱ进一步修剪的信号。α-甘露糖苷酶Ⅱ可以去除末端的Manα1-3以及Manα1-6残基（见图 **7.63**）。通过向被α-甘露糖苷酶Ⅱ修剪过的 GlcNAc-$Man_3GlcNAc_2$ 核心进一步添加β-*N*-乙酰葡萄糖胺、α-岩藻糖、β-半乳糖以及α-*N*-乙酰神经氨酸（**图 7.64**）可以生成"复合型"的*N*-聚糖。未被α-甘露糖苷酶Ⅱ修剪的*N*-聚糖也可以进一步延伸，最终形成"杂合型"的*N*-聚糖。称其为"杂合型"的原因是这样的*N*-聚糖既拥有"高甘露糖型"的分支又拥有"复合型"的分支。

高尔基体中的α-甘露糖苷酶Ⅱ可以被天然产物苦马豆素和制甘酶素A所抑制，进而导致*N*-聚糖的合成从复合型向杂合型转变。Man_3 和 Man_5 核心可以被许多β-*N*-乙酰葡萄糖胺转移酶所修饰，进而生成最多6个 GlcNAc 分支。例如，β-GlcNAc 转移酶Ⅱ可以将 GlcNAc 残基添加到甘露糖2位羟基上，β-GlcNAc 转移酶Ⅳ和Ⅴ会在甘露糖6位羟基上添加第二个 GlcNAc 残基，

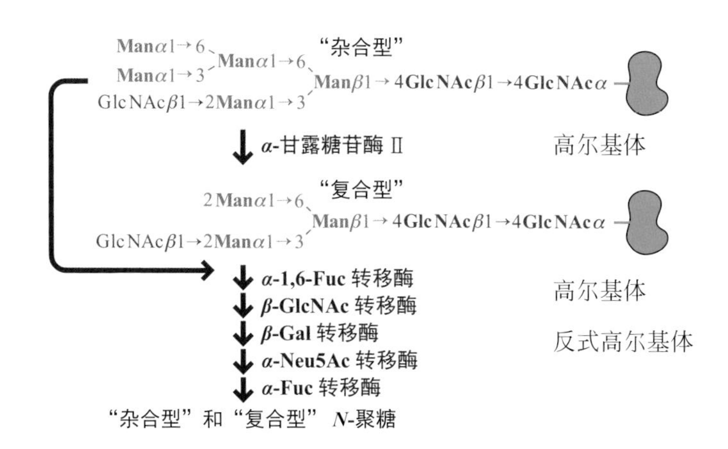

图7.64 在高尔基网络中的糖基化晚期阶段。进一步通过糖基化反应向甘露糖分支和末端GlcNAc上添加额外的糖。

β-GlcNAc 转移酶 I 还会进一步将第三个 GlcNAc 转移到甘露糖 4 位羟基上。当 N-聚糖到达反式高尔基体网络时，α-1,6- 岩藻糖转移酶Ⅷ会在靠近蛋白的 N-乙酰葡萄糖胺上添加一个岩藻糖。

N-聚糖末端的 GlcNAc 将进一步被 β-1,4-半乳糖转移酶 II 或 V 修饰上 β-半乳糖（**图 7.65**），在人体中 β-1,4-半乳糖转移酶共有 7 种。半乳糖 3 位和 6 位羟基可以被人体内 20 种不同的 α-唾液酸转移酶所修饰。此外，人类基因组中还存在着 11 种不同的岩藻糖转移酶，它们中的一部分会选择性地将 α-岩藻糖转移到 β-半乳糖 2 位地羟基上，而另一些则会将 α-岩藻糖转移到 β-N-乙酰葡萄糖胺 3 位或 4 位羟基上。在人类各种细胞的高尔基体中存在着超过 100 种不同的糖基转移酶。负责晚期糖基化修饰的大部分酶都仅能识别少数的单糖亚基而不能识别完整的寡糖结构。因此糖基转移酶可能仅能识别底物上的 GlcNAc 残基而无法区分底物是糖蛋白还是糖脂。例如，β-1,4-半乳糖转移酶 V 可以同时识别位于糖脂和糖蛋白上的 GlcNAc 残基。类似地，α-1,2-岩藻糖基转移酶 II 也可以将岩藻糖转移至糖脂或糖蛋白上的半乳糖残基上。

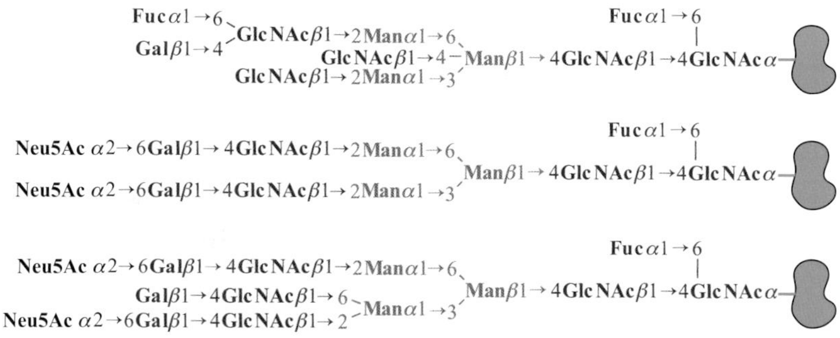

图7.65 复合型 N-聚糖。蛋白质上的聚糖被依次添加上不同的单糖。

由于通过高尔基体网络的时间是有限的，因此没有足够的时间来保证所有潜在的糖基化过程都能完全进行。这就导致 N-聚糖总是异质性混合物，难以被纯化和表征，甚至不能确定准确的结构。为了更好地理解糖基化蛋白的异质性，着重研究一种特定蛋白上的聚糖是一个好的选择。在中国仓鼠卵巢细胞中表达的细胞内黏附因子-1（sICAM-1）也具有不均一的 N-聚糖，其中大部分都带有 $Man_3GlcNAc_2$ 核心结构（**图 7.66**）。越来越多的糖生物学家使用彩色图形来代表各种单糖。这样的方式可以使得不同寡糖结构之间的比较更加简单，但是也在一定程度上忽略了原子位置和化学键等对化学家有潜在有益的信息。

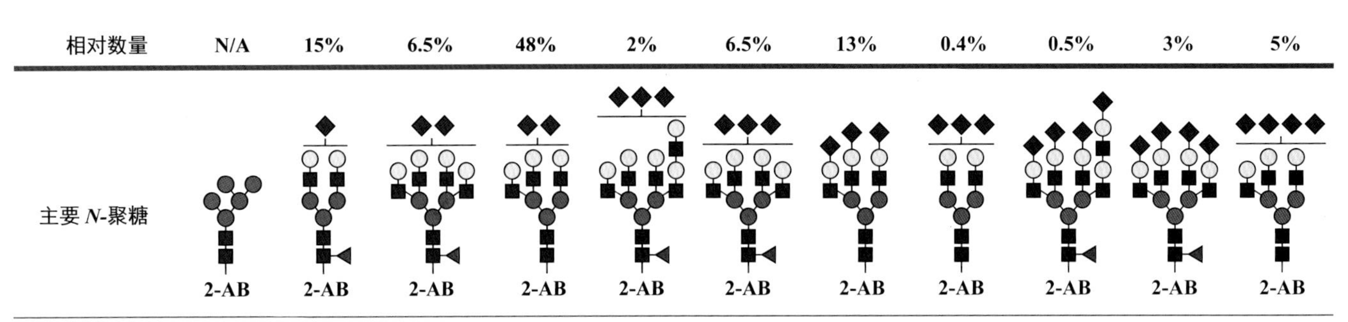

图7.66 异质性。为了展示同种蛋白质聚糖结构的多样性，利用酶将表达出的sICAM-1上的聚糖切割下来并使用2-氨基苯甲酰胺（2-AB）对其进行荧光标记以帮助色谱分析。通过质谱手段来确定聚糖中所有单糖的连接方式（蓝色方块，*N*-乙酰葡萄糖胺；绿色圆圈，甘露糖；红色三角，岩藻糖；黄色圆圈，半乳糖；紫色菱形，*N*-乙酰神经氨酸）。

问题7.11

请提出一种可能的酶促转移机理，以实现将甘露糖残基从β-甘露糖基磷酸多萜醇转移至色氨酸残基上。

甘露糖转移酶

C-甘露糖色氨酸

少数人类蛋白质上存在色氨酸侧链的*C*-甘露糖修饰

人体内有少部分分泌蛋白会在内质网中发生色氨酸侧链的糖基化修饰。这类糖基化反应是将α-甘露糖连接到位于色氨酸侧链的吲哚结构的2位上。例如，核糖核酸酶2和白细胞介素-12的四肽基序WXXW的第一个色氨酸上就存在*C*-甘露糖修饰。在补体系统中的一些蛋白质上也发现了这类修饰。从补体系统的名字上很难联想到其功能是对要清除的外源细胞进行杀伤。补体系统中存在一系列可被酶解作用激活的蛋白质，这些蛋白质会在病原生物膜上自组装成通道，而这些通道会进一步使细胞中的组分泄漏出来。其中补体蛋白C6、C7、C8α、C8β及C9上都存在多个*C*-甘露糖修饰：C6有6个，C7、C8α、C8β上各有6个，C9上有2个。这些补体蛋白的*C*-甘露糖修饰均发生在常见的血小板反应蛋白Ⅰ型重复结构域的WXXWXXW序列。当然，一些不属于这一结构域的色氨酸上也可以发生*C*-甘露糖修饰。

部分情况下蛋白质上的糖基化修饰会影响其功能

大部分经过内质网和高尔基体转运的膜结合蛋白都是带有*N*-糖基化修饰的。第9章中我们将介绍在一些信号转导中发挥重要作用的各类受体。受体上的糖基化修饰对其与配体的结合十分重要，但并不是所有受体上都存在糖基化修饰。例如，粒细胞/巨噬细胞集落刺激因子（GM-CSF）受体需要借助完整的*N*-糖基化来实现与配体高亲和性的结合，而血管内皮生长因子（VEGF）受体上的糖基化对其与VEGF的结合却没有什么帮助。表皮生长因子受体（EGFR）作为一类二聚化酪氨酸激酶具有多个*N*-糖基化修饰位点，其中位于 240 号天冬酰胺上的糖基化修饰对于结合信号向胞内传送至关重要，但并不影响配体的结合。如果将其 240 号天冬酰胺突变为天冬氨酸使其失去糖基化修饰，在这种情况下即使 EGFR 没有与配体结合也会发生自磷酸化；可以产生此类表型的突变体，也被称为组成性激活突变型。

超过 95% 的七次跨膜受体都带有糖基化修饰，其中 2/3 的受体在第二个胞外 loop 结构上存在糖基化修饰位点，另外 1/3 受体上的修饰则发生在第一个或第三个胞外的 loop 结构上。对这些寡糖功能的研究仍在继续。在许多情况下，膜表面受体上的寡糖有利于其膜定位和与配体结合。例如，血管紧张素Ⅱ受体上具有 3 个糖基化位点，将 4 号和 188 号天冬酰胺突变为不可被糖基化的苏氨酸后，绝大部分受体的膜定位及其与配体的结合能力都没有受到影响，但对 176 号天冬酰胺进行突变后则会显著影响其定位和结合能力。

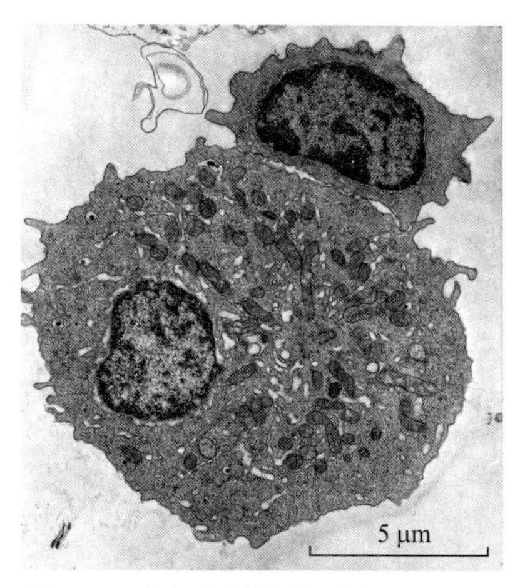

图7.67 “亲密的”化学物质交流。细胞毒性T淋巴细胞（上方）与抗原提呈细胞（下方）的相互作用。

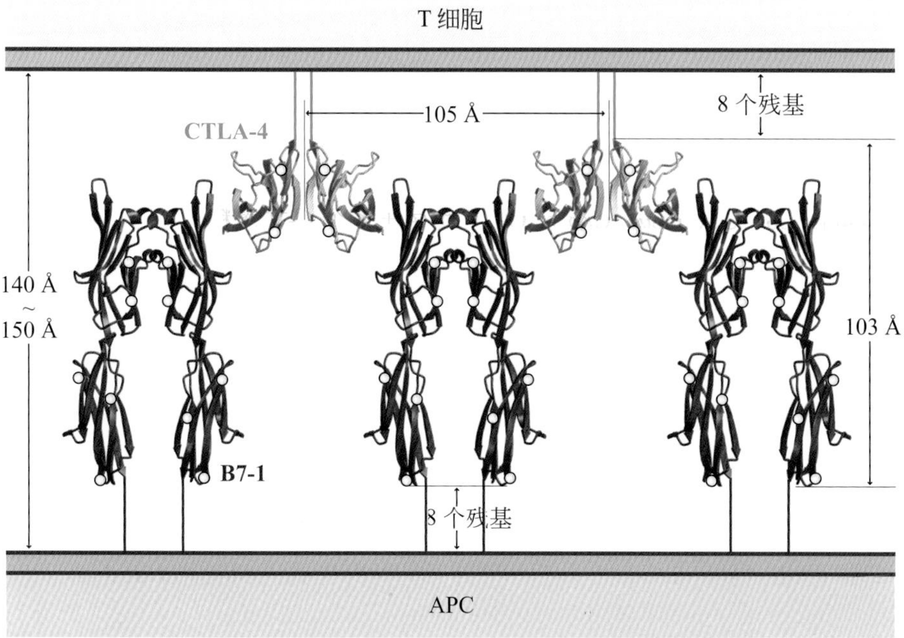

在病毒侵染过程中，人体内的细胞会裂解病毒的蛋白质，并将多肽片段结合在主要相容性复合物（MHC）受体上再提呈到细胞表面，以便被 T 细胞识别。两个细胞可以通过彼此蛋白质的相互接触来进行交流。发生在两细胞界面上的蛋白-蛋白识别会导致进一步结合，这个结构被称为免疫突触。通过这样的机制，杀伤性 T 细胞可以区分哪些是健康的细胞，哪些是被感染的细胞。抗原提呈细胞上的 B7-1 与细胞毒性 T 淋巴细胞上的 CTLA-4 介导了二者的相互作用（**图 7.67** 和**图 7.68**）。这两种蛋白都是被高度糖基化的（CTLA-4 上有两个糖基化位点，B7-1 上有 10 个）。然而由于糖的特异性较差，所以不会通过糖来介导关键的相互作用，因此在 T 细胞应答过程中主要是依靠蛋白-蛋白相互作用。CTLA-4 上的聚糖虽然不会与 B7-1 直接接触，但是仍然具有很重要的作用。阿巴西普（abatacept）是一种免疫调节剂，是抗体的 Fc 结构域与 CTLA-4 蛋白融合后的二聚体，从 CHO 细胞中产生的阿巴西普相较于从其他细胞中产生的有更长的半衰期，主要原因是 CHO 细胞的阿巴西普的寡糖末端带有 *N*- 乙酰神经氨酸。

图7.68 “甜蜜的问候”。T细胞与抗原提呈细胞（APC）识别界面上存在许多糖基化修饰位点（黄色），但这些糖基化修饰都与结合无关。（图由S. Ikemizu and S. J. Davis提供。）

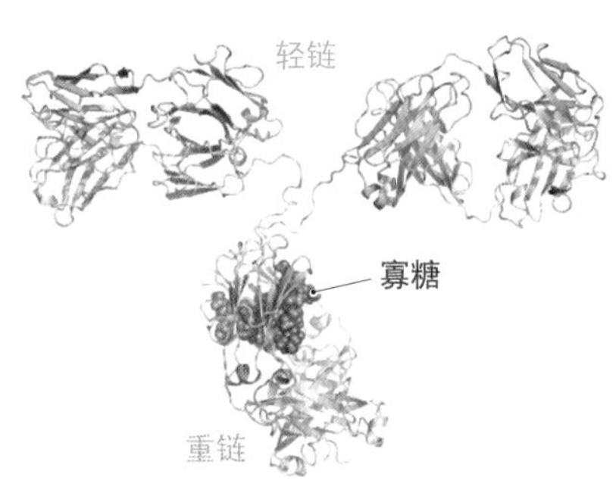

图7.69 糖蛋白的内外两侧。大多数糖蛋白上的寡糖都修饰在蛋白外侧，而抗体却恰恰相反。在这个全长IgG的晶体结构中可以清楚地看到，寡糖深深地嵌入到重链的固定位置上：两条重链（绿色），两条轻链（蓝色）以及两个*N*-连接寡糖（紫色）。寡糖末端的唾液酸是缺失的（PDB：1IGT）。

大多数胞外信号蛋白都带有糖基化修饰

大部分可溶性的信号蛋白都带有糖基化修饰，如我们将在第9章介绍的白细胞介素、干扰素以及集落刺激因子都是被糖基化修饰的，这些修饰有助于延长它们在血液中的半衰期。这类糖基化修饰往往不影响蛋白质间的结合。寡糖的结构会显著影响蛋白质在血清中的半衰期，例如，除去无唾液酸糖蛋白末端的*N*-乙酰神经氨酸，将末端的半乳糖残基暴露出来，会导致其在几分钟之内就被肝脏吸收。

在某些情况下寡糖也与糖蛋白的功能密切相关。例如，*β*-人绒毛膜促性腺素（Pregnyl®）可以诱导排卵，当去除其糖基化修饰后，该蛋白质会对另一种同源受体产生类似的亲和力，但这样的结合并不会激活靶细胞内的腺苷酸环化酶。*γ*免疫球蛋白（IgG）作为最常见的一种抗体，在其重链的297号天冬酰胺上带有糖基化修饰（**图7.69**）。并且该位点上的寡糖结构都很相似（**图7.70**）。尽管修饰在糖蛋白的寡糖是不均一的，但这些寡糖仍对蛋白质的功能有着重要影响。IgG上的糖基化修饰会影响其与免疫球蛋白Fc受体以及补体蛋白C1q的结合，后者可以导致外源细胞的裂解。

Neu5Ac α2→6Galβ1→4GlcNAcβ1→2Manα1→6
GlcNAcβ1→4—Manβ1→4GlcNAcβ1→4GlcNAcα→Asn （**Fucα1→6** 连接于 GlcNAc）
Neu5Ac α2→6Galβ1→4GlcNAcβ1→2Manα1→3

图7.70 IgG上的寡糖序列。图中还展示了寡糖的截短形式。

醛可以与酰肼缩合形成稳定的腙。使用高碘酸钠氧化寡糖并产生醛基是一种常见的反应（**图7.71**）。因为在化学键的断裂过程中会形成环状的五元环高碘酸酯结构，所以作为反应底物的邻二醇必须是顺式的。非环邻二醇可以通过C—C键的旋转来产生合适的构象。然而环状邻二醇的两个羟基仅可在位于环的同一侧时才能发生反应；反式邻二醇很难被高碘酸盐氧化。

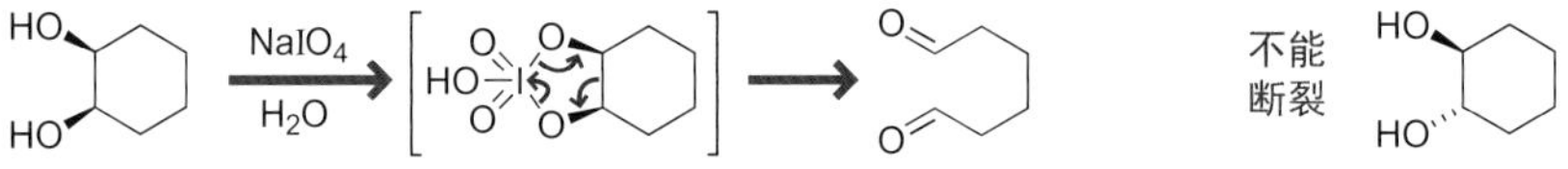

$NaIO_4$ / H_2O …… 不能断裂

图7.71 高碘酸盐氧化反应。高碘酸钠（$NaIO_4$）与顺式邻二醇反应生成醛基。

问题7.12

用高碘酸钠（$NaIO_4$）处理典型的IgG寡糖（图7.70）后，你认为寡糖中哪个单糖结构单元易发生图7.71所示反应生成反应性醛？

许多蛋白药物是糖基化修饰的

大多数糖蛋白药物，如Aranesp®，都是从CHO细胞中表达的（CHO细胞是一种可以大规模扩增的稳定的哺乳动物细胞系）。尽管哺乳动物细胞的培养成本高于细菌，但是哺乳动物细胞可以提供各类翻译后修饰酶以及腔室环境，这些对于生成高效的人源蛋白而言至关重要。然而在CHO细胞或其他非人源细胞中产生的糖基化形式不一定与人体细胞中产生的糖型一致。例如，在CHO细胞中表达的CTLA-4上会出现额外的*N*-糖基化修饰。通过CHO细胞产生的Avonex®（β-干扰素1a）是糖蛋白，而使用大肠杆菌表达的Betaseron®（β-干扰素1b）就没有糖基化修饰。据报道，Avonex®的效力是Betaseron®的10倍以上，这主要是由于二者有无*N*-糖基化修饰而非氨基酸序列上的微小差异。Avonex®上的寡糖有效抑制了蛋白质间的聚集。CHO

细胞中糖基化模式与人体中分离出的糖蛋白上的糖基化模式也不一定相同。例如，从人体中分离出的干扰素 β1 四种唾液酸化的三触角和四触角糖蛋白的混合物（**图 7.72**）。从 CHO 细胞中生成的也是这四种糖型的混合物，但是比例却略有不同。所幸这些差异没有对治疗效果产生影响。可以产生糖蛋白的工程酵母（酿酒酵母和巴斯德毕赤酵母）细胞系也有望助力糖蛋白药物的生产。通过筛选或许可以找到能产生糖型均一且有生物活性的促红细胞生成素的细胞系，尽管某些也许不是人体内的主要糖型。我们有理由相信酵母将会成为未来糖蛋白药物的主要来源。

糖型	人	CHO
(Neu5Ac α2→3)Galβ1→4GlcNAcβ1→2Manα1→6 Manβ1→ (Neu5Ac α2→3)Galβ1→4GlcNAcβ1→2Manα1→3	74%	68%
(Neu5Ac α2→3)Galβ1→4GlcNAcβ1→2Manα1→6 Manβ1→ (Neu5Ac α2→3)Galβ1→4GlcNAcβ1→4 Manβ1→3 (Neu5Ac α2→3)Galβ1→4GlcNAcβ1→2	10%	0%
(Neu5Ac α2→3)Galβ1→4GlcNAcβ1→4 Manβ1→6 (Neu5Ac α2→3)Galβ1→4GlcNAcβ1→2 Manβ1→ (Neu5Ac α2→3)Galβ1→4GlcNAcβ1→2Manα1→3	8%	27%
(Neu5Ac α2→3)Galβ1→4GlcNAcβ1→2Manα1→6 Manβ1→ (Neu5Ac α2→3)Galβ1→4GlcNAcβ1→3Galβ1→4GlcNAcβ1→2Manα1→3	8%	0%
(Neu5Ac α2→3Galβ1→4GlcNAcβ1→3)Galβ1→4GlcNAcβ1→4 Manβ1→6 (Neu5Ac α2→3Galβ1→4GlcNAcβ1→3)Galβ1→4GlcNAcβ1→2 Manβ1→ (Neu5Ac α2→3Galβ1→4GlcNAcβ1→3)Galβ1→4GlcNAcβ1→2Manα1→3	0%	4%

图7.72 不同细胞中的不同糖型。来自CHO细胞与人体细胞的人干扰素β1上的糖型仅略有不同。这些*N*-聚糖都是通过4GlcNAcβ1-4GlcNAcα-Asn（图中未展示）连接到干扰素β1的，在第一个GlcNAc上有着不同数量的α-岩藻糖修饰。最外侧分支末端的半乳糖的3位和6位上带有不同数目的*N*-乙酰神经氨酸。

细胞间的识别通常是由糖蛋白介导的

传染性 HIV 病毒表面的突起会选择性地与辅助性 T 细胞结合（**图 7.73**）。这些突起是由高度糖基化 gp120 的三聚物组成的，当这些突起与 T 细胞表面的 CD4 受体结合后会发生大规模重排（**图 7.74**）。HIV 病毒进化出了多种不同的策略让这些特有的糖蛋白突起骗过人体的免疫系统。快速突变是其逃逸的主要机制。在感染 HIV 后，病毒种群依靠快速突变产生多样化个体，在这之中就会出现一部分不被抗体识别的突变体。对这些突变进行分析后发现，它们常常与 *N*- 糖基化模式改变有关。

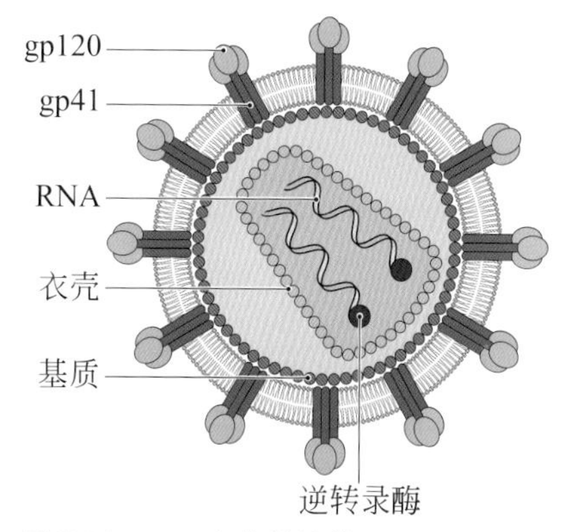

图7.73 HIV病毒的结构。

引入*N*-糖基化修饰可以改善蛋白质药物

蛋白质药物促红细胞生成素（erythropoietin）是一类可以促进红细胞增殖的细胞因子。更多的红细胞可以提高氧气的摄入能力，这是伤口愈合以及有氧运动能力的决定因素。在 20 世纪 90 年代末，运动员们使用促红细胞生成素来取得更多的竞争优势。现在许多组织都会检测运动员体内重组促红细胞生成素的水平。促红细胞生成素是简单的四螺旋束蛋白，具有 3 个 *N*-糖基化位点和 1 个 *O*-糖基化位点；其总质量的 40% 都是碳水化合物。出乎意料的是，促红细胞生成素的糖基化修饰将使其与受体的亲和力降低为原来 1/10，但也延长了其在血清中的半衰期。在 CHO 细胞中表达的重组人促红细胞生成素的 *N*-连接寡糖混合物与人源干扰素 β1 上的糖基化模式十分相似（**图 7.75**）；其中重复的二糖 Gal-GlcNAc 有时会缩写为 LacNAc，因为这个二糖是 Galβ1-4Glc。

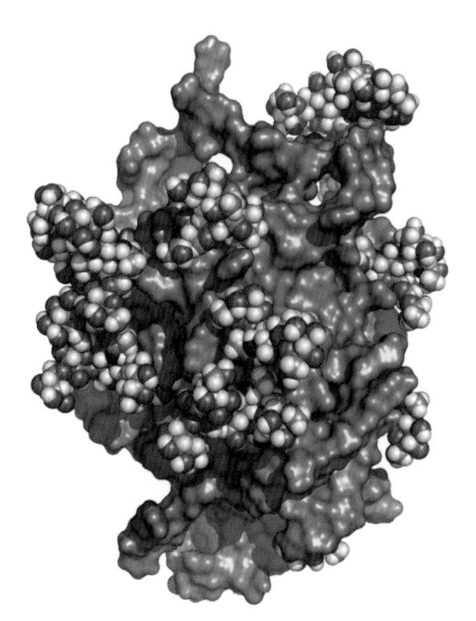

图7.74 众多糖基化位点。猴免疫缺陷病毒（猴同源的HIV）gp120的晶体结构展示了糖基化修饰程度。（PDB：2BF1）

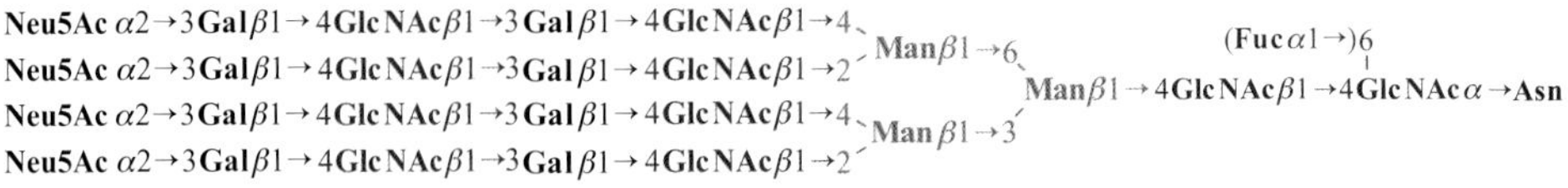

Neu5Ac α2→3Galβ1→4GlcNAcβ1→3Galβ1→4GlcNAcβ1→4 Manβ1→6 (Fucα1→)6
Neu5Ac α2→3Galβ1→4GlcNAcβ1→3Galβ1→4GlcNAcβ1→2 Manβ1→4GlcNAcβ1→4GlcNAcα→Asn
Neu5Ac α2→3Galβ1→4GlcNAcβ1→3Galβ1→4GlcNAcβ1→4 Manβ1→3
Neu5Ac α2→3Galβ1→4GlcNAcβ1→3Galβ1→4GlcNAcβ1→2

图7.75 Epogen™的糖基化修饰。CHO细胞表达的促红细胞生成素中含有丰度最高的寡糖。

位于126号丝氨酸的*O*-连接寡糖是Neu5Acα2-3Galβ1-4GalNAc和Neu5Acα2-6[Neu5Acα2-3-3]Galβ1-4GalNAc的混合物。当去除促红细胞生成素末端的*N*-乙酰神经氨酸残基（最多14个），并将末端的半乳糖残基暴露出来后，修饰后的促红细胞生成素将会被快速清除。改良型的促红细胞生成素（商品名Aranesp®）中添加了两个额外的Asn-Xxx-Ser序列用于*N*-糖基化。额外的糖基化修饰轻微地干扰了其与促红细胞生成素受体的结合，但是却将其在血清中的半衰期延长了3倍。

只要天冬酰胺连接的GlcNAc上不存在Fucα1-3基团，*N*-连接寡糖可以被PNGase F酶选择性地从蛋白质上释放出来。PNGase F仅水解天冬酰胺侧链的酰胺键而不会与*O*-连接寡糖反应。*O*-连接寡糖可以被硼氢化钠的碱性溶液选择性地切割下来。

通过蛋白质生物合成途径修饰过的糖携带有反应性基团

在人体内，单糖是通过Ⅰ类醛缩酶催化的羟醛缩合反应生成的。该过程会生成亲核性烯胺中间体并进一步进攻醛羰基（**图7.76**）。烯胺的亲核性强于烯醇但弱于烯醇负离子。真菌和细菌中存在Ⅱ类醛缩酶，可以催化烯醇负离子加成到醛羰基的反应。

图7.76 醛缩酶的催化机理。Ⅰ类醛缩酶介导的单糖的生物合成（其中会生成烯胺中间体）。

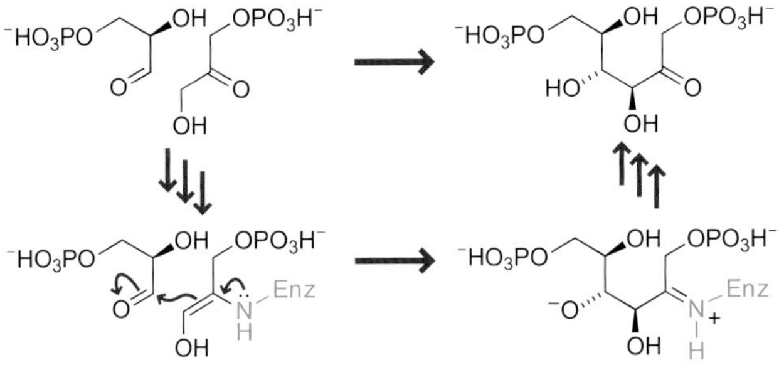

在人体内，*N*-乙酰神经氨酸是由*N*-乙酰甘露糖胺与二碳片段通过羟醛缩合反应生物合成的（**图7.77**）。催化合成*N*-乙酰神经氨酸的酶以及其对应的糖基转移酶都有足够的容忍性，可以允许在*N*-乙酰基上添加额外的基团。例如，对人工合成的ManNAc类似物ManNLev来说，在其被细胞吸收后首先被醛缩酶转化为神经氨酸衍生物Neu5Lev，再进一步被活化为CMP衍生物。唾液酸转移酶会将CMP-Neu5Lev作为Neu5Ac类似物，将其插入细胞表面糖蛋白的*N*-聚糖上。游离的酮羰基与酯和酰胺相比有着更强的亲电性。就像通过高碘酸盐氧化聚糖生成的醛基一样，酮羰基也可以在水相中选择性地与肼衍生物缩合生成稳定的腙结构。因此，当细胞可以容忍带有4-氧(代)戊酰胺基团的*N*-乙酰神经氨酸衍生物展示在其表面后，游离的酮羰基即可被带有生物素或者荧光基团的肼衍生物（或是其他人工合成的带有酰肼官能团的分子）选择性地反应。贝尔托齐（Bertozzi）及其同事们开发出了这种有效的策略，使对细胞表面聚糖进行特定的化学修饰成为可能。

图7.77 反应性酮的代谢性插入。(A)由ManNAc生物合成*N*-乙酰神经氨酸(Neu5Ac)的过程。(B)将4-氧(代)戊酰胺基团整合(或插入)到细胞表面的糖蛋白上。

流式细胞术(flow cytometry)可以用于鉴别那些表面带有荧光标记寡糖的细胞。它可以在载带细胞的基质所形成的动态流体中使用超高速的电子设备测量细胞的荧光信号。一台普通的流式细胞仪就可以在一秒内测量数以万计的细胞。当使用荧光强度来对细胞进行计数时,流式细胞仪可以轻松地区分出被标记的和未被标记的细胞(**图7.78**)。这种技术可以用于被特异性抗体染色的细胞(抗体上需要携带荧光基团),表达诸如绿色荧光蛋白等荧光蛋白的细胞,或者是被荧光试剂标记的细胞。许多流式细胞仪都可以检测不止一种波长的荧光并依据细胞上的荧光信号将细胞分群(如从混合细胞中挑选出带有荧光标记的细胞)。

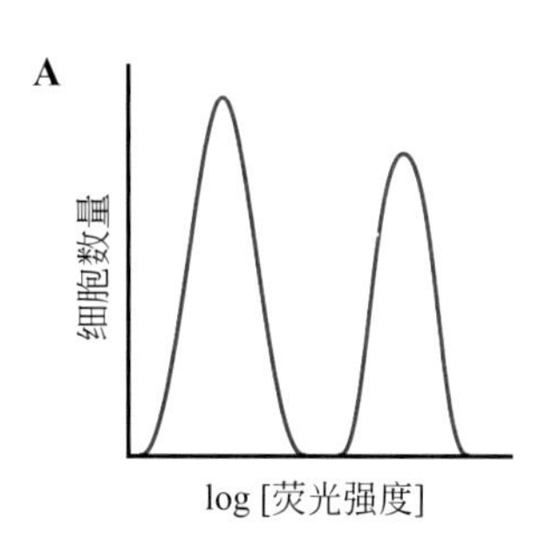

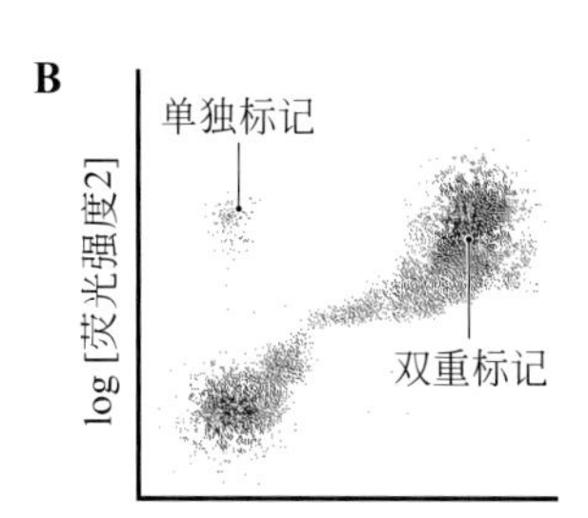

图7.78 **流式细胞术**。(A)流式细胞术可以区分高荧光强度和低荧光强度的细胞群。(B)二维流式细胞术可以读取细胞上更多种类的荧光标记。

问题7.13

已知唾液酸醛缩酶165号的赖氨酸对其功能十分重要,请提出一种可行的机理以实现由ManNAc到Neu5Ac的转化。

荧光激活细胞分选(fluorescence-activated cell sorting,FACS)技术就是在流式细胞术的基础上建立的(**图7.79**)。通过检测荧光信号的有无来决定是否在小液滴上添加电荷,带电荷的液滴则可因静电作用被收集起来。例如,可以使用荧光抗体对白细胞中的某种特定的B细胞进行标记,带有荧光标记的B细胞则可被FACS分选仪从未标记的细胞中挑选出来。

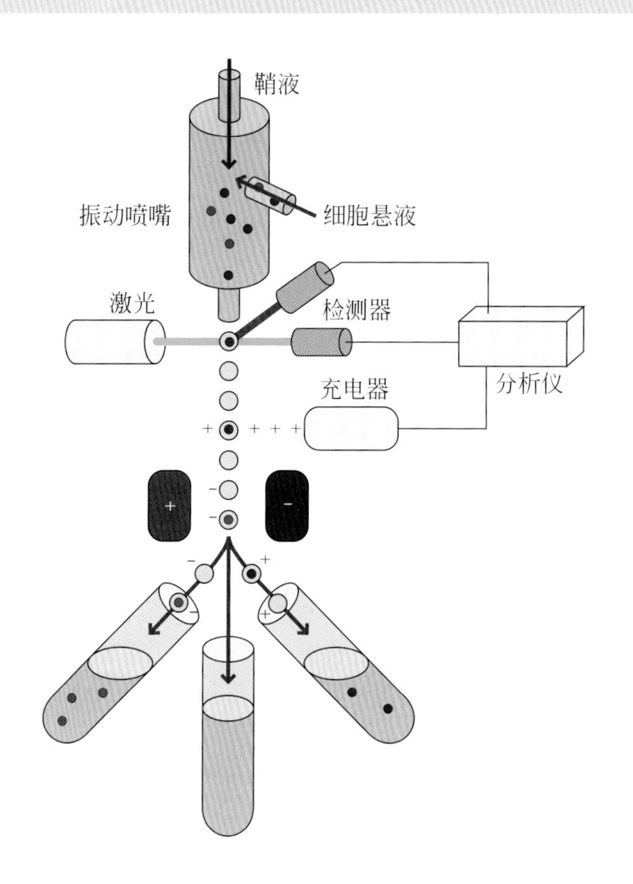

图7.79 FACS。荧光激活细胞分选仪的工作示意图。（改编自B. Alberts et al., *Molecular Biology of the Cell*, 5th ed. New York：Garland Science, 2008。）

7.5 糖脂（Glycolipids）

鞘糖脂是类脂糖偶联物

一些细胞表面聚糖连接在脂质而非膜结合蛋白上，连接在脂质神经酰胺上的寡糖称为**鞘糖脂**（glycosphingolipids）。在两类常见的鞘糖脂中，半乳糖脑苷脂（galactocerebrosides）主要存在于神经组织，而葡糖脑苷脂（glucocerebrosides）分布更为广泛（**图7.80**）。一种特殊的糖苷酶——葡糖脑苷脂酶的缺失，会导致脂肪性葡糖脑苷脂在各种组织中的累积，引起戈谢病（Gaucher's disease）。

流感病毒的血凝素蛋白能识别一种特殊的葡糖脑苷脂——神经节苷脂（ganglioside）。神经节苷脂由Galβ1-3GalNAcβ1-4Galβ1-4Glcβ1四糖和神经酰胺连接构成，并通常在寡糖上有一个或多个Neu5Ac残基。

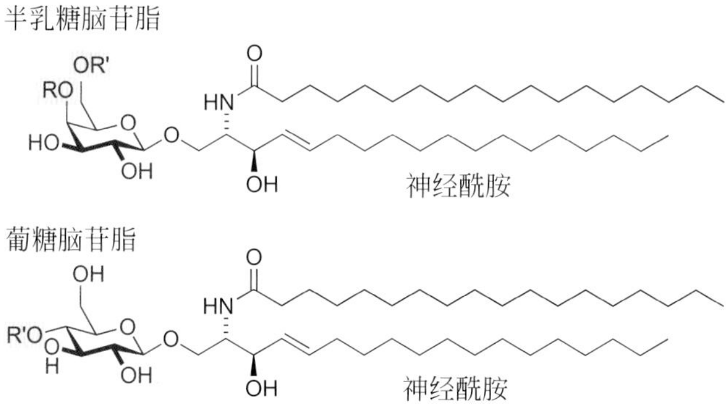

半乳糖脑苷脂

OR'　RO　HO　O　O　OH　HN　O　OH　神经酰胺

葡糖脑苷脂

OH　R'O　H　O　O　OH　HN　O　OH　神经酰胺

图7.80 脑苷脂。脑苷脂是一类脑组织中重要的鞘糖脂，神经酰胺部分将聚糖固定在细胞膜上。在半乳糖脑苷脂中，糖链与半乳糖残基的4-或6-羟基相连；在葡糖脑苷脂中，糖链与葡萄糖残基的4-羟基相连。

红细胞糖苷脂（globosides）是一类由GalNAcβ1-3Galα1-4Galβ1-4Glcβ1四糖与神经酰胺连接的葡糖脑苷脂。Globo H抗原是一种在前列腺癌细胞表面红细胞糖苷脂和糖蛋白上大量表达的六糖。将糖类共价连接到非人类蛋白上

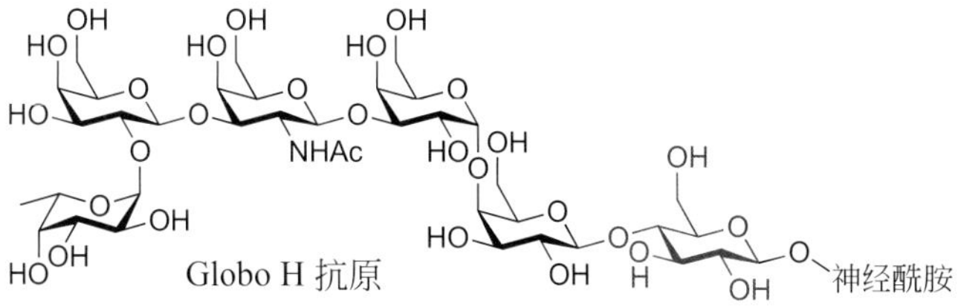

Globo H 抗原

图7.81 **抗癌糖疫苗**。一种被称为Globo H抗原的六糖是人类癌细胞的标志物。基于Globo H的疫苗可能有助于人体对抗癌症。

（如钥孔虫戚血青素），可以用来增强人体的免疫反应，这使得在癌症疫苗中引入 Globo H 引起了极大的关注（**图 7.81**）。

病原体来源的糖基磷脂酰肌醇可作为潜在的疫苗

人类的免疫系统能通过识别病原体的寡糖外壳和多肽碎片这两种独特的分子特征来优化其对病原体的反应。免疫系统有时需要一些分子帮助识别病原体的分子特征。糖基磷脂酰肌醇（glycosylphosphatidylinositols，GPIs）将蛋白质和寡糖锚定连接到真核生物细胞膜上。这种糖基化的脂质类型在单细胞真核生物中比在人体细胞中更为常见。其核心结构是环己烷衍生化的肌醇，肌醇部分再与脂质连接，构成与细胞膜磷脂相似的脂质结构（**图 7.82**）。

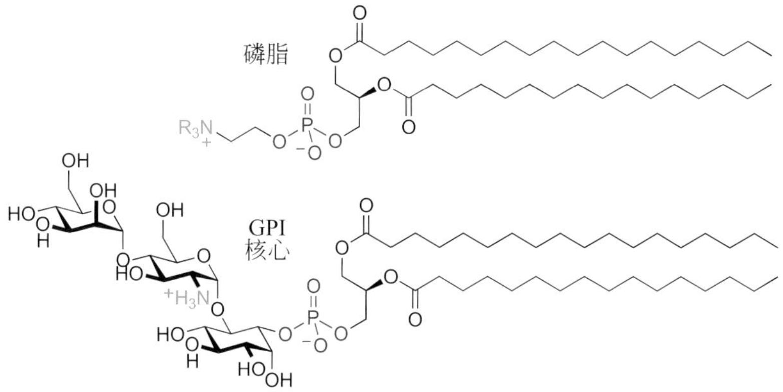

磷脂

GPI 核心

图7.82 **糖基磷脂酰肌醇**。糖基磷脂酰肌醇（GPIs）的两性离子糖基部分类似于磷脂的极性头基。

GPI 锚在人体细胞中并不常见，通常是感染性微生物的显著特征，如刚地弓形虫（*Toxoplasmas gondii*）、利什曼原虫（*Leishmania*）、布鲁氏锥虫（*Trypanosoma brucei*）和恶性疟原虫（*Plasmodium falciparum*，疟疾的病原体）。刚地弓形虫由猫携带，孕妇和免疫系统受损或受抑制的个体有从猫粪中感染弓形虫病的风险（**图 7.83**）。在感染的晚期，弓形虫会在人体免疫系统不易触及的骨骼肌和脑细胞间形成囊肿。所幸，人类免疫系统可以对弓形虫所具有的一组独特保守的 GPI 核心寡糖产生初步免疫反应，这种寡糖已被合成作为一种潜在的弓形虫病疫苗。

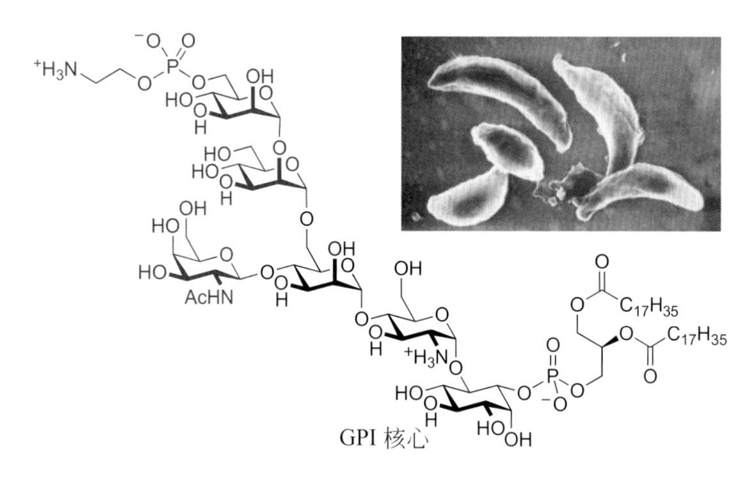

图7.83 **靶向传染病中的多糖**。刚地弓形虫表面的糖基磷脂酰肌醇是引起弓形虫病的特有物质。这些非人源的聚糖可以用作预防该疾病的疫苗。（插图由Michael J. Cuomo提供，获得Public Health Source授权。）

相当多的人细胞表面蛋白通过GPI锚与细胞膜相连。例如，Thy-1是一种在人T细胞和脑细胞表面含量丰富的GPI连接蛋白（**图7.84**）。Thy-1（含161个氨基酸的蛋白质）被翻译完成后，GPI的乙醇胺基团与蛋白质的半胱氨酸残基发生转酰胺化，使蛋白质C端解离，GPI得以共价连接在Thy-1上。细菌毒素气菌溶胞蛋白（aerolysin）能与人GPI锚（如在Thy-1上的GPI锚）的糖基部分以很高的亲和力结合。随着其在细胞表面浓度的增加，气菌溶胞蛋白会在细胞膜上形成一个七聚孔，杀死细胞。

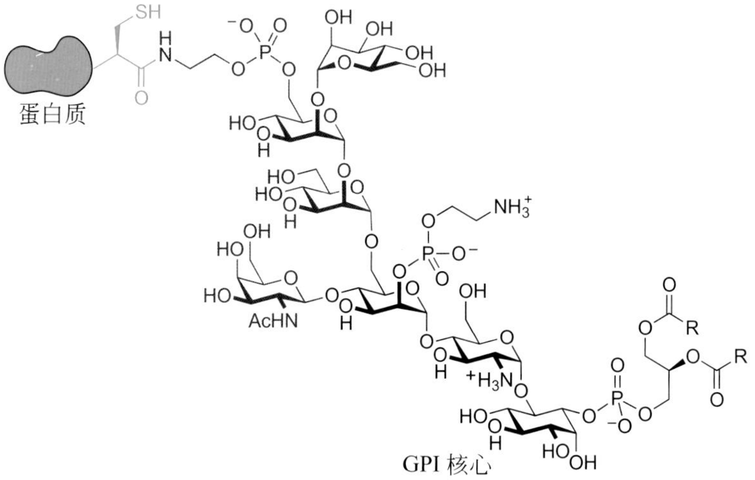

图7.84 GPI锚。糖蛋白Thy-1通过糖基磷脂酰肌醇固定在T细胞膜上。

蛋白质

GPI核心

7.6 细胞内的糖基化（Glycosylation in the Cytosol）

细胞内类“磷酸化”的*O*-GlcNAc修饰

人体细胞中，蛋白质的糖基化修饰绝大多数发生在内质网和高尔基体。这些蛋白质底物经糖基化加工后，最终被运送至细胞外环境并发挥生物学功能。20世纪80年代中期，研究者发现一类存在于真核细胞内的蛋白质糖基化修饰：氧连-*N*-乙酰葡萄糖胺（*O*-linked *N*-acetylglucosamine，*O*-GlcNAc），即一个GlcNAc单糖通过糖苷键连接于底物蛋白质的丝氨酸和苏氨酸残基上。与蛋白质的磷酸化类似，*O*-GlcNAc具有高度特异性。事实上，很多*O*-GlcNAc残基也是磷酸化位点，这两种翻译后修饰可通过竞争底物靶标的方式实现蛋白质的功能调控。因此，明确*O*-GlcNAc如何阻碍磷酸基团比研究其修饰残基的实际结构更为重要。与细胞内存在多种磷酸激酶和磷酸酶不同，*O*-GlcNAc由独一的*O*-GlcNAc糖基转移酶（*O*-GlcNAc transferase，OGT）以UDP-GlcNAc为糖基供体，催化*O*-GlcNAc糖基化（**图7.85**）；独一的*O*-GlcNAc水解酶（*O*-GlcNAcase，OGA）催化蛋白质上的*O*-GlcNAc去修饰。

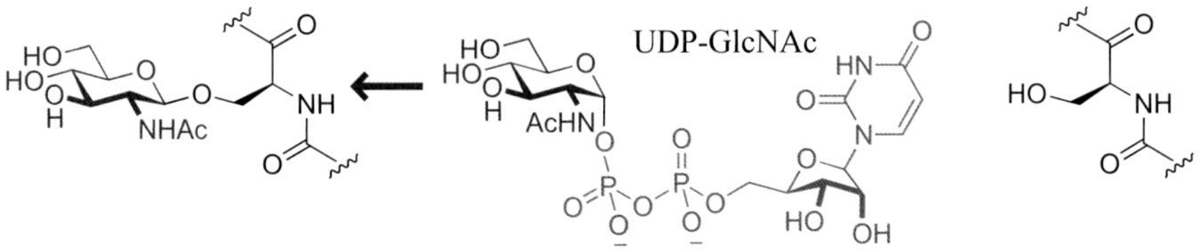

图7.85 细胞内的*O*-GlcNAc糖基化。*O*-GlcNAc由UDP-GlcNAc转移至丝氨酸的侧链基团上。

UDP-GlcNAc

核孔蛋白（nuclear pore proteins）多具有*O*-GlcNAc残基修饰。此外，一些转录因子、RNA结合蛋白、聚合酶、细胞激酶和骨架蛋白等也具有

O-GlcNAc 修饰。这类糖基化修饰被报道与细胞外环境中的葡萄糖浓度相关，因此，*O*-GlcNAc 修饰极有可能参与细胞葡萄糖储存和代谢调节信号通路。

依据荧光偏振原理，研究人员开发出检测 UDP-GlcNAc 竞争性 OGT 抑制剂的策略（**图 7.86**）。当荧光团被激发，经 $10^{-9}\sim10^{-7}$s 恢复至基态并释放一个光子。若采用偏振光激发荧光基团，则可得到与激发光偏振方向相同的荧光。溶液中游离的小分子不停地发生无序运动，而当小分子与 DNA 或蛋白质等大分子结合时，其运动速率减缓。因此，通过荧光偏振测定法，研究者可从时间尺度清晰地分辨出溶液中的荧光素处在与大分子结合还是游离的状态。同时，对 *O*-GlcNAc 而言，当缺乏合适的糖基受体时，UDP-GlcNAc 会与 OGT 形成稳定的复合物。基于此，研究者设计并合成了可结合 OGT 的荧光素化 UDP-GlcNAc 衍生物，并借助荧光偏振技术实现了对 UDP-GlcNAc 竞争性 OGT 抑制剂的筛选与检测。

运动速率慢 = 荧光偏振光保持　　分子运动速率快 = 荧光偏振光消失

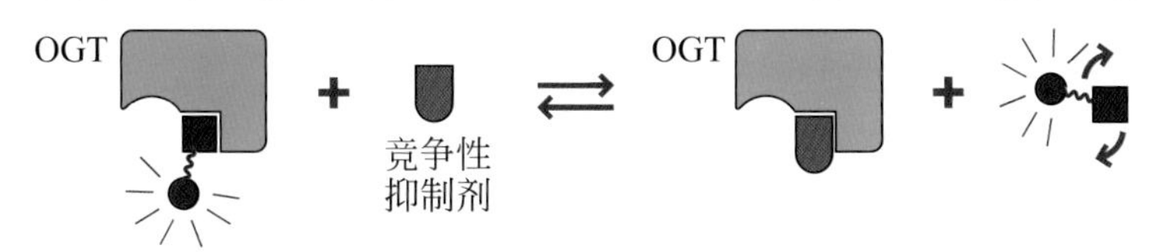

图 7.86 *O*-GlcNAc 荧光探针。 分子的运动速率越慢，发射的偏振光越强。基于该原理，研究者开发出对 UDP-GlcNAc 竞争性 OGT 抑制剂的筛选方法。

通过葡萄糖醛酸修饰可以靶向清除药物

人体肝脏是消除外源异物的主要工作中心。例如，肝脏中富含细胞色素 P450（CYP）酶，此酶可催化苯并[*a*]芘、黄曲霉素、环磷酰胺、外源抗生素等物质的氧化过程。同时，肝脏中 UDP-葡萄糖醛酸糖基转移酶（UDP-glucuronosyltransferases，UGT）含量丰富，此酶可将 *β*-D-葡萄糖醛酸基团转移至各种底物分子上，以实现这些底物的靶向清除。事实上，UGT 是将葡萄糖醛酸转移到各种亲核性的官能团上，其中羟基和羧酸是最常见的底物。此外，一些内源性醇，如雌二醇、睾丸激素、胆汁酸等，也是 UGT 的催化底物；亲脂性羧酸，如视黄酸等，同样可以被葡萄糖醛酸化修饰。葡萄糖醛酸化是很多药物的主要清除机制。比如，吗啡和对乙酰氨基酚的酚羟基可被葡萄糖醛酸化（**图 7.87**）；类似地，阿司匹林、布洛芬和萘普生的羧酸盐也是 UGT 的底物。与亲脂性物质相比，极性阴离子化合物可更快地被肾脏加工代谢。因此，葡萄糖醛酸修饰底物常常进入尿液并最终被排泄。

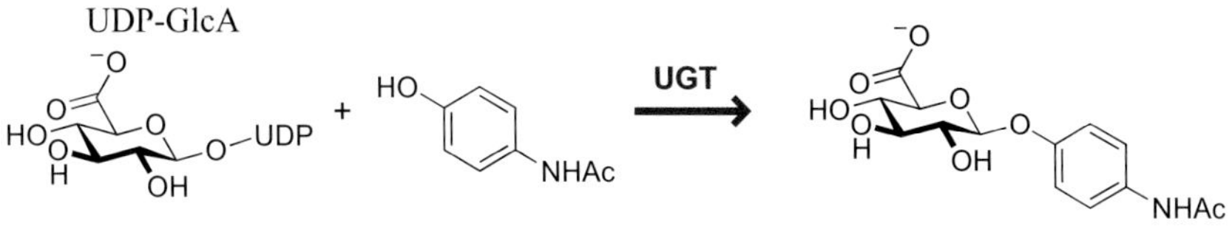

图 7.87 葡萄糖醛酸修饰。 含有苯酚基团的药物常常通过葡萄糖醛酸化途径实现细胞外排。例如，对乙酰氨基酚（也称扑热息痛）等。

问题7.14

画出布洛芬、萘普生和吗啡的结构；并掌握经UDP-葡萄糖醛酸糖基转移酶作用后的葡糖醛酸衍生物的结构。

人类基因组中至少存在13种UGT，这些UGT具有不同的底物选择性。例如，对于吗啡的葡萄糖醛酸化而言，UGT 2B7的催化活性显著高于UGT 1A3和UGT 1A8，而其他UGT则无法实现吗啡的葡萄糖醛酸化。除肝脏外，研究者发现某些UGT同样在其他组织中表达。例如，UGT 1A7存在于胃中，UGT 1A8被发现在小肠和结肠中表达，而这两种UGT均未在肝脏中检测到。

此外，人体内还存在清除有害化合物的其他途径。例如，类固醇*O*-硫酸化可促进排泄；谷胱甘肽*S*-转移酶则可将谷胱甘肽转移至亲电药物以促进相应药物的清除。

7.7 寡糖的化学合成（Chemical Synthesis of Oligosaccharides）

糖端基的立体化学由端基上的离去基团和2位取代基控制

在寡核苷酸或多肽的合成中，每一步的平均产率已经超过98%，与此相比，寡糖的化学合成还差得多。一般情况下，寡糖是通过带有选择性保护的单糖的S_N1反应合成的。因此，很重要的一点是单糖端基离去基团的立体化学应该与其自身2′位取代基相互匹配，从而能够较好地控制端基的立体化学。虽然正常吡喃糖上的基团优选平伏键，但是在反应过程中，无论是离去基团离子化的过渡态还是亲核进攻的过渡态，它们都更倾向于采取直立键构象。因此，要想有利于α键的生成，最好使用在2′位上带有像苄基这样保护基的糖基供体，因为这样的保护基不会在反应中取代端基离去基团［**图7.88（A）**］。极性条件有利于S_N1反应，不利于发生构型翻转的S_N2反应，在这样的条件下，反应会有较好的α/β选择性，可以达到10∶1～20∶1。要想生成β异构体，最好使用在2′位上带有像酯或酰胺这样保护基的糖基供体，因为它们能够生成五元环氧鎓离子中间体［见**图7.88（B）**］。随后，通过亲核进攻，生成平伏键。这种糖基化的选择性通常会很高（β/α超过20∶1）。有趣的是，对一些酶的机理研究发现，它们也使用相同的邻基参与方式水解*N*-乙酰氨基葡萄糖。

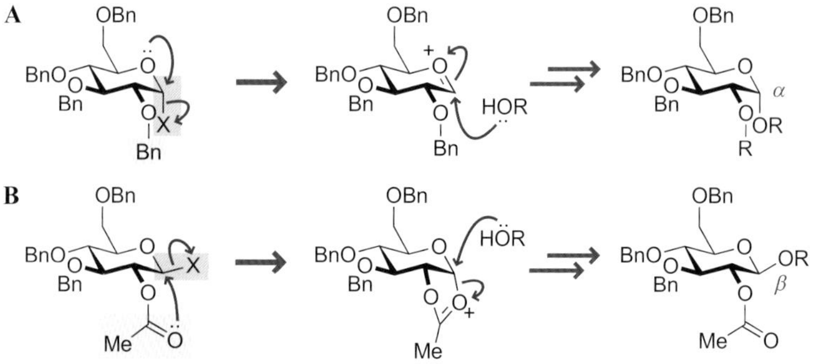

图7.88 选择使用不同的糖基供体可以很好地实现反应的立体化学可控性。（A）当糖基供体2′位上带有非邻基参与保护基团时，能使反应通过S_N1机理进行，从而有利于α键的生成。（B）2′位上邻近基团的取代和β-连接的离去基团有利于β键的生成。

邻基参与也可用于合成α-连接的甘露糖，因为处在2′位直立键上的亲核分子可以用类似于**图7.89**中所示的方式将同样处在直立键上的离去基团挤掉。在固相合成中，如何将β-甘露糖高效地添加到复杂的寡糖链上还是一个合成

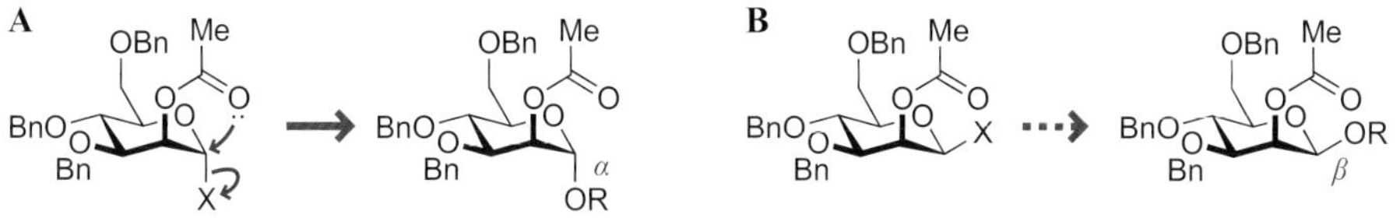

图7.89 **β-甘露糖的合成问题。**（A）因为邻基参与的取代反应可以使异头碳的构型得以保持，所以α-连接的甘露糖的生成是毫无疑问的。（B）但是，如何生成β-连接的甘露糖却是合成上一个很大的问题。

难题。因为甘露糖2′位上占据直立键的基团位于糖环的上方，它不太可能从下方将平伏键上的离去基团挤掉。如果不这样，让亲核分子直接将离去基团挤掉，生成的就会是α异构体。如果离去基团在没有辅助的情况下离去，会生成一个羰基碳鎓离子，随后发生的亲核分子的进攻仍然会倾向于形成直立键。β-连接的甘露糖的合成问题已经有了些解决的苗头。研究表明，在固相合成时，使用带有4,6-*O*-亚苄基保护的甘露糖三氟甲磺酸酯，有利于β-甘露糖基化的进行。

问题7.15

使用箭推法画出β-甘露糖苷键形成的合理的机理。

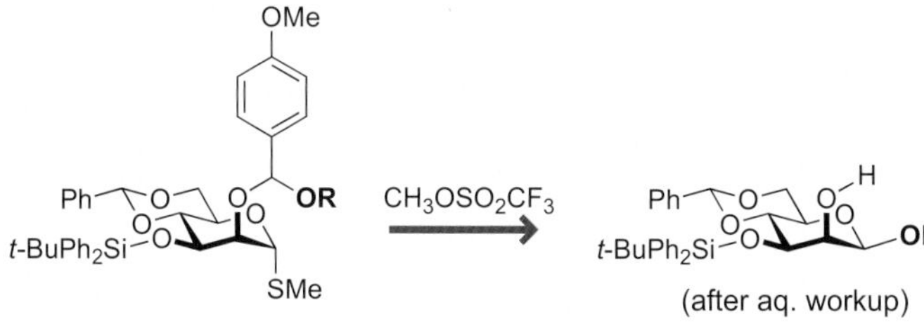

$CH_3OSO_2CF_3$

(after aq. workup)

问题7.16

使用箭推法画出一个合理的机理来解释在以下反应中β-甘露糖苷键是如何形成的。DTBMP为2,6-二叔丁基-4-甲基吡啶，它是一种具有大位阻的碱。

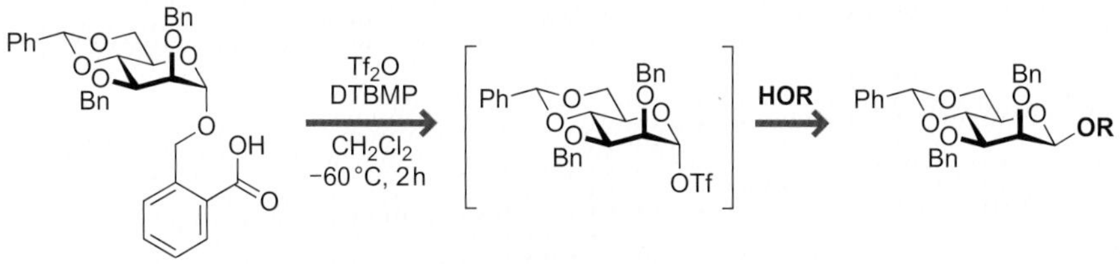

Tf_2O, DTBMP, CH_2Cl_2, −60°C, 2h

HOR

现代寡糖合成利用可活化的离去基团

在埃米尔·费歇尔（Emil Fischer）具有里程碑意义的单糖研究开始后不久，和他同时代的威廉·科尼格斯（Wilhelm Koenigs）就开发出了最早的化学糖合成方法。科尼格斯-克诺尔（Koenigs-Knorr）糖合成法是通过组合使用卤素离去基团和与卤素结合力强的银离子实现的。有些吡喃糖卤化物不是很稳定，即使在没有银离子存在的情况下，也可能会发生降解。现在已经有了很多稳定的糖基供体，它们在原位激活之前可以稳定存在（**图7.90**）。糖异头碳上最常使用的可以活化的官能团包括氟、硫醚、亚砜、亚氨酸酯、磷酸酯和正戊烯氧基等。

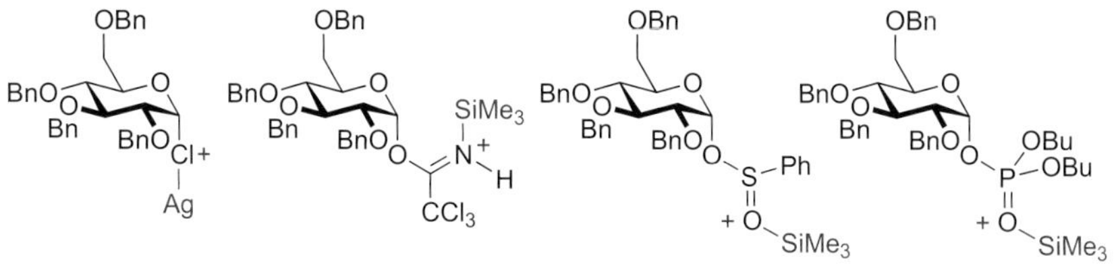

图7.90 **糖基供体的化学活化。**在糖基化反应中，离去基团可以被能提供正电荷的试剂所活化。

直到现在，任何高纯度寡糖的化学合成都还是极其困难的事，因此糖基供体只是极少数具有熟练技术的专业有机合成人员认为有用。对于精确组成的高纯度寡糖日渐增长的需求，促使科学家们开始努力开发自动化的固相寡糖合成方法。基于亚砜、三氯乙酰亚氨酸酯和磷酸酯的反应已经被优化用于糖的固相合成。由于 Koenigs-Knorr 糖合成法和与它类似的合成方法在反应中会形成不溶性沉淀，因此不适合糖的固相合成。三氯乙酰亚氨酸酯、亚砜和磷酸酯一般用三氟甲磺酸硅酯（简称三氟甲磺酸酯）活化，最终形成具有非常稳定硅氧键的副产物。质子溶剂或外来的水分可以与三氟甲磺酸三甲基硅酯发生剧烈的反应，生成三氟甲磺酸。在不存在亲质子碱（如 2,6-二叔丁基吡啶）的情况下，三氟甲磺酸硅酯的硅基能在热力学上推动反应进行，而三氟甲磺酸的质子则能在动力学上推动反应进行。

问题7.17

使用箭推法为下图所示的糖合成反应提出合理的反应机理。

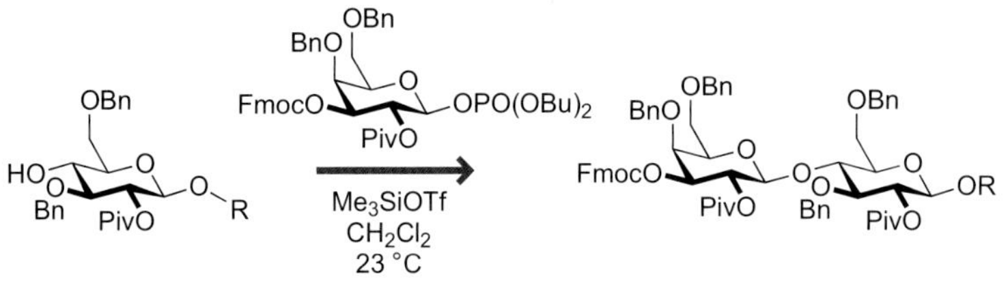

OBn; BnO; FmocO; O; OPO(OBu)$_2$; PivO

OBn; HO; O; Bn; PivO; O; R

Me$_3$SiOTf
CH_2Cl_2
23 °C

BnO; OBn; FmocO; O; PivO; O; O; Bn; OBn; PivO; OR

寡糖的化学合成仍然依赖具有熟练有机化学专业技术的人员

用于寡糖合成的单糖砌块具有高度特异性。比如，将半乳糖以 α 键还是 β 键连接到寡糖上需要使用两类不同的糖基供体。每种类型的半乳糖供体需要四种不同的保护基，以满足 2、3、4、6 位上四个羟基的选择性脱保护。如果想往寡糖上添加一个能形成分支的半乳糖，则需要更多组合的保护基才能实现。从未保护的单糖中开始，合成一个具有选择性保护的糖基供体大约需要 10 步。与此形成鲜明对比的是多肽合成需要的氨基酸砌块，它们的合成平均一般只需要 2 步，且不需要色谱纯化。截至 2009 年，市场上几乎没有可以用于寡糖合成的带有选择性保护的单糖砌块。然而，随着对定制寡糖需求的增加，这些商品化的合成原料会逐渐进入市场。

苄基保护基可以在合成完成后，使用钯碳（Pd-C）催化的氢化反应除去。然后通过过滤，可以很容易地把催化剂从脱保护的寡糖中除去。苄基氢化脱除生成的副产物甲苯可以通过旋转蒸发除去。9-芴甲氧羰基保护基（Fmoc）可以在惰性酯类如新戊酸酯（*t*-BuCOO）存在的情况下，被哌啶选择性地除去。

问题7.18

乙酰丙酰基可以用肼的乙酸溶液选择性脱除。使用箭推法，画出一种合理的脱保护反应机理，同时画出副产物的结构。

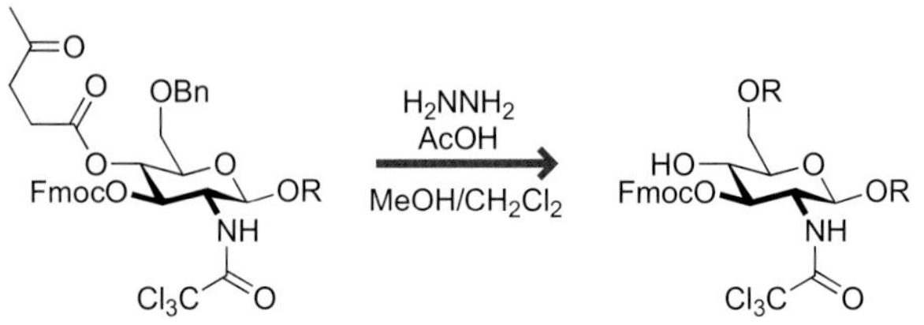

O; O; OBn; O; FmocO; O; OR; NH; Cl_3C; O

H_2NNH_2
AcOH
MeOH/CH_2Cl_2

OR; HO; FmocO; O; OR; NH; Cl_3C; O

第一台固相自动寡糖合成仪是基于糖基磷酸酯供体设计的。使用合成仪和五个单糖砌块，在 23h 内合成了 Lewis^y–Lewis^x 九糖肿瘤抗原（**图 7.91**）。在每步偶联反应中，需要使用 5e.q. 的糖基磷酸酯供体和 5e.q. 的三氟甲磺酸三甲基甲硅酯。在洗去杂质后，可以重复偶联反应以使尚未反应的羟基受体完全反应。经高效液相色谱纯化后，分离得到保护的寡糖总产率为 6.5%。羟基烯烃尾巴一般不从寡糖产物中除去。它在与生物分子缀合中非常有用，同时，当在碱性条件下脱除寡糖上的保护时，它可以保护末端端基碳上的羟基，使其避免形成开链结构而发生副反应。自动寡糖合成需要过量反应试剂，同时需要重复偶联反应，这会浪费大量的糖基供体。然而，与从复杂的混合物中纯化想要的寡糖产物相比，合成糖基供体还是容易得多。另外，对于大多数像疫苗测试等应用而言，它们只需要少量的寡糖产物，因此，自动合成还是有积极意义的。

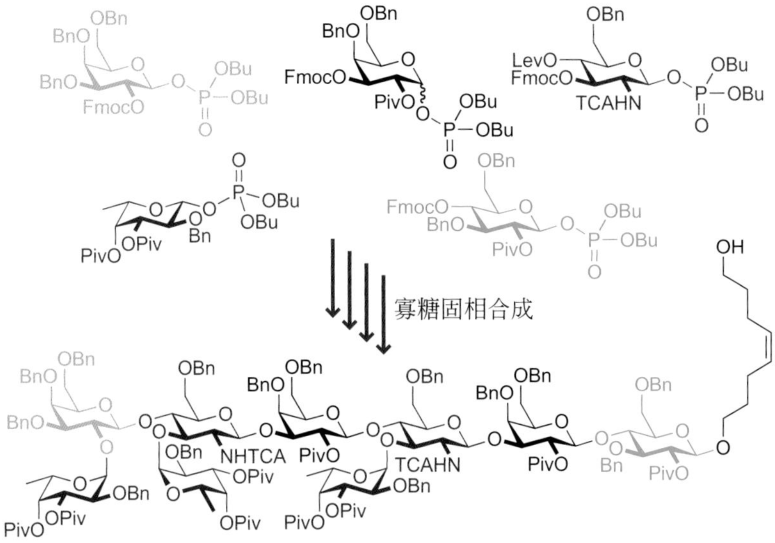

Piv = *t*-BuCO; Bn = $PhCH_2$; TCA = Cl_3CCO; Lev = $CH_3COCH_2CH_2CO$

图7.91　寡糖固相合成。带有支链的Lewis^y-Lewis^{x}肿瘤抗原的自动合成是通过精心调整保护糖基供体的反应完成的。（引自P. H. Seeberger and D. B. Werz，*Nature Rev. Drug Disc.* 4：751-763，2005；获Macmillan Publishers Ltd.授权）

7.8　与糖配体结合的蛋白质（Proteins that Bind to Carbohydrate Ligands）

糖链可以用来区分人体细胞表面的不同

从分子水平上讲，糖生物学研究的是糖-蛋白质间的相互作用。多样性的寡糖结构不但有助于区分每个人的不同细胞和每个人在不同发育阶段的细胞，而且有助于区分不同人的细胞。在一些情况下，寡糖决定簇是通过多价凝集素蛋白来区分的，而在另外一些情况下，则是由二价抗体来识别的。理查德·卡明斯（Richard D. Cummings）最近列出了人类糖组中对特征性和兼容性起决定作用的重要因素，见**表 7.1**。此表不需要记住，而是为了让读者能够在一定程度上了解人体细胞寡糖修饰的巨大多样性。

表 7.1 *N*-连接糖蛋白、*O*-连接糖蛋白和糖脂中的人类寡糖决定簇

寡糖结构	俗名 *
Galβ1-4GlcNAcβ1-R	Type 2 LN（*N*-acetyllactosamine）
Galβ1-4GlcNAcβ1-3Galβ1-4GlcNAcβ1-R	Type 2 LN_2（“I” antigen）
Galβ1-4GlcNAcβ1-3（Galβ1-4GlcNAcβ1-6）Galβ1-4GlcNAcβ1-R	“I” antigen
Galβ1-4GlcNAcβ1-3（Galβ1-4GlcNAcβ1-3）Galβ1-4GlcNAcβ1-R	“I” antigen
Galβ1-3GlcNAcβ1-R	Type 1 LN
Galβ1-3GlcNAcβ1-3Galβ1-3GlcNAcβ1-R	Type 1 LN_2
Galβ1-3GlcNAcβ1-3Galβ1-3GlcNAcβ1-3Galβ1-3GlcNAcβ1-R	Type 1 LN_3
GalNAcα1-Ser/Thr	Tn antigen
Galβ1-3GalNAcα1-Ser/Thr	T（also TF）antigen
Fucα1-2Galβ1-3GalNAcα1-Ser/Thr	H antigen（type 3）
GalNAcα1-3（Fucα1-2）Galβ1-3GalNAcα1-Ser/Thr	A antigen（type 3）
Neu5Acα2-6GalNAcα1-R	Sialyl Tn antigen
Neu5Acα2-3Galβ1-3GalNAcα1-Ser/Thr	Sialyl T antigen
Neu5Acα2-3Galβ1-3（Neu5Acα2-6）GalNAcα1-Ser/Thr	Di-sialyl T antigen
Galα1-3Galβ1-R	α-Gal antigen
GalNAcβ1-4GlcNAc-R	LacdiNAc（LDN）
GalNAcβ1-4（Fucα1-3）GlcNAc-R	Fucosylated LDN（LDNF）
Galβ1-4（Fucα1-3）GlcNAc-R	Lewis x（Le^{X}）（SSEA-1）
Fucα1-2Galβ1-4（Fucα1-3）GlcNAc-R	Lewis y（Le^{y}）
Galβ1-3（Fucα1-4）GlcNAc-R	Lewis a（Le^{a}）
Fucα1-2Galβ1-3（Fucα1-4）GlcNAc-R	Lewis b（Le^{b}）
Neu5Acα2-3Galβ1-4（Fucα1-3）GlcNAcβ1-R	Sialyl Lewis x（SLe^{X}）
Cyclic Neu5Acα2-3Galβ1-4（Fucα1-3）（Su-6）GlcNAcβ1-R†	Cyclic sialyl 6-sulfo Lewis X
Neu5Acα2-3Galβ1-3（Fucα1-4）GlcNAcβ1-R	Sialyl Lewis a（SLe^{a}）（CA19-9 antigen）
Neu5Acα2-3（Su-6）Galβ1-4（Fucα1-3）GlcNAcβ1-R	6′-Sulfo-sialyl Lewis x（6′-sulfo SLe^{X}）
Neu5Acα2-6Galβ1-4（Su-6）GlcNAcβ1-R	2, 6-sialyl-Sulfo-LN（6-sialyl-6-sulfo LN）
Neu5Acα2-3Galβ1-4（Fucα1-3）（Su-6）GlcNAcβ1-R	6-Sulfo-sialyl Lewis x（6-sulfo SLe^{X}）
Neu5Acα2-3（Su-6）Galβ1-4（Fucα1-3）（Su-6）GlcNAcβ1-R	6, 6′-bisSulfo-Lewis x（6, 6′-bissulfo Le^{X}′）
Su-3Galβ1-4（Fucα1-3）GlcNAcβ1-R	3′-Sulfo-Lewis x（3′-sulfo Le^{X}）
Su-3Galβ1-3（Fucα1-4）GlcNAcβ1-R	3′-Sulfo-Lewis a（3′-Sulfo Le^{a}）
Galβ1-4（Fucα1-3）GlcNAcβ1-3Galβ1-4（Fucα1-3）GlcNAcβ1-R	Le^{X}-Le^{X}
Neu5Acα2-3Galβ1-4（Fucα1-3）GlcNAcβ1-3Galβ1-4（Fucα1-3）GlcNAcβ1-R	$SDLe^{X}$
Neu5Acα2-3Galβ1-4GlcNAcβ1-3Galβ1-4（Fucα1-3）GlcNAcβ1-R	VIM-2
Neu5Acα2-3Galβ1-4GlcNAc-R	3-Sialyl-LN（type 2）
Neu5Acα2-6Gal（NAc）β1-R	6-Sialyl-GalNAc or 6-Sialyl LN（type 1 or 2）
Fucα1-2Galβ1-4GlcNAcβ1-3Galβ1-R	Blood group H（type 2）
Galα1-3（Fucα1-2）Galβ1-4GlcNAcβ1-3Galβ1-R	Blood group B（type 2）
GalNAcα1-3（Fucα1-2）Galβ1-4GlcNAcβ1-R	Blood group A（type 2）
GalNAcα1-3（Fucα1-2）Galβ1-4（Fucα1-3）GlcNAcβ1-R	Blood group A（type 2）（A-Le^{y}）
GalNAcα1-3（Fucα1-2）Galβ1-3GalNAcα1-3（Fucα1-2）Galβ1-4GlcNAcβ1-R	Blood group A1（type 3）
Fucα1-2Galβ1-3GalNAcα1-3（Fucα1-2）Galβ1-4GlcNAcβ1-R	Blood group A2（A-associated H type 3）
Fucα1-2Galβ1-3GlcNAcβ1-3Galβ1-R	Blood group H（type 1）
Galα1-3（Fucα1-2）Galβ1-3GlcNAcβ1-R	Blood group B（type 1）
GalNAcα1-3（Fucα1-2）Galβ1-3GlcNAcβ1-R	Blood group A（type 1）
Fucα1-2Galβ1-4（Fucα1-3）GlcNAcβ1-R	Blood group H（type 2）（Le^{y}）

续表

寡糖结构	俗名 *
Galα1-3（Fucα1-2）Galβ1-3（Fucα1-4）GlcNAcβ1-R	Blood group B（type 1）（B-Le^y）
GalNAcα1-3（Fucα1-2）Galβ1-3（Fucα1-4）GlcNAcβ1-R	Blood group A（type 1）（A-Le^b）
Fucα1-2Galβ1-4（Fucα1-3）GlcNAcβ1-R	Lewis b（Le^b）
Su-4GalNAcβ1-4GlcNAc-R	4′-sulfated LDN
Neu5Acα2-6GalNAcβ1-4GlcNAc-R	Sialylated LDN
Neu5Acα2-3（GalNAcβ1-4）Galβ1-4GlcNAcβ1-R	Sd^a/CT antigen
Neu5Acα2-8（Neu5Acα2-8）$_n$ Neu5Acα2-3Galβ1-4GlcNAcβ1-R	Polysialic acid
（Neu5Acα2-3Galβ1-4（Fucα1-3）（GlcNAcβ1-6）（Neu5Acα2-3Galβ1-3）GalNAcα1-Ser/Thr	SLe^x Core 2 *O*-glycan glycan
P-6-Manα1-2Manα1-3（Manα1-3）（P-6-Manα1-6）Manα1-6Manβ1-4GlcNAcβ-R	Diphosphorylated Man_6
Neu5Acα2-3Galβ1-4GlcNAcβ1-2Manα1-Ser/Thr	O-linked mannose
Neu5Acα2-3Galβ1-4GlcNAcβ1-2（Neu5Acα2-3Galβ1-4GlcNAcβ1-6）Manα1-Ser/Thr	2, 6-Branched *O*-mannose
Galβ1-4（Fucα1-3）GlcNAcβ1-2Manα1-Ser/Thr	*O*-Mannose Le^X
Su-3GlcAβ1-3Galβ1-4GlcNAcβ1-R	HNK-1 antigen
Su-3GlcAβ1-3Galβ1-4GlcNAcβ1-2Manα1-Ser/Thr	HNK-1 on *O*-mannose
Glcβ1-Cer	Glucosylceramide
Galβ1-Cer	Galactosylceramide
Su-3Galβ1-alkyl-2-acyl-s-glycerol	Seminolipid
Su-3Galβ1-Cer	Sulfatide
Galβ1-4Glcβ1-Cer	Lactosylceramide
Su-3Galβ1-4Galβ1-Cer	Ceramide dihexosyl sulfate
Su-3Galβ1-3GalNAcβ1-4Galβ1-4Glcβ1-Cer	Monosulfated gangliotetraosylceramide
GlcNAcβ1-3Galβ1-4Glcβ1-Cer	Lactotriaosylceramide（Lc_3）
Galα1-4Galβ1-4Glcβ1-Cer	p^k antigen（Gb_3，globotriaosylceramide）
Galα1-4Galβ1-4GlcNAcβ1-3Galβ1-4Glcβ1-Cer	P1 antigen
GalNAcβ1-3Galα1-4Galβ1-4Glcβ1-Cer	Globoside（P antigen）（Gb_4）
GalNAcβ1-3Galα1-3Galβ1-4Glcβ-Cer	Isoglobotetraosylceramide
Su-GalNAcβ1-3Galα1-3Galβ1-4Glcβ1-Cer	Monosulfated globopentaosylceramide
Su-3GalNAcβ1-3Galα1-4Galβ1-4Glcβ-Cer	Monosulfated globotetraosylceramide
Su-3GalNAcβ1-3Galα1-3Galβ1-4Glcβ-Cer	Sulfo-isogloboside
GalNAcβ1-4（GlcNAcβ1-3）Galβ1-4Glcβ1-Cer	LcGg4
Galβ1-3GalNAcβ1-3Galα1-4Galβ1-4Glcβ1-Cer	Gb_5
Galβ1-4GlcNAcβ1-3Galβ1-4Glcβ1-Cer	Paragloboside
Fucα1-2Galβ1-3GalNAcβ1-3Galα1-4Galβ1-4Glcβ1-Cer	GL-6 fucosylated（globoH）
Galβ1-3GalNAcβ1-3Galα1-4Galβ1-4Glcβ1-Cer	SSEA-3
Neu5Acα2-3Galβ1-3GalNAcβ1-3Galα1-4Galβ1-4Glcβ1-Cer	GL-7 globoseries ganglioside（SSEA-4）
Neu5Acα2-3GalNAcβ1-3Galβ1-4GlcNAcβ1-3Galβ1-4Glcβ1-Cer	Sialosyl paragloboside
Neu5Acα2-3Galβ1-3（Neu5Acα2-6）GalNAcβ1-3Galα1-4Galβ1-4Glcβ1-Cer	Disialosyl globopentaosylceramide
GalNAcβ1-3Galα1-3Galβ1-4Glcβ1-Cer	Cytolipin R
GalNAcα1-3GalNAcβ1-3Galα1-4Galβ1-4Glcβ1-Cer	Forssman glycolipid
GalNAcβ1-3GalNAcβ1-3Galα1-4Galβ1-4Glcβ1-Cer	*para*-Forssman glycolipid
Fucα1-2Galβ1-3GalNAcβ1-3Galα1-4Galβ1-4Glcβ1-Cer	Blood group H（type 4）
Galα1-3（Fucα1-2）Galβ1-3GalNAcβ1-3Galα1-4Galβ1-4Glcβ1-Cer	Blood group B（type 4）
GalNAcα1-3（Fucα1-2）Galβ1-3GalNAcβ1-3Galα1-4Galβ1-4Glcβ1-Cer	Blood group A（type 4）
Neu5Acα2-3Galβ1-Cer	GM4
Neu5Acα2-3Galβ1-4Glcβ1-Cer	GM3

续表

寡糖结构	俗名*
Neu5Acα2-8Neu5Acα2-3Galβ1-4Glcβ1-Cer	GD3
Neu5Acα2-8Neu5Acα2-8Neu5Acα2-3Galβ1-4Glcβ1-Cer	GT3
9-*O*-Neu5Acα2-8Neu5Acα2-3Galβ1-4Glcβ1-Cer	9-*O*-Acetyl GD3
GalNAcβ1-4（Neu5Acα2-8Neu5Acα2-3）Galβ1-4Glcβ1-Cer	GD2
GalNAcβ1-4（Neu5Acα2-3）Galβ1-4Glcβ1-Cer	GM2
GalNAcβ1-4（Neu5Acα2-3）Galβ1-4Glcβ1-Cer	*N*-Glycolyl-GM2
GalNAcβ1-4（Neu5Acα2-3）Galβ1-4GlcNAcβ1-3Galβ1-4Glcβ1-Cer	Sialopentaosylceramide
Galβ1-3GalNAcβ1-4（Neu5Acα2-3）Galβ1-4Glcβ1-Cer	GM1
Galβ1-3GalNAcβ1-4Galβ1-4Glcβ1-Cer	Asialo-GM1
Neu5Acα2-3Galβ1-3GalNAcβ1-4Galβ1-4Glcβ1-Cer	*cis*GM1（GM1b）
Fucα1-2Galβ1-3GalNAcβ1-4（Neu5Acα2-3）Galβ1-4Glcβ1-Cer	2-Fucosyl-GM1
Galα1-3（Fucα1-2）Galβ1-3GalNAcβ1-4（Neu5Acα2-3）Galβ1-4Glcβ1-Cer	B-GM1
Fucα1-2Galβ1-3GalNAcβ1-4（Neu5Acα2-8Neu5Acα2-3）Galβ1-4Glcβ1-Cer	2-Fucosyl-GD1b
Galα1-3（Fucα1-2）Galβ1-3GalNAcβ1-4（Neu5Acα2-8Neu5Acα2-3）Galβ1-4Glcβ1-Cer	B-GD1b
Neu5Acα2-8Neu5Acα2-3Galβ1-3GalNAcβ1-4Galβ1-4Glcβ1-Cer	GD1（GD1c）
Neu5Acα2-3Galβ1-3（Neu5Acα2-6）GalNAcβ1-4Galβ1-4Glcβ1-Cer	GD1α
Neu5Acα2-3Galβ1-3GalNAcβ1-4（Neu5Acα2-3）Galβ1-4Glcβ1-Cer	GD1a
Galβ1-3GalNAcβ1-4（Neu5Acα2-8Neu5Acα2-3）Galβ1-4Glcβ1-Cer	GD1b
GalNAcβ1-4（Neu5Acα2-8Neu5Acα2-8Neu5Acα2-3）Galβ1-4Glcβ1-Cer	GT2
Neu5Acα2-8Neu5Acα2-3Galβ1-3GalNAcβ1-4（Neu5Acα2-3）Galβ1-4Glcβ1-Cer	GT1a
Neu5Acα2-3Galβ1-3（Neu5Acα2-6）GalNAcβ1-4（Neu5Acα2-3）Galβ1-4Glcβ1-Cer	GT1aα
Neu5Acα2-3Galβ1-3GalNAcβ1-4（Neu5Acα2-8Neu5Acα2-3）Galβ1-4Glcβ1-Cer	GT1b
Galβ1-3GalNAcβ1-4（Neu5Acα2-8Neu5Acα2-8Neu5Acα2-3）Galβ1-4Glcβ1-Cer	GT1c
Neu5Acα2-8Neu5Acα2-3Galβ1-3（Neu5Acα2-6）GalNAcβ1-4（Neu5Acα2-3）Galβ1-4Glcβ1-Cer	GQ1aα
Neu5Acα2-8Neu5Acα2-3Galβ1-3GalNAcβ1-4（Neu5Acα2-8Neu5Acα2-3）Galβ1-4Glcβ1- Cer	GQ1b
Neu5Acα2-3Galβ1-3（Neu5Acα2-6）GalNAcβ1-4（Neu5Acα2-8Neu5Acα2-3）Galβ1-4Glcβ1-Cer	GQ1bα
Neu5Acα2-3Galβ1-3GalNAcβ1-4（Neu5Acα2-8Neu5Acα2-8Neu5Acα2-3）Galβ1-4Glcβ1-Cer	GQ1c
Neu5Acα2-8Neu5Acα2-3Galβ1-3GalNAcβ1-4（Neu5Acα2-8Neu5Acα2-8Neu5Acα2-3）Galβ1-4Glcβ1-Cer	GP1c
Neu5Acα2-3Galβ1-3（Neu5Acα2-6）GalNAcβ1-4（Neu5Acα2-8Neu5Acα2-8Neu5Acα2-3）Galβ1-4Glcβ1-Cer	GP1cα
Neu5Acα2-8Neu5Acα2-3Galβ1-3（Neu5Acα2-6）GalNAcβ1-4（Neu5Acα2-8Neu5Acα2-8Neu5Acα2-3）Galβ1-4Glcβ1-Cer	GH1cα
Galβ1-4GlcNAcβ1-3Galβ1-4（Fucα1-3）GlcNAcβ1-3Galβ1-4GlcNAcβ1-3Galβ1- 4GlcNAcβ1-3Galβ1-4Glcβ1-Cer	Mono-fucosyl LN$_5$
Galβ1-4GlcNAcβ1-3Galβ1-4（Fucα1-3）GlcNAcβ1-3Galβ1-4Glcβ1-Cer	Mono-fucosyl LN$_3$
（Neu5Acα2-3Galβ1-4GlcNAcβ1-6）（Neu5Acα2-3Galβ1-4GlcNAcβ1-3）Galβ1- 4GlcNAcβ1-R	Disialyl-branched Type 2
Fucα1-2Galβ1-3（Fucα1-4）GlcNAcβ1-3（Fucα1-2）Galβ1-3（Fucα1-4）GlcNAcβ1-3Galβ1- 4Glcβ1-Cer	Extended tetrafucosyl-Le^b
Fucα1-2Galβ1-3（Fucα1-4）GlcNAcβ1-3Galβ1-4（Fucα1-4）GlcNAcβ1-3Galβ1-4Glcβ1-Cer	Extended trifucosyl-Le^b
Galβ1-3（Fucα1-4）GlcNAcβ1-3Galβ1-3（Fucα1-4）GlcNAcβ1-3Galβ1-4Glcβ1-Cer	Dimeric Le^a
Neu5Acα2-3Galβ1-3（Fucα1-4）GlcNAcβ1-3Galβ1-4Glcβ1-Cer	Sialyl Le^a glycolipid
Neu5Acα2-6Galβ1-4GlcNAcβ1-3Galβ1-4Glcβ1-Cer	Monosialylganglioside LSTb
Su-3GlcAβ1-3Galβ1-4GlcNAcβ1-3Galβ1-4GlcNAcβ1-3Galβ1-4Glcβ1-Cer	HNK-expressing SGLPG

*不同寡糖的通用名和符号。

†Su =硫酸盐

（数据来源R. Cummings，*Molecular BioSystems* 5:1087–1104，2009.）

大多数糖结合蛋白是多价的

近似来看，单糖和作为溶剂的水具有很大的相似性，因此单糖和蛋白质之间单个的相互作用通常很弱。大多数具有高亲和力的糖-蛋白质相互作用都是多价的。糖的蛋白质受体被称为**凝集素**（lectins），所有已知的凝集素都是通过多价相互作用与糖结合的（**表 7.2**）。植物中含有很多凝集素。凝集素通常是有毒的，因为它们会使细胞发生交联而凝集。许多未煮熟的豆荚，如蚕豆、利马豆、小扁豆、四季豆和腰豆等都含有凝集素，可以使红细胞凝集。

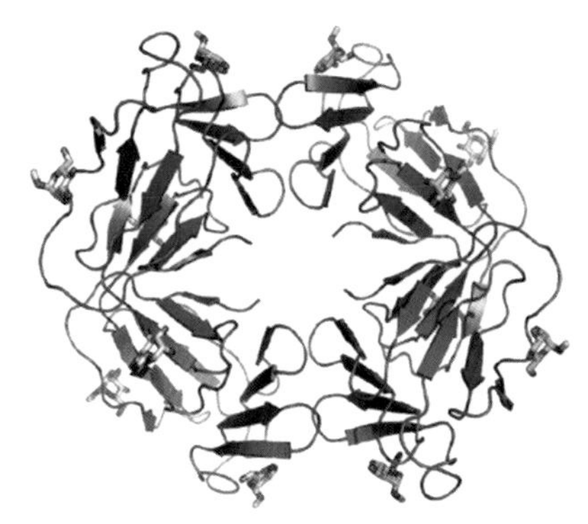

图7.92 凝集素和糖结合。所有凝集素都是通过多价方式进行结合。植物雪花莲中的凝集素可以与12分子的甲基α-D-甘露糖结合。（PDB：1MSA）

表 7.2 凝集素例子

凝素种类	典型配体	功能举例
钙连蛋白	Glc_1Man_9	内质网中蛋白质的分选
M 型凝集素	Man_8	内质网相关的糖蛋白降解
L 型凝集素	多种的	内质网中蛋白质的分选
P 型凝集素	Man-6-phosphate	后高尔基体蛋白质分选
C 型凝集素	多种的	细胞黏附（选择素）；糖蛋白清除；先天免疫（胶凝素）
半乳凝素	β-Galactosyl	细胞外基质中的聚糖交联
I 型凝集素	Neu5Ac	细胞黏附（siglecs）
R 型凝集素	多种的	酶靶，糖蛋白激素转换

(数据来自Kurt Drickamer, Imperial College London, 2012. A Genomics Resource for Animal Lectins.)

植物雪花莲（*Galanthus nivalis*）能产生四聚体凝集素，从而与 12 个甘露糖残基结合（**图 7.92**）。雪花莲凝集素已经用于转基因玉米的研究，因为它可以与蚜虫若虫肠部的细胞结合从而抑制其发育。人体能产生一种防御性的凝集素，它是三聚体亚基的六聚物，是一个甘露糖结合蛋白。其三聚体形式是通过三螺旋束结构形成的（**图 7.93**）。

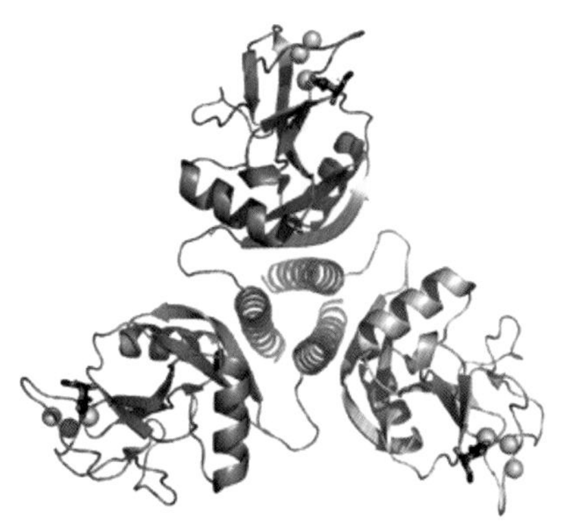

图7.93 甘露糖结合蛋白。此三聚体凝集素通过三螺旋束结合在一起。

人凝集素介导白细胞的选择性黏附

有一种众所周知的糖决定簇对人癌细胞的扩散至关重要。从细胞水平上看，血液中的细胞总是以令人眼花缭乱的速度在运动着，同时，非常了不起的是，血细胞还能在这样的运动中完成有意义的分子识别。血细胞与血管壁之间的相互作用是由一种被称为选择素（selectin）的凝集素介导的：L-选择素在白细胞上，P-选择素在血小板和内皮细胞上，E-选择素在内皮细胞上。作为炎症反应的一部分，血管内皮细胞将 P-选择素和 E-选择素呈现在细胞表面。白细胞表面有 P-选择素糖蛋白配体，它在其 *O*-连接的糖上带有一个四糖抗原，也就是唾液酸化的 $Lewis^x$（**图 7.94** 和**图 7.95**）。P-选择素糖蛋白配体与 P-选择素间的相互作用可以使白细胞减速，沿着血管壁滚动，直到最后从内皮细胞间挤过去，侵入周围组织，并在那里发挥作用。但不幸的是，许多转移性肿瘤也可以表达带有唾液酸化 $Lewis^x$ 抗原的糖蛋白。这个抗原使它们可以侵入正常位置以外的其他组织。

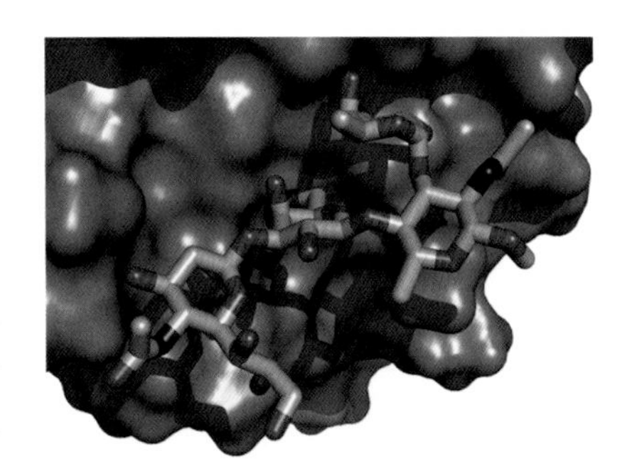

图7.94 蛋白质-糖的识别。唾液酸化的$Lewis^x$选择性地与P-选择素结合，而不是被蛋白质完全包裹。（PDB：1G1R）

淋巴结能表达蛋白聚糖 GlyCAM-1，它是白细胞表面 L-选择素的配体。GlyCAM-1 和 L-选择素之间的相互作用能使白细胞定位于淋巴结中。GlyCAM-1 中关键的表位被认为是唾液酸化的 $Lewis^x$ 的硫酸化形式，它在半乳糖的 6′ 位带有一个硫酸基团。

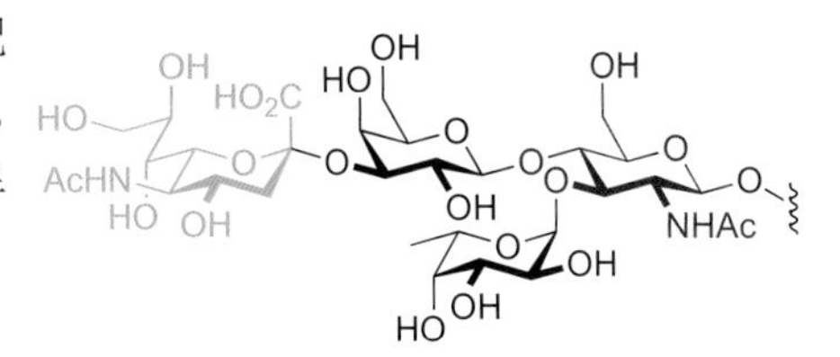

图7.95 唾液酸化的$Lewis^x$抗原。这个四糖能够使白细胞黏附于血管内皮上的P-选择素上。

在糖脂和糖蛋白中均存在人血型抗原

用于区分 ABO 血型的抗原是人们最熟悉的抗原。当 A 型血的人接受 B

型血的人输血时，A 型血人的抗体会攻击 B 型血的血细胞。反之亦然。当 B 型血的人接受 A 型血的人输血时，B 型血人的抗体会攻击 A 型血的血细胞。A 型血和 B 型血都不适合 O 型血的人。但是，A 型或 B 型血的人可以接受 O 型血的人输血。正是由于这个原因，O 型血的人被称为万能供血者。

决定这些血型相容性的基础是红细胞表面的一类特殊的寡糖结构，它们被称为 ABH 抗原。ABH 抗原处于聚乳糖胺（如［Galβ1-3GlcNAcβ1-3］$_n$ 或［Galβ1-4GlcNAcβ1-3］$_n$）的末端，聚乳糖胺则存在于三种类型的膜结合分子上：*N*-连接糖蛋白，*O*-连接糖蛋白和糖磷脂酰肌醇（GPI）。红细胞上 ABH 抗原最多的两个载体是连接在阴离子转运蛋白和葡萄糖转运蛋白上的寡糖。ABH 抗原决定簇之间只有很细微的差异（**图 7.96**）。对这些抗原的免疫原性应答取决于单糖或者是乙酰氨基存在与否。所有 ABH 抗原都有一个共同的五糖核心。O 型血的人拥有 H 型五糖抗原。B 型血的人拥有 B 型抗原，其特征是带有一个额外的 Galα1-3 残基。A 型血的人拥有 A 型抗原，其特征是带有一个额外的 GalNAcα1-3 残基。

H

B

A

糖脂和糖蛋白

图7.96 寡糖是ABO血型的决定因素。 ABH抗原上的细微差别可以区分各种血型。

问题7.19

使用缩写描述图 7.96 中的每个 ABH 抗原。

一些毒素通过多价糖识别进入细胞

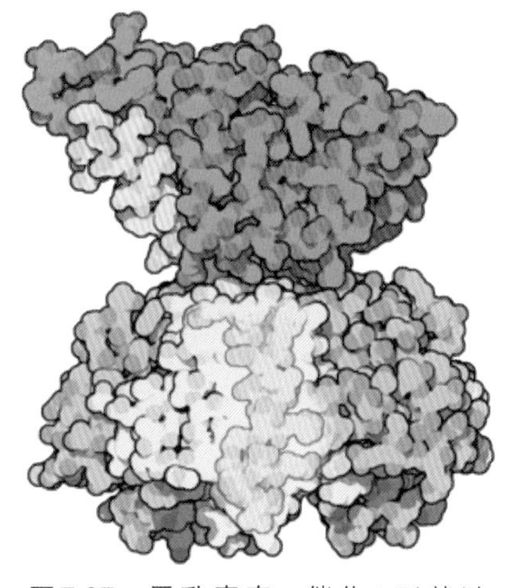

图7.97 霍乱毒素。 催化A亚基以红色显示，与神经节苷脂GM1结合的五聚体B以蓝色显示。（由David Goodsell and RCSB Protein Data Bank提供。）

霍乱是由霍乱弧菌（*Vibrio cholerae*）导致的一种肠道疾病。该细菌可以产生一种由催化 A 亚基和作为传递载体的五聚体 B 亚基组成的烈性毒素（**图 7.97**）。五聚体 B 亚基是一种凝集素，它可以与肠细胞表面的神经节苷脂 GM1 选择性结合（**图 7.98**）。催化亚基进入肠细胞后，能够将烟酰胺腺嘌呤二核苷酸（NAD^+）分子中的二磷酸腺苷（ADP）部分与 $G\alpha_S$ 蛋白异三聚体中的 α 亚基偶联在一起，具体内容将在第 9 章讨论。被持续激活的 $G\alpha_S$ 蛋白会不受控制地产生 cAMP 而导致严重腹泻。严重腹泻有两个后果。一是患者可能陷入致命性脱水状态。二是带有很多霍乱弧菌的污水具有很高的传染性，很容易污染水源。还有其他几种催化性毒素通过结合糖的结构域附着到细胞靶标上，如百日咳毒素、志贺毒素、蓖麻毒素以及大肠杆菌热不稳定肠毒素 A。

神经节苷脂 GM1

HO OH HO OH O O O HO OH AcHN O OH OH HO HO₂C O O O O O AcHN HO OH OH H HO O 神经酰胺

图7.98 神经节苷脂GM1。 霍乱毒素的五个B亚基特异性识别GM1的五糖。

微阵列技术促进了糖－蛋白质相互作用的分析

微阵列技术（microarray）在DNA、RNA和蛋白质分析中的巨大成功促进了这项技术在糖-蛋白质相互作用分析中的发展。糖阵列已被用于分析多种纯化的或复杂样品中的糖结合蛋白。最常见的两种阵列是糖阵列和结合糖的蛋白质阵列（**图7.99**）。

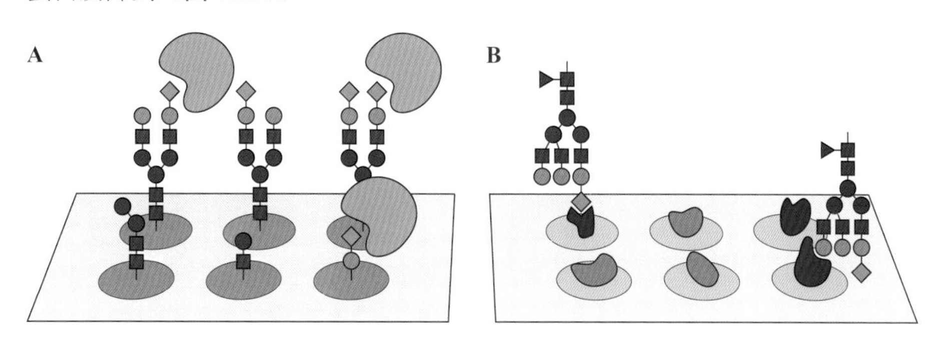

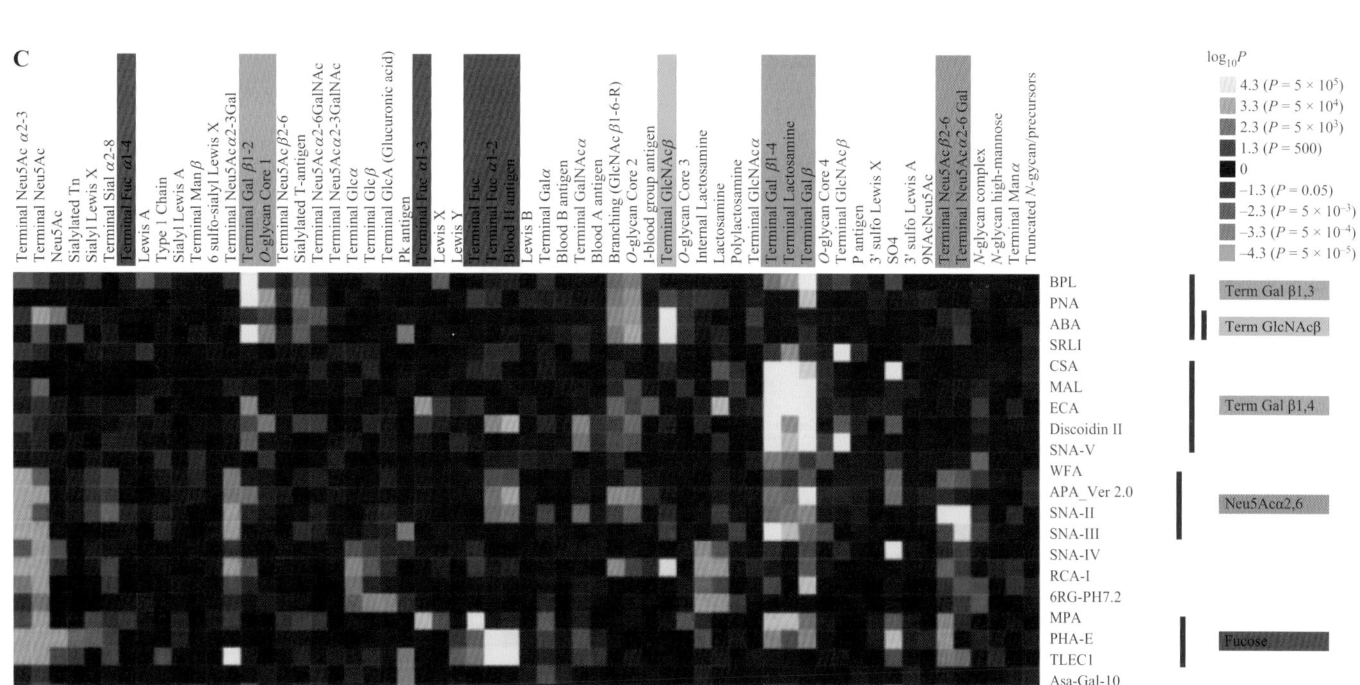

图7.99 糖微阵列。（A）寡糖的微阵列可用于检测能与糖选择性结合的蛋白质。（B）凝集素的微阵列可用于鉴定糖的结构特征。（C）用多种荧光标记的凝集素处理过的糖微阵列的实际图像。黄色代表高亲和力结合；蓝色代表低亲和力结合。（C引自A. Porter et al.，*Glycobiology* 20：369-380，2010；获得Oxford University Press授权。）

糖蛋白可以很容易地以非共价形式吸附在塑料表面，从而使其寡糖部分暴露于溶液中。也有多种方法可以将没有连接蛋白的寡糖固定在表面。这些办法来源于将半合成的糖脂缀合物固定在96孔聚氯乙烯微量滴定板的孔中。

在这项早期的工作中，高碘酸被用来裂解合成的和分离的糖，裂解后，在寡糖的还原端生成极具反应性的醛基（见**图 7.71**），然后醛通过还原偶联反应连接到被牢固吸附在塑料表面的氨基磷脂上。使用高碘酸生成醛基官能团的反应本质上是破坏性的反应，因此利用还原糖末端自身的醛基会更好。如前所述，闭环形式的糖比开链形式的糖比例高很多；但是，由于烷氧基胺和酰肼与醛之间的反应性非常高，因此即使在水中，它们也可以用来把还原糖做成氮原子连接的糖苷。这样的反应已被用于把复杂的寡糖共价连接到微阵列上的点样表面（**图 7.100**）。糖也可以通过连接在表面上的高反应性的环氧化合物或 *N*-羟基琥珀酰亚氨酸酯来固定，但是这些固定糖的反应选择性很差，因为它们可以和糖上很多个不同羟基发生反应。无论寡糖是否带有可用于表面固定的结构，合成复杂寡糖能力的提高，对这些研究起到了巨大的推动作用。

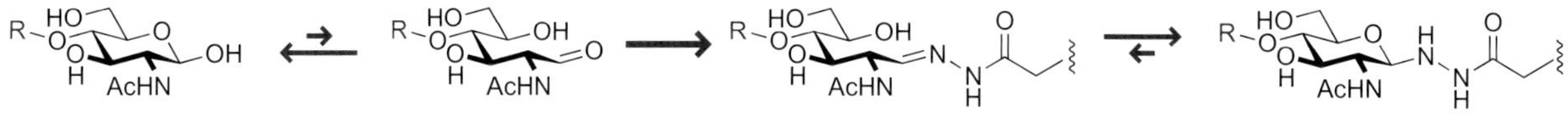

图7.100 **糖分子的捕捉**。糖的还原端可以很容易地与酰肼反应。

糖和多氟烷基链的结合可以促成一种既不是亲水也不是疏水的相互作用，这种相互作用是碳氟官能团之间的相互作用。实际上，当碳氟化合物与油和水混合时，碳氟化合物会形成不同于这两相的第三相（**图 7.101**）。使用全氟烷烃最常见的例子是不粘涂料特氟龙（Teflon®），它既排斥水性化合物也排斥有机化合物。多氟烷基链［例如 $-(CF_2)_7CF_3$］通常被称作氟标签，带有这种标签的化合物可以从有机相中被萃取到碳氟溶剂中，或者在制作点阵列时吸附在含氟化物表面。市场上已经有各种各样的氟化材料可用于氟相技术的应用，包括溶剂、色谱载体以及微阵列使用的氟碳载玻片等。在复杂寡糖合成中，当其中一个单糖（通常是第一个单糖）带有全氟标签时，合成的中间体可以通过氟固相萃取从反应副产物中分离出来。带有氟标签的生物寡聚物的合成可以同时利用液相和固相的优势。反应可以在溶液中进行，产率高，产物则以固相方法与副产物分离，通过简单的清洗就能达到纯化效果。

图7.101 **液相的分离**。每个液相中都含有仅可溶于该相的不同染料。（由Fluorous Technologies公司提供。）

以利用哺乳动物免疫系统如何靶向严重急性呼吸综合征（SARS）冠状病毒的糖的研究作为例子，可以更好地认识微阵列的重要性。在该研究中，51个结构已知的糖蛋白和糖脂以一式三份的方式被点到涂有硝酸纤维素的载玻片上，通过蛋白质和脂对硝酸纤维素的牢固黏附，制成糖阵列。利用异硫氰酸荧光素（FITC）与少数几个赖氨酸侧链氨基的随机反应，对抗 SARS 冠状病毒的马源抗体进行共价荧光标记（**图 7.102**）。对照实验使用的是用 FITC 荧光标记的从对细菌聚糖免疫的马中分离出的抗体。当用抗 SARS 抗体处理制备的阵列时，抗体可以结合无唾液酸类黏蛋白的聚糖，与乳-*N*-四糖 Gal*β*(1,3)GlcNAc*β*1-3Gal*β*1-4Glc 结合很弱。抗细菌聚糖的抗体不与类黏蛋白聚糖结合（**图 7.103**）。类黏蛋白是一种主要由肝细胞产生的血清糖蛋白，约占血浆总蛋白的 1%～3%；它非选择性地与阳离子和/或亲脂性药物结合。进一步的抗

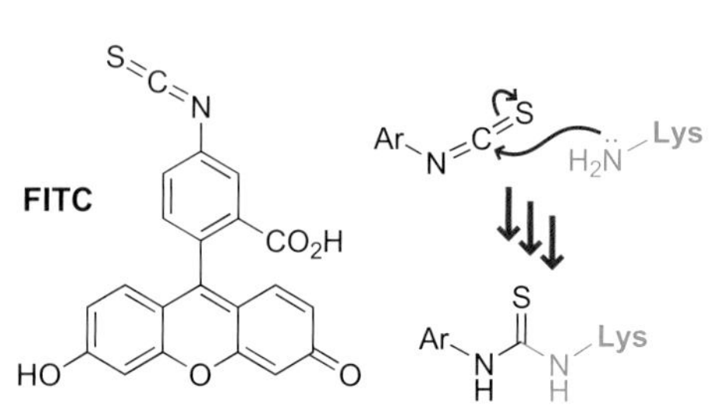

图7.102 **赖氨酸侧链与FITC的异硫氰酸酯反应**。异氰酸酯R—N=C=O水解太快，无法用于蛋白质标记。

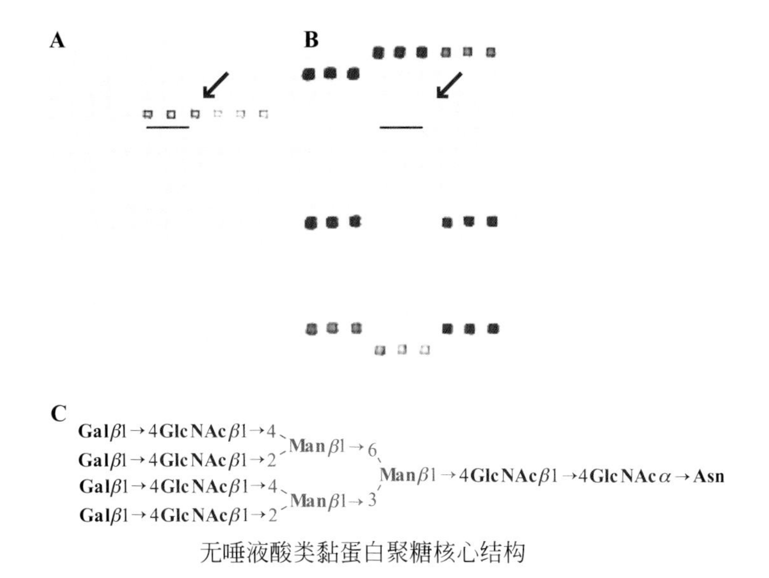

图7.103 糖阵列揭示了抗体的选择性。（A）抗SARS冠状病毒的马源抗体与糖结合的选择性。（B）抗肺炎链球菌血清型18细菌聚糖的马源抗体与糖结合的选择性。（C）抗SARS抗体似乎是靶向类黏蛋白聚糖的Galβ1-4GlcNAc分支。（A引自D. Wang and J. Lu, *Physiol. Genomics* 18：245-248，2004；获American Ph- ysiological Society授权。）

SARS抗体糖阵列研究（图中未显示）表明，该抗体识别无唾液酸类黏蛋白聚糖的Galβ1-4GlcNAc分支，这意味着在SARS病毒的外壳上，可能存在类似的糖。

凝集素微阵列可以用于揭示生物样品中糖的组成，这些糖既可以是高纯度的寡糖，也可以是分离到的寡糖混合物，或者分布在细胞膜上的糖（**图7.104**）。很多具有已知糖结合选择性的凝集素（和抗体）有的已经商品化了，有的很容易表达获得，有的则很容易从植物中分离得到。同时，这些凝集素也可以很容易地点到带有高反应活性的醛基或环氧基的载玻片上。凝集素通常只能识别大寡糖分子中的一小部分糖，主要是靠外面支链中的糖；但是，这些部分才是其他任何生物体，如细胞或病毒，都会看到的部分。

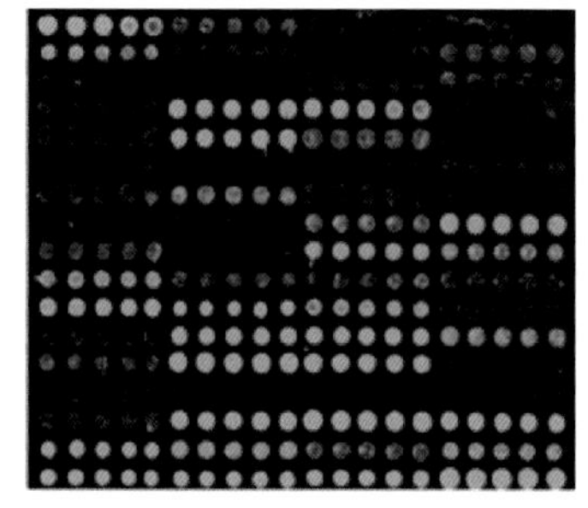

图7.104 凝集素微阵列揭示了聚糖表位。该阵列包含约70种不同的已知选择性的糖结合蛋白。用带荧光标记的人类免疫缺陷病毒（HIV）处理后，就可以看出病毒上存在哪些聚糖表位。（引自L. Krishnamoorthy et al., *Nat. Chem. Biol.* 5：244-250，2009；获得Macmillan Publishers Ltd.授权。）

7.9 葡萄糖稳态与糖尿病（Glucose Homeostasis and Diabetes）

人体的新陈代谢和纸的燃烧是类似的转化反应

有氧生物可以结合氧气和葡萄糖生成二氧化碳和水。在我们意识到纸的燃烧可以达到相同的甚至更好的效果之前，我们可能认为这种转化反应非常神奇。人体燃烧葡萄糖的生化过程，也就是呼吸，确实非常神奇，因为它实现了对焓和熵很好地利用。这一生化过程的结果之一是产生了三磷酸腺苷（ATP），这是大多数大学生物化学教材的主题。

葡萄糖和氧气在人体的血液中和谐共存。红细胞中的血红蛋白分子可以结合并携带氧。葡萄糖在人的血清中保持着相对比较低的浓度（3～7 mmol/L）。饭后，胰岛β细胞会产生一种激素胰岛素，其可以作为细胞摄取葡萄糖的信号。两类最重要的利用葡萄糖的细胞是肌细胞和脂肪细胞，肌细胞消耗葡萄糖产生机械能，脂肪细胞则是通过葡萄糖代谢经由丙酮酸生成脂肪。这两类细胞中有一些空的囊泡，可以在胰岛素激活其受体时与细胞膜融合。这些空的囊泡带有葡萄糖转运蛋白GLUT4，囊泡上的GLUT4指向胞浆，这种指向可以使囊泡与细胞膜融合后，GLUT4恰好指向有很多葡萄糖的细胞外部。通过这种信号传导方式，胰岛素可以迅速地促进细胞摄取葡萄糖（**图7.105**）。

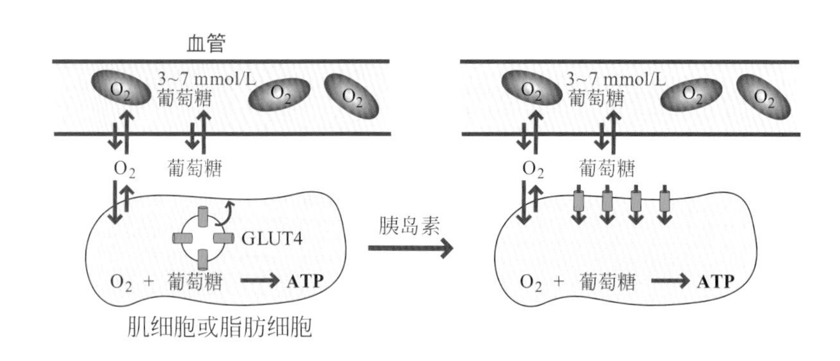

图7.105　葡萄糖转运蛋白。细胞摄入葡萄糖是维持葡萄糖稳态的一个重要方面。当携带葡萄糖转运蛋白的囊泡与细胞膜融合时，葡萄糖摄入细胞的速度就会得到提高。

图7.106　吉拉毒蜥的毒液是药物艾塞那肽的来源。（来自Digital West Media，Inc，2012. Desert USA）

Ⅰ型糖尿病患者自身不能产生功能性胰岛素，因此必须补充胰岛素。Ⅱ型糖尿病患者可以产生功能性胰岛素，但由于在维持葡萄糖稳态的过程中存在一些问题，因此导致糖尿病。肠促胰素能够在葡萄糖存在的情况下刺激胰腺细胞分泌胰岛素。有意思的是，艾塞那肽（exenatide），一个从吉拉毒蜥的毒液中分离到的39肽毒素，被证明能模拟人肠促胰素的作用（**图7.106**）。它已经在美国被批准用于Ⅱ型糖尿病的治疗。

任何干扰葡萄糖摄取的突变都可能会导致糖尿病。例如，胰岛素分泌不足、胰岛素突变和胰岛素受体突变都可能会导致糖尿病。在低血糖的时候，也就是葡萄糖供应不足的时候，细胞会因为得不到需要的葡萄糖而不能提供足够的能量。饭后，血液中葡萄糖的浓度会急剧上升，如果调控不好，会有很多葡萄糖通过尿液排出。这种情况一般被称作糖尿病，在希腊语中意为“流淌的蜂蜜”。

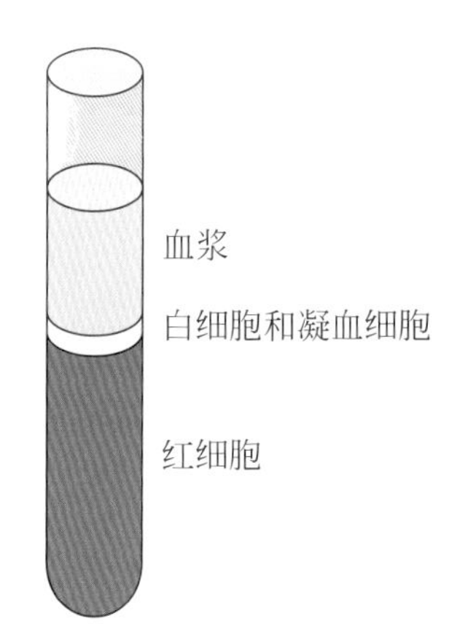

图7.107　血液的成分。当全血在离心机中离心分离后，黄色的血浆可以与白细胞和红细胞分离。血清是指去除纤维蛋白原和凝血因子的血浆。

随着时间的推移，葡萄糖会与蛋白质发生反应

糖尿病的慢性副作用主要来自高血糖，也就是血液中葡萄糖过多。葡萄糖能发生具有危害性的反应。在开链状态下，葡萄糖是一个醛，它可以与胺缩合形成高活性的亚胺离子。蛋白质与葡萄糖的这种非酶促反应称为**糖化**（glycation），要注意区分它和酶促反应糖基化（glycosylation）的不同。在所有已经研究过的血清蛋白中都发现了葡萄糖糖化的存在，通常是在赖氨酸侧链上。例如，占血清蛋白67%的人血清白蛋白中，超过11%可以被糖化（**图7.107**）。其中，大约一半的糖化发生在一个特定的赖氨酸Lys525的侧链上（**图7.108**）。血清白蛋白在血液中有很高的浓度，大约40 g/L，这使得它在很多药物的药代动力学中有重要作用。中性或带有阴离子的化合物很容易和血清白蛋白结合，大多数能在人血浆中长时间滞留的药物也是通过与白蛋白的结合实现的。牛血液中的白蛋白——牛血清白蛋白（BSA）是化学生物学家能够获得的最便宜的可溶性蛋白之一。作为一个通用的蛋白质，牛血清白蛋白常被用于生物分子的缀合，它还常在实验中以高浓度形式使用，防止非特异性疏水相互作用的形成。

白蛋白也会与其他分子发生反应。例如，在100 μmol/L阿司匹林（乙酰水杨酸）存在的情况下，90 min内，2%的人血清白蛋白可以在几个不同位点被乙酰化，这个浓度比两片常规使用的阿司匹林所产生的峰值浓度还低。据此估算，如果长期服用阿司匹林，即使把白蛋白的更新考虑在内，血液中白蛋白也差不多会在2个月内被完全乙酰化。

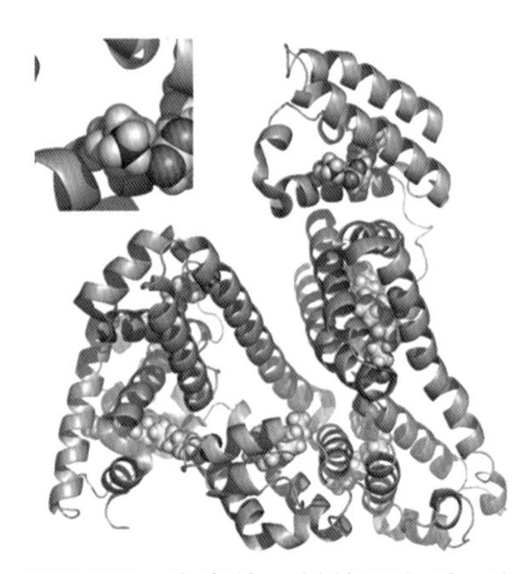

图7.108　像海绵一样的蛋白质。在人血清白蛋白晶体结构中，有五个叫肉豆蔻酸的脂肪酸分子（黄色）。小图显示的是人血清白蛋白的Lys525，它很容易被葡萄糖糖化。

问题7.20

使用箭推法画出在 pH=7 的溶液里酸催化赖氨酸侧链糖化的合理的机理。

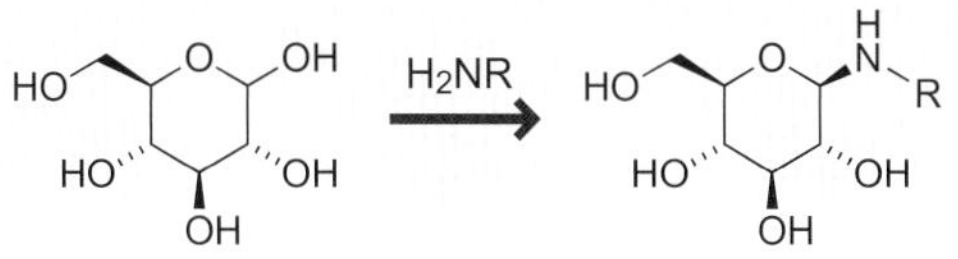

H_2NR

非酶糖化（nonenzymatic glycation）能带来两方面的危害：一方面，糖化能够使蛋白质上产生具有免疫原性的结构，从而引起有害的免疫应答；另一方面，糖化会导致不良的蛋白质交联。这主要是因为共价交联降低了蛋白质的降解速率，而降解是蛋白质清除受损分子积累实现自我更新过程中不可缺少的一环。最常见的蛋白-蛋白交联反应与赖氨酸有关（**图 7.109**）。葡萄糖发生逆羟醛缩合反应产生的乙二醛和甲基乙二醛那样的小片段也可以交联蛋白质。非酶糖化反应最终会生成带有许多不同化学结构的产物，这些产物被称为晚期糖化终产物。人体内有很多细胞可以表达与这些糖化终产物结合的受体（RAGE）。RAGE 的配体有很多种。羧甲基赖氨酸（$LysNHCH_2CO_2$-）是一个重要的糖化终产物，它可以激活 RAGE。RAGE 被激活后能够引发炎症反应，这些炎症反应可能与糖尿病、阿尔茨海默病以及衰老的病理机制相关。

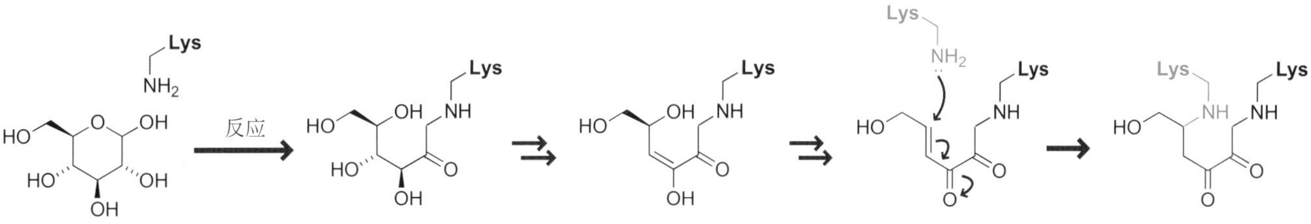

反应

图7.109　**糖化**。葡萄糖引起蛋白质交联的反应机理。

问题7.21

葡萄糖可以通过 Amadori 反应与赖氨酸侧链形成一个类似于果糖结构的加成产物。用箭推法提出一个合理的在 pH=7 的条件下发生反应机理。

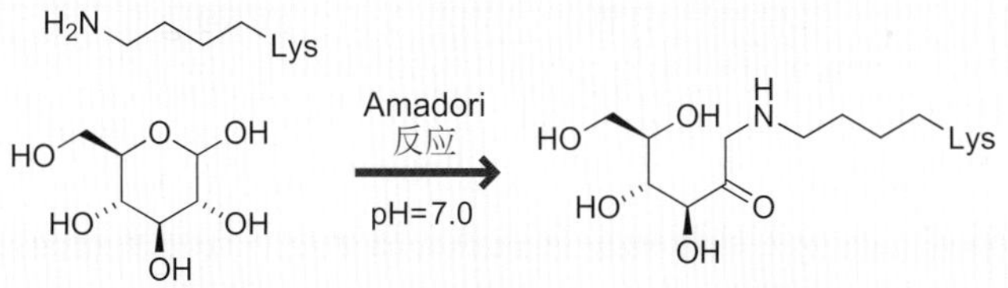

Amadori
反应
pH=7.0

葡萄糖导致的蛋白质交联并不一定是永久性的

正在研究的药物 alagebrium 是一个噻唑鎓衍生物，它已被证实可以催化裂解交联蛋白质之间的 1,2- 二羰基化合物。与硫胺素（维生素 B_1）不同，在 alagebrium 的氮上有一个额外的酸性官能团可以帮助形成第二个 C—C 键。**图 7.110** 中展示了 alagebrium 催化裂解蛋白交联的一种可能的机理。

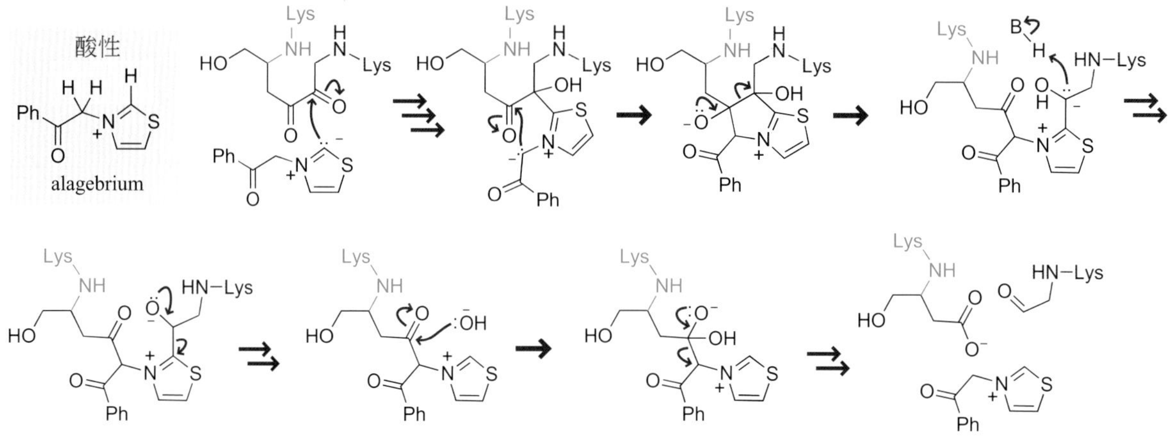

图7.110 alagebrium催化裂解1,2-二羰基的一种可能的机理。

成熟的红细胞没有细胞核，不能正常产生新的蛋白质，但它们可以在血液中循环很长时间，寿命大约是3～5个月。由于红细胞的蛋白质不会被更新，它会像血清中的蛋白质一样不断地被糖化。基于这一点，分析红细胞血红蛋白被糖化的程度成了最常用的糖尿病检测方法之一，被称为血红蛋白A1c（HbA1c）测定。

人类味觉受体的人工配体有巨大的市场

以上所说的葡萄糖的反应性的危害以及其他原因，使得西方发达国家中过量食用甜食成了诱发肥胖症和糖尿病的一个重要因素。食物中的甜味剂大多是蔗糖或其他食用糖。糖大多来自甘蔗，但来自甜菜的食用糖现在也在世界上占到了总量的近三分之一。蔗糖是一种1,1′-二糖化合物，由葡萄糖和具有酮糖结构的果糖组成（**图7.111**）。葡萄糖和果糖的混合物在以前西方的杂货店里被称为玉米糖浆（**图7.112**）。两个葡萄糖分子形成的1,1′-α,α′-二糖化合物被称为海藻糖，它是昆虫的血糖，和葡萄糖在人体中的作用类似。

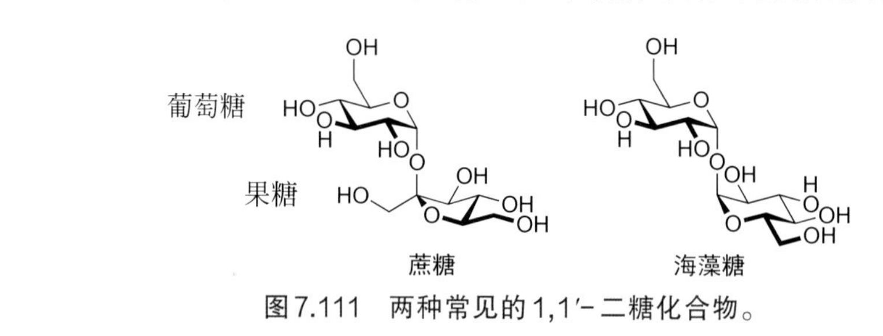

图7.111 两种常见的1,1′-二糖化合物。

图7.112 用葡萄糖制作食物。 这是一幅1909年美国Karo玉米糖浆的广告，玉米糖浆是一种由玉米淀粉制成的富含葡萄糖的甜味剂，广告里描述了一些玉米糖浆在制作食物中的应用。

果糖比蔗糖稍微甜一些。得益于农业补贴和美国农工联合企业的效率，高果糖玉米糖浆已经成为比蔗糖便宜很多的甜味剂。在包装食品，尤其是碳酸饮料中，高果糖玉米糖浆已无处不在。人GLUT5转运蛋白能够选择性地转运果糖，GLUT2也可以帮助非选择性地转运果糖。尽管在一些方面存在不同，但果糖和葡萄糖对人体代谢的影响基本相同。

在人体中，甜味分子由三种不同的七次跨膜G蛋白偶联受体T1R1、T1R2和T1R3来感知，这些受体是成对起作用的。大多数甜味化合物是由共表达T1R2和T1R3受体的细胞感知的。这些G蛋白偶联受体被认为通过形成异二聚体复合物发挥作用，但是这一点还没有得到完全确认。

最早的人工甜味剂是氨基磺酸盐类甜味剂，这类甜味剂中最古老的一个是糖精（邻苯甲酰磺酰亚胺钠盐）。作为阴离子盐，这类甜味剂具有很好的溶解性，可以很容易地溶于冷饮中。糖精是约翰霍普金斯大学的一名化学家在1878年意外发现的，它的甜度是蔗糖的300倍。环己基氨基磺酸钠（俗称甜蜜素）是伊利诺伊大学香槟分校的一名研究生于1937年发现的，它的甜度是蔗糖甜度的30～50倍。乙酰磺胺的甜味是1967年德国Hoechst AG化学公司的一位化学家发现的。乙酰磺胺酸钾（俗称安赛蜜）的甜度高达糖甜度的200倍。由于早期一些动物实验的结论，公众对这些甜味剂的安全性有很多担心。目前，世界上对于这些氨基磺酸盐在人体内的安全性也还没有达成共识。例如，糖精在加拿大被禁止使用，甜蜜素在美国被禁止使用。制药公司雅培实验室已经向美国食品药品监督管理局申请了甜蜜素的使用许可（**图7.113**）。

糖精　　甜蜜素　　安赛蜜

图7.113　氨基磺酸盐类甜味剂。

阿斯巴甜

纽甜

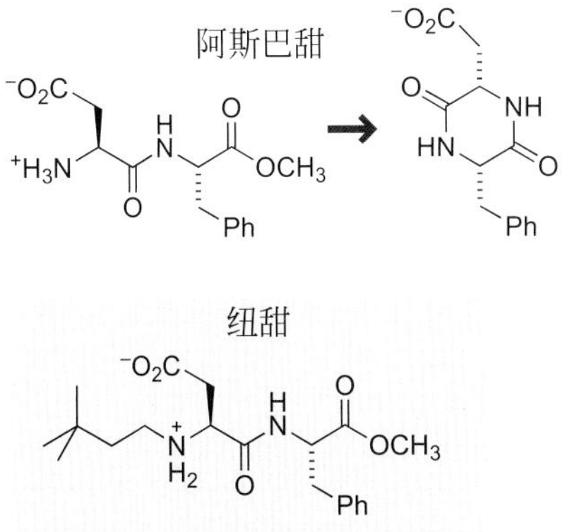

图7.114　阿斯巴甜环化反应。阿斯巴甜二肽自发环化生成哌嗪二酮类化合物。最近开发的它的类似物纽甜却不易发生环化反应。

问题7.22

使用箭推法画出在碱性条件下葡萄糖通过非酶促异构化生成果糖的合理的机理。

葡萄糖　⇌（碱性条件下）　果糖

二肽类甜味剂阿斯巴甜（aspartame）是G. D. Searle公司在1965年发现的。阿斯巴甜的甜度是蔗糖甜度的180倍，从结构上看，它就是蛋白质的一个天然二肽片段在碳端被甲酯化了（**图7.114**）。在碱性条件下，阿斯巴甜的氮末端会进攻碳末端的酯而迅速环化形成哌嗪二酮类化合物。生成哌嗪二酮的副反应也会使通过碳端酯键连接的肽的固相合成变得很复杂。一些报道认为，在pH=7的条件下，这个成环反应在室温的半衰期为12天。而另外一些报道则认为，这个反应在pH=7.0和25℃时的半衰期为49小时。在酸性溶液如碳酸冷饮中，阿斯巴甜的稳定性会高很多。阿斯巴甜产生的哌嗪二酮类化合物在许多研究中被证明是安全的，但它却没有直链二肽的甜度。阿斯巴甜的类似物纽甜（neotame）比蔗糖甜10000倍以上，而很少形成哌嗪二酮类化合物。有几种天然存在的蛋白质，比如索马甜（thaumatin）、莫奈林（monelin）、马槟榔（mabinlin）、潘塔亭（pentadin）、布拉齐因（brazzein）和仙茅素（curculin）等，也具有很强的甜味（**图7.115**）。莫奈林是1972年在一种叫奇迹果的西非灌木的果实中找到的（**图7.116**）。来自奇迹果的糖蛋白奇迹素（miraculin）本身并不甜。之所以叫这个名字是因为在食用它以后很长一段时间内，吃酸味食品的时候会觉得甜。这是由于它与味觉受体的牢固结合导致的。索马甜在市场上的商品名为Talin®，它的蛋白质在高温下容易变性，因此作为低热量甜味剂的应用受到很大限制。

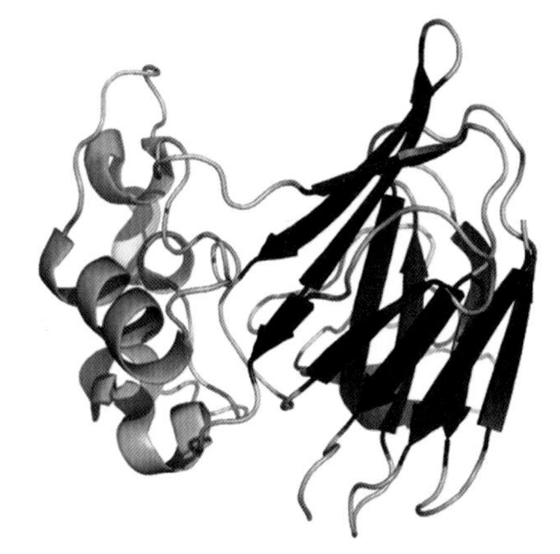

图7.115　索马甜。来自非洲的一种叫卡特姆夫的植物，它的果实里的蛋白质以商品名索马甜（Talin®）作为甜味剂出售。（PDB：1RQW）

三氯蔗糖（sucralose）是一种氯代氧蔗糖衍生物，它比蔗糖甜600倍，比阿斯巴甜更稳定。许多氯代化合物对肝脏有毒性，因为这些化合物在代谢中会生成DNA烷化剂。然而，通过对三氯蔗糖深入研究却发现长期食用没有风险。可能是因为这个化合物在胃肠道中吸收很差，同时由于其亲水性可以被迅速排出。

图7.116　奇迹果。食用后数小时内，奇迹果中的糖蛋白会改变味觉。（由Hamale Lyman提供。）

三氯蔗糖的制备比阿斯巴甜更经济，因为它以蔗糖为原料（**图 7.117**）。蔗糖可发生一种很特别的氯化脱水反应，这个反应使用的试剂是硫酰氯（SO_2Cl_2），不要与氯化亚砜（$SOCl_2$）混淆。硫酰氯在反应性上类似于氯气（Cl_2），它一般很少用于羟基取代反应。蔗糖不同位点上的磺酸酯具有不同的反应活性：6-OSO_2R≈6′-OSO_2R≫4-OSO_2R>1′-OSO_2R。因此，在合成三氯蔗糖的时候，往往需要先选择性地保护好蔗糖的 6- 羟基，从而使 6′-OH 能够顺利地被氯取代。

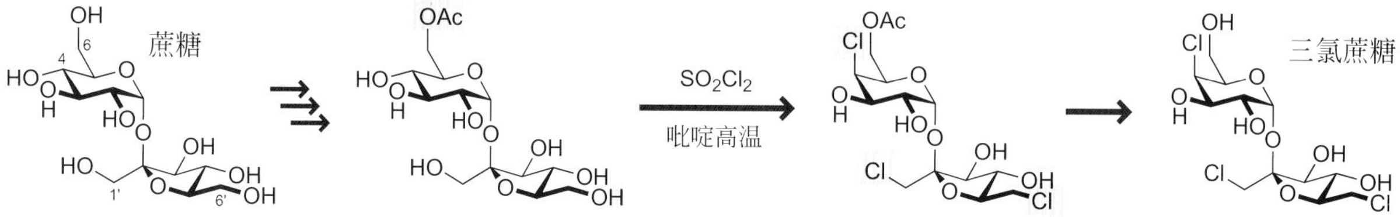

图7.117　三氯蔗糖。三氯蔗糖是以蔗糖为原料通过化学方法经氯代得到的。

南美一种被称为甜叶（*Stevia rebaudiana* Bertoni）的植物含有很多个具有很强甜味的萜烯糖。这种植物的提取物可以作为低热量甜味剂出售。这些萜烯糖中含量最高的一个是甜菊糖（stevioside），占 5%～10%；而其中最甜的是瑞鲍迪苷 A（rebaudioside A），它的甜度高达同等重量蔗糖甜度的 300 倍（**图 7.118**）。

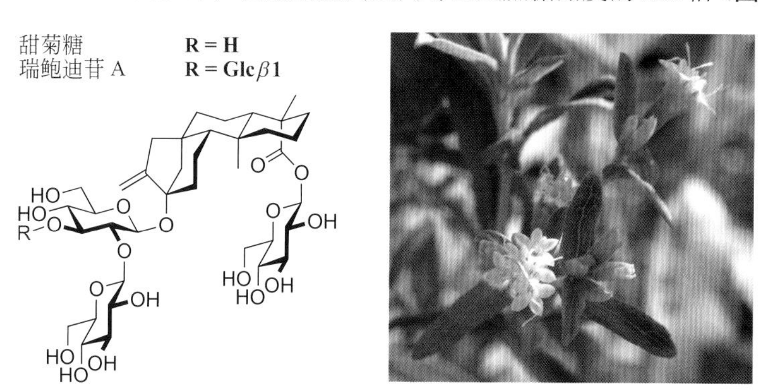

图7.118　甜味萜烯。甜菊糖（左）使甜叶植物（右）具有很强的甜味。（右侧植物图片由Ethel Aardvark友情提供。）

7.10　总结（Summary）

20 世纪 30 年代以来，大多数生物化学专业的学生学到的糖生物学知识都是非常浅显的，他们学习的重点是葡萄糖作为能量来源和分子砌块的作用。然而，到了 20 世纪末，生物学问题和新兴技术的融合促使糖生物学的研究开始朝着大的、复杂的寡糖方向发展。

人体内寡糖（oligosaccharide）大约是蛋白质的一半，但是在结构上，寡糖却比蛋白质复杂得多。寡糖结构的复杂性主要是因为它可以生成支链，同时，每生成一个糖苷键都会伴随着一个新手性中心的形成，进一步增加了它的复杂性。寡糖研究的巨大挑战性还在于哺乳动物细胞只能生成寡糖混合物。以上这些的原因是，寡糖是由具有不同选择性的酶催化组装而成的，并且在组装的时候也没有校对系统来确保糖基化反应的正确性。

通过进化，人体细胞可以利用血液中的葡萄糖作为碳源和能量的分子“货币”。细胞外面包裹着一层可以介导细胞-细胞相互作用的糖蛋白和糖脂外衣。它们可以通过糖发出信息，通过凝集素接收信息。许多病原生物通过蛋白质-寡糖的相互作用来识别它们在人体细胞上的靶标。化学家可以利用人和病原生物寡糖之间的差异来设计疫苗和药物。很多在血液中循环的蛋白质都是糖蛋白，携带的寡糖对它们的结构有重要作用。例如，血清中蛋白质的半衰期可以被糖基化改变。

糖果业的发展给我们带来了一些好吃的甜食，研究的进步也使我们对糖化学和糖生物学的看法发生了很大的改观。在大约100多年的时间里，糖生物学家对人体细胞的理解已经从里面是糖、外面是脂肪的麦芽糖模型演变成了里面是蛋白质、外面是糖的橡皮糖模型。可惜的是，糖尿病发病率迅速上升带来的影响，使葡萄糖代谢研究的重要性还在上升。糖生物学家需要通过不断的努力，阐明复杂的糖的结构和功能，理解和调控葡萄糖/脂质的代谢，这样才能将糖生物学推向新的前沿。

学习重点（Learning Outcomes）

- 画出在人类寡糖中发现的10种单糖的结构，要包括端基的立体化学和糖的构象。
- 画出构型翻转型和构型保持型糖苷水解酶的催化机理。
- 区分多糖和寡糖的不同。
- 解释囊泡区室化如何控制细胞中蛋白质糖基化过程的拓扑结构。
- 区分*N*-连接糖蛋白与*O*-连接糖蛋白生物合成和结构的不同。
- 对比有寡糖修饰的胞外/膜结合蛋白和缺乏寡糖修饰的胞内蛋白。
- 描述蛋白质糖基化的功能/生理意义。
- 画出糖脂的脂质锚。
- 对比糖脂的结构和糖蛋白的结构。
- 解释疫苗是寡糖在疾病治疗方面重要应用的原因。
- 画出化学合成糖苷键的反应机理。
- 了解多价性在凝集素-糖相互作用中的重要性。
- 描述人凝集素的一些生理功能。
- 解释胰岛素是如何影响葡萄糖稳态的。
- 画出蛋白质非酶糖化的机理。
- 画出常见人工甜味剂的结构。

习题（Problems）

***7.23** 使用箭推法，画出碱催化的由葡萄糖形成3-脱氧葡萄糖醛酮的合理的反应机理。

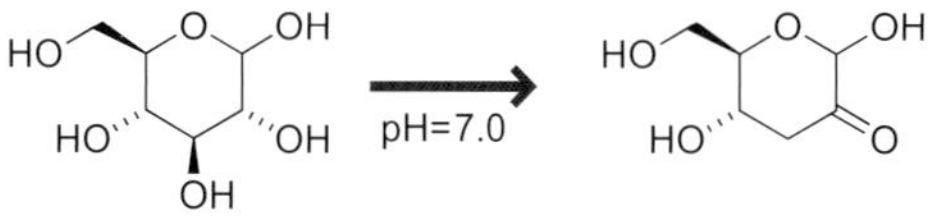

HO, OH, HO, OH, OH → pH=7.0 → HO, OH, HO, O — 3-脱氧葡萄糖醛酮

***7.24** 甲基α-L-岩藻糖苷选择性地形成单个双环双缩酮，因为它可最大程度地减少1,3-双直立键相互作用，同时最大化端基异构效应。使用椅式构象，画出最佳的缩酮结构。

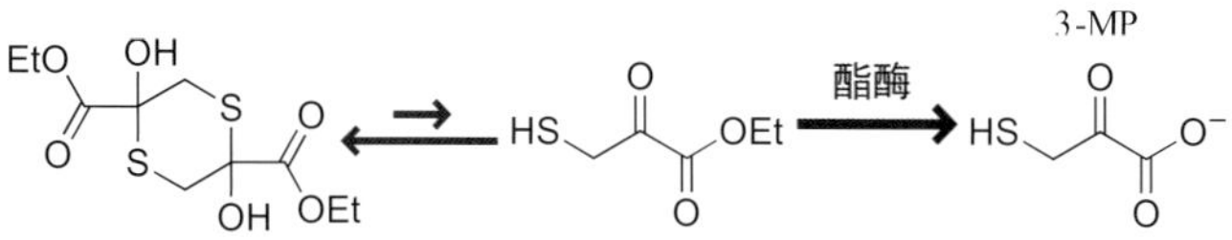

EtO, OH, S, O, S, O, OH, OEt ⇌ HS, O, OEt, O —酯酶→ 3-MP HS, O, O⁻, O

7.25 3-脱氧葡萄糖醛酮具有很高的反应性，可以通过赖氨酸侧链形成交联。一种名为氨基胍（pimagedine）的在研糖尿病药物可以与3-脱氧葡萄糖醛酮反应形成两种不同的稳定芳香性化合物。画出其中任何一种芳香性化合物合理的结构及其生成的合理的机理。

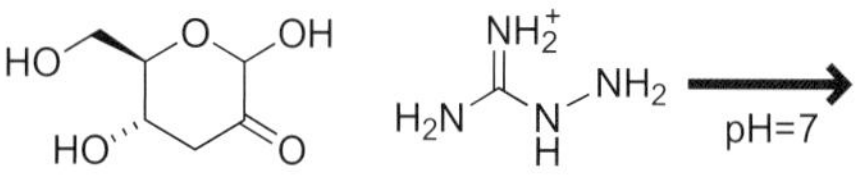

HO, O, OH, HO, O + H_2N–C(=NH_2^+)–NH–NH_2 —pH=7→ 2种芳香性化合物

***7.26** 用椅式构象画出下面这个带有Lewis[a]抗原的糖鞘脂的结构。

Fucα1→4, Galβ1→3 > GlcNAcβ1→3 Galβ1→4 Glcβ1→Cer

7.27 可以使用里特（Ritter）反应来生成天冬酰胺连接的寡糖。使用箭推法画出一个合理的反应机理。不用画离去基团。

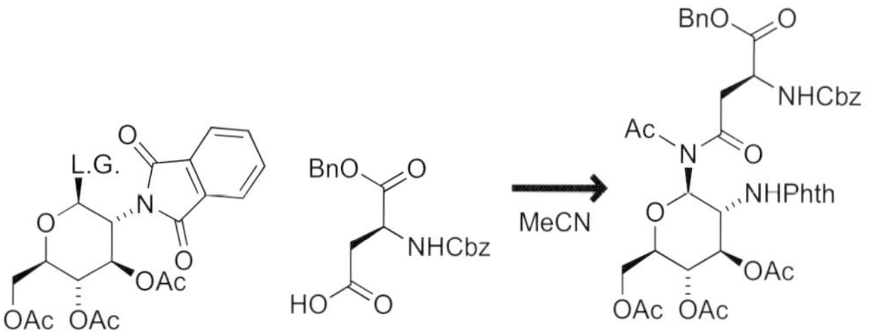

L.G., O, N, O, O, OAc, OAc, OAc + BnO, O, NHCbz, HO, O —MeCN→ BnO, O, NHCbz, Ac, N, O, O, NHPhth, OAc, OAc, OAc

7.28　人胰腺产生胰岛素，它是一种控制血清葡萄糖水平的激素。链脲佐菌素（streptozotocin）是一种从土壤微生物无色链霉菌中分离出来的葡萄糖衍生物，它对胰岛β细胞有选择性的细胞毒性。已被批准用于治疗胰腺癌（Zanosar®）。其他应用还包括诱发大鼠糖尿病。链脲佐菌素通过DNA烷基化等机理对胰岛β细胞产生选择性的细胞毒性。用箭推法画一个在碱催化条件下链脲佐菌素对DNA中鸟嘌呤碱基甲基化的合理的反应机理。

链脲佐菌素

***7.29**　在温和的碱性条件中，过量的硼氢化钠可以把*O*-连接寡糖选择性地从糖肽上切下来（糖肽是由肽酶链霉蛋白酶切割糖蛋白而得），同时，*N*-连接寡糖不受影响。用箭推法画出一个合理的反应机理。

7.30　几丁质酶（chitinase）可以被天然产物抑制剂阿洛氨菌素（allosamidin）选择性抑制。通过比较阿洛氨菌素和关键的反应机理中间体，用箭推法画出一种几丁质酶抑制的合理的机理。

阿洛氨菌素

7.31　天然产物阿卡波糖（acarbose）是人胰腺*α*-淀粉酶（*α*-amylase）的抑制剂，后者是一种构型保持型葡糖苷酶。抑制机理涉及阿卡波糖的水解和转糖基作用，最终产生紧密结合在活性位点上的假五糖。用箭推法画出一种形成紧密结合的抑制剂的合理的机理。

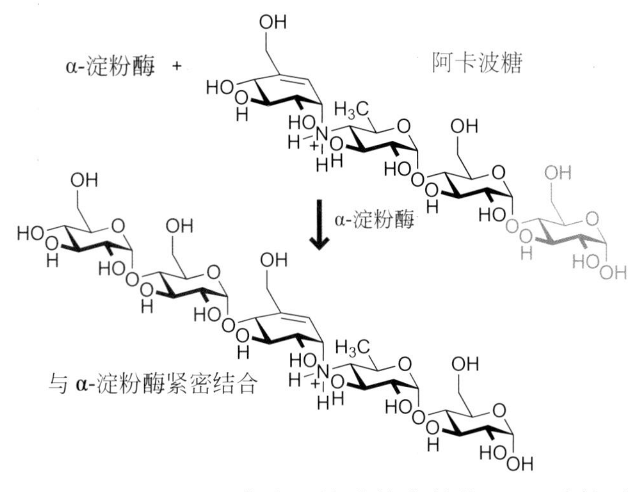

***7.32**　这是一个由醛缩酶催化的从*N*-乙酰甘露糖胺（*N*-acetylmannosamine）合成*N*-乙酰神经氨酸（*N*-acetylneuraminic acid）的反应，预测一下空缺处起始原料的结构。

ManNAc　　Neu5Ac

7.33　用于DNA电泳的琼脂糖凝胶（agarose gel）是一种含有不常见的双环结构单元的海藻多糖。从红海藻（red seaweed）中分离出的一种酶，可以产生类似的多糖卟啉（polysaccharide porphyran），也可以将半乳糖6-硫酸酯转化为琼脂糖（agarose）中的脱水半乳糖。用箭推法为这个酶促反应画出一种合理的机理。

卟啉　　琼脂糖

7.34　画出以下木糖衍生物（xylose derivative）的椅式构象，然后思考一下酯取代基的构象。基于1,3-双直立键相互作用，哪个羰基指向吡喃环平面的上方，哪个指向吡喃环平面的下方？

第 8 章 聚酮和萜类 (Polyketides and Terpenes)

学习目标(Learning Objectives)

- 辨析聚酮生物合成与萜类生物合成中迭代反应形成碳碳键的化学机理。
- 了解人体内聚酮和萜类化合物的有限结构类型范围。
- 了解在低等生物和植物中发现的聚酮和萜类的无限结构类型范围。
- 描述类二十烷酸和鞘氨醇类信号分子的来源和作用。
- 理解低等生物中聚酮代谢产物的多样性来源。
- 解释非经典碳正离子的结构和反应性。
- 描述阳离子环化和重排是如何扩增萜类天然产物的多样性的。

在有机化学中，碳碳键是普遍存在的，就像音乐中的音符、英语中的单词和物理学中的数学公式一样。然而，尽管碳碳键具有基础性的核心地位，但似乎受到了中心法则的束缚。中心法则更加强调杂原子之间键的作用，如 DNA 和 RNA 中的 P—O 键，多糖中的 C—O 键，以及蛋白质中的 C—N 键。为什么碳碳键的形成在中心法则中扮演了相对次要的角色？

对这个问题的天真回答，无论是正确的还是错误的，都可能指向碳亲核试剂或碳亲电试剂与水环境之间的不相容性，但当酶毫不费力地催化碳碳键形成被揭示时，这种想法就失去了吸引力。也没有理由怀疑碳碳键的稳定性。脂肪族碳碳键特别稳定，也许是太稳定了，它们不容易被任何单一的化学或酶反应所切割，而 DNA、RNA、蛋白质和多糖则很容易被酶水解成可重复使用的分子单元。脂肪族生物分子的耐久性使其适合作为脂质链甲（chainmail armor）来保护所有的活细胞，协调人体细胞功能的长距离信号以及最适微生物生存的先进武器。

聚酮（polyketide）和**萜类**（terpene）化合物的复杂度高，形式多种多样，从简单的线性碳氢化合物（**图 8.1**）到复杂的多环结构。然而，用于构造这两类天然产物的迭代反应是完全不同的，聚酮是由二碳和三碳单元通过烯醇化合物与羧酸酯和硫酯的反应而形成。相反，萜类是由五碳单元通过碳正离子与烯烃的加成反应而形成。我们已经研究了很多的聚酮和萜类天然产物，如柔红霉素（道诺霉素，daunomycin）、黄曲霉毒素（aflatoxin）、原蕨苷（ptaquiloside）、红霉素（erythromycin）、雷帕霉素（rapamycin）、小白菊内酯（parthenolide）、甜菊醇（steviol）等。这些天然产物如此复杂，以至于有时很难分辨它们组装的单体单元。

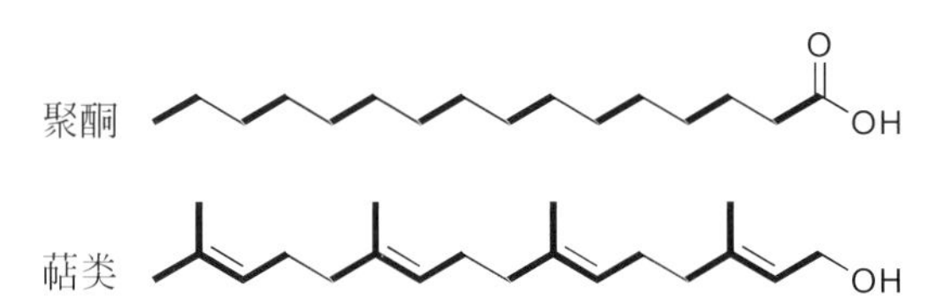

图8.1 聚酮和萜类化合物的典型例子。重复单元以粗体显示，通过低聚反应形成的键以红色突出显示。

细胞生物合成可产生初级代谢产物和次级代谢产物。**初级代谢产物**（primary metabolite）被认为是正常细胞功能所必需的分子，如ATP、3-磷酸甘油醛或胆固醇。信号分子如多巴胺和雌激素也被认为是初级代谢产物。相反，虽然**次级代谢产物**（secondary metabolite）对细胞的直接存活并非必要，但细胞会产生次级代谢产物来进行化学防御。细菌可利用聚酮途径产生具有生物活性的次级代谢产物，相反，植物更倾向于利用萜类生物合成途径产生次级代谢产物。

进化使生物体产生一些真正巧妙的聚酮和萜类防御武器。所有生物都使用聚酮和萜类生物合成来产生初级代谢产物，但人类似乎忽略了聚酮和萜类次级代谢产物的防御潜力。相反，我们利用敏捷的身体来对抗或逃离掠食者，以及通过复杂的蛋白质和细胞防御系统来抵御病原体。这种强大的防御组合确保了人类物种的生存，但却不能保证赋予每个个体与传染病、代谢性疾病或者癌症做斗争的能力。经过数百万年的进化忽视，人类终于开始借用来自低等生物的聚酮和萜类天然产物，通过分子生物学和化学合成相结合的方法来对抗疾病。因此，在过去的一百年里，我们已经超越了分子捕猎阶段，来到了驯化阶段。也许在接下来的一百年里，通过利用这种非常复杂的生物合成技术，我们可能会达到与细菌、真菌和植物一样的分子巧妙程度。

8.1 聚酮生物合成中的克莱森反应（The Claisen Reaction in Polyketide Biosynthesis）

聚酮类天然产物的多样性结构掩盖了它们的迭代构造

图8.2 登山爱好者和化学家。诺曼·柯利（J. Norman Collie）发明了“酮”一词。（由Whyte Museum of the Canadian Rockies提供。）

1907年，登山爱好者——化学家诺曼·柯利（J. Norman Collie）首次将聚酮（polyketide）定义为烯酮（$H_2C=C=O$）的聚合物，并将$H_2C=C=O$定义为酮基（**图8.2**）。Collie虽没有研究任何特定的生化途径，但他意识到，通过聚酮基本骨架$(CH_2CO)_n$的进一步功能化可以获得广泛的化学结构。

聚酮源于二碳和三碳的合成砌块

聚酮通过重复的克莱森反应（Claisen reaction）形成。每次酶催化的二碳乙酸酯或三碳丙酸酯间的克莱森反应都会生成一个β-酮酯（**图8.3**）。这种分子间的二聚通常被称为克莱森缩合（Claisen condensation），反应产生的副产物是醇，而非水。在碱催化的克莱森缩合反应中，碱通常为醇盐，它可使酯

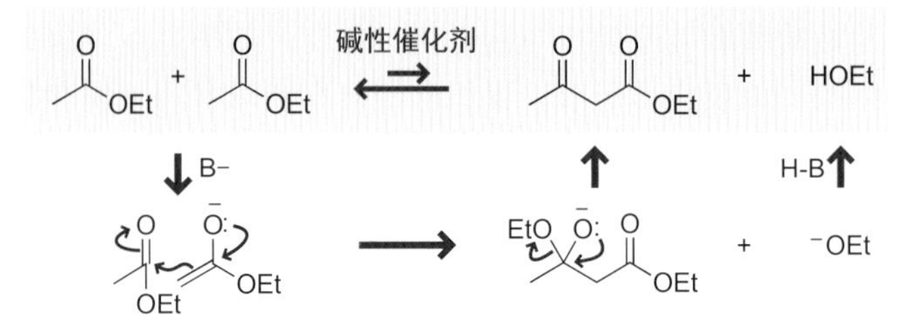

图8.3 克莱森缩合反应机理。碱催化的克莱森缩合反应是烯醇加成羧酸酯。

去质子化，产生低浓度的具有高反应活性的烯醇酯。烯醇然后攻击另一个未反应的酯，烷氧负离子从四面体中间体中离去，并从质子化碱中重新捕获质子形成醇。

然而乙酸乙酯的克莱森缩合反应的能量消耗超过 20 kcal/mol。在此反应中，原料中的一个共振稳定的酯官能团转化为酮，而酮不具有这种共振稳定性。在烷氧化合物存在下，容易发生逆克莱森缩合反应，因此在烷氧化合物催化下的克莱森缩合反应中，β-酮酯的平衡产率很低。在 1887 年，雷纳 · 路德维格 · 克莱森（Rainer Ludwig Claisen）在实验室成功实现该反应，该反应使用化学计量的乙醇负离子（$pK_a \approx 15.9$）以驱动反应向乙酰乙酸乙酯高稳定性的烯醇化产物（$pK_a \approx 10.7$）方向进行。即使采用化学计量的碱，对于酯而言，反应产率并不高，但对于醇钠碱而言，反应产率还是可观的。幸运的是，乙酸乙酯是一种便宜的溶剂；克莱森缩合在实验室中高效进行还需要不同的技巧。沃尔特·狄克曼（Walter Dieckmann）提出的一个特别技巧是，将这种反应应用于键合的酯（tethered esters），从而环化形成高度有利的五元环和六元环。

问题8.1

根据以下合成步骤顺序画出所有预期的立体异构产物。

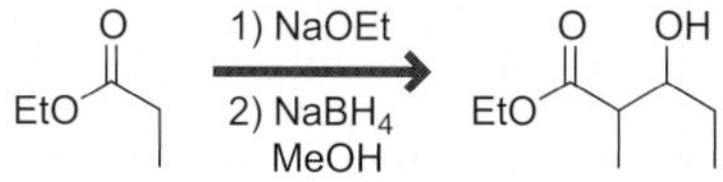

EtO / 1) NaOEt 2) $NaBH_4$ MeOH / EtO OH

大自然倾向于克莱森缩合反应形成碳碳键，但使用的是硫酯而不是羧酸酯。自然界使用的硫酯是辅酶 A 的衍生物（**图 8.4**）。**辅酶 A**（coenzyme A）由两个模块化的亚基组成：磷酸泛酰巯基乙胺基（phosphopantetheinyl group）和腺苷 3,5- 二磷酸。为了强调硫原子的重要性，辅酶 A 通常缩写为 HS-CoA 或 CoA-SH。像许多其他维生素辅因子一样，辅酶 A 很容易被酶机制识别，最终可能成为 micro RNA 调控的配体。据我们所知，磷酸泛酰巯基乙胺基连接子的特殊元件对于乙酰 CoA 的克莱森缩合反应并不重要。然而，如辅酶 A 的克莱森缩合反应一样，合成聚酮的酶也使用磷酸泛酰巯基乙胺基连接子。

乙酰-CoA 丙酰-CoA SCoA + SCoA → SCoA + HSCoA

磷酸泛酰巯基乙胺基 R S N H N H OH Me Me O P O P O NH_2 N N N N OH

辅酶 A

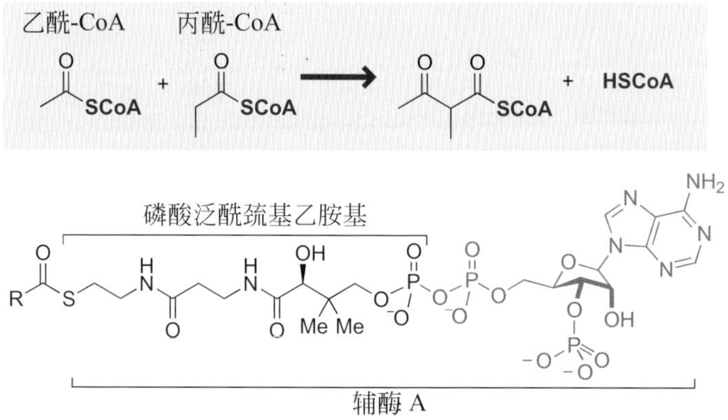

图8.4 由硫酯形成碳碳键。自然界用硫醇辅酶A产生的硫酯进行克莱森缩合反应。

基于硫酯的克莱森缩合与羧酸酯的克莱森缩合有几处不同。首先，硫酯的缩合反应在能量上是不利的，但与羧酸酯的缩合反应相比更加有利，消耗能量高达 11.7 kcal/mol。其次，硫酯的 α 质子比传统的羧酸酯 α 质子的酸性大。例如，硫代乙酸乙酯的 pK_a 为 21，比羧酸酯（如乙酸乙酯的 pK_a 为 24）更接近酮的 pK_a（如丙酮的 pK_a 为 20）。硫酯的克莱森缩合通常需要**格氏试剂**（Grignard reagent）作为碱，虽然硫酯的烯醇式通常用于有机合成，但与更易

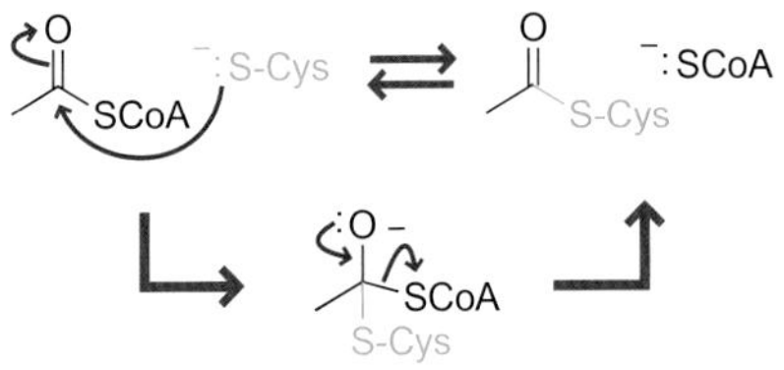

图8.5 **硫酯交换机理**。与醇衍生的羧酸酯不同，在生理条件下酰基在硫醇之间快速交换。

图8.6 **耐水性**。化学研究表明硫酯交换（右）比水解（左）快得多。

发生克莱森缩合的羧酸酯相比，并没有优势。正如我们将看到的，在生物学中形成烯醇式的方法不如去质子化直接。

大多数乙酰-CoA参与的酶催化的克莱森缩合反应都涉及将酰基转移到半胱氨酰硫酯上，从而形成酰基-酶中间体（**图8.5**）。硫酯的酯交换反应比羧酸酯的酯交换反应容易得多。乙酰辅酶A与谷胱甘肽（GSH）之间发生硫酯交换，其二级速率常数为0.02L/(mol·s)（**图8.6**），约是普通的羧酸酯与谷胱甘肽（GSH）之间交换速率的100倍，这种酯交换速率明显快于硫酯水解，因为硫酯水解在生理pH下很慢。这也解释了肽硫酯的天然化学连接作用。在很大程度上，硫醇比水更具活性，这是因为在生理pH条件下，大量（约1%）的硫醇（$pK_a \approx 9$）被去质子化。

8.2 聚酮生物合成范例：脂肪酸生物合成（The Biosynthesis of Fatty Acids is a Paradigm for Polyketides Biosynthesis）

脂肪酸具有不同程度的不饱和度

脂肪酸是典型的聚酮。它们具有最简单的化学结构，但无论在人体还是非人体中，它们的生物合成与更复杂的聚酮类天然产物的合成有很多相同之处。人类脂肪酸为偶数碳。例如，饱和脂肪酸豆蔻酸、棕榈酸和硬脂酸分别有14、16和18个碳（**图8.7**）。脂肪酸在化学生物学中很重要，因为它们是构成细胞膜的脂质（lipid）分子的重要组成部分，也是信号分子的前体。人类脂肪酸有顺式（*cis*）双键，但无反式双键。尽管有时脂肪酸有许多顺式双键，但它们相互间不共轭。例如，图8.7中标出的，在亚油酸和花生四烯酸的双键之间有一个亚甲基。

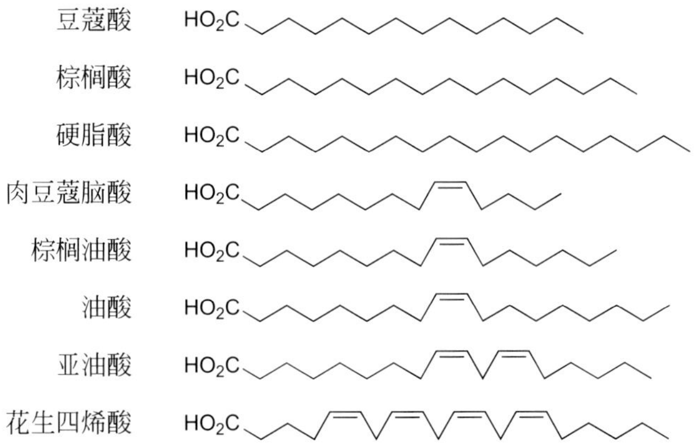

图8.7 **人类脂肪酸**。人体的脂肪酸是饱和的，或者含有非共轭的顺式双键。

IUPAC的传统命名规则是以羧酸端开始的碳命名。相反，脂类化学家设计了一个专门的命名系统，即将脂质的碳原子数从离羧基最远的末端开始排序（**图8.8**），最后一个位置命名为ω-1（发音为“omega one”）。这个命名系统已应用于人体无法合成的ω-3和ω-6脂肪酸（fatty acid）的分类。由于这些脂肪酸必须从食物中获得，所以被称为**必需脂肪酸**（essential fatty acid）。在ω-3脂肪酸中，无论脂肪酸的总长度如何，离ω末端第三个碳都有一个顺

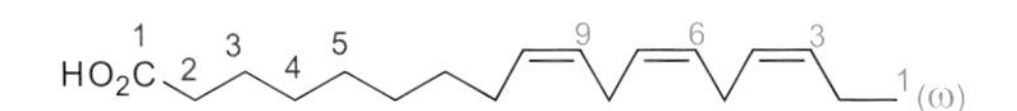

图8.8 ω−n系统命名法。IUPAC化学命名法有许多替代方案，营养标签倾向于采用ω-n系统，在这种系统中，不饱和碳的位置从最后一个碳（ω）开始编号，图中的α-亚麻酸是一种ω-3脂肪酸，特别是3ω-3亚麻酸。

式双键。鱼油是ω-3脂肪酸的常见来源。通常认为，人类饮食中ω-6与ω-3脂肪酸的比例是至关重要的，因为ω-6脂肪酸可以取代细胞膜上的ω-3脂肪酸。在理想的人类饮食中，其比例为4∶1，但ω-6脂肪酸的含量在红花（50∶1）、玉米（250∶1）和其他常见植物籽油中非常高，这使西方饮食平均值更接近总比率为10∶1至20∶1。用菜籽油（2∶1）烹饪有助于维持ω-6到ω-3脂肪酸的平衡。

脂肪酸/聚酮合酶是根据其超分子结构进行分类

通过迭代反应形成碳碳键构建聚酮的酶学机制是以高度协作的方式进行的，将合成中间体从一个酶亚基传递到另一个酶亚基。最常见的是，延长的聚酮链通过载体蛋白在聚集的酶亚基之间穿梭。在一些情况下，酶亚基是以单一多肽链的形式通过核糖体合成的，这些组装被称为Ⅰ**型聚酮合酶**（type Ⅰ polyketide synthases）。另外一些情况下，酶亚基通过核糖体合成的单个肽链独立折叠，然后通过非共价相互作用结合形成复合物，这类复合物被称为Ⅱ**型聚酮合酶**（type Ⅱ polyketide synthases）。Ⅲ**型聚酮合酶**（type Ⅲ polyketide synthases）是一种更小、更紧密的酶，缺乏Ⅰ型和Ⅱ型的结构域骨架。

如**图8.9**所示，人体脂肪酸合酶（fatty acid synthase）是一种Ⅰ型聚酮合酶，因此催化结构域紧密连接在一起。这些多结构域催化工厂以对称二聚体形式成对出现。哺乳动物脂肪酸合酶优化后用于生产棕榈酸，它是一种含有16个碳原子的饱和脂肪酸。这种合成需要一系列催化结构域循环催化使脂肪链延伸，此处简要说明并于下文详述。

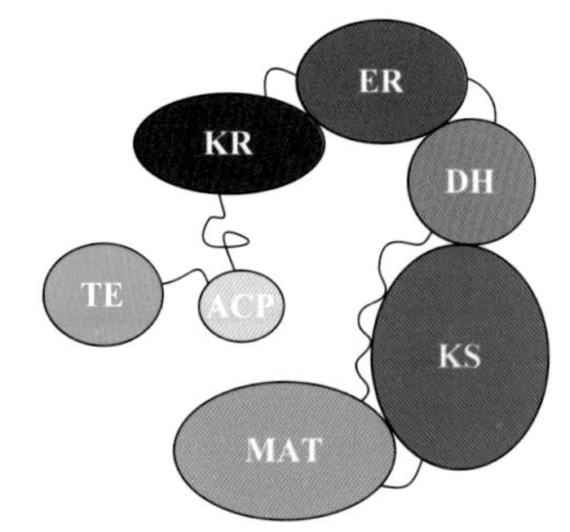

图8.9 哺乳动物脂肪酸合酶的Ⅰ型结构域组成。为了清晰起见，只显示了一半的同源二聚体复合体。完全组装的二聚体类似于一个大的“X”。（TE，硫酯酶；ACP，酰基载体蛋白；KR，酮基还原酶；ER，烯酰还原酶；DH，脱水酶；KS，酮基合酶；MAT，丙二酸单酰辅酶A/乙酰辅酶A转酰基酶结构域）

转酰基酶结构域（transacylase domain，MAT）催化丙二酸单酰［$HO_2CCH_2C(=O)$］和乙酰基［$CH_3C(=O)$］从辅酶A转移到酰基载体蛋白（acyl carrier protein，ACP）上，在酶亚基之间携带合成中间体。酮基合酶（ketosynthase，KS）结构域催化丙二酸单酰和乙酰硫酯之间发生克莱森缩合，形成β-酮酯［$RC(=O)CH_2C(=O)SR'$］（该酶因此而得名）。在克莱森缩合之后，酮基还原酶（ketoreductase，KR）结构域催化$RC(=O)CH_2C(=O)SR'$中的β-酮基还原为β-羟基。脱水酶（dehydratase，DH）结构域催化β-羟基脱水生成烯酮［$RCH=CHC(=O)SR'$］。烯酰还原酶（enoyl reductase，ER）结构域催化共轭烯酮还原生成饱和烷基［$RCH_2CH_2C(=O)SR'$］。最后，当脂肪酸在经历酶结构域催化的迭代反应达到适当长度时，硫酯酶（thioesterase，TE）结构域催化酶结合酰基链水解，生成游离脂肪酸。在猪脂肪酸合酶的X射线晶体结构中，ACP和TE结构域没有得到很好的分辨，这表明ACP具有很高的迁移率，对ACP作为转运体有很大帮助。大多数细菌和植物通过Ⅱ型合酶合成脂肪酸，真菌脂肪酸合酶的结构域由于在两条多肽链上都有不同的催化结构域而很难进行分类。

酰基载体蛋白将延长的聚酮链从一个催化结构域传递到另一个催化结构域

聚酮合酶催化的化学转化过程中，酰基链以硫酯的形式与蛋白质亚基共价结合。Ⅰ型和Ⅱ型聚酮合酶使用酰基载体蛋白（ACP）在不同的催化亚基之间转移硫酯中间体。新生聚酮的酰基并不直接附着在ACP的半胱氨酰硫醇

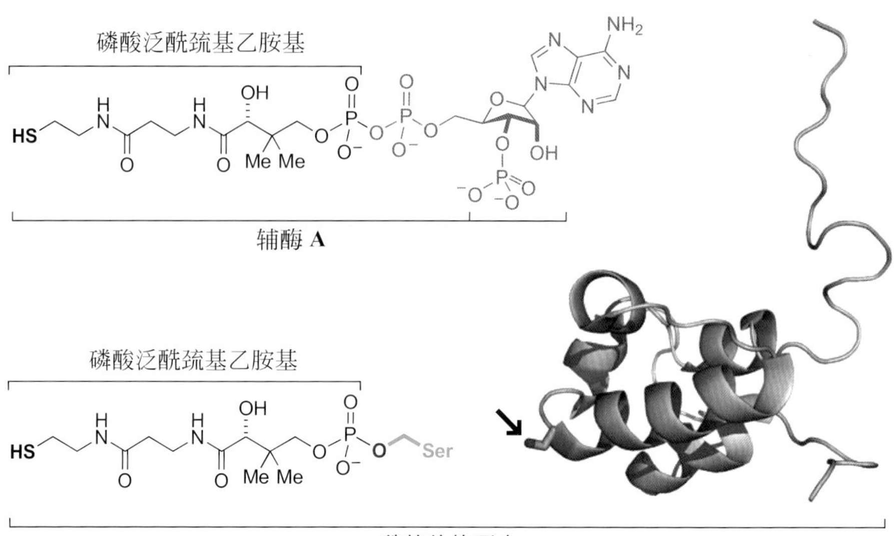

图 8.10 硫醇链。聚酮链是通过连接在丝氨酸羟基（红色）上的磷酸泛酰巯基乙胺基团结合到酰基载体蛋白上的。磷酸泛酰巯基乙胺基团末端的游离硫醇提供了一个与延长的聚酮酰基结合的反应位点。（PDB：2 PNG）

上；相反，聚酮合酶在翻译后利用磷酸泛酰巯基乙胺基转移酶将磷酸泛酰巯基乙胺基转移到 ACP 的半胱氨酸残基上，再与酰基中间体与形成硫酯。在 I 型聚酮合酶中，酰基载体蛋白是包含所有催化结构域的同一长链多肽链的一部分。如此大的多结构域蛋白质能够正确折叠是个奇迹。在这类聚酮合酶中，ACP 结构域由一个长而柔性的短肽链连接，使该结构域能够将延长的聚酮链摆动到每个催化结构域（**图 8.10**）。

一种将单体加载到载体蛋白上的酰基转移酶

聚酮的生物合成始于转酰基酶将第一个硫酯加载到酰基载体蛋白上。对于脂肪酸而言，第一个单体总是乙酰辅酶 A（**图 8.11**）。在化学上这是一个常见的反应，因为硫酯交换通常容易发生。然而，在随后的每轮延伸过程中，丙二酸单酰-CoA/乙酰-CoA 转酰基酶（MAT）会将一个丙二酸单酰基团，而非乙酰基加载到载体蛋白上。

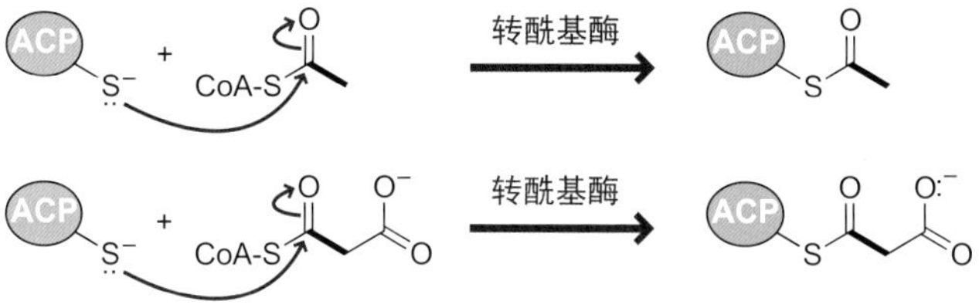

图 8.11 加载。转酰基酶将两个可能的酰基之一加载到载体蛋白 ACP 上。乙酰辅酶 A（上）用作脂肪酸合酶的第一个亚基，而丙二酸单酰辅酶 A（下）用于后续的延伸。

酮基合酶催化脱羧性克莱森缩合反应

我们对克莱森缩合在聚酮生物合成中的关键机制的理解主要来自对细菌脂肪酸酮基合酶 FabH 的研究。亲电性硫醇酯和亲核性巯基烯醇都通过半胱氨酸侧链与蛋白质结合（**图 8.12**）。亲电性硫醇酯通过巯基酯交换反应转移到酮基合酶上。巯基烯醇前体以丙二酸衍生物形式转移到酰基载体蛋白上。在酮基合酶活性部位发生的丙二酸脱羧作用使其成为具有亲核性的烯醇。对细菌酮基合酶的研究有力地支持了这一观点，OH^- 使丙二酸启动脱羧反应，然后碳酸氢盐离去，这与更传统的脱羧反应产生二氧化碳不同。酮基合酶中两个组氨酸残基中的咪唑离子可通过与烯醇氧形成氢键稳定所产生的烯醇。这种稳定性强烈地表明，酮基合酶的催化机理能很好地用烯醇与硫酯的反应机理进行阐述与表达。在关键的碳碳键形成过程中，所形成的四面体中间体由

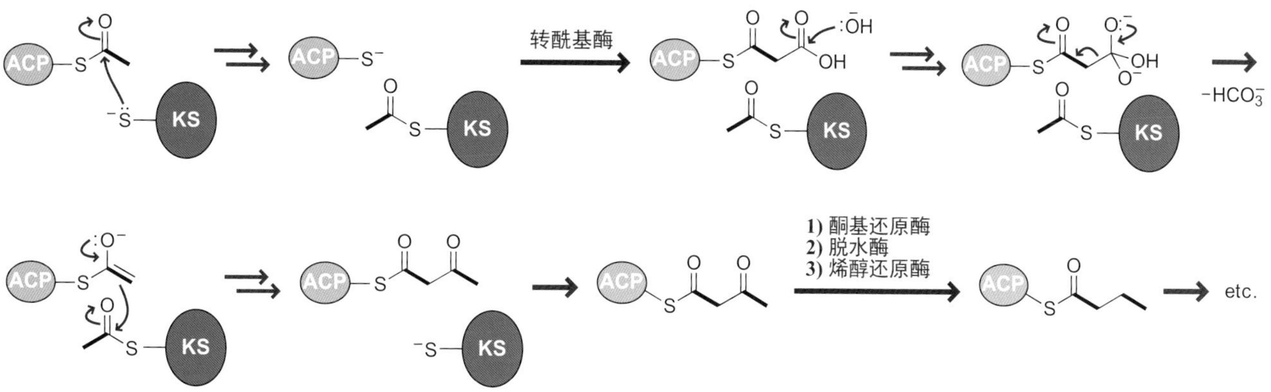

图8.12 **碳碳键的形成**。聚酮生物合成的每个循环中，酮基合酶（KS）结构域催化克莱森缩合反应。

两个酰胺的N—H键稳定：一个来自酮基合酶的氨基酸残基，另一个来自附近的磷酸泛酰巯基乙胺基。

天然产物浅蓝菌素（cerulenin）、平板霉素（platensimycin）和硫乳霉素（thiolactomycin）（**图8.13**）都是酮基合酶的抑制剂。浅蓝菌素是Ⅰ型和Ⅱ型酮基合酶的通用抑制剂。它可与活性部位中的一个硫醇基发生共价结合反应。浅蓝菌素会导致小鼠体重显著下降并抑制进食。它作为一种控制体重的潜在药物，引起了人们的很大兴趣。尽管Ⅰ型和Ⅱ型脂肪酸合酶中的酮基合酶结构域的作用机制被认为是相同的，但细菌中用于合成脂肪酸的Ⅱ型酮基合酶能被平板霉素和硫乳霉素选择性抑制。平板霉素和硫乳霉素都具有化学上活泼的官能团，但已被证明是可逆的抑制剂。

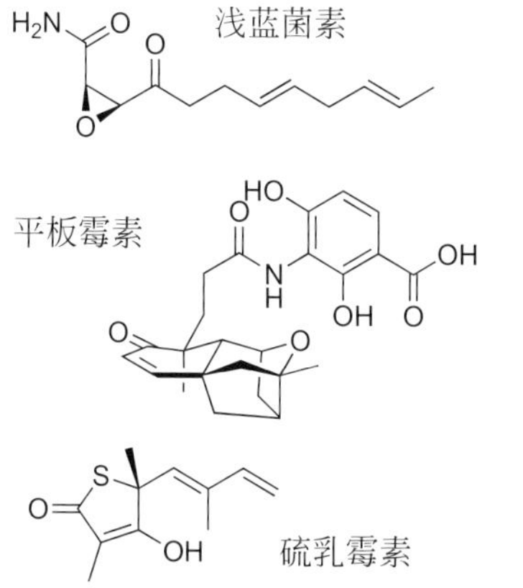

图8.13 **脂肪的天敌**。多种天然产物可抑制脂肪酸合成途径中酮基合酶的活性。

问题8.2

浅蓝菌素有四个潜在的亲电位点可与酮基合酶活性位点的硫醇发生反应（请给图8.13所示结构进行编号）。假设酮基合酶活性位点的硫醇发生不可逆反应，请用箭推法画出该反应的机理以显示其产物正确的立体化学。你如何选择环氧环上哪个碳更活泼?

酮基还原酶催化NADPH的氢转移

在克莱森缩合后，脂肪酸合成的第二步是将β-酮基还原成醇。该反应是以NADPH为氢供体，由酮基还原酶（KR）结构域所催化。从二氢吡啶到羰基的氢转移的反应机理本质上与第6章中讨论的醇脱氢酶相似，只不过进行氢加成的羰基，不是通过Zn^{2+}而是通过酪氨酸残基激活的，该酪氨酸残基被赖氨酸上的铵酸化（**图8.14**）。正如酶催化反应所期望的那样，氢加成反应立

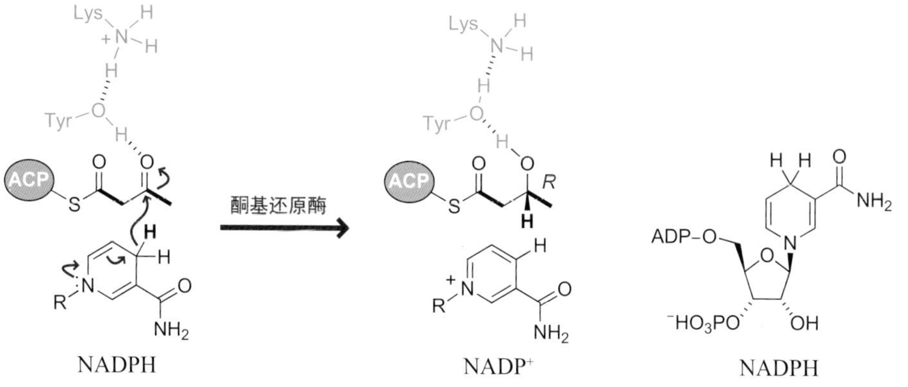

图8.14 **酮基还原酶催化机理**。芳香吡啶鎓离子的形成促使氢从NADPH转移到β-酮基上。

体选择性地加到羰基一侧；平面内的 sp^2 杂化碳的两面分别被指定用 *re* 或 *si* 表示按顺时针或逆时针方向排列官能团，官能团排序依据 Cahn-Ingold-Prelog 规则。在哺乳动物脂肪酸合酶中，氢从羰基的 *si* 面加成产生一个 *R* 立体中心。

NADPH 与 NADH 不同之处在于其 3′-羟基上存在一种单一的磷酸盐。细胞有两个独立的可逆的氢供体/受体是很重要的。在人体中，NADPH 通常被用作生物合成转化中的氢供体/受体，NADH 通常参与氧化还原平衡反应。在健康的哺乳动物细胞中，NADPH 通常被用作氢供体，因为［NADPH］与［$NADP^+$］的比例约为 200∶1。当需要氢受体时（如乙醇脱氢酶就需要），酶使用 NAD^+ 作为氢受体更有意义，这是因为［NADH］与［NAD^+］的比值更接近于 1。

脱水酶催化 β-消除

脂肪酸合成的第三步是 *β*- 羟基的消除反应。有两个氨基酸残基在此反应中起关键作用：天冬氨酸和组氨酸残基。天冬氨酸残基使羟基质子化，然后组氨酸残基催化消除反应。在液相反应中，这种消除反应通过两步 E1cB 机理进行，其中烯醇作为共轭碱发挥作用。然而，没有任何微小的实验可以排除 E2 机理。一种有效的方法是通过突出单独的二碳单元来揭示反应机理，主要在于由脱水酶催化产生的双键通常存在于乙酰基和丙酰基单元之间，而不是在它们内部（**图 8.15**）。

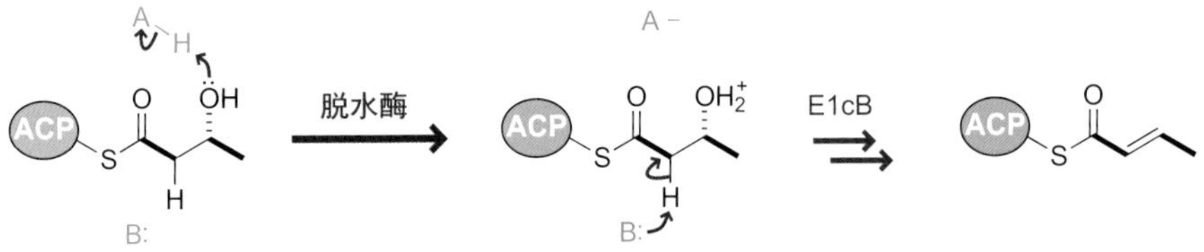

图8.15 “来来往往”（going and gone）。*β*-消除涉及酸碱催化，加粗的键为了突出来自乙酰基的二碳单元。

烯酰还原酶催化共轭还原

脂肪酸合酶在单次延伸循环的最后一步则是烯酰还原酶（ER）结构域对烯酮的共轭还原。NADPH 再次充当氢供体，由此产生的烯酰被相邻的残基质子化（**图 8.16**）。在 ER 的活性部位天冬氨酸和赖氨酸残基两者的氨基靠得很近，很难知道哪个氨基酸残基实际上质子化了烯酰中间体。

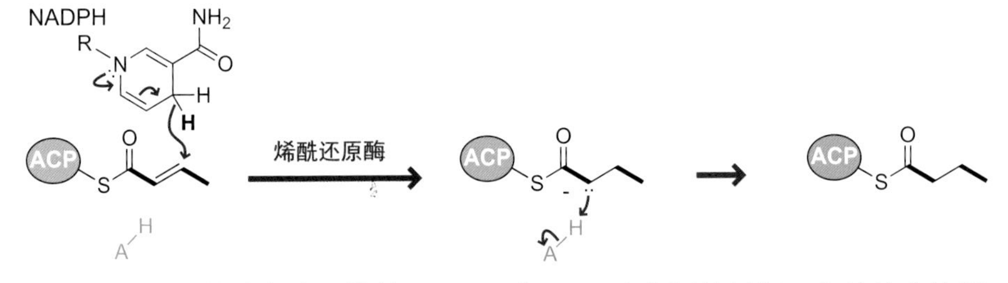

图8.16 烯酰还原酶的氢化作用。在脂肪酸延长的最后步骤中，烯酰还原酶结构域利用来自NADPH的氢还原共轭双键。

几种不同的酶有助于维持 NADPH 和 $NADP^+$ 之间的平衡。在结核分枝杆菌中，KatG 酶将 NADH 和 NADPH 催化成氧化态。该反应利用氧气作为底物反应缓慢，但利用过氧化物或超氧化物时其反应速率要快得多。用于治疗结核病的强效抗生素异烟肼（isoniazid）被 KatG 酶氧化激活（**图 8.17**）。所产生的反应中间体推测为酰基自由基，然后与 $NADP^+$ 的吡啶鎓离子发生 Minisci 自由基加成反应。由此产生的加合物是结核分枝杆菌中烯酰还原酶的一种有效抑制剂。因此，患者服用异烟肼来诱导细菌合成出破坏其自身结构的物质。

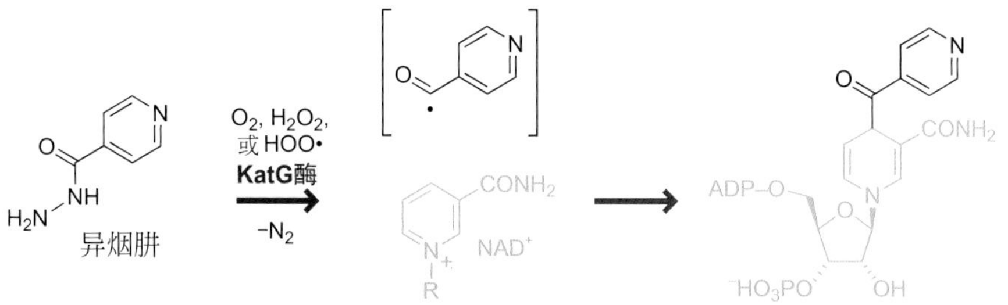

图8.17 诱杀装置。细菌酶KatG不经意间合成了一种来自异烟肼的致命抑制剂。

问题8.3

请为酰基自由基与吡啶鎓离子的Minisci反应提出一种合理的电子转移机理（使用鱼钩箭头）。

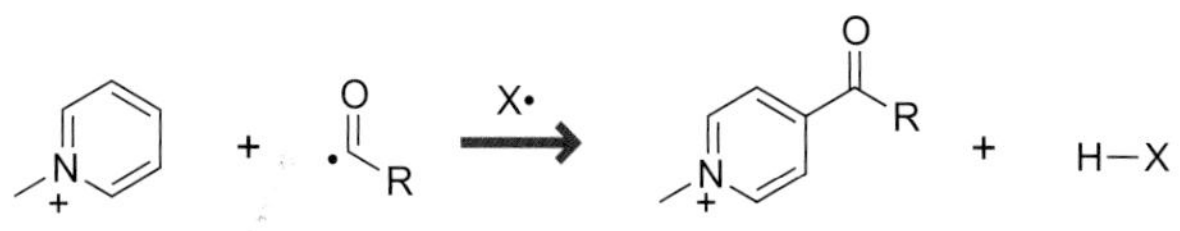

硫酯酶使用催化三联体将酰基从酰基载体蛋白上脱离出来

通过上述脂肪酸合成机理合成 C_{16} 棕榈酸需要八次循环。一旦聚酮链达到预期长度（由活性位点的大小决定），酰基链就朝向硫酯酶结构域的活性位点。与丝氨酸蛋白酶相似，硫酯酶利用催化三联体——由天冬氨酸、组氨酸和丝氨酸组成（**图8.18**），将成熟脂肪酸从酰基载体蛋白上释放，即：亲核性丝氨酸残基会进攻连接酰基链与载体蛋白的硫酯键。然后，水取代活性位点的硫醇，反应顺序发生翻转。

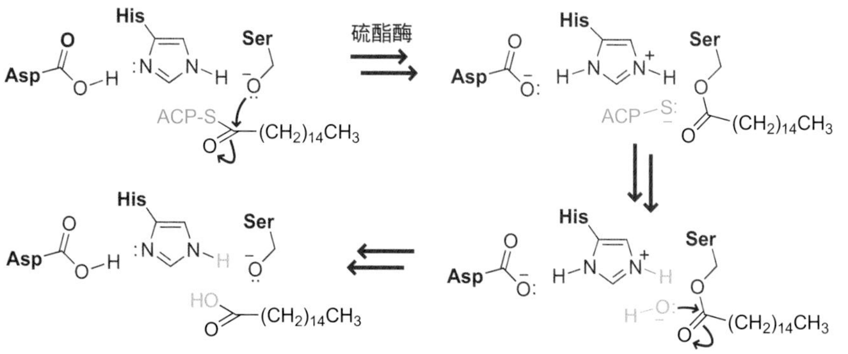

图8.18 释放。硫酯酶利用类似丝氨酸蛋白酶的催化三联体将成熟脂肪酸从酰基载体蛋白中脱离出来。

与内质网相关的酶对脂肪酸进行了最后修饰

从人脂肪酸合酶的酰基载体蛋白中释放出来的棕榈酸分子可以通过酶催化的酯化反应直接结合到脂质上。然而，这些中间产物也会受到内质网相关酶的进一步催化。它们可以由两个碳通过一系列类似反应延伸成**硬脂酸**（stearic acid），或者可以通过氧化酶（称为脱水酶）引入顺式（*cis*）双键（如棕榈油酸）。

8.3 人源聚酮的生物学功能（The Biological Role of Human Polyketides）

生物学中发现的八种脂质

根据定义，**脂质**（lipids）是可以在非极性有机溶剂中溶解而不能在水中溶解的任何细胞分子。根据这一定义，在生物体内发现了8种脂质，即**脂肪酸**（fatty acids）、**甘油脂**（glycerolipids）、**甘油磷脂**（glycerophospholipids）、

图8.19 分子锚栓。脂质X是大型细菌糖脂的基本组成成分之一，它将长的多糖链锚定在细菌外膜上。

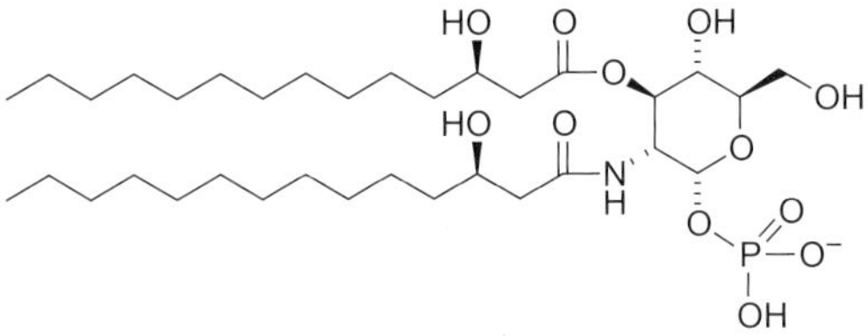

糖脂: 脂质 X
(2,3-bis-(3*R*-hydroxy-tetradecanoyl)-*α*-D-glucosamine 1-phosphate)

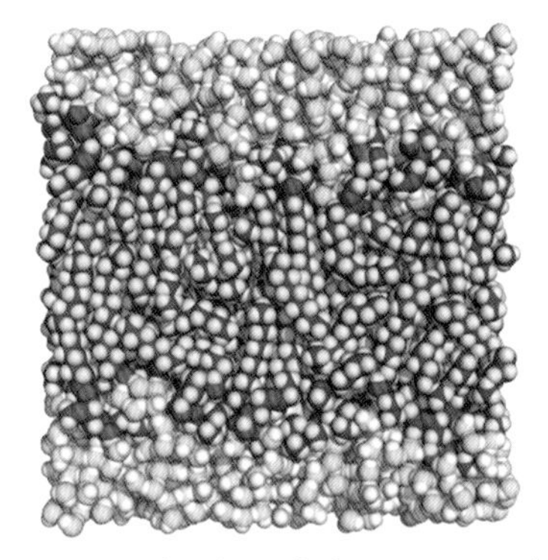

图8.20 脂质屏障(lipid barrier)。一个通过分子动力学产生的脂质双层模型揭示了脂质链中的实质性紊乱，这与脂质双层的流动性是一致的。其中，水分子以绿色呈现。

表8.1 哺乳动物细胞膜的脂质组成

脂质	占比/%
磷脂酰胆碱	45～55
磷脂酰乙醇胺	15～25
磷脂酰肌醇	10～15
胆固醇	10～20
鞘磷脂	5～10
磷脂酰丝氨酸	5～10
心磷脂	2～5
磷脂酸	1～2

鞘脂(sphingolipids)、**糖脂**(saccharolipids)、**甾醇**(sterols)、**异戊烯醇**(prenols)和**聚酮**(polyketides)。大多数存在于人体脂质组(lipidome)中的分子(细胞中的脂质总量)都是从聚酮链中获得疏水特性的，特别是脂肪酸，我们将在本节重点介绍这类脂质分子。糖脂是相对罕见的，仅有十几种已知并被表征的细菌实例(**图8.19**)。聚酮是最广泛存在的脂质，包括约7000例。**脂质组学**(lipidomics)领域主要依靠质谱和其他工具来表征生物体、组织或细胞类型的一整套脂类。到目前为止，人类的完整脂质组尚未完全定义，如果将来自大量不同的侵入人体的微生物脂质包括进来的话，将会非常复杂。

脂质膜由极性头部和非极性尾组成

从最简单的脂质来看，构成哺乳动物的脂质双层分子是由三大类脂肪酸分子中的两种组成(**图8.20**和**图8.21**)：磷脂和鞘脂，而非胆固醇。脂质以组合混合物的形式存在于膜中，具有不同的头部基团和脂肪酸组合。磷脂有一个带有两个脂肪酸酯基团的磷脂酸尾。鞘脂具有一种脂肪酸连接在氨基鞘氨醇的氨基上的神经酰胺尾部。磷脂的极性头部基团有显著差异。其中胆碱(choline)是哺乳动物磷脂中最常见的头部基团，但乙醇胺、肌醇和丝氨酸也很常见(**表8.1**)。

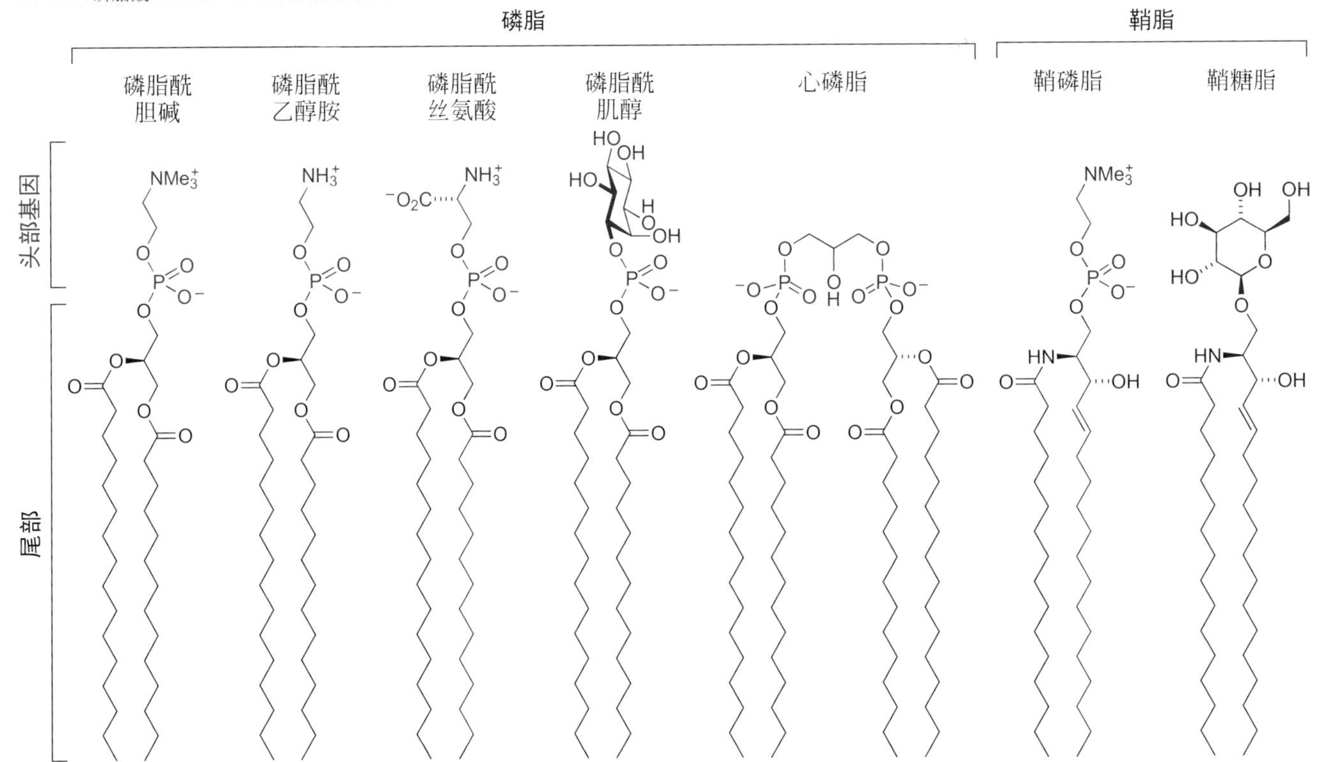

图8.21 人体细胞膜中常见的脂质成分。这些脂质是不同长度和不同不饱和度的酰基混合物。大多数的头部基团是阴离子或两性离子，但糖脂中的糖基除外。

质膜的两侧由明显不同的磷脂组成。例如，面向细胞质的一侧有大量的阴离子磷脂头部基团。这种阴离子头部基团出现在细胞外是细胞凋亡的一个指标。保持这种不对称分布需要能量，因为亲水和带电的头部基团不易通过脂肪酸堆积的膜中心而扩散。一种称为**翻转酶**（flippases）的酶可以催化磷脂从膜的一侧转运到另一侧。这些 P 型 ATP 结合转运蛋白既能维持膜结构，又能参与糖脂的合成。

脂质双层在熵值上有利于嵌入分子间的相互作用

嵌在脂质双层中的蛋白质比溶液中的分子具有更少的自由度。与脂质双层结合的分子基本上具有两个平移自由度（并排运动）和最多一个旋转自由度（垂直于膜旋转）。膜结合蛋白被直接翻译成具有精确定位的膜。多糖总是朝向细胞外，而 SH2 蛋白结构域总是朝向细胞质内侧。在自由度较小的情况下，膜结合分子之间的相互作用应该比溶液相具有天然的熵优势。然而，细胞膜的复杂性使得这种熵优势难以量化。脂质在真实细胞膜中的扩散速率比人工膜要慢两个数量级，这反映了质膜的巨大异质性以及与肌动蛋白骨架的关联性。

广泛的信号蛋白，如 Hedgehog，通过酯键、硫酯键和酰胺键连接到长链脂肪酸如 C_{14} 豆蔻酸和 C_{16} 棕榈酸上，从而锚定在质膜上。其他信号蛋白，如 Ras 和 Raf，通过萜类锚定在膜上。当去除脂质锚并允许蛋白在细胞质内无目的地流动时，这些信号蛋白通常丧失其功能。

直到 20 世纪 80 年代末，膜的流动镶嵌模型认为磷脂、糖脂、胆固醇和蛋白质是随机均匀地分布在脂质双层中的。然而，大多数膜结合蛋白与细胞膜胞质侧的蛋白质或微丝有关。这些结构对膜的成分产生影响。此外，我们现在知道，人体细胞的外膜具有称为**脂筏**（lipid raft）的微区，富含鞘糖脂和胆固醇（**图 8.22** 和**图 8.23**）。许多跨膜受体，如免疫球蛋白 E 受体、T 细胞抗原受体和 B 细胞受体，均聚集在脂筏中。因此，脂筏往往是细胞信号传递的焦点。

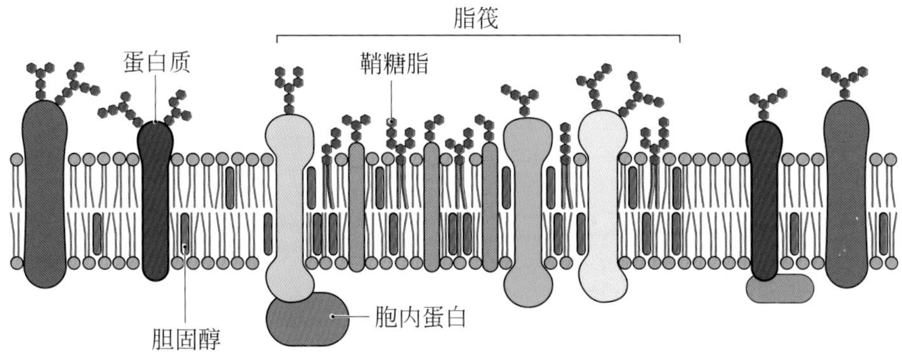

图8.22　脂筏是脂质、蛋白质和胆固醇的高度组合关联的复合物。（改编自 Inside the Cell，NIH Publication No.05-1051，2005。）

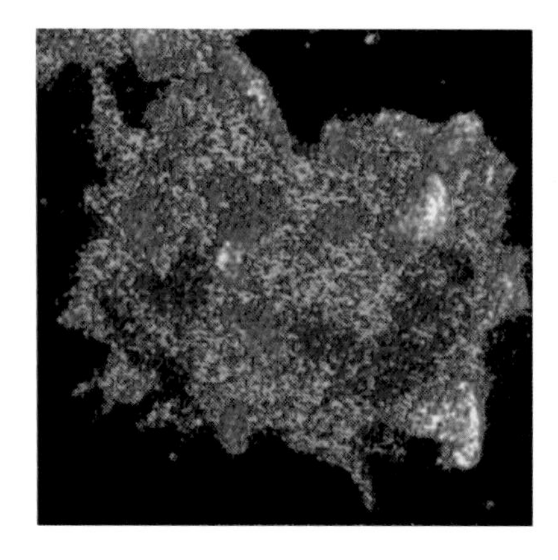

图8.23　细胞染色。月桂酸衍生物 laurdan 的荧光与环境极性有关。用 laurdan 染色的人巨噬细胞显示出黄色的极为广泛的极化区域。高极化区与脂筏相关。（上图来自 K. Gaus et al.，*Proc. Natl. Acad.Sci.* USA 100：15554-15559，2003；获得 the National Academy of Sciences 授权。）

磷脂酶通过水解各种磷酯键产生不同的化学信号

哺乳动物细胞膜中的许多磷脂可作为高度特异性水解酶的底物（**图 8.24**）。从甘油骨架的 1 位选择性水解酰基的任何酶都称为磷脂酶 A1（phospholipase A1，PLA1）。人磷脂酶 A1 特异性水解磷脂酰丝氨酸。从甘油骨架的 2 位选择性水解酰基的酶类称为磷脂酶 A2（PLA2）。目前有几种磷脂酶 A2 是从人体细胞中分泌出来的，而另一些则定位在胞浆中。某些类型的磷脂酶 A2 从磷

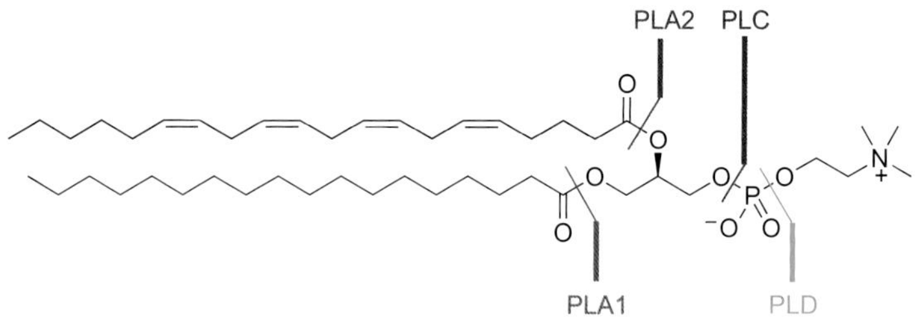

图8.24 各类磷脂酶作用于一般脂质底物的区域选择性。PLA 1是磷脂酶A1，PLA 2是磷脂酶A2，PLC是磷脂酶C，PLD是磷脂酶D。

脂的C2位置上切割花生四烯酸酯并转化为炎症免疫反应中各种重要的信号分子。黄蜂、马蜂和蛇毒中含有各种磷脂酶（PLA1和PLA2），并作用于各种磷脂。磷脂酶C和D（分别为PLC和PLD）则靶向作用于磷酸二酯键，其中磷脂酶C从疏水的脂质尾部切割极性的脂质头部基团，而磷脂酶D则裂解来自卵磷脂的另一磷酸二酯键，以产生磷脂酸和胆碱。脂质信号分子的研究进展缓慢。简单的方法，如以mol/L为浓度单位测定，并不适用于在二维膜中驻留的分子。

磷脂酶Cβ产生两个信号分子

回顾我们在第6章中对蛋白激酶调节的讨论，蛋白激酶C（PKC）的活性是由两个调控域控制的。C2结构域充当钙传感器，而C1结构域被1,2-二酰基-*sn*-甘油（通常称为二酰基甘油）所激活。不需要考虑*sn*（立体专一性编号）的命名，它是基于前手性分子甘油专门为脂质而设定的（**图8.25**）。虽然大多数脂类物质都是通过磷酸头部基团附着在二酰基甘油上产生的，但在静止的细胞中，二酰基甘油的浓度很低。与异三聚体G蛋白G_q偶联的7TM G蛋白偶联受体的激活导致磷脂酶Cβ的激活。磷脂酶Cβ切割4,5-二磷酸磷脂酰肌醇（PIP_2），得到1,2-二酰基-*sn*-甘油和1,4,5-三磷酸肌醇（**图8.26**）。三磷酸肌醇可导致钙储存囊泡打开，而二酰基甘油直接与PKC结合。PKC在积极表现其生理功能的细胞中通常是有活性的，如：平滑肌细胞的收缩；胃、唾液和泪腺细胞的分泌；以及脂肪和肝细胞产生葡萄糖。

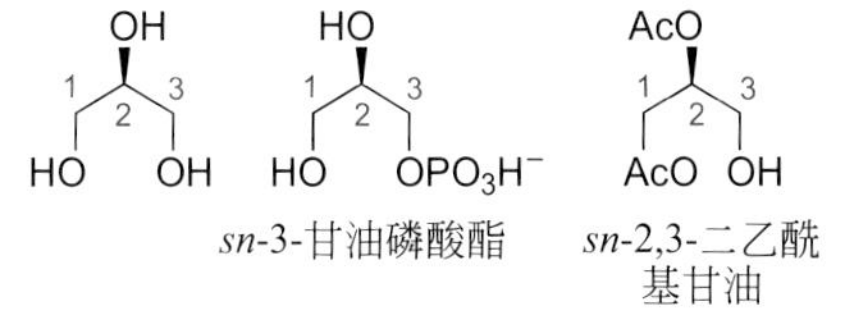

图8.25 甘油的结构编号。在立体专一性编号（*sn*）中，甘油的编号位置是固定的，无考虑取代基的Cahn-Ingold-Prelog优先顺序。

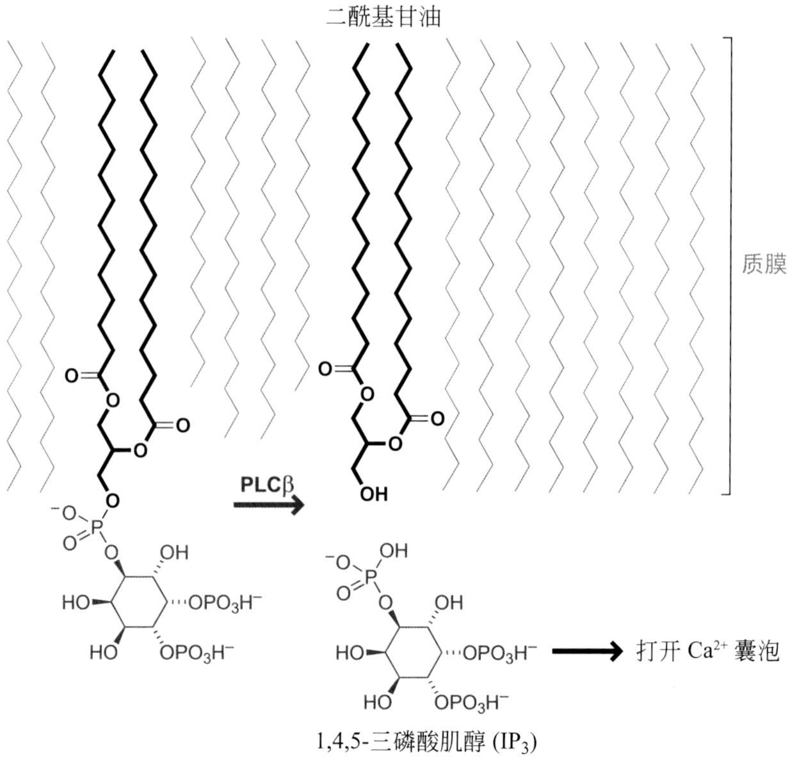

图8.26 PLCβ启动细胞内钙离子的流出。七个跨膜受体的激活导致异三聚体G蛋白亚基发生解离。根据细胞的不同，Gα或Gβγ亚基激活磷脂酶Cβ（PLCβ），产生二酰基甘油（DAG），它是蛋白激酶C的一种激活剂。

二酰基甘油与 PKC 的 C1 结构域相结合增强了质膜的亲和力。当二酰基甘油被转化为脂质或发生水解时，这种结合力就会减弱。一些具有生物活性的天然产物，如佛波酯（phorbol ester）、去溴海兔毒素（debromoaplysiatoxin）、巨大戟醇（ingenol）、杀鱼菌素（teleocidin）和草苔虫素（bryostatin）等，通过与 PKC 中二酰基甘油结合位点结合而导致持续活化蛋白激酶 C。这种持续激活与不受控制的细胞生长和随后的肿瘤形成有关。

花生四烯酸在炎症过程中被转化为多种信号分子

许多人体细胞可以将脂肪酸**花生四烯酸**（arachidonic acid）转化为类二十烷酸信号分子，它对炎症信号通常有反应（**图 8.27**）。类二十烷酸信号分子通常分为四大类：**血栓素类**（thromboxanes）、**前列环素类**（prostacyclins）、**前列腺素类**（prostaglandins）和**白三烯类**（leukotrienes）。这些信号分子通常局部作用于附近的组织。大多数类二十烷酸影响两种细胞，即平滑肌细胞和造血细胞（如血小板、白细胞和骨形成细胞）。血栓素、前列环素和前列腺素生物合成的第一步是通过环氧合酶将花生四烯酸（由磷脂酶 A2 催化释放）转化为前列腺素 H_2（PGH_2）。人体有两种**环氧化酶**（cyclooxygenase），COX-1 和 COX-2，它们都是阿司匹林和其他非甾体抗炎药如布洛芬（ibuprofen）和萘普生（naproxen）的靶标。COX-1 在所有细胞中均有组成性表达，而 COX-2 在促炎信号诱导下表达上调。阿司匹林是两种环氧合酶的不可逆抑制剂，因为阿司匹林酰化了酶活性位点丝氨酸残基的羟基（**图 8.28**）。在一些患者中，慢性止痛所需的高剂量阿司匹林会因 COX-1 表达的不可逆抑制而导致胃出血，因此药物学家们研制了新型 COX-2 选择性抑制剂［如罗非昔布（rofecoxib）、伐地昔布（valdecoxib）和塞来昔布（celecoxib）］。然而意外发现这些选择性 COX-2 抑制剂会导致一些患者的心血管损伤。

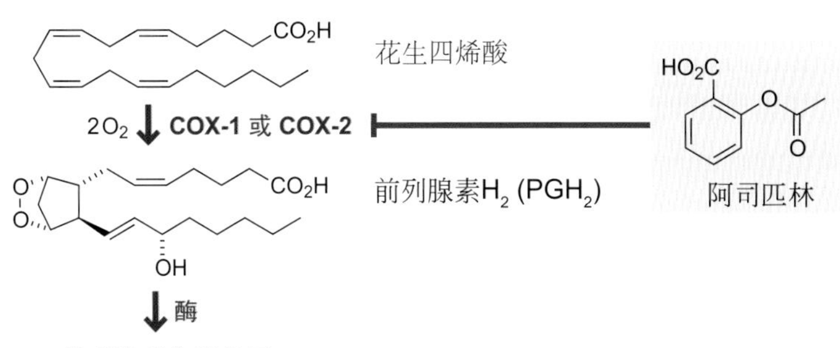

图8.27 **前列腺素信号的启动**。前列腺素生物合成的第一步是将花生四烯酸转化为前列腺素 H_2（PGH_2）。末端带竖杠的红线表示抑制。

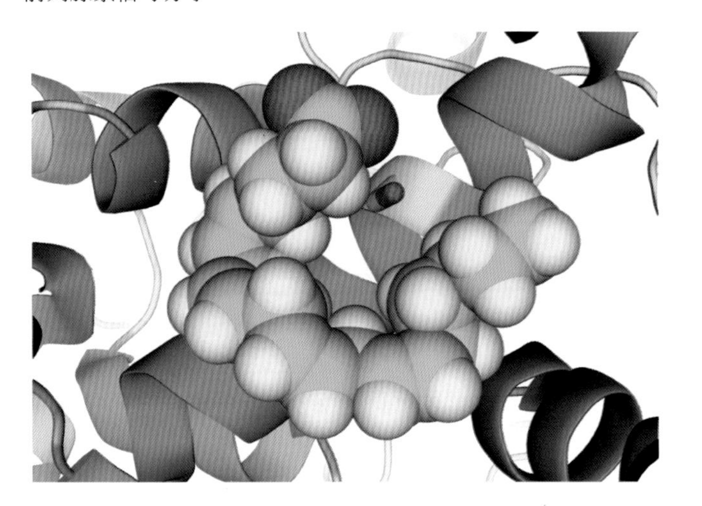

图8.28 **炎症的活性位点**。花生四烯酸（以空间填空模型表示）位于环氧合酶-2（COX-2）的活性位点。COX-2活性部位的Ser530（球棍模型表示）易受阿司匹林酰化的影响。（PDB：1 CVU）

根据细胞类型，PGH_2 进一步转化为其他前列腺素，可以向邻近细胞转导信号。这些前列腺素信号分子或化学类似物，大部分作为处方药出售。当血小板作为凝血反应的一部分被激活时，它们会将前列腺素 H_2 转化为血栓素 A_2（TXA_2；**图 8.29**），其半衰期为 32 s，这是由具有张力的双环缩醛的水解导致的。水解产物血栓素 B_2 没有确定的生物学活性。由于半衰期短，TXA_2 只作用于附近的平滑肌，导致血管收缩，并作用于附近的其他血小板，导致局部的自催化效应，加快凝血作用。

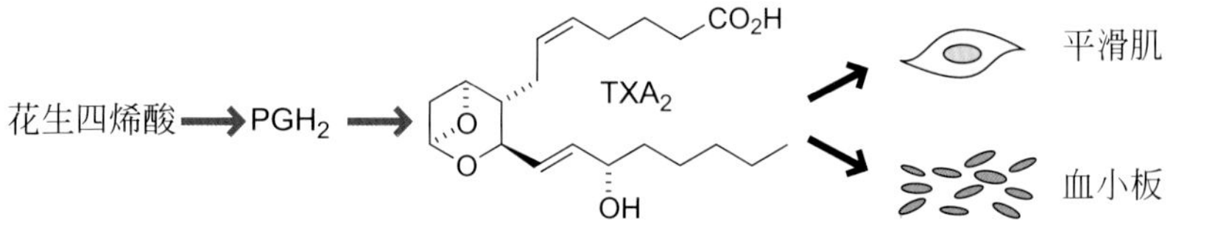

图8.29 由具有张力的双环缩醛发出的信号。血栓素 A_2（TXA_2）是由活化的血小板所产生的。

问题8.4

血栓素 A_2 在生理 pH 时不稳定，其半衰期小于 1 min。请预测血栓素 A_2 的水解产物。

血管内皮细胞将前列腺素 H_2 转化为前列腺素 I_2（PGI_2），通常称为前列环素（prostacyclin；**图 8.30**），它可拮抗 TXA_2 的效应。与 TXA_2 一样，前列环素因其烯醇醚基团易发生水解而在生理 pH 条件下不稳定（半衰期小于 1 min）。它作用于血小板来抑制凝血，也作用于附近的平滑肌细胞引起血管扩张。

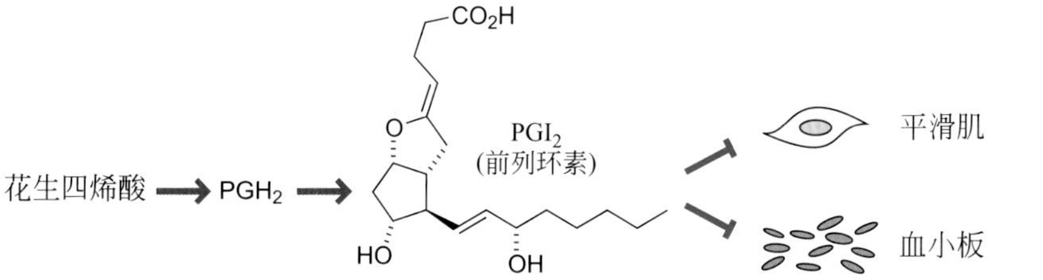

图8.30 由烯醇醚引起的信号作用。前列环素（PGI_2）是由血管内皮细胞产生。

问题8.5

前列环素在生理 pH 时不稳定，其半衰期小于 1 min。请预测前列环素的水解产物。

肥大细胞是一种白细胞，在过敏反应中发挥着重要作用。作为对促炎信号做出的反应，细胞释放过敏信号分子组胺（histamine）并将前列腺素 H_2 转化为前列腺素 D_2（PGD_2；**图 8.31**）。为了在实验室模拟这一效应，由细菌细胞壁中提取的脂多糖通常被用作促炎信号添加到细胞培养基中。PGD_2 激活多种免疫细胞，如 T 辅助细胞、嗜酸性粒细胞和嗜碱性粒细胞；可引起支气管平滑肌收缩，诱发与气喘相关的呼吸急促；与神经系统内的细胞作用促使杯状细胞释放黏液。

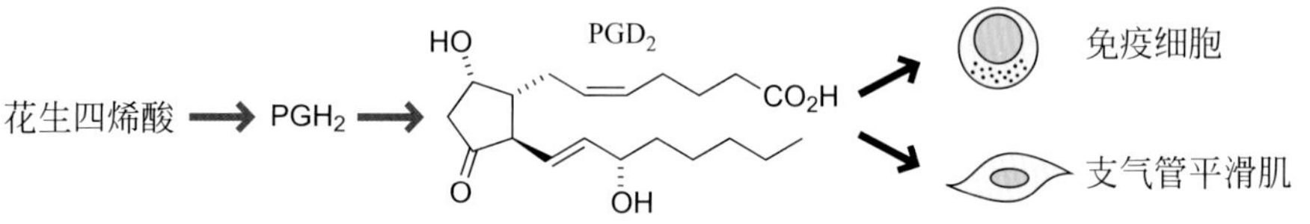

图8.31 在肥大细胞中产生的 PGD_2 会引起若干过敏反应。

前列腺素 E_2（PGE_2）是人体内最丰富的类前列腺素，它由前列腺素 E_2 合酶催化前列腺素 H_2 所生成（**图 8.32**）。根据细胞类型和位置，PGE_2 可影响炎症、胃黏膜完整性、生育和临产（阵痛和分娩）。胞浆内的前列腺素 E_2 合酶主要与快速炎症反应有关。在胃、子宫以及其他细胞中，一种微粒体（即来源于内质网囊泡）形式的前列腺素 E_2 合酶，通常与可诱导的 COX-2 活性相关，

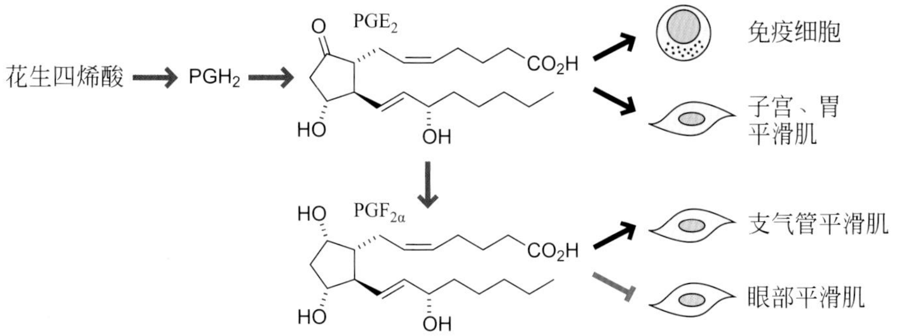

图8.32 前列腺素信号。前列腺素 E_2（PGE_2）引起快速炎症反应和影响平滑肌的慢反应。

与胃不适、月经周期和分娩等较慢的平滑肌反应有关。然而，微粒体 PGE_2 合酶的表达也可在促炎信号的作用下被上调。PGE_2 具有与分娩相关的多种效应，例如，它使子宫颈平滑肌松弛，同时引起子宫收缩。它还作用于成骨细胞，然后募集破骨细胞协助其改造骨盆骨。

在一些细胞中，PGE_2 进一步被转化并产生前列腺素 $F_{2\alpha}$，两者协同发挥作用。在月经周期中，$PGF_{2\alpha}$ 导致子宫平滑肌细胞的收缩和黄体细胞的降解，黄体细胞在排卵之前发挥维持发育中卵子的作用。与 PGD_2 一样，$PGF_{2\alpha}$ 在哮喘治疗中也很重要，因为它能引起支气管平滑肌细胞收缩。在人眼中，PGE_2 和 $PGF_{2\alpha}$ 抑制平滑肌细胞收缩，降低眼压。

白三烯（leukotrienes）代表了第四类二十烷酸信号分子，它们通常能维持快速的初始炎症反应，并且在哮喘等疾病中很重要。白三烯是由炎症免疫细胞，即肥大细胞、巨噬细胞、嗜酸性粒细胞和中性粒细胞所产生。白三烯并不是通过环氧合酶或前列腺素 H_2 的中间体发挥作用而产生的，而是通过 5-脂氧合酶（5-lipoxygenase）作用于花生四烯酸产生 5-氢过氧二十碳四烯酸（5-HPETE）（**图 8.33**）。5-HPETE 转化成白三烯 A_4 有两种可能的途径：在一些肥大细胞和单核细胞中，白三烯 A_4 水解成白三烯 B_4；在其他肥大细胞、嗜酸

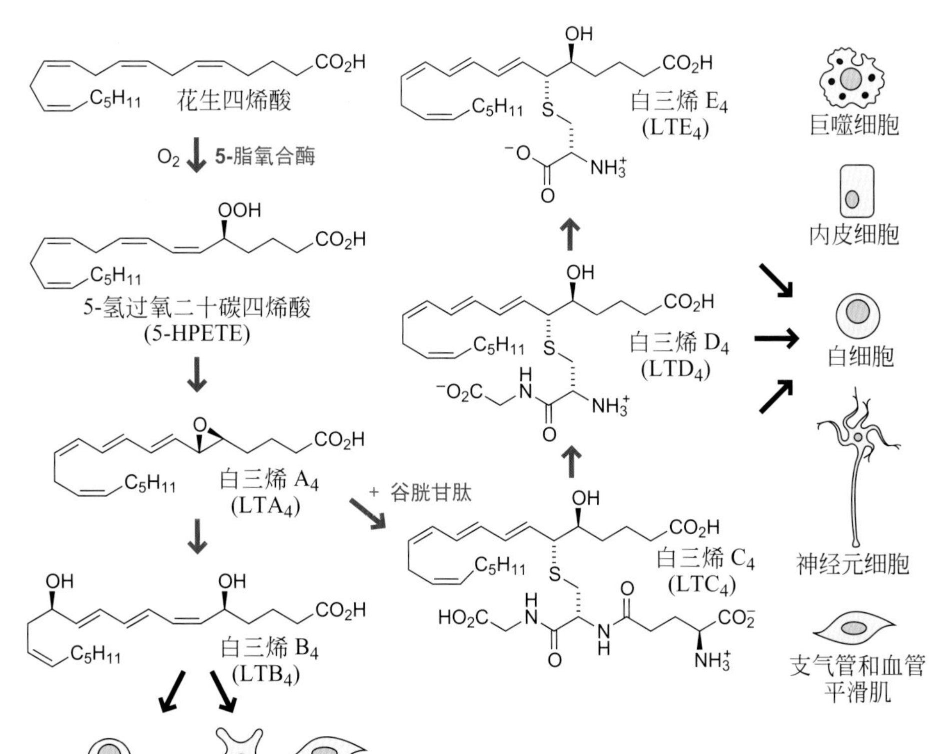

图8.33 白三烯介导的信号转导。花生四烯酸衍生的白三烯介导持续的炎症反应。

性粒细胞和嗜碱性粒细胞中，白三烯 A_4 转化为半胱氨酰白三烯。白三烯 B_4 具有较强的趋化作用，能吸引白细胞和部分细胞毒性 T 淋巴细胞进入炎症部位。

半胱氨酰白三烯的合成始于酶催化白三烯 A_4 与谷胱甘肽的 S_N2 反应。谷胱甘肽部分的酰胺键断裂生成白三烯 D_4 和白三烯 E_4（见**图 8.33**）。半胱氨酰白三烯作用于半胱氨酰白三烯 1 受体，引起支气管平滑肌收缩。重磅炸弹哮喘药孟鲁司特（montelukast）通过阻断这种关键的相互作用而发挥作用。半胱氨酰白三烯也作用于半胱氨酰白三烯 2 受体，该受体在诸如血管内皮细胞、神经元细胞、肾上腺细胞和心脏浦肯野细胞内表达。

问题8.6

假设 5- 脂氧合酶在其活性位点有酸性残基和碱性残基，请利用箭推法为酶催化的 5-HPETE 转化为白三烯 A_4 提出一种合理的机理。以下是图 8.33 所示反应的简版。

R … OOH … R' —5-脂氧合酶→ R … O … R'

鞘氨醇衍生物在细胞内信号转导中非常重要

鞘脂是人体细胞膜的必要组成部分，而且鞘脂生物合成中的中间体对细胞功能也有重要影响（**图 8.34**）。许多鞘氨醇分子被加入细胞时就会表现出显著的生物活性。例如，神经酰胺通过与蛋白磷酸酶和组织蛋白酶 D 结合，对细胞周期调控产生干扰，从而使细胞停止生长，并具有细胞毒性。鞘氨醇对

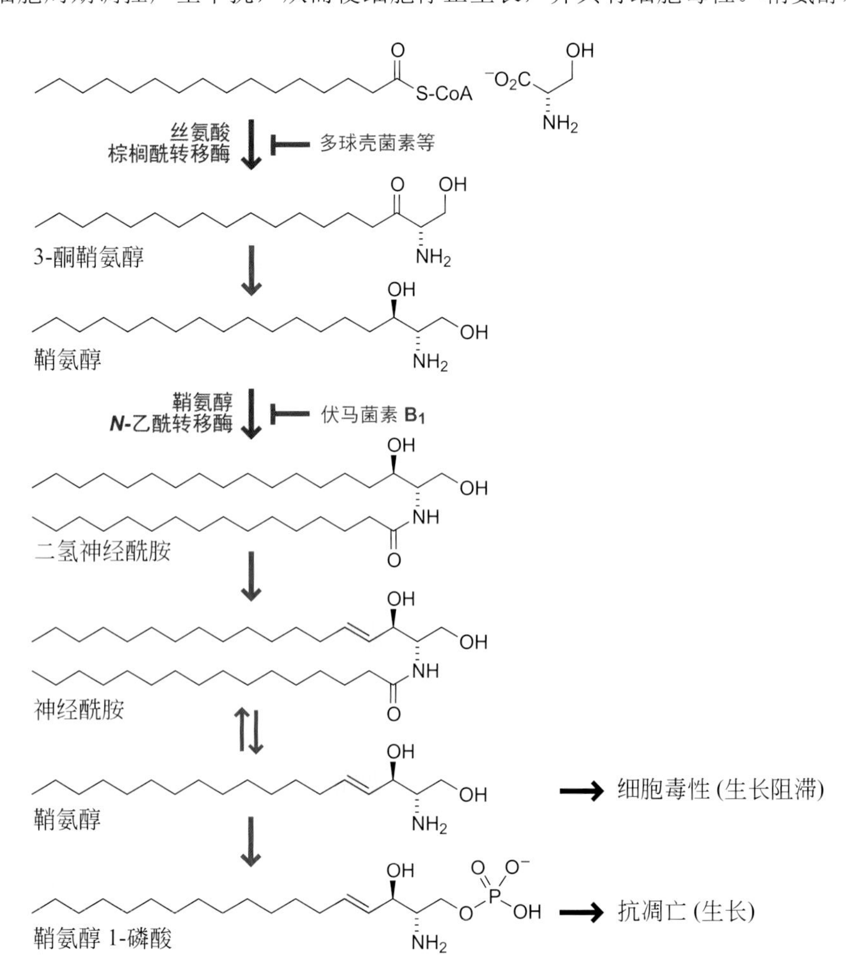

图 8.34 **“走走停停”**（stop and go）。鞘脂信号分子的生物合成涉及若干酶催化的步骤。这一途径的真菌毒素抑制剂（红色）是一种免疫抑制剂。

细胞也有相似的作用。有趣的是，鞘氨醇 1- 磷酸具有相反的作用，即抑制细胞凋亡，促进细胞生长。磷酸化鞘氨醇所需的鞘氨醇激酶 1 是由磷脂酶 D 的产物磷脂酸募集到质膜上的。

由微型真菌合成的多种天然真菌毒素（mycotoxins）靶向鞘脂生物合成的早期步骤（**图 8.35**）。多球壳菌素（myriocin）、鞘脂菌素（sphingofungins）和脂黄霉素（lipoxamycin）抑制鞘氨醇生物合成的第一步，即丝氨酸残基与棕榈酰辅酶 A 的脱羧 *C*- 酰化反应。这些化合物除表现出免疫抑制活性外，还对小鼠 T 细胞的增殖显示出抑制活性。伏马菌素 B_1（fumonisin B_1）抑制鞘氨醇进一步酰化生成二氢神经酰胺。这种毒素是由一种感染玉米的真菌（*Fusarium moniliforme*）产生的，这种真菌可以引起猪的肺水肿、马的白质脑软化和大鼠的肿瘤。

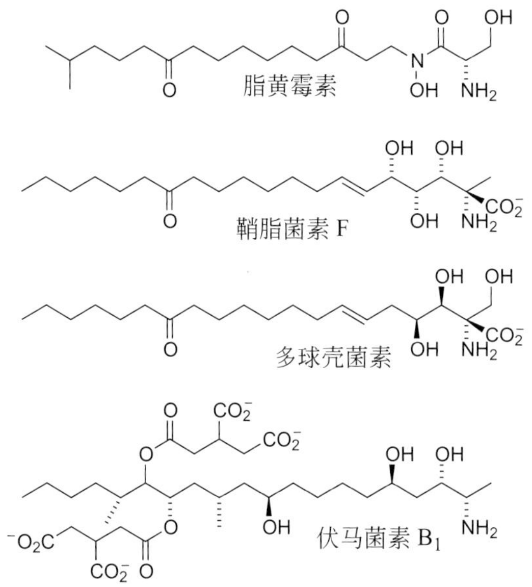

脂黄霉素

鞘脂菌素 F

多球壳菌素

伏马菌素 B_1

图 8.35 由 *Fusarium moniliforme* 产生的真菌毒素。这种霉菌感染玉米，导致图片所示的穗腐烂。（图片由 Alison Robertson，Iowa State University 提供。）

金属催化的不饱和脂肪酸的氢化改变了人类饮食

肥胖和糖尿病是工业化国家面临的两个最具挑战性的健康问题。发展中国家的大多数疾病是缺乏性疾病（即食物、水和维生素缺乏），而发达国家的大多数疾病是过量性疾病（即食物、胆固醇、糖和脂肪超标）。现代人类饮食面临的主要问题不仅仅是脂肪的数量，还有脂肪的种类。**多不饱和脂肪酸**（polyunsaturated fatty acid）和顺式脂肪酸是人类饮食中必不可少的组成部分，而且比会导致冠状动脉阻塞的反式脂肪酸和饱和脂肪酸更健康（**图 8.36**）。

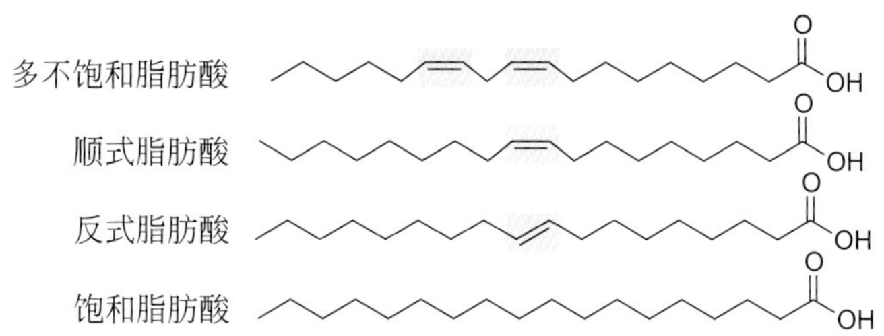

多不饱和脂肪酸

顺式脂肪酸

反式脂肪酸

饱和脂肪酸

图 8.36 脂肪酸分类。不饱和双键的数量和立体化学［顺式（*cis*）或反式（*trans*）］的数量可区分在营养标签中所使用的脂肪酸类型。

饱和脂肪酸和反式脂肪酸可以紧密地包装在一起，并且在室温下倾向于以固体的形式存在。相反，顺式脂肪酸不能轻易地包装在一起并且以液体的形式存在。然而，以多不饱和脂肪酸和顺式脂肪酸为基础的高液态脂肪很容易发生自氧化。1820 年，瑞士化学家尼古拉斯-西奥多·索绪尔（Nicolas-Théodore de Saussure）指出，一层薄薄的核桃油能够在一年内吸收 150 倍体积的氧气。在马车时代，由于保质期短和运输缓慢，油类和脂肪经常腐烂。然而，从饱和脂肪中提取的固体脂肪的保质期往往更长，而且它们给食物一种覆盖着舌头上的光滑的丝绒状般的口感。

1909 年，宝洁公司（Procter & Gamble）开始销售 Crisco®，一种具有长保质期的部分氢化的棉籽油（**图 8.37**）。部分氢化将有益的、健康的顺式脂肪酸转化为不健康的反式脂肪酸和饱和脂肪酸。在部分氢化植物油开发之前，天然饮食中反式脂肪酸的唯一来源是牛和羊的肉类和乳制品（不到 5%）。部分氢化植物油已成为西方饮食的廉价主食。在 2008 年之前，世界上最大的汉堡连锁店的炸薯条中含有 8 g/30 g 反式脂肪酸，但从那时起，该公司就开始用不含反式脂肪酸的油制作炸薯条。在现代，没有必要依赖部分氢化油，因为运输很快，保质期也不是问题。健康饮食往往由橄榄油等组成，橄榄油中 55%～85% 的脂肪酸是油酸，它是一种顺式脂肪酸。

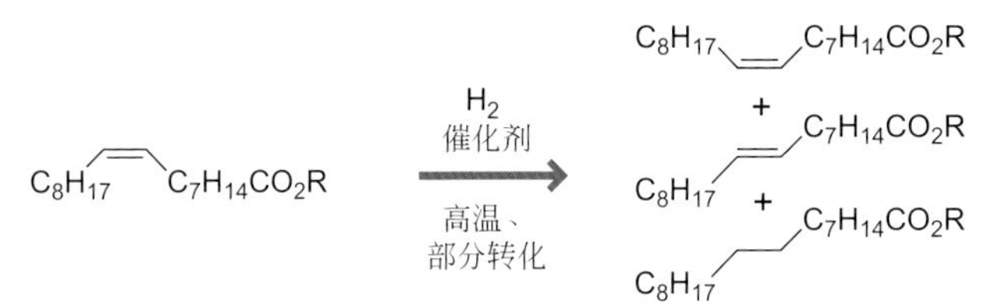

图 8.37 食用棉籽油。部分氢化植物油将顺式脂肪酸转化为反式脂肪酸和饱和脂肪酸。

问题8.7

使用鱼钩箭头提出一种合理的脂质自由基链氧化的电子转移机理。

O
OR
O_2 ↓ 催化剂ROO•
HOO
O
OR

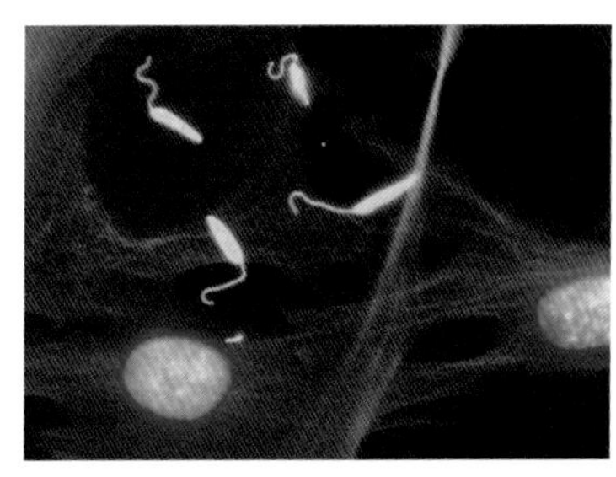

图 8.38 自由游动形式的利什曼原虫（绿色），称之为前鞭毛体（promastigote），它能感染巨噬细胞。（由 Beverley Laboratory，Washington University School of Medicine，St. Louis 提供。）

来自低等生物的一些脂质含有环丙烷环

20 世纪 50 年代，在乳杆菌属（*Lactobacillus*）的细菌中发现了含有环丙烷环的脂质。在常见菌株干酪乳杆菌（*Lactobacillus casei*）的脂质中 16% 脂肪酸是由含环丙烷的脂肪酸乳杆菌酸（lactobacillic acid）组成。利什曼原虫（*Leishmania*）细胞产生另一种环丙烷脂肪酸二氢苹婆酸（dihydrosterculic acid）。沙蝇传播原生动物的寄生虫利什曼原虫，导致利什曼病。这种疾病的特征是使开口的疮口变形。利什曼原虫细胞进入巨噬细胞并发生增殖，这通常会杀死微生物（**图 8.38**）。

环丙烷脂肪酸（cyclopropane fatty acid）是由饱和脂肪酸经两步反应进行生物合成的（**图 8.39**）。第一步为去饱和酶催化氧化引入顺式双键，第二步通过 *S*- 腺苷甲硫氨酸的硫鎓离子进行环丙烷化。有趣的是，9-thiastearic acid 对二氢苹婆酸生物合成的抑制作用最强，尽管其 10 位异构体对利什曼原虫的实际生长抑制作用最强。在对寄生虫克氏锥虫的类似研究中，推测硫代脂肪酸可抑制去饱和酶。

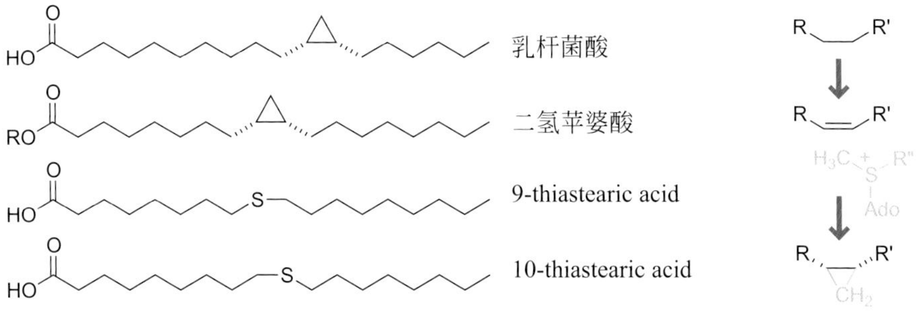

乳杆菌酸

二氢苹婆酸

9-thiastearic acid

10-thiastearic acid

图8.39　含环丙烷和硫的脂质。一些来自微生物的脂质，如乳杆菌酸（lactobacillic acid）和二氢苹婆酸，含有通过右侧所示的两步法产生的环丙烷环。相反，9-thiastearic acid和10-thiastearic acid可抑制二氢苹婆酸的生物合成。

问题8.8

利用箭推法为下面碱促反应提供一个合理的机理。

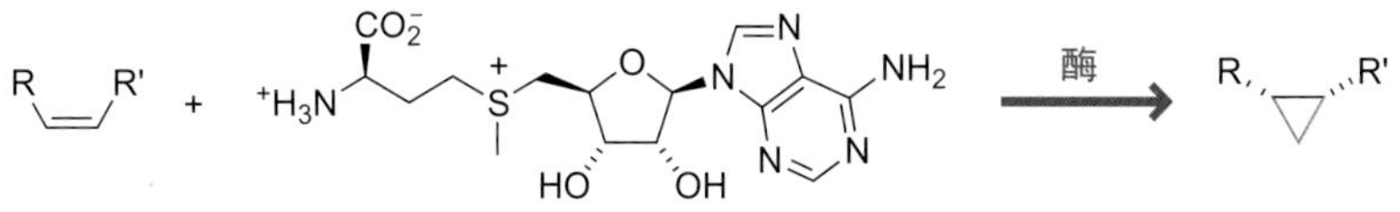

酶

一组令人惊讶的脂质结构来自氨营养菌 *Candidatus Brocadia anammoxidans*。这些细菌中总脂含量的一半左右由醚和脂肪酸组成，其中一些含有串联的四元环（**图 8.40**）。这种化合物被命名为梯烷（ladderane），因为它们在平面结构上与梯子相似。

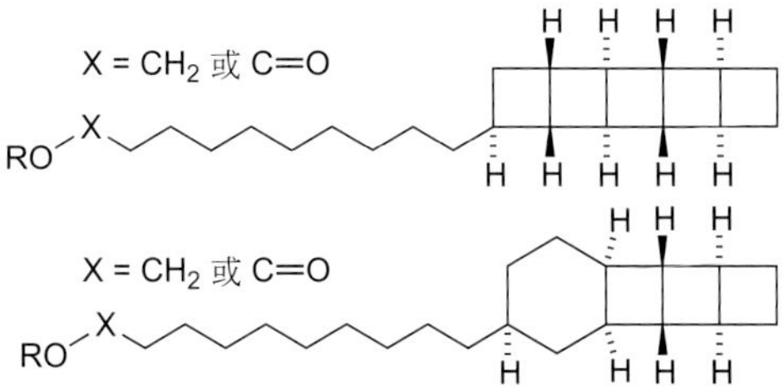

X = CH_2 或 C=O

X = CH_2 或 C=O

图8.40　脂质梯形结构。*Candidatus Brocadia anammoxidans* 中的梯烷脂肪酸含有环丁烷环。

问题8.9

通过氢化脂肪酸酯的混合物，并之后在溴处理前后进行气相色谱（GC）检测可以将环丙烷脂肪酸与饱和脂肪酸区分开来。经处理后，含环丙烷分子（绿色箭头所示）的峰会从色谱图中消失。请用箭推法为乳杆菌酸（lactobacillic acid）与溴反应产生两种非对映体二溴化物提出一种合理的机理。

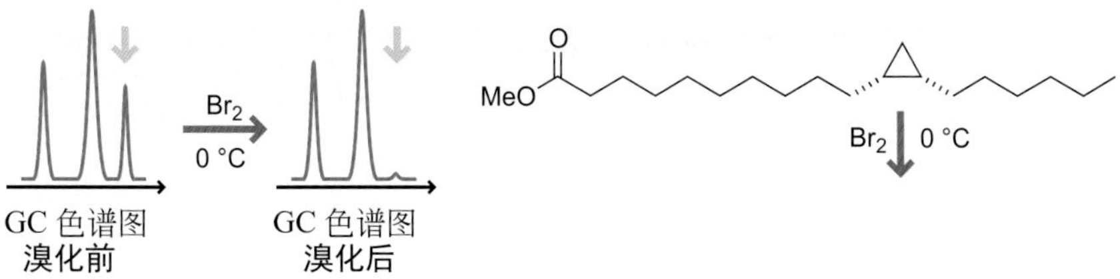

Br_2 0 °C

GC 色谱图 溴化前

GC 色谱图 溴化后

人体蛋白的酰化诱导膜定位

蛋白质通过特定的高亲和力相互作用参与信号转导通路。与膜的结合通常是这些相互作用的关键形式；这种结合将蛋白质限制在特定的亚细胞位置，并且可以带来构象的改变。对许多细胞表面受体而言，疏水残基赋予质膜持久的亲和力。对其他蛋白质而言，膜亲和力是启动、传播或终止信号通路的一种条件属性。与亲脂性分子的可逆结合可以调控膜亲和力。回顾前述，二酰基甘油与PKC的C1结构域的结合赋予了膜亲和力。稍后我们将阐述维生素K是如何使磷脂酰丝氨酸与Gla蛋白结构域结合从而赋予膜亲和力的。

其他蛋白质与脂肪酸进行共价修饰，脂肪酸可以提供一个油性末端来与膜结合。例如，一些人体蛋白质含有一个末端信号，它导致N端与十四碳脂肪酸肉豆蔻酸（myristic acid）发生酰化反应。所有这些蛋白质都始于H_2N-甲硫氨酸-甘氨酸，但肉豆蔻酰化信号并不是简单的特定短肽序列。在蛋白质合成过程中，大多数肉豆蔻酰化蛋白都是在翻译水平上进行修饰。当该蛋白质在核糖体翻译时，*N*-末端甲硫氨酸被断裂，而甘氨酸残基暴露的N端由N端肉豆蔻酰基转移酶催化发生肉豆蔻酰化。对人类视力很重要的视觉恢复蛋白（recoverin）通常会使N端肉豆蔻酰基远离钙离子；然而，当它与钙结合时，肉豆蔻酰基就会被挤压，从而使它与膜相互作用（**图8.41**）。

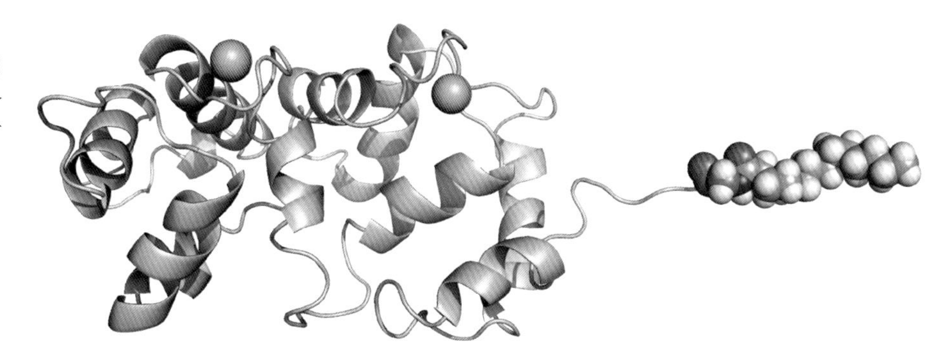

图8.41 钙暴露。当视觉恢复蛋白（recoverin）与Ca^{2+}（绿色球体）结合时，N端肉豆蔻酰基（范德华球）可与膜发生相互作用。

鲜为人知的是，肉豆蔻酰化是一种翻译后修饰。例如，蛋白质Bid作为caspase介导的细胞凋亡的一部分与线粒体联系在一起（见**图6.37**）。当caspase-8裂解N端甘氨酸残基时，可诱导肉豆蔻酰化。丝氨酸和苏氨酸残基的酰化在人体蛋白质中是罕见的。其中一个例子是28-氨基酸胃肽激素ghrelin。它与膳食辛酰基在Ser3上发生酶催化的酰化反应，之后释放到循环中，从而刺激饥饿反应。

生物正交施陶丁格（Staudinger）连接已被用于细胞中肉豆蔻化蛋白的鉴定（**图8.42**）。叠氮衍生物12-叠氮十二酸在蛋白肉豆蔻酰化过程中可取代肉豆蔻酸。经这种化合物处理后，细胞会被溶解，它们的蛋白质可在聚丙烯酰胺凝胶上进行电泳。通过处理带有生物素手柄的2-膦基苯甲酸酯（2-phosphinobenzoate ester）凝胶，肉豆蔻化蛋白可以被选择性检测。2-膦基苯甲酸酯与叠氮官能团发生选择性反应，形成强有力的酰胺键，并以生物素来标记肉豆蔻酰化蛋白。然后，利用链霉亲和素（streptavidin）和生物素之间的高亲和力可以很容易地在凝胶上检测到生物素的存在，从而将荧光或其他标签传递给属于肉豆蔻化蛋白的条带。实验表明，添加一个对目标种群具有特异性的活性化学标签可用于从细胞中分离出一整类蛋白质。

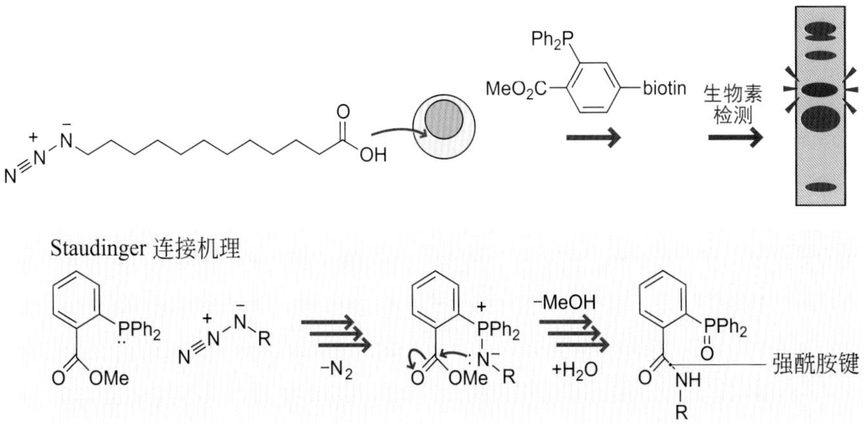

Staudinger 连接机理

强酰胺键

图8.42 **通过连接反应固定化。** Staudinger连接可用于检测被肉豆蔻酸的叠氮类似物酰化的蛋白质。

许多蛋白质在半胱氨酸残基上会经历酶催化的棕榈酰化。半胱氨酸残基通常位于已经有亲脂修饰的蛋白质N末端或C末端。例如，蛋白酪氨酸激酶p56[lck]在N末端十四烷基附近的两个半胱氨酸残基上被棕榈酰化；在具有十四烷基-GCGCSS序列的蛋白质中，划线的半胱氨酸残基被修饰。棕榈酰基蛋白转移酶催化*S*-棕榈酰基化反应，该酶催化棕榈酰基-CoA的转酰基化。在某些情况下（如甘露糖-6-磷酸受体）去棕榈酰化在一个相当快的时间内进行（$t_{1/2}$=2 h）。棕榈酰基蛋白硫酯酶可以催化去棕榈酰化反应。环肽天然产物didemnin B（**图8.43**）是一种由原始海洋生物（称为被囊动物）产生的一种棕榈酰蛋白硫酯酶强效抑制剂（K_i=92 nmol/L）。这种酶抑制剂对感染RNA病毒的细胞和肿瘤细胞具有很强的细胞毒性作用。不幸的是，由于过敏性毒性，该化合物未能在二期临床试验之后取得进展。

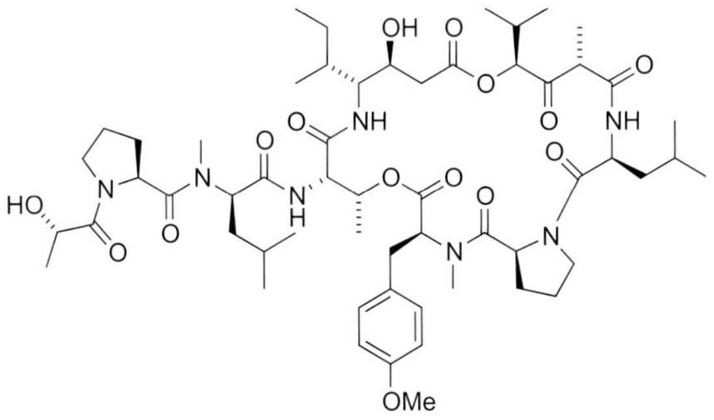

didemnin B

图8.43 didemnin B，一种棕榈酰蛋白硫酯酶抑制剂。

问题8.10

大多数*S*-棕榈酰基易被硫醇裂解，但Sonic hedgehog蛋白N端半胱氨酸处的棕榈酰基却不易被裂解。请为Sonic hedgehog棕榈酰基的稳定性提出一种合理的解释。

脂肪的化学转化会产生有用的化合物

人体将脂肪酸以甘油三酯的形式储存，通常称为三酰甘油或甘油三酯。这些化合物储存在脂肪细胞中后续作为能量来源被重新利用。三酰甘油通常让我们联想到脂肪，它是煎炸食物中的成分。豆油（作为植物油销售）和其他食用油、鸡肉脂肪和培根油主要由三酰甘油组成。由于它们的沸点高，这种脂肪是油炸食品的良好溶剂。

在寻求更经济地利用自然资源的过程中，直接以可再生资源为基础取代化石燃料的趋势越来越明显。在20世纪初，为了应对燃料价格的迅速上涨，

图8.44 制备生物柴油的不同阶段。（由Luc S. Blais提供。）

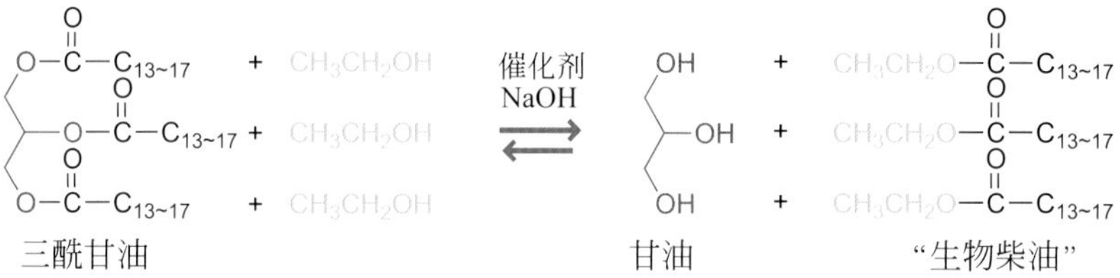

人们推动回收被用过的食用油作为汽车燃料。早在一个世纪前，鲁道夫柴油机就证明了一种利用花生油运行的柴油机，但是高黏度的三酰甘油并不适用于现代柴油机；然而，通过碱催化酯交换将三酰甘油转化为简单醇酯是很简单的（**图8.44**和**图8.45**）。脂肪酸甲酯和乙酯具有较低的黏度和较低的闪点，可便于柴油汽车燃烧的同时，对发动机几乎或根本不用做改动。

三酰甘油（$O-C(=O)-C_{13\sim17}$ ×3）+ 3 CH_3CH_2OH $\overset{\text{催化剂 NaOH}}{\rightleftharpoons}$ 甘油 + 3 $CH_3CH_2O-C(=O)-C_{13\sim17}$（“生物柴油”）

图8.45 酯交换法合成生物柴油。

图8.46 一位来自密西西比河流域的妇女在制造碱液肥皂（大约在1911年）。（来自C. Johnson，Highways and Byways of the Mississippi Valley. New York：Macmillan，1913。）

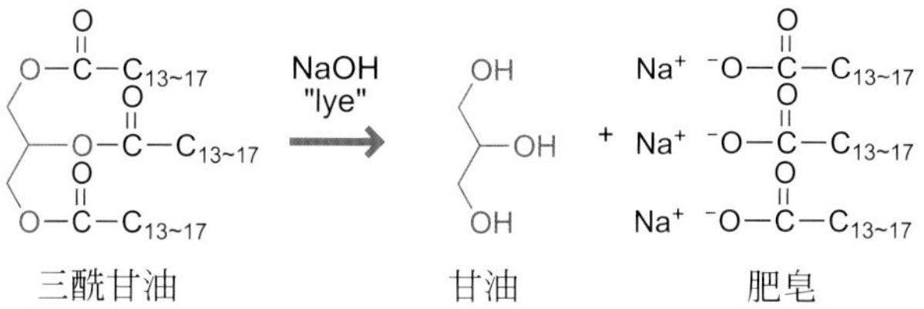

人类制造肥皂至少有2000多年历史了。传统意义上，肥皂是通过碱促进脂肪水解而制成的（**图8.46**）。采用水萃取法提取木灰，制得碳酸钠碱性溶液。“碱”一词来源于阿拉伯语短语“al-qaly”，指的是灰。碱液简称为氢氧化钠（烧碱）或氢氧化钾（苛性钾）。用碱液水解脂肪会产生甘油和肥皂（长链脂肪酸的钠盐）。来自脂肪皂化的残留甘油可以用作保湿剂（**图8.47**）。在查克·帕拉纽克（Chuck Palahniuk）的小说《搏击俱乐部（Fight Club）》中，来自抽脂诊所的人体脂肪被转化为甘油皂，然后在高档精品店转售。酯的碱催化水解称为皂化，是一种快速而常见的反应。氢氧化钠溶液在手指间摩擦时会感觉“滑”，这是因为氢氧根会皂化皮肤死细胞外层的脂质。

三酰甘油（$O-C(=O)-C_{13\sim17}$ ×3）$\xrightarrow{\text{NaOH "lye"}}$ 甘油 + 3 $Na^+\ {}^-O-C(=O)-C_{13\sim17}$（肥皂）

图8.47 通过脂肪水解法来合成甘油皂。

8.4 非人源聚酮类天然产物（Nonhuman Polyketides Natural Products）

若干途径扩大了聚酮类天然产物的潜在多样性

不同于低等微生物可以产生结构多样的聚酮，人类从未真正发掘其代谢组中聚酮生物合成的全部潜能。一些生物利用各种手段来扩展聚酮的潜在多样性。其中一种手段是跳过产生脂肪族骨架的某些步骤。回顾脂肪酸合酶在每一步克莱森缩合反应中都遵循羰基还原、β-消除和共轭烯酮还原。忽略这些步骤中的任何一步都会产生另一个官能团。例如，忽略共轭还原会在酮基之间留下双键（**图8.48**）。许多哺乳动物的脂肪酸在特定位置具有双键，但这种双键是在脂肪酸合酶完成其功能之后，由脱水酶结构域引入的。前面曾讲过，人体脂肪酸合酶中的酮基还原酶在每次循环过程中产生立体的卡宾醇（carbinol）中心，然后通过β-消除来破坏它。多浪费呀！省略共轭还原和β-消除，会留下一个具有明确构型的羟基。反复跳过这些步骤会产生1,3-二醇，这是许多聚酮类天然产物的显著特征。把克莱森缩合后的所有步骤都省略掉，就会产生酮的聚合物。这种含有间隔羰基的聚合物由于可能发生环化反应而不稳定。3,5-二酮

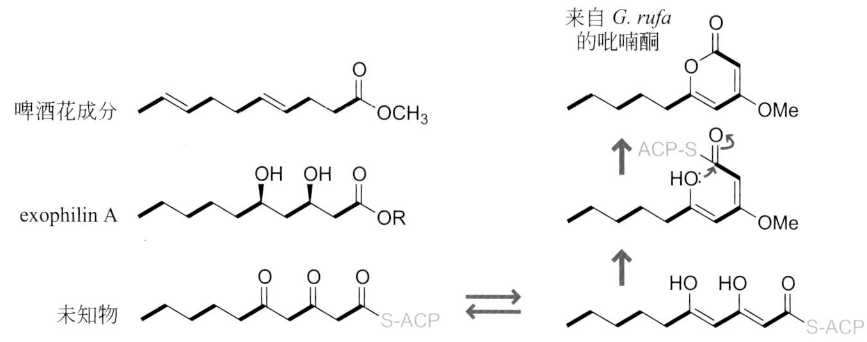

来自 *G. rufa* 的吡喃酮

O OMe

啤酒花成分 O OCH_3

ACP-S O HO OMe

exophilin A OH OH O OR

未知物 O O O S-ACP

HO HO O S-ACP

图 8.48 聚酮的多样化。忽略共轭还原（啤酒花成分）、β-消除（exophilin A）和羰基还原（未知物）增加了聚酮的潜在多样性。由这些省略步骤产生的活泼化合物可以发生重排（如 *Galiella Rufa* 中产生的吡喃酮）。

酯的烯醇形式容易环化生成吡喃酮，而一些聚酮合酶会利用这些环化反应。例如，真菌 *Galiella rufa* 通过 3,5- 二酮酯中间体的路线产生 3- 甲氧基吡喃。

含有间隔羰基的聚合物对分子内羟醛缩合也非常敏感。例如，自然存在的苯甲酸衍生物苔色酸（orsellinic acid）是一种由羟醛缩合生成的四酮化合物，再经双互变异构化生成芳香化合物（**图 8.49**）。类似地，curvulinic acid 是通过羟醛缩合和芳构化衍生的五酮内酯。

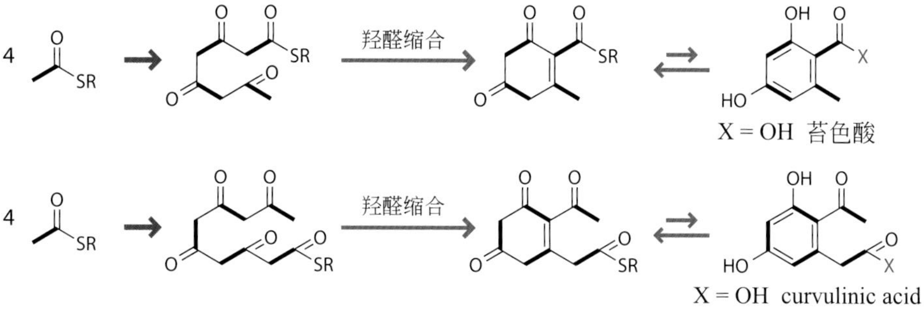

4 O SR → O O SR O O 羟醛缩合 → O O SR O ⇌ OH O X HO

X = OH 苔色酸

4 O SR → O O O O SR O 羟醛缩合 → O O O SR O ⇌ OH O O X HO

X = OH curvulinic acid

图 8.49 芳香聚酮的生物合成。聚酮合酶利用分子内羟醛缩合生成芳香族化合物。

问题8.11

请用箭推法为下面使用碱催化的转化反应提出一个可能的机理。

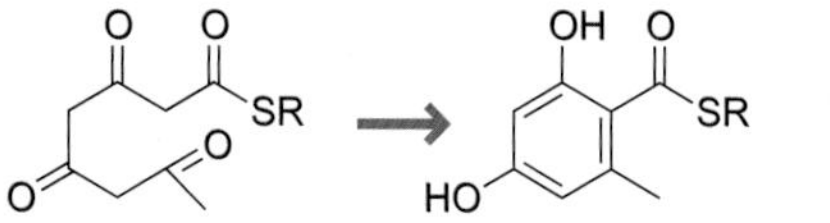

O O SR O O → OH O SR HO

通过这种羟醛缩合/芳构化级联反应，可以得到大量的芳香族天然产物。通常，催化芳香聚酮生成的合酶在芳构化之前和之后都会进行额外的反应步骤。芳构化之前，酮基的还原导致芳构化过程中水的 β-消除，使得芳香碳没有羟基取代（**图 8.50**）。许多与 DNA 结合的蒽醌类抗生素是由富含电子的蒽

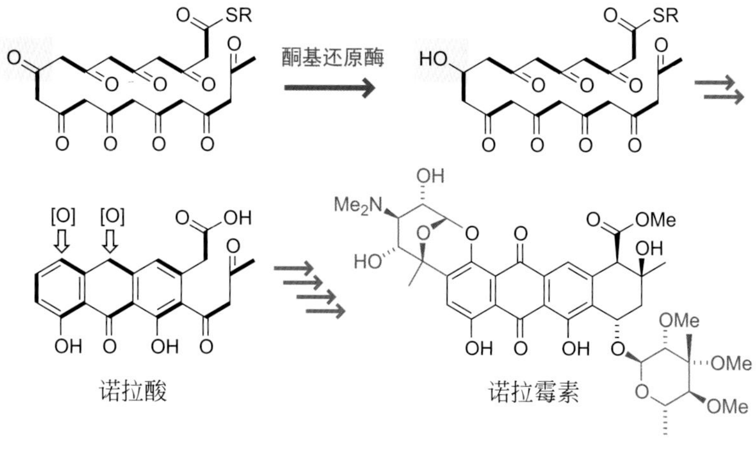

O SR O 酮基还原酶 → HO O SR O ⇉

[O] [O] O OH O OH O OH O 诺拉酸

OH Me_2N O O HO O O OMe OH OH O OH O OMe OMe OMe 诺拉霉素

图 8.50 诺拉霉素的生物合成。诺拉霉素的生物合成在十酮芳构化前后涉及多步额外步骤。

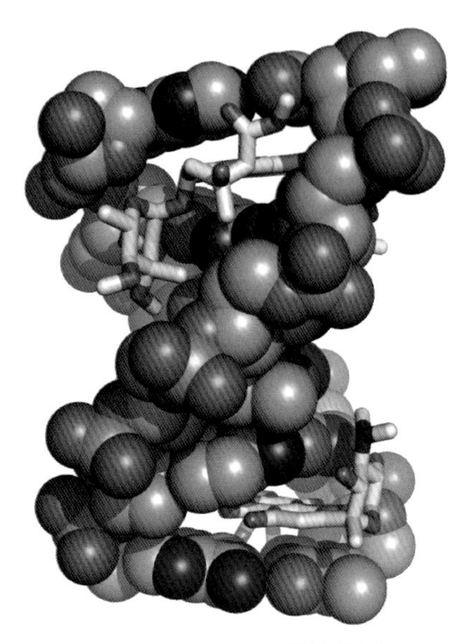

图8.51 **发挥作用的诺拉霉素**。两分子诺拉霉素（球棒模型表示）被插入到具有CGTACG序列（球体表示）的双链DNA的碱基对之间。（PDB：182D）

环类化合物氧化产生的（**图 8.51**）。例如，在诺拉霉素（nogalamycin）生物合成过程中，芳香环的两个位点会被由诺拉霉素生物合成基因簇编码的酶进一步氧化。

问题8.12

关于以下两种芳香聚酮，辨别出由羟醛缩合反应生成的骨架，并标出二碳结构单元。

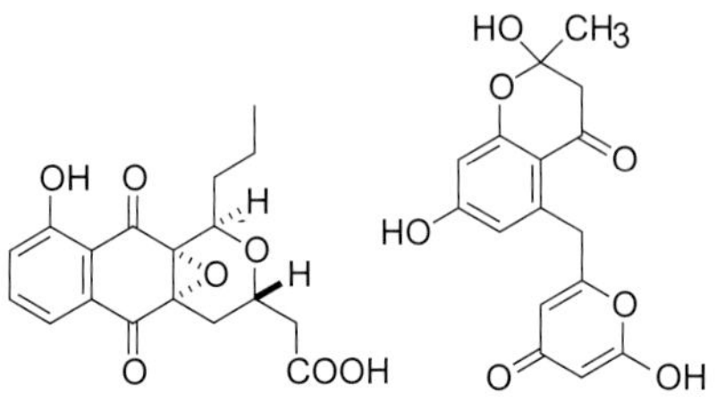

frenolicin B　　SEK4

另一种扩大聚酮天然产物潜在多样性的方法是同时掺入乙酰基和丙酰基结构单元。动物源的聚酮很少含有丙酰基结构单元，但水禽（waterfowl）羽化腺体上的蜡是个例外。精心打扮的水禽（如鹅）将蜡从羽化腺体转移到羽毛上，使它们具有防水能力（**图 8.52**）。有些蜡是由乙酰基和丙酰基单元组成的混合物，而另一些蜡则含有仅由丙酰基单元组成的脂肪酸（**图 8.53**）。丙酰基单元的掺入形成 *R* 或 *S* 构型的立体中心。鹅整理羽毛的蜡中，每一个甲基以 *R* 构型产生立体中心。

图8.52 **防水**。水禽如灰雁通过从羽化腺体中转移防水蜡给羽毛从而防水。（由Alan Weaver提供。）

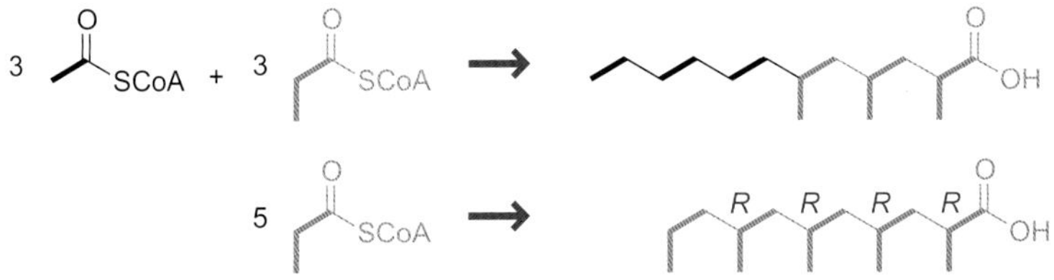

3 SCoA + 3 SCoA → OH

5 SCoA → R R R R OH

图8.53 **鹅的蜡质脂肪酸是由乙酰基和丙酰基两者构建的。**

聚酮合酶很少利用含有三个以上碳原子的结构单元来构建聚酮。然而，由上载模块加载的起始单元存在相当大的可变性（**图 8.54**）。例如，一些聚酮是以对羟基肉桂酰辅酶 A 作为起始单元。

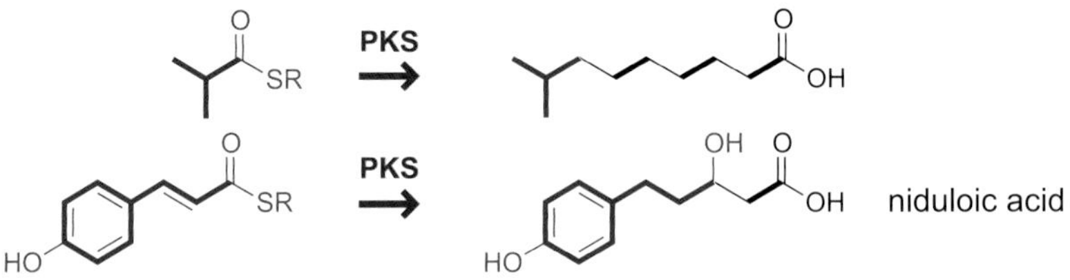

SR —PKS→ OH

HO SR —PKS→ HO OH OH niduloic acid

图8.54 **聚酮起始单元的可变性：异丁酰辅酶A（上面）和对羟基肉桂酰辅酶A（下面）。** PKS 表示聚酮合酶。

链霉菌已经掌握了聚酮的生物合成

通过省略步骤、改变结构单元和改变起始单元，微生物获得的聚酮结构比人类广泛得多。回顾一下，人体脂肪酸合酶只使用一个酮基合酶、一个酮基还原酶、一个脱水酶和一个烯酰还原酶，用于产物寡聚体中的每个二碳酮结构单元的合成。由此产生的短聚合物是单调的。微生物用来生产多种聚酮的最重要的方法是将一组独特的酶亚基用于每个酮基单元的合成。这使得将聚酮生物合成从重复聚合物扩展到具有确定的功能和结构序列的低聚物成为可能。

放线菌门中的土壤细菌是聚酮类天然产物的主要生产者。微生物学家在实验室培养放线菌和分离生物活性天然产物（通常是聚酮）方面取得了相当大的成功。在世界各地收集的各种放线菌中，链霉菌属是生物活性聚酮类天然产物特别常见的来源（**图 8.55**）。链霉菌利用与合成脂肪酸相同的基本反应，生产出一系列令人眼花缭乱的生物活性聚酮天然产物，如两性霉素 B、四环素、泰乐菌素和阿维菌素 B_{1a}（**图 8.56**）。由于骨架是通过迭代克莱森缩合而成，因而明显存在 1,3- 氧代的残留重复模式，尤其是在两性霉素 B 等天然产物中。

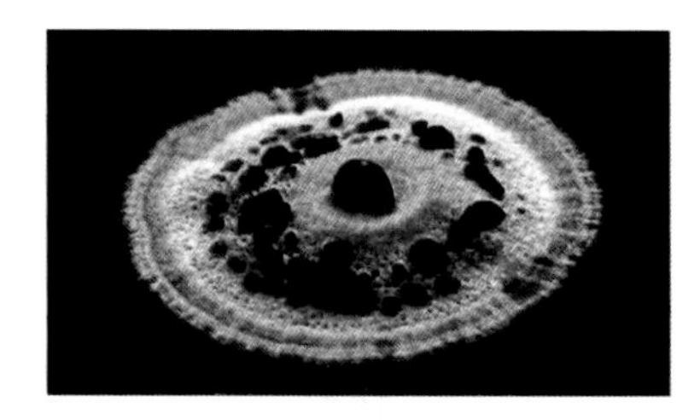

图8.55 链霉菌A3菌落分泌含有蓝色抗生素放线菌紫素（actinorhodin）的液滴，如左图所示。（照片由Sir David Hopwood，John Innes Centre提供。）

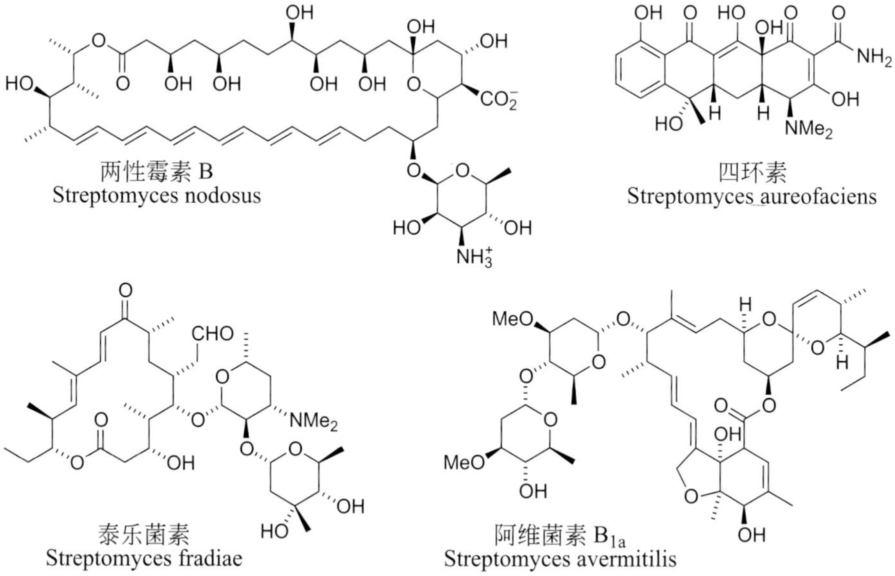

两性霉素 B
Streptomyces nodosus

四环素
Streptomyces aureofaciens

泰乐菌素
Streptomyces fradiae

阿维菌素 B_{1a}
Streptomyces avermitilis

图8.56 链霉菌及其天然产物。临床上使用的链霉菌天然产物证实了聚酮生物合成产生广泛结构的能力。

问题8.13

请标出 linearmycin A 中每个独立的二碳乙酰基和三碳丙酰基结构单元。

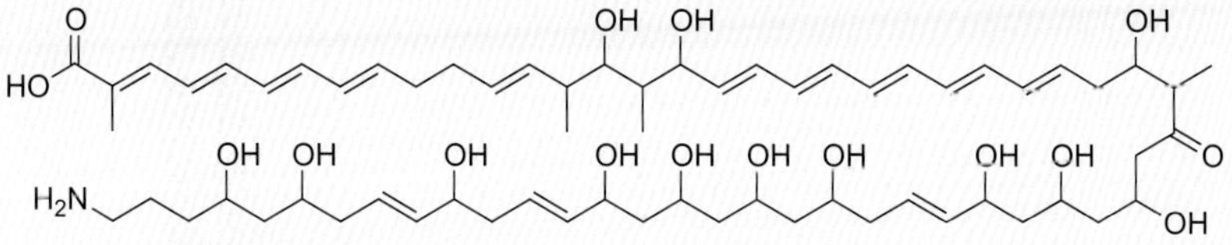

Ⅰ型聚酮合酶的模块化遗传构架有利于遗传信息重新编码

在 RNA 转录中，DNA 模板和 RNA 副本之间基本上是一对一的序列对应关系（不包括剪接变异或其他对 RNA 序列的修改）。在蛋白质翻译中，新生蛋白与 mRNA 序列之间也有一一对应的关系。同样，在许多聚酮类化合物的生物合成过程中，聚酮结构与参与生物合成的酶结构域序列之间也存在着一一对应的关系。理论上，许多聚酮合酶的模块化遗传构架提供了通过删除或替换遗传元件来对任何聚酮的生物合成进行（重）编码的潜力。与重组复杂聚酮类天然产物的全合成相比，切割和剪接DNA更容易、更有效。

模块化I型聚酮合酶的最佳研究实例是大环内酯类抗生素红霉素（erythromycin）的生物合成。每年通过微生物发酵生产几千吨红霉素。关键的大环结构6-脱氧红霉素B，是由三个非常大的多亚基蛋白，即6-脱氧红霉素B合酶1、2和3（DEBS 1、DEBS 2和DEBS 3）生成的。每个DEBS蛋白由多种酶结构域组成，它们催化与产生脂肪酸相同的反应，并按要求的顺序产生红霉内酯（erythronolide）结构。唯一的例外是硫酯酶结构域，它催化脂肪酸合成的大环化而不是酰基酶链的水解（**图8.57**）。细胞色素P450羟化酶（eryF）催化引入6-羟基以产生红霉素B的苷元。另外，还需要三个酶才能将红霉素B转化为红霉素A：两个糖基转移酶和一个细胞色素P450羟化酶。编码这些额外酶的基因，包括用于特定糖的生物合成的酶，都是红霉素A基因簇的一部分。

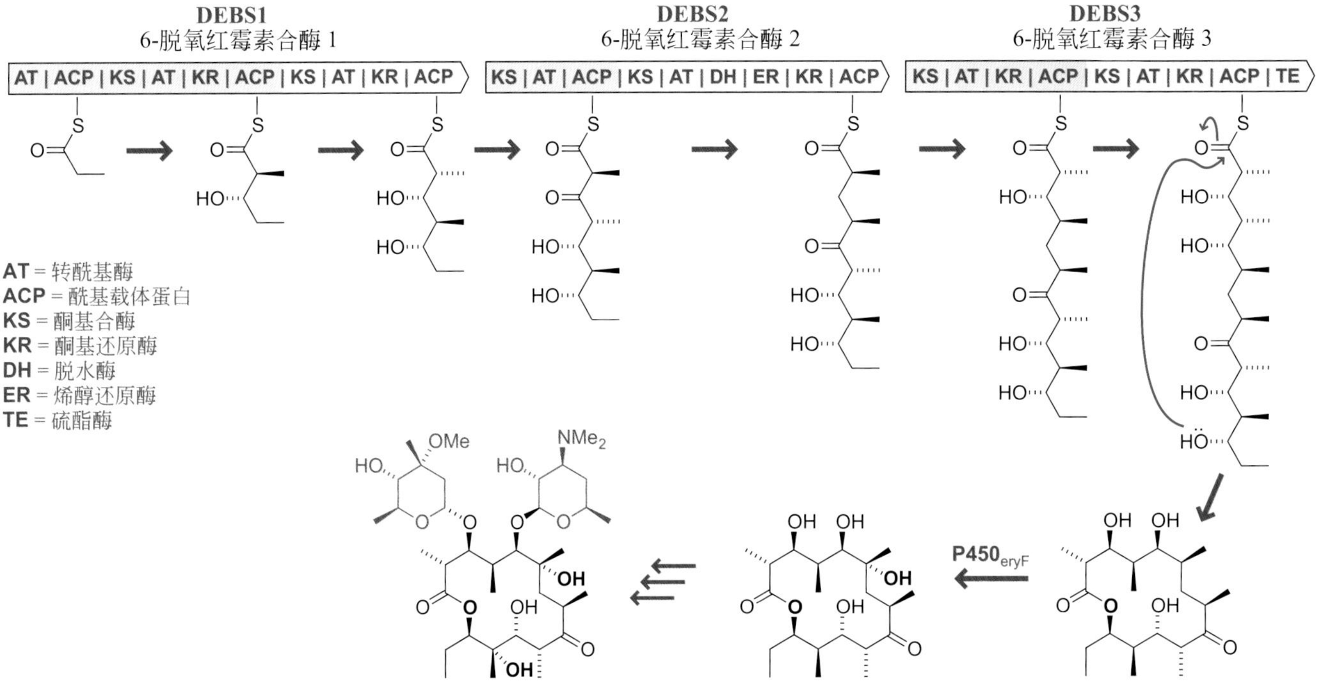

DEBS1 6-脱氧红霉素合酶1
AT | ACP | KS | AT | KR | ACP | KS | AT | KR | ACP

DEBS2 6-脱氧红霉素合酶2
KS | AT | ACP | KS | AT | DH | ER | KR | ACP

DEBS3 6-脱氧红霉素合酶3
KS | AT | KR | ACP | KS | AT | KR | ACP | TE

AT = 转酰基酶
ACP = 酰基载体蛋白
KS = 酮基合酶
KR = 酮基还原酶
DH = 脱水酶
ER = 烯醇还原酶
TE = 硫酯酶

P450eryF

红霉素A　　6-脱氧红霉素B

图8.57　**聚酮“装配线”**。6-脱氧红霉素B的生物合成需要三种多结构域蛋白和其他几种酶，如羟化酶和糖基化酶。每个酶结构域（绿色或米黄色）构建一个酮基结构单元。每个结构域由多个酶亚基组成，每个酶亚基具有独立的催化功能（看关键点）。

问题8.14

标出halstoctacosanolide A中的乙酰和丙酰结构单元。说明halstoctacosanolide A中哪些碳原子需要氧化酶来催化额外的氧化反应?

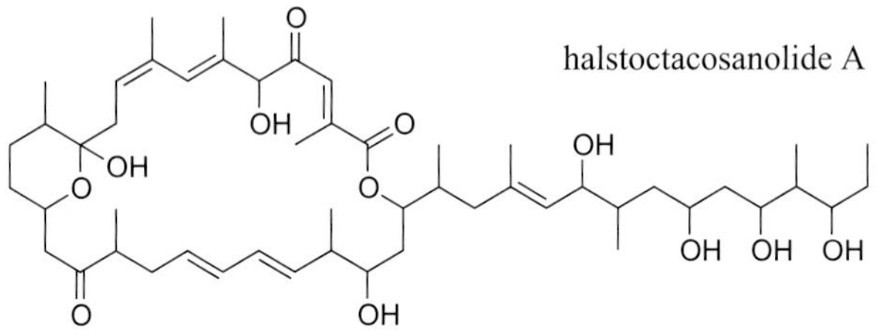

halstoctacosanolide A

当通过基因工程删除或交换模块时，它们仍然可以产生功能性的多酶复合物。因此，可以通过可靠的遗传方法来控制聚酮的大小、官能团和立体化学性质。例如，可以将最后的 6- 脱氧红霉素链环化的硫酯酶亚基移动到另一个位置，从而形成一个较小的环（**图 8.58**）。

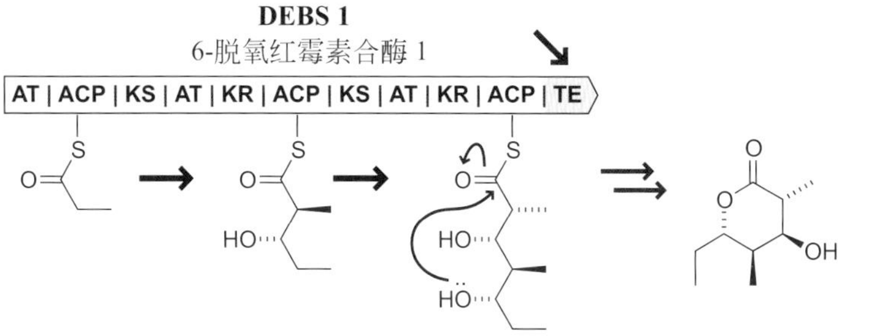

DEBS 1
6-脱氧红霉素合酶 1
AT | ACP | KS | AT | KR | ACP | KS | AT | KR | ACP | TE
S
O
HO
OH

图8.58　改变的结果。将硫酯酶结构域（TE）从DEBS 3转移到DEBS 1，通过提前环化产生一种新的内酯天然产物。

在没有优化的情况下，通过遗传导入额外的模块时，生物合成机器很轻易就引入了新的酮基单元，但结果是不可预测的。例如，当将乙酸酯遗传模块从用于雷帕霉素合酶的操纵子转移到红霉素合酶的操纵子时，就利用其他酮基单元产生了新的大环内酯产物。令人惊讶的是，最初的庚烯酮 I 仍然是反应的主要产物（**图 8.59**）。同时检测到两种新的辛烯酮（**图 8.59** 中的结构 2 和 3），两者不同之处在于大环内酯化的位点。似乎合酶很难适应新引入的模块，从产物的基本结构上看，上载模块通常误载乙酰辅酶 A 而不是丙酰辅酶 A。此外，这两种新的环状产物在 C6 位置上没有被羟基化。因此，中间体的大小和形状在硫酯酶环化和后续的细胞色素 P450 酶催化的羟基化反应中可能是重要的。

LM 模块 1 模块 2 模块 3 模块 4 模块 5 模块 6
LM 模块 1 Rap 模块 2 模块 2 模块 3 模块 4 模块 5 模块 6
AT ACP KS AT KR ACP KS AT KR ACP KS AT ACP KS AT DH ER KR ACP KS AT KR ACP KS AT KR ACP TE
新模块
1
2 + 3
R = H, Me
1
2
3

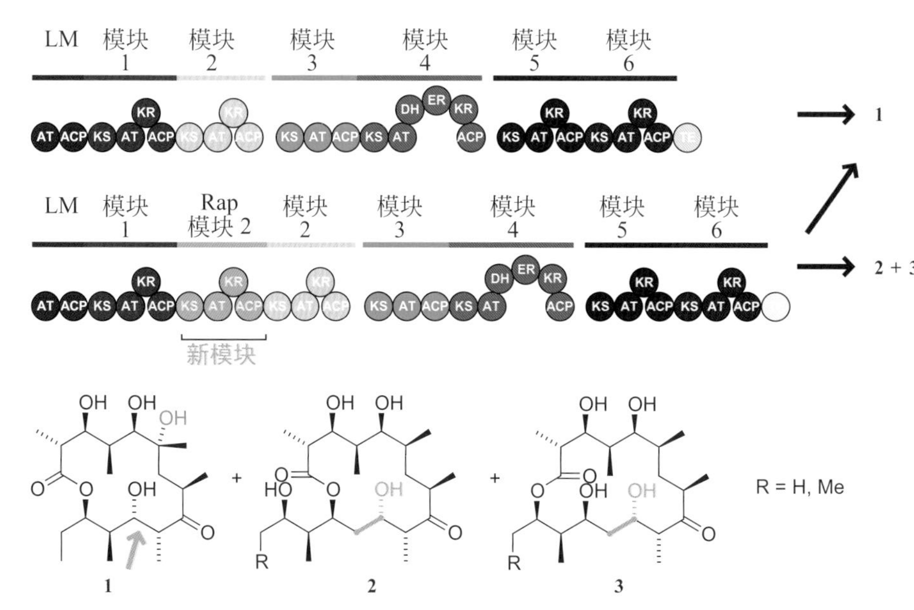

图8.59　通过基因工程产生的新天然产物。通过基因工程将一个新的模块引入到红霉素合酶的操纵子中，从而实现了新"非天然产物"的生物合成。（改编自 C. J. Rowe et al.，*Chem. Biol.* 8：475–485，2001；获 Elsevier 授权。）

为了评估在实验室获得聚酮多样性的能力，将聚酮合酶改造成上载非天然硫酯起始单元，以掺入聚酮。在用编码 DEBS 合酶的质粒进行转化时，天蓝色链霉菌产生 6- 脱氧红霉素 B。当 DEBS 1 的第一个酮基合酶结构域因 C729A 突变而失活时，无法启动 6- 脱氧红霉素 B 的组装。然而，当用化学合成的 *N*- 乙酰半胱胺硫酯（其模拟 CoA 硫酯）补充生长培养基时，这些硫酯被第一个酰基载体蛋白结构域所捕获，转化为大环内酯类产物。通过这种选择性遗传灭活和化学回补的组合，可以使用单独的生物或化学技术生产具有挑战性的红霉素 B 半合成类似物（**图 8.60**）。

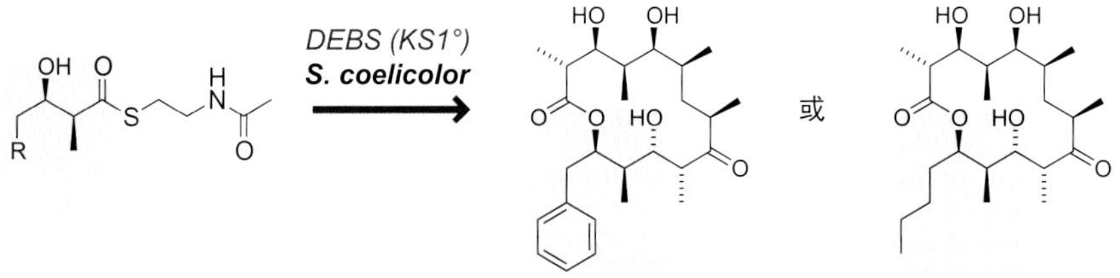

图8.60 非天然起始单元。当把含编码DEBS酮基合酶结构域［DEBS（*KS1°*）］的C279A变体的质粒转染入*S. coelicolor*时，酮基合酶将接受非天然硫酯，包括合成的类似物。

问题8.15

抗生素红霉素A在胃中经历脱水环化后，会产生一种副产物EM201，它是胃肠胃动素受体的一种强效激动剂。我们合成了两种不会产生这种副反应的红霉素A类似物：克拉霉素（clarithromycin）和阿奇霉素（azithromycin）。

A 对比两种类似物的结构，请画出EM201的合理结构。

B 对红霉素A基因簇做哪些简单改变，可以使其不能生成像EM201一样的胃动素激动剂类似物？

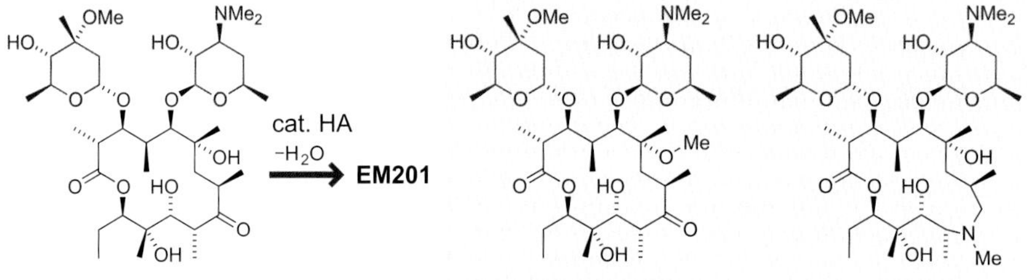

红霉素A　　克拉霉素　　阿奇霉素

与化学合成相比，微生物表达有着明显的优势，特别是在规模化放大和原料成本方面。然而，在新的组合中混合和匹配聚酮合酶模块通常会导致聚酮天然产物的产率较低。通过随机突变和选择的组合可优化有价值的聚酮表达，这与红霉素A的表达相似。事实上，大多数最新的红霉素（如克拉霉素和阿奇霉素）是通过微生物表达和化学修饰相结合优化产生的。

将额外的甲基添加到聚酮骨架中

有时聚酮还有额外的甲基，从乙酰或丙酰结构单元层面看，它们的存在是不合理的。通常，这些甲基是通过酶结合的聚酮与硫鎓离子*S*-腺苷甲硫氨酸的烷基化而被加入。例如，在微管稳定剂埃博霉素C（epothilone C）的生物合成中，甲基转移酶结构域对*β*-酮硫酯中间体进行烷基化产生天然产物中的季碳中心（**图8.61**）。*S*-腺苷甲硫氨酸不只是用来产生季碳中心；有时似乎来自丙酰结构单元的甲基实际上是源于*S*-腺苷甲硫氨酸的烷基化反应。例如，

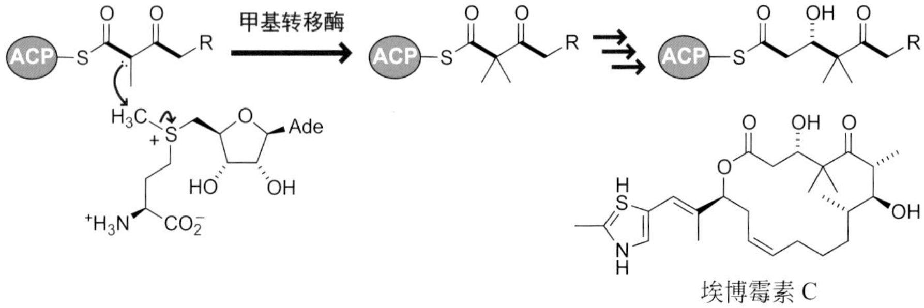

图8.61 掺入一个甲基。埃博霉素C（epothilone C）中的季碳中心来自*S*-腺苷甲硫氨酸对*β*-酮硫酯的烷基化。

埃博霉素C

在间链孢霉酸（alternaric acid）链中的三个碳原子都来自 *S*- 腺苷甲硫氨酸（**图 8.62**）。虽然在聚酮骨架上的甲基取代基有时是由 *S*- 腺苷甲硫氨酸产生的，但并不完全如此。在特定条件下，如喂养生物体同位素标记的丙酸盐以观察同位素的掺入，这种情况下甲基是作为丙酰结构单元的一部分被引入的。

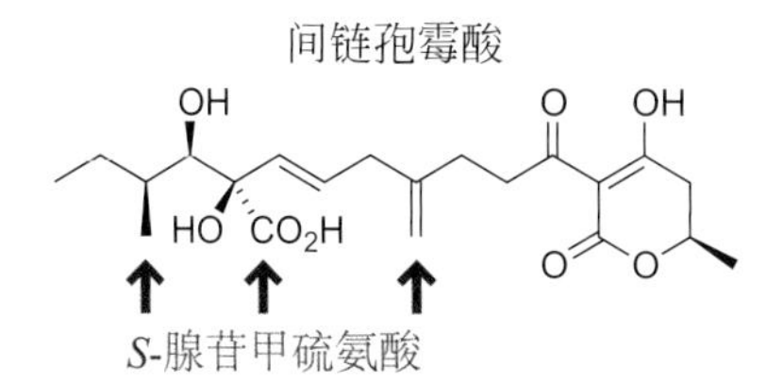

图 8.62 一次一个甲基。来自 *S*- 腺苷甲硫氨酸的甲基伪装成丙酰结构单元的一部分。

8.5 非核糖体肽合成酶（Nonribosomal Peptide Synthases）

核糖体直接翻译成大蛋白，再裂解为短肽

人体内具有多种可以充当信号调控分子的活性肽。这些短肽均是通过核糖体翻译全长蛋白，然后进行某种蛋白水解裂解反应产生的。例如，胃饥饿素 ghrelin（28 个氨基酸）来自由 99 个氨基酸组成的较大的蛋白前体 proghrelin。短的阿片类信号肽，如脑啡肽、促黑素和强啡肽，则分别由大的蛋白前体脑啡肽原、促黑素原和强啡肽原通过各自不同的裂解反应产生。脑啡肽的前体蛋白前脑啡肽原 A 和 B 的 N 端信号肽序列可以将它们定位至高尔基体小囊泡上，进行裂解反应生成脑啡肽。含 211 个氨基酸的全长前脑啡肽原在不同的组织中可裂解产生相应的甲硫氨酸脑啡肽（YGGFM）、甲硫氨酸脑啡肽变体和 / 或亮氨酸脑啡肽（YGGFL）（**图 8.63**）。产生的脑啡肽类在大脑的脑桥、杏仁体、嗅球和皮层区域再与 δ 阿片类受体结合。

图 8.63 由长链肽剪切产生的人短肽激素。前脑啡肽原 A 经由 N 端信号肽的水解和组织特异性水解，从而产生多种信号肽，如亮啡肽、甲硫氨酸脑啡肽和甲硫氨酸脑啡肽变体。前脑啡肽原 A（图中用蓝色代表从 N 端到 C 端的序列）被翻译和水解成图中所示的短肽序列。

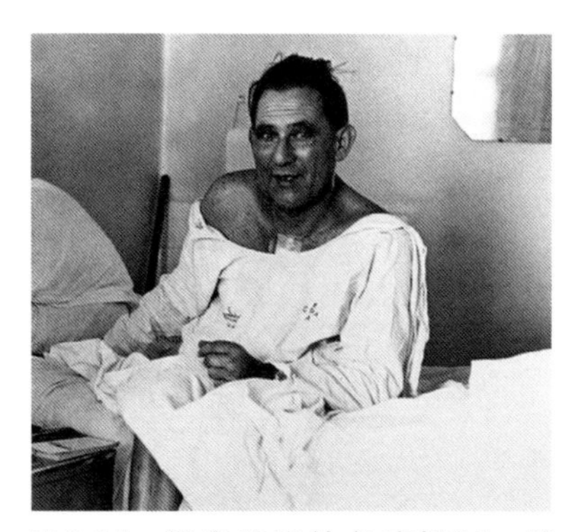

图 8.64 器官移植的免疫抑制。第一个成功的心脏移植接受者活了 18 天后，死于肺炎。当时被认为最先进的免疫抑制剂是硫唑嘌呤（azathioprine），用来防止排斥反应。硫唑嘌呤是一种 DNA 合成抑制剂，可以杀死所有（包括整个免疫系统）快速分裂的细胞。然而环孢菌素 A 是一种比硫唑嘌呤更有效的心脏移植免疫抑制剂。（由 Christiaan Barnard Division of Cardiothoracic Surgery at the University of Cape Town 提供。）

大多数活性肽次级代谢产物是由肽合酶催化产生，而非核糖体

人体内的活性肽通常来源于核糖体翻译，而在真菌和微生物中发现的许多活性肽代谢物却来源于非核糖体途径。免疫抑制剂环孢菌素 A（cyclosporin A）是从土壤真菌 *Tolypocladium inflatum* 中分离得到的。环孢菌素 A 通过抑制人 T 细胞介导的排斥反应，成功实现了不同患者之间的人体器官移植（**图 8.64**），这也是迄今为止最好的器官移植抑制排斥反应技术。环孢菌素 A 和亲环素（cyclophilin）（**图 8.65**）的 1∶1 复合物通过与 T 细胞中的钙调磷酸酶（calcineurin）结合抑制排斥反应。环孢菌素 A 的各种结构特征表明该化合物不是由核糖体合成的。它分子量小并具有环状结构，同时具有特殊的氨基酸，这些氨基酸异于常见的 20 种核糖体氨基酸——特别是 *N*-甲基化氨基酸片段、D-丙氨酸（D-Ala）片段、乙基侧链氨基酸片段和由肽合成酶催化产生的缩写为 MeBmt 的八碳氨基酸片段，这些明显表明环孢素 A 来源于聚酮生物合成途径。其中，*N*-甲基有助于减少溶剂化效应，让环孢菌素 A 更容易穿透细胞膜。此外，环孢菌素 A 中的 *N*-甲基化功能基团和的环状结构使它不易被蛋白酶水解，因此这类药物可以口服。其他非核糖体肽还通常含有酯键、*β*- 氨基酸和经多糖、*N*-甲酰基、卤素和羟基修饰过的氨基酸。

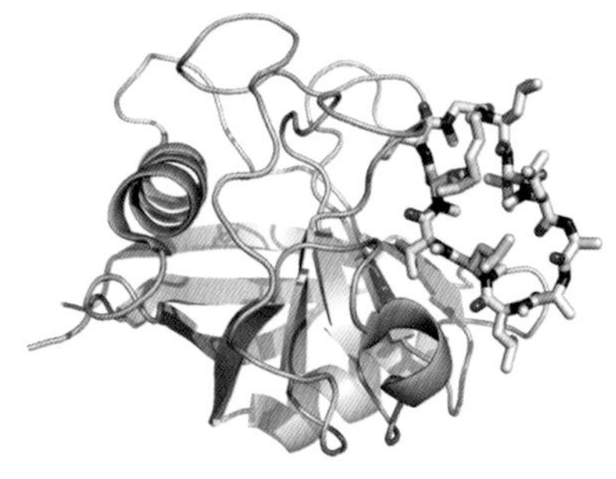

图 8.65 蛋白亲环素 D（带状）与环孢菌素 A（棍状）结合。（PDB：2Z6W）

大多数非核糖体肽（nonribosomal peptides）是由合成酶合成的，它们在

结构和功能上近似于模块化的聚酮合酶。从环孢菌素A结构可以看出，非核糖体多肽合成酶有时包括聚酮和肽组装模块。在环孢菌素A的生物合成过程中，在合成酶肽酰载体蛋白（PCP）结构域组装的第一个氨基酸是D-丙氨酸片段。肽酰载体蛋白与聚酮合酶中的酰基载体蛋白作用相同，即氨基酸单体和肽链的延长均必须通过磷酸泛酰巯基乙胺基连接体结合在PCP上。环孢菌素中氨基酸片段的延长是通过氨解反应逐个添加完成的，其中包括特殊的聚酮氨基酸MeBmt。最后在硫酯酶结构域催化作用下，通过大环内酰胺化生成环孢菌素的环状结构（**图8.66**）。

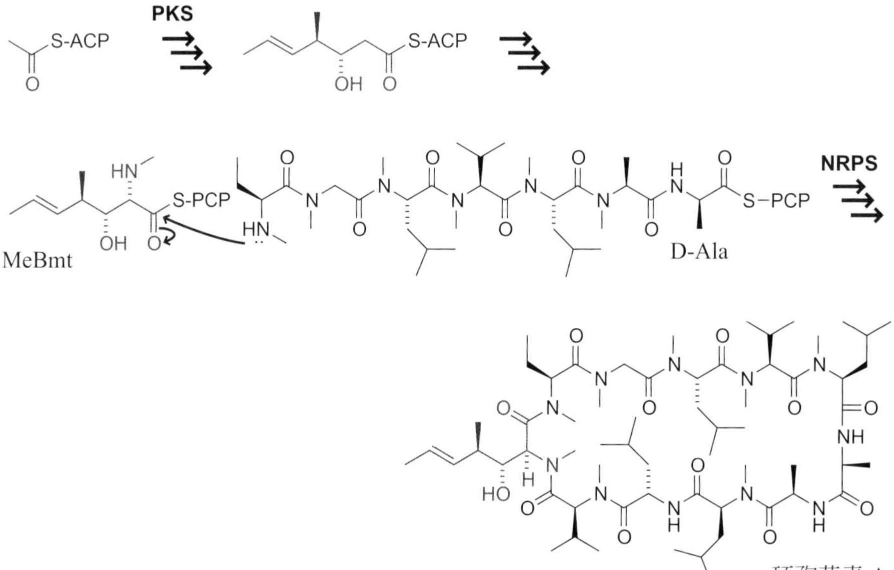

PKS S-ACP OH O S-ACP HN S-PCP OH O HN MeBmt N O N O N O N O H N O S-PCP D-Ala NRPS 环孢菌素A

图8.66 环的构建。环孢菌素A的生物合成涉及载体蛋白中硫酯的氨解。PKS，聚酮合酶；NPRS，非核糖体多肽合成酶。

问题8.16

标出carmabin A结构中每个乙酰、丙酰或氨基酸结构单元。

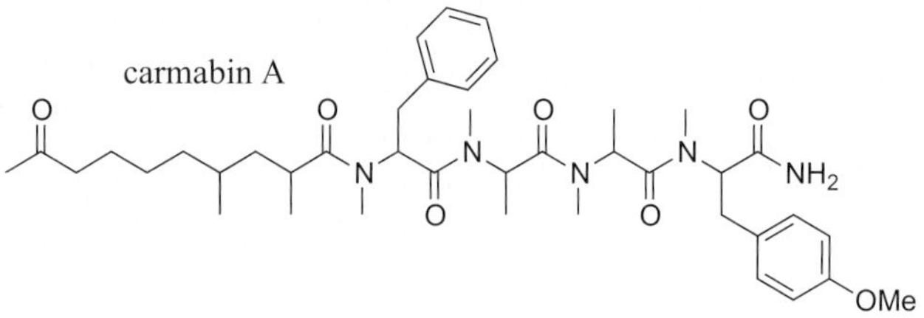

carmabin A O N O N O N O N O NH2 OMe

8.6 人源萜类（Human Terpenes）

早期化学家认为萜类是异戊二烯的低聚体

19世纪80年代，化学家奥托·瓦拉赫（Otto Wallach）从概念上提出多数萜类天然产物均是源于五碳结构的异戊二烯单元构建的低聚体，即$H_2C{=}C(CH_3)CH{=}CH_2$。利奥波德·鲁日奇卡（Leopold Ružička）拓展了瓦拉赫的假说，指出异戊二烯单元的组合不是随机的；萜类天然产物是以首尾相连接的链状异戊二烯低聚体进一步环化构成的（**图8.67**）。鲁日奇卡也因此获得了1939年诺贝尔化学奖。虽然鲁日奇卡早期提出的生源异戊二烯法则属于经验规则，但是据目前所知，事实上也证实了上述经验规则，即所有萜类天然产物均是通过五碳单元以首尾相连接的方式组装而成。

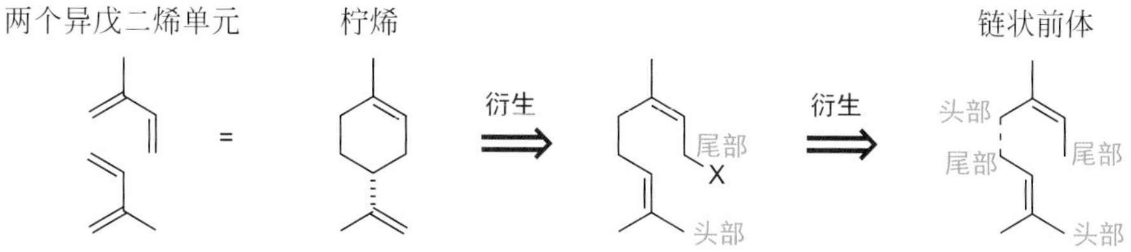

两个异戊二烯单元 = 柠烯 衍生⟹ 尾部 X 头部 衍生⟹ 链状前体 头部 尾部 尾部 头部

图8.67 **首尾相连**。根据生源异戊二烯法则，萜类天然产物是由异戊二烯单元以首尾相连的链状前体衍生而来的。

阳离子加成反应生成链状前体

所有的萜类天然产物都是在酶催化作用下，由焦磷酸二甲烯丙酯（DMAPP）和焦磷酸异戊烯酯（IPP）组装而成。单萜含有2个异戊二烯基单元（10个碳）；倍半萜含有3个异戊二烯基单元（15个碳，拉丁词前缀“sesqui”是“一又二分之一”的意思）；二萜含有4个异戊二烯基单元（20个碳）；而三萜含有6个异戊二烯基单元（30个碳）。

如前面的聚合酶和激酶例子所示，特别是当焦磷酸与路易斯酸Mg^{2+}配位时，焦磷酸是一个很好的离去基团。在萜类天然产物生物合成过程中，DMAPP首先形成碳正离子，靠近另一反应物IPP的π键。IPP的π键与刚生成的DMAPP阳离子发生加成反应后，生成一个叔碳正离子（**图8.68**），然后通过*β*-消除反应或与邻近质子脱氢生成焦磷酸香叶酯。同时，上述的每一种烯丙基二磷酸酯均可以再作为底物，与IPP进行下一步酶催化反应。在所有这些反应中，形成的低聚体产生一个阳离子，而IPP则用来捕获阳离子发生加成反应。焦磷酸香叶酯（GPP）的形成表明萜类化合物组装的关键步骤包括：路易斯酸催化脱掉二磷酸酯，形成碳正离子，系列碳正离子反应或重排，然后通过*β*-消除猝灭碳正离子。

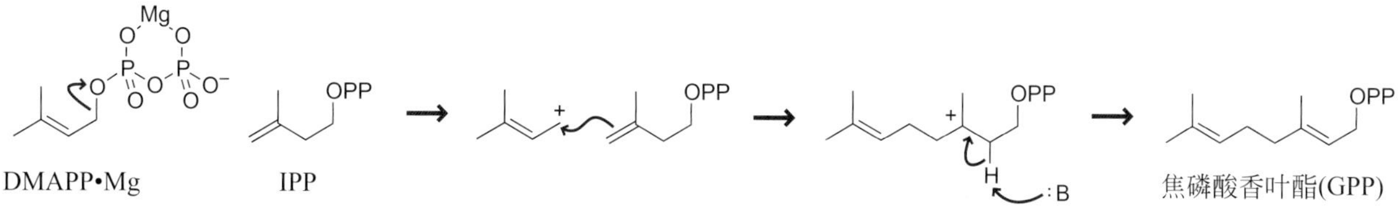

Mg O O O P O P O⁻ O O OPP → + OPP → + OPP H :B → OPP

DMAPP•Mg IPP 焦磷酸香叶酯(GPP)

图8.68 **异戊二烯基单元的连接**。萜类生物合成中酶催化碳碳键的形成与Friedel-Crafts烷基化反应机理相似。DMAPP，焦磷酸二甲烯丙酯；IPP，焦磷酸异戊烯酯。

作为术语后缀，焦磷酸（pyrophosphate）已逐渐被简单的二磷酸（diphosphate）后缀所取代。在本书中，除了无机焦磷酸二聚体（$H_2P_2O_7^{2-}$）或萜类成分前体DMAPP和IPP外，其他均采用“二磷酸”一词。为了简化结构，我们也会使用OPP作为焦磷酸或者在阳离子形成反应中焦磷酸•Mg^{2+}络合物的缩写。

用于治疗骨质疏松症的双膦酸盐类药物（bisphosphonate drugs），是通过模拟底物有效抑制人体内法尼基二磷酸合酶，抑制法尼基二磷酸酯的合成，从而达到治疗的目的（**图8.69**）。双膦酸盐类作为模拟底物时，效果尤为显著，因为它提供了一个不能水解的二磷酸盐结构。法尼基二磷酸酯合成的抑制阻止了蛋白质的异戊烯基化［异戊烯基化过程是将法尼基（farnesyl）或香叶基化香叶基（geranylgeranyl）转移到关键蛋白上，如小GTPase信号蛋白（下文将进一步描述）］。蛋白异戊烯基化缺失会干扰破骨细胞正常的细胞信号转导过程，最终导致细胞死亡。双膦酸盐与羟基磷灰石（构成骨骼的磷酸钙矿物）紧密结合，因此，它们能被破骨细胞选择性吸收（破骨细胞是唯一积极参与骨吸收的细胞），促进破骨细胞的死亡，从而达到防止骨质疏松的目的。

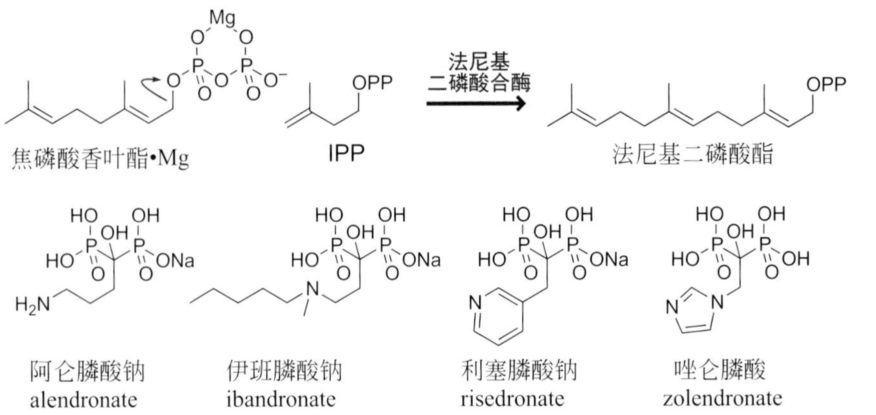

图8.69 双膦酸盐。法尼基二磷酸合酶（上）促进焦磷酸镁离去基团离子化，生成烯丙基碳正离子。用于治疗骨质疏松症的双膦酸盐（下）模拟了酶促反应中活性中间体的重要特征。

焦磷酸香叶酯•Mg　IPP　法尼基二磷酸合酶　法尼基二磷酸酯

阿仑膦酸钠 alendronate　伊班膦酸钠 ibandronate　利塞膦酸钠 risedronate　唑仑膦酸 zolendronate

来源于链状萜烯二磷酸酯的醇类化合物存在于各种芳香植物精油中（**图8.70**）。玫瑰精油含有香叶醇。香茅、柠檬草、玫瑰和橙花的精油中含有金合欢醇。金合欢醇对某些害虫有一定的防治作用，并已被证明可以抑制致病菌绿脓杆菌的转录。在人体中，最重要的萜类化合物是链状异戊烯基多萜醇、异戊烯基醌类化合物、维甲酸类化合物和类固醇。法尼基和香叶基化香叶基经翻译后加至蛋白质胱氨酸残基上。前面提到多萜醇磷酸酯是蛋白质初始*N*-糖基化的离去基团，多萜醇使糖基供体牢牢地固定在内质网的膜上，使其能被固定在膜上的酶——低聚糖转移酶充分利用。多萜醇和天然橡胶是含有异戊烯基单元较多的低聚体。多萜醇的前三个异戊烯基单元具有*E*构型，但剩余的异戊烯基单元却像橡胶一样具有*Z*构型，这表明多萜醇是通过最初的焦磷酸金合欢酯前体生物合成的。多萜醇的末端异戊烯基单元不含双键，能够防止碳正离子的形成以及磷酸或其他离去基的自发离去。

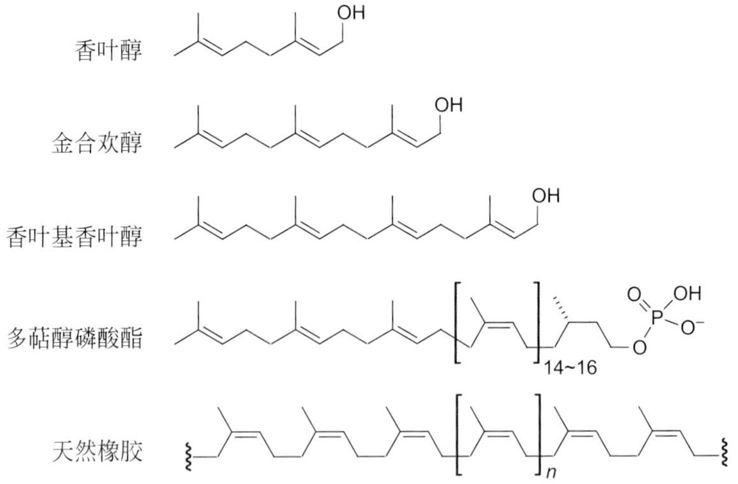

图8.70 常见链状萜烯的结构和名称。注意多萜醇中末端异戊二烯基不含双键。黑色表示五碳异戊烯基结构单元，红色表示连接结构单元的键。

香叶醇　金合欢醇　香叶基香叶醇　多萜醇磷酸酯（14~16）　天然橡胶（n）

天然乳胶橡胶是一种具有*Z*构型异戊烯基的聚合物。合成橡胶可由丁基锂作为引发剂引发异戊二烯聚合而成。当在脂肪溶剂中进行阴离子聚合时，97%的双键具有*Z*构型，因为*Z*-烯丙基锂中间体比*E*-烯丙基锂中间体更易于反应（**图8.71**）。

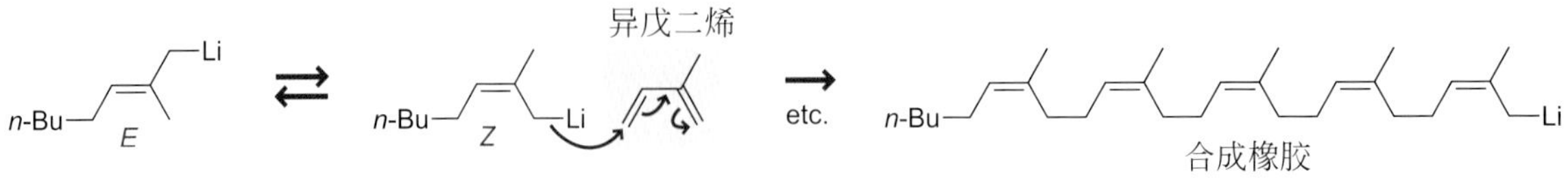

异戊二烯　*n*-Bu　*E*　Li　*Z*　etc.　合成橡胶

图8.71 橡胶的合成。异戊二烯的阴离子聚合是立体选择性的，因为烯丙基锂中间体的*Z*异构体比*E*异构体反应速率快。

异戊烯基结构单元通过烯醇化学产生

人体中萜类化合物的生物合成最初是从烯醇化学开始的，这与聚酮类化合物的生物合成非常相似。由3个乙酰辅酶A分子合成IPP需要6步反应（**图8.72**）。每一步反应由一种酶催化。

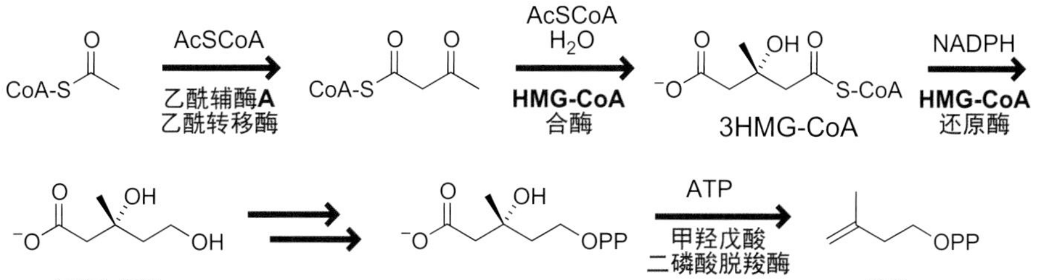

CoA-S—C(=O)CH₃ —AcSCoA / 乙酰辅酶A乙酰转移酶→ CoA-S乙酰乙酰 —AcSCoA, H_2O / HMG-CoA合酶→ 3HMG-CoA —NADPH / HMG-CoA还原酶→ 甲羟戊酸 ⇉ 甲羟戊酸OPP —ATP / 甲羟戊酸二磷酸脱羧酶→ IPP

图8.72　构建模块。异戊烯基单体的生物合成涉及羟醛缩合反应。HMG，羟甲基戊二酰基。

合成IPP的前两个反应所涉及的酶被称为硫解酶。第一个硫解酶为乙酰辅酶A乙酰转移酶，通过共价结合的巯基酯中间体催化两分子乙酰辅酶A发生克莱森缩合反应（**图8.73**）。首先，乙酰辅酶A的乙酰基转移到活性位点的Cys89上，然后与乙酰辅酶A衍生的烯醇负离子发生克莱森缩合。当用底物浸泡分离自生枝动胶菌（*Zoogloea ramigera*，**图8.74**）的硫解酶晶体后，X射线衍射发现晶体里面存在乙酰化的半胱氨酸片段。与参与聚酮生物合成的酮基合酶不同，硫解酶直接通过硫酯的脱质子生成烯醇负离子。两者的另一个关键区别是，参与萜类化合物生物合成的硫解酶（即乙酰辅酶A和乙酰乙酰辅酶A）底物在溶液中是游离的，而模块化聚酮合酶的底物始终以共价键附着在多酶复合体的ACP结构域上。

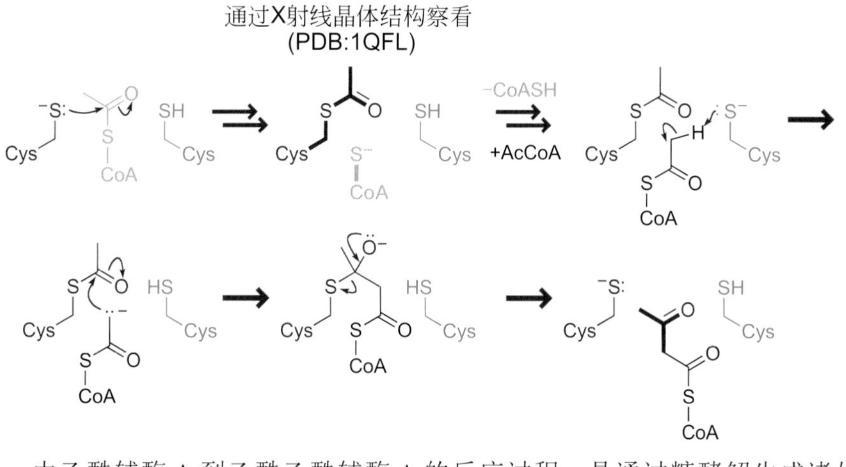

通过X射线晶体结构察看
(PDB:1QFL)

Cys-S⁻ + AcSCoA → Cys-S-乙酰 (−CoASH, +AcCoA) → 克莱森缩合 → 乙酰乙酰辅酶A

图8.73　乙酰辅酶A乙酰转移酶催化克莱森缩合反应机理。在晶体结构中捕捉到的初始乙酰硫代酯中间体，如图8.74所示。

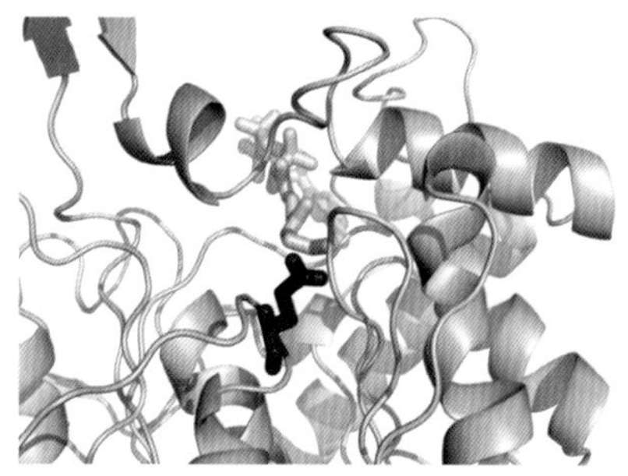

图8.74　催化乙酰辅酶A发生克莱森缩合的细菌硫解酶。将分离自生枝动胶菌（*Zoogloea ramigera*）四聚体硫解酶的晶体在乙酰辅酶A溶液中短暂浸泡后，然后快速冷冻，获得图中所示晶体结构。乙酰化片段Cys89用红色表示，CoA离去基团用绿色表示。（PDB：1QFL）

由乙酰辅酶A到乙酰乙酰辅酶A的反应过程，是通过糖酵解生成诸如ATP和NADH的能量分子而产生的。其中一个关键的步骤，即3-羟基-3-甲基戊二酰辅酶A合酶催化羟醛缩合并水解生成3-羟甲基戊二酰辅酶A（3HMG-CoA；**图8.75**），另外它也可以通过HMG-CoA裂解酶的裂解反应产生，该步骤能催化乙酰辅酶A发生羟醛缩合生成脂肪代谢产物乙酰乙酸。因此，3HMG-CoA的基本模块可以由两种不同的分子原料生成。

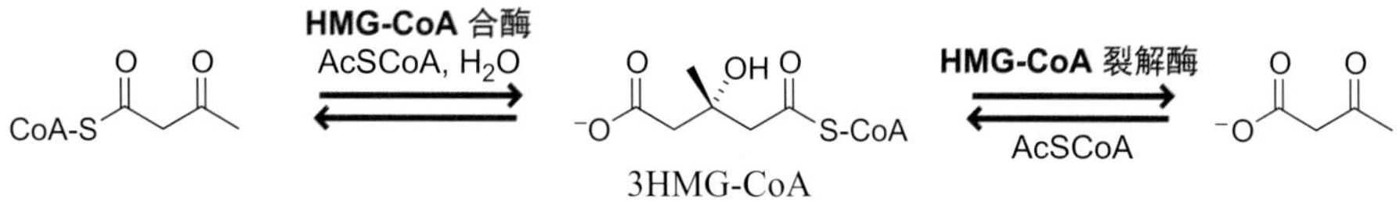

CoA-S乙酰乙酰 ⇌(HMG-CoA合酶, AcSCoA, H_2O) 3HMG-CoA ⇌(HMG-CoA裂解酶, AcSCoA) 乙酰乙酸

图8.75　备份计划。抑制HMG-CoA合酶并不能阻止人体内合成萜烯。肝脏可以利用另一种酶生成3-羟甲基戊二酰辅酶A。

3HMG-CoA 的硫酯基团被 HMG-CoA 还原酶还原为一级醇（**图 8.76**）。正如下一节所述，这种不起眼的转化对 2000 年末至今制药工业的影响却极为重要。HMG-CoA 还原酶的机制涉及氢供体 NADPH 的两次还原反应。与乙醇脱氢酶催化 NADH 反应一样，$NADP^+$ 恢复芳香性促进了氢供体的生成。硫代酯基通过活性部位的谷氨酸片段激活被还原为一级醇。

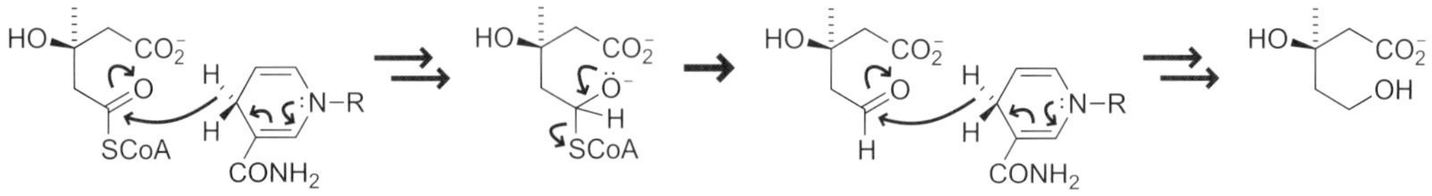

图 8.76　HMG-CoA 还原酶将硫酯还原为一级醇。

抑制萜类生物合成是治疗心脏病的首选方法

HMG-CoA 还原酶是催化萜类化合物及胆固醇生物合成的限速步骤。血清中高水平的胆固醇和脂肪易造成动脉阻塞，称之为动脉粥样硬化，最终导致心脏病发作和 / 或中风（**图 8.77**）。不健康的饮食显著促进了西方国家高胆固醇水平人群数量的暴增。然而，正常饮食（每天 300 mg 胆固醇）比肝脏生物合成（每天 800 mg）产生的胆固醇要少得多。在治疗高胆固醇血症的过程中，抑制胆固醇生物合成与降低膳食胆固醇一样重要。

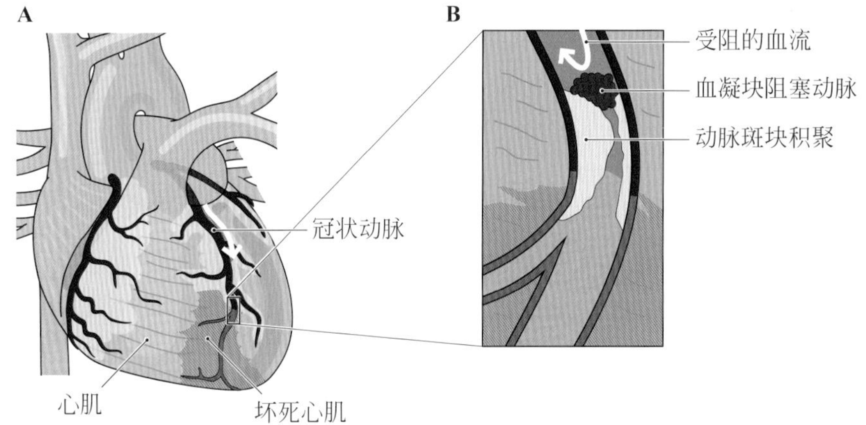

图 8.77　心脏病发作！ 高胆固醇血症会导致冠状动脉阻塞，最终导致心脏病发作。（获得 National Heart Lung and Blood Institute 授权。）

人体中，胆固醇和脂肪都是通过与脂蛋白结合的形式在血液中运输。一分子载脂蛋白 B-100 与多个甘油三酯和胆固醇酯结合，形成了与心血管疾病密切相关的脂蛋白。脂蛋白与脂肪和胆固醇酯的比例不同，它们的总体密度也随之不同。**低密度脂蛋白**（low-density lipoproteins，LDLs）的蛋白质与胆固醇和脂肪的比例较低，特别容易在动脉中形成斑块。这些斑块会逐渐变大，直到阻塞动脉中的血液流动。胆固醇的生物合成和脂蛋白的形成都在肝脏内进行。当胆固醇生物合成受到抑制时，低水平的胆固醇导致蛋白水解释放内质网膜上的固醇调节元件结合蛋白转录因子，使其转移到细胞核，激活 LDLs 受体的产生，LDLs 受体促进肝细胞对低密度脂蛋白的吸收。因此，抑制胆固醇生物合成能直接降低血清胆固醇水平，尤其是降低低密度脂蛋白水平。

在 20 世纪 70 年代，通过对天然产物抑制 HMG-CoA 还原酶活性的筛选，发现了聚酮类天然产物美伐他汀（mevastatin）（**图 8.78**）。美伐他汀具有一个内酯片段，其他所有他汀类药物也具有类似结构片段，而且它们均与环状甲羟戊酸结构相似。根据这些结构特点，两家制药公司分离得到了它们的类似天然产物，用于治疗心血管疾病，即默克的洛伐他汀（Mevacor™）和株式会社的普拉伐他汀（Pravachol™）（**图 8.79**）。默克公司对洛伐他汀进行了结构

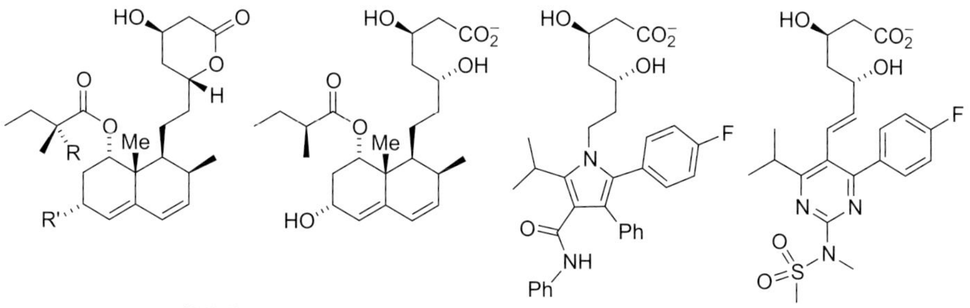

R,R' = H 美伐他汀
R = H; R' = Me 洛伐他汀
R,R' = Me 辛伐他汀

普拉伐他汀 (Pravachol™)

阿伐他汀 (Lipitor™)

瑞舒伐他汀 (Crestor™)

图8.78 他汀类药物的演变。几十年来，通过对他汀类天然产物美伐他汀和洛伐他汀的精心研制，开发出了抑制萜类生物合成并最终抑制胆固醇的强效药物。

图8.79 食品作为药物。红曲米含有洛伐他汀。它是由红曲菌（*Monascus purpureus*）发酵大米制成的，在中国传统医学中已经使用了1000多年。2007年，美国FDA宣布，含有大量洛伐他汀的红曲米制剂必须作为药物进行监管。（图片研究人员提供。）

修饰，在洛伐他汀原来的酯链上多了一个甲基取代，即辛伐他汀（Zocor™）。华纳兰勃特制药公司的化学研究人员发现用取代的杂环可以代替十氢化萘环，因此研发出立普妥（Lipitor™），并大获成功。阿斯利康也深受鼓舞，最终研发出了瑞舒伐他汀（Crestor™）（见**图 8.78**）。但是，随着更廉价有效降脂药物的普遍应用，阻碍了他汀类药物的进一步发展。

在催化 IPP 合成的最后一步，甲羟戊酸二磷酸脱羧酶对大量积累的过渡态阳离子有一定稳定作用（**图 8.80**）。阳离子的积累不一定能证明离散碳正离子中间体的存在；而磷酸基团的离去同时也伴随着脱羧反应的发生。

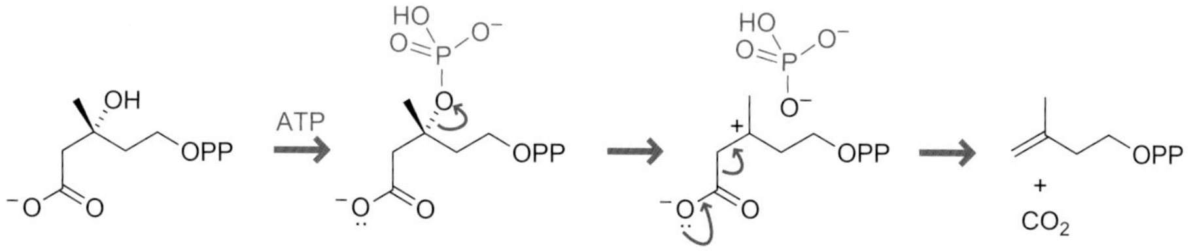

图8.80 甲羟戊酸二磷酸脱羧酶的作用机理。异戊基焦磷酸的形成涉及脱羧过程。

问题8.17

在以下 2 步 β-羟基酸脱羧反应过程中，推测中间体可能的结构。

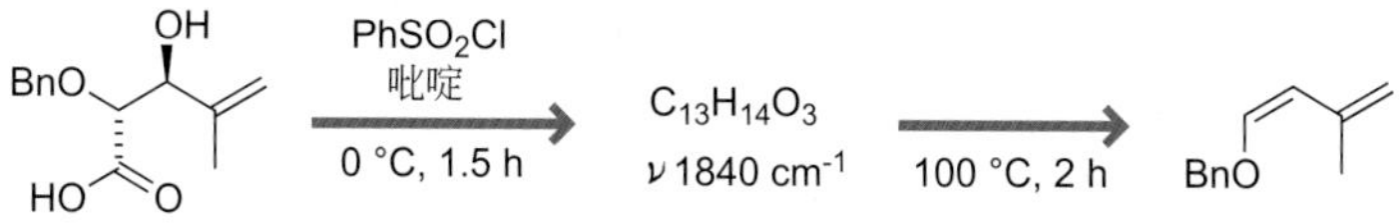

$PhSO_2Cl$，吡啶，0 °C, 1.5 h → $C_{13}H_{14}O_3$（ν 1840 cm^{-1}）→ 100 °C, 2 h

异戊烯基焦磷酸异构酶通过异构化，将不稳定的末端双键变为更稳定的非末端双键（**图 8.81**）。Mg^{2+} 与活性位点的两个谷氨酸残基配位，其中一个谷氨酸对 IPP 双键进行质子化。在另一侧，硫代半胱氨酸从生成的叔碳正离子中获取一个质子。用 ^{13}C 标记 IPP 的亚甲基，发现大多数标记的同位素最终存在于 DMAPP 的反式（*trans*）甲基中；但是，也有少量最终存在于 DMAPP 的顺式（*cis*）甲基中。这种立体化学非专一性的原因尚不清楚，要么是底物结合，并以较少的构象被质子化；要么是碳正离子在有限的酶周转期间发生 σ 键翻转。

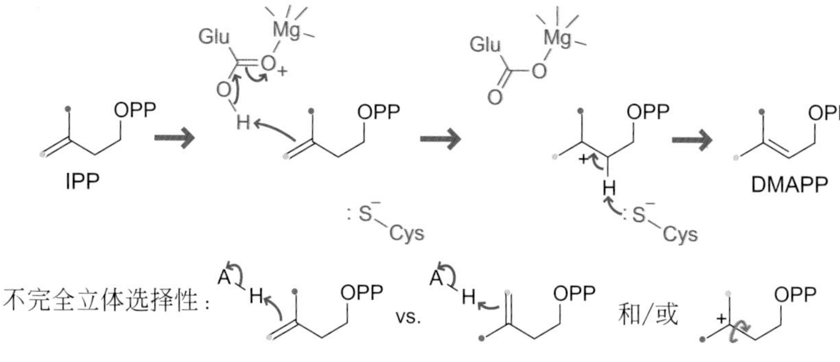

IPP　DMAPP

不完全立体选择性：　vs.　和/或

图8.81 一个重要的双键异构化。哺乳动物异戊烯基焦磷酸异构酶大多是立体选择性的。用绿点标记的碳原子是 ^{13}C；用红点标的碳原子是正常的同位素 ^{12}C。

问题8.18

假设异戊基焦磷酸异构酶是完全立体选择性的，那么焦磷酸金合欢酯中碳碳键哪个是通过阳离子加成形成的，哪个是通过乙酰硫代酯的烯醇化反应形成的？

异戊烯醌类化合物在氧化还原中起重要作用

人体利用两类异戊烯醌（prenylated quinones）（**图 8.82**）：**泛醌**（ubiquinones）和**维生素 K**（vitamin K）。泛醌是一类异戊烯苯醌，是线粒体膜中重要的氧化还原载体。异戊烯链的长度根据异戊烯基单元的数量 6～10 个不等。含有 10 个异戊烯基单元的，称为辅酶 Q10 或泛醌，在人体中最为重要。醌类和对苯二酚类之间的氧化还原平衡是对等的，也容易相互转化（**图 8.83**）。转化为醌式结构主要是因为 C═O 的 π 键相对 C═C 的 π 键更稳定。由于甲氧基可以作为共振体系的供体，所以辅酶 Q10 的苯醌式结构更稳定。苯环的芳香性使得苯醌式结构易于向对苯二酚式结构转化。

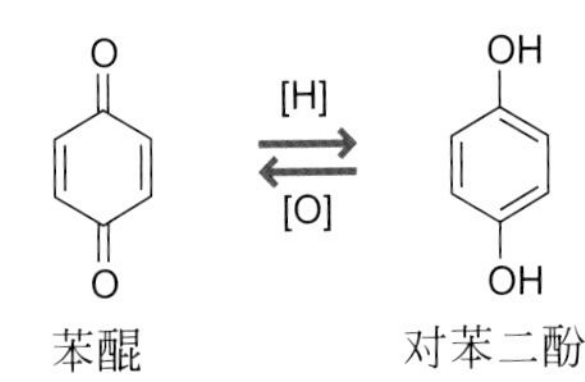

图8.83　**氧化还原互变结构**。苯醌易还原为对苯二酚，后者也可氧化为苯醌。

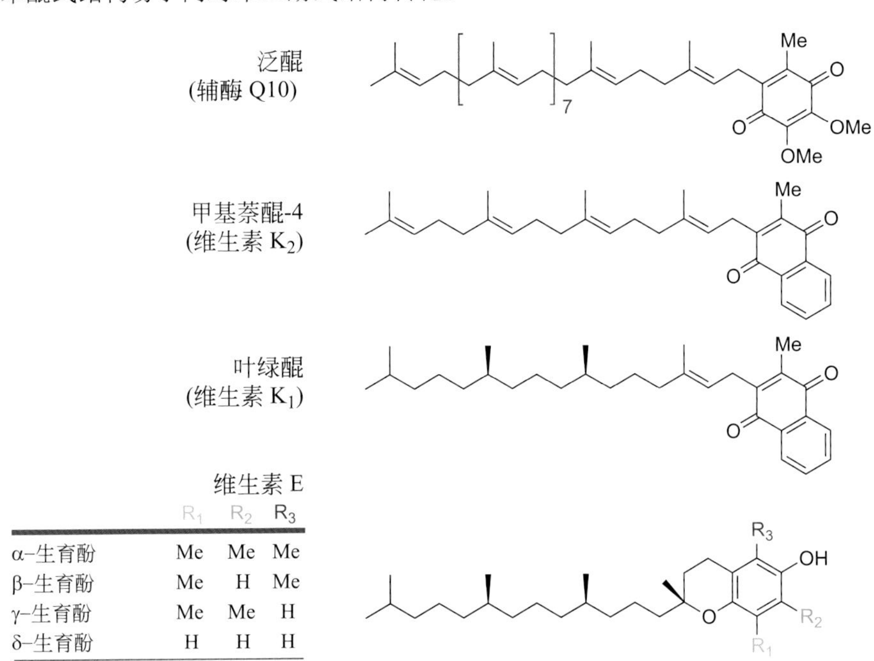

	R_1	R_2	R_3
α–生育酚	Me	Me	Me
β–生育酚	Me	H	Me
γ–生育酚	Me	Me	H
δ–生育酚	H	H	H

图8.82　**人体中的异戊烯醌**。

维生素 K 指一类含有萜链的萘醌类化合物，包括甲基萘醌和叶绿醌两类化合物。人类本身不具备上述醌类化合物的生物合成基因。甲基萘醌类化合物是由胃肠道细菌产生，叶绿醌类化合物来源于植物。因此，人体凝血功能所必需的维生素 K 可能有两种来源。萘醌类维生素 K 作为辅酶因子，对某些蛋白 Gla 结构域的谷氨酸残基进行羧基化催化。一旦 Gla 结构域上的谷氨酸残基转化为 γ- 羧基谷氨酸残基，侧链可以与 Ca^{2+} 结合，导致蛋白质构象改变。例如，凝血酶原的羧基化 Gla 结构域与 Ca^{2+} 结合，形成结合磷脂酰丝氨酸的口袋，具有膜亲和作用（**图 8.84**）。因此，转化后产生的 γ- 羧基谷氨酸残基对正常凝血至关重要。

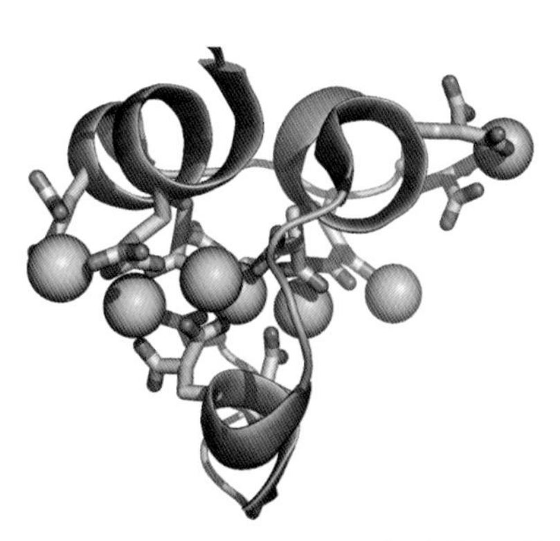

图8.84　**离子胶**。凝血酶原的Gla结构域与Ca^{2+}（绿色球体）结合。Ca^{2+}作为黏着剂使凝血酶原黏附在细胞膜上，被Xa因子酶解激活。（PDB：1NL1）

二氧化碳通过一系列反应被转移到谷氨酸侧链中，随后，被修饰过的维生素 K 回收循环再利用（**图 8.85**）。在谷氨酸残基被 γ-谷氨酰羧化酶羧基化过程中，辅酶首先必须被一种还原酶还原为对苯二酚式。每一次酶催化介导的羧基化需要消耗一分子氧，将对苯二酚转化为环氧醌（维生素 K 氧化物）。

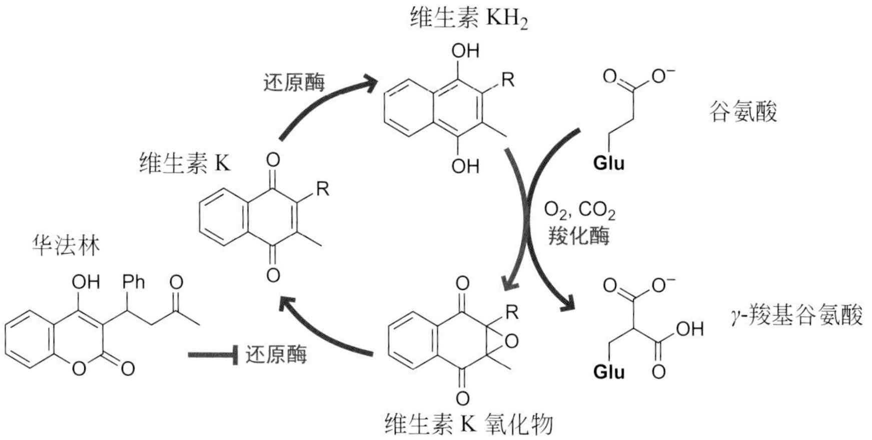

图8.85 **维生素K的循环机理**。维生素K对Gla结构域谷氨酸残基进行羧基化催化后，与钙离子结合（图中未显示）。

一个共有蛋白基序（EXXXEXC）在羧化酶初步识别底物蛋白过程中是必须的。维生素 K 可以被其他还原酶从维生素 K 氧化物中再生出来。维生素 K 氧化物还原酶对维生素 K 的再生至关重要。杀鼠药华法林（warfarin，作为抗凝血药 Coumadin® 出售）通过抑制维生素 K 氧化物还原酶而发挥作用。由于华法林抑制凝血作用引起不可控出血，其治疗指数非常窄。

γ-谷氨酰羧化酶的作用机理涉及过氧半缩酮介导的醌分子内环氧化（**图 8.86**）。这类转化反应与双氧水碱催化烯酮的环氧化反应非常相似。半缩酮醇阴离子有可能首先对谷氨酸侧链去质子化，再脱去氢氧根。然后，谷氨酸侧链的高反应活性烯醇负离子与二氧化碳反应生成 γ- 羧基谷氨酸。

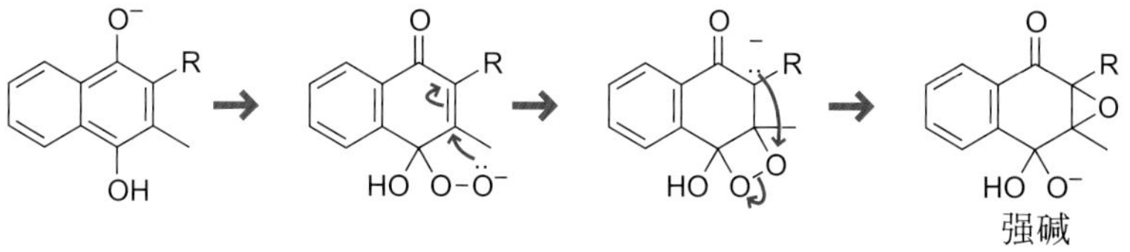

图8.86 **γ-谷氨酰羧化酶介导的醇阴离子强碱的形成机理**。产生的强碱可以对谷氨酸侧链上的羧基进行 α 去质子化，生成高反应活性烯醇负离子，再与二氧化碳反应。

维生素 E 不是醌类成分，但它结构与泛醌和维生素 K 相似（见**图 8.82**）。维生素 E 包括全部生育酚（为多个甲基取代的异戊烯基苯并呋喃类化合物）。维生素 E 通常被认为是抗氧化剂。如所有的酚类化合物一样，生育酚上的酚羟基作为氢供体能猝灭脂质过氧化过程中产生的过氧自由基中间体。在所有生育酚成分里，只有三甲基异构体 α-生育酚是重要的营养因子，这一点也不足为奇，因为只有 α-生育酚的酚羟基两个邻位（*ortho*）上都有取代基，可以防止自由基聚合（见**问题 5.41**）。

蛋白质的异戊烯基化赋予膜亲和性

前面提到，蛋白质的 N 端或半胱氨酸残基上的乙酰化作用赋予了膜亲和性，这对功能至关重要。另一种类似的翻译后修饰是半胱氨酸残基的异戊烯基化，利用法尼基转移酶催化含有 15 个碳的法尼基基团，或者香叶基香叶基转移酶 Ⅰ 或 Ⅱ 催化含有 20 个碳的香叶基香叶基基团，异戊烯基化半胱氨酸残基。最著名的一类异戊烯基化蛋白是小分子 GTP 酶，如 Ras 和 Rho，它们能控制每个独立的生化信号转导的持续时间。这些蛋白质将在第 9 章中详细讨论。

法尼基转移酶和香叶基香叶基转移酶 Ⅰ（**图 8.87**）在 C 末端利用 *Caa*X 四肽蛋白序列催化蛋白质的异戊烯基化，其中 *a* 是疏水性氨基酸，如缬氨酸、亮氨酸、异亮氨酸或丙氨酸，X 是除脯氨酸外的任何氨基酸。在催化反应过

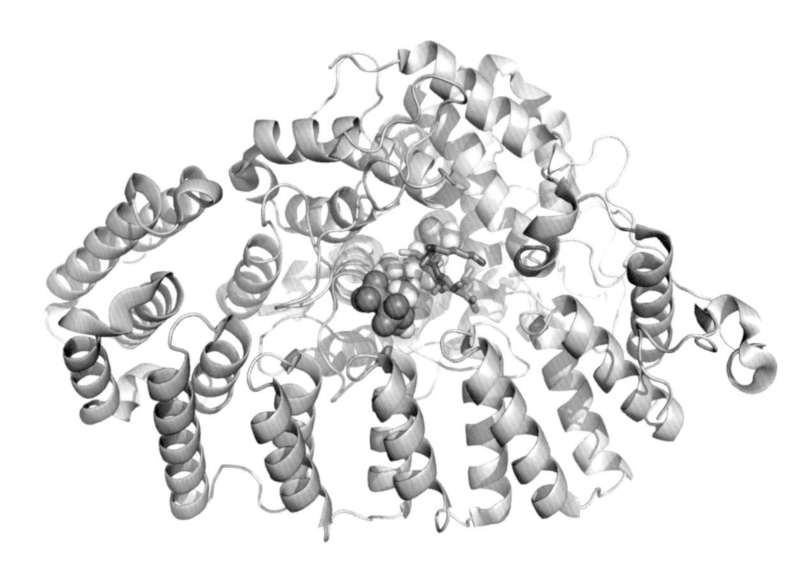

图8.87 **生物偶联直观图**。两种底物与香叶基香叶基转移酶Ⅰ（蓝绿色）的活性位点结合：亲电的香叶基香叶基二磷酸（球体）和蛋白底物的亲核尾部。在该晶体结构中，蛋白片段KCVIL（棍状）结合在活性位点。在S_N2反应中，半胱氨酸硫醇盐（黄色）将取代二磷酸盐离去基团。（PDB：1N4Q）

程中，形成牢固的硫醚键后，经几次酶修饰后形成脂质连接（**图 8.88**）。首先，一个内肽酶剪切掉三个末端氨基酸。然后，异戊烯基化的半胱氨酸C端被*S*-腺苷甲硫氨酸酶酶解烷基化。因此，经高度修饰的C端半胱氨酸具有较强的疏水性。通常我们会发现*S*-棕榈酰化半胱氨酸在C端靠近法尼酰化半胱氨酸。香叶基香叶基转移酶Ⅱ是高度特异性的，它只与Rab家族的小分子GTP酶特异性结合，因为它们的C末端有CC或CXC。

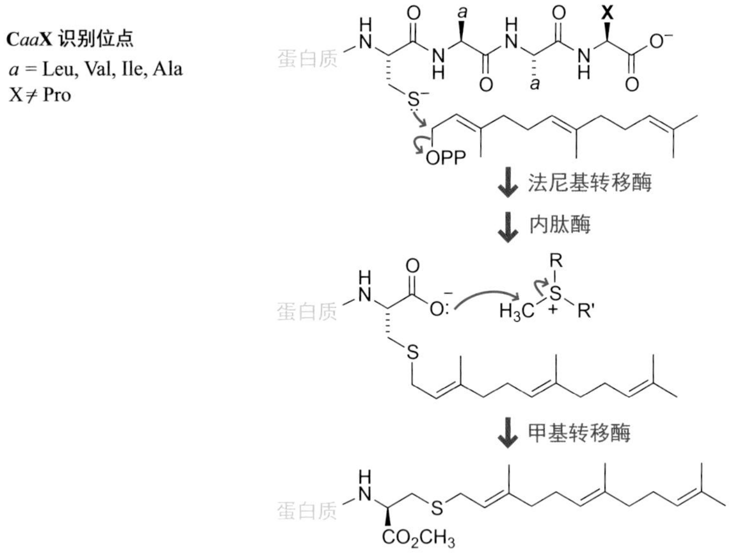

Ca*a*X 识别位点
a = Leu, Val, Ile, Ala
X≠ Pro

蛋白质

法尼基转移酶

内肽酶

甲基转移酶

图8.88 **增加一个膜锚**。两种修饰增加了蛋白质C末端的亲脂性。半胱氨酸侧链被异戊烯基化，三肽羧基末端被羧酸甲酯取代。

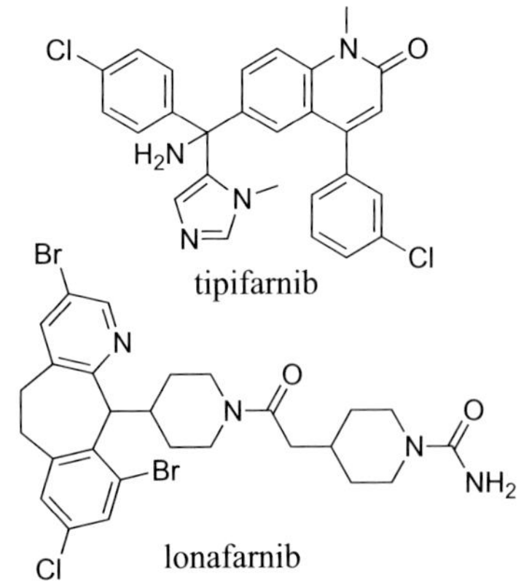

Ras的异戊烯基化是特别重要的，因为Ras蛋白的功能是加强细胞生长和分化的转导信号。大约四分之一的人类肿瘤涉及Ras蛋白的突变，这使得Ras蛋白永久停留在“开启”的位置上。异戊烯基化对Ras的功能是必不可少的，Ras必须与质膜蛋白发生相互作用才能产生相应的功能。法尼基转移酶抑制剂已显示出很好的抗癌药物开发前景。两个前景广阔的临床候选药物lonafarnib和tipifarnib从结构上明显不同于Ca*a*X蛋白序列或法尼基二磷酸（**图 8.89**）。

tipifarnib

lonafarnib

图8.89 **法尼基转移酶抑制剂**。合成的蛋白法尼基转移酶抑制剂可以阻止信号转导蛋白的异戊烯基化，如Ras。没有膜锚，Ras无法与细胞膜结合，不能将胞外信号转化为胞内的增殖指令，导致细胞不能增殖。

二磷酸萜酯的尾-尾偶合产生更复杂的萜烯前体

单萜（monoterpenes）、倍半萜（sesquiterpenes）和二萜（diterpenes）是由异戊二烯基磷酸酯首尾聚合生成的链状低聚体衍生而来。然而，较复杂的萜类，如类固醇（steroids）和类胡萝卜素（carotenoids），是首先通过二磷酸萜酯的尾-尾（tail-to-tail）偶合生成的二聚体衍生而来的。例如，酶催化还原焦磷酸金合欢酯二聚体生成角鲨烯（squalene），它是三萜的前体。焦磷酸香叶基香叶酯二聚生成植物烯（phytoene），它是类胡萝卜素的前体。与胆固醇生物合成的后期步骤相比，他汀类药物（如立普妥）的作用有些令人吃惊，因为他汀类药物不但抑制胆固醇的生物合成，还抑制人体中所有萜类的生物合成。制药企业已经投入了大量的精力来开发胆固醇生物合成抑制剂，这些抑制剂靶向的是胆固醇生物合成途径下游的酶。在角鲨烯合酶抑制剂的筛选中，发现了 zaragozic acid A，也称为角鲨烯抑制素 1，它是一种强效的（IC_{50}=13 nmol/L）哺乳动物角鲨烯合酶选择性抑制剂（**图 8.90**）。现在已研发了几种合成角鲨烯合成酶的有效抑制剂，但仍未进入临床。

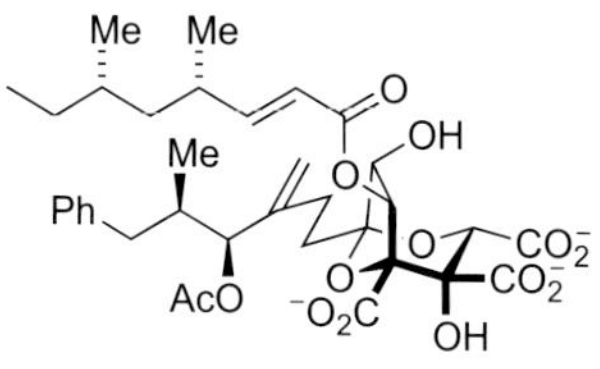

zaragozic acid A

图8.90 **终止胆固醇合成。**zaragozic acid A 是聚酮类天然产物，是角鲨烯合酶的有效抑制剂。

焦磷酸金合欢酯（法尼基二磷酸酯）二聚体生成角鲨烯的过程看似简单，但其还原偶合的机理却十分复杂。反应的第一阶段是环丙烷化反应生成前角鲨烯二磷酸酯（**图 8.91**）。在实验室合成化学反应里，环丙烷来源于卡宾进攻烯烃。而这些卡宾是通过 *α*-消除产生的，例如用氯仿在碱性条件下加成促环丙烷化反应。然而，一般 *α*-消除机理是先去质子化然后脱掉离去基团，与先脱掉离去基团再去质子化的反应刚好相反（**图 8.92**）。细胞存在于有水的体液环境中，在这种条件下碳正离子更易于脱质子，而与水或其他猝灭剂发生加成反应是难以想象的。然而，酶的活性位点恰恰提供了控制碳正离子与水或其他猝灭剂发生加成反应的必要条件。因此，前角鲨烯二磷酸酯的形成过程是先离去二磷酸基团，紧接着脱质子生成卡宾，然后卡宾与邻近的焦磷酸金合欢酯中的烯烃进行加成，生成前角鲨烯二磷酸酯中的环丙烷结构。

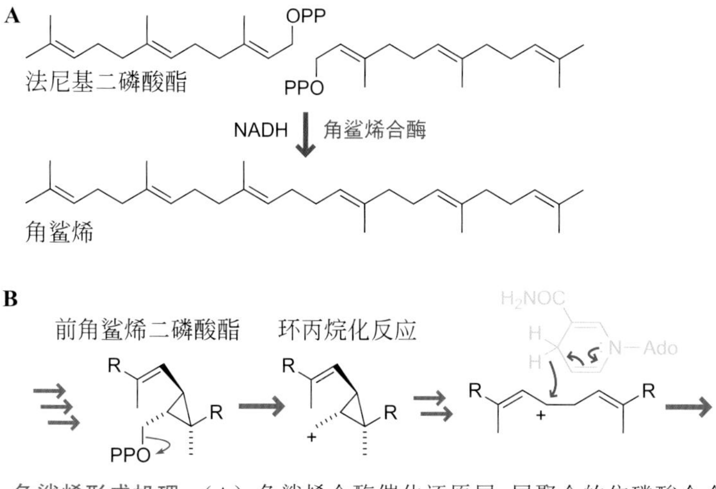

A 法尼基二磷酸酯 NADH 角鲨烯合酶 角鲨烯

B 前角鲨烯二磷酸酯 环丙烷化反应

图8.91 **角鲨烯形成机理。**（A）角鲨烯合酶催化还原尾-尾聚合的焦磷酸金合欢酯二聚体。（B）该机理涉及环丙烷中间体。

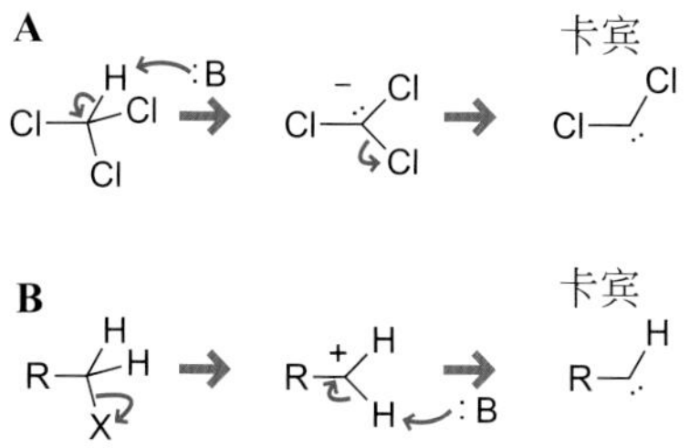

A 卡宾 B 卡宾

图8.92 **生成游离卡宾。***α*-消除机理一般涉及碳负离子（A），而不是碳正离子（B）。

前角鲨烯二磷酸酯首先离子化，之后产生一个环丙基卡宾阳离子。如前所述，环丙基卡宾阳离子是非常稳定的，这主要归功于三元环中强张力碳碳键的亲核性。无取代的环丙基卡宾阳离子可以毫不费力地重排为能量略高的环丁基阳离子（**图 8.93**）。经计算，两者转化的能垒小于 2 kcal/mol，且在平衡状态下，环丙基卡宾阳离子与环丁基阳离子的比例应为 1.6∶1.0，这种情况下易发生重排反应，立即导致 CH_2 的位置迁移。毫无疑问，这种重排发生在角鲨烯合酶的活性位点。可以通过观察环丙基甲醇的氯化反应或环丁醇与 $SOCl_2$ 的反应理解无环产物的产生。两种反应都产生了非常相似的混合物——环丙基甲基氯和环丁基氯，两者的比例约为 2∶1，伴有少量的非环烯丙基氯。

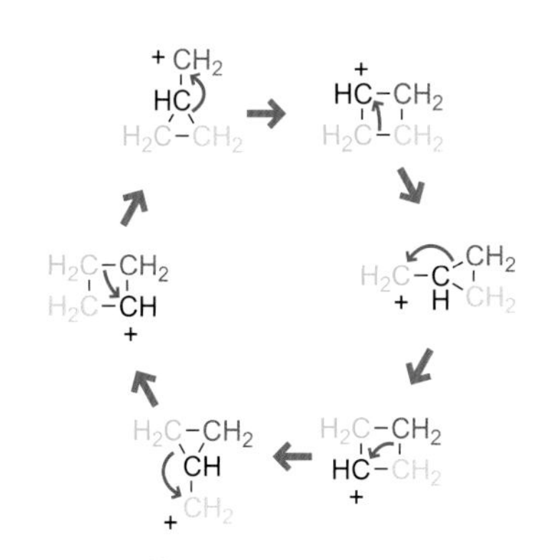

图8.93 **快速迁移。**环丙基卡宾阳离子和环丁基阳离子之间易发生重排。

图8.94 环丙基卡宾阳离子的不同命运。（A）无取代的环丙基卡宾阳离子主要产生张力环产物。（B）原角鲨烯阳离子产生开环产物。

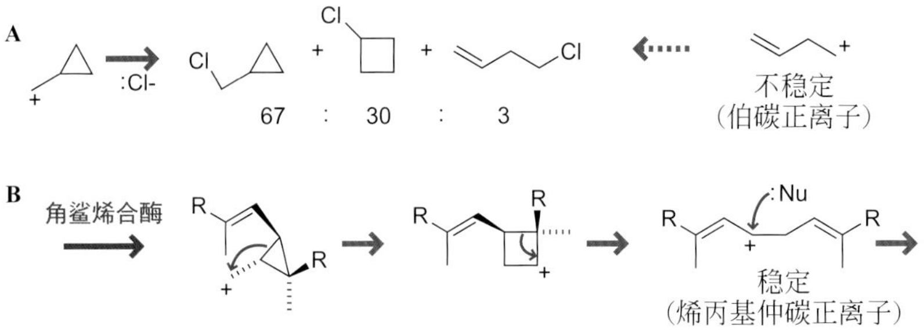

非环烯丙基氯的生成与非环伯碳正离子无关，而是进攻两个环正离子中的一个产生的（**图 8.94**）。当环丙基卡宾阳离子可以开环生成稳定的碳正离子时，情况就不同了，这一点与原角鲨烯（presqualene）类似，它可以开环生成稳定的烯丙基仲碳正离子。

在单个反应中多烯环化生成多环结构

人体中所有的类固醇都是由角鲨烯产生的。角鲨烯单加氧酶在氧和 NADPH 条件下，催化角鲨烯环氧化生成 2,3- 氧化角鲨烯。然后，羊毛甾醇合酶魔幻般催化 2,3- 氧化角鲨烯生成四个环和六个手性中心（**图 8.95**）。该反应可以被定义为一个协同反应，但是如任何酶的催化反应一样，很难断定所有的键是否在单键振动的时间范围内发生断裂和裂解，而不是像稍纵即逝的阳离子中间体那样，反应逐步进行。环氧化物的质子化对酶而言，极具挑战性。模型研究表明，A 环不会打开形成一个离散的碳正离子；计算表明，它是由 C6-C7 π 键“推开”生成环 A，然后毫不费力地生成 B 环和五元 C 环。随着 C 环的迁移扩展形成了 D 环，这就形成了原羊毛甾醇阳离子（protolanosteryl cation）的完整 A-B-C-D 环体系。在这些超快的反应中，无法预测各个反应是协同进行的

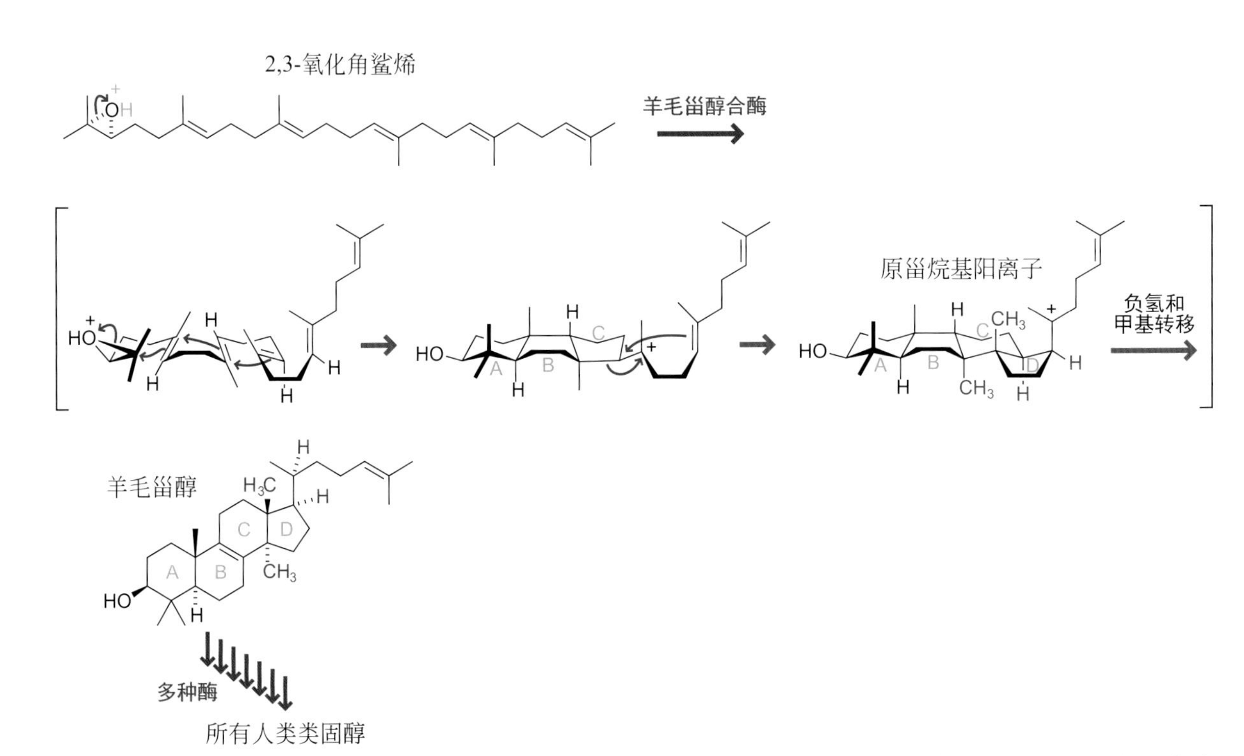

图8.95 羊毛甾醇的生物合成。羊毛甾醇合酶对2,3-氧化角鲨烯的三元氧环进行质子化，引发碳正离子级联反应。活性位点将2,3-氧化角鲨烯变成如图所示的构象，可准确推导合成产物的立体化学。

还是分步进行的，对于想通过箭推反应机理流程图推导也是非常困难的。然而，在对环氧化角鲨烯同系物的实验中，用氧代替亚甲基基团，支持了离散碳正离子的观点（见**问题 8.34**）。上述酶机制最吸引人的地方就是生成原甾烷基阳离子结构中的 B 环为船式构象，这种构象中桥头取代基上的化学键排列成一条直线，从而促进一系统精确的氢和甲基的迁移，最终形成羊毛甾醇的正确立体化学。

问题8.19

以箭推反应机理流程图推导原甾烷基阳离子转化为羊毛甾醇涉及一系列非连续的 [1,2] 迁移反应步骤。

在羊毛甾醇合酶活性位点产生羊毛甾醇的多烯环化反应给予合成有机化学家很大的启发。只要使用合适的底物，在体外非酶条件下，有机化学家也可以重新获得通过多烯环化生成类固醇 A-B-C-D 环体系的能力。在没有酶参与的情况下，2,3- 氧化角鲨烯不能有效地实现环化。但是，当使用五元环引发多烯环化和炔作为亲核试剂时，可以高效地合成孕酮（**图 8.96**）。此时，该反应的产物是外消旋的。

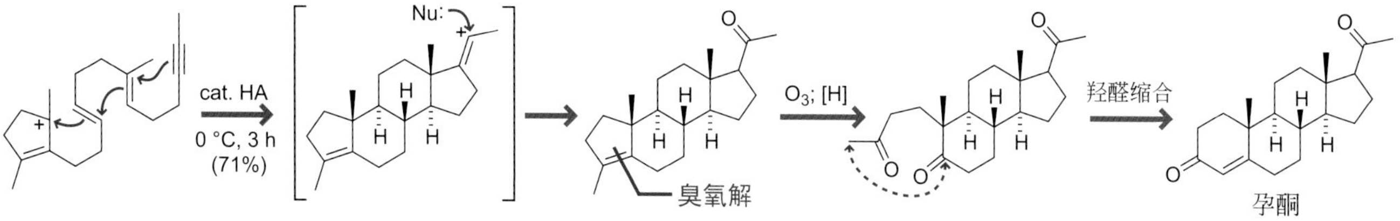

cat. HA
0 °C, 3 h
(71%)
Nu:
O$_3$; [H]
臭氧解
羟醛缩合
孕酮

图8.96 来自自然的馈赠。许多令人印象深刻的合成成果都是受到自然合成反应的启发而来的。高效的孕酮化学合成利用了仿生多烯环化。

人体将 2,3- 氧化角鲨烯转化为羊毛甾醇似乎看起来鬼斧神工——直到人们意识到它是错误的类固醇。至少需要 19 种以上的酶来将羊毛甾醇转化为右旋类固醇——胆固醇（**图 8.97**），这一切均在内质网上进行。这些酶主要进行羟基化、烟酰胺介导的酶催化氧化还原氢转移、脱羧和氢化反应。微生物和植物在合成萜类天然产物的过程中也采用了类似的转化方法。羊毛甾醇脱掉三个甲基后让人难以从胆固醇结构追溯到角鲨烯骨架。与此类似，酶对其他萜类天然产物的修饰也会掩盖结构中异戊烯基单元的位置。大多数胆固醇

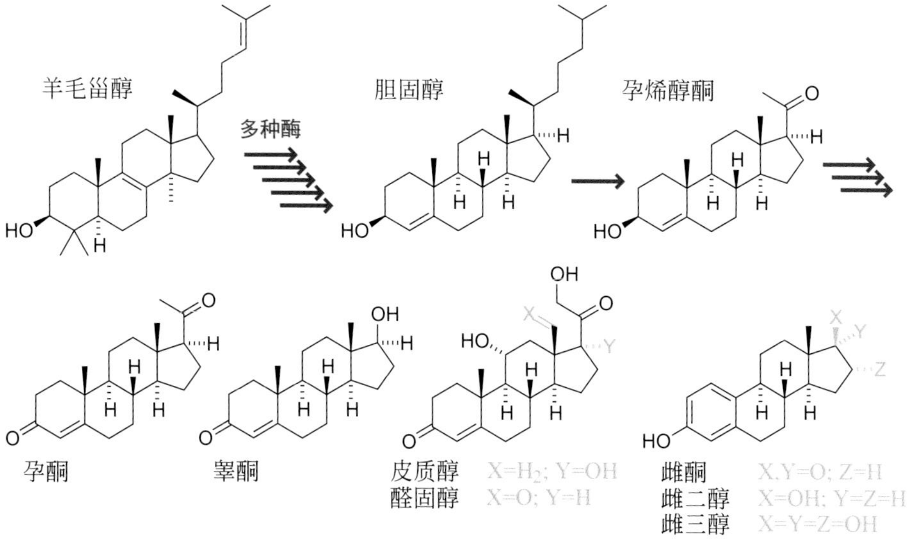

羊毛甾醇
多种酶
胆固醇
孕烯醇酮
孕酮
睾酮
皮质醇 X=H$_2$; Y=OH
醛固醇 X=O; Y=H
雌酮 X,Y=O; Z=H
雌二醇 X=OH; Y=Z=H
雌三醇 X=Y=Z=OH

图8.97 错误的类固醇。人体不需要羊毛甾醇，而是胆固醇。将羊毛甾醇转化为胆固醇和孕烯醇酮需要大量的酶。所有的人体甾体激素都是由孕烯醇酮生物合成的。

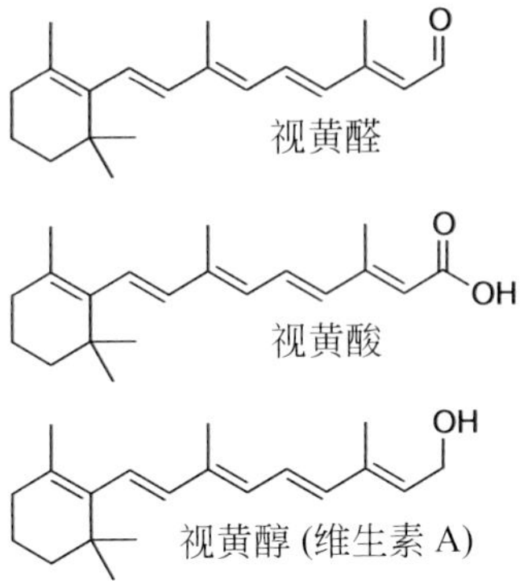

视黄醛

视黄酸

视黄醇 (维生素 A)

图8.98 **重要的人体类视黄醇**。视黄醛、视黄酸和视黄醇（维生素A）是人类必需的类视黄醇，但我们体内没有酶来构建六元环。

最终进入细胞膜，但也有少量转化为信号分子。胆固醇的侧链被氧化裂解生成孕烯醇酮（pregnenolone），而孕烯醇酮是所有靶向人核受体类固醇成分的共同前体（**见图 8.97**）。

人类缺乏类视黄醇生物合成的基因

类视黄醇（retinoids）是被人体利用的一类重要的萜类化合物（**图 8.98**）。顺式和反式视黄酸（retinoic acids）是核受体的信号调控分子。视黄醛作为配体，与视紫红质受体共价结合。这些受体将在第 9 章中讨论。人体缺乏能够从头合成类视黄醇的酶。但是，人体可通过将来源于食物的β-类胡萝卜素和视黄醇酯水解获得视黄醇，即维生素 A。植物合成的β-类胡萝卜素为八氢番茄红素通过尾-尾偶合形成的二聚体。八氢番茄红素合成酶催化两分子焦磷酸香叶基香叶酯生成八氢番茄红素。八氢番茄红素合成酶的催化机制与环丙烷中间体有关，这一点与角鲨烯合酶的作用机制相似。但是，至反应终止的倒数第二个碳正离子被去质子化生成一个烯键，不发生 NADH 的氢加成反应（**图 8.99**）。为了解决由于低摄入β-类胡萝卜素引起营养不良的难题，科学家们通过转基因工程获得了一株能够合成β-类胡萝卜素的水稻株，产出的大米被称为黄金大米（**图 8.100**）。该转基因工程是将玉米和土壤中发现的一种细菌的相关基因导入水稻中，然后将其培育成不同的水稻品种，这些水稻品种对维生素 A 缺乏的人群非常重要。在人体中，β-类胡萝卜素在有氧条件下被单氧酶催化氧化裂解为视黄醛，再进一步被氧化生成视黄酸。

图8.100 **黄金大米**。转基因黄金大米（右）导入了使食用谷物具有生物合成和富集β-类胡萝卜素的基因。（由Golden Rice Humanitarian Board提供。）

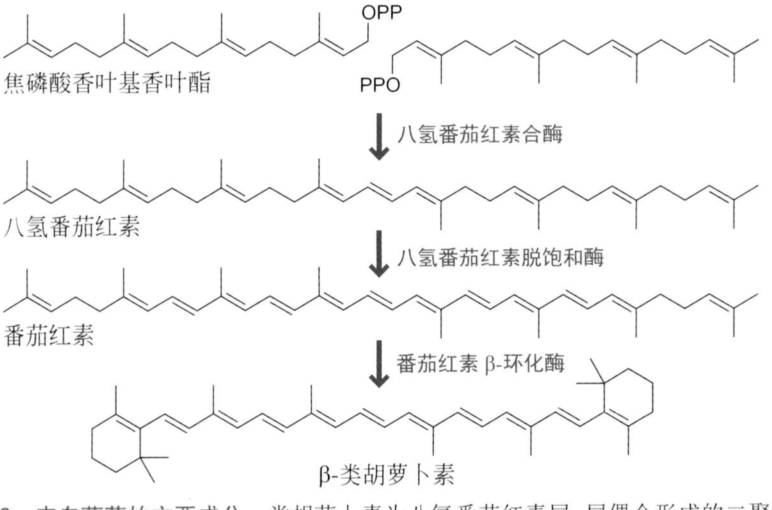

焦磷酸香叶基香叶酯

↓ 八氢番茄红素合酶

八氢番茄红素

↓ 八氢番茄红素脱饱和酶

番茄红素

↓ 番茄红素 β-环化酶

β-类胡萝卜素

图8.99 **来自蔬菜的主要成分**。类胡萝卜素为八氢番茄红素尾-尾偶合形成的二聚体。

问题8.20

利用箭推法画出酶催化蕃茄红素（lycopene）生成β-类胡萝卜素的可能机理（两种物质的结构式见图 8.99）。假设蕃茄红素β-环化酶的活性位点具有催化活性的氨基酸残基。

图8.101 **红虾**。磷虾的红色是染料虾青素积累的结果。（由Joseph Warren，Stony Brook University提供。）

许多动物的红色色素来自饮食中的类胡萝卜素。野生三文鱼由于含有虾青素和类胡萝卜素而呈现出深红色。它的虾青素是通过捕食海洋中的磷虾和小虾积累而来的（**图 8.101**）。

同样，火烈鸟鲜艳的粉红色也是它们以盐水虾为食的自然结果。人工养殖的三文鱼不能像野生海洋三文鱼那样从自然捕食磷虾和小虾获得深红色，因为人工养殖的三文鱼是以其他鱼类为饲料进行饲养的。因此，通过在捕捞前不久往鱼食中添加合成虾青素（DSM 的 Carophyll®Pink 10% CWS 或 BASF 的 Lucantin®Pink）来给三文鱼上色，从而提高养殖三文鱼的价值；采用被称为 SalmoFan™ 的色版的标准颜色来判断三文鱼肉质的红色色调（**图 8.102**）。

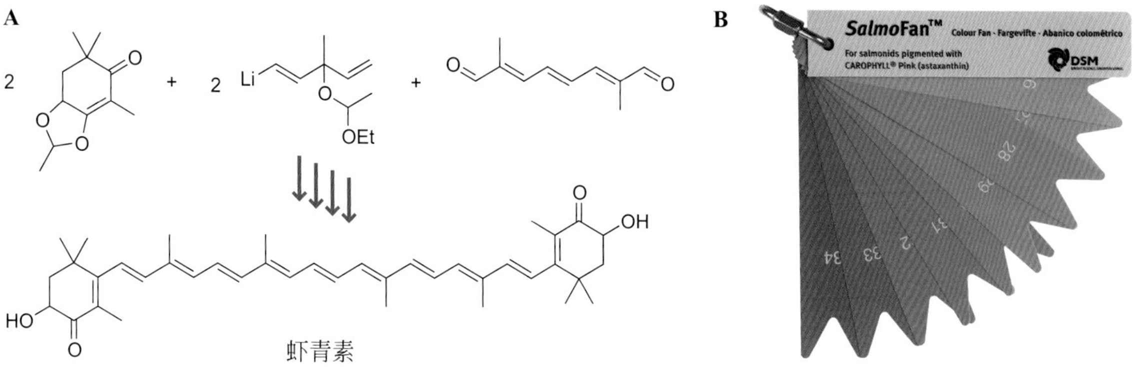

图8.102 用合成虾青素给三文鱼上色。（A）制造合成虾青素的一组原料，用于给渔场饲养的三文鱼上色。（B）通过右边的Salmofan™色版的标准颜色来判断红色的色调。（B图由DSM Nutritional Products，Ltd提供）。

8.7 非人源萜类天然产物（Nonhuman Terpene Natural Products）

植物和微生物产生的萜类天然产物比人类更多更广

与聚酮类化合物相比，萜烯类天然产物拥有更广泛的多环结构类型。大多数萜类天然产物由植物合成，然后被分离出来。不同的是，聚酮类天然产物可由不同的物种产生，但通常是从易于培养的微生物中分离获得的。萜类是最早进行结构研究的天然产物之一，它的名字与松节油（turpentine）有关。松节油是一些树木树脂的馏出物，最早是从笃耨香树（*Pistacia terebinthus*）的树脂中蒸馏获得的，但现在普遍用松树来获取松节油。笃耨香树松节油的 101 种成分中，主要是 α-蒎烯（39.6%）、β-蒎烯（19.5%）、桧烯（6.5%）、松油烯-4-醇（3.8%）和 δ-3-蒈烯（3.3%）。以现代化工艺从松树中获取的松节油 α-和 β-蒎烯占 90% 以上（**图 8.103**）。

图8.103 收集萜类成分。松节油是从树的汁液中蒸馏提取的。（左，由Wikimedia Commons提供；右，由speedball Art products提供。）

萜类天然产物激发了化学家们的强烈兴趣，并使其深陷其中不断探索新的合成途径。因为萜类天然产物以有限的链状前体就能构造出数量惊人的复杂环状结构。较高级的一些二萜类以及三萜和四萜类成分，往往是由角鲨烯或八氢番茄红素通过尾-尾偶合产生的二聚体。如前面所述，羊毛甾醇的形成是从环氧环开环生成叔碳正离子开始的，单萜、倍半萜和二萜的合成则是从链状二磷酸酯离子化生成烯丙基正离子开始的（**图 8.104**）。对有机化学家们来说，寻找独辟蹊径的方法更高效地合成多环萜烯天然产物，仍然是充满挑战性的工作。

由萜烯合酶调控的萜类生物合成让有机化学家们深深着迷，因为合成过程中涉及丰富的碳正离子、离子化反应、S_N1 取代、重排和迁移等化学过程。所有已知的萜烯合酶都有一个共同的折叠结构（**图 8.105**），反应过程必须遵循以下步骤。首先，酶与二磷酸底物结合。该结合过程中，必须把水从结合位点挤出，并且活性位点必须密封关闭。否则，在环化过程中存在的任何一点水都会与碳正离子中间体迅速反应，使反应即刻终止。因此，萜烯合酶的活性位点类似于一个疏水的深穴。二磷酸酯结合在这个洞穴的背面，它的异戊二烯尾巴能伸进洞穴，被洞穴包裹住。活性位点将底物塑造成产物的近似形状，这有助于产物的特异性催化合成。洞穴的洞口由天冬氨酸和谷氨酸残基的羧酸侧链螯合的 Mg^{2+} 组成。作为 Lewis 酸，Mg^{2+} 与底物的二磷酸酯结合，即可封闭洞穴的入口。

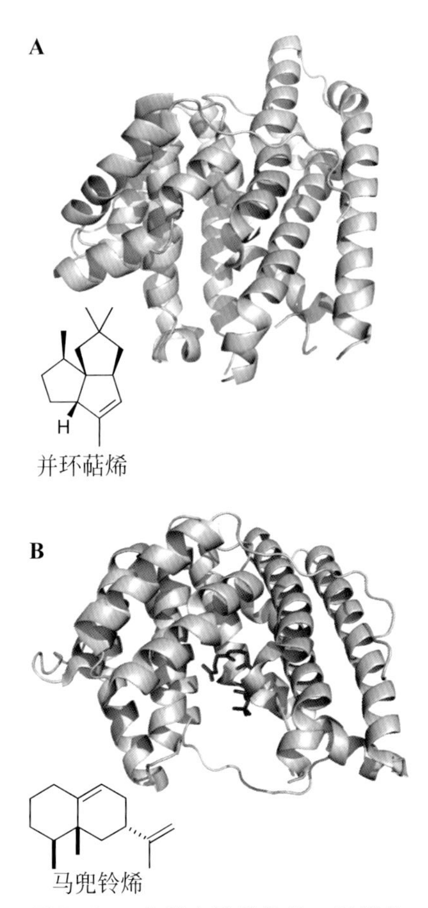

图8.105 **萜烯合酶的结构**。尽管并环萜烯合酶（A）（PDB：1HM7）和马兜铃烯合酶（B）（PDB：2BNY）序列同源性很低，且催化合成的产物不同，但它们具有共同的折叠结构。底物类似物2-氟法尼基二磷酸（红色）显示了酶活性位点的位置。

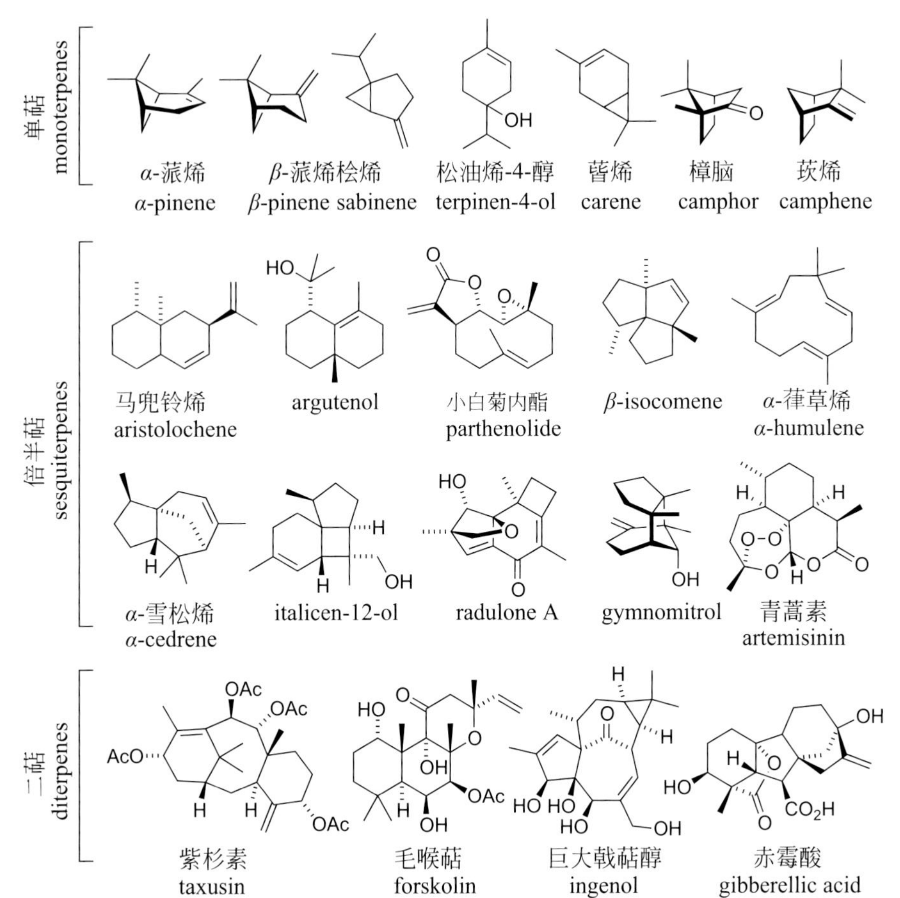

图8.104 **植物和微生物合成的多个代表性多环萜类天然产物**。

其次，Lewis酸性Mg^{2+}促进二磷酸酯的离去，产生碳正离子中间体。该中间体需悉心保护以避免过早地被猝灭，然后在酶催化下引导产生正确的产物。通过π-正离子等其他相互作用，萜烯合酶活性位点可以稳定特异性中间体，有利于形成特异性的合成途径和产物。上述例子说明该类酶更有利于生成仲碳正离子，而不是叔碳正离子。在倒数第二步反应中，具有反应活性的碳正离子被猝灭，既可以通过酶与亲核试剂（如水）直接反应，也可以通过β-消除反应生成烯烃。最后，疏水活性位点须解封，允许水分子进入，并溶解疏水性产物。作为最后一步反应，这种疏水性产物不易被水溶解，而且从化学反应活性的角度来看，也是比较简单的步骤，但是却可以作为反应速率的决定性步骤。

最简单的萜类天然产物是链状单萜类。焦磷酸香叶酯是植物萜烯合酶中的常见底物。焦磷酸沉香酯合酶是最简单的萜烯合酶之一。该酶催化焦磷酸香叶酯到焦磷酸沉香酯的S_N1异构化（**图8.106**）。尽管目前还不清楚具体的反应机理，但该机理更倾向于进攻烯丙基正离子的氧与最初结合的氧不同，从而更易于产生转位反应。

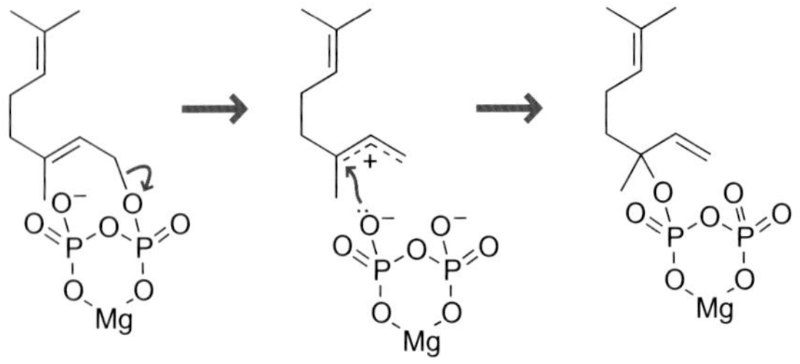

图8.106 **烯丙基转位**。焦磷酸沉香酯合酶的催化机理涉及烯丙基正离子的形成。

焦磷酸香叶酯异构化为焦磷酸沉香酯有利于环化反应的发生

焦磷酸沉香酯合酶的作用机理并不深奥，但所有从焦磷酸香叶酯产生环单萜的酶都需要两步反应：先是焦磷酸香叶酯的电离，然后通过加成反应生成焦磷酸沉香酯。首先必须先形成异构化的焦磷酸沉香酯，因为焦磷酸香叶酯离子化生成的*E*-香叶基正离子不能直接环化。这一限制条件也比较容易理解，因为前面提到过烯丙基正离子具有部分双键特性，可防止键的旋转（**图8.107**），那么香叶基正离子的环化将产生的是一个不可能存在的含有反式双键的六元环。捕获香叶基正离子生成焦磷酸沉香酯后，提供了一个可自由旋转的乙烯基。焦磷酸沉香酯可以离子化成为具有*Z*构型的橙花基正离子，橙花基正离子的烯丙基末端随时可以与三取代烯烃进行反应。橙花基正离子环化后产生松油基正离子，与许多单萜生物合成途径相同，松油基正离子可以发生多种反应。在柠檬烯合酶中，一个碱基可使其中一个甲基脱质子，生成柑桔果实油中的一种常见成分——柠檬烯。

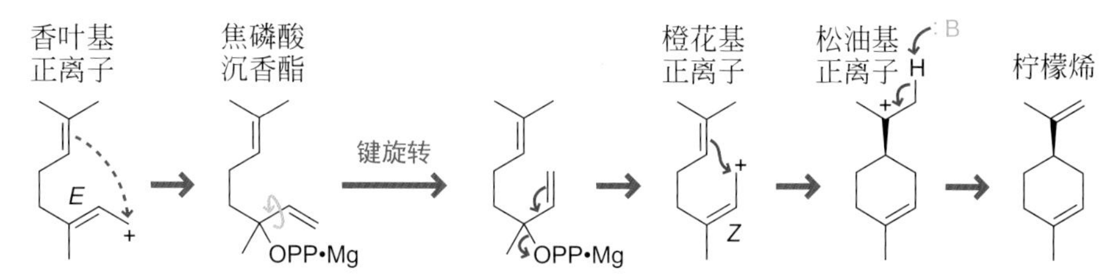

图8.107 **柠檬烯合酶的催化机理**。左边所示的第一步是不存在的，因为这将导致含有反式（*E*）双键的六元环产生。

所有萜类化合物都是通过酶促反应生成的，但使得萜类骨架多样性的机理通常可以用简单的箭推法来解释，包括阳离子加成和［1,2］迁移。通过一个简单的前体即可构造出大量不同类型的萜类天然产物。例如，在柠檬烯合酶催化生成柠檬烯过程中产生的松油基正离子可进一步被其他酶催化环化为双环结构（**图8.108**），从而生成可被焦磷酸酯捕获的［2.2.1］龙脑基正离子，或生成*α*-蒎烯和*β*-蒎烯的［3.3.1］环系。

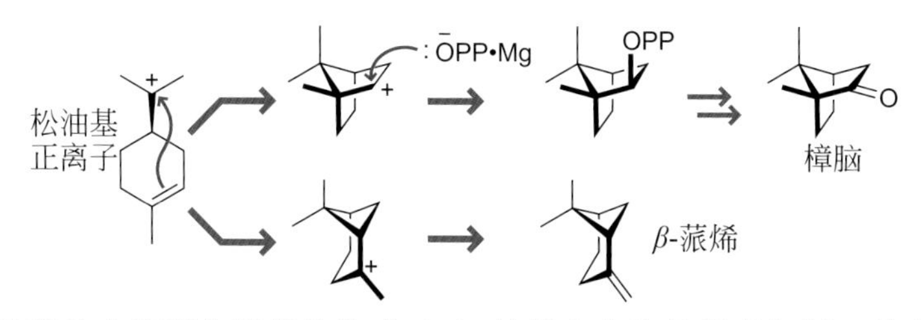

图8.108 **环化的两种方式**。松油基正离子的跨环环化反应可以产生两种不同的环系。

甜马郁兰中的环化酶催化生成（+）-桧烯水合物的机理包括：首先异构化为（*R*）-焦磷酸沉香酯，然后离子化生成船式松油基正离子（**图8.109**）。理论上，该正离子可以通过跨环（transannular）环化生成龙脑或蒎烷环系。但相反的是，该阳离子经过负氢迁移产生均一化的烯丙基正离子，然后环化生成环丙基卡宾阳离子。最后，环丙基卡宾阳离子被水分子捕获，生成桧烯水合物差向异构体混合物。

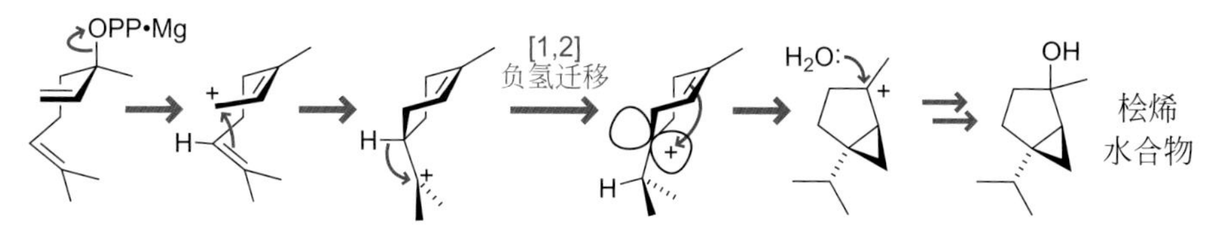

图8.109 **环丙烷形成**。桧烯水合物的形成涉及负氢迁移，有助于形成高度稳定的叔碳环丙基卡宾阳离子。

生物化学家康拉德·布洛赫（Konrad Bloch）在意大利佛罗伦萨度假时，注意到了15世纪欧洲绘画里女性的蜜黄色头发（**图8.110**）。布洛赫发现她们

图8.110 威尼斯画中的金发女郎。从桑德罗·波提切利的“春”（1482，上）和维尔纳的诞生（1486，下）选取的两幅油画作品中，表明意大利妇女获得金发的颜色早于过氧化氢染发的发明。

的头发颜色令人费解，尤其是因为她们缺少北欧金发女郎应有的蓝眼睛。如今的意大利女性，和当时一样，应该是深色头发，而人为地将头发染成浅颜色最常见的方法是利用过氧化物，但过氧化氢是在三个世纪之后才被使用。布洛赫因对胆固醇生物合成的研究而获得1964年诺贝尔生理学或医学奖，他对萜类的化学性质也了如指掌。通过进一步研究，他发现波提切利画中描绘的女性会将含有萜类植物提取物梳到头发上，然后坐在阳光下，通过光敏氧化反应，松油中的萜类物质可以生成烷基过氧化物（**图8.111**）。然而，由于该反应速率极慢，这个过程可能需要多次处理头发和长时间的阳光照射。

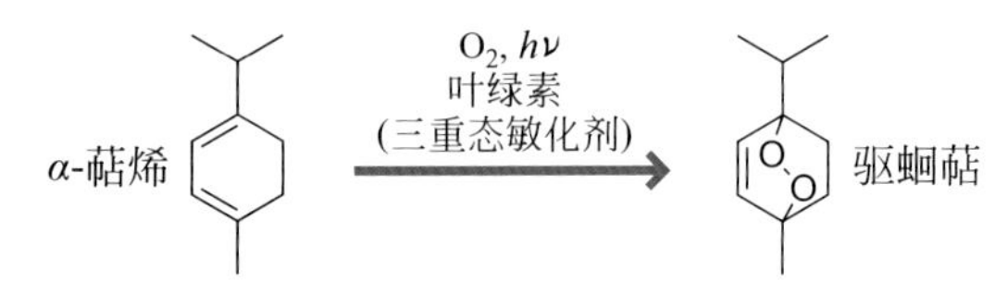

图8.111 与空气发生狄尔斯-阿尔德反应。光敏氧化反应被认为是早期应用于头发漂白的方法，主要利用烷基过氧化物来完成。例如，天然产物驱蛔萜可被认为是具有单线态氧的［4+2］环加成产物。

2-降冰片基正离子的特性

如果从龙脑的［2.2.1］环系脱掉一个甲基，产生的结构即具有降龙脑环系（norbornyl ring system）。来源于萜类和相关合成底物的2-降冰片基正离子具有特殊的性质，有助于化学家了解碳正离子的性质以及使它们稳定的原因（**图8.112**）。2-降冰片基衍生物有两种可能的非对映异构体，当取代基与亚甲基桥在同一侧时，称为*exo*异构体。相反，当取代基与乙烯桥在同一侧时，称为*endo*异构体。令人惊讶的是，当光学纯的2-降冰片基磺酸盐的*edno*异构体与乙酸根离子发生取代反应时，外消旋的*exo*异构体也被分离出来了。外消旋混合物的形成不能用简单的构型翻转的S_N2反应来解释。当光学纯的*exo*异构体在相同条件下反应时，反应速率提高了350倍，且生成的*exo*醋酸酯构型保持不变。

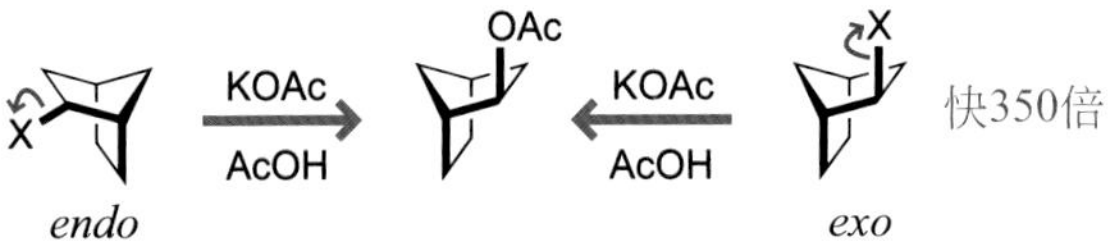

图8.112 *exo*和*endo*异构体的反应性。2-降冰片基衍生物（X=磺酸盐或其他离去基团）的*exo*异构体进行S_N1反应的速率显著快于相应的*endo*异构体。

目前，据我们了解，*exo*异构体的离子化速度更快，这主要是由于轴向C—C键取向与超共轭供体排列一致，而离去基团与C—C键刚好是处于反式共平面的，所以更利于离去基团的离去。事实上，这种取向排列是非常完美的，使2-降冰片基正离子以三中心两电子键的对称体系存在，而不是通过需要更高能量过渡态达到平衡而产生的两个碳正离子（**图8.113**）。*exo*异构体由于轴向C—C键的取向排列促进了这种三中心两电子键的形成，而轴向C—C键在*endo*异构体中没有正确的取向排列，所以无法形成三中心两电子键。键的排列也是决定［1,2］迁移反应发生难易程度的关键因素。如果回溯到前面提起过的羊毛甾醇合酶的催化机理，这一反应令人印象深刻之处不仅仅是产生了四个环和许多立体中心，更是羊毛甾醇合酶对原甾醇正离子的绝对控制力，使中间体的构型保持，有利于进行四个精确可控的［1,2］迁移反应。

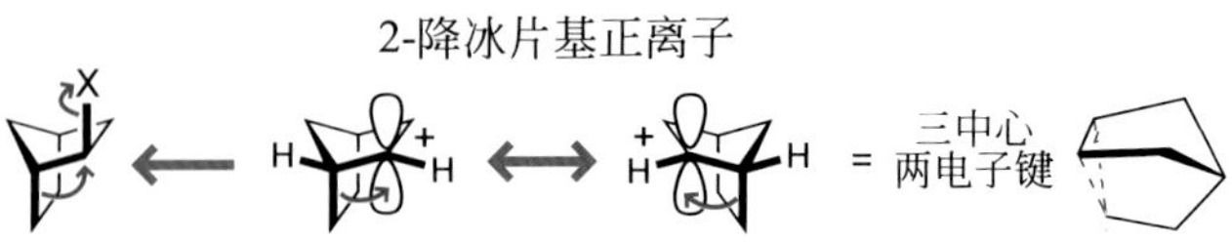

图8.113 键排列取向的重要性。C—C键的精确排列有利于*exo*-2-降冰片基衍生物和2-降冰片基正离子两种共振形式中离去基团的电离。

问题8.21

当α-蒎烯用无水盐酸处理时，可产生一种叫作盐酸蒎烯的加合物，其结构类似于樟脑。盐酸蒎烯在高温下用乙酸钠处理，生成莰烯。请以箭推机理推导由α-蒎烯生成盐酸蒎烯并随后转化为莰烯的可能机理。

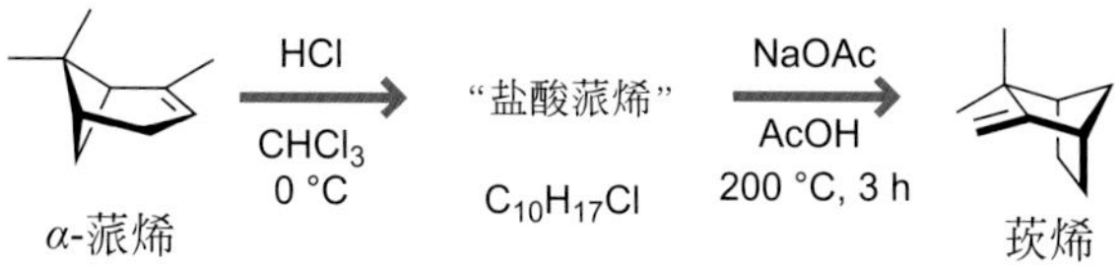

α-蒎烯 —HCl, $CHCl_3$, 0 °C→ "盐酸蒎烯" $C_{10}H_{17}Cl$ —NaOAc, AcOH, 200 °C, 3 h→ 莰烯

次要产物为萜烯环化酶的酶学机制提供线索

萜类环化酶并不总是完美的。当给重组酶提供适当的底物时，其常常产生的是萜类混合物。例如，表雪松醇合酶可以将焦磷酸金合欢酯转化为表雪松醇和雪松醇，两者比例为 96∶4。另外，还有约 3% 的混合产物由其他烯烃产物组成，如 α-雪松烯、β-雪松烯、乌拉二烯、(*E*)-α-双香料烯和（*E*)-β-法尼烯（**图 8.114**）。因此，通过追踪这些副产物的形成可为酶作用机制的阐明提供线索。

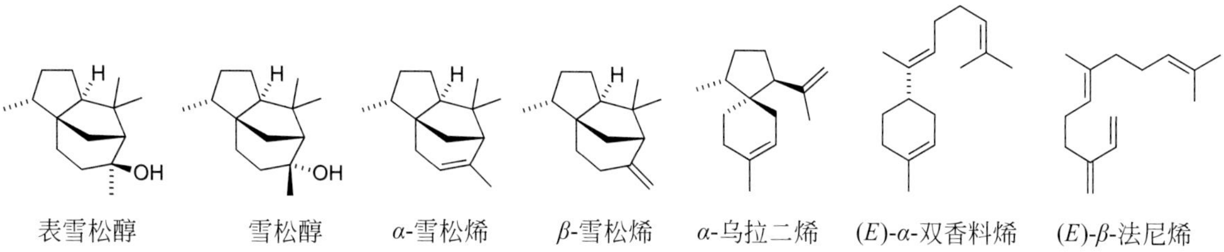

表雪松醇　雪松醇　α-雪松烯　β-雪松烯　α-乌拉二烯　(*E*)-α-双香料烯　(*E*)-β-法尼烯

图8.114　副产物示踪。表雪松醇合酶产生的主要产物和次要产物。

例如，表雪松醇合酶的机制被认为涉及焦磷酸橙花叔醇酯的初始异构化，离子化产生 *Z*- 烯丙基正离子（**图 8.115**）。橙花叔醇酯基正离子既可去质子化得到（*E*)-β-金合欢烯，也可进行环化反应生成一个六元环，紧接着去质子化生成（*E*)-α-没药烯。但酶催化的首选反应途径是通过［1,2］负氢迁移生成环己基正离子，再与侧链的烯烃进行环化反应生成螺环［5.4.0］菖蒲烷环系，然后异丙基正离子与环己烯的双键环合，但也有少量的异丙基正离子去质子化后生成菖蒲二烯。因此，上述合理的环化反应生成了柏木烷环系（cedrane ring system）。水分子的立体选择性进攻更利于表雪松醇的形成，但也有少量发生消除反应生成 α-和 β-雪松烯。

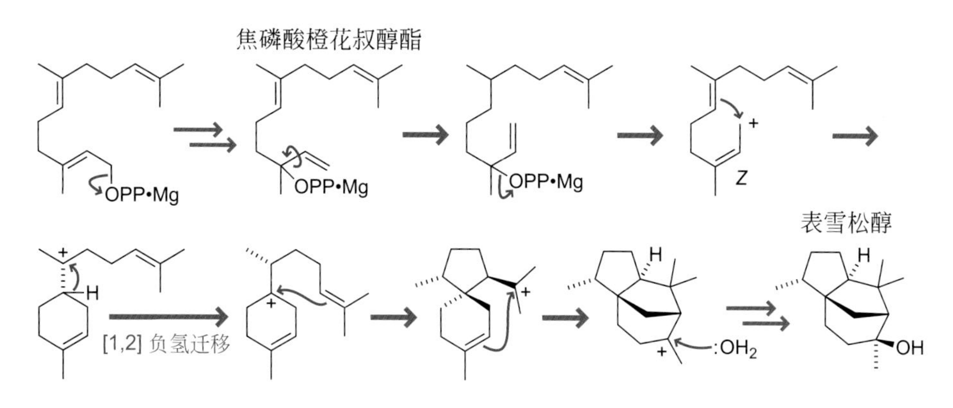

图8.115　表雪松醇合酶。表雪松醇合酶催化焦磷酸橙花叔醇酯生成其他天然萜类产物的作用机理。

一些萜类环化酶可催化产生中型环

由于空间的跨环相互作用，想通过化学环化反应生成 8 元环、9 元环和

10元环环系是非常困难的。如前所述，如果没有焦磷酸沉香酯的异构化，焦磷酸香叶酯在小环上形成反式双键的直接环化是不可能发生的。有些酶，即使在没有*E*-烯丙基二磷酸酯初始异构化为叔烯丙基二磷酸酯（tertiary allylic diphosphate）的情况下，也可以催化产生环状倍半萜。例如，大根香叶烯A合酶催化焦磷酸金合欢酯进行环化反应，形成一个具有张力的10元环（**图8.116**）。马兜铃烯合酶通过同样的环化反应生成大根香叶烯，但也把环化反应往前推进了一步。即酸性官能团质子化其中的一个三取代环双键形成碳正离子，再通过跨环环化，生成十氢萘环系。在酶活性中心负责烯烃质子化的酸性官能团很可能是酪氨酸侧链的酚羟基，因为该反应不太可能在酶活性中心外发生。[1,2]负氢迁移和[1,2]甲基迁移导致桥头碳正离子去质子化生成马兜铃烯。

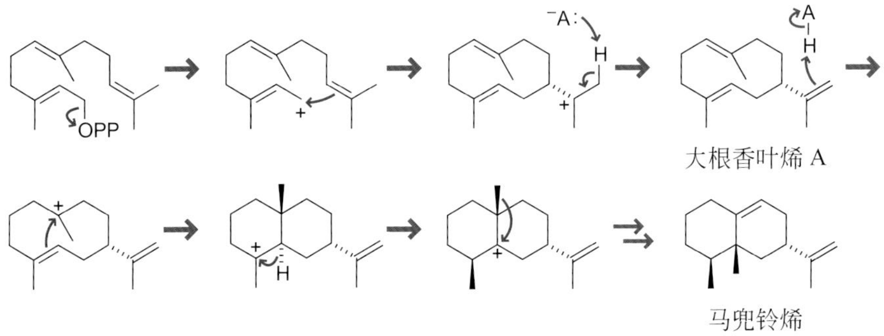

OPP
大根香叶烯A
马兜铃烯

图8.116 马兜铃烯合酶。由于跨环空间相互作用，具有8～11个碳原子的中型环是最难合成的。马兜铃烯合酶最初催化焦磷酸金合欢酯的环化反应，生成10元环中间体大根香叶烯A。

问题8.22

为什么2-氟焦磷酸金合欢酯是马兜铃烯合酶的抑制剂？

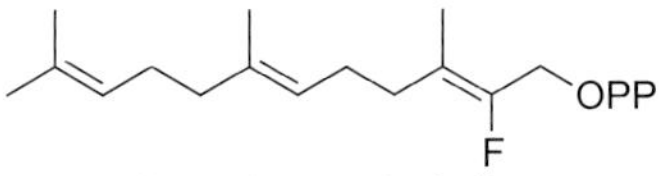

OPP
F
2-氟焦磷酸金合欢酯

并环萜烯合酶催化焦磷酸金合欢酯生成并环萜烯。该反应首先通过环化反应生成11元环的humulyl阳离子（**图8.117**），再通过[1,2]负氢迁移产生二级碳正离子，然后进行跨环环化反应。多年来，人们一直推测humulyl阳离子经过去质子化生成我们熟知的天然产物*α*-葎草烯，然后再质子化生成异构化碳正离子。然而，没有证据表明该酶催化过程中有碱催化作用。跨环环化反应首先生成一个5元环并8元环的双环环系，然后，发生[1,2]负氢迁移，产生桥头碳正离子，该过程也是最后一步环化反应所必需的，从而生成并环萜烯的三环骨架。上述反应过程也得到同位素标记实验的证明，当使用同位素标记的[8-^{3}H]-焦磷酸金合欢酯被并环萜烯合酶转化后，氚标记物即出现在预期的位置上。

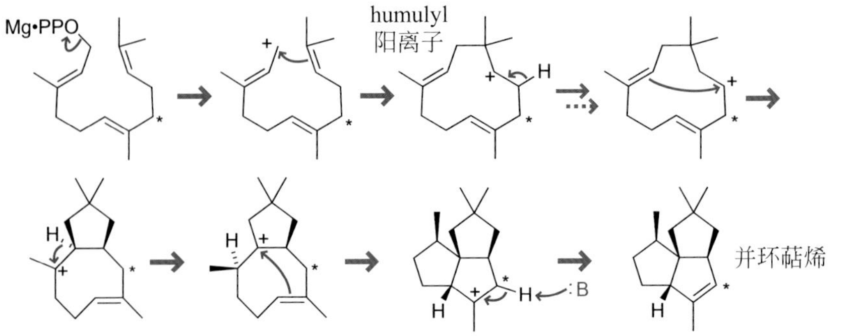

Mg•PPO
humulyl
阳离子
并环萜烯

图8.117 同位素标记。同位素氚标记实验证明了焦磷酸金合欢酯生成并环萜烯的作用机理。氚代碳用星号*表示。

一些萜烯的生物合成涉及非经典的［1,3］负氢迁移

负氢和烷基迁移对键的排列密切相关。因此，萜烯合酶可以通过保持特定构象的碳正离子中间体来促进某些［1,2］迁移反应的发生。当然，萜烯合酶也可以通过保持特定构象的碳正离子中间体而不利于［1,2］迁移反应的发生，在这种情况下，可能会发生不太明显的离子化反应。［1,2］迁移反应在液相碳正离子化学反应中占主导地位，但在少数体系中有明显的证据表明氢原子可以进行较长距离的迁移。例如，在具有张力的环烷基甲苯磺酸的溶剂化反应中，初始的仲碳正离子经过环［1,5］负氢迁移后，生成更稳定的叔碳正离子（**图 8.118**）。

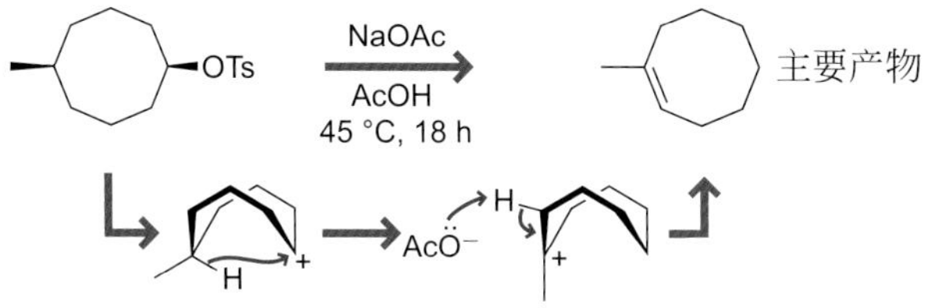

图8.118 邻近效应。在8元环中观察到［1,5］负氢跨环迁移。

一些萜类环化酶的酶学机制被认为涉及［1,3］负氢迁移。以长叶烯合酶为例，研究认为其作用机制涉及初始的离子化生成叔烯丙基二磷酸酯焦磷酸橙花叔醇酯，再离子化形成 *Z*-烯丙基正离子（**图 8.119**）。与化学的直观相反，正离子环化生成一个带有仲碳正离子的 13 元环。紧接着［1,3］负氢迁移产生更有利的烯丙基正离子，它可以跨环环合生成［5.4.0］环系。第二次跨环环化将生成降冰片基正离子，去质子化后生成长叶烯。因此，萜烯合酶有许多强有力的控制点，对反应途径进行调控：可以控制初始烯丙基正离子的立体化学，哪些原子形成初始环，哪些原子被排列以进行迁移，哪些质子被设定要消除。

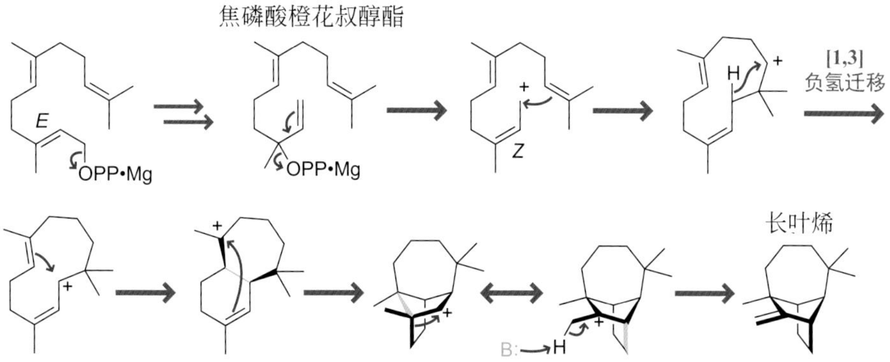

图8.119 长叶烯生物合成机理。长叶烯的生物合成被认为涉及［1,3］负氢迁移。随着最后的环化反应形成的三环结构，注意连接甲基的两个碳之间形成了一个新键（绿色表示）。

植物也可由角鲨烯合成复杂的三萜类化合物

氧化鲨烯环化生成羊毛甾醇的反应，令人叹为观止。然而，可能生成的结构类型范围远远超过人体内所有的类固醇类化合物。植物也可以通过尾-

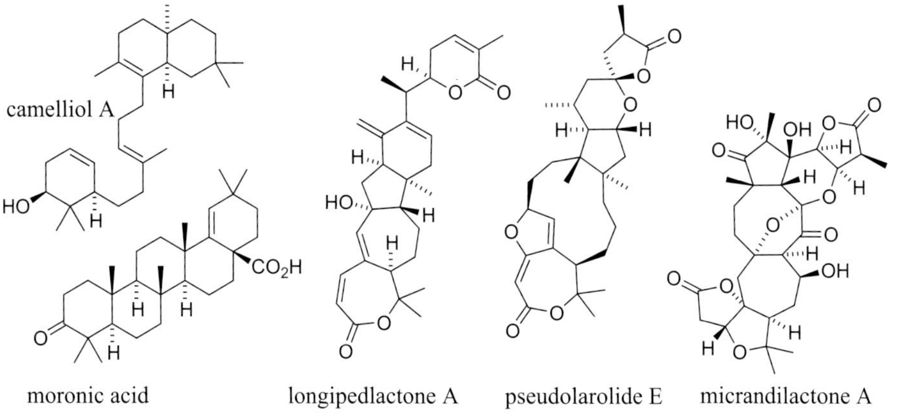

图8.120 令人眼花缭乱的复杂结构。图中所示的五种植物三萜，比人体内类固醇具有更广泛的结构类型范围。

图8.121 **热气在沸腾。**意大利坎皮·弗莱格里沸腾的火山泉是强嗜热性菌*Sulfolobus solfaaricus*的家园。（由Science@NASA提供。）

尾相连形成二聚体（如氧化鲨烯）的方式生产萜类化合物，并且已从植物中分离得到了90多种不同骨架类型的三萜类化合物（**图8.120**）。环化后的氧化反应显著提高了这些天然产物的官能度和多样性。

嗜热古菌由萜类合成环脂

高温会破坏脂质双分子层，然而在原始结构域古菌中，许多微生物不同于真核生物和原核真细菌，在高温下仍生长旺盛（**图8.121**）。它们如何保持膜的完整性呢？研究发现，在60℃以上生存的超嗜热菌能够产生一组结构复杂的脂类，它们与人体脂质的甘油二酯序列相类似。一些超嗜热菌在高压灭菌器的高温条件下仍能生存。超嗜热菌的细胞膜主要由环状甘油二烷基甘油四醚脂组成，有些还含有五元环（**图8.122**）。这些脂质来自萜类生物合成途径，而不是脂肪酸合成途径。有趣的是，四萜链是通过头-头（head-to-head）相连的，而角鲨烯和八氢番茄红素是尾-尾（tail-to-tail）相连的。目前，只从几株传统的真细菌中发现含有甘油二烷基甘油四醚脂，而这类脂质在超嗜热古菌中的含量却是非常丰富的。

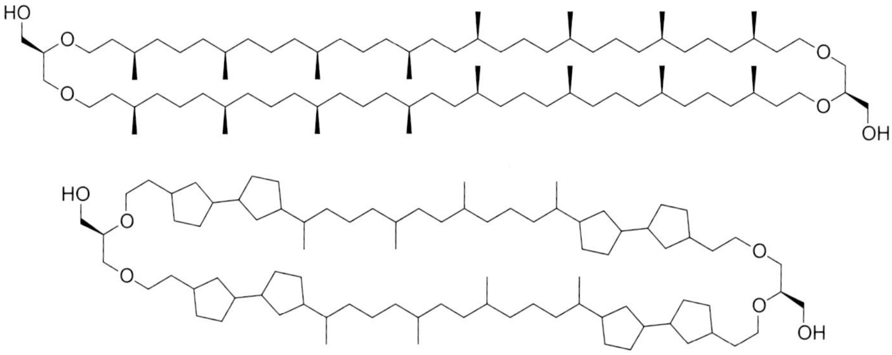

图8.122 **超大型环。**一些嗜热古菌含有大环四醚类脂，它们在结构和生物合成上与传统的脂肪酸脂质完全不同。

问题8.23

请指出下面古环醚脂二醇中的每一个萜烯结构单元。

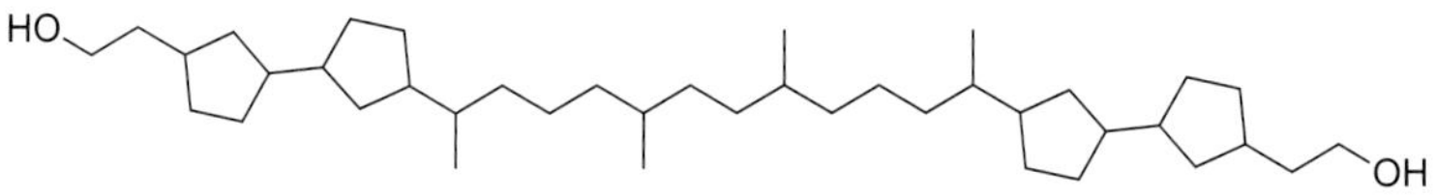

8.8 总结（Summary）

人类为自己的聪明才智倍感自豪，我们把简单的材料加工成独具匠心的器材，如车轴、弹弓、自行车、望远镜、枪支、发动机、发电机、药品、飞机、计算机和宇宙飞船。令人失望的是，尽管我们拥有如此丰富的创造力，但人体聚酮类成分的种类竟然如此之少，即只有直链脂肪酸、线性鞘磷脂分子和一些稍微有趣的二十烷酸。关于人体聚酮类成分，最合理的说法是它们作为初级代谢物，完成了指定的功能。我们怎能不惊叹于“原始”生物就能产生如此丰富多彩的聚酮类物质，即多环芳烃、多烯、多炔、烯二炔、杂环、螺旋环、张力环和大环，并且拥有复杂的立体中心和眼花缭乱的糖基结构。我们意识到用相同的方式，只能生产乏善可陈的饱和脂肪酸，而微生物却能生产出熠熠生辉的聚酮类物质。这一点与微生物相比，我们人体只能拙劣地完成聚酮的生物合成，让人倍感汗颜。

当涉及萜类的设计和生产时，人类所做的工作同样微不足道。我们的细胞通常会修补简单的异戊烯基链，用于蛋白质和醌的烷基化。我们偶然发现了一个激动人心的环化反应——将氧化鲨烯环化为羊毛甾醇——然而这并不是新开发的环化反应，人体只是简单地修饰了羊毛甾醇，花费了 19 个步骤才将其艰难地转化为胆固醇，而制造各种具有 A-B-C-D 环系的固醇激素则需要更多努力。维生素 D 明显背离了这一环系，因为它没有 B 环。快速回溯一下在植物中所发现的各种单萜次生代谢物，让人羡慕不已。因为植物已经设法构造出每一种可能的环系，而这些环系仅来源于焦磷酸香叶酯中的 10 个碳原子。而大自然以更长的 15、20 和 30 个碳原子前体为起始物获得了无穷无尽的结构。

进化明显激发了那些没有防御能力的生物最大化地利用聚酮和萜类生物合成的潜能，用来抵御伤害。不知何故，人类身体的体能、复杂的免疫系统和强大的脑力运算集成一体，已经抵消了确保我们生存的化学武器的需求。但是，我们需要这些绚丽的、具有膜穿透能力的化学武器来防御传染病、代谢性疾病，甚至癌症。人类渴望达到与植物和微生物一样的具有合成复杂化合物能力的水平，我们正在通过人类的智慧，集成有机合成、生物化学、微生物学和分子生物学的强大力量来完成这一使命，而非通过人类的基因进化。

学习重点（Learning Outcomes）

- 了解脂肪酸生物合成中每一步的化学机理，即克莱森缩合、羰基还原、β-消除和共轭还原。
- 了解人类脂肪酸的有限结构类型范围。
- 识别人类磷脂和鞘脂中是否存在聚酮。
- 了解脂肪酶如何从脂质中产生信号分子。
- 识别来自花生四烯酸的四类二十烷类信号分子，即血栓烷、前列环素、前列腺素和白三烯。
- 画出神经酰胺的结构，了解它是如何通过棕榈酰辅酶A形成的。
- 了解*N*-肉豆蔻酰化和*S*-棕榈酰化对蛋白质定位的影响。
- 了解脂肪是如何通过化学转化为部分氢化植物油、肥皂和生物燃料的。
- 了解聚酮天然产物中1,3-二醇基的来源。
- 画出羟醛缩合反应形成芳香族聚酮的机理。
- 了解加入丙酰结构单元如何在聚酮链上产生甲基取代基。
- 确定聚酮天然产物中的乙酰和丙酰结构单元。
- 了解Ⅰ型聚酮合酶的模块化遗传构架如何促进遗传信息重新编码。
- 认识聚酮生物合成和非核糖体肽合成之间的相似之处。
- 画出直链萜烯香叶醇、金合欢醇、香叶基香叶醇和角鲨烯的结构。
- 指出他汀类药物抑制胆固醇生物合成的哪一步。
- 画出催化异戊烯基化翻译后修饰的蛋白质序列。
- 识别人体内使用的异戊烯基醌类化合物。
- 了解环丙基卡宾阳离子的结构和反应性。
- 画出羊毛甾醇合酶催化转化的箭推机理。
- 辨认人体内的类固醇信号分子。
- 了解人体内视黄醇的饮食来源。
- 了解正离子环化和重排如何扩大萜类天然产物的结构多样性。
- 描述萜烯合酶催化生物合成萜类化合物的关键步骤。
- 了解2-降冰片基正离子的结构和反应性。
- 认识嗜热古菌中环醚类脂的复杂性。

习题（Problems）

8.24 通过箭推法推导由β-二酮水解酶催化6-oxo-camphor生成(2*R*,4*S*)-α-campholinic acid的逆克莱森重排反应。假设活性位点含有碱性和酸性残基。

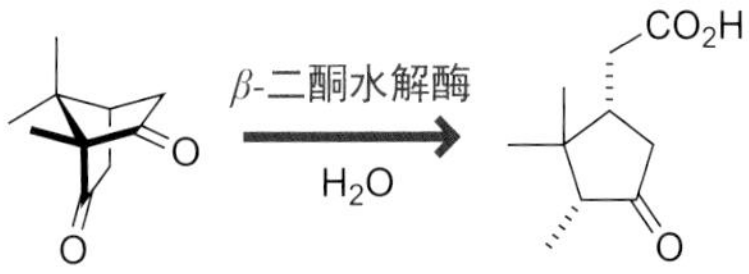

β-二酮水解酶

H_2O

CO_2H

***8.25** 脂质通过Criegee臭氧裂解机理氧化裂解生成不稳定的烯丙基过氧化物。提出一个可能的箭推机理。

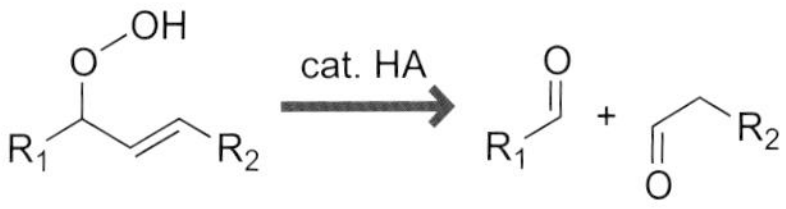

cat. HA

R_1 R_2

8.26 人类及其他生物可通过与脂肪酸合成途径相反的β-氧化作用将脂肪酸代谢为乙酰辅酶A。

A 画出硬脂酸β-氧化第一个环节的三个中间产物

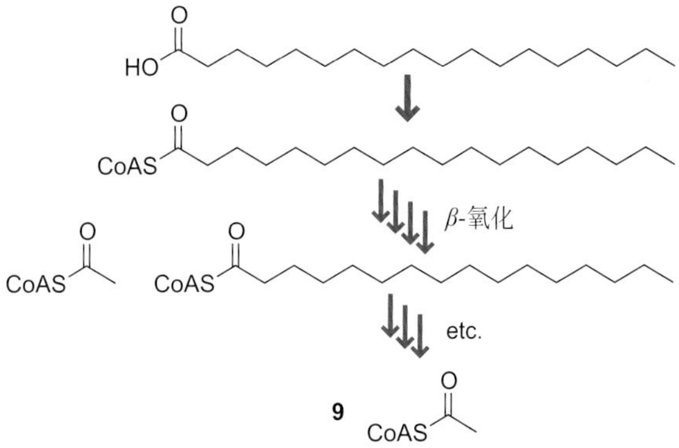

HO CoAS β-氧化 CoAS CoAS etc. 9 CoAS

B 在奇数位置含有硫原子的硫杂脂肪酸不能通过β-氧化作用分解。画出9-硫杂硬脂酸衍生的对进一步反应具有抗性的中间体。

9-硫杂硬脂酸

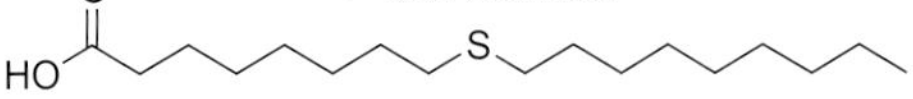

***8.27** 指出合成非环状聚酮化合物SEK34的一个可能的前体。假设通过羟醛缩合反应、脱水和烯醇化生成。

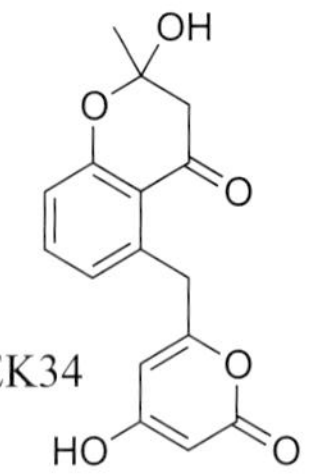

SEK34

例如：

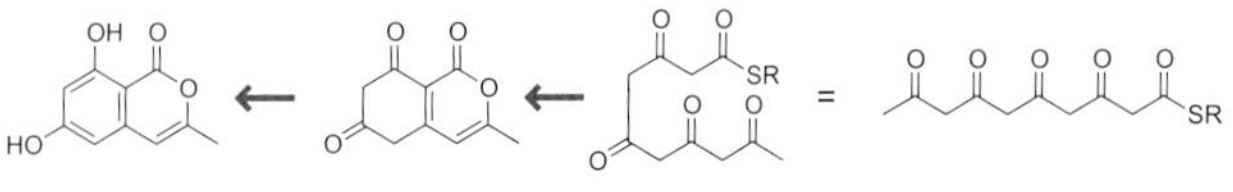

***8.28** 标出天然产物leptomycin A、brefeldin A和swinholide A结构中乙酰和丙酰结构单元。

leptomycin A

brefeldin A

swinholide A

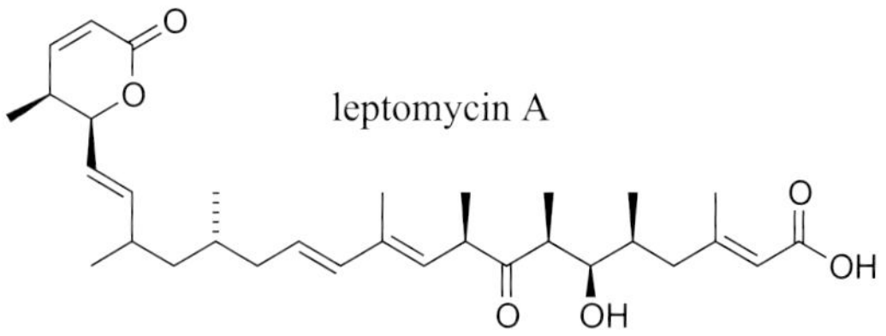

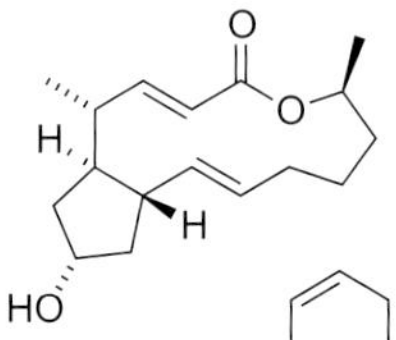

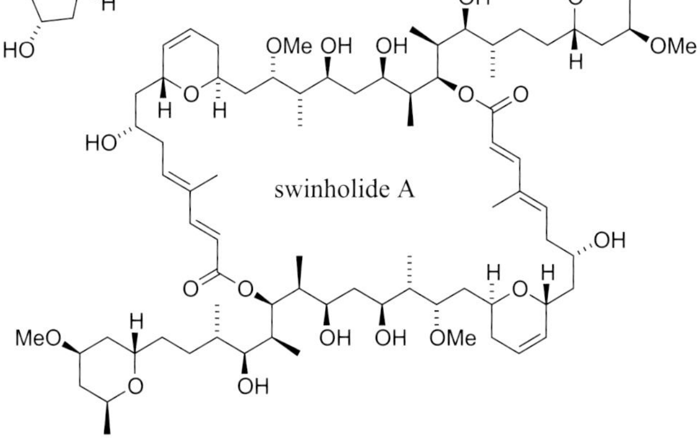

8.29 tulearin A结构中的哪一部分是最难通过乙酰和丙酰结构单元的迭代克莱森缩合机理解释的？

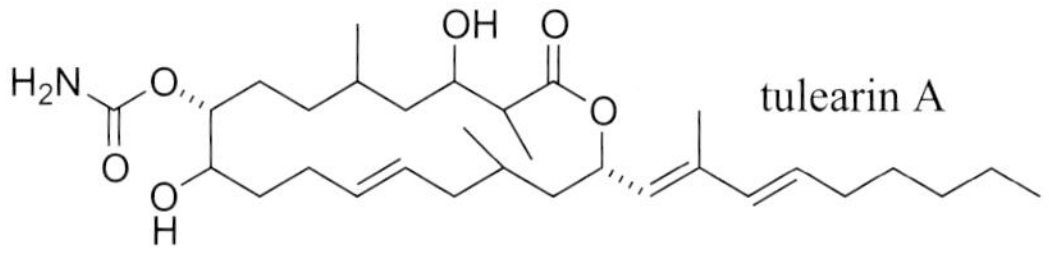

tulearin A

8.30 聚酮化合物spongistatin 1的活性在飞莫尔（femtomolar）浓度级。标出spongistatin 1结构中乙酰和丙酰结构单元，并圈出每个单元中由羰基演化而来的碳原子。标注哪些甲基可能不是由丙酰单元产生的。

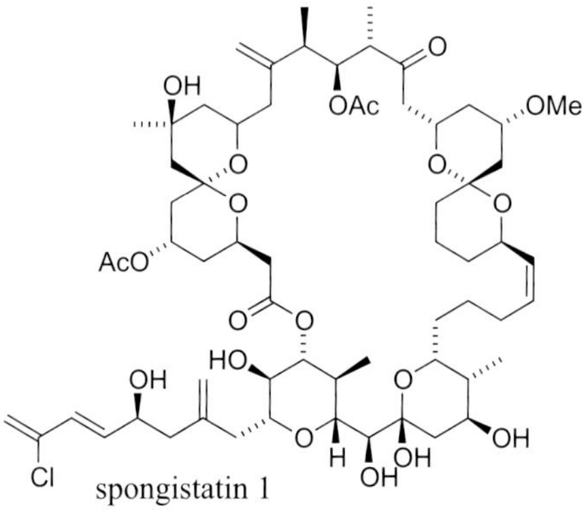

spongistatin 1

8.31 抗生素gramicidin S结构中哪个氨基酸不是常规地通过核糖体合成到蛋白质中的？

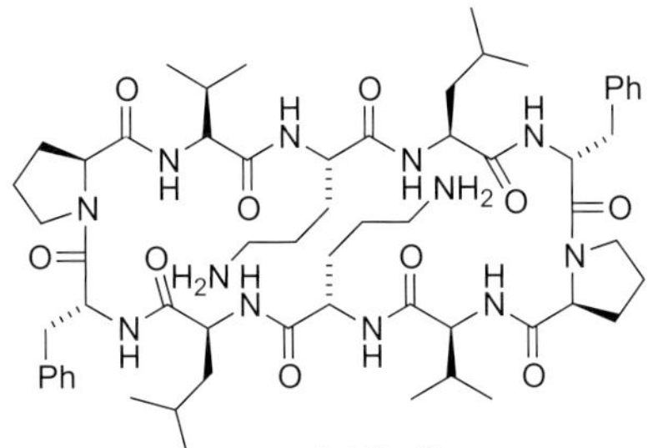

gramicidin S

***8.32** 推测下列化合物最有可能是通过聚酮途径合成还是通过萜类合成途径合成？

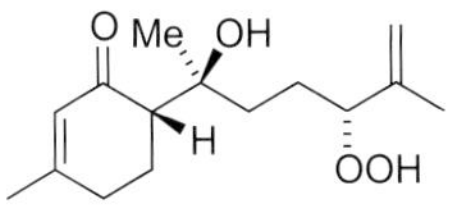

peroxylippidulcine B 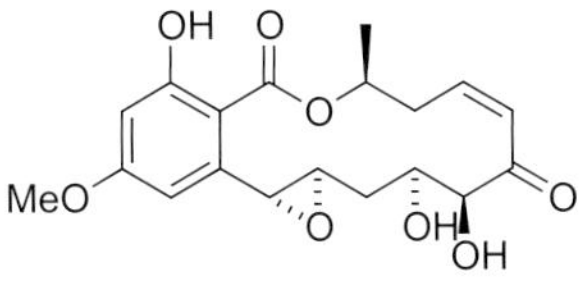　hypothemycin

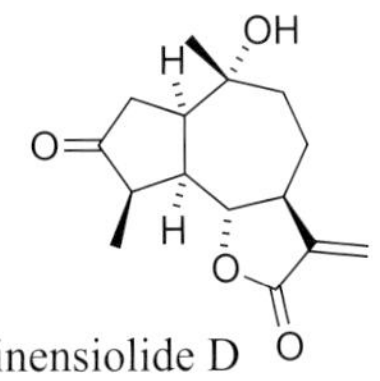

chinensiolide D 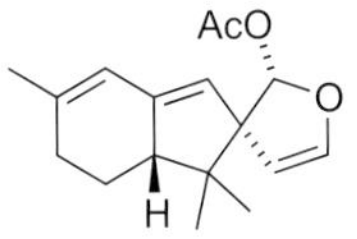　haterumadysin A 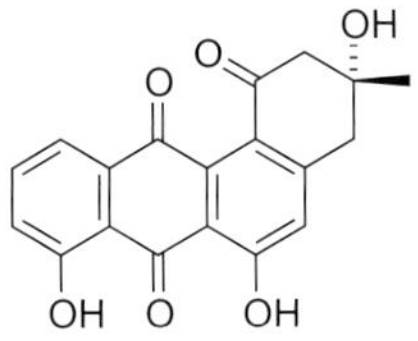　rabelomycin

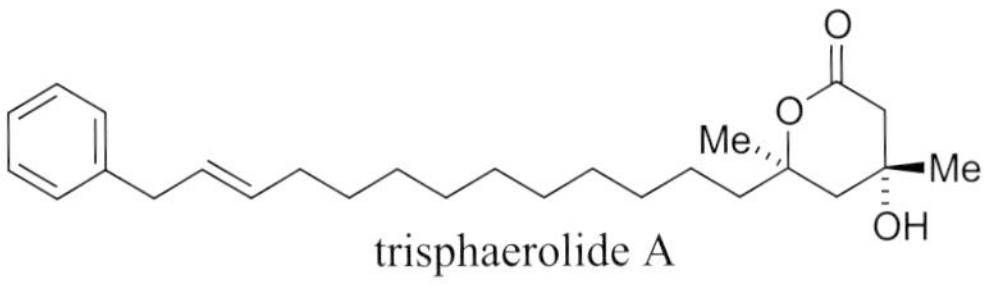

trisphaerolide A

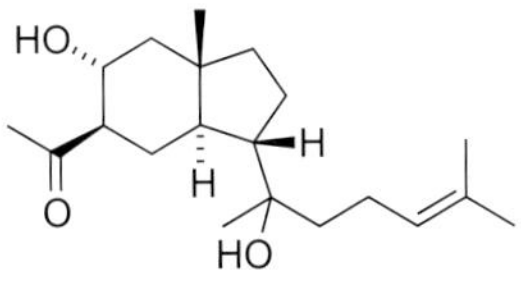

mugipolasol 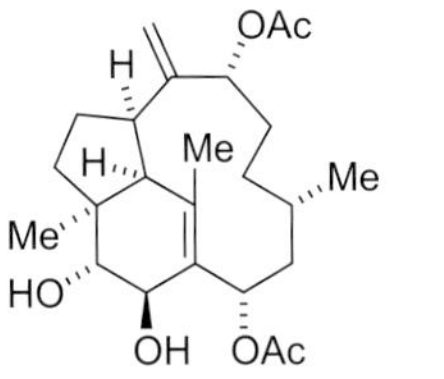　9α,14α-diacetoxy-2β,3α-dihydroxy-1(15),8(19)-trinervitadiene

***8.33** 指出天然产物（–）-limonene、α-cedrene、illudin M 和 camphor 结构中的五碳萜烯结构单元。从专家的角度来看，illudin M 最难指认。

例如：

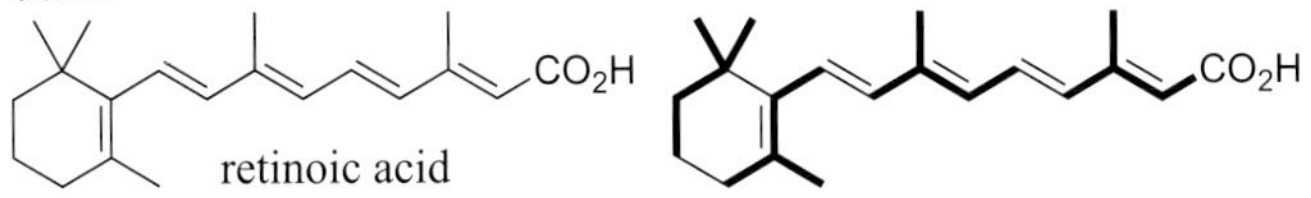

retinoic acid

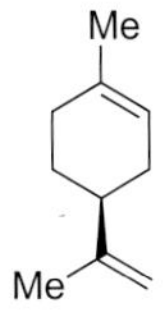

(–)-limonene　α-cedrene 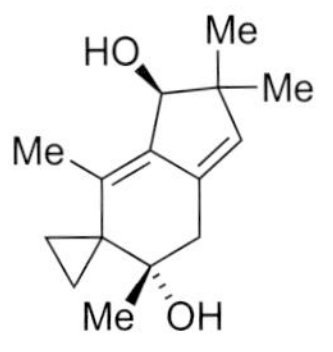　illudin M 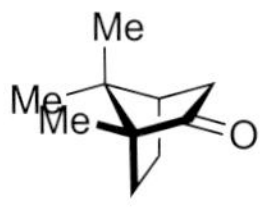　camphor

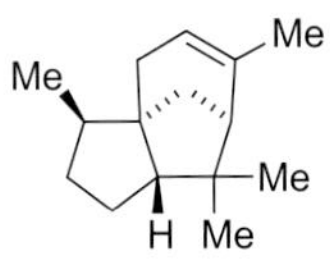

***8.34** 用箭推法推导 2,3-环氧角鲨烯的 20-氧代衍生物发生下图所示转化的机理。

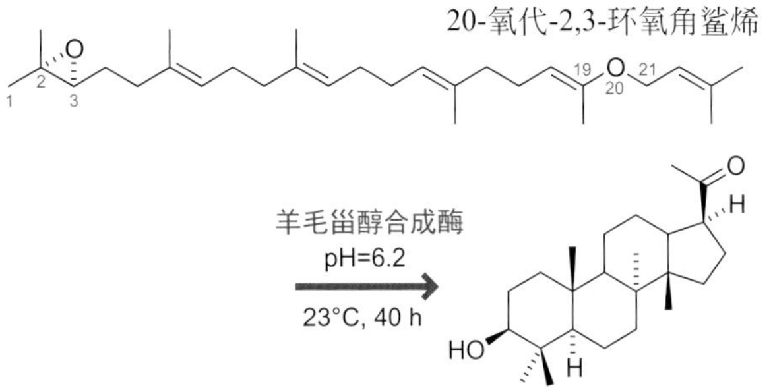

20-氧代-2,3-环氧角鲨烯

羊毛甾醇合成酶
pH=6.2
23°C, 40 h

8.35 天然产物 dammarenediol 和 lupeol 都是由环氧角鲨烯经过相同的阳离子中间体合成的。

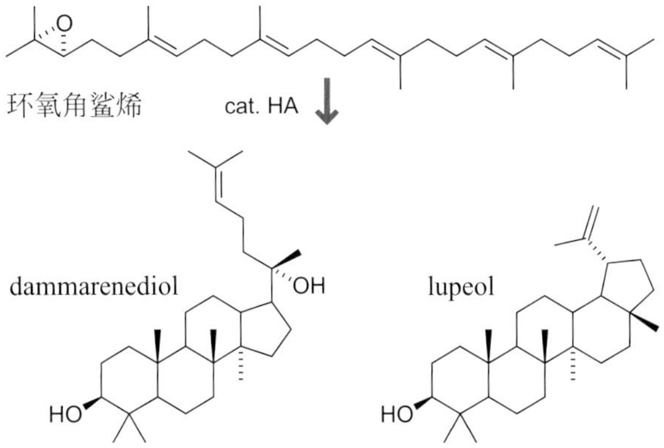

环氧角鲨烯　cat. HA

dammarenediol　lupeol

用箭推法推导上述两个三萜化合物的生物合成机理。

***8.36** 用箭推法推导由 humulyl 阳离子生成 illudane 萜类化合物的生物合成机理。假设有酸或碱的催化反应。

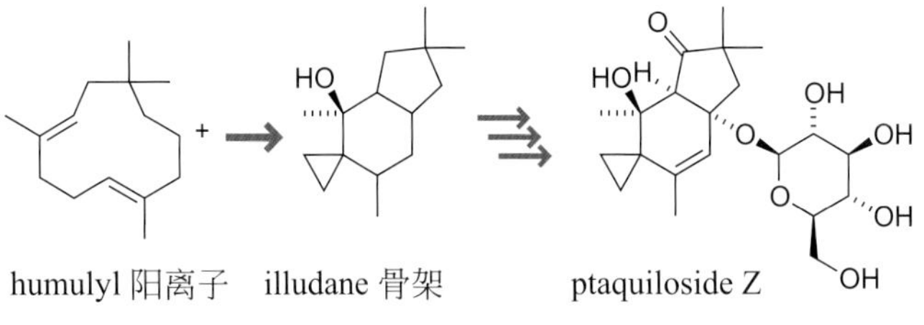

humulyl 阳离子　illudane 骨架　ptaquiloside Z

8.37 设计模拟 NADPH 立体选择性减少 α-酮酯或 α-酮酰胺生成的机理。利用非共价键相互作用，例如 π 键堆积、氢键和碱基配对。

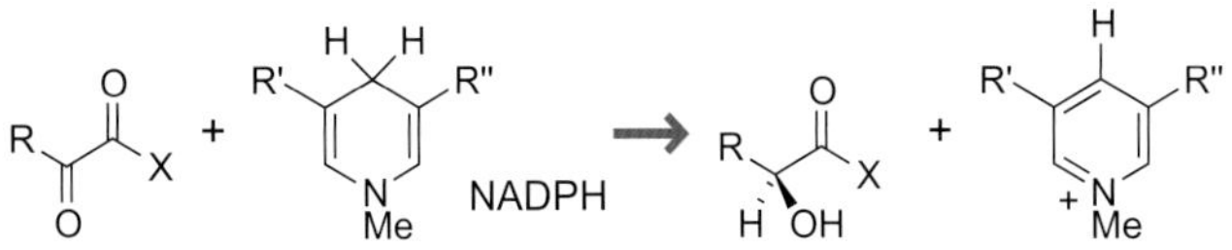

NADPH

8.38 洛伐他汀九酮合酶被认为可以催化分子内 Diels-Alder 环化反应。画出生成双环中间体的非环链状前体的结构。

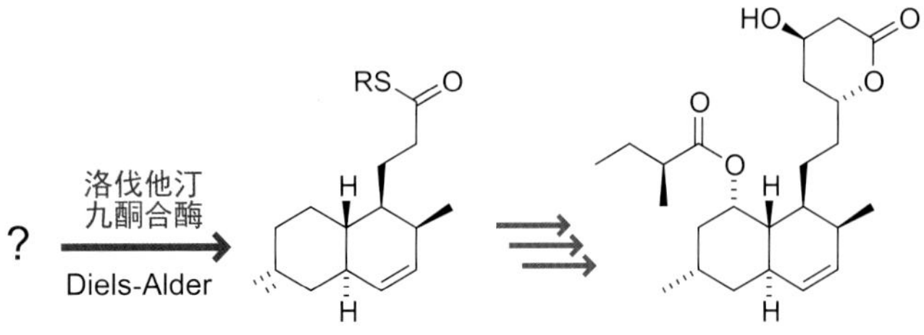

洛伐他汀九酮合酶 Diels-Alder 洛伐他汀

***8.39 A** γ-生育酚在单电子铁化剂的基础条件下可发生二聚化反应。提出一个可能的箭推机理，用X• 表示氧化剂。

B 这个反应产生了两种联苯基非对映异构体。阐明这两种非对映异构体的性质。

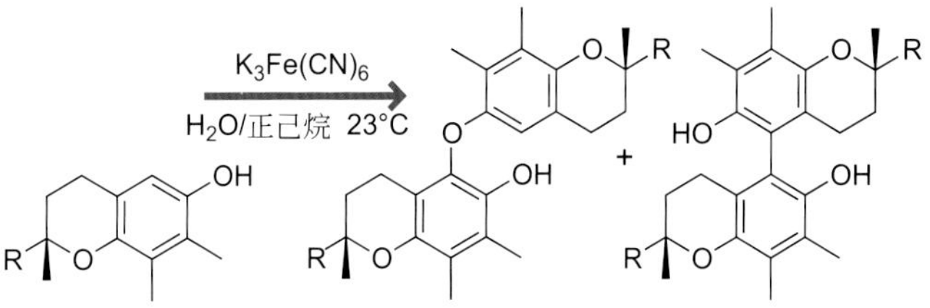

$K_3Fe(CN)_6$ H_2O/正己烷 23°C

***8.40** 一些萜烯环化酶被认为涉及顺式（*syn*）柯巴基二磷酸酯的生成。用箭推法推导焦磷酸香叶基香叶酯在酸催化作用下，经过顺式柯巴基二磷酸酯生成 beyerene 可能的生物合成机理。

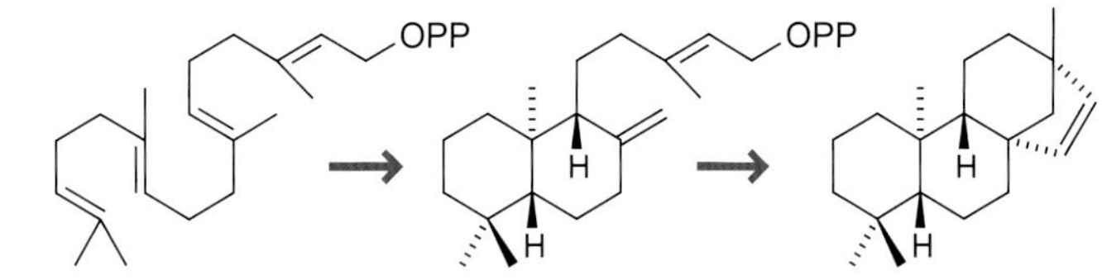

焦磷酸香叶基香叶酯 *syn*-柯巴基二磷酸酯 beyerene

8.41 当含有蓖麻烯合成酶和其他酶的无细胞提取液中加入用 ^{13}C 标记的异戊烯焦磷酸，蓖麻烯合成酶中的8个碳原子被标记了。用箭推法推导由蓖麻烯合成酶合成蓖麻烯可能的生物合成机理，并指出哪些碳原子会被标记。

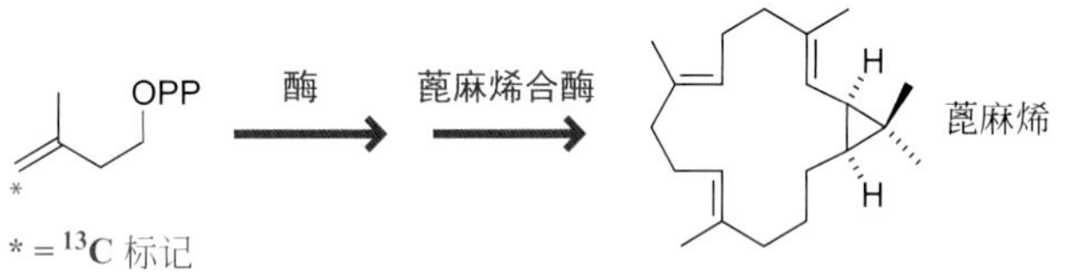

酶 蓖麻烯合成酶 蓖麻烯

* = ^{13}C 标记

8.42 用箭推法推导由环氧角鲨烯合成白桦脂酸三萜骨架可能的生物合成机理。机理中必须包含原甾烷基阳离子（来自图 8.95）。

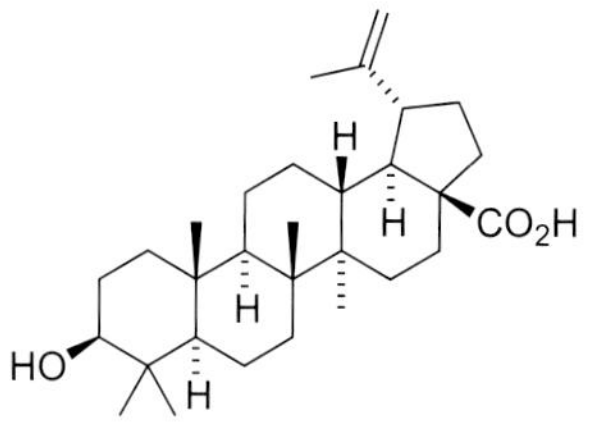

白桦脂酸

8.43 提出可通过避光条件下的两步连续的电环化闭环反应生成 ocellapyrone A 的一个非环聚酮前体。如果你熟悉周环反应选择性规则，可以考虑一下双键的立体化学。

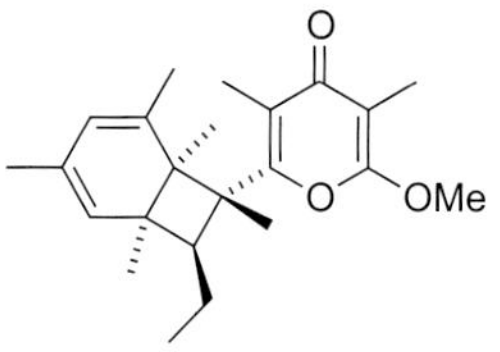

ocellapyrone A

***8.44** 在最早聚酮生物合成的同位素标记研究中，用 ^{14}C- 标记的乙酸饲养灰黄青霉菌（*Penicillium griseofulvum*），产物甲基水杨酸被分离并应用到很多化学降解和合成反应中。根据释放出的二氧化碳中的放射性，人们可以推断出放射性物质在甲基水杨酸及每一个降解产物中的分布。

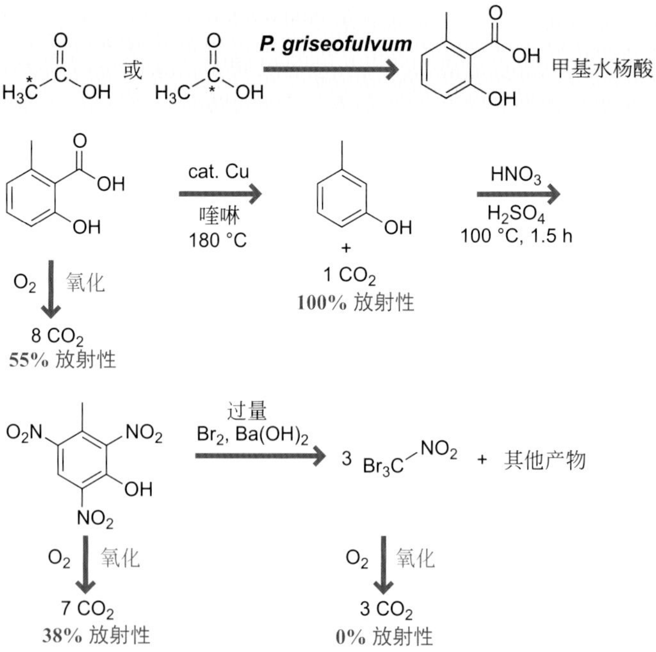

P. griseofulvum 甲基水杨酸

cat. Cu 喹啉 180 °C；+ 1 CO_2 100% 放射性；HNO_3 H_2SO_4 100 °C, 1.5 h

O_2 氧化 → 8 CO_2 55% 放射性

过量 Br_2, $Ba(OH)_2$ → 3 $Br_3C{-}NO_2$ + 其他产物

O_2 氧化 → 7 CO_2 38% 放射性；O_2 氧化 → 3 CO_2 0% 放射性

A 甲基水杨酸哪一个碳原子被同位素标记了？

B 乙酸中哪一个碳原子被同位素标记了？

第 9 章 信号转导的化学调控（Chemical Control of Signal Transduction）

学习目标（Learning Objectives）

- 认识科学文献中的主要信号转导通路。
- 预测激活剂和抑制剂对信号转导通路的影响。
- 描述两个涉及Ca^{2+}的快速非转录过程。
- 认识并描述调控人体细胞转录的七种主要信号转导通路。
- 区分被受体酪氨酸激酶影响的三个主要子通路。
- 概述受G蛋白偶联受体影响的两种通路。
- 认识人体细胞的离子失衡。

本书开头，我们提出使用分子生物学的中心法则作为理解人体细胞如何运行的框架。基因被转录成 RNA，RNA 被翻译成酶，酶催化多糖、脂质和萜类的形成。我们对中心法则的过度关注使得我们忽略了一个根本问题：究竟是哪些基因？基因表达决定了细胞分化，允许每个细胞在人体组织中发挥精确作用；基因表达也决定了完全分化的细胞对环境反应的方式符合有机体的最大利益。最终，细胞外的一些因素决定了哪些基因在分化期间和分化后表达。这一章，我们关注信号转导的生物化学通路从细胞外到改变基因表达的过程（**图 9.1**）。化学家如果能够理解和控制这些通路，就能纠正导致疾病的“错误”细胞，并利用细胞进行新的应用。

人类对小分子控制细胞信号转导的探索是一个古老的话题。最早的分子工具来自天然产物，如植物，它们的使用要早于文字记录。考古学表明秘鲁 Nanchoc 山谷的居民在公元前 8000 年通过同时咀嚼古柯叶和石灰（碳酸钙）来吸食可卡因。此外，罂粟花作为一种生物活性化合物的来源，早在公元前 4000 年在欧亚大陆就有种植，并在埃及第十八王朝（公元前 1549—1298）的艺术中占有突出地位。

最早的综合性药典是公元前 1550 年古埃及记录的埃伯斯纸莎草（Ebers papyrus）的部分内容。埃伯斯纸莎草中的许多处方是具有一定药用价值的植物——如石榴根皮、罂粟花的植物和杜松子。更多的处方成分则是一些无法确定的植物。例如，埃伯斯纸莎草描述了一个治疗牙齿不适的处方，其中包含芹菜、啤酒和喜阴的植物（**图 9.2**）。同样，1000 年后在尼尼微的亚述巴尼拔图书馆的一块儿楔形文字的碑上发现了类似的处方：油、啤酒和萨基比尔

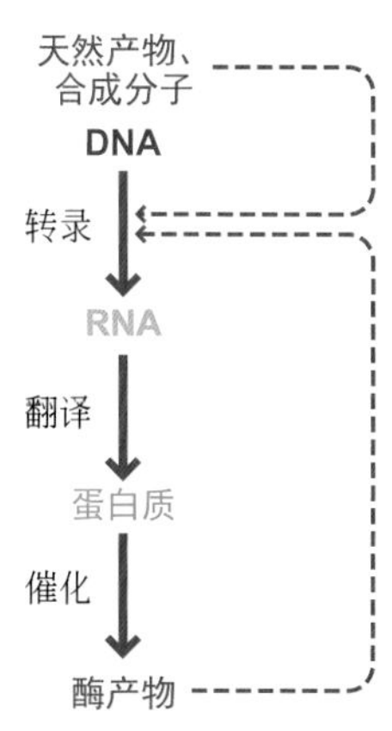

图 9.1 小分子对转录的作用。RNA、蛋白质和酶产物在细胞内对转录起控制作用。来自细胞外的天然产物和合成小分子也会影响转录。

图9.2 古埃及药典。埃伯斯纸莎草是用僧侣体文字书写的。在第33页89栏的13行描述了一种生于阴暗处的植物可治疗牙痛。

图9.3 巴比伦止痛药。亚述巴尼拔图书馆的楔形文字板描述了一种古老的治疗牙痛的方法，其中包括一种被认为是天仙子的植物（下图）。由于抄写员（约公元前650年）抄写并记录了可追溯到几千年前的更早的文字，所以无法确定这种疗法的确切起源时间。（上，由Wikimedia提供；下，由Martin Vidner提供。）

（*sa-kil-bir*）植物（**图 9.3**）。巴比伦萨基比尔植物被解释为天仙子（henbane），其中含有大量的托烷生物碱莨菪碱（L-阿托品）。理论上讲，这些具有治疗作用的植物不适合直接摄入，因为莨菪碱在高浓度下有毒。然而一些貌似可信的处方和有问题的治疗方法在埃伯斯纸莎草均有提及，例如，咒语和动物排泄物。即使在今天，绝望的患者所面临的用药选择范围也同样广泛，从被临床证明的药物到带有欺骗性标签（如“天然”）的假药。

古代中国传统医药配方有数千年的历史，与古老的埃及药物不同，它一直延续到今天。但这些处方的确切年代难以确定。《神农本草经》（中国传统医学的古老本草）的原始副本从未被发现过，最古老的副本只有大约 2000 年的历史。

天然药物和毒药的最早例子是分子对成对神经元之间或神经元和肌肉细胞之间神经信号的干扰。神经元信号传递迅速，在原始文化时代易于建立因果关系。例如茄科植物（莨菪、曼德拉草、颠茄和茄属植物等）产生托烷生物碱（tropane alkaloids），如莨菪碱（hyoscyamine）和东莨菪碱（scopolamine）（**图 9.4**）。颠茄植物产生的外消旋形式的（−）- 莨菪碱被称为（±）- 阿托品，但只有（−）- 对映体是有活性的。莨菪碱结合至特定类别的受体通过模仿神经递质乙酰胆碱的结构特征，在副交感神经元中发挥作用。副交感神经元通路负责人体“休息和消化”。莨菪碱具有许多全身性作用。这是一种局部麻醉药（local anesthetic），同时会引起瞳孔扩大、心率加快、出汗减少、唾液分泌减少和排便停止。

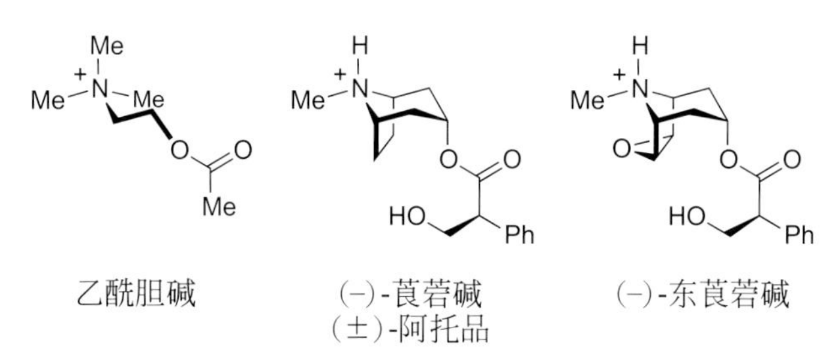

图9.4 神经递质和毒药。茄科托烷类生物碱是乙酰胆碱的类似物。

最古老的药物，如可卡因（cocaine）、吗啡（morphine）、阿托品（atropine）和东莨菪碱，显然对细胞功能有深远影响，但这些药物的迅速作用不涉及由 DNA 到 RNA 的转录过程。药物对转录产生主要影响是最近才出现的。例如，神农本草中提到的巴豆是佛波酯的来源，可以激活蛋白激酶 C（一种控制许多转录过程的酶）。

我们可以“看到”人体细胞内部运作的能力只有几十年历史并且依然在不断发展。当今最常用的方法仍然涉及一次仅报告一个基因的工具，或对细胞碎片进行碎片分析，如 DNA、RNA 和蛋白质。化学生物学家还没有能力仅通过查看蛋白质靶标的结构即可设计有效的选择性抑制剂。但是，通过筛选各种天然和合成化合物，我们正在发现能调控人类基因转录通路的分子工具。通过筛选得到这些分子工具都是相当缓慢的，但是其中一些可以改造成高度精确的工具。随着我们在 21 世纪的进步，人们期望看到有新工具诞生来抑制疾病通路，并通过增强有益的通路引导干细胞分化来产生期望获得的组织。

9.1 信号转导（Singal Transduction）

化学信号传递是普遍存在的

对地球上所有动物来说，交流都是非常重要的。这个过程涉及许多不同类型的信号：视觉信号、听觉信号、触觉信号和化学信号。雄性印第安孔雀通过五颜六色的羽毛和开屏来引起注意。西伯利亚爱斯基摩犬通过咆哮来发出警告。非洲象妈妈用粗壮的象鼻来安抚小象以使它们安心。鳄梨种子蛾通过诱人的信息素来相互吸引（**图9.5**）。

图9.5 化学性吸引（chemical sex appeal）。鳄梨种子蛾梨织蛾对信息素9(*Z*),13-tetradecadien-11-ynal有应答。幼虫以鳄梨核和果肉为食，破坏农作物。成年蛾子可以被诱入含有信息素的陷阱。（来自Mark S. Hoddle，University of California，Riverside。）

生物之间所有信号传递都涉及信息从细胞外部到内部的过程。尽管各种生物体使用的信号类型可能有所不同，但是生物体中的所有细胞（甚至是单细胞生物体，如细菌）都使用化学信号进行通信。接收信号的能力对于细胞是至关重要的，因为它们必须能够对环境条件的变化做出反应，如拥挤、饥荒和安全等环境条件。发送信号的能力与接收信号同样重要，因为即使是最简单的单细胞生物也需要一种方法使其同类将其与捕食者、竞争对手和猎物区分开。细胞之间的通信在人体细胞之间尤其重要，因为每个人体细胞都有独特的功能，如肌肉细胞收缩、神经元建立连接、杯状细胞喷出黏液、上皮细胞增殖和B细胞分化。这种细胞作用是有条件的，并且仅在细胞收到正确的化学信号后才发生。了解分子信号如何控制细胞行为或异常行为是分子生物学的主要目标。使用小分子作为精确工具来控制这些过程是化学生物学的主要目标。而将这些分子转化为安全有效的药物是制药行业的目标。

生物学领域充满了隐秘的缩略词和不明确的符号

一种化学信号到另一种化学信号的转换被称为**信号转导**（signal transduction）。对控制细胞的信号转导网络感兴趣的学生面临着令人费解的困境——首字母缩写词。例如，SOS1代表“son of sevenless homolog 1（交换因子同系物1）”，而PAK1是“p21/Cdc42/Rac1-activated kinase 1”的缩写。通常，这些名称与我们目前对该蛋白质的了解没有任何关系，例如，ryanodine受体就是以人体中从未发现的一种分子来命名的。人体的信号转导因在二十世纪九十年代后期激增的冗余命名而进一步复杂化。研究人员经常以外来的新名字来命名他们新发现的蛋白质，即使是文献中已知的紧密相关的蛋白质，也要使用新名称。为了了解为何出现了多个名称，我们可以参考Akt酶的命名过程。1991年，蛋白激酶Akt是在一种称为Akt-8病毒中被发现的，该病毒在小鼠的Ak株中引发癌症。大约在同一时间，一种几乎相同的激酶在两种不同的人细胞系中分别被发现，并被赋予了两种不同的名称：蛋白激酶B和RAC蛋白激酶。多年来科学家发表了很多与该酶相关的文章，但始终没有在使用哪种名称上达成一致！幸运的是，人们现在可以搜索庞大的提供任何蛋白质序列信息的在线数据库以防止重复命名。然而，从名称推断蛋白质功能是危险的。如果你发现自己因大量的新名字感到困惑，那你可以从已经了解的朋友和家庭成员的名字来预测他们之间的关系。人的命名和人体蛋白质的命名是同样随意的。显然时间和耐心将有助于人们熟悉复杂的名称和事物关系。

问题9.1

查看任何顶级科学期刊或任何生物化学、化学生物学或生物化学专业杂志的最新目录。列出在标题中找到的生物分子。若生物分子由首字母缩写词命名，请使用网络查找首字母缩写词所代表的全名。

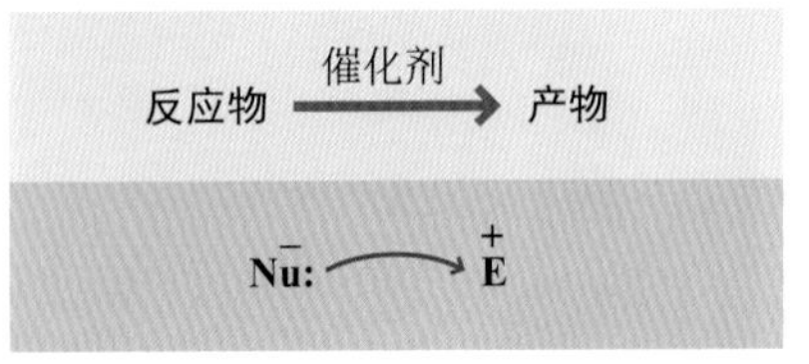

图9.6 **箭头的语义**。化学家使用的这两种箭头有着精确的含义。水平的箭头表示化学反应。弯曲箭头表示填充轨道和未填充轨道之间的相互作用。

化学生物学的新生们容易将信号转导图中的箭头与化学反应图中使用的箭头混淆。有机化学家已经对描述化学反应的准确规则达成了共识：他们使用直的水平箭头表示反应物向产物的转化，并用弯曲的箭头描绘填充轨道与未填充轨道的相互作用（**图9.6**）。信号转导图利用单个箭头来描绘已知的和假设的分子将细胞外信号转化为细胞反应的相互作用。单个的箭头从某个分子开始并终止于该分子具有的某种功能或由第一个分子引起某种功能的第二个分子。以小竖线结尾的箭头通常表示第二个分子的功能受到第一个分子的抑制。这些关系可以通过基因敲除或者化学抑制作用的研究来确立。

在信号转导图中，箭头可能具有许多化学含义（**图9.7**）。从Abc到Xyz的箭头可能意味着酶原Abc已转换成活性的Xyz，或者可能意味着酶Abc与助催化剂Xyz结合；或者，这可能意味着酶Abc作用于底物Xyz；当然，不能排除酶Abc产生活性产物Xyz的可能性。信号转导图中的箭头并不总是意味着直接的相互作用。它们有时用于指示空间易位，如跨膜。在一些其他情况下，信号转导箭头表示一系列复杂的省略了关键成分的生化现象。例如，从Abc到Xyz的箭头可能意味着基因*Abc*被表达为蛋白质Xyz，同时必然涉及大量的中间步骤。请注意，基因通常是斜体的。近来，已经有人尝试为信号转导图发展明确的表示方法，但是这些方法尚未被广泛采用。

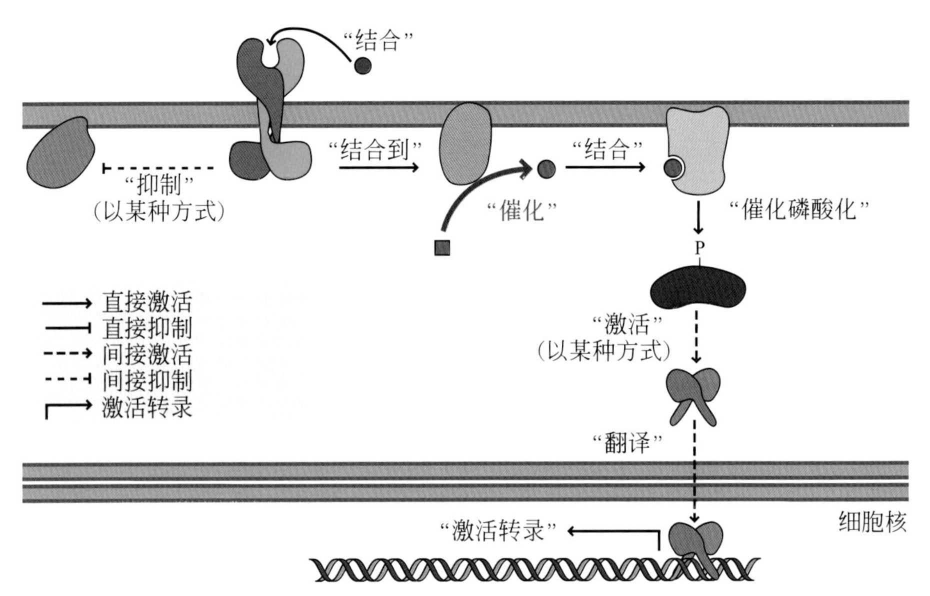

图9.7 **解译信号转导图**。信号转导图中的箭头具有多种化学含义，很少与由起始物质向产物的转化相对应。一般读者凭直觉来判断所描述的交互类型。在这本书中，我们将使用实箭头来表示涉及分子间直接相互作用的过程（如结合、化学反应、催化转化和共价修饰）。

快速的细胞反应不涉及蛋白质的生成

在我们了解影响基因转录的人体信号转导通路（以及最终的蛋白质翻译）之前，我们需要区分哪些通路会影响转录而哪些通路不会影响转录。有些信号会通过细胞中已经存在的生化机制导致细胞反应，这种信号不涉及转录调控［**图9.8（A）**］。例如，在肠道杯状细胞的乙酰胆碱受体与乙酰胆碱结合之后，细胞会从储存囊泡中快速释放寡糖黏蛋白（**图9.9**）。黏蛋白有助于确保食物碎片沿胃肠道滑动。不管你喜不喜欢，你就像一条被翻过来的鼻涕虫。

在某些情况下，细胞外的信号开启了穿透细胞核的信号网络来激活或抑制特定基因的转录［**图9.8（B）**］。需要新蛋白质生成的过程通常比无需蛋白质生成的过程要慢。例如，当你割伤皮肤时，成纤维细胞生长因子与受体的结合导致皮肤细胞有丝分裂增殖；而细胞分裂非常依赖新蛋白质的翻译，故有丝分裂的转录过程需要多个小时。

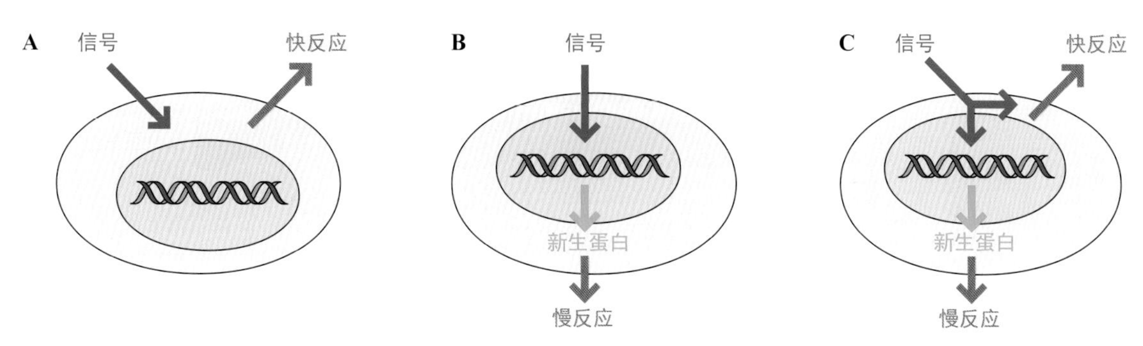

图9.8 信号场景。（A）一些信号通路在不影响转录的情况下导致应答。（B）其他信号通路涉及新生蛋白的转录，在细胞时间尺度上必然是缓慢的。（C）许多信号通路既影响直接的非转录反应，也影响涉及新生蛋白转录的慢反应。

在另一些情况下，信号通路可能分叉，导致一个快反应以及一个涉及转录的慢反应［**图 9.8（C）**］。例如，胰岛素对肝细胞的反应有快有慢。当胰岛素与胰岛素受体结合时，它会引起由葡萄糖转运蛋白修饰的囊泡融合，允许肝细胞将葡萄糖迅速从介质中吸收。此外，胰岛素通过基因调控诱导慢反应。这些慢反应包括上调脂质生物合成的相关基因，如编码脂肪酸合酶、乙酰辅酶 A 羧化酶等酶的基因。

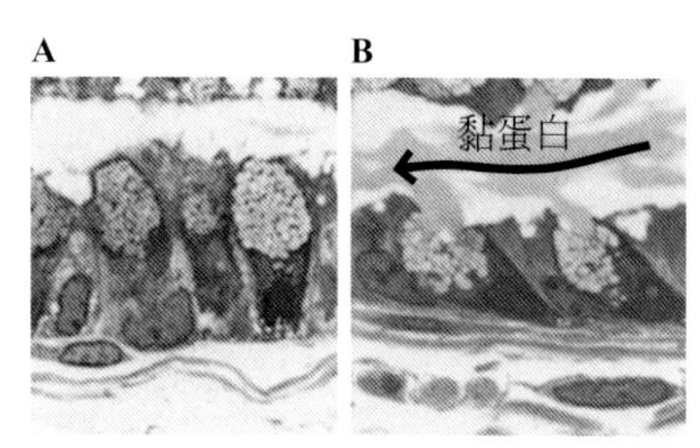

图9.9 从肠道中溢出来。（A）正常情况下，黏蛋白从杯状细胞释放的速度很慢。（B）经乙酰胆碱和毒扁豆碱（一种乙酰胆碱酯酶抑制剂）治疗后，杯状细胞迅速释放黏蛋白，黏蛋白流入结肠。（改编自 R. D. Specian and M.R. Neutra，J. Cell Biol，85：626-640，1980；获得 Rockefeller University Press 授权。）

问题9.2

下列哪一种化合物会大大减少乙酰胆碱诱导的肠杯状细胞释放黏蛋白？

核糖体抑制剂环己胺（cycloheximide）；乙酰胆碱酯酶抑制剂毒扁豆碱（physostigmine）；乙酰胆碱受体拮抗剂阿托品（atropine）。

细胞收缩和囊泡融合：不涉及转录的快速钙依赖反应

快速细胞反应（不涉及转录）最常见的两个例子是肌细胞收缩和囊泡运输。这两种反应都是由 Ca^{2+} 触发的。大部分可以由医生监测的生理效应均为钙离子触发的细胞反应，包括心率、血压、呼吸、瞳孔扩张、膝盖反射、抬起手臂、看和说。大多数快速作用的天然毒素作用于非转录途径。如果你想在潜在的捕食者吃掉你之前杀死它，或者在猎物逃跑之前吃掉猎物，你将不会以转录途径为靶标。因为转录途径太慢了。肌肉收缩和融合分泌囊泡都是快速 Ca^{2+} 依赖反应。以下我们将集中讨论这些机制，而 Ca^{2+} 的来源将在本章后面部分进行讨论。

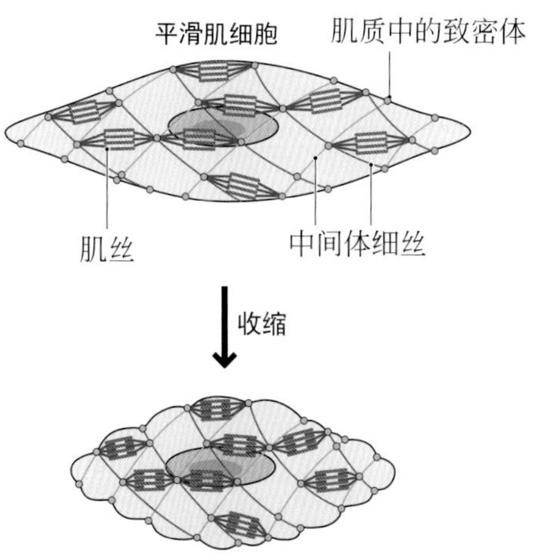

图9.10 光滑的“操作员”。平滑肌细胞的收缩状态是由含有肌球蛋白、肌动蛋白和其他蛋白质的肌丝进行收缩引起的。（改编自 E. Marieb and K. Hoehn，Human Anatomy and Physiology，7th ed. Benjamin Cummings，2007。）

所有肌肉细胞的收缩是由于肌球蛋白丝沿着肌动蛋白丝滑动（**图 9.10**），这是通过增加细胞 Ca^{2+} 浓度介导的。人体有两类肌肉细胞。一类是平滑肌细胞，例如出现在支气管管道和血管内皮的细胞，分别对哮喘和高血压很重要。另一类肌肉细胞包括心肌和骨骼肌细胞，分别在心脏病和肌营养不良症中起重要作用。肌球蛋白类似于二聚的豆芽；肌球蛋白二聚体以细丝状形式存在，细丝被分成更大的束。肌球蛋白的“头”从肌球蛋白束中突出。肌球蛋白头部像 ATP 驱动的马达一样沿着细胞内的肌动蛋白丝快速爬行，做铰链似运动。每一次抽动都由一个 ATP 分子水解提供能量（**图 9.11**）。

每个单独的肌球蛋白马达都通过磷酸化来控制。蛋白被磷酸化时马达“开启”，去磷酸化时马达“关闭”。磷酸化和去磷酸化状态的比例分别由激酶和磷酸酶来确定。磷酸酶总是有活性的。激酶的活性间接取决于 Ca^{2+} 的浓度。当胞浆中的 Ca^{2+} 水平升高时，Ca^{2+} 会与钙传感器蛋白钙调蛋白（CaM）结合，从而导致构象显著变化。扭曲的 Ca^{2+}-CaM 复合物结合并激活激酶，形成磷酸

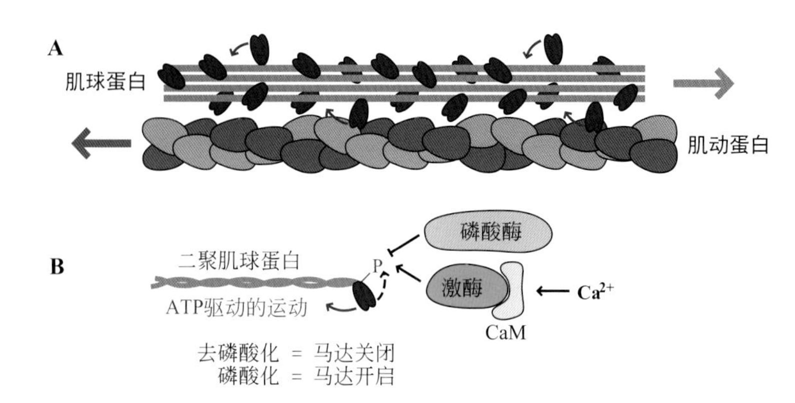

图9.11 驱动肌肉。（A）从肌球蛋白束突出的头部结构域充当由ATP驱动的马达，沿着肌动蛋白纤维拖动肌球蛋白丝。（B）每个肌球蛋白的运动是通过两种物质的相互作用来控制的：一种磷酸酶和一种Ca^{2+}依赖的激酶复合物。CaM是钙调蛋白。洋红色的字母P代表一个磷酸基。

肌球蛋白的活性复合物从而开启马达。因为每种激酶和磷酸酶作用于多种肌球蛋白底物，所以可通过高增益来控制开/关马达的比例。在所有生物体中，从细菌到人类，通过竞争性酶的水平来控制状态是常见的。

对控制囊泡融合的分子机制的理解并不像肌细胞收缩的机制那样清楚。囊泡融合与释放乙酰胆碱、多巴胺、5-羟色胺等神经递质密切相关（**图9.12**），但它对非神经元细胞信号分子的分泌也很重要，如肥大细胞释放组胺。此外，回顾第7章，胰岛素刺激后囊泡融合导致完全组装的葡萄糖转运蛋白（GLUT4）快速插入质膜。在神经元中，神经递质预先包装在与突触膜连接的囊泡中（**图9.13**）。一种由多种蛋白质组成的复合物使囊泡靠近细胞膜，但其距离不足以使囊泡发生立即融合。当神经元信号到达突触间隙，大量Ca^{2+}与突触结合蛋白结合。Ca^{2+}对磷酸基团有很高的亲和力，如在脂质上发现的磷酸基团；高达50%的骨头是矿化的磷酸钙。一旦囊泡靠近质膜，融合发生，释放神经递质到突触间隙。

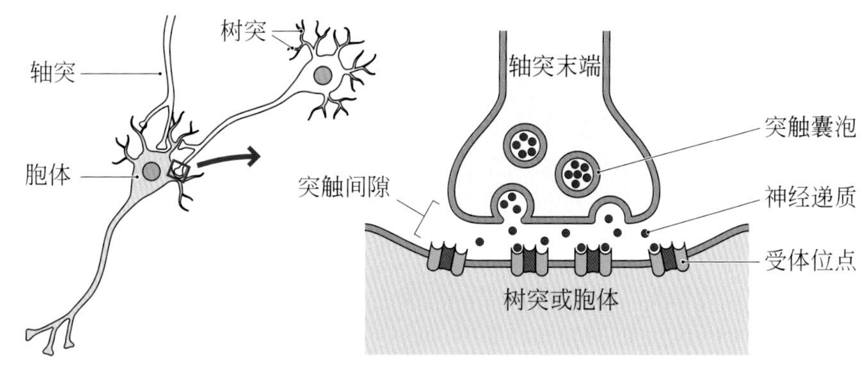

图9.12 突触间信号转导。神经递质在突触间隙的一侧释放，另一侧由含有7个跨膜域的GPCRs检测。（改编自US National Institutes of Health，National Institute on Aging。）

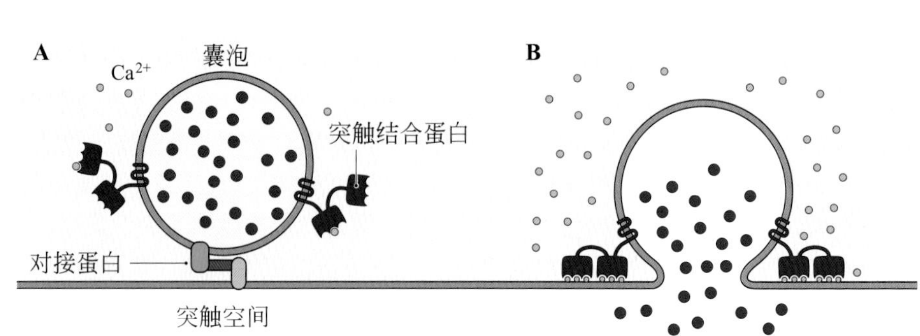

图9.13 释放递质。（A）神经元从与突触膜相连的囊泡中释放神经递质。（B）当Ca^{2+}与突触结合蛋白结合时，Ca^{2+}将囊泡拉入细胞膜。

细胞信号包括细胞内和/或细胞间的通路

当你给细胞添加选择性酶抑制剂或敲除酶的基因时，通常会影响细胞内的许多其他蛋白质。最大的挑战是将直接相互作用（即由结合、催化或其他化学作用介导的相互作用）与间接相互作用区分开来。一个典型的细胞包含数千种不同的蛋白质，怎样才能分辨出抑制剂对哪些蛋白质发挥作用呢？体外试验允许人们直接评估一种蛋白质对另一种蛋白质的影响，而不需要复杂的细胞混合物。然而，要建立清晰的体外试验来真正模拟细胞内的情况，还有许多挑战。首先，在体外研究中表达和纯化稳定折叠的蛋白质是困难的，有时是不可能的，特别是在膜结合蛋白的情况下。第二，需要高灵敏度的功能测定法来检测生理浓度的变化，通常是在微摩尔或纳摩尔范围内。第三，许多蛋白质以亚基形式存在于多蛋白复合物中；一旦从复合物中去除，被分离蛋白可能就没有生理学功能了。考虑到体外实验这些固有的挑战，选择在活细胞中进行如此多的研究也就不足为奇了。

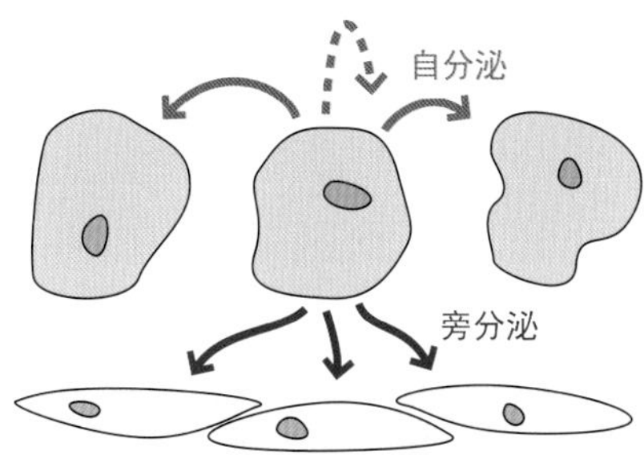

图 9.14 细胞间通信。自分泌信号发生在同一类型的细胞之间；旁分泌信号发生在不同类型的细胞之间。

细胞生物学家的主要兴趣是了解细胞如何工作以及如何协同工作。在许多情况下，这两个目标之间的区别是模糊的。大多数信号转导的研究是在培养的数千个细胞上进行的，通常是在塑料多孔板上。在这种情况下，很难知道信号通路是否严格定位在胞质溶胶中，或者它们是否涉及细胞之间的信号转导。这些信号可以是可扩散的分子，也可以是显示在细胞膜上的分子，需要细胞间紧密接触。当一个细胞向另一个细胞发送信号时，受体细胞可以是相同类型的（如从肌肉细胞到其他肌肉细胞的信号）或不同的细胞类型（如从树突细胞到 T 细胞的信号）。这样的信号通路分别称为**自分泌**（autocrine）或**旁分泌**（paracrine）（**图 9.14**）。释放到血液中的分子信号被广泛称为**内分泌信号**（endocrine signals）。

9.2 人体细胞中的信号通路概述（An Overview of Signal Transduction Pathways in Human Cells）

人体有七种主要的信号转导通路

如果你上过传统的生物化学课程，你可能会经历记忆生物合成途径和代谢途径的痛苦过程，如三羧酸循环、氨基酸生物合成、糖异生和糖酵解。这些都是 50～100 年前的前沿信号通路，但现在已经不是了。新陈代谢的化学机制很有趣，但这不是本书的重点。相反，我们选择关注细胞如何接收信号，尤其是那些影响转录的信号——不是任何细胞，而是人体细胞。转录是中心法则的开始：DNA 被转录成 RNA；RNA 被翻译成酶；酶催化小（和大）分子反应。

快速浏览一下文献就会发现，在人体细胞中有成千上万种独特的信号通路；这种复杂性具有一定的误导性。事实上，人体有七个主要的信号转导系统将细胞外的信号转换成转录途经的变化。这七个信号通路可以通过所涉及的配体 / 受体的类型来识别和排列（**表 9.1**）。每一个缩写词都将在本章后面详细讨论。

表 9.1 人体中调节转录的信号转导通路

受体类型	配体
核受体（nuclear receptors）	类固醇，视黄酸，甲状腺素
双组分通路（two-component pathways）	TGF-β，白介素，干扰素
受体酪氨酸激酶（receptor tyrosine kinases）	生长因子（EGF、FGF、VEGF、NGF）
三聚化死亡受体（trimeric death receptors）	TNFα，FasL
G 蛋白偶联受体（G-protein-coupled receptors）	神经递质，激素，气味，味道，光子，酶
离子通道受体（ion channel receptors）	谷氨酸，钠离子
扩散气体受体（diffusible gas receptors）	O_2，NO

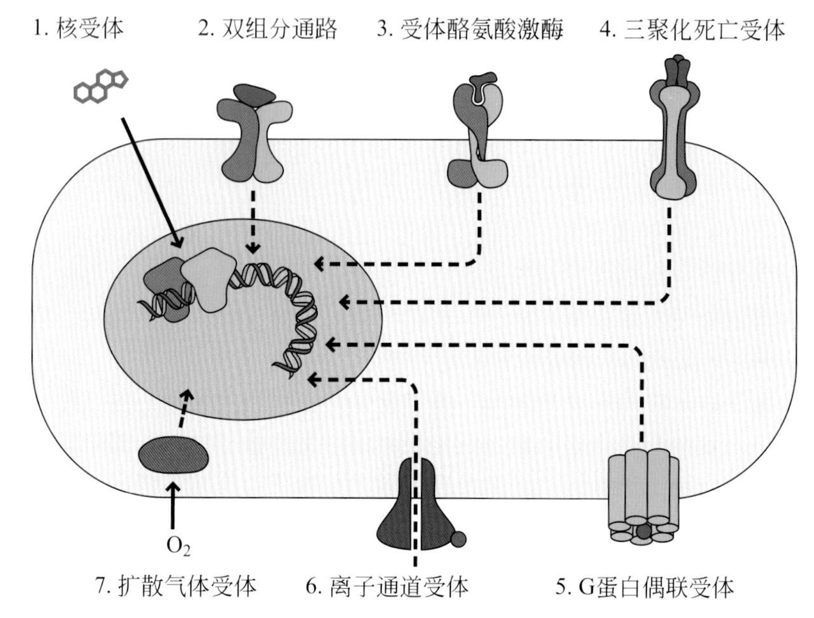

图9.15 **七种通路**。七种主要的信号转导通路控制着人类基因的转录。虚线箭头表示涉及多个化学步骤。

在**图 9.15** 中，我们总结了七个主要的信号转导通路，它们将来自人体细胞外的信号转化成人体细胞内的转录变化。读者应该记住这些，虚线表示涉及多个步骤，我们将在下面详细解释。当您阅读这部分时，请返回到该图，以便能够正确地把握全局。图 9.15 就像一片森林；当我们介绍主要的树种时，请把它放在视线之内。

我们对人体信号转导的理解历来偏向于与癌症相关的途径，而非代谢性疾病。癌症来源的细胞系很容易在实验室中生长，而原发或正常的人体组织很难获得和培养。此外，化合物对细胞的致命性很容易测定，而对细胞功能和人体生理更微妙的影响则很难评估。借助基因组学、细胞生物学和化学生物学的新工具，细胞生物学领域正在慢慢克服对细胞生长途径的偏见。因此，究竟哪些途径重要的观点将继续演变。

问题9.3

哪七个主要的信号转导通路涉及需要穿过细胞膜进入细胞的配体？

化学遗传学涉及利用小分子来了解基因的功能

图9.16 **果蝇眼睛的颜色**。表达果蝇的白色眼睛的基因编码一种蛋白质，这种蛋白质可以转运一种称为果蝇蝶呤（drosopterins）的红眼色素分子的前体（如鸟嘌呤和色氨酸）穿过细胞膜。（由Wikimedia提供。）

果蝇（*Drosophila*）一直是遗传学领域一个研究成果颇丰的系统，它主要用于寻找与**表型突变**（phenotypic mutation）相关的基因。表型突变可以增强蛋白质的功能，但在大多数情况下，表型是由突变的削弱作用导致的。例如，果蝇白色突变削弱了将色素前体带入眼睛细胞的转运蛋白的作用（**图 9.16**）。通过辐照，果蝇很容易产生突变，然后繁殖突变果蝇来筛选二倍体效应（每只果蝇各复制两个基因）。在**正向遗传学**（forward genetics）中，将这种随机突变引入生物体或细胞中，然后对突变表型进行 DNA 测序以确定基因型。相应地，**逆向遗传学**（reverse genetics）通过对编码基因进行突变来检测特定的蛋白质，然后检测由此产生的功能。

在**化学遗传学**（chemical genetics）中，人们试图将小分子的表型效应追溯到一个蛋白质目标，并最终追溯到控制蛋白质表达的目标基因。一个著名的例子是在拉帕努伊岛（也被称为复活节岛）的土壤微生物中发现的抗真菌天然产物雷帕霉素（rapamycin）。当雷帕霉素被证明可以抑制 T 细胞激活时，人们就越来越关注它了。雷帕霉素与FKBP12（FK506结合蛋白）结合，结合形成的复合体表面与简称mTOR的蛋白（雷帕霉素的哺乳动物靶点）结合（**图9.17**），干扰mTOR抑制免疫系统，雷帕霉素被用作药物免疫抑制剂（防止移植器官的排斥反应）和实验室中分解相关免疫系统通路的重要工具，这种技术被称为**反向化学遗传学**（reverse chemical genetics）。

快速DNA测序方法彻底改变了遗传学领域。新发展的测序方法促进了正向和反向遗传学。在反向遗传学中，基因（序列）是已知的，但突变对基因的影响是未知的。在定点突变后，研究由此产生的突变细胞或生物体以确定修饰后的片段如何影响蛋白质功能。这个过程类似于逆向工程——每次改变一部分，然后检查改变的结果。

与基因敲除和基因添加相比，小分子激动剂（agonist）和拮抗剂（antagonist）具有重要优势。首先，小分子可以在特定的时间点被添加到特定的地方，比如一个器官或一群细胞中，并且可以预期在添加化合物后不久就会发生作用。除了空间和时间控制外，还可以在特定浓度下添加小分子以表征剂量依赖效应。此外，与基因结构不同，小的可扩散分子通常具有可逆作用，只需用过量的缓冲液清洗，就可以从被研究的细胞中去除。

小分子还解决了反向化学遗传学中固有的另一个问题。如果一种突变对正在发育的有机体有致命影响，那研究该基因的突变几乎不可能。如果想了解黏着斑激酶（FAK）的作用，你不能简单地通过基因点突变删除该基因或使该蛋白质失活。因为使FAK失活的基因突变（如K454R）在胚胎阶段是致命的（**图9.18**）。然而，我们可以通过使用选择性的FAK小分子抑制剂（如合成的小分子PF-562271）来评估FAK在小鼠发育任何阶段的重要性（见图9.18）。因此，化学遗传学提供了一个强大的试剂工具箱，用于剖析重叠、交叉通信和反馈调节的细胞网络所固有的高复杂性。

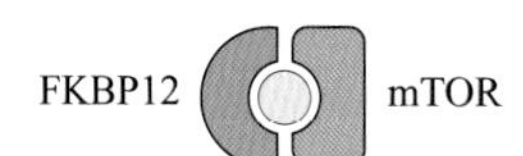

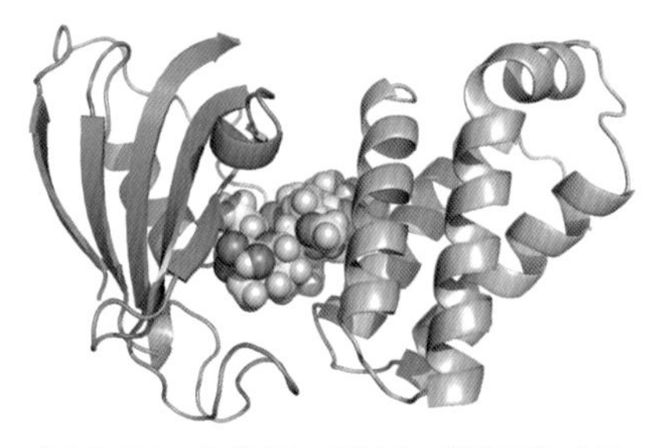

图9.17 小分子二聚剂。聚酮类天然产物雷帕霉素（黄色）诱导FKBP12（蓝色）和mTOR（绿色）的二聚化反应。雷帕霉素在临床上被用作免疫抑制剂。（PDB：1FAP）

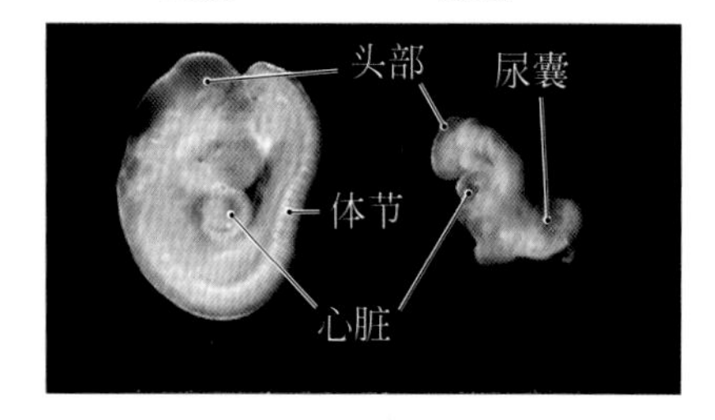

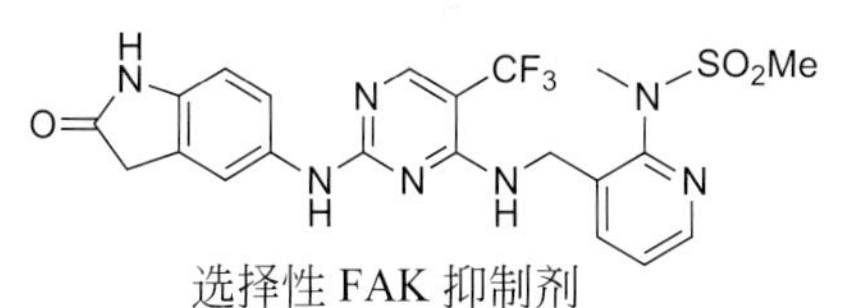

图9.18 小分子对胚胎发育的控制。你无法研究K454R基因突变的小鼠，因为它们从未出生过。左侧为野生型胚胎（WT/WT）；右边是K454突变为R454导致的无法存活的畸形胚胎。底部为一种选择性的FAK抑制剂，可以在野生型小鼠发育成健康成年鼠后使用。（改编自S. T. Lim et al., *J. Biol. Chem.* 285：21526-21536，2010；已获得American Society for Biochemistry and Molecular Biology授权。）

筛选鉴定用于化学遗传学的小分子

化学生物学和药物开发的一个主要挑战是找到对特定蛋白质靶标有选择性的小分子。正如我们在本书中看到，大自然产生了大量针对细胞信号转导通路的小分子，但天然抑制剂很少对人体内的全部蛋白质有效和有选择性。寻找有选择性的小分子调控剂通常需要建立一个高通量分析方法，并在一次筛选活动中测试数千种化合物。

为了说明一个典型的筛选工作流程，我们以筛选识别抑制有丝分裂而不影响微管的功能化合物为例。现在有许多有效的抗癌药物会影响微管组装和分解，因此我们不需要进一步寻找这类化合物。抗有丝分裂试验是基于酶联免疫吸附试验（ELISA）检测整个细胞的有丝分裂，而不是蛋白质溶液中的实验。通过在384孔板中生长的上皮细胞筛选一个包含16320种化合物文库。细胞用70%乙醇固定，以洗去脂质并且取代水，使大多数蛋白质不溶；然后对固定的细胞进行酶联免疫吸附试验，其中含有对磷酸化核仁蛋白有选择性的抗体，而磷酸化核仁蛋白只存在于有丝分裂细胞中。只有不到1%的化合物是有活性的［**图9.19（A）**］。当分别检测这139个候选物破坏微管形成的能力时，发现86个候选物对微管没有影响［**图9.19（B）**］。这86种化合物对细胞周期不同阶段的影响分别用荧光显微镜进行评估。分别用每种化合物处理肾脏细胞，然后用针对微管的荧光抗体（染成绿色）和染色质（染成蓝色）对细胞进行固定和染色。通过显微镜观察各种效应。在只影响有丝分裂的5

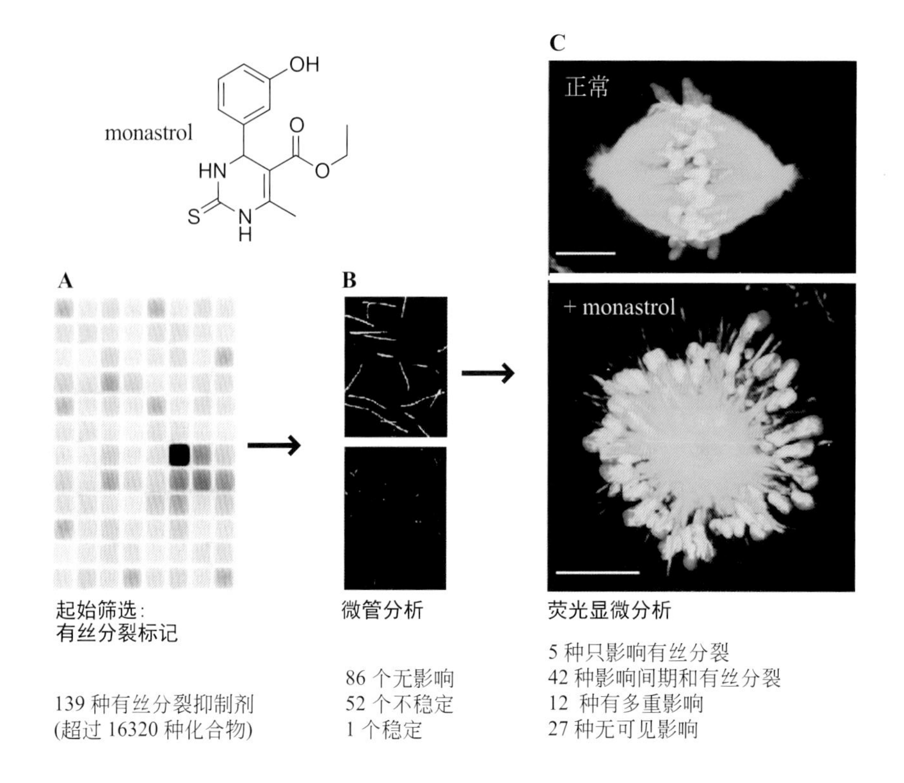

图9.19 高通量筛选细胞表型。（A）筛选16320种化合物的抗有丝分裂作用，结果得到139个候选物。（B）进一步检测抗有丝分裂蛋白对微管的活性。（C）86个对微管无影响的化合物中，其中5个对有丝分裂有选择性。荧光染色的微管（绿色）和染色质（蓝色）显示一个化合物诱导异常的有丝分裂纺锤体，这个化合物被称为monastrol。（摘自T.U. Mayer et al., Science 286：971-974，1999。已获得AAAS授权。）

个位点中，monastrol 导致有丝分裂纺锤体的显著畸变［**图 9.19**（**C**）］。在有丝分裂过程中，正常细胞的染色体沿着一条混乱的线排列，而在用 monastrol 处理过的细胞中，染色体从一个中心点发出，就像一颗爆炸的恒星。进一步的研究揭示了 monastrol 的真正靶标是驱动蛋白，一种能将 DNA 沿着微管拖动的马达蛋白（**图 9.20**）。对于制药公司或大型学术机构来说，在一次筛选工作中筛选数十万种化合物并不罕见。这些筛选为药物开发和生物学家的新工具提供了丰富的线索来源。

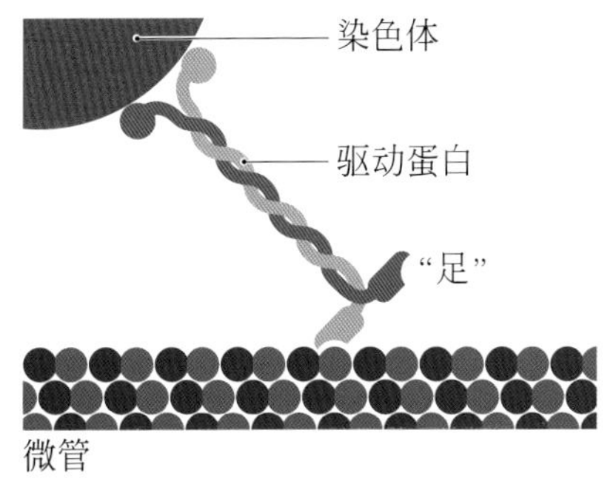

图9.20 千里之行，始于足下。ATP水解驱动构象变化，防止驱动蛋白向后移动。当驱动蛋白二聚体沿着微管摇摆时，它们会将大量的染色体拖到它们附近。（由C. Asbury和Steven M. Block提供）

小分子筛选有多重要？回顾第 4 章，RNA 干扰使得仅根据 mRNA 序列终止蛋白质的表达成为可能，而不需要进行高通量筛选。针对任何蛋白质的小干扰 RNA 都很容易设计和合成，但 RNA 干扰有两个缺点。首先，RNA 不具有膜透性。目前，RNA 分子缺乏典型药物的口服有效性和药代动力学。第二，终止蛋白质的表达并不等于抑制已经表达的蛋白质的功能。然而，小分子可以解决这些问题，为化学生物学研究提供了宝贵的工具。

9.3 核受体（Nuclear Receptors）

小分子配体的结合激活核受体转录因子

我们将从最简单的问题入手来讨论信号转导通路：直接与信号分子结合的转录因子。细菌利用转录因子受体进行群体感应，在它们达到高种群密度时就会进行发光等活动。在人体中，转录因子受体通常被称为**核受体**（nuclear receptors）。核受体途径很简单，但配体结构复杂且有趣，所以我们将花较多篇幅讨论配体而不是途径本身。

对人类基因组的分析，揭示了 28 种核受体［如果包括与相同配体结合的亚型（如 α、β、γ），则有 48 种］。在自然界中的这 28 种类型中，只有 8 种发现了高亲和力配体（**图 9.21**）。甾体激素是核受体最常见的配体：黄体酮、

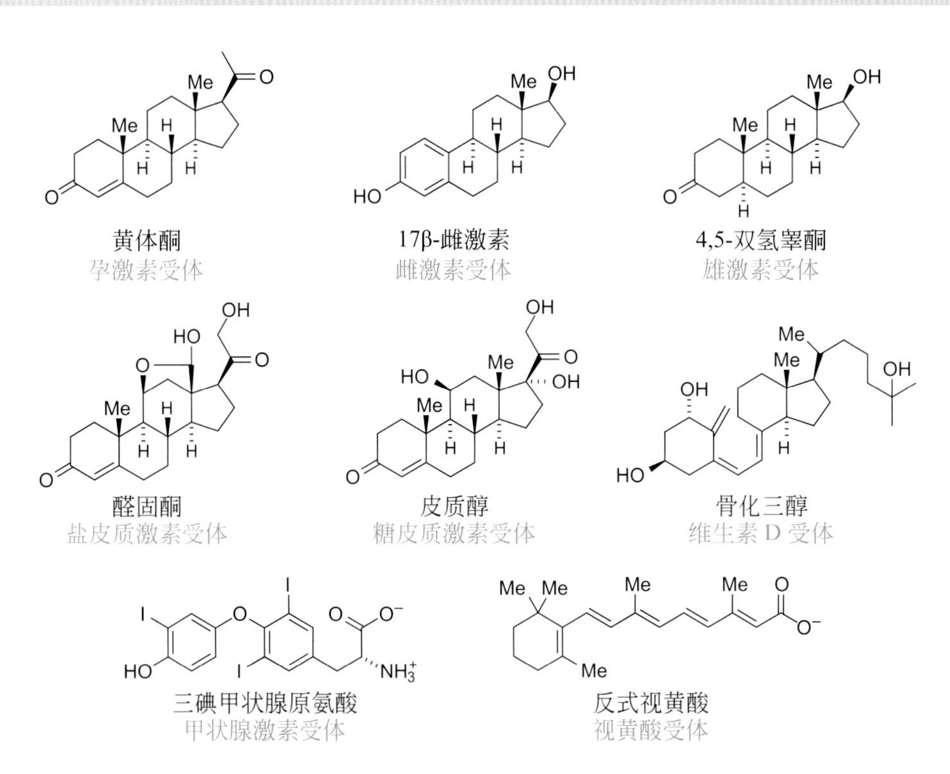

图 9.21　配体及其受体。示例中的核受体配体（黑色）与人核受体（蓝色）的结合具有高亲和力和高特异性。

雌激素、睾酮、醛固酮和皮质醇。此外，维生素 D、三碘甲状腺原氨酸和反式视黄酸也是高亲和配体。核受体结合激素具有高亲和力（纳摩尔级 K_d 值）和高特异性。核受体-激素复合物的晶体结构表明，配体完全被锁定在配体结合域内（**图 9.22**）。

尚未被内源性配体识别的受体被称为**孤核受体**（orphan nuclear receptors）。广泛的研究还没能够发现 28 种人核受体中的 20 种核受体的高特异性和高亲和性配体。由此推测孤核受体与大量细胞内代谢物的亲和力较低。核受体被认为与大量细胞内代谢物结合，如肝 X 受体（LXR）、法尼酯 X 受体（FXR）、类视黄醇 X 受体（RXR）、过氧化物酶体增殖物激活受体（PPAR）、芳香烃受体、前列腺素 X 受体和组成型雄甾烷受体（CAR）。肝 X 受体可在胆固醇代谢物羟固醇（oxysterols）低于其生理水平浓度时被激活（**图 9.23**）。尽管胆固醇在脂质双分子层中含量非常丰富，却没有发现胆固醇的核受体，肝 X 受体被认为是胆固醇水平的间接传感器。令人惊讶的是，在生理水平上，葡萄糖和葡萄糖-6-磷酸也能激活肝 X 受体。由于肝 X 受体激活脂质代谢基因并与羟固醇结合，该受体可能将脂质代谢与糖尿病相关的血糖水平联系起来。

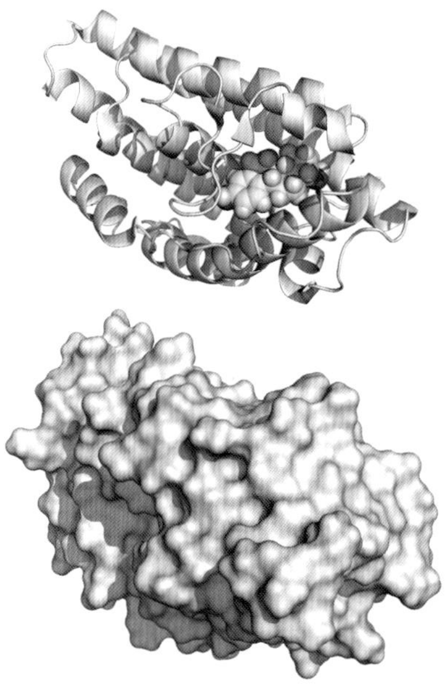

图 9.22　被锁住！人雌激素受体-α（PDB：1QKU）的配体结合域的条带状模式（上）和溶剂可及表面（下），表明配体 17β-雌二醇被完全密封在受体中。

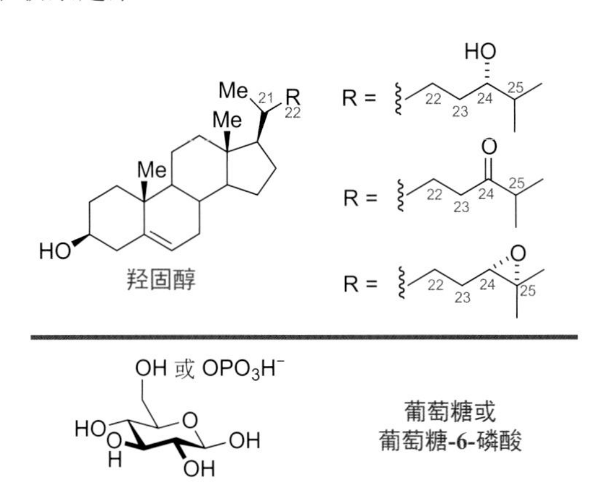

图 9.23　肝 X 受体的配体。两种不同类型的配体：甾醇和单糖。它们在生理浓度下激活肝 X 受体。

核受体在细胞内，因此核受体的配体必须是膜透性的或在细胞内存在。已知核受体的高亲和配体是亲脂性的，因此在水中溶解度低。这些配体由含有亲脂性口袋的蛋白质在血液中运输，如视黄醇结合蛋白和甲状腺结合球蛋白。有些细胞含有视黄酸结合蛋白，可协助运输到细胞核。

一些核受体可从细胞质转移到细胞核，以同源二聚体的形式与DNA结合

17β- 雌二醇信号转导通路揭示了核受体是如何工作的。雌激素受体的配体雌二醇（estradiol）在女性中含量最丰富。在生殖年龄，它主要在卵巢内产生，而在大脑和男性睾丸中产生的数量较少。雌二醇在月经周期中针对子宫和大脑中的细胞起关键作用。雌二醇可穿过下丘脑细胞的细胞膜，与雌激素受体-α 结合紧密。雌激素受体-α 以二聚体形式被束缚在细胞质中，并结合热休克蛋白 90（Hsp90）。随后 Hsp90 的解离使得雌激素受体二聚体被主动运输到细胞核。雌激素受体具有短肽序列，称为**核定位序列**（nuclear localization sequence，NLS），可以结合到核转运蛋白 β。这种结合允许蛋白质通过核孔复合体运输。一旦在细胞核中，可结合配体的雌激素受体-α 紧密结合到一个特定的 DNA 序列，即雌激素响应元件，来增强蛋白质激素促性腺激素释放激素基因的转录（**图 9.24**）。其他由配体介导的核受体信号通路包括黄体酮、4,5-二氢睾酮、皮质醇、醛固酮等，其信号转导通路相似，但组织分布和靶基因不同。

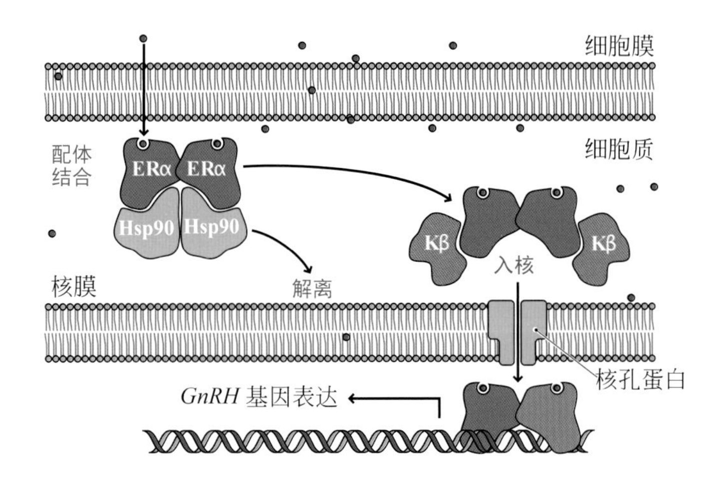

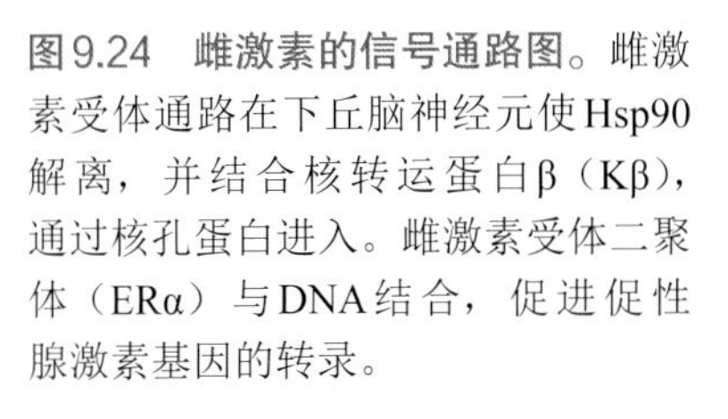

图9.24 雌激素的信号通路图。雌激素受体通路在下丘脑神经元使Hsp90解离，并结合核转运蛋白β（Kβ），通过核孔蛋白进入。雌激素受体二聚体（ERα）与DNA结合，促进促性腺激素基因的转录。

有些核受体位于细胞核内，以异二聚体的形式与DNA结合

核受体信号转导通路的第二个主要变体是留在细胞核内的异源二聚化核受体。参考内源性配体视黄酸的信号转导通路，这一通路最容易被理解。反式视黄酸（异视黄酸）是治疗严重囊性痤疮的处方药，但像其他核受体配体一样，它对细胞生长有较深的影响，特别是对发育中的胎儿（**图 9.25**）。视黄酸（retinoic acid）是一种有效的致畸物，已知它会导致人类出生缺陷，包括脑积水（大脑中脑脊液的积累）和畸形或缺耳，所以视黄酸的处方要小心管控。在美国，女性必须在首次处方前提交两份阴性的验孕报告，所有患者在服用视黄酸时都被建议不要献血。

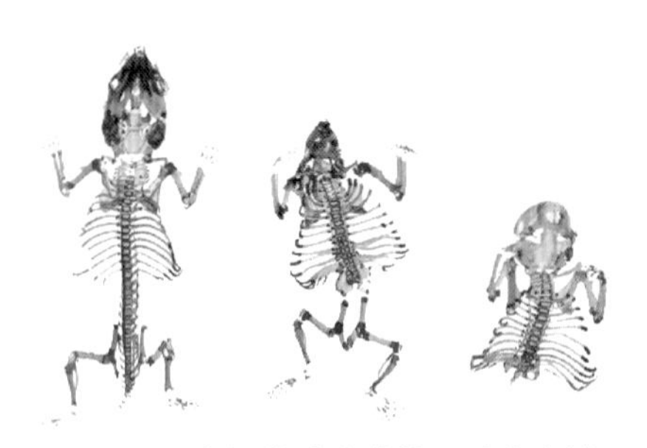

图9.25 类视黄醇造成的严重出生缺陷。用大剂量的视黄醇（视黄酸的前体）处理怀孕的老鼠，会导致胚胎畸形。（由Nobel Foundation提供。）

视黄酸通过细胞膜和核膜扩散。在发育过程中的胚胎神经细胞的细胞核里，视黄酸结合视黄酸受体-α（RARα），成为异源二聚体类视黄醇 X 受体（RXR）。形成的 RARα-RXR 异源二聚体与特定 DNA 序列结合，加强一些基因的转录和抑制其他基因的转录。例如，神经细胞在发育中，RARα-RXR 异

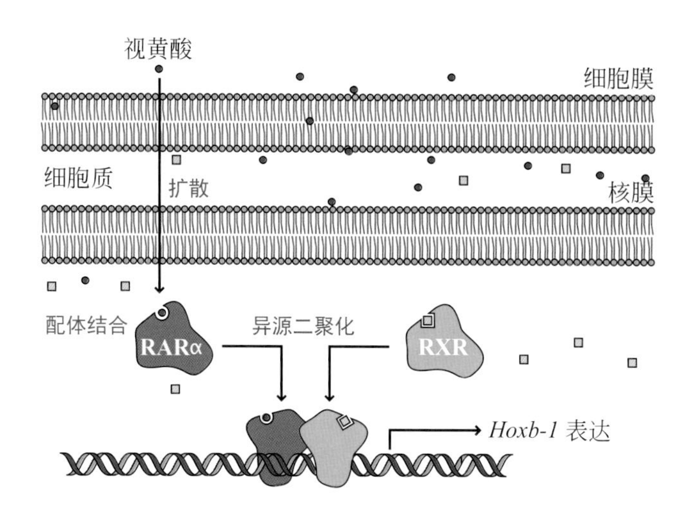

图9.26 视黄酸的作用轨迹。下丘脑神经元视黄酸受体通路是一个典型的核受体通路。

源二聚体增强同源框基因 *b-1*（*Hoxb-1*）的表达。*Hox* 基因编码转录因子，进一步控制细胞生长和分化（**图 9.26**）。这种异源二聚化途径也存在于甲状腺受体、维生素 D 受体、过氧化物酶体增殖物激活受体、肝 X 受体和组成型雄甾烷受体中。

核受体二聚化方式决定了DNA序列的选择性

每个核受体的 DNA 结合域是一个锌指（zinc-finger）结构域，仅能识别两个不同的含有六碱基对序列的一个（**图 9.27**）：5′-AGAACA-3′ 或 5′-AGGTCA-3′。在基因调控中，一个重要的选择性来自核受体结合为二聚体，可识别共 12 个独特的碱基对。这些 DNA 识别序列被称为**反应元件**（response element），因为它们决定了基因对转录因子的反应。例如，核受体反应元件包括雌激素反应元件、雄激素反应元件和维生素 D 反应元件。

一些核受体形成头对头的同源二聚体，可结合到六碱基对识别序列的反向重复序列上。例如，糖皮质激素受体、孕激素受体、组成型雄甾烷受体和盐皮质激素受体可形成同源二聚体，结合反向重复序列 5′-AGAACANNNTGTTCT-3′。注意，当按 5′ → 3′ 方向读取时，这个序列的互补链是相同的。雌激素受体作为同源二聚体结合反向重复序列 5′-AGGTCANNNTGACCT-3′。其他核受体结合六碱基对重复序列 5′-AGGTCA(N)$_{1\sim5}$AGGTCA-3′，例如类视黄醇 X 受体、视黄酸受体、过氧物酶体增殖物激活受体（PPAR）、维生素 D 受体、甲状腺素受体和肝 X 受体。中间碱基对的数量很重要；五个碱基对的跨度代表了 B 型 DNA 螺旋轴的 180° 扭曲。许多核受体的部分结构已经通过 X 射线晶体学得到解释，或者是配体结合域或 DNA 结合域，但不是两者都有。到目前为止，只有一个结合到 DNA 的完整核受体的晶体结构：RXRα-PPARγ 异源二聚体。在该晶体结构中，视黄酸结合 RXRα，药物（*S*）- 罗格列酮结合 PPARγ。正如预期的那样，每个核受体的锌指结合序列为 5′-AGGTCA-3′（**图 9.28**）。

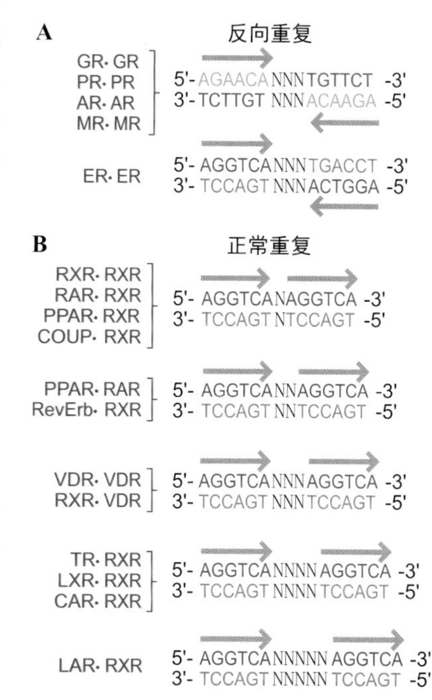

图9.27 核受体与DNA结合。唯一的DNA序列可以被核受体的同源二聚体或异源二聚体识别。部分DNA反应元件为反向重复序列（A）；其他的只是简单重复（B），由1～5对碱基隔开。高亲和力核受体的全名见图9.21。一些孤核受体的缩写：COUP，chicken ovalbumin upstream promoter（鸡卵清蛋白上游启动子）；RevErb，reverse orientation of the c-*erbA* gene（c-*erbA* 基因的反向定位）。

人体细胞可以被果蝇的核受体重新连接起来进行控制

核受体在一系列不同的生物体中具有共同的结构和机制。然而，它们在不同的生物体中不能与完全相同的配体结合。例如，在人体中，像睾酮和雌激素这样的甾体激素在青春期的发育中起着关键作用。然而，在果蝇中，从非生殖幼体到生殖成体的发展是由类固醇 20- 羟基蜕皮激素与蜕皮激素受体的结合以及保幼激素Ⅲ与超气门蛋白受体的结合来控制的。这些昆虫核受体

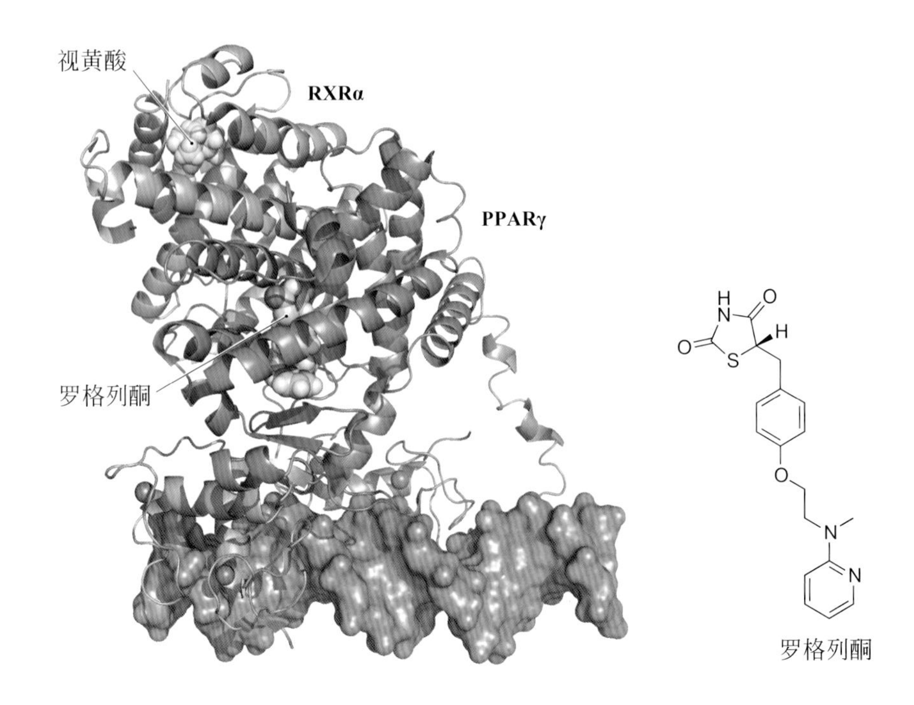

图9.28 与DNA结合的全长核受体结构。RXRα-PPARγ复合物的结合配体罗格列酮、视黄酸和DNA。DNA包含以下一致的结合序列（下划线标注）：AGGTCAAAGGTCA。（PDB：3DZY）

形成一个异源二聚体来控制分化（**图 9.29**）。几乎所有的植物都生产蜕皮激素，以蜕皮激素受体为靶标，诱导幼虫异常蜕皮。每克菠菜含有 0.1 mg 20-羟基蜕皮激素和 5,20-二羟基蜕皮激素（也称为水龙骨素 B）。例如，在冷杉树中发现的萜类天然产物保幼酮，模仿保幼激素Ⅲ，对蜕皮产生不利影响。当萤火虫在最后幼虫蜕皮前用保幼酮处理时，它们会变成巨大的多余幼体，而不是发育成成虫。杀虫剂虫酰肼（Mimic®）作用于蛾（鳞翅目）幼虫的蜕皮激素受体，诱导其发生致死性早蜕皮（**图 9.30**）。

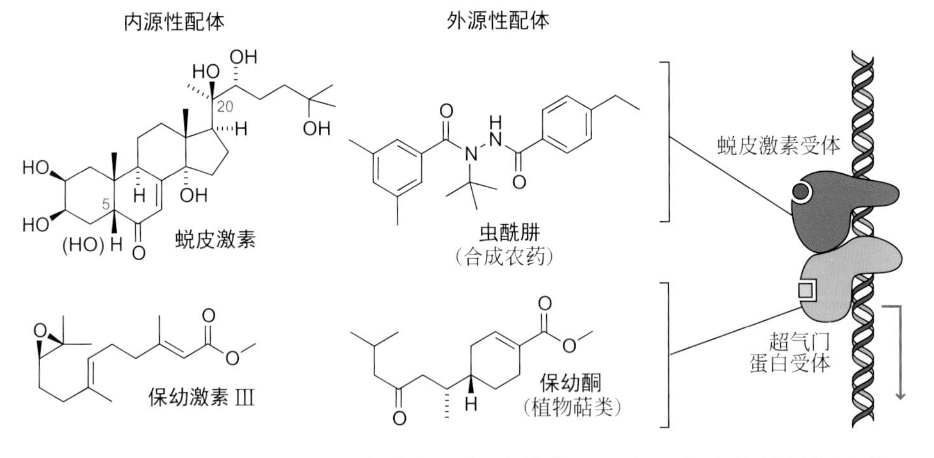

图9.29 通过配体对核受体的作用来控制昆虫。内源性配体（如蜕皮激素和保幼激素）激活昆虫内的核受体。外源性配体，如合成和天然农药，也靶向这些昆虫核受体，来诱导提前蜕皮。

人体内既没有20-羟基蜕皮激素、保幼激素Ⅲ，也没有它们的同源受体，但每个果蝇受体都是一个人核受体的同源体。根据氨基酸序列和蛋白质结构，蜕皮激素受体与人法尼酯 X 受体的同源性最高，而超气门蛋白受体与人类视黄醇 X 受体的同源性最强。令人惊讶的是，蜕皮激素受体可以与人类视黄醇 X 受体形成功能异二聚体。当人细胞转染表达蜕皮激素受体的质粒后，再用蜕皮激素处理，蜕皮激素受体与人类视黄醇 X 受体结合，并与 DNA 结合（**图 9.31**）。

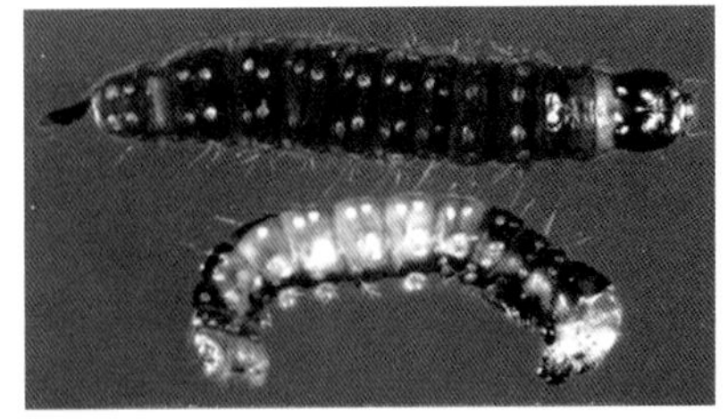

图9.30 杀虫剂靶向核受体。云杉幼虫蜕皮48小时后的第六龄（蜕皮期）幼虫。顶图，对照组；底图，用虫酰肼处理。（图片来源于A. Retnakaran et al., *Pest Manag. Sci.* 57：951-957, 2001；已获John Wiley & Sons授权。）

蜕皮激素受体已经被重新工程化设计，包括重建人类转录机制（而不是果蝇转录机制）的哺乳动物 VP16 域和确认与糖皮质激素受体（5′-AGAACA-

3′）具有相同 DNA 结合选择性的三个点突变。在人体细胞中表达时，这种重新设计后的核受体 VgEcR 形成的异源二聚体类视黄醇 X 受体，可以用来开启受新的反应元件（5′-AGGTCANAGAACA-3′）调控的基因表达。这种果蝇核受体和新型反应元件的结合，可以利用昆虫激素来启动人体细胞的转录，而不影响其他人类基因。

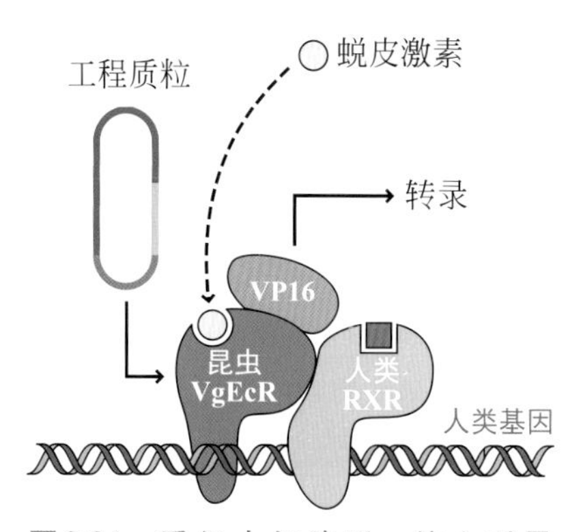

图9.31 重组人细胞系，使之对昆虫激素产生反应。人源细胞系可以通过接受外源质粒（带有人的转录标记 VP16）从而编码一种特殊形式的蜕皮激素受体。

问题9.4

画一张图展示如何使用雄激素受体和雌激素受体的 DNA 结合域来设计一对新的蛋白质在雷帕霉素存在下结合 DNA 序列 5′-AGGTCATAGTGTTCT-3′。

甾体是一种强效药物

对甾体激素强烈的化学兴趣推动了核受体领域的发展，在 20 世纪 60 年代催生了第一种避孕药物——黄体酮激动剂。现如今，大量的甾体激素类药物被合成和销售。最初，甾体药物的主要原料是从大量的墨西哥巴巴斯科山药中分离出来的一种叫做薯蓣皂苷元的甾体（**图 9.32**）。今天，甾体原料是从大豆中分离出来的。虽然植物甾醇含量很低，但是大豆的种植规模很大。例如，2009 年美国大豆产量超过 800 亿公斤。大豆含有 0.3% 的植物甾醇（*β*-谷甾醇∶豆甾醇∶菜油甾醇 =3∶1∶1）。加工后的大豆油（超市销售的“植物油”）中植物甾醇的含量仍在 0.2% ～ 0.3% 之间（**图 9.33**）。甾醇是醇和脂肪酸酯的混合物。由于大豆中甾醇含量低、组成多样，因此从植物甾醇到甾体的途径直到 1976 年才与薯蓣皂苷元途径相提并论，当时墨西哥薯蓣皂苷元价格飙升了 250%。大豆植物甾醇通过微生物裂解甾族化合物侧链的方式转化成十分有用的起始原料。

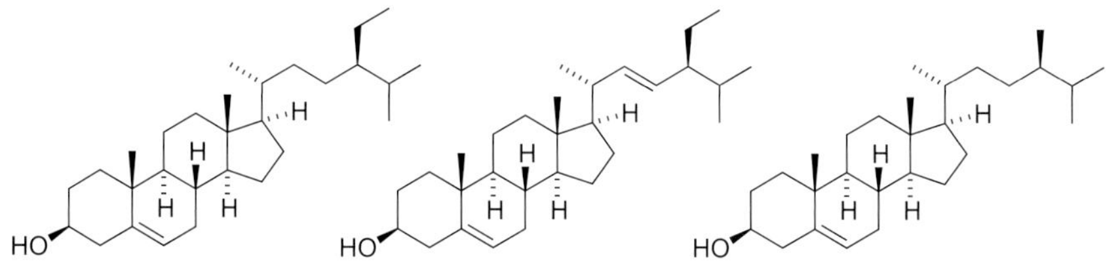

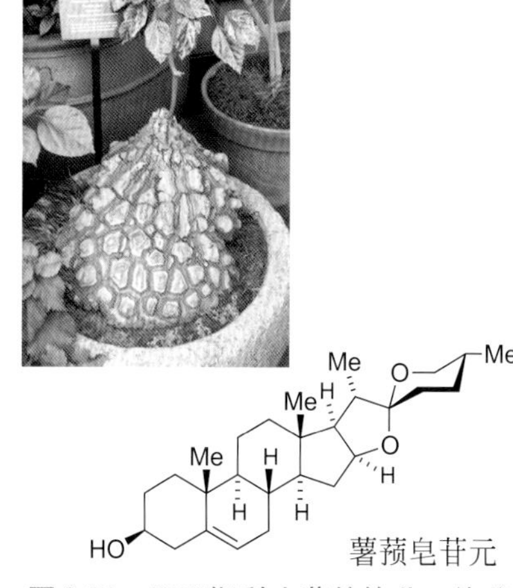

图9.32 巴巴斯科山药的块茎。块茎含量为2% 的单一的甾体——薯蓣皂苷元。（由 Nhu Nguyen，University of California，Berkeley 提供。）

β-谷甾醇　豆甾醇　菜油甾醇

图9.33 大豆甾醇。从大豆油中提取的三种植物甾醇的混合物是目前最常见的甾体药物合成起始原料。

甾体仍被广泛应用于避孕以外的一系列适应证（**图 9.34**）。多年来，从怀孕母马的尿液中分离出的雌酮偶联物（主要为 *O*- 硫酸盐酯类）（以商品名普瑞马林出售）被广泛用于激素替代疗法，以改善更年期后的症状，如潮热。在 2002 年的巅峰时期，普瑞马林在美国的年销售额超过了 20 亿美元。2002 年以后，由于越来越多的证据表明长期使用雌激素和黄体酮会增加心血管疾病和癌症的风险，导致其销售量下降。

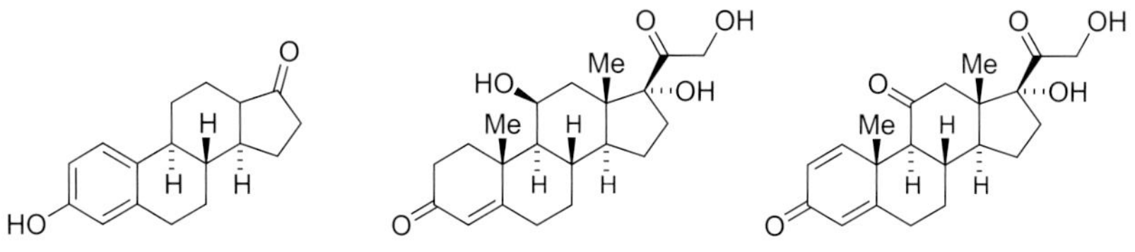

雌酮　氢化可的松　泼尼松

图9.34 用于治疗的甾体。雌激素衍生物和糖皮质激素（如氢化可的松）已被广泛用作药物。

糖皮质激素被广泛用作抗炎药物。氢化可的松软膏（1% 氢化可的松）作为止痒药物在柜台上随处可见。强力合成糖皮质激素氟替卡松（fluticasone）是丙酸氟替卡松（Flonase™）鼻腔喷雾剂和双组分哮喘药物沙美特罗（Advair™）的组成部分。2008 年，沙美特罗在美国的销售额接近 40 亿美元。

问题9.5

许多甾体激素和甾体药物具有烯酮官能团，可以与巯基如谷胱甘肽或半胱氨酸侧链反应。反应平衡对空间位阻极为敏感。根据下面的平衡常数和 5 mmol/L 的硫醇浓度，在硫醇加合物达到平衡时，黄体酮比例是多少？在硫醇加合物达到平衡状态下，泼尼松（prednisone）比例是多少？

K_{eq}

硫醇加合物

R	K_{eq}
H	7000
CH_3	2

核受体的非甾体配体也被广泛用作药物

核受体的非甾体配体既是生物合成的又可被作为药物广泛使用。颈部的甲状腺产生三碘甲状腺原氨酸，同时还有四碘甲状腺原氨酸，它被靶细胞中的酶转化为更有效的三碘甲状腺原氨酸（**图 9.35**）。三碘甲状腺原氨酸通过与核受体结合控制整个机体的新陈代谢。这种结合可以刺激身体的基础代谢速率，刺激葡萄糖和脂质的利用。三碘甲状腺原氨酸还能促进细胞蛋白合成、心率、心脏收缩力以及心脏收缩部分的血压和体温。总之，这两种化合物通过直接与核受体结合介导广泛的生理反应。

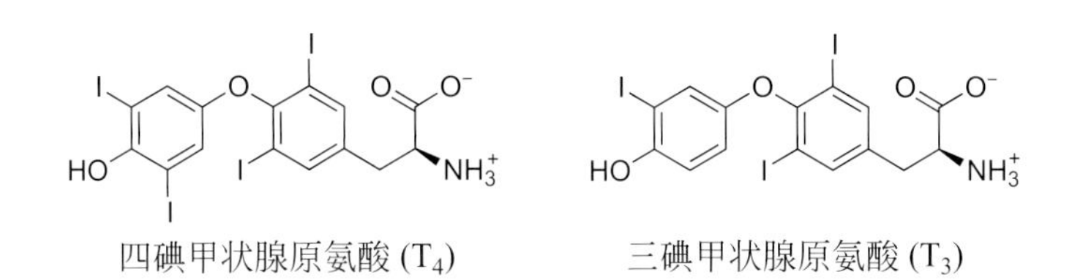

图9.35 调节基础代谢速率。碘取代的非甾体甲状腺原氨酸衍生物是酪氨酸的衍生物，由甲状腺合成，对多种生理反应起控制作用。

当人们饮食中碘不足时，甲状腺细胞就会增殖，导致甲状腺肿大（**图 9.36**）。从 1924 年开始，食盐已经“碘化”，即添加了 0.006%～0.010% 的碘化钾。四碘甲状腺原氨酸是一种重要的处方药，每年在美国的销售额接近 10 亿美元。

核事故会产生放射性物质 ^{131}I，最终集中在甲状腺，导致甲状腺癌。服用碘化钾片剂会使体内的非放射性天然同位素 ^{127}I 大量堆积，从而阻止了 ^{131}I 在甲状腺中的积聚。

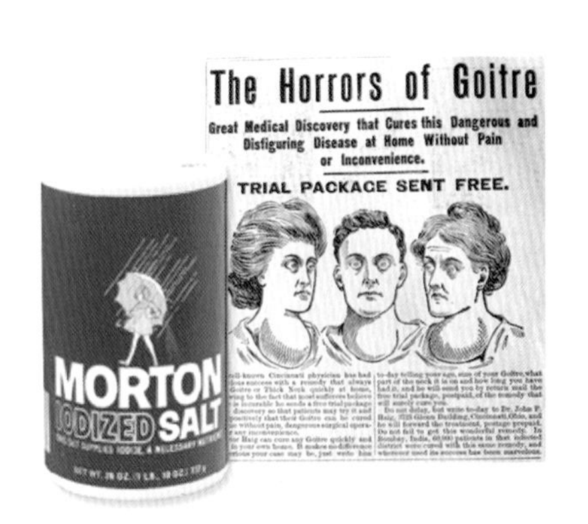

图9.36 为核受体摄入“食物”。碘盐于1924年被引入预防以甲状腺肿大为特征的甲状腺肿。（左：由Morton Salt提供。）

药物可以被设计成靶向核受体的特定突变

核受体配体的特殊亲和力使它们能在极低的浓度发挥作用，这使得这些化合物成为治疗的良好候选物。例如，小分子骨化三醇，商品名为罗盖全（Rocaltrol®），开处方量为 0.25 μg 和 0.50 μg。人体利用两种周环光化学反应形成了胆钙化醇（又称维生素 D_3）的维生素 D 环系（**图 9.37**）：一个 6π 电子的电环化开环反应和同侧的［1,7］单键转移的反应。这种转化酶很容易就能在皮肤上找到，因为那里光线充足。然后，肝脏中的一种酶添加 25 位羟基，肾脏中的一种酶添加 1 位羟基。最终形式的维生素 D_3（骨化三醇）与

Me Me Me HO 7-脱氢-骨化三醇 $h\nu$ 电环化开环 H HO $h\nu$ [1,7] 单键转移 Me Me HO 维生素 D_3（胆钙化醇） 肝酶；肾酶 OH Me Me OH HO 1,25-二羟基-维生素 D_3（骨化三醇）

图9.37 **骨生长激素**。骨化三醇的生物合成涉及周环反应。

维生素 D 受体紧密结合。骨化三醇及其控制的基因对骨骼的正常生长至关重要。缺乏维生素 D 的饮食会导致佝偻病。在患有佝偻病的儿童中，身体的重量扭曲了腿骨，导致腿向外弯曲（**图 9.38**）。

影响维生素 D 受体配体结合位点的突变与抗维生素 D 佝偻病有关。例如，R274L 突变使维生素 D 受体对维生素 D 的反应降低到千分之一，因为它消除了一个氢键并产生了一个天然配体无法填补的空缺（**图 9.39**）。然而，在维生素 D 的 1-羟基上添加 *O*-苄基可以产生最多可恢复 80% 诱导活性的衍生物。

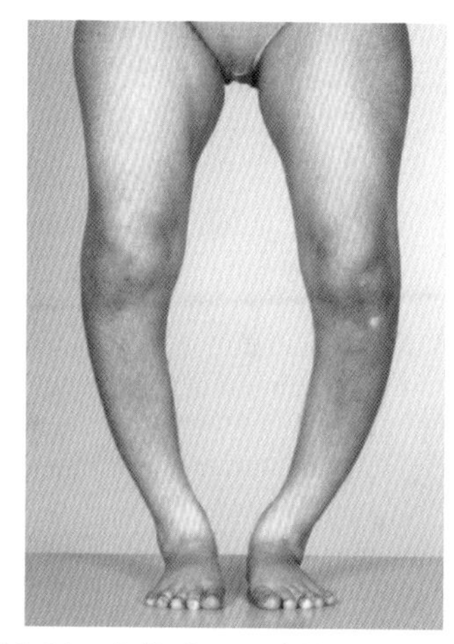

图9.38 **佝偻病**。儿童缺乏维生素D会导致骨骼过于柔软，无法支撑身体的重量。由此导致的佝偻病的特点是腿呈弓形。

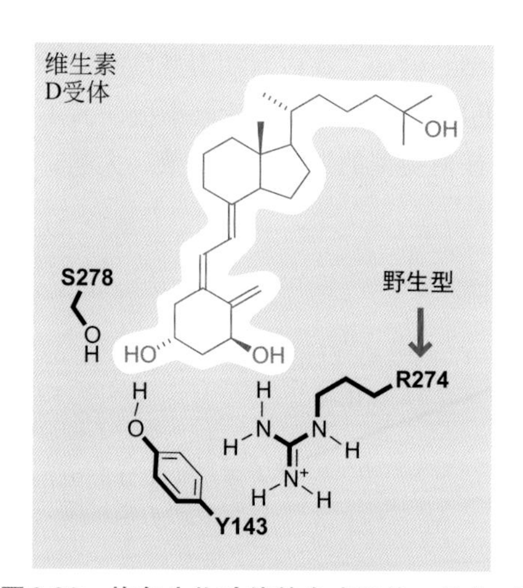

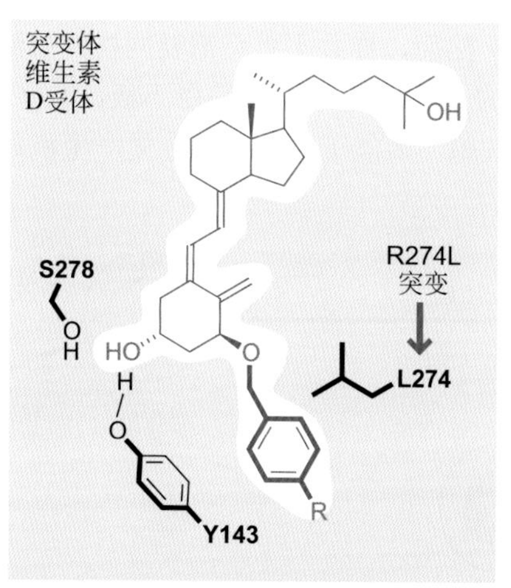

图9.39 **恢复生物功能的合成配体**。骨化三醇通过与Arg274的关键氢键作用与野生型维生素D受体（左）大面积紧密结合；然而，骨化三醇不能填补R274L突变留下的空白。一种合成的骨化三醇*O*-苄基衍生物填补了R274L变体的空白（右），将患者从抗维生素D佝偻病中拯救出来。

问题9.6

三碘甲状腺原氨酸（T3）与野生型甲状腺激素受体结合紧密，在配体结合位点与His435（H435）形成稳定的氢键。通过正交反应设计了一个对自然受体不活泼但对补偿性突变非常活泼的不可代谢的类似物 QH2。下面哪些甲状腺受体突变最可能对 QH2 产生应答：H435A、H435F、H435G、H435K、H435W 或 H435R？

H435 N N—H····O H I O I I NH_3^+ O O^- T_3 O O O O^- QH2

9.4 与转录因子直接相互作用的细胞表面受体（Cell-Surface Receptors that Interact Directly with Transcription Factors）

造血性增殖和分化受分子信号控制

不能穿过细胞膜的配体可以由细胞表面受体识别。金黄色葡萄球菌（*Staphylococcus aureus*）利用一种叫做自诱导肽的多肽进行群体感应。这些不渗透的多肽激活了一个包含膜结合受体和磷酸化蛋白以及转录因子的双组分信号转导系统。细菌磷酸化蛋白作用于组氨酸残基，而不是丝氨酸残基、苏氨酸残基或酪氨酸残基。人类使用双组分信号转导系统来控制血细胞的增殖和分化，这一过程被称为造血（hematopoiesis）（**图9.40**）。骨髓是造血的中心工厂。它包含一个细胞家族，来自一个称为多能造血干细胞的自我复制的细胞系。多能造血干细胞可以增殖产生更多同种类型的细胞，或者在分裂时分化成多种基本细胞类型：红细胞、血小板、产生抗体的B淋巴细胞、杀伤T淋巴细胞、噬菌巨噬细胞、成骨破骨细胞和骨重塑成骨细胞。如果你遭受了创伤，可能需要用血小板来凝结伤口，用白细胞来抵抗感染，并用红细胞来替代失去的红细胞。然而，你并不总是需要同样的血液类型。例如，在应对病毒感染时，你需要的是B细胞，而不是血小板；为了帮助凝血，你需要的是血小板，而不是T细胞。多能干细胞可以分化产生机体中任何类型的细胞，如血液、大脑、肌肉。

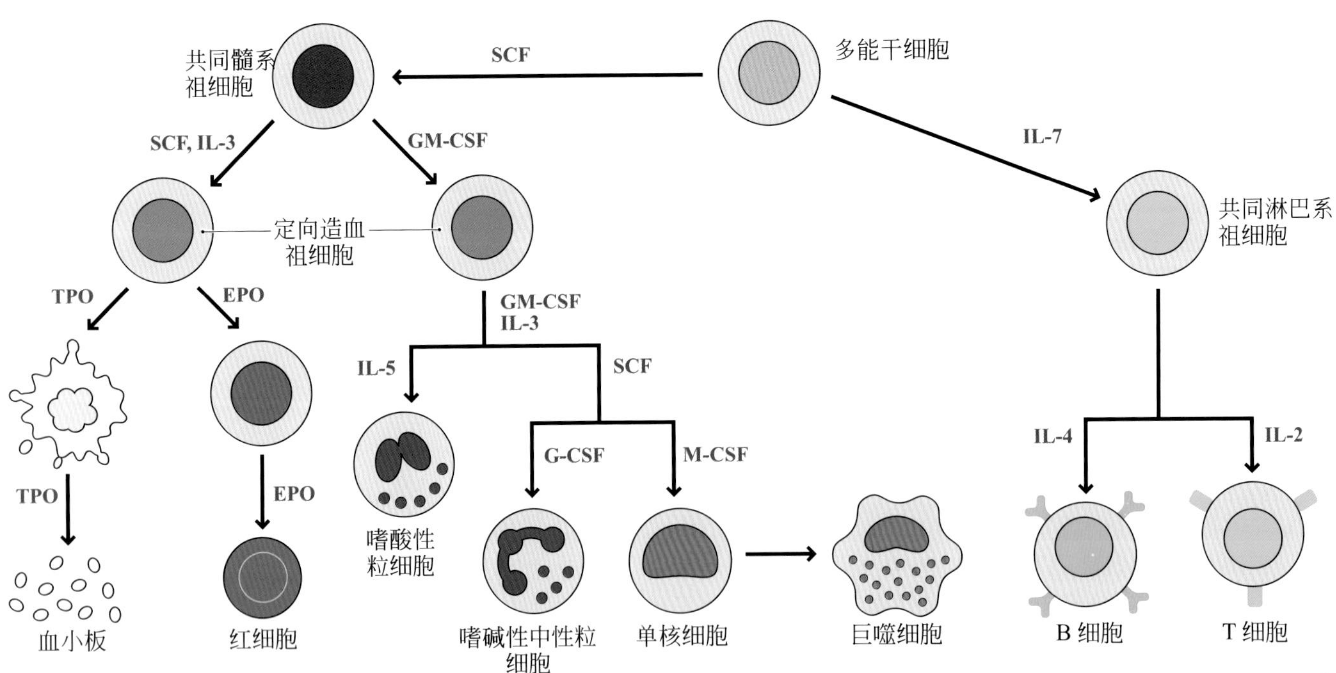

图9.40 **控制血细胞分化的细胞因子。**被称为细胞因子的蛋白质，如促红细胞生成素（EPO）、白细胞介素（IL-3和IL-6），控制着某些类型的血细胞正在生成。（SCF，干细胞因子；TPO，促血小板生成素；GM-CSF、粒细胞/巨噬细胞集落刺激因子；G-CSF，粒细胞集落刺激因子；M-CSF，巨噬细胞集落刺激因子。）

造血细胞类型的增殖和分化是由称为**细胞因子**（cytokines）的内源性蛋白信号或来自致病生物体的细胞外信号诱导的。许多调控造血的细胞因子被命名为白细胞介素（interleukins），因为大多数最初是在白细胞研究中发现的，而白细胞也被称为白血球（旧称，国内已废除）。当多能干细胞分裂时，它们可以产生相同的拷贝，但当混合的细胞因子存在时，它们可以分化产生各种专门的血细胞。白细胞介素-7 的存在诱导分化产生淋巴系祖细胞。干细胞因子的存在诱导分化产生髓系祖细胞。根据环境中细胞因子的混合，髓系祖细胞在分裂时可以进一步分化。例如，白细胞介素-5 诱导分化产生嗜酸性粒细胞，有助于抵抗包括多细胞寄生虫在内的感染。

大多数细胞因子通过一系列密切相关的途径介导细胞内效应，包括激酶的激活和转录因子的磷酸化。我们将看到，受体装配的组织在不同的细胞因子之间有很大的差异，这种差异可以允许多种信号通路之间激活和交流。

问题9.7

哪些细胞因子对于嗜酸性粒细胞、B 细胞的产生是必需的?

人体细胞因子可以用作药物

天然的细胞因子受体的配体已被证明是蛋白质药物的丰富来源。大多数药物抑制生化或细胞过程，而细胞因子可用于诱导细胞过程，如分化。促红细胞生成素，商品名为 Epogen® 和 Aranesp®，可诱导红细胞生长，用于治疗贫血。运动员通过注射促红细胞生成素来增加红细胞的供应，从而提高血液的携氧能力。因此，大多数国际体育组织禁止使用促红细胞生成素。集落刺激因子可诱导多种白细胞的增殖。粒细胞 / 巨噬细胞集落刺激因子以商品名 Neupogen® 出售，这对正在接受化疗的患者尤其重要，因为他们的免疫系统已经被摧毁了。干扰素-α（IFN-α）以 Roferon® 和 Intron A® 为商品名进行出售，用于增强各种肝炎和各种癌症患者的免疫系统。干扰素-β，商品名为 Avonex® 和 Betaseron®，可用于调节多发性硬化症患者过度活跃的免疫系统。干扰素-γ，商品名为 Actimmune®，用于治疗慢性肉芽肿病，在这种疾病中，中性粒细胞将病原体带入粒细胞囊，但却无法摧毁它们，就像一个没有刀片的垃圾处理器。

与造血细胞系无关的其他激素也通过类似细胞因子的受体途径发挥作用。重组人生长激素 1，以商品名 Nutropin® 出售，用于促进儿童由于缺乏天然的人生长激素导致的生长缓慢。为了更快地从伤病中恢复过来，运动员不合理地服用过量的生长激素，会导致肢端肥大症（**图 9.41**）。

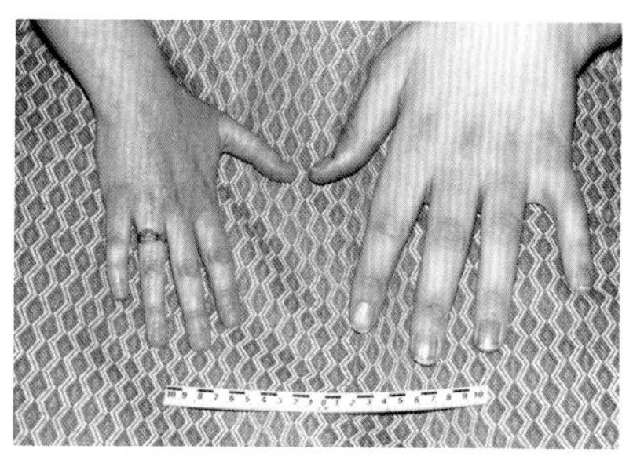

图9.41 生长激素过量。这张照片描绘的是由人生长激素的遗传过剩引起的肢端肥大症。（由Biophoto Associates提供，已获得照片研究人员的授权。）

JAK-STAT通路包括受体、激酶和转录因子

细胞因子信号转导通路是最接近人类的介导群体增殖的原始细菌信号转导通路。对人肾脏进行氧含量和细胞外体积监测；当需要更多的红细胞时，它们会释放促红细胞生成素。由促红细胞生成素诱导的红细胞分化和增殖的信号转导通路是细胞内其他细胞因子信号转导通路的代表。促红细胞生成素与骨髓中发现的红系造血祖细胞膜上的一对促红细胞生成素受体结合。促红细胞生成素等细胞因子以 1∶2 的复合物与两个受体分子结合。其他细胞因子，如白细胞介素-6，以 2∶2 的化学计量比与受体结合。由于促红细胞生成素缺乏双重对称性，二聚体促红细胞生成素受体的每一半都与促红细胞生成素分子的不同部分结合（**图 9.42**）。二聚体中的每个受体蛋白都构成了一个 Janus 激酶，简写为 JAK（**图 9.42** 和**图 9.43**）。人类基因组中有四种不同的 Janus 激酶——JAK1、JAK2、JAK3 和 TYK2。一个关键的构象变化发生在结合的细胞因子配体上，这导致每个 Janus 激酶催化转移磷酸基从 ATP 到对面

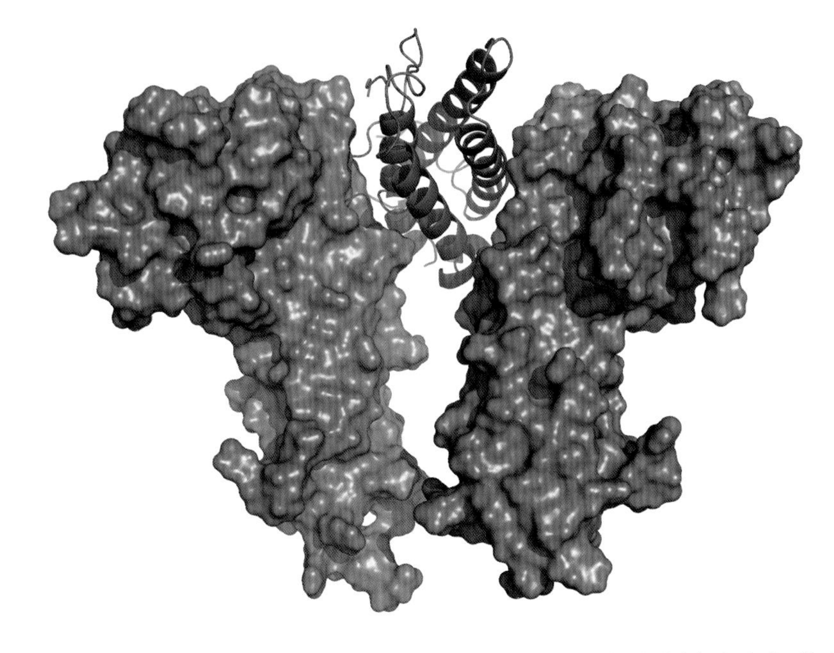

图9.42　受体配体“三明治”。促红细胞生成素受体的胞外结构域（蓝色）和促红细胞生成素苷元（紫色）之间形成2∶1复合体；细胞外结构域仅占整个受体的40%左右。（PDB：1CN4）

图9.43　双面。门神Janus有两张脸。Janus激酶是细胞因子信号通路的一部分。

Janus 激酶的一个特定的酪氨酸残基上。这种相互的磷酸化被称为**自磷酸化**（autophosphorylation），因为在电泳分析 Janus 激酶时发现该蛋白质本身发生了磷酸化；然而，磷酸化实际上是由受体对的另一半催化的。

一旦 Janus 激酶被磷酸化，促红细胞生成素受体就会在转录因子 STAT5（作为信号转换器和转录激活剂）上催化磷酸基从 ATP 转移到酪氨酸残基上。STAT5 具有 SH2（Src 同源 2）结构域，这使它可以与 JAK2 或 STAT5 蛋白上的磷酸酪氨酸结合，（**图 9.44**）。人类有六种不同的 STAT 转录因子基因。JAK 和 STAT 蛋白在任何信号转导通路中的精确结合方式取决于细胞类型。STAT5 在磷酸化前后均可主动进出细胞核；然而，一旦磷酸化，STAT5 通过与 DNA 紧密结合在细胞核中积累（**图 9.45**）。其他三种细胞因子，如促血小板生成素、人生长激素和催乳素，通过类似于促红细胞生成素的信号通路起作用。

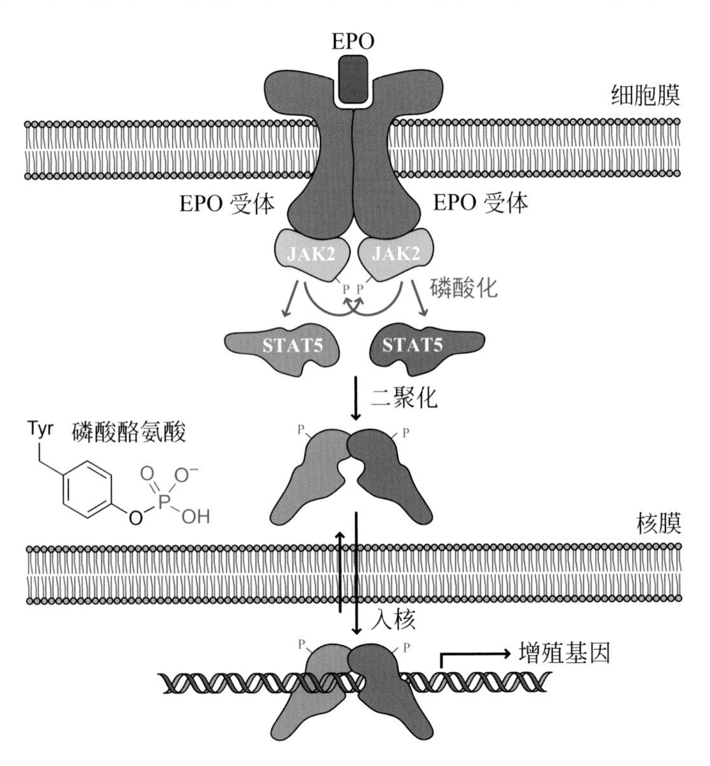

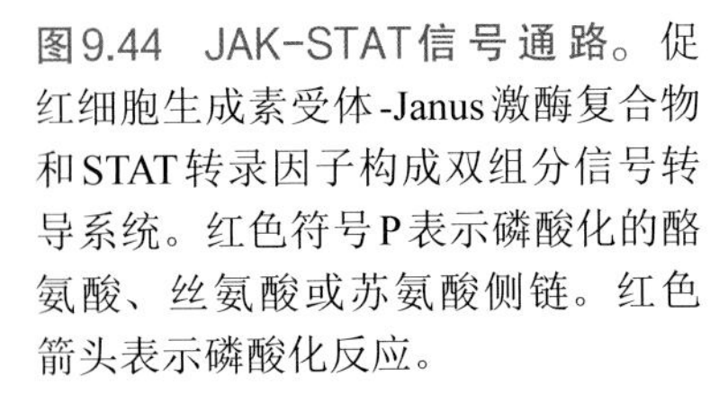

图9.44　JAK-STAT信号通路。促红细胞生成素受体-Janus激酶复合物和STAT转录因子构成双组分信号转导系统。红色符号P表示磷酸化的酪氨酸、丝氨酸或苏氨酸侧链。红色箭头表示磷酸化反应。

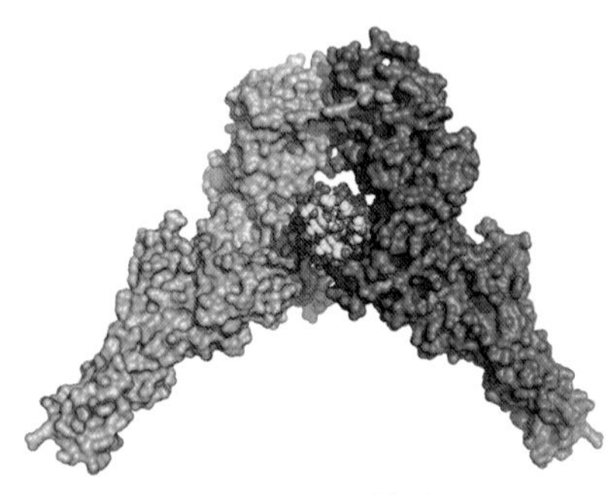

图9.45　STAT-DNA 结合。STAT3B二聚体横跨双链DNA。（PDB：1BG1）

小分子二聚物可以用来证明蛋白质之间的功能关系

香豆霉素 A1 已经被用来证明 JAK2 的激活不需要细胞因子受体高度精确的定位（**图 9.46**）。相反，激活仅仅需要两个 JAK2 激酶域之间相互靠近。假对称抗生素香豆霉素 A1 的每一端都可以与细菌 DNA 旋转酶（GyrB）的 B 亚基紧密结合，使香豆霉素 A1 能够对附着在 GyrB 上的任何蛋白质进行二聚化。JAK2 和 GyrB 之间的非自然结合不表现出自磷酸化。然而，在香豆霉素 A1 存在下，可以观察到 GyrB-JAK2 偶联物的自磷酸化和 STAT5 的磷酸化。

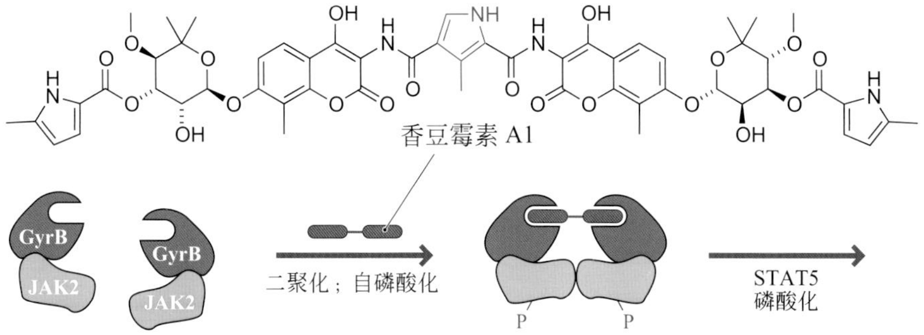

图 9.46　假对称抗生素的二聚化作用。化学诱导 GyrB-Jak2 融合蛋白与香豆霉素 A1 的二聚化作用导致自磷酸化和下游信号转导。

其他干扰素与异源二聚体和高阶受体复合物结合

干扰素是一种细胞因子，最初被认为是通过激活免疫系统的细胞来干扰病毒和细菌感染的。然而，现在已知这些细胞因子具有更多样化的功能。干扰素，如干扰素-α 和干扰素-β，形成五螺旋束结合在人细胞异源二聚体受体上。干扰素-α 紧密结合在干扰素-α 受体 2 亚基上（IFN-αR2），最终形成一个含干扰素-α 受体 1 亚基的三元复合物（**图 9.47**）。这两个受体亚基结合不同的 Janus 激酶—— IFN-αR2 结合 Janus 激酶 JAK1，而 IFN-αR1 结合 Janus 激酶 TYK2。两个 Janus 激酶通过转磷酸化相互激活。然后，TYK2 磷酸化 IFN-αR1 的 Tyr466，这些磷酸酪氨酸可作为 STAT2 的 SH2 域的识别位点（见**图 9.47**）。一旦 STAT2 与受体结合，它就会被 TYK2 磷酸化，并将 STAT1 募集到受体复合物中。然后 JAK1 磷酸化 STAT1，形成异源二聚体 STAT1-STAT2 复合物。其他细胞因子通过高阶配体-受体复合物起作用。白细胞介素-6 受体配体-复合物很像干扰素-α 受体复合物的二聚体，由白细胞介素-6、受体 gp130、白细胞介素-6 共同受体以 2∶2∶2 比例结合。其他干扰素，如干扰素-γ，结合到由一个细胞因子和三个不同的受体蛋白组装成的异源三聚体受体复合物上。

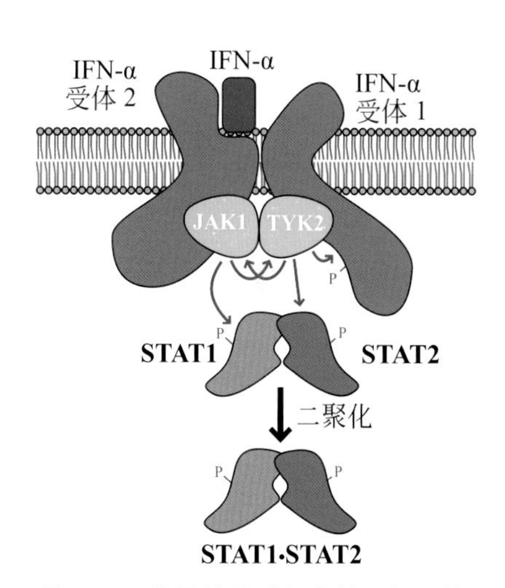

图 9.47　信号转导过程中的异源二聚化。Ⅰ型干扰素（IFN）通路涉及两个不同的受体亚基、两个不同的 Janus 激酶和两个不同的 STAT 转录因子。

合成的 *N*-羟基琥珀酰亚胺酯可使蛋白质在水溶液中酰化

N-羟基琥珀酰亚胺酯（NHS 酯）是一种活性酯，与胺类反应迅速，与羟基反应缓慢。反应活性的差异足以使官能团可以用于酰化蛋白胺类，即使是在缓冲水溶液中。通过短连接链连接两个反应性酯，双 NHS 酯可以为细胞内复合物的“点焊”（spot-welding）提供工具；双 NHS 连接物的加入可在密切相关的蛋白质之间形成共价交联。然而，这种方法也可以发现蛋白质之间的非特异性相互作用（例如，高浓度的蛋白质彼此间的结合很弱），其结果需要其他技术的验证。

双 NHS 酯可以用于解释一个由 IFN-β、IFN-β 受体 2、IFN-β 受体 1 组成的三元复合物。当使用过量的交联剂时，即使在相对低浓度的情况下，三元

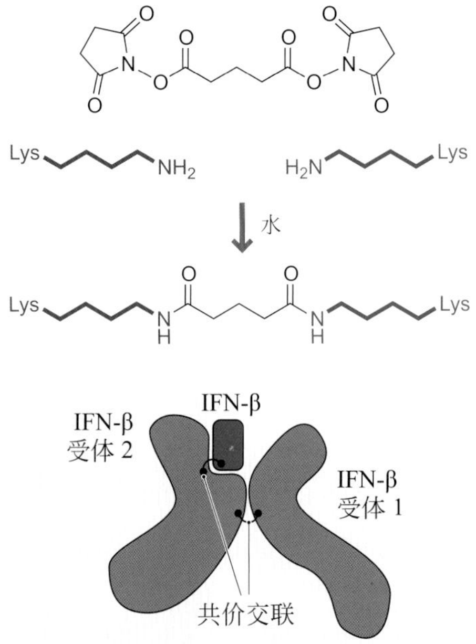

图9.48 共价但非特异性交联。在干扰素-β受体复合物中，一个双*N*-羟基琥珀酰亚胺酯与蛋白质发生交联。

受体复合物中的蛋白质内部和蛋白质之间也会形成随机交联（**图 9.48**）。在这个共价交联复合物中，IFN-β、IFN-β 受体 2、IFN-β 受体 1 之间足够稳定，以至于可以在变性 SDS-聚丙烯酰胺凝胶电泳中观察到。

对于这种 NHS 酯来说，蛋白酰化反应的化学产率通常较低，这是由水和其他羟基基团的氢氧根依赖性水解造成的。在 pH=8.0、25℃，水解 NHS 酯的半衰期约为 1 h。pH 是赖氨酸侧链酰化的关键变量。如果 pH 过低，则赖氨酸侧链被质子化且无反应。如果 pH 过高，则氢氧根离子浓度过高，NHS 酯会迅速水解。

NHS酯广泛应用于化学生物学研究中，在水溶液中与蛋白质形成共价键。NHS 酯可以通过形成共价键直接修饰蛋白质表面。例如，重组人干扰素-α_{2b} 促进免疫系统的活动，以减少恶性黑色素瘤复发的可能性。对干扰素-α_{2b} 的聚乙二醇链（PEG）酰化显著增加了其在血清中的半衰期。总的来说，PEG 的共价修饰增加了蛋白质的分子质量，从而减慢了蛋白质从体内排出的速度；此外，PEG 修饰常能增加改性蛋白质的溶解度。

聚乙二醇不容易以单分散形式存在，因为该聚合物是由聚环氧乙烷合成而来的。相反，聚乙二醇被用作已知平均分子质量的混合物。当人干扰素-α_{2b} 在 pH=6.5 的磷酸盐缓冲溶液中与含有 *N*- 羟基琥珀酰亚胺碳酸酯的聚乙二醇（平均分子质量 12 kDa；273 个氧乙烯单元）酰化时，该反应生成单聚乙二醇化蛋白的混合物，其中 95% 具有单聚乙二醇链。这个"聚乙二醇化"长半衰期的干扰素 -α_{2b} 形式是以商品名 PegIntron® 出售（**图 9.49**）。酰化反应可发生在赖氨酸、组氨酸、丝氨酸、苏氨酸和酪氨酸侧链上，但超过 45% 的聚乙二醇化产物是在一个单一的残基 His34 上酰化的。

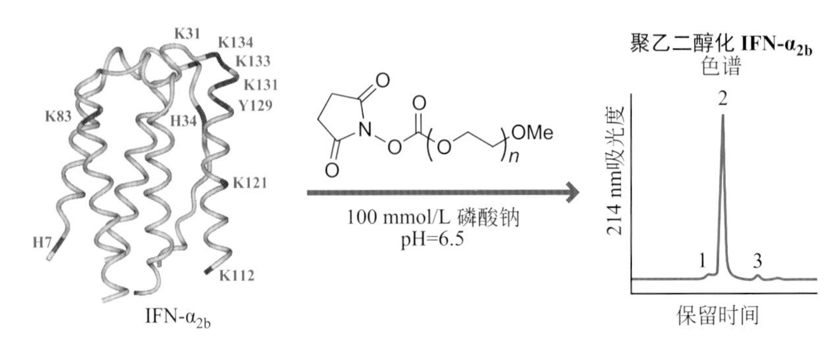

图9.49 非特异性聚乙二醇化反应中不同产物的混合物。干扰素-α_{2b} 和 PEG-*N*-羟基琥珀酰亚胺碳酸酯酰化生成的混合物包含许多不同的产物，在不同的亲核侧链上酰化。通过色谱分析法分析，主要产物包括许多不同的混合物：单酰化产物（峰2），少量的双酰化产物（峰1）和未酰化的 IFN-α_{2b}。

问题9.8

小分子 stattic 选择性地阻断了 5- 羧基荧光素 -G(pY)LPQTV-NH_2 与 STAT3 的 SH2 结构域的结合。令人惊讶的是，饱和的类似物没有活性，抑制程度随着 stattic 孵育时间的延长而增加。如何通过数据来解释 stattic 和 STAT3 之间的相互作用？

stattic　　类似物

转化生长因子-β受体具有内置的丝氨酸/苏氨酸激酶域

转化生长因子-β（TGF-β）是一个关键信号蛋白，根据细胞类型，对细胞增殖和凋亡的平衡产生相反的影响。机制上，该途径类似于白细胞介素-6（有两个配体、两个受体和两个共同受体），只是其激酶域位于受体蛋白中（**图 9.50**）。TGF-β 通路中的转录因子命名为 SMAD（或 RSMAD），而不是 STAT。尽管磷酸酪氨酸调控 STAT 转录因子的二聚化，RSMAD 和 co-SMAD 之间的相互作用则由一种磷酸丝氨酸来调控。我们将在下一节讨论，内置的激酶域通常与**受体酪氨酸激酶**（receptor tyrosine kinase）有关，而不是细胞因子受体。

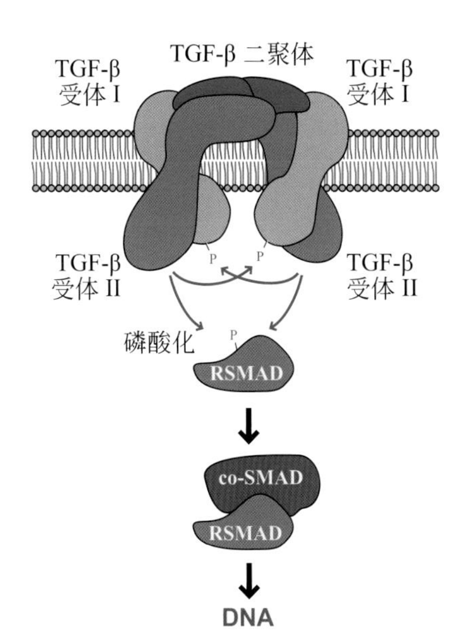

图9.50 丝氨酸/苏氨酸激酶。 转化生长因子-β受体内置丝氨酸/苏氨酸激酶域。这个通路中的红色箭头表示磷酸化反应。

通过亲和选择确定与 SMAD 结合的 DNA 序列。用 DNA 合成仪制备了 20 个随机核苷酸的寡核苷酸文库。每个核苷酸随机区域的两侧是一个已知序列的恒定区域，因此可以进行 PCR 扩增。将寡核苷酸文库与 SMAD4 的 DNA 结合域混合，并进行聚丙烯酰胺凝胶电泳。较大的蛋白质-寡核苷酸复合物在凝胶上的移动速度比未配位的寡核苷酸慢。然后去除含有 DNA 复合物的凝胶区域，提取寡核苷酸并进行 PCR 扩增（**图 9.51**）。通过序列测定和分析，揭示了 SMAD 识别一个理想化的共有序列：5′-GTCTAGAC-3′。

5'-TAGTAAACACTCTATCAATTGG NNNNNNNNNNNNNNNNNNNN GGCTGTAAACGATACTGGAC-3'
3'-ATCATTTGTGAGATAGTTAACC NNNNNNNNNNNNNNNNNNNN CCGACATTTGCTATGACCTG-5'

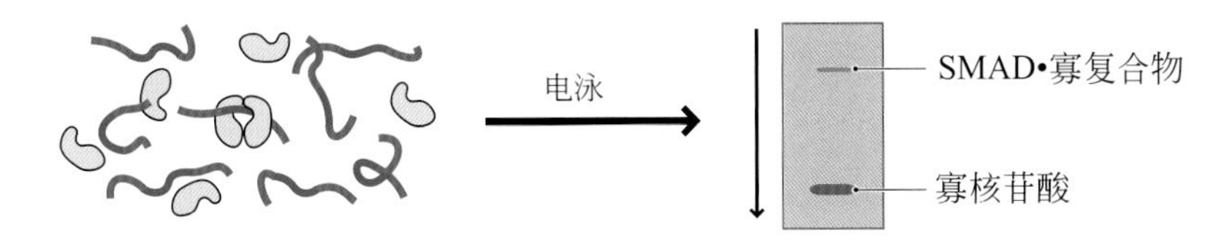

图9.51 选择与蛋白质结合的DNA序列。 当一个寡核苷酸文库与一个紧密结合的转录因子混合时，可以通过电泳选择DNA-蛋白复合物，通过PCR扩增，并进行测序以揭示DNA靶序列。该方法被用来鉴定基因的SMAD反应元件的DNA序列。

9.5 受体酪氨酸激酶（Receptor Tyrosine Kinases）

受体酪氨酸激酶调控组织生长

人体组织的生长受到严格调控。在胎儿发育过程中，组织被精心组装起来，以发展成人体。从婴儿期到成人期，组织生长主要是向上和向外的。在成人期，组织的生长仅由损伤反应而触发。如果割伤了手指，需要免疫细胞来抵抗细菌感染，需要新的由表皮细胞和成纤维细胞组成的皮肤来保护你的身体，需要新的血管来供应生长组织和新神经支配组织。为了快速增殖，这些细胞还必须以更高的速率代谢营养物质。这些需求通常由生长因子蛋白来

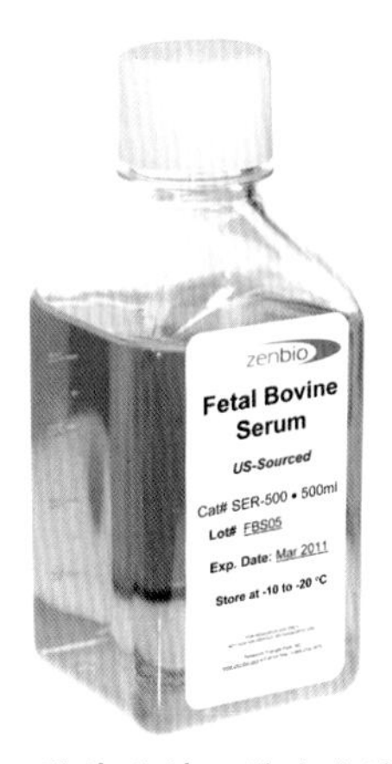

图9.52 **胎牛血清**。胎牛血液中的液体血清是蛋白质生长因子和细胞因子的丰富来源。一旦纯化，这种相对便宜的混合蛋白激素就能用于培养哺乳动物细胞。（照片为ZenBio公司提供。）

传达（**图9.52**）。生长因子作用于一类受体，其作用方式与JAK-STAT受体类似，但所激活的下游通路却截然不同。对人类基因组的分析揭示了这些生长因子受体的20个亚类，被称为受体酪氨酸激酶（receptor tyrosine kinases，RTKs），但尚未确定这些受体的配体（**表9.2**）。这些名称可能会存在误导，或者提供不了什么信息。例如，原肌球蛋白受体激酶（tropomyosin receptor kinase，Trk）受体是由神经生长因子激活的，肌肉特异性激酶（muscle-specific kinase，MuSK）受体是由蛋白多糖的聚集蛋白激活的。

表9.2　受体酪氨酸激酶的亚类与其已知的配体

受体酪氨酸激酶类名称	配体
EGF受体	表皮生长因子
胰岛素受体	胰岛素
PDGF受体	血小板源生长因子，干细胞因子
FGF受体	成纤维细胞生长因子
VEGF受体	血管内皮生长因子
HGF受体	肝细胞生长因子
Trk受体	神经生长因子
肝配蛋白受体	肝配蛋白
AXL受体	维生素K依赖性生长阻滞特异性基因6产物
TIE受体	血管生成素
DDR受体	胶原蛋白？
RET受体	胶质细胞源性神经营养因子
MuSK受体	聚集蛋白

考虑到RTKs在组织生长中发挥的核心作用，受体及其相关的信号通路在癌症进展的所有步骤中起关键作用也就不足为奇了。许多不同的癌症类型与RTK通路的突变有关，包括乳腺癌、肺癌和皮肤癌。由于将生长因子信号与下游信号关联的任何突变都会导致RTK通路出错，包括正调控生长因子信号的蛋白质的过度表达，以及能够自分泌信号的生长因子的过度产生，从而引起失衡导致癌变。这些变化会破坏RTK通路的控制和反馈机制，并引发与肿瘤形成相关的不良细胞分裂、生长和其他过程。

生长因子在尿路上皮细胞增殖中发挥作用

随着尿液的积累和排出，人的膀胱表现出惊人的扩张和收缩能力。一种特殊的内皮细胞，称为变移上皮细胞（也称为尿路上皮细胞），是膀胱特有的，它在膀胱排空时呈扁平状，而膀胱充盈时呈立方状。生物医学工程师最近成功地在实验室培育出人造膀胱，具体方法是在一个膀胱形状的模具周围培养一种混合的尿路上皮细胞和平滑肌细胞。用于培养这些人工膀胱的生长培养基的重要组成部分可以激活RTKs的生长因子（**图9.53**）。

图9.53 **生长的膀胱**。上图：膀胱变移上皮细胞。下图：利用生长因子培养膀胱形状的膀胱细胞，形成人工膀胱。（顶图，Wikimedia提供；下图，由研究人员提供。）

尿路上皮细胞的生长倾向有更危险的一面——90%的膀胱癌是因为尿路上皮细胞，而不是膀胱组织中的成纤维细胞或其他细胞。许多进入我们体内的突变体最终会进入膀胱，在那里引发形成膀胱癌。吸烟是膀胱癌的最危险因素之一。几种易于培养的尿路上皮癌细胞株已从人类身上分离出来，每种细胞株都有一组独特的突变，从而可以不受控制的生长。大多数尿路上皮细胞系在成纤维细胞生长因子受体（FGFR）中表现出突变。人类基因组中有4个FGFR基因，即*FGFR1-4*；其中尿路上皮细胞表达*FGFR3*。FGFR3的出生后突变可导致癌症。三种FGFR3突变在尿路上皮癌中出现频率较高：S249C

（67%）、Y375C（15%）和 R248C（10%）。FGFR3 的先天性突变会导致胚胎发育方面的问题。导致癌症表型的 FGFR3 突变一般在出生后自然发生，通常是由尿路上皮细胞长时间暴露于尿液中聚集的致癌物引起的。

问题9.9

请为胞外域 S249C 突变导致 FGFR3 受体的本构激活（constitutive activation）提供一个合理的解释。

通过比较受体酪氨酸激酶和细胞因子受体发现有用的共性

受体酪氨酸激酶与前一节讨论的细胞因子受体有许多共同特征。第一，所有的受体酪氨酸激酶在配体结合反应中形成二聚体。第二，每个受体分子的胞质结构域与一个激酶偶联，该激酶通过转磷酸化将酪氨酸残基转移到分子伴侣上。然后，磷酸酪氨酸作为蛋白质与 SH2 结构域结合的信标，提醒细胞准备应对蛋白质表达的重大变化。第三，一些受体酪氨酸激酶作为同源二聚体，而另一些作为异源二聚体。所有生长因子配体以 2∶2 的比例与 RTKs 结合。

RTKs 和细胞因子受体之间也存在显著差异。第一个区别是酪氨酸激酶是受体的一个结构域，而不是一个独立的蛋白质；我们已经看到一个激酶域嵌入 TGF-β 受体，但这是一种丝氨酸/苏氨酸激酶。细胞因子受体和受体酪氨酸激酶之间第二个区别是磷酸酪氨酸残基偶联四个子通路：促分裂原活化蛋白（MAP）激酶，磷脂酶 Cγ（PLCγ），磷酸肌醇 3- 激酶（PI3K）和 STAT（**图 9.54**）。通过对 TGF-β 进行讨论，已经熟悉了膜结合受体的磷酸酪氨酸募集 STAT 转录因子，所以我们将重点关注另外三个子通路，它们都涉及与细胞膜的相互作用。

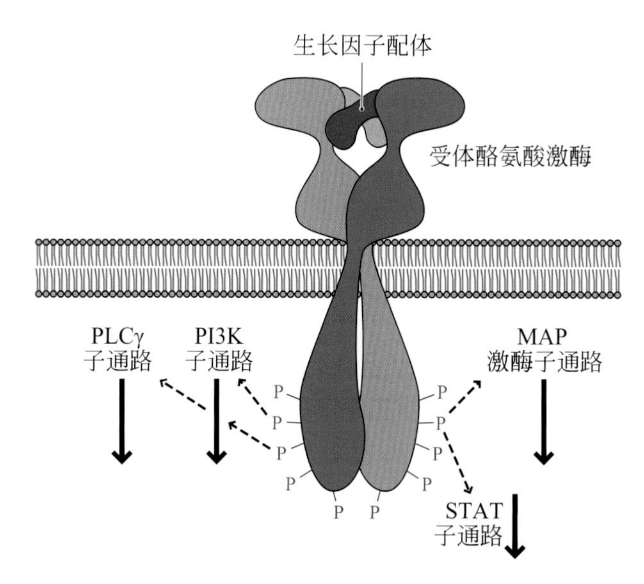

图9.54 四个子通路。受体酪氨酸激酶激活四种不同的子通路。受体酪氨酸激酶的二聚化作用导致酪氨酸残基的连续自磷酸化，每个残基都用P标记。这些磷酸酪氨酸中的一些可以作为启动子通路的信标。

受体酪氨酸激酶的ATP结合位点差异很大，可以被小分子选择性抑制

所有的蛋白激酶催化域都使用 Mg•ATP 作为磷酸基供体，具有相似的折叠结构。然而，ATP 结合的口袋并不相同。各种酪氨酸激酶之间的细微差异足以通过经验筛选和靶向合成相结合来开发选择性激酶抑制剂。辉瑞公司的化学家们开发了一种选择性抑制剂，可以抑制成纤维细胞生长因子受体的酪氨酸激酶结构域（**图 9.55**）。当对 244 种不同的蛋白激酶进行筛选后，

PD173074

A

RTK	IC_{50}/(nmol/L)
FGFR1	4
FGFR2	3
FGFR3	5
VEGFR2	100
PDGFR	17600
c-SRC	19800
EGFR	>50000
InsR	>50000

B

10 mm

空白组

PD173074 处理

图9.55 选择性抑制RTKs。（A）合成抑制剂PD173074（左）对受体酪氨酸激酶有明显的选择性。（B）抑制剂减缓尿路上皮癌的生长。（图B来源于M. Miyake et al., *J. Pharmacol. Exp. Ther*. 332：795，2010；获得American Society for Pharmacology and Experimental Therapeutics授权。）

PD173074 被证明只对 FGFR1、FGFR2、FGFR3（但不是 FGFR4）以及 CaM 激酶Ⅱ的 γ 亚基是有活性的（图 9.55）。口服 PD173074 可显著降低移植入裸鼠体内的人移行细胞癌细胞系 MGHU3 的生长。其他细胞系（T24、KU7、UM-UC-2、UM-UC-3、UM-UC-6、J82）完全不受 PD173074 的影响。在这些细胞系中，异常信号不是由于 FGF 受体的突变引起的。例如，T24 细胞 Ras 蛋白质下游的 GGC（Gly）至 GTC（Val）突变导致 FGFR3 通路持续激活。

问题9.10

在图 9.55 中，当 PD173074 浓度为 1 μmol/L 时，哪些酪氨酸激酶抑制率超过 90%？

酪氨酸残基的转磷酸化是连续的

各种生长因子受体在与生长因子配体结合的方式上表现出强烈的机制相似性和细微的结构差异。所有的生长因子受体都以 2∶2 的配体受体复合物形式结合生长因子。所有生长因子受体可发生转磷酸作用：一个受体分子上的激酶域使另一个受体上的酪氨酸磷酸化。

为了更好地理解磷酸化，我们将重点研究尿路上皮细胞中的 FGF 受体，即 FGFR3。激活成纤维细胞生长因子受体需要两种配体（**图 9.56**）：成纤维细胞生长因子和阴离子糖胺聚糖硫酸肝素。在膀胱和其他细胞表面涂有硫酸肝素蛋白多糖。这种阴离子聚糖限制了细菌的黏附。硫酸肝素对细胞外环境进行筛选，与 FGF、VEGF 等阳离子生长因子结合较弱；这些生长因子的 p*I* 值分别为 8.2 和 7.7，因此在 pH 为 7 时带正电。硫酸肝素和生长因子之间的库仑相互作用确保了配体与 FGF 受体非常接近。在 2∶2∶2 的受体-生长因子-硫酸肝素复合物中，两个 FGF 分子互不接触。

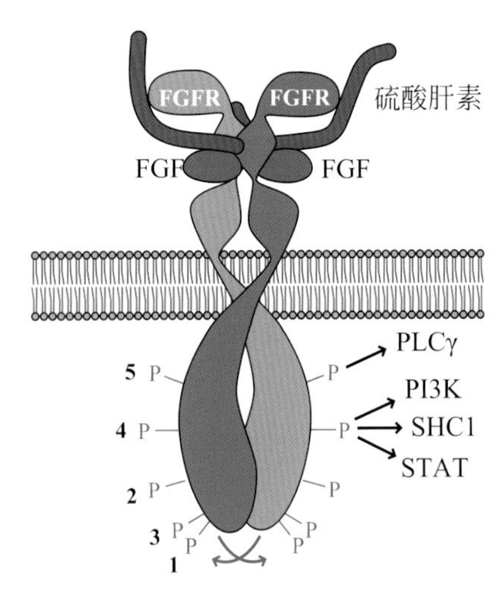

图9.56 连续的磷酸化。FGFR3上的酪氨酸残基以精确的顺序被磷酸化（1～5）。第四和第五磷酸酪氨酸激活特异性子通路。磷酸酪氨酸的实际位置与这张示意图所示有所不同。

我们在 9.4 节讨论了细胞因子受体之后，应该对受体上酪氨酸残基的转磷酸化比较熟悉（**图 9.57**）。在尿路上皮细胞内，FGFR3 上生成的磷酸酪氨酸会向细胞膜上具有 SH2 结构域的蛋白质发出信号；细胞膜的胞质面是信号转导通路开始的地方。我们对 FGFR3 的了解大多来自对相关受体 FGFR1 的研究。FGFR3 的激酶结构域被含有 $Y_{647}Y_{648}KK$ 序列的抑制回路所限制。净正电荷对活性位点具有很强的亲和力，但这种作用被 Y647 的磷酸化所消除。Y647 的磷酸化使激酶将 Y577 在相反的受体上磷酸化，然后抑制回路中的第二个酪氨酸（Y648）。抑制回路对 FGFR1 酪氨酸磷酸化的效果已被量化：第一个酪氨酸磷酸化使活性增加 50 倍，第二个酪氨酸磷酸化使活性进一步增加 500 倍。一旦抑制回路中的两个酪氨酸都被磷酸化，该回路对活性位点的亲和力完全逆转，然后另外两个酪氨酸（Y724 和 Y760）被磷酸化。这两个残基在募集具有 SH2 结构域的信号蛋白中起着关键作用。Tyr724 可募集 STAT3、PI3K 和含 SH2 的转化蛋白 1（SHC1）。Tyr760 募集磷脂酶 Cγ。

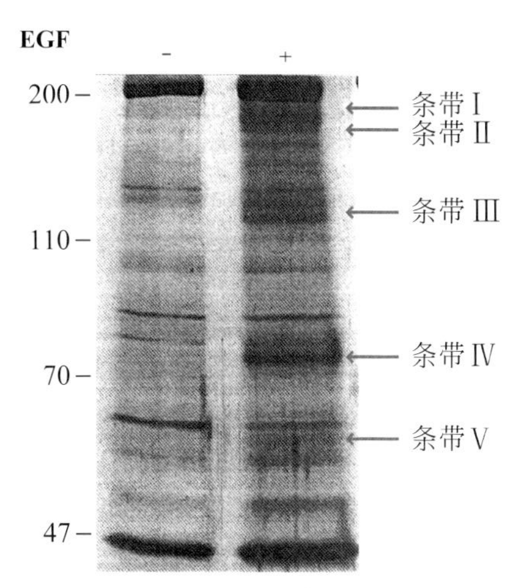

图9.57 免疫印迹。特异性结合磷酸酪氨酸残基的抗体可用于标记SDS-PAGE凝胶中的蛋白质。与未处理的细胞（-）相比，经过表皮生长因子处理（+）的细胞显示新的酪氨酸磷酸化模式，这可以通过（+）通道上的新条带说明。（来源于 H. Steen et al., *J. Biol. Chem* 277：1031- 1039，2002；获得 American Society for Biochemistry and Molecular Biology 授权。）

受体酪氨酸激酶通过MAP激酶级联传递生长信号

早期对丝裂原的研究指出了蛋白质生长因子（如 FGF）和蛋白质激酶之间的联系。虽然某些蛋白激酶可使许多蛋白质（蛋白激酶 C、蛋白激酶 A）磷酸化，但由有丝分裂生长因子激活的蛋白激酶似乎具有高度特异性。对丝裂原活化蛋白激酶（MAP 激酶）的研究产生了一种理论，即丝裂原信号是通过一系列连续的蛋白磷酸化转导的。在这些 MAP 激酶级联中，我们在第 6 章中讨论过，一个蛋白激酶通过磷酸化激活第二个蛋白激酶，第二个蛋白激酶激活第三个激酶，等等。

在尿路上皮细胞中，FGFR3 通过三种受体蛋白（SHC1、Grb2 和 SOS）的复合物将生长信号转导至 MAP 激酶通路级联。无处不在的衔接蛋白 SHC1（包含 SH2 域的蛋白 1）与 FGFR3 受体上的 Tyr724 磷酸化形式结合，并进行酪氨酸磷酸化。衔接蛋白 Grb2 具有一个 SH2 结构域，该结构域与 SHC1 上的磷酸酪氨酸结合（**图 9.58**）。Grb2 还有两个特异结合到 SOS 上螺旋型多脯氨酸片段（PPXPPR）的 SH3 域（第 5 章）（**图 9.59**）。SOS 催化激活一种被称为 Ras 的 G 蛋白，这种蛋白由法尼基基团在质膜中控制。

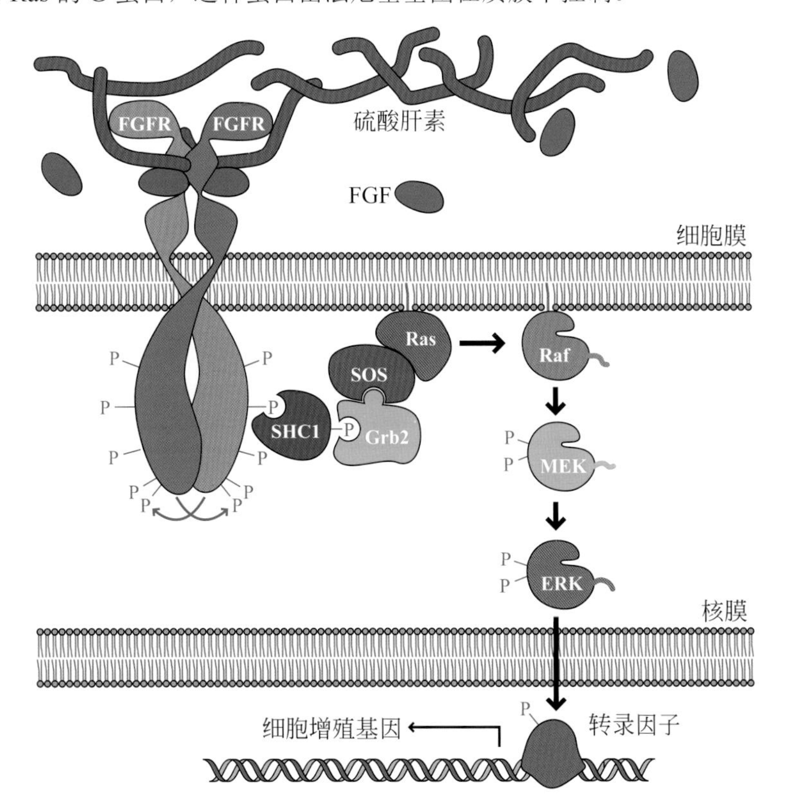

图9.58 MAP激酶子通路。FGFR等受体酪氨酸激酶通过激酶Raf、MEK和ERK的蛋白磷酸化级联效应促进增殖基因表达。

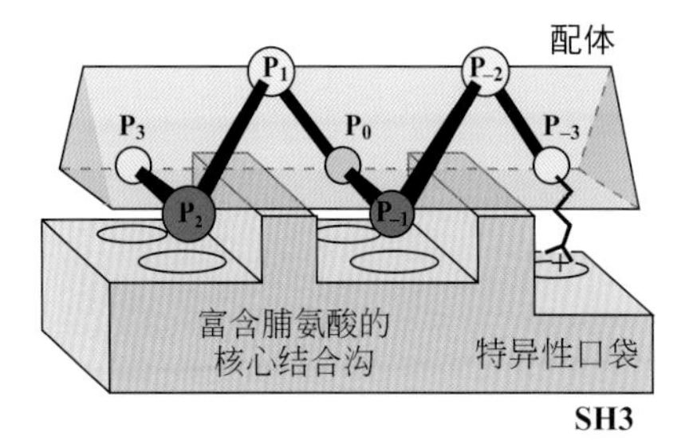

图9.59 与多脯氨酸螺旋结合。多脯氨酸螺旋的紧密转角使得SH3结构域与其配体之间存在广泛的相互作用。（改编自J. T. Nguyen et al., *Science* 282：2088-2092，1998。）

MAP 激酶通路的激酶磷酸化丝氨酸和苏氨酸残基。Ras 激活了一种被称为 Raf 的丝氨酸/苏氨酸蛋白激酶，这种激酶可以特异性磷酸化 MEK。MEK 使 ERK 蛋白（代表细胞外信号调节激酶）磷酸化。ERK 转移到细胞核，使

图9.60 **化学抑活**。炭疽致死因子是一种蛋白酶，它可以裂解MAP激酶激酶（如MEK）中的对接肽。

转录因子磷酸化，启动细胞增殖基因，并抑制 FGFR 信号通路（*Sprouty*、*Sef* 和 *MKP3* 磷酸酶）。在这个通路中，ERK 被认为是丝裂原活化蛋白激酶。使 MAP 激酶（如 ERK）磷酸化的激酶称为 MAP 激酶激酶。使 MAP 激酶激酶（如 MEK）磷酸化的激酶称为 MAP 激酶激酶激酶。因此，Raf 是一种 MAP 激酶激酶激酶。还有另外两种同源的 MAP 激酶，JNK 和 p38 的 MAP 激酶，它们都被特定的一系列 MAP 激酶激酶和 MAP 激酶激酶激酶激活。

MAP 激酶通路中激酶的特异性是由于激酶中存在对接沟槽，以及上游或下游激酶中相应的对接肽段。MAP 激酶激酶 MEK 上的对接肽与 MAP 激酶 ERK 上的对接沟槽的相互作用对特异性和结合至关重要。炭疽杆菌产生的不稳定的炭疽致死因子，可特异性地切除 MEK 和其他 MAP 激酶的对接肽，从而使它们失去活性（**图 9.60**）。

问题9.11

A 当 FGF 加入尿路上皮细胞时，MAP 激酶通路（图 9.58）中的哪些蛋白质被磷酸化？

B 如果将 FGF 和 Raf 的选择性抑制剂维莫非尼（vemurafenib）同时加入尿路上皮细胞中，MAP 激酶通路中的哪些蛋白质会被磷酸化？

C 若抗体可以选择性地与磷酸酪氨酸残基结合，而不会与磷酸丝氨酸残基或磷酸苏氨酸残基结合，MAP 激酶子通路中的哪些蛋白质可以与抗体相互作用？（查阅第 6 章。）

多数信号转导通路由高丰度小分子和少量蛋白质构成

细胞中的信号转导网络大多由蛋白质-蛋白质相互作用介导，但各类小分子也参与传递蛋白质之间的信号。一般来说，小分子不仅比蛋白质更容易扩散，而且可以达到很高浓度。提高蛋白质浓度需要动用翻译机器，而且高浓度蛋白质还会导致细胞进入凝胶态。相比之下，小分子避免了上述问题，能够在细胞膜及细胞质中发挥作用。为了理解膜定位在 PI3K 和 PLCγ 两条子通路中的意义，我们需要区分在细胞膜上和在细胞质中的信号分子（**图 9.61**）。

在第 8 章中，我们讨论了一系列在细胞膜上介导信号转导过程的脂肪酸和鞘氨醇衍生物，包括二脂酰甘油（DAG）、磷脂酰肌醇（PI）、鞘氨醇等。其中，二脂酰甘油、磷脂酰肌醇、4,5-二磷酸磷脂酰肌醇（PIP_2）等分子都含有不同的脂肪酸结构（**图 9.61**）。PIP_2 在生长因子信号转导中扮演了重要角色。磷脂酰肌醇中的脂肪酸具有不同的长度（16～20 个碳原子）和饱和度（0～4 个双键），但一般说来甘油的 2 号位上连接花生四烯酸，1 号位上连接硬脂酸。代谢磷脂酰肌醇的酶具有一定的选择性。例如，有些酶更易催化甘油 S-2 位带有花生四烯酸的底物。不过，大多数酶对于脂肪酸链的种类并没有特别要求。由于脂质分子的结构多样性，我们并不能用单一的结构式来代表全部的磷脂酰肌醇，因此当你在书上看到磷脂酰肌醇的结构时，需要把它理解为具有多种不同脂肪酸链的集合体。

定位在细胞膜上的二脂酰甘油能够与膜结合蛋白相互作用，包括蛋白激酶 C。类似地，1,4,5- 三磷酸磷脂酰肌醇（PIP_3）也定位于细胞膜，并且其肌醇部分伸向细胞质空间，就像一个鱼钩上的诱饵。PIP_3 的磷酸肌醇头基与一些蛋白质中的 PH 同源结构域（pleckstrin homology domain）具有很强的结合，如能够与 PDK1 激酶互作（**图 9.62**）。

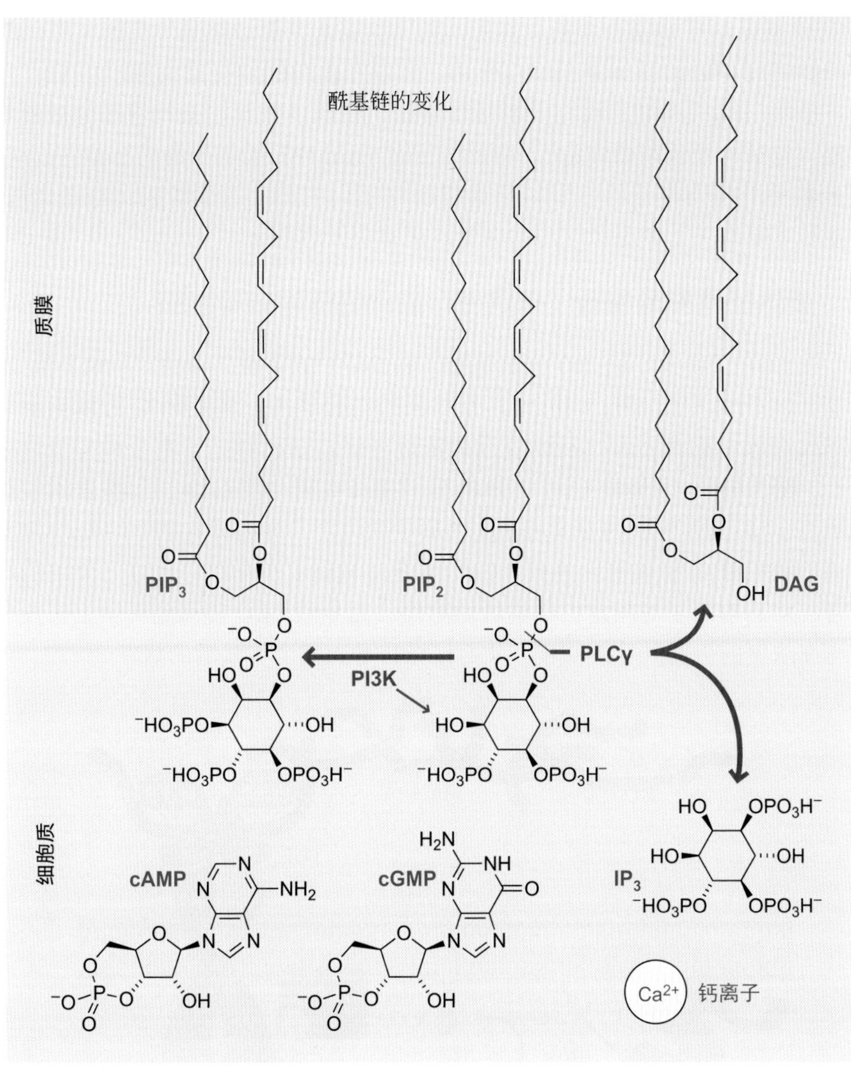

图9.61 分子虽小，效应巨大。许多非蛋白的小分子在信号转导中起重要作用。由脂肪酸衍生的PIP_2、PIP_3和DAG定位于质膜，而极性离子型化合物则定位于细胞质。

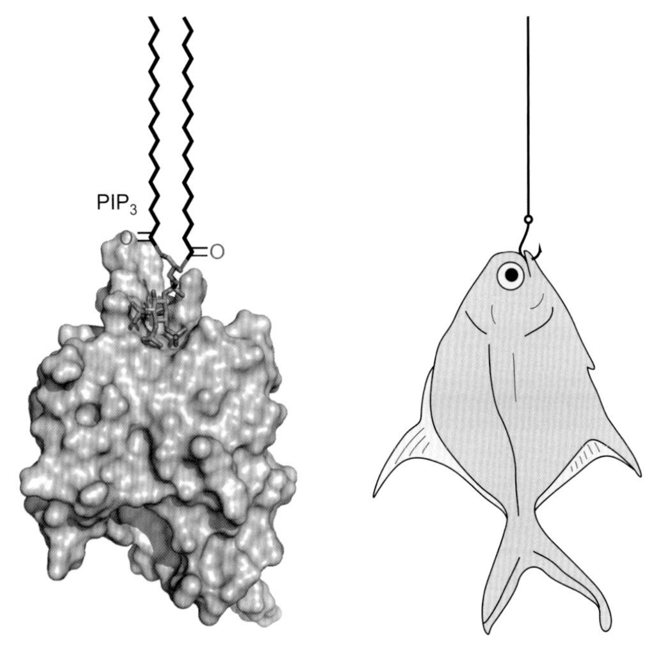

图9.62 钓取蛋白质靶标。PDK1的PH结构域与PIP_3的磷酸肌醇头基结合（PDB：1W1D），由此将整个激酶定位于细胞膜上。

能够在细胞质中扩散的小分子包括环单腺苷酸（cAMP）、1,4,5-三磷酸肌醇（IP_3）以及金属离子，特别是钙离子。这些小分子往往在不同细胞类型中都具有同样的效应。cAMP通过与cAMP依赖的蛋白激酶（PKA）和

CREBP 转录因子等蛋白质相互作用，通常能够起到促进细胞生长的作用。IP_3 与控制钙库释放的受体蛋白相互作用，可以在短时间内提高细胞质中 Ca^{2+} 浓度，从而引起肌肉细胞收缩（包括骨骼肌、心肌、血管、支气管等）或囊泡释放（包括神经元和白细胞）。环单鸟苷酸（cGMP）抑制平滑肌细胞的收缩。大多数关于肌肉收缩的信号转导通路研究都集中在血管平滑肌（与高血压、炎症和哮喘有关）和心肌（与心血管疾病有关）方面。

受体酪氨酸激酶通过磷脂酶C启动钙信号转导通路

在 FGF 受体中，第 760 位酪氨酸（Tyr760）的磷酸化形式对于磷脂酶 Cγ 亚型（PLCγ）中的 SH2 结构域具有很强的结合能力。磷脂酶 C 的激活会同时导致细胞中钙离子和二脂酰甘油的浓度升高，这两种分子都会激活蛋白激酶 C（**图 9.63**）。磷脂酶 C 切割 PIP_2 分子生成等量的膜结合二脂酰甘油和细胞质 IP_3，后者作用在钙库囊泡上的钙离子通道上，导致细胞质中的 Ca^{2+} 浓度升高。我们在第 6 章中曾提到，Ca^{2+} 与蛋白激酶 C（PKC）上的一个结构域结合，从而解除了对膜定位结构域的阻碍。这导致 PKC 转移到质膜上，在那里与高浓度的二脂酰甘油结合，从而使激酶进入完全被激活的状态。

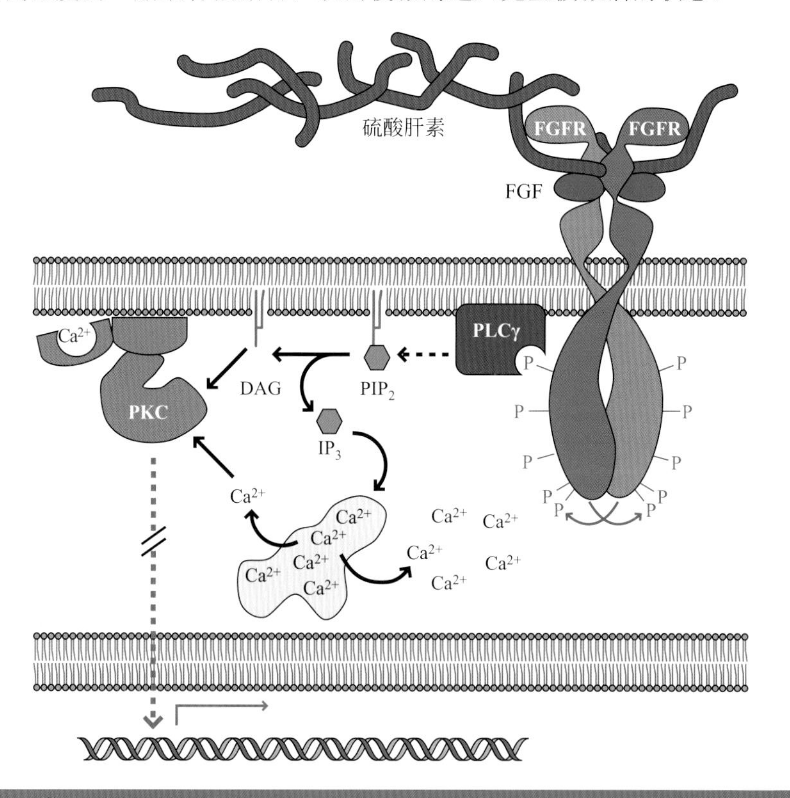

图9.63 PLCγ子通路。PLCγ催化 PIP_2 水解生成DAG和 IP_3。DAG选择性地直接激活蛋白激酶C，而 IP_3 通过提高胞内 Ca^{2+} 水平间接激活PKC。

问题9.12

PLCγ 的活性位点含有三个关键催化残基：两个组氨酸和一个精氨酸。试用箭推法画出 PIP_2 催化水解生成 DAG 和 IP_3 的机理。该机理涉及三个关键残基以及邻基参与效应，可类比核糖核酸酶 A。

受体酪氨酸激酶通过Akt转导促生长和抗凋亡信号

当生长因子被激活后，产生的磷酸化酪氨酸残基可以被含有 SH2 结构域的蛋白质识别。其中，Grb2 在生长因子信号转导过程中起到关键的调节作用。在尿路上皮细胞中，Grb2 的 SH2 结构域结合了 FGF 受体的磷酸化

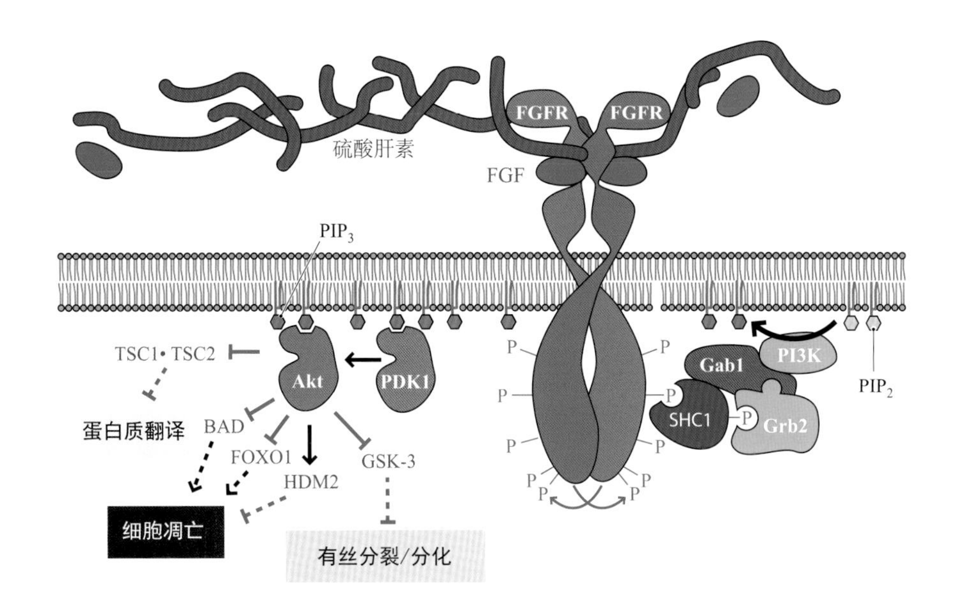

图9.64 PI3K/Akt子通路。Akt激酶与一种脂类衍生物PI3K结合。当Akt定位于质膜时，会发挥三个作用：（1）促进蛋白质翻译；（2）抑制细胞凋亡；（3）促进增殖与分化。虚线箭头表示我们还忽略了很多中间步骤。

Tyr724，随后进一步募集Gab1和PI3K等蛋白质到细胞膜上（**图9.64**）。一旦到了细胞膜上，PI3K能够催化PIP_2的磷酸化，将ATP上磷酸转移至PIP_2，生成PIP_3。PIP_3浓度的升高又会募集另两个含有PH结构域的蛋白激酶PDK1和Akt到细胞膜上（**图9.65**）。与细胞膜上PIP_3的结合使得PDK1与Akt的定位与朝向相对固定，导致前者能够对Akt底物中Thr308和Ser473两个位点进行磷酸化，从而使Akt进入完全激活状态，进一步作用在其下游底物蛋白质上。

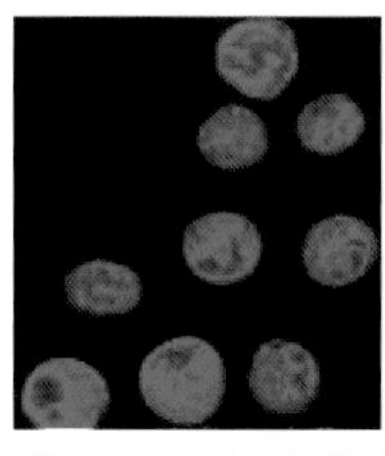
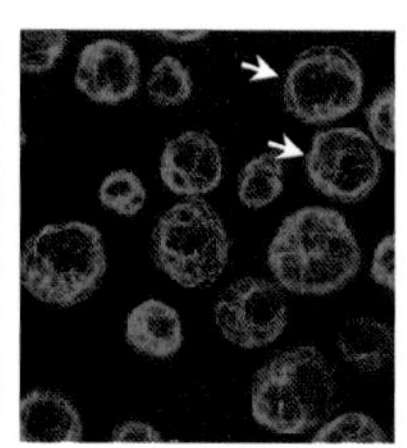

图9.65 细胞膜上的Akt。用红色荧光抗体对固定的成纤维细胞进行染色，可以观察到Akt的定位。缺少促有丝分裂信号时（左），Akt分布于整个细胞质。当信号存在时（右），Akt主要定位于细胞膜上。（引自G. Guo et al., *Nature* 29：3845-3853，2010；获得Macmillan Publishers Ltd.授权）

大多数Akt的底物蛋白被磷酸化后活性受到抑制。但由于这些蛋白质自身功能是抑制有丝分裂和细胞分化，Akt实质上起到了激活细胞增殖通路的效果。这其中的逻辑关系就好比“负负得正”或“敌人的敌人就是朋友”。Akt将TSC1和TSC2这两个蛋白质磷酸化，阻止了它们对蛋白质翻译的抑制作用。当这种对蛋白质翻译的刹车作用被去掉后，细胞就准备好进入快速生长期。此外，Akt还能同时导致BAD与FOXO1的失活以及HDM2的激活，从而抑制细胞的自杀倾向。原因在于，当不受Akt作用时，这三个蛋白质的功能是将细胞分裂信号与细胞凋亡通路偶联。最后，Akt通过磷酸化使GSK-3（glycogen synthase kinase 3）失活。GSK-3在活性状态下抑制细胞分裂。通过去除这一刹车信号，Akt促进了细胞有丝分裂和分化。在下一节中我们将讨论GSK-3如何导致β-catenin降解并最终影响基因转录。

问题9.13

渥曼青霉素（wortmannin）是一种PI3K的高特异性共价抑制剂，可以与ATP结合口袋中的Lys802形成共价键。在酸催化条件下，请你推测在渥曼青霉素抑制PI3K过程中，电子转移的机理是什么？

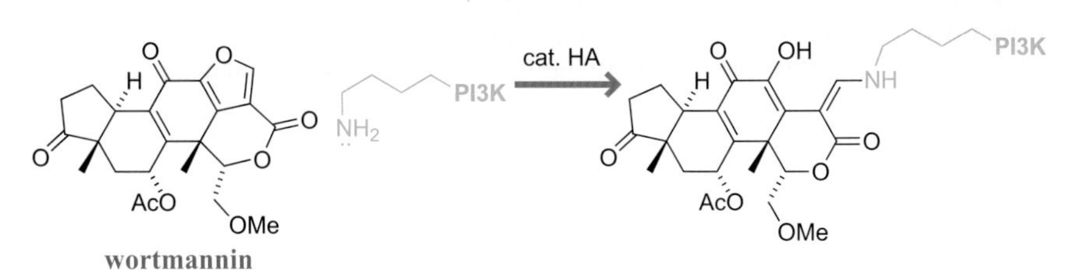

受体酪氨酸激酶通路的相似性

在以上有关受体酪氨酸激酶的讨论中，我们考察了不同种类的生长因子信号转导通路，包括 EGF、VEGF、PDGF、NGF 等，并对比了其中受体-配体复合物在结构上的差异。本书中，我们以 FGF 受体为例开始讨论，但其实无论从哪条通路开始，最后都会到达同样的下游通路，即 STAT、MAP 激酶、PLCγ、PI3K 等。尽管这些受体酪氨酸激酶通路看似大相径庭，但如果聚焦于它们整体上的相似性而不去在意其细节上的差异，就会发现受体酪氨酸激酶能够激活与细胞生长和分裂相关的基因转录，并与此同时抑制细胞凋亡通路。

分离鉴定激酶底物的化学方法

很多时候，人们在分离得到一个激酶蛋白或激酶基因时，并不知道其底物是什么。为了寻找激酶的多肽底物，一种途径是将激酶与多肽库混合，在反应结束后分离出磷酸化肽段并测序鉴定。然而，想要把带负电的磷酸化肽段从多肽混合物中选择性地分离出来并非易事。那些富含天冬氨酸残基或谷氨酸残基的肽段也带有多个负电荷，在电性方面与磷酸化肽段类似。一个最成功的解决方案是利用载有 Fe^{3+} 的树脂对多肽库中的磷酸化肽段作亲和富集。当含有磷酸化（含量少于 1%）与非磷酸化肽段的混合物与载有亚氨基二乙酸铁的树脂球珠混合后，磷酸基团选择性地与三价铁离子结合（**图 9.66**）。利用 pH 小于 6.0 的缓冲液冲洗球珠可以有效去除 99.9% 以上的非磷酸化肽段。然后可以利用高浓度、高 pH 缓冲液（500 mmol/L NH_4HCO_3，pH=8.0）洗脱 90% 以上的磷酸化肽段。由此得到的磷酸化肽段混合物通过测序分析，确认底物肽段在不同位点上的氨基酸残基偏好性。

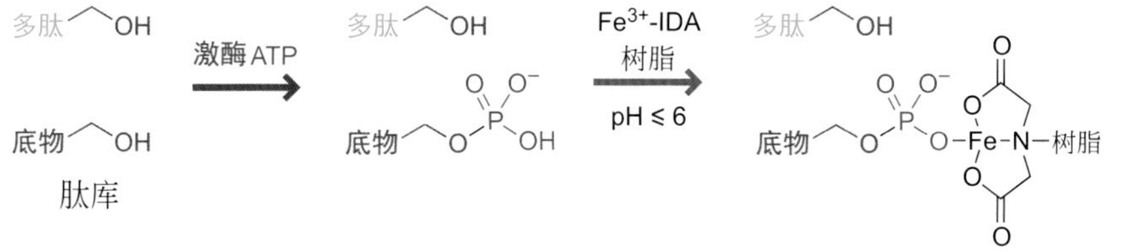

图9.66 钓取磷酸化蛋白（方法1）。Cantley发明的基于溶解性肽库（soluble oriented peptide library）的筛选方法利用磷酸根离子与铁离子间的亲和性，可以从大量肽段中分离出磷酸化的肽段。图中IDA为亚氨基二乙酸。

另一种鉴定激酶底物的办法是利用激酶和 ATP-γ-S 对蛋白底物混合物进行磷酸化。硫代磷酸酯中的硫原子即便在中性条件下也采取电离形式，带有负电荷，而且与半胱氨酸的巯基类似，具有很强的亲核性。半胱氨酸与硫代磷酸化丝氨酸都可以被烷基化，但是针对硝基苄基硫代磷酸阴离子基团的抗体能够很容易识别出烷基化的硫代磷酸化丝氨酸。该方法甚至可以用来富集细胞裂解液中的全长蛋白质。富集得到的蛋白质消化成肽段，再通过质谱测定序列（**图 9.67**）。一旦知道了肽段序列，就可以在数据库中搜索鉴定全长蛋白质。

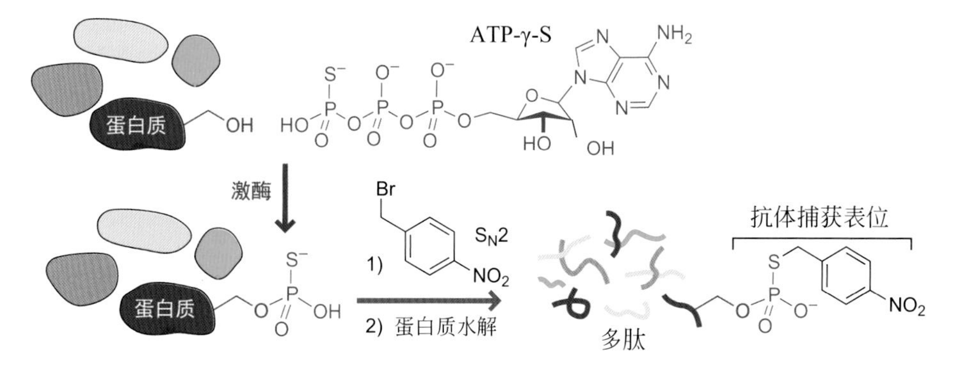

图9.67 钓取磷酸化蛋白（方法2）。Shokat发展的策略利用一种ATP类似物ATP-γ-S从复杂的蛋白质混合物中分离激酶产物。

9.6 G蛋白偶联受体 （G Protein-Coupled Receptors，GPCR）

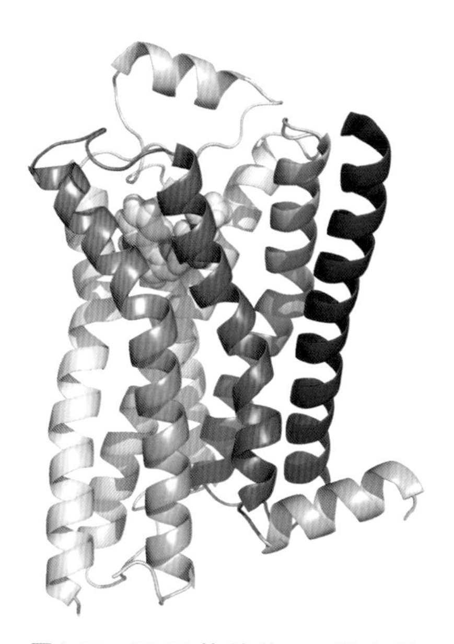

图9.68 GPCR的结构。β_2-肾上腺素受体的肾上腺素结合位点由拮抗剂卡拉洛尔（carazolol，范德华球表示）占据，跨膜螺旋由不同颜色标示。该结构中，黄色和橙色螺旋间的胞内环状的部分缺失。（PDB：2RH1）

GPCR能够在大动态范围内响应多种配体

GPCR的全称是“G蛋白偶联受体”。我们在第5章介绍过，这是一类带有七次跨膜α螺旋结构的膜受体，与GTP水解酶（G蛋白）偶联（**图9.68**）。人类基因组中有超过900种不同的GPCR基因，约占总基因数的5%，近半数的GPCR基因用于编码多种能够识别不同气味的嗅觉受体。通常人们基于基因序列将G蛋白划入不同的超家族中。按照每个家族成员的数目排序，人类GPCR家族依次包括：视紫红质（Rhodopsin，R），黏附性受体（Adhesion，A），卷曲受体（Frizzled/Taste2，F），谷氨酸受体（Glutamate，G）和分泌素受体（Secretin，S）（**表9.3**）。

表9.3 人类GPCR家族

家族	受体数量
视紫红质	284，非嗅觉
视紫红质	388，嗅觉
黏附性受体	33
卷曲受体（Taste2）	25
谷氨酸受体	22（包括Taste1）
分泌素受体	15
卷曲受体（Frizzled）	11

人类在过去一千年里开发的药物，大多数最终都被发现靶向了GPCR。不过这并不令人惊讶，一方面因为小分子最适合口服，另一方面GPCR是人体中最为常见的小分子信号受体。此外，即便不知道靶蛋白结构，想要鉴定小分子配体（例如，组胺、肾上腺素和促甲状腺激素释放激素）并设计类似物作为药物，都不是件太难的事情。二十世纪九十年代，基因组学和结构生物学的进步促使药物化学家们尝试靶向胞内信号转导通路，因此，他们的关注点逐渐从GPCR这样的膜结合受体扩展到了许多胞内的靶标上。

高亲和力的配体-受体相互作用会导致响应慢和动态范围小

一个理想的传感系统应当具备灵敏度高、响应时间短和动态范围大的特点。我们可以利用可逆的配体-受体相互作用设计高灵敏度受体，但它们通常存在响应慢和动态范围小的问题。要想理解响应时间长等问题的根源，我们可以借助第6章所讨论的高亲和性链霉亲和素-生物素体系。亲和素-生物素嵌合体的解离半衰期超过半年，与之类似的链霉亲和素-生物素嵌合体半衰期长达几天。因此，链霉亲和素可以作为高灵敏度的受体结合微量的生物素，然而在适用于细胞响应的时间尺度下，却无法感受生物素浓度的变化。

我们可以借助第6章介绍的“结合平衡动力学”来理解高亲和性受体解离速率较慢的原因。首先，解离常数越小，结合越紧密。与任何平衡常数类似，解离常数可以表示为解离速率常数和结合速率常数的比值（**图9.69**）。通常不同小分子配体和受体的结合速率常数变化不大（这种简化假设仅适用于小分子配体），然而解离速率常数却相差甚远。解离半衰期可以由等式$t_{1/2}=(\ln 2)/k_{off}$决定

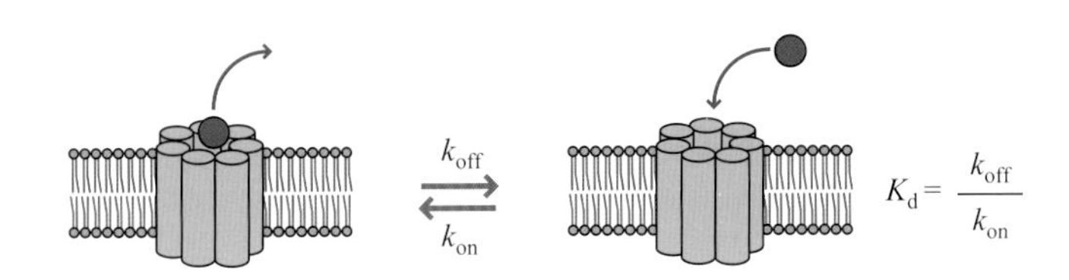

图9.69 受体结合和受体解离。解离速率（k_{off}）是决定结合亲和力的重要因素。

（**图 9.70**）。当 pH 为 7.4 时，链霉亲和素-生物素相互作用的解离速率常数为 $3\times10^{-5}s^{-1}$，半衰期将超过 6 h。

像链霉亲和素这样的高亲合力受体，动态范围受限，缺乏对不同配体条件的响应。我们先前讨论过，生物学响应与处于结合状态的受体占比相关，已结合配体的受体占比越高，产生的响应越大。因此仅当配体浓度接近受体-配体相互作用的 K_d 值时，该作用才会对配体浓度的改变产生高敏感性。此浓度下，50% 的受体被配体占据，50% 的受体仍然空缺。这种情况既存在空的受体与流入的新配体反应，又存在已结合的受体能够在配体浓度下降时解离。对于链霉亲和素-生物素相互作用，只有亚皮摩尔范围的生物素浓度才会导致二者结合百分比产生差异。

$$t_{1/2} = \frac{\ln 2}{k_{off}}$$

k_{off}	$t_{1/2}$
$1\ s^{-1}$	1 秒
$10^{-3}\ s^{-1}$	12 分钟
$10^{-6}\ s^{-1}$	8 天
$10^{-9}\ s^{-1}$	22 年

图9.70 配体结合半衰期。受体-配体嵌合体的解离是一级反应，或称作单分子反应。上方等式为反应速率常数和半衰期的关系式（图下方表格）。

当配体浓度接近 K_d 值时，配体浓度变化 10 倍将导致结合受体占比的显著改变，然而如果浓度范围在窗口之外，配体浓度 10 倍的变化只能导致结合受体占比的极小改变（**图 9.71**）。例如，若某种受体-配体作用的 K_d 值为 1 μmol/L，那么无论配体浓度是 100 μmol/L、1000 μmol/L 或是 10000 μmol/L，结合受体百分比始终接近 100%；类似地，无论配体浓度是 0.01 μmol/L、0.001 μmol/L 或是 0.0001 μmol/L，结合受体百分比始终接近 0。

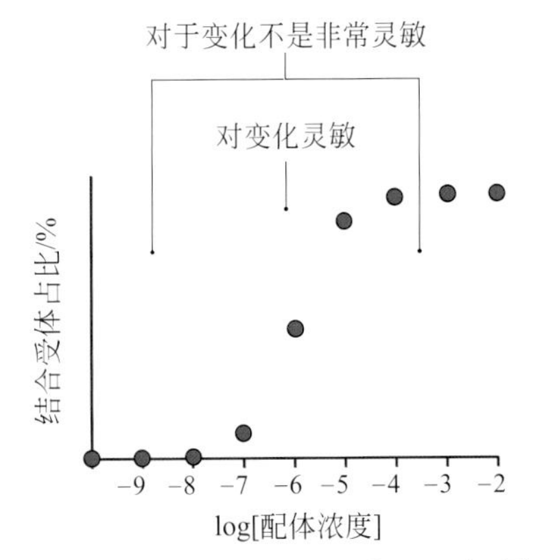

图9.71 灵敏度的有限窗口。如图中的浓度响应曲线所示，仅在配体浓度处于接近受体-配体作用 K_d 值的范围内，可逆受体-配体作用才能对配体浓度变化产生高动态性的灵敏响应（图中无阴影部分）。

G 蛋白能够提高低亲和力受体的灵敏度

G 蛋白是生物信号转导通路中普遍的组成成分，能够调节输入信号的强度。G 蛋白缓慢催化 GTP 水解为 GDP（**图 9.72**）。G 蛋白处于 GTP-结合状态时可以启动下游信号，而处于 GDP-结合状态时则关闭信号传递。G 蛋白并不是传统意义上的酶，因为它的催化速率和产物解离都较慢。然而，一些特定类别的 GTP-结合蛋白的调节因子可以参与促进这个催化循环中的各个阶段。鸟嘌呤核苷酸交换因子（guanine nucleotide exchange factor，GEF）催化 G 蛋白替换 GDP 为 GTP，增强信号输出。GTP 酶激活蛋白（GTPase-activating protein，GAP）则促进结合的 GTP 水解为 GDP，减弱信号输出。因此 GEF 和 GAP 的比值决定了信号强度（**图 9.73**）。此外，借助与其他蛋白和脂质的结合、磷酸化以及亚细胞定位的各种调控，GEF 和 GAP 的活性可以受到控制。这些调控能够高效地将 G 蛋白信号与其他细胞信号通路联系起来。

H_2O: Mg·GTP —G 蛋白→ Mg·GDP

图9.72 G蛋白的失活。G蛋白将 Mg·GTP 水解为GDP，从而失活。

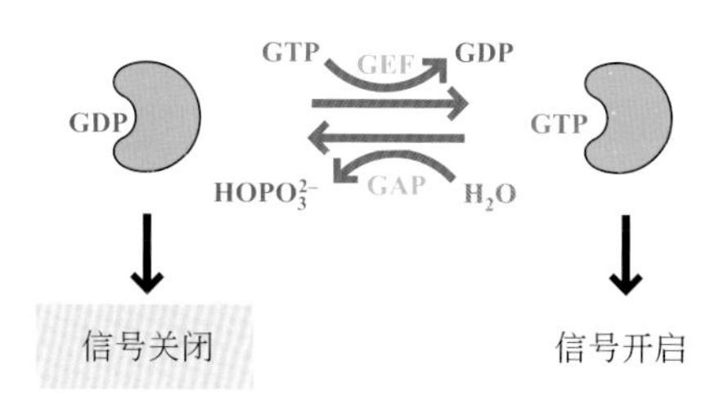

图9.73 G蛋白的“调控开关”。GEF和GAP的比值决定了G蛋白的信号强弱。（引自D.P. Siderovski and F.S. Willard，*Int. J. Biol. Sci.* 1：51-66，2005。）

鉴于G蛋白对细胞生长途径的控制，它们成为致癌突变的常见位点。例如，G蛋白Ras（9.5节）的突变可以阻碍GTP的水解，导致细胞的生长信号持续启动。人类肿瘤中有三分之一被发现有Ras上的此类突变。此外，与基因突变作用类似的小分子可以改变信号转导通路的历程。例如，布雷菲德菌素A（brefeldin A）可以结合G蛋白Arf1并将其黏附于GEF上，从而高效地阻碍Arf1上GDP的解离。这种活性阻碍了Arf1与高尔基体膜上的外壳蛋白之间的结合（**图9.74**）。因此布雷菲德菌素A能够阻断内质网到高尔基体的囊泡运输。这种能力使得布雷菲德菌素A成为研究细胞内囊泡运输的广泛工具。

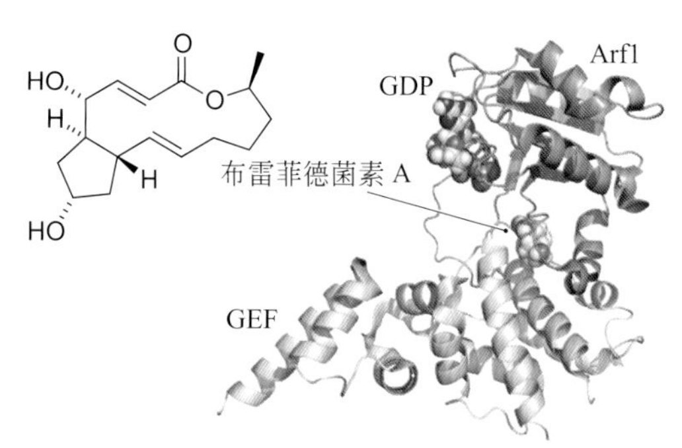

图9.74 阻断囊泡从内质网到高尔基体的顺行运输。G蛋白Arf1在高尔基体囊泡转运中扮演重要角色。天然聚酮化合物布雷菲德菌素A能够结合并稳定GEF和Arf1的复合体，进而抑制GDP的释放。（PDB：1RE0）

GPCR能够在大动态范围内响应多种配体

GPCR能够以高灵敏度、快响应时间和大动态范围来响应信号。它们可以暂时性地以适当亲和力结合配体随后将其释放。在GPCR结合同源配体的短暂时间内，它们可以发挥类似GEF的作用并释放G蛋白。GPCR的强大在于其信号的寿命并不局限于配体结合的时间。相反，信号寿命由细胞调控的GEF与GAP比值决定，即细胞可以调控G蛋白信号途径的灵敏度。大动态范围是指检测器能够在高灵敏度和低灵敏度下区分不同响应（**图9.75**）。例如，你的眼睛依赖GPCR来检测光信号。这些感光受体具有大动态范围，使得你无论在光线昏暗的房间还是相比之下要亮十亿倍的阳光下，都可以清楚地区分物体对象。

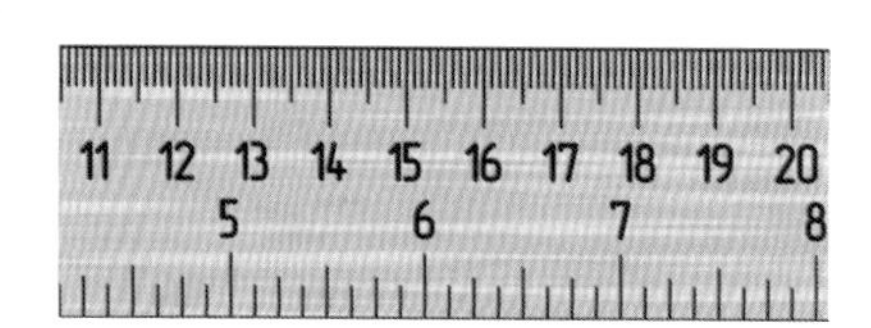

图9.75 有限的动态范围。图中这把尺子可以测量毫米到分米尺度的物体，但测不了纳米或者千米尺度。

问题9.14

G蛋白以水分子为亲核试剂来水解结合的Mg·GTP，试用箭推法画出该反应的机理。AlF_3和GDP的混合物可以在体外条件下导致G蛋白持续激活。试提出该G蛋白激活的一种机制。

异三聚体G蛋白能够产生多种信号

偶联在GPCR上的G蛋白由三种不同的蛋白质亚基组成：一个α亚基以及组成一个复合体的β亚基和γ亚基。此类G蛋白被称为异三聚体G蛋白，与Ras之类的小G蛋白不同。GPCR的激活会诱导α亚基和βγ亚基的解离，并各自启动不同的通路（**图9.76**）。α亚基通常调控一些产生小分子的通路

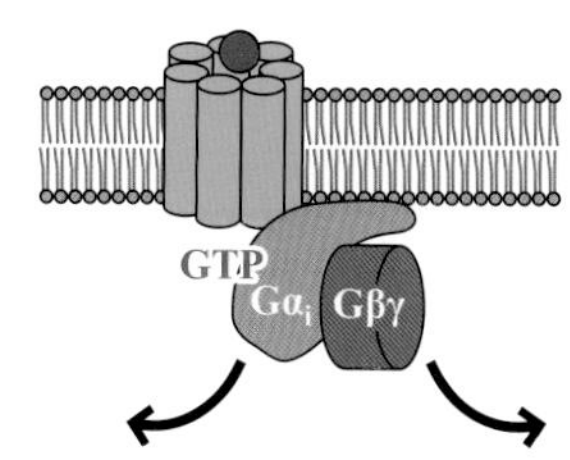

图9.76 信号通路的“岔路口”。Gα和Gβγ亚基的解离允许GPCR同时激活两种不同途径。

（cAMP、DAG 和 IP_3），这些分子最终影响转录。βγ 亚基通常基于离子通道（ion channel）来调控快速细胞响应（如肌肉细胞的收缩或者神经元的放电），例如，GIRK1 钾离子通道（心肌细胞）和 CaCn 钙离子通道（浦肯野神经元）。

研究迷走神经如何减弱心肌细胞的收缩力对我们理解异三聚体 G 蛋白引起的信号差异具有指导意义。迷走神经释放神经递质乙酰胆碱，它可以结合心肌细胞上一种名为 M2 乙酰胆碱受体的 GPCR（**图 9.77**）。这些受体与异三聚体 G 蛋白偶联，使 α 亚基内的 GDP 替换为 GTP。α 亚基 $G\alpha_i$·GTP 从 βγ 亚基 Gβγ 上解离。Gβγ 激活细胞膜上的 GIRK1 钾离子通道，所引发的胞内钾离子外流减弱了收缩力。钾离子浓度梯度对于心肌细胞功能而言十分重要，美国的注射死刑是通过注射氯化钾来完成的，氯化钾会使心脏停止跳动。$G\alpha_i$·GTP 亚基抑制腺苷酸环化酶，使其催化 ATP 转变为 cAMP 的速率变慢（见**图 9.77**）。细胞内 cAMP 水平最终影响基因的转录。$G\alpha_i$·GTP 到 $G\alpha_i$·GDP 的转化降低了其对腺苷酸环化酶的亲和性，释放出的 $G\alpha_i$·GDP 可以结合未激活的乙酰胆碱受体。

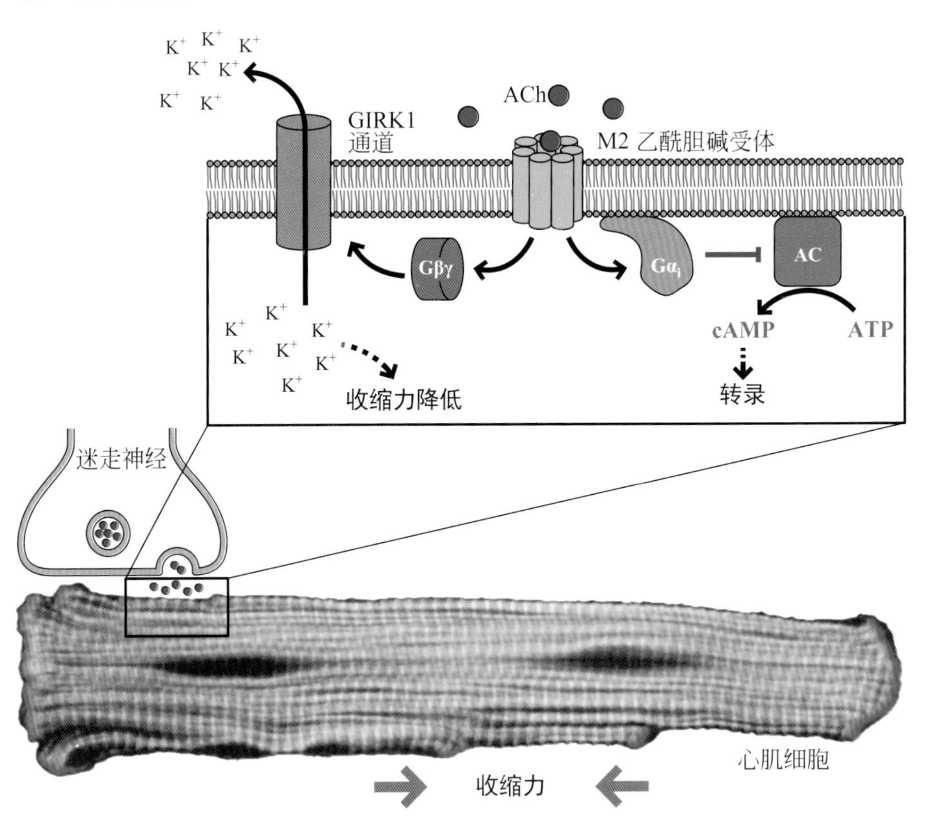

图9.77 双重效应。M2乙酰胆碱受体通过异三聚体G蛋白解离对细胞施加两种效应：减弱细胞收缩力和影响转录。图中AC为腺苷酸环化酶。（经哈佛大学Kevin Kit Parker授权，心肌细胞图片由哈佛大学Nicholas Geisse提供。）

信号转导通路对输入信号的整合作用

心肌细胞区别于其他细胞的主要特征是不间断的节律性收缩，让血液在体内流动。心肌细胞的收缩力与频率依赖广泛的化学信号：神经递质乙酰胆碱、肾上腺素和去甲肾上腺素，肽类激素如内皮素Ⅰ和血管紧张素Ⅱ。工作过度的心肌细胞缓解负担的方法相对较少。细胞增殖是不可行的，因为心肌细胞已经终末分化，不具备增殖能力。因此单个心肌细胞不是通过增殖来分担工作负荷，而是通过增大体积，这导致了心脏明显肥大（**图 9.78**）。心肌细胞肥大的基因受到名为环腺苷酸应答元件结合蛋白（CREB）转录因子的控制，因此任何影响环腺苷酸水平的信号通路都可以通过 CREB 影响转录。天然双萜产物毛喉素（forskolin）能激活腺苷酸环化酶，可以模拟偶联 $G\alpha_s$ 的 GPCR 的激动剂（**图 9.79**）。

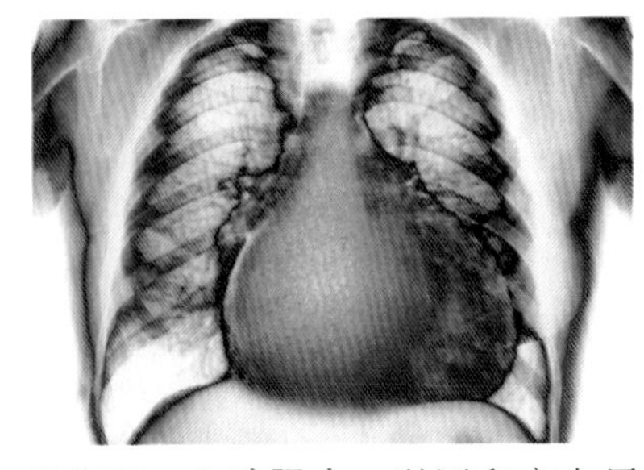

图9.78 心脏肥大。酗酒和高血压使心脏过劳，导致其肥大。（由Photo Researchers提供。）

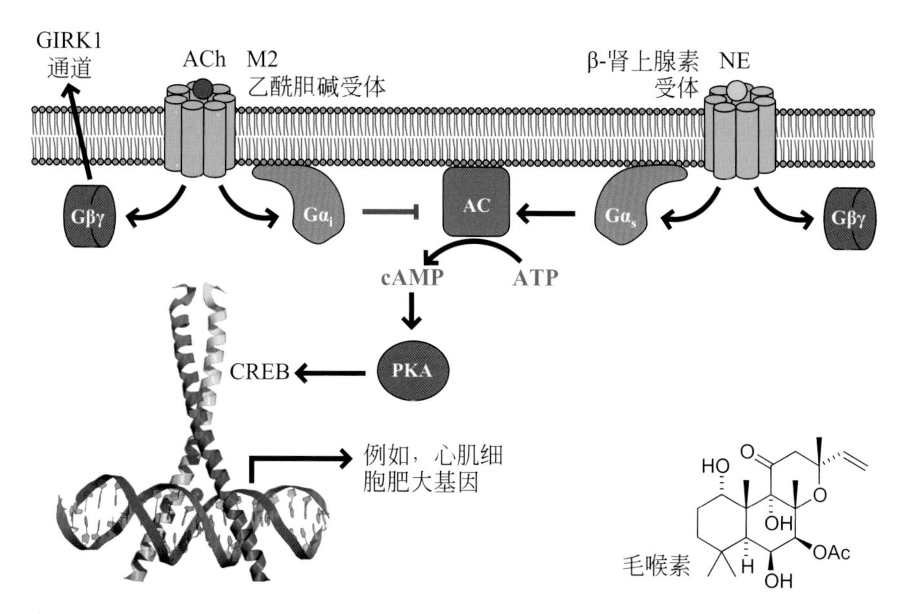

图9.79　两条途径汇集。腺苷酸环化酶（AC）整合了来自两种不同GPCR的信号输入。插图：毛喉素激活腺苷酸环化酶。图中NE代表去甲肾上腺素；AC代表腺苷酸环化酶。

在心肌细胞中，腺苷酸环化酶整合来自两种不同类型GPCR的信号：一种来自去甲肾上腺素，而另一种来自乙酰胆碱（由迷走神经释放）。从M2乙酰胆碱受体释放的$G\alpha_i$亚基抑制腺苷酸环化酶，而从β-肾上腺素受体释放的$G\alpha_s$亚基能激活腺苷酸环化酶。人类基因组中分别有23种基因编码α亚基、7种基因编码β亚基、12种基因编码γ亚基。每种GPCR受体结合不同的异三聚体G蛋白亚基组合。在心肌细胞中，由β-肾上腺素受体释放的Gβγ亚基不能作用于GIRK1钾离子通道。

腺苷酸环化酶的激活导致cAMP水平上调，但只能达到一个特定值。当cAMP浓度达到微摩尔级别时，心肌细胞会表达磷酸二酯酶PDE4以高效水解cAMP（PDE4D的K_m值为1.5 μmol/L）。由腺苷酸环化酶产生的cAMP最终激活cAMP依赖性蛋白激酶（PKA），PKA随后将转录因子CREB的第133位丝氨酸磷酸化。CREB的第133位丝氨酸同样可以被其他通路的激酶磷酸化，因此CREB也可视为信号的整合器。除了调控肥大基因，CREB也影响其他基因。研究表明，心房细胞中M2乙酰胆碱受体的长时程激活会导致M2受体的下调，这可能是通过对基因的抑制实现的。

内皮平滑肌收缩受$G\alpha_q$调控

吸入有毒化合物或危险病原体时，身体会做出减少空气吸入量的反应。细支气管道周围的气道平滑肌细胞通过收缩减少呼吸量（**图9.80**）。平滑肌细胞通过特定的GPCR响应几种对应的信号分子：神经递质乙酰胆碱、半胱氨酰白三烯LTD4、内皮素和炎症信号组胺。这些GPCR与含有$G\alpha_q$亚基的异三聚体G蛋白偶联。$G\alpha_i$和$G\alpha_s$亚基影响腺苷酸环化酶，而$G\alpha_q$激活膜结合磷脂酶Cβ，并且没有Gα亚基抑制PLCβ。结合第8章的知识，PLCβ切断磷脂酰肌醇4,5-二磷酸，生成肌醇三磷酸和二脂酰甘油。前者打开钙囊泡上的离子通道；后者停留在细胞膜上，激活蛋白激酶C。

$G\alpha_q$通过多条途径影响基因转录。蛋白激酶C通过磷酸化一系列信号蛋白而影响转录，且通常与细胞增殖有关。钙离子对肌细胞同时产生快效应和慢效应。钙离子诱导肌细胞收缩是一种不涉及转录的快效应。钙离子同样也通过蛋白激酶影响转录。回忆第6章有关蛋白激酶C的讨论，钙离子促进蛋白激酶C与质膜上二脂酰甘油基团的结合。蛋白激酶C一旦定位到质膜上，就可以使多种蛋白质磷酸化而最终诱导细胞生长，其中包括多种 G 蛋白的子结构域以及其他调节蛋白和受体。此外，胞内钙离子水平被一种称为钙调蛋白的蛋白质所调控，它的结合位点可以结合四个钙离子。钙离子存在时，钙调蛋白经历显著的构象变化并激活钙调蛋白激酶Ⅱ（CaMK Ⅱ）。CaMK Ⅱ使细胞骨架蛋白和其他蛋白磷酸化，最终影响基因的转录，如内皮型一氧化氮合酶（**图 9.81**）。

图9.80 对有害刺激的响应。细支气管中平滑肌细胞的收缩使细支气管直径缩小并限制气流。

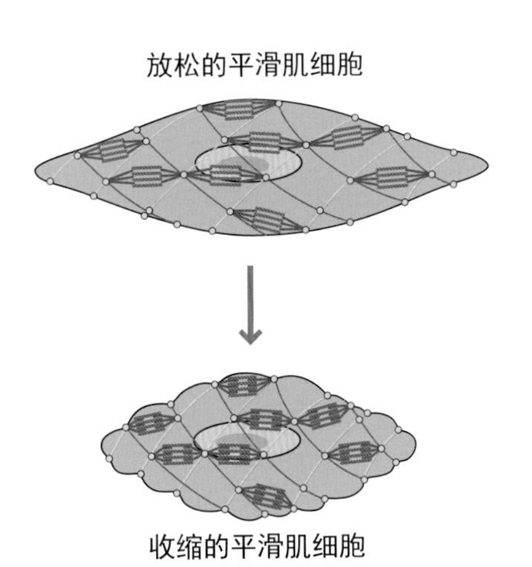

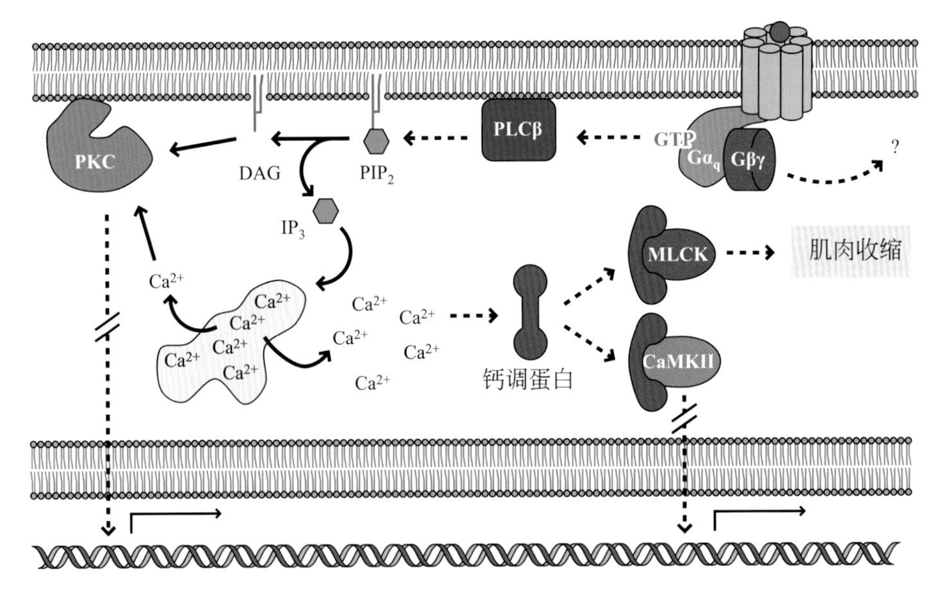

图9.81 信号引发收缩。组胺通过提升胞内钙离子浓度水平来诱导气管中的平滑肌细胞收缩。MLCK 为肌球蛋白轻链激酶。

细菌毒素能够利用 Gα 亚基产生毒性

图9.82 播撒死亡。1854年，John Snow医生在一次霍乱暴发中追查到了伦敦索和区一处供水泵，移除该泵的把手结束了这场流行病，自此开创了流行病学领域。（George J. Pinwell，Death's Dispensary，1866。）

尽管人类可与很多菌种和谐共处，但是有些细菌致病性高，并产生一些能引发明显疾病症状的复杂蛋白毒素。这些细菌毒素通常由两部分组成：催化胞内蛋白修饰的 A 亚基和用于穿过宿主膜的运载工具 B 亚基。霍乱弧菌和一些大肠杆菌产生一种类似的毒素（**图 9.82**）。霍乱毒素的 B 亚基是一种六聚体复合物，可与人细胞表面的 GM1 神经节苷脂多价结合。霍乱毒素的 A 亚基是一种糖基转移酶，利用胞内高浓度的 NAD^+ 作为底物来修饰 G 蛋白 $G\alpha_s$ 的第 201 位精氨酸，副产物是吡啶衍生物烟酰胺。修饰后的 Gα 亚基无法水解 GTP，因此导致腺苷酸环化酶的持续激活（**图 9.83**）。在胃肠道的上皮细胞

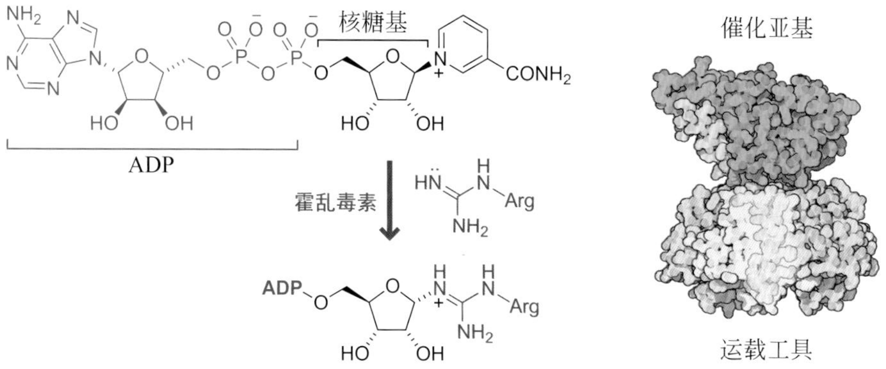

图9.83 G蛋白杀手。左：霍乱毒素催化ADP-核糖从NAD^+转移到G蛋白特定精氨酸的侧链上。右：霍乱毒素的结构，蓝色部分为B亚基，红色部分为A亚基。（右图由David S. Goodsell and RCSB Protein Data Bank提供。）

中，持续激活的$G\alpha_s$导致氯离子通道开放。大量氯离子流出伴随着无法控制的腹泻而导致脱水。后者可以使霍乱弧菌再次进入环境，利用饮用水等途径感染更多人。

百日咳细菌产生的百日咳毒素，能够将特定位点的半胱氨酸ADP-核糖基化，该位点处于$G\alpha_i$、$G\alpha_o$和偶联于视紫红质的转导蛋白上，距离C端4个残基。在呼吸道的纤毛细胞中，G蛋白半胱氨酸位点的ADP-核糖基化阻碍GDP的交换，使G蛋白处于未激活状态。细胞失去抑制腺苷酸环化酶（adenylate cyclase）的能力后，cAMP的浓度以及cAMP依赖的蛋白激酶活性将处于不可控的高水平。对气道上皮细胞造成的影响最终引起患者咳嗽，且吸气时发出呼呼声。

G蛋白不是细菌核糖基化毒素的唯一底物。白喉毒素和假单胞菌毒素都能够使一种称为延伸因子Ⅱ的蛋白质翻译机器ADP-核糖基化。肉毒杆菌C2毒素使G肌动蛋白的第177位精氨酸ADP-核糖基化，引起肌动蛋白丝解聚。由于百日咳毒素和霍乱毒素具有正交的底物选择性，这些毒素多年来一直被用作表征各种G蛋白信号通路的诊断试剂。

问题9.15

在细胞培养体系中，毛喉素能诱导大鼠海马体神经元间形成新突触。该效应可被大麻中的有效成分（Δ^9-四氢大麻酚）抑制，该成分作用于名为CB1受体的一类GPCR上。CB1与哪种Gα亚基（$G\alpha_i$、$G\alpha_q$或$G\alpha_s$）偶联？如何用ADP-核糖基化毒素来验证你的答案？

环腺苷酶和磷脂酶Cβ介导的GPCR信号转导

GPCR在所有人体细胞中都扮演着重要角色，无论是血管平滑肌细胞、心肌细胞、神经元还是白细胞。如果我们理解了GPCR如何调节腺苷酸环化酶（通过$G\alpha_s$或$G\alpha_i$）和磷脂酶Cβ（通过$G\alpha_q$），就可以理解大部分人体细胞如何响应小分子配体。在某些细胞类型中，Gα亚基调节磷酸二酯酶PDE6或GTP酶Rho，但我们不会过度关注这些特例。对大多数GPCR而言，暂时不能确定什么Gα亚型负责信号转导。我们对Gβγ亚基的了解更少，人们倾向于假定Gβγ亚基作为隔离Gα亚基的缓冲单元，但是Gβγ激活GIRK1钾离子通道的能力表明，它们具有更多有意义的功能。

接下来的讨论将集中在GPCR和它们的配体上。由于配体通常为小分子，它们为我们在原子和化学键层面开拓化学知识提供了绝佳机会。在此之前，请考虑所有GPCR都具有响应快、动态范围大和灵敏度高的性质。种种情况下，来自GPCR的信号通常与来自其他GPCR甚至其他类型受体的信号整合在一起。

氨基酸衍生物GPCR是很多药物分子的作用靶标

从历史来看，GPCR是最受欢迎的药物开发靶标。即使对受体结构一无所知，内源配体仍然是类似物设计的合理前体。靶向GPCR的药物无需进入细胞。然而，在重磅药物开发中，“每日一颗药”的范式要求研发的药物能够穿过胃肠道腔进入血液。这类药物要有小的分子量，且具有一定的极性和疏水性。源于氨基酸的神经递质特别适合类似物合成。许多药物都以神经递质GPCR为靶标。

靶向GPCR的另一大挑战是人们通常只想靶向单一亚型。例如，胃细胞和鼻上皮细胞都通过GPCR对组胺产生反应，只是前者表达H2组胺受体亚型，而后者表达H1组胺受体亚型。这两种GPCR的蛋白序列和配体结合位点均不同。因此，H1受体拮抗剂地氯雷他定（desloratadine）减弱鼻上皮（和其他组织）的过敏反应但对胃无作用。相反，抗溃疡药物雷尼替丁（ranitidine）作用于胃壁细胞的H2受体，阻止胃酸的释放。GPCR在神经递质传递神经元信号途径中也起到重要作用，包括多巴胺、5-羟色胺、谷氨酸和γ-氨基丁酸等递质（**图9.84**）。

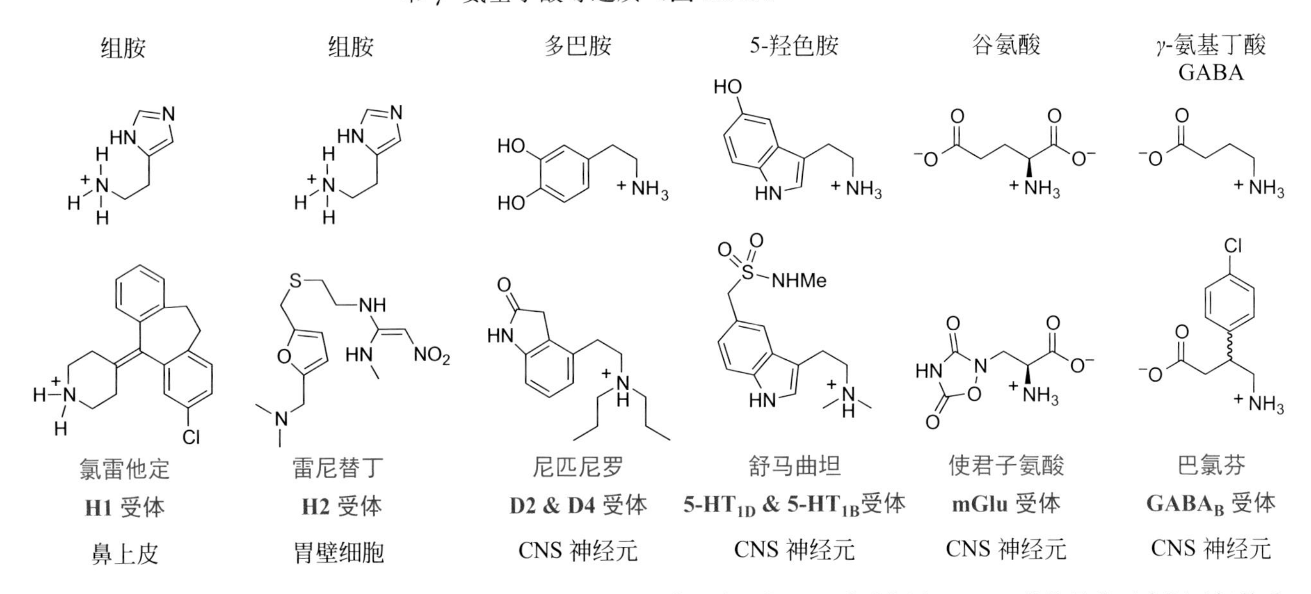

图9.84 GPCR配体及其药物类似物。一系列作用于GPCR的信号分子来源于氨基酸（图上半部分）。从结构上无法判断哪些药物激活GPCR而哪些药物抑制GPCR（图下半部分）。

在中枢神经系统中，神经递质多巴胺、5-羟色胺（5-HT或叫血清素）、谷氨酸和甘氨酸均可作用于GPCR。这些受体大多位于突触。突触通常单向传递神经信号。一个神经元将神经递质释放到突触间隙，另一个神经元有与之对应的受体。在大脑突触中，递质通常被特定的蛋白质转运回原有神经元，从而使信号终止。神经科学家已经开发出了一些作用于GPCR的药物，但是治疗抑郁症和精神分裂症的重磅药物是抑制再摄取蛋白泵而不是激活受体。如果再摄取蛋白泵被阻滞，当神经元释放神经递质时，突触间隙中的递质浓度将在较长时间内处于高水平。

多巴胺（dopamine）是一种苯乙胺，而许多苯乙胺衍生物可以干扰多巴胺能突触的信号传递（见**图9.84**），包括合法药物利他林（Ritalin™）以及滥用药物摇头丸。甲基苯丙胺（methamphetamine）是这些药物的原型，它可作为药物阿得拉（Adderall®）合法销售，俗称“冰毒”。迷幻药（麦角酸二乙胺）是最臭名昭著的干扰5-HT信号转导的毒品，但许多治疗精神分裂症和偏头痛的药物也靶向5-HT受体。谷氨酸盐（味精）是一种食品添加剂，尝起来像肉，并有一种令人愉悦的香味，能使舌头感受到鲜味。有些人在摄入大量味精后会头痛，但由于这种化合物在食物中，尤其是在某些餐馆中十分常见，所以餐厅有时会标明“不含味精”。

兴奋性神经递质（如多巴胺、5-HT或谷氨酸）在突触中释放，诱导下一个神经元动作电位。γ-氨基丁酸（GABA）是唯一一种抑制性氨基酸神经递质。当GABA在抑制性突触中释放时，能够激活名为$GABA_B$的GPCR受体，抑制兴奋性递质对同一神经元的作用。通过调节神经元信号，GABA如同晶体管一样控制信号传输（**图9.85**）。GABA的衍生物巴氯芬（baclofen）也能抑制突触传递，可用于缓解不受控的抽搐（痉挛）（见**图9.84**）。

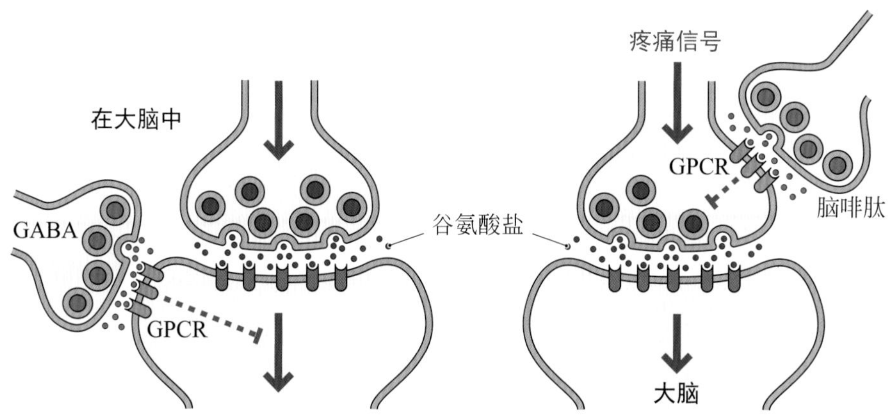

图9.85 生物**“晶体管”**。一些抑制性突触涉及调节信号强度的GPCR。GABA减弱了突触后神经元接收信号时的响应。而神经肽脑啡肽降低了突触前神经元对信号的响应。这些类型的受调控神经元连接体系类似于晶体管。（右图引自Coltecnica，Ltda，2012。）

神经肽GPCR是鸦片类化合物的作用靶标

吗啡（morphine）是用于激活信号转导通路的小分子中历史最久远的。在公元前5000年的石板上，古苏美尔人用楔形文字记载了收集鸦片的过程，鸦片中含有吗啡。因其效果的即时性和强力性，人们很容易确定了罂粟乳胶可以镇痛（**图9.86**）。吗啡作用于μ-阿片受体，这种GPCR通常响应一种名

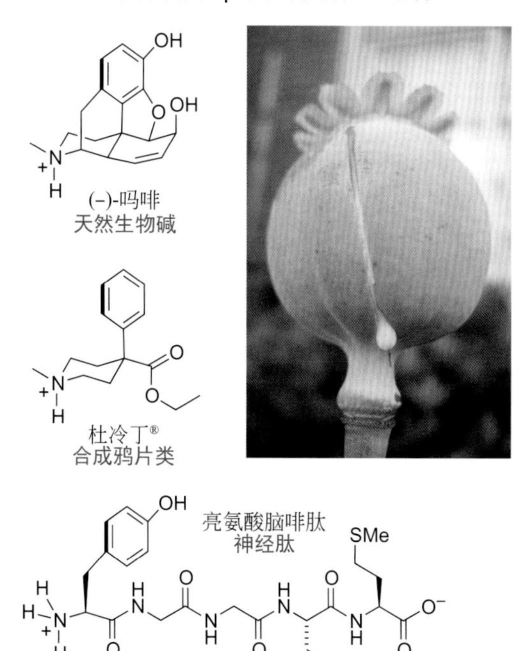

图9.86 μ-阿片受体的配体。鸦片类化合物作用于μ-阿片受体。吗啡存在于罂粟的乳胶中。吗啡和合成鸦片类药物，如杜冷丁（demerol），具有类似脑啡肽的作用。甲硫氨酸脑啡肽的C端有一个甲硫氨酸。亮氨酸脑啡肽的C端有一个亮氨酸。（图片由Wikimedia提供。）

为脑啡肽（enkephalin）的神经肽。在导向大脑痛觉中枢的脊髓感觉神经元上发现有μ-阿片受体，因此解释了吗啡的镇痛作用机制。和GABA一样，鸦片类化合物抑制神经元的突触传递，但不同的是GABA作用于接收信号的神经元，鸦片类化合物作用于发送信号的神经元。这类化合物的作用不涉及转录调控途径。脑啡肽的N端有一个酪氨酸残基，而非肽类鸦片的芳环模拟了这个残基。还有很多其他的肽类通过GPCR发挥作用，如分泌素、血管活性肽、神经肽Y和P物质。

嗅觉和味觉涉及GPCR

人体所有的感觉都涉及GPCR介导的信号转导。熟食的香味通常与多种化合物相关。例如，新鲜烤花生的诱人香味可以归因于至少27种挥发性化合物（**图9.87**）。其中最重要的贡献物质是甲硫醇（methanethiol）。这不是因为它含量最丰富，而是因为我们有对硫醇极其敏感的嗅觉受体。鼻上皮组织中的500万个嗅觉神经元各自编码900种不同嗅觉受体中的一种，所有这些受体都是GPCR。如果你吸入一种纯化合物，如樟脑，它将与其中某些受体紧密结合而与其他受体结合微弱。嗅球处理这种信号组合模式，随后大脑将其解释为一种单一气味（**图9.88**）。利用这种多路受体映射的方式，仅用900个嗅觉受体就可以分辨出10000多种不同的气味。

	气体浓度/(μg/kg)	**气味阈值/(μg/kg)**	气味活性值
—SH	113	**0.06**	1889
	83	**0.3**	286
SMe	40	**0.2**	200
	637	**5.4**	118
	971	**10.0**	97
	8.9	**0.1**	89
	1953	**25**	78

图9.87 花生！新鲜烤花生中，气体分子浓度和我们对这种气味的敏感性共同影响气味相对强度。

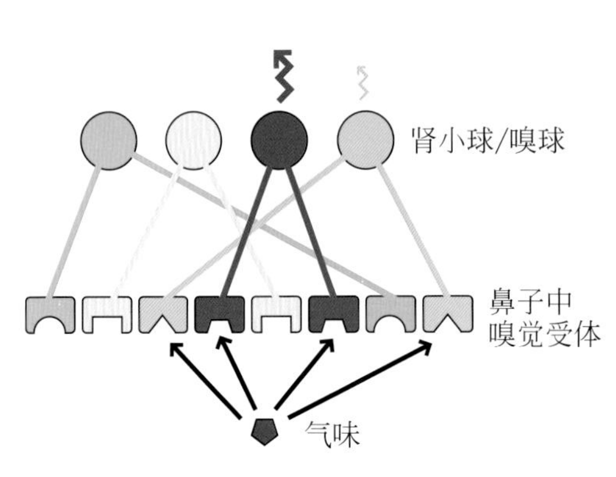

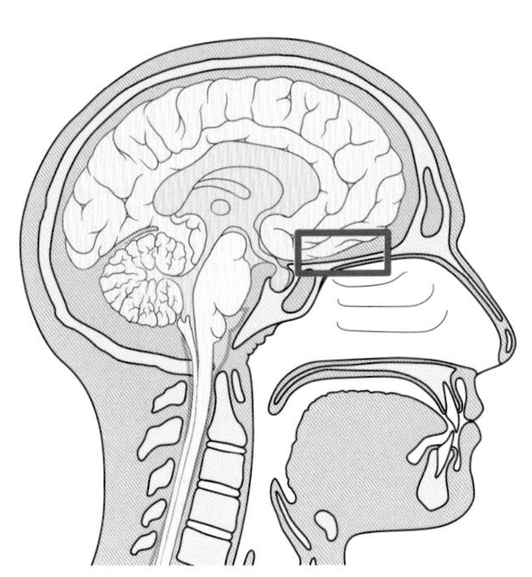

图9.88 嗅觉受体映射。你可以通过鼻上皮组织中嗅觉神经元的空间定位来区分不同的气体。你的大脑将神经信号的组合模式解码为一种气味。高亮部分为大脑的嗅觉区域。（经John Wiley & Sons授权，改编自K. Touhara，*Microsc. Res. Tech.* 58：135-141，2002。）

多路空间映射（multiplexed spatial mapping）技术已被用于制造能够检测多种分析物的人造鼻。我们在光纤束末端随机吸附一个含有不同微珠的文库，每个微珠包被有不同的荧光传感器。这样就可以分别监测每个微珠对纯分析物或复杂混合物的响应。微珠可以用任何物质如小分子、肽段或寡聚核苷酸衍生化。一台计算机可以先“记忆”纯分析物的谱图，然后利用模式识别算法去搜索分析物产生的信号模式。该方法在阵列暴露于复杂混合物时依然有效，而且适用于分析蛋白质、DNA 和气味分子（**图 9.89**）。

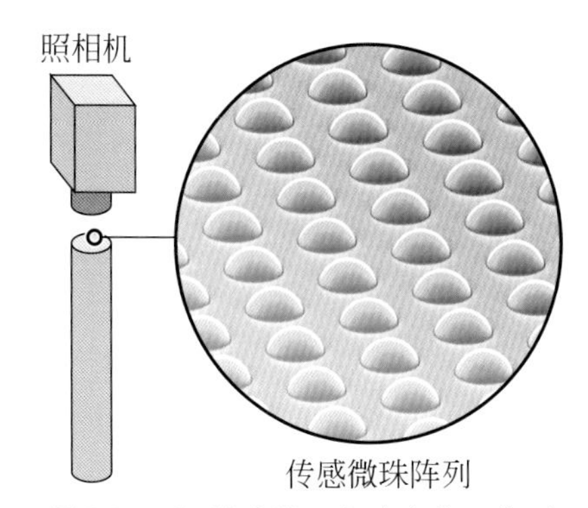

图9.89 机器嗅觉。人造鼻的工作原理：通过光纤束末端的随机传感微珠阵列对多种分析物响应并空间映射，随后用计算机解码。（经Macmillan Publishers Ltd.授权，引自M. Wadman，*Nature* 444：256，2006。）

问题9.16

目前没有嗅觉受体的晶体结构，但模型研究表明，I7 嗅觉受体利用第 164 位赖氨酸的铵离子通过氢键与脂肪醛类物质紧密结合。试提供另一种可能的结合方式以解释对配体的高亲和力。

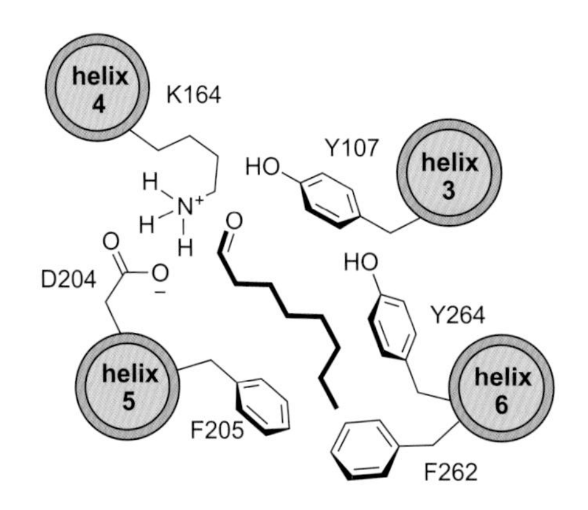

人们一度认为品尝不同味道的能力与舌头的不同区域有关。然而，味觉受体在空间上并不是分离的。辨别味道的能力是基于 GPCR 和配体门控离子通道的混合信号。不过，人舌头上的味觉受体并不能比肩嗅觉受体的多样性。恰恰相反，不同于嗅觉受体的巨大数目，味觉受体相对较少，对于鲜味、甜味和苦味只有不到 50 种 GPCR，对于咸味和酸味只有几个离子通道。第 7 章提到的甜味蛋白质索马甜（thaumatin）和莫内林（monellin）与人味觉受体 hT1R2 结合（人味觉受体，1 型，成员 2）。人味觉受体 hT2R 家族中有超过 25 个成员对苦味有反应。苯甲地那铵（dentatonium）是已知最苦的化合物，该铵离子与 hT2R44 受体结合（**图 9.90**）。将苯甲地那铵（dentatonium）添加到酒精中，所得到的变性酒精就不再适合饮用。含有苯甲地那铵的日用化学品，因其味苦不好吃，可以避免儿童误食。苯甲地那铵的苦味性质是 1958 年偶然发现的，而目前化学家们正有目的性地制备美味的分子。曾经被用于药物研发的细胞生物学、药物化学和药理学技术，现在正被应用于开发安全且有选择性的超强香味分子。

苯甲地那铵
Bitrex®

图9.90 超级苦。苯甲地那铵是目前已知最苦的化合物，与hT2R44受体紧密结合。在日用化学品中加入这种物质，能够阻止好奇的幼儿摄入它们。

感光GPCR

人眼最少可以感受 5 个光子。这种高灵敏度依赖于 GPCR 及其中烯烃从顺式到反式的光化学异构化。具体而言，视紫红质中的 11-顺式视黄醛异构化为 11-反式视黄醛（**图 9.91**）。视黄醛以亚胺形式共价连接在视紫红质的第 296 位赖氨酸残基上。光催化双键构型的改变使配体视黄醛的构象发生巨大变化。就受体而言，结合位点相当于经历了从非结合状态到结合状态的转变。

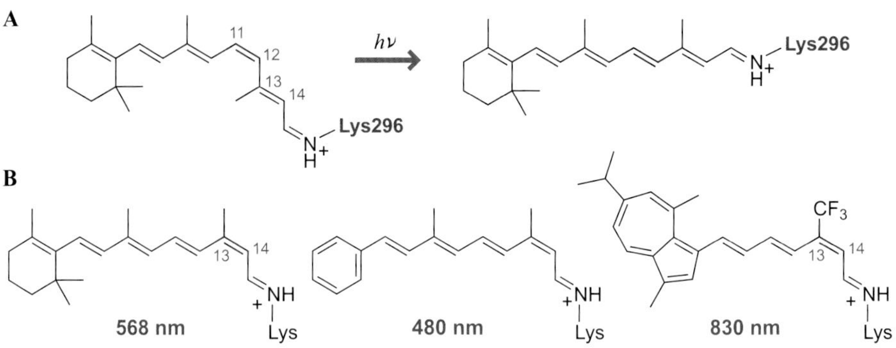

图9.91 视黄醛及其类似物。（A）在哺乳动物视紫红质中，11-顺式视黄醛亚胺离子转变为11-反式异构体的光异构化是视觉的分子基础，其效果与受体结合配体相同。（B）细菌视紫红质中的视黄醛类似物可以使细菌感受不同波长的光。

A

$h\nu$ Lys296

B

568 nm 480 nm 830 nm

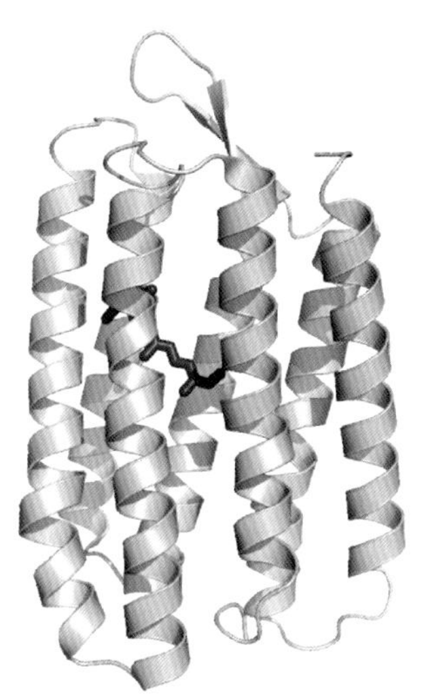

图9.92 细菌视紫红质。当细菌视紫红质（蓝色）感光时，视黄醛（红色）发生顺反异构，质子通道打开。（PDB：1C3W）

大多数关于视觉分子研究的基础都来自盐生盐杆菌（*Halobacterium halobium*）的细菌视紫红质。细菌视紫红质与哺乳动物视紫红质有两个重要的区别。细菌视紫红质中视黄醛是13-顺式异构体，而哺乳动物视紫红质中视黄醛为11-顺式异构体。细菌视紫红质是一种光驱动质子泵而不是GPCR。多年来，细菌视紫红质的晶体结构是化学生物学家所能得到的唯一精确的七次跨膜受体模型（**图9.92**）。将化学合成的视黄醛类似物整合到细菌视紫红质中会导致受体对不同波长的光的敏感性发生改变（**图9.91**）。

问题9.17

下图中类视黄酸类似物的薁环体系可与细菌视紫红质中稳定阳离子的残基相互作用。由于交叉共轭，中性的薁环共振式是非芳香性的。试画出六种电荷分离的薁环芳香共振式，并确定哪一个环带正电荷。

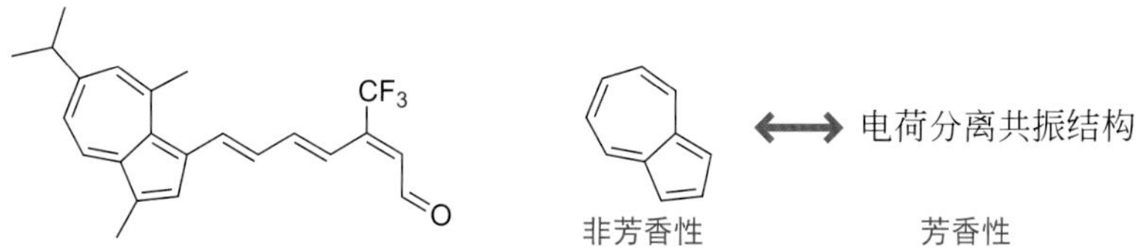

CF_3 ⟷ 电荷分离共振结构

非芳香性 芳香性

Wnt蛋白和β-连环蛋白通路参与细胞命运抉择

在经典儿童故事《巴托罗缪·卡宾斯的500顶帽子》（*The 500 Hats of Bartholomew Cubbins*）中，一个小男孩发现，每当他摘下他的羽毛帽子，就会有一顶新帽子出现。在第450顶帽子之后，每一顶帽子都变得比前一顶更加华丽。这个过程在第500顶也是最华丽的一顶帽子出现后停止了，小男孩头上不会再出现新的帽子（**图9.93**）。人干细胞也遵循类似的规律。它们有无限复制能力，一旦接收到正确的信号，就开始分化。分化使细胞具备特定功能，但代价是失去永生。所有完全分化细胞（如在腿部肌肉、心脏、肾脏和大脑中发现的细胞）的最终命运是死亡，因为它们的有丝分裂能力有限。因此，每个有丝分裂都涉及一个重要的决定，即产生相同的子细胞或分化的子细胞。Wnt通路在这一选择中起关键作用。癌细胞选择永生，而发育中的胚胎细胞选择完成它的使命。

图9.93 再生的帽子。正如瑟斯（Seuss）博士笔下的巴托罗缪·卡宾斯想要控制帽子再生，发育生物学家希望控制增殖与分化。（经Random House，Inc授权，由Dr. Seuss Enterprises，L.P.提供。）

在理解Wnt信号对细胞的影响之前，我们必须先了解转录因子*β*-连环蛋白（*β*-catenin）的基本代谢途径。Wnt缺失时，β-连环蛋白因磷酸化而持续被降解。*β*-连环蛋白的磷酸化由一种蛋白三聚体完成，这种三聚体由轴蛋白、APC蛋白和糖原合酶激酶3组成［**图9.94（A）**］。Wnt存在时，三聚体激酶的活性被抑制，*β*-连环蛋白浓度不断提高直到与Lef-1形成复合物进而影响转录［**图9.94（B）**］。在结肠癌中，*β*-连环蛋白-Lef-1蛋白复合物会启动与有丝

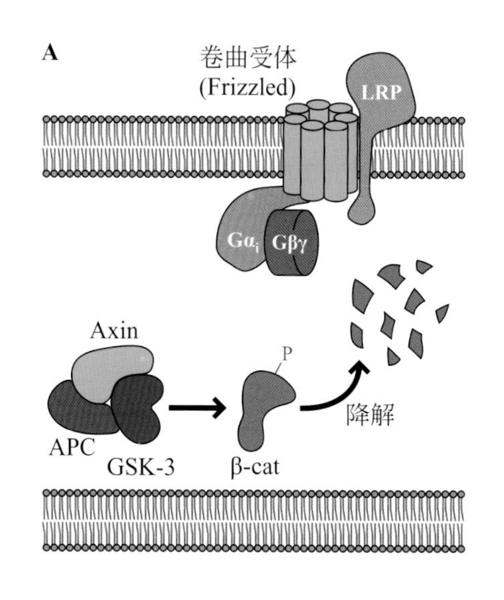

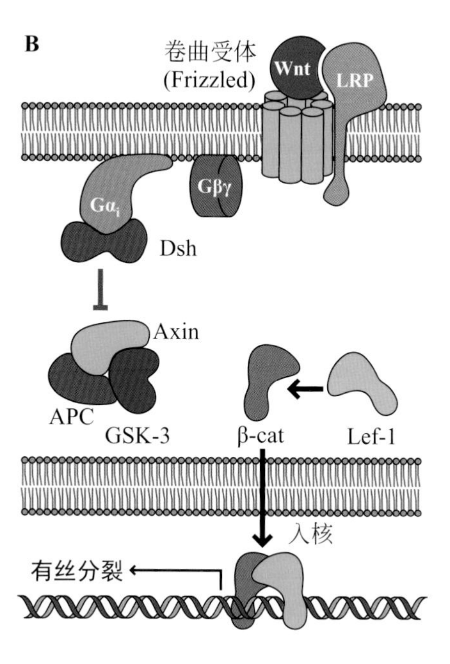

图9.94 降解调控。Wnt缺失时，转录因子*β*-连环蛋白（β-cat）被持续降解。Wnt存在时，散乱蛋白（Dsh）阻碍了*β*-连环蛋白的降解，使其与Lef-1组成复合物，进而启动有丝分裂的基因。

分裂相关的基因，如c-Myc和细胞周期蛋白D1。那么Wnt如何抑制三聚体激酶复合物？Wnt与一种名为卷曲受体（Frizzled）的GPCR（而不是Wnt受体）结合，该受体激活了散乱蛋白（dishevelled，Dsh），进而抑制三聚体激酶复合物。该受体的激活还需要另外一种名为LRP的蛋白质，这种蛋白质似乎起到共同受体的作用。因此Wnt阻碍了*β*-连环蛋白的降解，使其能够影响转录。人们最近才证实异三聚体G蛋白参与了激活散乱蛋白的途径，但是G蛋白的作用机制尚未完全阐明。

一种不结合胞外配体的GPCR

独眼巨人在希腊和罗马神话中是一个可怕的形象，只有一只长在脑袋中间的眼睛。独眼巨人的灵感可能来自独眼畸形，这是一种罕见的先天缺陷，称为前脑无裂畸形（holoprosencephaly）。关于前脑无裂畸形的分子起源，最早的线索来自美国爱达荷州的牧场主，他们注意到有些羊天生就有独眼畸形（**图9.95**）。这些先天性畸形后来被认为与食用加州藜芦（也叫印第安鹿食草或加州假藜芦）有关。古时候经常将具有神奇特性的药用藜芦与假藜芦混淆。加州藜芦含有的甾体生物碱具有强致畸性（导致先天缺陷），如环巴胺（cyclopamine）。环巴胺不会不加选择地杀死细胞，它会干扰一种在胎儿发育过程中控制细胞分化的GPCR。甾体配体在这一细胞分化途径中起重要作用。

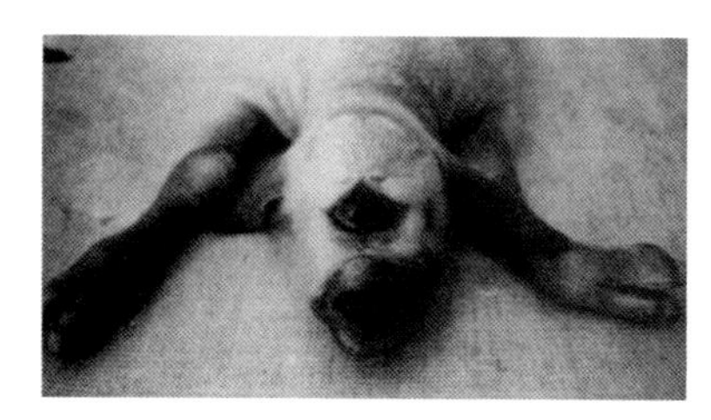

图9.95 独眼畸形。这只羊羔的母亲是一只饲喂了加州藜芦的母羊，这种植物中含有生物碱环巴胺。（经Springer授权，引自R. F. Keeler, *Lipids* 13：708-715，1978。）

在果蝇中，*Hedgehog*基因的突变导致果蝇幼虫长有大量的尖刺触须。在分子水平上，环巴胺之类的藜芦生物碱具有类似于果蝇*Hedgehog*基因突变的致畸作用。*Hedgehog*蛋白在翻译后被胆固醇分子修饰，然后包装成脂蛋白复合物，在发育组织中运输。当Hedgehog蛋白与受体Patched结合，平滑受体就会从胞内囊泡转运到细胞膜上（**图9.96**）。平滑受体的配体是一些尚未被结构确定的甾醇，在结合配体后，平滑受体最终可以防止Gli转录因子的水解。在编写本书的时候，这条途径的许多细节都是不完整的。全长的Gli蛋白能激活分化基因的转录，而环巴胺则会通过与平滑受体结合而抑制这条途径。在Hedgehog缺失的情况下，Gli被水解，切断的Gli变成基因转录的抑制因子。

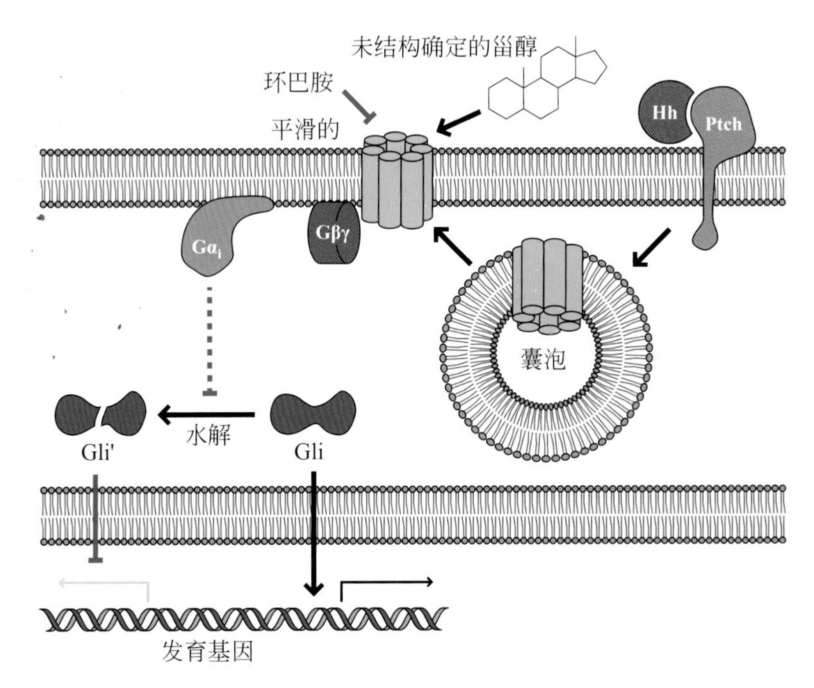

图9.96 环巴胺抑制正常发育所需基因的表达。Gli可以影响两套发育所需的基因。全长的Gli激活其中一套基因，切断的Gli抑制另一套基因。当平滑受体激活时，一套基因被激活而另一套基因也不会被抑制。图中Hh代表Hedgehog蛋白，Ptch代表受体Patched。

β-连环蛋白通路和Hedgehog信号通路存在些许相似性。平滑受体和卷曲受体的通路激活都需要除G蛋白之外的蛋白质。在这两种途径缺乏配体的情况下，转录因子都会持续发生水解。这两种途径都会影响细胞的分化。

9.7 离子通道受体（Ion Channel Receptors）

离子通道受体能够快速响应外界刺激

人体细胞能够维持细胞内外的离子浓度差异。离子通道开启的瞬间使得大量离子涌入细胞质，从而构成了在细胞不同区域以最快速度转导信号的通信机制。神经信号转导是离子通道受体参与的最重要的生理过程。就在你阅读这页纸上的文字时，数以亿计的离子通道在不停地打开和关闭。如果你想要记忆图9.4列出的离子浓度数据，你大概需要反复去看这些数字，不断理解消化这些信息。重复的神经信号转导最终会在转录水平上改变这些通路的神经元。

神经元的形状、大小各异，但通常在形态上的共同点是：都具有一个用于接收化学信号的细胞体，还有一个伸展至很远称为轴突的结构，将细胞信号向突触进行传递（**图9.97**）。在你的手臂和腿中，神经轴突可以长达1 m。然而，在信号从细胞的一端传向另一端时，并没有某个分子传输过整个细胞。按照扩散速率计算，分子传输的速度远不能满足运动的基本需要，比如伸手去接一个棒球。

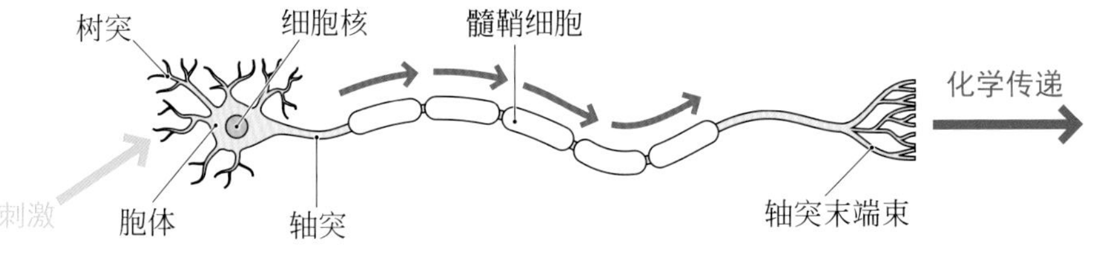

图9.97 神经元结构。信号由位于胞体的树突接收，并通过轴突传递。

细胞膜上的离子通道可以被配体或跨膜离子势两种方式激活，分别称为配体门控离子通道（ligand-gated ion channel）和电压门控离子通道（voltage-gated ion channel）。配体门控离子通道主要分为三类：Cys-loop 受体、离子型谷氨酸受体、ATP-门控通道。电压门控离子通道不被胞外配体激活。为便于讨论，我们将配体门控和电压门控离子通道放到同一节来介绍。

人体细胞的钾钠平衡

人体细胞被体液包围着，体液的成分大致与血清的成分相近（**表 9.4**）。血清含有多种与海水相同的离子成分，其盐浓度（氯化钠）大致为海水的三分之一。相比之下，人体细胞的细胞质中含有很少量的钠离子和氯离子，而有较高浓度的钾离子。在实验中常使用含有氯化钠的缓冲液，如磷酸盐缓冲体系（PBS）来模拟细胞外环境；而使用低氯化钠高钾的缓冲液来模拟细胞内环境。

表 9.4 人体细胞内外的离子浓度近似值

离子	浓度 /（mmol/L）	
	胞内	胞外
Na^+	10	145
K^+	140	5
Cl^-	10	110
HCO_3^-	10	25
$H_2PO_4^-$	—	1
Mg^{2+}	0.5	2
Ca^{2+}	0	2

为了维持内外离子浓度差，细胞依靠能量驱动的离子泵外排 Na^+ 和 Cl^- 并内泵 K^+（**图 9.98**）。Na^+/K^+ 泵依靠水解 ATP 生成 ADP 来提供能量。我们之前提到过，细胞质中 Ca^{2+} 浓度升高会引起肌细胞收缩。离子泵能够主动将 Ca^{2+} 泵到细胞外，或将其泵到细胞内的细胞器中，如内质网（或肌细胞的肌浆网）。在这些细胞器中，Ca^{2+} 浓度（约 0.1 mmol/L）是细胞质中浓度的 1000 倍。一些外部刺激能够开启这些在钙囊泡膜和细胞膜上的钙离子通道，引起钙库释放大量 Ca^{2+} 进入细胞质中，从而触发神经递质释放等一系列下游响应。

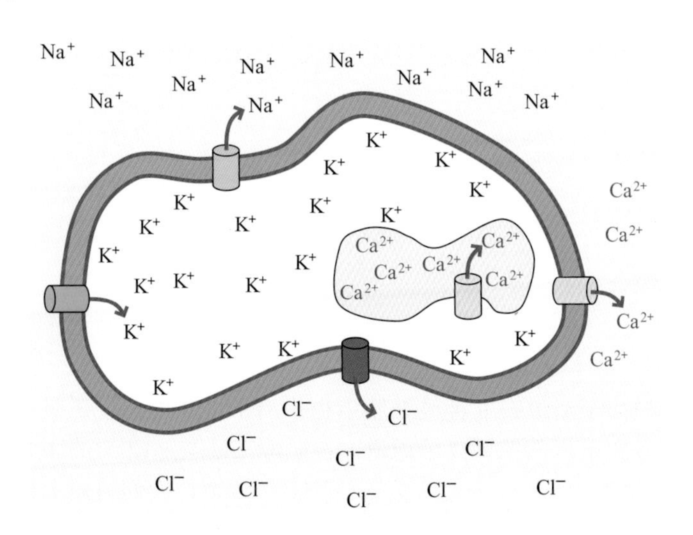

图9.98 离子的进出。离子泵维持了胞内的阴离子和阳离子浓度。离子的浓度差产生了一种张力，这种张力可以通过膜上离子通道的打开而迅速缓解。

我们以伏特（V）为单位来测量离子浓度差。但请注意不要将由阳离子浓度差导致的化学势与电学中的电磁场势相混淆。

跨膜离子浓度差激活电压门控离子通道

神经信号如何沿着轴突传输？能量驱动的外排泵不断将 Na^+ 外排到轴突外。由于浓度差的存在，Na^+ 有很强的倾向要从细胞外进入轴突中。在轴突上每间隔一段距离存在电压门控钠离子通道，这些通道的开启会导致 Na^+ 涌入轴突中。反过来，细胞内高浓度的 Na^+ 又会导致钠离子通道的开启。由此，当一个通道打开允许 Na^+ 内流后，周围的钠离子通道会随之开启。这些电压门控钠离子通道的打开只是暂时的，很快会关闭。于是在能量驱动的 Na^+ 泵不断的外排作用下，细胞内的 Na^+ 浓度开始下降。细胞内具有高浓度 Na^+ 的区域得以沿轴突传输，速度高达 1 m/s。相比之下，每个 Na^+ 只是在进出细胞膜的过程中移动了很小的一段距离（**图 9.99**）。

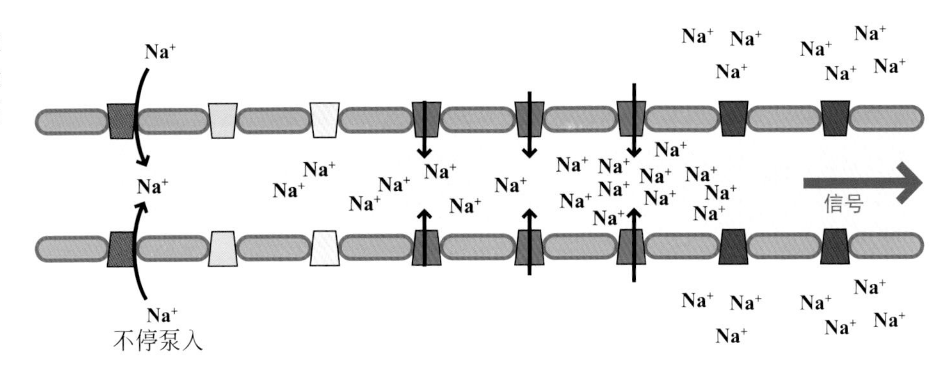

图9.99　神经元的放电。钠离子通道响应胞内钠离子而短时间打开。能量驱动的蛋白泵分布于轴突上并将钠离子排出。

在轴突的末端，电压门控钙离子通道的开启使一波 Ca^{2+} 进入细胞中，由此导致了神经递质被释放到神经细胞间狭小的突触间隙中。杜鹃花中发现的梫木毒素（grayanotoxin）是一种电压门控钠离子通道的抑制剂，它会使这些通道保持开放状态。用杜鹃花蜜饲养的蜜蜂所产的蜂蜜中会积累相当高含量的梫木毒素（**图 9.100**），食用后会导致一系列不适症状，包括精神错乱。这一现象最早被古希腊作家和军事家 Xenophon 于公元前 401 年记载下来，被称为是“疯蜂蜜中毒”。

图9.100　危险的蜂蜜。由杜鹃花蜜饲养的蜜蜂所生产的蜂蜜会含有梫木毒素，这是一种人体内电压门控钠离子通道的抑制剂。（由 W. P. Coombs，Jr.，Western New England University 提供。）

问题9.18

fura-2 在缺少钙离子时是无荧光的，因为其荧光被一个关键氮原子的孤对电子共振猝灭。然而，fura-2 可以作为八齿配体与钙离子紧密结合，从而恢复荧光。试画出 fura-2·Ca^{2+} 复合物的可能结构。

共振猝灭荧光

fura-2

电压门控离子通道在非神经细胞中也扮演了重要角色。在肌细胞中，钙库囊泡膜上存在电压门控钙离子通道，在肌醇三磷酸（IP_3）的刺激下开启导致 Ca^{2+} 迅速升高。为了区分这些电压门控离子通道，人们习惯上以这些通道的小分子激动剂来进行命名。这些激动剂往往是外源小分子，包括药物分子，可以刺激开启对应的离子通道。例如，兰尼碱受体（ryanodine receptor）定位于细胞内源钙库的囊泡膜上，可以被植物碱兰尼碱（ryanodine）激活，因此

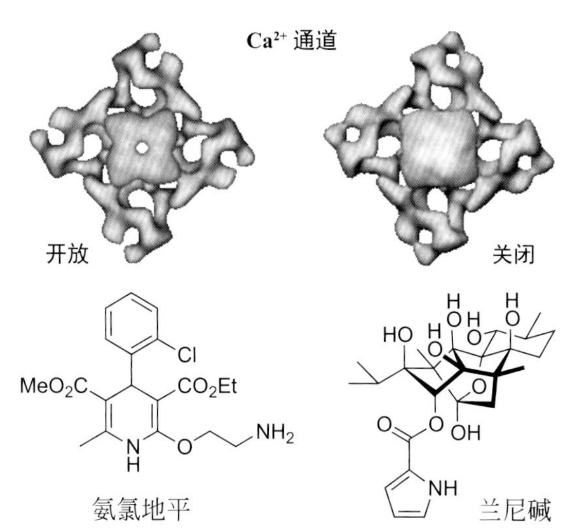

图9.101 钙通道的状态与其配体。兰尼碱与开放状态的钙离子通道结合。氨氯地平与关闭状态的钙通道结合。两种配体结合不同类型的钙通道。（经Macmillan Publishers Ltd授权，图上半部分引自E. V. Orlova et al.，*Nat. Struct. Biol.* 3：547-552，1996。）

得名（**图 9.101**）。在正常情况下，兰尼碱受体响应的是 Ca^{2+}。又如，二氢吡啶受体（dihydropyridine receptor）能够响应人工合成的二氢吡啶类药物，如畅销药物氨氯地平（amlodipine）。类似功能的通道在受精过程中也起到了关键作用。当精子穿过卵子外层时，IP_3 引发了一波 Ca^{2+} 流动，迅速导致卵子通透性下降从而阻绝了其他精子细胞进入。

电压门控钾离子通道同样在细胞信号转导中扮演了重要角色。例如，免疫T细胞具有电压门控钾离子通道。在78个人体钾离子通道基因中，有40个是电压门控的。一系列来自蝎子、海葵、蛇、蜗牛的蛋白质毒素都可以阻断电压门控钾离子通道。这些毒素往往是将一个带正电的赖氨酸残基侧链嵌入通道的狭小出口中，从而堵塞 K^+ 的离去位点（**图 9.102**）。一种来源于以色列金蝎的卡律蝎毒素（charybdotoxin）可以阻断主动脉平滑肌中的 Ca^{2+}-激活钾离子通道。Ca^{2+}-激活钾离子通道在功能上可被视为电压门控离子通道和配体门控离子通道的混合体，与 Ca^{2+} 有高度特异的相互作用（见**图 9.102**）。另一种来源于真菌 *Epichloë* 的黑麦震颤素 B（lolitrem B）也可以结合 Ca^{2+}-激活钾离子通道。黑麦震颤素 B 对浦肯野神经元突触前膜上的 Ca^{2+}-激活钾离子通道具有很强的抑制效果（IC_{50} =4 nmol/L）。食用黑麦草的羊如果不小心被 *Epichloë* 感染，会得一种称为毒麦草蹒跚病的神经系统疾病，主要表现为颤抖和协调性缺失。黑麦震颤素 B 通过一种能够调控 Ca^{2+}- 激活钾离子通道活性的调节蛋白发挥功能。

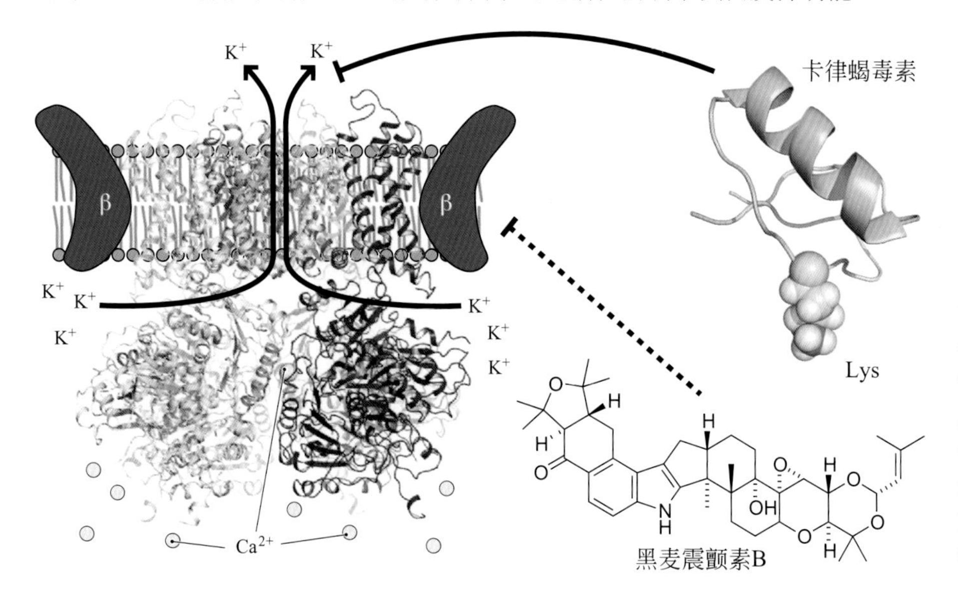

图9.102 钙激活钾离子通道的调控。钙激活钾离子通道与钙离子结合后使钾离子从胞内流出。Ca^{2+} 的效应由β亚基调控。蛋白质毒素如卡律蝎毒素（PDB：2A9H）或小分子如黑麦震颤素B都可以抑制这种通道。黑麦震颤素B作用于β亚基。（引自P. Yuan et al.，*Science* 329：182-186，2010。）

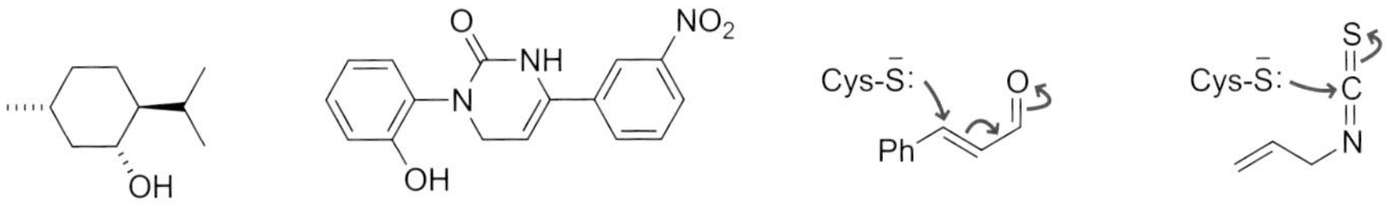

薄荷醇 icilin 肉桂醛 芥子油

图9.103 能够激活TRPA1阳离子通道的化合物。肉桂醛和芥子油为亲电试剂，能够共价结合TRP通道并产生持久影响。

瞬时感受器电位（TRP）阳离子通道（transient receptor potential cation channel）可以被冷刺激，直接激活痛觉通路的神经元。例如，薄荷醇可以通过激活 TRP 通道产生清凉的感觉。人工合成化合物 icilin 比薄荷醇的效应强 200 倍。一些亲电化合物，如烯酮、异硫氰酸酯、α-碘乙酰胺、硫代磺酸酯等，能够作用在 TRP 通道 TRPA1 上，通过共价修饰通道上的半胱氨酸残基，使通道处于持续打开的状态（**图 9.103**）。

五聚体半胱氨酸环（Cys-loop）受体受到神经递质门控

半胱氨酸环受体是一类由五个蛋白质亚基构成的配体门控离子通道。这些受体在结构上的特征是向膜两侧伸出至离膜很远距离（**图 9.104**）。兴奋型神经递质 5-HT 同时作用在 GPCR 和一个称为 5-HT3 受体的配体门控离子通道上（**图 9.105**）。GABA 作用在称为 $GABA_B$ 受体的 GPCR 上，从而调节突触传输。然而，在其他神经元中，它能够作用在一类称为 $GABA_A$ 受体的配体门控离子通道上。

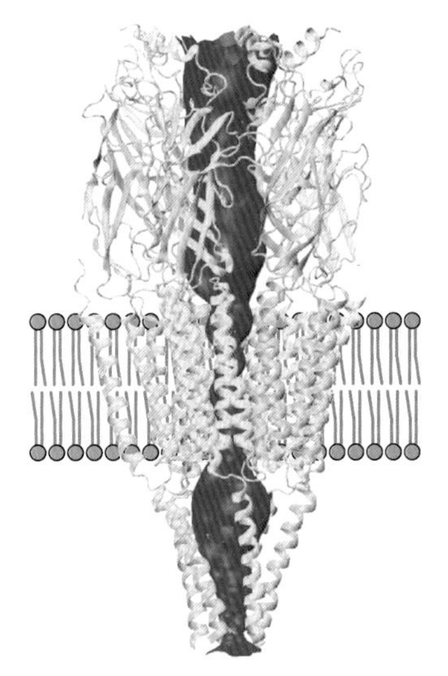

图9.104 五聚化烟碱型乙酰胆碱受体。图中青色和绿色部分为烟碱型乙酰胆碱受体的五个亚基。蓝色部分为离子通道。（PDB：2BG9）（经 Macmillan Publishers Ltd授权，引自S. M. Sine and A. G. Engel，*Nature* 440：448-455，2006。）

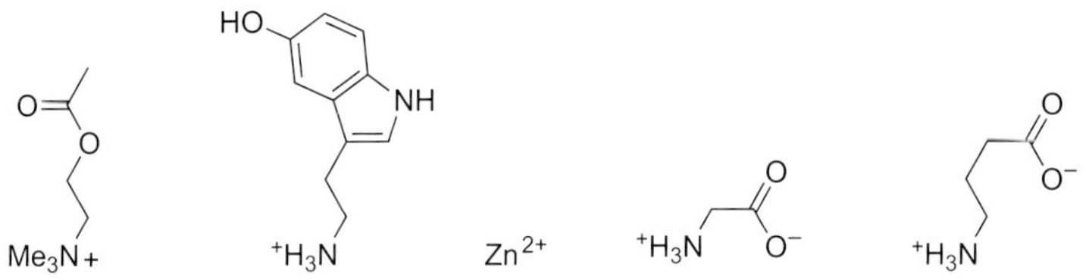

乙酰胆碱 5-HT 锌离子 甘氨酸 GABA

图9.105 半胱氨酸环受体离子通道的配体。

在烟碱型乙酰胆碱受体的结合口袋中，不存在阴离子侧链，而含有三个酪氨酸侧链和两个色氨酸侧链。其中一个色氨酸基团与乙酰胆碱之间形成了阳离子-π 相互作用，这对于开启通道至关重要。为揭示该相互作用的重要性，研究者利用密码子拓展技术（第 4 章）将色氨酸残基巧妙地突变为一系列非天然的氟代色氨酸，并将这一突变引入肌细胞烟碱型乙酰胆碱受体上。研究发现，对关键色氨酸位点的氟取代会削弱乙酰胆碱打开通道的能力（**图 9.106**）。这可归因于氟的吸电子效应，由于色氨酸的吲哚芳环电子密度降低，与乙酰胆碱中季铵离子间的阳离子 -π 相互作用减弱。出乎意料的是，在关键色氨酸残基上引入氟原子对烟碱的激动效果影响很小，说明烟碱与活性位点的结合方式可能与乙酰胆碱有很大不同。

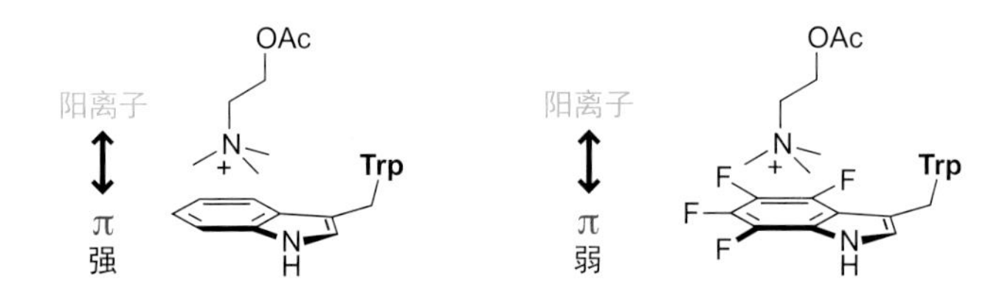

图9.106 利用合成化学与突变探究阳离子-π 相互作用的生物学意义。阳离子-π相互作用对于烟碱型乙酰胆碱受体和乙酰胆碱的结合十分重要。若将受体中关键位点的色氨酸替换为氟代色氨酸，两者结合将大大减弱。然而这种氟代色氨酸的取代对于烟碱的结合基本没有影响。

靶向烟碱型乙酰胆碱受体的毒素

在测序技术得以广泛应用之前，研究人员以对药物配体敏感性为指标，将神经递质受体进行分型（类似于之前描述过的兰尼碱敏感型电压门控离子通道的命名）。乙酰胆碱受体可根据其对烟碱和毒蕈碱的敏感性加以区分（**图9.107**）。烟碱型乙酰胆碱受体存在于自主神经节和神经肌肉接头，参与调控了“战斗或逃跑”和“休息与消化”等基础响应。烟碱型乙酰胆碱受体有两个乙酰胆碱神经递质的结合位点，这两个位点也能够结合一系列天然产物毒素。例如，亚马逊丛林猎人在箭头上涂抹的箭毒马鞍子（curare）就靶向乙酰胆碱结合位点。很多动物毒液中含有毒素蛋白，能够结合烟碱型乙酰胆碱受体使之保持开放构象（**图9.108**）。其包括：海蛇毒素（erabutoxin，海蛇）、*α*-金环蛇毒（*α*-bungarotoxin，金环蛇 *Bungarus caeruleus*）、*α*-芋螺毒素（*α*-conotoxin，鸡心螺）、*α*-眼镜蛇毒（*α*-cobratoxin，眼镜蛇 *Naja naja kaouthia*）等。

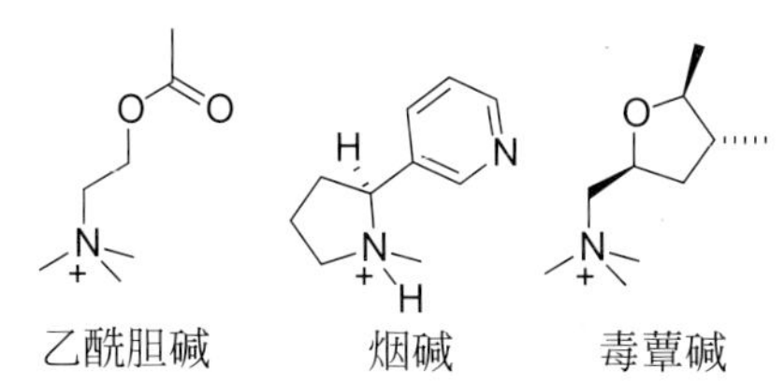

图9.107 一些常见的靶向乙酰胆碱受体的配体。

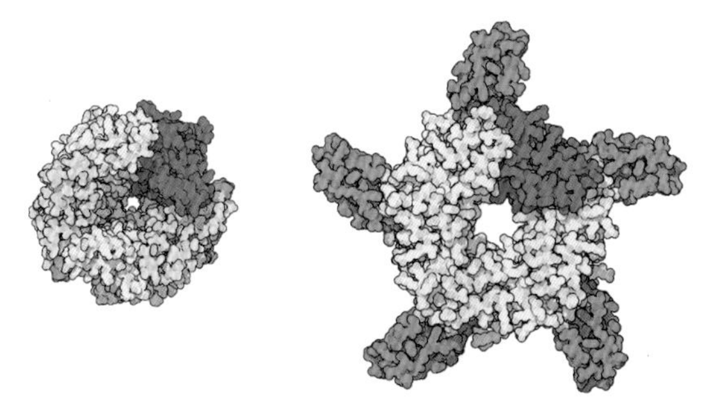
图9.108 开放构象。左边为烟碱型乙酰胆碱受体的关闭构象，红色部分为乙酰胆碱结合位点。右边为开放构象，可与五分子的*α*-眼镜蛇毒结合。（由David S. Goodsell and RCSB Protein Database提供。）

很多靶向乙酰胆碱受体的天然产物配体都含有四氢吡咯环的结构（**图9.109**）。蓝绿藻 *Anabaena flosaquae* 产生的一种毒素能够不可逆地结合烟碱型乙酰胆碱受体。该物质早期被称为“非常快速死亡因子”，后来重新命名为类毒素A（anatoxin A）。还有一些作用在烟碱型受体上的毒素被发现有医用价值。例如，从厄瓜多尔青蛙 *Epipedobates tricolor* 中分离得到的化合物地棘蛙素（epibatidine）具有镇痛作用，比吗啡的镇痛效果强200倍。然而，当这些青蛙在实验室环境下养殖时，它们就不再产生地棘蛙素。毒素的产生可能与青蛙的食物来源有关，也可能通过一种共生机制，与独特存在于它天然栖息地中的微生物有关。

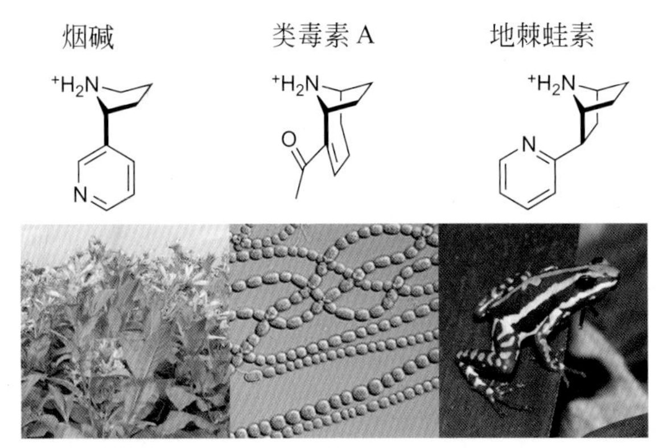

图9.109 烟碱其结构类似物。靶向烟碱型乙酰胆碱受体的天然产物具有共同的结构特征。各个化合物的来源见其结构下方。（左下图由Wikimedia的Joachim Mullerchen提供；中下图由the Cultural Collection of Autotrophic Organisms提供；右下图由Wikimedia的H. Krisp提供。）

四聚体谷氨酸受体对谷氨酸类似物有着不同的特异性

我们之前提到过，谷氨酸是一些GPCR的配体，是食物中鲜味的来源。在更多情况下，谷氨酸是离子通道受体的配体。目前已知存在二十种不同的谷氨酸离子通道受体亚型，均由四个蛋白质亚基构成。根据对谷氨酸类似物的响应性不同，谷氨酸受体主要分为三大类，分别响应*N*-甲基-D-天冬氨酸（NMDA）、*α*-氨基-3-羟基-5-甲基-4-异噁唑丙酸（AMPA）、红藻氨酸（kainate）

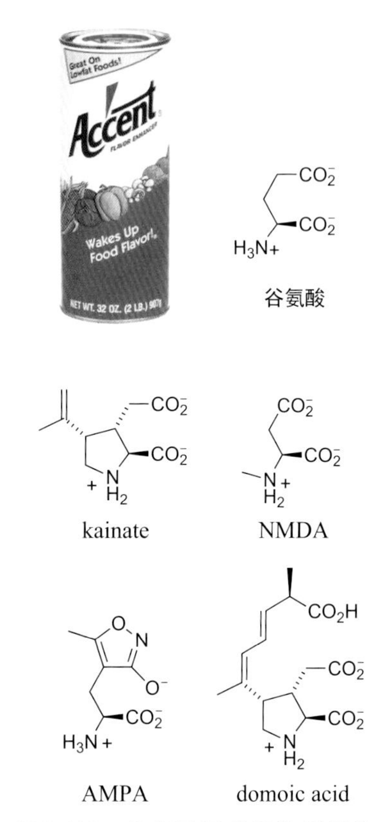

图9.110 谷氨酸及其结构类似物。谷氨酸是一种常见的调味剂。许多非内源性配体对谷氨酸离子通道受体的不同亚型具有选择性。（顶图由B&G Foods，Inc提供。）

（**图 9.110**）。这三类受体也因此分别称为NMDA受体、AMPA受体、kainate受体。这些受体都可以响应谷氨酸和天冬氨酸这两种兴奋型氨基酸。平时食用的味精就是纯谷氨酸的晶体。

大脑中大部分计算能力都是由兴奋型氨基酸受体通路控制。配体门控离子通道的激活并不会每次都引起转录水平上的改变。大多数情况下，通道激活只产生神经去极化这样的快速响应。然而，在有些情况下，配体门控离子通道的活动会最终引发转录激活过程，导致神经元发生改变并影响记忆。在海马体神经元中，谷氨酸对NMDA受体的反复刺激会引起Ca^{2+}内流，从而激活蛋白激酶C（PKC）和CaMK Ⅱ。这些激酶从两个方面影响神经元功能。一方面，PKC将AMPA受体磷酸化，使后者对谷氨酸更加敏感；另一方面，PKC和CaMK Ⅱ两种激酶最终激活神经元中的ERK通路，改变基因表达。

红藻氨酸的名字来源于日文中kaininso，指的是一种红藻*Digenea*。几个世纪以来，这种红藻被用作抗寄生虫药物。不久前，研究人员发现记忆缺失性贝毒（amnesic shellfish poisoning，ASP）的毒素软骨藻酸（domoic acid）与红藻氨酸有着相似的结构（**图 9.110**）。软骨藻酸本身并不由贝类合成，而是由硅藻产生，随后在贝类中积累。软骨藻酸激活AMPA受体和kainate受体，导致持续的Ca^{2+}内流。严重时，软骨藻酸中毒会引起短期记忆的永久丧失。

问题9.19

下图“笼保护”的谷氨酸衍生物可以由光激活释放出谷氨酸。试用箭推法画出这个反应可能的机理。

9.8 三聚化死亡受体 (Trimeric Death Receptors)

肿瘤坏死因子与其受体的结合导致多种细胞响应

我们在第3章提到，快速分裂的细胞如果不能顺利通过有丝分裂检查点，就会进入自毁通路，在四聚体转录因子p53介导下发生细胞凋亡。即便是非分裂细胞，如果接收了正确的信号，也会被诱导发生凋亡。这种死亡信号主要由一类同源三聚化受体和对应的三聚化配体进行介导。配体可以在细胞表面表达，也可以作为可溶性蛋白存在。**三聚化死亡受体**（trimeric death receptor）的三重对称性是这类配体与受体的突出特征。我们在第6章讨论过的FasL-促蛋白酶级联网络就属于这样的通路。第二条引起细胞凋亡的重要通路由肿瘤坏死因子TNF介导。TNF有两种亚型，分别称为TNFα和TNFβ，其中TNFα的活性更强。

TNFα短期浓度升高会诱导细胞产生急性免疫响应，长期作用下则引起非特异性细胞毒性。由于TNFα的治疗窗口（therapeutic index，即有效剂量

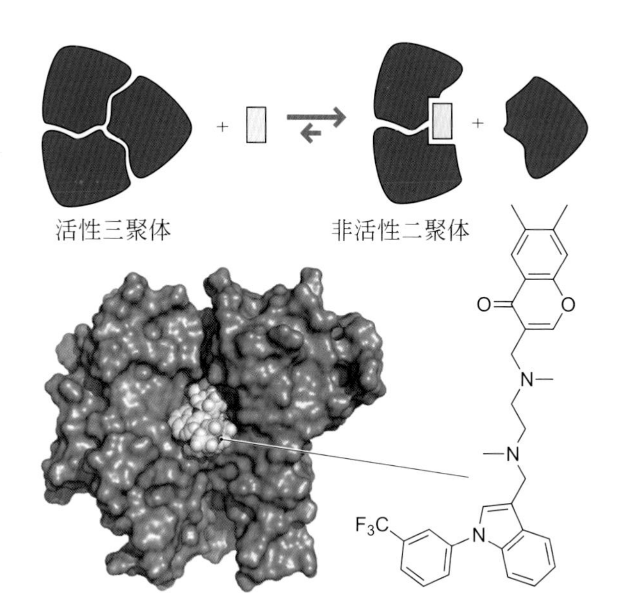

图9.111 阻断蛋白质-蛋白质相互作用。筛选与设计的组合方法找到了一种结合TNFα二聚体的小分子，能够阻碍TNFα三聚化。（PDB：2AZ5）

与有害剂量之间的差异）非常狭窄，该分子并没有治疗人体肿瘤的作用。然而，在实验室环境下，TNFα 对于很多肿瘤细胞系具有极强的细胞毒性。与我们在第 3 章中的讨论不同的是，TNFα 作为细胞因子并不通过有丝分裂检查点或 p53 相关通路起作用。从临床角度看，TNFα 的重要性主要体现为自身免疫性疾病中的促炎症效应，从而引起关节炎、克罗恩病等疾病。通过药物干扰 TNFα 可以阻止过度活跃的免疫系统进攻关节软骨细胞（导致关节炎）或胃肠道组织（导致克罗恩病）。研究人员已发现一些能够结合并阻碍 TNFα 三聚化的小分子（**图 9.111**），不过目前市场上靶向 TNFα 效果最好的还是蛋白质药物，通过将 TNFα 隔离或阻断其与受体结合而发挥作用。

很多类型的细胞能够生产 TNFα，但最主要的是免疫细胞。例如，当巨噬细胞发现细菌后会释放大量的可溶性 TNFα。TNF 起初以同源三聚体形式存在于细胞表面，经蛋白酶 TACE 的切割作用得以从膜上释放。TNFα 只有在浓度超过纳摩尔量级后才形成具有生物活性的三聚体。

TNFα 的三聚化受体分为 TNFR-1 和 TNFR-2 两种类型，在大多数细胞表面都同时存在。TNFR-2 只能被膜结合形式的 TNF 激活，而 TNFR-1 通过接头蛋白结合 FADD。我们在第 6 章曾讨论过 caspase 级联放大通路，其中 FADD 通过激活线粒体依赖的 caspase 通路导致 DNA 碎片化。

TNFα 通过 TNFR-1 诱导细胞凋亡，但对于免疫细胞则通过 TNFR-2 起到相反的效果。TNFR-2 并不与带有死亡结构域的蛋白质结合。当被 TNFα 激活后，TNFR-2 与接头蛋白 TRAF2 结合，激活 NIK 激酶（NF-κB-诱导激酶）。NIK 将 IKK 激酶（IκB 激酶）磷酸化，后者再将 IκB 磷酸化。在被激活前，IκB 能够将 NF-κB 家族转录因子隔离在细胞质中；被磷酸化激活后，IκB 被泛素化并降解，将 NF-κB 释放出来。自由的 NF-κB 经蛋白酶切后二聚化，随后进入细胞核，上调促炎症通路（**图 9.112** 和**图 9.113**）。在 T 细胞中，NF-κB 的激活会促进细胞分化和增殖，与 TNFR-1 受体介导的细胞凋亡效应恰恰相反。

通过对植物提取液的体外活性筛选，研究人员发现天然产物穿心莲内酯（andrographolide）具有抑制 NF-κB 转录的活性。穿心莲内酯能够与 p50 形式的 NF-κB 中 Cys62 形成共价键（**图 9.114**）。尽管像穿心莲内酯这样的亲电试剂能够与细胞中很多半胱氨酸发生反应，但实验发现它只影响那些受 NF-κB 控制的基因表达（利用荧光酶作为报告基因）。

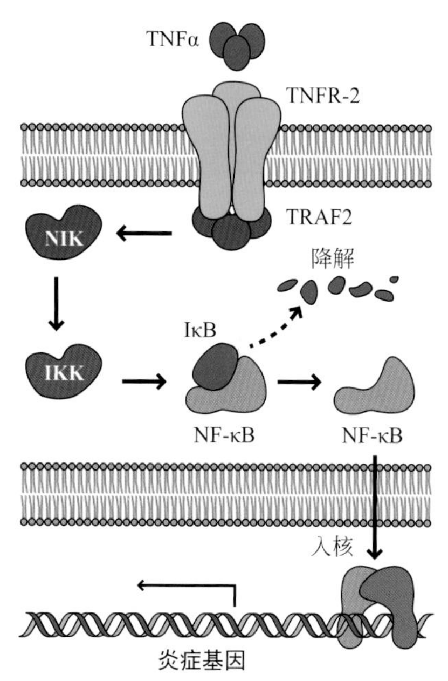

图9.112 转录因子NF-κB被IκB隔离。在T细胞中，TNFα与TNFR-2的结合导致IκB的降解，从而释放转录因子。

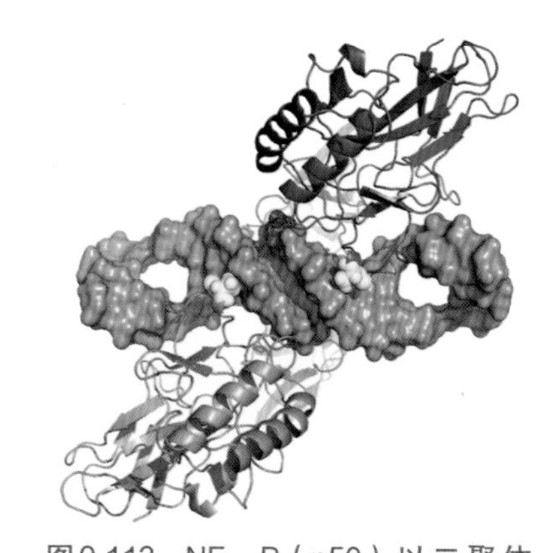

图9.113 NF-κB（p50）以二聚体形式结合DNA。在NF-κB的C62A突变体结构中（PDB：1SVC），黄球为突变残基。在晶体结构中，DNA双螺旋缺口的形成是因为某些DNA碱基并没有互补配对。

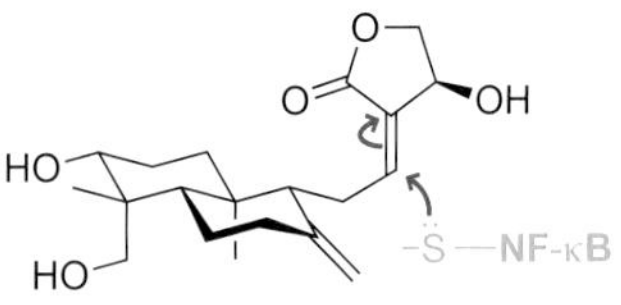

穿心莲内酯

图9.114 NF-κB的共价修饰。穿心莲内酯的α,β-不饱和内酯与NF-κB共价结合。

问题9.20

天然产物kamebakaurin与穿心莲内酯一样，靶向NF-κB的同一个活性半胱氨酸。试画出这个加成产物的结构。

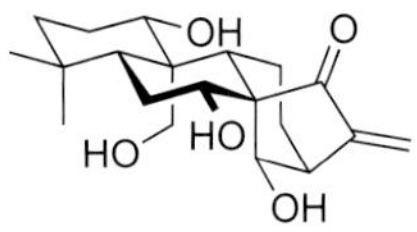

kamebakaurin

9.9 气体小分子信号转导通路（Pathways Controlled by Small Diffusible Gas Molecules）

通过HIF-1α监测氧气水平

人体细胞需要监测氧气水平。在有氧条件下，人体细胞氧化降解葡萄糖产生二氧化碳，就像缓慢燃烧一样释放能量，只不过能量是以ATP的形式被储存起来。在无氧条件下，葡萄糖被另一条通路中的酶降解产生能量，最终产生乳酸。用来控制有氧呼吸和无氧呼吸的是一个称为缺氧诱导因子-1α（HIF-1α）的转录因子。在有氧条件下，脯氨酸羟化酶不断将HIF-1α上的Pro402和Pro564两个残基氧化为羟脯氨酸，后者进一步被泛素化酶识别而导致蛋白质降解，因此HIF-1α半衰期只有短短5 min。从这种意义上讲，羟化酶由于结合氧气作为底物，相当于起到了氧气受体的作用。在低氧水平下，由于氧化速率减慢，未修饰的HIF-1α得以积累，最终达到足够高的浓度形成转录复合物，启动多种蛋白质的表达，包括起关键作用的CBP/p300蛋白。

HIF-1α控制的基因表达与细胞类型有关。例如，在肌细胞中，HIF-1α控制有氧呼吸的基因表达；而在肾细胞中，HIF-1α促进红细胞生成素的表达，从而导致红细胞被大量合成。HIF-1α会抑制与细胞增殖相关的基因表达，其合理性在于，当细胞处于营养贫乏条件下最好不进行细胞分裂。这一效应对于实体瘤意义重大，因为这些细胞长期处于低氧状态。研究人员通过小分子筛选发现，天然产物黑毛霉素（chetomin）能够强烈抑制HIF-1α与CBP/p300的相互作用（**图9.115**）。细胞被黑毛霉素欺骗，误以为没有了氧气，从而选择不再增殖。

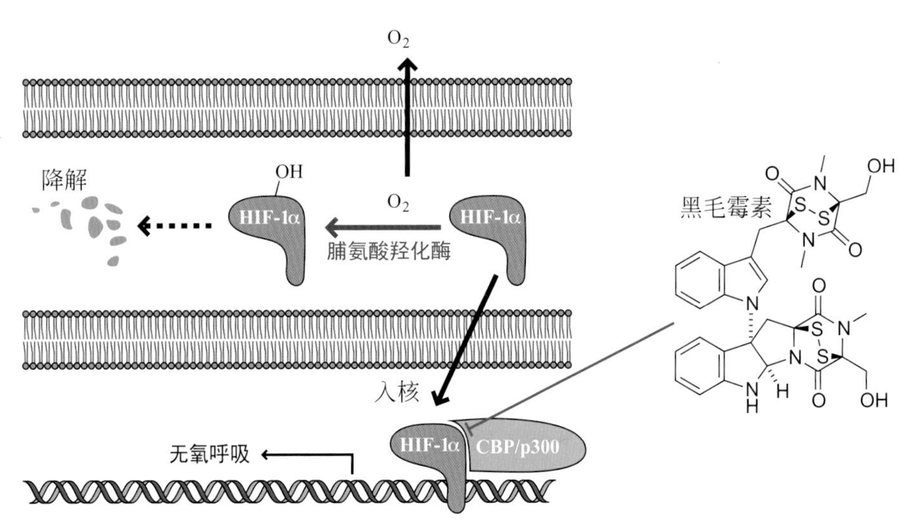

图9.115 氧气监测器。转录因子HIF-1α在脯氨酰羟化酶催化下与氧气发生氧化反应。右：黑毛霉素是HIF-1α与CBP/p300互作的强效抑制剂。

一氧化氮受体诱导cGMP生成

血管平滑肌细胞的收缩与舒张控制着血压。血管内皮细胞产生的一氧化氮（NO）经过扩散进入邻近的肌细胞中，从而对血管平滑肌起到局部调节作用。由于NO具有很高的反应活性，能够与包括巯基和氧分子在内的多种生物分子发生反应，因此其作用范围十分有限。这与体内循环的内分泌激素有所不同。许多双原子气体分子（如CO、O_2、NO等）能够与铁卟啉紧密结合形成复合物。在血管平滑肌中存在一种受到铁卟啉调节的鸟苷酸环化酶（guanylate cyclase），一氧化氮与铁原子结合（**图9.116**）引起的蛋白质构象变化使酶被激活，将GTP转化为环鸟苷酸（cGMP）。这一活性与腺苷酸环化酶催化的反应类似，生成的cGMP结合cGMP依赖蛋白激酶Ⅰ，后者将细胞膜和钙库上的钙通道磷酸化，使这些通道即使受到IP_3通路的激活也保持关闭状态。cGMP依赖蛋白激酶的磷酸化底物还包括那些影响myosin磷酸化的蛋白质，从而直接抑制了肌肉收缩，这就是NO导致血管舒张的机理。cGMP磷酸二酯酶5（PDE5）能够将cGMP水解为鸟苷单磷酸，从而降低cGMP的水平（**图9.117**和**图9.118**）。

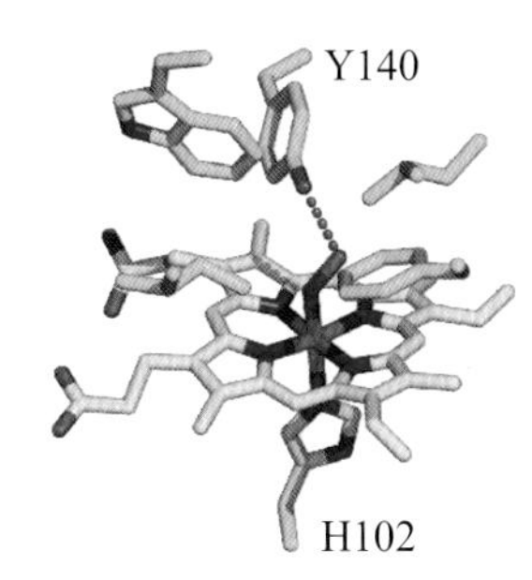

图9.116 NO的作用。NO与鸟苷酸环化酶的铁卟啉结合。（引自C. S. Raman and Pierre Nioche，*Science* 306：1550-1553，2004。）

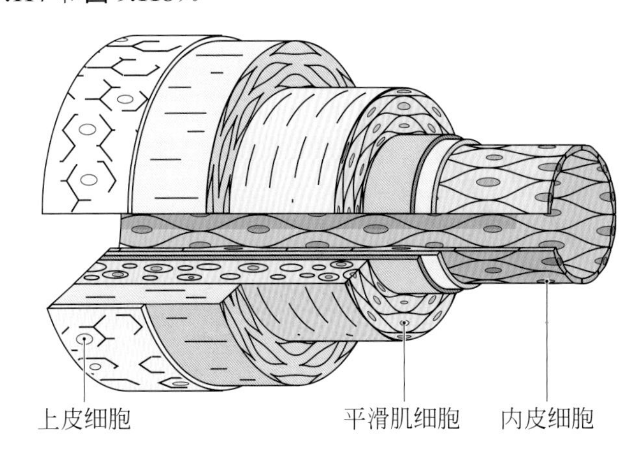

图9.117 动脉血管的切面图展示细胞分层。（引自S. Fox，Human Physiology，12th ed. McGraw-Hill，2010。）

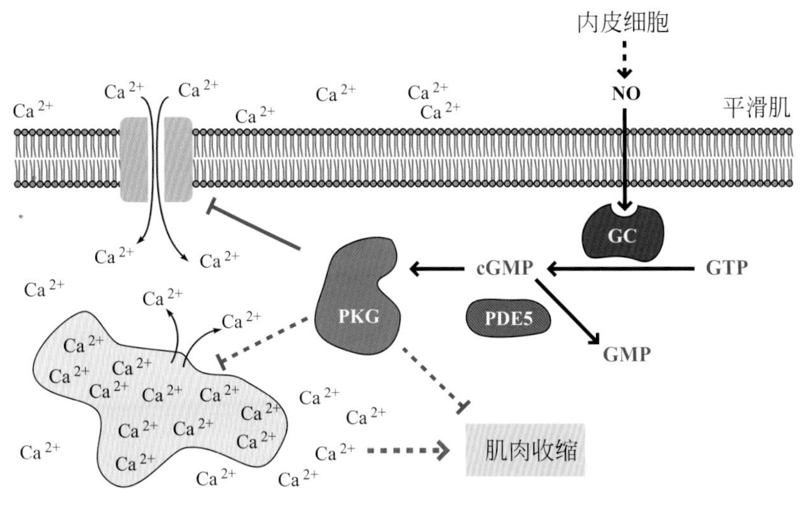

图9.118 NO的调控。在血管中，内皮细胞通过释放NO来抑制平滑肌细胞的收缩。NO激活鸟苷酸环化酶，进而合成cGMP。cGMP激活的蛋白激酶（PKG）使离子通道磷酸化，防止它们打开。

cGMP水平同样调控着为阴茎供血的血管平滑肌。治疗早泄的药物（如Viagra®、Cialis®、Levitra®等）通过抑制PDE5来提高cGMP水平，从而起到促进血管舒张的作用（**图9.119**）。对于神经元和巨噬细胞而言，一氧化氮还是一种可扩散的信号分子。早在1879年，在机理尚不明确的情况下，硝酸甘油（nitroglycerine）就已作为药物用于促进血液向心脏流动。最近研究表明，硝酸甘油在乙醛脱氢酶的作用下生成一氧化氮，从而导致冠状动脉的血管舒张。

图9.119 蓝药片中的分子。PDE5抑制剂使血管平滑肌舒张，被用于治疗勃起功能障碍。

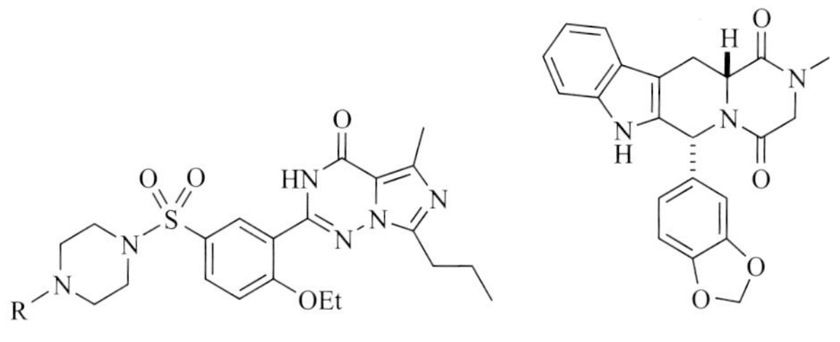

R = Me 西地那非 (sildenafil)
R = Et 伐地那非 (vardenafil)

他达那非
tadalafil

9.10 总结（Summary）

人体细胞不断接收着各类外界信号，包括分泌信号和细胞表面信号。有些信号能诱导细胞快速作出响应，比如收缩或分泌；有些信号引起的响应比较缓慢，通过中心法则——DNA转录成RNA、RNA翻译成蛋白质——导致新的蛋白质被合成出来。这些转录过程能够重新定义一个细胞的组成和功能。本章中，我们讨论了细胞外信号如何导致细胞在转录层面的变化，其中不乏一连串令人眼花缭乱的缩写名称。为了便于读者理解，我们分类介绍了七类受体介导的信号转导通路：核受体、细胞因子受体、受体酪氨酸激酶、三聚化死亡受体、G蛋白偶联受体、离子通道受体、气体分子受体。了解这七大通路对于进一步学习文献有很大帮助。

本书至此也即将谢幕。从一开始讲述基因转录如何导致生物大分子的合成，直到这一章学习各类小分子、生物大分子反过来如何控制基因转录，我们的旅途终于画上了一个圆满的句号。在这一章中，我们还介绍了如何利用人工合成小分子来控制信号转导过程，包括基因转录。生物大分子在结构上的多样性奠定了分子功能的多样性，而后者是一切进化过程的重要基础。相信你在学过这些知识后对生命的理解得以升华，能够站在原子和化学键的角度去理解并控制生命。这既包括开发新型药物去治愈疾病，也包括创造探针分子去窥探细胞的奥秘。

学习重点（Learning Outcomes）

- 解读信号转导示意图中的逻辑关系并将其应用于分析基因表达调控。
- 预测抑制剂和激动剂对信号转导通路的影响。
- 理解Ca^{2+}与两个非转录过程的联系：肌肉收缩与胞吐过程。
- 区分能够调节人体基因转录的七种主要信号转导通路。
- 识别核受体的高特异性配体。
- 了解双组分信号通路的三类配体：白介素、干扰素、TGF-β。
- 认识受体酪氨酸激酶的生长因子配体。
- 区分受体酪氨酸激酶的四条下游子通路：STAT、MAP激酶、PLCγ、PI3K/Akt。
- 区分死亡通路（TNFα和FADD）与受体酪氨酸激酶通路。
- 认识常见的几类GPCR配体。
- 区分受GPCR控制的腺苷酸环化酶通路与PLCβ通路。
- 认识人体细胞内外的K^+、Na^+、Ca^{2+}的浓度差。
- 理解信号转导如何影响蛋白酶介导的降解过程。
- 认识两类重要的气体信号分子：NO和O_2。

习题 (Problems)

9.21 画出一氧化氮的 Lewis 结构式。

9.22 根据本章提供的细胞信号转导通路图，按照影响基因转录所需的最大步骤数目，为七条信号转导通路排序。

***9.23** 针对以下影响信号转导通路的小分子（参考下页图），回答问题。

酪氨酸磷酸化抑制剂（tyrphostin）：酪氨酸激酶特异性抑制剂

AZD8330：MEK1 和 MEK2 特异性抑制剂

渥曼青霉素（wortmannin）：PI3K 特异性抑制剂

雷帕霉素（rapamycin）：TOR 特异性抑制剂

FR180204：ERK 特异性抑制剂

A-443654：PKB 特异性抑制剂

A 以上哪个化合物能够最有效抑制细胞的不可控增殖？

B 以上哪个化合物最能抑制细胞凋亡，同时又不抑制增殖信号？

C 以上哪个化合物对抑制蛋白质合成最具选择性？

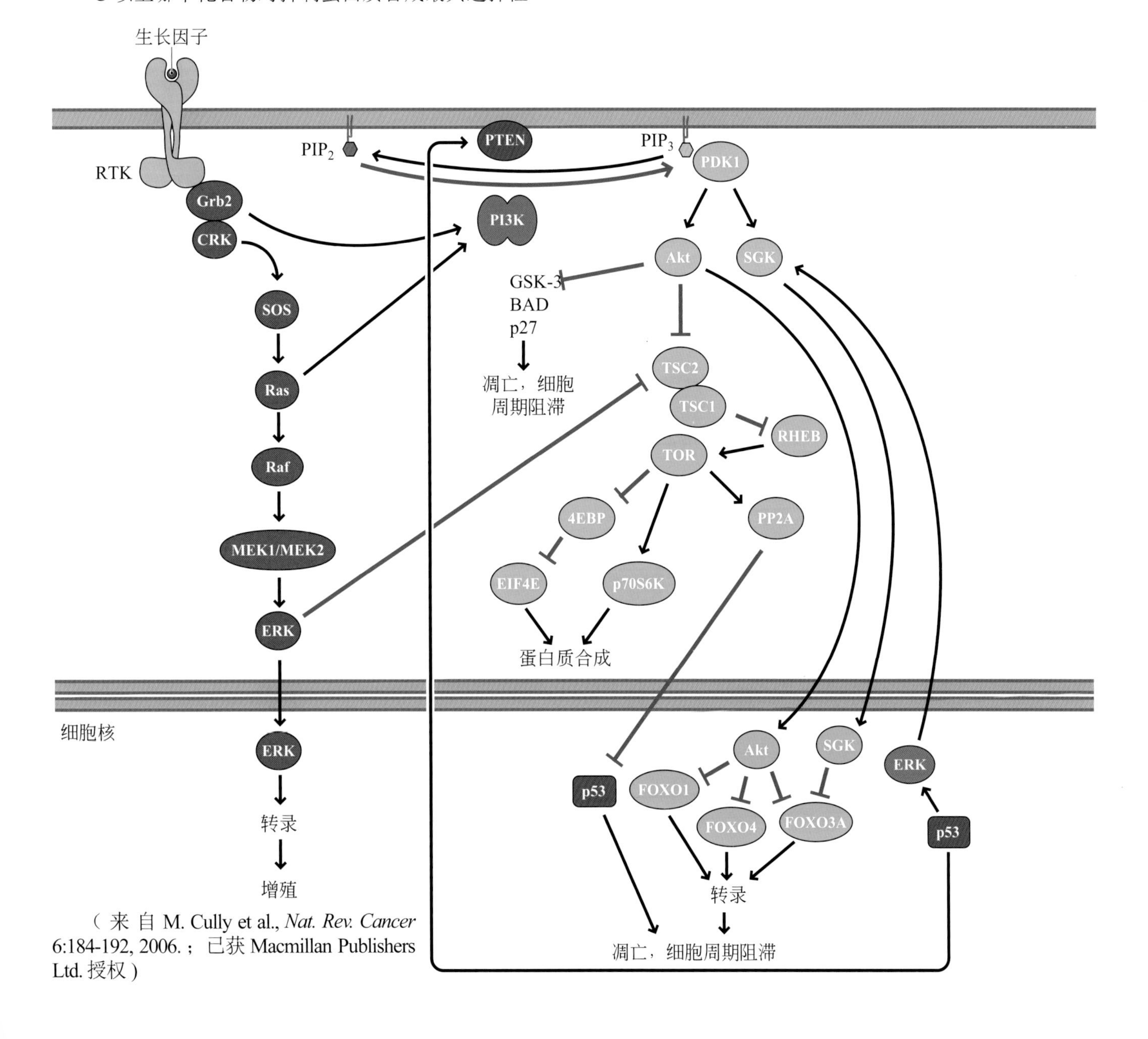

（来自 M. Cully et al., *Nat. Rev. Cancer* 6:184-192, 2006.；已获 Macmillan Publishers Ltd. 授权）

9.24　从巴哈马群岛的海洋沉积物中分离出来的链霉菌属菌株 CNR-698 能够生产一种天然产物 ammosamide B，对多种培养的癌细胞具有细胞毒性，IC_{50} 低至 20 nmol/L。为了鉴定其分子靶标，我们用碳二亚胺介导的偶联反应引入了一个荧光团氨基香豆素（aminocoumarin）。1-（3- 二甲氨基丙基）-3- 乙基碳二亚胺盐酸盐（EDC）是一种水溶性的化合物，其反应机理与 DCC 和 DIC 一致。用该探针处理细胞后，荧光定位于溶酶体囊泡中。荧光信号无法被洗去，或被 ammosamide B 竞争除去，暗示了 ammosamide B 与分子靶标存在共价或者紧密的结合作用。试用箭推法画出碳二亚胺介导的偶联反应机理。

EDC　DMAP　60 °C

ammosamide B

氨基香豆素

探针试剂

***9.25**　电环化的开环和关环反应具有立体专一性。这种立体选择性取决于过渡态的电子数以及反应条件，如加热（△，100℃以上）或光照。

4 e⁻ in T.S.:

6 e⁻ in T.S.:

依据上图的立体专一反应性模式，尝试给出从 photopyrocalciferol 高效转变为 calciferol 的一系列中间步骤的反应条件。

步骤

photopyrocalciferol　　**calciferol**

9.26　下图的杂环化合物是 EGF 受体酪氨酸激酶中 ErbB 家族的高效、高选择性不可逆抑制剂。该抑制剂会与酪氨酸激酶结构域的 ATP 结合位点入口处的半胱氨酸残基发生共价加成（ErbB1 的 Cys773，ErbB2 的 Cys784，ErbB4 的 Cys778）。试画出这个加成产物可能的结构。

EGFR/ErbB 抑制剂

***9.27**　一种从 FGF 短片段衍生而来的合成四聚物可以在体外结合 FGF 受体，并在神经细胞中激活 FGF 受体通路。丙氨酸扫描技术可以被用于评估受体在发生相互作用时各个残基的贡献。

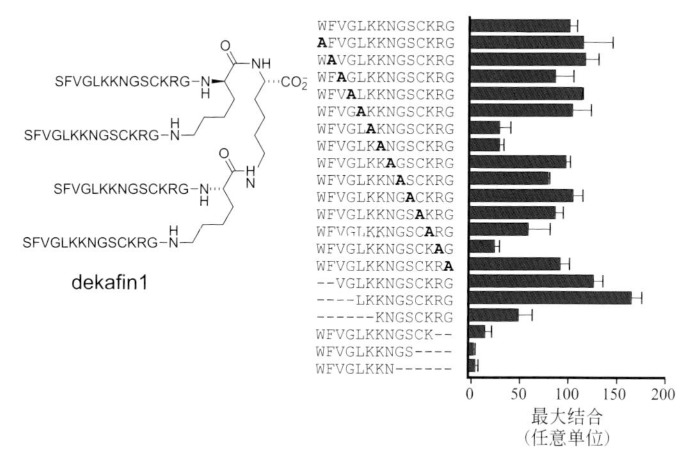

上图丙氨酸扫描的结果说明这种四聚物很可能通过哪些残基与 FGF 受体相互作用？

9.28　天然产物渥曼青霉素（wortmannin）抑制 PI3K。那么在尿道上皮细胞中，渥曼青霉素会对蛋白质翻译、细胞凋亡和有丝分裂产生怎样的影响？

***9.29**　在一张纸膜上点有磷酸化酪氨酸九肽的阵列，随后会与含有 SH2 结构域的 Grb2 结合测试。每个点由一份九肽的混合物组成，混合物中的肽段已有两个位点被确定，其中一个为位于九肽中间位点的磷酸化酪氨酸，另一个位点为变量，其他位点的氨基酸随机。例如，若 Grb2 与一组序列组成为 XXWXpYXXXX 的肽段结合较强，则意味着 Grb2 的 SH2 结构域对于色氨酸在磷酸化酪氨酸前第二个残基处（P-2 位）的肽段底物具有很强的结合倾向性。其中 X 代表随机的氨基酸。借助下图数据说明，Grb2 的 SH2 结构域倾向于与哪些肽段序列结合？（经 American Society for Biochemistry and Molecular

Biology 授权，引自 M. Rodriguez et al.，*J. Biol. Chem.* 279：8802-8807，2004。）

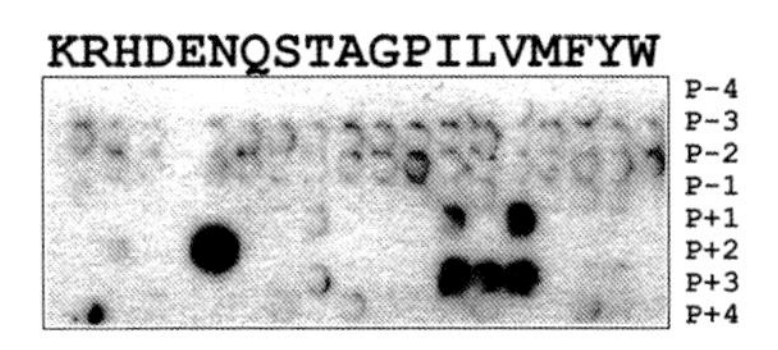

9.30 经筛选得到一个影响 G 蛋白信号通路的小分子 CCC-4986，它能够抑制一种名为 RGS4 的 GTP 酶激活蛋白。如下图总结的信号转导通路，CCC-4986 被用于 C6- 胶质瘤细胞中测试其对 cAMP 生产的影响。

A 对于下列每种化合物，预测其会增加还是减少 cAMP的生成。

i. 异丙肾上腺素（isoproterenol，又称 isoprenaline）

ii.DAMGO

iii. 毛喉素（forskolin）

iv. 霍乱毒素（cholera toxin）

v.CCC-4986

DAMGO　毛喉素　霍乱毒素　异丙肾上腺素　μ-阿片受体　β-肾上腺素能受体　内　外　腺苷酸环化酶　$G\alpha_O$　$G\alpha_S$　ATP　cAMP　CCC-4986　RGS4

C6-胶质瘤细胞

B 后续研究表明 CCC-4986 通过与 Cys132 的侧链巯基反应而共价修饰到 RGS4 上。质谱研究表明加成产物可能是二硫化物。试用箭推法画出这个反应的机理。

RGS4　CCC-4986　50 mmol/L Tris 缓冲液 pH=8.0　250 mmol/L NaCl　5 mmol/L DTT　RGS4

***9.31** Grb2 的 N 端和 C 端分别有一个 SH3 结构域。分子模型表明多聚脯氨酸序列 VPPPVPPRRR 的二聚体能够同时结合这两个 SH3 结构域。如何通过固相合成法获得这个二聚多肽配体？请说明合成中你所使用的保护基。

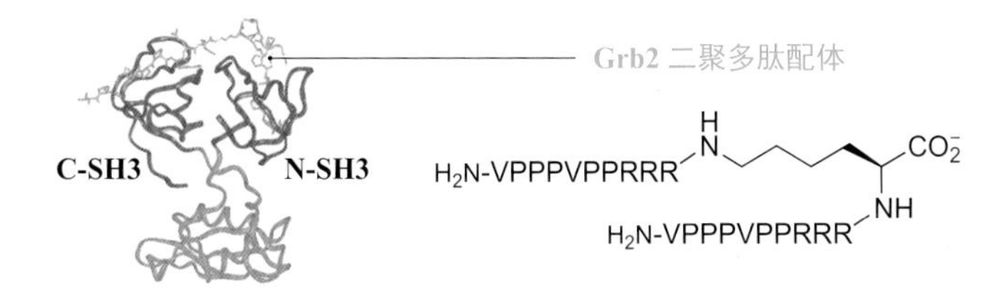

9.32 在裂殖酵母中，转录因子 Pap1 通常会从细胞核中运出，因其具有核输出序列——近 N 端的一段 19 氨基酸序列（512-533）。过氧化氢存在时，Pap1 的运输被抑制，使其停留于核内并引发多种基因转录。当核输出序列上的两个半胱氨酸残基被突变（C523A 和 C532D），转录因子会在细胞核内累积并引发转录，不再出核。令人惊讶的是，非氧化性试剂马来酸二乙酯具有类似过氧化氢的作用。试画出两者可能的化学机理。

马来酸二乙酯

***9.33** 下图“笼保护”的谷氨酸衍生物可以在紫外光照射下释放出谷氨酸。试用箭推法画出经历图中中间体的可能机理。

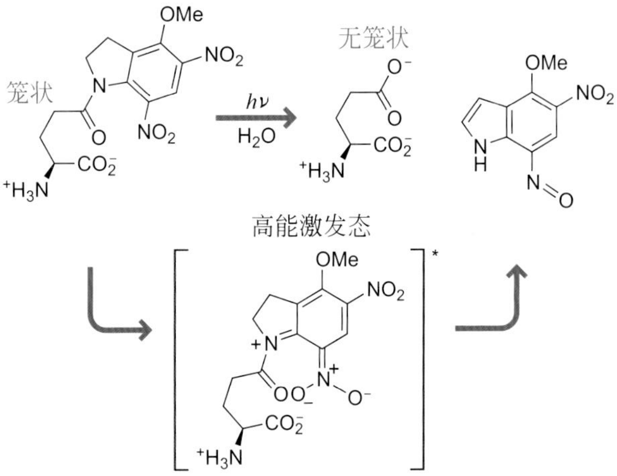

笼状 无笼状 $h\nu$ H_2O 高能激发态

9.34 从雷公藤（*Tripterygium wilfordii*）分离出的产物雷公藤红素（celastrol）能够与IKK中的Cys179反应生成芳香加成产物。试画出该共价产物可能的结构。

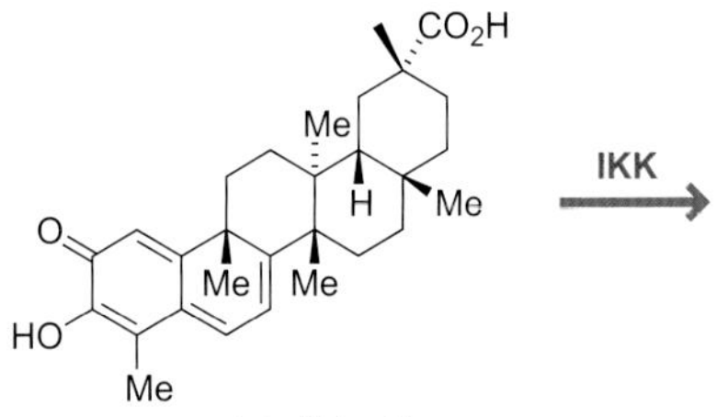

IKK

雷公藤红素

***9.35** 从狼毒中分离出的产物17-hydroxy-jolkinolide能够与Janus激酶中的半胱氨酸共价交联。试画出该化合物与两个源于不同Janus激酶的半胱氨酸的反应产物。

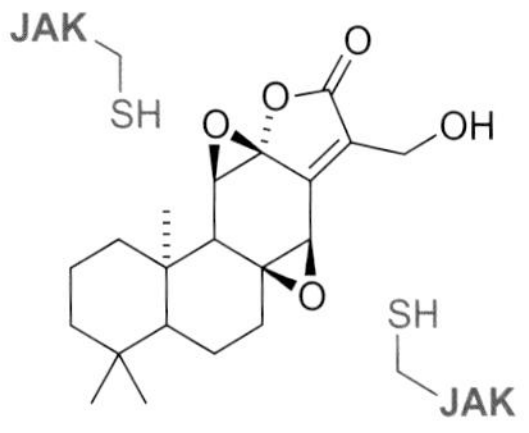

9.36 吡喃萘醌类抗生素卡拉真菌素（kalafungin）可与Akt2活性位点内的巯基反应，进而抑制该激酶。在生物还原环境下，卡拉真菌素的哪个原子对蛋白质亲核侧链（如半胱氨酸的巯基）的反应性最强？

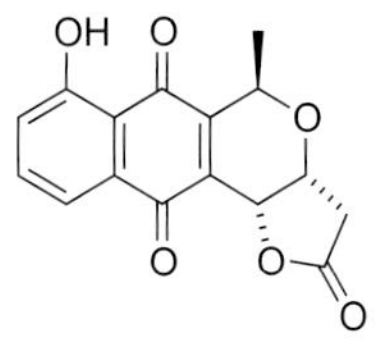

卡拉真菌素

IC_{50} 70 nmol/L 在MDA468细胞中

***9.37** 一种检测蛋白磷酸化丝氨酸残基的方法涉及下图中的两步一锅反应。试用箭推法画出每步的反应机理。最终产物与哪种天然氨基酸类似？

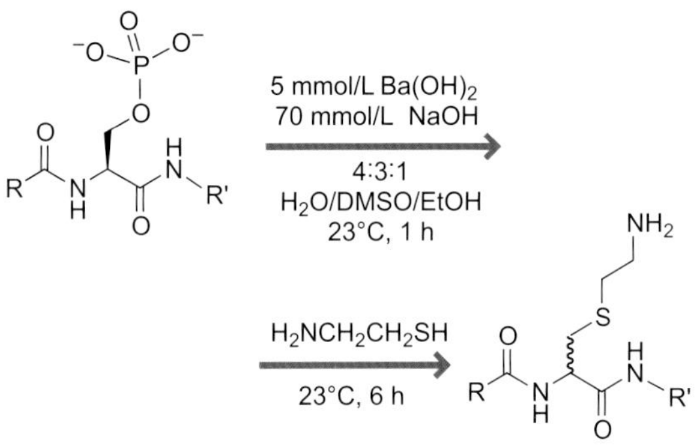

5 mmol/L $Ba(OH)_2$
70 mmol/L NaOH
4:3:1
H_2O/DMSO/EtOH
23°C, 1 h

$H_2NCH_2CH_2SH$
23°C, 6 h

9.38 沙门氏菌毒素SpvC催化MAP激酶活性环上的去磷酸化（如FMTpEYpVA序列），从而使MAP失活。去修饰的激酶无法被其他MAP激酶磷酸化。基于质谱研究（检测磷酸酯的中性形式），SpvC催化的去磷酸化导致分子量减少98 Da，而通常磷酸基团水解导致的分子量减少80 Da。试提出一种可能的产物结构。

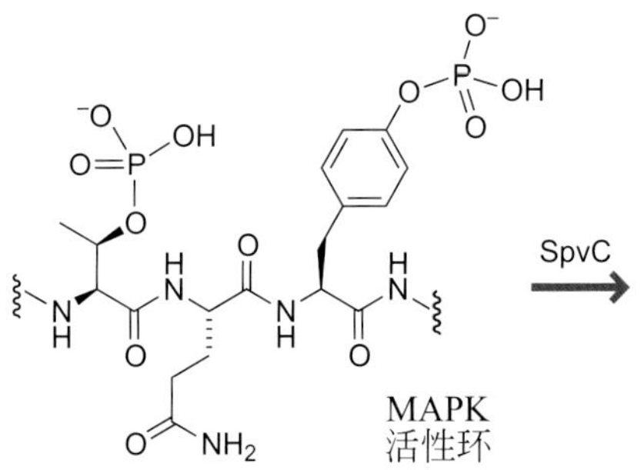

SpvC

MAPK
活性环

***9.39** 啤酒酵母中富含真菌麦角固醇（ergosterol），它可以被转化为维生素D_3的类似物麦角钙化醇（ergocalciferol，又称维生素D_2）。麦角钙化醇被广泛用作膳食维生素D补充剂。利用一种可以代谢维生素D_3的酶，人体将麦角钙化醇转变为维生素D受体的配体。试画出维生素D_2的三羟基体活性形式。

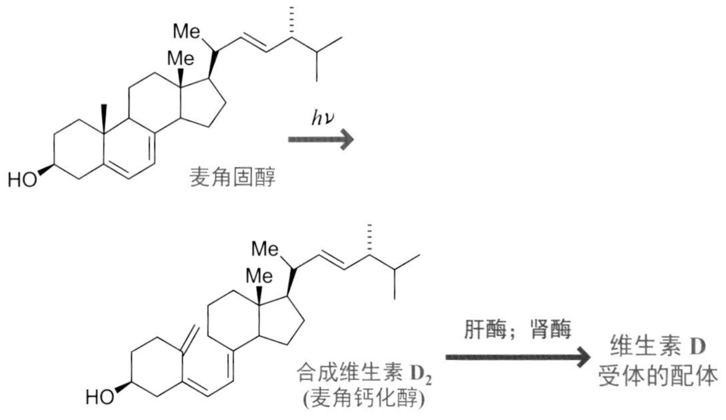

$h\nu$

麦角固醇

合成维生素D_2
(麦角钙化醇)

肝酶；肾酶

维生素D受体的配体

术语解释

英文	中文名	术语解释
α-amylase	α-淀粉酶	一种可以催化淀粉水解为葡萄糖的酶。
β barrel	β 桶状结构	由反平行方式排列的 β 折叠链组成的圆柱形蛋白质结构基序。
β hairpin	β 发夹	一种由四个氨基酸与 i 和 i+3 残基之间氢键组成的蛋白质结构模体，这种转角结构导致肽主链的方向发生 180° 的变化。
activator	激活因子	负责启动和激活一个或多个基因转录的转录因子。
acyl carrier protein domain, ACP	酰基载体蛋白结构域	聚酮合酶的一个结构域，连接在新生聚酮链上，并将中间体带到聚酮合酶的不同结构域。
adenylate cyclase	腺苷酸环化酶	一种催化 ATP 转化为 cAMP 的酶。
alanine scanning	丙氨酸扫描	用丙氨酸系统地取代蛋白质中的特定残基。该方法用于定量分析侧链上 β 位及其后面碳原子对蛋白质结构的影响。
annealing	退火	通过在高温（>95℃）下短时间孵育两条 DNA 链，然后缓慢冷却溶液，使 DNA 链杂交。
anomers	端基差向异构体	单糖在形成环状结构时，缩醛或缩酮碳上具有 α 或 β 不同构型，这两种不同构型的单糖为非对映异构体。
carbonanomeric center, anomeric carbon	异头碳，端基碳	单糖或糖缀合物中的缩醛或缩酮碳。
anomeric effect	异头效应，端基效应	一种立体电子效应，在吡喃糖环中异头烷氧基取代倾向于采用直立键（a 键）而非平伏键（e 键）。
antibody	抗体	由致病生物的非人源分子的刺激而产生的具有免疫功能的蛋白质。
antisense strand	反义链	在转录过程中为有义链和 RNA 聚合酶提供模板的 DNA 链。
apoprotein	脱辅基蛋白，载脂蛋白	缺乏关键辅因子的蛋白质。
apoptosis	细胞凋亡	细胞的程序性死亡过程。
apoptosome	凋亡体	一种由细胞色素 c 与 Apaf-1 和 dATP 形成的复合物，在细胞凋亡过程中通过切割 procaspase-9 激活 caspase-9 引起细胞凋亡级联反应。
aptamer	适配体	与特定靶标分子有亲和力的 DNA 或 RNA 序列。
Argonaute	阿尔古蛋白 Argonaute 酶	一种核糖核酸酶，可以与 siRNA 结合并破坏与 siRNA 序列互补的 RNA 转录本。
association constant	结合常数 K_a	两个分子（如配体和受体）结合形成络合物的平衡常数。
autocrine signaling	自分泌信号	同一类型细胞间的信号转导。
autophosphorylation	自磷酸化	在蛋白激酶的二聚体中，伴侣激酶侧链的相互磷酸化的现象。
bacteriophage	噬菌体	仅感染细菌的病毒。
bait protein	诱饵蛋白	见**酵母双杂交**（yeast two-hybrid）。
base	碱基	区分四种 DNA（或 RNA）的杂环取代基。每个 DNA 或 RNA 分子均由许多核苷酸组成，每个核苷酸都有一个不同的含氮杂环取代基。碱基一词通常被用来指整个核苷酸。而在化学学科中，碱通常用来指质子受体。
base pairs	碱基对	两个 DNA 或 RNA 碱基通过氢键结合在一起，比如 A · T 或 G · C。
biooligomers	生物分子	由细胞产生的聚合物，通过多个结构单元连接形成链状分子，包括蛋白质、DNA、RNA、聚糖、脂类和萜类（此处为译意，以符合中文习惯）。
bioreductive activation	生物还原活化	一种通过细胞内发生的还原反应将非活性前药转化为活性化合物的机制。
C terminus	C 端	蛋白质骨架带有羧基官能团的末端。
carbohydrates	糖类	“碳水合物”或分子式为 $C_n(H_2O)_n$ 的化合物。这个术语指由一个或多个单糖组成的分子，并不包括糖蛋白和其他聚糖。
central dogma of molecular biology	分子生物学中心法则	描述生物大分子序列信息编码的核心原则。通常是指遗传信息从 DNA 传递给 RNA，再从 RNA 传递给蛋白质，即完成遗传信息的转录和翻译的过程。
checkpoint	细胞周期检查点	在真核细胞分裂过程中，确定是否允许细胞继续分裂过程的检查机制。
chemical biology	化学生物学	在原子和化学键水平上，利用化学工具研究和调控生命现象和过程。
chemical genetics	化学遗传学	利用遗传学原理，以化学小分子为探针了解细胞内蛋白质功能。例如，通过靶标蛋白的特异性抑制剂可以抑制蛋白质的活性。
chitin	几丁质，壳多糖	为 N- 乙酰葡糖胺通过 β-1,4-连接而成的聚合物，存在于节肢动物的外骨骼中。
cloning	克隆	复制一个细胞或基因。在分子生物学中，克隆包括将基因融合质粒以表达编码的蛋白质或者产生包含该基因质粒的多个副本。
coenzyme A	辅酶 A	一种酶的辅因子，通过硫酯连接辅助酶与二碳或三碳结构单元 (即乙酰基或丙酰基) 结合。

续表

英文	中文名	术语解释
combinatorial chemistry	组合化学	一种合成分子集的方法，每个分子都包含相同数量的结构单元，用模块化的方法将结构单元连接在一起。
complementation assay	互补实验	一种基于恢复野生型表型来测试相互作用的方法。例如，如果两个蛋白质片段可以通过相互作用重新组装，那么 split-GFP 分析能产生功能性的绿色荧光蛋白。
covalent bond	共价键	一种由填充轨道与未填充轨道相互作用主导的键，式（2.2）中的第三项，如 $H_3C—H$ 或 $H_3C—CH_3$。
cross conjugated, cross conjugation	交叉共轭	由于中间双键的存在，使得两个或两个以上 π 键不能参与共轭。
cyclodextrins	环糊精	葡萄糖的环状低聚物，$[\text{-Glc}\alpha(1,4)\text{-}]_n$。
cystine	胱氨酸	由一个二硫键连接的半胱氨酸的一种二聚体氧化形式。
cytokines	细胞因子	细胞外用于信号传导的蛋白质。在细胞内，信号由 Janus 激酶和 STAT 转录因子转导。
deacetylases	去乙酰化酶	负责从蛋白质或寡糖中去除乙酰基的酶。
dehydratase domain, DH	脱水酶结构域	一种聚酮合酶的结构域，可以催化中间体聚酮的脱水反应，形成烯酮。
developmental biology	发育生物学	关于细胞如何从受精卵分化为完整有机体的研究。
dicer	Dicer 酶	一种水解 miRNA 前体产生 siRNAs 的核酸酶。
dispersion force	色散力	式（2.3）第三项展现的分子或官能团之间的相互作用。
dissociation constant, K_d	解离常数	一个分子络合物解离为其单独组分的平衡常数，如受体-配体络合物解离为配体和受体。
DNA ligase	DNA 连接酶	连接一条 DNA 链 3′-OH 末端和另一条 DNA 链的 5′- 磷酸末端，使二者生成磷酸二酯键修复切口 DNA 的酶。
DNA primase	DNA 引物酶	在 DNA 复制的起始阶段，合成短链 RNA 作为后随链 DNA 聚合的引物的 RNA 聚合酶。
DNA shuffling	DNA 改组	在 PCR 扩增过程中，通过来自不同生物体或其他来源的同源基因单链片段杂交来构建新基因的方法。
domains	结构域	蛋白质的小结构区域（通常少于 100 个氨基酸残基），当将其从较大的蛋白质结构中去除时仍能够独立折叠。
dose–response curve	剂量 - 反应曲线	药物浓度与生物反应的曲线图，可用于确定 EC_{50} 值。
DTT	二硫苏糖醇	一种合成的还原剂，用于裂解肽和蛋白质中的二硫键。
Edman degradation	埃德曼降解	一种基于 N 端氨基酸化学裂解和鉴定来确定蛋白质氨基酸序列的化学方法。
efflux pump	外排泵	一种膜结合蛋白质，可以利用 ATP 水解将小分子排出细胞。这类蛋白也是一种抗菌药物耐药的机制。
enoyl reductase domain, ER	烯酰还原酶结构域	聚酮合酶的结构域，可以催化聚酮中间体烯酮的还原反应。
enzyme	酶	一种能催化化学转化的蛋白质。
epigenetics	表观遗传学	对不由生物体 DNA 序列编码的遗传因素的研究。例如，DNA 甲基化或组蛋白的修饰可以影响其他相同的 DNA 序列。
Error-prone PCR	易错 PCR	一种通过添加 DMSO、Mn^{2+} 或其他因子产生 DNA 序列集合的技术，此技术在 PCR 过程中能破坏 DNA 聚合酶的精准性。
exons	外显子	去除内含子后真核生物 RNA 转录本中剩余的部分。转录本剩余的部分被翻译成蛋白质。
exonuclease	核酸外切酶	一种酶或较大型酶的亚基，可通过从一条链的末端一次切割一个碱基来水解 DNA 或 RNA 链。
fatty acid synthase	脂肪酸合酶	I 型聚酮合酶蛋白复合物，负责合成脂肪酸。通过每个催化域的催化作用，迭代引入二碳结构单元。
fatty acid	脂肪酸	由聚酮合酶产生的具有偶数个碳的直链链烷酸。它们的长度和不饱和度各不相同。
flow cytometry	流式细胞仪	一种分析细胞群的方法。该方法通过将具有流体动力学的细胞流通过荧光计。通过将荧光标记的抗体、荧光剂或荧光蛋白引入每个细胞，由此激发的荧光可以被定量分析。在流式细胞仪中，通过基于荧光强度不同的标准，流式细胞仪区分细胞群。
fluorophores	荧光发色团	可以吸收光子并发射出具有较低能量和较高波长光子的荧光发色团。
forward genetics	正向遗传学	将随机突变引入生物体以识别目标表型的过程。然后，DNA 测序可以识别相关的基因型，从而推测生物学活性所需的特定基因。 在正向化学遗传学中，小分子集合被用来代替基因突变。通过鉴定小分子处理后的特定表型，可以提示小分子靶标对细胞途径的重要性。
frontier molecular orbitals	前线分子轨道	化学分子中反应性最强的轨道，通常对应于最高占据分子轨道（HOMO）和最低未占据分子轨道（LOMO）。
G proteins	G 蛋白	一类可以结合并水解 GTP 的蛋白质。许多此类蛋白质与 7 次跨膜结构域受体相互作用，以将信号信息从细胞外环境传递至细胞质。

续表

英文	中文名	术语解释
G protein-coupled receptors, GPCRs	G 蛋白偶联受体	一种常见的 7 次跨膜结构域受体，可将细胞外激素信号重新转化为细胞内作用，例如收缩、分泌或有丝分裂增殖。
gene	基因	编码蛋白质和启动子的 DNA 序列。
genetic code	遗传密码	DNA 或 RNA 三联体（密码子）和蛋白质氨基酸序列之间的关系。
genome	基因组	编码生物体所必需的和充足的遗传物质。
genotype	基因型	基因或基因的组合。
glycans	聚糖	含有碳水化合物官能团的分子，例如糖脂、糖蛋白和多糖。
glycome	糖原	细胞、组织或生物体中聚糖的集合。
glycoproteins	糖蛋白	通过翻译后修饰上寡糖链的蛋白质。
glycosphingolipids	鞘糖脂	连接在脂质神经酰胺上的寡糖。
glycosylation	糖基化	酶催化的转移碳水化合物至蛋白质、脂质和寡糖表面。
glycosylhydrolases	糖基水解酶	一类通过水解破坏糖苷键的酶。
glycosyltransferases	糖基转移酶	一类在聚糖和碳水化合物合成过程中形成糖苷键的酶。这种酶的糖基供体底物在异头中心位置上具有核苷酸磷酸基作为离去基团。
GSH	谷胱甘肽	GSH 为三肽谷胱甘肽的缩写，强调硫醇官能团。
GSSG	谷胱甘肽（氧化型）	GSSG 为谷胱甘肽的氧化二聚体的缩写，强调二硫键官能团。
GTPase-activation protein, GAP	GTP 酶激活蛋白	一种通过使 G 蛋白加速水解 GTP 为 GDP 的调节蛋白。
guanine nucleotide exchange factor, GEF	鸟嘌呤核苷酸交换因子	一种催化从 G 蛋白中排出消耗的鸟嘌呤核苷酸 GDP 的调节蛋白。新的 GTP 底物的结合可再生活化的 G 蛋白-GTP 复合物。
guanylate cyclase	鸟苷酸环化酶	一种将 GTP 转化为环鸟苷单磷酸（cGMP）的酶。
heat shock	热休克	升高生物体的温度以引起转录变化。
histone acetyltransferase, HAT	组蛋白乙酰转移酶	一种负责将乙酰基转移到组蛋白的特定赖氨酸侧链上的酶。
histone deacetylase, HDAC	组蛋白去乙酰化酶	一种从修饰的组蛋白赖氨酸侧链上水解乙酰胺键的酶。
hotspot of binding energy	结合能热点	在蛋白质表面上发现的能提供大量的结合能介导蛋白质非价结合的一簇氨基酸侧链。
hybridization	杂化	通过孵育两个互补的单链 DNA 序列形成双链 DNA。
hydrolase	水解酶	一种催化键的水解的酶，如酰胺和糖苷键。
hydrophobic effect	疏水作用	使水分子彼此之间的相互作用最大化而与溶质的相互作用最小化的趋势。
inhibitory constant, K_i	抑制常数	抑制剂-酶复合物的解离常数。对于结合在底物同一位点的典型抑制剂，该平衡常数与抑制剂浓度无关。相反，IC_{50} 取决于底物浓度。当底物浓度远低于 K_m 时，IC_{50} 等于 K_m。
inteins	内含肽	通过半胱氨酸残基上的 N 到 S 的酰基转移反应自催化去除的蛋白质内部片段，称为内含肽。剩下的蛋白质被称为外显肽。
intercalation	嵌入	DNA 碱基和小分子之间的三明治式的相互作用，这种小分子是可以在 π 堆积的 DNA 碱基之间滑动的芳香性化合物。
interleukins	白细胞介素	在造血谱系中一类对血细胞的分化和发育很重要的细胞因子。
introns	内含子	从转录物中去除的真核生物 RNA 部分转录本，它不被翻译成蛋白质。
ion channels	离子通道	在细胞膜上形成孔道的一类蛋白质。在响应调节信号打开后，这些蛋白质允许离子通过孔道。这类蛋白质包括离子特异性通道和非特异性通道。
ionic bond	离子键	一种化学键，在这种化学键中其相互作用能由式（2.2）或（2.3）的库仑项主导。比如 K-Br 键、Cs-OH 键。
isomerase	异构酶	一种对导致原料异构化而不改变底物分子式的反应进行催化的酶。
ketoreductase domain, KR	酮基还原酶结构域	催化 *β*-酮还原为醇的聚酮合酶的结构域。
ketosynthase domain, KS	酮基合酶结构域	聚酮合酶的一个结构域，催化丙二酰和乙酰硫酯的克莱森缩合，导致新的碳碳键的形成。
kinase	激酶	一类负责将磷酰基转移到羟基的转移酶，使用三磷酸腺苷（ATP）作为磷酸供体。
lability	易变性，不稳定性	它指化学反应性，与化学稳定性相反。在化学生物学中，这个术语指的是对导致生物功能丧失的反应的敏感性。
ligase	连接酶	在能量依赖过程中，催化两个独立分子结合（连接）的酶。例如，枯草杆菌连接酶是枯草杆菌蛋白酶的变体，将两个肽段连接在一起。
lipid	脂质	一种可溶于非极性有机溶剂而不溶于水的细胞内分子。

续表

英文	中文名	术语解释
lipid raft	脂筏	细胞膜内富含鞘糖脂和胆固醇的微区。不同的跨膜受体和膜结合蛋白聚集在这个微区上，从而为组织细胞信号提供了一个关键位点。
lipidome	脂质体	细胞中所有脂质的集合。
lyase	裂解酶	一种通过水解或氧化还原反应以外的机制来裂解化学键的酶。
monosaccharides	单糖	单体糖被用作新陈代谢的“燃料”和细胞中多糖和其他结构（如核糖核酸和脱氧核糖核酸）的构建模块。
mutation	突变	一种DNA序列的改变。沉默突变不会导致DNA编码的蛋白质序列发生变化。
N terminus	N端	带有氨基官能团的蛋白质主链末端。
native chemical ligation	自然化学连接	一种将未受保护的肽片段连接在一起的方法。
neighboring group participation	邻基基团参与	有助于官能团反应的相邻官能团或原子。
nick	切口	在双链脱氧核糖核酸中，相邻核苷酸不能共价结合的一个位点。
nonenzymatic glycation	非酶糖化反应	碳水化合物和蛋白质之间的翻译后修饰反应。这种反应不需要酶的催化，并且会导致蛋白质交联和产生其他有害产物。例如，葡萄糖的开链（醛）形式与赖氨酸侧链的氨基官能团缩合。
nuclear localization sequence	核定位序列	一种与蛋白质融合的短肽，通过与核信息素β结合将蛋白质导入细胞核。
nuclear receptors	核受体	直接结合疏水性小分子的一类受体，如类固醇和甲状腺激素。由此产生的受体-配体复合物可以进入细胞核，并通过与DNA结合作为转录因子。
nucleoside	核苷	通过糖苷键与嘌呤或嘧啶碱基共价连接的核糖或脱氧核糖。
nucleotide	核苷酸	带有一个或多个磷酸基团的核苷，通过磷酸酯键与核糖或脱氧核糖部分相连。
oligosaccharides	寡糖	单糖通过糖苷键共价连接成的直链或支链聚糖链。这些聚糖链不同于多糖，多糖由一个或多个以重复单元连接的单糖组成。
oncoprotein	癌蛋白	一种因编码基因突变引起的与癌症相关的蛋白质。
operator	操纵基因	DNA中负责与转录因子结合的区域。
operon	操纵子	一起转录的一组基因，以提供一整套转录本来编码蛋白质。
origin of replication, ORI 或 ori	复制起点	质粒或染色体中指示细胞复制起始的一段DNA序列。
oxidoreductase	氧化还原酶	催化氧化还原反应的酶。
oxocarbenium ion	氧碳正离子	与氧原子相邻的碳正离子结构。
oxonium ion	氧鎓离子	含三个键的带正电荷的氧原子。
paracrine signaling	旁分泌信号	不同类型的细胞之间的激素信号分子。
PEG	聚乙二醇	一种高分子聚合物，化学式是$[CH_2CH_2O]_n$。
peptide	肽	一种α-氨基酸的低聚物，因其长度短且没有复杂的折叠结构而区别于蛋白质。
peptide nucleic acids, PNAs	肽核酸	一类碱基以酰胺键连接取代DNA中磷酸和脱氧核糖酯键相连的DNA类似物。
phenotype	表型	特定的基因型在一定环境条件下的表现形式。
phospholipase	磷脂酶	一种催化磷酸酯键水解的酶。
phosphoramidite	亚磷酰胺	含有高度反应性P-N键的三价磷原子的寡核苷酸合成的关键试剂。
plasma membrane	质膜	使细胞外环境与细胞质所分隔的一层脂质屏障。
plasmid	质粒	细胞染色体外能够自主复制的很小的环状DNA片段。
polar covalent bond	极性共价键	一种电负性差异较大的原子之间形成的键，其中相互作用能取决于式（2.2）的第一项和第三项，例如HO-Na或H_3C-F。
polyketide	聚酮	由二碳结构单元和三碳结构单元通过克莱森缩合生物合成的一类天然产物。
polysaccharides	多糖	由单糖通过糖苷键共价结合组成的聚合高分子碳水化合物，例如淀粉、纤维素和直链淀粉。
post-translational modifications	翻译后修饰	蛋白质在翻译后的化学修饰，包括剪切、拼接、磷酸化、糖基化、氧化、添加膜锚、与其他蛋白融合、烷基化和乙酰化。
prebiotic chemistry	前生命化学	化学的一个分支领域，试图识别从无生命的分子到有生命的有机体的最有可能的化学反应。
prey protein	靶蛋白或猎物蛋白	见酵母双杂交系统。
primary metabolite	初级代谢产物	微生物通过代谢活动所产生的、自身生长和繁殖所必需的物质，例如ATP、3-磷酸甘油醛或胆固醇。
probe	探针	用于与特定DNA或RNA序列杂交的寡核苷酸。

续表

英文	中文名	术语解释
promoter	启动子	可以募集转录因子来启动 RNA 中基因转录的一段 DNA 序列。
proteasome	蛋白酶体	细胞内的一个大的蛋白复合物，可降解泛素标记的蛋白质。
protein	蛋白质	一种由核糖体翻译的 α-氨基酸的低聚物。与肽的区别在于存在至少具有两个相互作用的二级结构的多肽。
proteolysis	蛋白水解	水解酰胺键将蛋白质分解成肽或氨基酸。
proteome	蛋白组	由一个细胞、组织、器官或有机体表达的所有蛋白质。
purine	嘌呤	在腺嘌呤核苷或鸟嘌呤核苷中发现的含氮双环芳香化合物。
pyrimidine	嘧啶	在胞嘧啶核苷、胸腺嘧啶核苷或尿嘧啶核苷中发现的含氮芳香化合物。
pyrosequencing	焦磷酸测序	一种基于焦磷酸敏感检测的 DNA 测序技术，该技术是通过在 DNA 聚合酶作用下将 dNTP 加入新产生的 DNA 链中。
quaternary structure	四级结构	由多个折叠多肽链在三维空间上排列组装成的蛋白质结构。
Ramachandran plot	拉曼图	描述一个多肽、蛋白质或一组蛋白质结构中氨基酸残基二面角 ψ 和 ϕ 的图谱。图的某些区域与二级结构有关，例如 α 螺旋、β 折叠。
receptor tyrosine kinases	受体酪氨酸激酶	一种通常与生长因子蛋白结合的细胞表面受体，一旦与配体结合，受体酪氨酸激酶二聚化，并自磷酸化其伴侣激酶。
replication	复制	DNA 分子复制的过程。
repressor	抑制因子	一种负责关闭 RNA 转录的转录因子。
retrovirus	反转录病毒	RNA 病毒中的一类。
reverse genetics	逆向遗传学	通过对其编码基因进行突变来检测一种特定的蛋白质的功能。 在逆向化学遗传学中，具有已知细胞靶点的小分子被用作探针，以了解靶点对细胞表型的贡献。
reverse transcriptase	逆转录酶	催化以单链 RNA 为模板生成双链 DNA 的酶。
riboswitches	核糖开关	RNA 的结构化区域，可以控制转录、剪接和翻译。
ribozymes	核酶	能够催化生物反应的 RNA 分子。
RNA interference	RNA 干扰	引起对同源 RNA 转录本破坏性响应的 RNA 分子。
secondary metabolite	次级代谢产物	被认为对细胞的即时存活无关紧要的分子。这类化合物通常用于细胞的化学防御。
secondary structure	二级结构	具有明确定义的氢键模式的生物分子的结构类型：蛋白质中通过肽主链间氢键形成的螺旋和折叠；DNA 中通过碱基配对形成的茎环和其他结构。
selectant	选择剂	具有确定序列（DNA、RNA 或蛋白质）的生物大分子，该大分子是根据分子的独特化学特性 (例如结合、反应或催化) 从分子库中筛选的。
sense strand	有义链	与所得 RNA 转录本相似的 DNA 链。这条 DNA 链可与反义链杂交。
sequencing	测序	确定生物大分子 (例如 DNA 或蛋白质) 中亚基的顺序。
seven-transmembrane domain receptors, 7TM receptors	七次跨膜结构域受体	见 G 蛋白偶联受体（GPCRs）。
signal transduction	信号转导	将一种化学或物理形式的信号转换为另一种化学信号 (如将光子或小分子转换为蛋白质构象变化，或将细胞外信息转换为基因转录)。
single nucleotide polymorphism, SNP	单核苷酸多态性	在人类中，SNP 是存在于其他相同同源基因之间的单核苷酸差异，例如染色体内的同源基因对或遗传相关指标中的同源基因。
solid-phase peptide synthesis, SPPS	固相多肽合成	一种基于肽的 C 末端与不溶性聚合物的连接进行氨基酸 - 氨基酸偶联反应的化学合成肽的方法。
spliceosome	剪接体	一种负责去除 RNA 转录本中内含子的多蛋白 -RNA 复合物。
splicing	剪接	从生物大分子中去除内部片段。
stem cell	干细胞	一种能够分化为大多数或所有不同组织类型的细胞。
stereoelectronic effect	立体电子效应	在构象或反应性上的差异可归因于填充轨道与未填充轨道的相互作用。
sticky end	黏性末端	从双链 DNA 的一条链延伸的单链 DNA 片段。
substrate	底物	酶催化转化的起始原料。
substrate-assisted catalysis	底物辅助催化	含有来自反应原料或底物的官能团的酶的催化作用。
sulfotransferase	磺基转移酶	一类将硫酸酯基团加到羟基或胺上的酶。 通过添加硫酸酯官能团来修饰聚糖。
supercoil，supercoiling	超螺旋	在 DNA 中，由 DNA 的双螺旋缠绕而形成的螺旋。
synthase	合酶	一种催化合成生物分子（如通过萜烯合酶合成萜烯）的酶。
t-Boc protecting group	*t*-Boc 保护基团	用于保护氨基官能团的叔丁氧羰基保护基。

续表

英文	中文名	术语解释
TCEP	三(2-羧乙基)膦	三羧基乙基膦。一种合成的还原剂，用于裂解肽和蛋白质中的二硫键。该试剂具有三个羧酸根基团，可增加其在水中的溶解度。
terminator	终止子	出现在基因末端以终止转录的DNA序列。
terpene	萜类	通过将碳正离子加到烯烃中来合成异戊二烯结构单元的一类天然产物。
tertiary structure	三级结构	由二级结构彼此之间的三维空间相互作用产生的生物分子结构类型。在RNA中，这种结构是茎和环之间相互作用的结果。
therapeutic index	治疗窗口	具有有益作用的药物剂量与引起毒性作用的剂量的比率。
[thioesterase (TE) domain]	硫酯酶(TE)结构域	聚酮合酶的结构域，可催化硫酯键的水解，该硫酯键负责将聚酮中间体连接至酰基载体蛋白。
topoisomerase	拓扑异构酶	一种改变DNA拓扑结构但不改变键连接性的酶。拓扑结构是一种特征，它可以区分单根链捆扎形成的大量独特的结。
transacylase domain, MAT	转酰酶结构域	聚酮合酶的结构域，可催化丙二酰基和乙酰基从辅酶A转移至酰基载体蛋白。
transannular	跨环	术语“跨环”是指在环的相对侧上的原子之间的反应或相互作用。这种相互作用在由八至十一个原子组成的中型环中尤为突出。
transcribe	转录	由RNA聚合酶催化模板单链DNA形成互补的RNA链。
transcription factor	转录因子	一种通过启动或抑制RNA聚合酶结合而与启动或抑制RNA转录所必需的DNA序列结合的蛋白质。
transcriptome	转录组	从细胞、组织、器官或生物体中收集所有RNA转录本。
transferase	转移酶	一种催化官能团从一种化合物转移到另一种化合物的酶。
[transient receptor potential (TRP) cation channels]	瞬时感受器电位(TRP)阳离子通道	对热、冷或非共价或共价结合的化合物有响应的阳离子型离子通道。
transition-state analog	过渡态类似物	一种模拟酶促反应过渡态的稳定小分子。
translate	翻译	根据mRNA中的序列合成具有特定序列的蛋白质。
trimeric death receptors	三聚化死亡受体	发现于细胞表面的一类同源三聚体受体，传递导致细胞凋亡的信号。
type Ⅰ polyketide synthase	Ⅰ型聚酮合酶	由一个单一的、长多肽组成的负责聚酮合成的多结构域复合物。
type Ⅱ polyketide synthase	Ⅱ型聚酮合酶	由多个单独的蛋白质组成的负责聚酮合成的多结构域复合物。
type Ⅲ polyketide synthase	Ⅲ型聚酮合酶	缺乏Ⅰ型和Ⅱ型聚酮合酶的多域结构的负责聚酮合成的蛋白质。
van der Waals interaction	范德华相互作用	非键合分子间的非库仑相互作用。
yeast two-hybrid	酵母双杂交	一种研究酵母细胞内蛋白质相互作用的方法，该方法基于将GAL4转录因子裂解成DNA结合域和激活域，可分别与诱饵蛋白和猎物蛋白融合。